# 西安幸福林带：新生与发展

**2014城乡规划·建筑学·风景园林**

**四校联合毕业设计作品集**

西安建筑科技大学
重庆大学
哈尔滨工业大学
华南理工大学
联合编著

中国建筑工业出版社

**图书在版编目（CIP）数据**

西安幸福林带：新生与发展——2014城乡规划·建筑学·风景园林四校联合毕业设计作品集／西安建筑科技大学等联合编著. —北京：中国建筑工业出版社，2015.7
ISBN 978-7-112-18211-4

Ⅰ. ①西… Ⅱ. ①西… Ⅲ. ①城市规划－建筑设计－作品集－中国－现代 Ⅳ. ①TU984.2

中国版本图书馆CIP数据核字（2015）第137930号

责任编辑：杨　虹　杨　琪
责任校对：李欣慰　姜小莲

**西安幸福林带：新生与发展**
**——2014城乡规划·建筑学·风景园林**
**四校联合毕业设计作品集**

**西安建筑科技大学**
**重庆大学**
**哈尔滨工业大学**　　**联合编著**
**华南理工大学**

*

中国建筑工业出版社出版、发行（北京西郊百万庄）
各地新华书店、建筑书店经销
北京锋尚制版有限公司制版
北京缤索印刷有限公司印刷

*

开本：880×1230毫米　1/16　印张：19½　字数：500千字
2015年9月第一版　2015年9月第一次印刷
定价：115.00元
ISBN 978－7－112－18211－4
（27419）

# 序言

联合毕业设计是近年来我国建筑类院校为促进学科发展、交流教学经验而广泛开展的一项教学实践活动。西安建筑科技大学、重庆大学、哈尔滨工业大学、华南理工大学都具有悠久的办学传统，因分别地处西北、西南、东北、华南，各自在生态脆弱地区人居环境和文化遗产保护、山地人居环境、寒地人居环境、亚热带人居环境研究领域显示出较强的地域文化特色。2012年，西安建筑科技大学和重庆大学一拍即合，开展了以“守望大明宫——唐大明宫西宫墙周边地区城市设计”为题的首度联合毕业设计，同期，重庆大学与哈尔滨工业大学也开展了两校联合毕业设计教学活动。2013年，西安建筑科技大学、重庆大学、哈尔滨工业大学开展了以“延续与发展——老旧工业厂区城市空间特色再创造”为题的三校联合毕业设计，西安建筑科技大学与哈尔滨工业大学两校联合毕业设计“整合与更新——哈尔滨城市老城区的再生”、西安建筑科技大学与华南理工大学两校联合毕业设计“广州西村电厂更新改造城市设计”也同时展开。2014年，在前两年四校多方联合毕业设计的基础上，西安建筑科技大学、重庆大学、哈尔滨工业大学、华南理工大学四校联合教学（简称UC4联合教学）正式成立，宗旨为“促进不同地域高校间的学术交流，共同提高本科教学水平，共享教学资源，拓展同学们的地域视野”，强调联合毕业设计作为主要教学活动内容，由联合教学成员单位轮流承办，首届UC4联合毕业设计由西安建筑科技大学承办。

西安是一座古城，有着三千年的建城史和上千年的建都史。西安同时也是一座与新中国共同发展的工业城市。20世纪50年代初，随着“一五”计划的实施，新中国确定了以重工业优先发展为主导的工业化战略，以苏联援建的156项工程为契机进行了区域布局。156项工程中，陕西获得了24项，其中西安就有17项，成为接受项目最多的城市。而这17项工程中，就有6项军工企业集中布置在西安东郊的韩森寨，形成了名副其实的“军工城”。“军工城”规划以中间百余米宽的绿化带为隔离，东侧为军工企业厂区，西侧为配套生活区，中间的绿化隔离带即为幸福林带。但因工程浩大，建设资金不足，幸福林带未能按照规划与两侧的工业区和生活区同步实施。幸福林带在之后的西安历次城市总体规划修编中均予以保留，但一直未能真正建成。进入21世纪，随着西安市产业升级步伐的加快和城市规模的快速扩张，昔日地处城市边缘的“军工城”已明显不能适应新的城市中心区建设要求，极大地阻碍了西安东郊地区的城市发展。

本次联合毕业设计就是以幸福林带片区为研究对象，最终确定的选题为“新生与发展——西安幸福林带片区城市设计”。针对幸福林带片区存在的产业结构落后、交通阻滞、城市公共服务设施和基础设施落后、环境脏乱差等问题，提出了“实现功能置换，激发区域活力”、“融入城市格局，改善区域交通”、“提升空间品质，改善生态环境”的规划设计目标。同时，由于“军工城”在相当长的历史时期内，是幸福林带片区乃至西安的重要城市功能，应该作为近现代西安的城市记忆加以延续。此外，该片区内还有韩森冢、万寿寺塔等重要文物遗存，是西安历史文化名城的重要组成部分，其历史文化内涵也应在未来的城市空间中予以体现。因此，延续“军工城”的历史记忆，体现相关文物遗存的文化内涵，也是本课题提出的重要目标。探索旧工业区的更新改造路径，从工业遗产的视角审视、利用旧工业区，在城市规划从增量规划向存量规划转型的今天，具有重要的现实意义。

与其他联合毕业设计不同的是，UC4联合毕业设计最大的特点是“双联合”，即城乡规划、建筑学、风景园林三专业联合、校际联合的“双联合”毕业设计教学模式。“双联合”的目的是在实现校际教学交流的目的之上，探索在本科教学的高年级阶段实现城乡规划、建筑学和风景园林三个专业的交叉联合。

2011年，国务院学位委员会和教育部公布了新的《学位授予和人才培养学科目录》，将城乡规划、建筑学和风景园林并列为一级学科，三个学科从原来的从属关系转变为密切关联与交叉关系，分别从不同空间尺度和角度对人居环境进行研究，形成了三位一体、三足鼎立的格局。城乡规划学的定位也突破了原来城市规划与设计二级学科的研究领域，不再局限于城市空间布局设计，而是拓展到了人居环境、城乡统筹发展政策、城乡规划管理等社会领域，以城乡环境为研究对象，以城乡土地利用和城市物质空间规划为核心，城乡规划的公共政策属性越来越强。尽管如此，城乡规划、建筑学和风景园林作为三位一体、密切相关的交叉互补学科，可谓你中有我、我中有你，从学科基础、思维方式、设计方法到设计成果都有很大程度的共通性。现代城乡建设的复杂性对应用型、复合型、创新型人才的需求，要求各专业同学在熟练掌握本专业基本知识、设计技能以外，还应该对相关专业领域的设计内容、设计方法有所了解，并具备较强的专业协作能力。然而在城乡规划学科发展日益成熟、专业教学日趋完善之际，也出现了因专业划分过细而导致的一些问题，例如：规划思维的系统性、逻辑性增强，分析策划能力提高，而动手能力尤其是空间形体方面的设计能力显著下降；对建筑、风景园林专业缺乏基本的了解，缺乏与建筑、风景园林专业的沟通协作能力，形成了较明显的专业隔阂。因此，突破专业界限，强调专业协作，实现跨专业联合教学，就成为本科教学高年级阶段的重要任务，这也成为各校近年来的共识。

联合毕业设计已成为四校相互了解、相互学习和教学交流的重要平台，仅2014年，四校参加联合毕业设计的同学总数就达到90余人，指导教师近20人，各校对本次课题都给出了不同的解答，在相互了解、学习和交流的同时，也极大地扩展了广大教师和同学的专业视野和地域视野。

2014年的联合毕业设计虽然已经结束了，但这只是UC4联合教学的一个开始，每年的联合毕业设计将成为一种常态，还有更多的教学合作领域等待我们去拓展，对此我们充满信心，也充满期待。

# 目 录

# 选题：新生与发展——西安幸福林带核心区城市设计

## 1　规划设计背景

西安幸福林带规划于20世纪50年代。1953年，由苏联援建的东郊“军工城”成为西安工业布局和城市建设的重要内容。规划以中间百余米宽的绿化带为隔离，东侧为军工企业厂区，西侧为配套生活区，中间的绿化隔离带即为幸福林带。但因工程浩大，建设资金不足，幸福林带未能根据规划与两侧的工业区和生活区同步实施。幸福林带在之后的西安历次城市总体规划修编中均予以了保留，但一直未能真正建成。目前幸福林带内80%的区域基本都是棚户区、临建市场，其余20%主要分布着六大军工企业的配套生产企业。幸福林带片区内整体基础设施较差，城市服务功能不健全，与相比邻的中心城区、城东浐灞新区的新城面貌差异较大。进入21世纪，随着西安市产业升级步伐的加快和城市规模的快速扩张，昔日地处城市边缘的“军工城”已明显不能适应新的城市中心区建设要求，极大地阻碍了西安东郊地区的城市发展。

2008年6月，西安市第四次总体规划中确定将幸福林带的性质转变为城市公园绿地。2012年12月25日，西安市政府常务会通过幸福路地区综合改造总体规划，明确了该区域改造范围为北起华清路、南至新兴南路，东起铁路专用线（酒十路延伸线）、西至金花路（东二环），规划总面积17.63km$^2$，涉及人口24.3万，大型军工企业6家、城中村15个以及军工福利区24个；改造内容包括幸福林带建设、公园南北路等10条城市干道改造和新路网建设、存量土地二次开发等。目前，幸福路部分街区的综合改造工程已实质性启动，幸福林带建成后将成为西安城区最大的“绿色走廊”。

## 2　基地概况

幸福林带片区地处西安市东郊浐河西岸，陇海铁路以南。幸福林带片区北起华清路，南至新兴南路（规划路），东起铁路专用线（酒十路延伸线），西至金花路（东二环），总面积为17.63km$^2$。其中，幸福林带核心区北至华清路，南至新兴南路，西至长缨北路—康乐路—新科路，东至规划路，是幸福路地区的核心发展区域，规划用地约5.1平方公里。

幸福林带片区以幸福林带为核心，东部为浐灞新区，南部为曲江新区，北部为西安火车东站（目前为货运编组站，未来将改建为客车整备检修基地），西部为西安中心城区，距西安明城约2.2公里。片区交通条件十分便利，西临东二环路，片区内的华清路、长乐路、韩森路、咸宁路均为西安中心城区东西向交通主干道，万寿路、幸福路、公园南路是片区对外联系的主要南北向道路，南距三环约2.5km。片区未来将有三条地铁线通过，其中沿长乐路的1号线已建成，沿东二环的3号线正在建设中，沿咸宁路的6号线也即将动工建设。

幸福林带东西两侧用地，现状分别属于工业用地和居住用地。东侧从北往南包括了西安昆仑工业集团有限公司、西安黄河集团有限公司、西安华山机械工业公司、西安北方秦川集团有限公司、东方集团有限公司等大型军工企业和陕汽总厂、中国兵工物资西北公司、建大科教园等几个较大的企事业单位。西侧由北至南依次为杨森制药有限公司、北方光电有限公司、昆仑厂家属区、东方厂家属区、秦川厂家属区以及华山中学、西光中学、黄河子校、东方中学等单位。幸福林带内80%的区域基本都是棚户区、临建市场，其余20%主要分布着六大军工企业的配套生产企业。

片区内有2处文物保护单位。韩森冢位于韩森路西段南面，金花北路东边，公园北路南端，长乐公园（老动物园）东墙外。1956年，韩森冢作为“秦庄襄王墓”，被公布为陕西省第一批文物保护单位，墓冢外延10m为文物保护区，外延100m成为建筑控制地带。万寿寺塔位于西安市区东部韩森寨第28中学内，是西安市重点文物保护单位。万寿寺塔始建于明代，为楼阁式砖塔。塔身通高22m，共六层，每层六面，至今保存完好。

2012年12月25日西安市政府常务会审议通过了《西安市幸福路地区综合改造规划》。根据《幸福路地区综合改造总体规划》，幸福路地区规划定位为集中央商贸、国际商务、休闲娱乐、文化创意为一体的西安市东部区域的商贸核心区、总部聚集区。沿幸福林带两侧发展商务总部经济带；围绕长乐路十字和咸宁路十字形成综合商务、商贸核心；沿长乐路与咸宁路向东西发展城市综合服务产业链；形成华清路商业中心、西北商贸中心、建工路商业中心以及西影路商业中心。共规划九个居住单元，在每个单元的中心位置配置功能完善的服务中心。



## 3 规划设计目标

为实现幸福林带核心区的新生与发展，课题提出了以下规划设计目标：

（1）实现功能置换，激发区域活力

始建于20世纪50年代地处城郊的“军工城”，已无法适应21世纪城市中心区的产业发展需要和城市建设要求。因此，如何实现产业“退二进三”，完成用地功能置换，进而激发区域活力，是本课题的设计目标之一。

（2）融入城市格局，改善区域交通

“军工城”建设之初由于地处城郊，形成了从南至北约6公里的军工企业生产区，其间仅有长乐路、咸宁路两条东西向道路通过。进入21世纪，随着西安城市规模的快速

01区位图

02卫星图

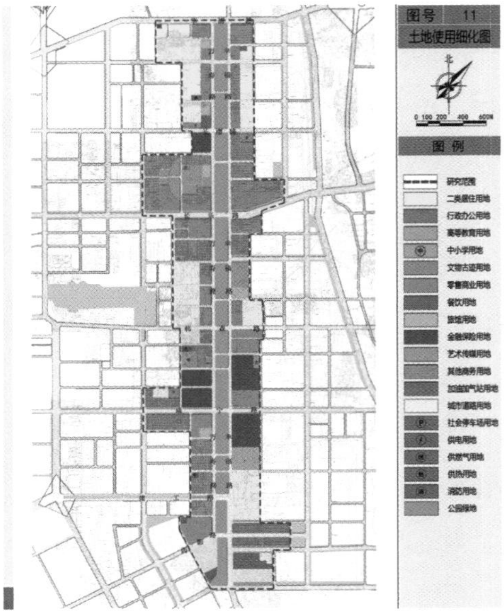

03核心区范围图

扩张，城东的浐灞新区发展迅速，浐河东岸的“纺织城”也面临新一轮的改造更新，“军工城”庞大的规模和低密度路网无异于城东地区发展的巨大障碍。因此，如何通过用地调整和道路交通系统重构，使该区域融入现代城市格局，从而改善城东地区交通状况，是本课题的设计目标之二。

（3）提升空间品质，改善生态环境

长期以来，幸福林带处于有“带”无“林”的状况，东侧工厂区、西侧生活区加上中间的棚户、中小企业聚集区，整个片区缺乏必要的公园、绿地、广场等城市公共空间。因此，如何实施迟到的幸福林带绿化景观建设工程，从而大幅度提高城市公共空间品质，改善本区域生态环境，是本课题的设计目标之三。

（4）延续历史记忆，体现文化内涵

“军工城”在相当长的历史时期内，是幸福林带片区乃至西安的重要城市功能，应该作为近现代西安的城市记忆加以延续。此外，该片区内还有韩森冢、万寿寺塔等文物遗存，是西安历史文化名城的重要组成部分，其历史文化内涵也应在未来的规划设计中予以体现。因此，如何延续“军工城”历史记忆，体现相关文物遗存的文化内涵，是本课题的设计目标之四。

## 4 教学组织及成果要求

——预备阶段：调研准备

针对毕业设计任务书，各校教师指导学生进行课题解读、外围资料收集和现场踏勘前的相关准备工作。西安建筑科技大学负责提供现场调研所需的现状地形图、卫星图等相关基础资料。

——第一阶段：现场调研（第1周）

（1）教学内容

四校师生共同商定调研提纲，并采用跨校、跨专业方式进行分组调研。调研内容主要包括地形条件、土地利用、建筑与空间形态、环境特征、道路交通、绿化与景观、社会经济、历史文脉等方面，并完成必要的现状测绘工作。

（2）成果要求

· 完成调研报告（图文结合）

· 进行调研成果汇报（PPT方式，每组15分钟）

——第二阶段：方案构思（第2～6周）



本阶段教学要求：

（1）三专业混合大组任务（2周）

在现状调研基础上，结合基地条件和环境特点，分析现状存在的问题，以上位规划《幸福路地区综合改造总体规划》为指导，三专业共同讨论幸福林带核心区总体功能定位及空间发展模式，提出包括功能组织、开敞空间组织、城市界面组织、交通组织、绿化组织、景观组织和建筑控制（高度、体量、色彩、材质等）等在内的核心区总体城市设计框架。

三专业在合作完成核心区总体城市设计框架的过程中，各专业侧重的分工研究设想如下：

· 城乡规划专业负责总体分析和核心区总体城市设计框架构建；

· 建筑学专业同学以项目建议书为切入点，完成某一特定项目的选址、规模、功能构成及相关案例研究，作为核心区总体城市设计的支撑；

· 风景园林专业同学以城市公共空间和绿色空间体系研究为切入点，作为核心区总体城市设计的支撑。

（2）分专业小组或个人任务（3周）

城乡规划专业——在大组幸福林带核心区总体城市设计框架指导下，每小组（2～3人）任选1平方公里以内的地段提出一套完整的地段城市设计初步方案；

建筑学专业——在大组幸福林带核心区总体城市设计框架指导下，结合自己的项目建议书，确定个人设计对象（重要建筑或建筑群）及设计任务书，并提出场地总平面布局及单体建筑设计初步方案；

风景园林专业——在大组幸福林带核心区总体城市设计框架指导下，确定个人设计对象（重要空间节点或空间段落）及设计任务书，并提出景观设计初步方案。

——第三阶段：中期评图及补充调研（第7周）

（1）成果要求

·三专业混合大组共同成果

核心区总体城市设计初步方案，包括功能组织、开敞空间组织、城市界面组织、交通组织、绿化组织、景观组织和建筑控制（高度、体量、色彩、材质等）等。

·分专业小组或个人成果

城乡规划专业——地段城市设计初步方案；

建筑学专业——建筑设计初步方案（包括场地总平面布局和单体建筑设计）；

风景园林专业——景观设计初步方案。

注：学生采用PPT方式进行汇报，汇报时可灵活运用图纸、工作模型、三维表现图等充分表现阶段设计构思，具体方式自定。

（2）补充调研

学生可根据第一次现场调研的不足和已确定的小组或个人设计对象，进行有针对性的补充、深入调研。

——第四阶段：方案深入（第8～14周）

本阶段教学要求：

（1）三专业混合大组核心区总体城市设计方案调整（1周）



（2）分专业小组或个人方案深入与完善（4周）

城乡规划专业——地段城市设计方案深入与完善；

建筑学专业——建筑设计方案深入与完善；

风景园林专业——景观设计方案深入与完善。

（3）分专业完成小组或个人正式设计成果（2周）

——第五阶段：毕业答辩及成果展览（第15周）

毕业答辩成果要求：

（1）三专业混合大组共同成果

核心区总体城市设计方案，包括功能组织、开敞空间组织、城市界面组织、交通组织、绿化组织、景观组织和建筑控制（高度、体量、色彩、材质等）等。

（2）分专业小组或个人成果（建议）

城乡规划专业——地段城市设计方案，内容包括：

· 相关分析及设计理念图（小组）

· 地段规划空间结构及规划子系统图（小组）

· 地段总平面及总体效果图（小组）

· 分地块城市设计导则图（小组）

· 重要空间节点详细设计图（个人）

· 方案设计说明（小组+个人）

建筑学专业——建筑设计方案，内容包括：

· 相关分析及设计理念图（个人）

· 场地总平面图（个人）

· 单体建筑平、立、剖面及空间、细部详图（个人）

· 表现效果图或模型照片（个人）

· 方案设计说明（个人）

风景园林专业——景观设计方案，内容包括：

· 相关分析及设计理念图（小组）

· 核心区城市公共空间及绿色空间体系结构图（小组）

· 10 ~ 20ha重要空间节点（或段落）总平面及总体效果图（个人）

· 0.5 ~ 1.0ha重要场地景观详细设计图（个人）

· 方案设计说明（小组+个人）

注：共同的设计成果深度及工作量要求由四校指导教师共同讨论确定。

汇报方式：采用PPT方式汇报，可辅助图纸、工作模型等其他方式。

邸玮

尤涛

董芦笛

樊亚妮

段婷

李岳

## 西安建筑科技大学

城乡规划专业学生：陈哲怡、徐秀川、陈锐、焦健、高央央、蒋欣辰、应婉云、杜江、王志盛

建筑学专业学生：申晴、邓睿、高元丰、郝淑卿、王韵、李一弘、王文凯

风景园林专业学生：贾文婧、钟慧敏、沈尔迪、丁婉婧

# 释题 西安建筑科技大学建筑学院

本次联合毕业设计，西安建筑科技大学城乡规划、建筑学及风景园林三个专业各9名同学参加。为加强三个专业的交流与碰撞，形成多方案的解决路径，我们在方案研究初期采取了三专业混编大组的教学组织方式，即将三个专业学生分为3个大组，每大组9人，有城乡规划、建筑学及风景园林各3名。2周内，三个大组独立发展出各自的整体规划结构，形成三个不同的方案雏形。

接下来，再按照专业组织教学。每大组的3名城乡规划专业学生组成一个方案小组，在原来的规划结构基础上继续调整、完善和深化，形成最终的A、B、C三个完整的核心区城市设计方案，同时每个学生在其中选择一个约30～40ha的地块完成详细规划。最终的完成三个方案各有特色，方案A以上位规划确定的总部经济为主导，方案B以互联网时代的体验商业为依托，方案C则以“绿・时尚”为主题构建片区特色，从不同视角探讨了幸福林带片区更新与发展的可能性。

建筑学专业的每名学生在先前的规划结构基础上，选择一个适合的地块作为自己的设计基地，自己根据对规划和基地的理解确定设计任务书，独立完成一套建筑设计方案。风景园林专业学生则以其中一个规划结构方案为基础，共同完成一个覆盖幸福林带全段的整体景观规划方案，然后每名学生完成其中一段幸福林带的景观详细设计方案。

# UC 4


西安建筑科技大学
Xi'an University of Architecture and Technology
设计者：蒋欣辰 焦健 陈锐

# 幸福编织 LIAN

## 新生与发展——西安幸福林带核心区城市设计

Regeneration and Development - Urban Design of the Xingfu Lindai core area in Xi'an


指导教师：尤涛 邸玮



通过对幸福林带片区的现状梳理，确定了以策略体系编织为主要导向的规划思路，并通过对各个子系统由浅入深的分析，勾勒出未来系统化发展的基本线路。由此，方案的初步结构以及土地利用方案得以确定。在片区城市设计的基础上，选择中心的三块用地进行编织LIAN的空间实现，并通过分区化的发展模式，推导出各个功能片区的具体空间设计方案，从而完成编织LIAN从现状到策略，到空间的多维度交织过程。


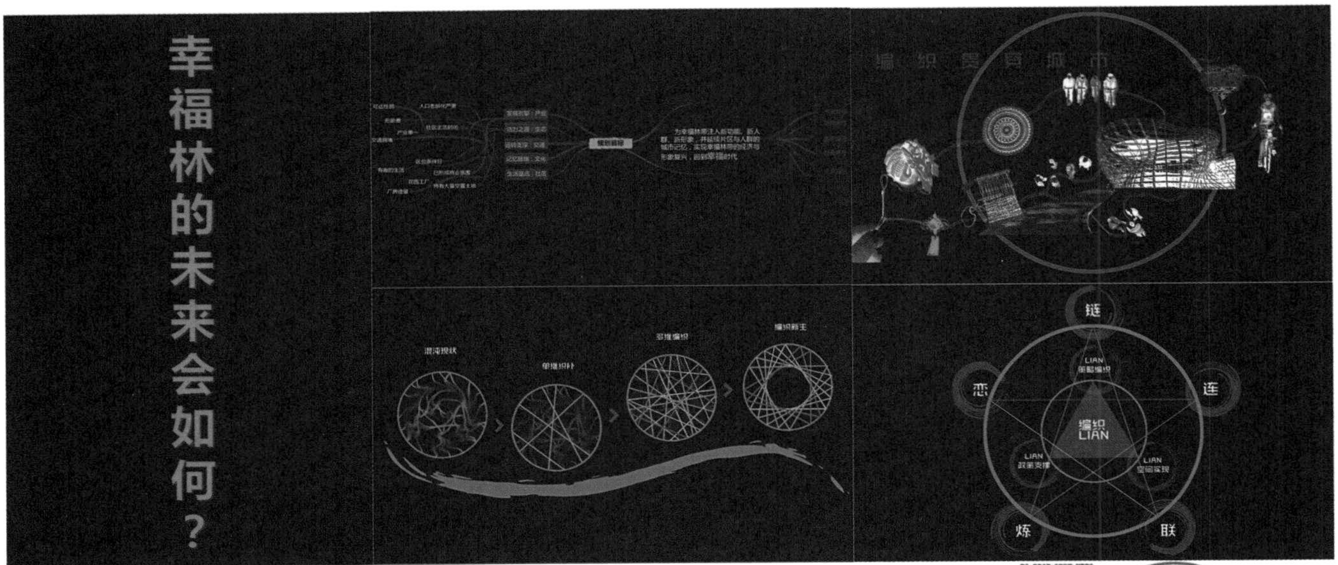


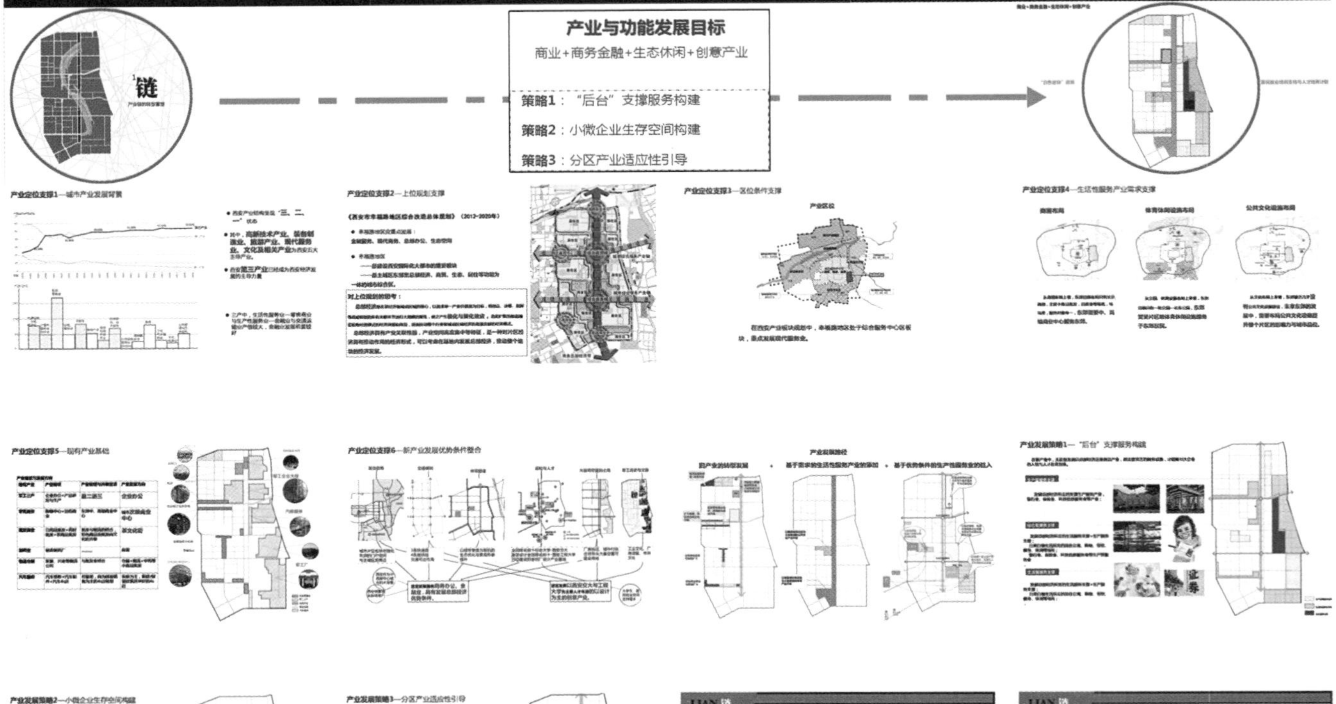

**交通发展目标**

智慧交通，低碳出行

策略1：道路整合　等级完善

策略2：职住交往　平衡发展

策略3：公交通达　低碳交通

策略4：慢行联系　低速高效

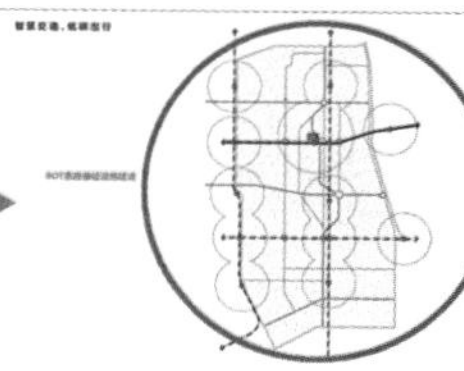

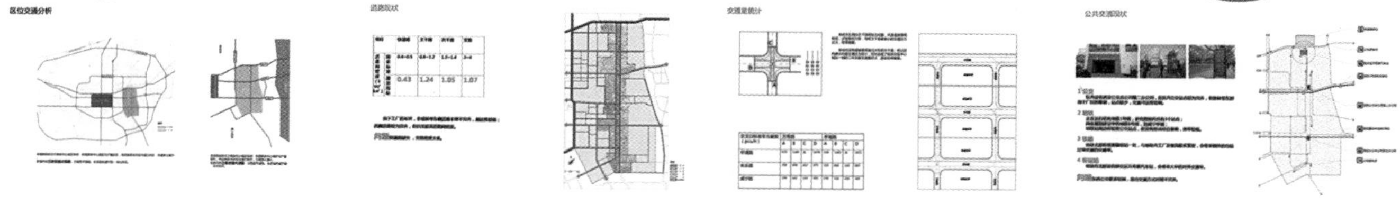

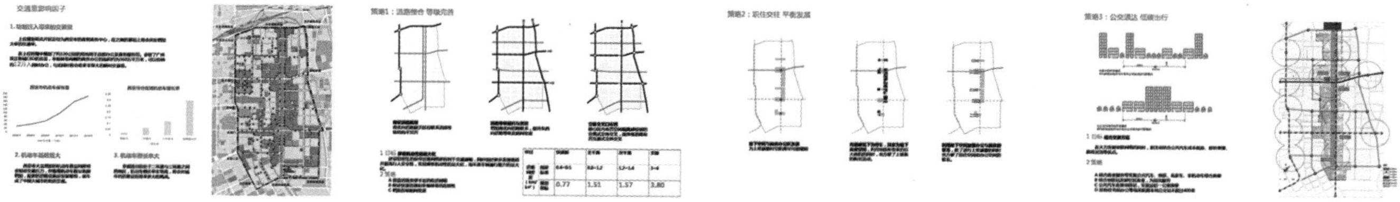

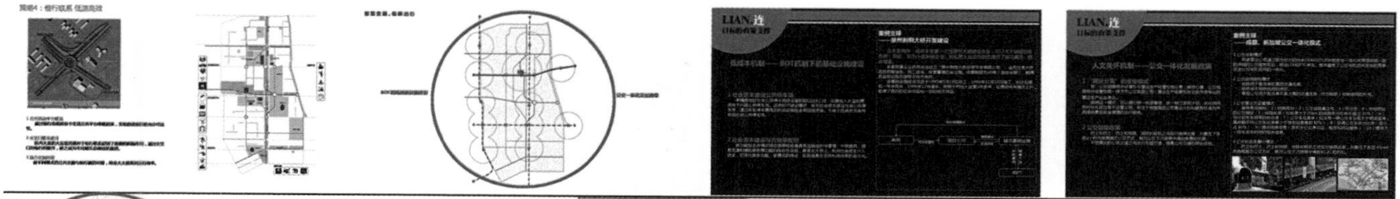

**绿地与生态发展目标**

生态缝合，景观塑型

策略1：绿化网络缝合

策略2：绿色风带渗透

策略3：可持续湿地构建

策略4：能源系统构建

策略5：分段绿地景观规划

策略6：城市界面修订

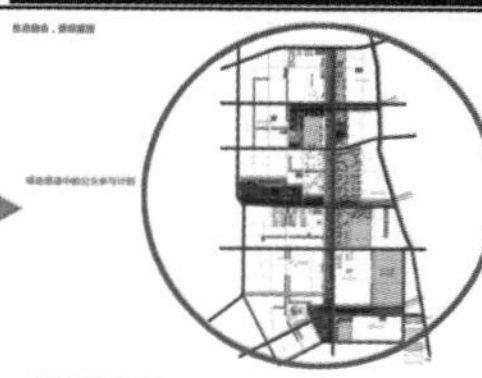

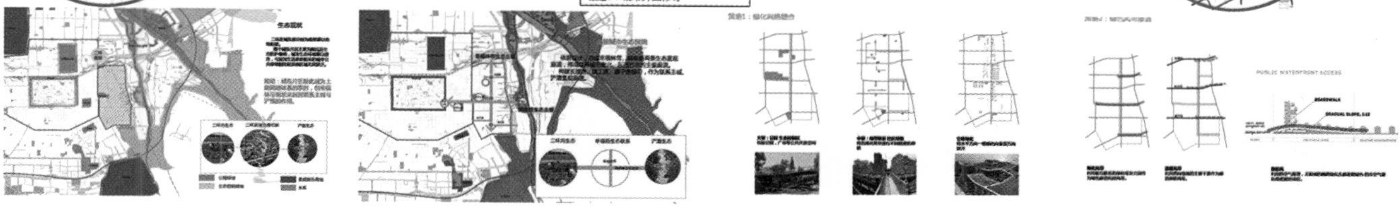

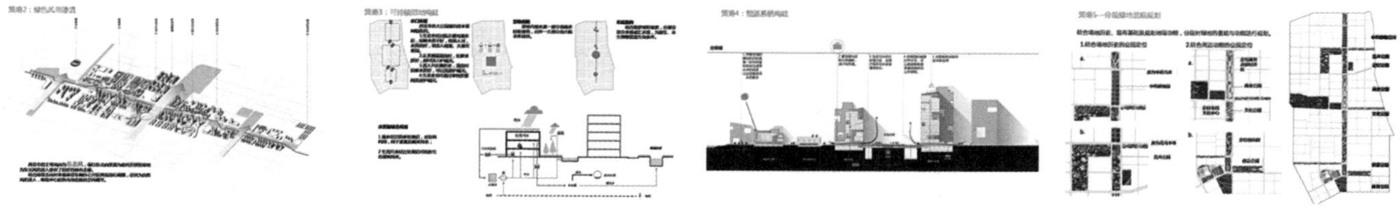

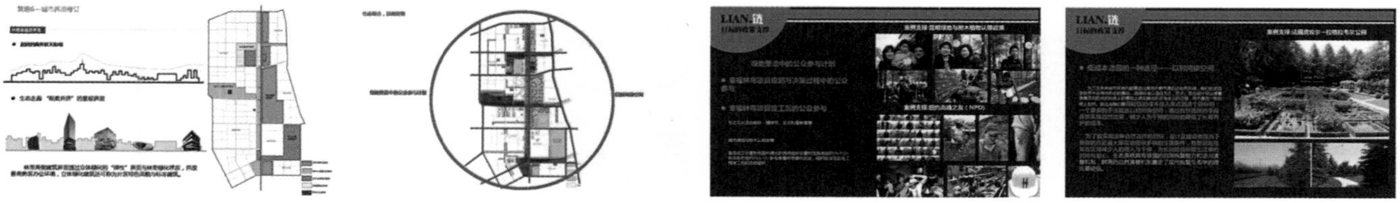

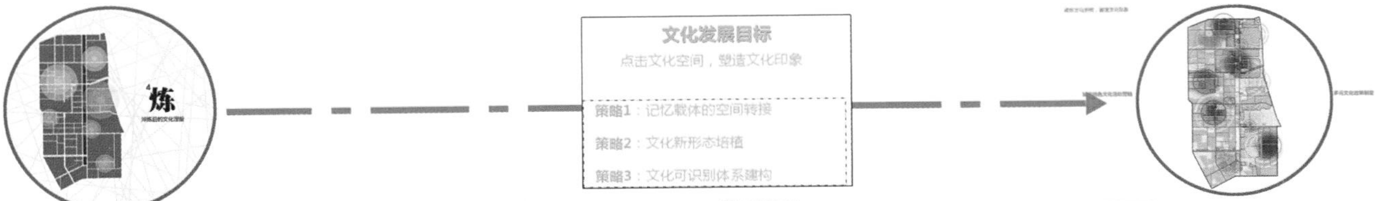

文化发展目标
点击文化空间，塑造文化印象

策略1：记忆载体的空间转接
策略2：文化新形态培植
策略3：文化可识别体系建构

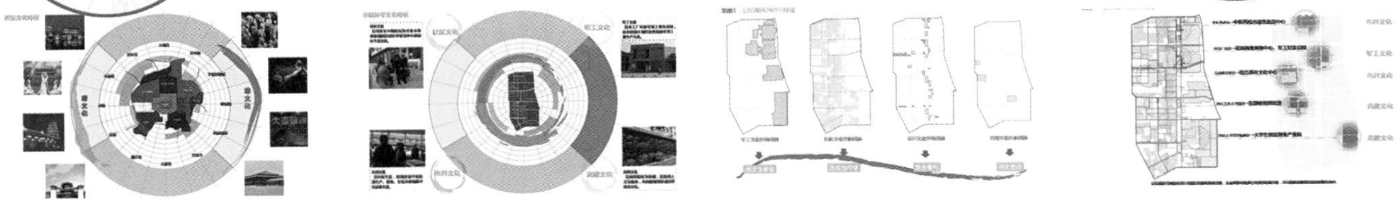

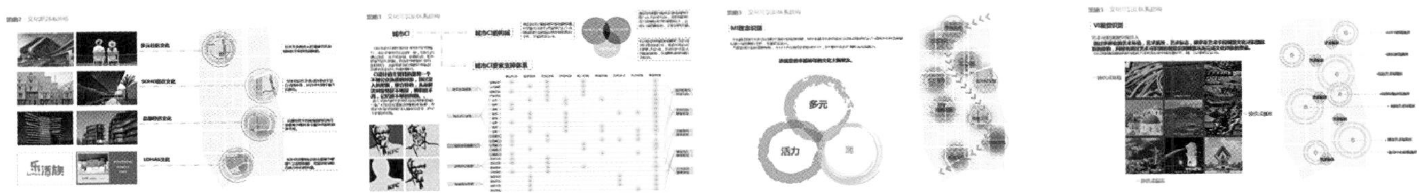

居住发展目标

分策略1：突破封闭社区
分策略2：多样居住模式激发活力
分策略3：步行化的助老设施
分策略4：多元人群共融

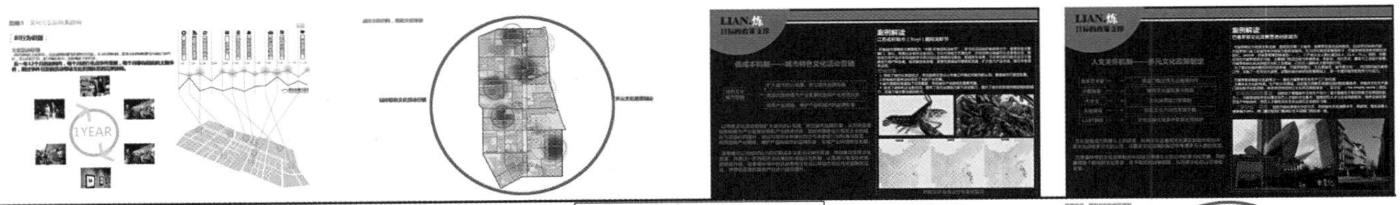

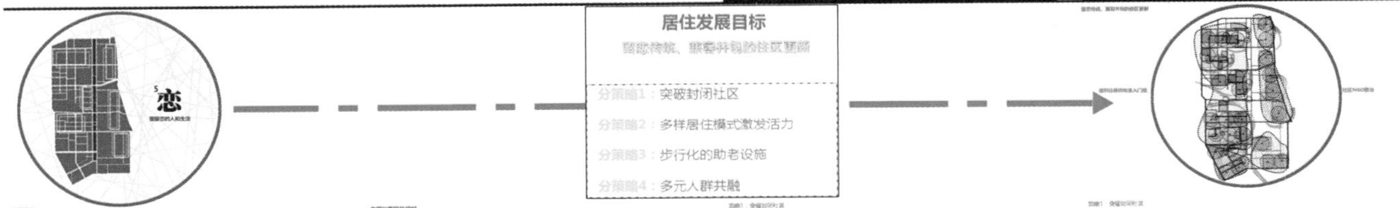

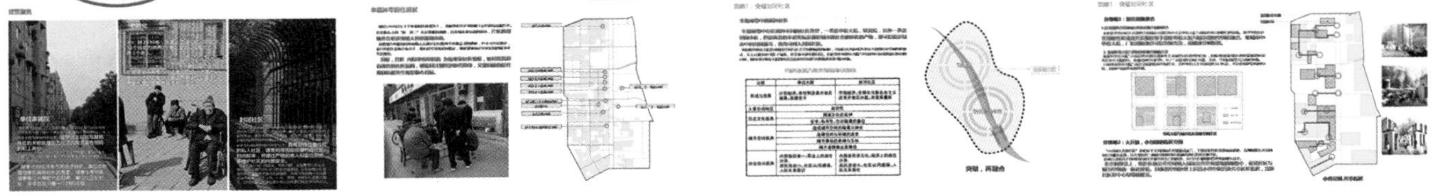

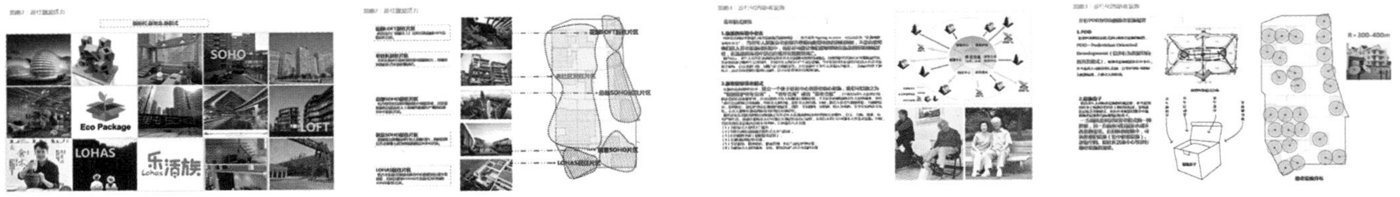

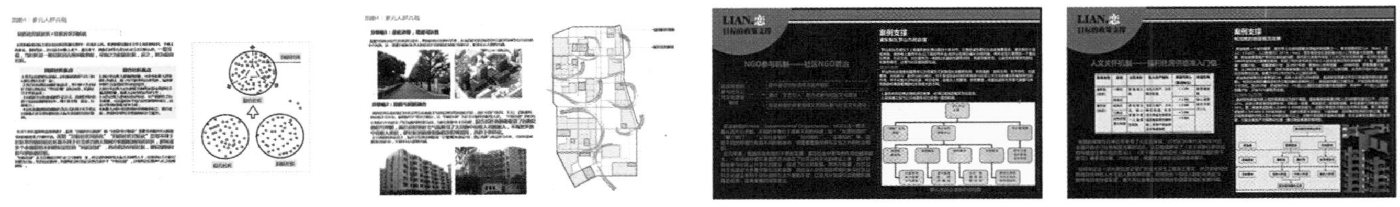

## 核心区土地利用图

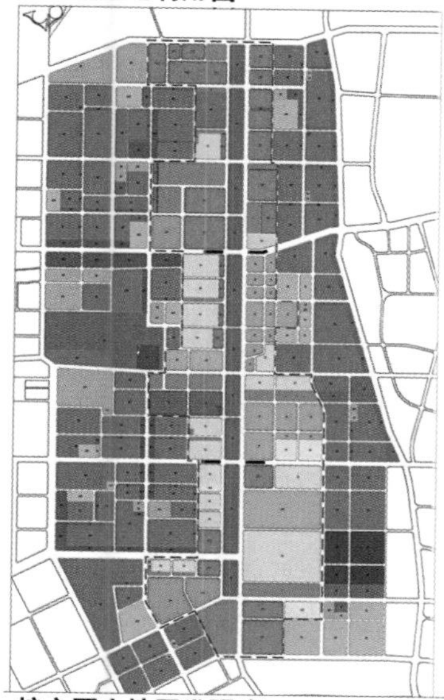

## 核心区用地规划结构图

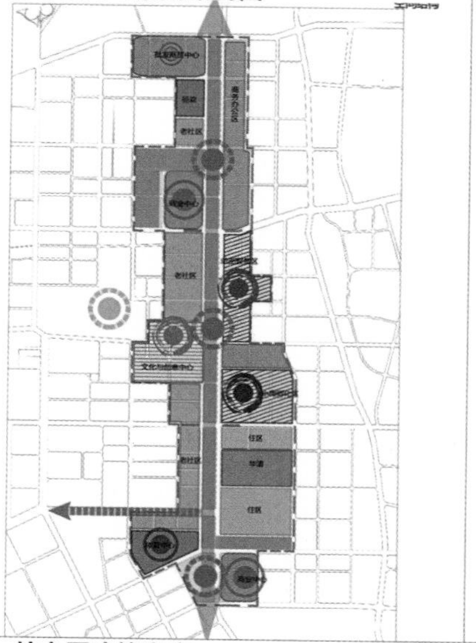

## 核心区绿化景观规划图

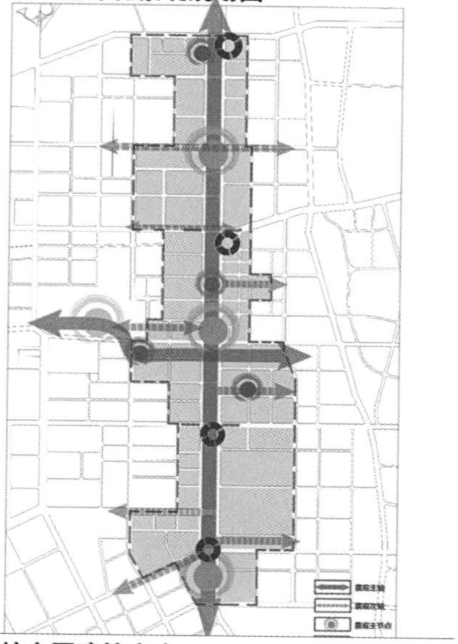

## 核心区土地开发强度

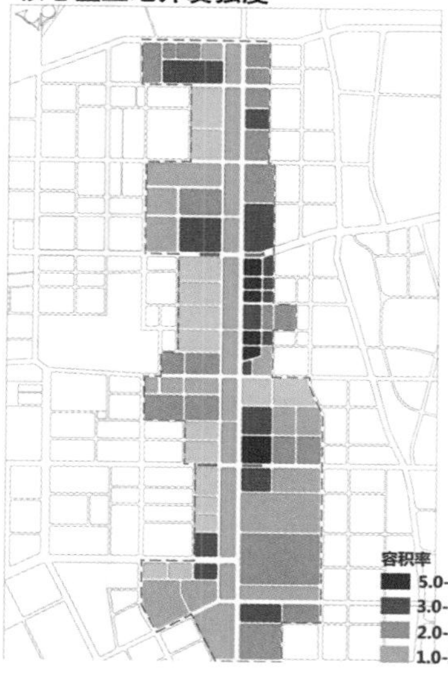


## 核心区建筑高度

## 核心区建筑密度

## 核心区风貌控制图

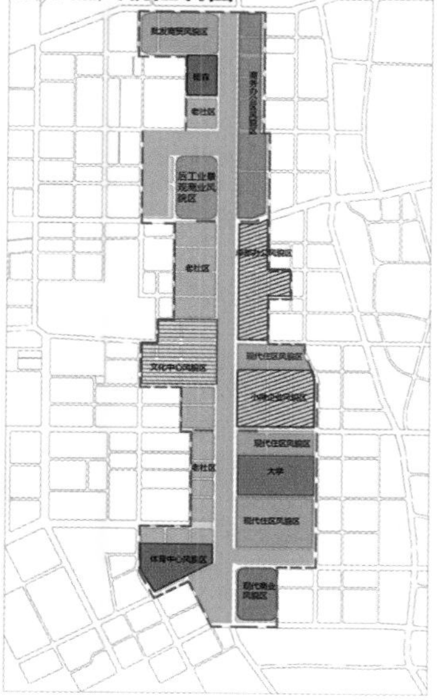

## 核心区历史遗迹景观

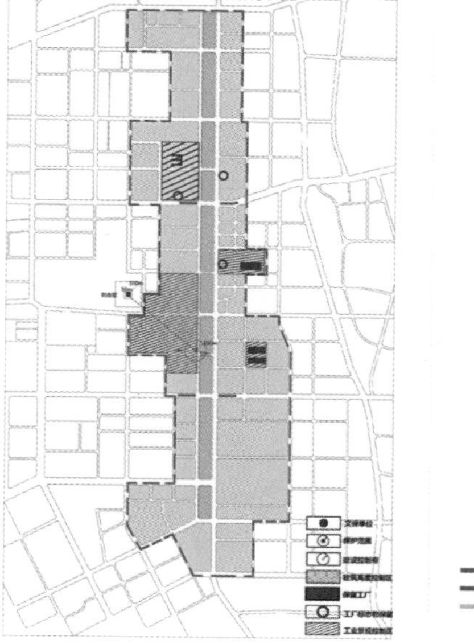

## 核心区界面引导图

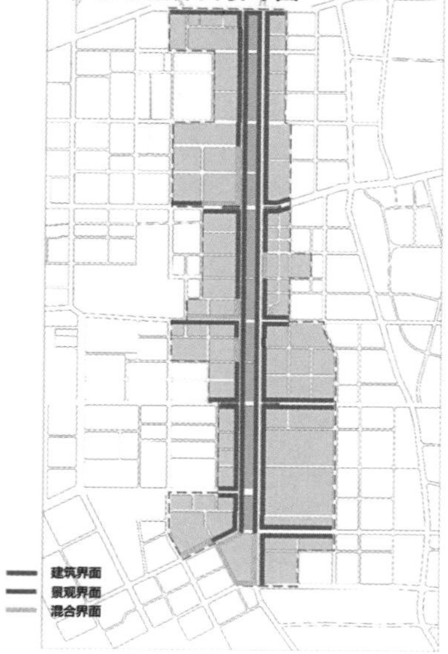

## 城市设计引导——标志物

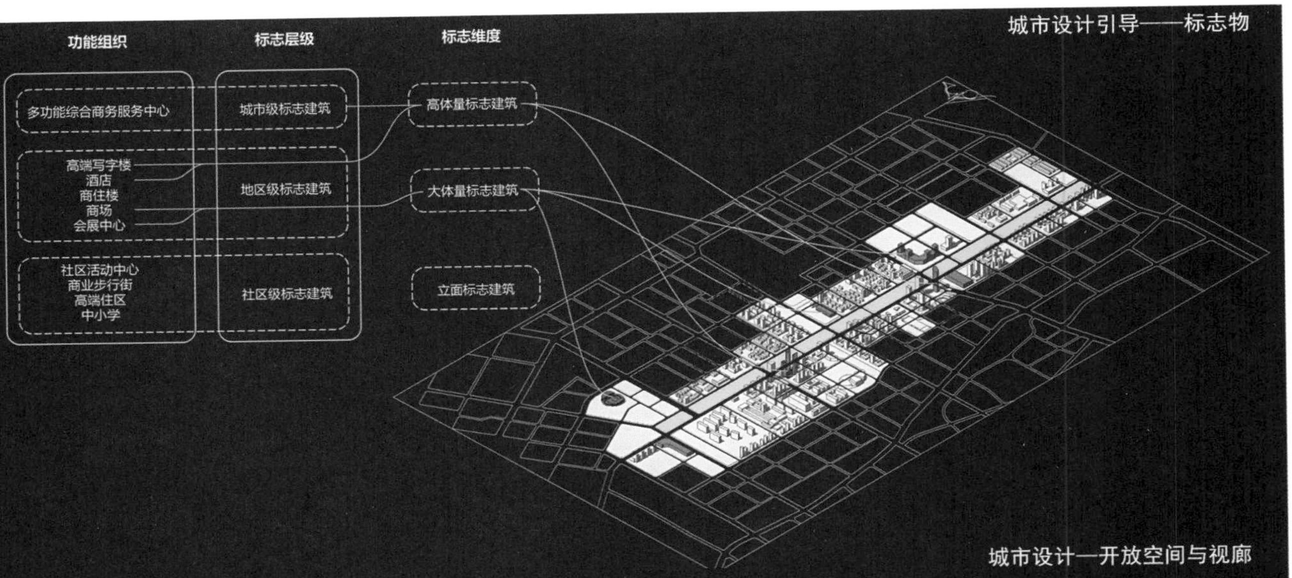

功能组织
标志层级
标志维度
多功能综合商务服务中心
高端写字楼
酒店
商住楼
商场
会展中心
社区活动中心
商业步行街
高端住区
中小学
城市级标志建筑
地区级标志建筑
社区级标志建筑
高体量标志建筑
大体量标志建筑
立面标志建筑


## 城市设计—开放空间与视廊

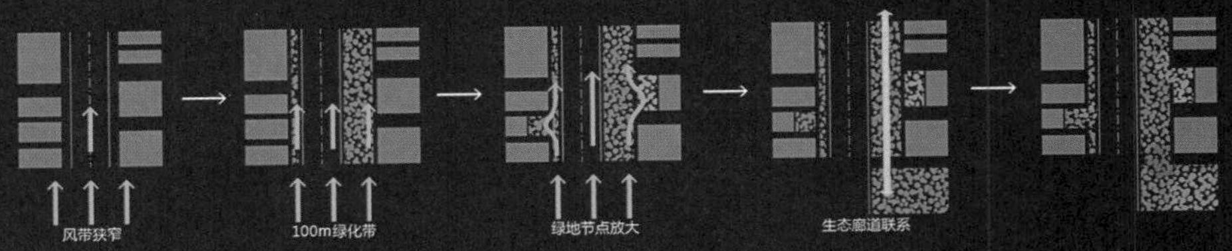

风带狭窄
100m绿化带
绿地节点放大
生态廊道联系


1 景观通廊

联系各个景观绿化节点，形成联系东西的绿色通廊，将城内景观与浐河景观串联起来，作为片区内主要的绿色景观通廊。

2 视线通廊

华清路、长乐路、咸宁路三条快速路道路宽阔、兼作城市形象、景观形象展示，是联系城内城外的重要视线通道，同时也是重要城市景观展示面。

3 生态风道

依托生态景观通廊作为来自浐河的东北自然风，作为降低城区热岛效应的重要生态通道。

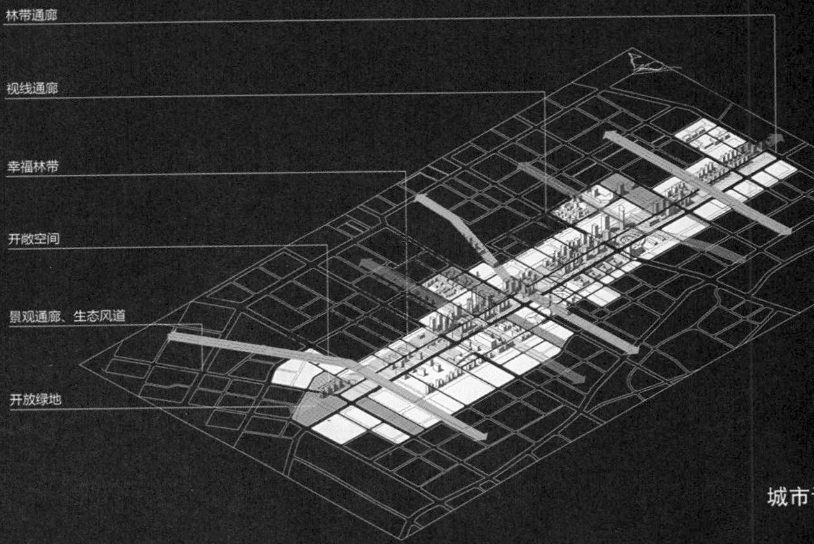

林带通廊
视线通廊
幸福林带
开敞空间
景观通廊、生态风道
开放绿地


## 城市设计—天际线

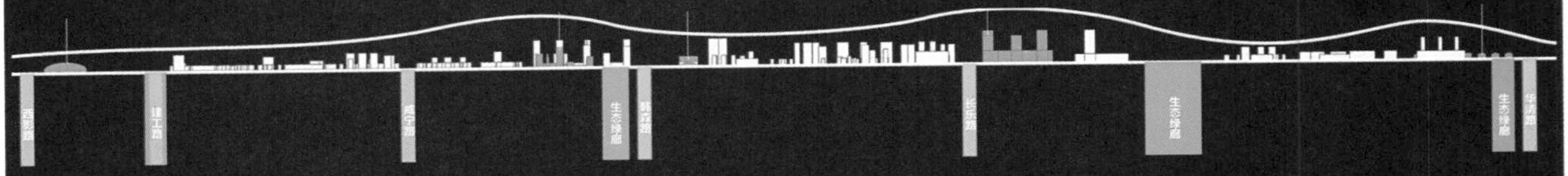


A-A剖面

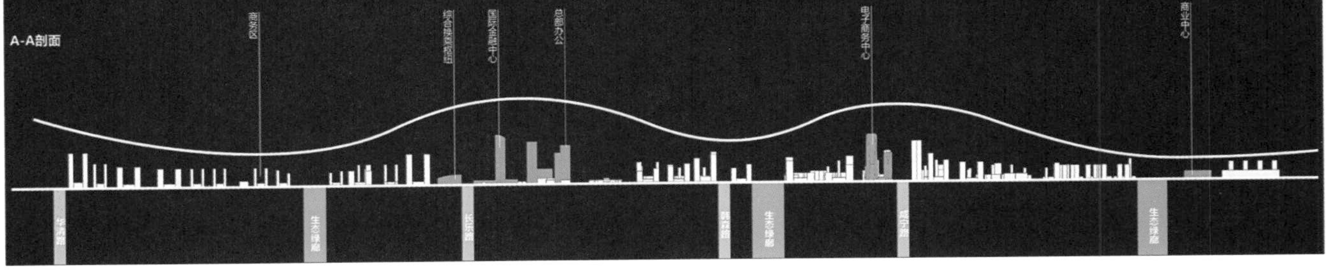

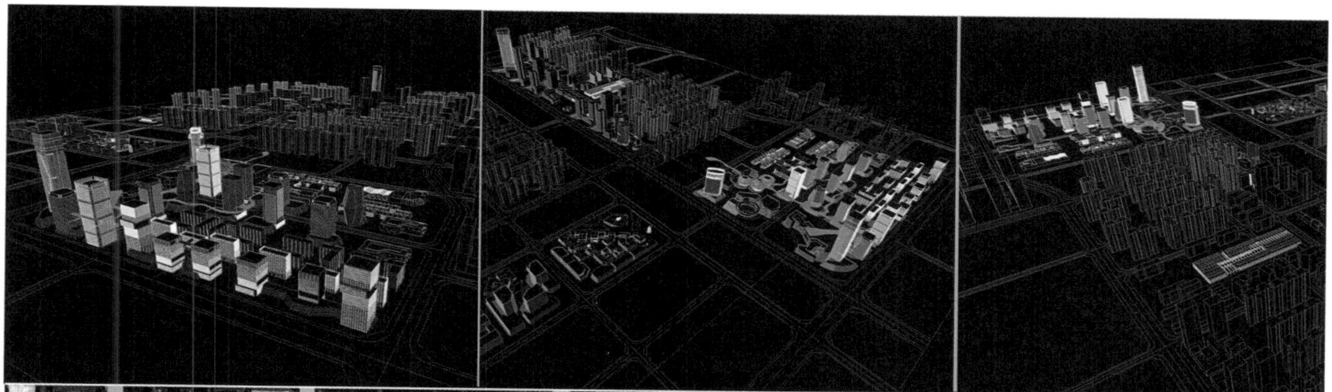

片区城市设计总体方案

# 文化合集

CULTURAL COMBINATION

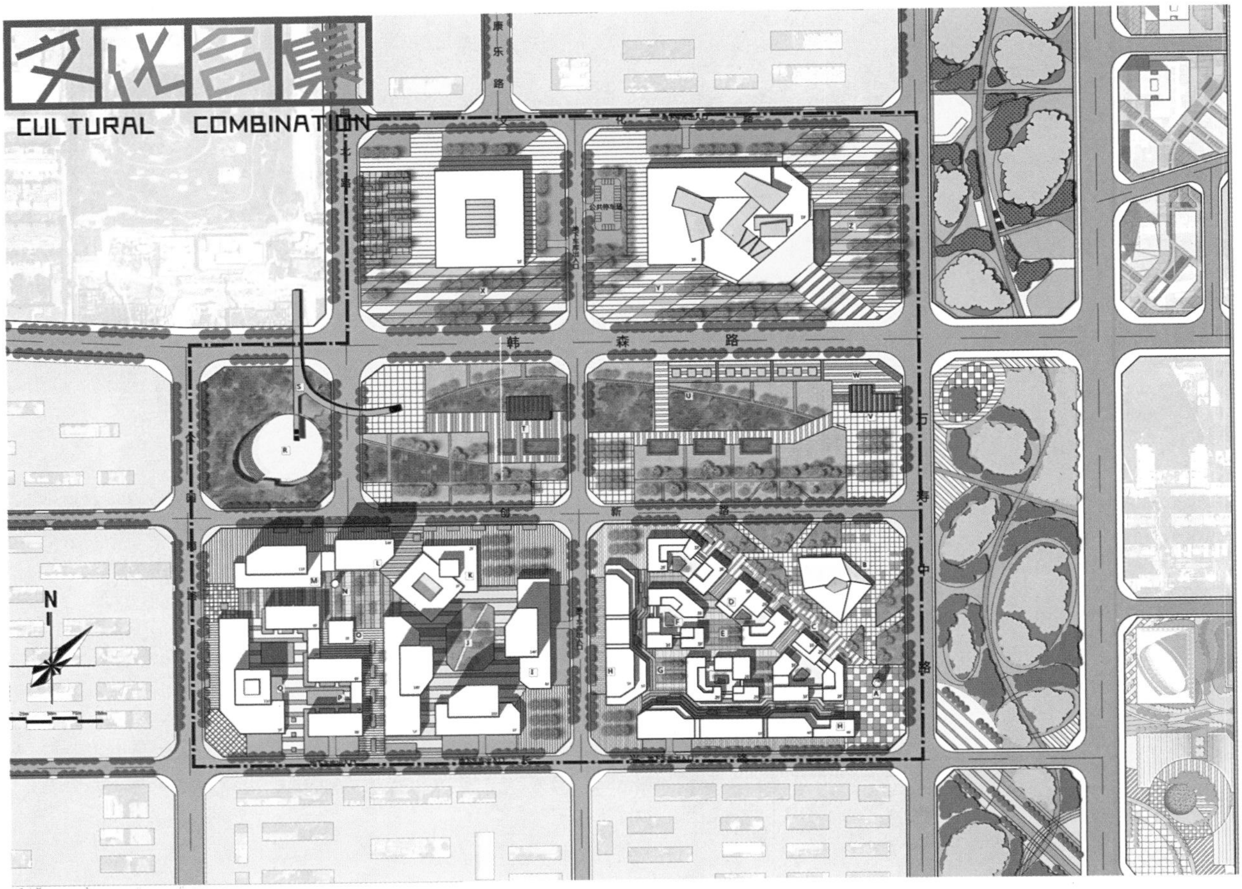


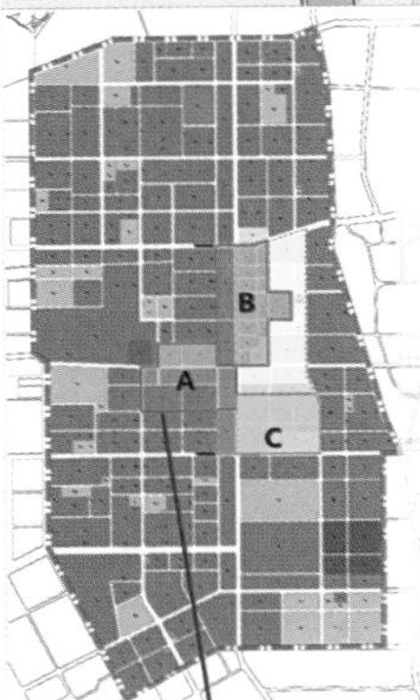


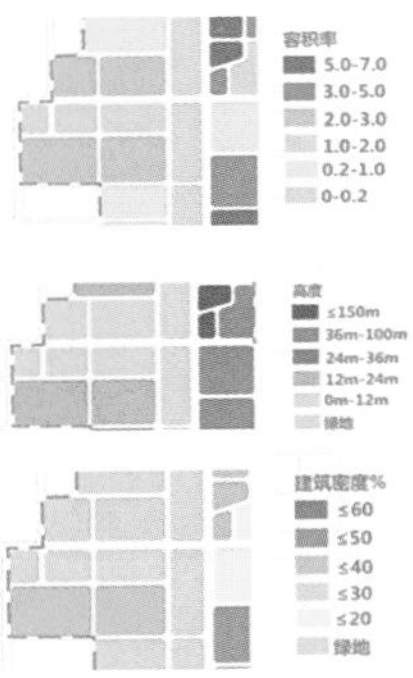


## 规划结构图

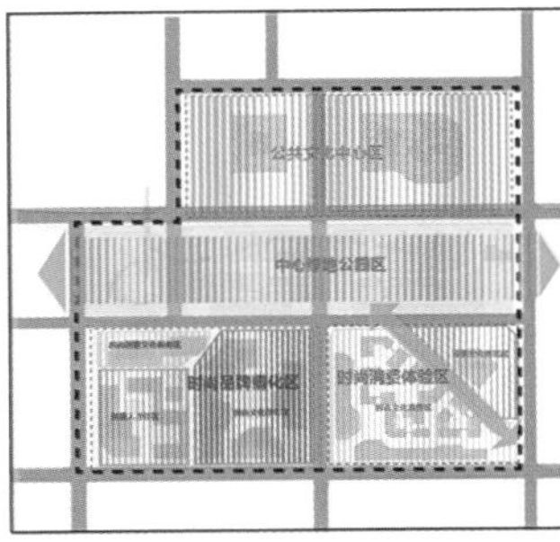


## 开放空间系统图

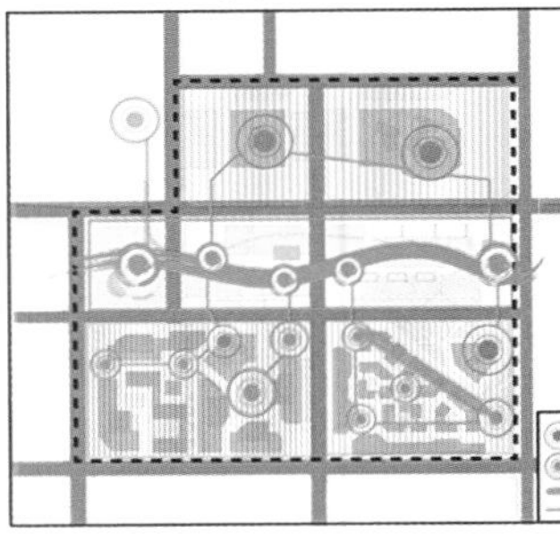

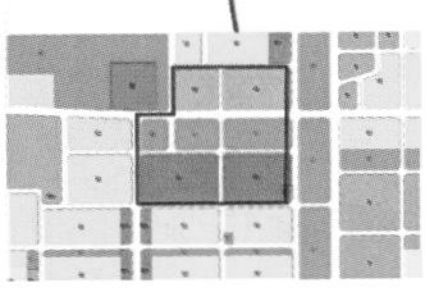

用地范围：西临公园南路，位于规划核心绿地廊道西侧，内部有主干道韩森路穿过。

用地面积：42.23ha

## 综合现状评价图

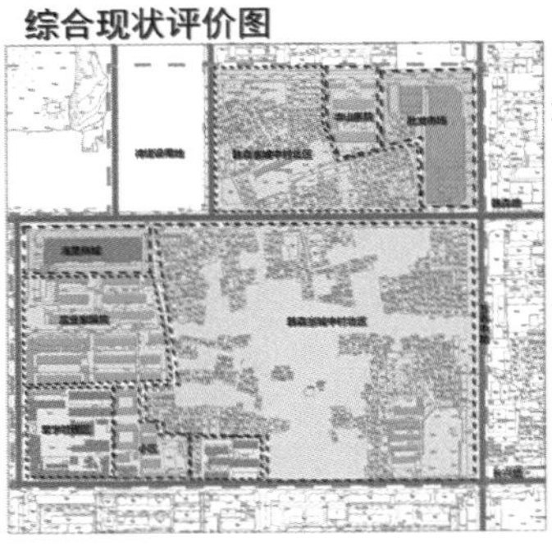

现状用地以拆迁中的城中村为主，需要考虑的是军事管理区须作为独立功能板块去开发。

规划理念：文化合集，多元的文化活动载体

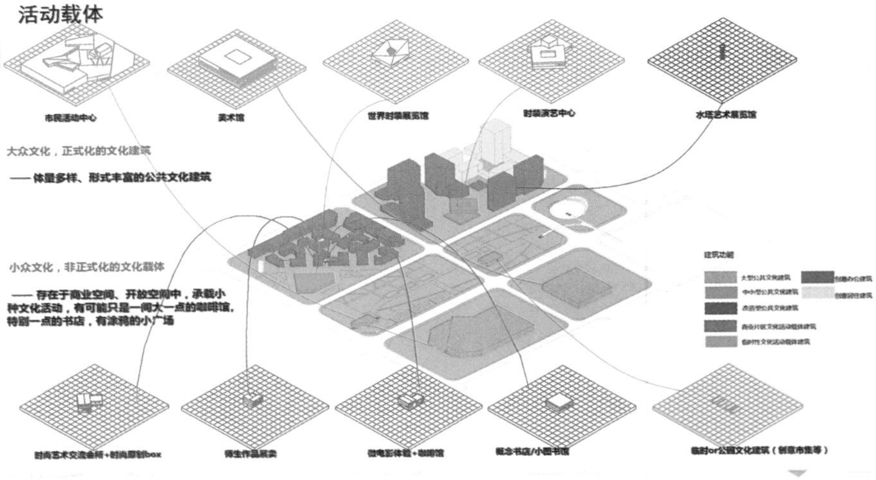

小型演艺

时尚创意市集

多样的线下公共活动

跳蚤市场

摇滚表演

小时装艺术节

小型产品发布会

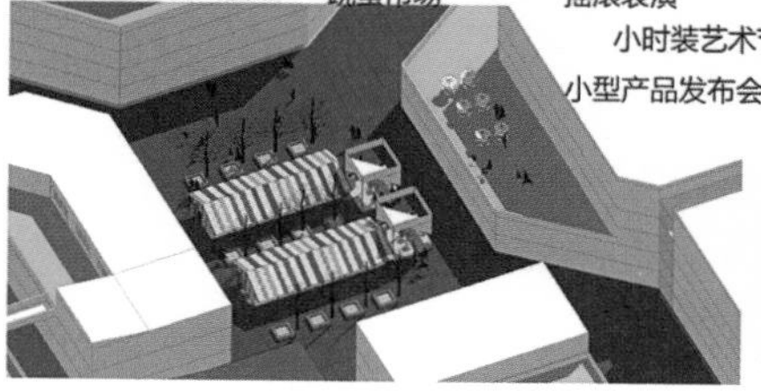

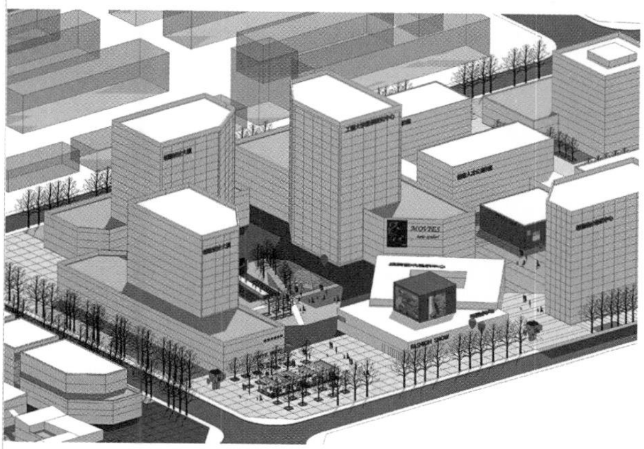

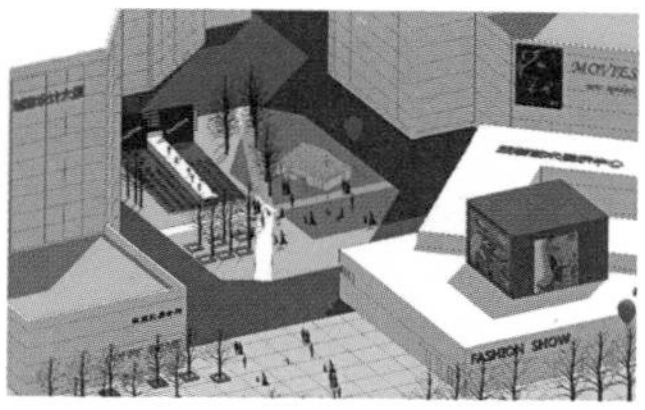

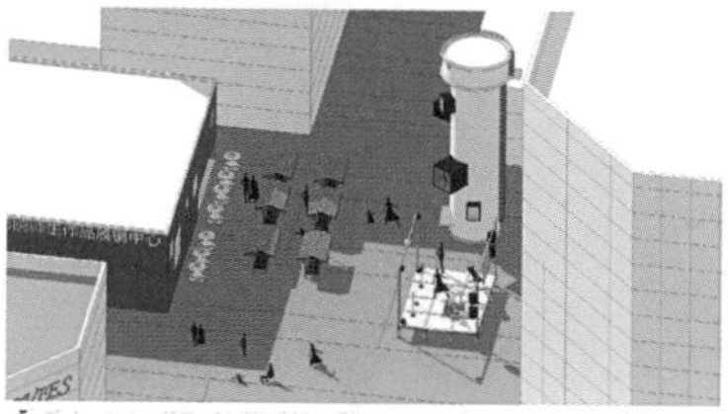

**总平面图**

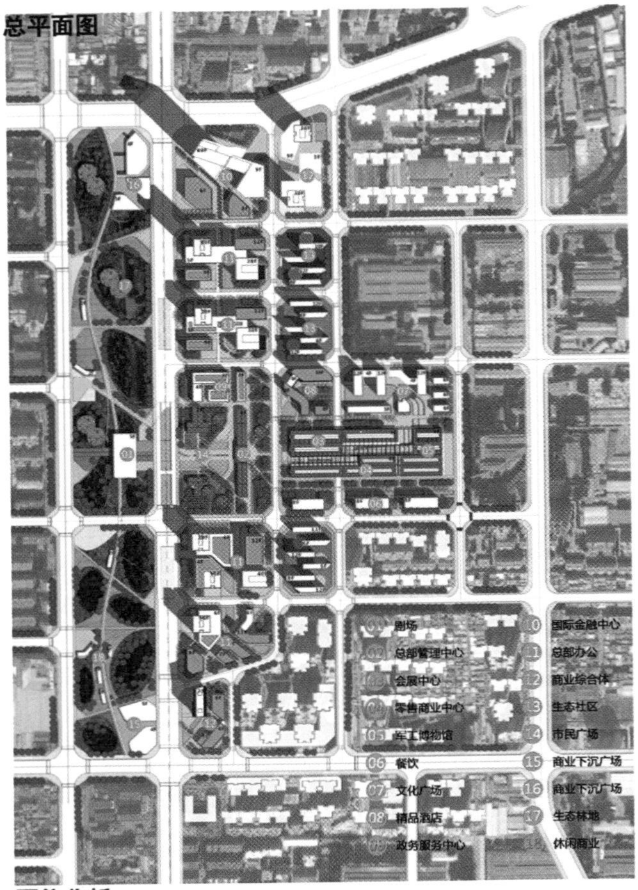

**区位分析**

市域区位

| 01 剧场 | 10 国际金融中心 |
| 02 总部管理中心 | 11 总部办公 |
| 03 会展中心 | 12 商业综合体 |
| 04 零售商业中心 | 13 生态社区 |
| 05 岁工地博物馆 | 14 市民广场 |
| 06 餐饮 | 15 商业下沉广场 |
| 07 文化广场 | 16 商业下沉广场 |
| 08 精品酒店 | 17 生态林地 |
| 09 政务服务中心 | 18 休闲商业 |

**EcoCBD** URBAN 总部之家

**发展背景**

**地块选择**

长乐路
万寿路　幸福路
韩森路

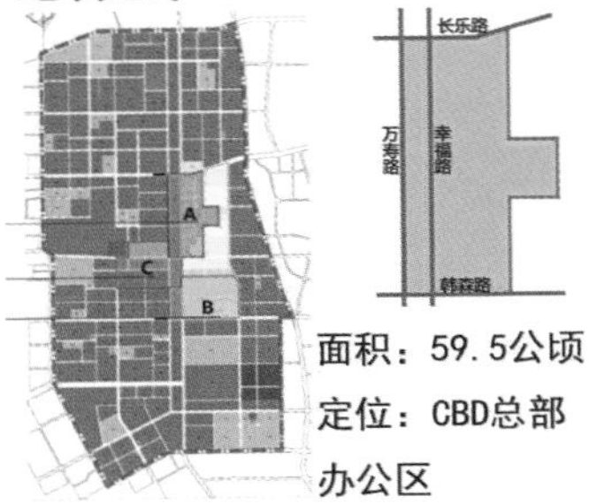

面积：59.5公顷
定位：CBD总部
办公区

**总部办公模式研究**

CBD核心区
（总部办公）

生活居住
（生活支撑）　　商务办公　　商业娱乐
（服务支撑）

行政办公　总部办公　辅助办公

综合体

核心办公单元

生活功能
服务功能

新型CBD总部办公区

**现状分析**

用地现状

建筑现状

绿化现状

道路现状

交通现状

土地现状

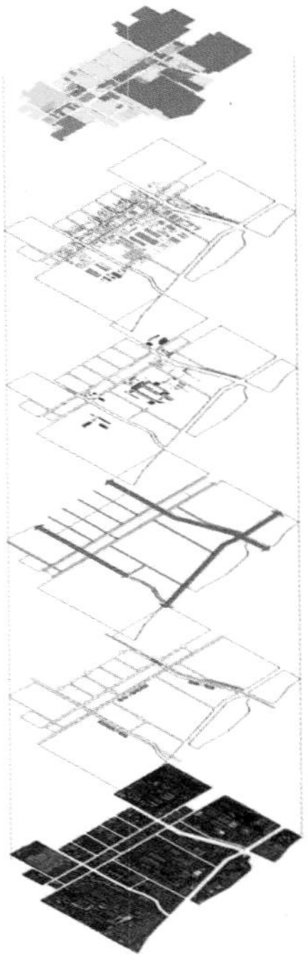

　　工业用地指标过高；现状厂房建筑可大量拆除；公共开放绿地面积严重不足；东侧道路缺失；东侧公共交通亟待完善，现状工厂区可大量更新为城市建设用地。

**系统构建**

CBD办公楼　商务服务轴

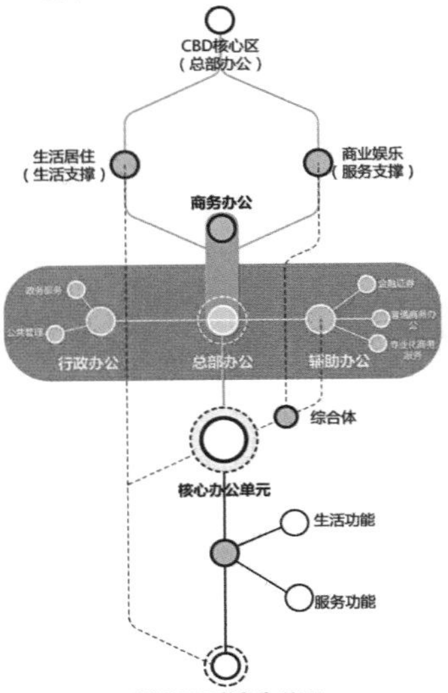

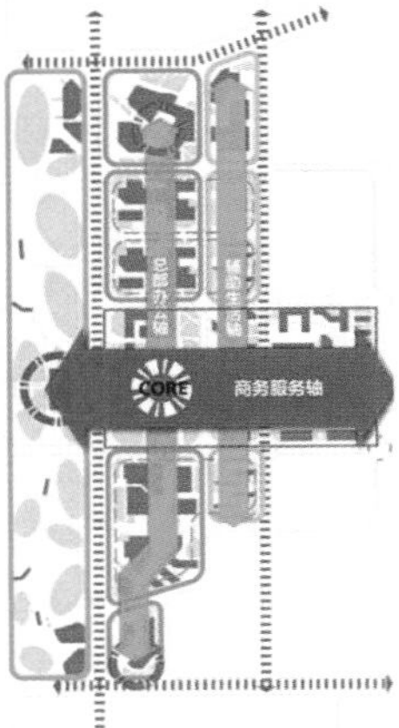

功能结构　　　　绿地结构　　　　道路结构　　　　交通结构

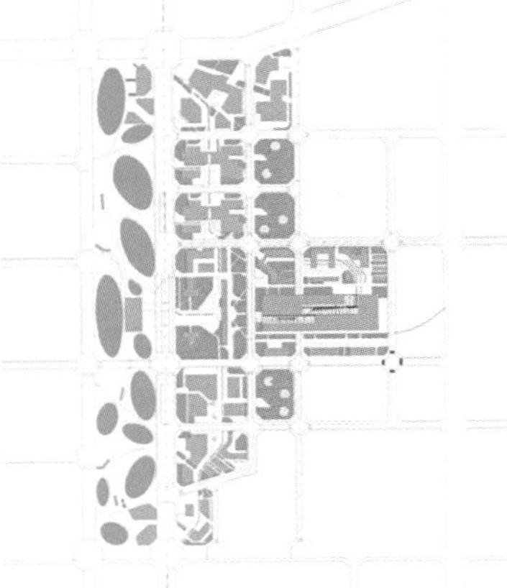

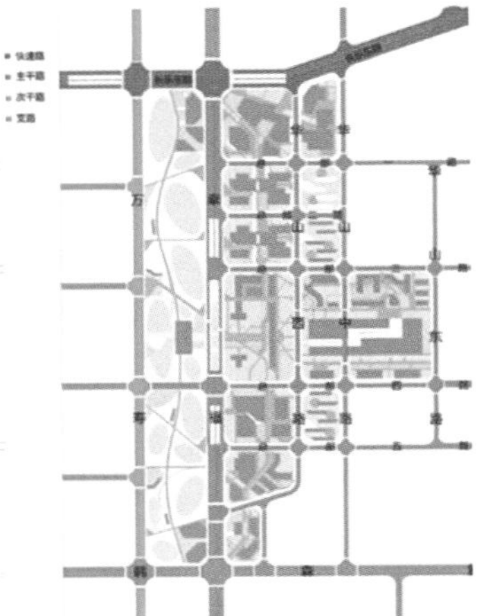

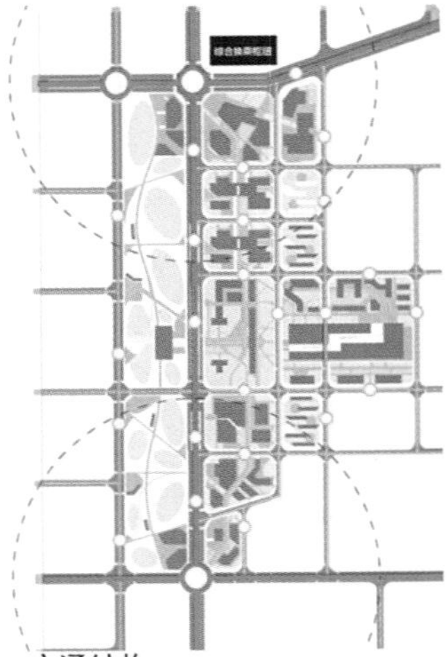

商务办公板块支撑
国际金融中心
会议中心
零售商业中心
总部办公
后勤
梦幻剧场
行政管理
酒店旅馆
会展中心
金融办公
辅助办公
博物馆
生态居住
商业中心
零售餐饮
总部办公A
金融中心
总部办公B
商业中心
生态支撑
01 总部生态步行廊道
02 生态市民广场
03 生态商业步行街
04 总部办公生态公园
05 生态信息广场
06 雨水公园
07 主要绿化渗透轴
08 总部办公发展轴
09 次要绿化渗透轴
平台：不同尺寸和材料的生态平台，适应自然与人类生活的各种需求。
流动：自然与人的动态活动。
01 梦幻剧场
02 生态市民广场
03 社区生态公园
04 市民活动广场
05 休闲娱乐中心
06 地铁商业
07 花卉公园
中水循环
集合住宅
地下水
酒店
商务办公
绿化灌溉
污水
中水处理
传统中水处理方式缺乏效率和对日益减少的地下水资源的保护。
居住产生较大的污废水，利用其进行中水处理再利用可以同时补充酒店及办公的用水不足问题，并让中水处理设施得到有效利用。

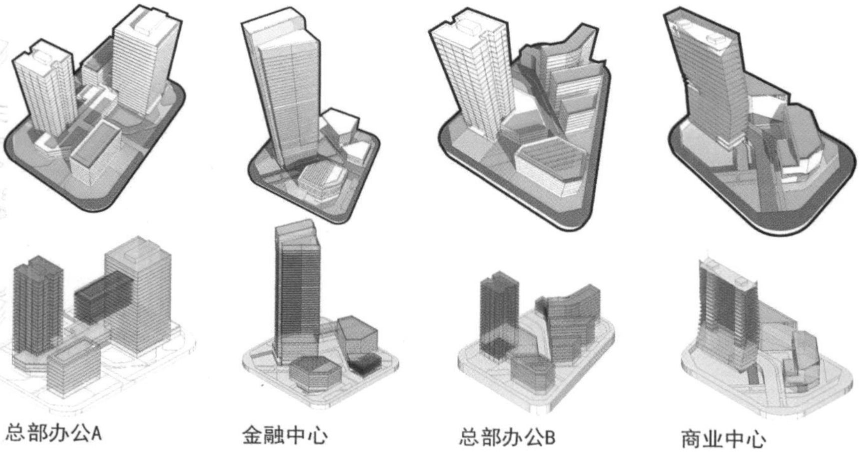

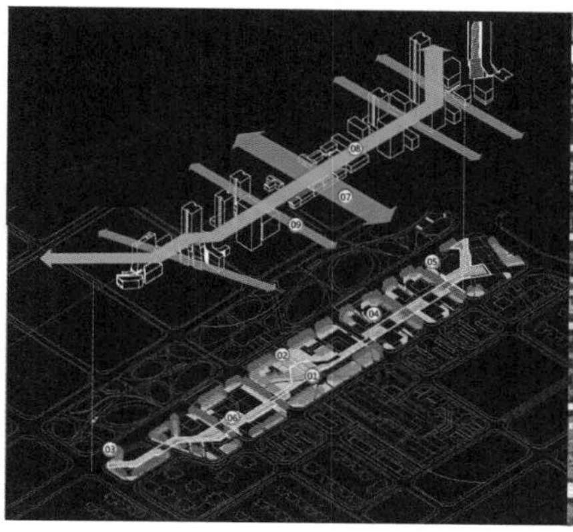

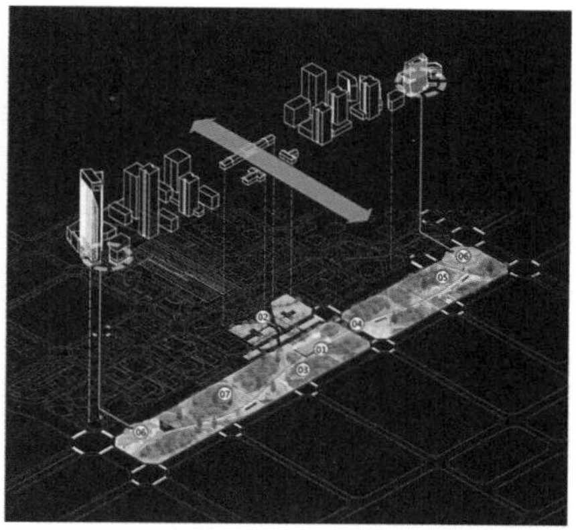

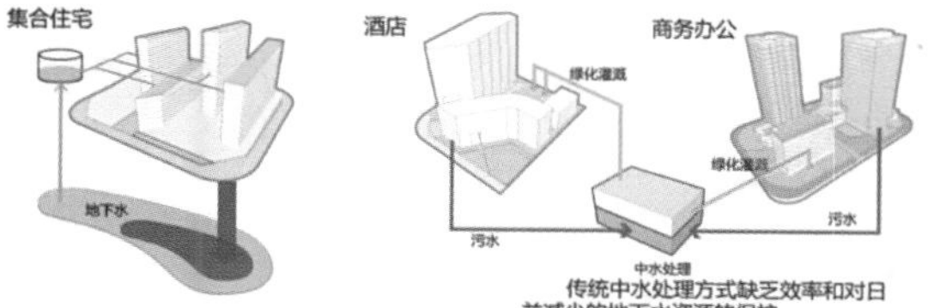

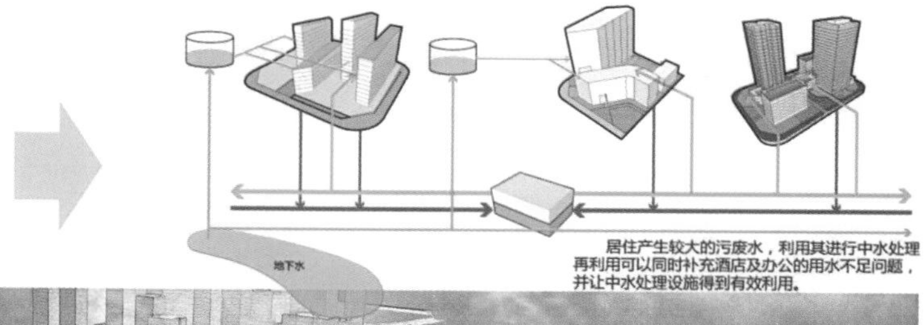

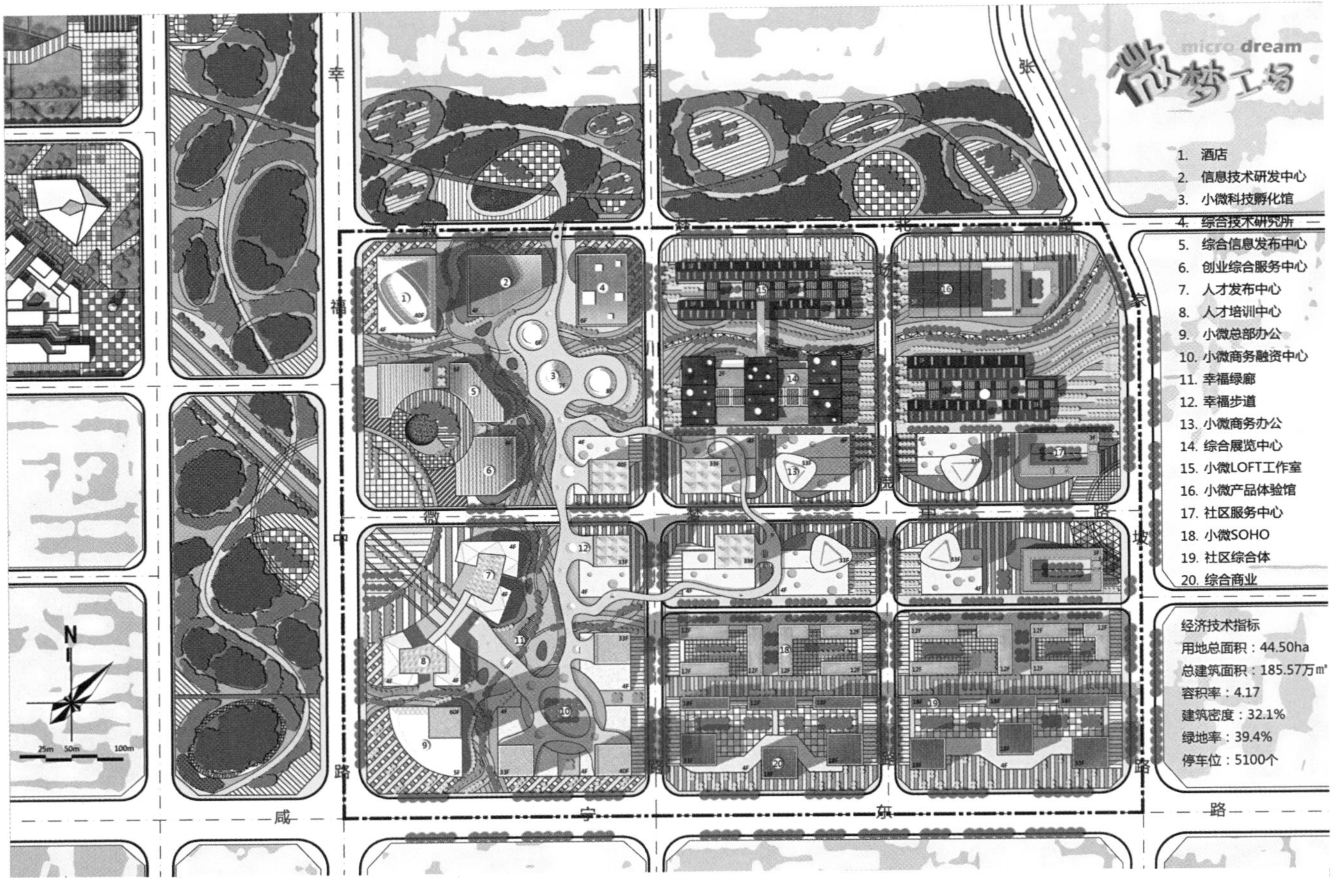
micro dream
微梦工场
1. 酒店
2. 信息技术研发中心
3. 小微科技孵化馆
4. 综合技术研究所
5. 综合信息发布中心
6. 创业综合服务中心
7. 人才发布中心
8. 人才培训中心
9. 小微总部办公
10. 小微商务融资中心
11. 幸福绿廊
12. 幸福步道
13. 小微商务办公
14. 综合展览中心
15. 小微LOFT工作室
16. 小微产品体验馆
17. 社区服务中心
18. 小微SOHO
19. 社区综合体
20. 综合商业
经济技术指标
用地总面积：44.50ha
总建筑面积：185.57万㎡
容积率：4.17
建筑密度：32.1%
绿地率：39.4%
停车位：5100个
幸福中路
咸宁东路
N

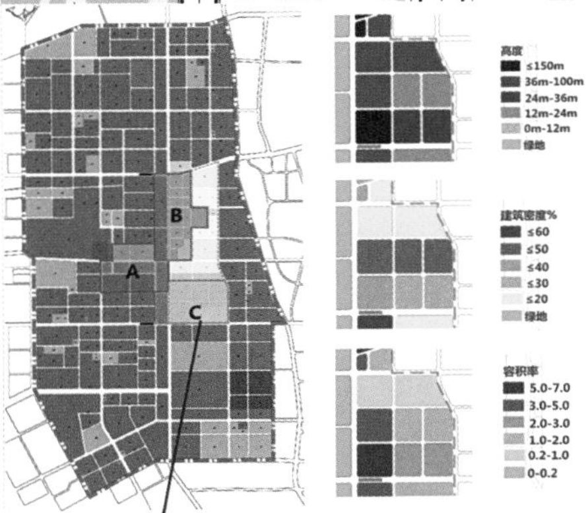


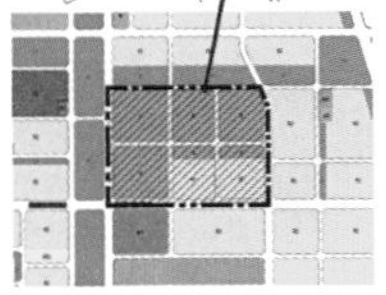

用地范围：西临幸福中路，南临咸宁东路，位于规划核心绿地廊道南侧。

用地面积：44. 50ha

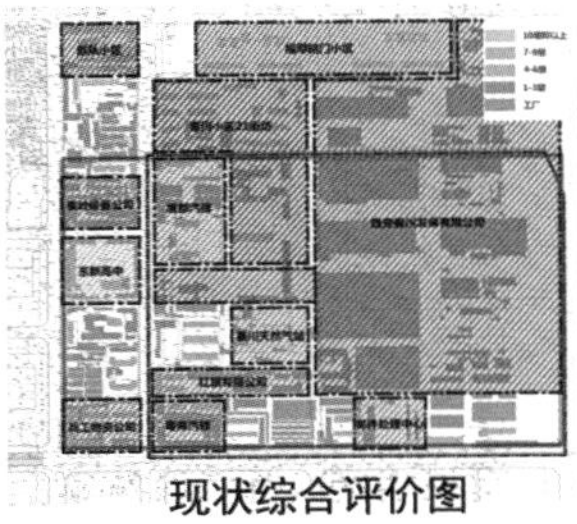

现状综合评价图

地块潜力：

1. 可用空间
2. 政府寻租空间大
3. 厂房分期发展使用
4. 多样建筑元素可能

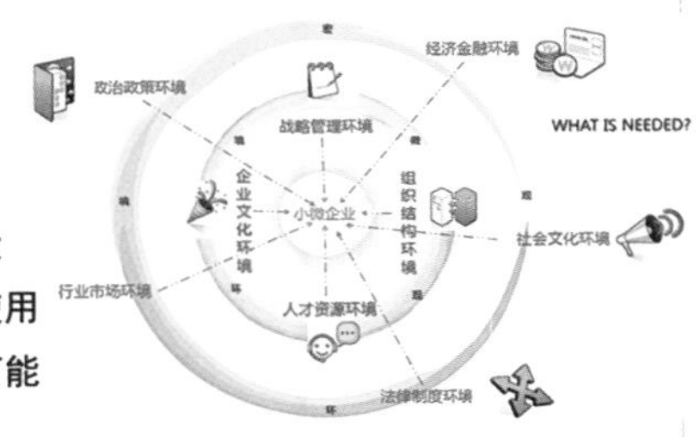

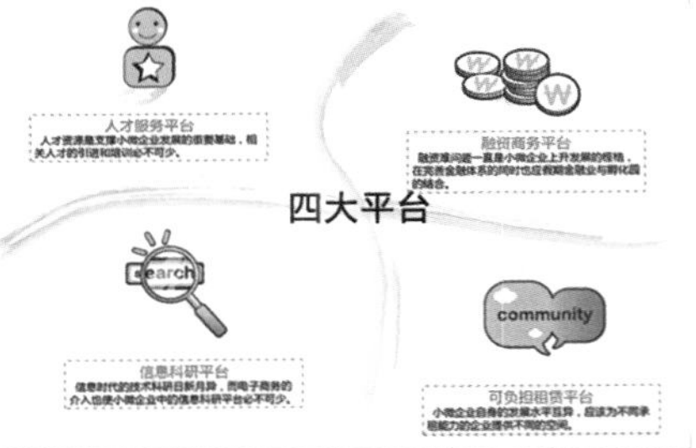

空间生成

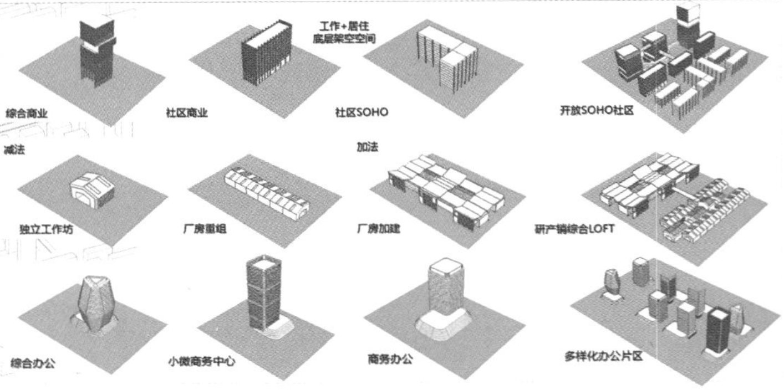

micro-dream
微梦工坊

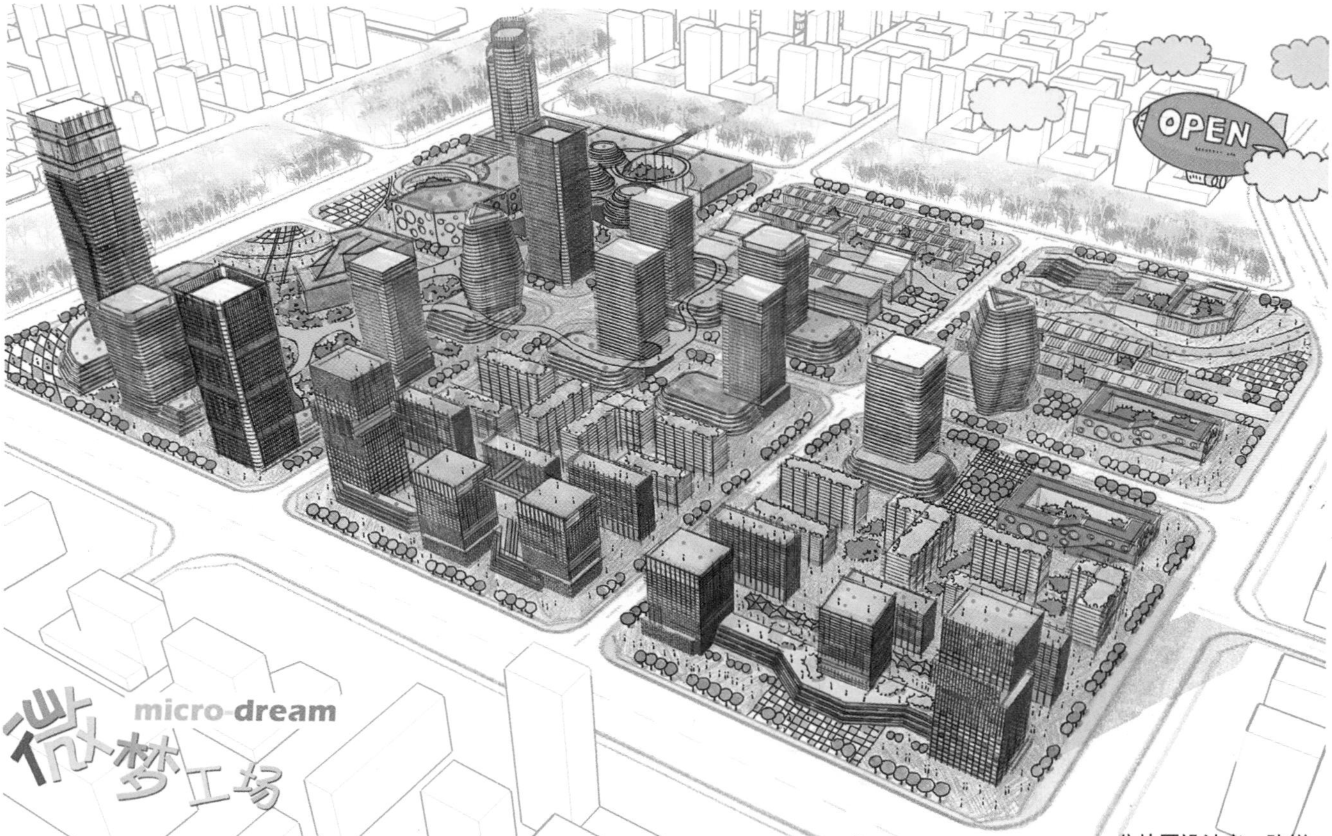

分片区设计者：陈锐

早期小微SOHO园区中艰辛创业之路

中期小微LOFT工作坊中迅速成长

一个微梦的孵化

**1**st Step

**2**nd Step

小微企业到中大型企业的蜕变

**3**rd Step

后期小微商务办公区高效运行

**4**th Step

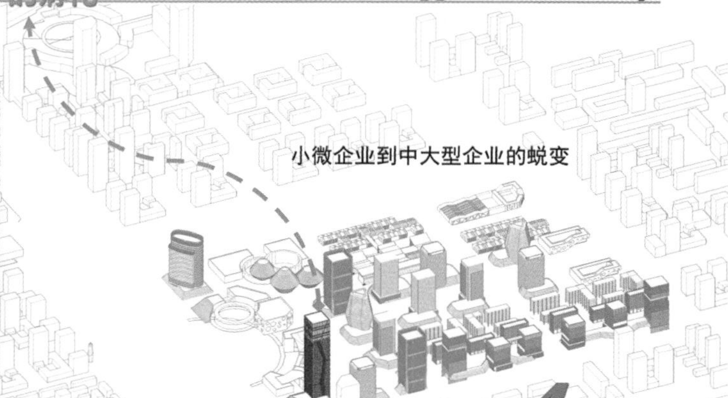

UC4

西安建筑科技大学
Xi´an University of Architecture and Technology
设计者：陈哲怡　杜江　应婉云

# 体验·缝合·幸福

## 新生与发展——西安幸福林带核心区城市设计

Regeneration and Development - Urban Design of the Xingfu Lindai core area in Xi'an

指导教师：尤涛　邸玮

在本次规划设计中，我们以“体验·缝合·幸福”为主题，通过对幸福林带片区现状及上位规划的综合研究，聚焦“激活地区活力”这一目标，提出以“文化要素与生态要素的体验与缝合，创造城市活力核，激发地区发展潜力”的设计概念。最终通过城市总体规划、核心区城市设计和重点地段详细设计三个层次提出我们对于幸福林带片区城市设计的思考和探索。

### 课题背景/PROJECT BACKGROUND

西安幸福林带规划于20世纪50年代。1953年，由苏联援建的东郊“军工城”成为西安工业布局和城市建设的重要内容。规划以中间百余米宽的绿化带为隔离，东侧为军工企业厂区，西侧为配套生活区，中间的绿化隔离带即为幸福林带。但因工程浩大，建设资金不足，幸福林带未能根据规划与两侧的工业区和生活区同步实施。幸福林带在之后的西安历次城市总体规划修编中均予以了保留，但一直未能真正建成，长期以来处于有“带”无“林”的状况。目前幸福林带内80%的区域基本都是棚户区、临建市场，其余20%主要分布着六大军工企业的配套生产企业。幸福林带片区内整体基础设施较差，城市服务功能不健全，与相比邻的中心城区、城东浐灞新区的新城面貌差异较大。2008年6月，西安市第四次总体规划中确定将幸福林带的性质转变为城市公园绿地。目前，幸福路部分街区的综合改造工程已实质性启动，幸福林带建成后将成为西安城区最大的“绿色走廊”。

### 技术路线/TECHNICAL ROUTE

| | |
|---|---|
| 中期回顾 RETROSPECT OF MID-TERM | 区位 / 历史文脉 / 产业 / 目标/理念/定位 / 策略：产业 / 策略：生态 / 策略：文化 |
| 规划目标与理念 TRAGET & IDEA OF PLANNING | 概念阐述 / 规划目标 / 规划策略 |
| 片区城市规划 AREA URBAN PLANNING | 片区城市规划结构及用地 / 片区城市规划系统构建<br>规划结构生成/土地利用规划调整/道路系统/快速交通系统/慢行交通系统/生态系统/居住系统/公共服务系统/商业服务系统 |
| 核心区城市设计 CORE AREA URBAN DESIGN | 核心区范围 / 核心区景观结构 / 核心区设计理念 / 核心区城市设计控制要素<br>标志/节点/路径/廊道/界面/开放空间/色彩/历史文化景观/开发强度/ |
| 重点地段城市设计 KEY SECTIONS URBAN | 个人选地 / 上位控制 / 详细设计 |

### 规划目标与理念/TRAGET & IDEA OF PLANNING

定性定位

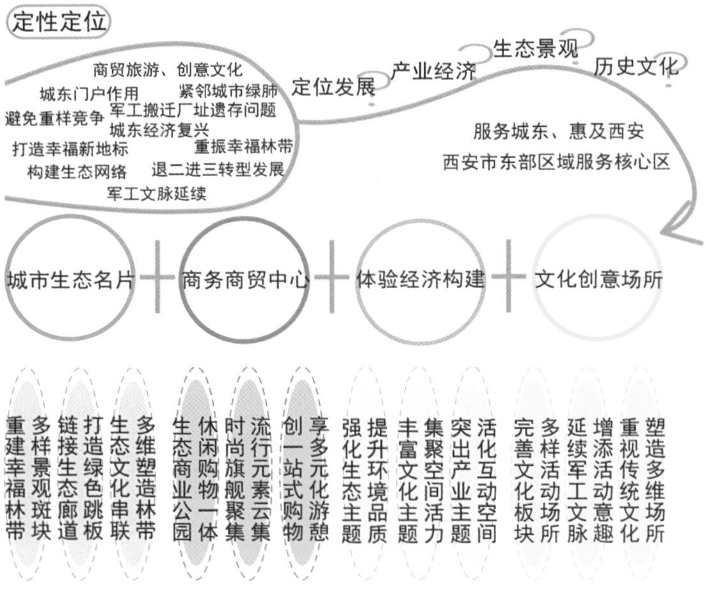


规划功能目标

以集中商业、文化创意、生态休闲为核心功能，融合公共服务、特色商业、居住等，实现土地复合利用，缝合并带动林带两侧发展，打造多元化、多样性的西安城市东部区域服务功能核心片区。

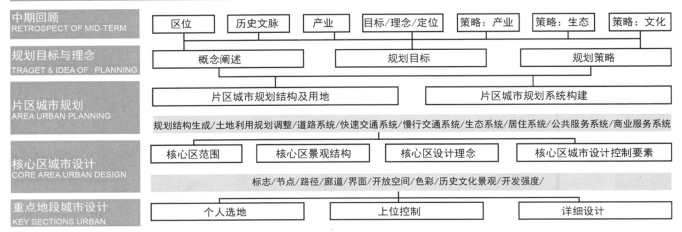

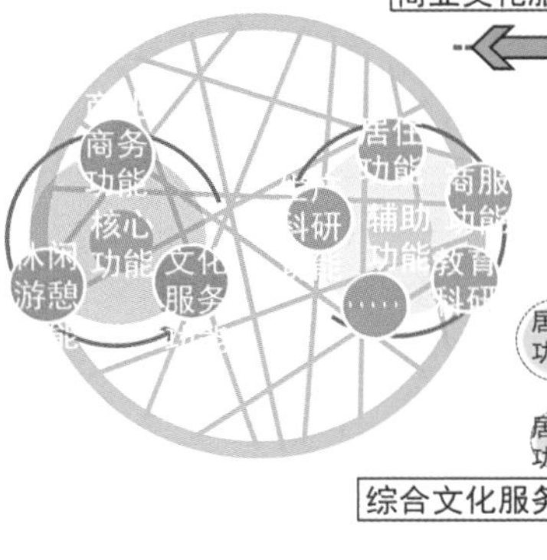


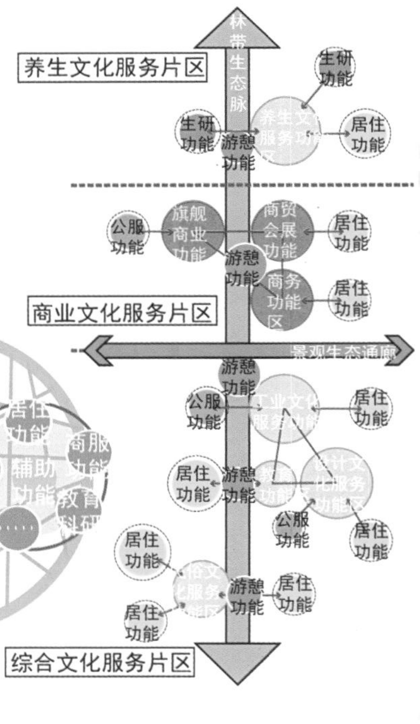

## 文化目标与策略

高教文化载体
作为产业发展
军工文化载体
选择性保留
市井、民俗文化载体
整合重构、空间组织
社区文化载体
选择性改造、社区文化

养生文化体验片区
依托：中药饮片厂、杨森制药厂、市井文化活动空间

旗舰商业文化体验片区
依托：西光厂、市井文化活动空间

生态休闲文化体验区
依托：市井文化活动空间、社区文化集合区

工业文化体验片区
依托：泰川机械厂、社区文化活动空间

创意设计文化基地
依托：东方机械厂、社区文化、各类高等院校

民俗文化体验片区
依托：市井文化活动空间、市井文化活动集合区

高校 文化 文化
军工 载体 载体
文化 提取 空间
民俗
文化社区
文化

产业 文化 文化
经济 载体 活动
人文 空间 串联
活力
活力 休闲 文化
生态 活动
活动 体验
体验 生态

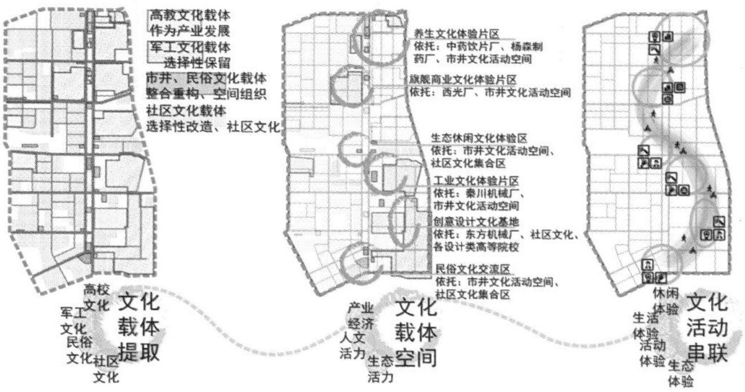

### 理念阐释 "体验·缝合·幸福"

**Q1: "体验"什么？**
A: 体验文化·体验生态 —— 在总体城市规划层面，将文化和生态的主题融入城市规划各个层面中，突出系统特色，营造可认知、可参与、可感受的城市空间。

**Q2: "缝合"什么？**
A: 缝合文化·缝合生态——在片区城市设计层面，将文化空间与生态空间进行有机的融合与协调，达到相互影响，互相促进的效果。

**Q3: 怎样的"幸福"？**
A: 文化多样，生态良好，空间感受宜人而有趣的幸福城市。

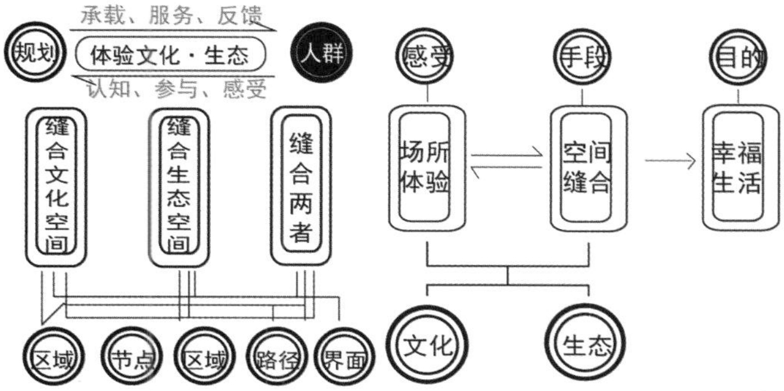

承载、服务、反馈
规划 — 体验文化·生态 — 人群 — 感受 — 手段 — 目的
认知、参与、感受

缝合文化空间 / 缝合生态空间 / 缝合两者 / 场所体验 → 空间缝合 → 幸福生活

区域 节点 区域 路径 界面 文化 生态

### 体验文化·体验生态

STEP 1 置入体验主题
STEP 2 生成体验功能
STEP 3 生成体验空间
STEP 4 策划体验活动
STEP 5 形成体验场所

体验生态　体验文化

养生文化
商业文化
韩森公园
万寿公园
创意文化
民俗文化

幸福林带
总部文化
街角公园

### 缝合文化·缝合生态

STEP 1 功能的配合
STEP 2 空间的融合
STEP 3 活动的贯穿
STEP 4 形成体验场所

养生体验园 / 总部基地 / 创意基地
幸福林带 / 旗舰商业 / 韩森公园 / 万寿公园 / 民俗体验

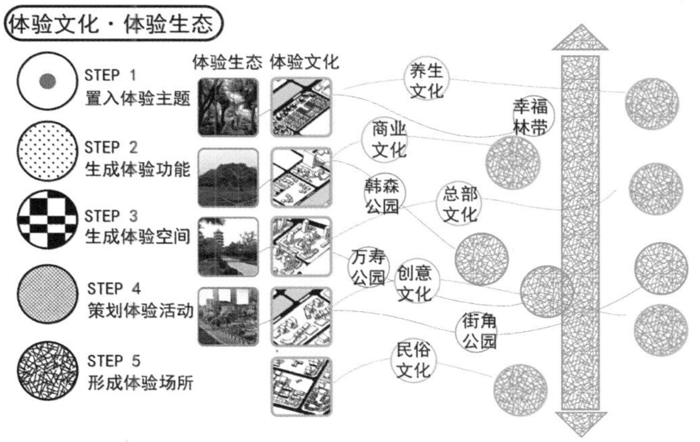

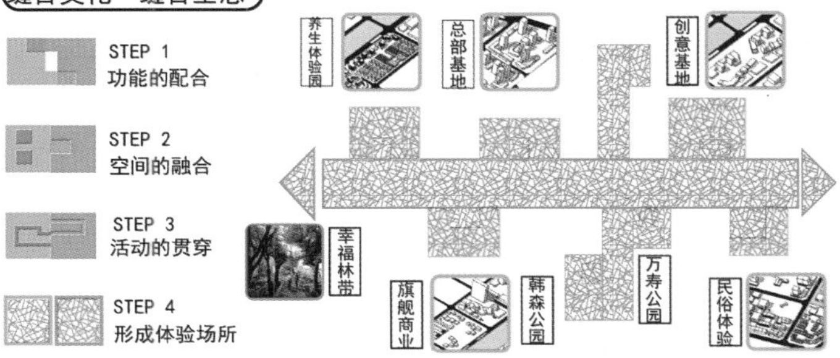

## 规划生态目标与策略

First. 连接城市生态网络

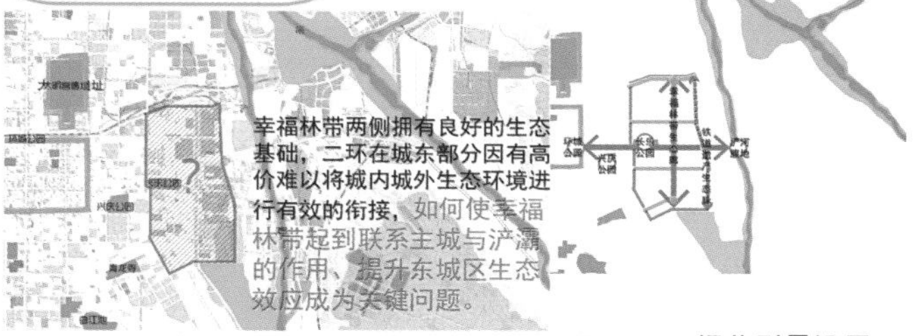

幸福林带两侧拥有良好的生态基础，二环在城东部分因有高价难以与城内城外生态环境进行有效的衔接，如何使幸福林带起到联系主城与浐灞的作用、提升东城区生态效应成为关键问题。

**Two. 绿色生态构架构建**

—— 主要绿化　—— 次要绿化构架　—— 林带水系

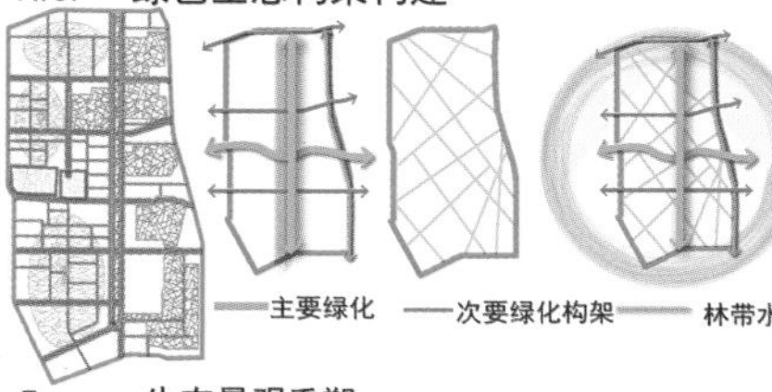

**Three. 绿化引导设置**
设置绿化渗透轴线及引道，形成场地绿化缝合网络。

**Four. 生态景观重塑**

生态连活 —— 将生态融于商业服务、商业体验、文化体验、居住生活中，增强参与性，使人们享受绿色生活。

生态休憩 —— 以幸福林带、韩森路两条生态景观廊道为核心，塑造公共开敞空间、营造生态游憩良好氛围。

生态环境 —— 多种生态处理手法综合运用，保证场地生态效益最大化。

## 功能策略——复合功能组织策略

**文化活动**
商务办公
旗舰商业
购物公园
建筑设计
服装设计
工业设计
艺术创作
设计产品展览
民俗艺术交流
高新产品营销
食药生产
养生体验
科研教育
主题社区活动

**生态活动**
古迹游览
草地音乐节
公园游玩
创意景观展示
慢游散步
骑行
城市农业体验
生态科研
花卉培育与欣赏

图例
◎ 商业文化活动
◎ 养生文化活动
◎ 创意文化活动
◎ 社区文化活动
◎ 休闲性活动
◎ 经营性活动
○ 日常运动
↔ 生态休闲轴线
↔ 文化活动轴线

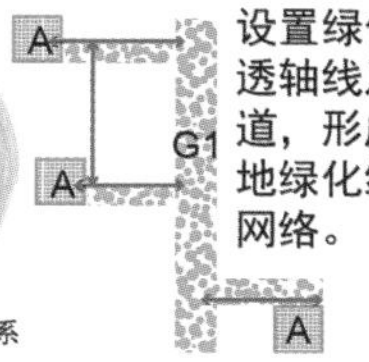

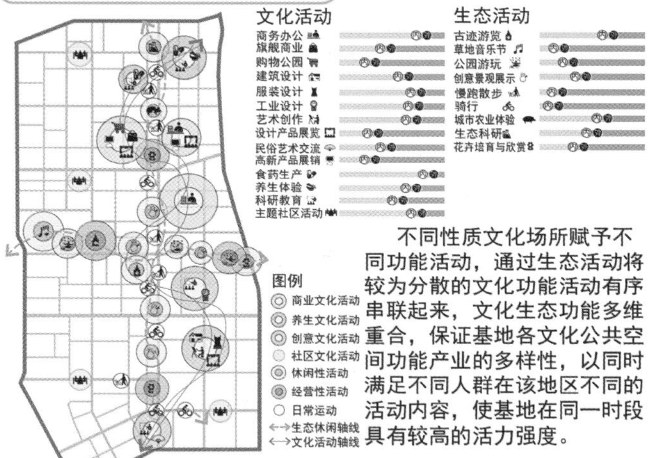

不同性质文化场所赋予不同功能活动，通过生态活动将较为分散的文化功能活动有序串联起来，文化生态功能多维重合，保证基地各文化公共空间功能产业的多样性，以同时满足不同人群在该地区不同的活动内容，使基地在同一时段具有较高的活力强度。

## 功能策略——复合功能组织策略

养生体验
商业中心
生态公园
设计展览
民俗体验

6:00  10:00  12:00  14:00  17:00  20:00

| 人群类型 | 儿童 | 老人 | 艺术家 | 居民 | 游客 |
|---|---|---|---|---|---|
| 活动时间 | | | | | |
| 活动项目 | | | | | |

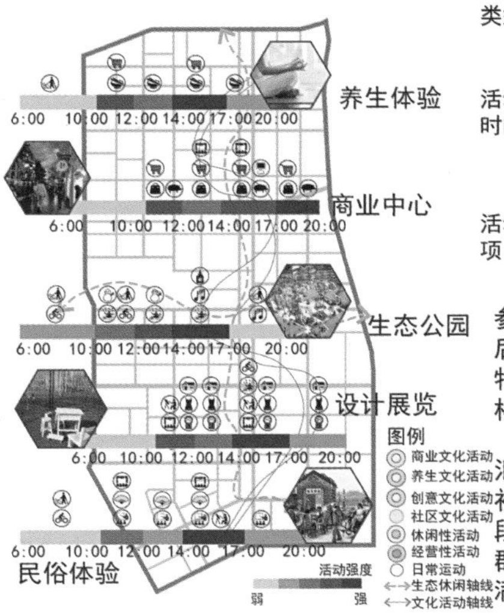

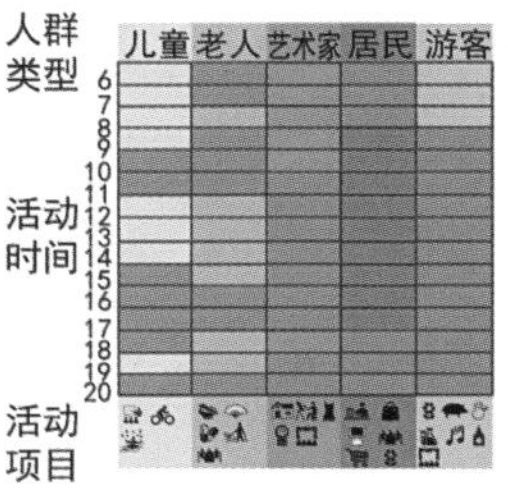

本规划在将基地活动参与人群按类型进行区分后，又根据其活动的时间特征进行了分类，达到多样化活动融合。

力求各种公共空间融汇各种机能，达到功能互补和联动，使能在不同时段支持不同类型的活动人群，使基地长时间处于充满活力状态。

图例
◎ 商业文化活动
◎ 养生文化活动
◎ 创意文化活动
◎ 社区文化活动
◎ 休闲性活动
◎ 经营性活动
○ 日常运动
↔ 生态休闲轴线
↔ 文化活动轴线

活动强度　弱 —— 强

# 片区城市规划/AREA URBAN PLANNING

**开发模式**

| 社会 | 可持续推进开发弹性与适应性 | 经济 | 以复合产业拉动就业提升片区竞争力 | 生态 | 通过综合交通、绿道构建与产业递进三维低污染，达到生态优化的目的 | 文化 | 保护与利用相结合，主题延续，代表性特色提取 |

**开发时序**

新型产业园一期 / 幸福林带 / 市政道路、基础公园 → 城中村改造、一期居住、SOHO、休闲商业、公雁设施 → 二期居住、SOHO / 新型产业园二期 → 商业、公雁、绿地完善

**开发强度**

优质空间（幸福林带、生态节点、开敞空间等）为公共所有，并且控制优质空间的开发强度，再通过局部地段（居住区、商务区、商业区）的高强度开发补偿土地价值。

## 功能结构构思推演

STEP 1 / STEP 2 / STEP 3 / STEP 4 / STEP 5 / STEP 6

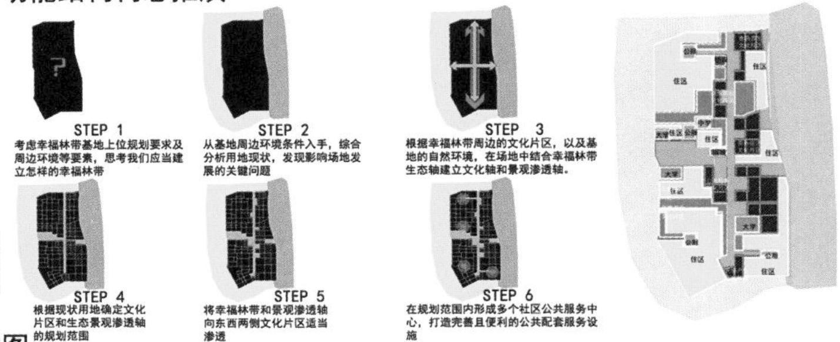

| 用地分类 | 用地面积 (ha) | 用地比例 (%) |
|---|---|---|
| A 公共管理与公共服务用地 | 172.5 | 9.97 |
| A2 文化设施用地 | 66.3 | 3.83 |
| A3 教育科研用地 | 74.8 | 4.32 |
| A31 高等院校用地 | 49.5 | 2.86 |
| A32 中小学用地 | 25.3 | 1.46 |
| A4 体育用地 | 16.3 | 0.94 |
| A5 医疗卫生用地 | 15.1 | 0.87 |
| A7 文物古迹用地 | 9.2 | 0.53 |
| B 商业服务业设施用地 | 287.9 | 16.64 |
| B1 商业设施用地 | 161.3 | 9.32 |
| B2 商务设施用地 | 39.4 | 2.28 |
| BM 商贸用地 | 22.7 | 1.31 |
| B体 体验式商业用地 | 64.5 | 3.73 |
| C 创意产业设施用地 | 71.6 | 4.14 |
| C1 创意产业创作用地 | 25.1 | 1.45 |
| C2 创意产业展示用地 | 18.3 | 1.06 |
| C3 创意产业办公用地 | 6.5 | 0.38 |
| C4 创意产业增值服务 | 10.8 | 0.62 |
| C5 创意产业教育实践 | 10.9 | 0.63 |
| R 居住用地 | 695.0 | 40.16 |
| R2 二类居住用地 | 642.1 | 37.10 |
| RB 商住SOHO公寓用地 | 52.9 | 3.06 |
| G 绿地 | 247.6 | 14.31 |
| G1 公园绿地 | 177.1 | 10.23 |
| G2 防护绿地 | 34.1 | 1.97 |
| G3 广场绿地 | 36.4 | 2.10 |
| M 工业用地 | 30.1 | 1.74 |
| M1 一类公寓用地 | 30.1 | 1.74 |
| S 交通设施用地 | 210.4 | 12.16 |
| S1 城市道路用地 | 203.7 | 11.77 |
| S4 交通场站用地 | 6.7 | 0.39 |
| S42 社会停车场用地 | 6.8 | 0.56 |
| U 公用设施用地 | 6.0 | 0.35 |
| 红线内城市建设用地 | 1730.3 | 100 |

## 功能规划结构图

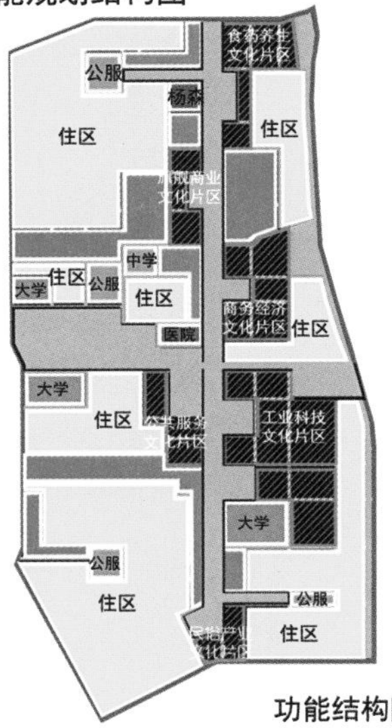

功能结构图 / 规划结构图

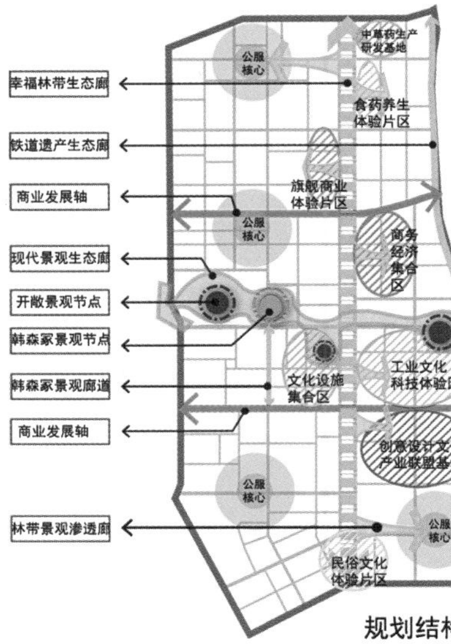

## 道路等级规划图

A-A道路横断面 / B-B道路横断面 / C-C道路横断面 / D-D道路横断面 / E-E道路横断面 / F-F道路横断面 / G-G道路横断面

### 图例

文化设施用地 / 教育科研用地 / 体育用地 / 医疗卫生用地 / 文物古迹用地 / 商业设施用地 / 商务设施用地 / 商贸设施用地 / 体验式商业用地 / 创意产业创作用地 / 创意产业展示用地 / 创意产业办公用地 / 创意产业增值用地 / 创意产业教育实践 / 二类居住用地 / 商住SOHO公寓用地 / 公园绿地 / 防护绿地 / 广场绿地 / 一类工业用地 / 城市道路用地 / 社会停车场用地 / 公用设施用地

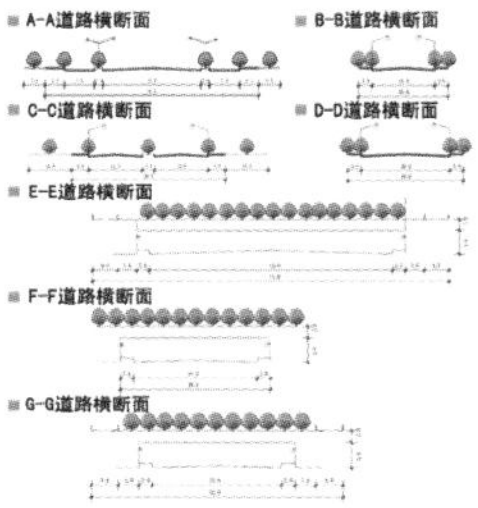

## 交通系统规划图 Part 1
### 快速交通系统规划

道路等级规划图 / 地铁线路规划图 / 公交线路规划图

## 交通系统规划图 Part 2
### 慢行交通系统规划

>>STEP:1 / >>STEP 2 / >>STEP 3

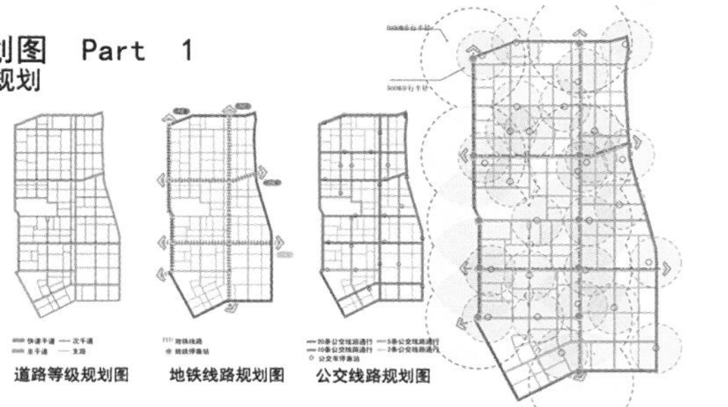

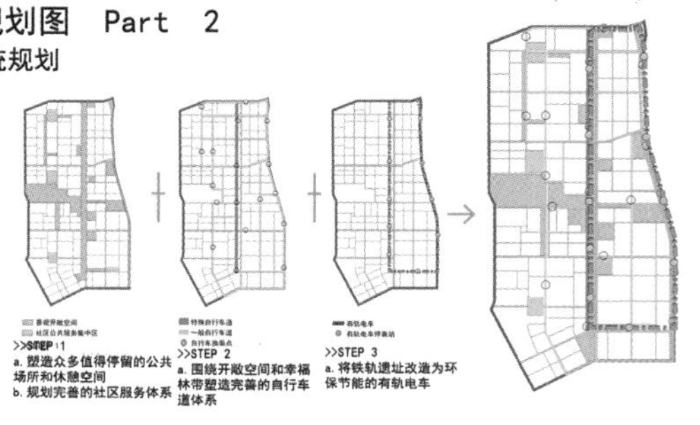

## 生态架构构建

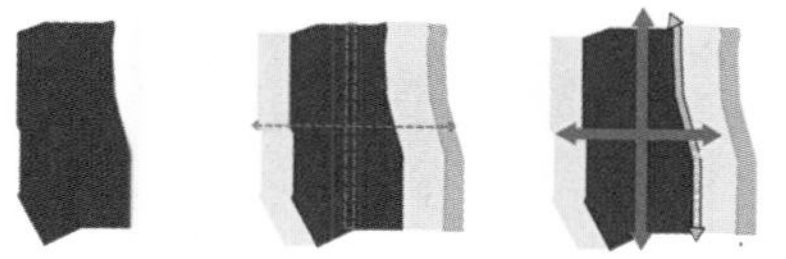

**STEP 1**
考虑幸福林带基地上位规划要求及周边环境等要素，思考我们应当建立怎样的幸福林带

**STEP 2**
从基地周边环境条件入手，综合分析用地现状，发现影响场地发展的关键问题

**STEP 3**
根据幸福林带周边的文化片区，以及基地的自然环境，在场地中结合幸福林带生态轴建立文化轴和景观渗透轴

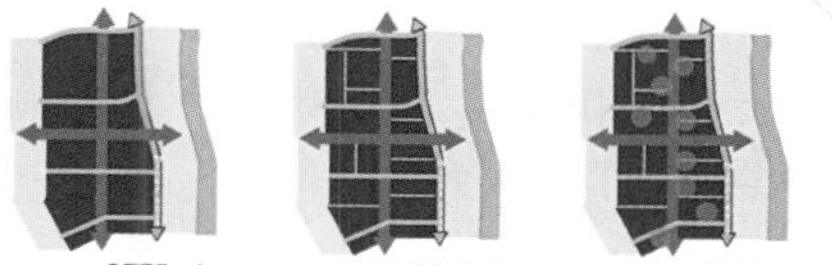

**STEP 4**
根据现状用地确定文化片区和生态景观渗透轴的规划范围

**STEP 5**
将幸福林带和景观渗透轴向东西两侧文化片区适当渗透

**STEP 6**
在规划范围内形成多个社区公共服务中心，打造完善且便利的公共配套服务设施

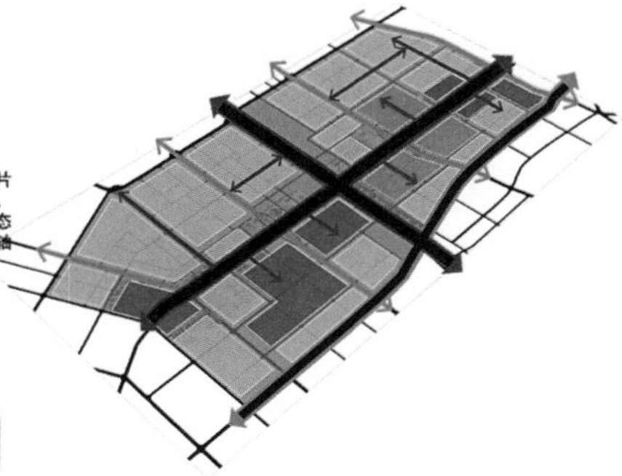

## 生态系统规划——场地风道规划

场地内重要的进风口区域
场地风道局部区域

建筑牌坊成喇叭形，建筑高度适当降低，便于引风。

建筑后退，引导较多的风道通过。

高度增加，挤压气流，加大风速。

种植植物，局部拓宽，降低风速，增加舒适度。

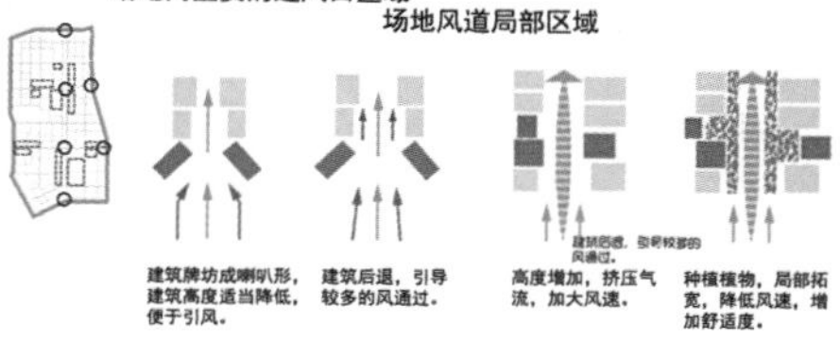

依托西安盛行风东北风及场地的打造的自然生态通廊规划新增场地主次风道，以降低城区热岛效应。

林带主风道局部区域
场地内沿风道平行道路区域

横剖面整体成U型，便于风通过。

通过建筑及地形使局部高度增加，挤压气流，加大风速。

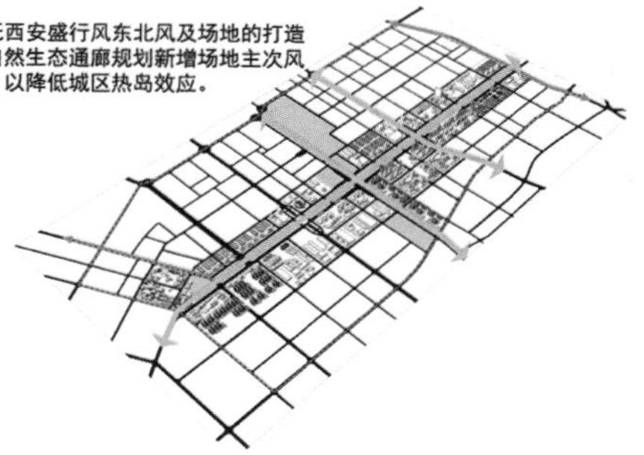

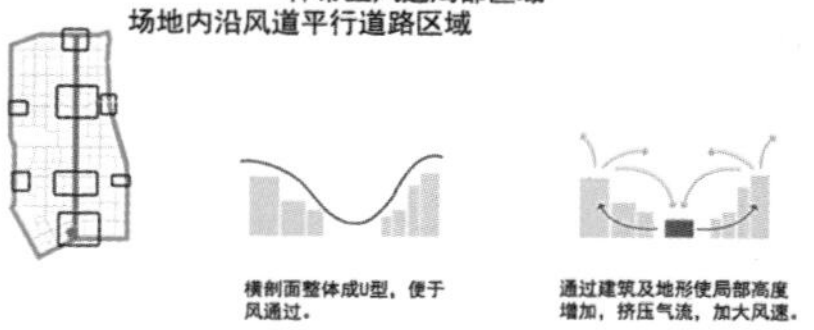

## 生态系统规划——绿化系统规划

绿化系统采用三轴多点多渗透的空间布局模式.

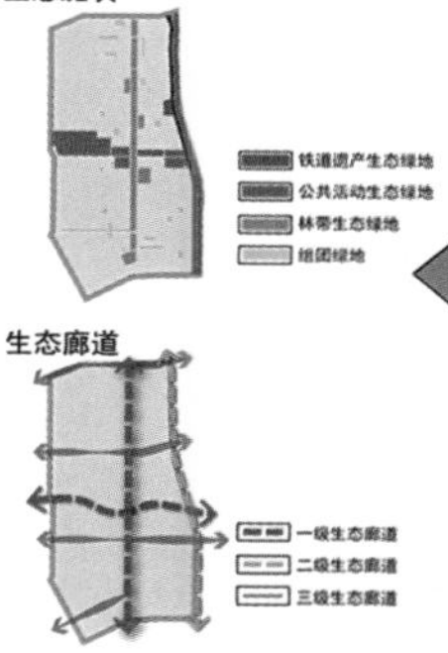

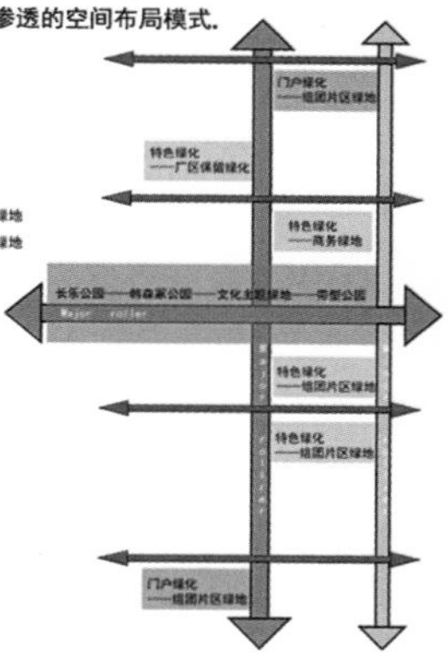

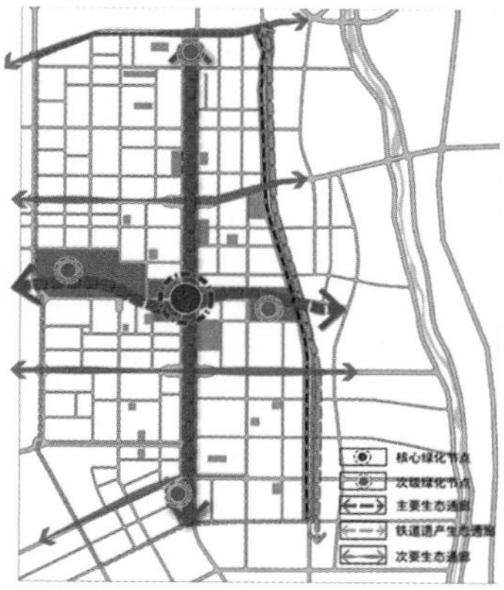

生态斑块
- 铁通遗产生态绿地
- 公共活动生态绿地
- 林带生态绿地
- 组团绿地

生态廊道
- 一级生态廊道
- 二级生态廊道
- 三级生态廊道

特色绿化——组团片区绿地
门户绿化

特色绿化——广区保障绿化
特色绿化——商务绿化

长乐公园—桃森家园—文化艺术中心—幸福公园
Major roller

特色绿化——组团片区绿地

特色绿化——组团片区绿地

门户绿化——组团片区绿地

- 核心绿化节点
- 次级绿化节点
- 主要生态轴
- 铁通遗产生态廊道
- 次要生态轴

## 居住系统规划

| | |
|---|---|
| 现状指标 | 现状常住人口: 24.3万人<br>占城市建设用地比: 42.1%<br>人均居住用地面积: 30.5㎡ |
| 规划指标 | 规划常住人口: 30万人<br>规划居住用地: 760ha<br>占城市建设用地比: 43%<br>人均居住用地: 26㎡/人 |
| 现状结构 | |
| 规划结构 | "四区·三团" |

**备注**

**现状居住结构**

万寿路居住片区
桃森居住片区

- 二类居住
- 商住混合
- 城市居住片区
- 特色居住组团

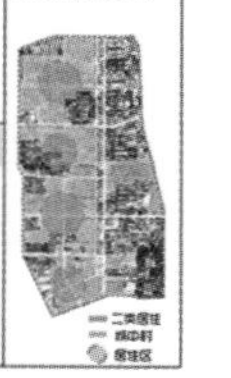

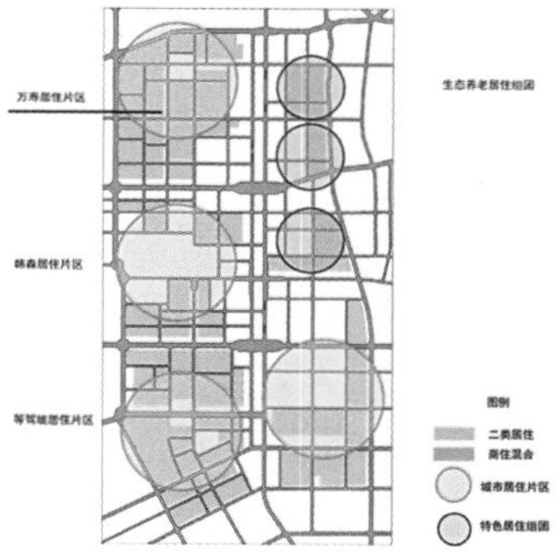

## 公共服务设施系统规划

公共服务设施系统规划

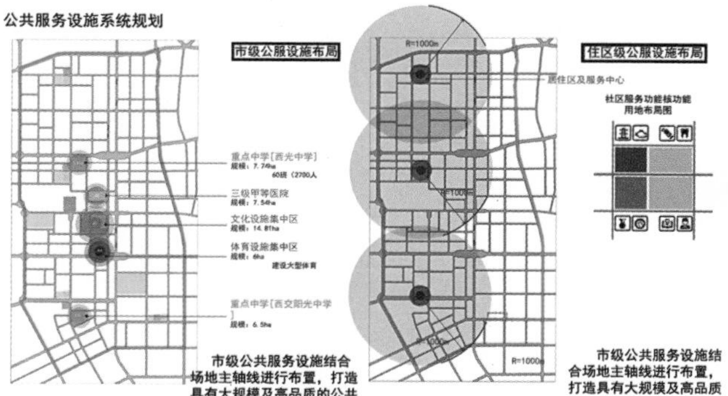

**市级公服设施布局**

- 重点中学[西光中学]
- 三级甲等医院
- 体育设施集中区
- 重点中学[西交附光中学]

市级公共服务设施结合场地主轴线进行布置，打造具有大规模及高品质的公共服务设施。

**住区级公服设施布局**

居住区及服务中心
社区服务功能混合用地布局图

市级公共服务设施结合场地主轴线进行布置，打造具有大规模及高品质的公共服务设施。

## 公共服务设施系统规划

结合现状地块公服系统缺项及规划后片区公服系统需求，按需布局地块公共服务设施，以满足片区居民使用，并完善东城区公共服务设施系统网络。

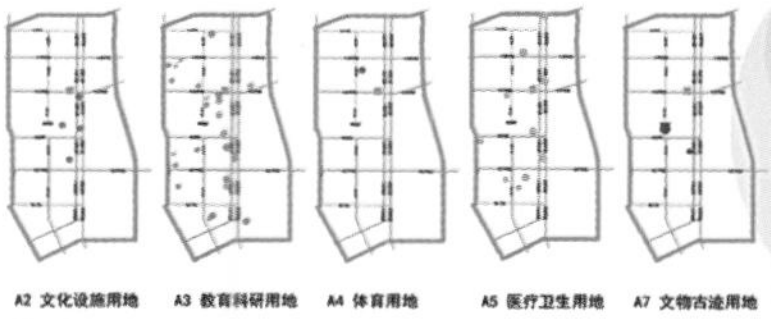

A2 文化设施用地　A3 教育科研用地　A4 体育用地　A5 医疗卫生用地　A7 文物古迹用地

## 商业服务系统规划

| | |
|---|---|
| 现状指标 | |
| 规模预测 | **辐射范围示意图** |
| 现状结构 | **现状商业结构**<br>"一核·一心·多点" |

- 商业用地
- 商住用地
- 城市级商业服务中心
- 片区级商业服务中心
- 社区级商业服务中心
- 商业发展轴

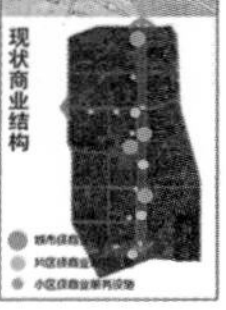

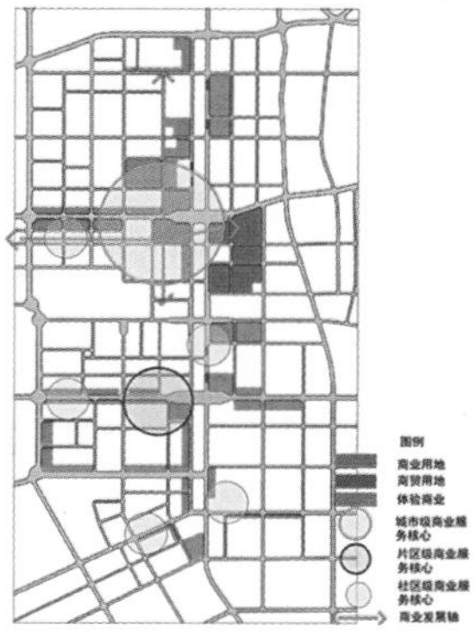

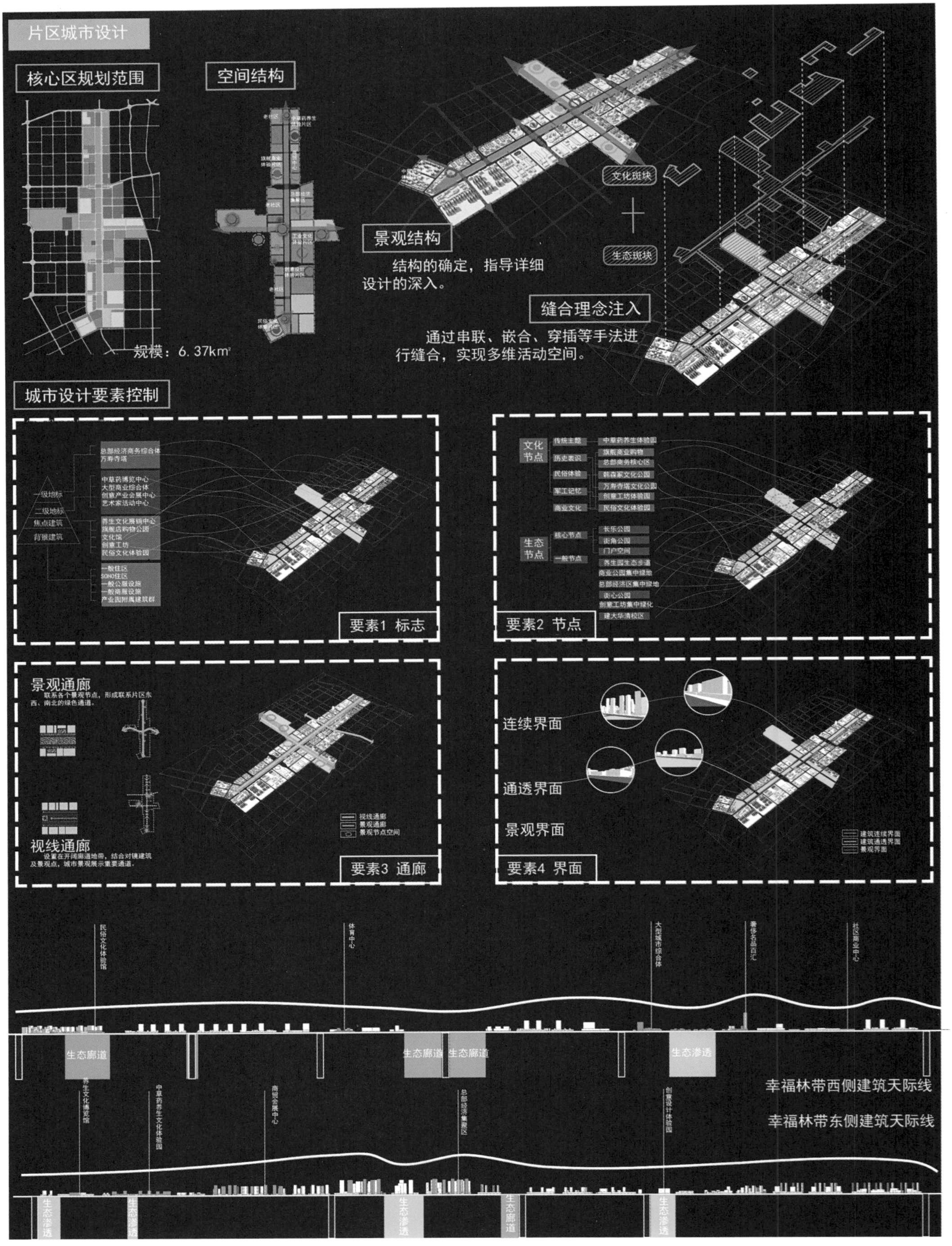
片区城市设计
核心区规划范围
规模：6.37km²
空间结构
景观结构
结构的确定，指导详细设计的深入。
文化斑块
生态斑块
缝合理念注入
通过串联、嵌合、穿插等手法进行缝合，实现多维活动空间。
城市设计要素控制
一级地标
二级地标
焦点建筑
背景建筑
总部经济商务综合体
万寿寺塔
中草药博览中心
大型商业综合体
创意产业会展中心
艺术家活动中心
养生文化展销中心
旗舰店购物公园
文化馆
创意工坊
民俗文化体验园
一般住区
SOHO住区
一般公服设施
一般商服设施
产业园附属建筑群
要素1 标志
文化节点
传统主题
历史意识
民俗体验
军工记忆
商业文化
中草药养生体验园
旗舰商业购物
总部商务核心区
韩森寨文化公园
万寿寺塔文化公园
创意工坊体验园
民俗文化体验园
生态节点
核心节点
一般节点
长乐公园
街角公园
门户空间
养生园生态步道
商业公园集中绿地
总部经济区集中绿地
街心公园
创意工坊集中绿化
建大华清校区
要素2 节点
景观通廊
联系各个景观节点，形成联系片区东西、南北的绿色通道。
视线通廊
设置在开阔廊道地带，结合对镜建筑及景观点，城市景观展示重要通道。
视线通廊
景观通廊
景观节点空间
要素3 通廊
连续界面
通透界面
景观界面
建筑连续界面
建筑通透界面
景观界面
要素4 界面
民俗文化体验馆
体育中心
大型城市综合体
奢侈名品百汇
社区商业中心
生态廊道
生态廊道
生态廊道
生态渗透
幸福林带西侧建筑天际线
幸福林带东侧建筑天际线
养生文化博览馆
中草药养生文化体验园
商贸会展中心
总部经济集聚区
创意设计体验园
生态渗透
生态渗透
生态渗透
生态廊道
生态渗透

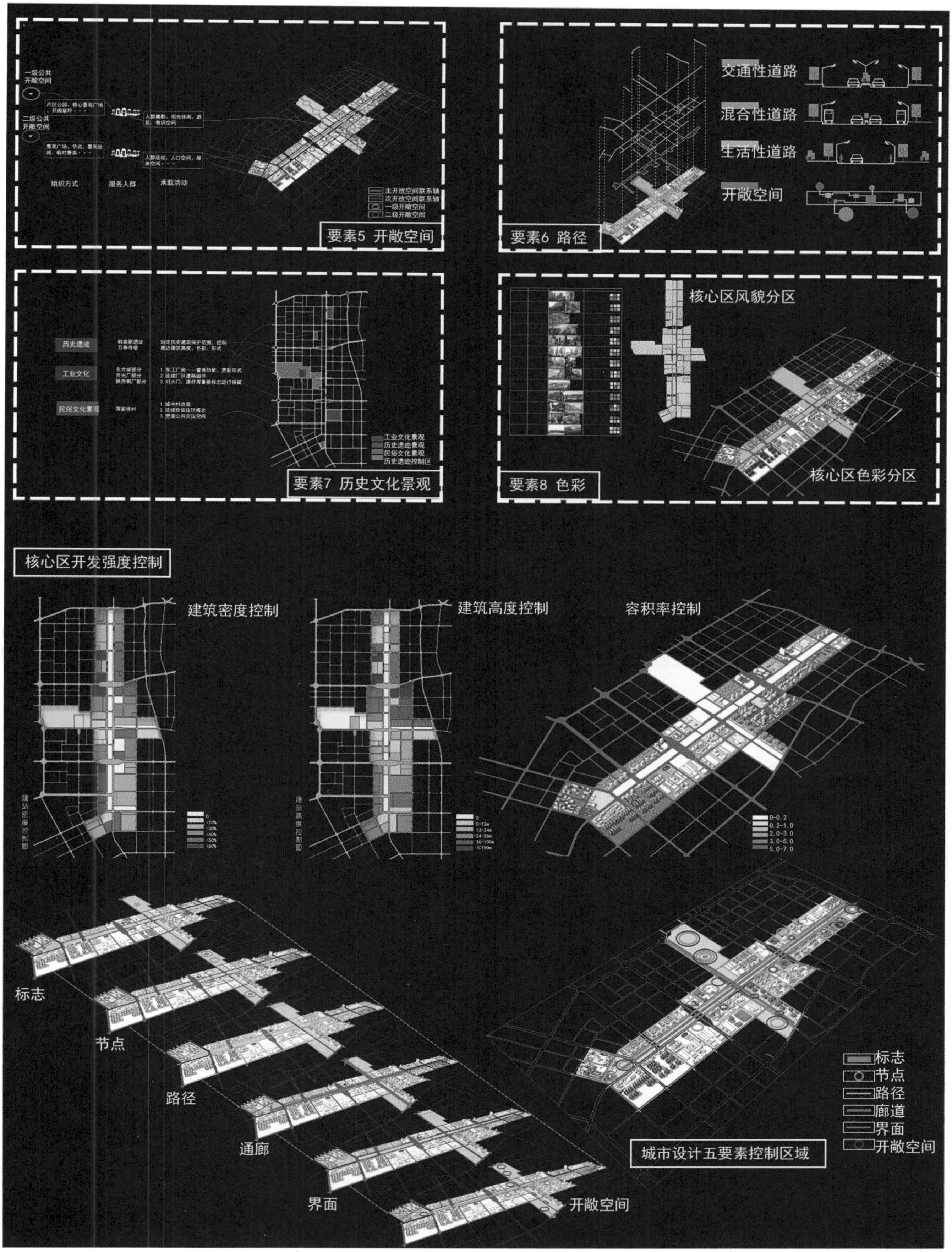

要素5 开敞空间

要素6 路径

交通性道路
混合性道路
生活性道路
开敞空间

要素7 历史文化景观

要素8 色彩

核心区风貌分区

核心区色彩分区

核心区开发强度控制

建筑密度控制

建筑高度控制

容积率控制

标志

节点

路径

通廊

界面

开敞空间

城市设计五要素控制区域

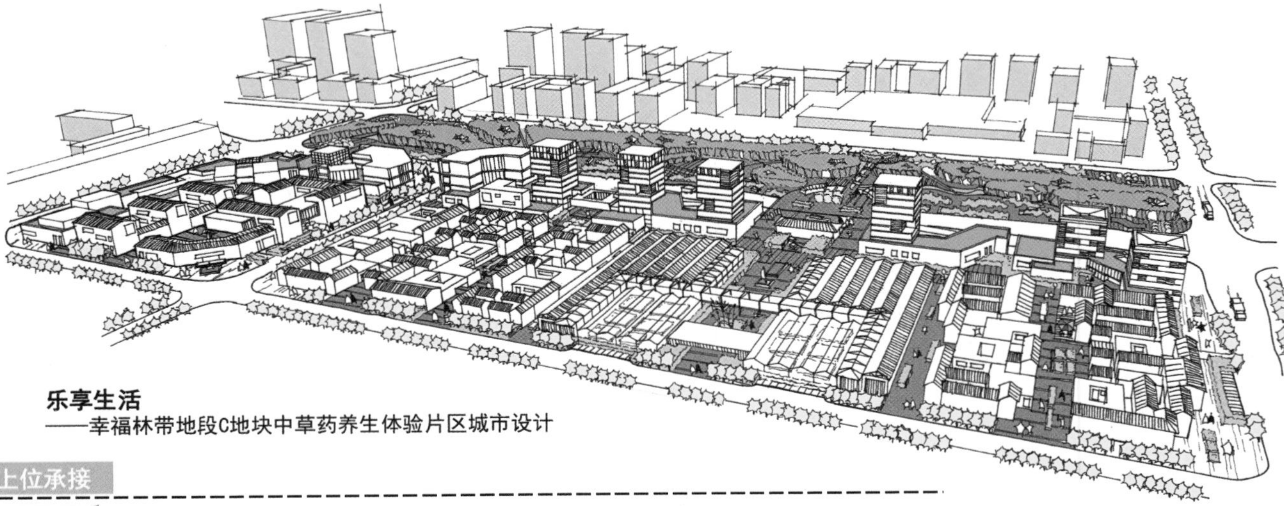

## 乐享生活
——幸福林带地段C地块中草药养生体验片区城市设计

### 上位承接

地块C

规模：30.5ha | 用地：GI+B体 | 功能：公园+养生体验片区 | 等级：位于次要功能渗透轴上

二级结构

林带生态脉
养生文化博览区
生产研发区
**养生文化体验区**
养老社区

养生产业集合组成部分

现状分析

保留建筑
厂房
厂区大门

利用绿化
确定核心绿化
公共开敞空间

总体概念阐释

养·药·商·养·市·老

体验文化 | 利用绿化

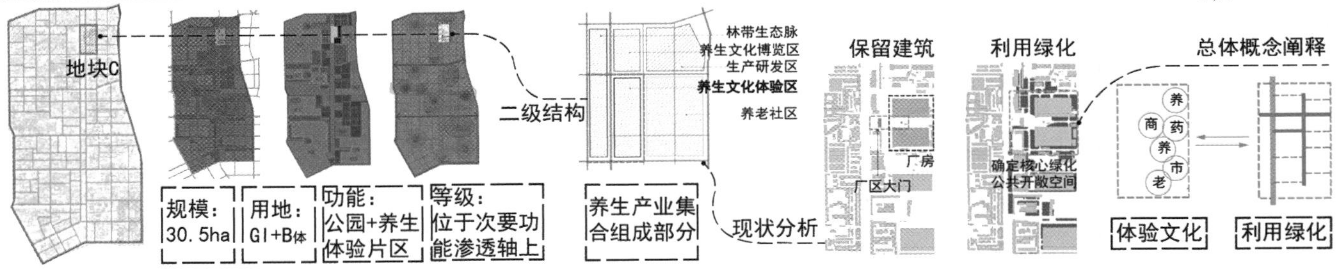

### 规划目标及策略

#### 1 规划目标

乐享·生活

Ecology · Nourish · Pension

塑造"生态——养生——养老"产业集群

#### 3 人群需求

人群需求　提供服务　置入功能

服务人群

养老产业集群

多功能复合养生文化体验片区

生态遊径　生态遊径　产业支持　开敞空间

#### 4 功能定位

复合型功能模式——满足不同类人群的活动需求
复合型建筑模式——满足多样化功能的实际使用
复合型空间模式——满足相对应功能的空间需求
复合型建设模式——满足地块开发对应的经济诉求

单一的城市开发区　复合功能养生体验片区　多元城市活力片区

#### 5 规划策略

塑造多样化养生生活活力中心

体验活动动线　体验活力动线　参与活动动线

活力持续　活力注入

#### 2 产业发展优势

交通便利　生态基底　教育资源　闲置空地　中医诊所　生产售卖

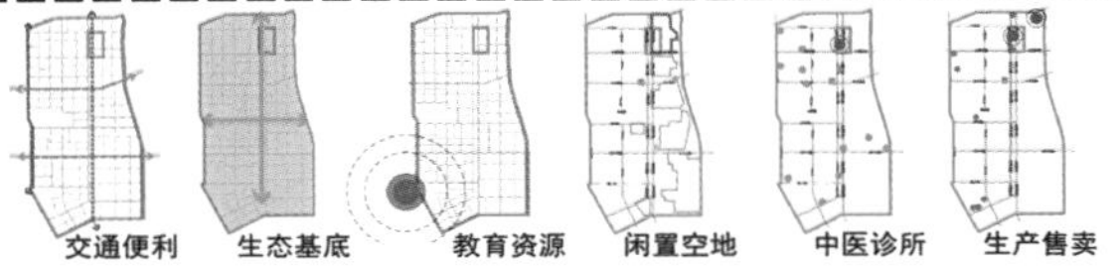

文化因子+生态支持
——适宜养生产业进驻

### 初步方案构思

抓取发展因子

生态要素　体验活动　养生服务　办公　酒店　展示　养老公寓　老年活动　办公

要素植入　功能复合　形态生成

#### 1 构思推演

#### 2 结构生成

核心功能　衍生功能

点、面

场地重要因素　主要轴线

点、线

**点、线、面结合**　**轴线及节点拓展**

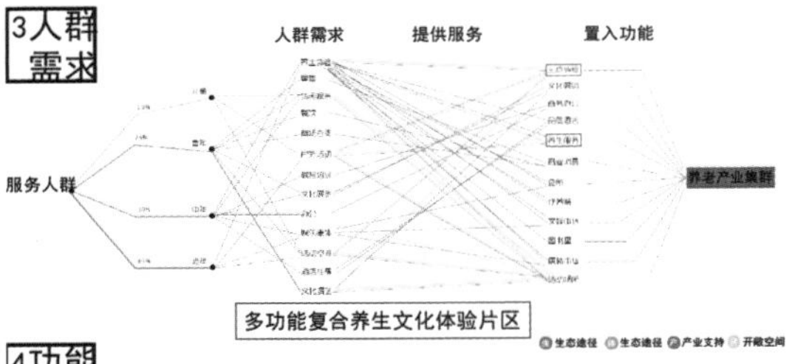

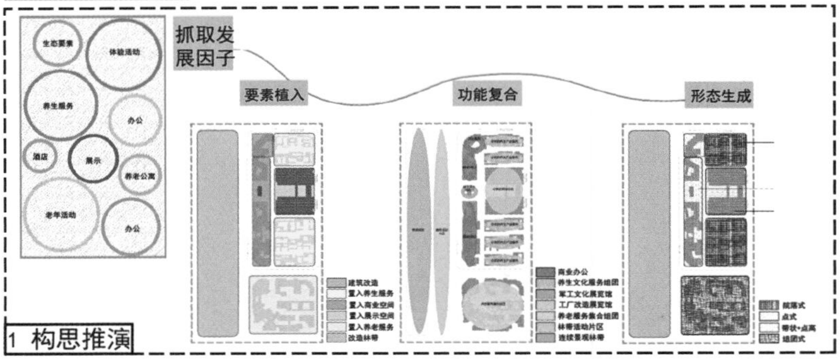

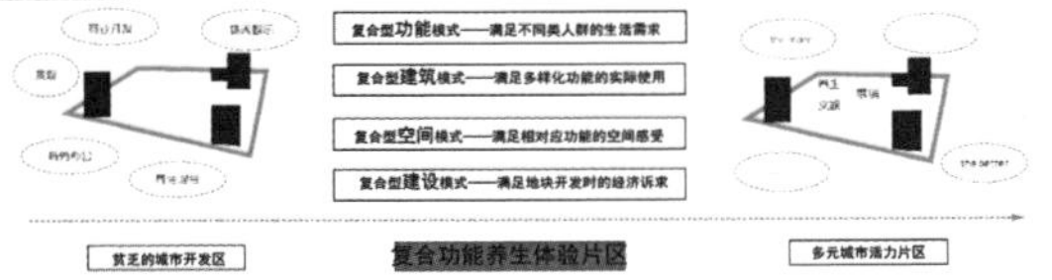

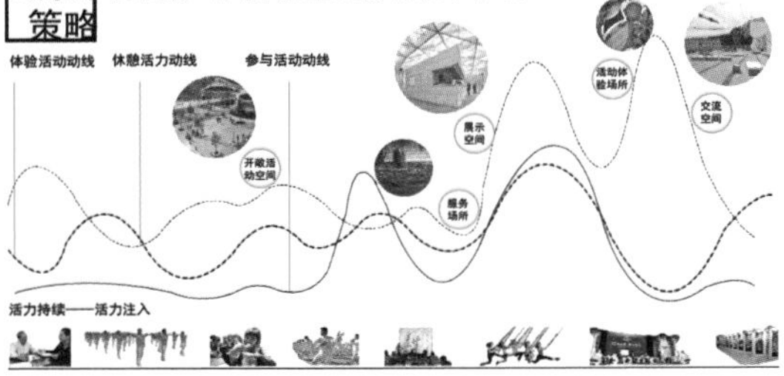

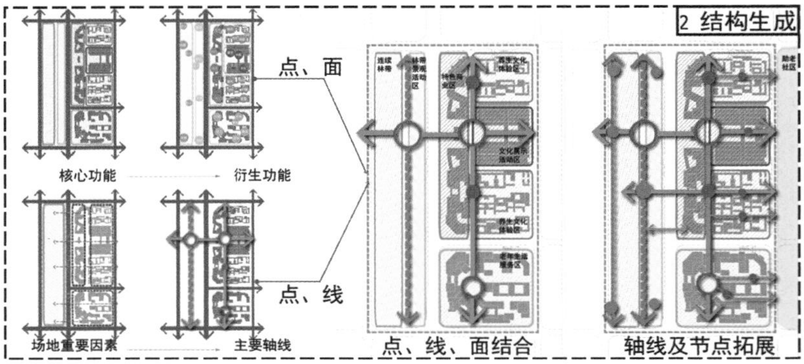

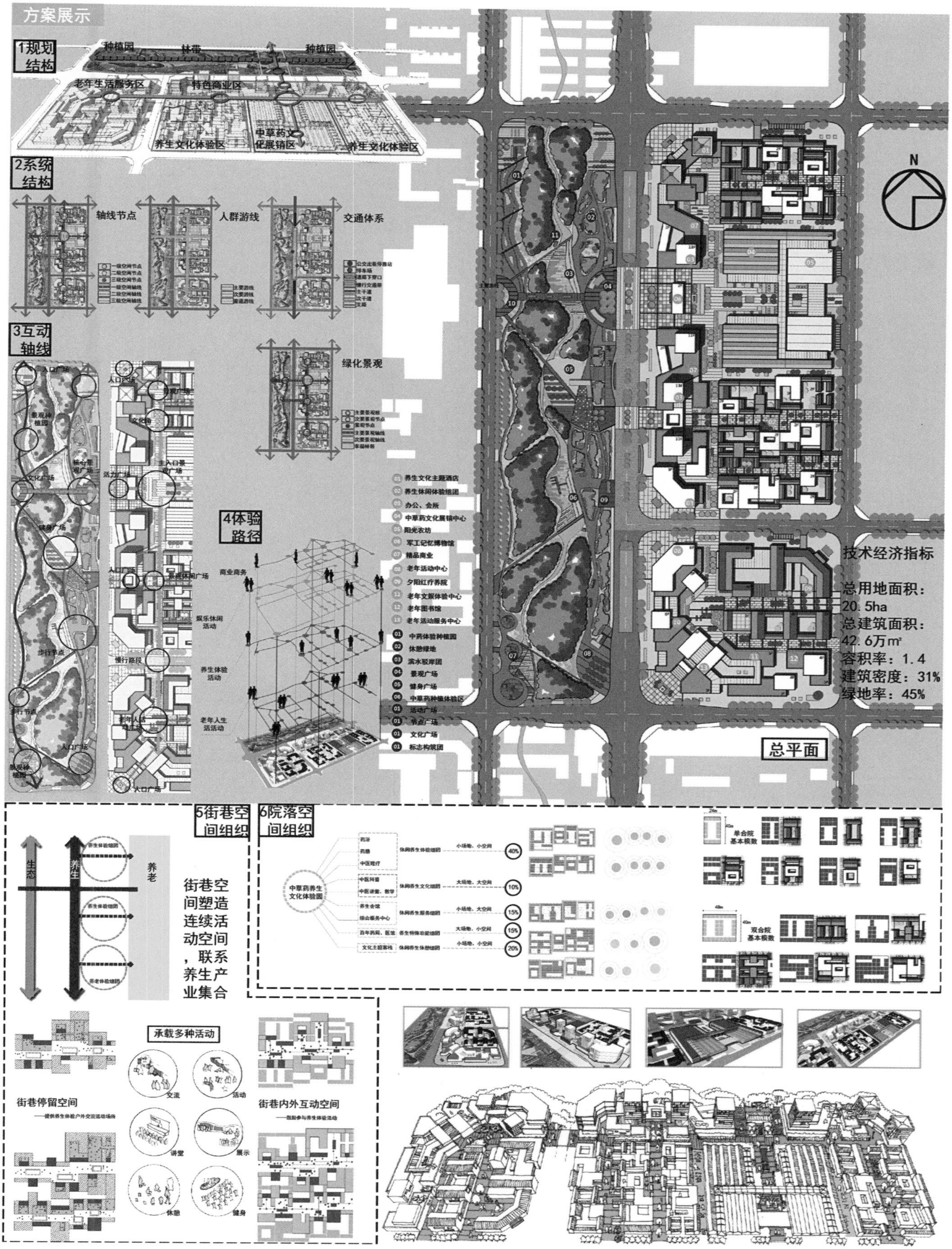

**方案展示**

**1 规划结构**

种植园　　林带　　种植园
老年生活服务区　　特色商业区
养生文化体验区　　中草药文化展销区　　养生文化体验区

**2 系统结构**

轴线节点　　人群游线　　交通体系

绿化景观

**3 互动轴线**

**4 体验路径**

商业商务
养生体验活动
老年人体育活动

养生文化主题酒店
养生休闲体验组团
办公、会所
中草药文化展销中心
阳光农功
军工记忆博物馆
精品商业
老年活动中心
夕阳红疗养院
老年文娱体验中心
老年图书馆
老年活动服务中心
01 中药体验种植园
02 休憩绿地
03 滨水驳岸园
04 景观广场
05 健身广场
06 中草药种植体验区
01 活动广场
01 节点广场
01 文化广场
01 标志构筑园

N

**技术经济指标**

总用地面积：
20.5ha
总建筑面积：
42.6万㎡
容积率：1.4
建筑密度：31%
绿地率：45%

**总平面**

**5 街巷空间组织**

生态　养生　养老

街巷空间塑造连续活动空间，联系养生产业集合

**6 院落空间组织**

药浴
药膳
中医疗
中医讲堂、教学
养生会馆
综合服务功能
百年养病、医养
文化主题基地

中草药养生文化体验园

休闲养生体验组团　　小场地、小空间　40%
休闲养生体验组团　　大场地、大空间　10%
休闲养生服务组团　　小场地、大空间　15%
养生体验功能组团　　大场地、小空间　15%
休闲养生康乐组团　　小场地、小空间　20%

单合院　基本模数

双合院　基本模数

**承载多种活动**

交流　　活动
讲堂　　展示
休憩　　健身

街巷停留空间

街巷内外互动空间

## 上位承接

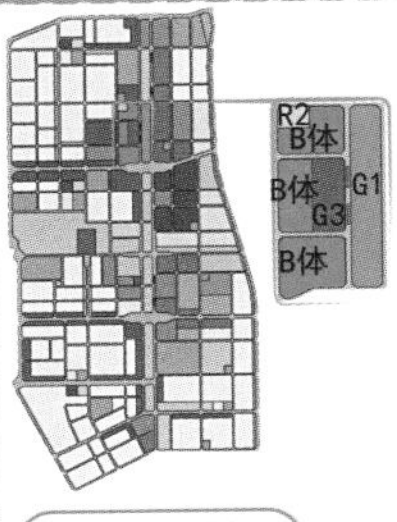


土地利用性质

从上位土地利用规划图中，该地块的基本用地属性包括二类居住用地（R2）、体验式商业片区（B体）、公园绿地（G1）、广场绿地（G3）等。

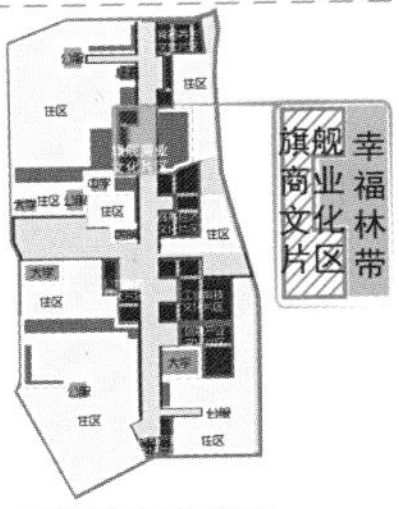


功能结构图

从上位功能结构图中，该地块的功能结构由旗舰商业文化片区和幸福林带及其生态渗透形成的绿地组成。

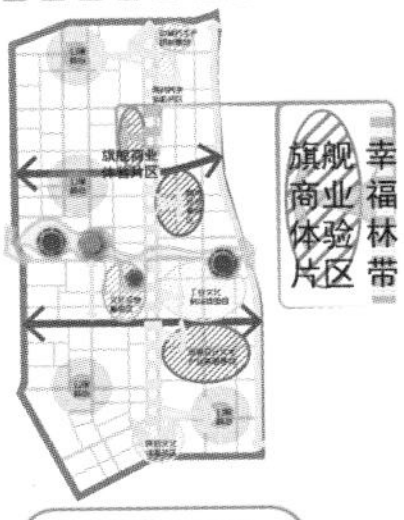


功能结构图

从上位规划结构图中，该地块作为幸福林带的重要体验片区之一的旗舰商业体验片区，并且通过生态文化斑块缝合的设计策略，将其与幸福林带镶嵌。

本重点地块位于整个规划地块的北部，原址为西光厂。基地占地面积总共39.3ha，其中建设用地面积为24.05ha，幸福林带占地面积15.25ha。

## 基地现状评析

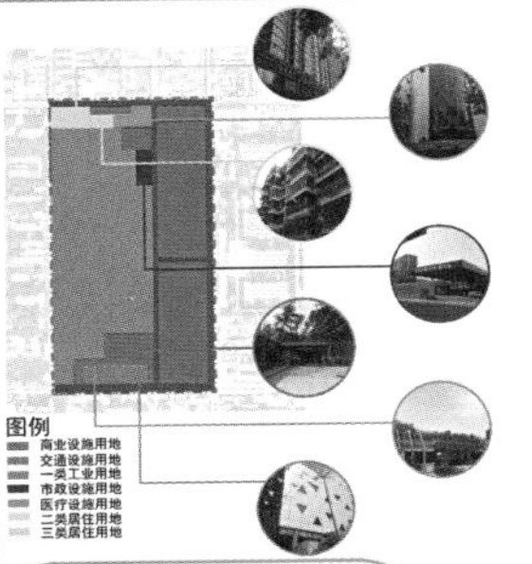

基地用地性质现状图

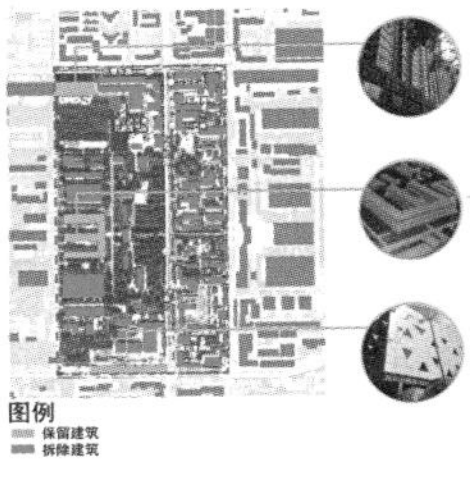

基地建筑评析图

根据对于上位规划要求和基地现状建筑质量评析得出，基地保留三处建筑，分别为高层住宅、西光厂E形厂房和万寿路综合换乘站。

基地道路交通现状图

基地周边道路交通等级较高，交通状况良好，基地西侧无市政道路，不利于基地对外交通联系。

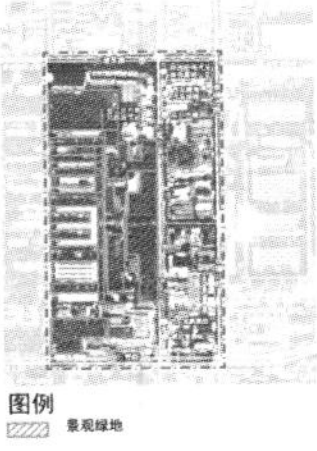

基地绿地分布现状图

基地在誉为“花园工厂”的西光厂东侧，内部景观绿地率高，但由于西光厂过于封闭，景观观赏力低。

## 规划构思推演

1、如何结合上位规划发展旗舰商业体验片区，促进幸福林带区域经济消费水平提升？
2、如何发挥场地生态优势，并与幸福林带有序缝合，打造花园式购物场所？
这是本次地块设计的核心问题……

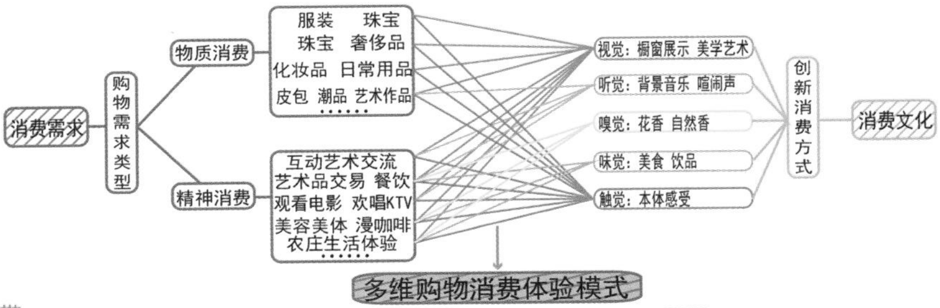

消费需求
购物需求类型
物质消费
服装 珠宝
珠宝 奢侈品
化妆品 日常用品
皮包 潮品 艺术作品
……
精神消费
互动艺术交流
艺术品交易 餐饮
观看电影 欢唱KTV
美容美体 漫咖啡
农庄生活体验
……
视觉：橱窗展示 美学艺术
听觉：背景音乐 喧闹声
嗅觉：花香 自然香
味觉：美食 饮品
触觉：本体感受
创新消费方式
消费文化
多维购物消费体验模式


## 概念策略定位

商业文化——旗舰商业体验片区（高密度、高开发、商业综合体）
缝合 共存
幸福林带——生态景观斑块（密绿化、慢游憩、都市吸尘器）

遵循上位规划中的“体验·缝合·幸福”规划设计策略，在本地块中将商业文化与幸福林带进行缝合。

为什么定位“旗舰商业体验片区”？

**旗舰**店购物园 + **商业**综合体 + **体验**式购物中心

全国最奢侈十大城市中西安排名第九；
奢侈品牌未来将愈多进驻西安为代表的二线城市。

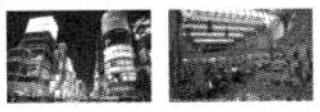

以基地为中心，4公里的辐射半径内仅有一家大型商业综合体。
特色化的商业综合体将成为西安开发趋势。

西安缺乏公园式购物场所，原址中西光厂为花园工厂，改造可塑性强，且基地地理位置佳，毗邻幸福林带生态公园，基地生态环境极佳。

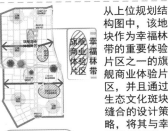

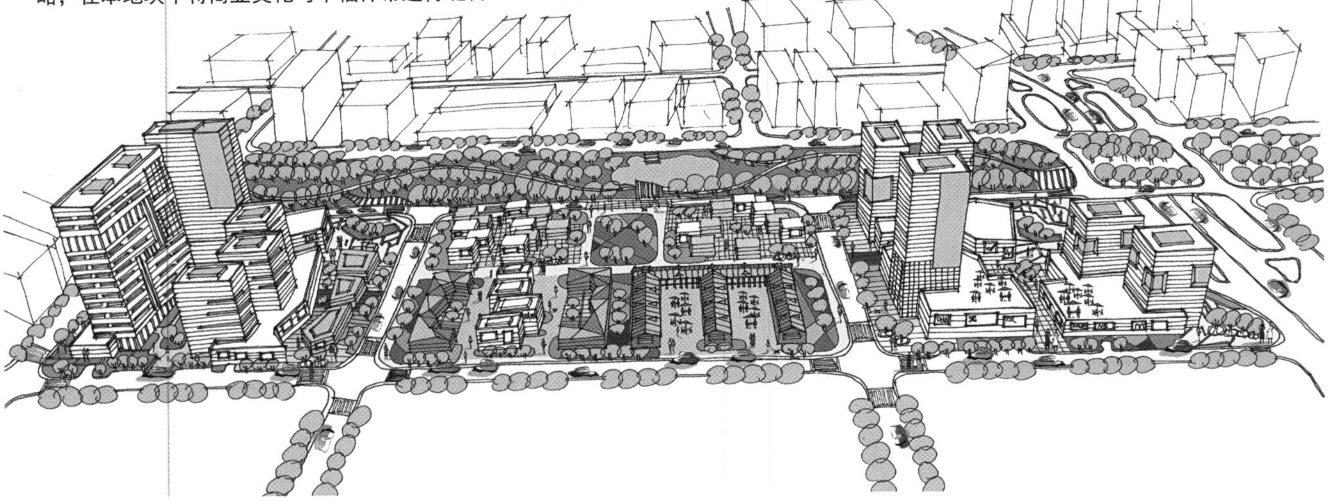

## 商业空间模式推导

功能分区
分区位置
典型案例
空间特征
感知丰富的购物空间
高端百货城
（名品聚集街）
银泰城
中密度
高强度
街巷型
公共空间
不同属性元素与公共空间连接，相对独立，领域感强
并联
旗舰店购物园
（时尚街头时装）
表参道
低密度
低强度
邻里型
公共空间
散点，点缀于建筑群体中，大小不一
穿插
幸福购花园
（公园式购物街）
皇后公园
中密度
中强度
多种复杂
空间复合
不同元素的纵横串联，无严格的空间分割
串联
体验式购物中心
（商业综合体）
万象城
高密度
高强度
峡谷空间
功能单元和公共空间垂直方向的叠置
层叠


## 相关案例购物空间解析

购物体验分区
业态组合方式
主力商业功能
配套服务功能
高端百货城
（名品聚集街）
SOHO
酒店
娱乐
餐饮
名品坊
名品坊
酒店
美容美体
IMAX影院
旗舰店购物园
（时尚街头时装）
特色街头时装店
名品坊
旗舰店
特色街头时装店
幸福购花园
（公园式购物街）
创意集市
创意集市
漫咖啡
酒吧
餐饮
美甲
体验式购物中心
（商业综合体）
SOHO
酒店
都市农场
互动艺术乐园
概念体验店
都市农场
概念体验店
动玩城
超市
KTV


## 商业复合的消费体验

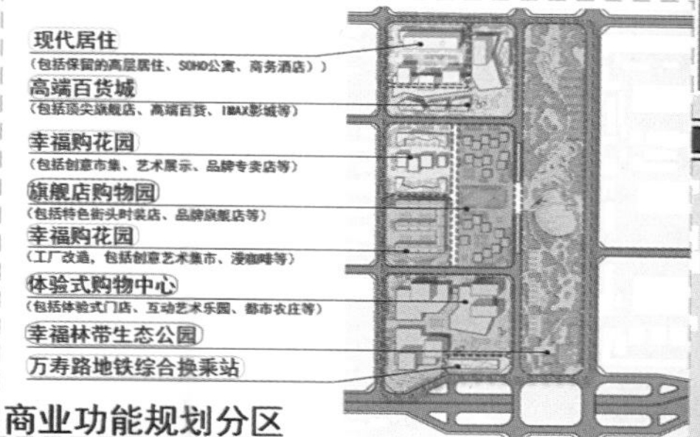

现代居住
（包括保留的高层居住、SOHO公寓、商务酒店））
高端百货城
（包括顶尖旗舰店、高端百货、IMAX影城等）
幸福购花园
（包括创意市集、艺术展示、品牌专卖店等）
旗舰店购物园
（包括特色街头时装店、品牌旗舰店等）
幸福购花园
（工厂改造，包括创意艺术集市、漫咖啡等）
体验式购物中心
（包括体验式门店、互动艺术乐园、都市农庄等）
幸福林带生态公园
万寿路地铁综合换乘站


## 商业功能规划分区

## 系统规划分析图

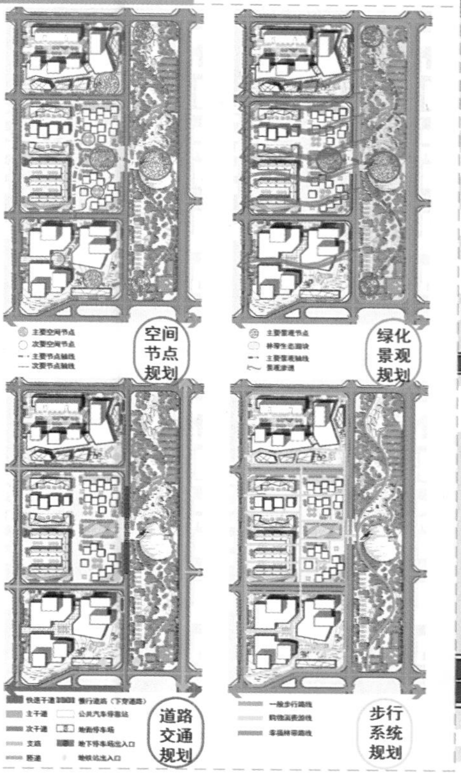

空间节点规划
绿化景观规划
道路交通规划
步行系统规划


## 商业购物流线分析

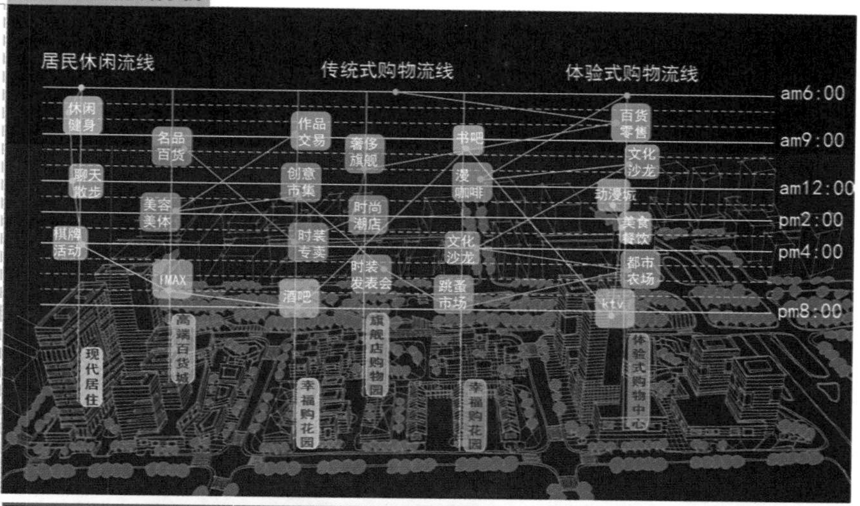

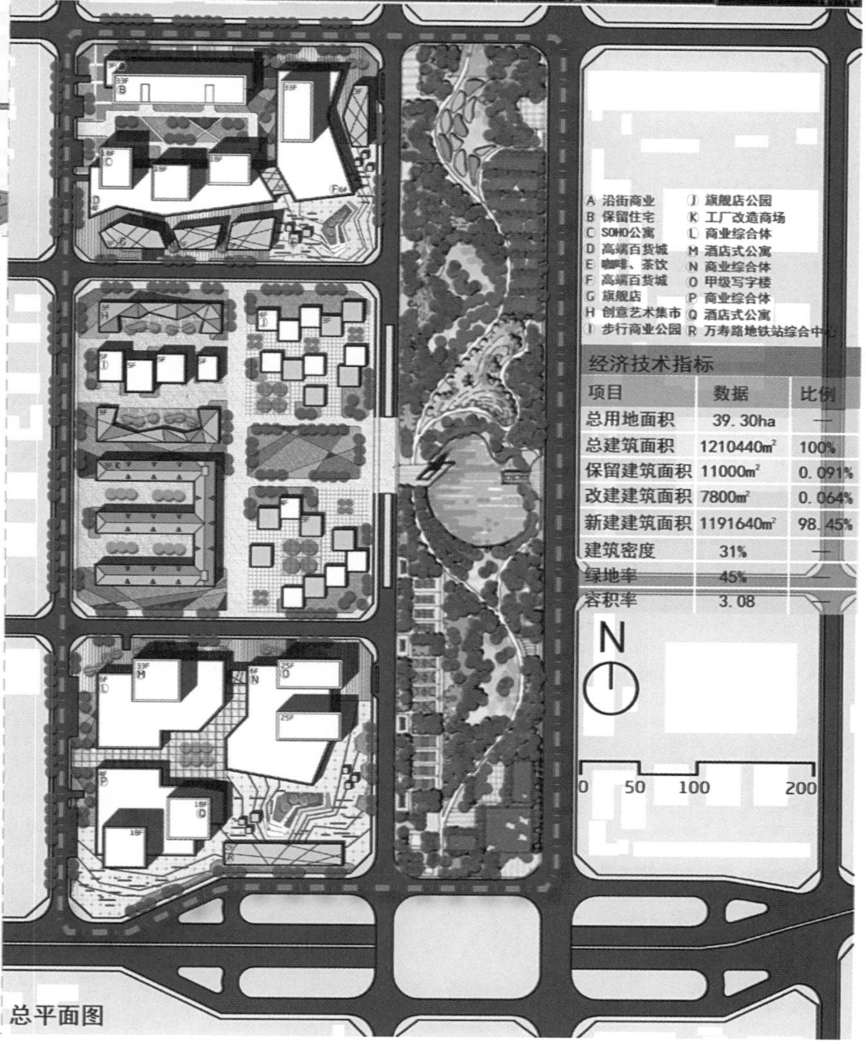

A 沿街商业
B 保留住宅
C SOHO公寓
D 高端百货城
E 咖啡、茶饮
F 高端百货城
G 旗舰店
H 创意艺术集市
I 步行商业公园
J 旗舰店公园
K 工厂改造商场
L 商业综合体
M 酒店式公寓
N 商业综合体
O 甲级写字楼
P 商业综合体
Q 酒店式公寓
R 万寿路地铁站综合中心
N
0 50 100 200


### 经济技术指标

| 项目 | 数据 | 比例 |
|---|---|---|
| 总用地面积 | 39.30ha | — |
| 总建筑面积 | 1210440m² | 100% |
| 保留建筑面积 | 11000m² | 0.091% |
| 改建建筑面积 | 7800m² | 0.064% |
| 新建建筑面积 | 1191640m² | 98.45% |
| 建筑密度 | 31% | — |
| 绿地率 | 45% | — |
| 容积率 | 3.08 | — |

总平面图

## 地块定位及依据

以民俗文化体验为主题，以商业休闲、居住生活、生态游憩为主要功能的城中村更新改造项目。

## 上位规划承接

规划结构　　功能结构　　土地利用

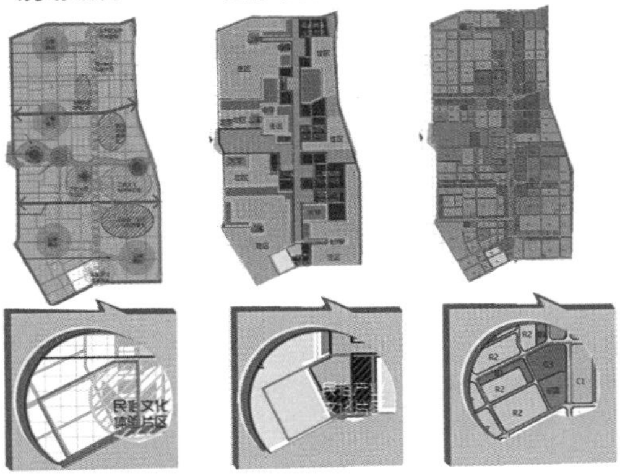

地块位于基地最南段，幸福林带入口处，上位将其定义为民俗文化体验片区，主要功能是民俗商业、生态和居住。土地利用上包括R2、G1、B体和B1。

道路系统　　　　　　公交系统

上位规划中地块北东两侧围绕城市主干道，西南两侧围绕城市次干道。地块内部由T字形支路构成主要车行道。

生态系统

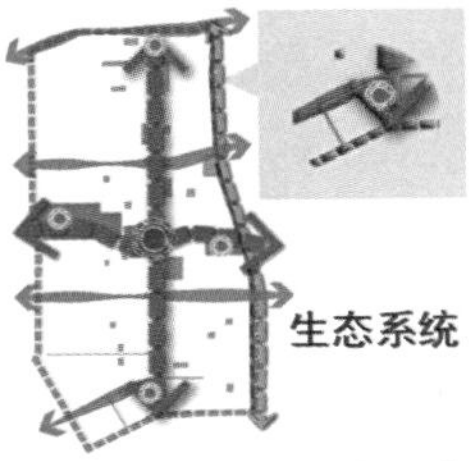

地块东北角有上位规划规定的主要生态节点处，是重要的门户绿化。

## 现状分析

**土地利用**

地块内现状用地包含二类居住用地和三类居住用地。

**民俗基础**

等驾坡以其悠久的历史和丰富的民俗文化基础蕴藏了大量的文化要素。

■ 民俗小吃/手工作坊

● 普救寺
● 影响范围
■ 香会集市

■ 过会集中活动场地
■ 过会动线

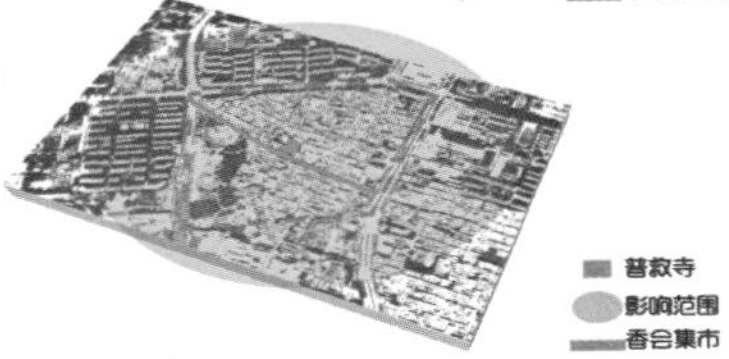

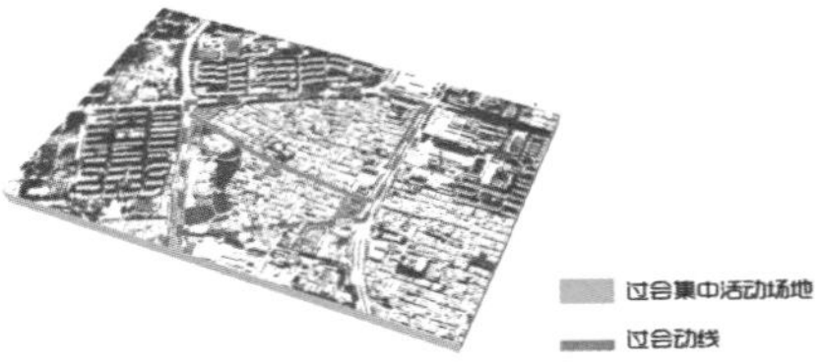

## 城中村更新模式分析

一般改造模式分析

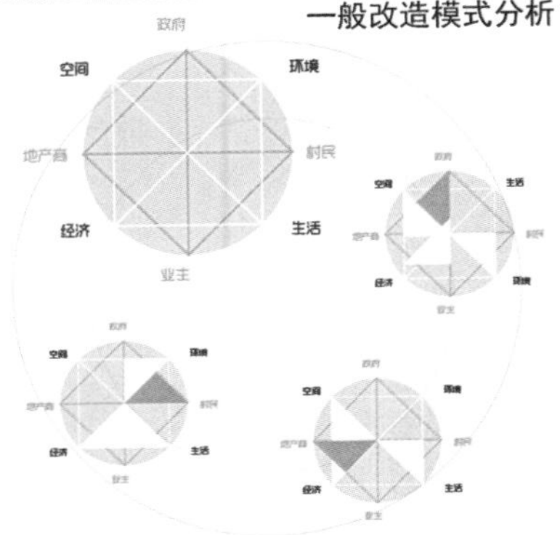

本地块更新模式构建

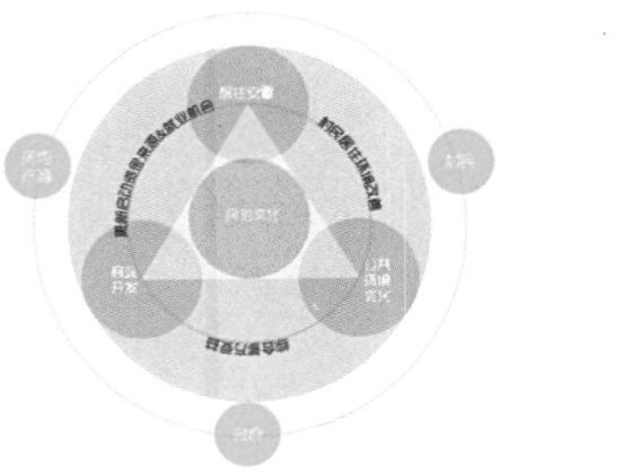

本地块综合前述三种方式的利弊，采取村民、政府、房地产商三者配合的方式进行城中村更新。

## 总体布局

N

① 人行入口广场　⑰ 高层住宅区
② 民俗记忆广场　⑱ 生态小区A
③ 幼儿园活动场地　⑲ 生态小区B
④ 公共运动场地　⑳ 社区幼儿园
⑤ 民俗记忆广场　㉑ 居民公共活动中心
⑥ 休闲草坪广场　㉒ 立墓合院安置区
⑦ 普救寺广场　㉓ 民俗主题安置区
⑧ 市民休闲广场　㉔ 商住混合SOHO区
⑨ 活动中心广场　㉕ 关中民俗博物馆
⑩ 民俗演艺广场　㉖ 关中民俗图书馆
⑪ 艺术家广场　㉗ 民俗艺术档案合集中心
⑫ 民俗记忆步道　㉘ 民俗工艺品购物中心
⑬ 民俗步行街入口　㉙ 核心亭
⑭ 民俗展销广场
⑮ 民俗景观广场
⑯ 民俗步行街入口
㉒ 商业集聚广场

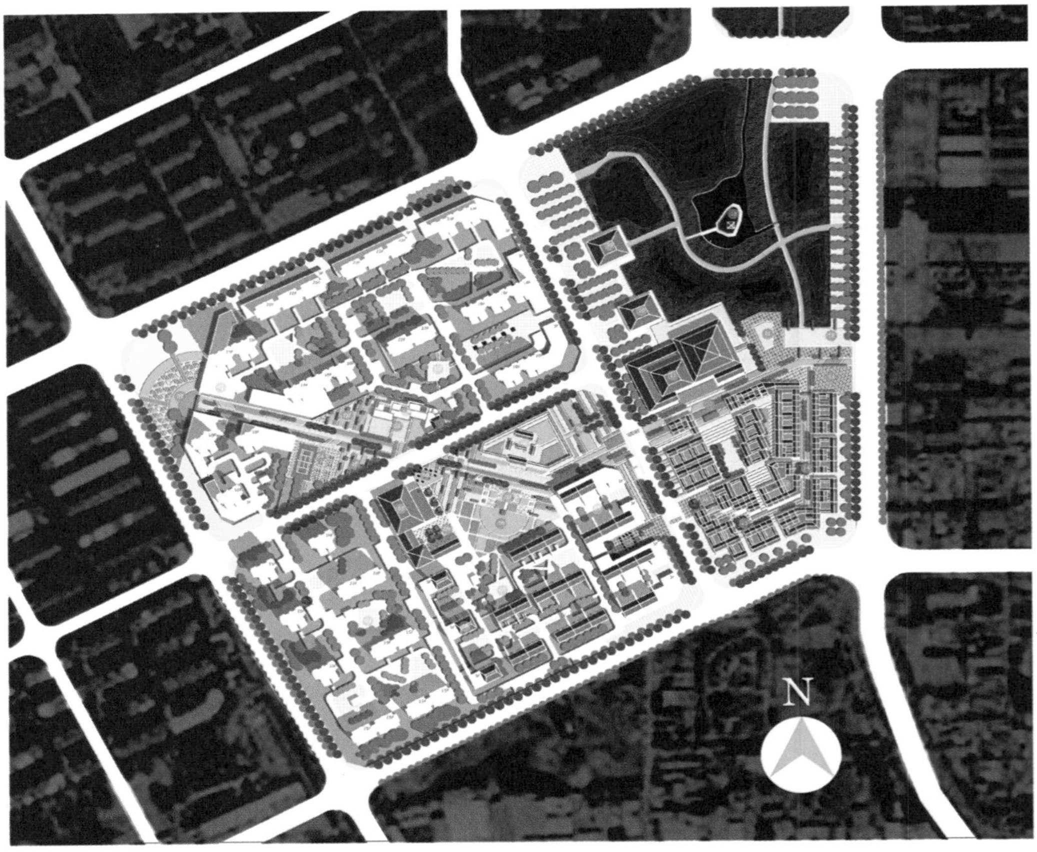

## 规划理念及策略

理念：依托民俗文化更新城市片区，依托空间更新重塑民俗生活。

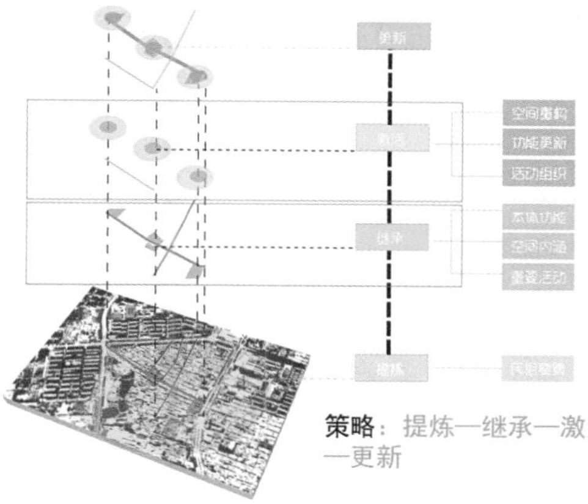


策略：提炼—继承—激活—更新

## 系统分析

分别从功能结构、道路交通、绿化景观、开场空间四个方面对方案进行了系统建构，以期达到文化与生态相融合，更新与继承并重的目的。

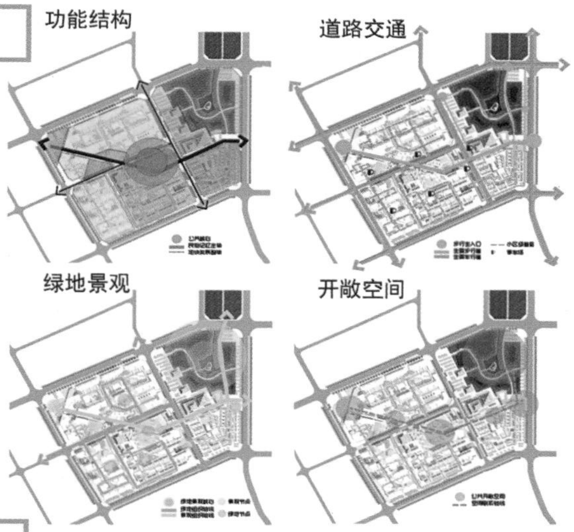


## 功能分析

### 功能构成及区位选择

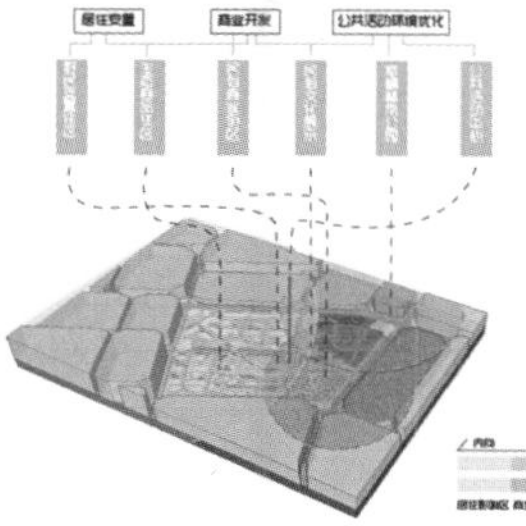


### 功能分区及规模确定

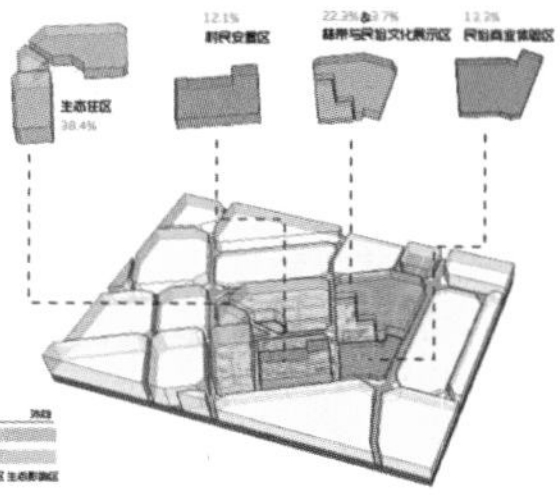

经分析得出，地块分为六大功能区，其以东向西外向型渐弱。

## 民俗记忆轴塑造

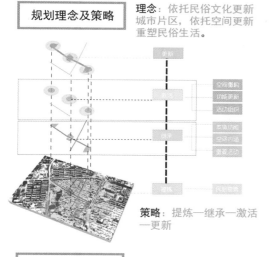

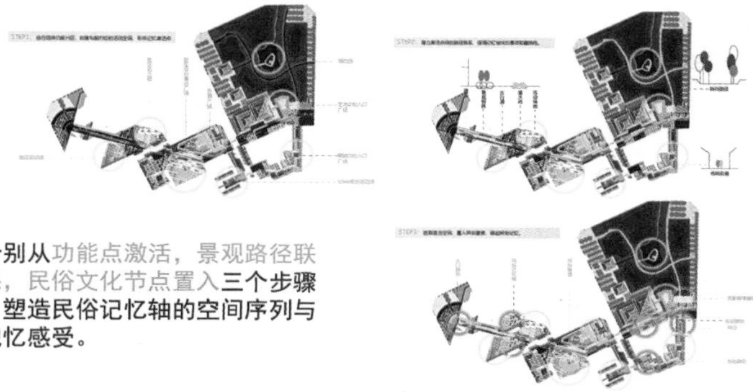

分别从功能点激活，景观路径联系，民俗文化节点置入三个步骤，塑造民俗记忆轴的空间序列与记忆感受。

# UC 4

西安建筑科技大学
Xi'an University of Architecture and Technology
设计者：
高央央　王志盛
徐秀川

## 绿·时尚 Ecological & fashion

### 新生与发展——西安幸福林带核心区城市设计

Regeneration and Development - Urban Design of the Xingfu Lindai core area in Xi'an

指导教师：尤涛　邱玮

本次课题进行幸福林带片区17.6平方公里范围的片区规划设计，6.07平方公里的核心区城市设计，以及个人选取重点地段城市设计。结合前期分析以及目标制定提出生态与商业等功能的结合为设计要点，得出“绿·时尚”的设计理念，提出复合、链接、溶绿、疏导、提升的设计策略。个人选地结合规划结构以及景观要素选择核心区三个重要的节点：北部商业核心区、中部综合公服核心区、南部节点门户空间进行城市设计。

## 前期分析

### 幸福林带区位

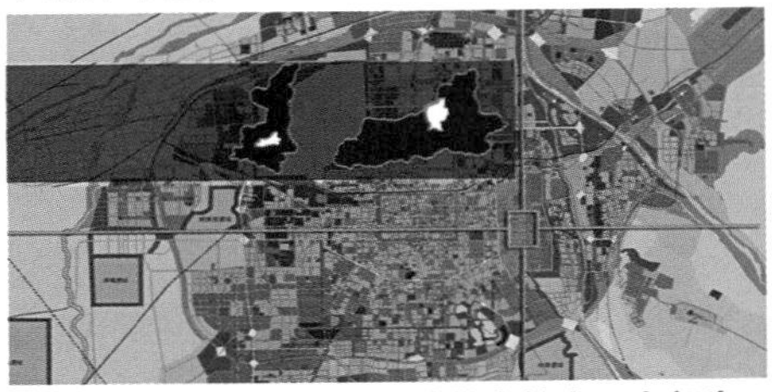

西安幸福林带片区以幸福林带为核心，东部为浐灞新区，南部为曲江新区，北部为西安火车东站（目前为货运编组站，未来将改建为客车整备检修基地），西部为西安中心城区，距西安明城约2.2公里。

### 城市发展现状

陕西属于典型的单核极化型经济地域格局，作为区域中心的西安随着关中城市群的发展，拓展空间很大。
西安是西北五省区的政治、经济、科技、文化和商贸中心，是高科技产业竞争力最强的城市之一；大西北发展的龙头和政府规划的亚欧大陆桥经济带的心脏，发展潜力巨大。

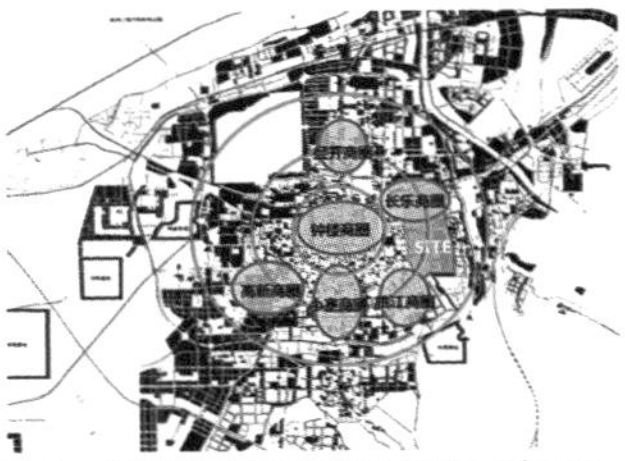

根据《西安市区县商圈发展规划》：至2020年西安将改造或新建85个商业区域，形成“时尚购物在中心，休闲消费在二环，增强辐射在三环”的商业服务布局。

### 区域研究

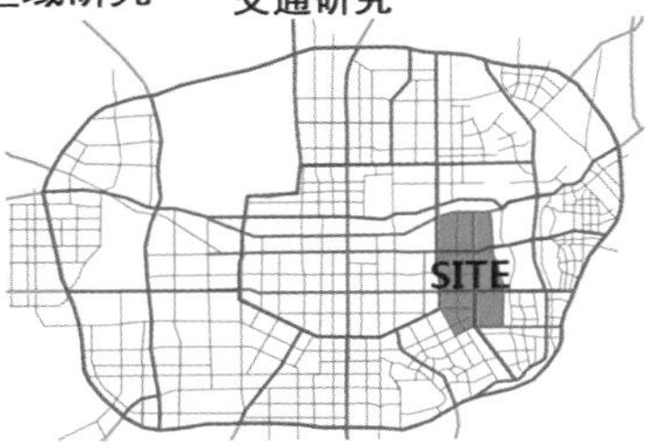


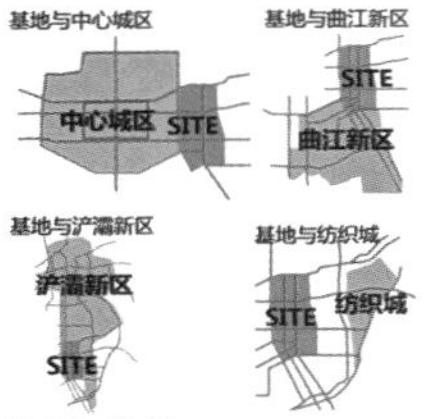


### 交通研究

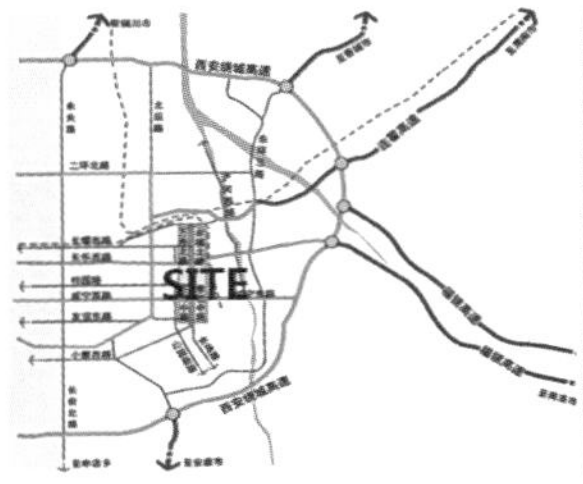

基地位于西安市城东，是西安市东部门户空间。
绕城高速上有多个交通节点与基地联系，应注意基地内部整体性处理。
西安市东部交通东西向道路路网密度高于南北向道路路网密度。在设计中应注意南北向交通的设计，增加交通的流畅程度。
在“退二进三”进程中要加强基地与周边区域的交通联系，形成整体性。

### 商业研究

### 绿地系统研究

结合钟楼商圈、曲江商圈商业性质及布点，对基地进行商业产业互补，结合1号地铁线万寿换乘枢纽形成一个交通商业核心，同时结合幸福林带，形成南北向的商业发展轴，有效续接其他商圈，同时有力集聚人群。
充分利用现有的兴庆宫公园、长乐公园，结合幸福林带，形成一条东西向的绿色廊道，同时向浐河延伸，以构建完整的城市绿网。



### 基地现状

用地现状

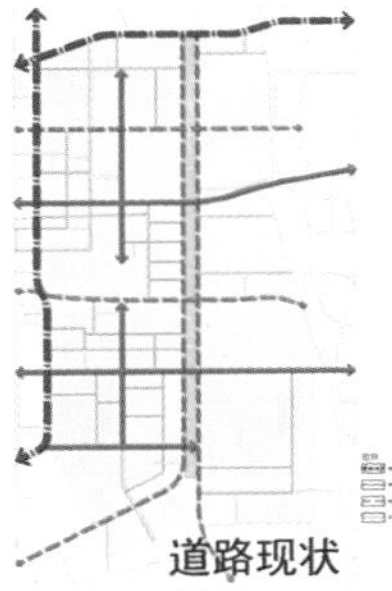
道路现状

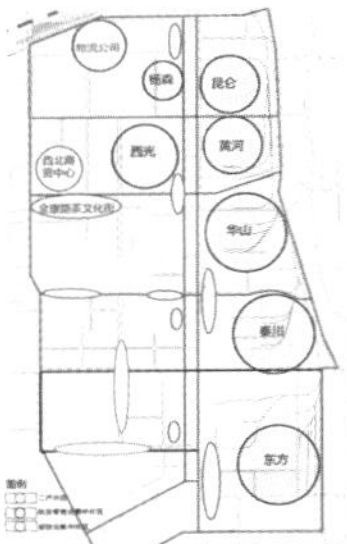
产业现状

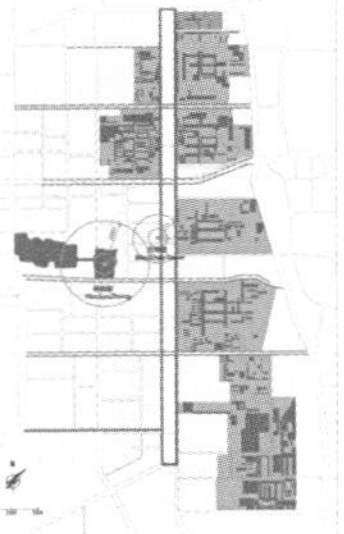
绿地现状

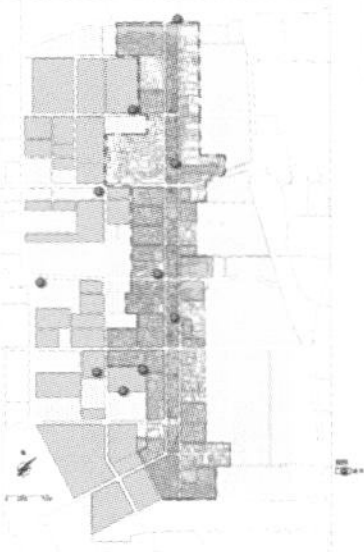
文化设施现状

教育设施现状

医疗设施现状

**现状总结**

**优势分析**
1. 周边商业带动力
2. 浐灞生态区带动力
3. 城市门户空间
4. 交通区位占优势
5. 社区文化成熟
6. 军工文化要素

**劣势判断**
1. 商业环境差
2. 景观绿化环境差
3. 公交站点分布不合理
4. 可达性弱
5. 社区封闭性强
6. 产业单一

**发展机遇**
1. 上位规划对幸福林带的恢复支持
2. 退二进三背景下的城市更新启动
3. 轨道交通逐年完善，将有四条地铁通过基地

## 片区城市规划

### 绿 · 时尚概念

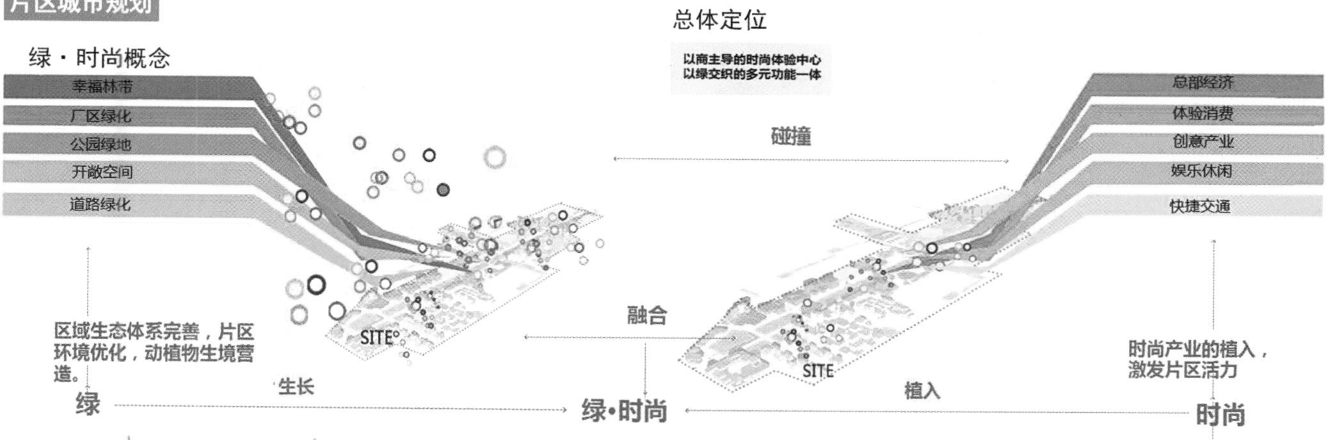


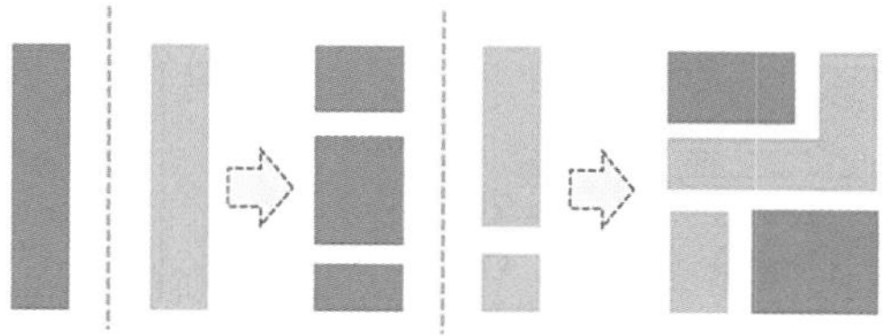

“绿” + “时尚” 融合方式

对于基地内绿化要素的提炼和提升，城市时尚产业的注入。绿化环境和时尚产业通过融合和碰撞形成“绿•时尚”模式，实现对基地的优化和激活，是对城市生活环境提升的空间实现。

### 绿时尚模式分析

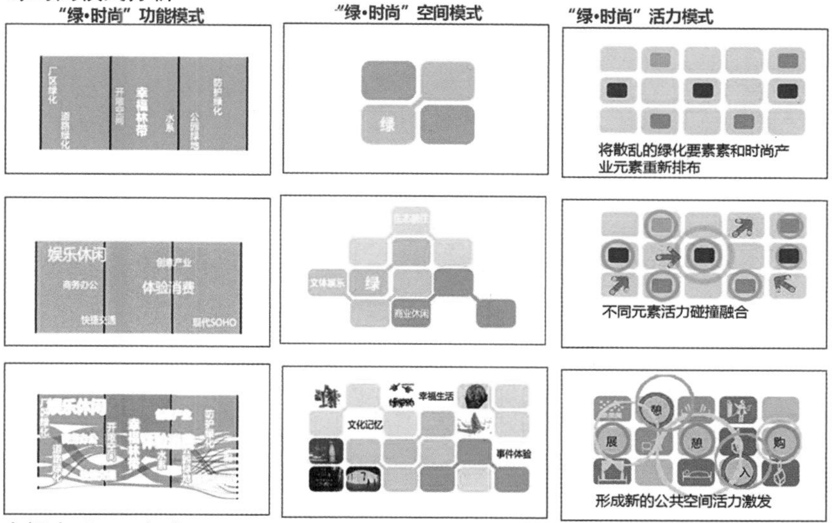


### 策略分析

1、复合

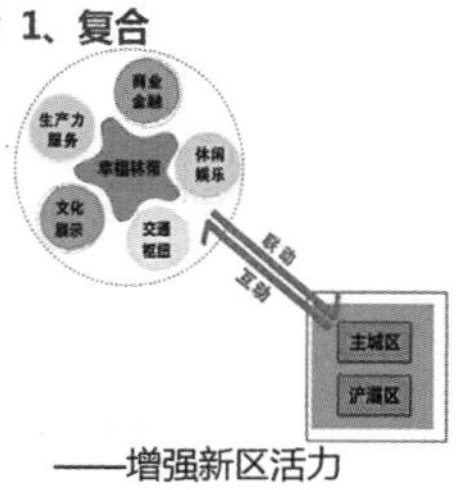


——增强新区活力

2、溶绿

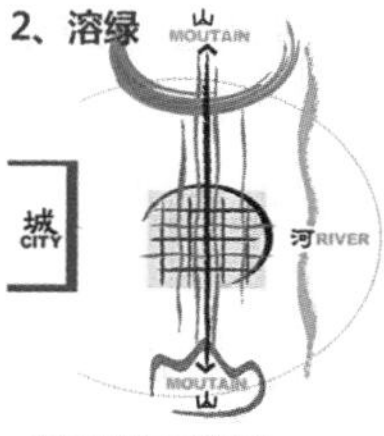


——提高环境吸引力

3、链接

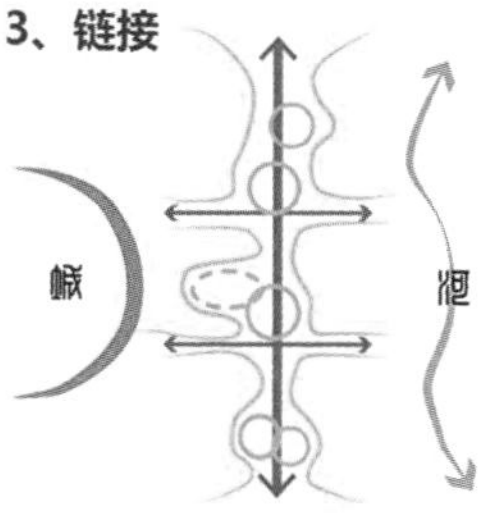


——增强空间连续性

4、疏导

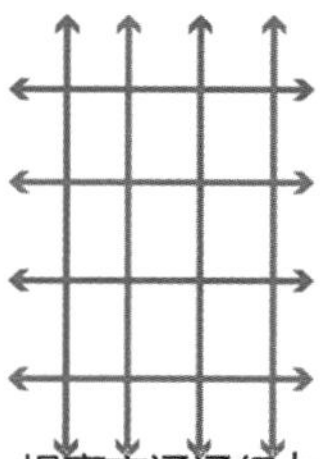

——提高交通通行力

5、提升

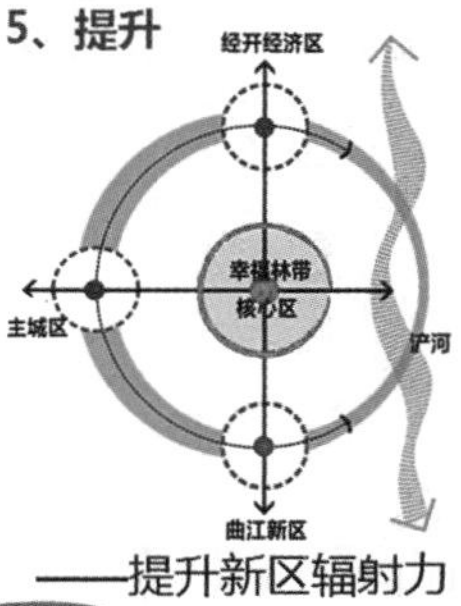


——提升新区辐射力

### 空间实现——复合

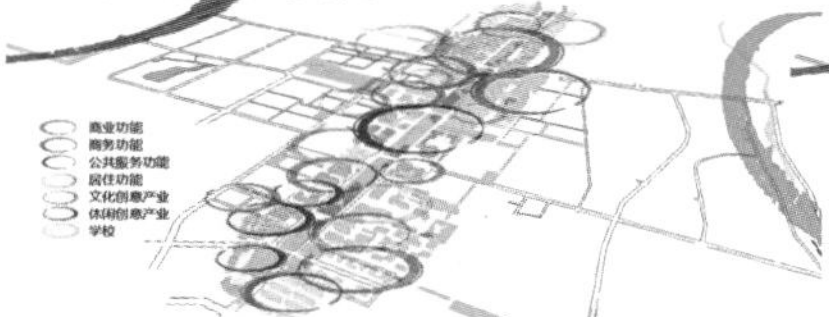


以幸福林带为核，基地内部穿插生态绿地、城市公园、防护绿地、附属绿地，将绿溶解到城市各分区中。

Urban Planning

### 空间实现——链接

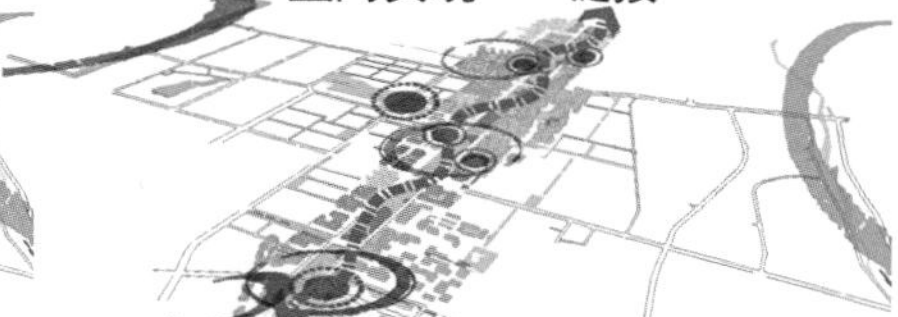

通过绿色城市环境、多元的商业延续、秩序的城市空间创造一系列充满个性与活力的场所。

### 空间实现——溶绿

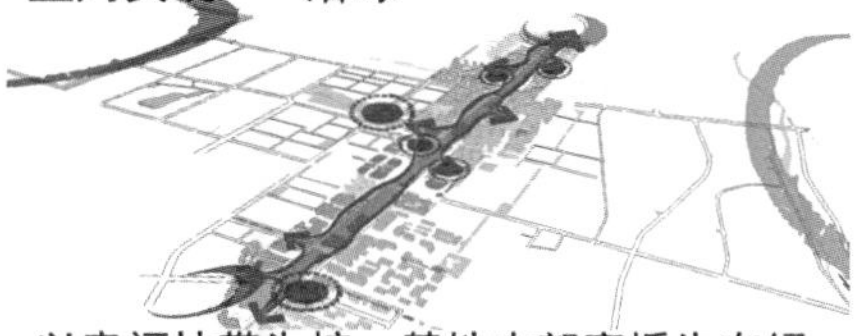

以幸福林带为核，基地内部穿插生态绿地、城市公园、防护绿地、附属绿地，将绿溶解到城市各分区中。

### 空间实现——疏导

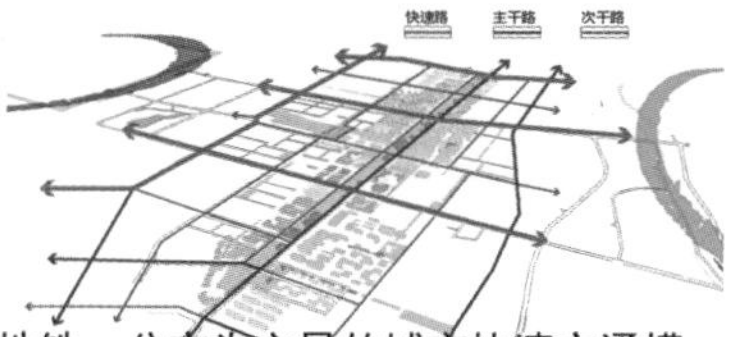


倡导地铁、公交为主导的城市快速交通模式，完善道路网，疏解城东片区交通。

### 空间实现——提升

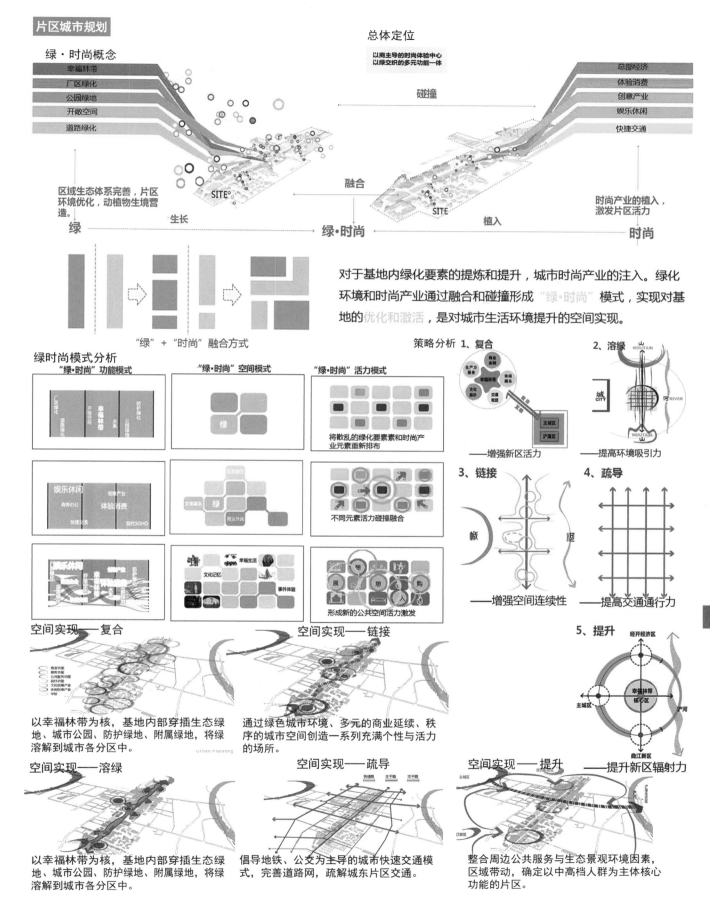

整合周边公共服务与生态景观环境因素，区域带动，确定以中高档人群为主体核心功能的片区。

## 片区城市规划

### 规划结构

| | | |
|---|---|---|
| 一主轴 | 城市综合发展轴 | |
| 两次轴 | 商业发展轴 | |
| | 绿化景观轴 | |
| 两核心 | 商业服务核心 | |
| | 公共服务核心 | |
| 四片区 | 生态时尚居住片区 | |
| | 综合商业商务片区 | |
| | 综合公共服务片区 | |
| | 文化创意产业片区 | |

一主轴
两核心
两次轴
四片区

### 规划结构:
### 一主轴两次轴两核心四片区

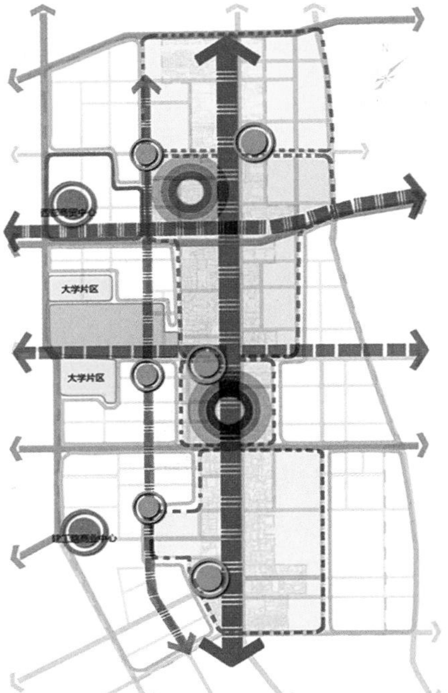

**结构阐释**

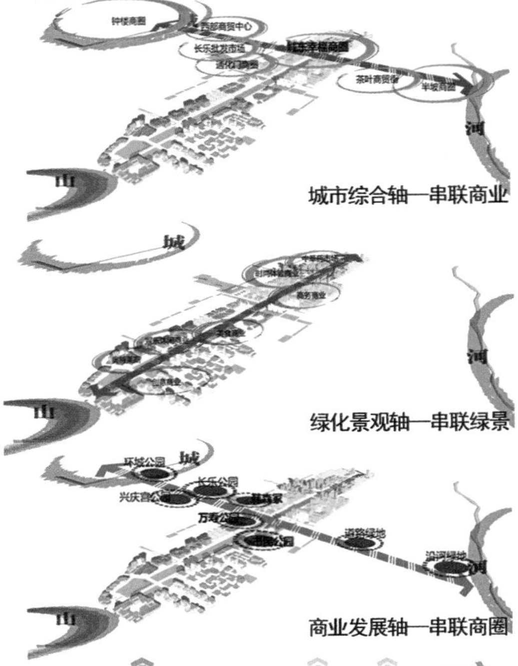

城市综合轴—串联商业

绿化景观轴—串联绿景

商业发展轴—串联商圈

### 功能策划

| 功能配置 | 基地可利用资源 | 功能分区 |
|---|---|---|
| 城市生态农场、公寓居住、社区服务、老年活动中心、湿地公园 | 花园式工厂丰富植被、保留的现代住区、成熟的社区文化 | 1、生态时尚居住片区 |
| 商业综合体、商业公园、综合换乘中心、商务办公楼、商务休闲公园、酒店、公寓 | 西北商贸中心产业带动、轨道交通出行优势、现有商业消费者基础 | 2、综合商业商务片区 |
| 万寿公园、市民公园、科技馆、图书馆、文化馆、体育活动中心 | 万寿寺塔、长乐公园、韩森冢、花园式工厂丰富植被、工业厂房建筑遗留 | 3、综合公共服务片区 |
| 创意产业园、艺术公园、剧场、餐饮休闲街、步行商业街、SOHO工作室 | 工业厂房建筑遗留、花园式工厂植被丰富、建设路现代商业带动、校园年轻文化氛围 | 4、文化创意产业片区 |
| 居住公寓、社区服务、老年活动中心 | 成熟的社区文化和公共服务配置、居住区建筑机理 | 5、传统住区 |

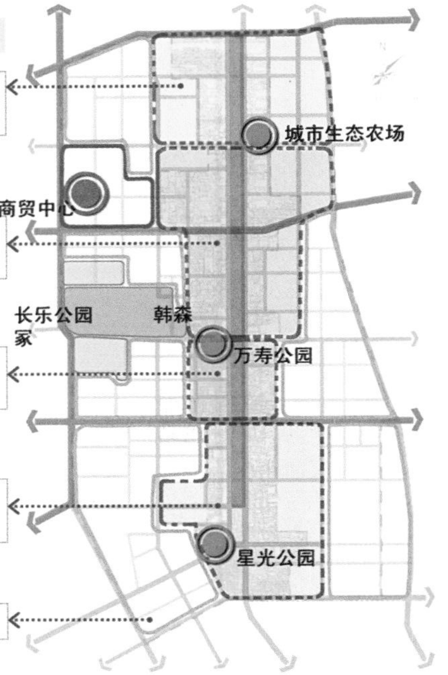

### 功能组织模式

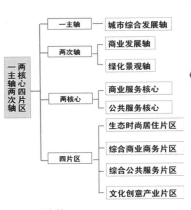

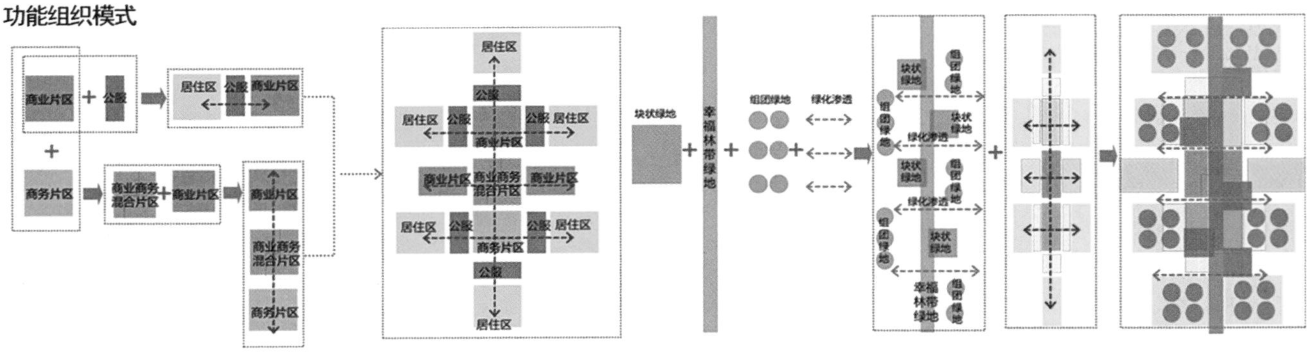

道路系统规划

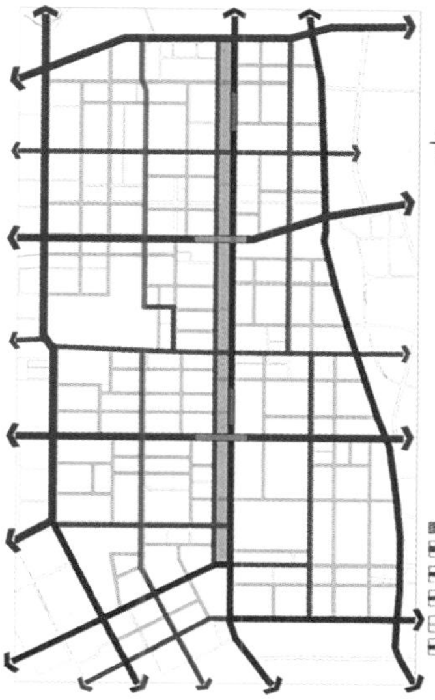

公交系统规划

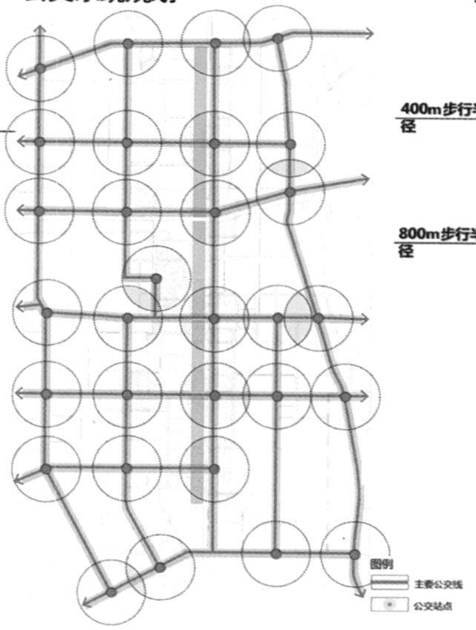

轨道交通规划

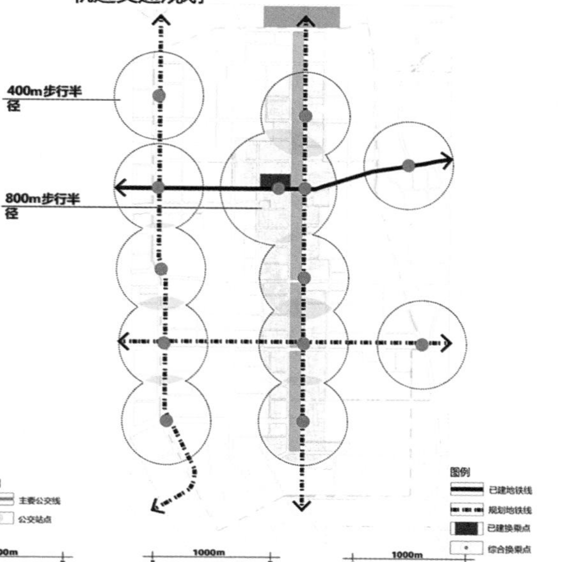

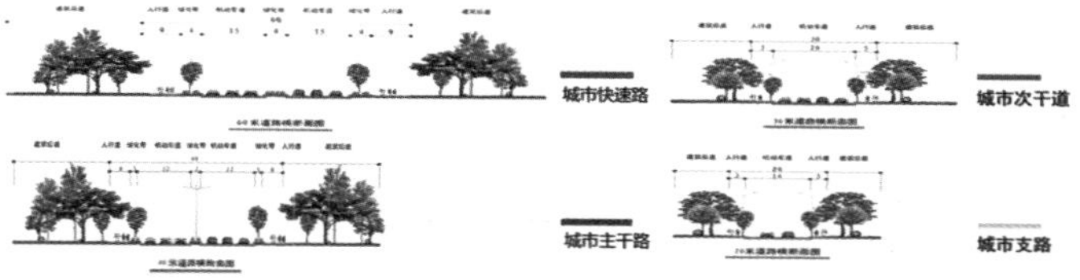

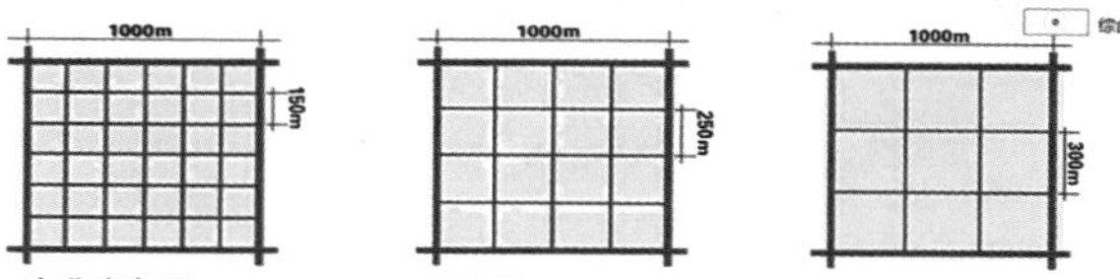

公服系统规划

居住系统规划

商业绿地系统规划

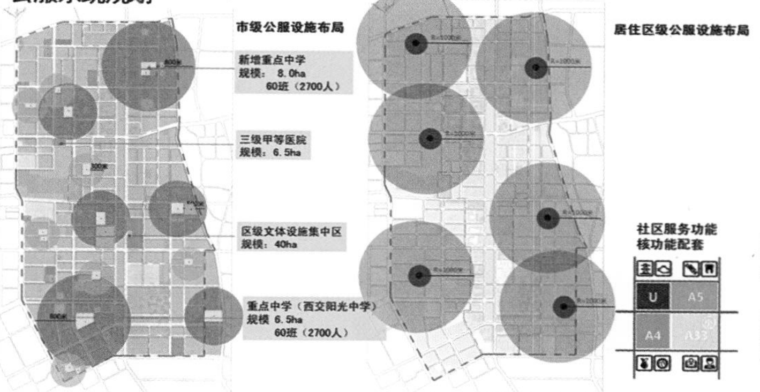

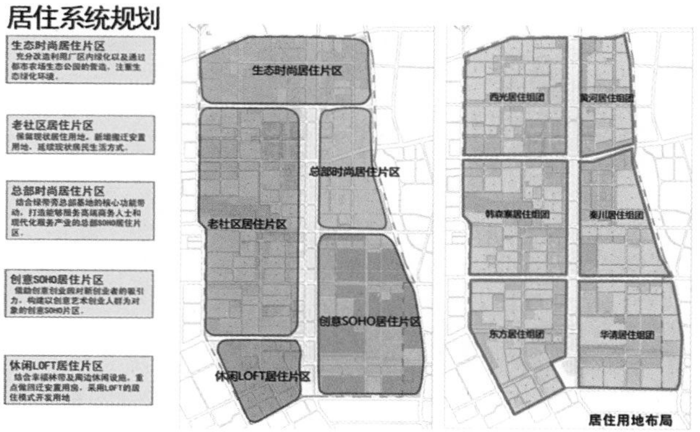

慢行系统规划

市政雨洪规划

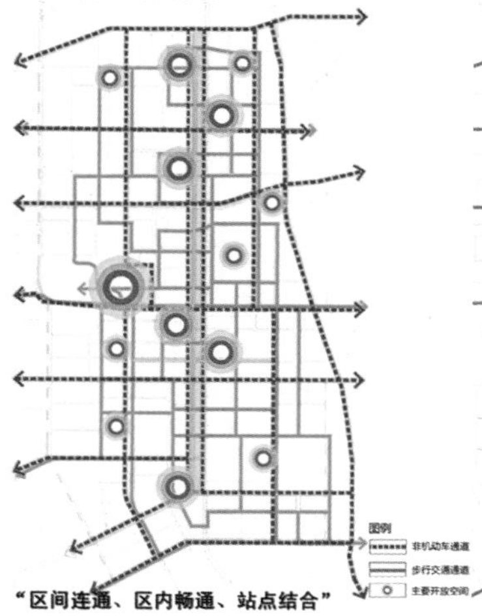

## 核心区城市设计

### 城市设计框架

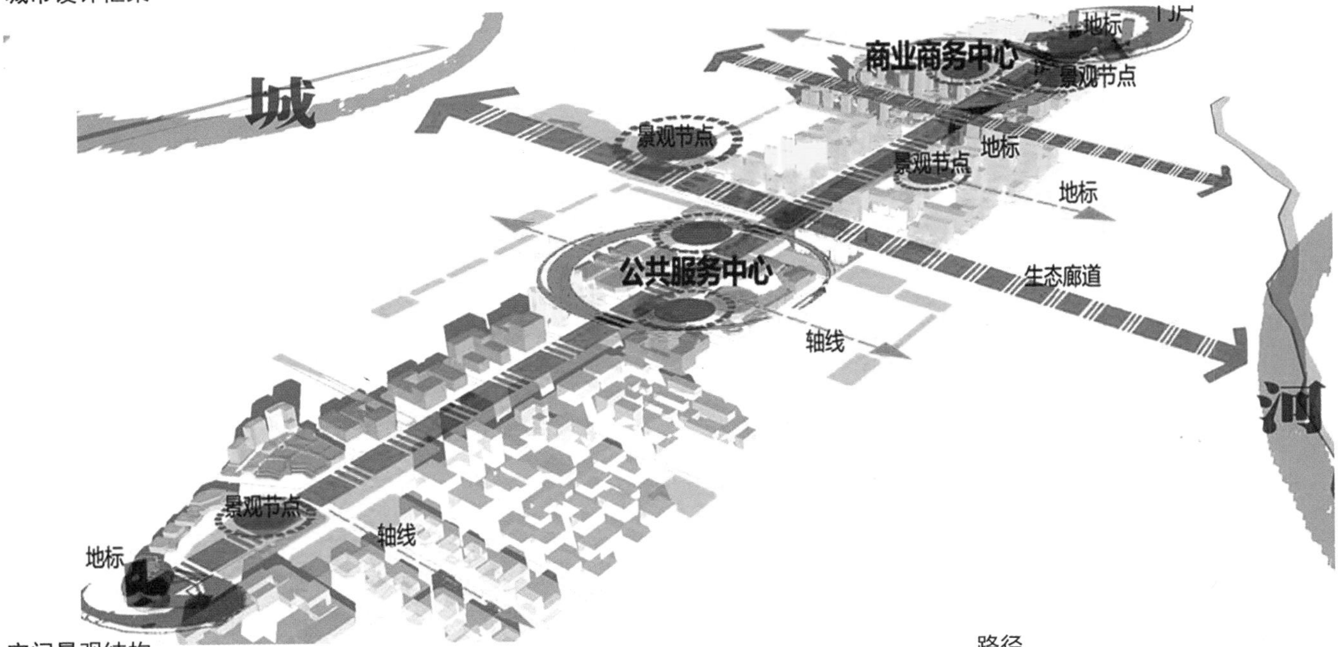
城
地标
商业商务中心
景观节点
景观节点
地标
景观节点
地标
公共服务中心
生态廊道
轴线
河
景观节点
轴线
地标

### 空间景观结构

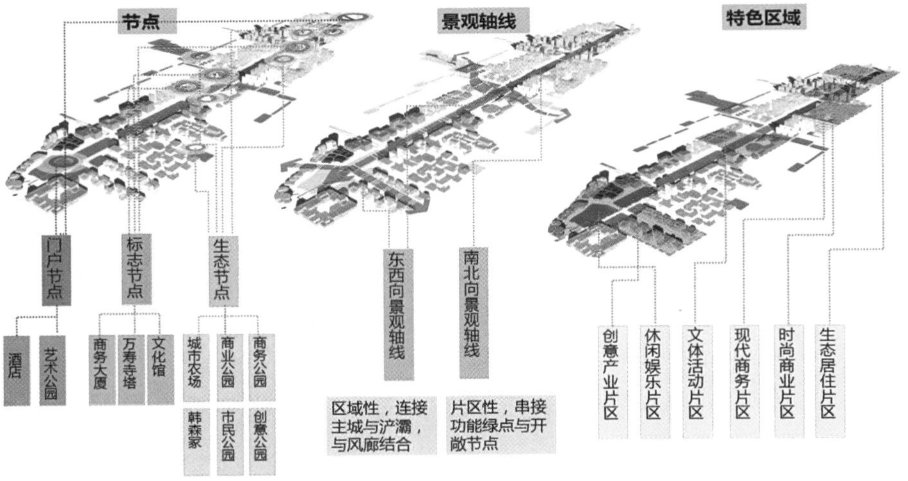
节点
景观轴线
特色区域
门户节点
标志节点
生态节点
酒店
艺术公园
商务大厦
万寿寺塔
文化馆
城市农场
商业公园
商务公园
韩森冢
市民公园
创意公园
东西向景观轴线
南北向景观轴线
区域性，连接主城与浐灞，与风廊结合
片区性，串接功能绿点与开敞节点
创意产业片区
休闲娱乐片区
文体活动片区
现代商务片区
时尚商业片区
生态居住片区

### 路径

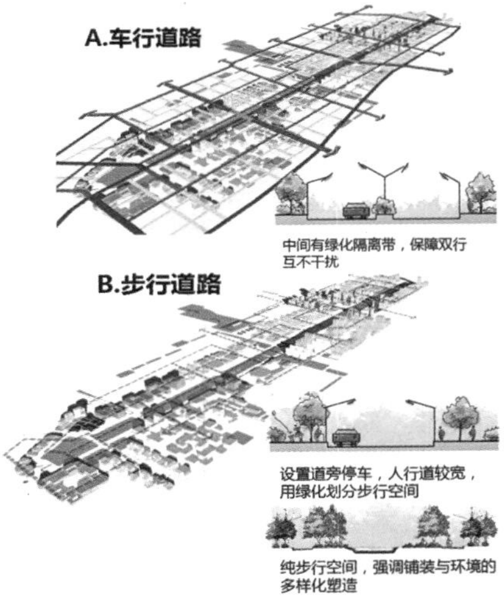
A.车行道路
中间有绿化隔离带，保障双行互不干扰
B.步行道路
设置道旁停车，人行道较宽，用绿化划分步行空间
纯步行空间，强调铺装与环境的多样化塑造

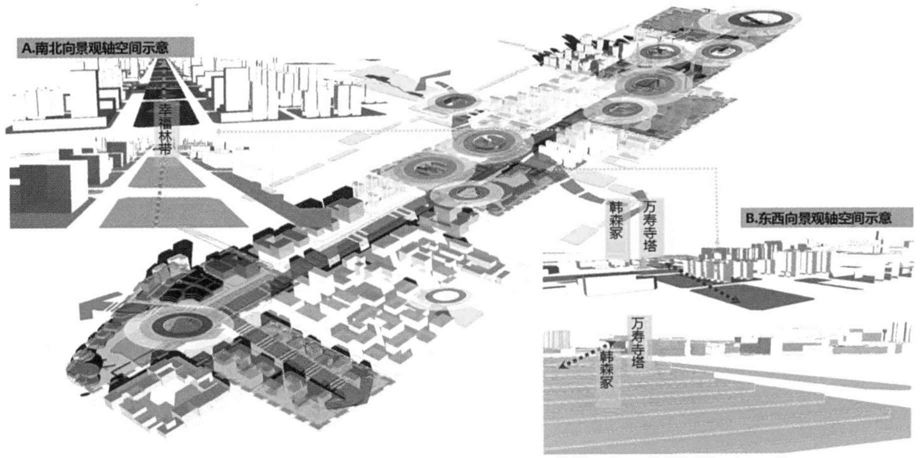
A.南北向景观轴空间示意
幸福林带
韩森冢
万寿寺塔
B.东西向景观轴空间示意
万寿寺塔
韩森冢

## 通廊

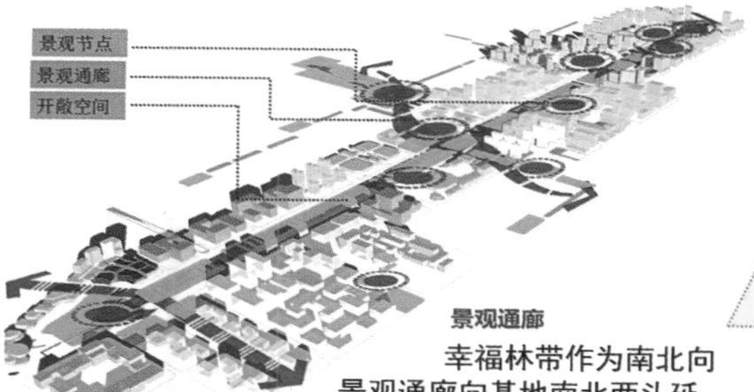

景观节点
景观通廊
开敞空间


**景观通廊**

幸福林带作为南北向景观通廊向基地南北两头延续，东西向景观通廊通过长乐公园、韩森冢、万寿公园及街边公园等延续联系浐灞生态湿地与环城公园，有序打通城-郊。最终达到：通廊延续，多节点、多空间。

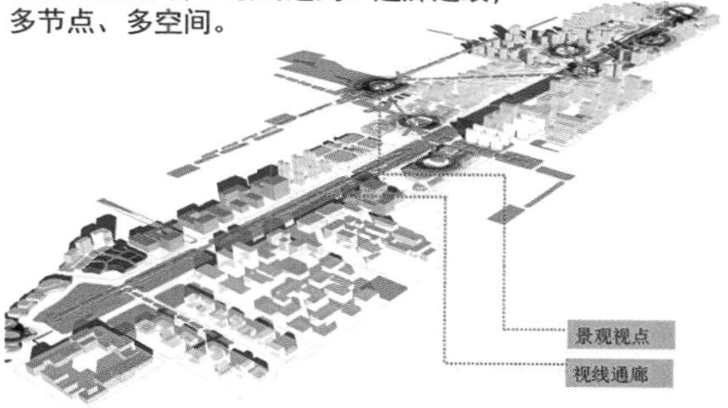

景观视点
视线通廊


**视线通廊**

基地的视线通廊主要由幸福林带南北向控制，其次韩森冢、地形高点、地标建筑等作为基地内登高眺望节点，打通与之形成的视线通廊，以便基地内形成各种对景，最终达到：目及之处有景有境。

## 轴线地标

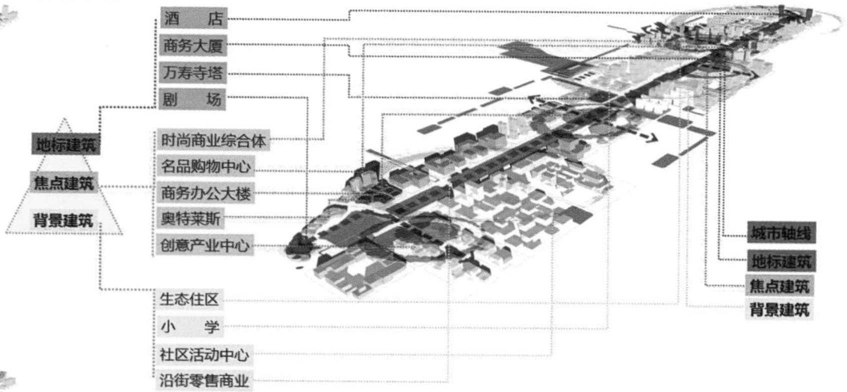

酒　店
商务大厦
万寿寺塔
剧　场
地标建筑
焦点建筑
背景建筑
时尚商业综合体
名品购物中心
商务办公大楼
奥特莱斯
创意产业中心
生态住区
小　学
社区活动中心
沿街零售商业
城市轴线
地标建筑
焦点建筑
背景建筑


## 界面

界面主要沿林带的幸福路、万寿路两侧、城市主要干道结合开敞空家进行控制。

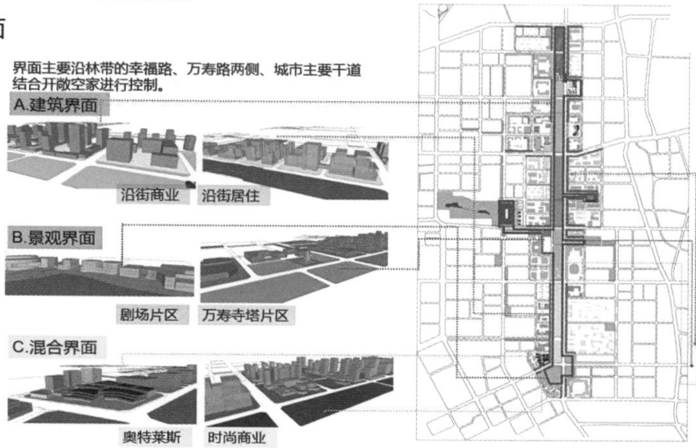

A.建筑界面
沿街商业
沿街居住
B.景观界面
剧场片区
万寿寺塔片区
C.混合界面
奥特莱斯
时尚商业
建筑界面
景观界面
混合界面


## 天际线

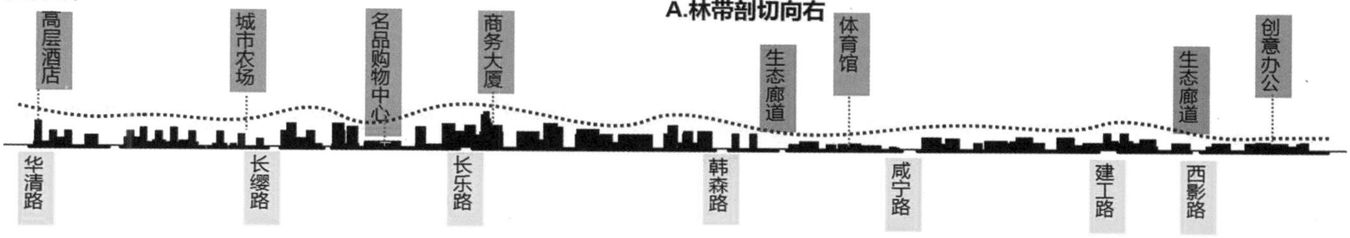

A.林带剖切向右
高层酒店
城市农场
名品购物中心
商务大厦
生态廊道
体育馆
生态廊道
创意办公
华清路
长缨路
长乐路
韩森路
咸宁路
建工路
西影路


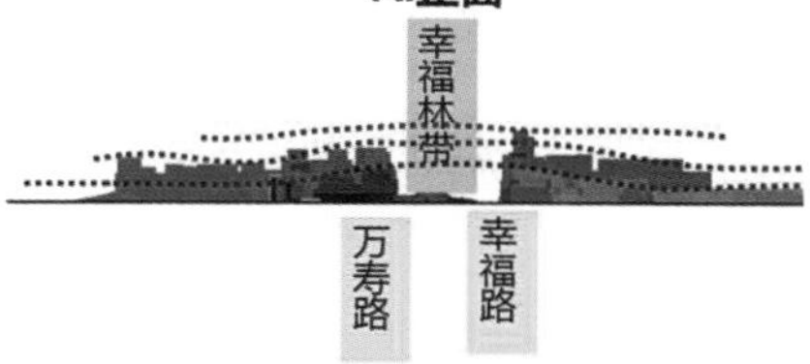

A.正面
幸福林带
万寿路
幸福路

F.艺术公园
服务人群：本地中青年活力人群
定　位：文化中青年聚集场
功能特点：室外剧场、影视娱乐、小型舞台、创意市集、休憩娱乐、个性消费
绿化率：50%～60%
E.市民活动公园
服务人群：本地市民、外来游客
定　位：多种公共服务类型集群
功能特点：市民养生、书吧、休闲娱乐体验、政务服务平台
绿化率：60%～80%
D.城市商务公园
服务人群：本地商务、总部办公人群
定　位：考虑商务办公区，打造高品质休闲交流公共绿地
功能特点：室外休闲、游憩放松、交流恰谈
绿化率：60%～70%
A.城市生态湿地公园
服务人群：片区市民，外来人群
定　位：片区绿心、内部水循环利用，动植物生境
功能特点：湿地景观、休息疗养
绿化率：≥90%
C.商业休闲公园
服务人群：本地市民、外来游客，中高档消费人群
定　位：空间消费、时尚消费
功能特点：奢侈实体店、旗舰品牌展示、景观休闲
绿化率：60%～70%
B.城市农场
服务人群：本地人群，外来游客
定　位：农业种植体验、农场观光
功能特点：游憩体验、花卉园艺展示
绿化率：70%～80%


林带策划

## 开发强度

## 地块A城市设计

### 主题定位

商绿互补模式

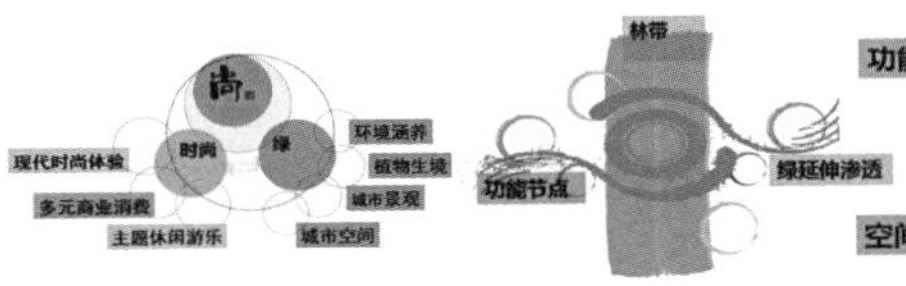


### 设计策略

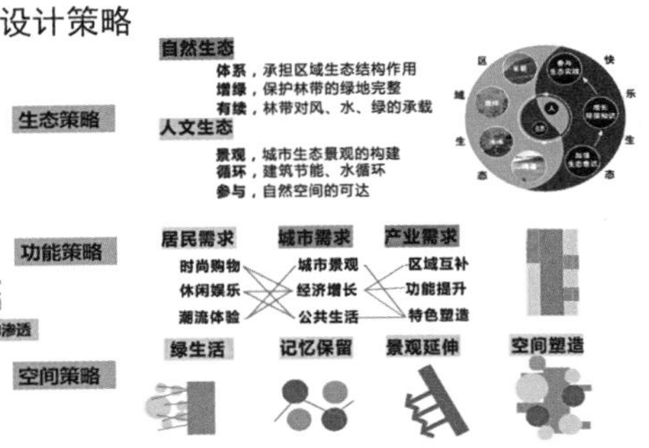

生态策略
自然生态
体系，承担区域生态结构作用
增绿，保护林带的绿地完整
有续，林带对风、水、绿的承载
人文生态
景观，城市生态景观的构建
循环，建筑节能、水循环
参与，自然空间的可达
功能策略
居民需求
时尚购物
休闲娱乐
潮流体验
城市需求
城市景观
经济增长
公共生活
产业需求
区域互补
功能提升
特色塑造
空间策略
绿生活
记忆保留
景观延伸
空间塑造


### 空间推导

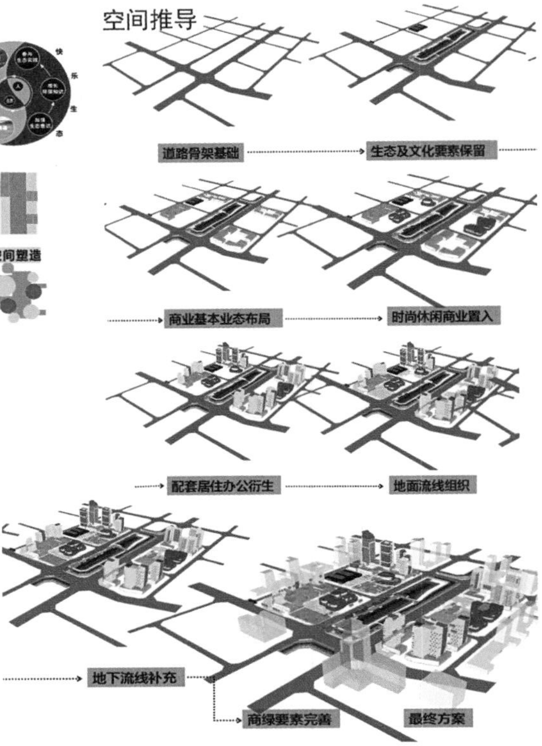

道路骨架基础
生态及文化要素保留
商业基本业态布局
时尚休闲商业置入
配套居住办公衍生
地面流线组织
地下流线补充
商绿要素完善
最终方案


### 功能推导

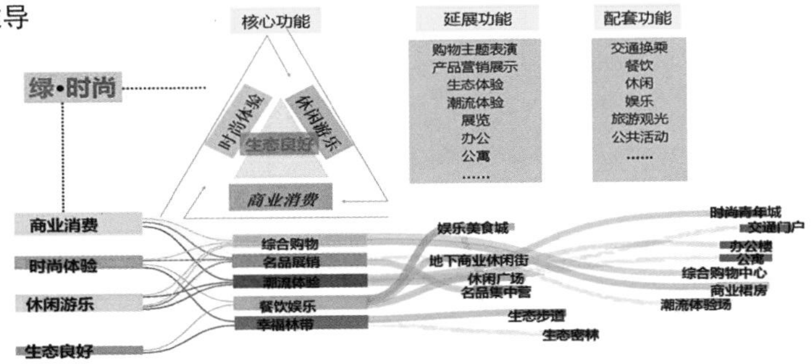

核心功能
延展功能
配套功能
绿•时尚
时尚体验
休闲游乐
生态良好
商业消费
购物主题表演
产品营销展示
生态体验
潮流体验
展览
办公
公寓
……
交通换乘
餐饮
休闲
娱乐
旅游观光
公共活动
……
商业消费
时尚体验
休闲游乐
生态良好
综合购物
名品展销
潮流体验
餐饮娱乐
幸福林带
娱乐美食城
地下商业休闲街
休闲广场
名品集中营
生态步道
生态密林
时尚青年城
交通门户
办公楼
公寓
综合购物中心
商业裙房
潮流体验场


区域商业中心：其商业街长度一般在600米以上，或商业集聚在10公顷的区域范围内。设置宜以块状为主、条状为辅，建筑形态宜采取购物中心模式。

——《西安市商业分级设置规范》

### 设计说明

商业核心地段是整个城东片区的公共活动区与消费区。其主要功能结合地铁交通门户所聚集的多样人群进行时尚潮流体验产业、城市休闲生活的设计。

地段主要保留幸福林带的生态完整性并将其生态效应延展，达到生态下的高品质商业开发。

### 总平面

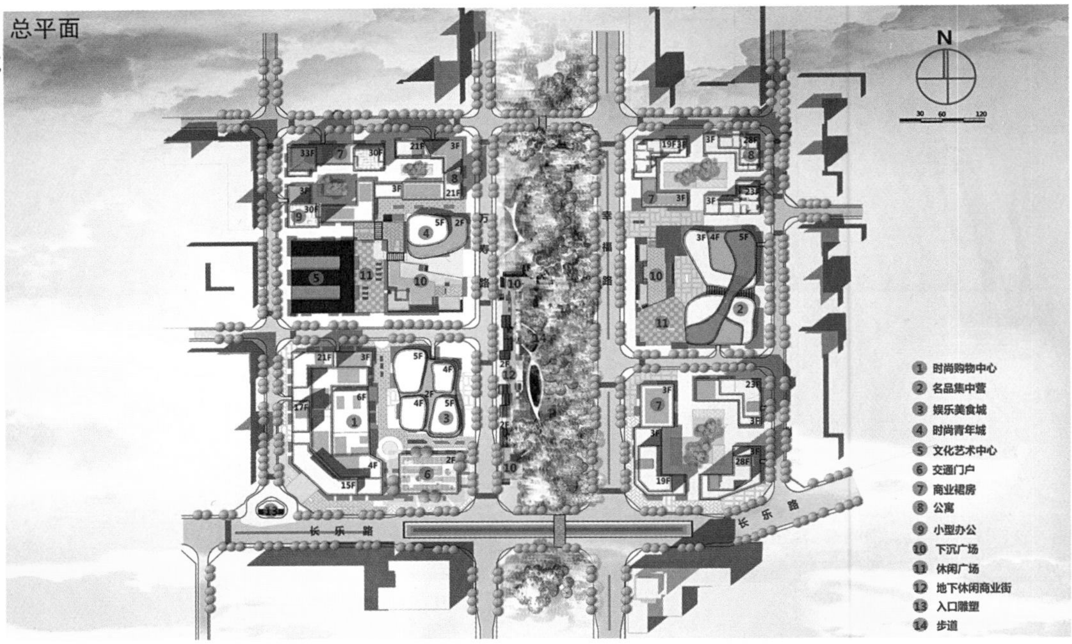

N
30 60 120
万寿路
幸福路
长乐路
1 时尚购物中心
2 名品集中营
3 娱乐美食城
4 时尚青年城
5 文化艺术中心
6 交通门户
7 商业裙房
8 公寓
9 小型办公
10 下沉广场
11 休闲广场
12 地下休闲商业街
13 入口雕塑
14 步道


### 经济技术指标

地段面积：46.79ha

A. 林带容积率：0.03

B. 除林带外

基底面积：112345m²

建筑总面积：855451m²

建筑密度：32%

容积率：2.5

绿地率：35%



### 规划结构

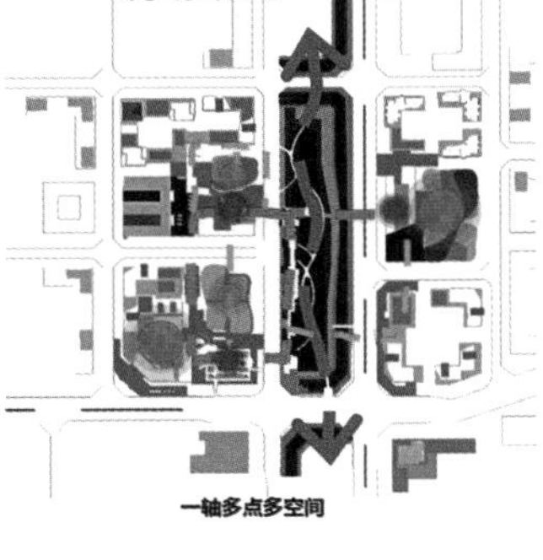

一轴多点多空间


### 功能分区

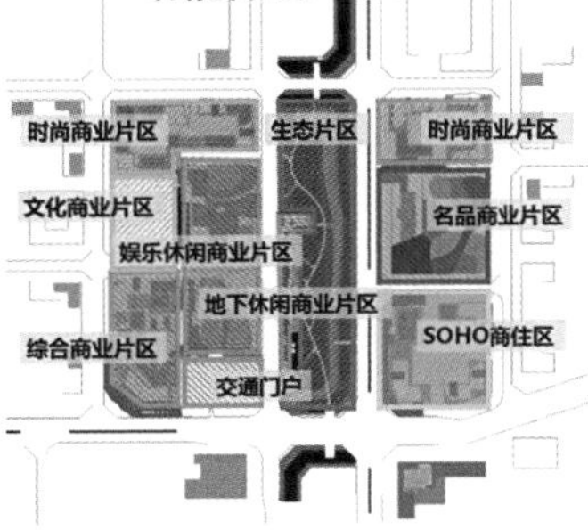

时尚商业片区
生态片区
时尚商业片区
文化商业片区
名品商业片区
娱乐休闲商业片区
地下休闲商业片区
综合商业片区
SOHO商住区
交通门户


### 流线组织

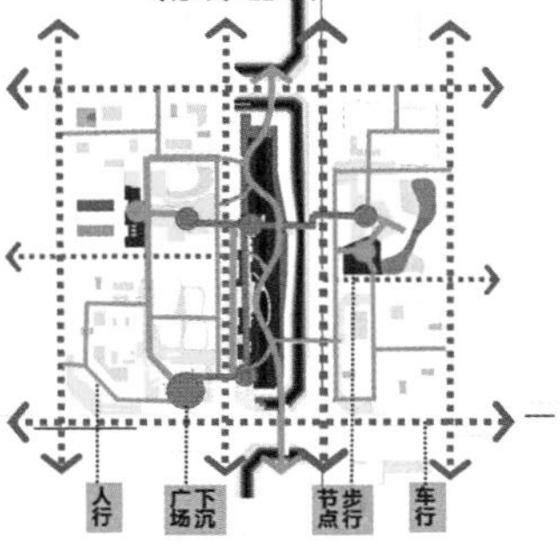


### 绿地系统

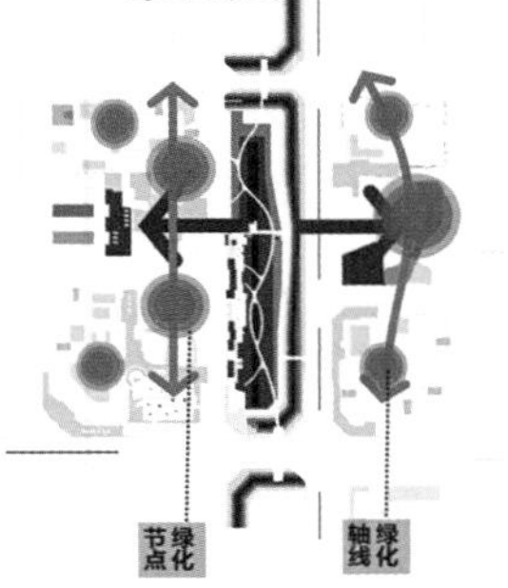

节点绿化
轴线绿化

鸟瞰图

主要行为组织　　节点功能模拟　　节点效果

轴线透视

南北向林带轴线透视

B. 下沉广场节点

东西向轴线透视

C. 交通门户下沉出口节点

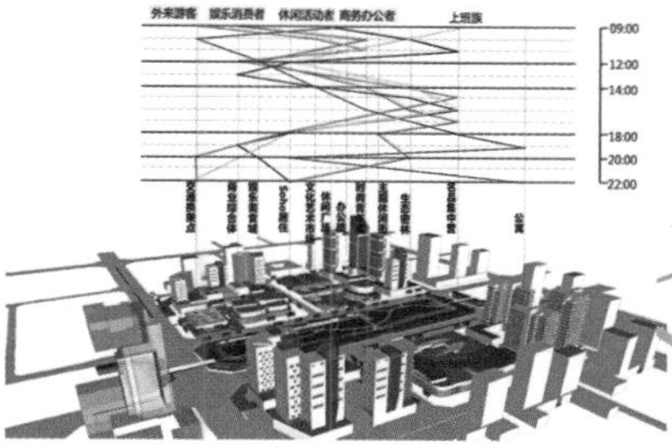

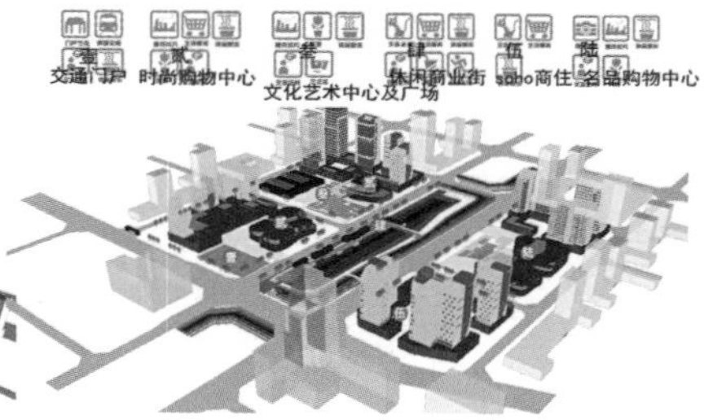

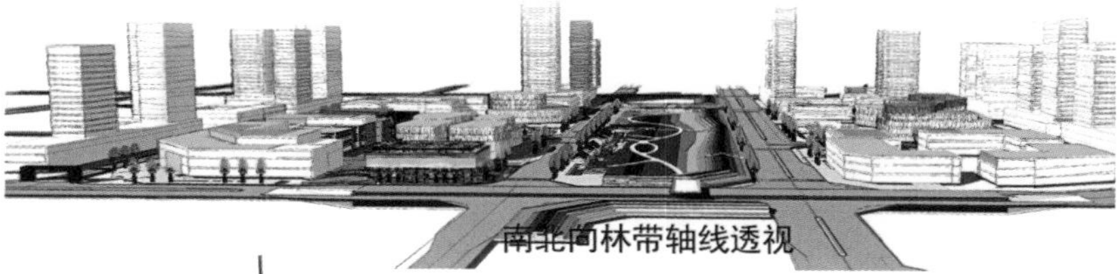

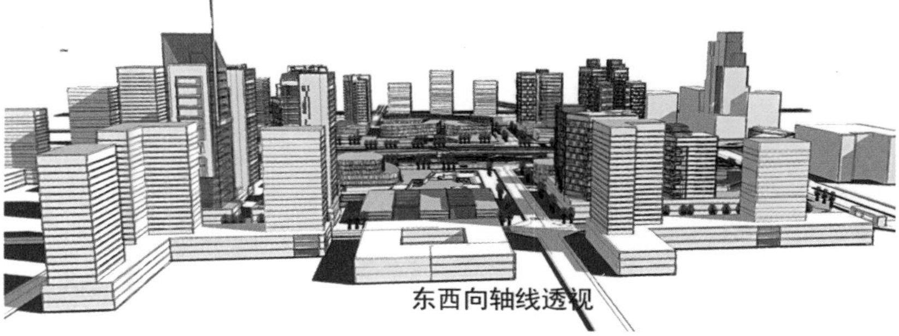

## 地块B城市设计

### 设计目标

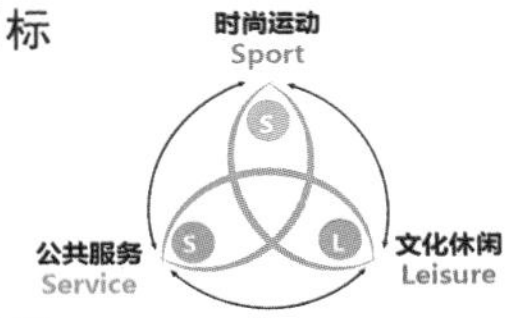

时尚运动 Sport

公共服务 Service

文化休闲 Leisure

### 功能组织

文化展览 / 公寓酒店 / 图书馆 / 体育商业 / 文化商业 / 便利设施 / 活动中心 / 休闲餐饮 / 市政服务 / 办公设施

幸福林带

### 人群分析

林带

周边片区人群

中心城区人群

工作人群

游客

SITE

居民

居民

周边片区人群

| 人群来源 | 活动类型 | 活动特点 | 空间需求 |
|---|---|---|---|
| 中心城区人群 | 工作 | 快速高效的工作环境和生活氛围 | 写字楼、酒店旅馆、公寓 |
| 周边片区人群 | 居住 | 环境品质要求高，空间相对私密 | |
| 原住居民 | 消费 | 进行日常消费以及娱乐活动 | 购物中心、步行街、餐饮、体育商业 |
| 旅游人群 | 运动 | 开敞的运动空间，多样的类型 | 展览馆、活动中心、图书馆 |
| 工作人群 | 公共服务 | 服务设施齐全，空间开敞 | |
| 学生 | 娱乐 | 空间环境舒适，流线组织流畅 | 户外活动场所、比赛场馆、训练场馆 |
| | 休闲游憩 | 游憩结合、空间舒适、组织流畅 | |

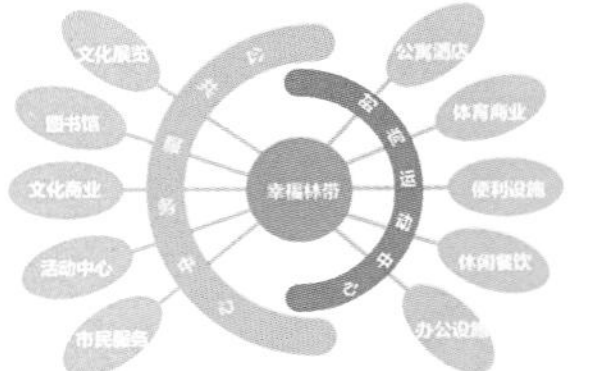

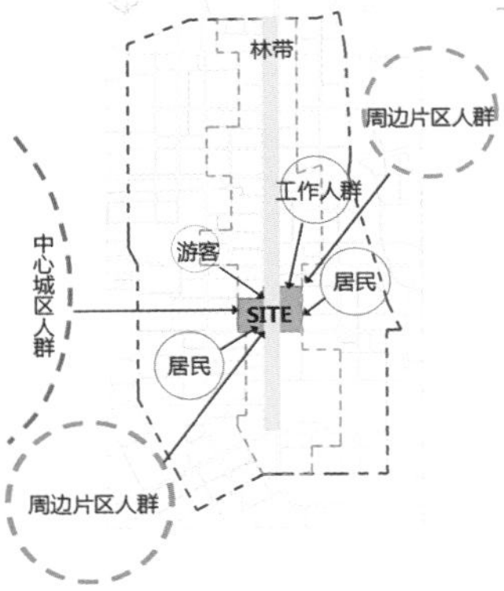

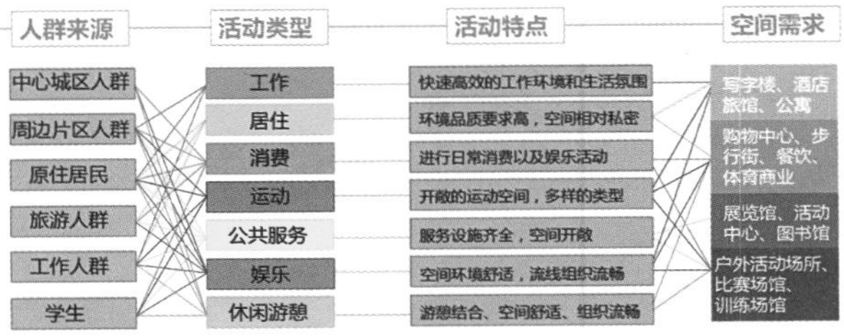

对工作人群的定位：北部总部经济区及商务核心区的工作人员。

对消费人群的定位：以本地居民、片区及周边居民以及游客为主，属于中高档定位。

对居住人群的定位：主要为西安新城区及幸福林带原住居民，对生态环境要求比较高，并包含部分韩森寨回迁居民。

### 总平面图

N

0 25 50 100m

万寿路

幸福路

咸宁路

① 万寿塔
② 万海广场
③ 幸福林带
④ 图书馆
⑤ 文化漫游
⑥ 活动中心
⑦ 文化商业
⑧ 文化商业广场
⑨ 文化商业
⑩ 文化创意广场
⑪ 综合办公楼
⑫ 商业购物中心
⑬ 文化博物综合体
⑭ 文化博物馆
⑮ 文体广场
⑯ 地铁出入口
⑰ 市民服务中心
⑱ 林带小广场
⑲ 体育商业中心
⑳ 金融酒店
㉑ 室外活动场
㉒ 市民公园
㉓ 网球场
㉔ 羽毛球场
㉕ 篮球场
㉖ 体育中心广场

经济技术指标
总用地面积：42.5ha
总建筑面积：30.19万 m²
容积率：0.71
建筑密度：19%
绿地率：59.6%
停车位：5000个

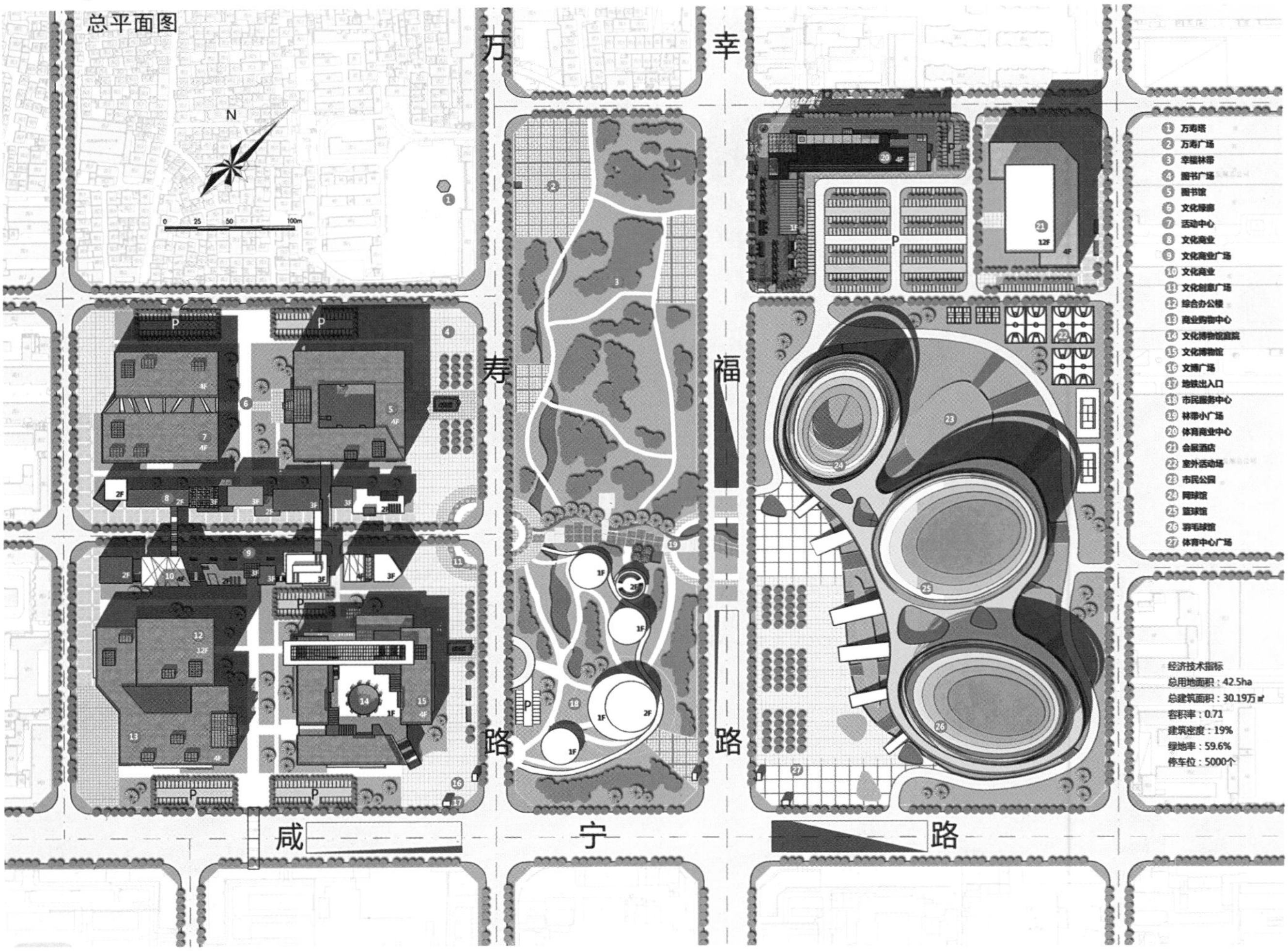

### 规划结构

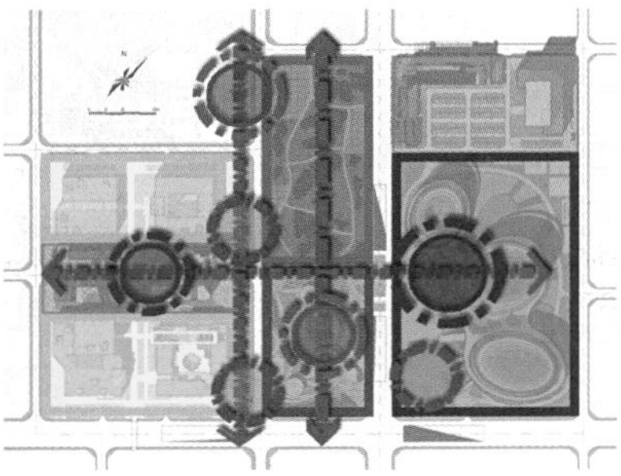

### 功能分区

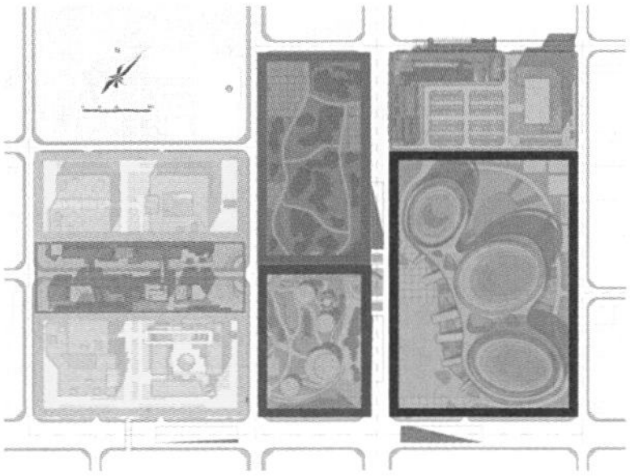

### 流线组织

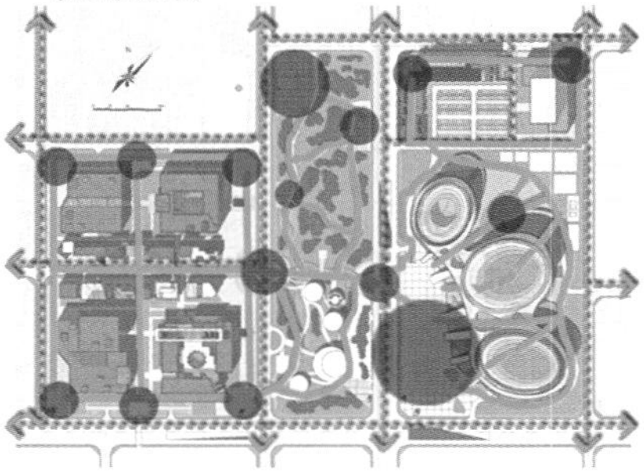

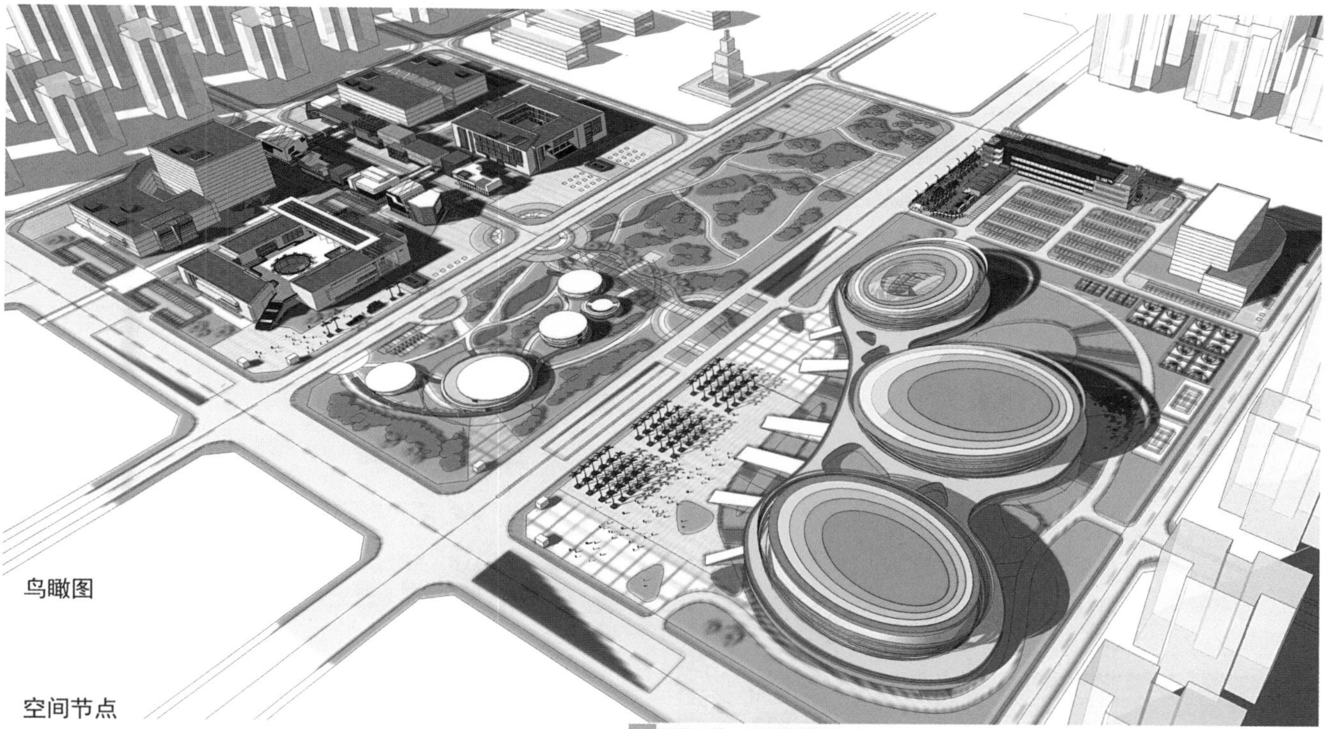

鸟瞰图

空间节点

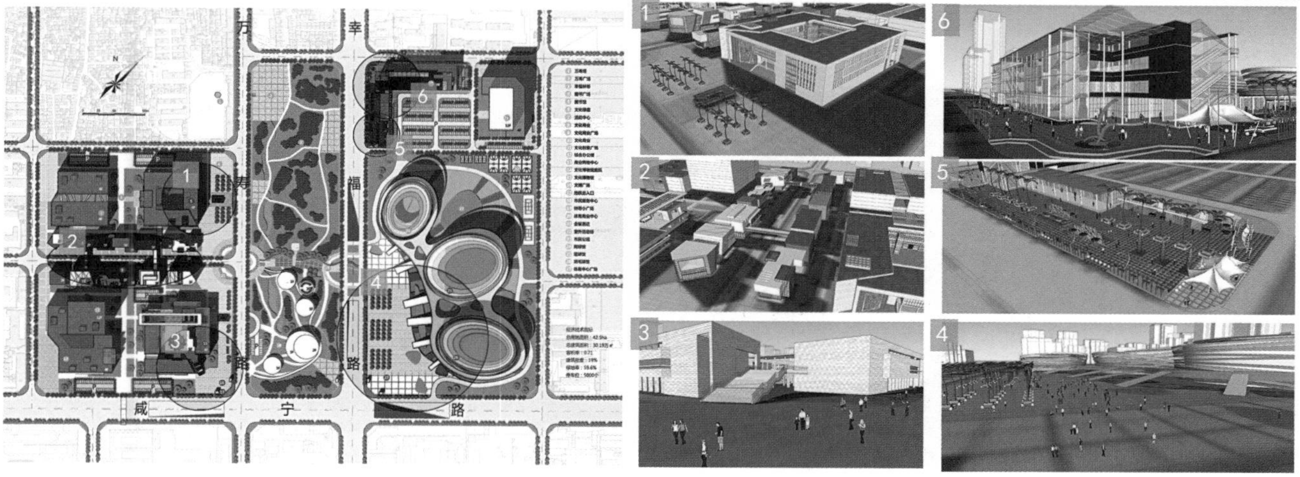


用地东西向天际线分析

林带东侧南北向天际线分析

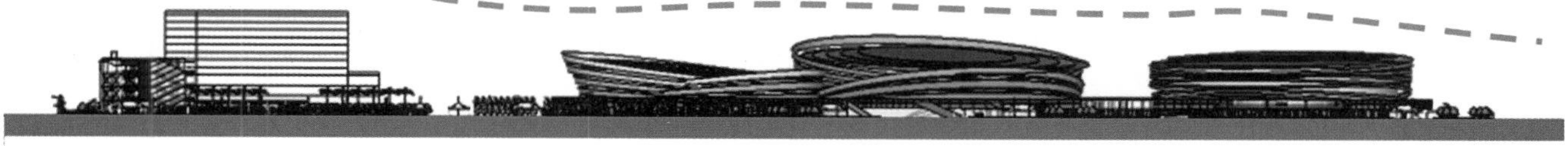

林带西侧南北向天际线分析

# 地块C城市设计

## 方案生成

**STEP1：基于基地内现状问题提出发展策略**

| 现状问题 | 规划原则 | 具体策略 | 激活复苏 |
|---|---|---|---|

**休闲娱乐购物片区**

| 经济 | ◆ 城市棚户区，城市经济滞后区<br>◆ 无支撑产业带动 | 双赢性 | 保证居住生活稳定基础上置换土地性质提高土地经济价值，引入支撑产业 | 多功能相促进支撑产业引导 |
|---|---|---|---|---|
| 环境 | ◆ 绿化环境单一，无开敞绿地<br>◆ 棚户区环境恶劣 | 生态性 | 生态网络格局的构建，配置开敞绿地 | 生态网络构建 |
| 交通 | ◆ 道路等级配置不合理，断面形式单一<br>◆ 慢行交通缺失 | 可达性 | 提供多种可达性路径，完善慢行交通配置，提供高效便捷的交通方式 | 道路可达性视线可达性 |
| 社会 | ◆ 城市公共环境品质低，空间缺乏<br>◆ 公共区域缺乏特色 | 公共性 | 增加多元化公共活动空间，扩大公共活动范围 | 公共空间塑造活力引导 |
| 产业 | ◆ 特色产业的缺失，产业聚集效应差<br>◆ 经济支撑产业单一且薄弱 | 特色性 | 特色型产业植入，增加休闲产业类型，提高经济支撑产业配置度 | 休闲产业植入活力空间营造 |

## STEP2：核心任务梳理

1、如何建立特色发展框架，实现产业特色化发展，激发片区经济活力

通过经济结构的调整，利用好幸福林带恢复绿化建设，引入特色产业类型提高片区经济活力

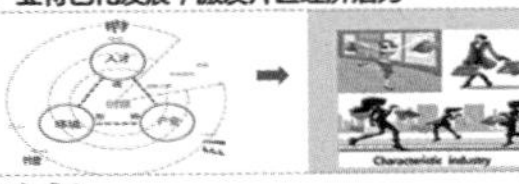

**基地规划的任务1**
如何务实的赋予地段特色化业态功能，满足城市新时代人群的需求，同时提升片区生活品质？

2、如何提升绿地环境空间的路径和方式？

以幸福林带建设为基础，集合多种休闲活动于一体，营造高品质的生活环境，塑造城市新时尚风貌。

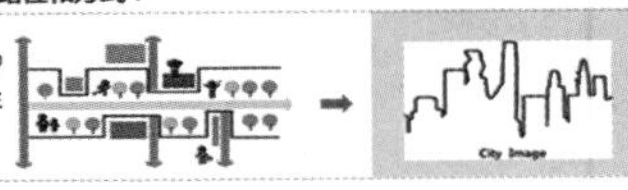

**基地规划的任务2**
如何打造幸福林带，塑造城市空间形象，展现都市时尚风貌？

3、如何创造具有休闲娱乐购物一体的城市环境？

成功的城市建设需要具备六个要素形成产业与城市功能的互动。从而吸引更多的人群，保持空间活力。

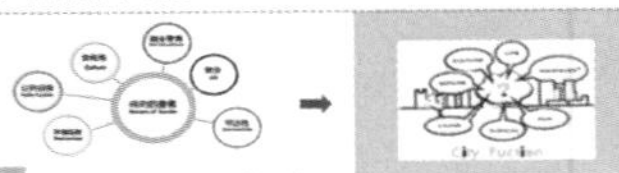

**基地规划的任务3**
如何创造片区活力空间，扩大休闲娱乐空间重塑片区活力？

## STEP3：目标定位

**基地定位**
基地为幸福林带南端节点，设计与绿建结合共同构成娱乐、消费、休闲、体验复合一体的娱乐休闲和商业时尚区。

**=**

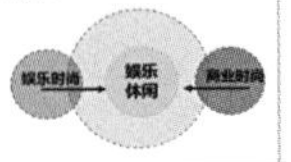

**基地自身需求**
商业　娱乐
植入特色商业，注重娱乐休闲性，体现与绿互溶的形式。

**+**

**服务人群**
商业　生活
主要人群：当地居民、相关工作者、本波族、学生
次要人群：旅游人群。

**+**

**外部发展要求**
生态　建设
基地内林带的恢复建设，作为林带南部节点处理与城市新功能引入的处理。

## STEP4：功能构成

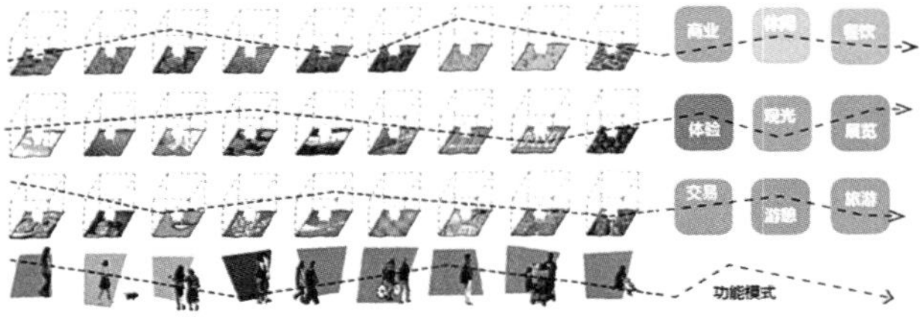

商业　观光　展览
体验　观光　展览
交易　游憩　旅游

功能模式

## STEP5：绿化景观组织

静态空间　林荫广场　休憩广场　屋顶绿化　地景建筑

## 总平面图

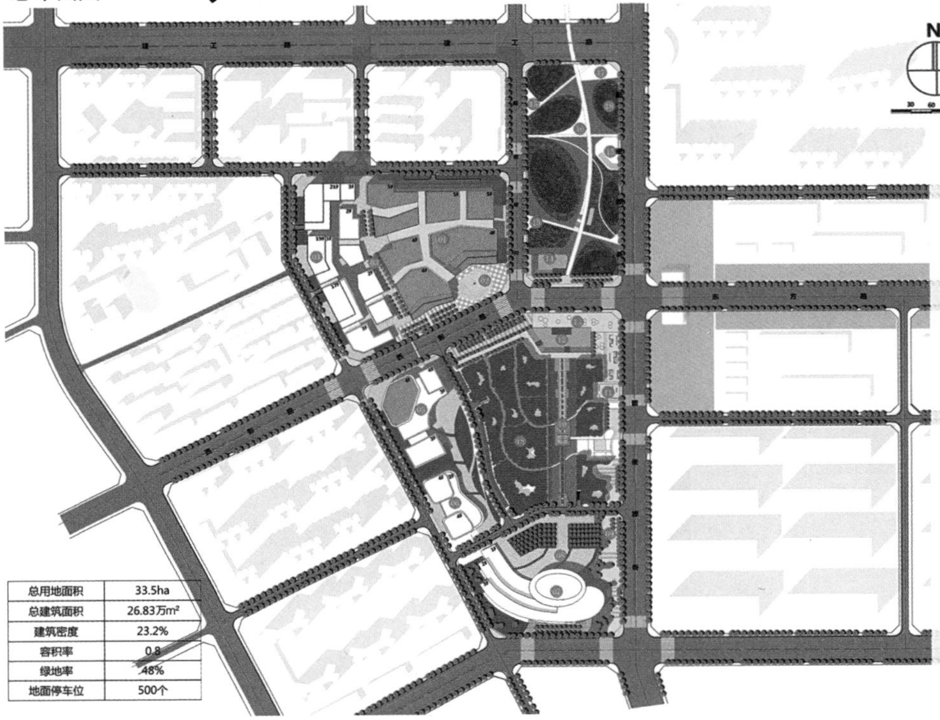

| 总用地面积 | 33.5ha |
|---|---|
| 总建筑面积 | 26.83万m² |
| 建筑密度 | 23.2% |
| 容积率 | 0.8 |
| 绿地率 | 48% |
| 地面停车位 | 500个 |

N

30 60 120

**规划结构**

景观绿化主轴
林带公园
时尚消费区
艺术广场节点
艺术公园
娱乐休闲区
剧场娱乐片区
剧场节点

一轴两点五片区

**功能分区**

林带片区
奥特莱区
特色餐饮区
艺术公园
娱乐休闲区
剧场片区

① 奥特莱斯品牌折扣店
② 奥特莱斯广场
③ 特色餐饮街区
④ 公寓楼
⑤ 影院院线娱乐城
⑥ 画廊艺术馆
⑦ 星光剧场
⑧ 剧场前广场
⑨ 活动广场
⑩ 林荫广场
⑪ 运动广场
⑫ 艺术广场
⑬ 文化展示广场
⑭ 交流平台
⑮ 公交站节点广场
⑯ 艺术活动区
⑰ 树阵广场
⑱ 密林

上班族　休闲活动者　消费娱乐者　商业办公者

09:00　12:00　14:00　18:00　20:00　22:00

交通换乘点　剧场　林荫广场　活动广场　画廊影院　艺术广场　购物街　餐饮区　公寓　林带空间

**主要活动组织**

青年公寓　奥特莱斯品牌店
剧场　娱乐休闲商业
**特色空间分析**　开敞空间联系

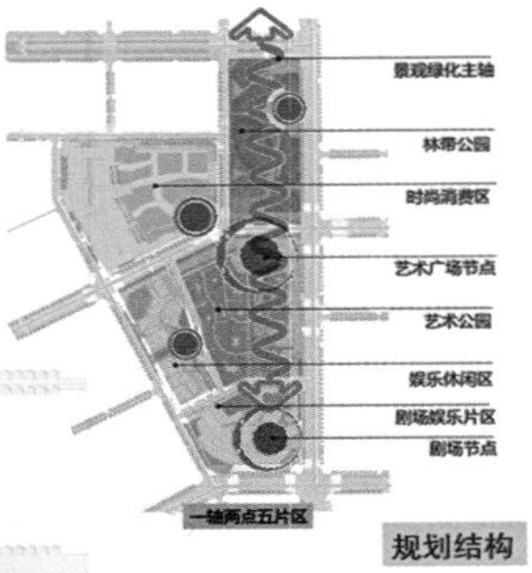

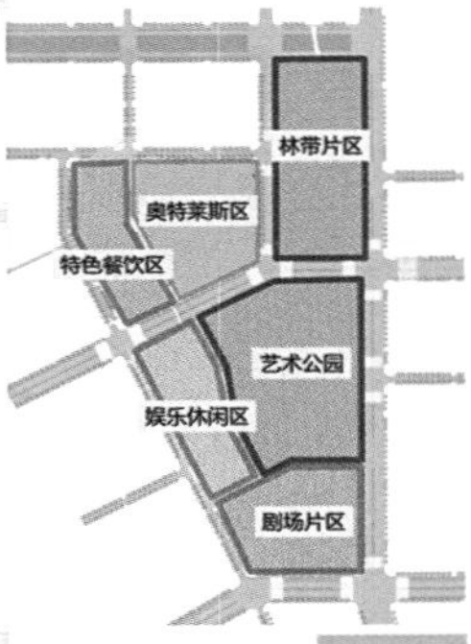

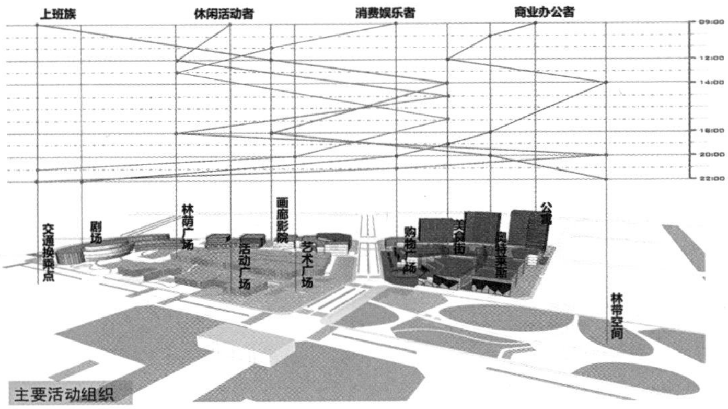

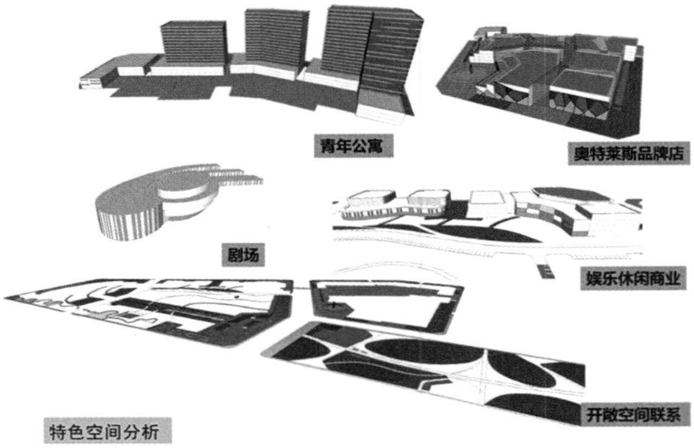

## 成果展示

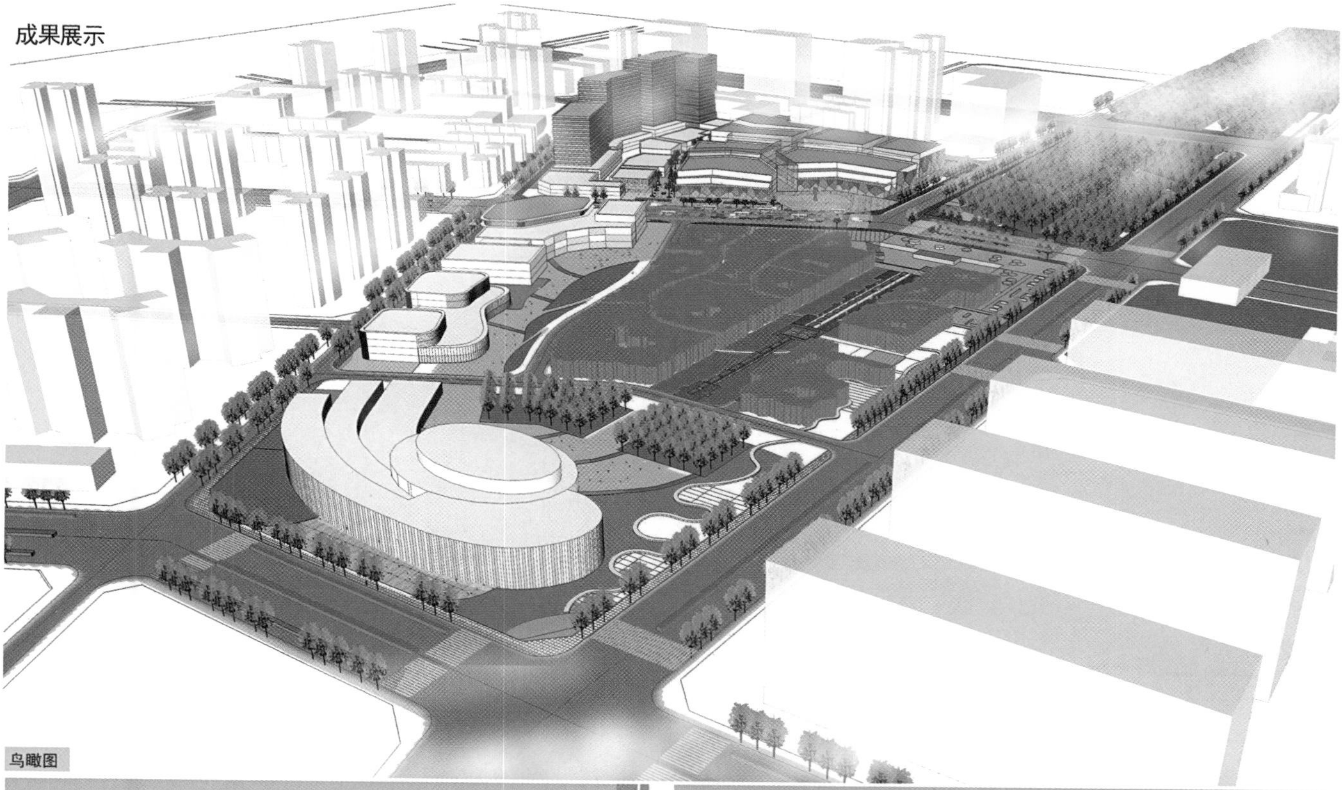
鸟瞰图

奥特莱斯广场

特色商业街

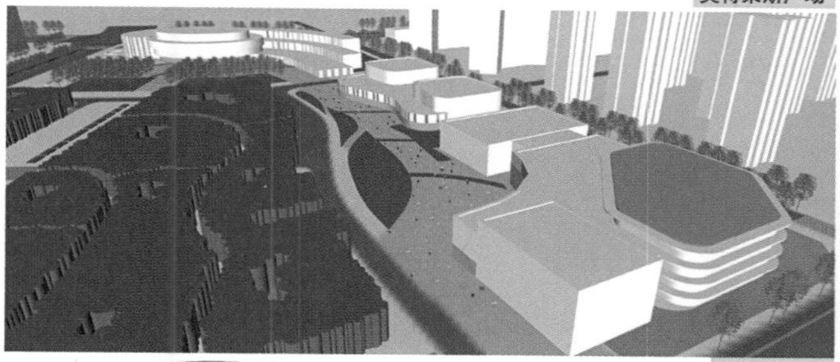
娱乐休闲区

林荫广场

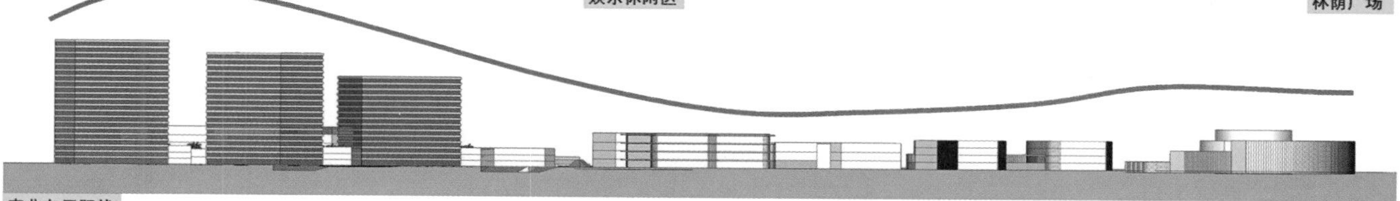
南北向天际线

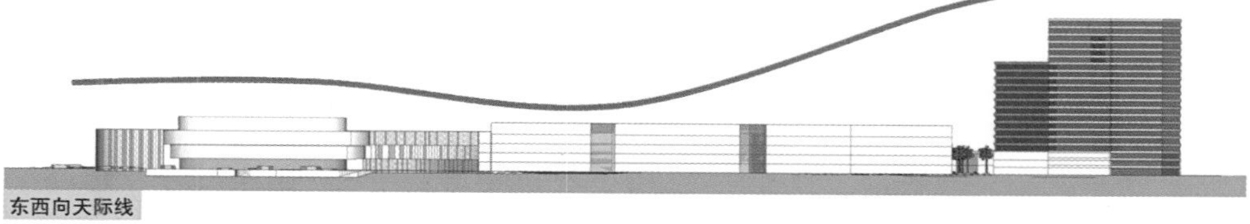
东西向天际线

# UC4

西安建筑科技大学
Xi´an University of Architecture and Technology
设计者：高元丰

## 阳光的恩典

### 新生与发展——西安幸福林带核心区城市设计

Regeneration and Development - Urban Design of the Xingfu Lindai core area in Xi'an

指导教师：李岳岩　段婷

本方案从城市设计出发，全面考虑幸福林带区域的历史背景、改造需求、未来发展等特征，努力营造出一个将阳光、绿色与复杂建筑功能融合的城市空间，表现出区域特色，片区形象，以及对未来的期待。探究新城区规划建设，尤其在退二进三的大背景下，门户空间结合地铁交通的建设将是城市形象和总体品质的重点，因此，在这里本课题着重于开放空间的探讨，为新形象的树立和开放空间的设计做了一次探讨。

功能布局

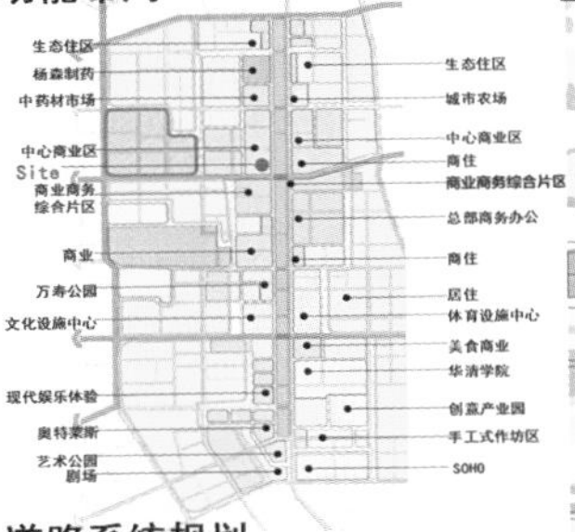


道路系统规划

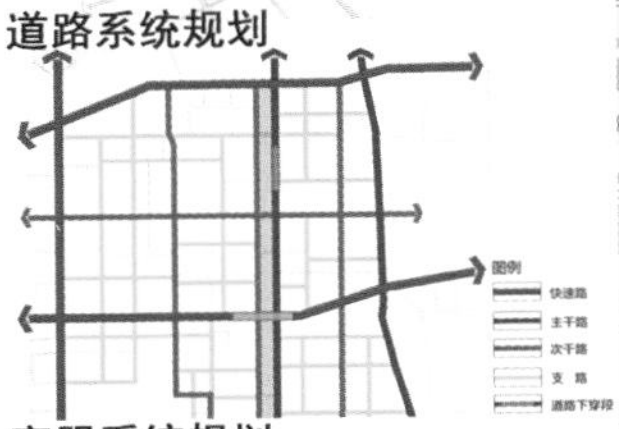

商服系统规划

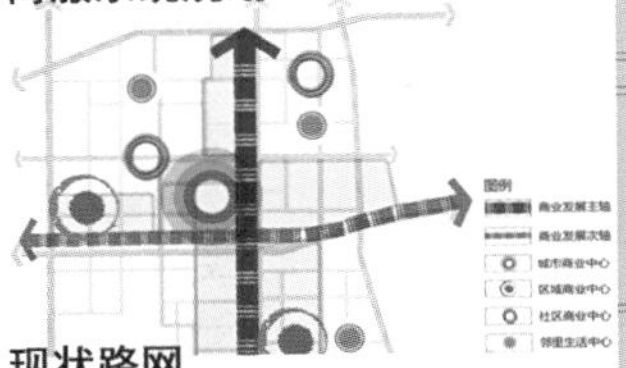

现状路网

规划结构

功能分区

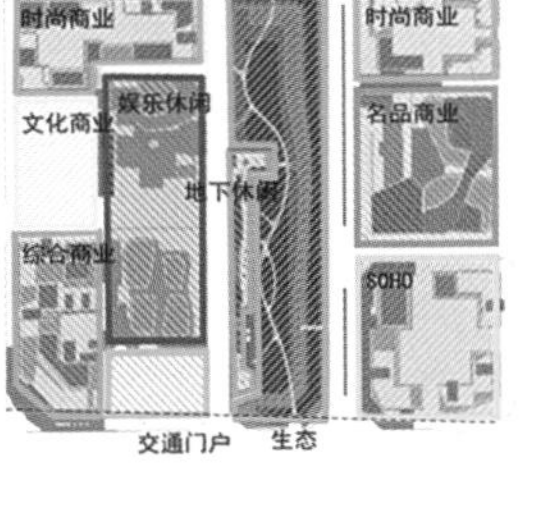


区域规划总平面图

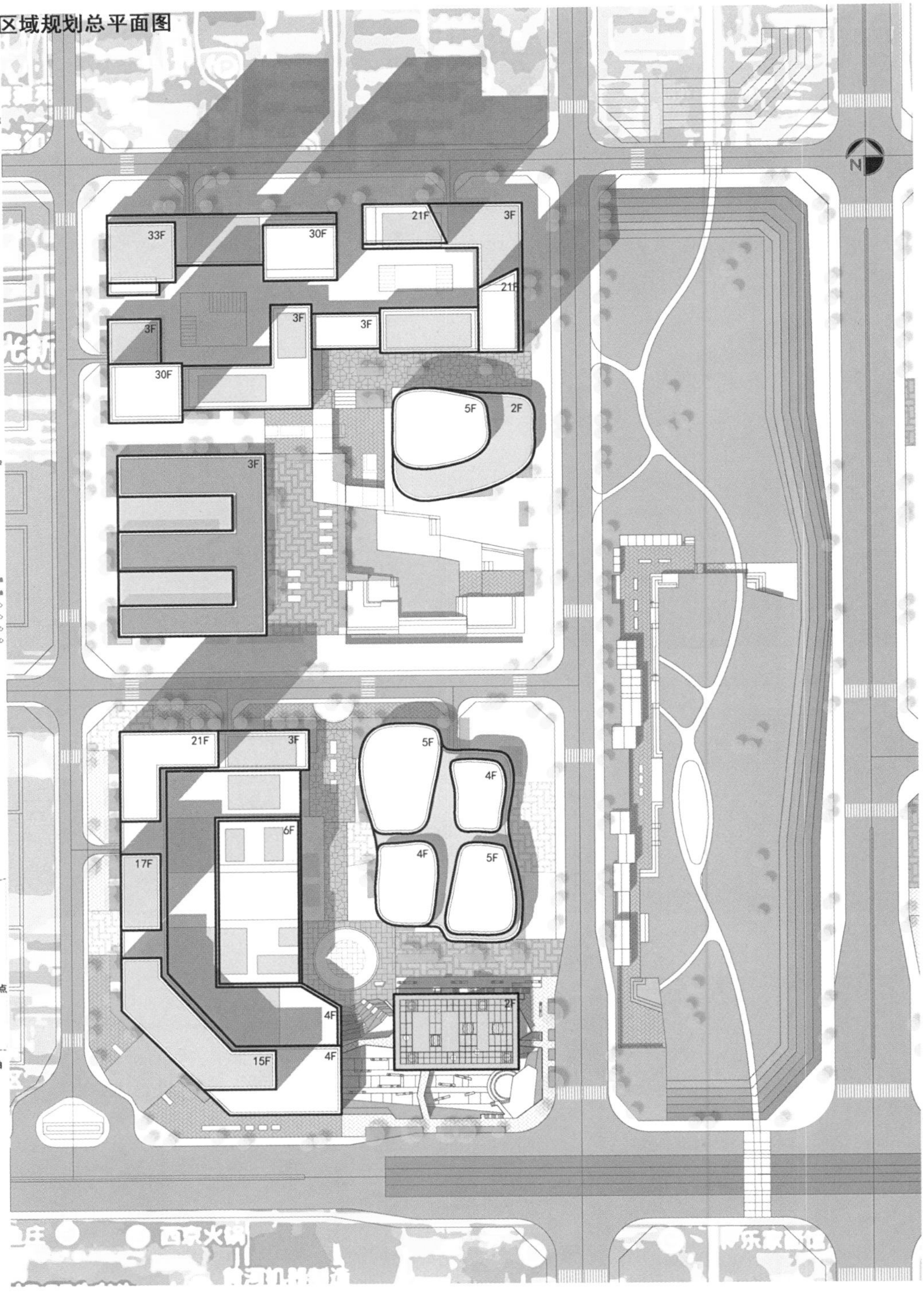

模型鸟瞰

片区门户　地段门户　绿带连珠

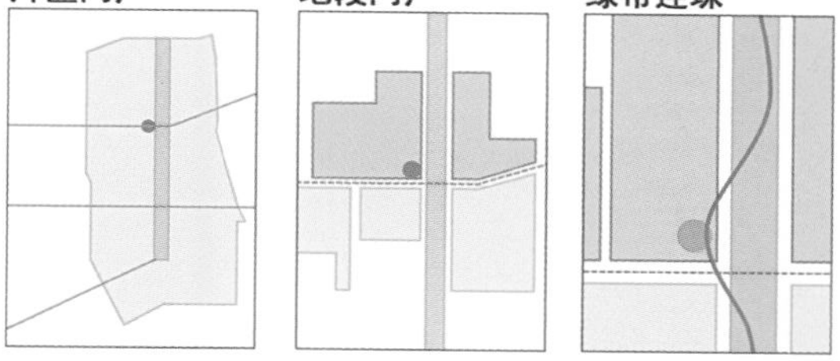

## 门户

表现出该地段甚至该片区的区域特色、片区形象，及对未来期待。

功能定位：1、　交通——换乘休闲——快餐饮品、休闲等候、非机动车换乘；
2、　林带——旅游服务——游客服务中心；
3、　文脉——规划展览——规划改造展览馆；
4、　商业商务——宣传展示——开放空间——商业博览/商务文化。
——服装发布、电子科技、商品展销、商务会议、年会晚宴、艺术展览。

技术经济指标：用地面积：1.3wm²　占地面积：3917.5m²　建筑面积：5232.2m²
非机动车停车位：357　容积率：0.4　绿化率：40%

总平面图

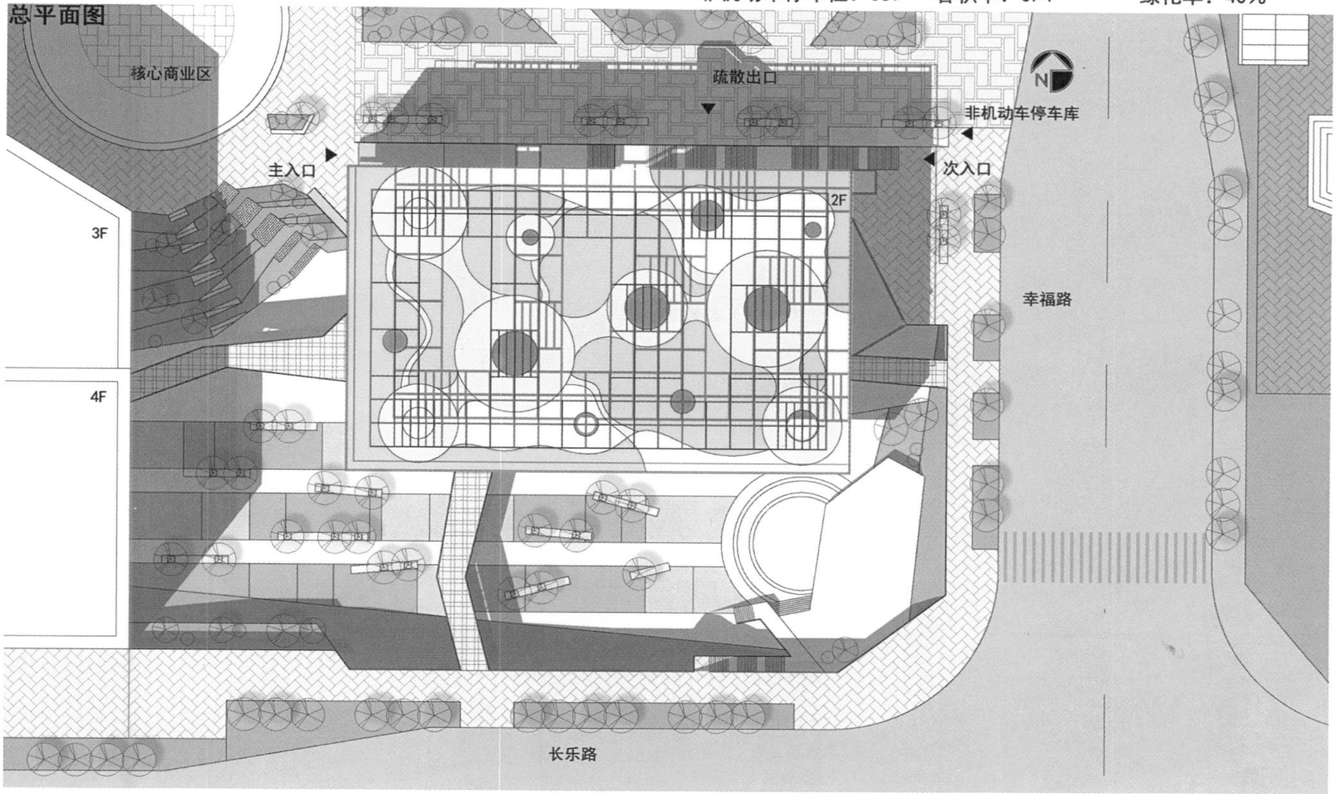

概念生成
核心商业区
Site
地铁1号线
地铁8号线
现状
下挖联系
抬升
采光
结构结合
底层绿岛
地面廊桥
屋顶绿化
负一层平面图
自动扶梯
麦当劳
货梯
服务区
非机动车停车库
二层次入口
绿岛
地铁八号线
商业
室外展场
观演区
露天舞台
地铁一号线
一层平面图
核心商业区
主入口
Subway
KFC
疏散出口
非机动车停车库
次入口
廊桥
游客服务中心
DQ
露台
Starbucks
长乐路
剖面图

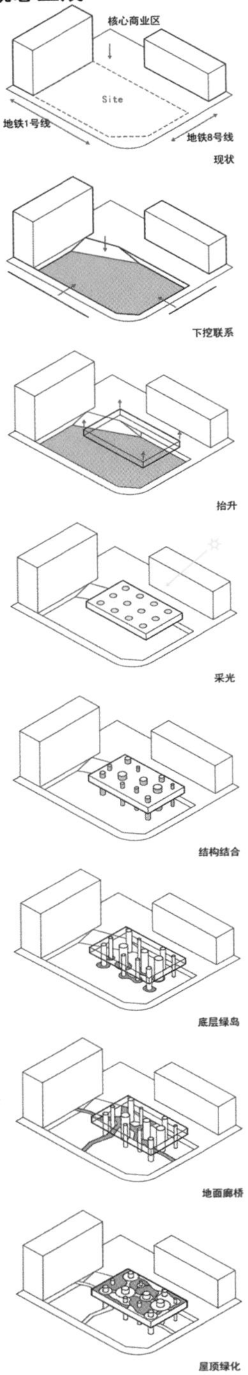

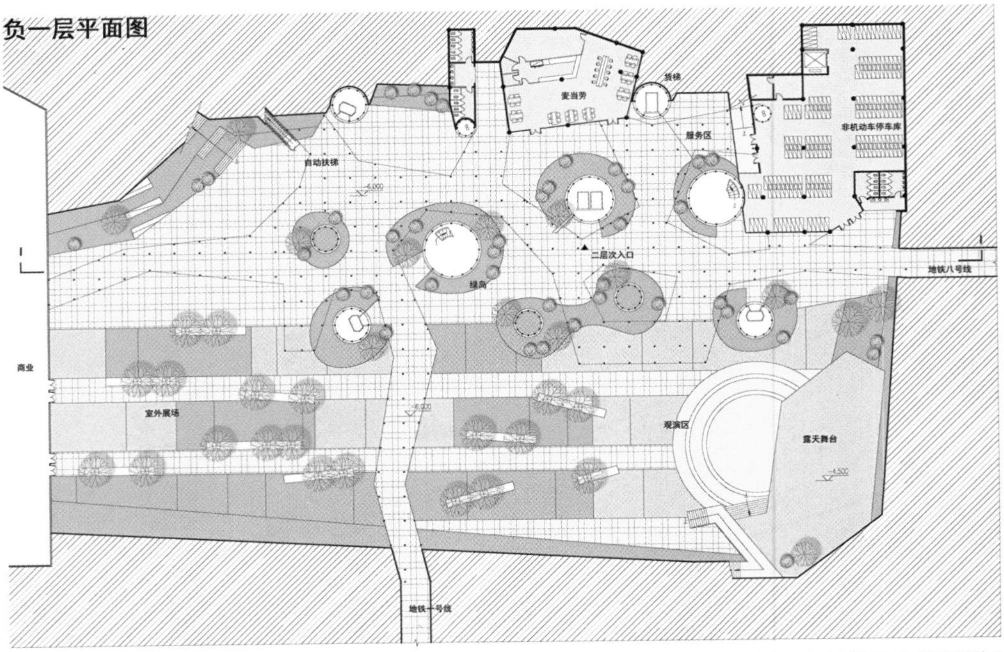

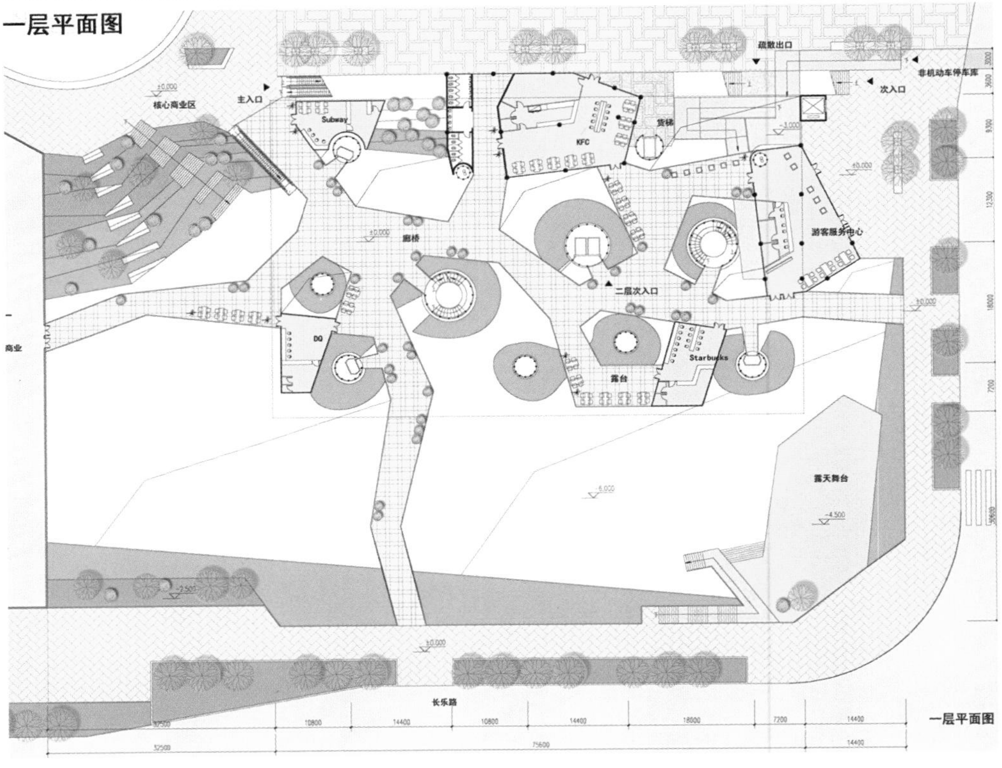

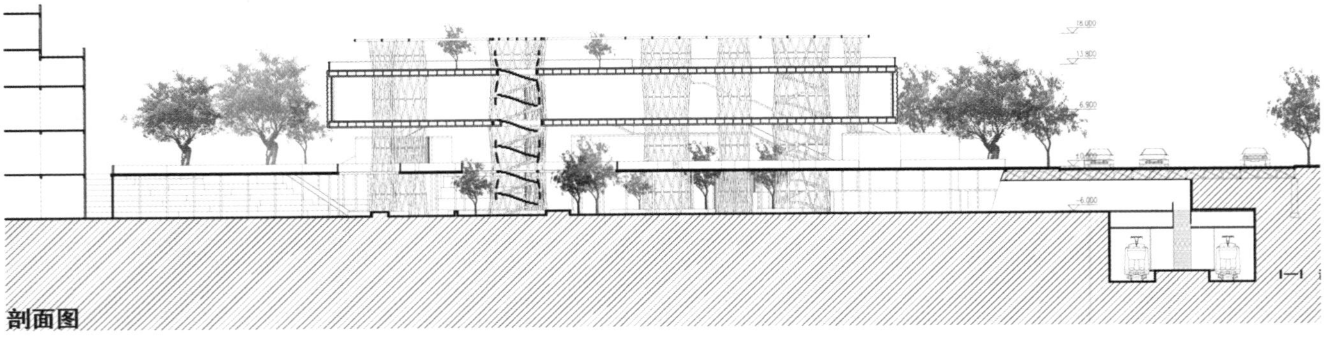

## 整体化楼板

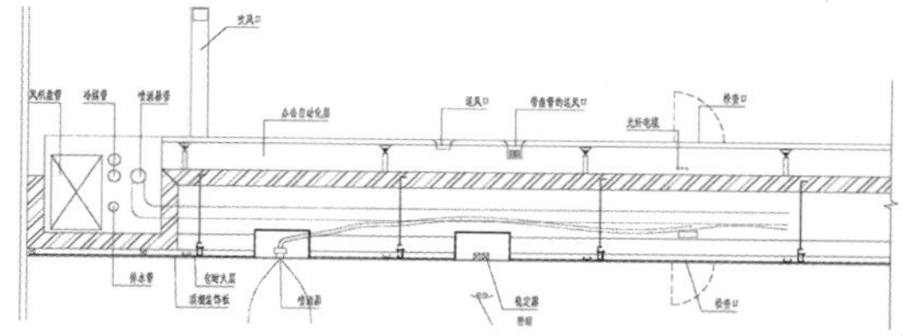

## 结构轴测

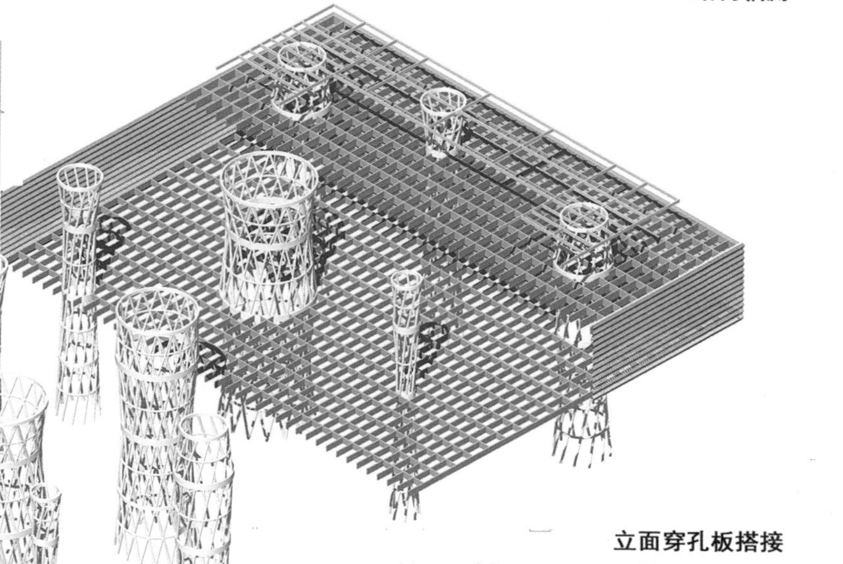
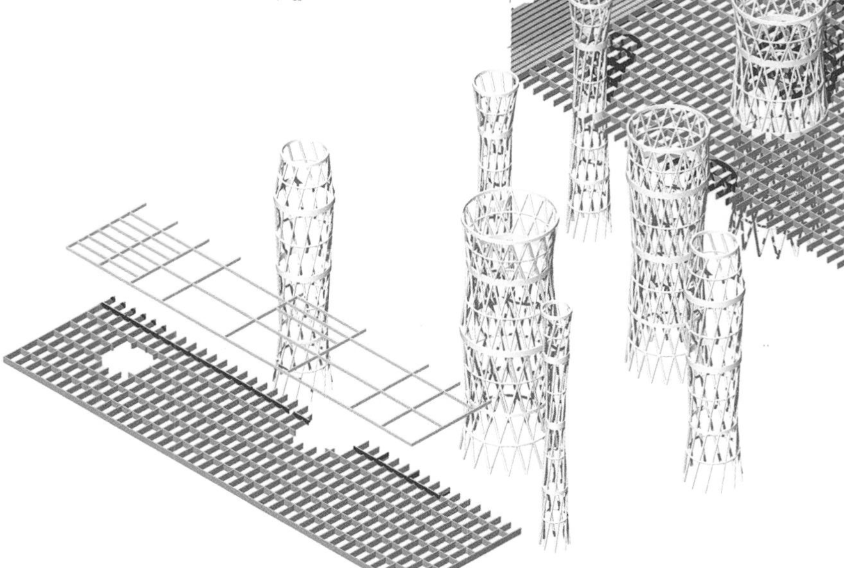

## 立面穿孔板搭接

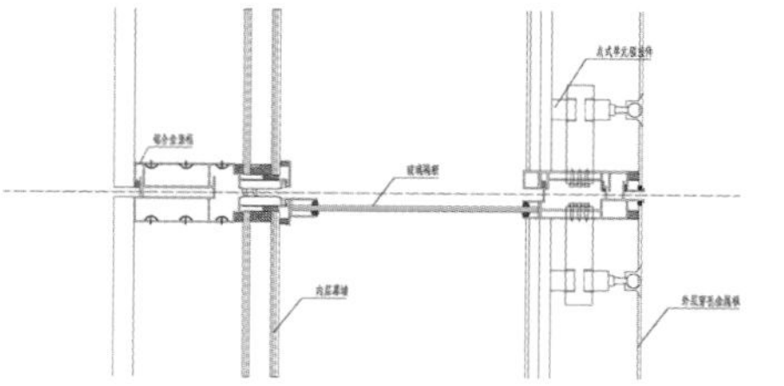

## 立体分解

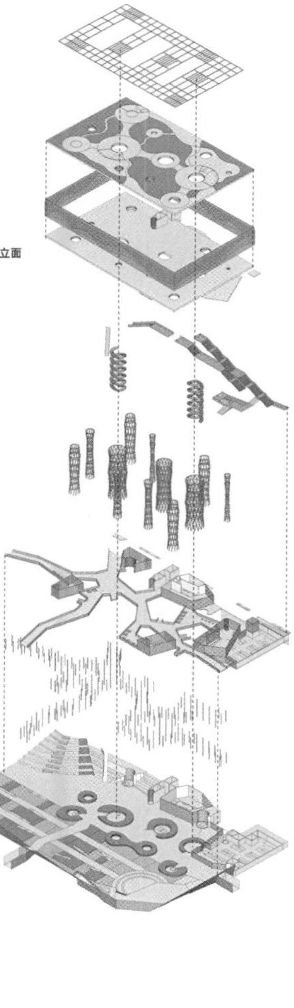


## 二层——可变空间

服装发布

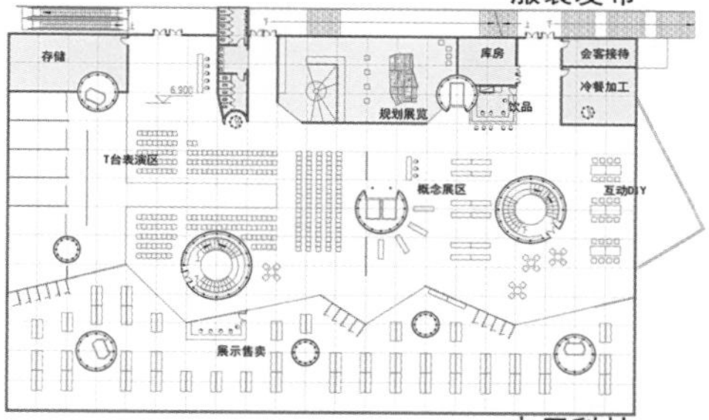


商务会议

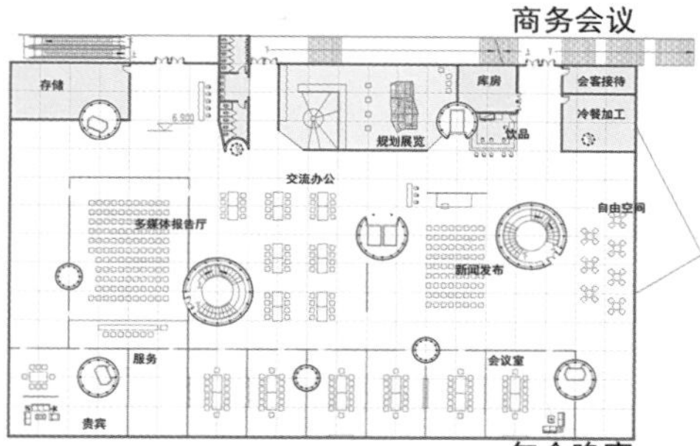


电子科技

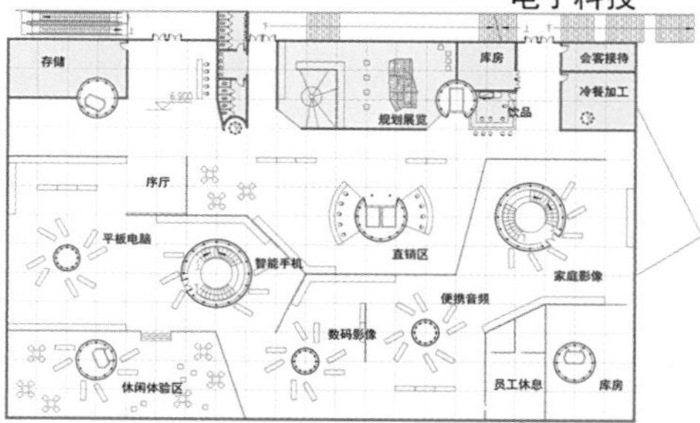


年会晚宴

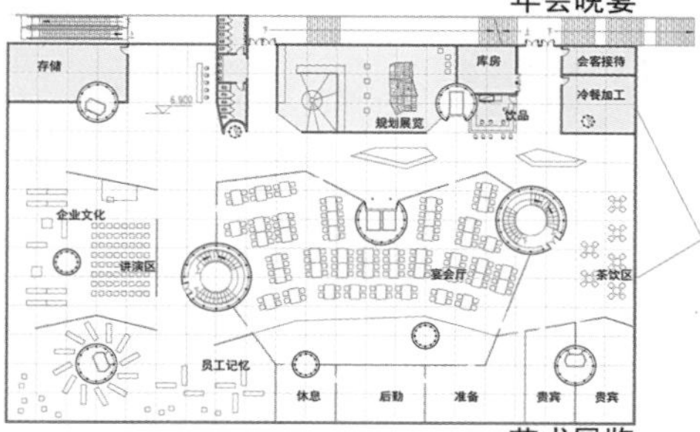


商品展销

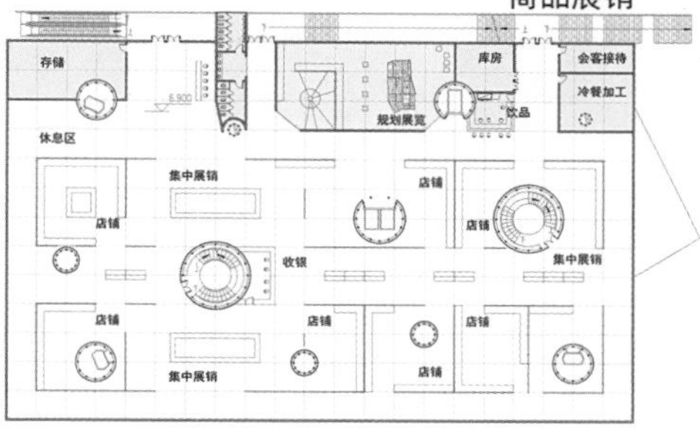


艺术展览

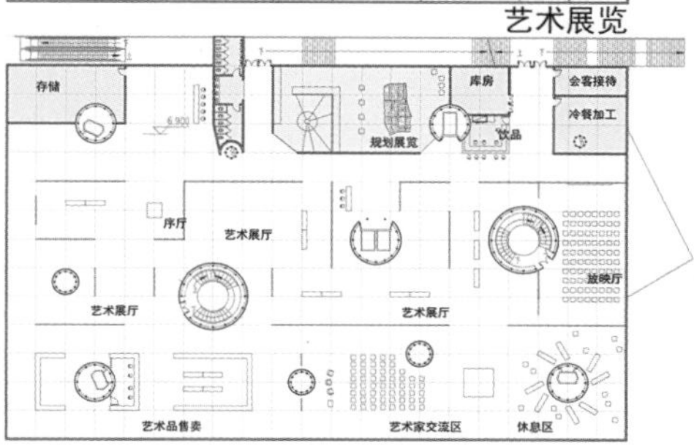

# UC 4

西安建筑科技大学
Xi'an University of Architecture and Technology
设计者：邓睿

# 新文化与老街区的融合

## 新生与发展——西安幸福林带核心区城市设计

Regeneration and Development - Urban Design of the Xingfu Lindai core area in Xi'an

指导教师：李岳岩　段婷

基地位于幸福林带最南端的门户空间，北临西影路，东临公园南路，与林带门户景观广场毗邻，基地人流量大，景观视野开阔。本建筑为艺术家工坊，基于艺术家创作、生活和作品展示、学术研讨两大功能体系，分为两个大体块，中间由绿带隔开，分离人群。但体块之间又有廊道交错连接，使两个体块之间相互联系。

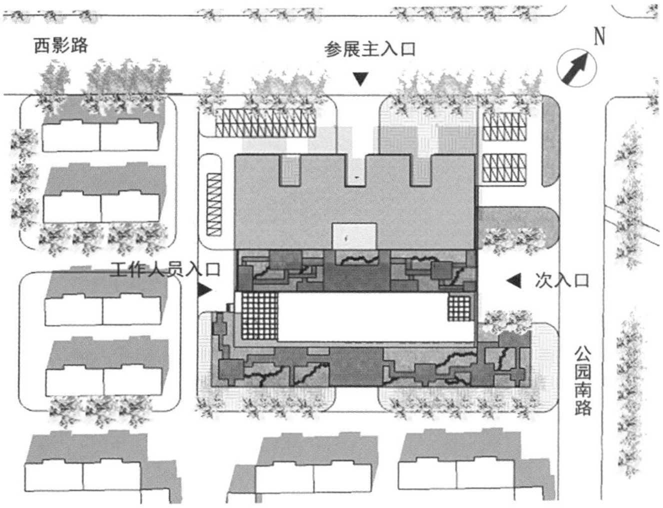


总平面 master plane

### 设计背景 design background

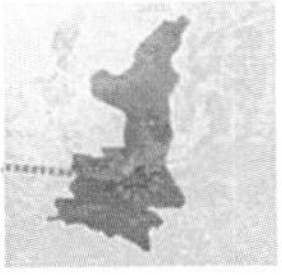

陕西省西安市

西安历史悠久，有7000多年文明史，与雅典、罗马、开罗并称世界四大文明古都，是中华文明和中华民族重要的发祥地。地处中国陆地版图中心，是长三角、珠三角和京津冀通往西北和西南的门户城市与重要交通枢纽，北临渭河，南依秦岭，八水环绕。

### 基地位置

西安幸福林带片区以幸福林带为核心，东部为浐灞新区，南部为曲江新区，北部为西安火车东站，西部为西安中心城区，距西安明城约2.2公里。

**西安市幸福林带**
**艺术家工坊设计**
Happy Forest Artist
WorkshopDesign .Xi'an

## 基地功能定位 base functions

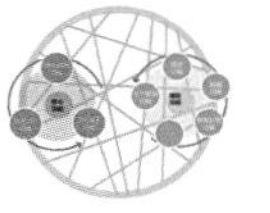

以集中商业、文化创意、生态休闲住等，实现土地复合利用，缝合并带动林带两侧发展，打造多元化、多样性的西安城市东部区域服务功能核心片区。

## 基地现状

西安幸福林带规划于20世纪50年代。1953年，由苏联援建的东郊“军工城”成为西安工业布局和城市建设的重要内容。规划以中间百余米宽的绿化带为隔离，东侧为军工企业厂区。西侧为配套生活区，中间的绿化带隔离带即为幸福林带，长期以来处于有“带”无“林”的状况。

## 文化载体空间转换

功能置入、环境营造

体验片区场效应

体验活动串联

幸福林带体验气氛营造

## 基地文化格局

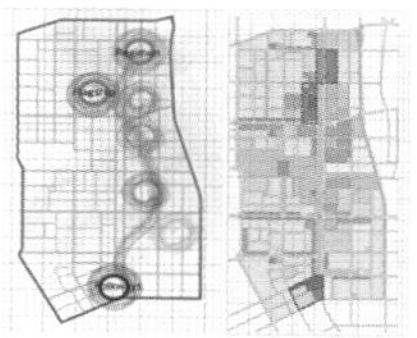

## 民俗文化交流体验园

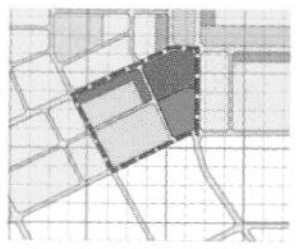

大西安文化格局中幸福林带位于西安文化产业发展轴线上，具有良好的文化产业发展底蕴。幸福林带南侧的门户空间位置为民俗文化交流体验园。建筑选址于此，定性为艺术家工坊，可供艺术家居住、创作、作品展示拍卖和学术探讨，功能多样，旨在搭建一个艺术创作和艺术交流的平台。

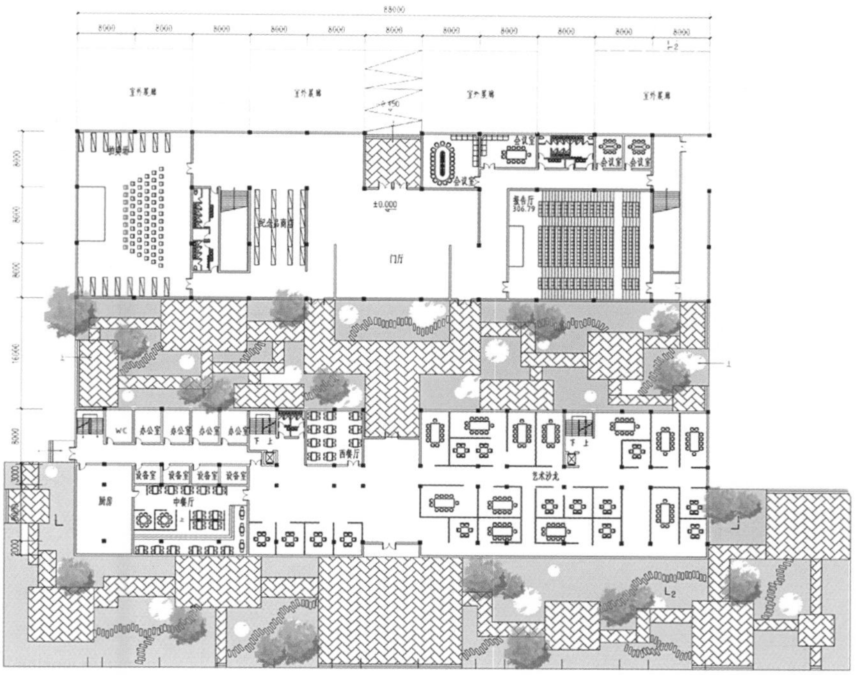

1层平面 plane

## 基地分析 site analysis

基地西北侧的西影路为主要交通流线

基地用地性质

基地东侧的公园南路为次要交通流线

基地周围景观辐射

主要人流方向

## 方案生成 Scheme Generation

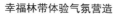

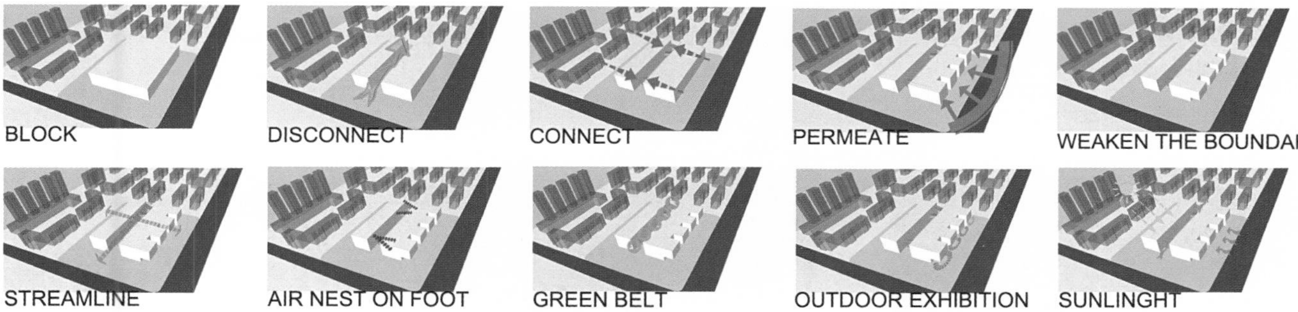

BLOCK / DISCONNECT / CONNECT / PERMEATE / WEAKEN THE BOUNDARY

STREAMLINE / AIR NEST ON FOOT / GREEN BELT LANDSCAPE / OUTDOOR EXHIBITION SPACE / SUNLINGHT &VENTILATE

## 建筑的中间绿带

艺术品展示区和艺术家工作休息区中间由绿带隔开，形成一个半围合的室外活动场地。

其间有木质小路可供游人艺术家活动休憩。木质小路间又穿插大小不一的绿地景观和高低错落的灌木，形成丰富的绿色景观带。

绿带景观给建筑提供良好的视觉景观，景观被引入室内，丰富室内空间。

绿带形成风道，使建筑东西向通风良好。

绿色分割带，将艺术家和游客做出隐形分割，既避免游客对艺术家生活区进行干扰，又有绿带联系。

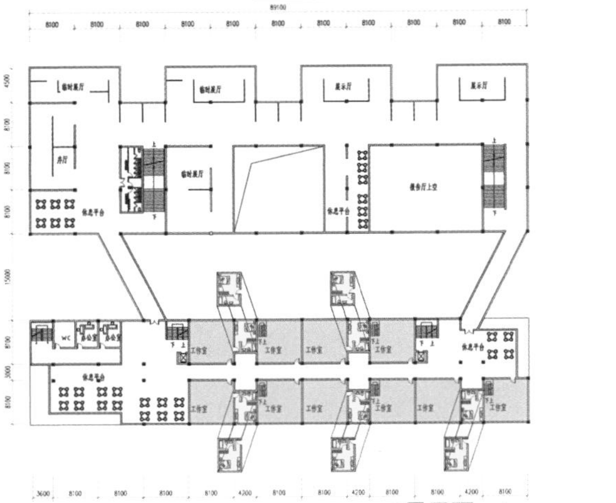

2层平面 plane

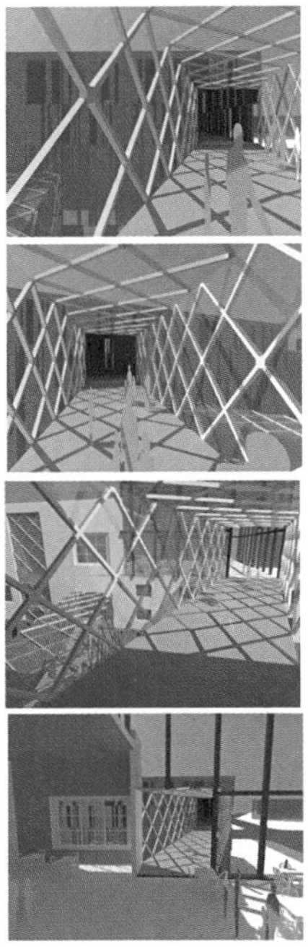

## 建筑中的空中连廊

连廊将2个建筑体块有机的联系起来，加之连廊的错落布置，丰富建筑体块，同时，连廊位于绿带上空，也丰富了绿带空间。

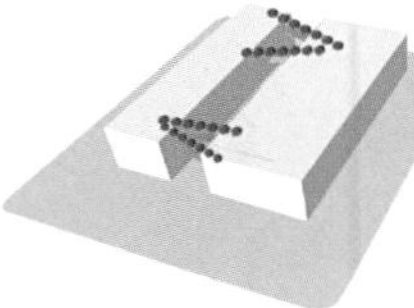

连接建筑体块，增加不同功能空间的可达性。

对绿带上空空间进行分割，形成不同空间感受。

丰富建筑空间体验，既是交通空间，也是景观欣赏的绝佳地带。

## 艺术家生活模式分析

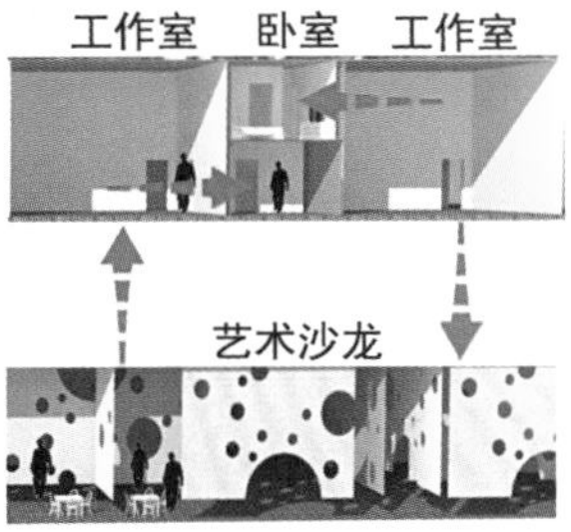


艺术家生活空间细胞

由2个工作室、2个卧室组成。其中工作室为6m通高。卧室紧连工作室，为3米通高。

其中工作室为8.1×8.1×6的方盒子，卧室为4.2×6×3的盒子。

如此便形成了一个生活空间细胞。

艺术沙龙位于艺术家生活区体块的底层，艺术家在创作之余，可与其他艺术家进行沟通，研讨。也可以举行小型聚会，也可满足休闲娱乐的功能。

## 悬挑结构荷载计算

| 参数 | L(m) | L1(m) | L2(m) | sin α | 钢强度 σ (kN/m²) | 截面积 A(m²) | 最大受力 F1(kN) | 最大载荷 F(kN) |
|---|---|---|---|---|---|---|---|---|
| 数值 | 4.5 | 1.2 | 0.6 | 0.13 | 236 | 3.0 | 708 | 196 |

本设计中采用钢桁架进行悬挑，有以下优点：

1. 相当于是用稀疏的腹杆代替整体的腹板，从而能节省钢材和减轻结构自重。
2. 杆件主要承受轴心力，这使钢桁架特别适用于跨度或高度较大的结构。
3. 钢桁架还便于按照不同的使用要求制成各种需要的外形。
4. 由于腹杆钢材用量比实腹梁的腹板有所减少，钢桁架常可做成有较大高度，从而具有较大的刚度。

当然钢桁架也有一些缺点：钢桁架的杆件和节点较多，构造较为复杂，制造较为费工。

## 建筑节点分析

艺术家居住区卧室夹层梁与柱由牛角连接，夹层楼板置于夹层梁上。四角均有柱子支撑，结构稳定。

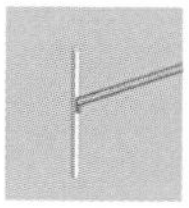

报告厅及拍卖厅的大跨结构，跨度有16.2m，柱子与桁架由牛角相接，结构稳定，满足大空间的无柱的需求。

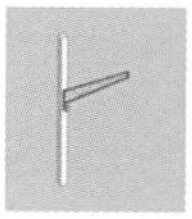

展示厅部分的悬挑结构，悬挑4.5m的距离，距离地面6m高。采用钢桁架悬挑，靠近柱子一侧为桁架高度为1.2m，远离桁架一侧高度为0.6m，满足荷载要求，结构稳定。

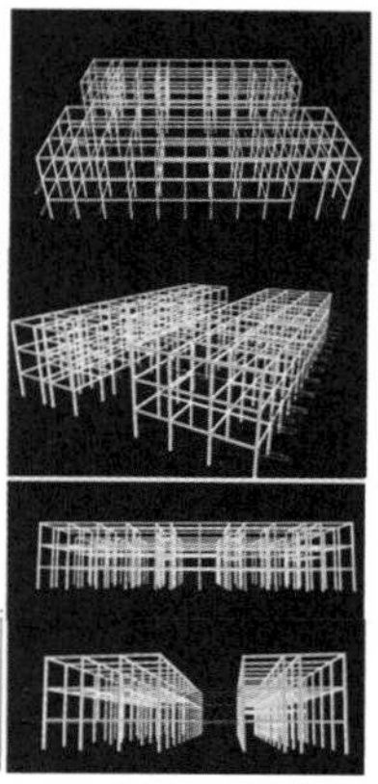

## 流线分析

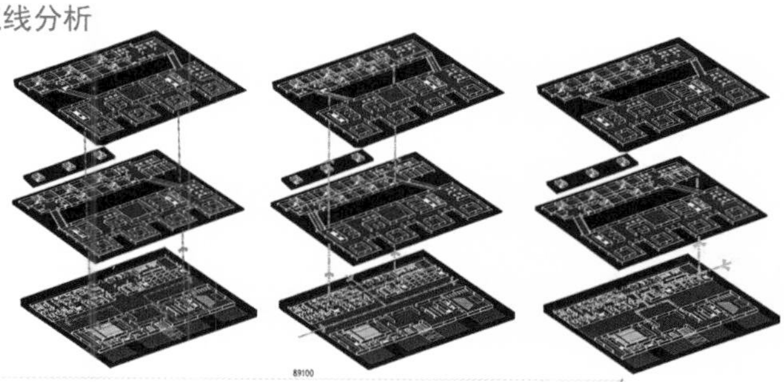

参展人员流线
艺术家流线
后勤工作人员流线

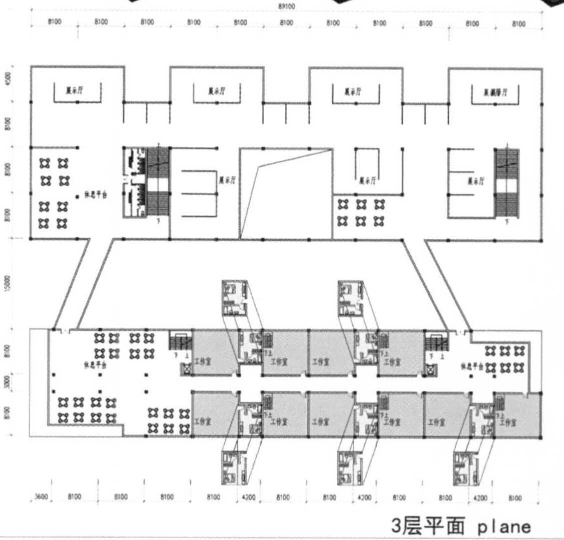

3层平面 plane

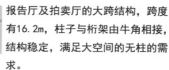

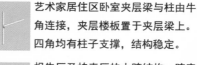

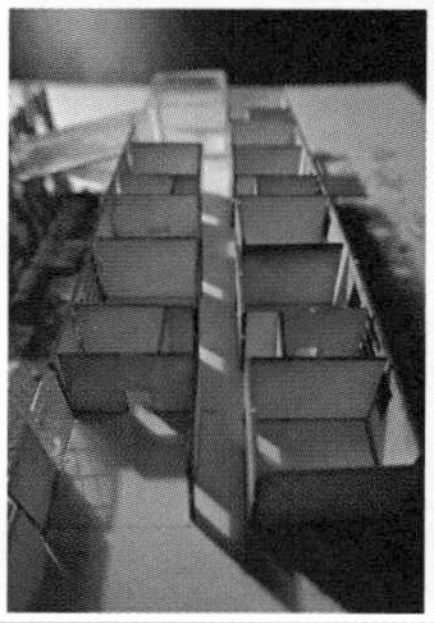

# UC 4

西安建筑科技大学
Xi'an University of Architecture and Technology

设计者：王文凯

## 画田留界

新生与发展——西安幸福林带核心区城市设计
Regeneration and Development - Urban Design of the Xingfu Lindai core area in Xi'an

指导教师：李岳岩　段婷

整个片区设计将以前幸福林带错乱的建筑格局完全颠覆，各种引入各项新的城市要素之后，在林带上获得大面积绿地，并且能够契合周围生活人群的功能要求。将城市生态展览馆置于完善的绿地生态系统当中，结合需求得出社会对其功能的要求进行设计，最终会使周围生活的人们受益良多。

场地透视

052

### 规划目标

在延续幸福林带优势特色、改变实现城市以及面对机遇时明确发展方向的基础上，创造生态、充满活力、功能健全、持续发展、实现完善的绿地生态系统与建筑的融合，构建一体化模式，为幸福林带注入新活能，表达城市展新的生命特征。重塑人群结构和习惯，从空间环境给城市居民和自然种植新的关系在一起，向延续了"幸福"时代，在这其中塑出新的为发展带来的产业动力...对城市活力的缺乏提供了城市展新的动力...

### 存在问题

—由于建筑以及以居城街杂乱、聚焦形态象，没有构建适量的休闲场地以及日常活动。高含义等绿色，以城市绿化和社区体验性起绿带。汽车距离城市主要、服务布局居民、甚至于无、缺乏运营和产能的体系效益...

—公交出站行布线路充满、交以行不便、关系得提高路里上少休线的配套设施、缺乏、基础的东西向的有望重要基地的人行交通组对密和、南北向内的联系薄弱...

### 绿地分布定位

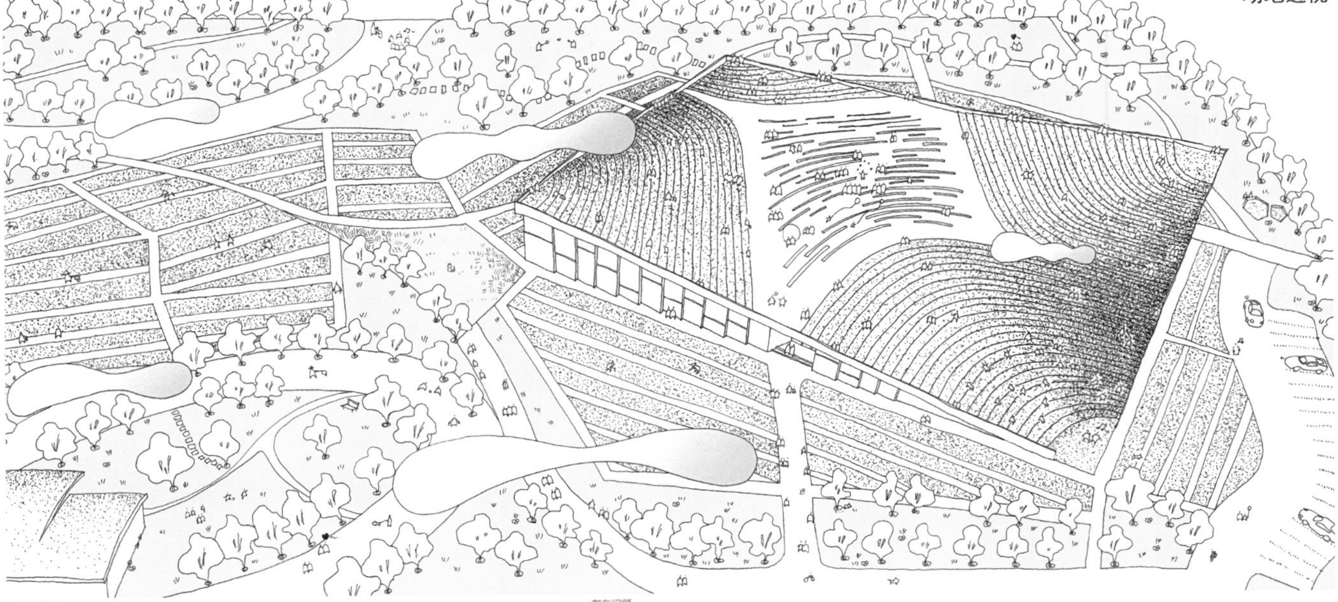

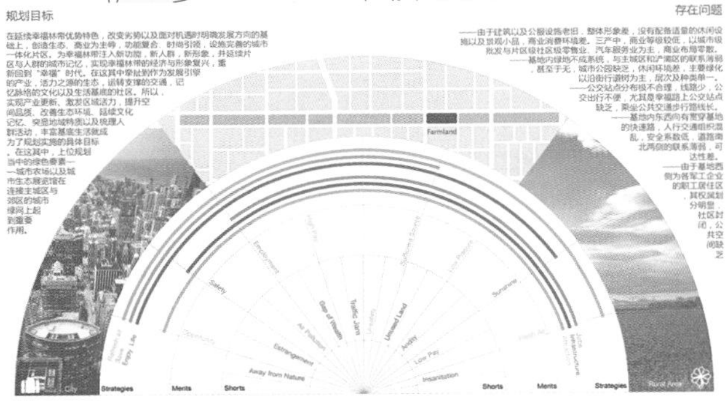

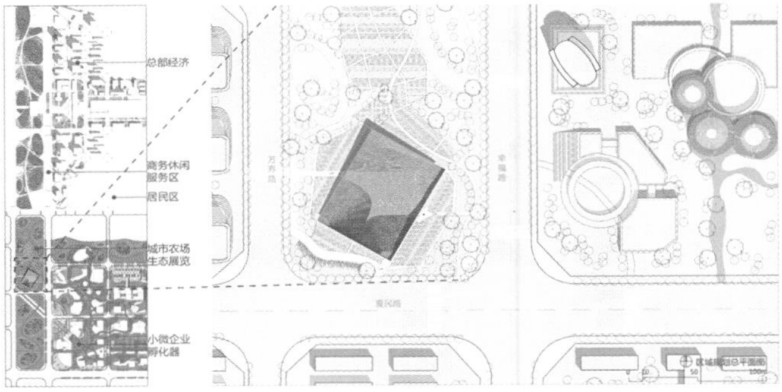

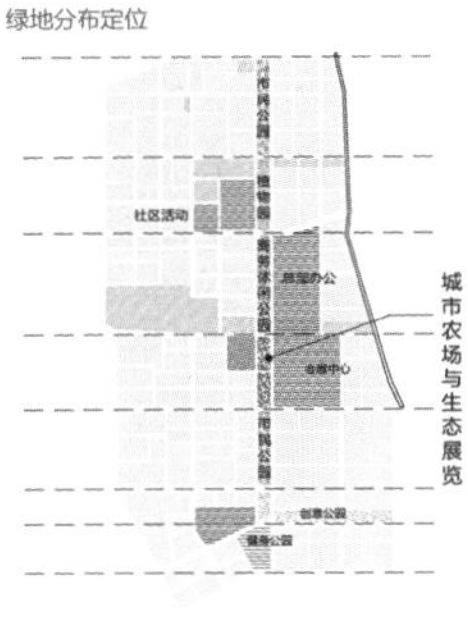

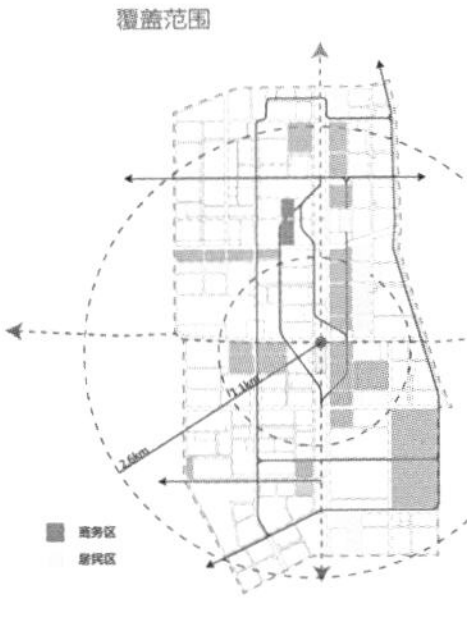

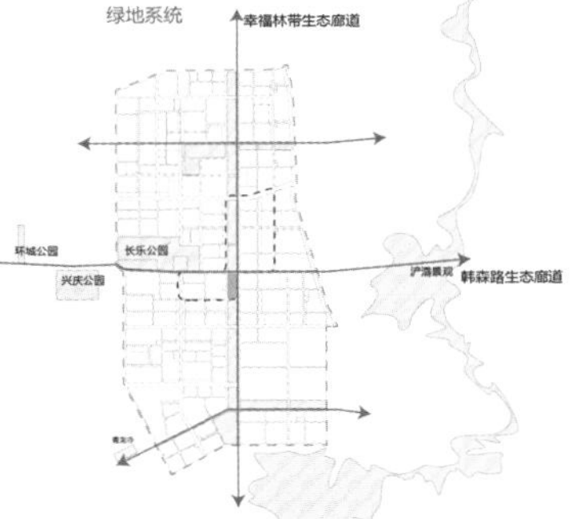

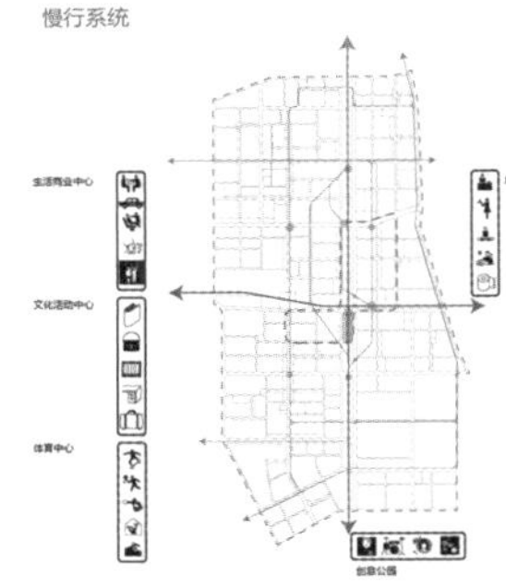

绿地塑造中的公众参与计划

为了能实现这种自然选择的目标，设计与建设者在当下要做的是最大限度地提供各种的生境条件，有意识地在某些区域减少以前的介入与可能，为长远的目标留出足够的时间与耐心。现在城市内的屋顶种植蓬勃发展，屋顶种植将不仅可以提高一座城市的垂直绿化面积，重新将城市居民与自然种植联系在一起，向人们提供了一个更可持续的、更安全的食物来源以及生活态度，生活方式的改变。而新开发的"人造土地资源"的使用也可以为城市密集区提高生产力、改善气候以及提高区域环境的"可持续性"与节能特性。

### 覆盖范围

1 周围居民
场地内提供供应周围居民耕种的城市农场，这些人是来此地耕种的主力库，主要为附近工厂的退休职工。
2 办公区白领
区内有大量的白领需要放松休闲，们盛需参与一些不同于办公室活动，这个过到城市农场的耕作与品鉴到自己耕种的农产是很不错的选择。
3 外来人员
通过不同的交通模式，不论是游客还是西安本地居民都能够来到城市一隅体验一把耕种的快乐，也能够收获生态带来的启发

### 绿地系统

绿化网络缝合：绿地联系社区绿地
将各绿化斑带进行不同程度的串联
绿色风带渗透
利用相互联系的绿化带与公园作为绿色廊道构建风带。
地形风
利用相邻空气原理，无阻碍的倾斜绿化走廊连接绿色的冷空气源和高温度建成地。
依现状中幸福林带、韩森路两条生态景观廊道，基地位置处于形成联系城市南北、东西方向的中央节点。所以在这样的重要位置这里适宜建成起到示范作用的生态体验场所。

### 慢行系统

1 公共活动平台联系
通过慢行系统将各个生活公共平台串联起来，实现舒适慢行的充分可达性。
2 交叉口联系提升
区内大量的大运量道路对于慢行联系起到了很强的阻隔作用，通过交叉口对慢行的提升，使之成为市民都乐景前往的通道。
3 混合交通对接
使不同模式的公共交通与慢行通道对接，将会大大提高其运行效率。

需求调研

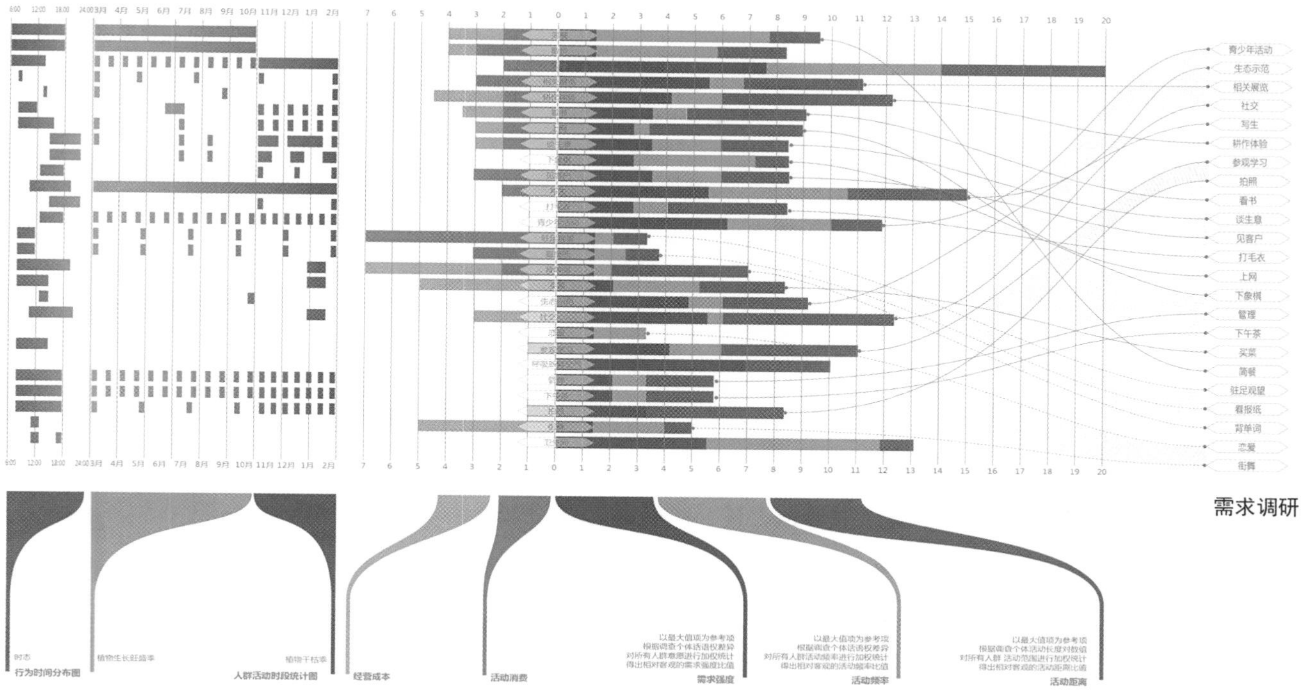

行为时间分布图　　植物生长旺盛率　　植物干枯率　　经营成本　　活动消费　　需求强度　　活动频率　　活动距离

人群活动时段统计图

青少年活动
生态示范
相关展览
社交
写生
耕作体验
参观学习
拍照
看书
谈生意
见客户
打毛衣
上网
下象棋
管理
下午茶
买菜
简餐
驻足观望
看报纸
背单词
恋爱
街舞

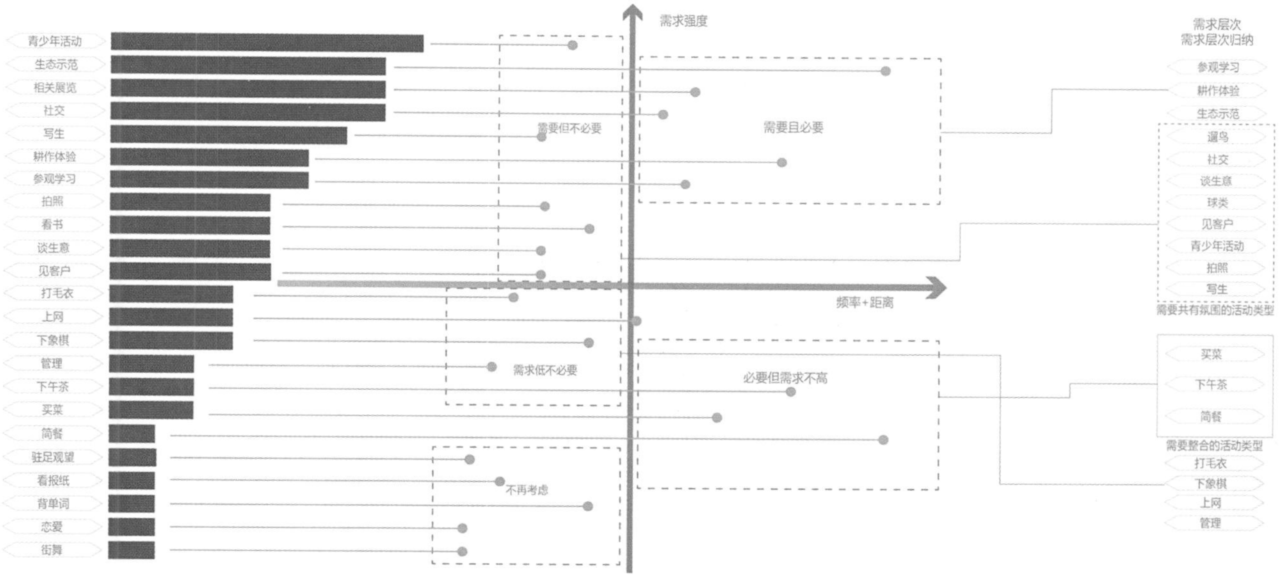

需求强度

需要但不必要　　需要且必要

需求低不必要　　必要但需求不高

不再考虑

频率+距离

需求层次
需求层次归纳

参观学习
耕作体验
生态示范

遛鸟
社交
谈生意
球类
见客户
青少年活动
拍照
写生

需要共有氛围的活动类型

买菜
下午茶
简餐

需要整合的活动类型

打毛衣
下象棋
上网
管理

053

功能落位

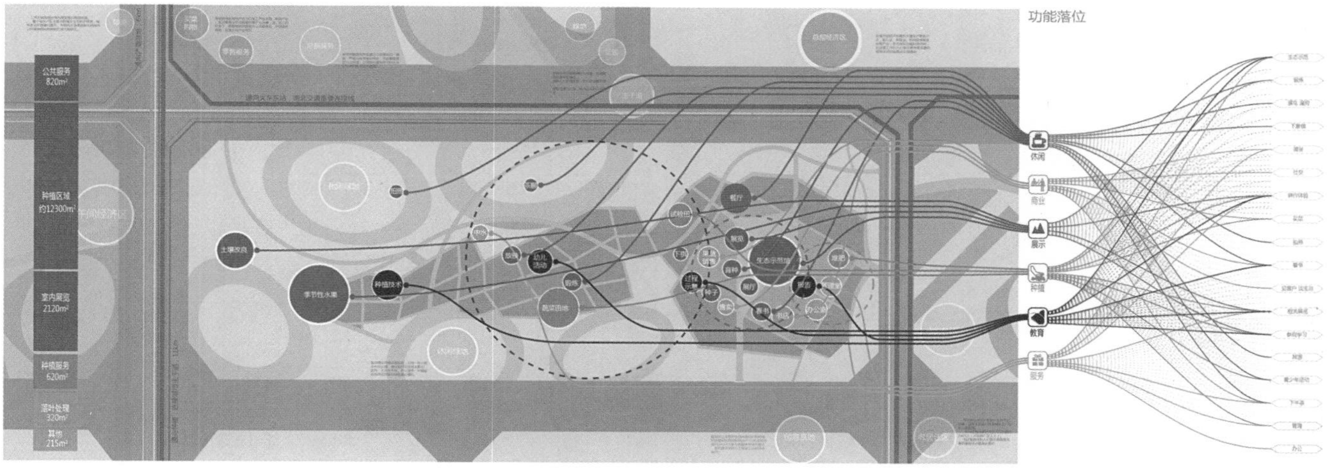

公共服务
820m²

种植区域
约12300m²

室内展览
2120m²

种植服务
620m²

凋叶垃圾
320m²

其他
215m²

平面及流线组织
流线及空间分析
体块置入
体块1
体块2
体块3
体块4
体块5
体块6
流线分析
平面图
0 2.5 12.5 25m

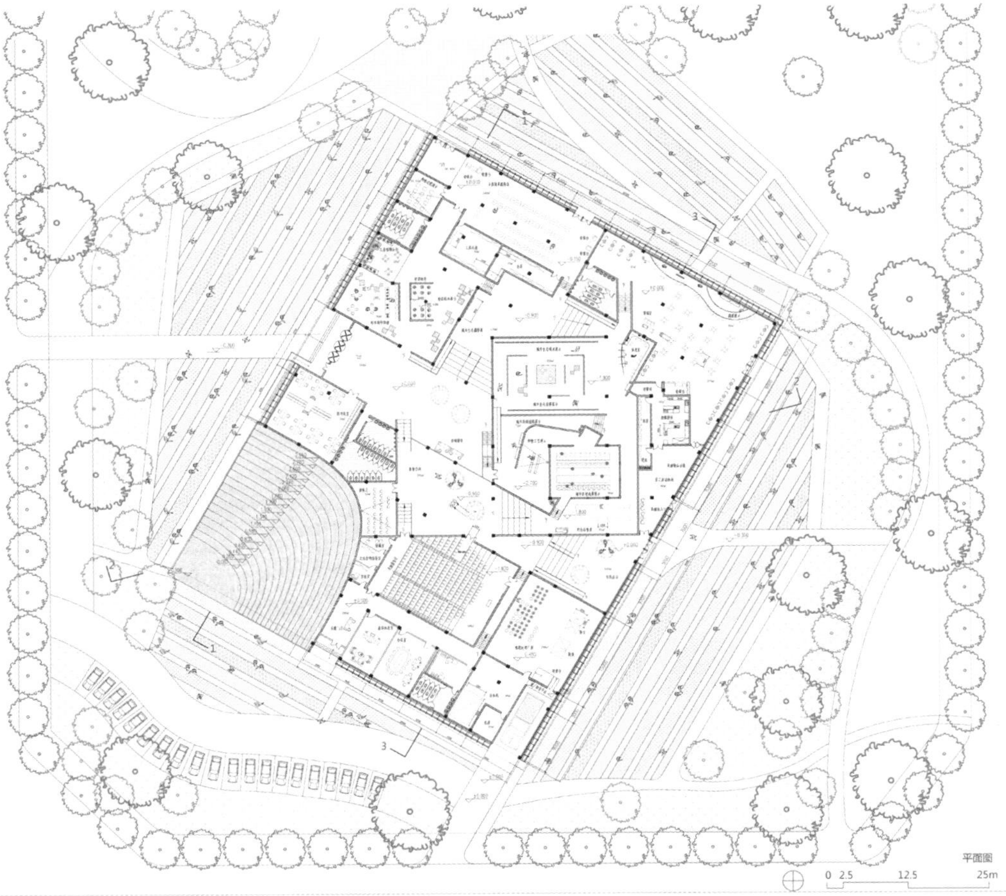

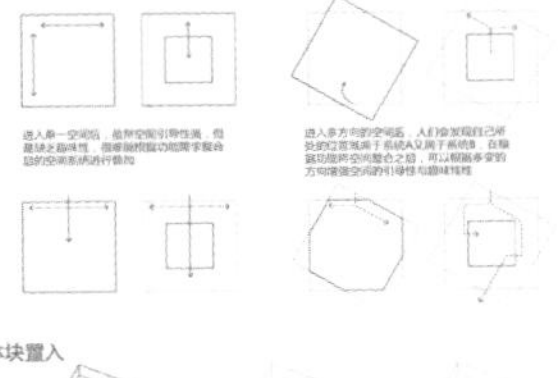

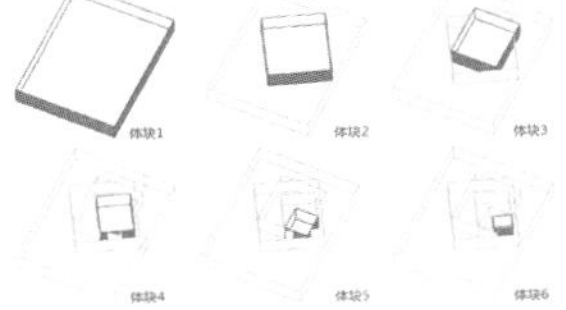

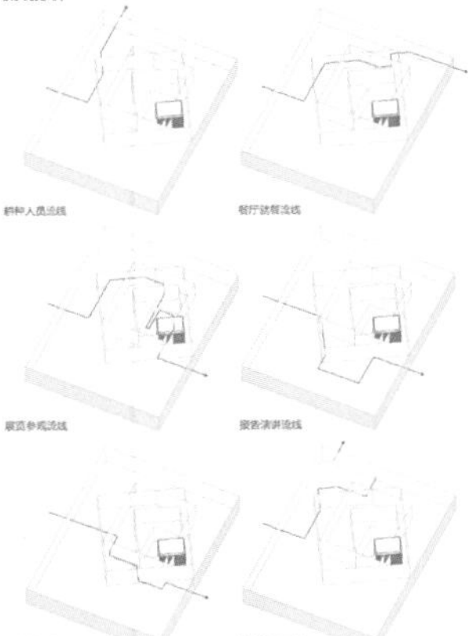

模型细节照片

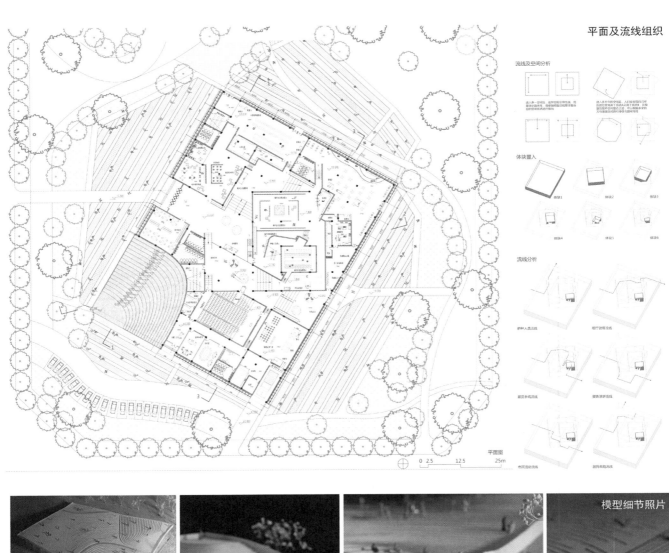

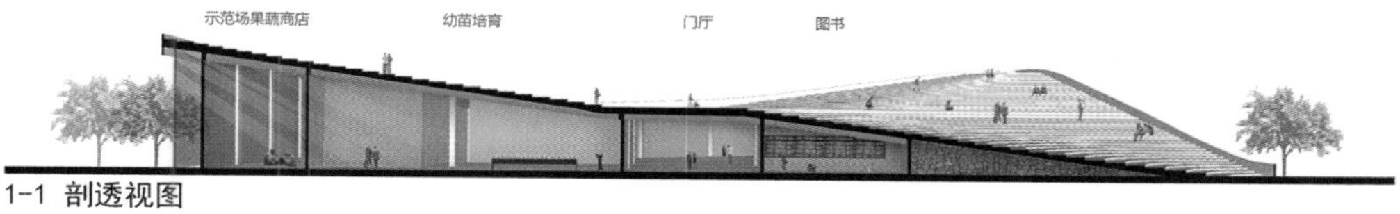

1-1 剖透视图

示范场果蔬商店　　幼苗培育　　门厅　　图书

2-2 剖透视图

放映厅　　集散空间　种植工艺展示　种植工艺展示　库房　西餐厨房　餐厅

3-3 剖透视图

化妆室　　报告厅　　生态农场展示　城市生态现状展示　　休息区

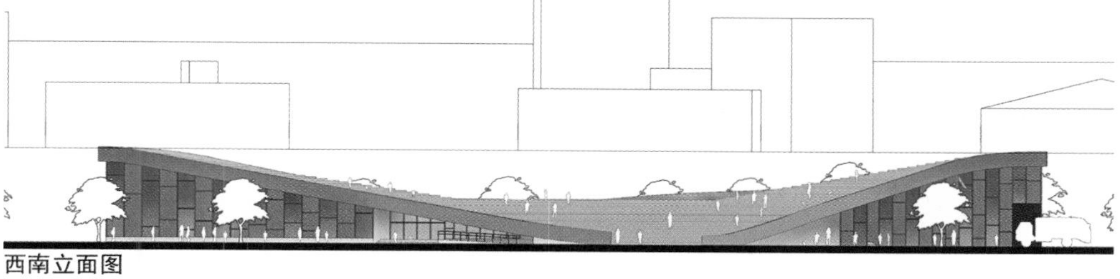

西南立面图

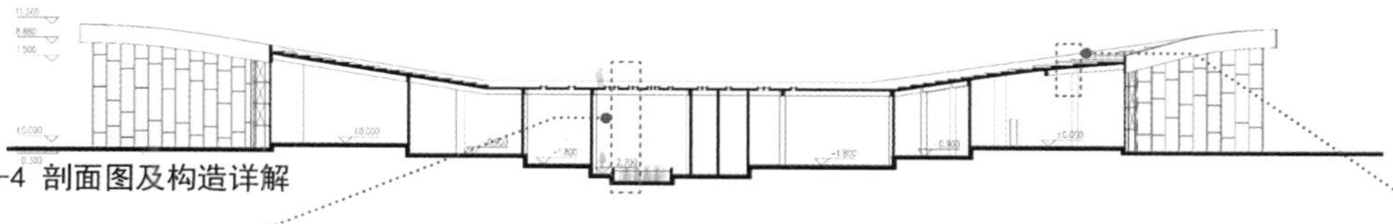

4-4 剖面图及构造详解

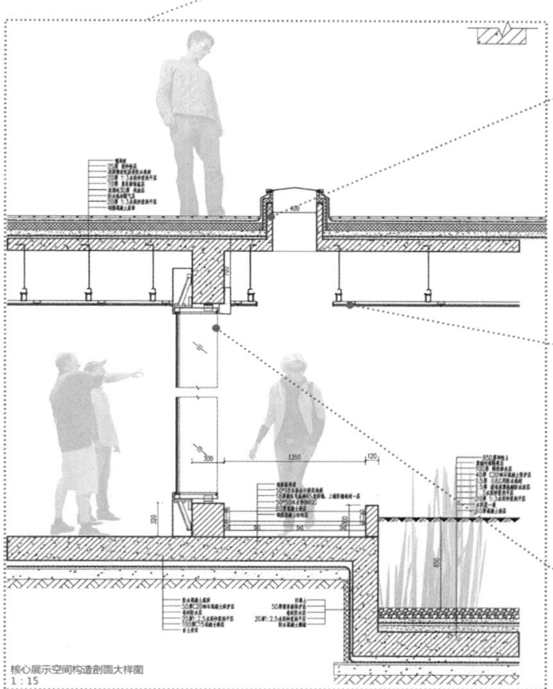

核心展示空间构造剖面大样图
1：15

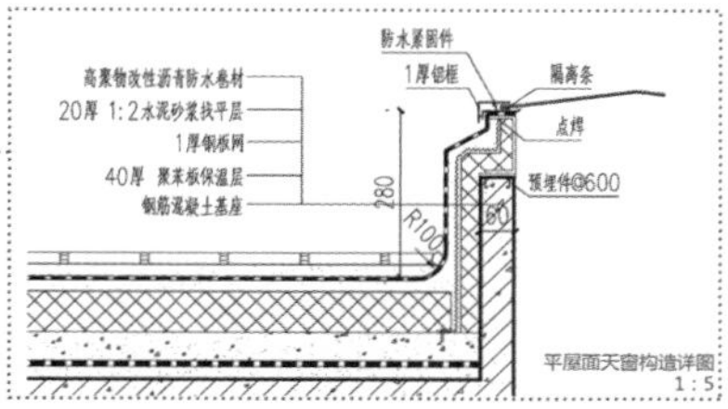

平屋面天窗构造详图
1：5

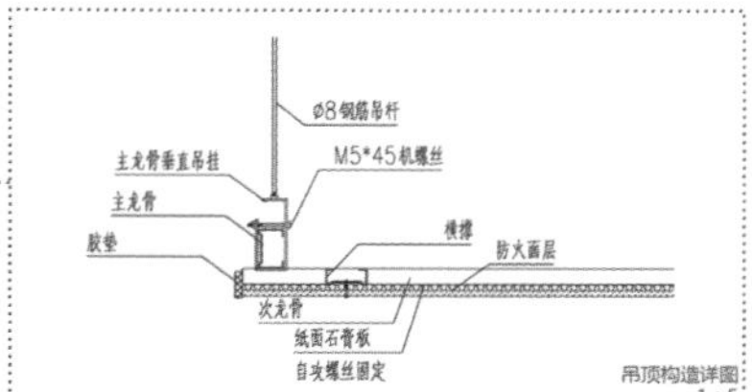

吊顶构造详图
1：5

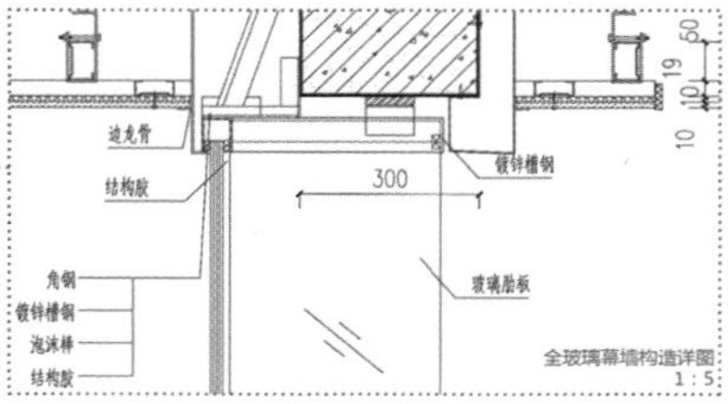

全玻璃幕墙构造详图
1：5

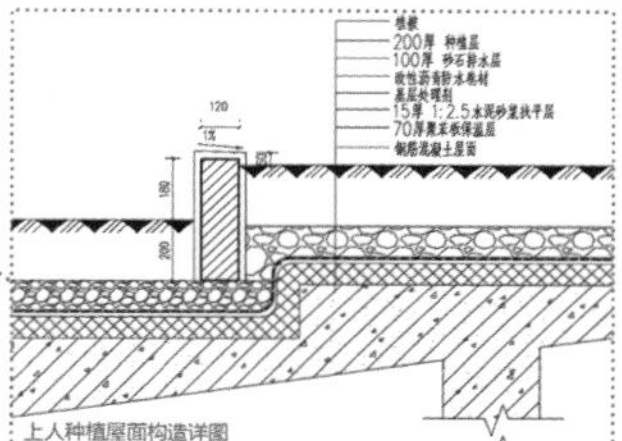

形体生成机制

上人种植屋面构造详图
1：10

西安地区盛行风向

西安地区最佳采光方向

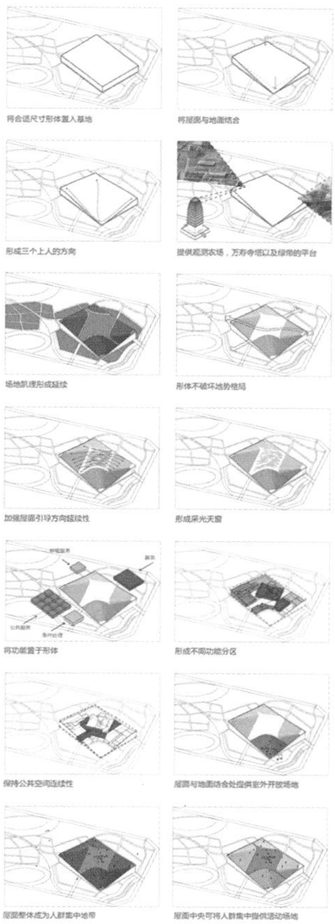

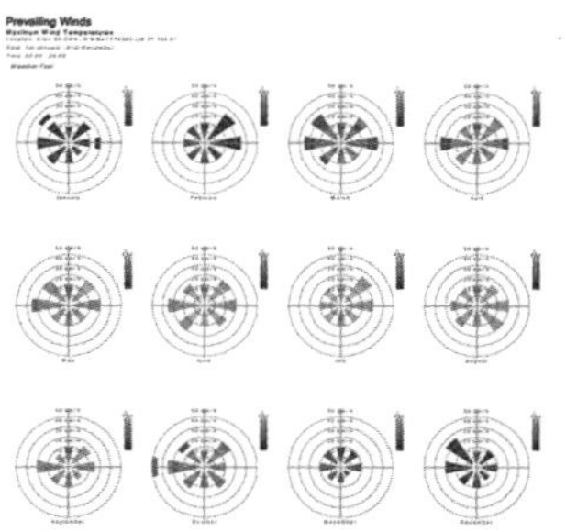

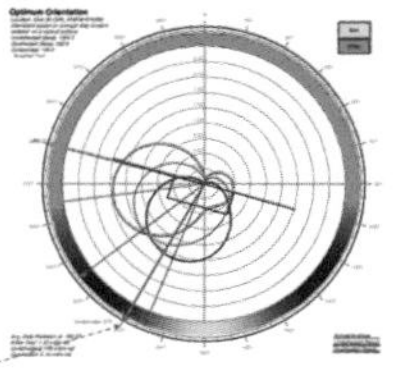

UC 4

西安建筑科技大学
Xi'an University of Architecture and Technology
设计者：郝淑卿

# 乐·动

## 新生与发展——西安幸福林带核心区城市设计

Regeneration and Development - Urban Design of the Xingfu Lindai core area in Xi'an

指导教师：李岳岩　段婷

设计背景是西安幸福林带的改造规划，通过产业更新、重塑空间、延续文化、策划活动来达到"兴业宜居、体验幸福"的目标。本设计以体验式经济委出发点，通过体验商业，对片区进行复兴。本设计通过塑造跑道广场、环建筑自行车道、屋顶活动场地、体育项目体验空间、阳光谷、放射道等空间的塑造，加上新产品发布展览、爱好者活动、体育项目表演等活动的策划，旨在让消费者在Happy Sporting的时候，留下难忘的记忆，达到Happy Shopping的双赢局面，进而达到Happy Life的终极目标。

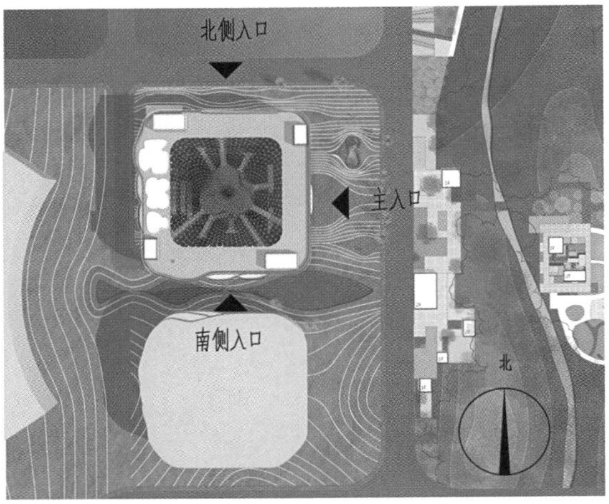


总平面 1:1000

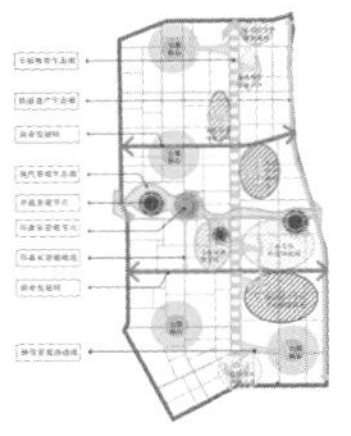

规划结构图

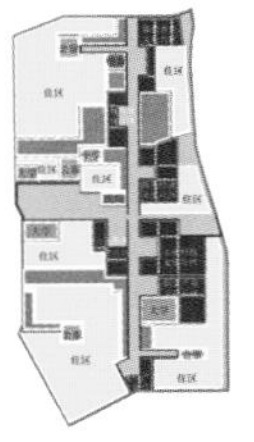

规划功能图

土地性质

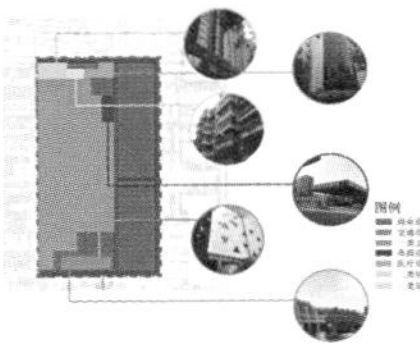

基地现状图

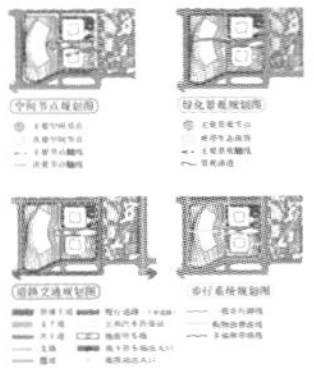

基地分析图

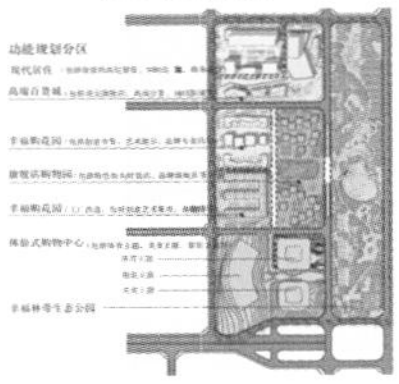

基地功能图

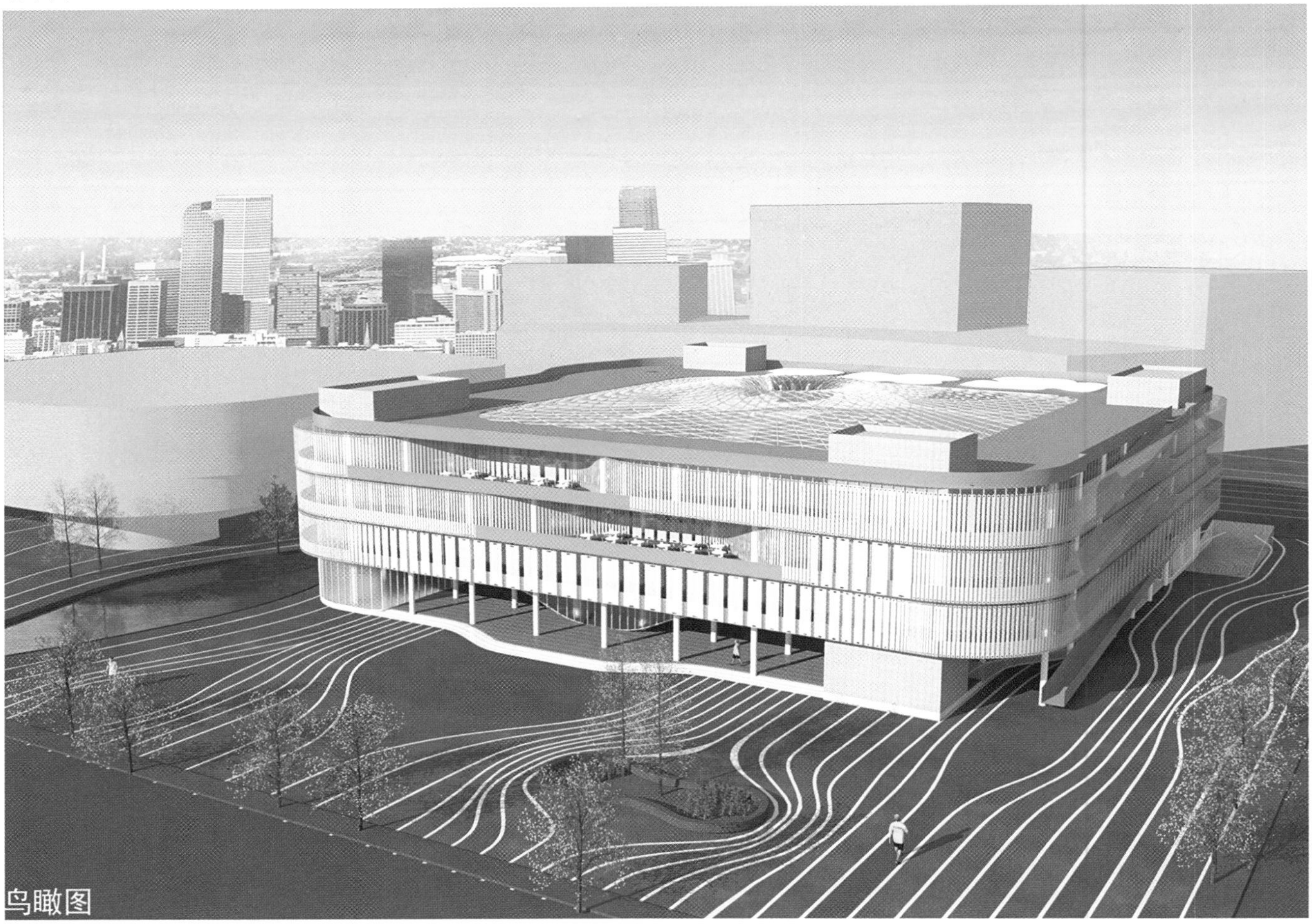

鸟瞰图

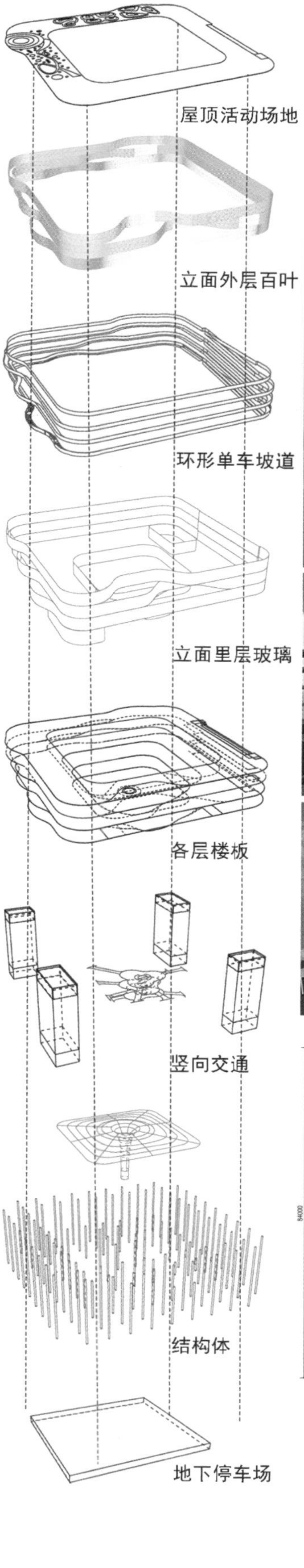
屋顶活动场地
立面外层百叶
环形单车坡道
立面里层玻璃
各层楼板
竖向交通
结构体
地下停车场

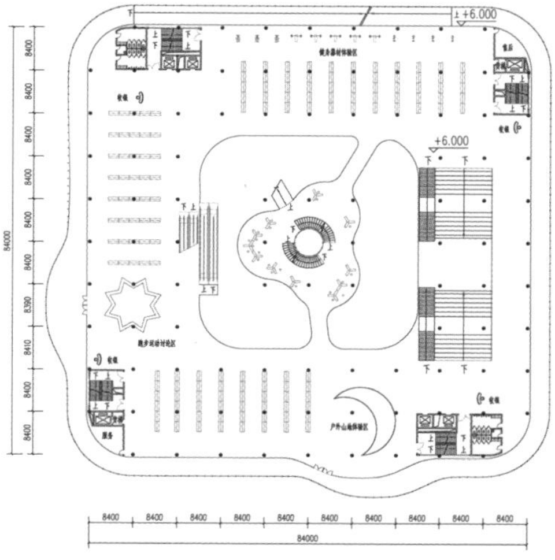


二层平面图 1:400

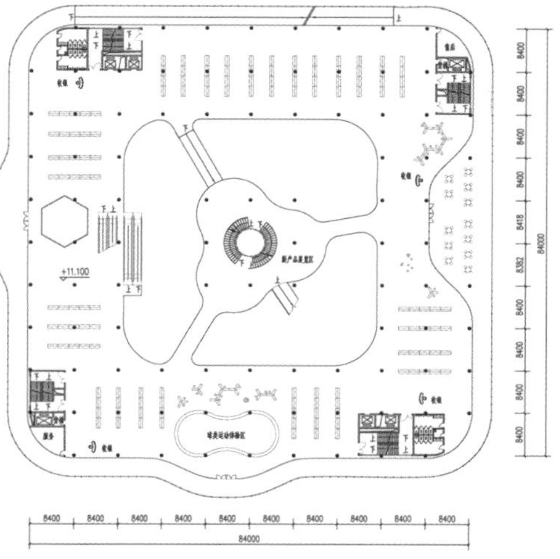


三层平面图 1:400

# 乐·动 体验商业之——体育用品主题商场设计

Happy Sporting • Happy Shopping • Happy Life

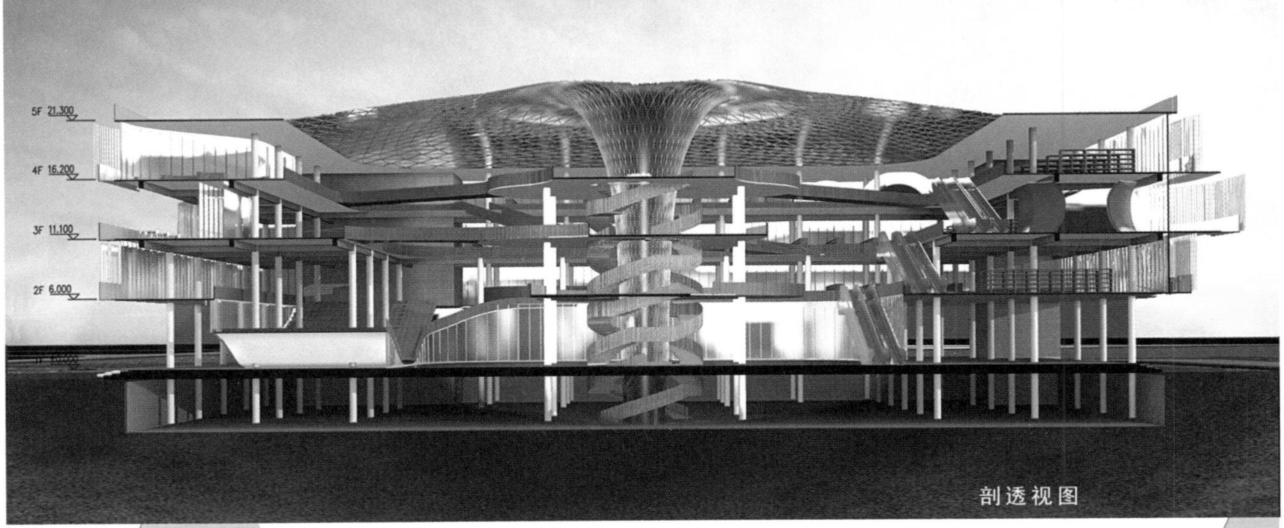


剖透视图

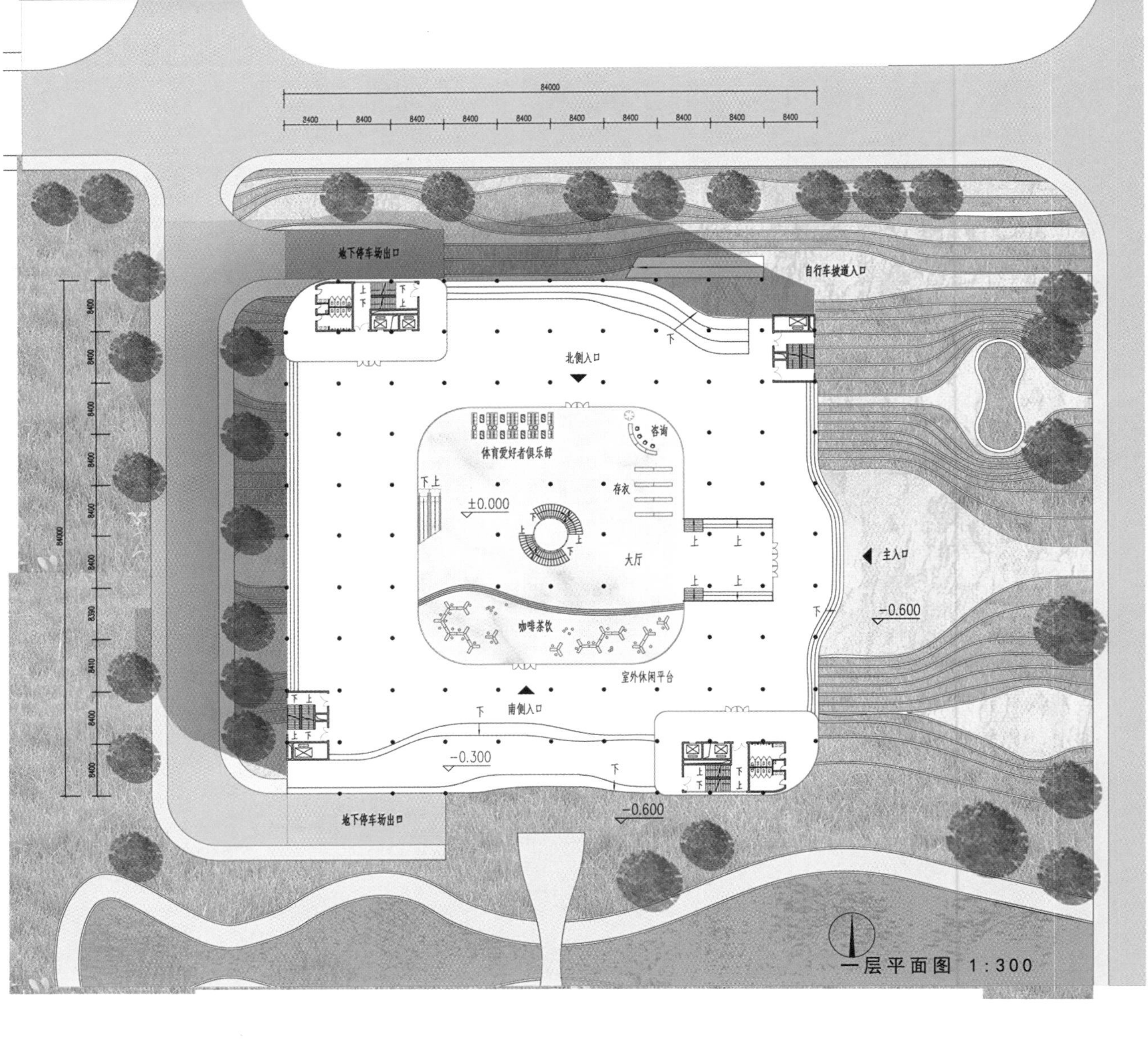


一层平面图 1:300

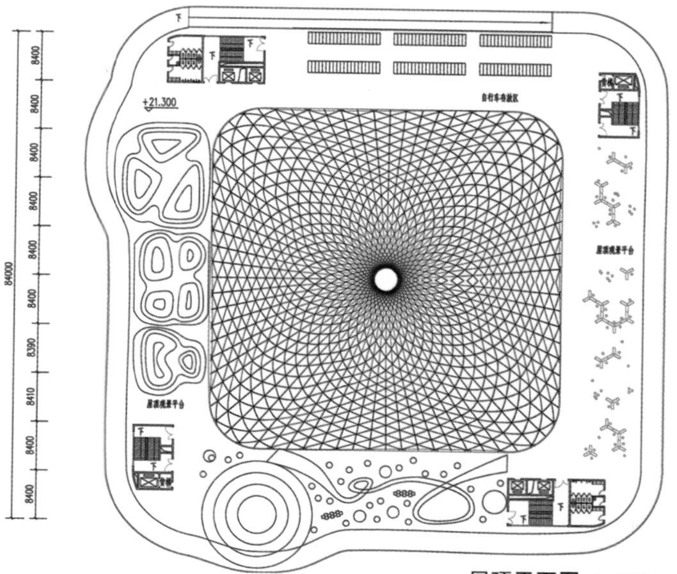

自行车专卖区
屋顶绿化平台
屋顶绿化平台

屋顶平面图 1:400

收银
售后
目标运动体验区
新产品展览区
+16.200
服务
运动体验区
收银

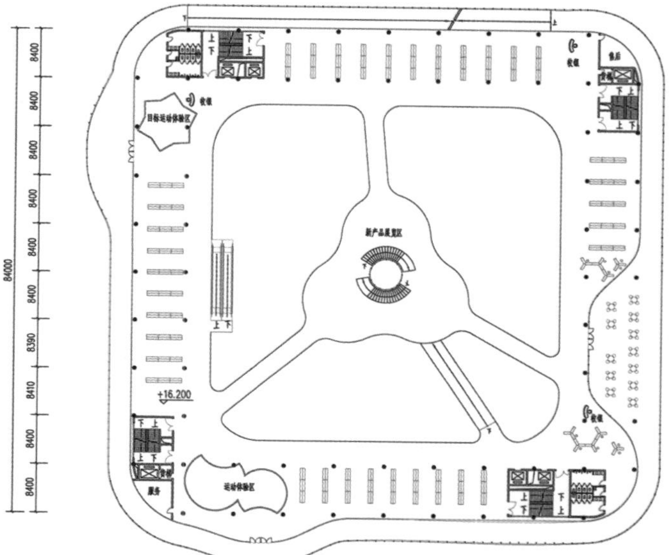

四层平面图 1:400

乐·动 体验商业之——体育用品主题商场设计
Happy Sporting · Happy Shopping · Happy Life

北立面

# UC 4

西安建筑科技大学

Xi′an University of Architecture
and Technology

设计者：李一弘

# 城市梦舞台

## 新生与发展——西安幸福林带核心区城市设计

Regeneration and Development - Urban Design of the Xingfu Lindai core area in Xi'an

指导教师：李岳岩　段婷

本设计位于幸福路核心片区南段门户空间区域内，根据上位的功能需求并结合城市产业的布局，进行了一个多厅多功能文娱活动中心建筑单体设计，及相关城市片区的城市形态设计。本设计充分考虑建筑应当承担的城市服务职能，将建筑的内部空间与城市的开放空间产生丰富的流线上的可能性。同时通过场地设计，解决了场地流线与建筑自身流线冲突；呼应西安市的山水格局，采用覆土式形态设计，形成了一个独特的城市开放空间。

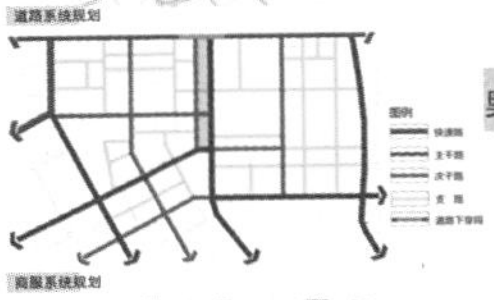


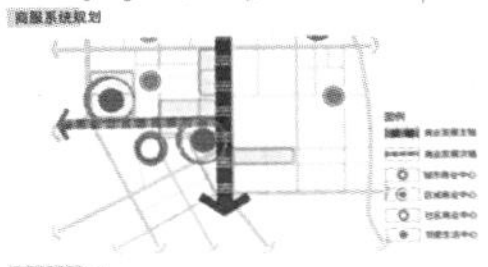


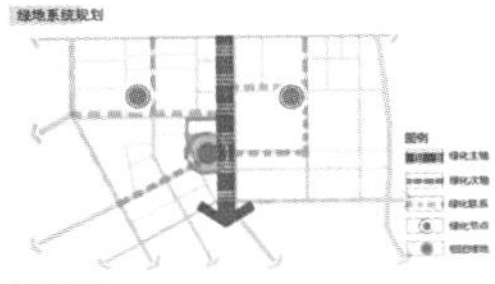


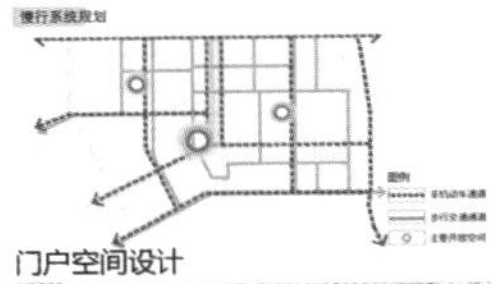


门户空间设计

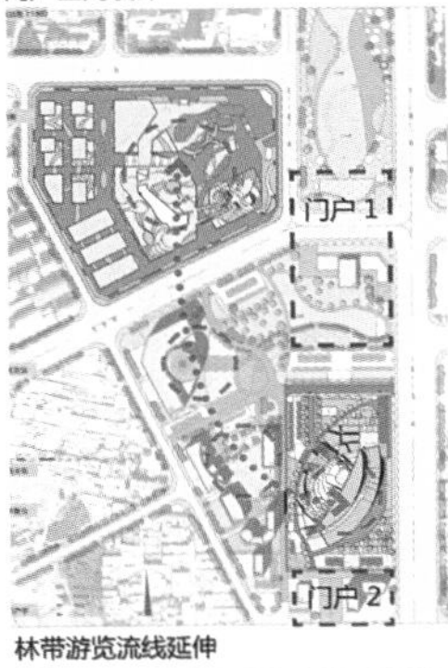


林带游览流线延伸

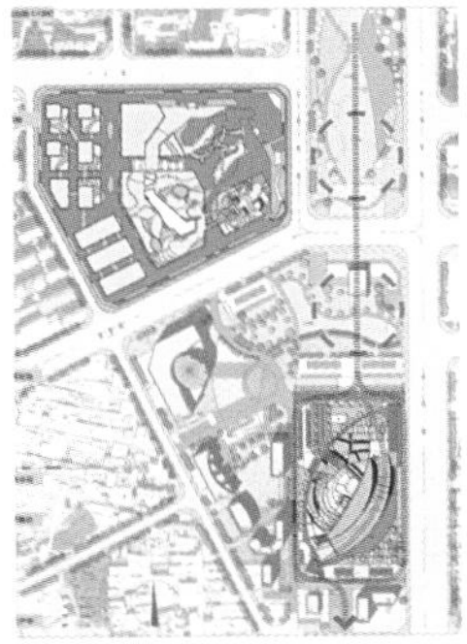

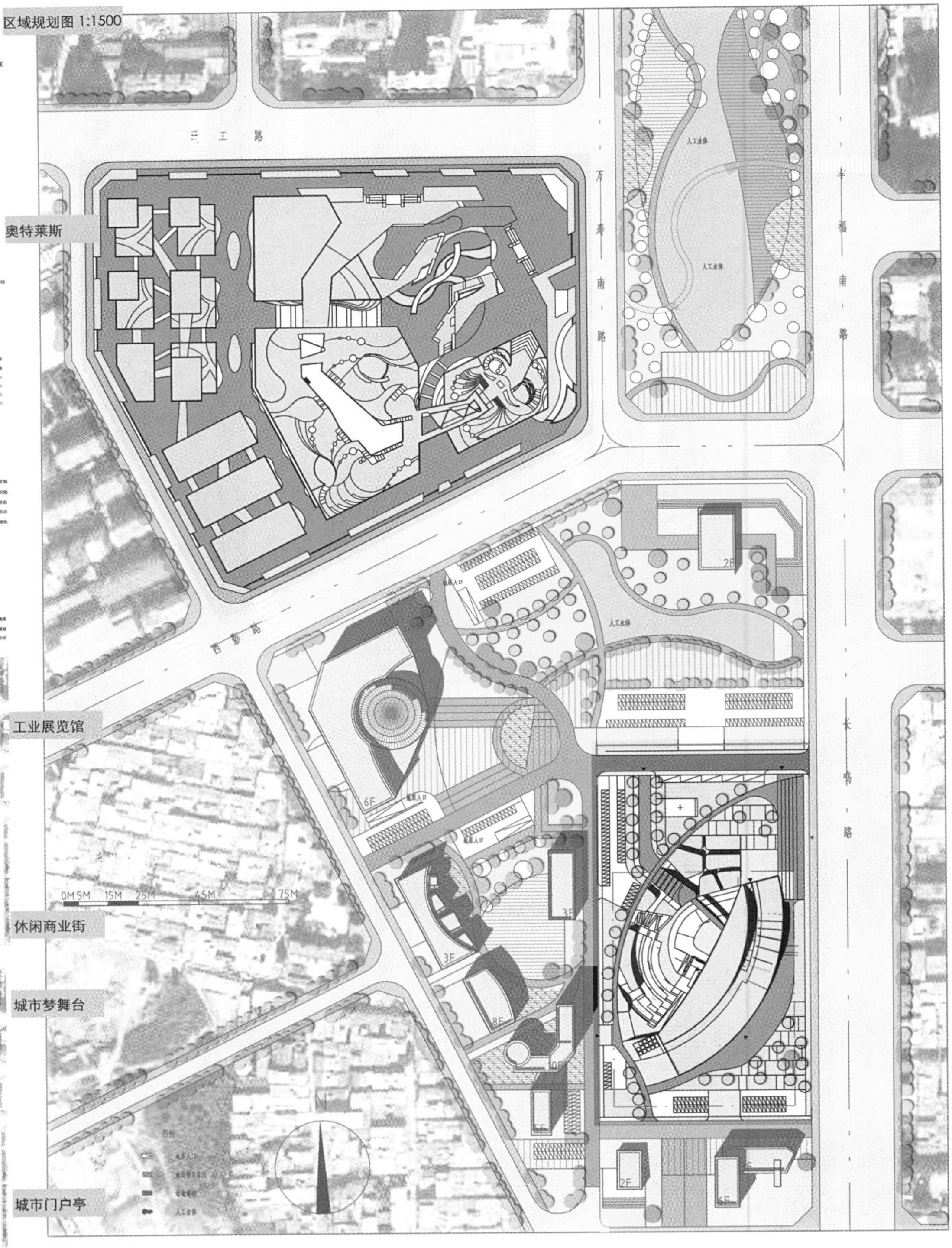

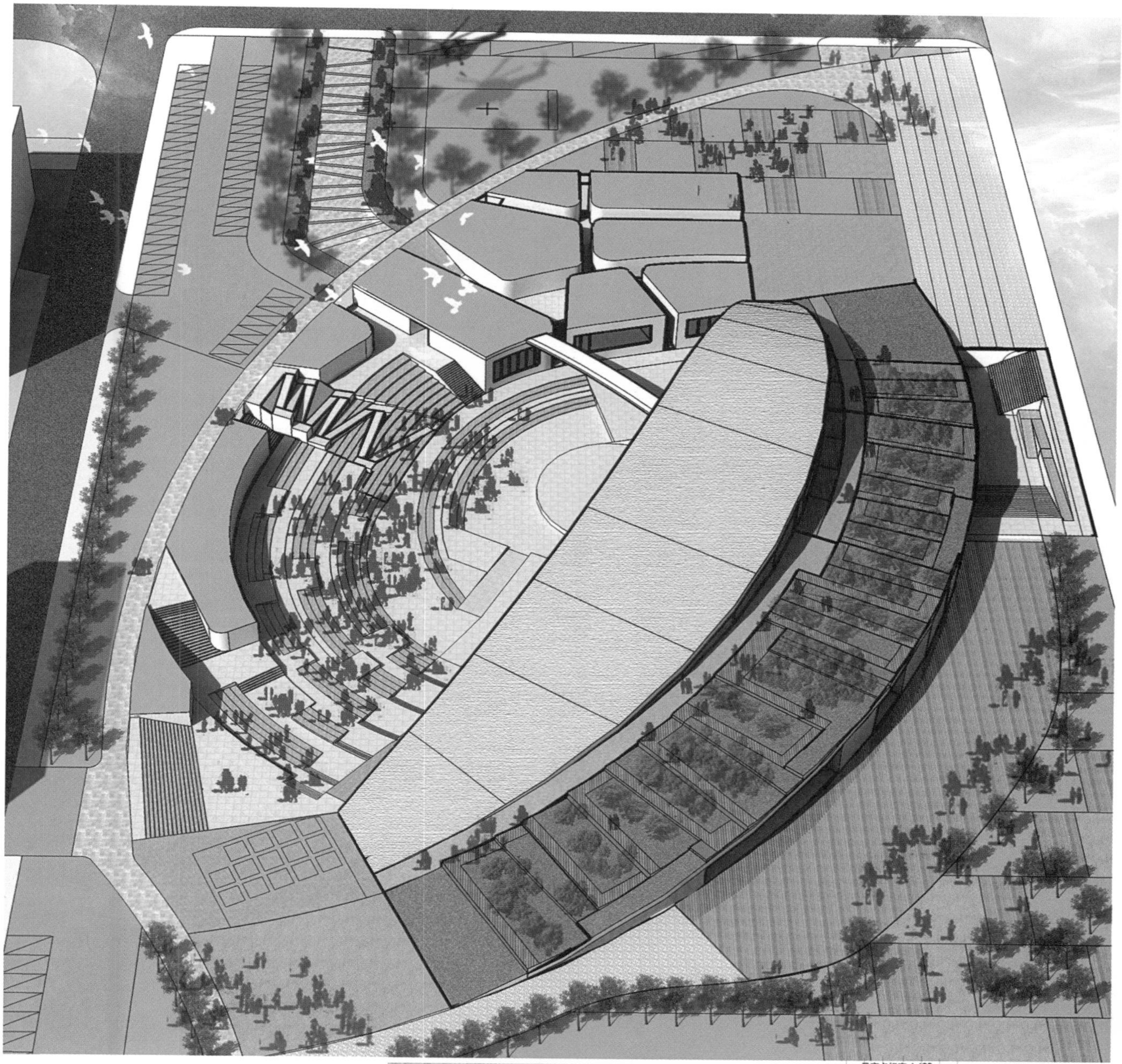

## 设计概念

西安自古以来就是呈三山——终南山、玉山、骊山三山对峙的格局为了取得三山对峙的视野格局，古人在西安市的几个的几个制高点上设置了园林建筑，以供极目远眺，畅情抒怀。

乐游原就是现存的一个古时登高远眺的场所，城市梦舞台的建筑意向也是来源于此，希望在城市层面上，利用整个场地的高点，提供一个南眺南山北观林带的场所。

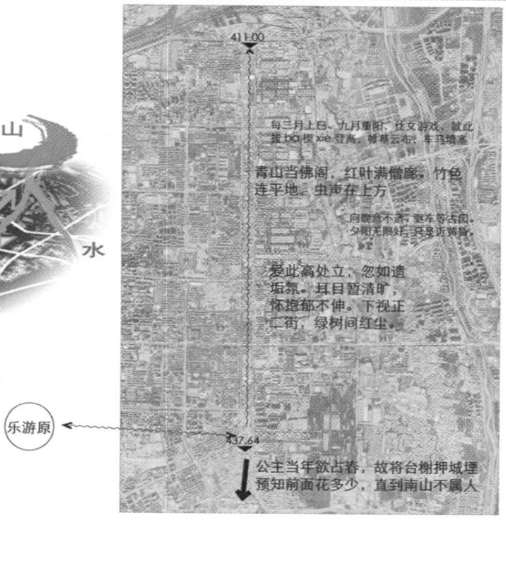
乐游原
411.00
每三月上巳、九月重阳，仕女游戏，就此拔bo楔xie登高，幄幕云布，车马填塞
青山当佛阁，红叶满僧廊。竹色连平地，虫声在上方
向晚意不适，驱车登古原。夕阳无限好，只是近黄昏。
爱此高处立，忽如遗垢氛。耳目暂清旷，怀抱郁不伸。下视正二衔，绿树间红尘。
437.64
公主当年欲占春，故将台榭押城堙
预知前面花多少，直到南山不属人

## 建筑功能策划

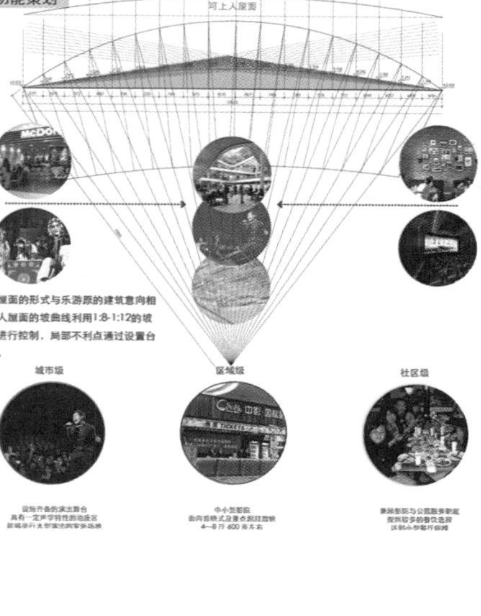


利用上人屋面的形式与乐游原的建筑意向相对应，上人屋面的坡曲线利用1:8-1:12的坡度控制线进行控制，局部不利点通过设置台阶来解决。

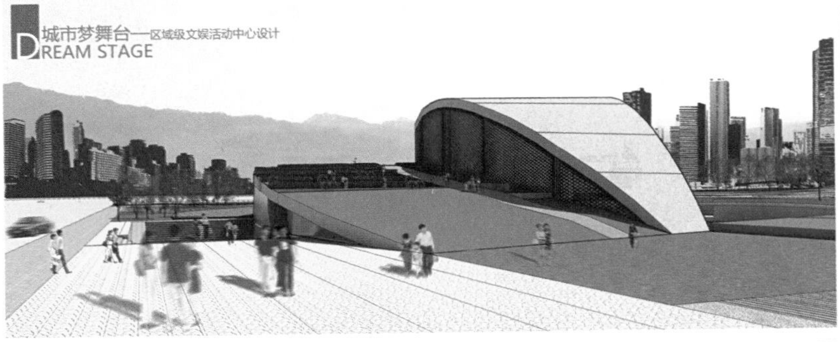
城市梦舞台—区域级文娱活动中心设计
DREAM STAGE

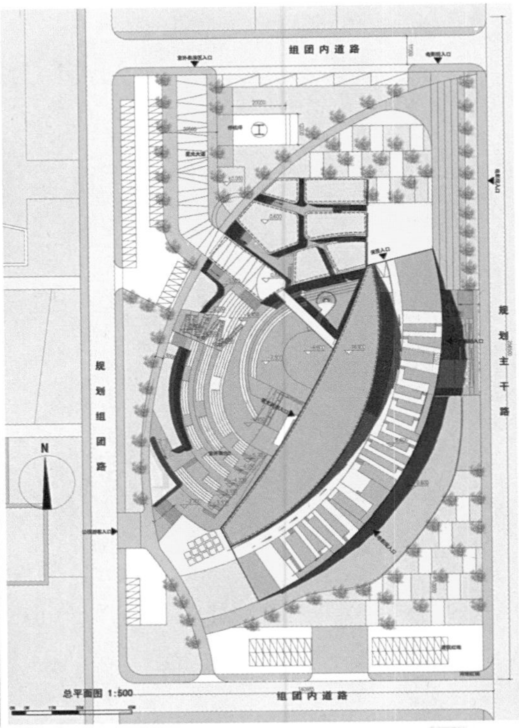
组团内道路
规划组团路
规划主干路
N
总平面图 1:500
组团内道路

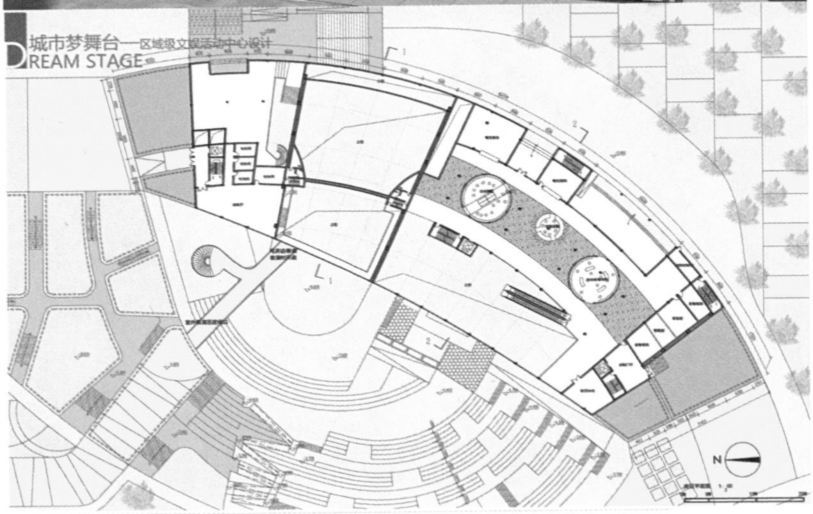
城市梦舞台—区域级文娱活动中心设计
DREAM STAGE
N

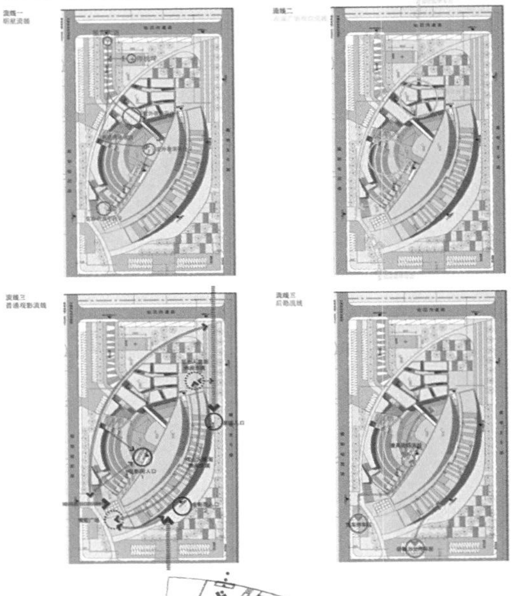

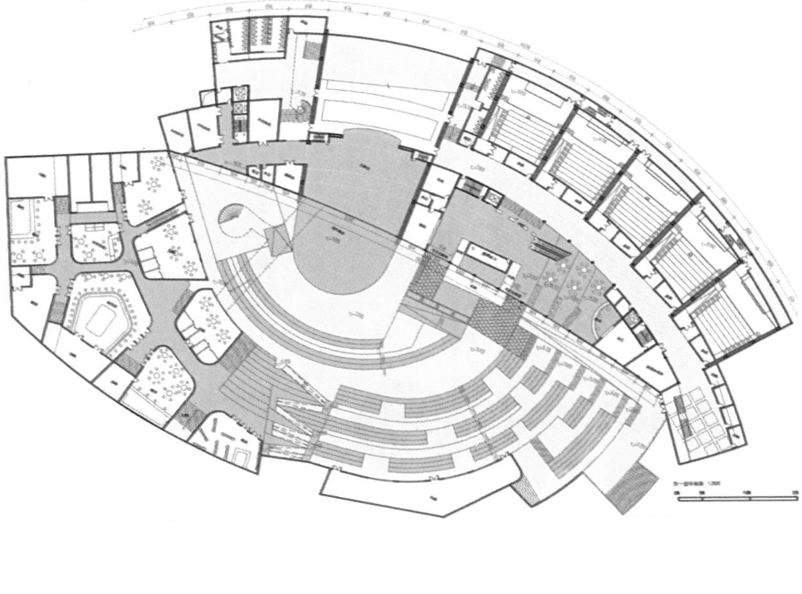

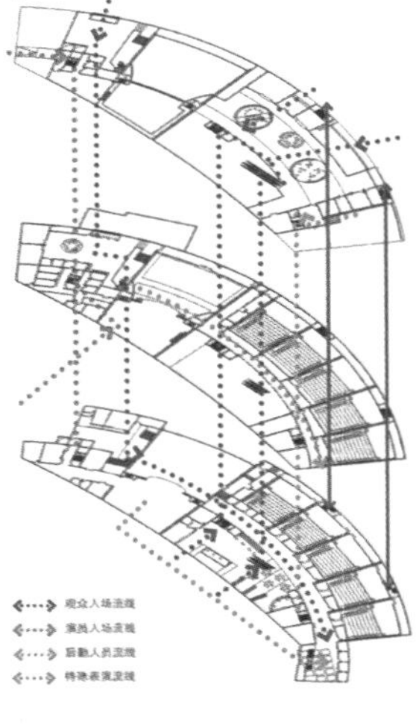
观众入场流线
演员入场流线
后勤人员流线
特殊表演流线

# D城市梦舞台—区域级文娱活动中心设计
# DREAM STAGE

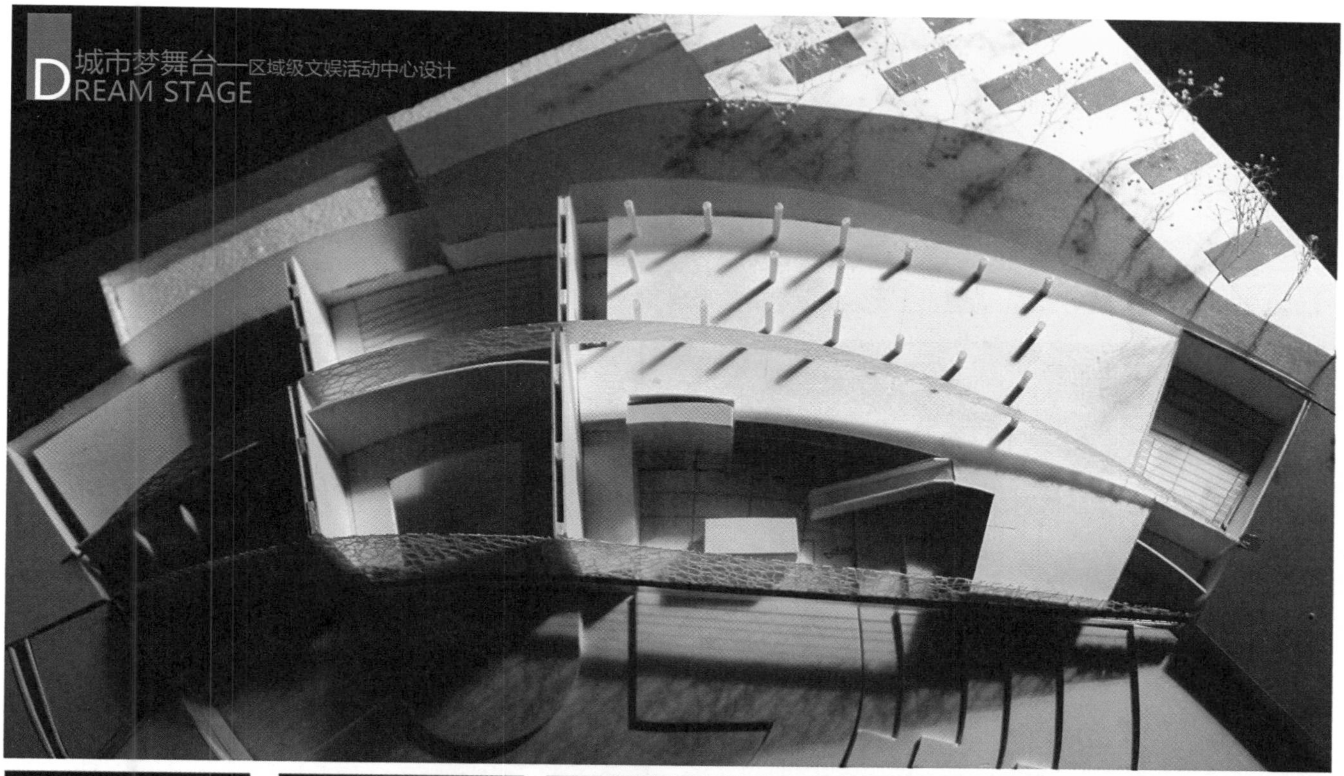

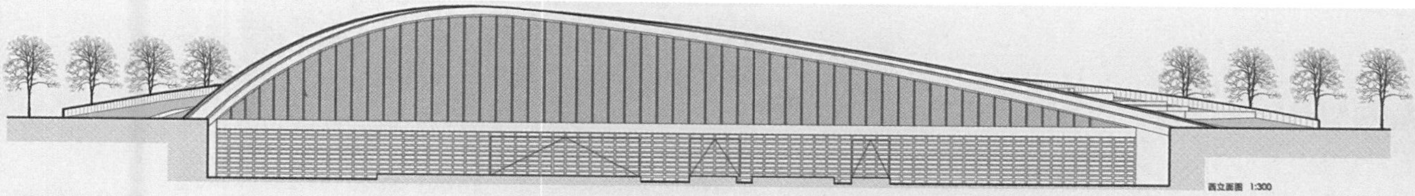

西立面图 1:300

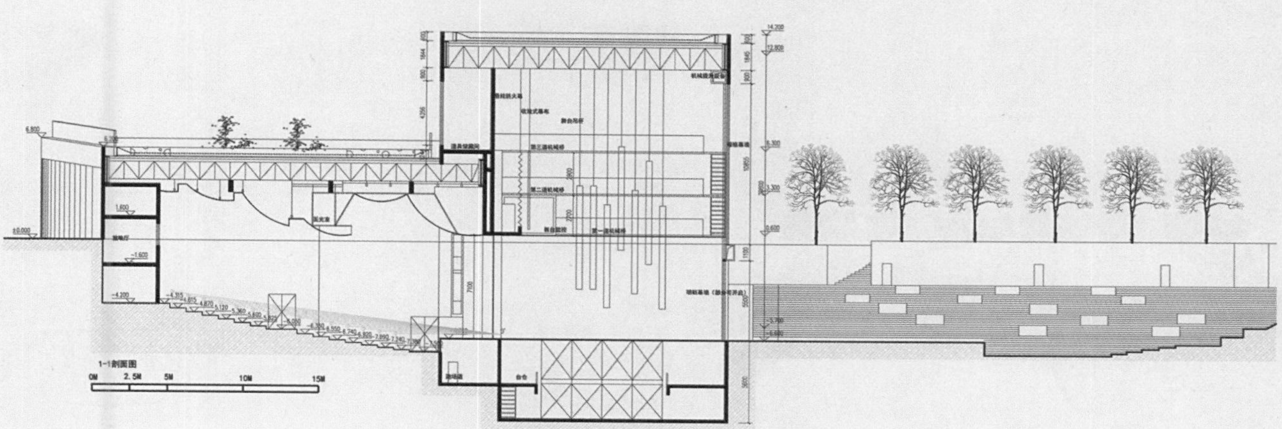

1-1剖面图

0M 2.5M 5M 10M 15M

# UC4

西安建筑科技大学
Xi'an University of Architecture and Technology

设计者：申晴

## 向心-市民服务中心设计
### KERNEL-THE DESIGH OF CITIZENS'CENTER
### 新生与发展——西安幸福林带核心区城市设计
Regeneration and Development - Urban Design of the Xingfu Lindai core area in Xi'an

指导教师：李岳岩　段婷

向心——以亲切的姿态栖息于自然之中，以亲和的形态吸引市民以其为心，聚合。
向心——设计，从市民的内心出发。避其所厌，供其所好，是服务场所，更是内心的栖息地。

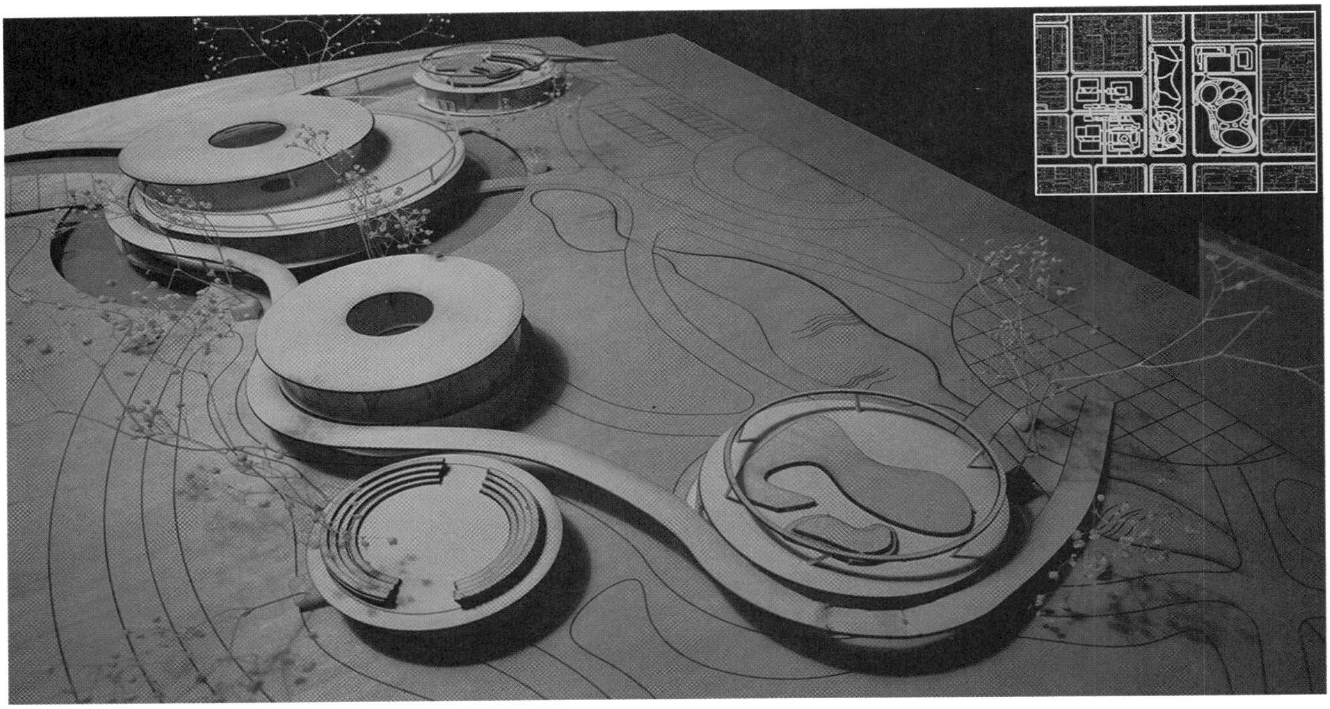

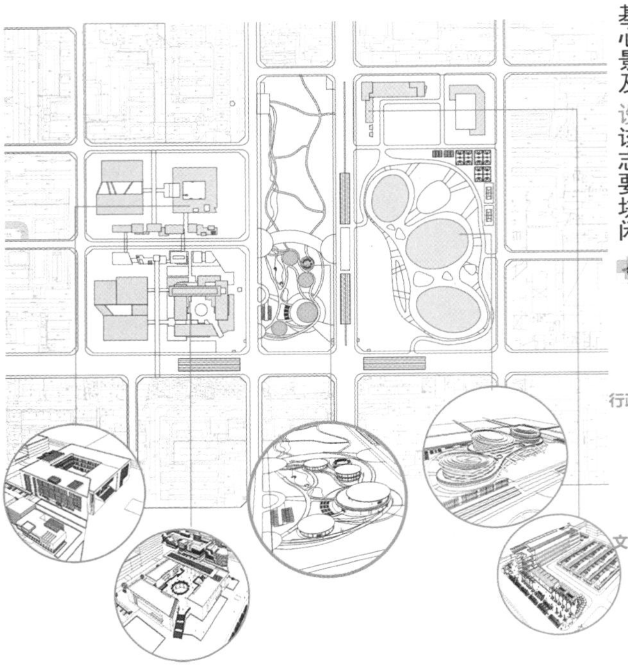

### 服务人群
基地周边为重要景观节点，同时分布多个商业核心区，在本公共服务核心区的主要人群为各重要景点及商业节点的缓冲人群，同时有大量的游客及周边居民，对于公共服务设施及体育活动设施。

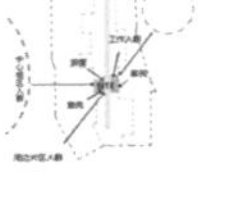

### 设计目标
该地块是幸福林带地区的重要空间节点，设置标志性建筑；结合公共服务功能以及体育活动的主要功能设置休闲消费、娱乐、体验等功能；将地块塑造成片区时尚运动中心、公服中心与文化休闲中心。

行政办公设施　　教育科研设施　　医疗设施　　社会福利设施
现状　规划方案　现状　规划方案　现状　规划方案　现状　规划方案

文化设施　　体育设施
现状　规划方案　现状　规划方案

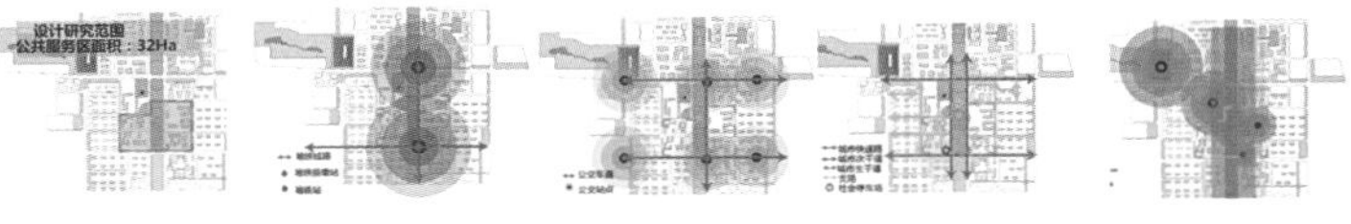

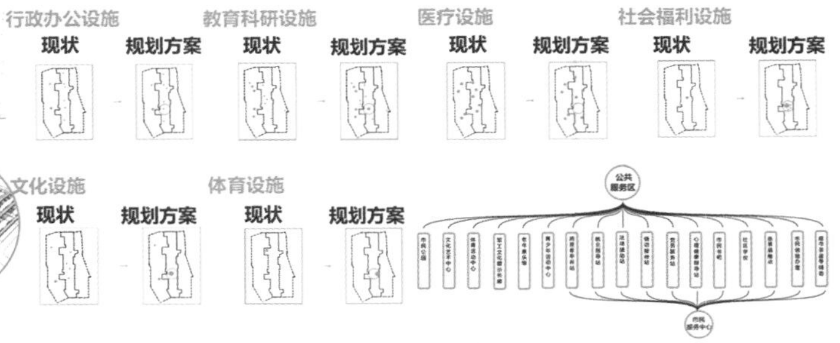

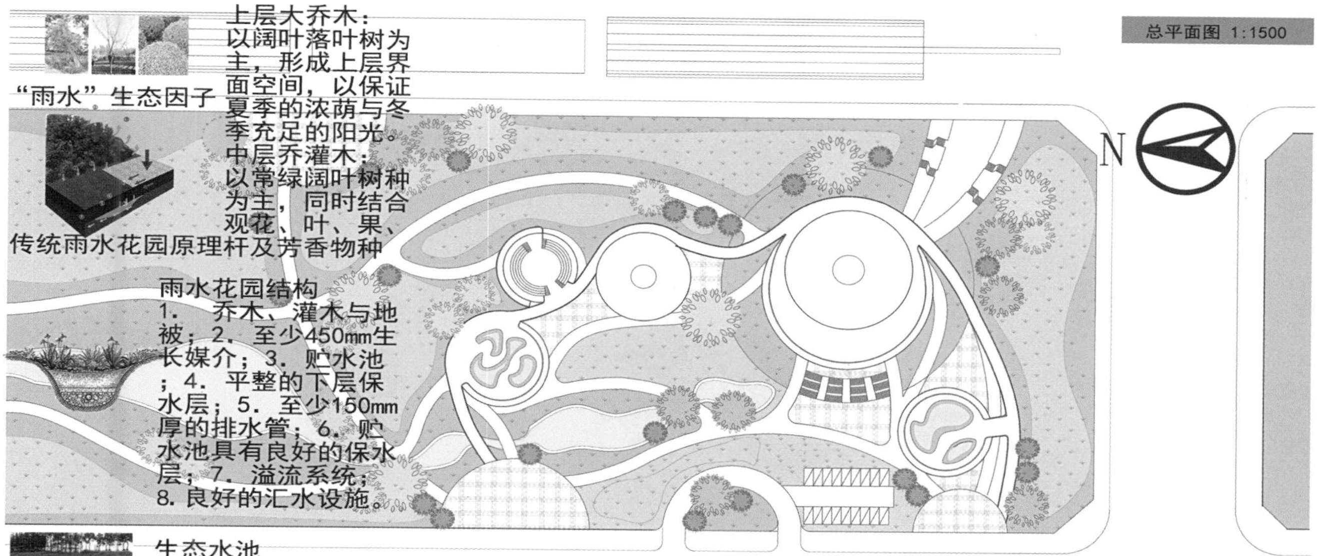


"雨水"生态因子

上层大乔木：以阔叶落叶树为主，形成上层界面空间，以保证夏季的浓荫与冬季充足的阳光。中层乔灌木：以常绿阔叶树种为主，同时结合观花、叶、果、传统雨水花园原理杆及芳香物种

雨水花园结构
1. 乔木、灌木与地被；2. 至少450mm生长媒介；3. 贮水池；4. 平整的下层保水层；5. 至少150mm厚的排水管；6. 贮水池具有良好的保水层；7. 溢流系统；8. 良好的汇水设施。

生态水池
1. 水体自净需要一定的体量。2.能自身形成一种平衡的生物链。为了形成生物链

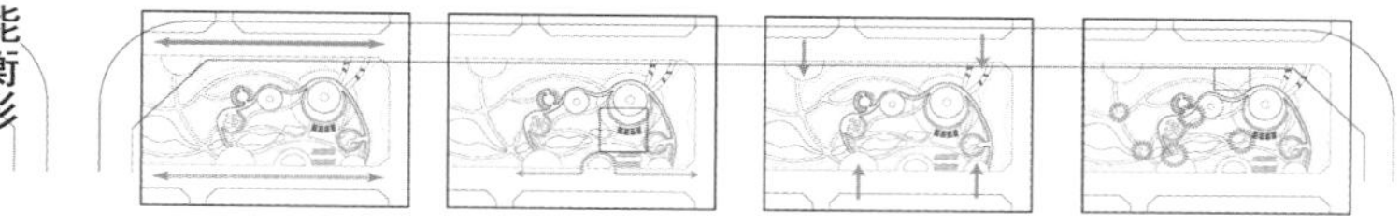

周边道路　车流　人流　人流节点

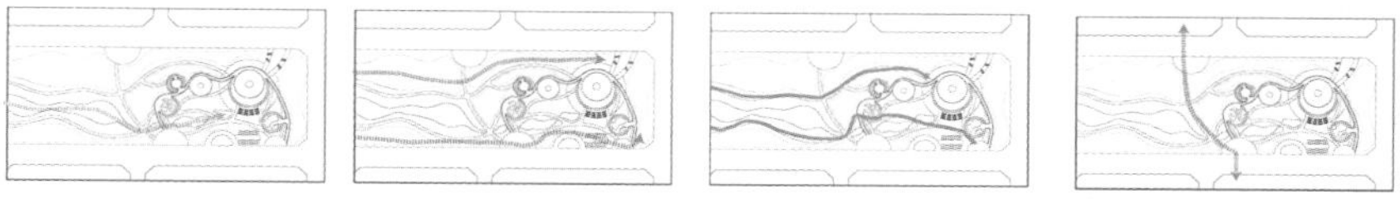

对林带水景的联系　对林带绿化的联系　对林带道路的联系　林带东西侧的联系。

设计理念

因为建筑选址位于幸福林带之中，首先希望其形体和自然相融合。而在自然界中，并没有绝对的直线，存在的都是曲线。所以首先明确形体将运用曲线。

市民服务中心幸福林带之中，如同一个街心公园，应该能够包容下不同种族，不同阶层的市民，让他们自由的休憩，谈话直接跟城市对话。→公平

公共场合，更多的时候，这些地方是人与人交流的场所，是人接触城市的平台，如何温和地和城市融为一体，如何用一种亲切感吸引公众。→亲和

市民服务中心在整个基地中是核心的核心，会用大量人群聚集据于此。→聚合

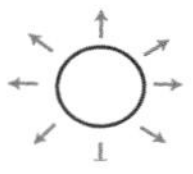

没有正面

均值、连续的开放界面

各方面形态同等重要

绿色的庭院中，视线可以穿透透明玻璃墙，游客会体验到展馆周围的美丽的植物。

玻璃的运用有独到之处，透明的，磨砂的，它使人观看外面景物有种陌生、虚幻和变形的意味。

形体生成过程

根据功能所需的面积，若在幸福林带之中置于一个整体的圆，按地上二层地下一层计算，则需一个直径至少80米的圆，其直径过大，和宽度为140米的林带不协调。

因而将一个整圆分解为五个小圆，以其中一个圆为主体，其余四个圆为辅助。

将主体圆的地下一层架空并将周边的地形做以"碟状"草坡处理，以使更多的自然光线进入地下层，增加采光强度，并使人群可直接从地面场地进入地下一层。

按照功能需求再将部分圆的形体升高设置为二层。

其中一处圆顶做露天舞台可供市民滑旱冰或看露天电影等娱乐场所，另外两处可做空中花园，以部分弥补建筑对绿地的占用。

最后用一个坡道将五个圆串联起来，坡道由地面而起，标高升至4米高，将五个圆的二层及屋顶相串联，增加各圆二层及顶层空间的流畅性。

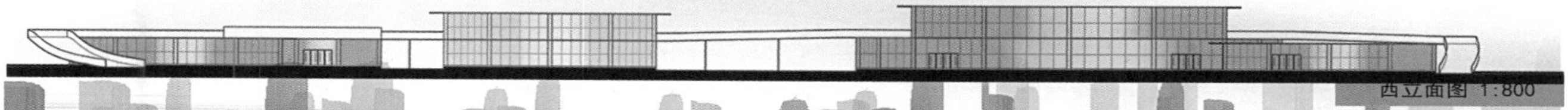

西立面图 1:800

一层平面图 1：:750

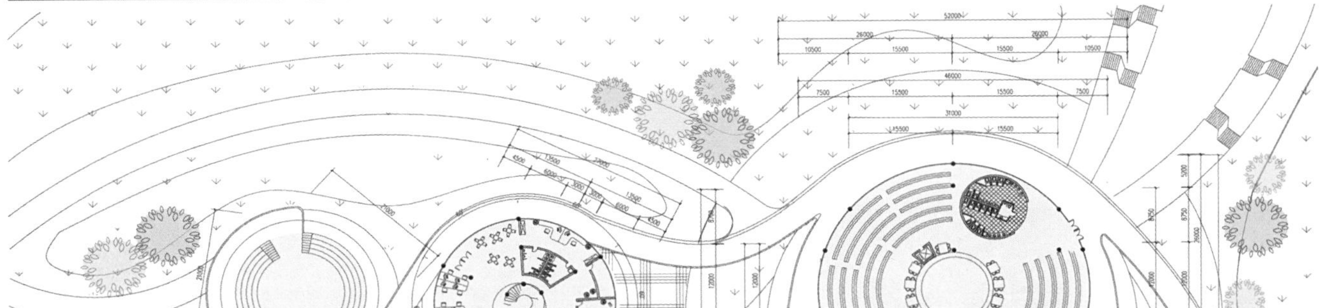

二层平面图 1：:750

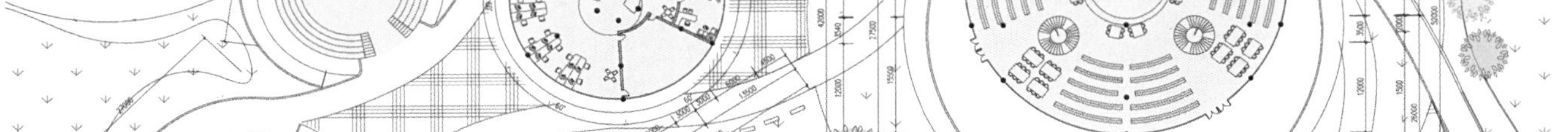

剖面展开图 1:800

负空间内人的行为　承载视线的介质　视线交流

看展品

沙龙交流

听报告

自修

人与人之间
的视线交流

无介质，直接观看

玻璃

磨砂玻璃

镜面

几种介质的组合

N

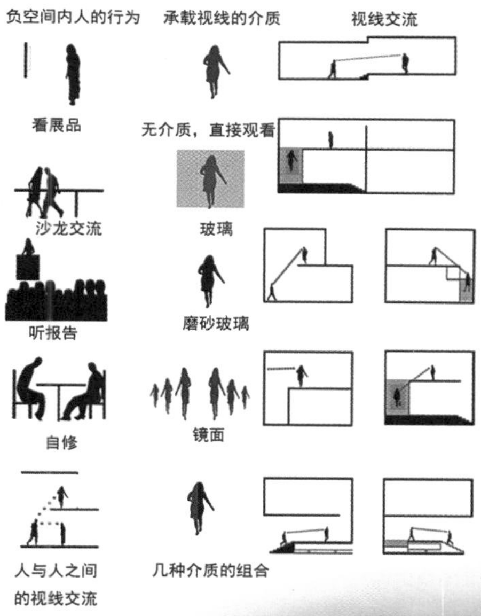

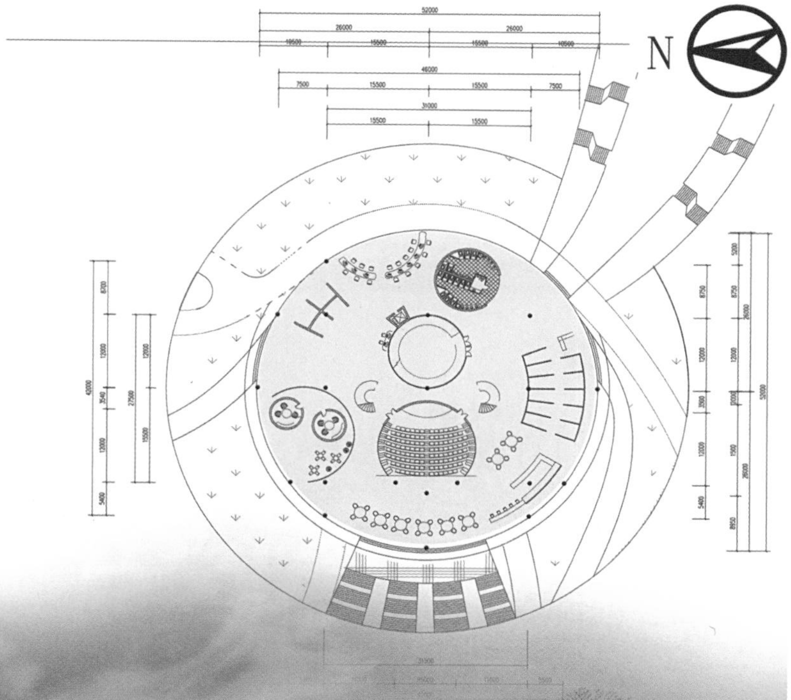

南立面图 1:800

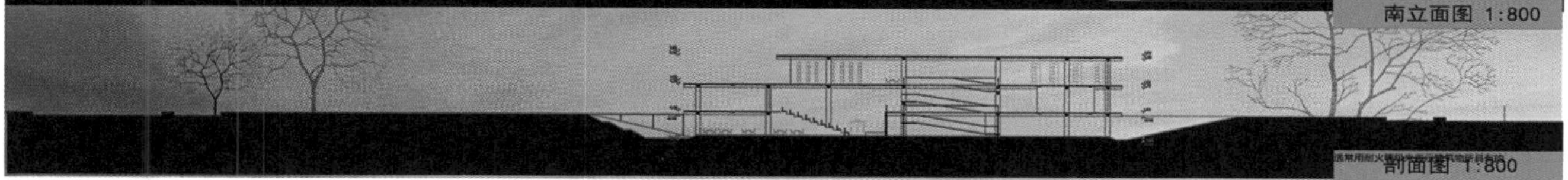

剖面图 1:800

## 结构体系

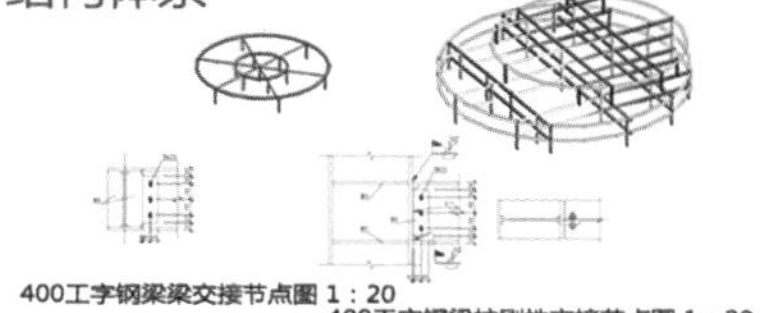

400工字钢梁架交接节点图 1:20
400工字钢梁柱刚性交接节点图 1:20

### 螺旋楼梯构造

在《建筑设计防火规范》中明文规定："疏散用楼梯和疏散通道上的踏步不应采用扇形踏步，踏步上下两级所形成的平面角度不超过10度，且每级离扶手25cm处的踏步深度超过22cm时可不受此限。

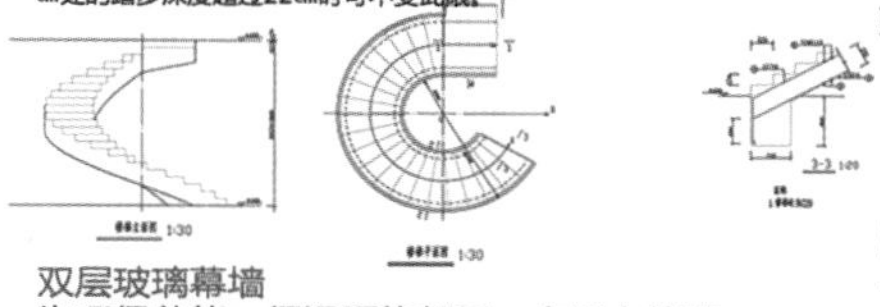

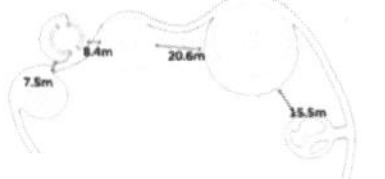

### 双层玻璃幕墙

为环保节能，保温隔热起见，立面上的玻璃幕墙采用双层玻璃幕墙。

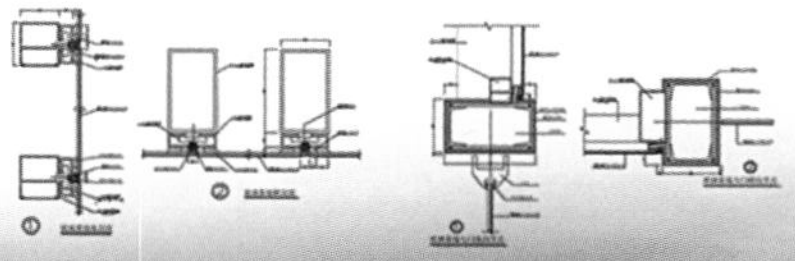

### 屋顶花园的防水构造作法

在现代城市中，高楼耸立，绿色越来越少，为了增加绿化面积，改善城市环境，逐渐兴起了屋顶花园，因此种植植物的屋面需做特殊处理；现将种植植物屋面的构造作法介绍如下，仅供设计施工人员参考。

### 建筑耐火等级选定

市民服务中心的耐火等级选定为二级，火灾持续时间为1h.结构类为钢结构屋架、钢筋混凝土。

### 建筑防火间距

自身是有几个建筑单体组成的建筑群。根据上表得，其间距应大于6m。

满足建筑防火间距

### 建筑疏散宽度

消费者申诉站,党员服务中心,就业指导站：
应有疏散宽度
=1.32x0.65=0.858m

法律咨询服务站
实际安全出口宽度
=1.6m>0.51m

市民书吧
实际安全出口宽度
=6.4m>3.549m
应有疏散宽度
=5.46x0.65=3.549m

### 社区学校

应有疏散宽度
=2.52x0.65=1.68m

实际走道宽度：
1.76m>1.68m

剖面图 1:800

# UC 4

西安建筑科技大学
Xi'an University of Architecture and Technology
设计者：丁婉婧

## 5400m幸福林带

### 新生与发展——西安幸福林带核心区城市设计

Regeneration and Development - Urban Design of the Xingfu Lindai core area in Xi'an

指导教师：董芦迪　樊亚妮

设计基地为西安市东部老工业区，幸福林带核心区。设计原则为，保证东西向联系完整的前提下，林带绵延不断，使其生态效应最大化，为城市中的动植物栖息，迁徙提供一个最优环境，最终成为西安市生态格局中不可分割的一部分；林带周边的开放空间会对林带进行部分侵蚀，将林带周边的一部分转化为公共活动空间，成为林带活力点之所在。

## 一 基地环境认知

### 1 地理区位

幸福林带片区跨越西安市新城区、雁塔区，规划范围北起华清路，南至新兴南路，东到酒十路延伸线，西至东二环占地17.63k㎡，其中核心区5.1k㎡，包含一条长5.4公里，宽140米的林带。

基地以幸福林带为核心，东临浐灞新区，南临曲江新区，北部为西安火车东站（目前为货运编组站，未来将改建为客车整备检修基地），西部为西安中心城区，距西安明城约2.2公里，是西安市主城区与东部各板块联系的重要区域。

### 2 经济区位

幸福路地区位于发展商贸、旅游、服务业皇城综合商贸区东部；处于中心城区、浐灞生态区（生态、物流）、曲江新区（文化产业）三个产业板块的交汇处,在发展中应遵循“错位差异发展，互补双赢共进”的原则。

基地所在的西安属暖温带半湿润大陆性季风气候,四季分明，气候温和，雨量适中。春季温暖、干燥、多风；夏季炎热多雨，多雷雨大风天气；秋季凉爽，气温速降，秋淋明显；冬季寒冷，多雾、少雨雪。

### 3 历史沿革

1951年在二马路东段北侧建成第八区工房，有土木结构的平房500余间，安置职工500余户。在人民政府的重视和支持下，区境工厂也纷纷为职工建房，1952年底，建成华峰新村、大华三村（今大华东坊），有平房44排，楼房6栋；西安铁路局建成铁路东村；电业局建成3～4层楼的电业新村。
1954年 市东郊建成长乐路和万寿路主干道，并打通东五路的城墙豁口（今朝阳门）。1955年 东郊建成幸福路、金花路两条主干道。1956年8月国家156项重点建设项目之一的西北光学仪器厂在长乐中路建成投产，9月 国家156项重点建设项目之一的西安机器制造厂（今昆仑机械厂）在幸福北路建成投产。同年，东郊韩森路建设竣工。1957，东方机械厂、秦川机械厂、华山机械厂、黄河机器制造厂、昆仑机械厂、西北光学仪器厂，在此破土兴建，1953～1960年的大规模基本建设中，各工厂同步建设厂房和职工住宅，东郊出现大片三至四层单元式的职工住宅街坊，北郊建起以砖木结构平房为主的工人新村60年代末,先后建成韩森寨、胡家庙、八府庄3个新兴工业区。1993年韩森冢面积由60亩变为30亩，面积扩大。1993年，韩森寨工业区共有各类大、中、小型工业企业114个，职工8.14万余人，固定资产总值17亿元，年产值24亿元。2004年 政府开始启动幸福林带改造项目，新城区政府专门成立林带建设指挥部2008年《新城区分区规划》中幸福林带内规划部分建设用地。
2009年以世园会为契机，加速幸福林带的改造进程，区域内开始建设高层住宅楼。政府审批通过《幸福路地区总体规划》，要求恢复林带原本功能计划在半年内拆除完毕。2011年4月冢周边综合改造拆迁开始，2012年1月冢东南侧高层住宅楼逐步开始施工。

### 4 上位规划解读

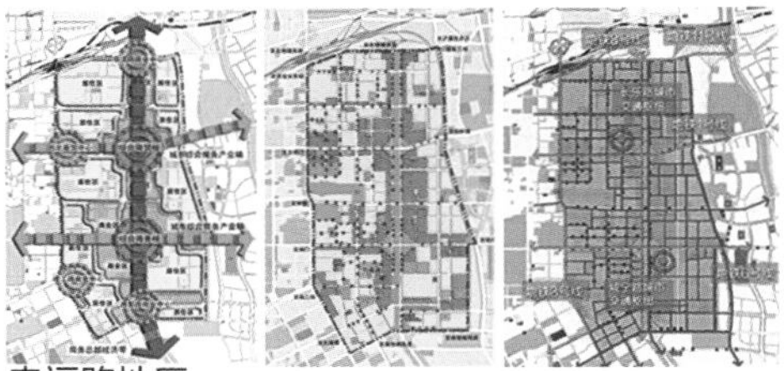

幸福路地区
是建设西安国际化大都市的重要板块。
是主城区东部集总部经济、商贸、生态、居住等功能为一体的城市综合区。
通过优化调整用地布局，形成“一带、两核、两轴、多中心”的功能结构，实现幸福路地区西部更新、东部腾飞。
构建“两核、三带、四心”的商贸体系。
两核指总部经济聚集核及商务聚集核；
三带指沿幸福路发展的商贸商务带，沿长乐路、咸宁路发展的商业带；
四心指长乐路西北商贸中心，西影路商业中心，华清路商业中心及建工路商业中心。

### 5 地形地貌分析

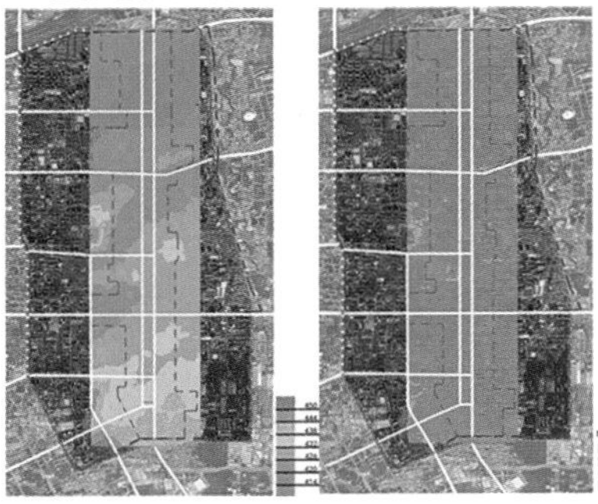

地形：基地内地势整体南高北低，坡度平缓，适于建设。

### 6 现状用地性质

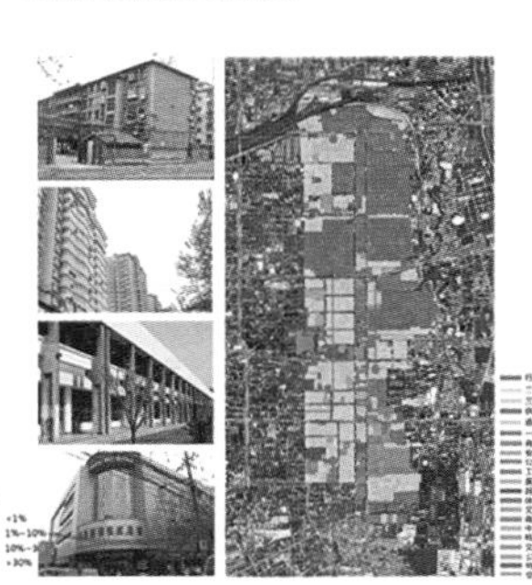

原有社区 原有社区与厂区结合紧密，社区体系完好，社区以多层建筑构成。
新建社区 新建社区以高层或小高层为主，多结合老社区布置。
军工厂区 基地内厂区多为苏联援建，厂区规划完好，绿地率高。
商业风貌 基地内大型商业主要为家居建材城、汽车销售、药材城，主要服务于周边区域。

### 7 城市肌理

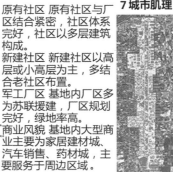

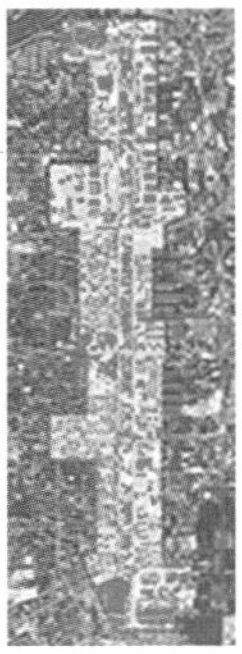

长乐路以北区域图底关系整齐，图块面积大，建筑类型以工业及办公建筑为主，空间尺度较大。中间区域建筑类型比较复杂，整个区域的图底关系并不明确。建工路两侧有大量职工宿舍区，建筑群边界明确，最南端的城中村人口密度大。

## 二 认知与策略

### 1.风

林带处于有带无林的状态。林带用地基本被建筑占用。导致整个片区都可能成为风廊道的区域。

整个片区缺少绿地，片区通风不畅温度升高。

基地中建筑高度比较均质，难以引入城市风。

### 1.1 已规划风道研究

生态绿地

规划绿环

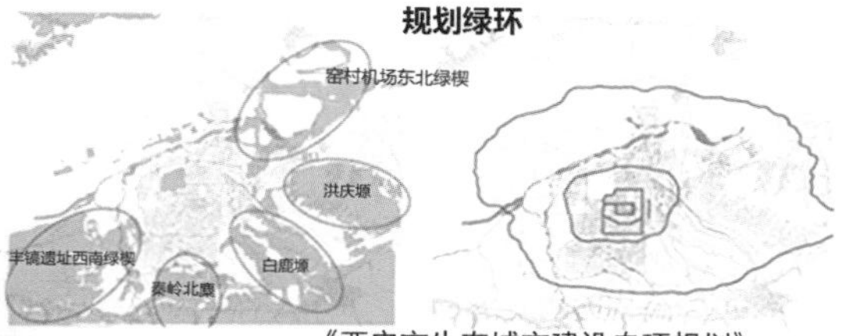


《西安城市发展建设生态合理体系控制规划》

城市生态用地有丰镐遗址西南绿楔 秦岭北麓 白鹿塬 洪庆塬 窑村机场东北绿楔

《西安市生态城市建设专项规划》

依托环城公园 唐城林带 幸福林带形成城市休闲景观内环依托绕城高速 形成限定主城区增长边界内环 依托西线大环线形成外环

### 1.2 风分类

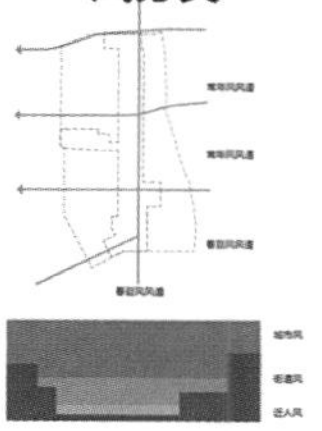

#### 1.2.1 城市风层面 1.2.2 街道风层面

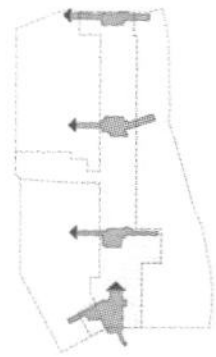

城市高空风以建筑外轮廓线为边界

顺延建筑轮廓线吹入基地高空

因此在设计建筑界面时

风口处建筑进行退让降低

放大风口处空间

春夏风 秋冬风 街道风风口

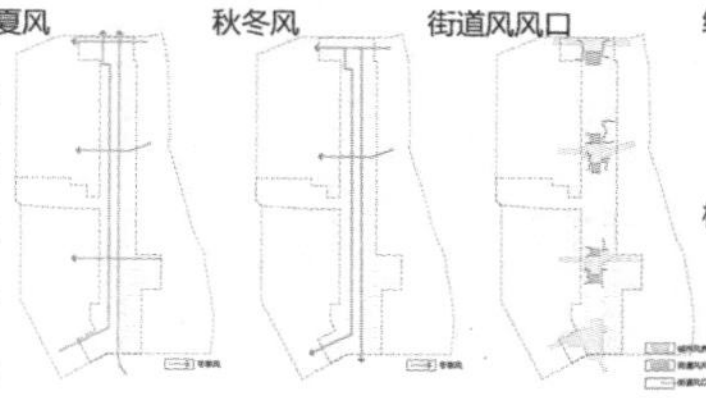

纵剖示意图

横剖示意图

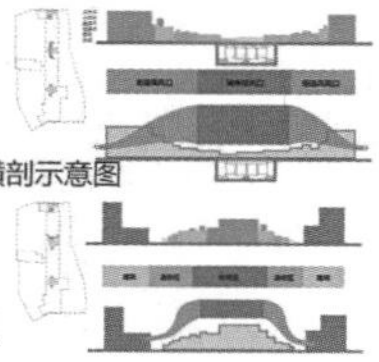

#### 1.2.3 近人风层面

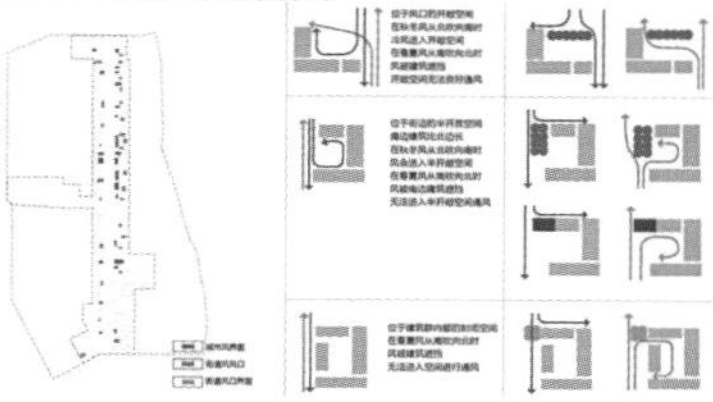

### 2.水

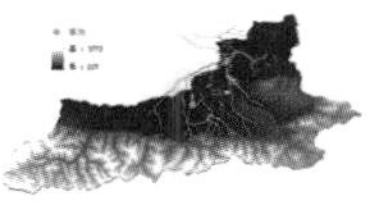

西安市水资源情况概述

陕西西安地处关中平原中部，南依秦岭山脉，北临渭北黄土高原，自古以来农桑发达，水利条件极其便利。素有有“八水绕长安”的美誉。全市水资源总量约为 26.66 亿立方米，人均水资源占有量约为 350 立方米。

### 2.1 基地引水

大峪水库引水工程：

1. 生态水从水库流出后，在途经航天基地时进行分流，一支流进了航天基地，目前已到达了航天基地外围，等到航天基地内的水域建好后，生态水随时可以进入。
2. 而生态水的主流继续前行，在途经曲江南湖时分流，一支流进南湖，南湖的水也可以流进大唐芙蓉园湖中。
3. 生态水的主流继续前行至雁曲五路与曲江大道交叉口分流，一支流进护城河一支流进兴庆湖。

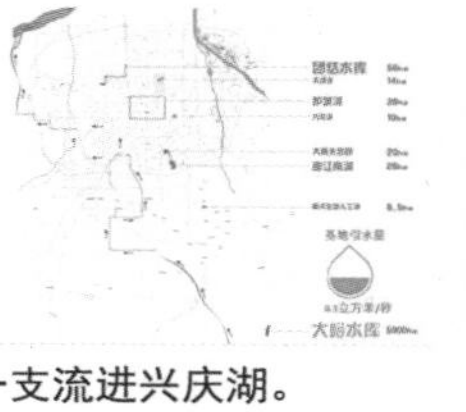

西安市各大公园湖泊排水管网是相连的：

1. 生态水经过航天基地湖水后，如果水质不好，将排入河，如果水质良好，将流入南湖、再流入大唐芙蓉园。
2. 从芙蓉园流出时，水质不好，将通过市政管道排出，水质好，则可流入护城河。
3. 流入兴庆湖的水，流出时如果水质好，可以流进护城河，不好的话则流入护城河的截流工程，再经过市政管网排出。
4. 生态水也可通过单独的管网流进护城河。

### 2.2 制约因素

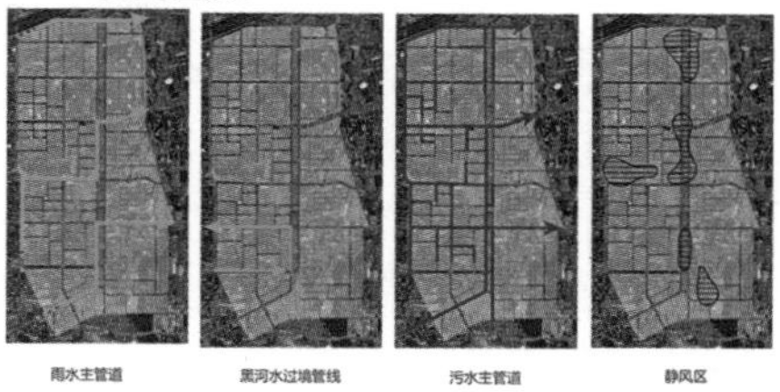

雨水主管道
黑河水过境管线
污水主管道
静风区


### 2.3 雨水量计算

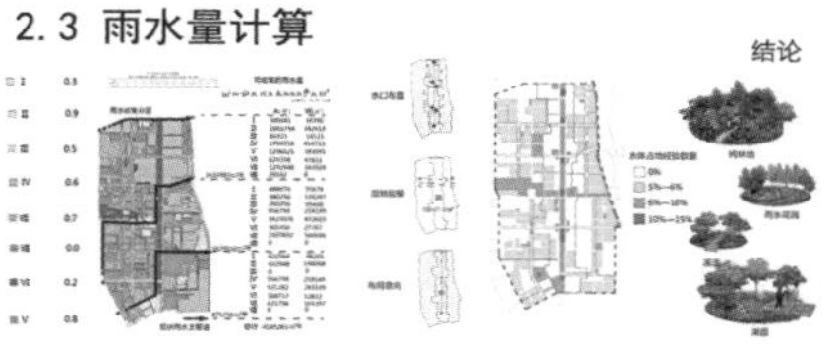

结论


### 3.林

结合风道的林地结构图： 植物冠层平面布局分布图：

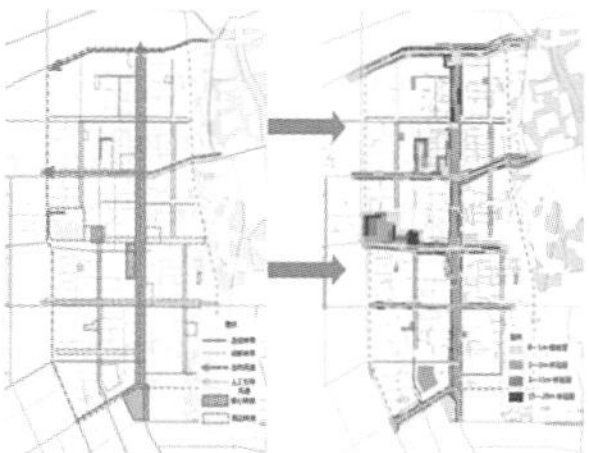

### 3.1 林缘规划图

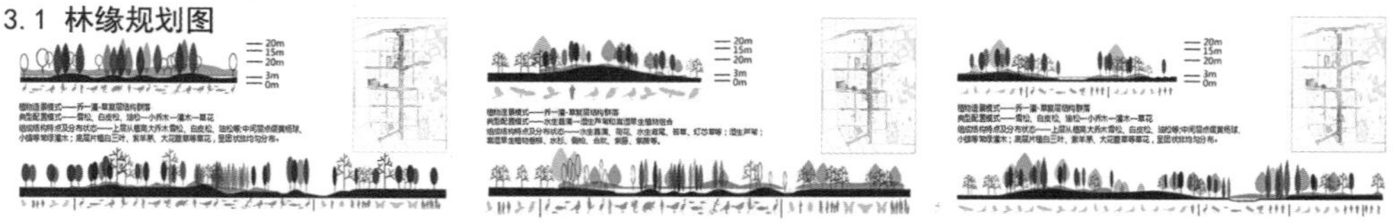

### 3.2 种植设计模式图

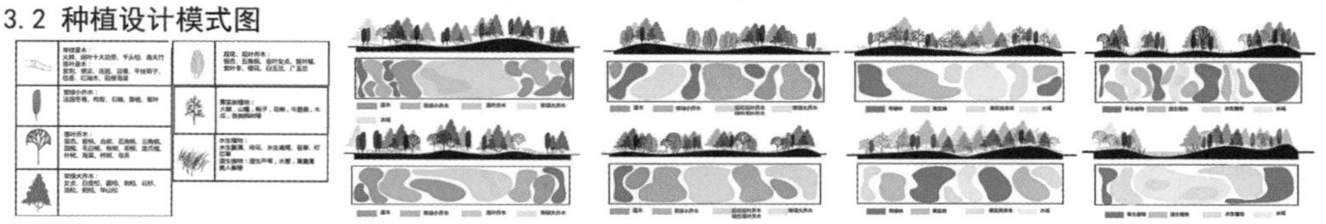

## 三 总体规划结构

### 1.土地利用规划图

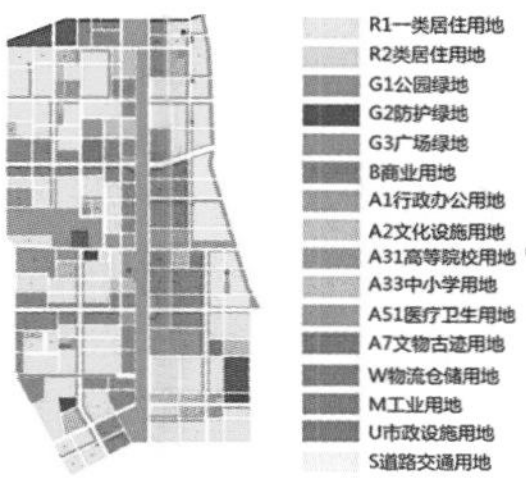

R1一类居住用地
R2类居住用地
G1公园绿地
G2防护绿地
G3广场绿地
B商业用地
A1行政办公用地
A2文化设施用地
A31高等院校用地
A33中小学用地
A51医疗卫生用地
A7文物古迹用地
W物流仓储用地
M工业用地
U市政设施用地
S道路交通用地


### 2.功能结构图

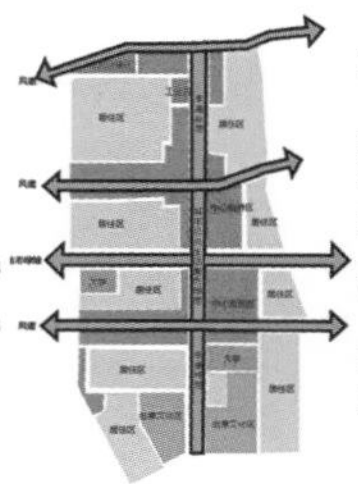

### 3.规划结构图

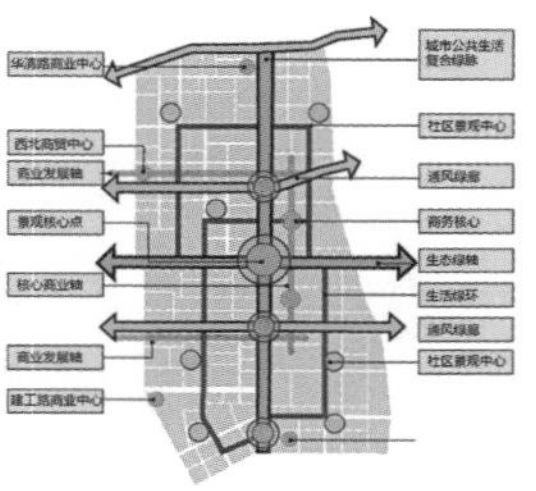


### 4.景观结构图

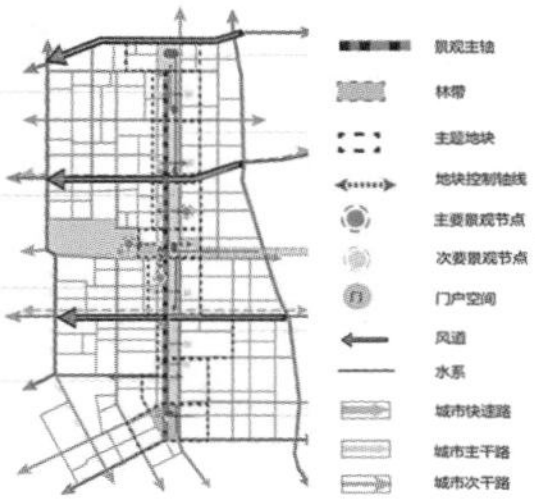

景观主轴
林带
主题地块
地块控制轴线
主要景观节点
次要景观节点
门户空间
风道
水系
城市快速路
城市主干路
城市次干路


### 5.道路交通系统规划

总鸟瞰图

平面图

1.景观水池
2.十字花园
3.退步广场
4.公共绿岛
5.喷泉广场
6.游憩漫步中心
7.拱桥
8.屋顶休息台
9.退步广场
10.绿环岛
11.树阵广场
12.咖啡吧
13.林下吊椅
14.景观水池
15.厕所
16.报刊亭
17.商店
18.阳光草坪入口
19.景观步道
20.喷泉水池
21.交流广场
22.温池
23.泊船广场
24.下沉广场
25.人行天桥
26.泊船广场
27.盒子剧对
28.茶吧
29.高桥示吧
30.绿岛
31.喷泉广场
32.社交停憩站
33.泊船广场

景观序列图

研究面积：52ha
设计面积：19.5ha
建设面积：24%
停车位：134个

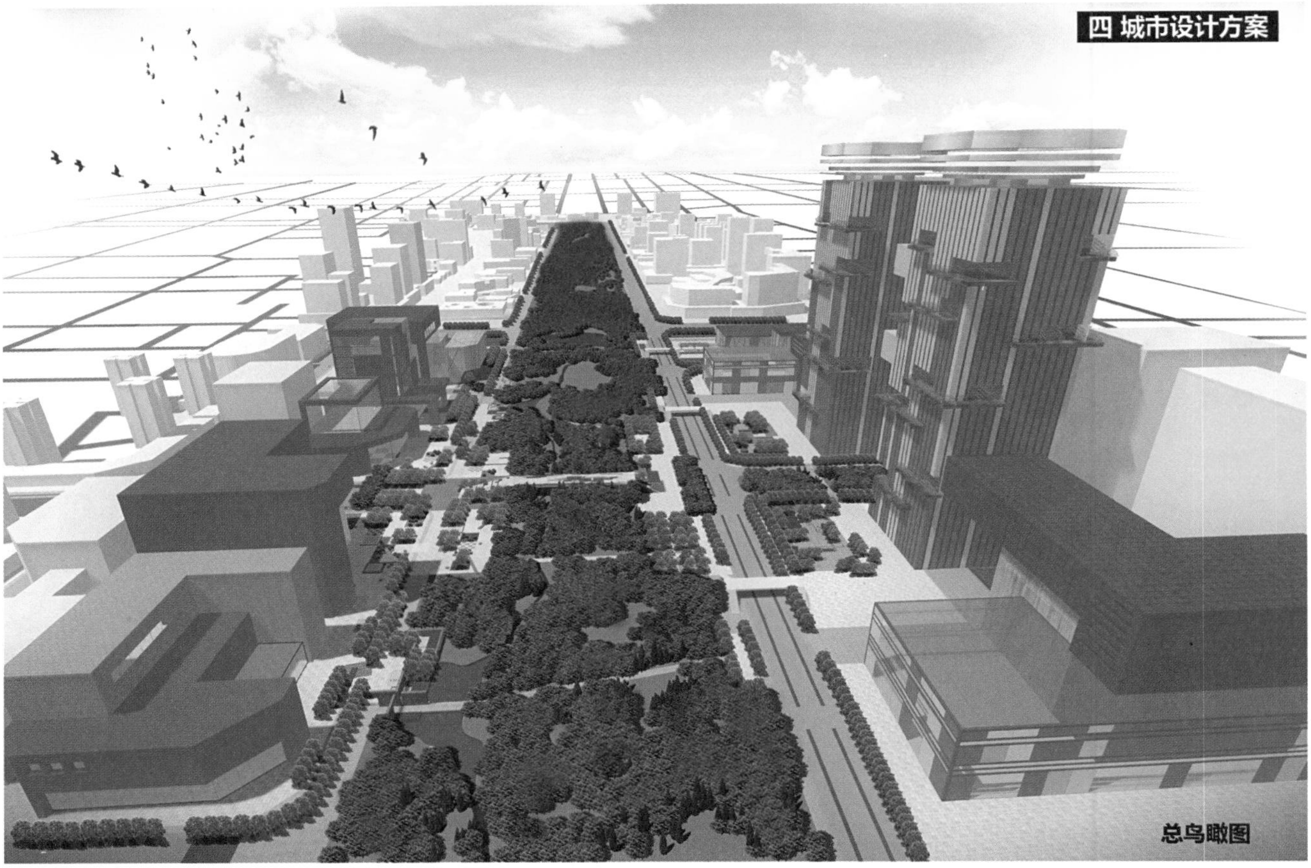

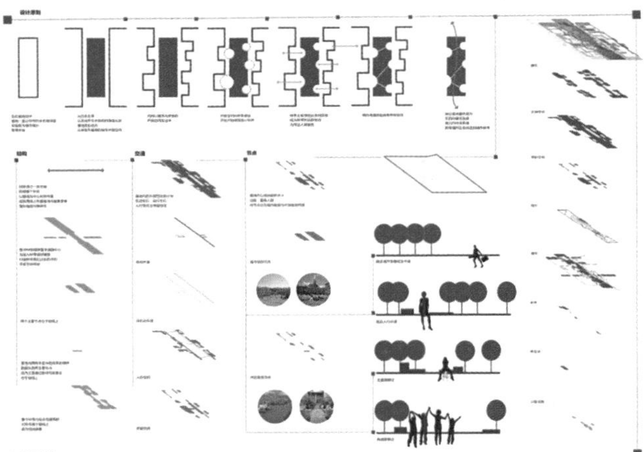

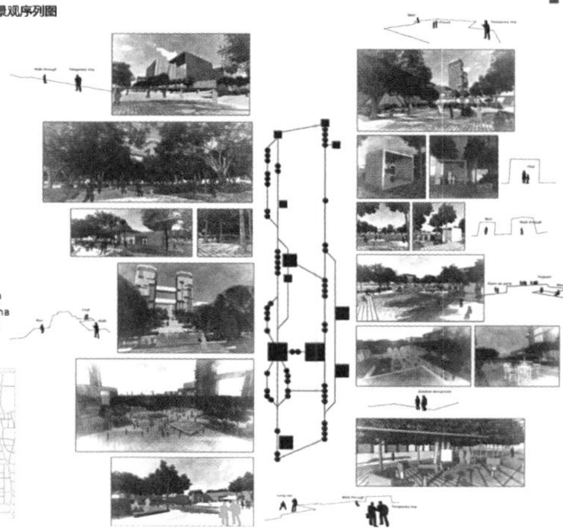

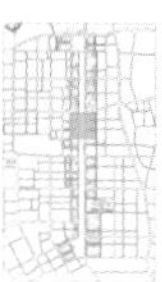

A--A 剖面图

B--B 剖面图

C--C 剖面图

## 植物配置

### 林带中心种植

| 第一层 | 国槐 | 大叶女贞 | 白皮松 | 大叶黄杨 | 栾树 | 樱花 |
|---|---|---|---|---|---|---|
| 高度： | 6-25米 | 2-10米 | 2-5米 | 2-5米 | 4-15米 | 5-12米 |
| 植物属性： | 落叶乔木 | 常绿乔木 | 常绿乔木 | 常绿灌木 | 落叶乔木 | 落叶乔木 |
| 花果期： | 6-11月 | 7-11月 | 4-5月 | 6-10月 | 6-10月 | 3-5月 |

| 第二层 | 栾树 | 合欢 | 大叶黄杨 | 桂花 | 桑树 |
|---|---|---|---|---|---|
| 高度： | 4-15米 | 4-15米 | 2-5米 | 1.2-15米 | 3-15米 |
| 植物属性： | 落叶乔木 | 落叶乔木 | 常绿灌木或小乔木 | 常绿灌木或小乔木 | 落叶乔木 |
| 花果期： | 6-10月 | 6-11月 | 6-10月 | 9-10月 | 4-7月 |

### 林带边缘种植

| 第一层 | 大叶黄杨 | 栎树 | 白蜡 | 栾树 | 合欢 |
|---|---|---|---|---|---|
| 高度： | 2-6米 | 4-15米 | 4-10米 | 4-15米 | 4-15米 |
| 植物属性： | 常绿灌木或小乔木 | 落叶乔木 | 落叶乔木 | 落叶乔木 | 落叶乔木 |
| 花果期： | 6-10月 | 9-10月 | 3-5月 | 6-10月 | 6-11月 |

| 第二层 | 木槿 | 柽柳 | 酸枣 | 沙棘 | 米兰 | 腊梅 | 樱花 |
|---|---|---|---|---|---|---|---|
| 高度： | 2-5米 | 3-6米 | 1-4米 | 1-5米 | 1-5米 | 4-5米 | 5-12米 |
| 植物属性： | 落叶灌木或小乔木 | 灌木或小乔木 | 落叶灌木或小乔木 | 落叶灌木或小乔木 | 常绿灌木或小乔木 | 落叶灌木 | 落叶乔木 |
| 花果期： | 6-9月 | 4-10月 | 4-9月 | 4-5月 | 6-10月 | 12-1月 | 3-5月 |

| 第三层 | 百里香 | 小叶锦鸡 | 多花胡枝子 | 荆条 | 枸杞 | 银杏 |
|---|---|---|---|---|---|---|
| 高度： | 0.25-0.4m | 0.4-0.7m | 0.6- 1m | 1-2.5m | 0.5-1m | 1.5-4m |
| 植物属性： | 常绿半灌木或草本 | 落叶灌木 | 小灌木 | 落叶灌木 | 落叶灌木 | 落叶乔木 |
| 花果期： | 6-9月 | 5-6月 | 6-10月 | 6-10月 | 6-11月 | 4-10月 |

| 第四层 | 结缕草 | 黄菊 | 石竹 | 凤仙花 | 八角金盘 |
|---|---|---|---|---|---|
| 高度： | 0.1-0.15m | 0.2-0.6m | 0.3-0.5m | 0.4-1m | 0.5-2m |
| 植物属性： | 多年生草本 | 一年生或多年生草本 | 多年生常绿草本 | 一年生草本 | 常绿灌木或小乔木 |
| 花果期： | 5-6月 | 5-9月 | 5-10月 | 6-8月 | 10-11月 |

| | 酢浆草 | 线叶旋覆花 | 麦蓝菜 | 地肤 | 草木樨 |
|---|---|---|---|---|---|
| 高度： | 0.1-0.35m | 0.5——0.8m | 0.3-0.7m | 0.5-1m | 0.5-1.2 |
| 植物属性： | 多年生草本 | 多年生草本 | 一年生草本 | 一年生草本 | 二年生或一年 |
| 花果期： | 2-9月 | 7-9月 | 2-4月 | 9-10月 | 3-5月 |

### 水生植物

| 浅水区： | 浮萍 | 槐叶萍 | 细果野菱 |
|---|---|---|---|
| 高度： | 漂浮水面 | 漂浮水面 | 漂浮水面 |
| 植物属性： | 多年生草本 | 一年生水生植物 | 一年生水生草本 |
| 花果期： | 4-7月 | 4-8月 | 6-10月 |

| 鸭跖草 | 灯芯草 | 睡莲 | 芦苇 |
|---|---|---|---|
| 0.3-0.6m | 0.4-1m | 0.3-1m | 1-2.5m |
| 一年生草本 | 多年生草本水生 | 多年水生植物 | 多年生草本 |
| 4-8月 | 6-10月 | 7-10月 | 9-12月 |

| 芦竹 | 水葱 |
|---|---|
| 0.9-1m | 1.1-3m |
| 多年生草本 | 多年生水生草本 |
| 10月 | 8-12月 |

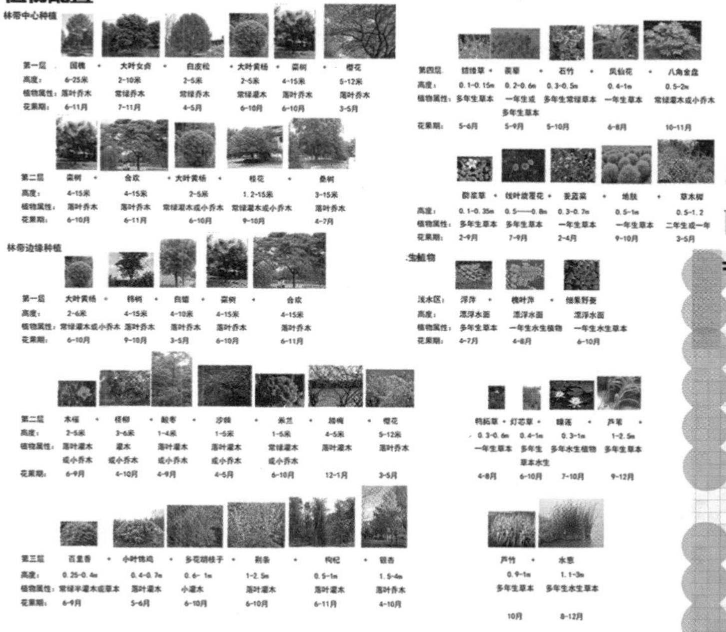

动静分区

功能分区

水分析

D--D 剖面图

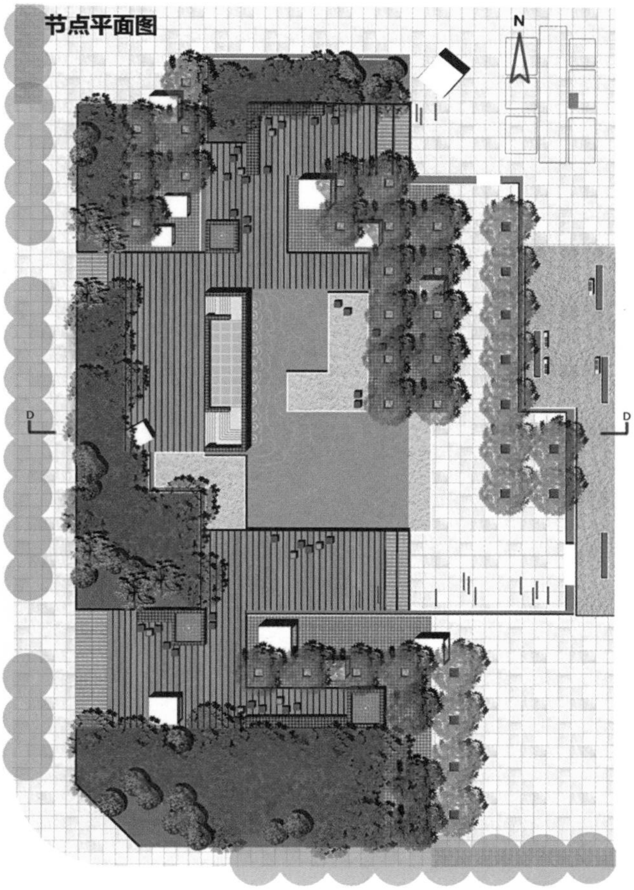

## 节点平面图

## 节点鸟瞰图

UC 4

西安建筑科技大学

Xi′an University of Architecture and Technology

设计者：贾文婧

# 幸福新生

## 新生与发展——西安幸福林带核心区城市设计

Regeneration and Development - Urban Design of the Xingfu Lindai core area in Xi'an

指导教师：董芦笛　樊亚妮

设计说明：幸福林带自20世纪50年代规划以来，一直处于有带无林的状况此次城市设计力求恢复林带，将郊野带入城市，让文化娱乐生活融于公园总体设计从风水林的角度出发，将林带的生态效益最大化，同时为了提升整个片区的空间品质，在交通方面将原有的万寿路降级成为步行街，从而将人的活动更多的集中在幸福林带步行街，更保证了林带的完整，提升了生态效益的同时满足人的活动需求。个人地块详细设计遵从上位的规划，并就日照设计、风环境设计、水环境设计、生境营造、雨水利用做出了更为细致的设计。

## 一 基地环境认知

### 1. 地理区位

幸福林带片区跨越西安市新城区、雁塔区，规划范围北起华清路，南至新兴南路，东到酒十路延伸线，西至东二环占地17.63km²，其中核心区5.1km²，包含一条长5.4公里，宽140米的林带。

基地以幸福林带为核心，东临浐灞新区，南临曲江新区，北部为西安火车东站（目前为货运编组站，未来将改建为客车整备检修基地），西部为西安中心城区，距西安明城约2.2公里，是西安市主城区与东部各板块联系的重要区域。

### 2. 经济区位

幸福路地区位于发展商贸、旅游、服务业的皇城综合商贸区东部；处于中心城区、浐灞生态区（生态、物流）、曲江新区（文化产业）三个产业板块的交汇处，在发展中应遵循“错位差异发展，互补双赢共进”的原则。

### 3. 基地地形地貌

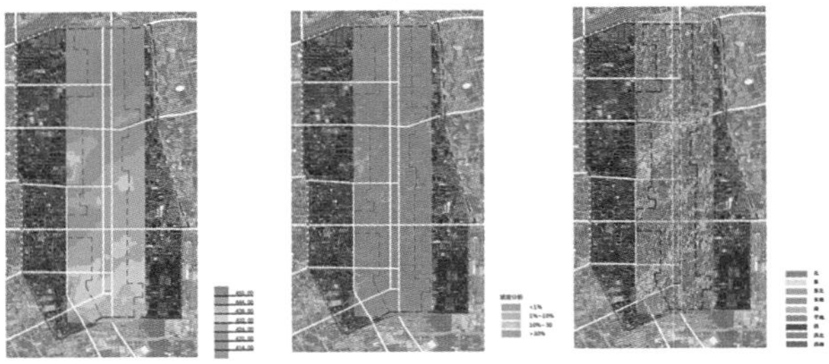

### 4. 上位规划信息提取

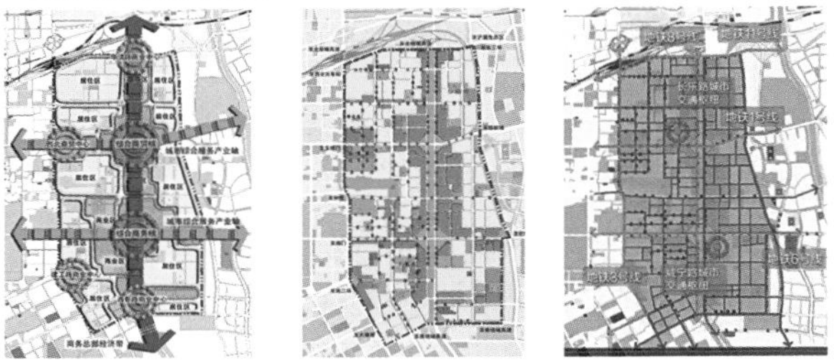

幸福路地区

——是建设西安国际化大都市的重要板块。

——是主城区东部集总部经济、商贸、生态、居住等功能为一体的城市综合区。

通过优化调整用地布局，形成“一带、两核、两轴、多中心”的功能结构，实现幸福路地区西部更新、东部腾飞。

构建“两核、三带、四心”的商贸体系。

——两核指总部经济聚集核及商务聚集核；

——三带指沿幸福路发展的商贸商务带，沿长乐路、咸宁路发展的商业带；

——四心指长乐路西北商贸中心，西影路商业中心，华清路商业中心及建工商业中心。

## 二. 认知与诊断

### 1. 风 1.1已规划风道研究

生态绿地

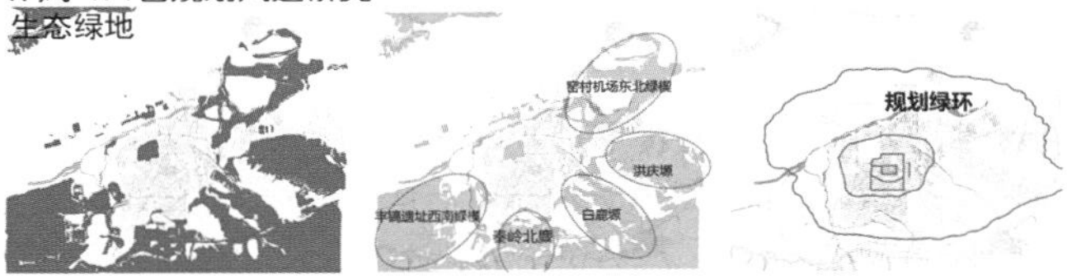


《西安城市发展建设生态合理体系控制规划》城市生态用地有丰镐遗址西南绿楔、秦岭北麓、白鹿塬、洪庆塬、窑村机场东北绿楔。

《西安市生态城市建设专项规划》依托环城园唐城林带，幸福林带形成城市休闲景观内环。

依托绕城高速，形成限定主城区增长边界内环，依托西线大环线形成外环。

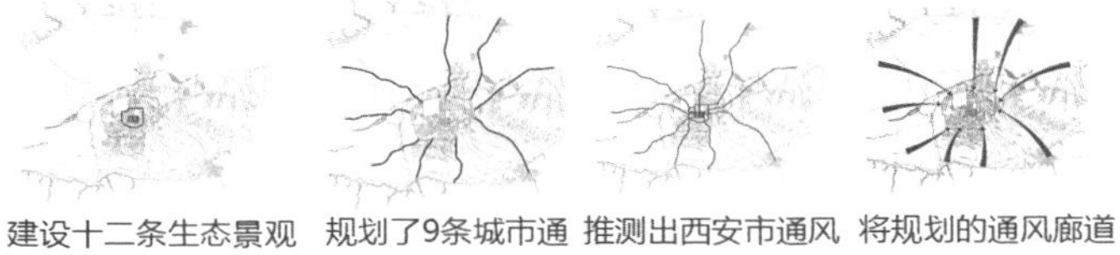

建设十二条生态景观及通风廊道

规划了9条城市通风廊道

推测出西安市通风廊道整体规划图

将规划的通风廊道重新进行抽象调整基地相关风道

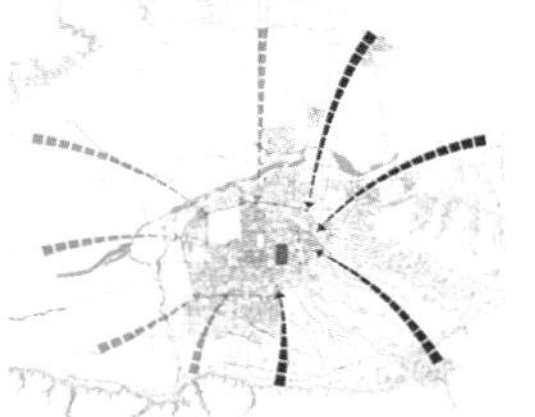

结论 基地内相关风道为东北以及东南4条风道

影响基地的风向为夏季东北风

夏季西南风 东南风

昼夜上下山风

### 1.2 风道结论

已规划风道

新增风道

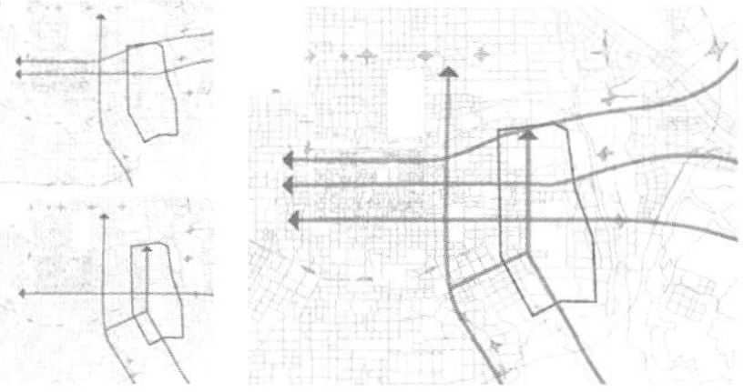

### 1.3 风道策略

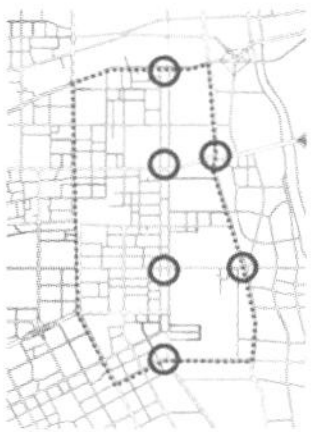

场地内重要的进风口区域建筑排放成喇叭形，建筑高度适当降低，便于引风。

风道局部区域高度增加，挤压气流，加大风速。

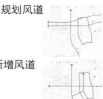

场地内沿风道平行道路区域横剖面整体成U型，便于风通过。

位于风口的开敞空间
在秋冬风从北吹向南时
冷风进入开敞空间
在春夏风从南吹向北时
风被建筑遮挡
开敞空间无法良好通风

位于建筑群内部的封闭空间
在春夏风从南吹向北时
风被建筑遮挡
无法进入空间进行通风

位于街边的半开放空间
南边建筑比北边长
在秋冬风从北吹向南时
风会进入半开放空间
在春夏风从南吹向北时
风被南边建筑遮挡
无法进入半开敞空间通风

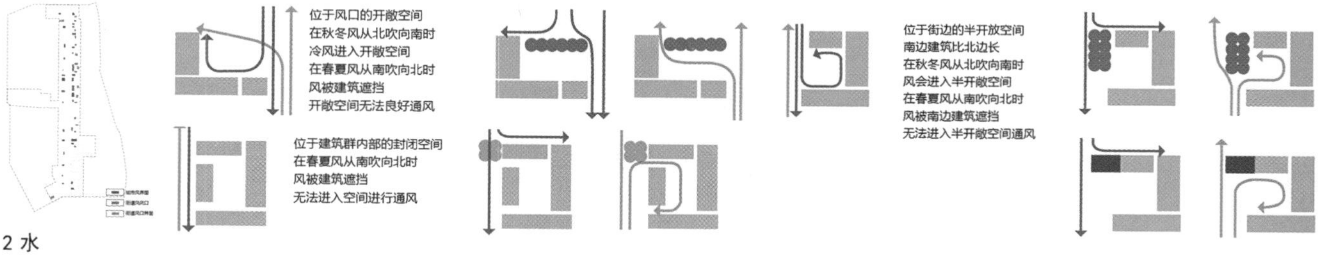

## 2 水

### 2.1 西安市水资源情况概述

陕西西安地处关中平原中部，南依秦岭山脉，北临渭北黄土高原，自古以来农桑发达，水利条件极其便利。素有有"八水绕长安"的美誉。

随着生态环境的改变和变迁和社会经济的飞速发展，西安逐步变成水资源匮乏的地区。全市水资源总量约为 26.66 亿立方米，人均水资源占有量约为 350 立方米，仅为全国平均水平的六分之一，西安市已经步入全国 14 个严重缺水城市的行列。

### 2.2 大峪水库引水工程

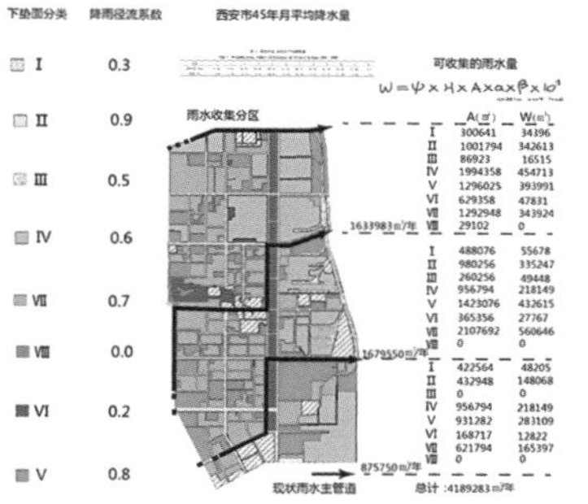

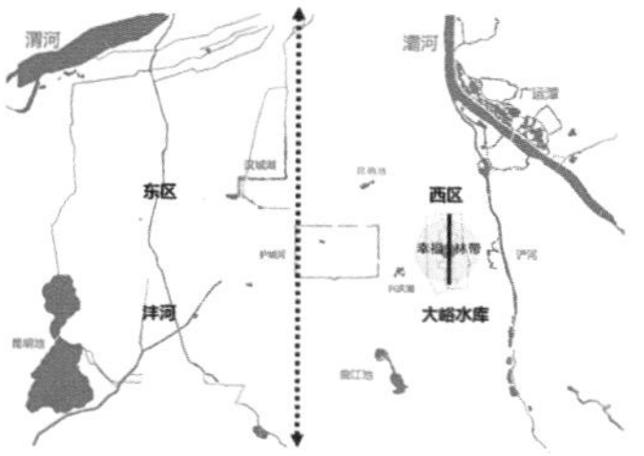

团结水库 58ha
护城河 28ha
兴庆湖 10ha
大唐芙蓉园 20ha
曲江南湖 28ha

基地引水量
0.3立方米/秒
大峪水库 5800ha

### 2.3 雨水利用图

### 2.4 策略

水体占地经验数据
0%
5%—6%
6%—10%
10%—15%

景观水系
景观水暗管
引水暗管
现状排水渠
雨水汇流渠

## 3 林

### 3.1 基地内已有植被分布认知

公园绿地　工业绿地　住区绿地　学校绿地　道路绿地　其他绿地　农田与湿地绿地

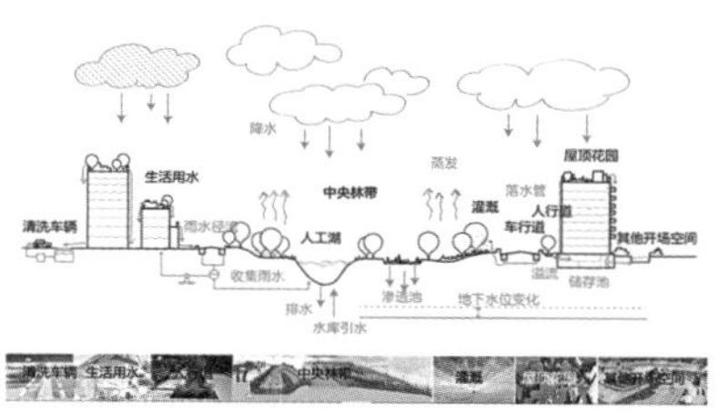

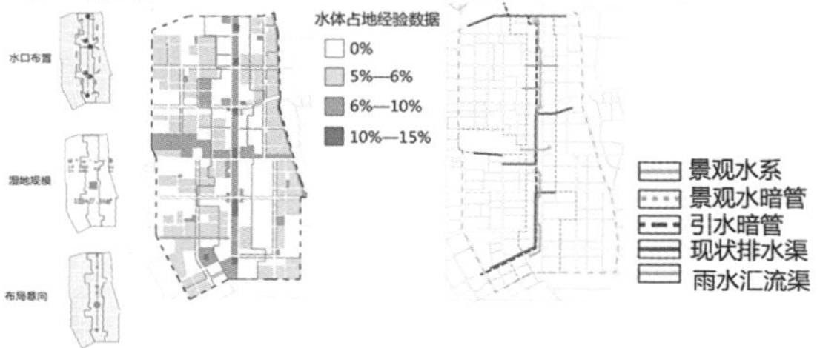

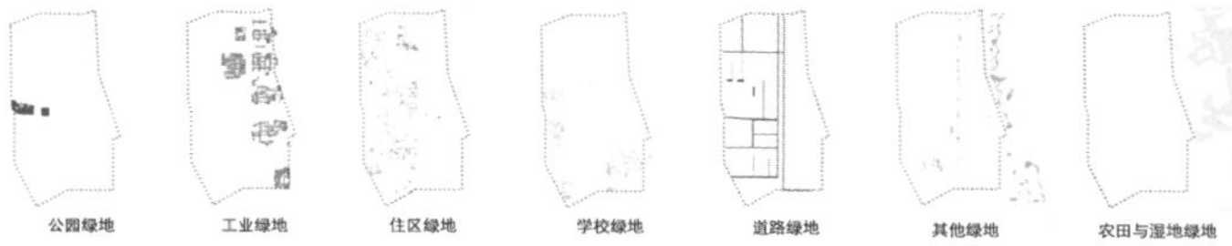

1 增加公园面积和布点密度，提高使用率扩大其生态效应。2 部分厂区改造后，工业绿地可设计成公共绿地，服务于居民和游客。3 住区绿地景观应多增加节点空间，中心绿地等，使之成为有系统的满足不同需求的绿地景观。4 校园内绿地可考虑与周边公共绿地之间的联系与渗透。5 有机结合道路成绿网。6 通过植物与道路形成主要风道。7 中央林带打造成主要多功能生态绿廊。基地内绿地需要考虑与周边公园与农田、湿地的渗透与生态连接。

### 3.2 策略

结合风道的林地结构图：

植物冠层平面布局分布图：

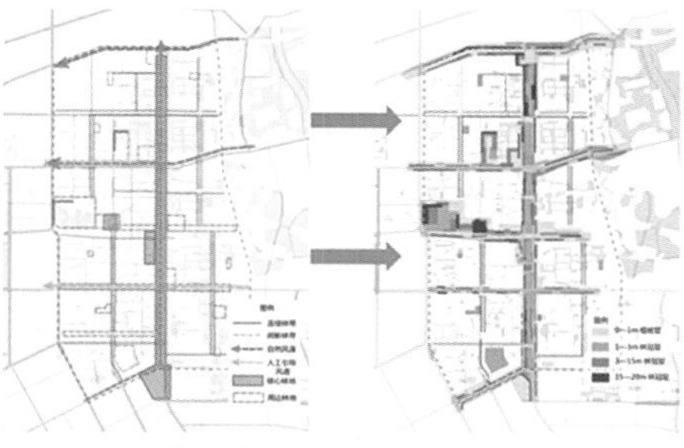

#### 3.2.1 常绿林设计模式图

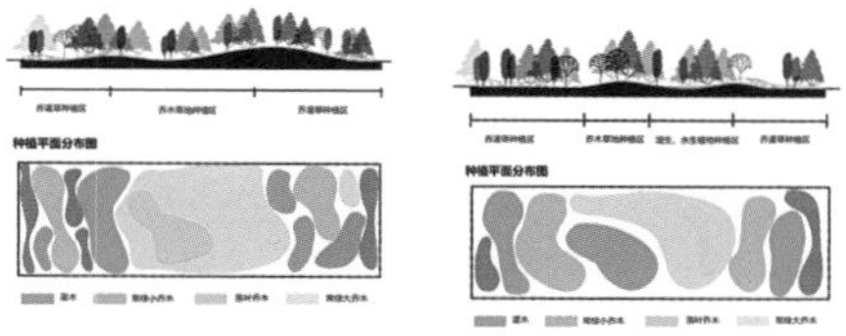

#### 3.2.3 果实林设计模式图

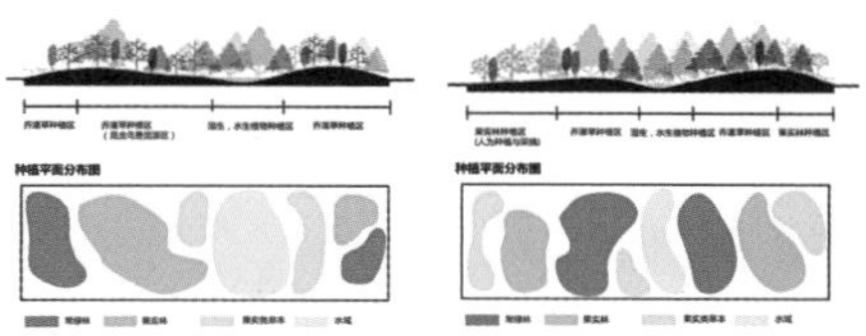

#### 3.2.2 季候林设计模式图

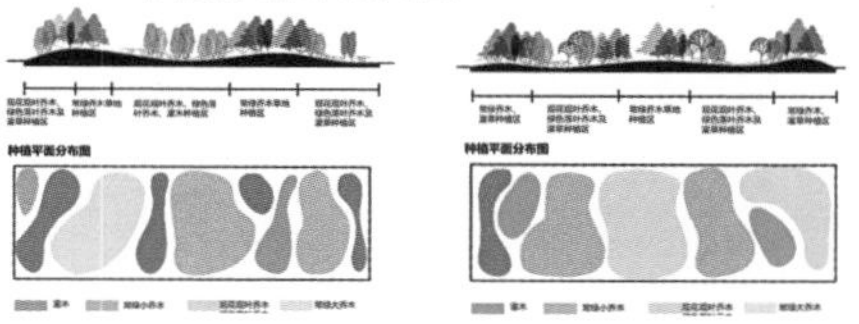

#### 4.2.4 湿地林设计模式图

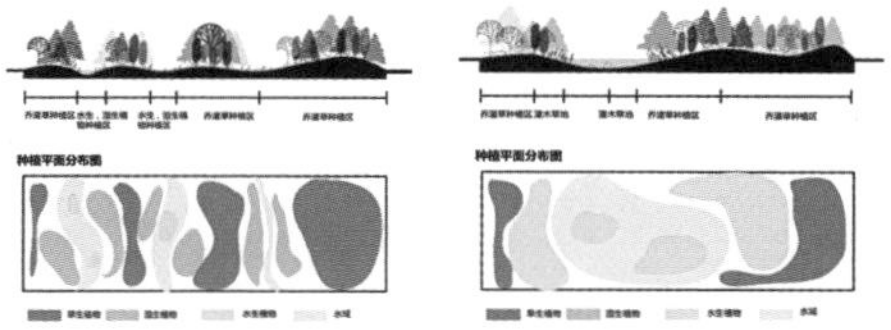

## 三. 总体城市设计

### 1.1 土地利用规划图

R1一类居住用地
R2类居住用地
G1公园绿地
G2防护绿地
G3广场绿地
B商业用地
A1行政办公用地
A2文化设施用地
A31高等院校用地
A33中小学用地
A51医疗卫生用地
A7文物古迹用地
W物流仓储用地
M工业用地
U市政设施用地
S道路交通用地

### 1.2规划功能结构图

### 1.3景观结构图

景观主轴
林带
主题地块
地块控制线
主要景观节点
次要景观节点
门户空间
风道
水系
城市快速路
城市主干路
城市次干路

### 1.4道路交通系统图

城市快速路
城市主干路
城市次干路
城市支路
回车场
下穿行车道
地铁线路

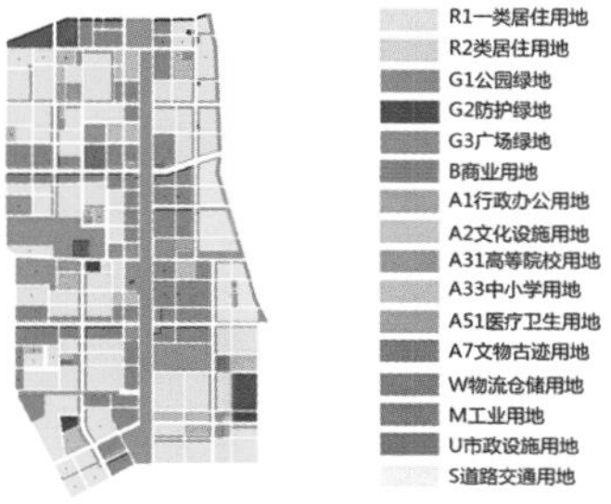

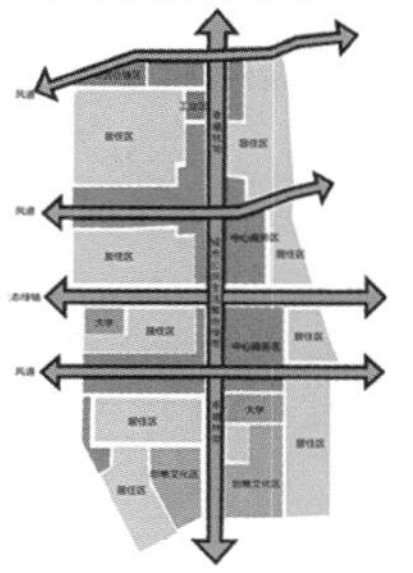

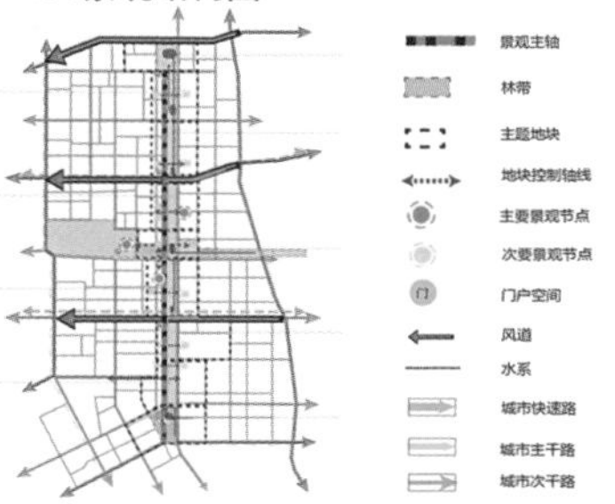

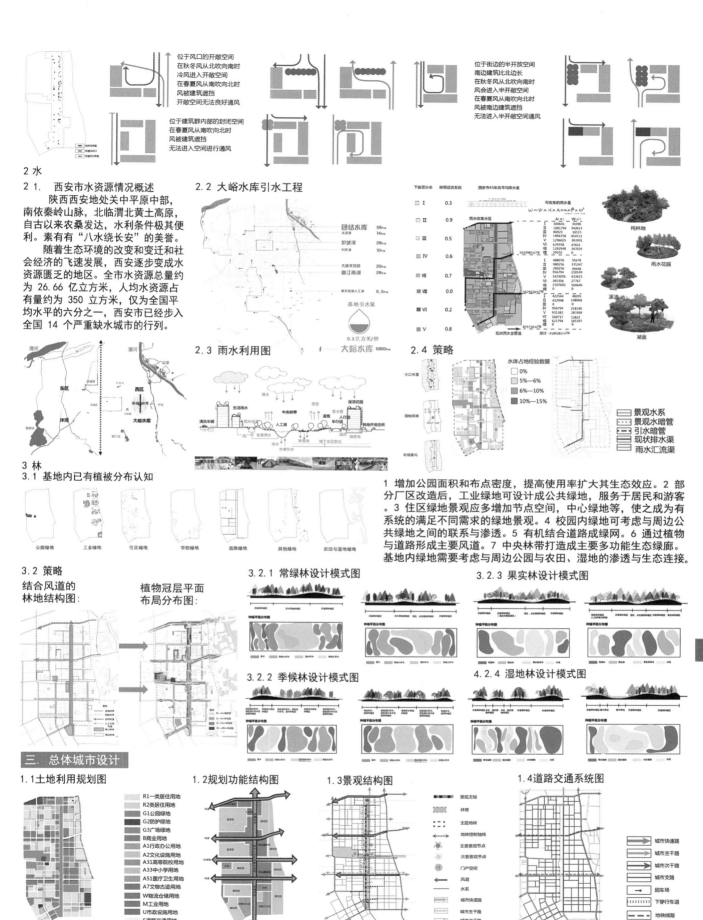

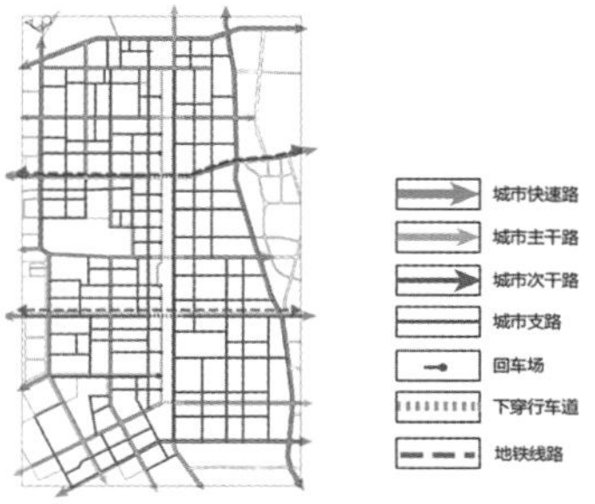

## 四. 个人地块设计

### 区位索引

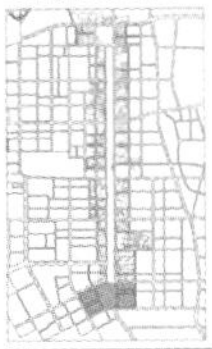

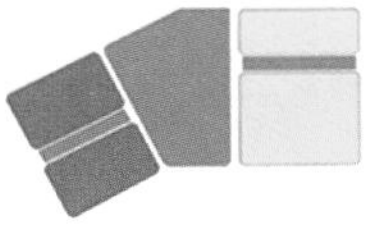

### 经济技术指标

研究范围：51.5ha
商业用地：12ha
居住用地：16.9ha
公园用地：17.8ha
个人设计部分面积：20.8ha

### 日照设计

冬季整个地块受到西侧高层的影响最大，冬季人的活动则会集中在地块中央和东侧有太阳照射的地方，应该适当布置季相性植物，或大面积草坪以保证阳光照射到场地。

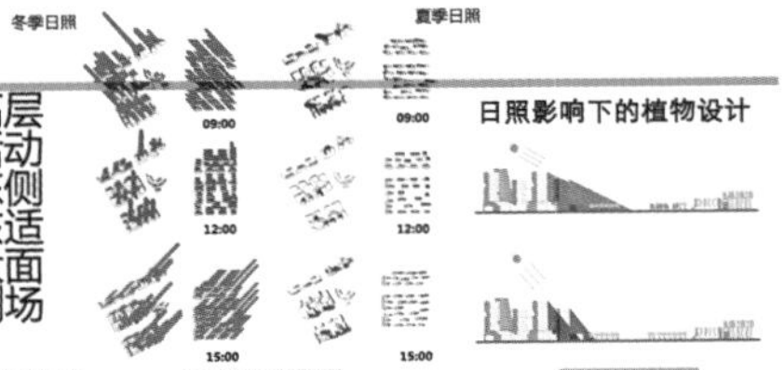

冬季日照
夏季日照
09:00
12:00
15:00
日照影响下的植物设计


### 风环境设计

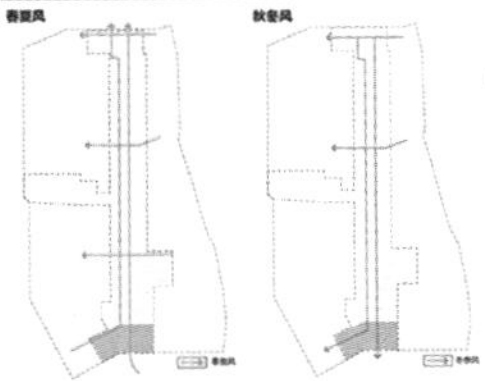

春夏风
秋冬风


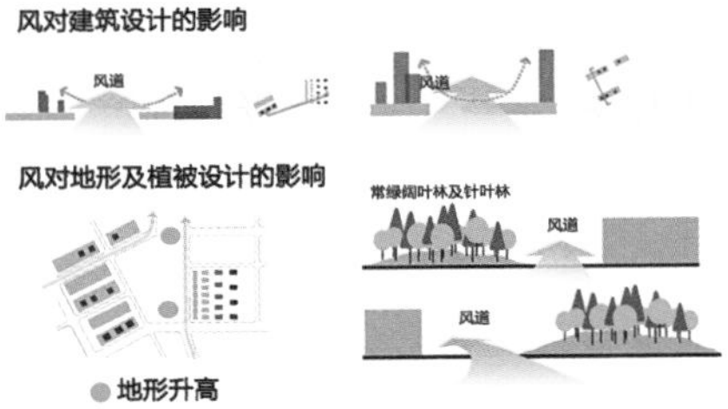

风对建筑设计的影响
风道
风对地形及植被设计的影响
常绿阔叶林及针叶林
风道
地形升高


### 生境营造

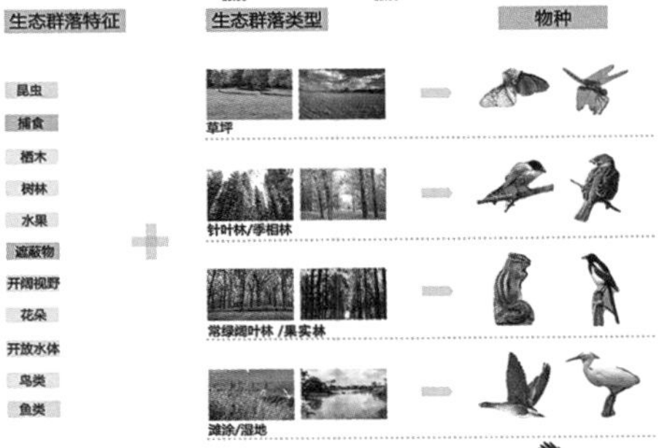

生态群落和物种示意图
生态群落特征
生态群落类型
物种
昆虫
捕食
栖木
树林
水果
遮蔽物
开阔视野
花朵
开放水体
鸟类
鱼类
草坪
针叶林/季相林
常绿阔叶林 /果实林
滩涂/湿地


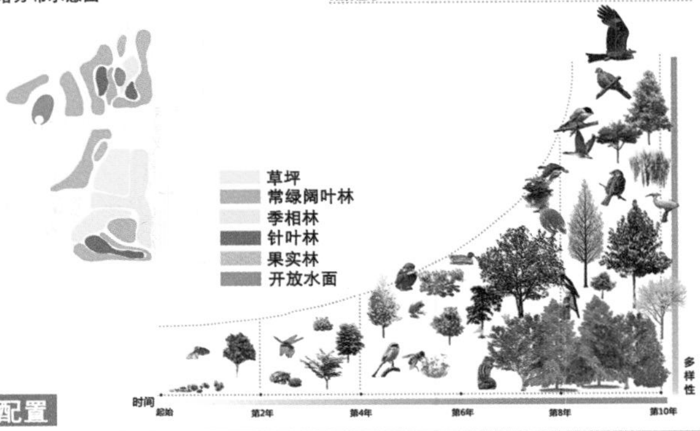

生态群落分布示意图
草坪
常绿阔叶林
季相林
针叶林
果实林
开放水面
时间
起始
第2年
第4年
第6年
第8年
第10年
多样性


### 总平面图

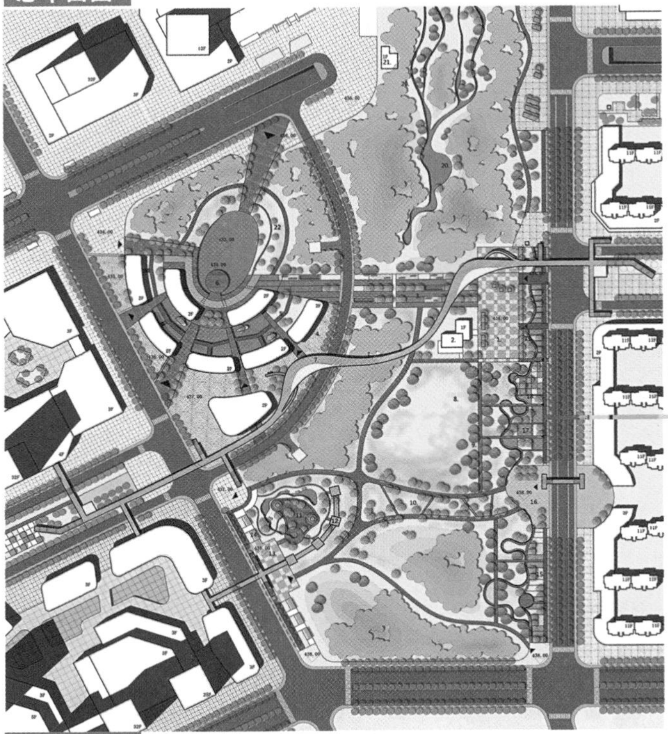

### 植物配置

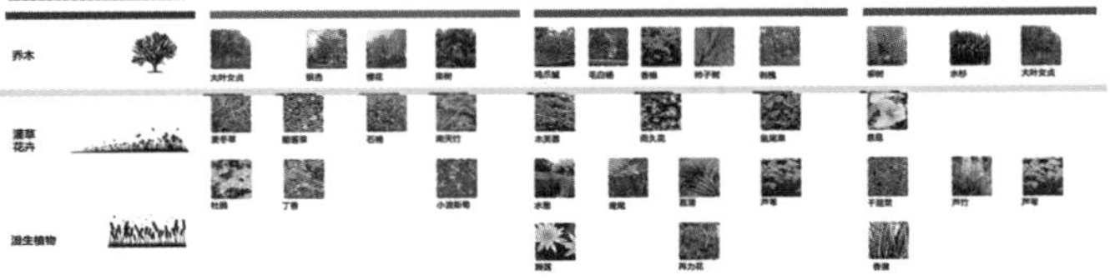


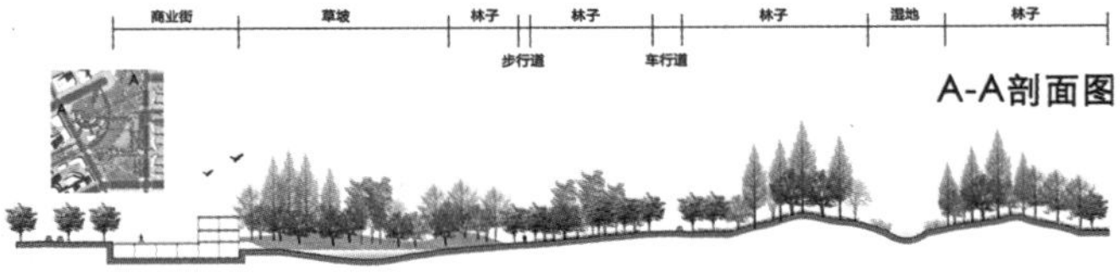

商业街
草坡
林子
林子
林子
湿地
林子
步行道
车行道
A-A 剖面图


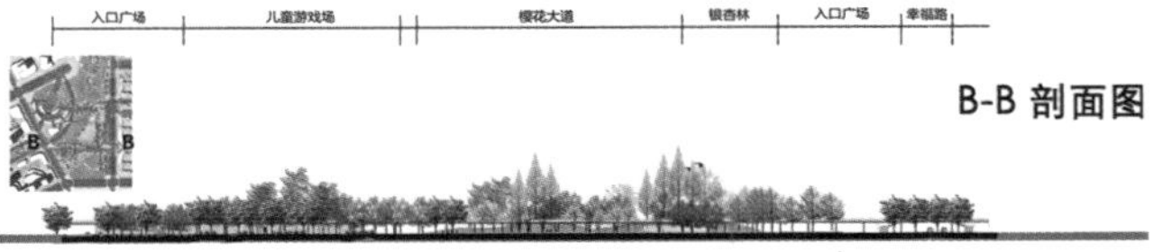

入口广场
儿童游戏场
樱花大道
银杏林
入口广场
幸福路
B-B 剖面图


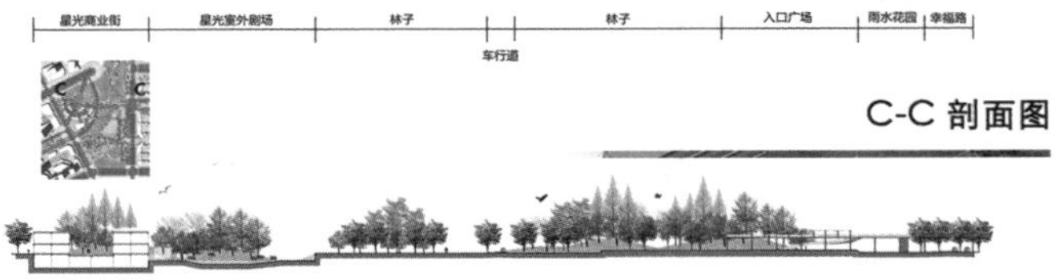

星光商业街
星光室外剧场
林子
林子
入口广场
雨水花园
幸福路
车行道
C-C 剖面图


### 活动策划

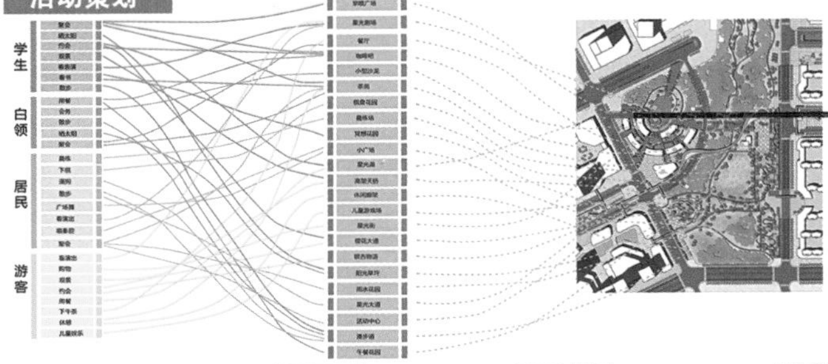

学生
白领
居民
游客


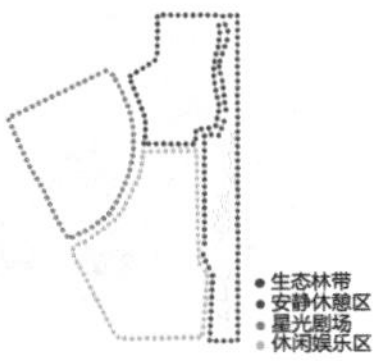

功能分区
生态林带
安静休憩区
星光剧场
休闲娱乐区

水
自然水系
人工水景


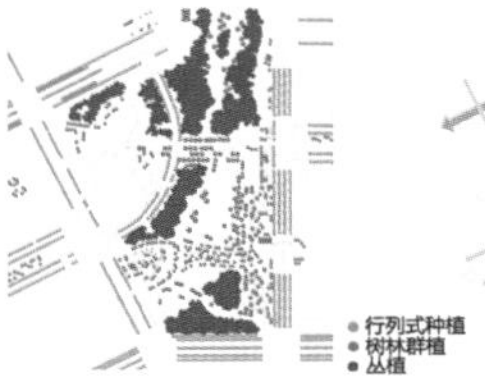

植物
行列式种植
树林群植
丛植


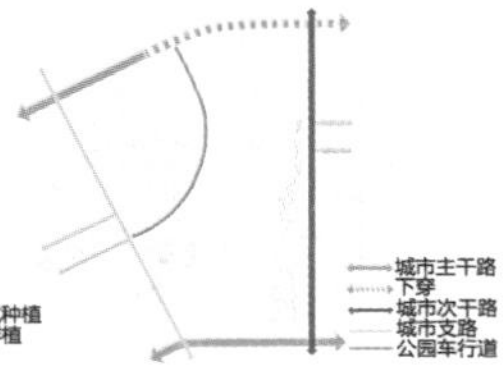

车行系统
城市主干路
下穿
城市次干路
城市支路
公园车行道


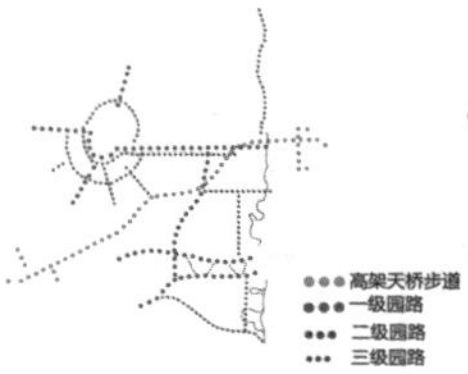

人行系统
高架天桥步道
一级园路
二级园路
三级园路

开放空间
开放空间

## 东侧广场入口鸟瞰

## 小透视

## 雨水利用设计

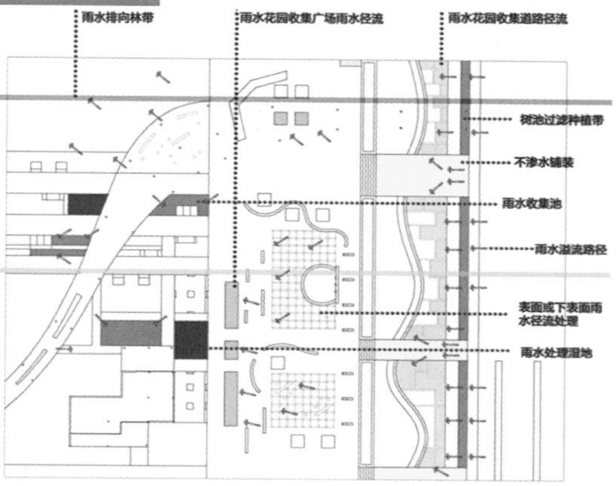
雨水排向林带
雨水花园收集广场雨水径流
雨水花园收集道路径流
树池过滤种植带
不渗水铺装
雨水收集池
雨水溢流路径
表面或下表面雨水径流处理
雨水处理湿地

## 详细设计平面图

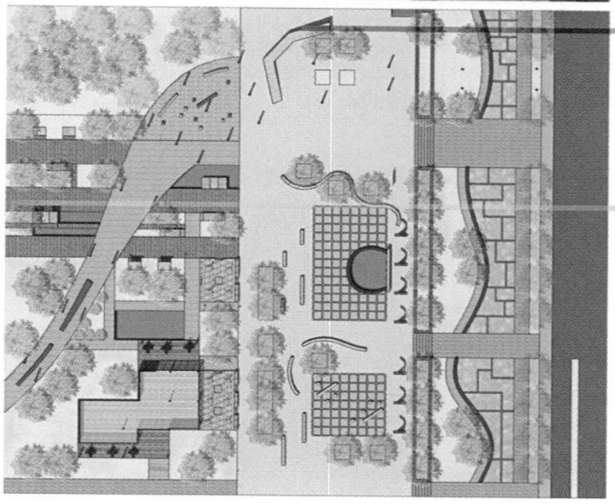

详细节点 选址位于基地东侧的广场入口处占地1.05ha

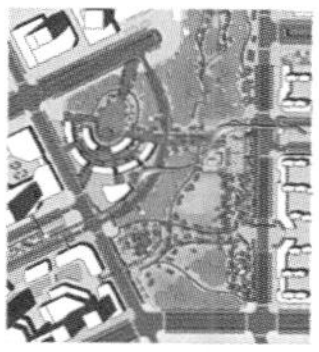

## 总体鸟瞰

# UC4

**西安建筑科技大学**
Xi'an University of Architecture and Technology

设计者：沈尔迪

## 乐活圈 Lohas Circle

新生与发展——西安幸福林带核心区城市设计
Regeneration and Development - Urban Design of the Xingfu Lindai core area in Xi'an

指导教师：董芦笛 樊亚妮

本设计研究范围在基地中选择南部共计55.8公顷，景观设计部分占16.5公顷。设计结合周边居住用地以居住视角运动康乐为主题对林带进行景观设计。设计以林带连续为前题，人群活动为线索，在林带中植入为不同人群不同活动设定的景观节点。不同节点之间由园路联系形成居民生活环，使周边居民在不同节点活动的同时，乐享林带下的公共生活。

## （一）基地背景

### 1.1区位分析

### 1.2上位规划解读

幸福路地区
——是建设西安国际化大都市的重要板块
——是主城区东部集总部经济、商贸、生态、居住等功能为一体的城市综合区。
通过优化调整用地布局，形成"一带、两核、两轴、多中心"的功能结构，实现幸福路地区西部更新、东部腾飞。
构建"两核、三带、四心"的商贸体系。
——两核指总部经济聚集核及商务聚集核；
——三带指沿幸福路发展的商贸商务带，沿长乐路、咸宁路发展的商业带；
——四心指长乐路西北商贸中心，西影路商业中心，华清路商业中心及建工路商业中心。

幸福林带片区跨越西安市新城区、雁塔区，规划范围北起华清路，南至新兴南路，东到酒十路延伸线，西至东二环占地17.63km²，其中核心区5.1km²，包含一条长5.4公里，宽140米的林带。基地以幸福林带为核心，东临浐灞新区，南临曲江新区，北部为西安火车东站（目前为货运编组站，未来将改建为客车整备检修基地），西部为西安中心城区，距西安明城约2.2公里。是西安市主城区与东部各板块联系的重要区域。

### 1.3地形地貌分析

基地高程分析　　　基地坡度分析

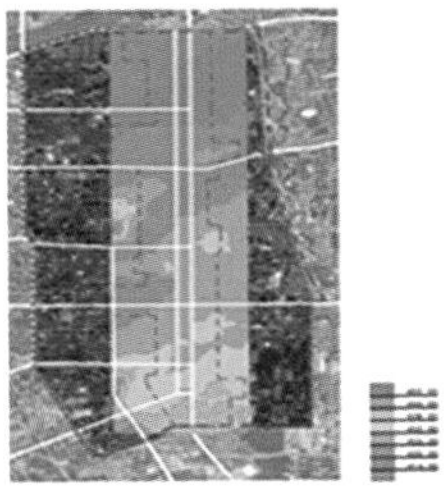

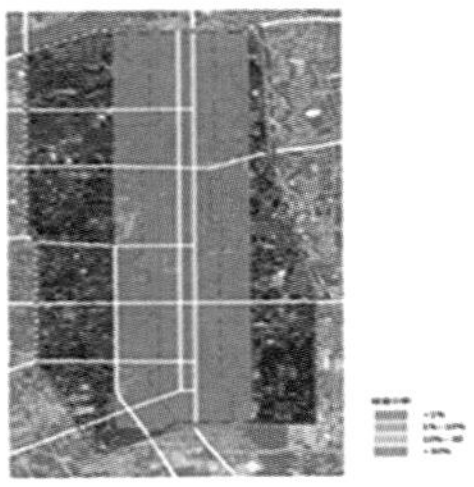

地形：基地内地势整体南高北低，坡度平缓，适于建设。

## （二）基地认知与诊断

### 2.1交通诊断与策略

区域现状交通图　　　基地现状道路　　　基地公共交通现状

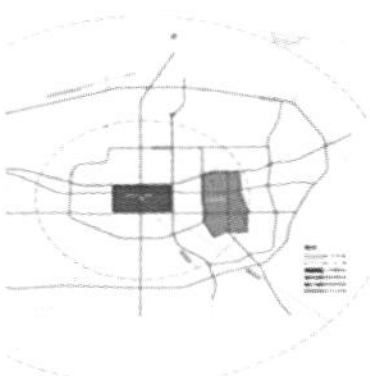

A.基地位于西安中心城区东侧，东西联系中心城区与浐灞新区，南北联系未央区与曲江新区。
B.东西方向有三条贯通的主干道，交通通畅。南北方向无贯通的主干路，交通压力过大。

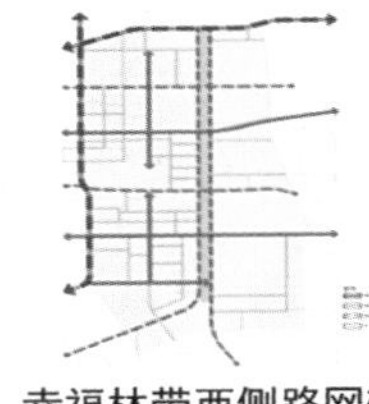

A.幸福林带西侧路网较为完善，东侧路网密度明显偏低。B.步行交通系统不够完善，没有实现立体交通和人车分流。

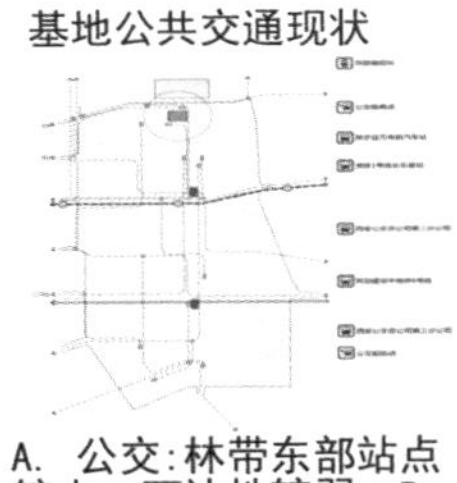

A.公交：林带东部站点较少，可达性较弱。B.地铁：地铁站与公交站点没有形成综合换乘，效率较低。

1. 提高基地外沿道路等级以增强对外交通的通行能力。
2. 将废弃铁路改造，并和十里铺路衔接，形成新的南北向主干道。
3. 保证快速道路和幸福林带的连续性。
4. 增加各级路网密度，营造类型丰富的街道网络。
5. 结合商业服务等实现各种类型交通综合换乘。
6. 结合地铁站发展社区商业，为居民服务。
7. 铁路：北部铁路与地块内工厂及物流联系紧密，会带来额外的交通量。
8. 客运站：地块内北部设有陕交运万寿路汽车站，会带来大量的对外交通量。

### 2.2公益设施诊断与策略

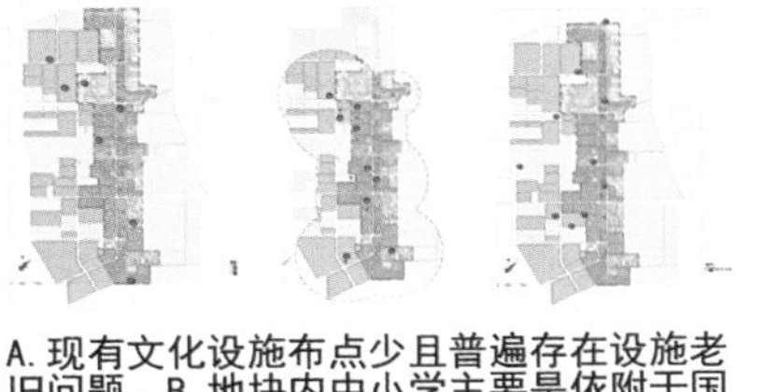

A.现有文化设施布点少且普遍存在设施老旧问题。B.地块内中小学主要是依附于国有企业而设立C.缺少等级较高的医院。

公益设施策略

1. 以军工文化与幸福路绿带为契机形成具有规模的承担城市文化记忆的文化中心
2. 大型绿带为建设体育设施提供良好的环境与建设基础
3. 加大"工厂——学校"这一改造方式的应用，形成创意产业基地。

### 2.3居住诊断与策略

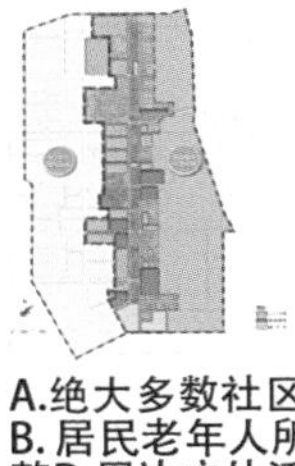

居住策略

1. 混合的土地利用
2. 多元包容的住房计划
3. 企业单位内部蜕变，与城市土地整合
4. 运用已有的旧工厂进行改造，采用居住+工作（艺术）结合的loft的居住模式

A.绝大多数社区是相关工厂的职工家属院，居住人群构成单一B.居民老年人所占比例高C.社区年代建成较久，配套设施不完整D.周边户外活动空间较为匮乏E.新型社区与老社区融合差

## （三）风、水、林认知与诊断

### 3.1风之诊断与策略

#### 3.1.1风之诊断

建筑肌理

建筑高度

建筑放热

林带处于有带无林的状态，用地基本被建筑占用，导致整个片区可能成为风廊道的区域被侵占，使城市风吹入的速度减弱影响片区减少，区域微气候循环变弱。

基地中建筑高度比较均质，大多为7层的老式居民楼与2~3层厂房，缺少高度变化，难以引入城市风，无法增加建筑之间通风

整个片区缺少绿地，地表基本完全被建筑覆盖，建筑体大量放热，且缺少绿地吸收热量增加湿度降低局部温度，导致片区通风不畅温度升高。

#### 3.1.2风之策略

已规划风道

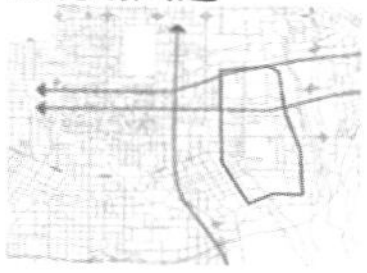

新增规划风道

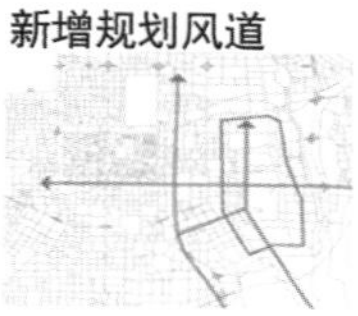

基地重新规划风道图

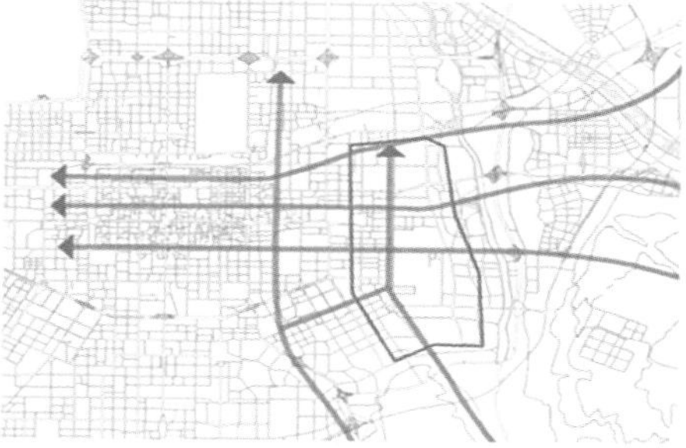

建设风道策略—街区层面

场地内重要的进风口区域建筑排放成喇叭形，建筑高度适当降低，便于引风。

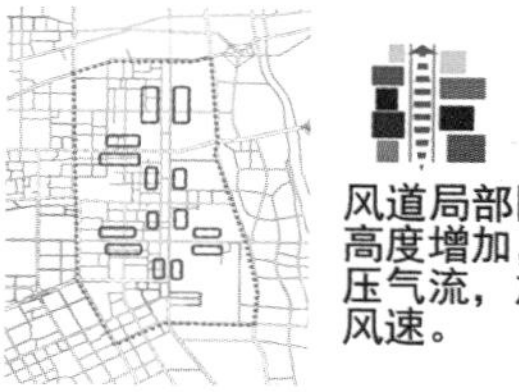

风道局部区域高度增加，挤压气流，加大风速。

场地内沿风道平行道路区域横剖面整体成U型，便于风通过。

风道局部区域高度增加，挤压气流，加大风速。

建设风道策略—要素层面

微地形与风　外部空间与风　植物与风　水与风　建筑朝向与风　外部空间高宽比与风　建筑高低与风　建筑布局与风

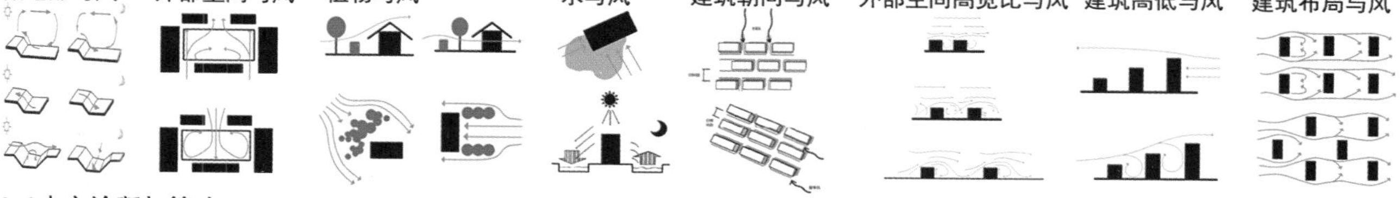

### 3.2水之诊断与策略

#### 3.2.1水之诊断

西安市地形及水系分布图

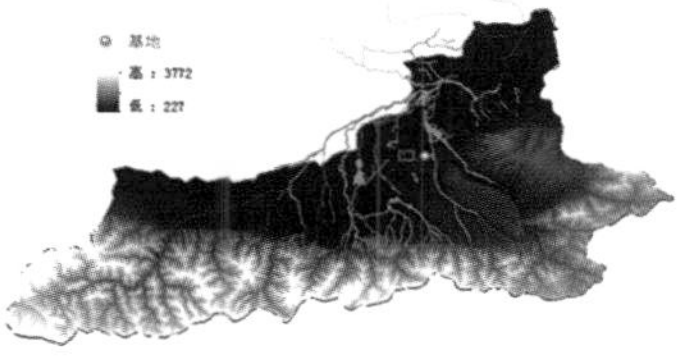


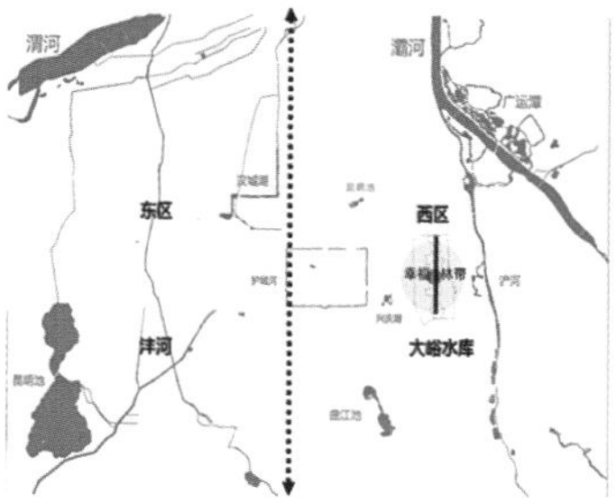


西安市水资源情况概述

陕西西安地处关中平原中部，南依秦岭山脉，北临渭北黄土高原，自古以来农桑发达，水利条件极其便利。素有“八水绕长安”的美誉。

随着生态环境的改变和变迁和社会经济的飞速发展，西安逐步变成水资源匮乏的地区。全市水资源总量约为26.66 亿立方米，人均水资源占有量约为 350 立方米，仅为全国平均水平的六分之一，西安市已经步入全国14个严重缺水城市的行列。

#### 3.2.1水之策略

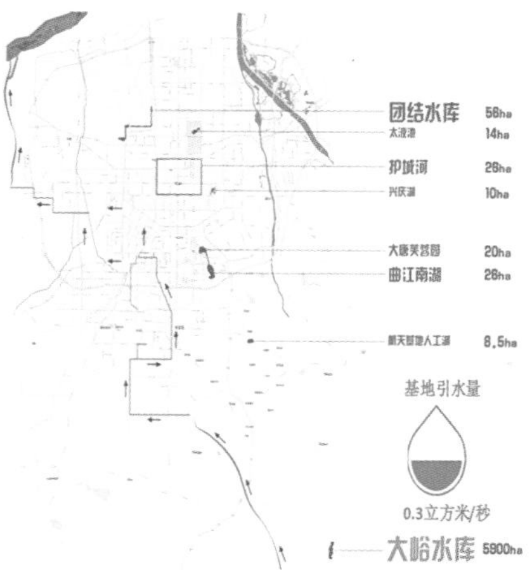


河流引水

大峪水库引水工程：

1. 生态水从水库流出后，在途经航天基地时进行分流，一支流进了航天基地，目前已到达了航天基地外围，等到航天基地内的水域建好后，生态水随时可以进入。

2. 而生态水的主流继续前行，在途经曲江南湖时分流，一支流进南湖，南湖的水也可以流进大唐芙蓉园湖中。

3. 生态水的主流继续前行至雁曲五路与曲江大道交叉口分流，一支流进护城河一支流进兴庆湖。

水口布置

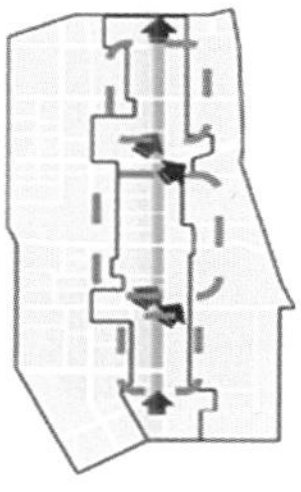

湿地规模

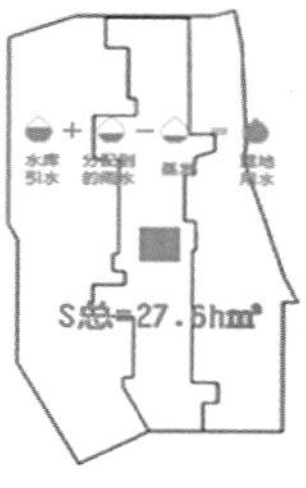


布局意向

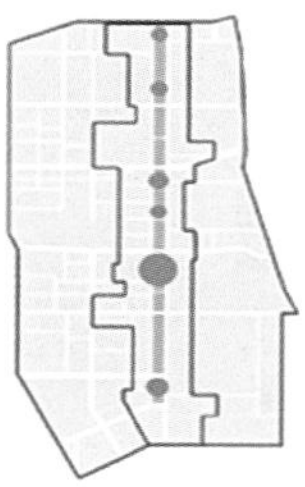

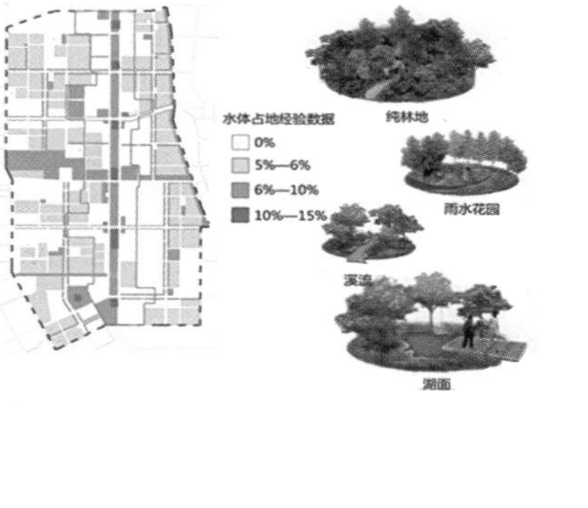

可收集雨水量计算

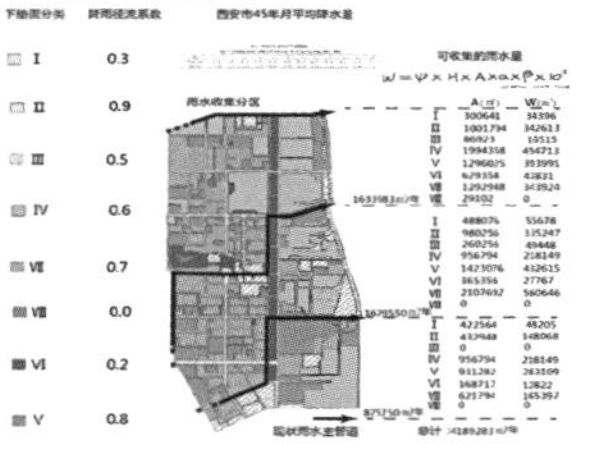

雨水利用模式图

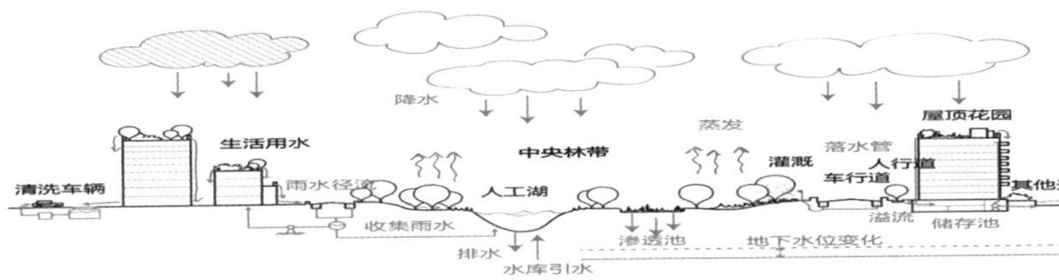


## 3.3林之诊断与策略

### 3. 3. 1林之诊断

基地内绿地分类分析图

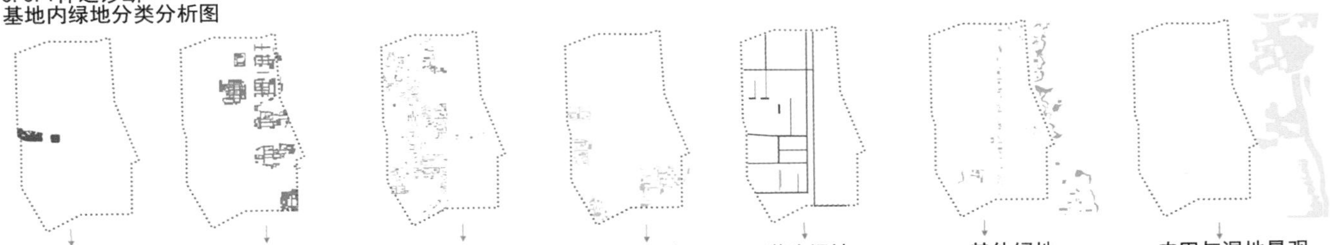

公园绿地
公园面积少，布点单一。

工业绿地
工业绿地率高，利于生态环境，可适当改造对市民开放。

住区绿地
住区绿地多位于基地西边，多呈零散带状，无组织，无系统，缺乏组团和中心绿地。

学校绿地
在各校区内，绿化率仅次于工业绿地。

道路绿地
主支交通道路两侧有道路绿化，但部分阻断，零散，不成网络。

其他绿地
林带内仅有极少数绿地。大部分为商业用地。

农田与湿地景观
基地东部有浐河生态区，起良好的生态和景观作用。

### 3. 3. 2林之策略

增加公园面积和布点密度，提高使用率扩大其生态效应。
部分厂区改造后，工业绿地可设计成公共绿地，服务于居民和游客。
住区绿地景观应多增加节点空间，中心绿地等，使之成为有系统的满足不同需求的绿地景观。
校园内绿地可考虑与周边公共绿地之间的联系与渗透。
有机结合道路成绿网。通过植物与道路形成主要风道。
中央林带打造成主要多功能生态绿廊。
基地内绿地需要考虑与周边公园与农田、湿地的渗透与生态连接。

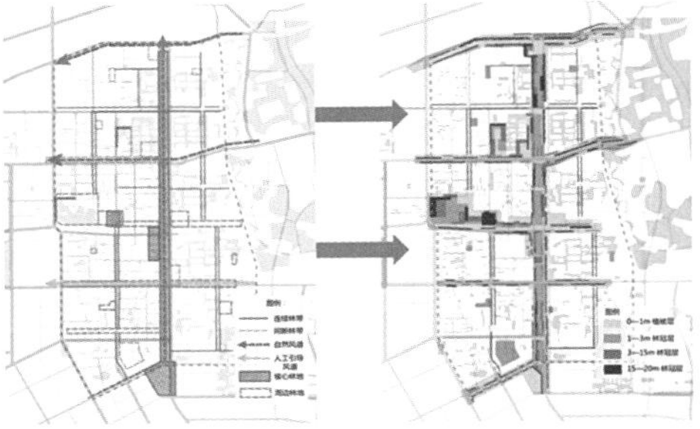

设计导则：坡地林生境遮挡冬季风和污染物；平地林引导夏季风，提供林下活动空间；活动型洼地林营造湿润安全的活动场所。选择招鸟植物，营造“点状”或块状招鸟林。选择具有防蚊虫、保健、调节小气候或文化功能的植物。

分区林冠概念规划及植物配置

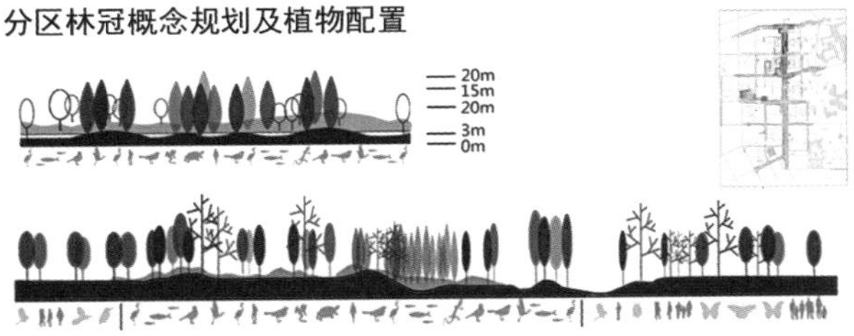


植物造景模式——乔一灌一草复层结构群落
典型配置模式——雪松、白皮松、油松—小乔木—灌木—草花。
组成结构特点及分布状态——上层种植高大乔木雪松、白皮松、油松等;中间层点缀黄杨球、小蜡等常绿灌木；底层片植白三叶、紫羊茅、大花萱草等草花，呈团状非均匀分布。

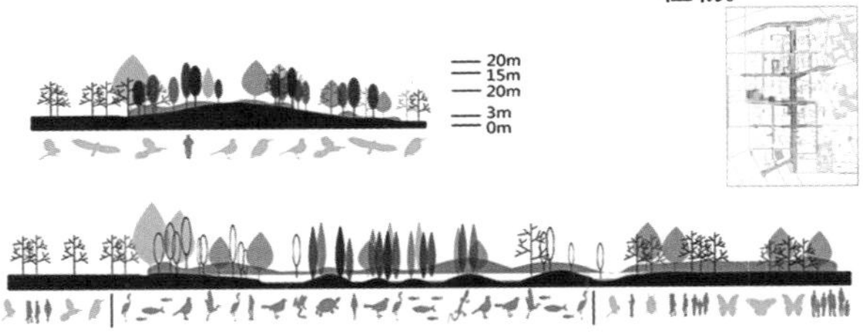


植物造景模式——乔一灌-草复层结构群落
典型配置模式——水生菖蒲—湿生芦苇和喜湿旱生植物组合
组成结构特点及分布状态——水生菖蒲、荷花、水生鸢尾、苔草、灯芯草等；湿生芦苇；喜湿旱生植物垂柳、水杉、侧柏、合欢、紫藤、紫薇等。

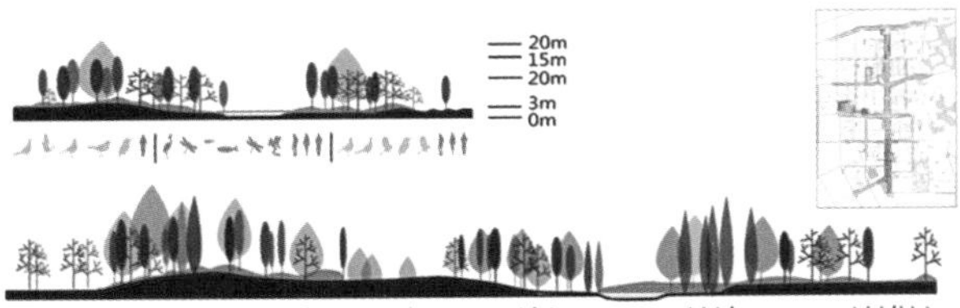


植物造景模式——乔一灌一草复层结构群落
典型配置模式——雪松、白皮松、油松—小乔木—灌木—草花。
组成结构特点及分布状态——上层种植高大乔木雪松、白皮松、油松等;中间层点缀黄杨球、小蜡等常绿灌木；底层片植白三叶、紫羊茅、大花萱草等草花，呈团状非均匀分布。

## （四）方案推演

### 4.1生态功能

生态分析总体思路

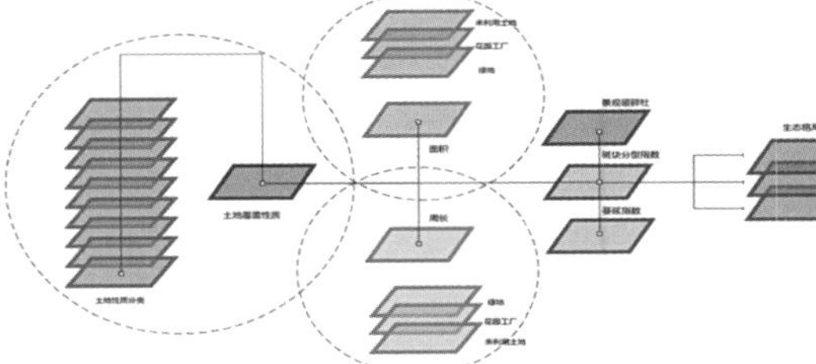

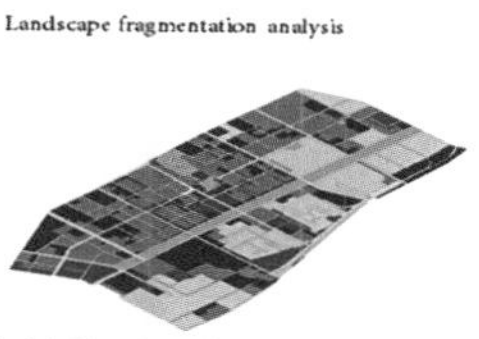
Landscape fragmentation analysis
0
0.0008
0.0011
0.0014
2.1984
2.4029
4.0229

将土地性质重新分类分为绿地、水域、铁路、居住区、其他建设用地等不同性质的用地赋值不同，在计算中不同程度的影响结果

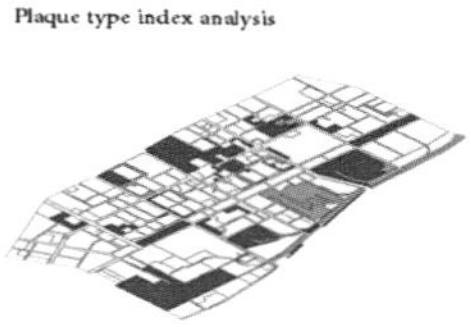
Plaque type index analysis
分型指数低
分型指数高

分型指数越高边界越不规则形状越偏离圆形处于越不稳定的状态

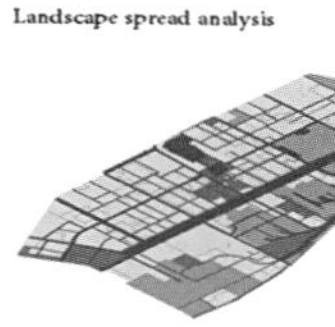
Landscape spread analysis
蔓延指数1级
蔓延指数2级
蔓延指数3级
蔓延指数4级

颜色越深越有可能成为生态源点颜色越浅越难以蔓延扩散

生态网络图

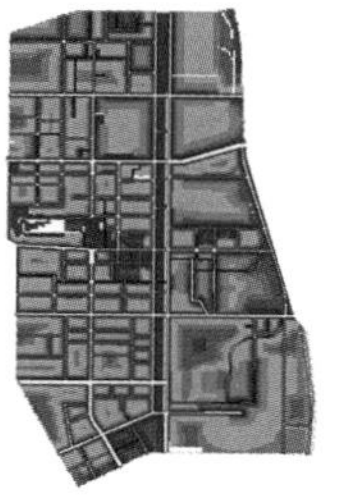

生态轴图

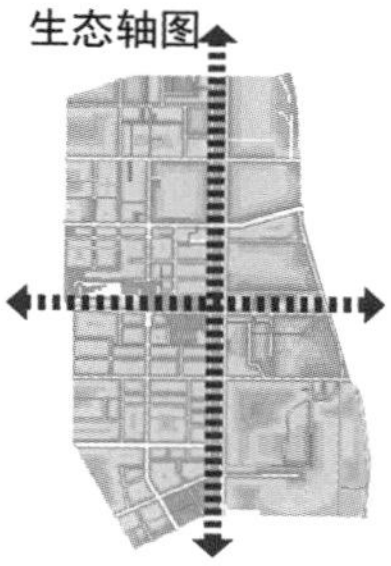

## 4.2生产功能

上位规划产业相关定位

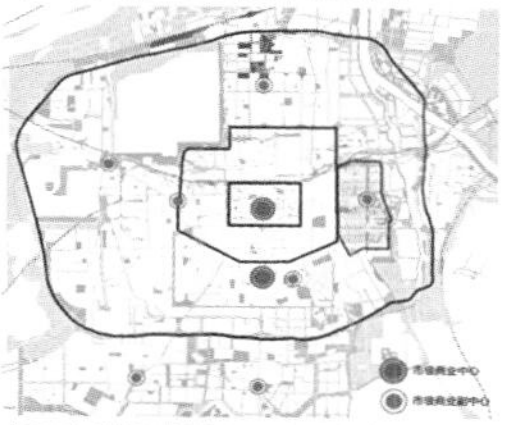

上位规划

+

幸福路地区区位、交通条件

+

幸福路地区产业转型+经济发展诉求

+

城市相关发展背景：国际化大都市+退二进三

幸福路地区位于发展商贸、旅游、服务业皇城综合商贸区东部；处于中心城区、浐灞生态区（生态、物流）、曲江新区（文化产业）三个产业板块的交汇处。

幸福路地区应专注于以商业、商务服务为核心的三产产业发展，成为西安东部商贸核心区。适合在基地内东侧结合厂房合理布置。

## 4.3生活功能

不同类型人群的活动类型及强度总结

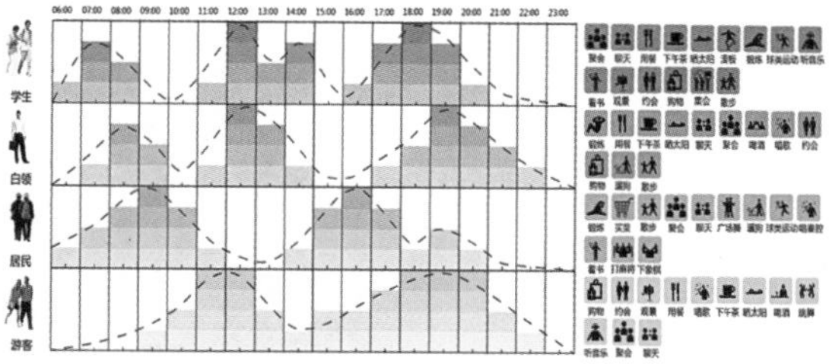


# （五）整体设计方案

## 5.1土地利用规划

土地利用规划图

R1一类居住用地
R2类居住用地
G1公园绿地
G2防护绿地
G3广场绿地
B商业用地
A1行政办公用地
A2文化设施用地
A31高等院校用地
A33中小学用地
A51医疗卫生用地
A7文物古迹用地
W物流仓储用地
M工业用地
U市政设施用地
S道路交通用地

功能结构图

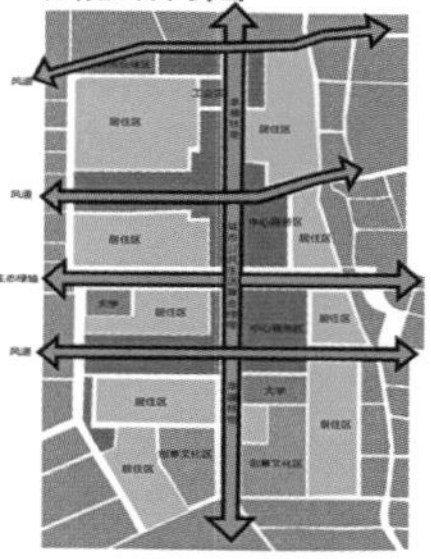

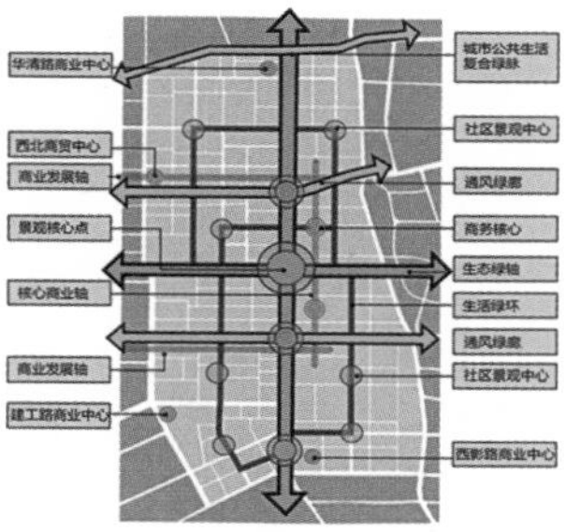


## 5.2景观空间结构

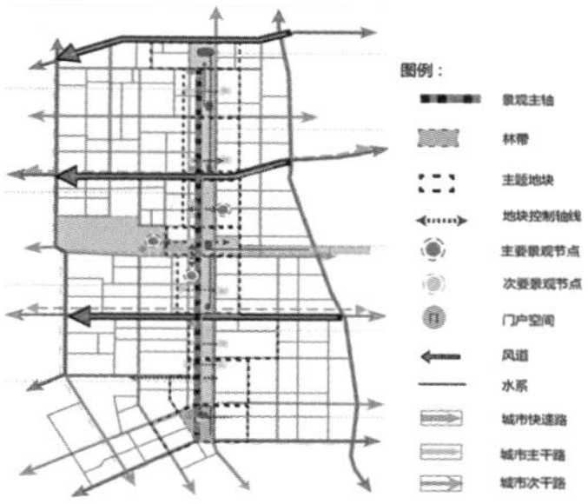
图例：
景观主轴
林带
主题地块
地块控制轴线
主要景观节点
次要景观节点
门户空间
风道
水系
城市快速路
城市主干路
城市次干路

## 5.3道路交通系统

车行交通分析图

城市快速路
城市主干路
城市次干路
城市支路
回车场
下穿行车道
地铁线路

绿道系统分析图

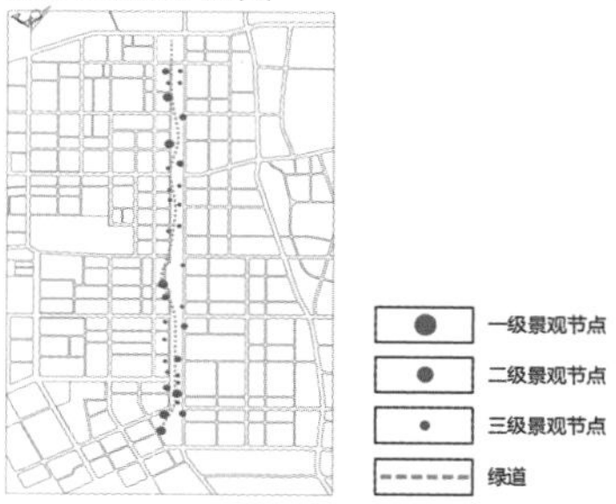
一级景观节点
二级景观节点
三级景观节点
绿道

城市快速路——东西向下穿50m

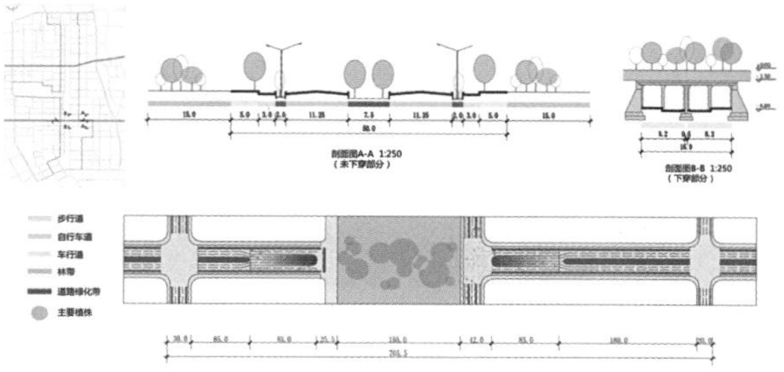


## 5.4风系统

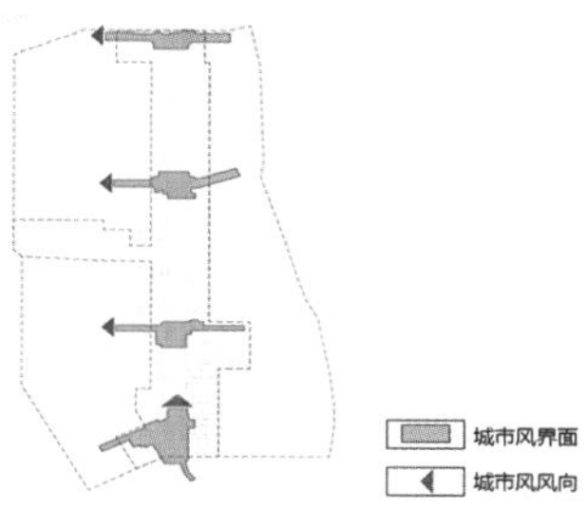
城市风界面
城市风风向

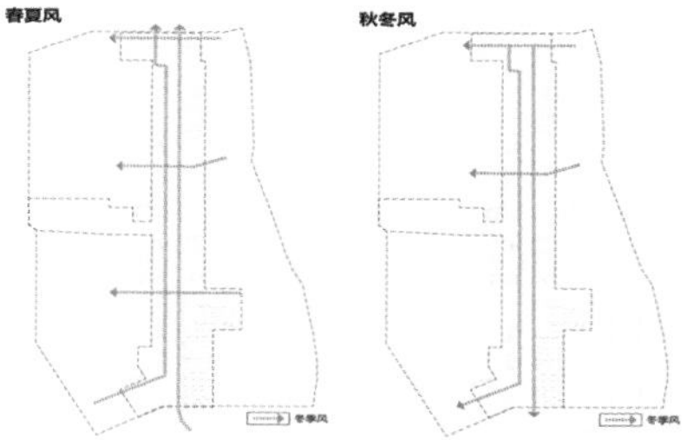
春夏风
秋冬风

## 5.5水系统

## 5.6林系统

建筑外轮廓
林缘线

## （六）个人方案鸟瞰图

## （七）场所与场景设计

极限运动场地

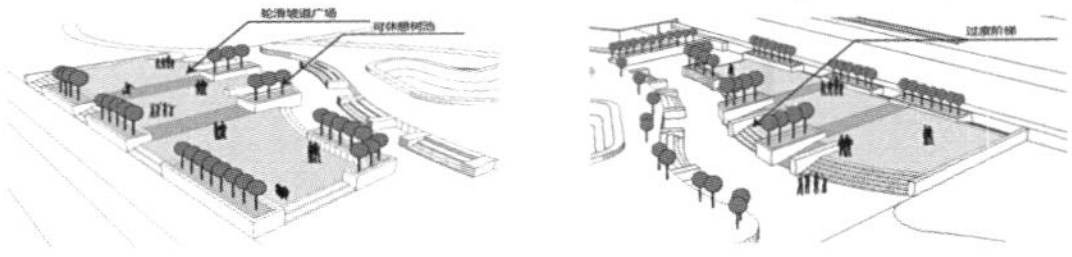

儿童活动场地

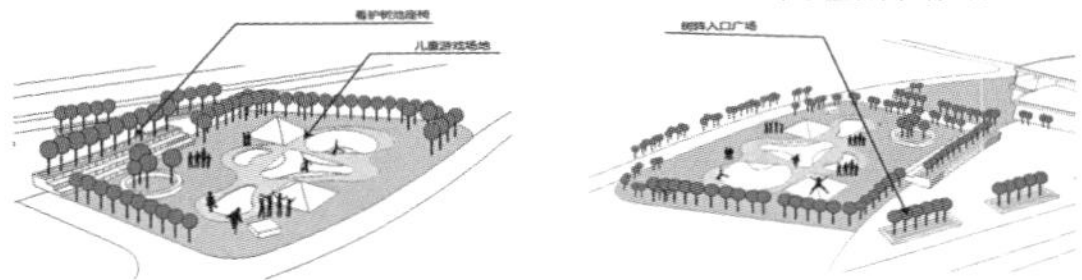

市民活动场地

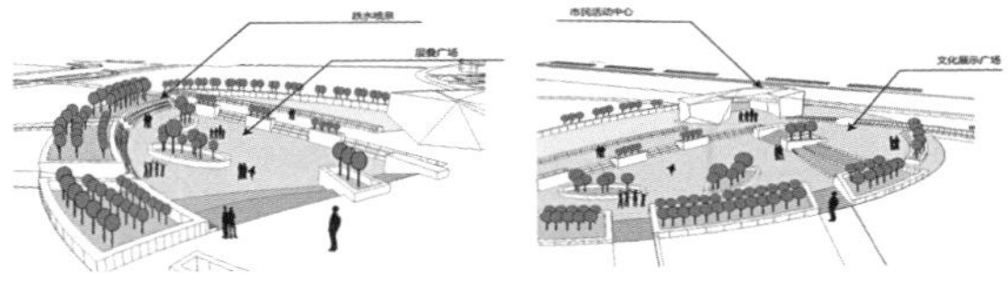

活水思源旱喷广场

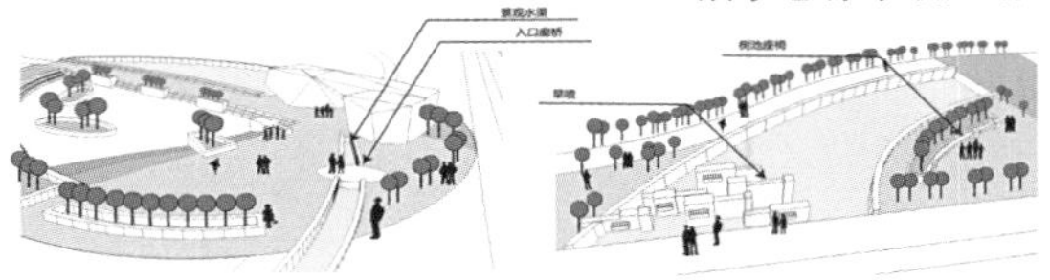

树阵广场

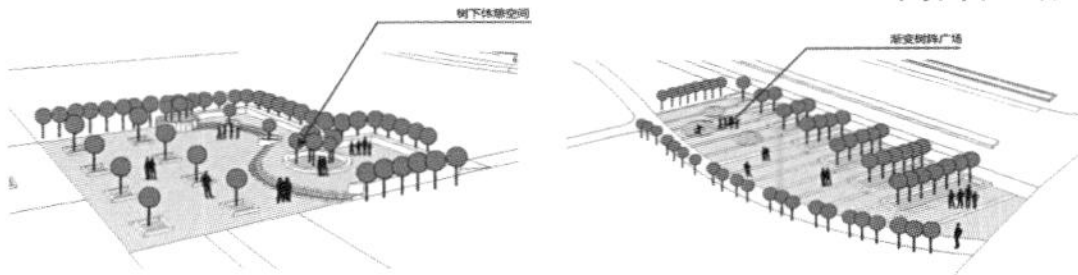

## （八）方案生成

地形

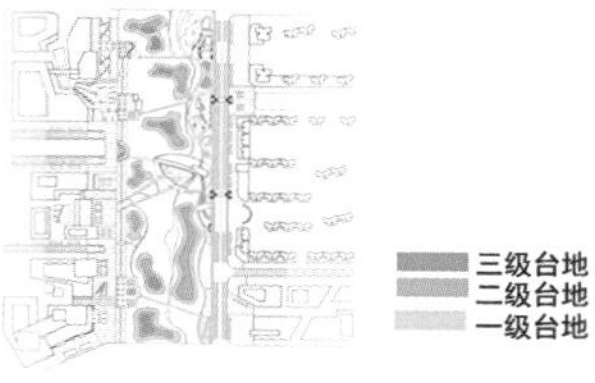


水

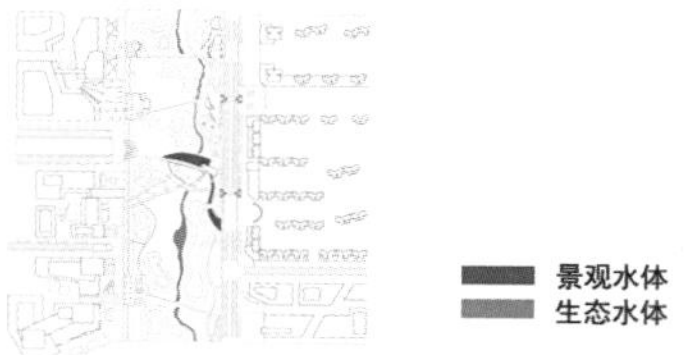


植物

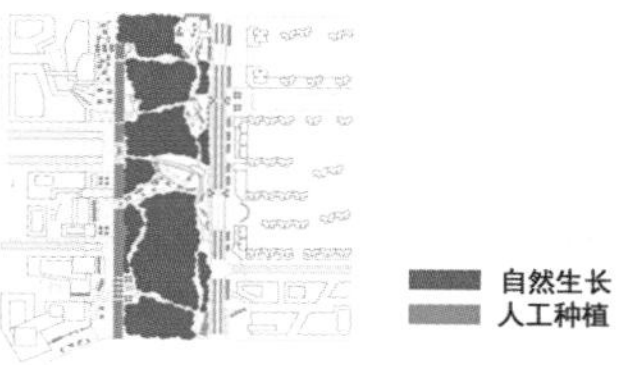


功能分区

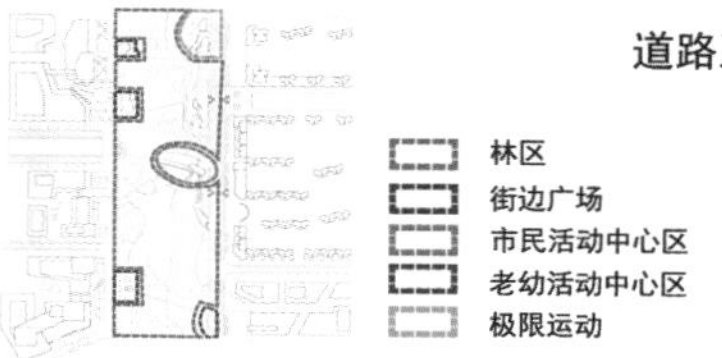


道路系统

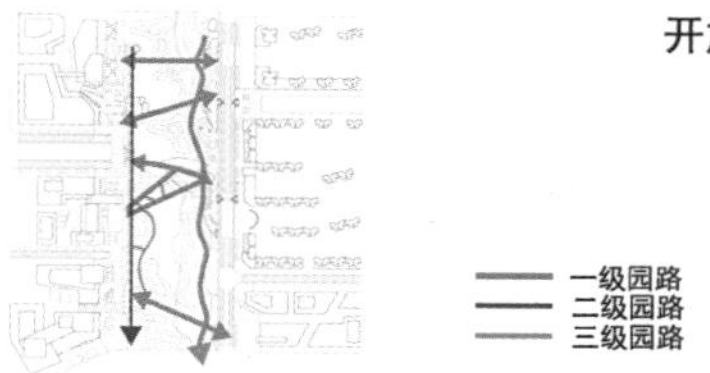


开放空间分布

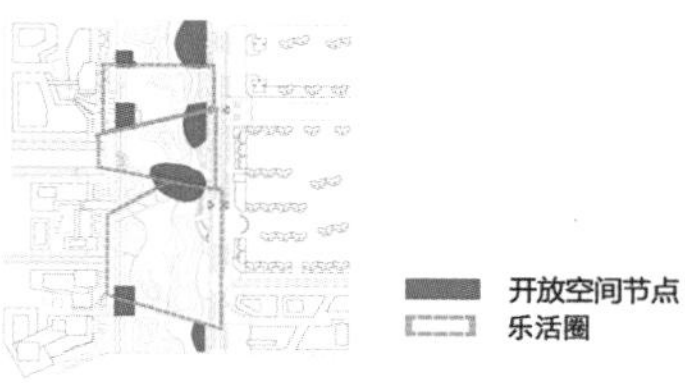


## （九）总平面图

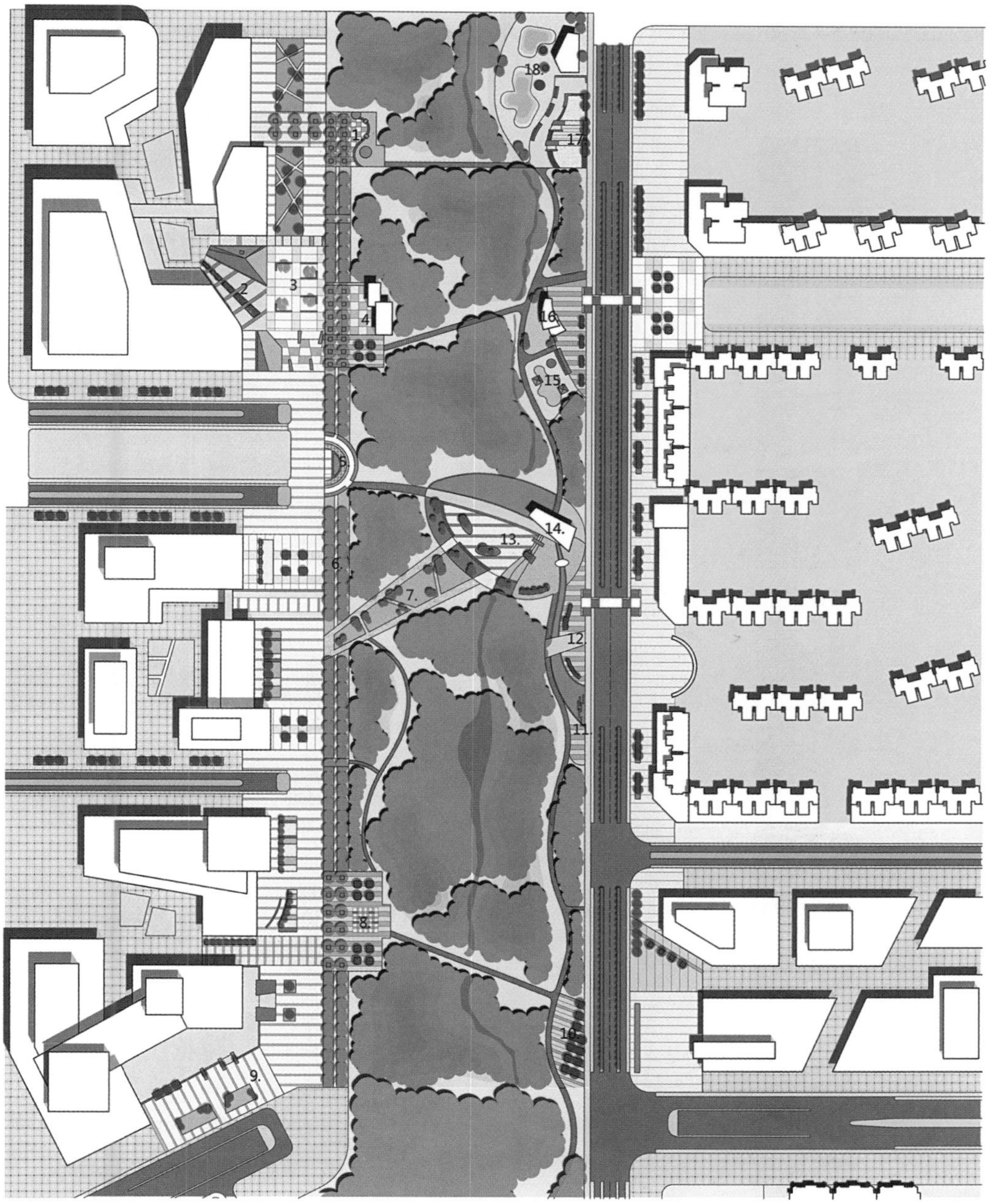

方案设计手法：为保证林带连续，对幸福林带进行减法设计，在扣去树木的地方植入活动场地。

方案特色：结合周边居住区以不同年龄不同活动为出发点设置不同活动场地，并以环路联系主节点，达到便捷交通的同时，增强住区间的联系，乐享林带中的公共生活。

1.回转广场
2.商住区入口
3.休闲座椅
4.咖啡吧
5.林带西侧入口
6.林荫道
7.红叶大道
8.树阵广场
9.步行街门户广场
10.树阵广场
11.活水思源
12.入口广场
13.绿色会客厅
14.市民活动中心
15.儿童活动场
16.老年活动中心
17.极限运动广场
18.极限活动场地

## （十）剖面图

A-A剖面图1:500

B-B剖面图1:500

C-C剖面图1:500

## （十一）生境营造

适于鸟类的食物与居所

落叶藤本 猕猴桃 南蛇藤 金银花

常绿藤本 扶芳藤

酸枣

落叶灌木 胡枝子 连翘

常绿灌木 五加

常绿小乔木 小叶女贞 木槿

枇杷

落叶小乔木 腊梅 白蜡

落叶乔木 柿子树 山桃

漆树

常绿乔木 油松

草本 蒲公英 天麻 地丁紫堇 野菊 茵陈蒿 白羊草 白茅

菌类 蘑菇 银耳 平菇

水生植物 猕猴桃 水葱 菖蒲 芦苇 睡莲 香蒲

栖息于溪流、岛、沼泽

营巢与松树等中等高度的乔木枝杈间

喜爱把食物刺死悬挂起来吃的鸟

溪流为其提供生境

喜土墙空隙营巢

喜河岸、泥滩及小溪流

红隼 豆雁 鸢 灰喜鹊 珠颈斑鸠 鹳 伯劳鸟 锦鸡 翠鸟 布谷鸟 家雀 鹭鸶

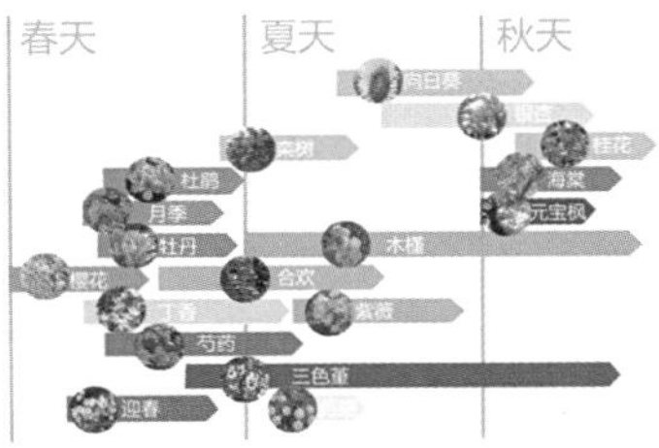


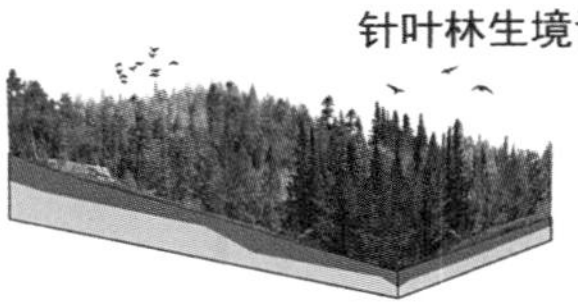

针叶林生境设计

落叶林生境设计

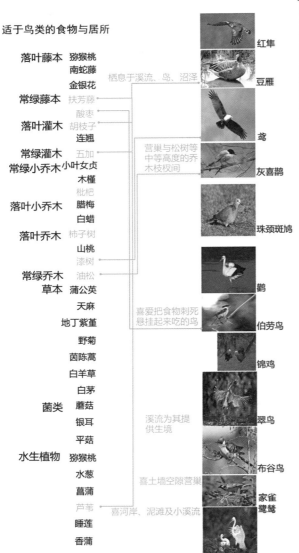

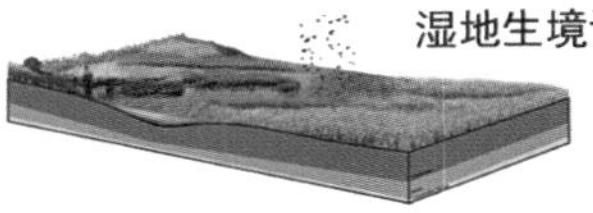

湿地生境设计

## （十二）植物配置表

通用植物配置

常绿灌木：
火棘、阔叶十大功劳、千头柏、南天竹

落叶灌木：
紫荆、猥实、连翘、迎春、平枝荀子、结香、红瑞木、贴梗海棠

常绿小乔木：
法国冬青、枸骨、石楠、黄杨

落叶乔木：
银杏、碧桃、合欢、五角枫、三角枫、国槐、毛白杨、楸树、旱柳、龙爪槐、朴树、海棠、柿树、皂荚

常绿大乔木：
女贞、白皮松、圆柏、刺柏、云杉、油松、侧柏、华山松

专类植物配置

果实类植物：
火棘，山楂，枸子，花楸，牛筋条，木瓜，各类枫树等

观花、观叶乔木：
银杏、五角枫、金叶女贞、复叶槭、紫叶李、樱花、白玉兰、广玉兰

水生植物：
水生菖蒲、荷花、水生鸢尾、苔草、灯芯草

湿生植物：
湿生芦苇，水葱，黄菖蒲、美人蕉等

## （十三）节点鸟瞰图

## （十四）节点平面图

-0.06m
-0.49m
-0.21m
-0.04m
±0.00m
N
节点平面1:300


## （十五）基地活动策划

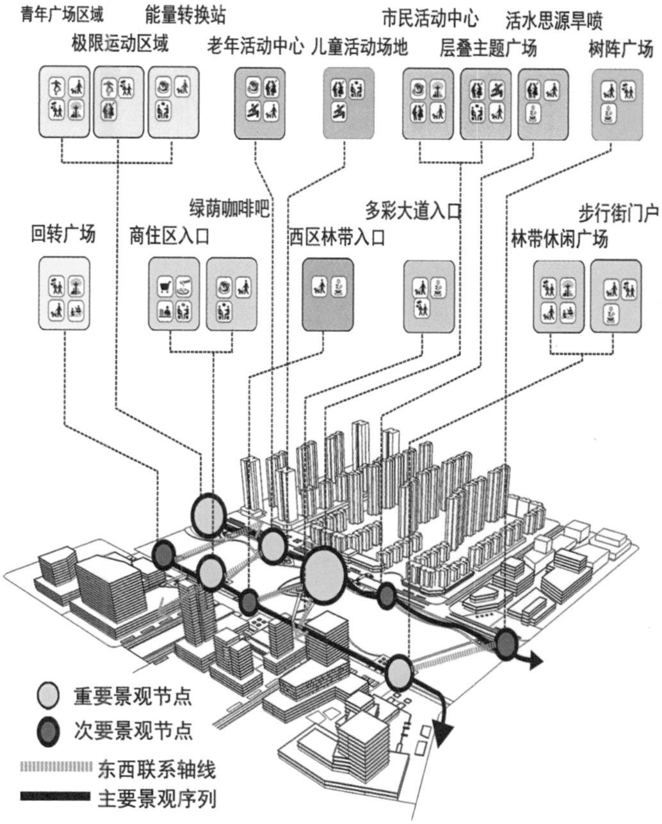

青年广场区域
能量转换站
极限运动区域
老年活动中心
儿童活动场地
市民活动中心
活水思源旱喷
层叠主题广场
树阵广场
回转广场
商住区入口
绿荫咖啡吧
西区林带入口
多彩大道入口
步行街门户
林带休闲广场
重要景观节点
次要景观节点
东西联系轴线
主要景观序列

## 一、基地认知与分析

### 1.1项目背景

#### 1.1.1区位分析　地理区位

幸福林带片区跨越西安市新城区、雁塔区，规划范围北起华清路，南至新兴南路，东到酒十路延伸线，西至东二环占地17.63km²，其中核心区5.1km²，包含一条长5.4公里。宽140米的林带。

#### 经济区位

#### 1.1.2历史文脉

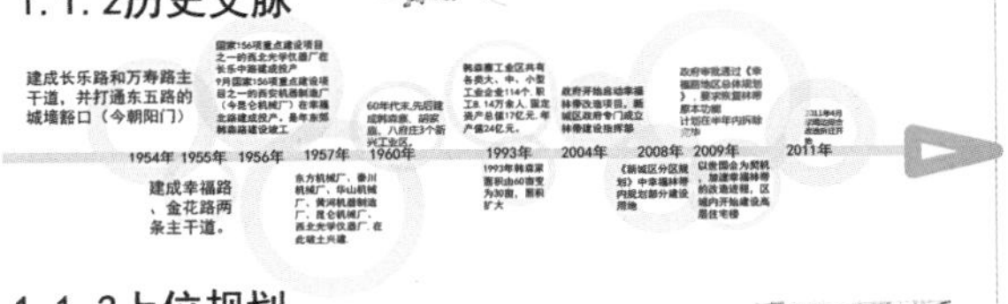


#### 1.1.3上位规划

构建“两核、三带、四心”的商贸体系。
——两核指总部经济聚集核及商务聚集核；
——三带指沿幸福路发展的商贸商务带，沿长乐路、咸宁路发展的商业带；
——四心指长乐路西北商贸中心，西影路商业中心，华清路商业中心及建工路商业中心。

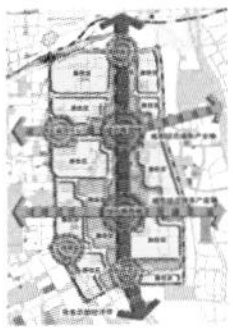

### 1.2场地概况

#### 1.2.1东城区交通分析　1.2.3城市空间肌理　1.2.6现状土地利用

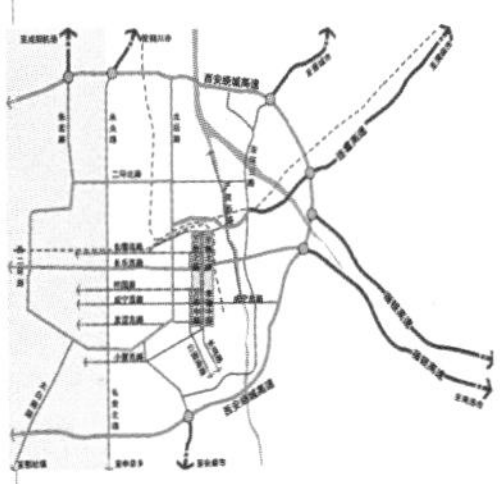

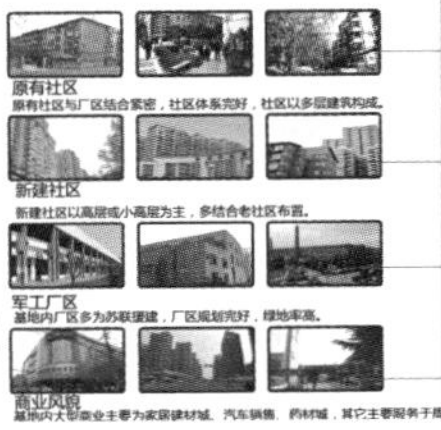


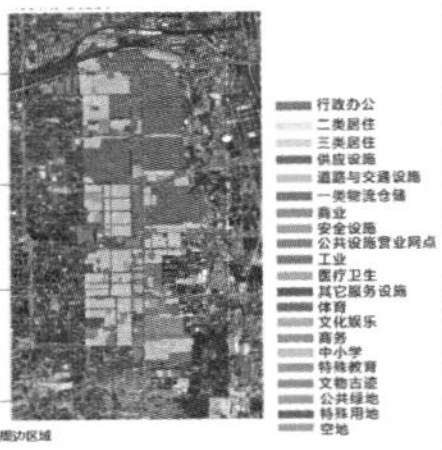


#### 1.2.2现状公共交通　1.2.4街道界面与色彩　1.2.7风环境

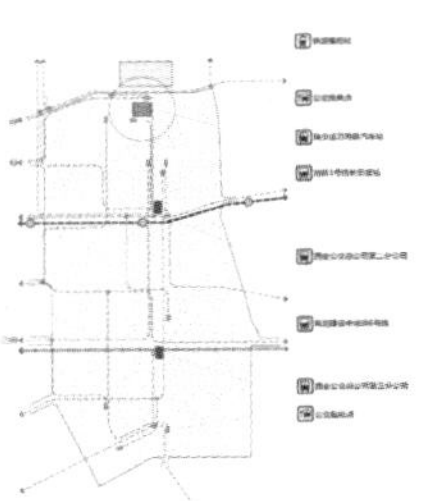

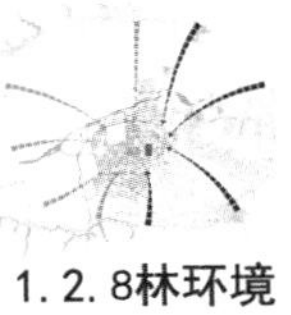

#### 1.2.5水环境　1.2.8林环境

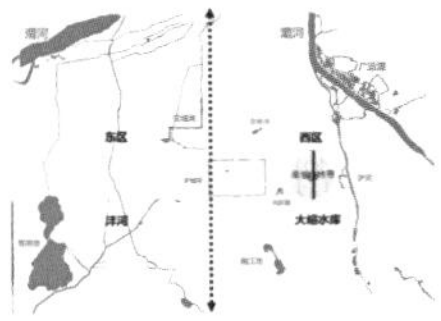

## 四、条件提取　三、基地选址　二、城市设计系统建构

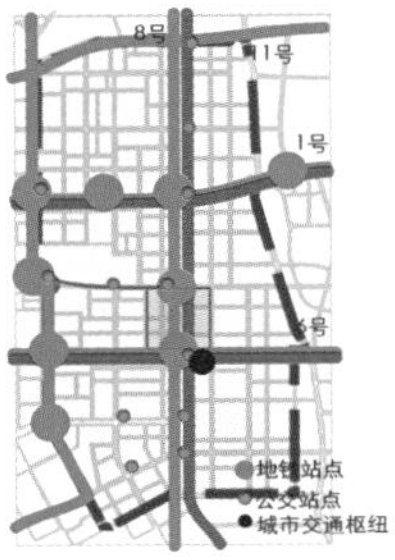


交通——公共交通网点分布

自然——与城市景观结构之间的关系

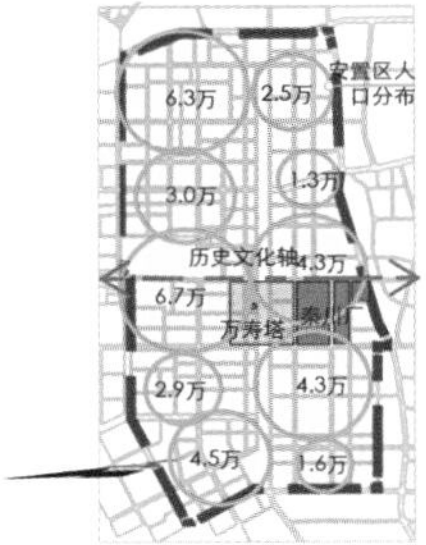


人文——人文资源的利用与人口因素

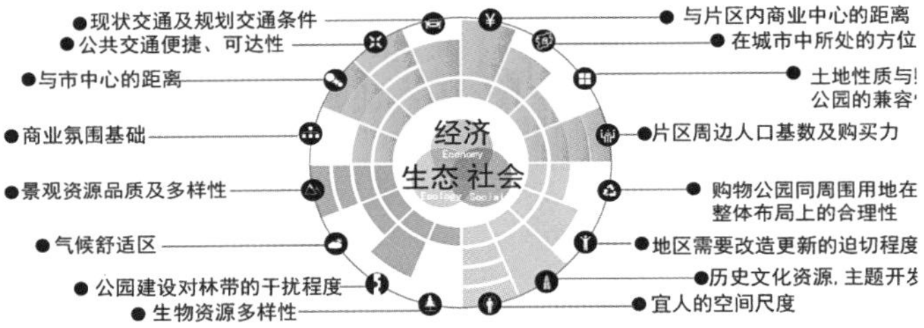


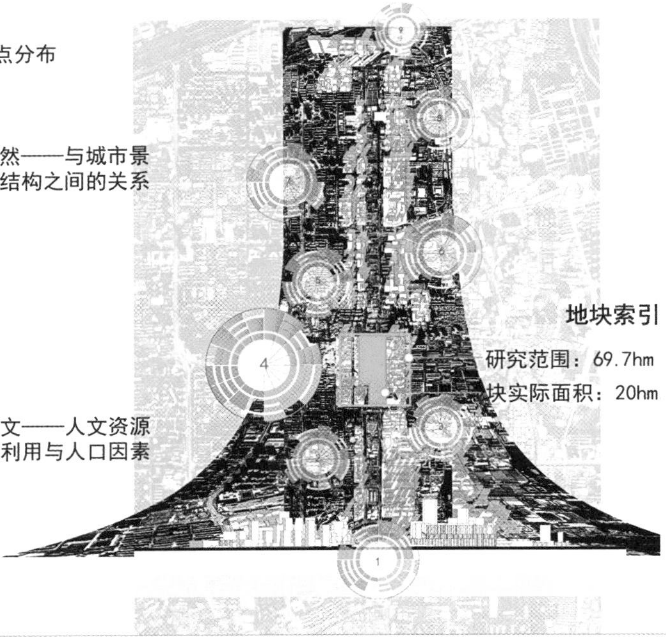

地块索引
研究范围：69.7hm
块实际面积：20hm


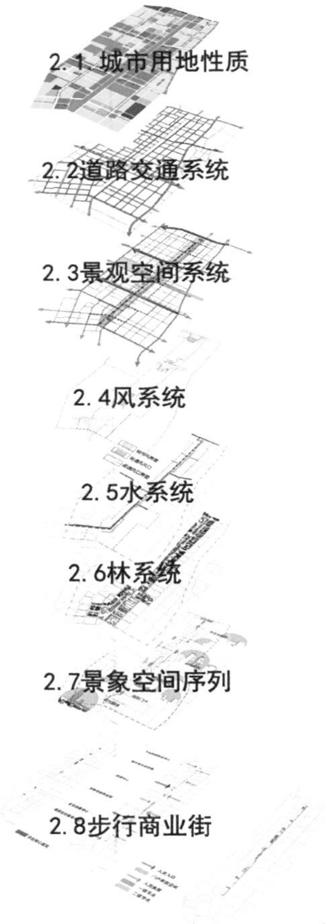

2.1 城市用地性质
2.2道路交通系统
2.3景观空间系统
2.4风系统
2.5水系统
2.6林系统
2.7景象空间序列
2.8步行商业街

## 五、研究范围规划

### 5.1规划愿景

将韩森路至咸宁路幸福林带核心片区打造为集休闲体验街，主力百货，餐饮娱乐，文化艺术品展示与销售，大型超市，会展中心，创意SOHO，酒店公寓，人才社区为一体的综合商贸及服务片区。

将万寿广场打造为“综而不和”，隐于林间的体验式购物公园。填补西安市东城区高品质购物商圈空白，使其成为西安市区域级的购物中心，成为网络消费时代的实体空间载体，成为为周边人群及游客服务的重要城市开放空间。

### 5.2制约因子

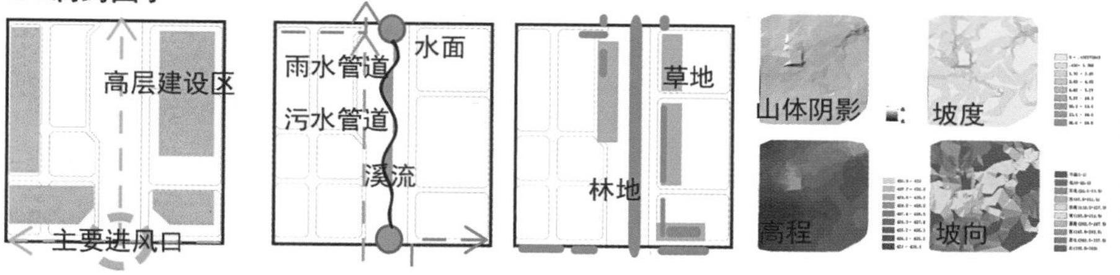


风　水　林　地

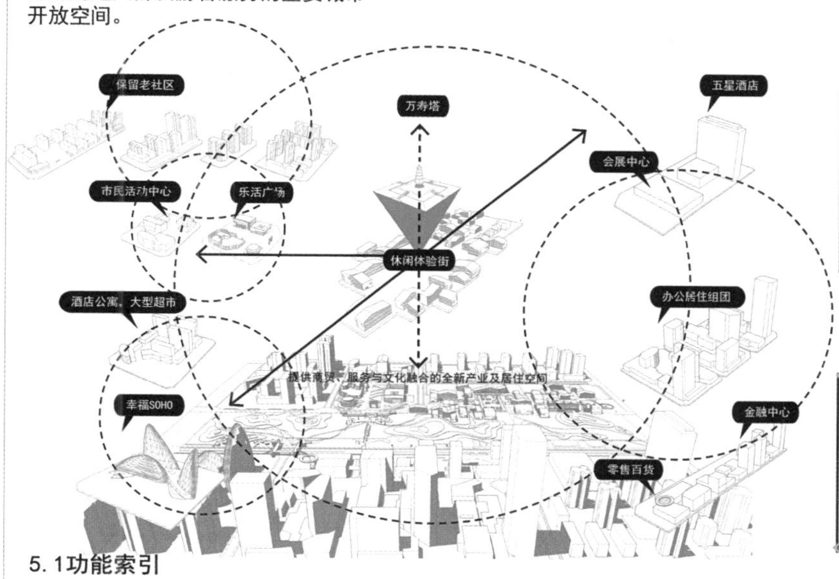


5.1功能索引

板块划分

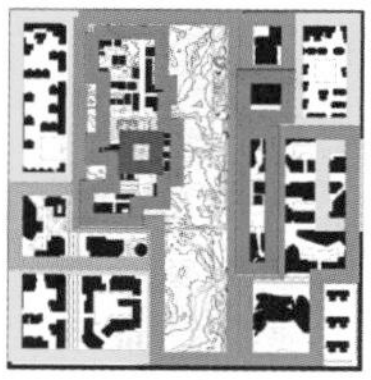

用地性质

外部交通

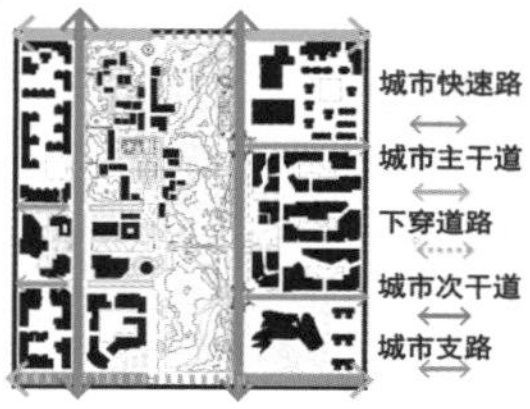


开放空间分布

## 六、购物公园设计策略

内部交通　地形塑造　水系组织　种植设计　视线关系　商业分布

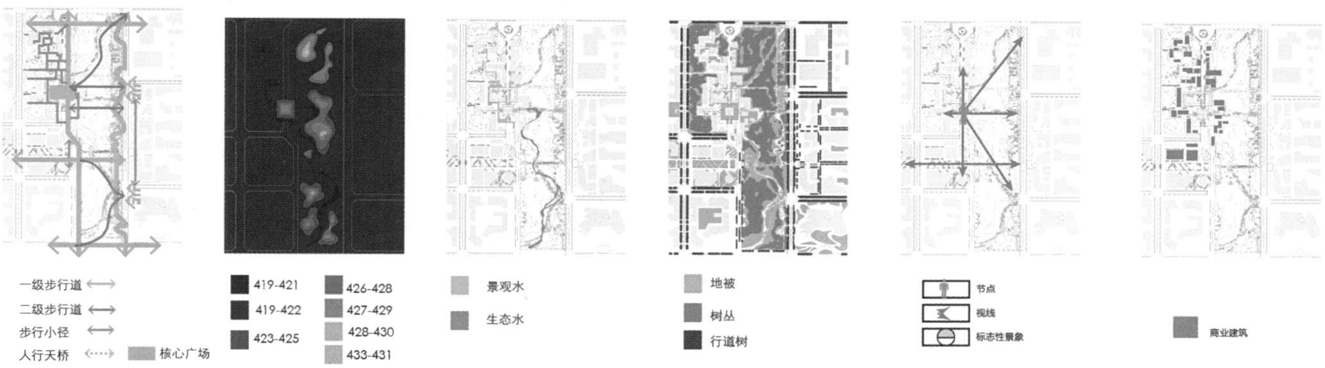

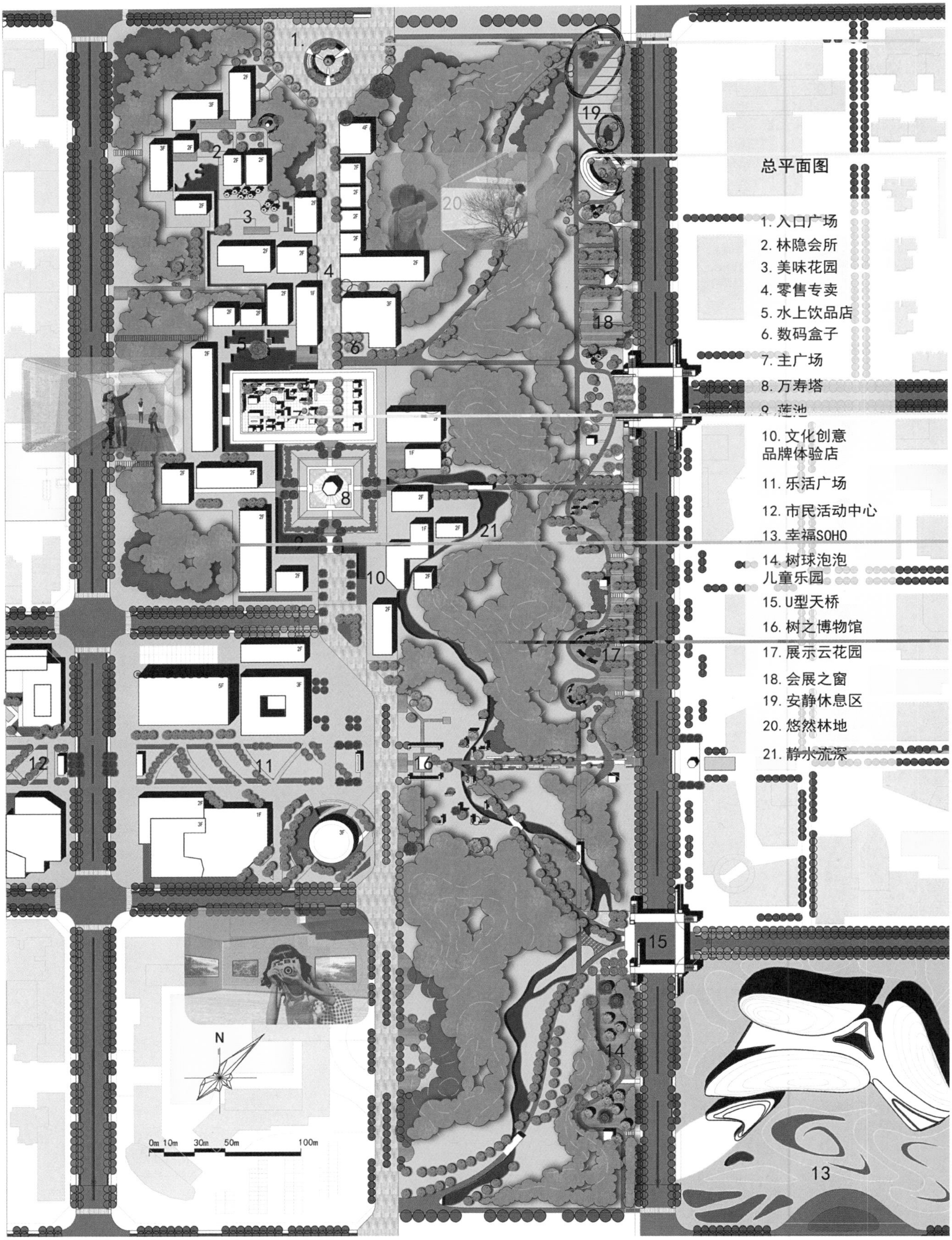
总平面图
1. 入口广场
2. 林隐会所
3. 美味花园
4. 零售专卖
5. 水上饮品店
6. 数码盒子
7. 主广场
8. 万寿塔
9. 莲池
10. 文化创意品牌体验店
11. 乐活广场
12. 市民活动中心
13. 幸福SOHO
14. 树球泡泡儿童乐园
15. U型天桥
16. 树之博物馆
17. 展示云花园
18. 会展之窗
19. 安静休息区
20. 悠然林地
21. 静水流深
N
0m 10m 30m 50m 100m

Ⅰ-Ⅰ剖立面图

Ⅱ-Ⅱ剖立面图

## 七. 万寿广场节点放大

场地设计图

种植设计图

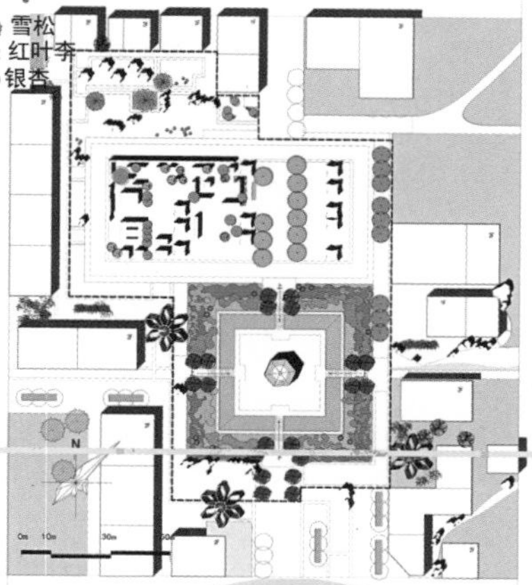


主广场节点放大平面图

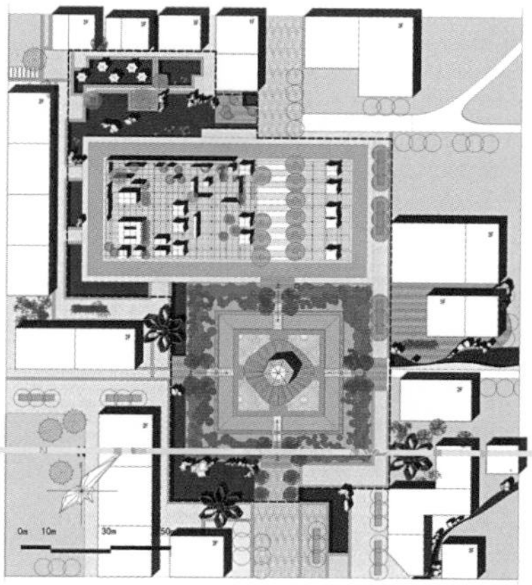


## 八、景象空间序列

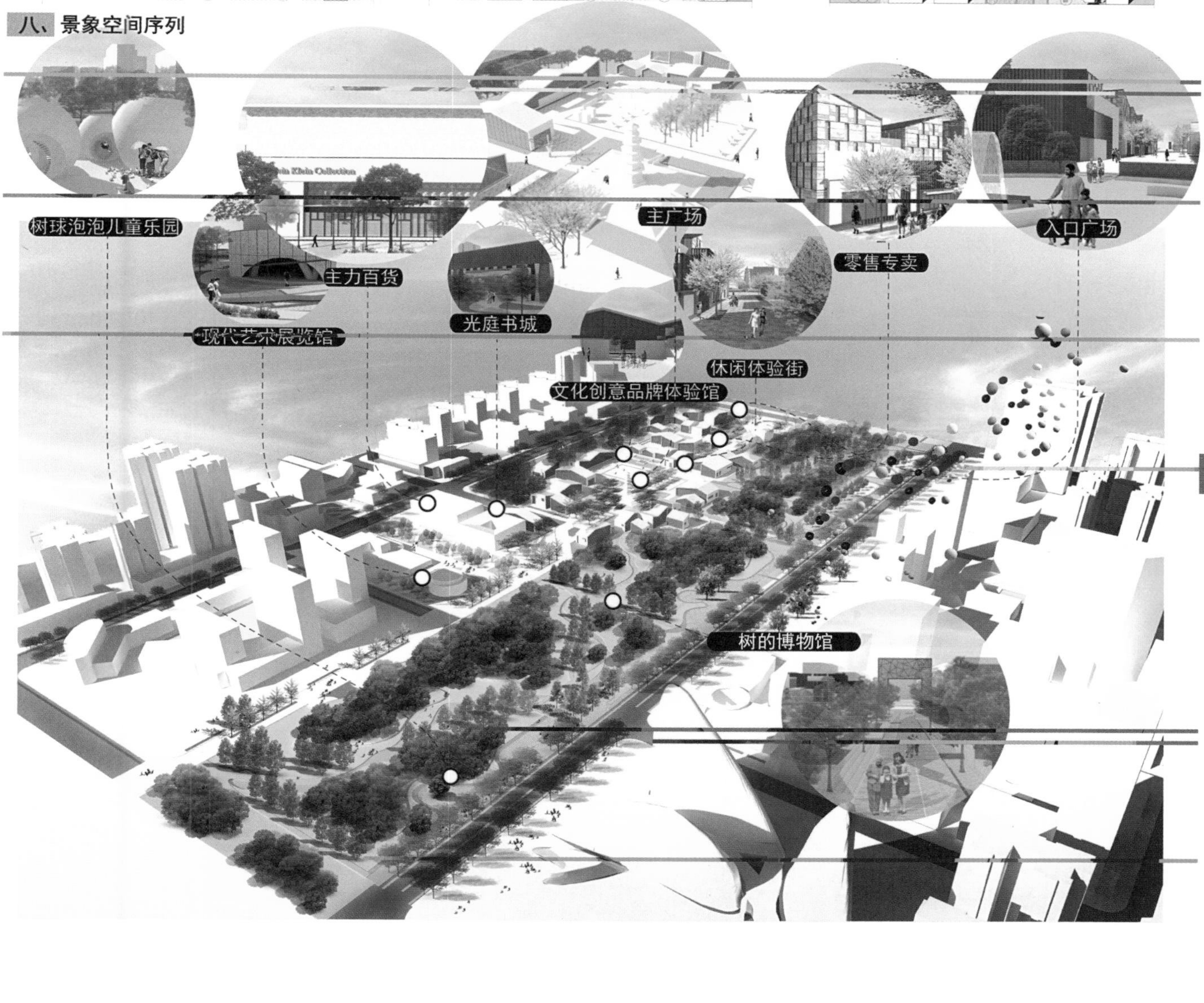

树球泡泡儿童乐园
主力百货
主广场
零售专卖
入口广场
光庭书城
现代艺术展览馆
休闲体验街
文化创意品牌体验馆
树的博物馆

个人地块详细设计

设计说明：

片区主题是养生体验，功能分区上紧密结合主题，分为食药生产及展示区，休闲养生区，生态养生区，以及以中草药为主题的产品展销，药浴，药膳。片区不全是养生产业，同时还兼顾了对外服务的商务办公以及沿街商业。

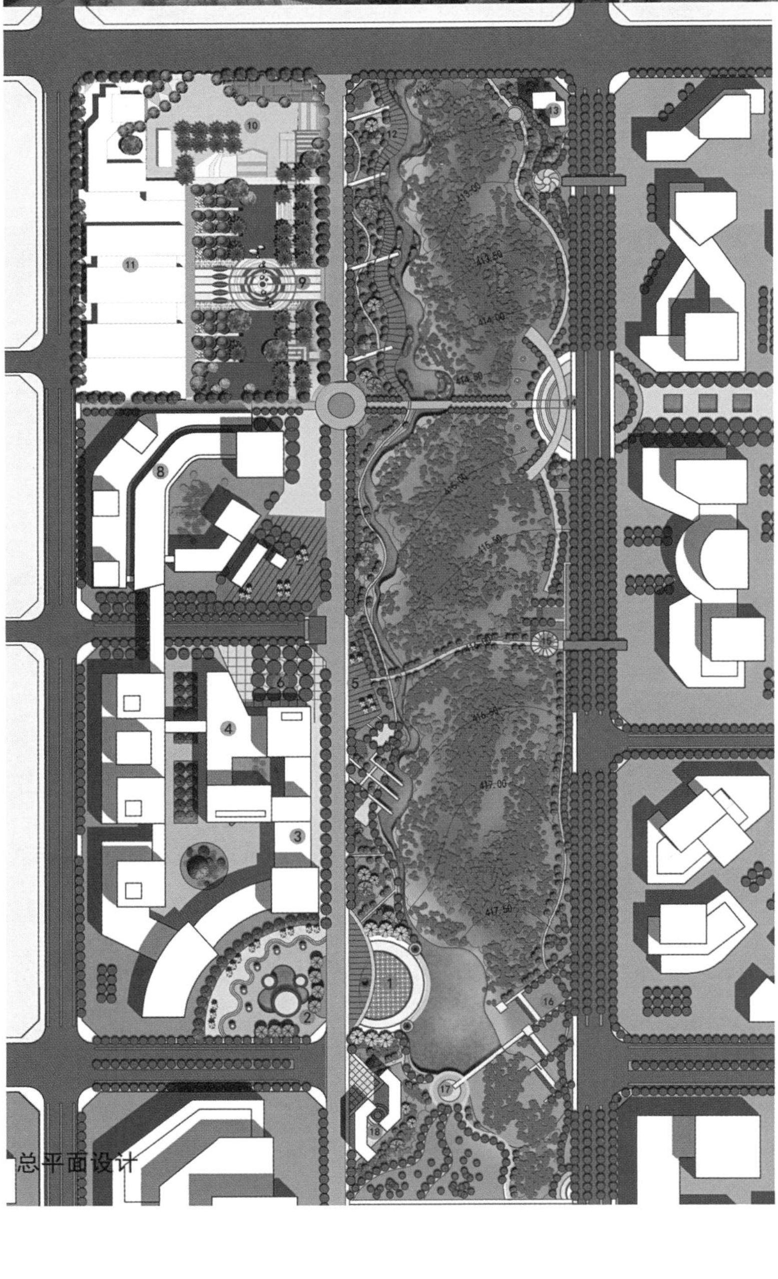

N
① 滨水广场
② 喷泉雕塑
③ 特色商业
④ 养生餐饮
⑤ 休憩平台
⑥ 树阵广场
⑦ 室外咖啡吧
⑧ 温泉会馆
⑨ 主题景观
⑩ 下沉广场
⑪ 展览馆
⑫ 中草药种植园
⑬ 公厕
⑭ 轴线广场
⑮ 木质平台
⑯ 亲水草坪
⑰ 观景平台
⑱ 茶室


总平面设计

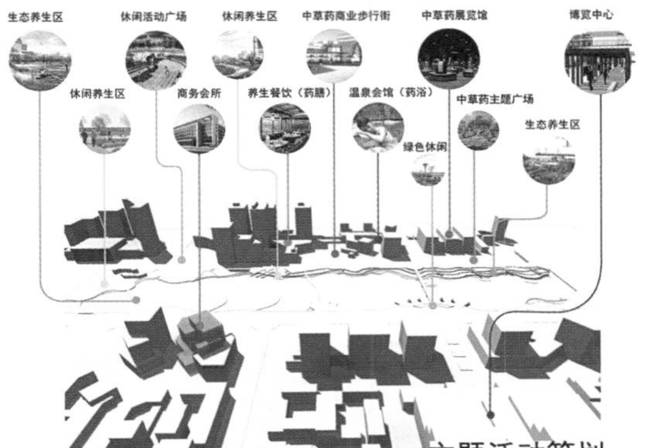


主题活动策划

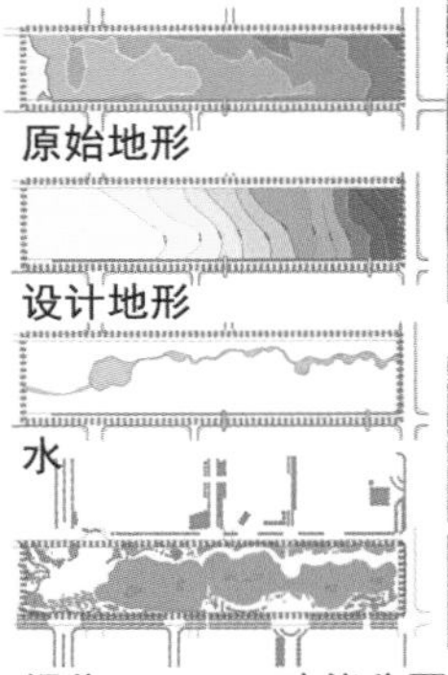

方案生成：
原始地形
设计地形
水
绿化


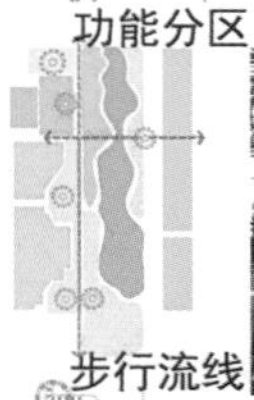

功能分区

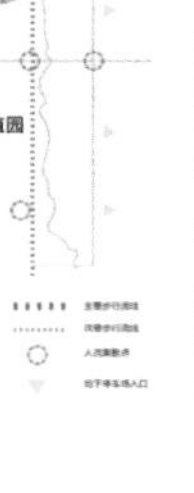

步行流线

场景透视一

场景透视二

场景透视三

场景透视四

剖面A-A

剖面B-B

剖面C-C

种植设计

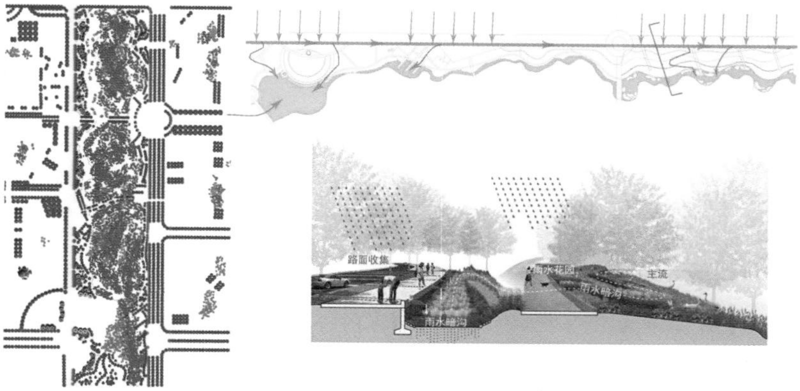


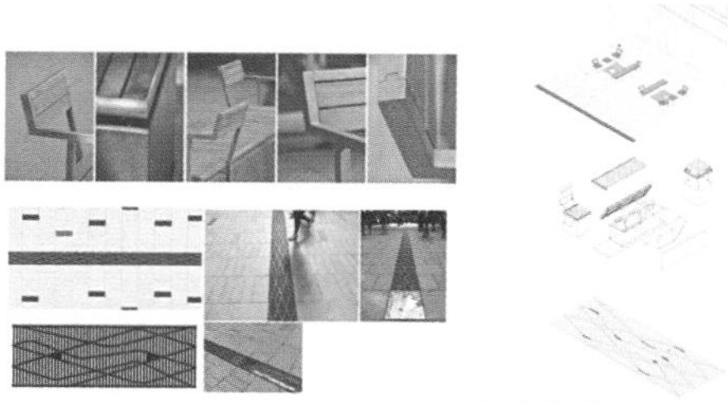

节点铺装及设施

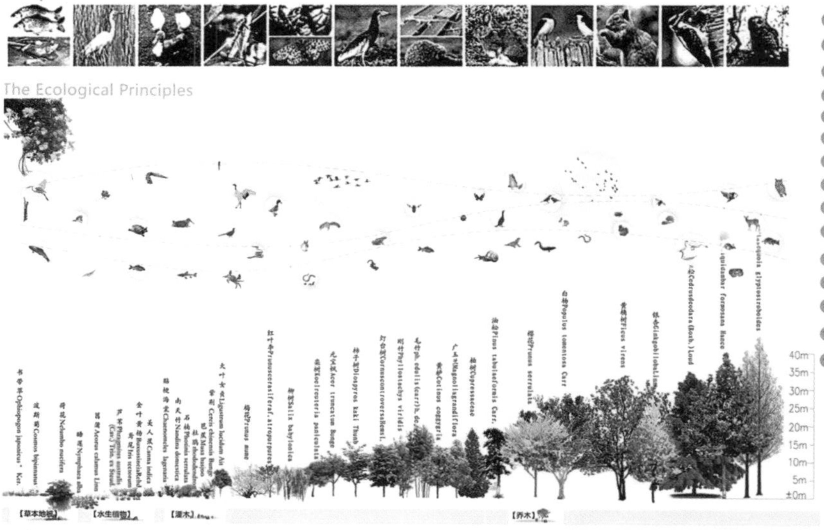


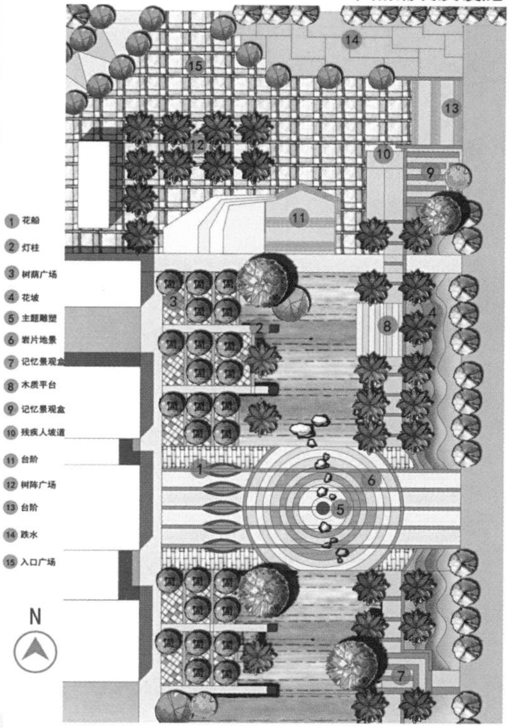

1 花船
2 灯柱
3 树荫广场
4 花坡
5 主题雕塑
6 岩片地景
7 记忆景观盒
8 木质平台
9 记忆景观盒
10 残疾人坡道
11 台阶
12 树阵广场
13 台阶
14 跌水
15 入口广场
N


节点详细设计

剖面D-D

UC 4

西安建筑科技大学
Xi′an University of Architecture and Technology
设计者：钟慧敏

# 养生体验园

## 新生与发展——西安幸福林带核心区城市设计

Regeneration and Development - Urban Design of the Xingfu Lindai core area in Xi'an

指导教师：董芦笛　樊亚妮

该片区主题是养生体验，在功能分区上紧密结合主题，分为食药生产及展示区，休闲养生区，生态养生区，以及以中草药为主题的产品展销，药浴，药膳。片区同时还有对外服务的商务办公及沿街商业。

### 一基地环境认知

#### 1地理区位

幸福林带片区跨越西安市新城区、雁塔区，其中核心区5.1km²，包含一条长5.4公里，宽140米的林带。基地以幸福林带为核心，东临浐灞新区，南临曲江新区，北部为西安火车东站，西部为西安中心城区，是西安市主城区与东部各板块联系的重要区域。

#### 2经济区位

幸福路地区位于发展商贸、旅游、服务业皇城综合商贸区东部；处于中心城区、浐灞生态区（生态、物流）、曲江新区（文化产业）三个产业板块的交汇处,在发展中应遵循“错位差异发展，互补双赢共进”的原则。

#### 3气候区位

基地所在的西安属暖温带半湿润大陆性季风气候,四季分明，气候温和，雨量适中。春季温暖、干燥、多风；夏季炎热多雨，多雷雨大风天气；秋季凉爽，气温速降，秋淋明显；冬季寒冷，多雾、少雨雪。

#### 4上位规划解读

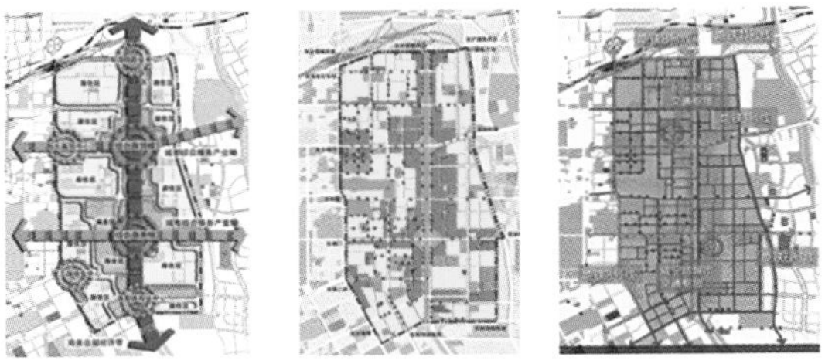

幸福路地区是主城区东部集总部经济、商贸、生态、居住等功能为一体的城市综合区。

通过优化调整用地布局，形成“一带、两核、两轴、多中心”的功能结构，实现幸福路地区西部更新、东部腾飞。构建“两核、三带、四心”的商贸体系。

#### 5地形地貌分析

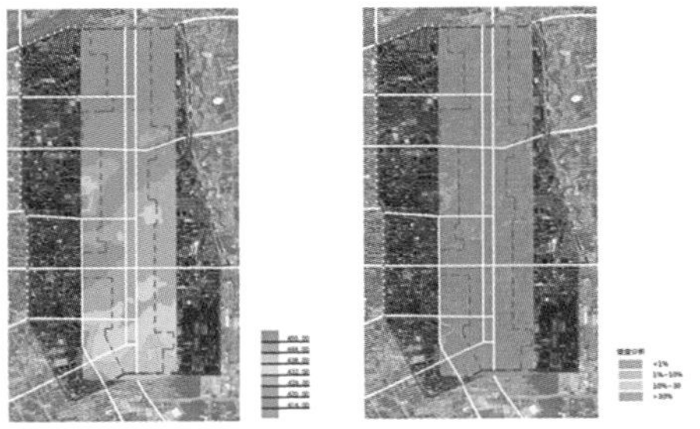

地形：
基地内地势整体南高北低，坡度平缓，适于建设。

#### 6现状用地性质

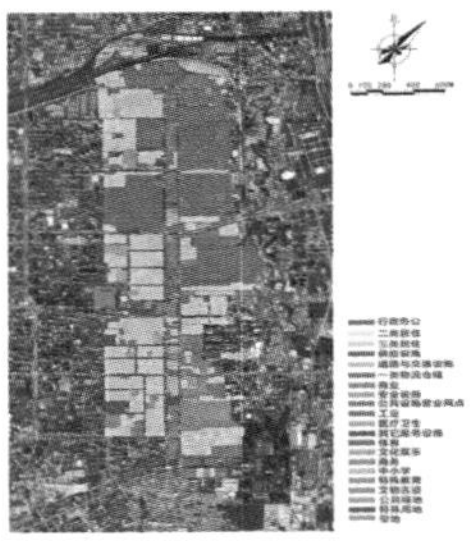



#### 7现状交通分析

##### 7.1 东城区交通

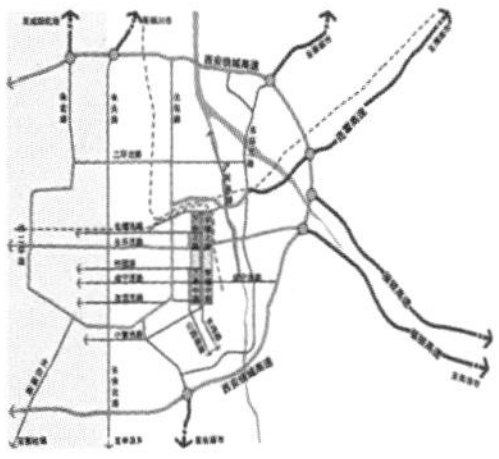

1）环环相扣
东二环和东三环之间多条东西向道路连接，绕城高速上分布多个连接点。
2）内外贯通
向内咸宁西路、长乐西路、柿园路等多条路通向中心城区。
向外长乐路连接福银高速，浐河西路连接连霍高速，北辰路咸宁东路都可通往各城际高速。

##### 7.2 基地对外交通

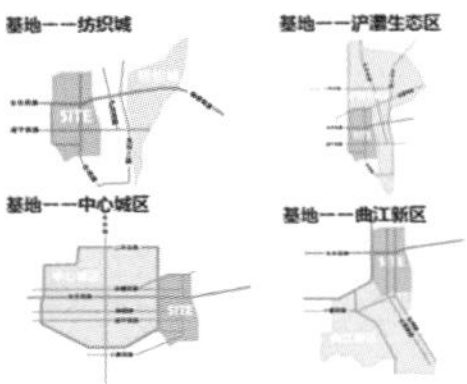


##### 7.3 区域现状交通

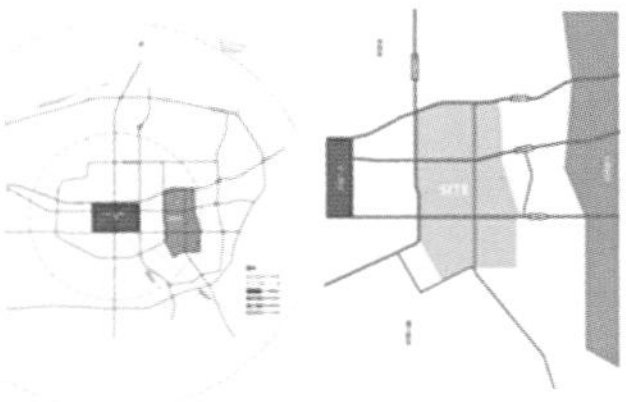

A. 基地位于西安中心城区东侧，东西联系中心城区与浐灞新区，南北联系未央区与曲江新区。

B. 东西方向有三条贯通的主干路，交通通畅。南北方向无贯通的主干路，交通压力过大。

##### 7.4 基地现状道路

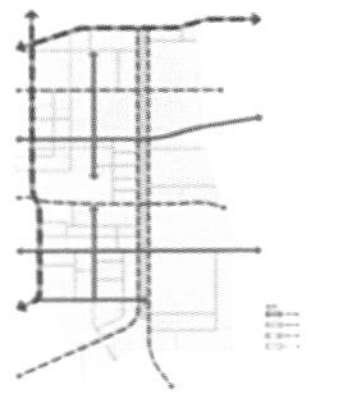

A. 幸福林带西侧路网较为完善，东侧路网密度明显偏低。

B. 步行交通系统不够完善，没有实现立体交通和人车分流。

##### 7.5 基地公共交通

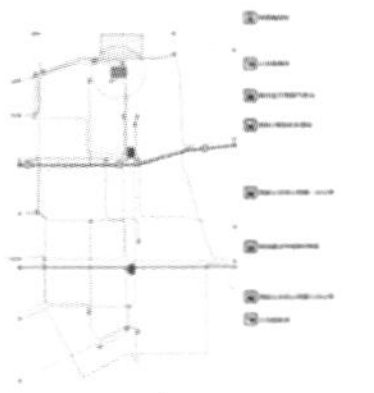

A. 公交：林带东部站点少，可达性弱。
B. 地铁：地铁站与公交站点没有形成综合换乘。
C. 铁路：北部铁路与地块内工厂及物流联系紧密。
D. 客运站：北部设有陕交运万寿路汽车站，对外交通量大。

## 二认知与策略

### 1风

林带处于有带无林的状态。林带用地基本被建筑占用。导致整个片区通可能成为风廊道的区域被侵占。

整个片区缺少绿地,片区通风不畅温度升高。

基地中建筑高度比较均质,难以引入城市风。

#### 1.1 已规划风道研究

生态绿地

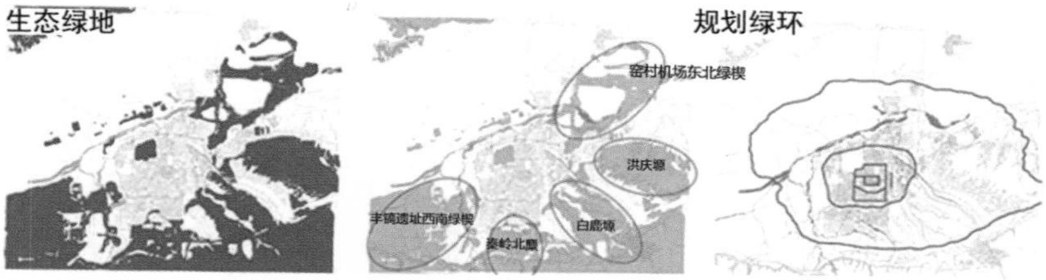

《西安城市发展建设生态合理体系控制规划》

规划绿环

空村机场东北绿楔

洪庆塬

茅镇遗址西南绿楔

骊岭北麓

白鹿塬

《西安市生态城市建设专项规划》

#### 1.2 风分类

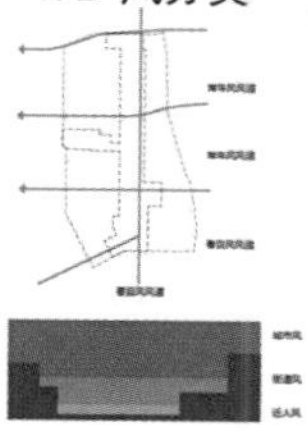

##### 1.2.1 城市风层面

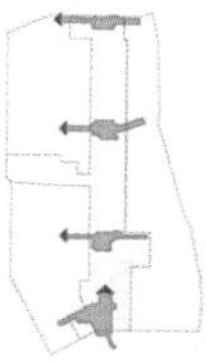

城市高空风
以建筑外轮廓线为边界
顺延建筑轮廓线吹入基地高空
因此在设计建筑界面时
风口处建筑进行退让降低
放大风口处空间

##### 1.2.2 街道风层面

春夏风  秋冬风  街道风风口  纵剖示意图

横剖示意图

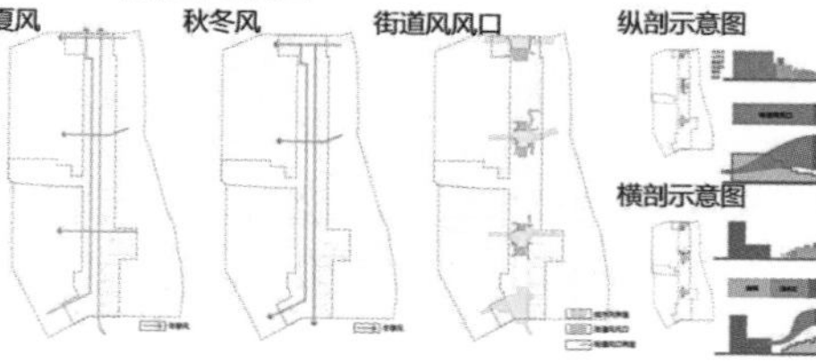

##### 1.2.3 近人风层面

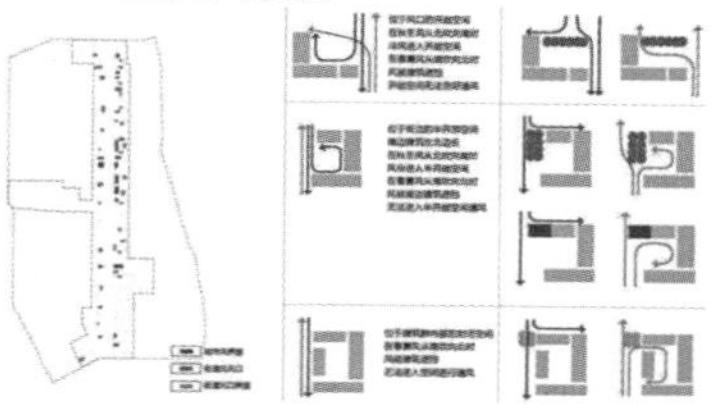

### 2水

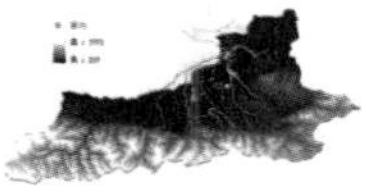

西安市水资源情况概述

陕西西安地处关中平原中部,南依秦岭山脉,北临渭北黄土高原,自古以来农桑发达,水利条件极其便利。素有"八水绕长安"的美誉。全市水资源总量约为 26.66 亿立方米,人均水资源占有量约为 350 立方米。

#### 2.1 基地引水

大峪水库引水工程:
1. 生态水从水库流出后,在途经航天基地时进行分流,一支流进了航天基地,目前已到达了航天基地外围,等到航天基地内的水域建好后,生态水随时可以进入。
2. 而生态水的主流继续前行,在途经曲江南湖时分流,一流进南湖,南湖的水也可以流进大唐芙蓉园湖中。
3. 生态水的主流继续前行至雁曲五路与曲江大道交叉口分流,一支流进护城河一支流进兴庆湖。

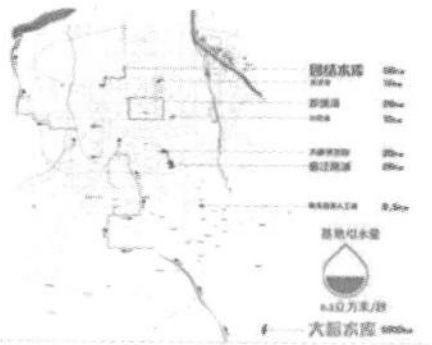

西安市各大公园湖泊排水管网是相连的:
1. 生态水经过航天基地湖水后,如果水质不好,将排入河,如果水质良好,将流入南湖、再流入大唐芙蓉园。
2. 从芙蓉园流出时,水质不好,将通过市政管道排出,水质好,则可流入护城河。
3. 流入兴庆湖的水,流出时如果水质好,可以流进护城河,不好的话则流入护城河的截流工程,再经过市政管网排出。
4. 生态水也可通过单独的管网流进护城河。

#### 2.2 制约因素

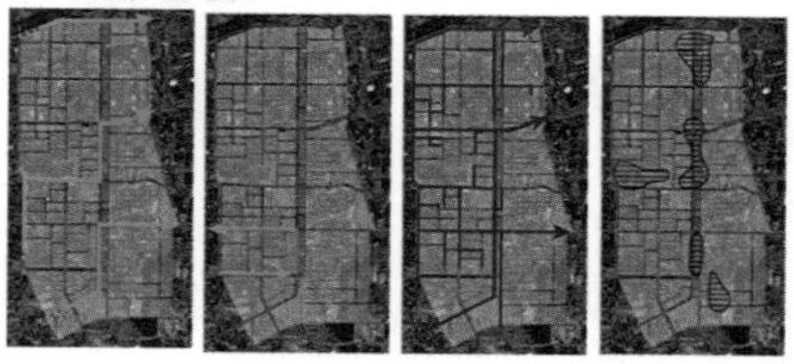

雨水主管道  黑河水过境管线  污水主管道  静风区

#### 2.3 雨水量计算

结论

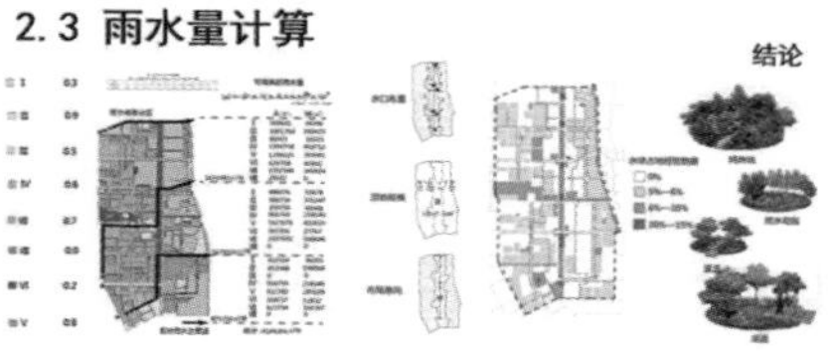

### 3林

结合风道的林地结构图:  植物冠层平面布局分布图:

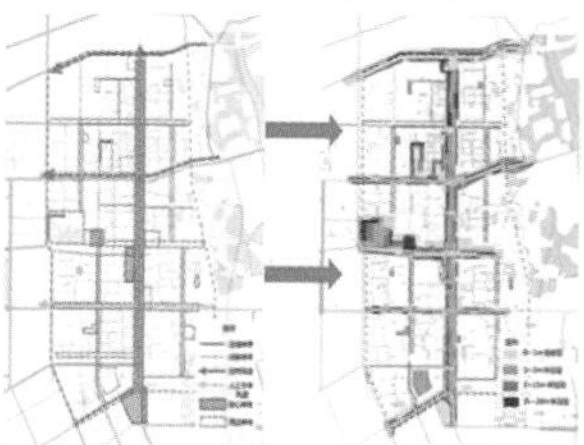

#### 3.1 林缘规划图

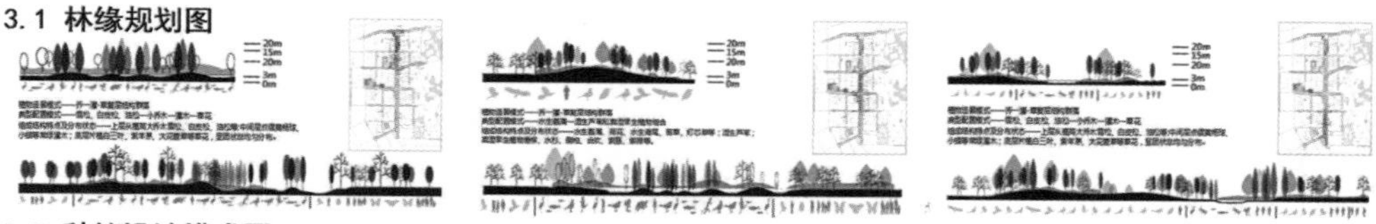

#### 3.2 种植设计模式图

## 三总体规划结构

### 1土地利用规划

R1一类居住用地
R2二类居住用地
G1公园绿地
G2防护绿地
G3广场用地
B商业用地
A1行政办公用地
A2文化设施用地
A31高等院校用地
A33中小学用地
A51医疗卫生用地
A7文物古迹用地
W物流仓储用地
M工业用地
U市政设施用地
S道路交通用地

### 2功能结构

### 3规划结构

### 4景观结构

城市公共生活集聚空间
绿地
主题绿地
地块控制边界
主要景观节点
次要景观节点
门户空间
风道
水系

### 5道路交通系统规划

城市快速路
城市主干路
城市次干路
城市支路
回车场
下穿行车道
地铁线路

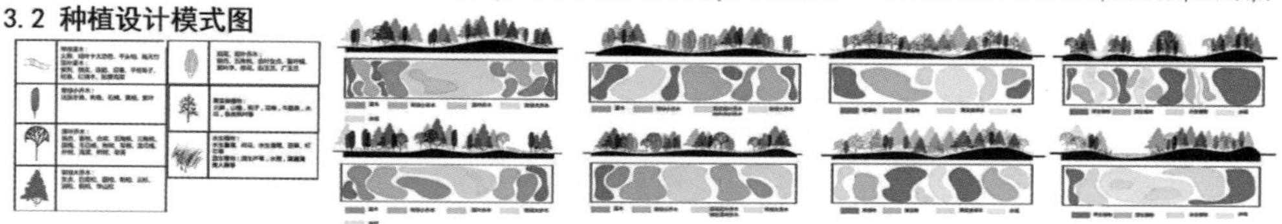

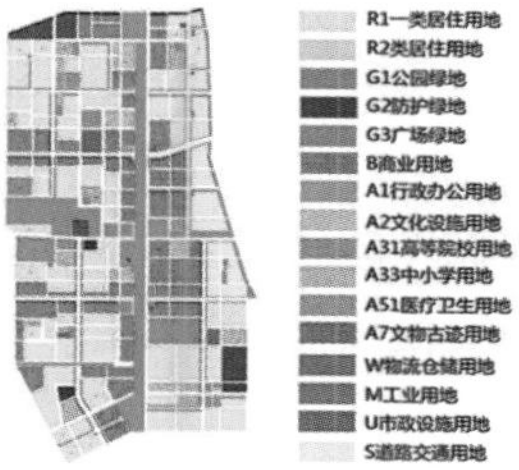

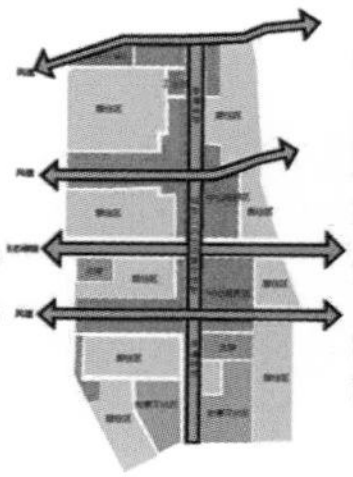

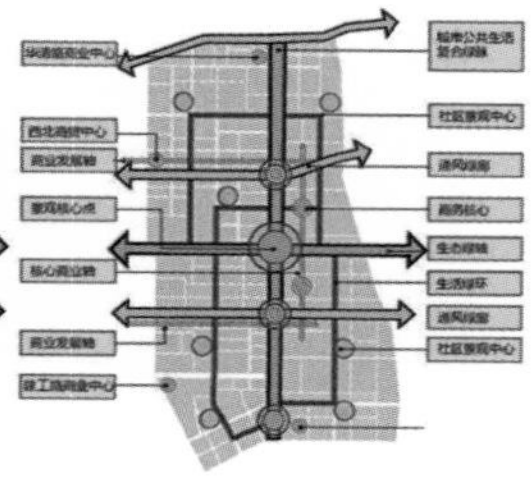

董世永

许芗斌

邓蜀阳

## 重庆大学

城乡规划专业学生：李洁莹、李光雨、李文斌、曹璨、冯矛、张绍华、温奇晟、陶维、陶鸿

建筑学专业学生：蒋敏、伍利君、傅东雪、陈柯、胡斯哲、尹子祥、刘宇、李晓卉、杨丽婧

风景园林专业学生：刘辰、侯姝君、尹鲲、倪恺、徐皓琛、翟沁怡、陈适、骆言、冉山峰

释 题

# 重庆大学建筑城规学院

由于本次联合毕业设计选题用地范围较大，考虑到规划用地的完整性和延伸性，重庆大学联合毕业设计团队在保证建立整体规划结构和用地布局的完整性条件下，将规划用地划分为A、B、C三个地段，在首先完成整体范围的总体策划的基础上，再根据各专业要求分别完成A、B、C三个地段的城市设计、建筑设计、景观设计的相关内容。

本次重庆大学的毕业设计成果是一个完整的成果，A、B、C三个地段是相互联系不可分割的整体，真正做到了各专业之间是相互协作、相互支撑的跨界交流和融合。考虑三个专业的融合，重庆大学联合毕业设计的组织工作安排是将三个专业混合编成三个大组，每个大组内有三个小组（各专业组），三个大组共同讨论、联合策划整体用地范围的规划策略、用地布局，制订整体规划结构，同时在整体策划的基础上，各大组分别选择A、B、C三个不同地段进行设计（要求每个大组必须选择不同的地段，以保证其整体规划的完整性），同时按专业要求完成相关设计内容。各专业之间的相互联系、相互交流、相互交融，亦分亦合，各小组之间的相互协作和团队意识，既保证完成了各专业的任务要求，又实现设计成果的完整性。

# UC 4

重庆大学
CHONGQING UNIVERSITY

设计者：
重庆大学团体27人

## 幸福林RBD
**Xingfu Lin RBD**

### 新生与发展——西安幸福林带核心区城市设计
Regeneration and Development - Urban Design of the Xingfu Lindai core area in Xi'an

指导教师：邓蜀阳　董世永　许芗斌

本次设计的特殊之处在于跨专业的合作，全部成员由27人组成，其中规划、建筑、景观各9人，共同完成前期城市设计定位等工作，然后将27人分成三个组，每个组各专业各3人，进行分地段的城市设计。其中，规划主要负责对整体城市设计的控制，建筑主要负责对主要建筑的深化设计，景观主要负责对幸福林带的设计。

第一组成员

侯姝君

伍利君
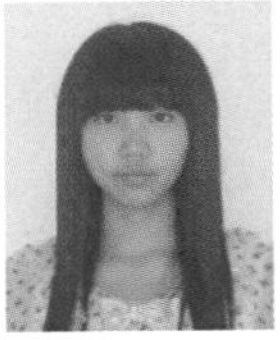
李光雨

傅东雪

刘辰

李洁莹

尹鲲

李文斌

蒋敏

第二组成员

曹璨

冯矛

张绍华

陈柯

李晓卉

尹子祥

倪凯
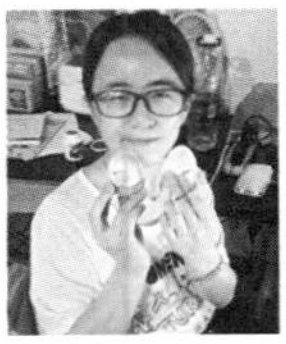
翟沁怡

徐皓琛

第三组成员

温奇晟

杨丽婧

冉山峰

刘宇

胡斯哲

陈适

陶维

陶鸿

骆言

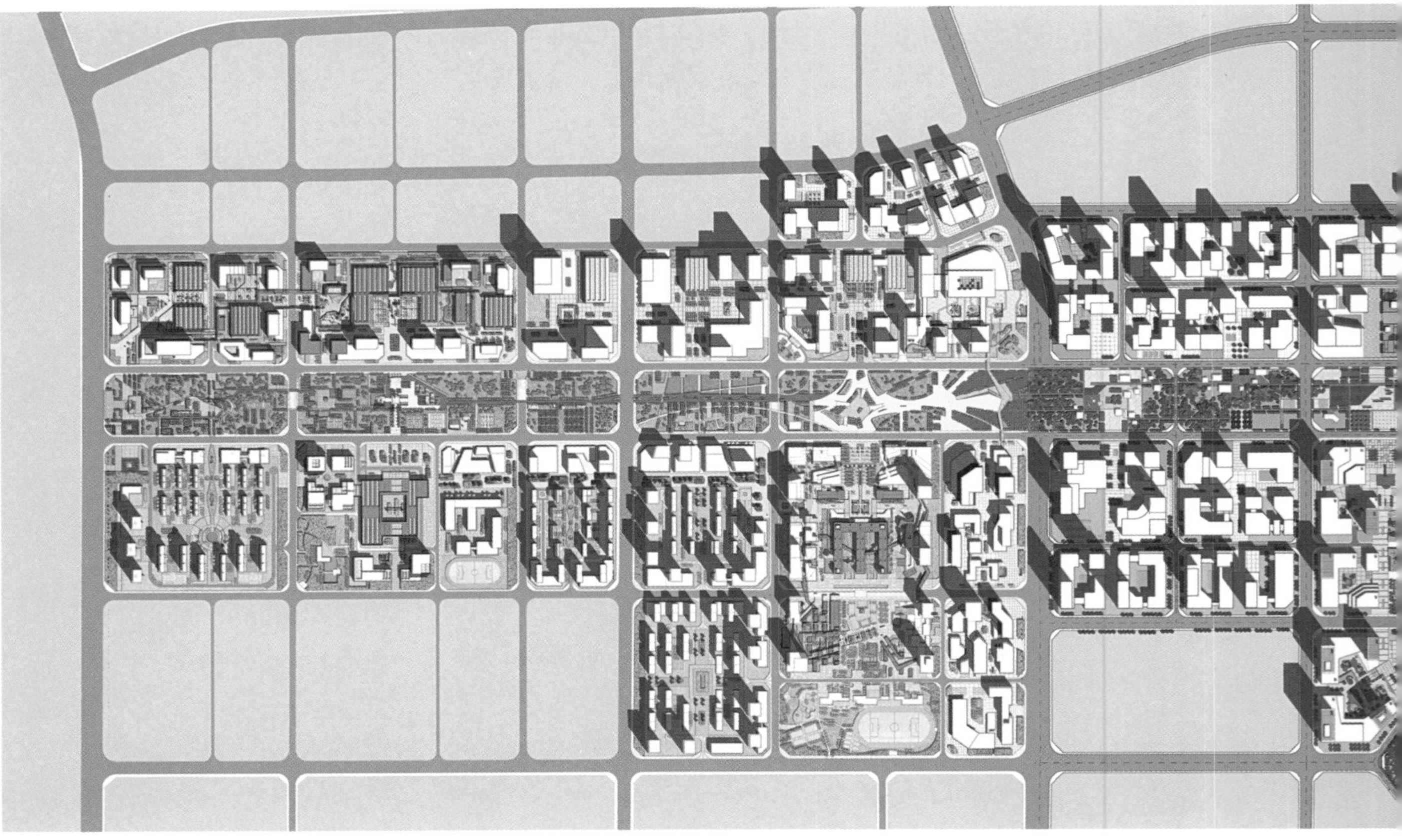

## 1. 工作框架的制定

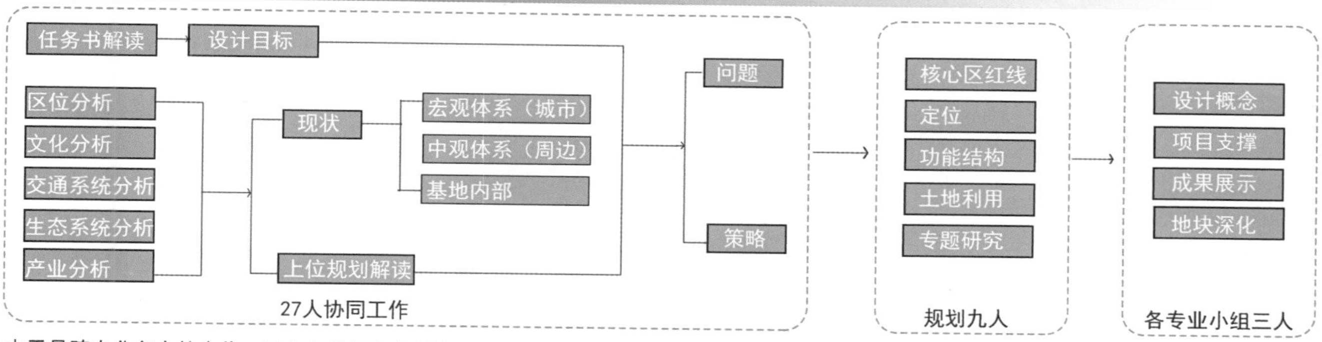


由于是跨专业多人的合作，因此合作框架的制定显得非常重要，在一个合理的工作框架下，一是使大家清楚每个阶段的任务，在规定的时间内完成规定的任务，二是使大家分工明确，可以减少不必要的重复劳动。

## 2. 任务书解读与设计目标

■ 幸福林带建设背景

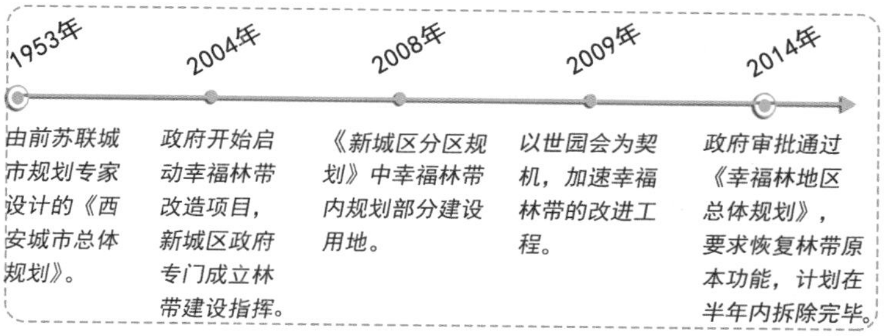


■ 设计目标

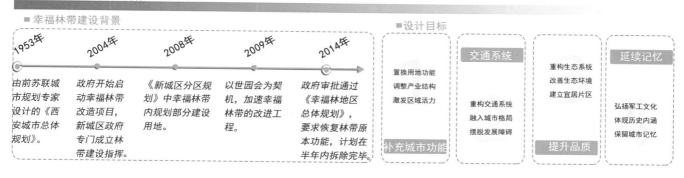

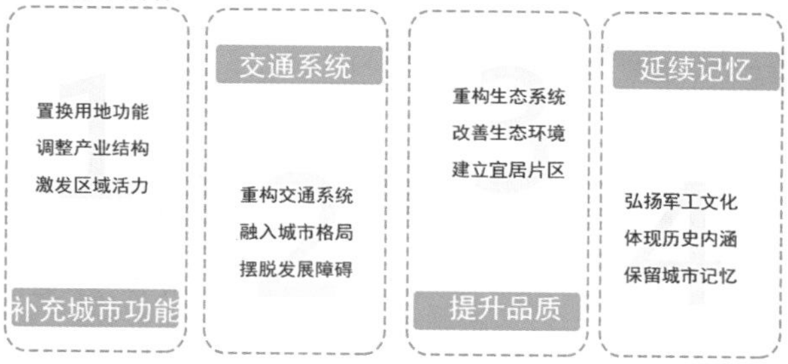


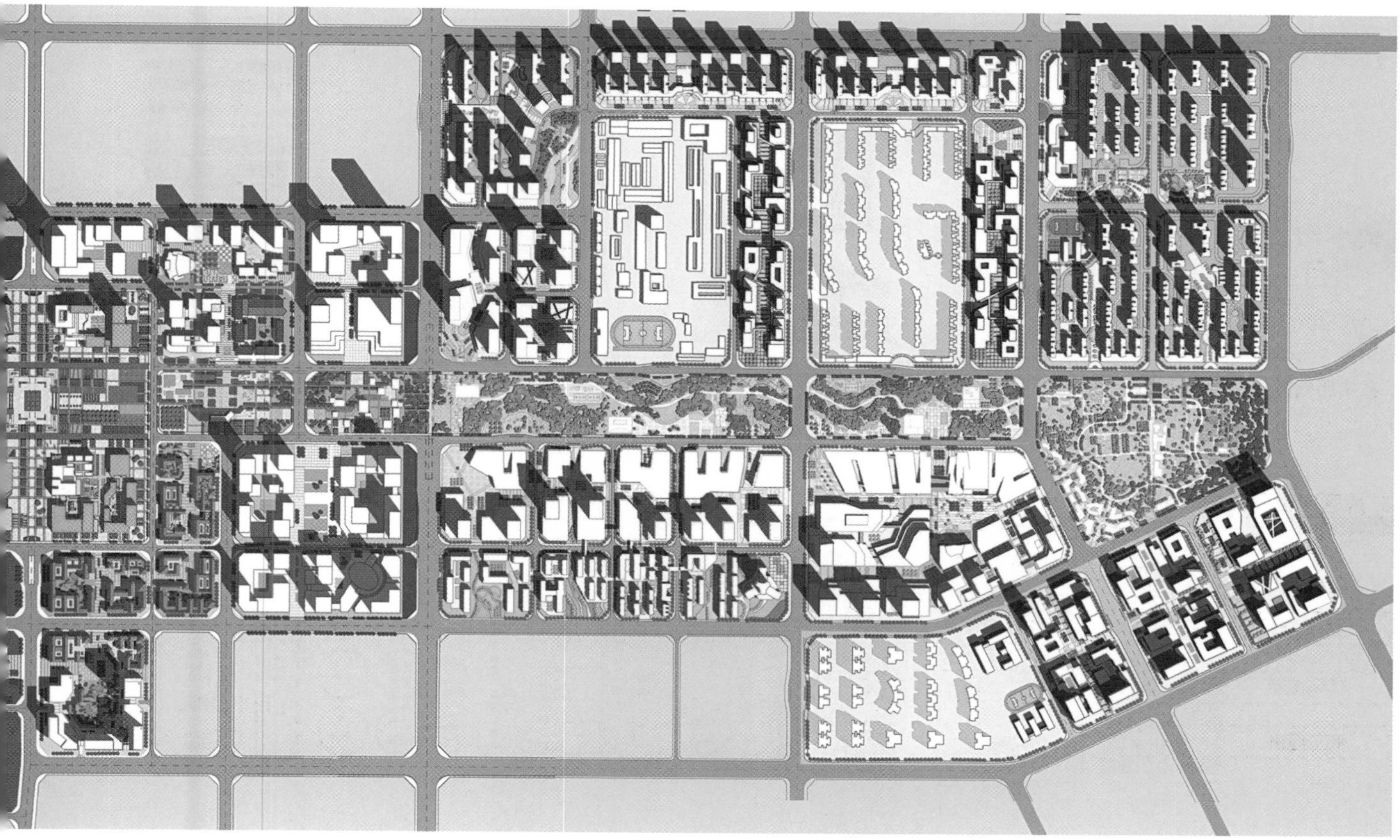

## 3. 产业分析

### 城市对幸福林带的要求

西安商业发展规划

- 提升中心商业功能区，以钟楼为核心，包括东大街、西大街、南大街、北大街和解放路等街区，是西安零售服务网点的核心聚集区域。
- 开发建设二环商业带，重点发展区域商业中心。重点推进小寨、土门、北二环、高新区等8个区域商业中心的建设。
- 加快发展三环商业带，建设新型专业化大市场。

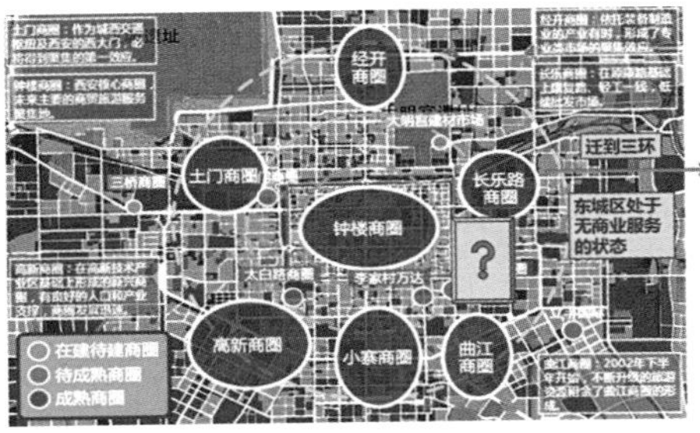


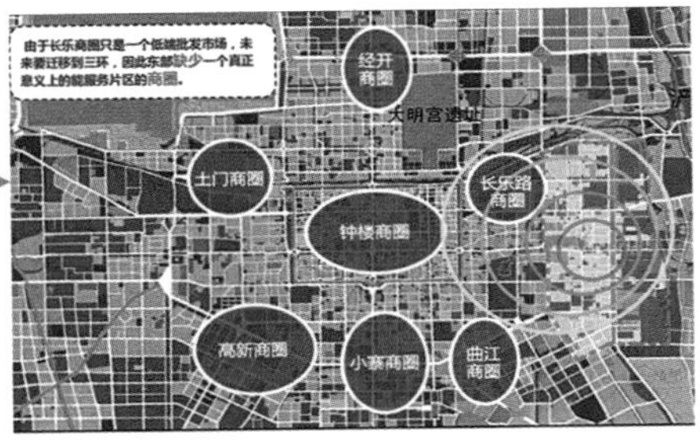


### 西安产业分析

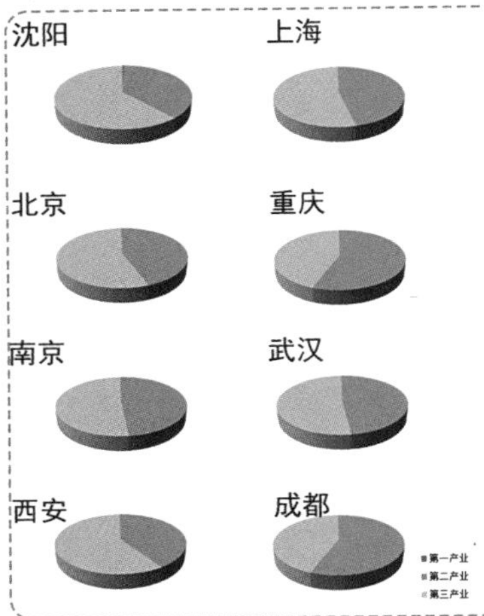


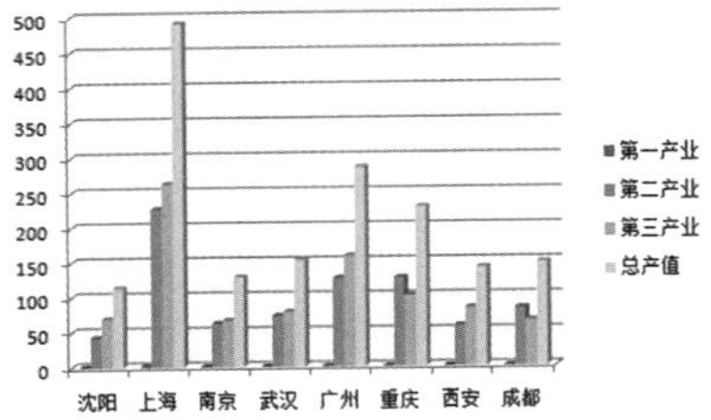


当前弱势：

1、城市化率与其他东部中部省市相比相差较大。

2、西安GDP生产总值处于所排城市的下游。

3、西安虽然第三产业所占的比重较高、但是三产的总量上依然落后。

### 人群对幸福林带的需求分析

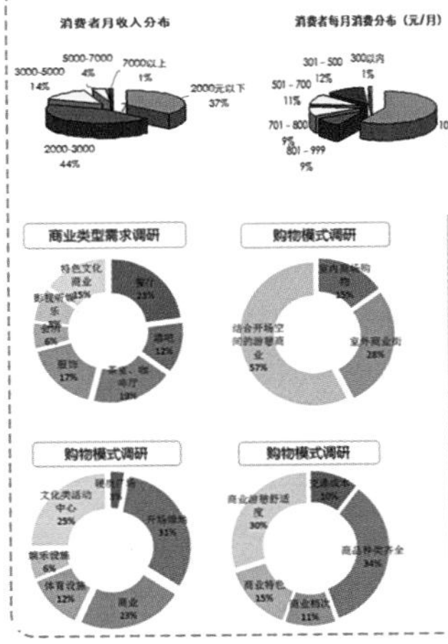


- 被访人群中，企业职工及其家属占区域总人口达65%，为区域内的核心人口；
- 被访人群中，人口年龄大多集中在30岁左右；
- 被访人群中，已婚人口占比高达75%，说明以家庭为单位的消费群体占主流；
- 被访人群中，两代人同居的比例高达68%，一代人自居的比例约为31%，其中2+孩子的比例高达52%，说明，以孩子为核心的家庭消费占据区域消费中的主流。
- 购物满意度的重要影响因素是商业购物舒适度和商品种类的聚集规模
- 幸福林带人群认为场地欠缺的功能有文化设施、商业、开场空间。
- 幸福林带的人群主要需求的商业业态为以休闲为核心的娱乐、餐饮、视听、零售。
- 西安人更渴望室外游憩式的休闲商业，而并非全部室内
- 特色商业更能吸引人群

## 4. 文化体系分析

### 西安文化轴线

其中历史文化过渡轴经过场地内部

### 历史传统文化

万寿寺塔和韩森寨位于场地内部

### 生活文化

内向封闭的单位大院居住文化、丰富多彩的社区生活文化

### 后工业文化

军工建筑厂房承载的工业记忆

## 5. 片区定位--西安RBD

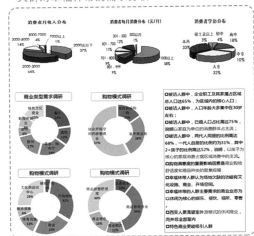

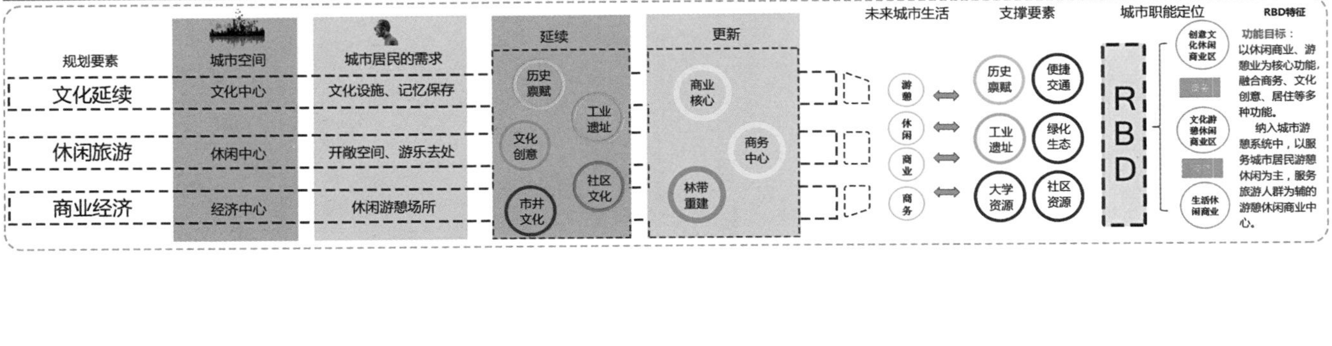

## 6. 交通体系分析

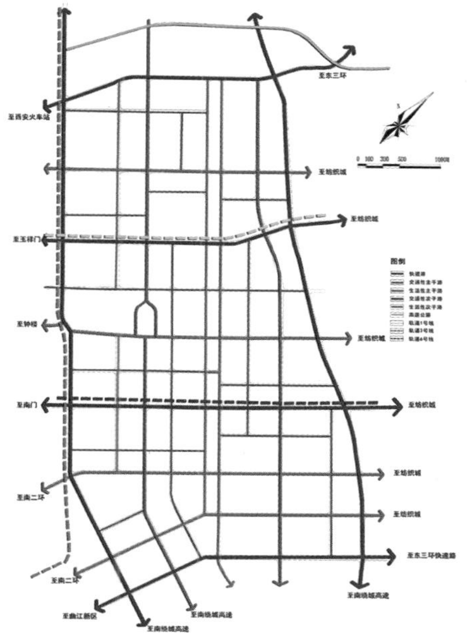


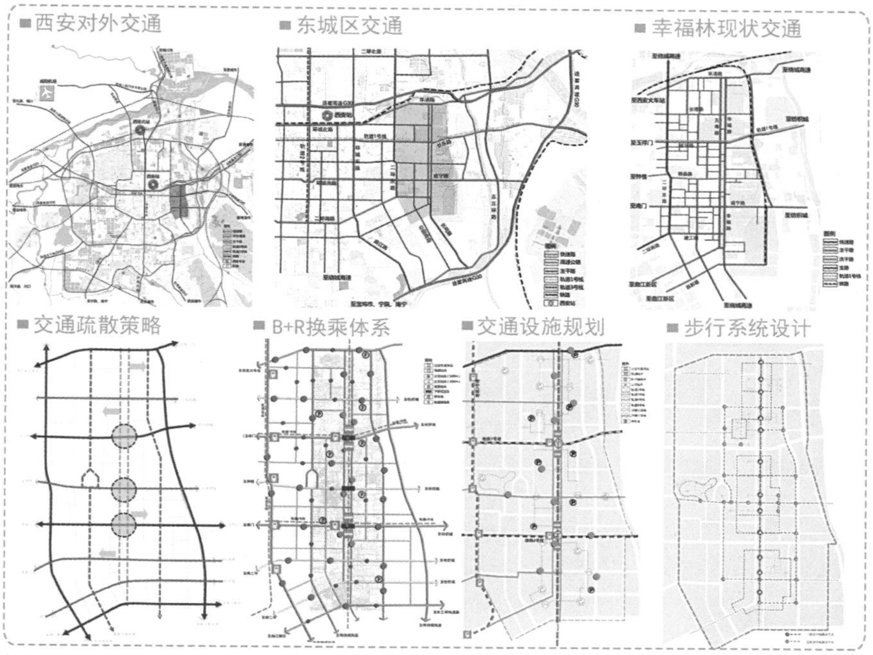


道路交通规划图：此次交通系统规划主要的考虑点除了完善整个交通系统外，最重要的一点是将幸福林带两边的交通道路由城市主干道变成次干道，将车流交通外移，最大程度上增强幸福林带的可达性，强调主题RBD的休闲性。

## 7. 生态系统分析

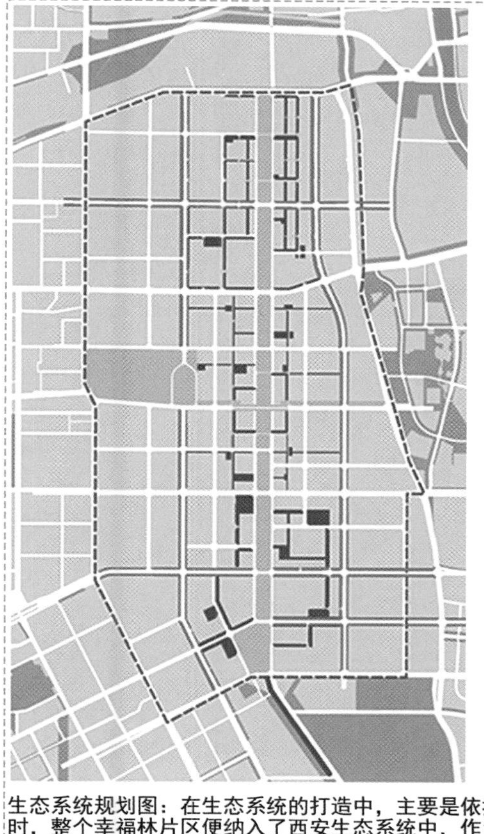

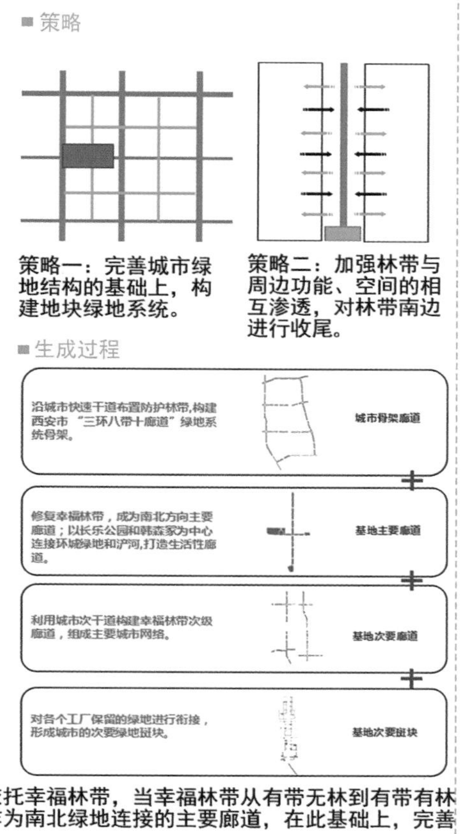
策略
策略一：完善城市绿地结构的基础上，构建地块绿地系统。
策略二：加强林带与周边功能、空间的相互渗透，对林带南边进行收尾。
生成过程
沿城市快速干道布置防护林带，构建西安市“三环八带十廊道”绿地系统骨架。
城市骨架廊道
修复幸福林带，成为南北方向主要廊道；以长乐公园和韩森冢为中心连接环城绿地和浐河，打造生活性廊道。
基地主要廊道
利用城市次干道构建幸福林带次级廊道，组成主要城市网络。
基地次要廊道
对各个工厂保留的绿地进行衔接，形成城市的次要绿地斑块。
基地次要斑块

生态系统规划图：在生态系统的打造中，主要是依托幸福林带，当幸福林带从有带无林到有带有林时，整个幸福林片区便纳入了西安生态系统中，作为南北绿地连接的主要廊道，在此基础上，完善地块内的生态系统。

## 8. 用地生成

幸福林片区及RBD核心区土地利用

| 用地名称 | 用地面积(hm²) | 所占比例（%） |
| --- | --- | --- |
| 城市建设用地 | 1763 | 100 |
| G | 241.04 | 13.67 |
| S | 286.30 | 16.24 |
| R | 805.22 | 45.67 |
| A | 95.64 | 5.42 |
| B | 321.19 | 18.22 |
| U | 13.60 | 0.77 |

幸福林片区

| 用地名称 | 用地面积 | 所占比例 |
| --- | --- | --- |
| 城市建设用地 | 6.48 | 100 |
| G | 1.01 | 15.5 |
| S | 0.93 | 14.3 |
| R | 1.26 | 14.4 |
| A | 0.68 | 15.5 |
| B | 2.6 | 38.8 |
| 其它 | 0.97 | 1.5 |

RBD核心区

RBD核心区功能结构图

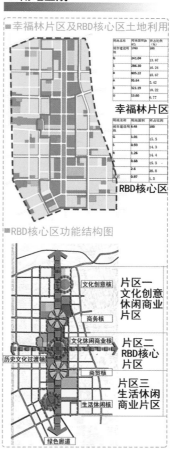

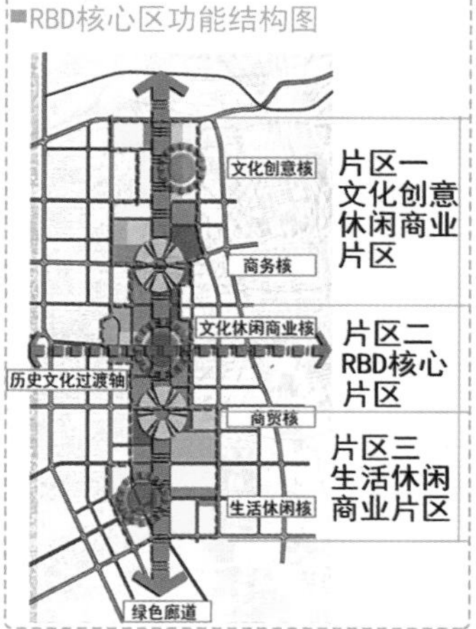

# UC 4

重庆大学
CHONGQING UNIVERSITY

设计者：
李文斌 李光雨 李洁莹

# 幸福 · 记忆

HAPPY·MEMORY

## 新生与发展——西安幸福林带核心区城市设计

Regeneration and Development - Urban Design of the Xingfu Lindai core area in Xi'an

指导教师：董世永

**设计说明：**

**通过对场地资源的分析，场地具有明显的工业资源优势和绿地优势，结合上位的RBD定位，对场地定位成休闲创意产业园区，通过对现状的肌理梳理和现状良好的工业建筑的保留，打造幸福记忆片区。**

## 设计框架

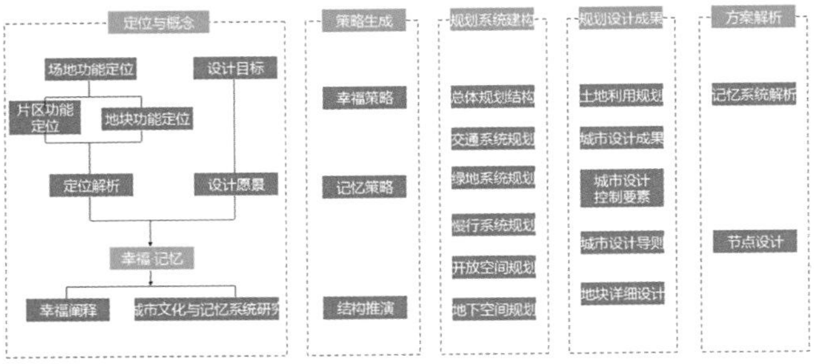


## 片区功能定位

### 总规定位

2012年幸福路地区总体规划，是建设西安国际化大都市的重要板块，是主城区东部集总部经济、商贸、生态、居住等功能为一体的城市综合区。

### 控规定位

以建设西安国际化大都市为目标，打造集总部办公、商贸服务、绿色休闲等于一体的生态怡人之所，智能低碳之地，活力幸福之城。

### 地块定位

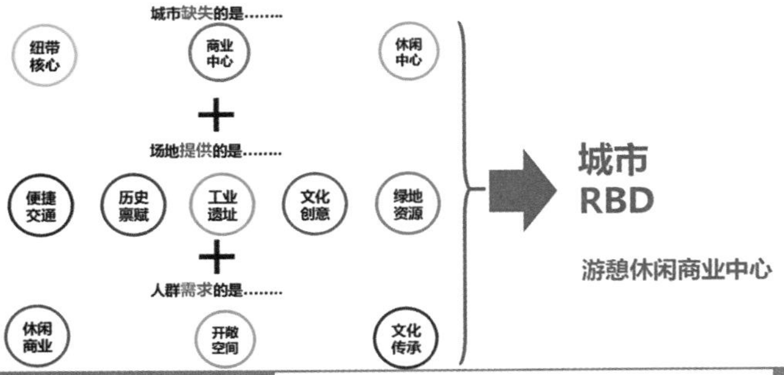


**片区空间结构**

幸福林片区依托幸福林带打造游憩休闲商业中心（即RBD），形成“两轴五核多廊道”的空间结构，使RBD服务覆盖整个新城区，成为新城区商业中心。

两轴：城市绿廊——沿幸福林绿带的南北轴线。

历史文化轴——与古城联系的东西向文化轴。

五核：北部创意产业核、中部商贸休闲核、商业核、南部商务商贸休闲核、生活休闲核。

多廊道：即幸福林带内多条东西生态走廊及多条南北生态的廊道。

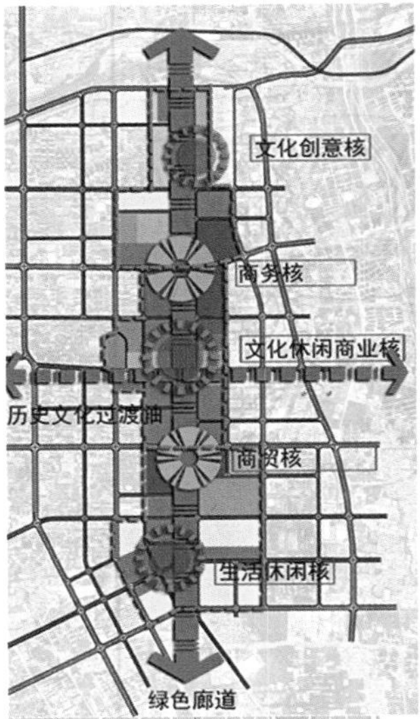


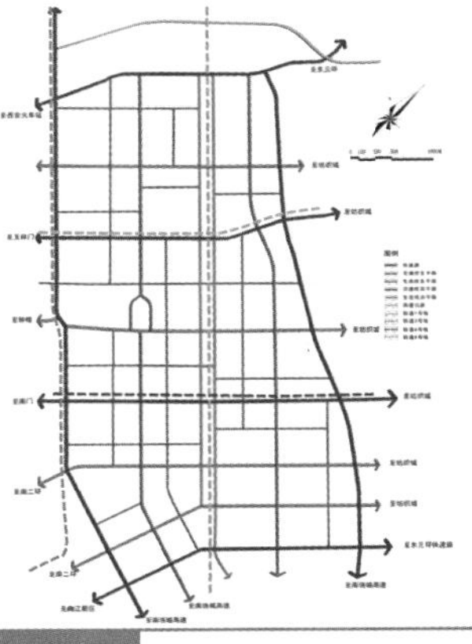

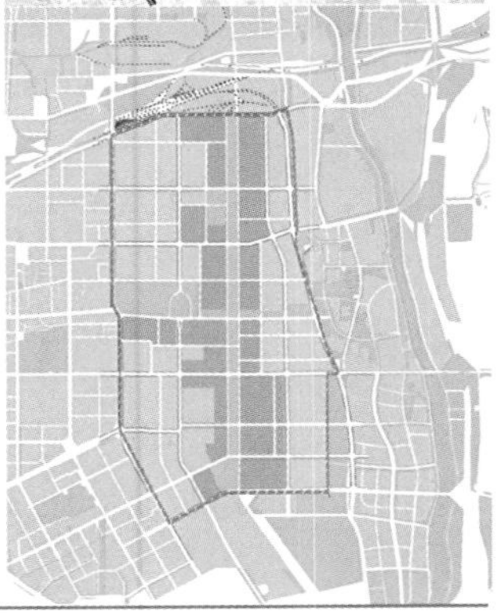



## 地块地位及设计目标

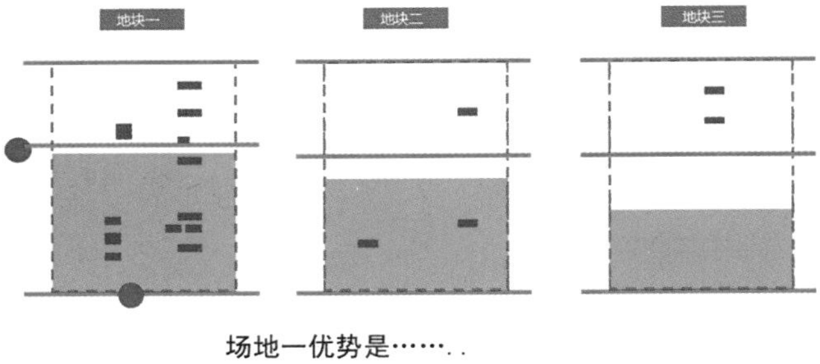


场地一优势是……..

地块一处于整个地块的北部，具有丰富的工业遗存、绿化遗存和生态潜力，是集文化、创意产业、商务、游憩于一体的休闲文化创意产业园区。

## 设计目标

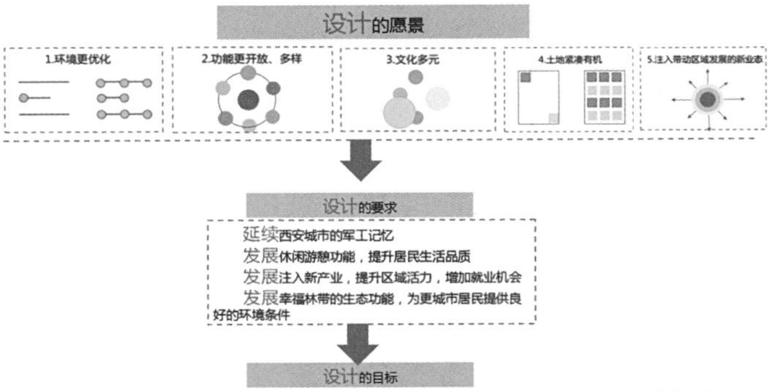


继承场地记忆，发展成为一个自然与活力，悠闲与开放，动静相宜的幸福片区。

幸福·记忆

## 幸福阐释

什么是幸福？

没有城市居民的幸福感，幸福城市将是一句空话。
城市的主体是人，城市的实质是人类的化身，没有人的存在，没有人对自身居住环境的需要，也就没有城市的产生。

——刘易斯·芒福德

幸福城市的内涵

经济殷实
民生给力
生态良好
人文繁荣
生活便捷，配套完善
多元化的休闲活动场所
WAL*MART
WANDA
SCHOOL
LIBRARY
HOSPITAL
stadium
环境优美，生态良好
多样化业态，产业富民

产业富民

由单一的第二产业，植入更加丰富的第三产业，提高人们的生活质量和就业质量，同时也提高人们的收入。为幸福林片区注入新的动力因子，进一步完善韩森寨片区的综合服务平台。

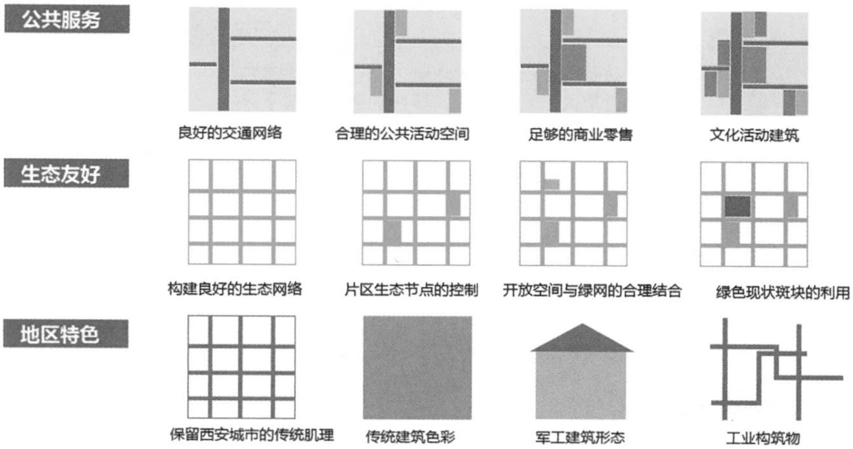
公共服务
良好的交通网络
合理的公共活动空间
足够的商业零售
文化活动建筑
生态友好
构建良好的生态网络
片区生态节点的控制
开放空间与绿网的合理结合
绿色现状斑块的利用
地区特色
保留西安城市的传统肌理
传统建筑色彩
军工建筑形态
工业构筑物

## 城市文化与记忆系统

为什么研究西安城市文化？

2009年6月通过的《关中—天水经济区发展规划》将西安定位为未来中国的三个“国际化大都市”之一。

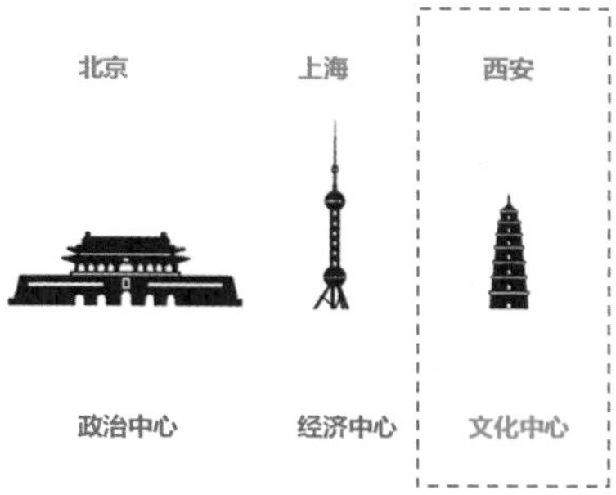
北京
上海
西安
政治中心
经济中心
文化中心

什么是城市文化系统？

从城市规划的角度认为城市文化体系是指依托城市文化资源，以城市文化的继承与发展为目的，以文化的征集、保护、研究、传播与展示为基本职能的城市公共开放空间系统。

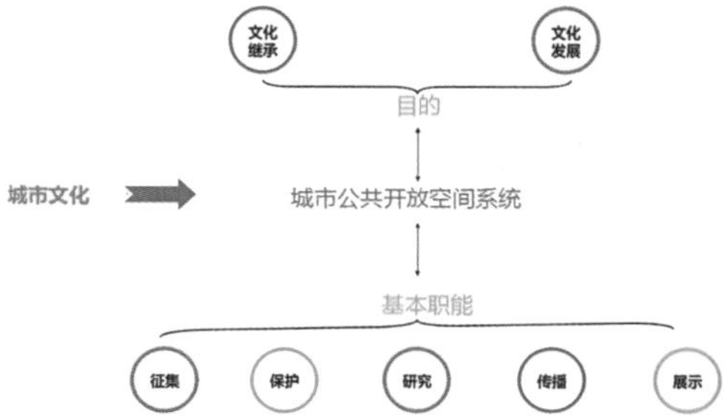
文化继承
文化发展
目的
城市文化
城市公共开放空间系统
基本职能
征集
保护
研究
传播
展示



什么是城市记忆系统？

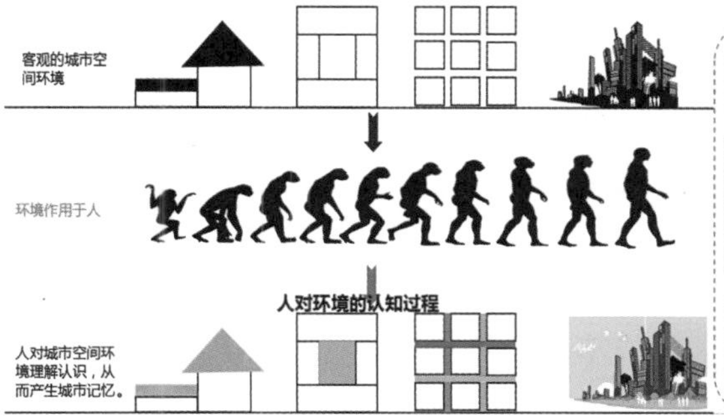
客观的城市空间环境
环境作用于人
人对环境的认知过程
人对城市空间环境理解认识，从而产生城市记忆。

城市文化与记忆系统要素

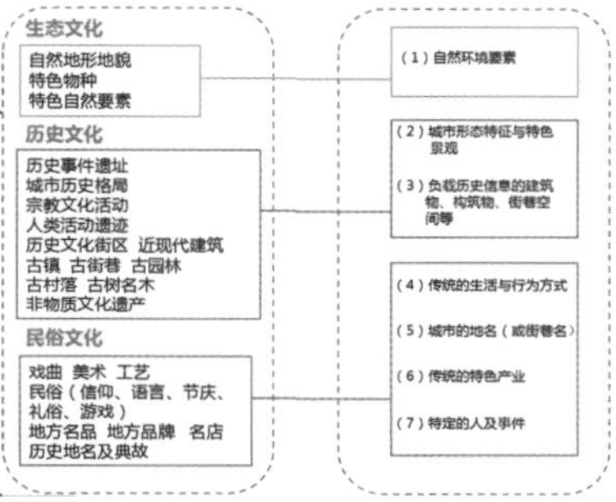
生态文化
自然地形地貌
特色物种
特色自然要素
历史文化
历史事件遗址
城市历史格局
宗教文化活动
人类活动遗迹
历史文化街区 近现代建筑
古镇 古街巷 古园林
古村落 古树名木
非物质文化遗产
民俗文化
戏曲 美术 工艺
民俗（信仰、语言、节庆、礼俗、游戏）
地方名品 地方品牌 名店
历史地名及典故
（1）自然环境要素
（2）城市形态特征与特色景观
（3）负载历史信息的建筑物、构筑物、街巷空间等
（4）传统的生活与行为方式
（5）城市的地名（或街巷名）
（6）传统的特色产业
（7）特定的人及事件

文化与记忆系统四要素

城市文化要素
城市记忆要素

分析城市文化要素与城市记忆要素的共通之处，我们得到了城市文化与记忆系统建构所必须的四个要素。

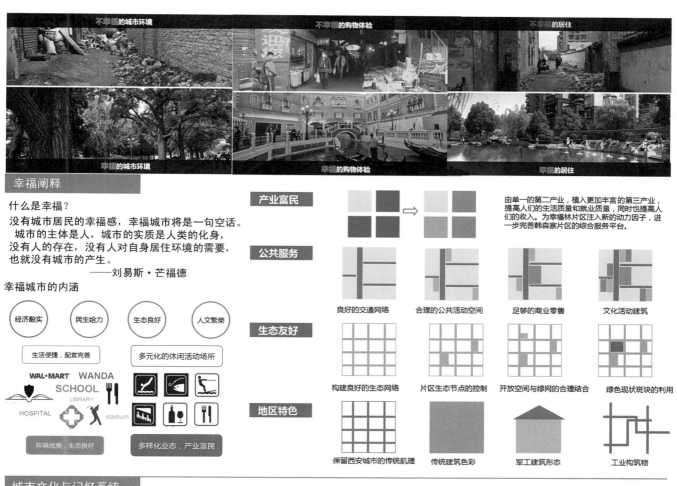

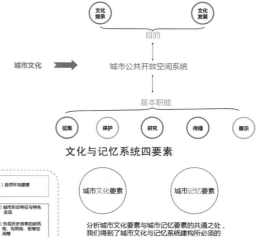

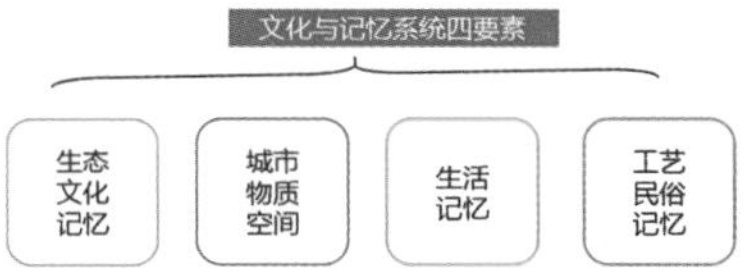
文化与记忆系统四要素
生态文化记忆
城市物质空间
生活记忆
工艺民俗记忆

## 城市文化与记忆体系建构方式

由三大文化中空间分布最为广泛、影响力最大的文化组成城市各片区的文化基"面"，重要的文化传承和意向联系轴组成文化体系的联系"线"，而各大历史遗址及文物点则形成文化"点"，上述"点"、"线"、"面"组成文化体系。

生态
文化
记忆

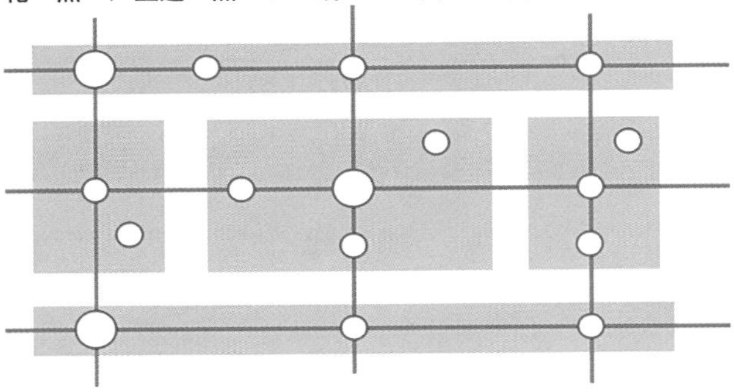

景观大致分为自然景观与人文景观。自然景观是基本不受人工影响的资源，保持原有的生态的自然环境景观特征，而自然景观又分为地质地貌景观资源，水文景观资源，气候景观资源，生物植被景观资源，不同的自然景观特征呈现出不同的美感和意境。

选取保留部分完好工厂绿化，整理破碎的绿地现状，细化绿地结构网络。

系统梳理

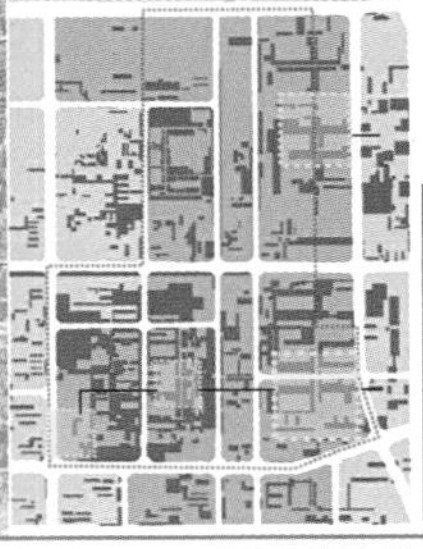

| 绿地延续策略 | 策略解读 | 实例 |
|---|---|---|
| 原址保留 | 将绿化良好的地方保留，为新规划用地增添活力。 | 西光厂 昆仑厂 |
| 绿带延展 | 在原有绿地的基础上将绿带延展，形成新的景观或轴线。 | 黄河机械厂 |
| 原址改造 | 对原有绿地加以改造，以适应新的功能和布局。 | 杨森制药厂 |

城市
物质
空间

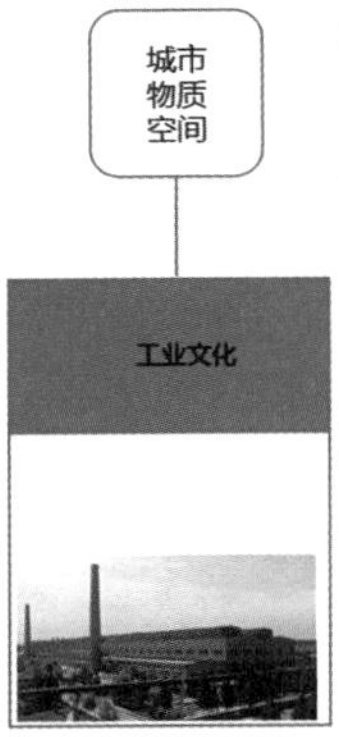

如果把城市比作一个博物馆，那么工业类建筑遗存则是关于工业化时代最好的展品。对于某些工业城市，一个家庭若几代与厂矿存在联系，彼此间形成难以割舍的情感，因此对工业类建筑遗存的保护改造再利用维系了蕴含其中的历史记忆和文化价值。

旧工业建筑的本体因素，包括建筑自身的历史文化性、空间特征、结构状况和基础设施现状等，深入了解这些现实因素，是保证改造再利用能否成功的关键。

**工业建筑的自身优势**

工业文化

旧工业建筑

| 居住建筑 | 办公建筑 | 文化娱乐建筑 | 商业建筑 | 博物馆建筑 | 文化创意园 | 工业文化公园 |
|---|---|---|---|---|---|---|

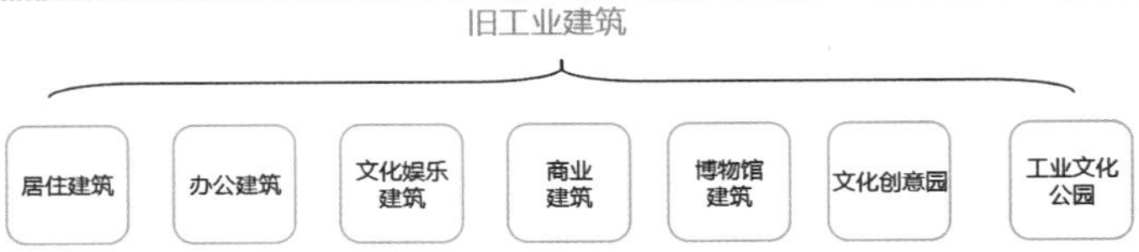

### 工业文化记忆——Renovation
**空间联系**

首先对原工业遗址的整体布局骨架结构（功能分区结构、空间组织结构、交通运输结构等）以及其中的空间节点、构成元素等进行全面保护，而不仅仅是有选择地部分保留。

| 空间轴线 | 空间节点 | 交通结构 | 步行体系 | 绿化结构 |
|---|---|---|---|---|

平面布局　立面造型　建筑结构　基础设施

## 空间联系主要改造方法
建筑连接部打通

两栋紧靠在一起建筑物的共用或并联双墙处打开门洞形成通道。

共用墙面　　并联墙面

采取加连接廊或天桥的方式使两建筑物内部能够相互贯通。

连廊处理

有时可将相邻的建筑物在邻接处加顶封闭。

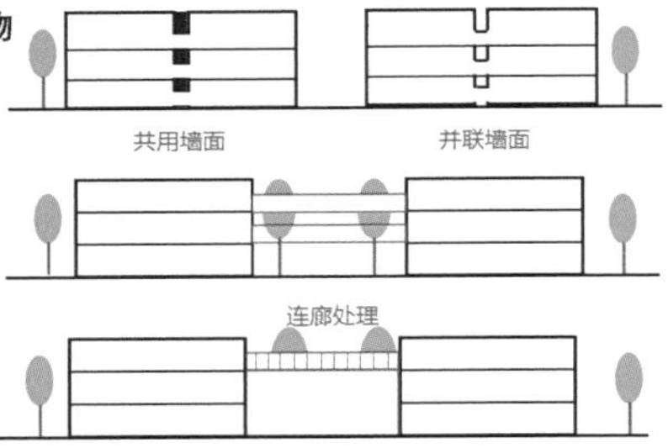

**特有构件记忆**

1）特有构件的原位改造再利用

对于工业遗产中的特有设备和特有构筑物，可通过对其改造再利用后重新融入到新的建筑功能或园区景观规划中去。

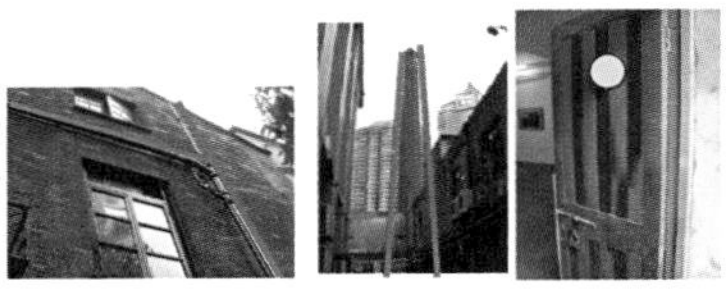

2）特有构件的"雕塑化"处理

对于那些由于条件限制或设计需要不能在原有位置进行改造再利用而又确实具有历史文化特色的特有构件，可以考虑将其拆除通过处理后作为"雕塑品"置于新园区中，或者对其重新组合形成新景观或新的创意作品来表现创意产业园内特有的氛围。

## 空间形态重构

1）垂直分隔

BEFORE　　AFTER

2）水平分隔

BEFORE　　AFTER

3）"屋中屋"式分隔

BEFORE　　AFTER

4）局部拆减

拆减体块　　拆减楼、板、柱　　拆减墙体

5）局部增建

加建一些楼梯间或者入口空间

6）局部保留

保留建筑构架或者一段墙壁

5）地面隐喻

拆

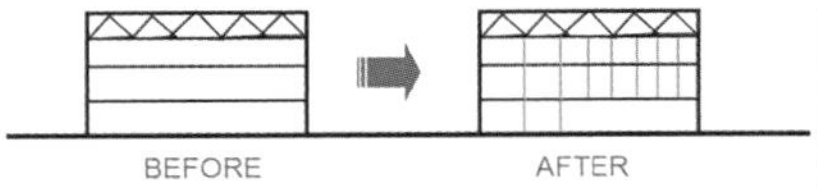

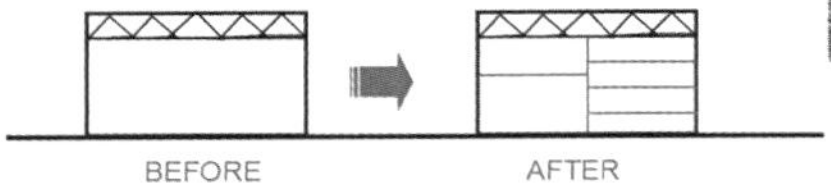

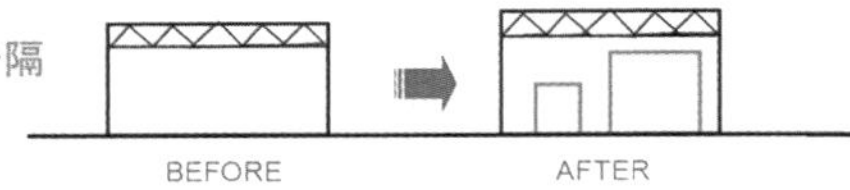

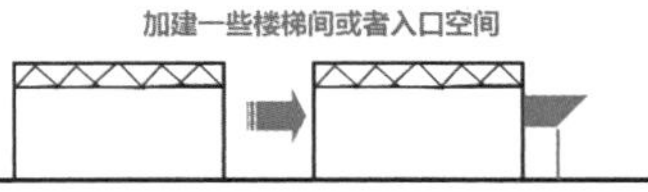

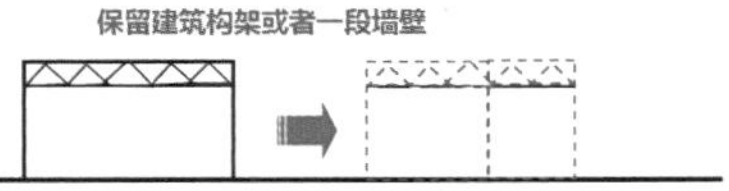

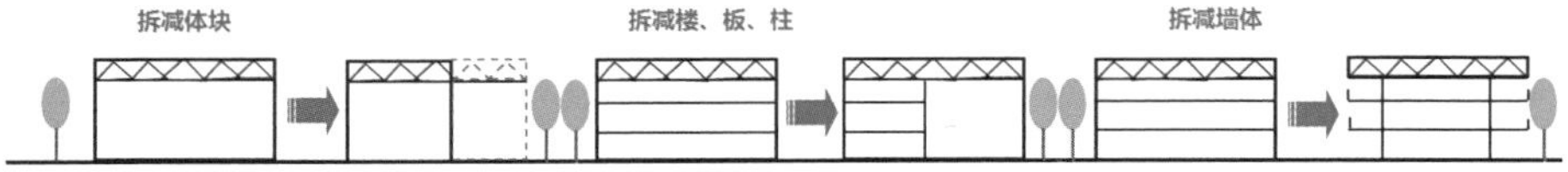

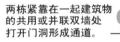

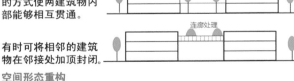

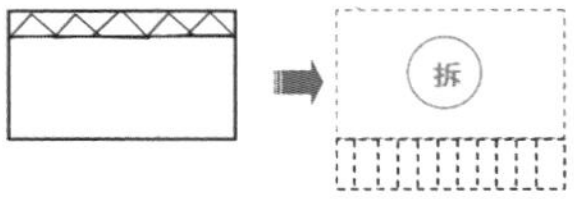

## 军工文化记忆

场地位于幸福林片区北部，涵盖了杨森制药厂、西光机械厂、昆仑机械厂、黄河机械厂，占红线用地的80%。其中西光机械厂、昆仑机械厂、黄河机械厂是老牌的军工企业厂，承载了整个西安的军工文化记忆。

| 延续策略 | 策略阐释 | 实例 |
| --- | --- | --- |
| **原址保留** | 将原有厂房等建筑原址保留，植入新的功能使焕发新的活力。 | 西光厂E字楼<br>昆仑厂部分厂房<br>杨森制药厂主厂房 |
| **部分保留与改造** | 将原有厂房进行一定程度的改造，保留部分厂房或工业生产所用的构件，完成新的开发建设。 | 西光厂<br>昆仑厂 |
| **迁建** | 将原有工厂建筑的部分构件进行异地迁建，打造工业景观 | 黄河机械厂 |

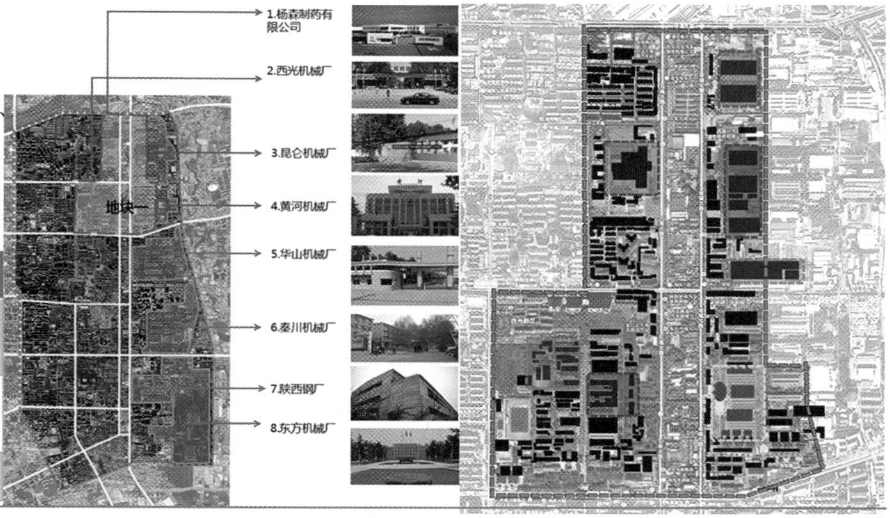

地块一
1.杨森制药有限公司
2.西光机械厂
3.昆仑机械厂
4.黄河机械厂
5.华山机械厂
6.秦川机械厂
7.陕西钢厂
8.东方机械厂


生活记忆

由于住房需求的不断增加，以及住房及生活设施的建设，单位内部的空间逐渐由开敞有序变得拥挤混杂。单位大院内部的建筑密度不断增加，公共活动空间如广场、绿地等不断被蚕食。将生产区搬迁至城市远郊，原有的生产区被城市商业、服务业以及居住功能所替代，而原先职住接近的空间布局形式被破坏，单位大院的生活区向城市社区转变。

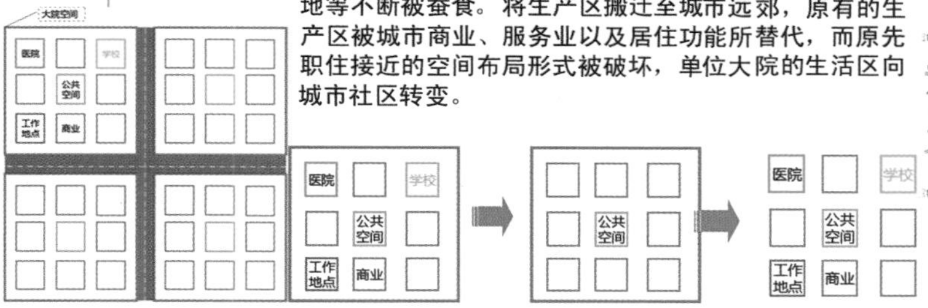


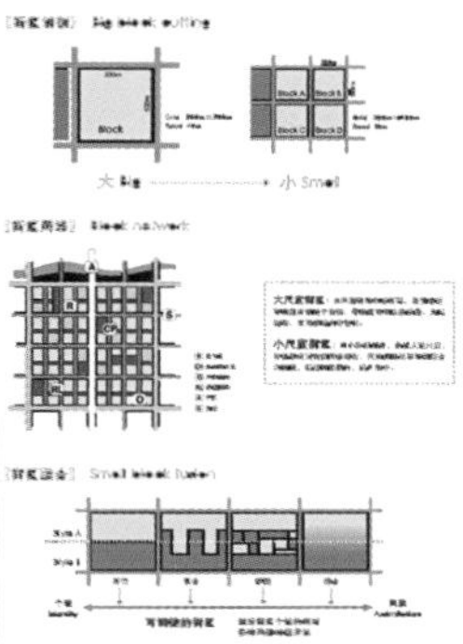

【开放社区】 Open Community

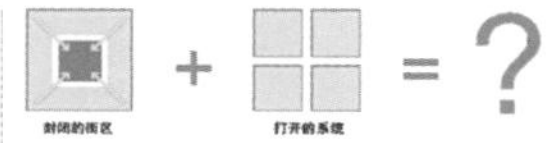


通过小型灵活的公共绿地、街头广场设置给居民、游客提供尺度宜人、更易日常有效使用的公共空间

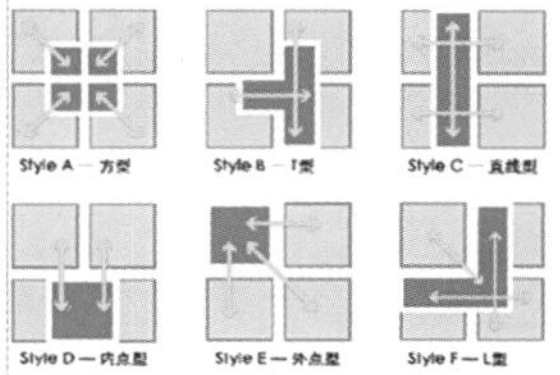

Style A — 方型
Style B — T型
Style C — 直线型
Style D — 内点型
Style E — 外点型
Style F — L型


工艺民俗记忆

市民传承积累的非物质传统文化。时至今日，不少传统的文化娱乐形式依然鲜活地存在于普通市民的生活之中，并具有旺盛的生命力。西安仍在传承的传统民俗文化有：秦腔艺术、地方戏曲、长安古乐、泥塑彩绘、剪纸皮影、社火锣鼓、节令游娱、地方小吃、方言歌谣等。

工艺民俗文化

### 秦腔

秦腔也称"乱弹",唱腔音色高亢激昂，要求用真嗓音演唱，所以保持了原始豪放的特点。

### 皮影戏

皮影是中国民间广为流传的道具戏之一，通过灯光把雕刻精巧的皮影戏映照在屏幕上，由艺人们在幕后操动影人，伴以音乐和歌唱，是一种深受人民欢迎的古老而又奇特的戏曲艺术。

### 安塞腰鼓

安塞腰鼓是一种独特的民间大型舞蹈艺术形式，具有２０００年以上的历史。 安塞腰鼓起源于春秋以前，原有迎神驱邪之意。后来发展为民间舞蹈。

### 长安古乐

长安古乐即是唐代宫廷的"唐大曲"，自唐朝至今已流传逾1300年，被音乐界称为"音乐活化石"。长安古乐，西安人又称它为"**西安鼓乐**""**西安古乐**"或"**长安鼓乐**"。

### 赏花灯

陕西民俗中有送灯的习惯。每年正月十五前，一般排辈为舅舅的要为外甥送灯。正月初五开始，城乡灯市遍布，各式灯笼 令人目不暇接。正月十五元宵节前后，全省城乡是一片灯的海洋。很多地方还特别举办有元宵灯展、灯节等，并辅之以民间社火表演等

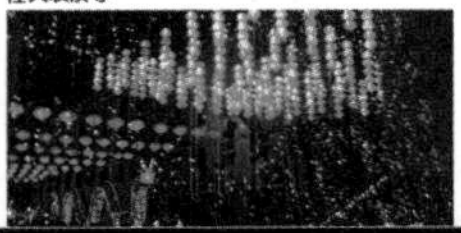

### 焰火会

大蜡 是流传在长安神禾原畔鸡子殿及原下新街、关家村和彭仪村一带的民间工艺品。相传鸡子山是东晋高僧道安法师讲经之所，唐代于此山建立鸡子殿，释儒僧众自带蜡烛诵经吟诗，群烛为炬，光焰通明，故名"焰光会"。

陕西是中国传统 文化的发祥地，节庆资源极其丰厚，在中国八大传统节日中，春节、 元宵节、龙头节、清明节、中秋节、七夕节、重阳节均起源于长安。

**为什么继承？**

节庆活动是人流、物流、财流的凝聚，是一个城市文化与经济交汇的最集中的舞台。

**继承的现状？**

从陕西省的节庆活动发展来看每年有大小节庆活动有近百个，长期举办的节庆活动有安康龙舟节、铜川玉华宫冰雪节、华山围棋大赛、恭祭轩辕黄帝活动、太白山登山节、法门寺旅游节、西安音乐节、西安城墙上元灯会、西安城墙国际马拉松赛、西安翠花山万人登山节、西安曲江唐人文化周等。

**如何继承？**

如何把如此丰厚的节日文化资源转化为节庆效益，把陕西节庆资源大省打造成为节庆产业大省？

以根据西安的节日文化资源与西安的文物旅游资源、产业发展和国际化城市定位紧密结合起来，在传统节日与现代节庆上策划新的品牌节庆活动。

**四季有节**

根据陕西民俗和场地功能特点在不同时间策划不同的主题节日，提升城市魅力，激活场地活力

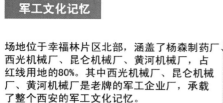

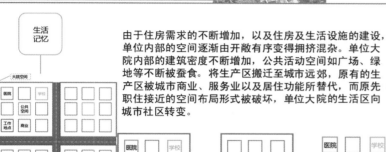

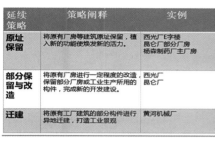

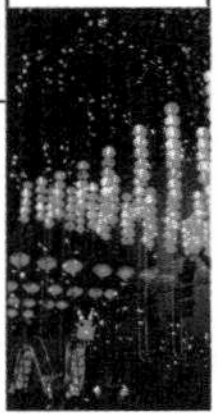

**传统记忆节目策划**

| 月份 | 节目 | 节目 | 节目 |
| --- | --- | --- | --- |
| 1月 2月 | 赏花灯 | 焰火节 | |
| 3月 4月 | 小众电影艺术观赏节 | 阅读季 | |
| 5月 6月 | 秦腔艺术节 | 长安古乐艺术节 | 传统艺术品展览交易节 |
| 7月 8月 | 摇滚音乐节 | 啤酒节 | 水幕电影节 |
| 9月 10月 | 现代艺术作品展示节 | 现代艺术品交易会 | |
| 11月 12月 | 幸福林菊花展 | 幸福林腊梅节 | |

韩森寨：曾经辉煌的军工片区……现在应该何去何从？期望的
幸福林带……该怎样去实现？

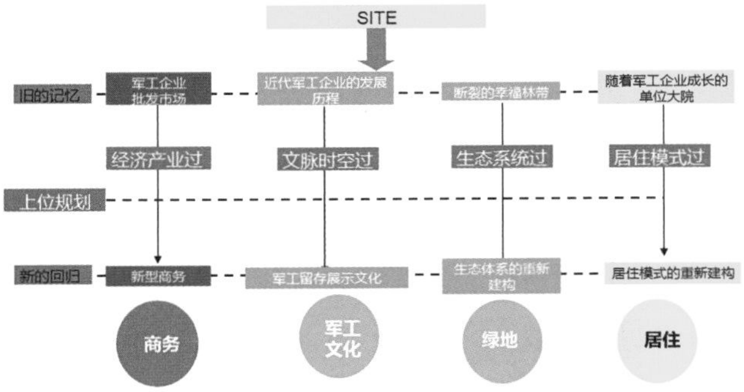

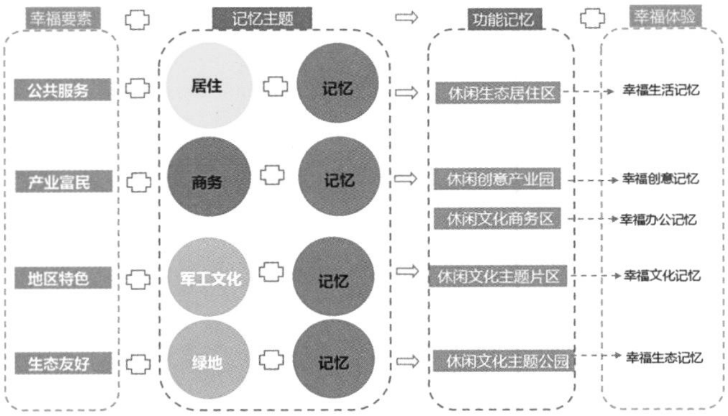

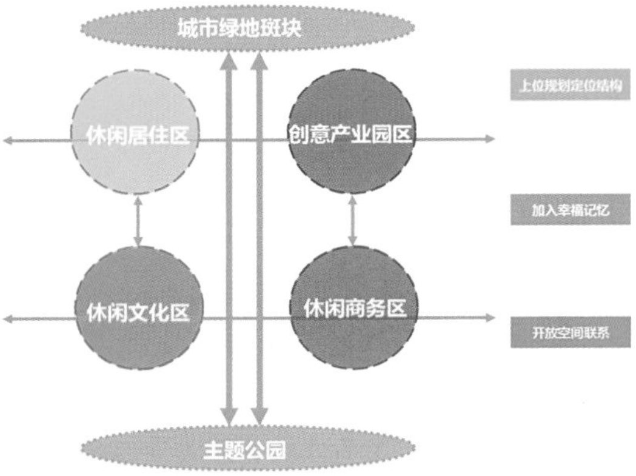

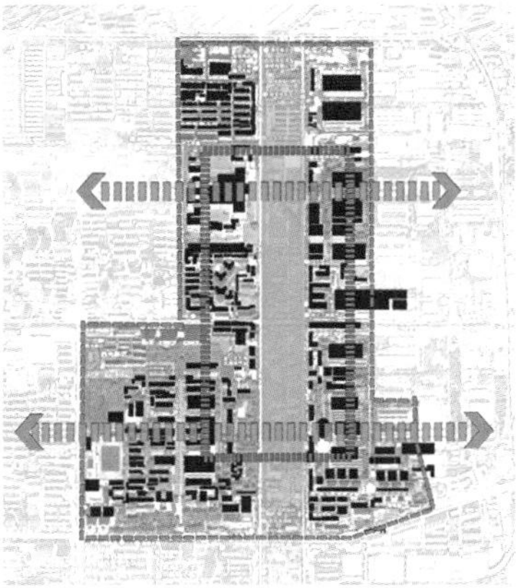

策略三："记忆" + "幸福" 引导空间序列

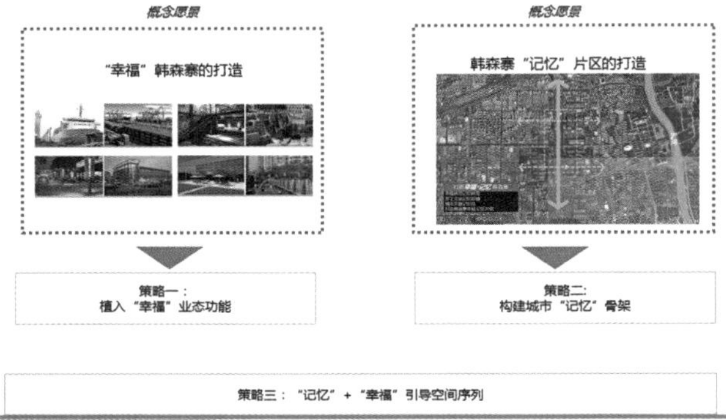

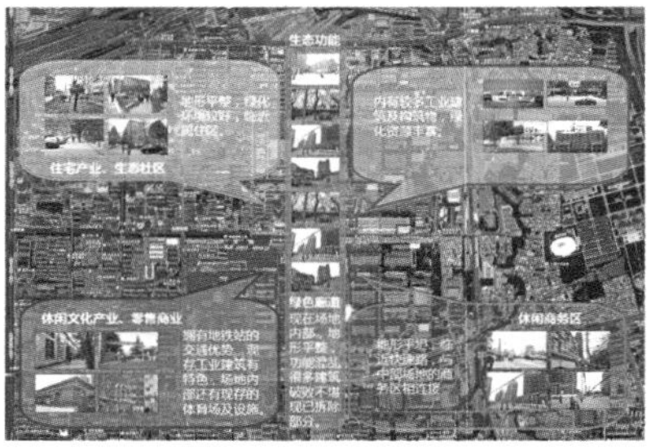

## 幸福业态策划

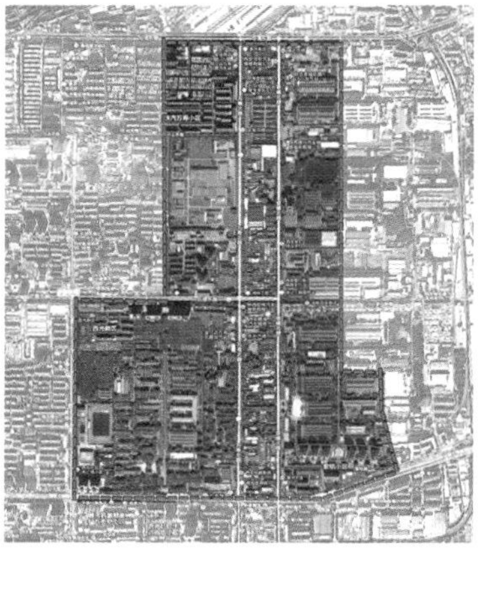

### 主题一：休闲文化区——幸福文化记忆
乐徜徉，享乐活文化记忆

### 主题二：创意产业园——幸福创意记忆
留军工，添幸福创意记忆

**项目特色**
依靠保留工厂建筑，打造具有场地独特军工记忆的休闲文化区。
**客群定位** 游客\居民\企业职员
**项目组成**
1、"记忆"文化体验园
图文信息中心、军工博物馆、匠人公社、文化商业街
2、运动休闲公园
生态游憩步道、标准运动场、运动休闲设施、主题文化广场

**项目特色**
保留完整的工厂，改造成具有现代气息的创意产业园，客群定位
毕业生\商人\设计师
艺术创作者同时与幸福林带相呼应。
**项目组成**
1、创意设计园\艺术家工作室、设计公司
2、创意音乐公园\摇滚音乐公园、摇滚培训
3、创意数字媒体\广告媒体公司、摄影创意工作室
4、创意商业体验\创意精品酒店、创意酒吧

## 享工作，聚乐活奋斗记忆
**主题三：商务办公——幸福办公记忆**

项目特色

与中心地块合力打造商务中心

引入企业商标展示，宣传企业形象，获得广告收益

客群定位

商人\游客\居民\公司员工

项目组成

办公大楼\Shopping Mall\星级酒店

## 品生活，尝幸福居住记忆
**主题四：休闲生态居住区——幸福居住记忆**

项目特色

创建步行体系连接居住区，打造高容积、低密度，有着丰富的公共配套和室外开放空间

客群定位

工厂退休员工\商务区企业办公人员

项目组成

老年居住乐园\青年创业SOHO

白领公寓

## 乐休闲，创城市生态记忆
**主题五：休闲文化主题公园**

项目特色

打造将近两公里的幸福林带，局部植入与林带两边用地相关的功能，大部分用来打造供人休憩的绿色主题公园

客群定位

居民\游客\工作人员\消费者

项目组成

市民娱乐广场\幸福林带城市客厅

居民游乐场

## 活动策划

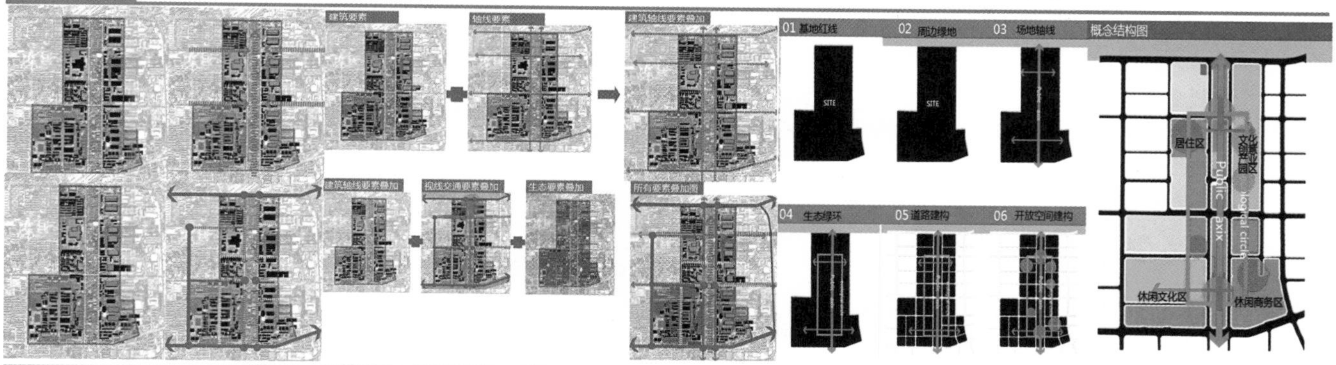


## 规划系统建构

### 规划结构图

一带两轴两核四片区

一带：幸福林记忆带

两轴：休闲文化商务轴

休闲创意产业轴

两核：休闲文化商务轴

休闲创意产业轴

四片区：居住区

创意产业区

休闲文化区

休闲商务区

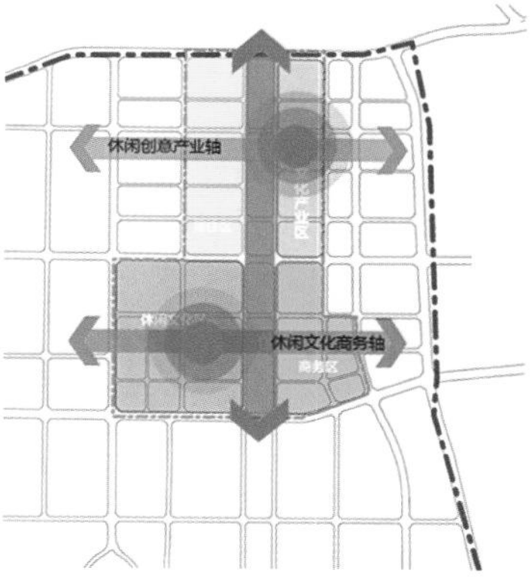


### 绿地系统图

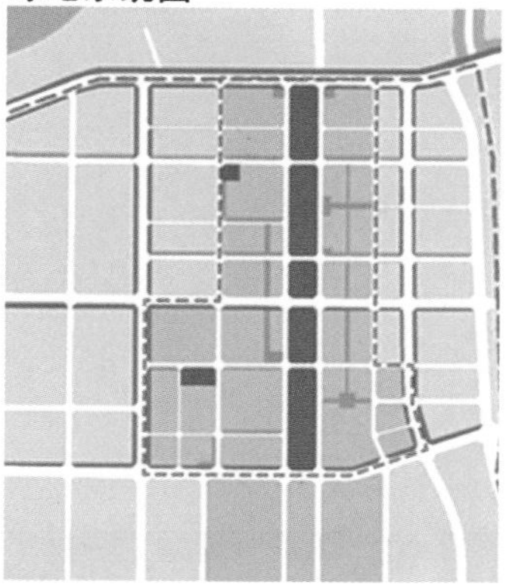

### 开放空间系统图

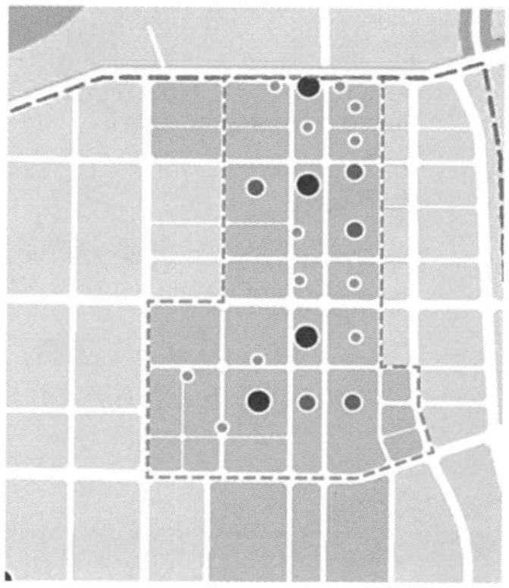

### 道路交通系统图

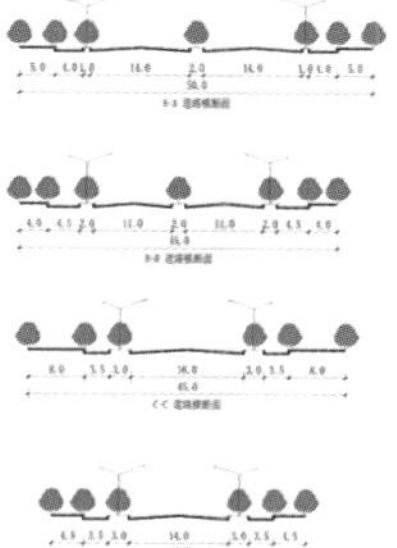

快速路

主干路

次干路

支路

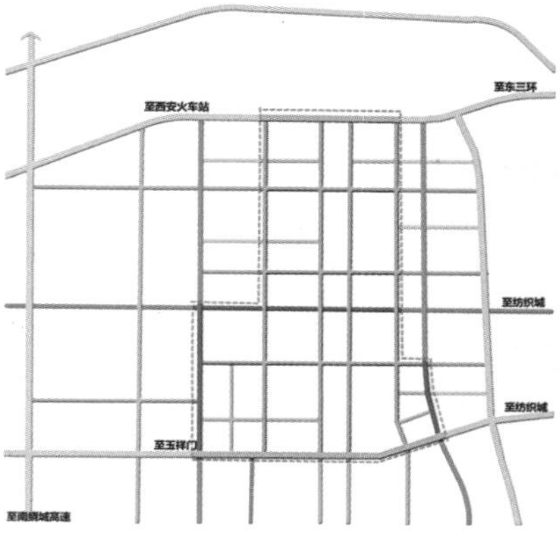


### 步行系统

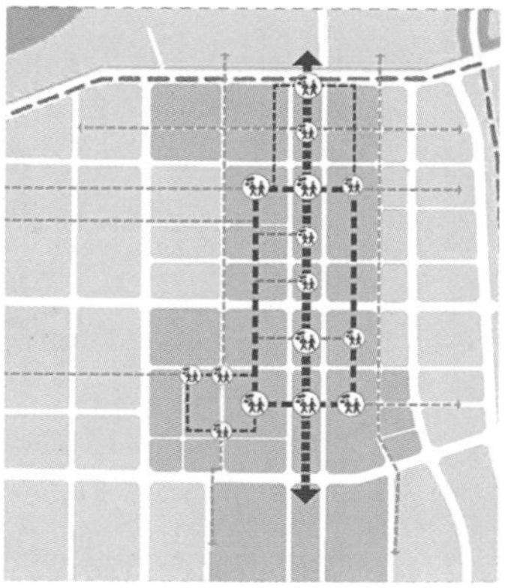

### 慢行系统

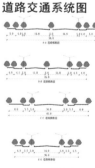

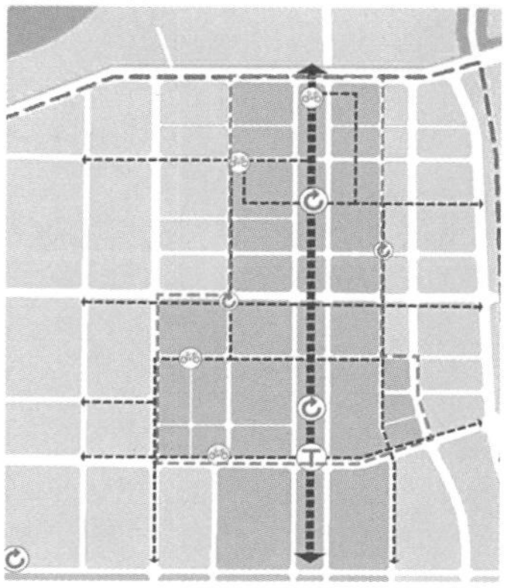

## 景观结构

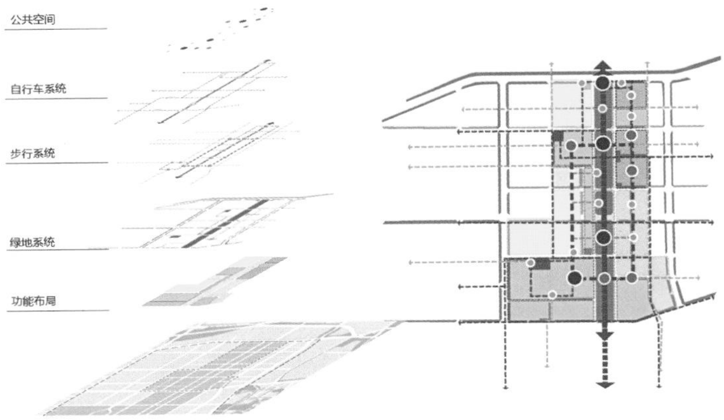


通过叠加公共空间、慢行系统、绿地系统以及功能布局得到景观系统叠加图。

## 地下商业空间系统

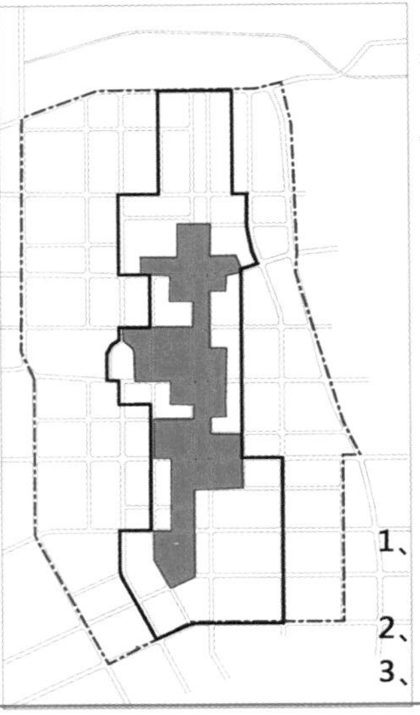

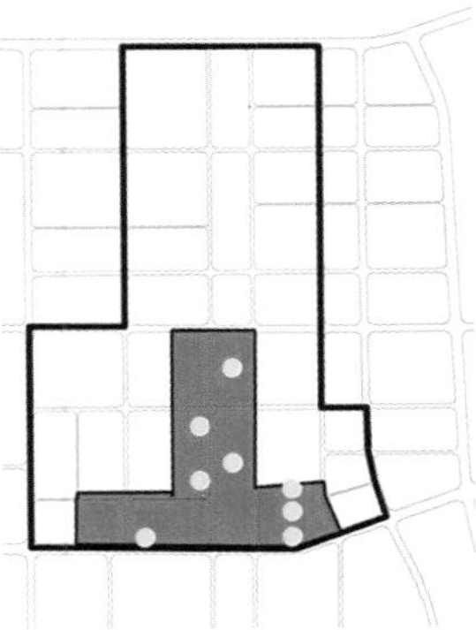

1、依托地铁站点为核心向外辐射
2、避开保留的工业建筑遗迹
3、地下商业建筑面积33万㎡

## 地下停车空间系统规划

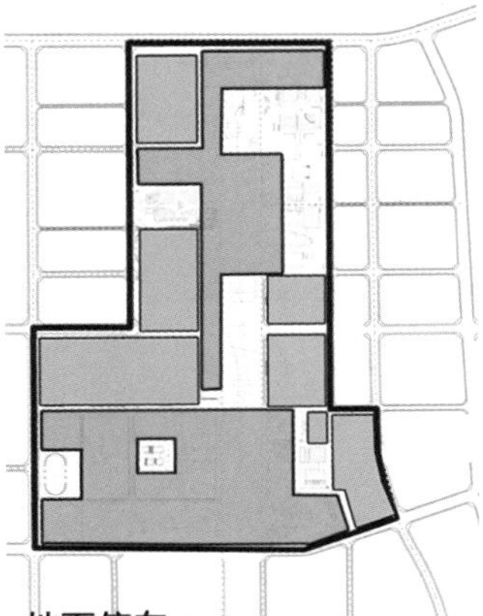

地下停车：
1、对外的停车主要分布在公共建筑区域
2、A. 41.6万㎡：1万辆，
B  58万㎡：1.6万辆

## 土地利用规划图

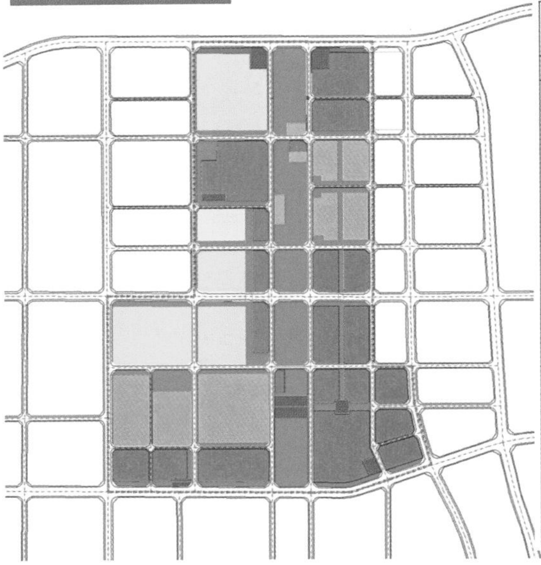

| 用地代码 | 用地名称 | | 用地面积(hm²) 现状 | 用地面积(hm²) 规划 | 占城市建设用地比例(%) 现状 | 占城市建设用地比例(%) 规划 |
|---|---|---|---|---|---|---|
| R | 居住用地 | | | 55.30 | | 27.96 |
| A | 公共管理与公共服务设施用地 | | | 17.02 | | 8.28 |
| | 其中 | 行政办公用地 | | 0.00 | | 0.00 |
| | | 文化设施用地 | | 13.88 | | 7.02 |
| | | 教育科研用地 | | 3.14 | | 1.6 |
| | | 体育用地 | | 0.00 | | 0.00 |
| | | 医疗卫生用地 | | 0.00 | | 0.00 |
| | | 社会福利用地 | | 0.00 | | 0.00 |
| | | 文物古迹用地 | | 0.00 | | 0.00 |
| | | 外事用地 | | 0.00 | | 0.00 |
| | | 宗教用地 | | 0.00 | | 0.00 |
| B | 商业服务业设施用地 | | | 67.56 | | 34.16 |
| M | 工业用地 | | | 0.00 | | 0.00 |
| W | 物流仓储用地 | | | 0.00 | | 0.00 |
| S | 道路与交通设施用地 | | | 20.51 | | 10.37 |
| U | 公用设施用地 | | | 0.00 | | 0.00 |
| G | 绿地与广场用地 | | | 37.39 | | 18.9 |
| | 其中：公园绿地 | | | 33.50 | | 16.94 |
| H11 | 城市建设用地 | | | 197.78 | | 100.00 |



## 总平面演变

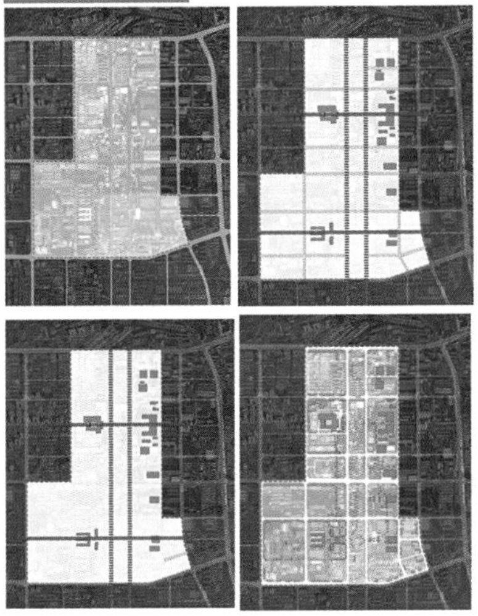

### 串联文脉与绿脉，打造幸福·记忆片区

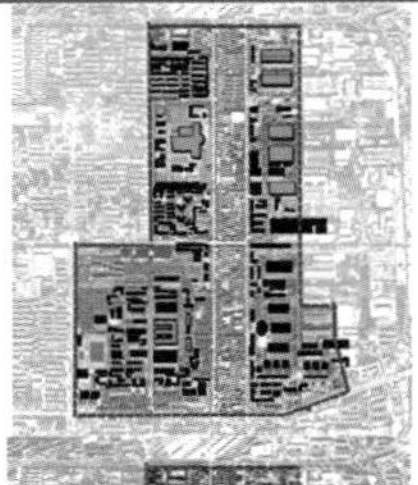

建筑轴线要素叠加

生态要素叠加

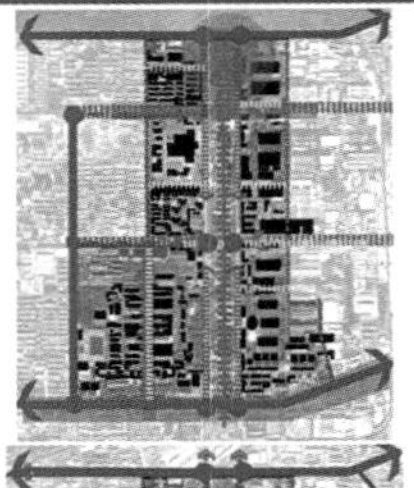

视线交通要素叠加

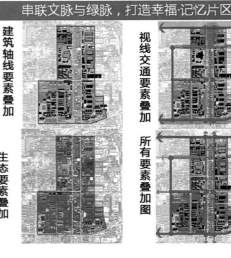

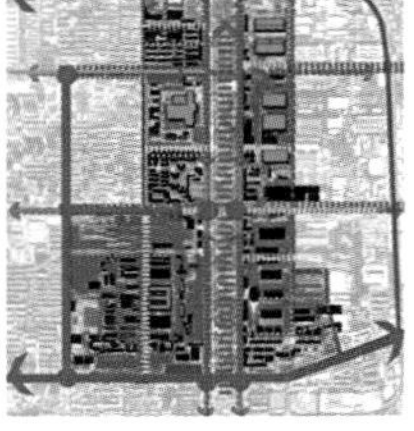

所有要素叠加图

北

打造幸福记忆绿带，回溯绿地记忆

梳理场地机理，保留场地历史记忆

串联文脉与绿脉，打造幸福·记忆片区

| 1 社区商业街 | 14 摇滚乐艺术中心 |
| --- | --- |
| 2 家属安置区 | 15 广告数字媒体公司 |
| 3 门户广场 | 16 SOHO住区 |
| 4 市民休闲树阵广场 | 17 社区商业街 |
| 5 艺术展厅 | 18 快捷连锁酒店 |
| 6 设计师创意工作室 | 19 写字楼 |
| 7 创意影院 | 20 高端住区 |
| 8 社区文化商贸中心 | 21 SOHO住区 |
| 9 游客中心 | 22 特色商业广场 |
| 10 录音棚 | 23 研发展示中心 |
| 11 小学 | 24 幸福运动广场 |
| 12 休闲运动场 | 25 匠人公社 |
| 13 游乐场 | 26 市民活动中心 |
| | 27 图文信息中心 |
| | 28 美术馆 |
| | 29 商务及办公 |
| | 30 幸福先锋广场 |
| | 31 星级酒店 |
| | 32 写字楼 |
| | 33 百货商贸步行街 |
| | 35 商业综合体 |

鸟瞰图

开发强度控制图

≤2.0
2.0-3.5
3.5-5.0
5.0-5.5
≥5.5

高度控制图

0-18M
18M-36M
36M-54M
54M-100M
100M-200M

建筑密度控制图

≤20%
20%-28%
28%-35%
35%-45%
45%-55%

绿地控制图

≥20%
≥25%
≥30%
≥35%
≥75%

控制要素—地标

商业综合体
创意厂房
大型超市
军工博物馆

商业街
酒店
商场
公寓
设计办公楼

高档住区
中学
零售商店
社区活动中心
创意工作室
市民活动中心

地标建筑

焦点建筑

背景建筑

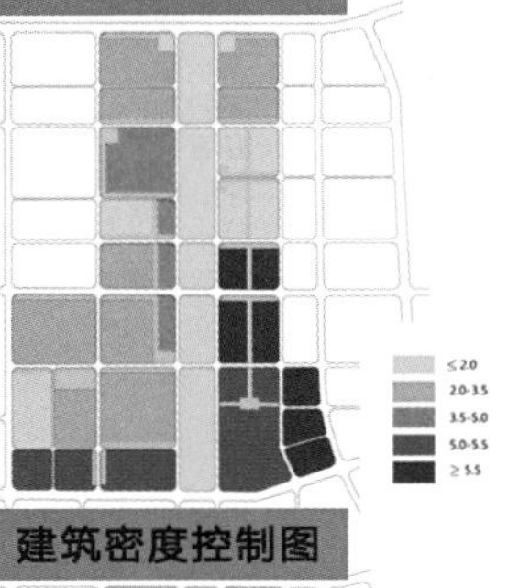

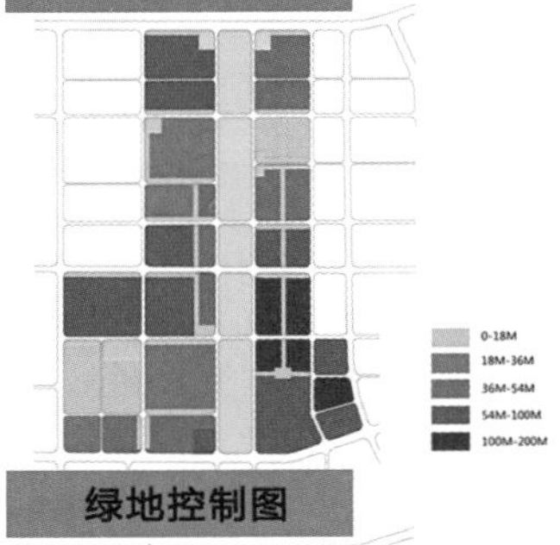

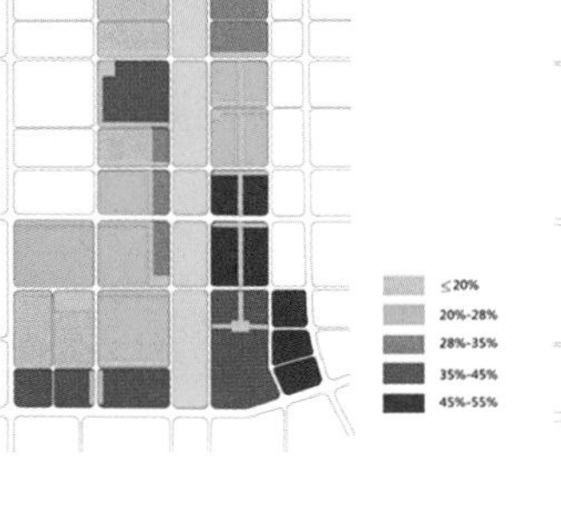

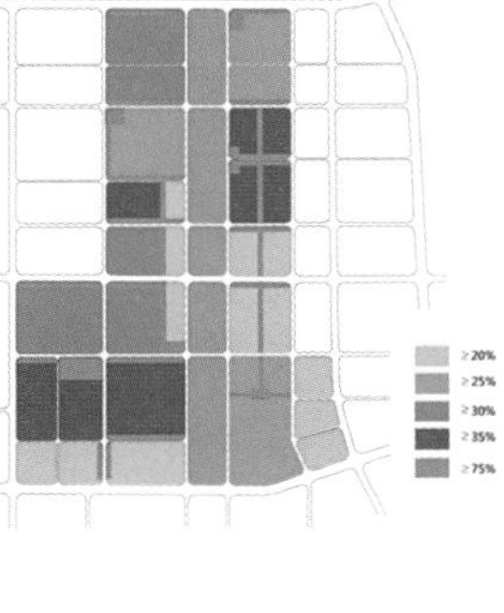

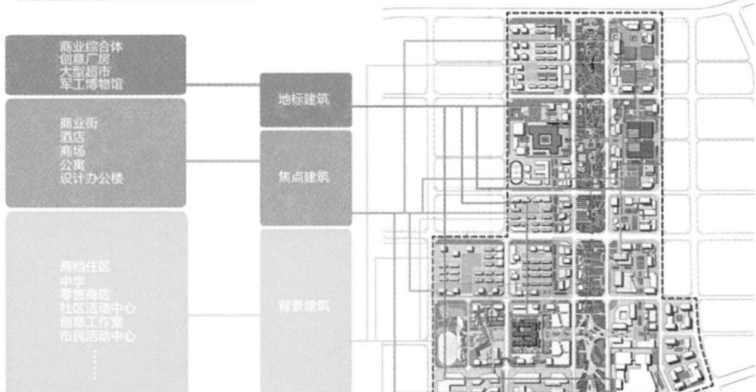

控制要素—城市天际线

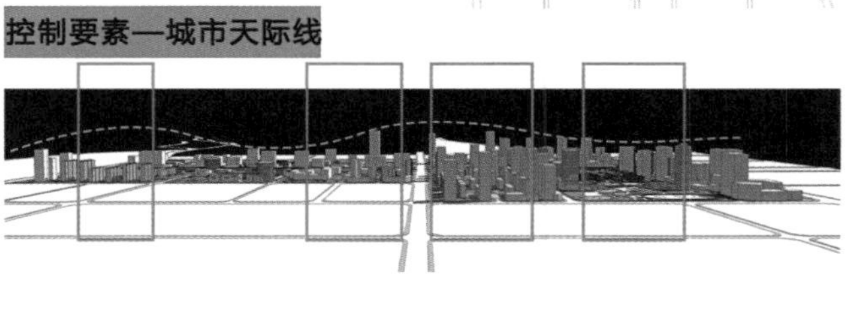

## 控制要素--天际线

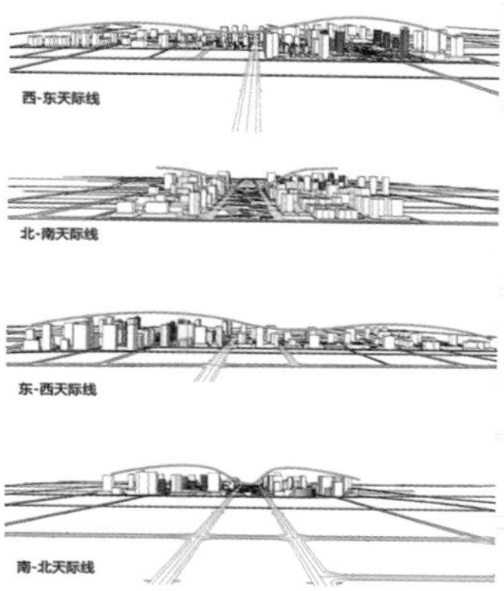

## 绿廊控制

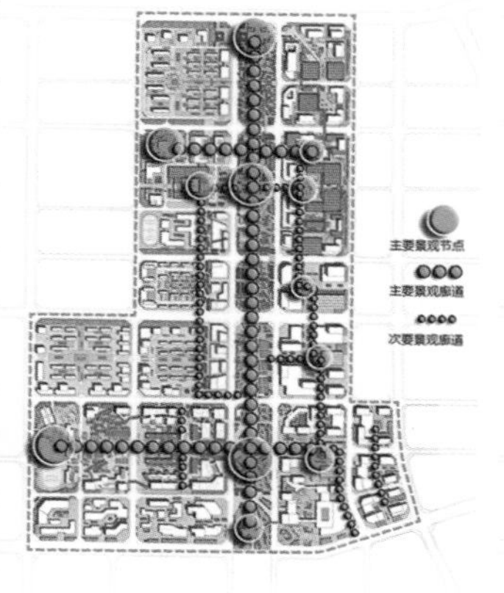


## 视线控制

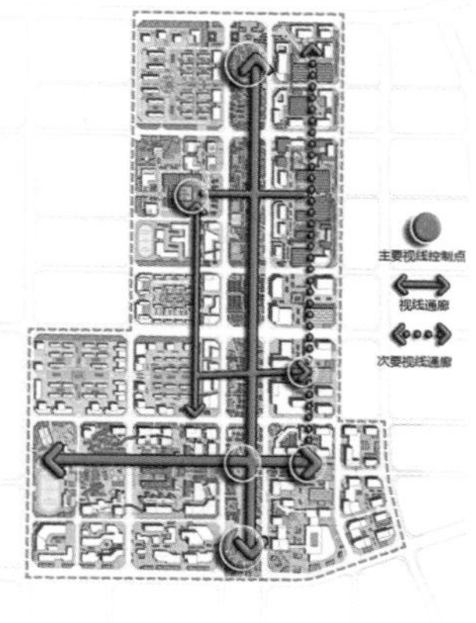


## 幸福记忆节点

## 幸福林带鸟瞰

## 创意产业园透视

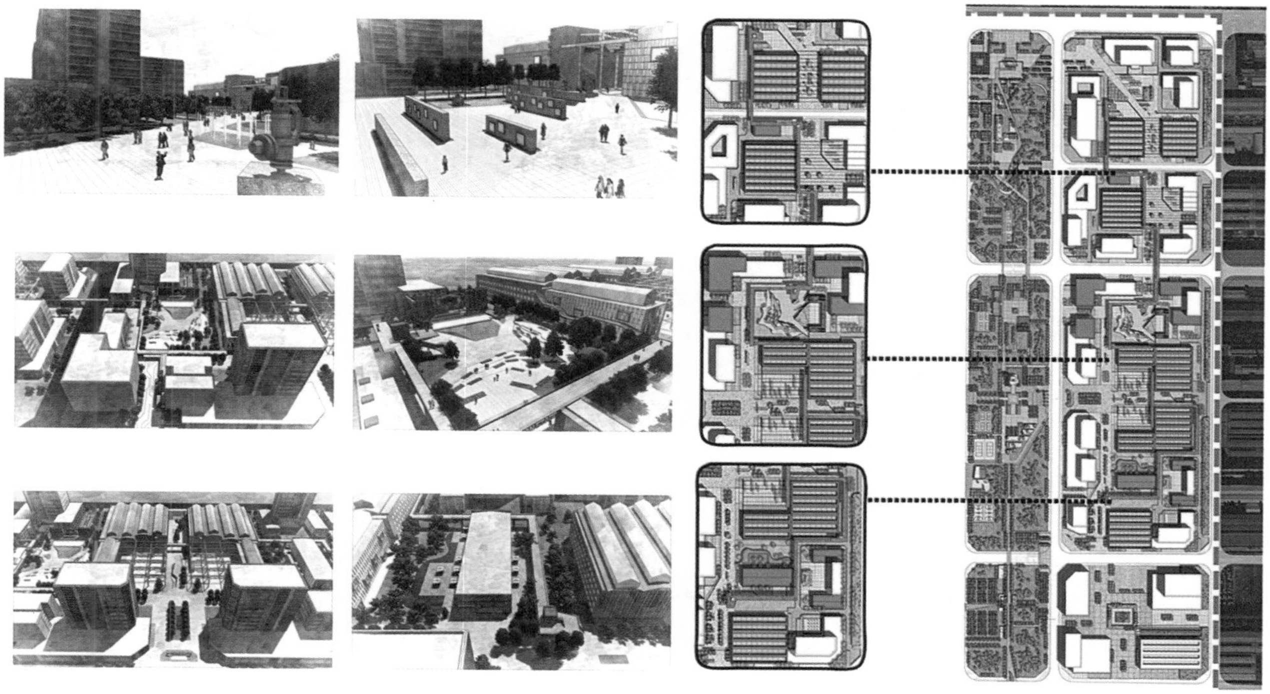

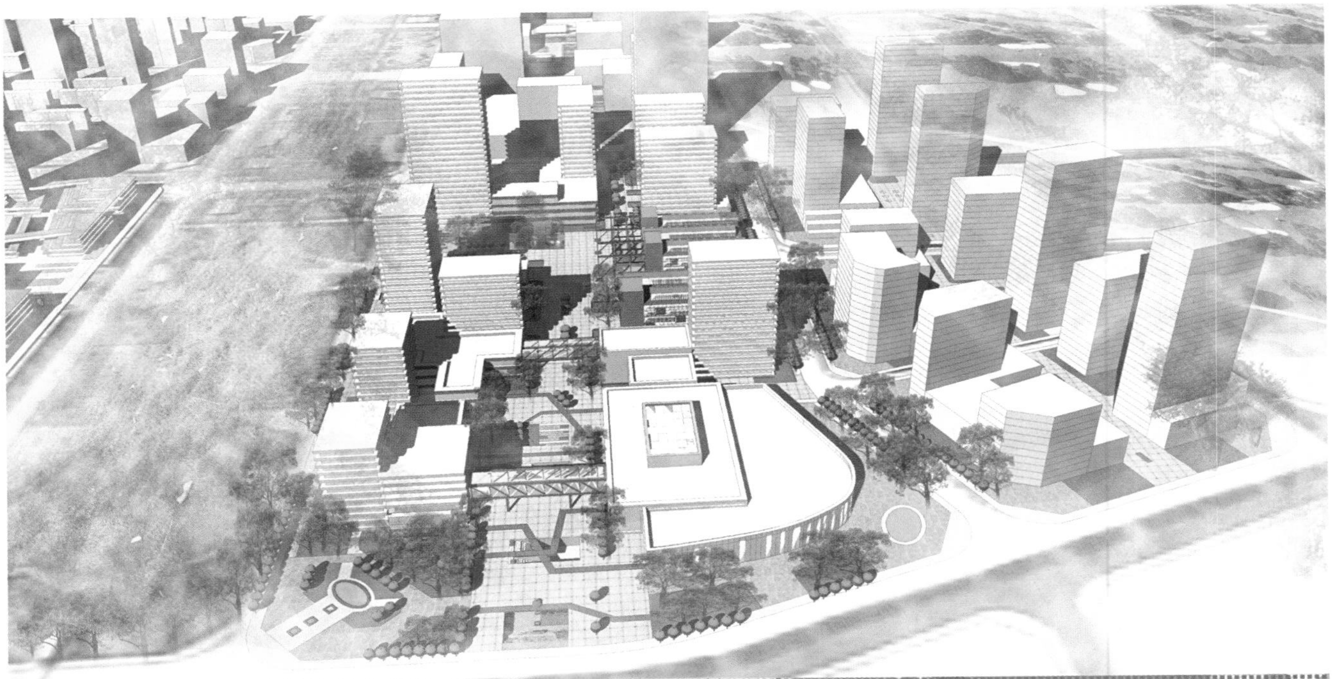

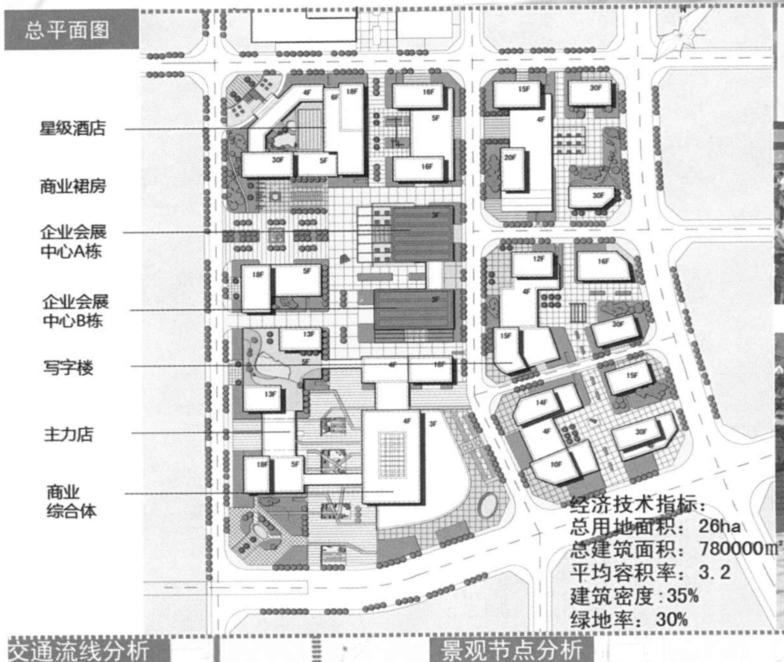
总平面图
星级酒店
商业裙房
企业会展
中心A栋
企业会展
中心B栋
写字楼
主力店
商业
综合体
经济技术指标：
总用地面积：26ha
总建筑面积：780000㎡
平均容积率：3.2
建筑密度：35%
绿地率：30%

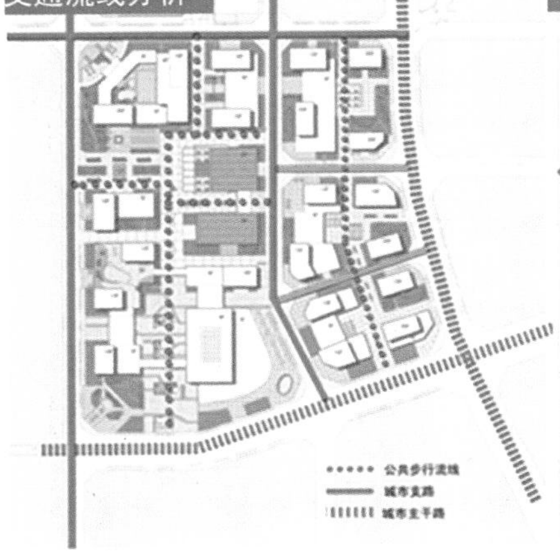
交通流线分析
公共步行流线
城市支路
城市主干路

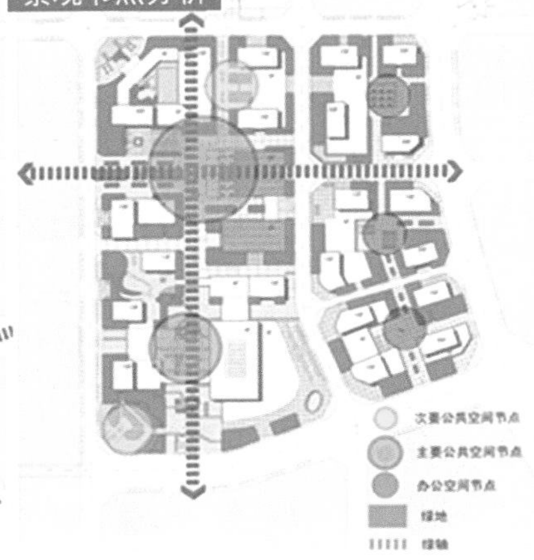
景观节点分析
次要公共空间节点
主要公共空间节点
办公空间节点
绿地
绿轴

建筑高度分析
0-12M
12-30M
30-70M
70-100M

小透视

大透视

绿地轴线

道路交通

景观绿地

点式高层区

幼儿园

公共空间节点

板式高层区

社区服务商业

社区中心花园

社区停车场

板式多层区

城市公园

休闲影院
邮政、银行

社区活动中心

精品书店

邻里商业综合体

建筑走势

文化宫

公共空间节点

社区停车场

公共节点

总平面

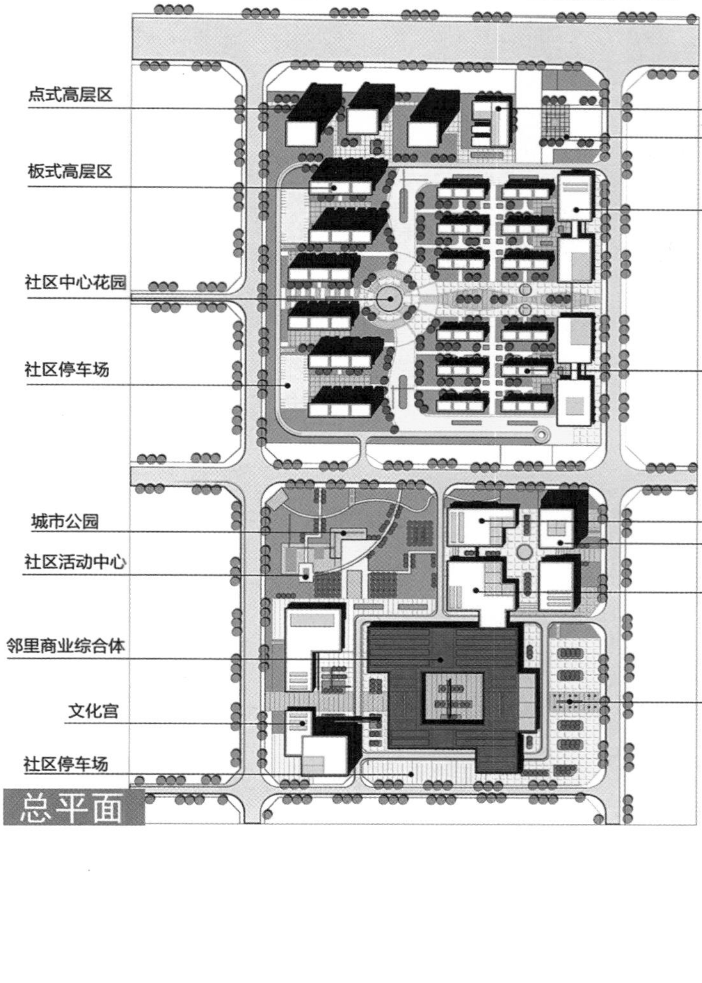

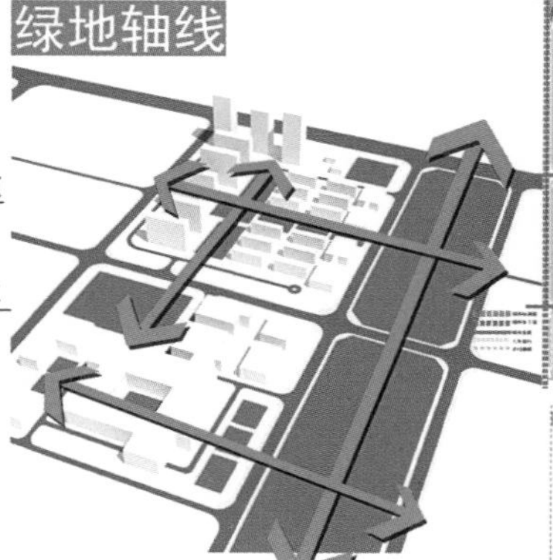

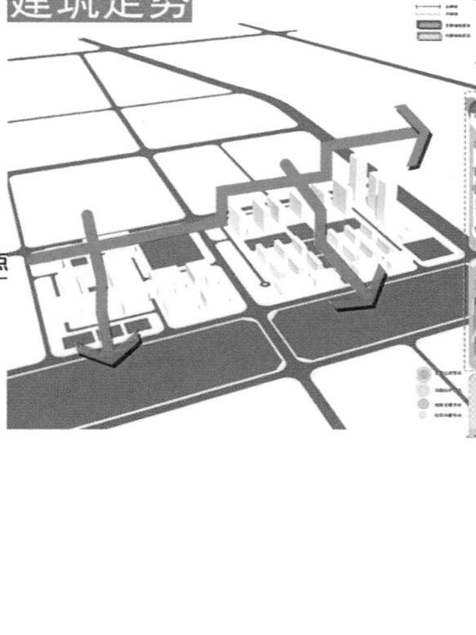

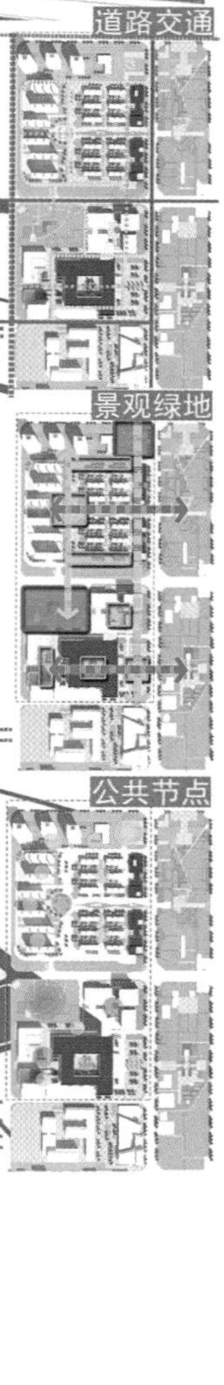

# UC 4

重庆大学
CHONGQING UNIVERSITY

设计者：
蒋敏 傅东雪 伍利君

## 双环·网记

Memory · Newborn

### 新生与发展——西安幸福林带核心区城市设计

Regeneration and Development-Vrban Design of the Xingfa Linai Cora Area in Xián

指导教师：邓蜀阳 董世永 许芗斌

本案选址于工业遗迹丰富，厂区绿化优良的原西北光电仪器厂，在设计之初便确立了尊重场地文脉、回应城市更新需求的自上而下的城市设计初衷。通过提炼、抽取场地记忆元素得“记忆轴”；将建筑系统、绿化系统叠加得“文化环”和“游憩环”；综合市民需求，加入多向体验的“游憩环”激活场地；最终以因子叠加法得“一轴、双环、多路径”的设计纲要。至此，“双环·网记”之设计构想成矣！

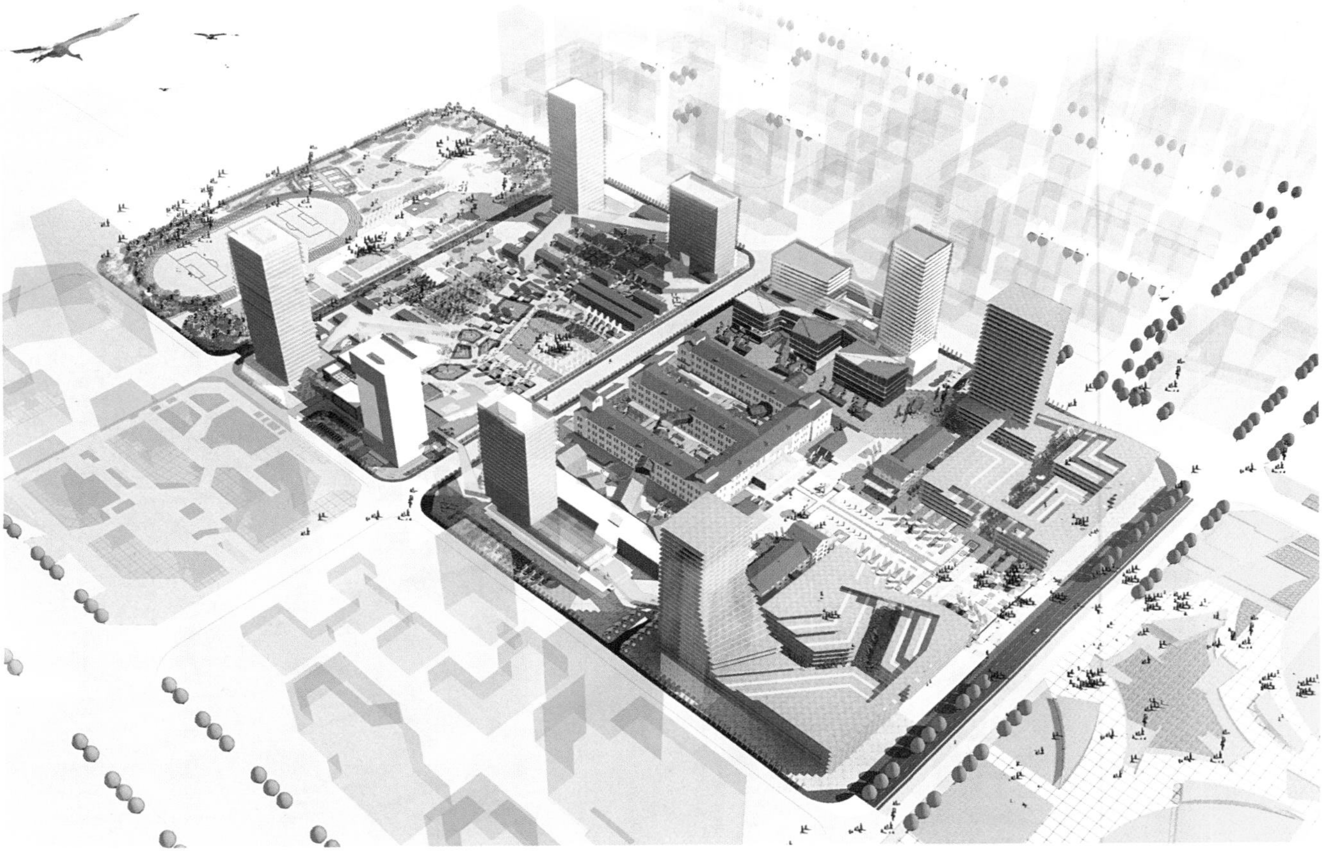



### 幸福林带片区定位

需求分析　　资源分析　　幸福林带片区定位

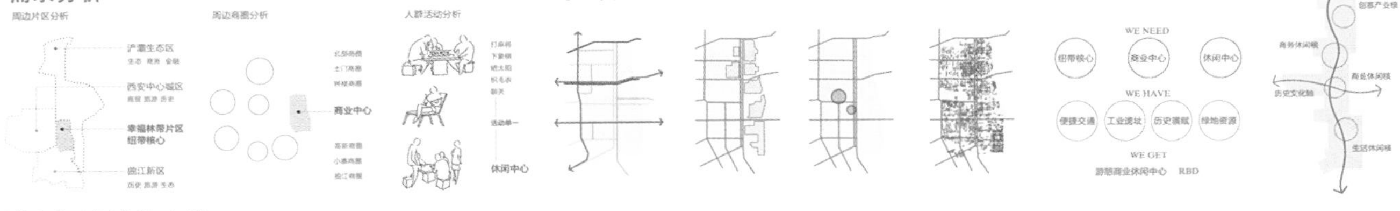


### 城市设计地块定位

需求分析　　资源分析　　现状问题　　城市设计地块定位

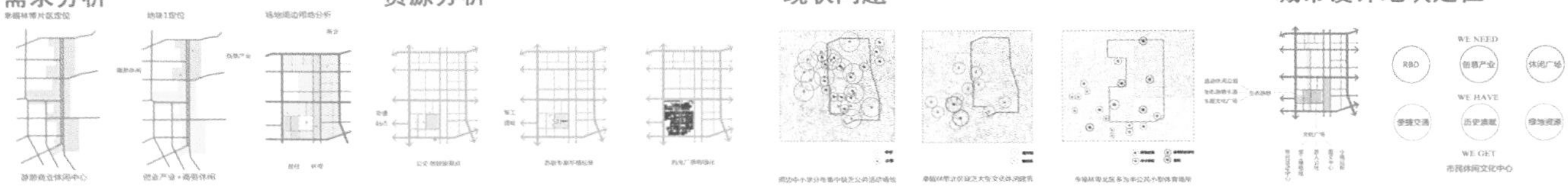

## 方案生成

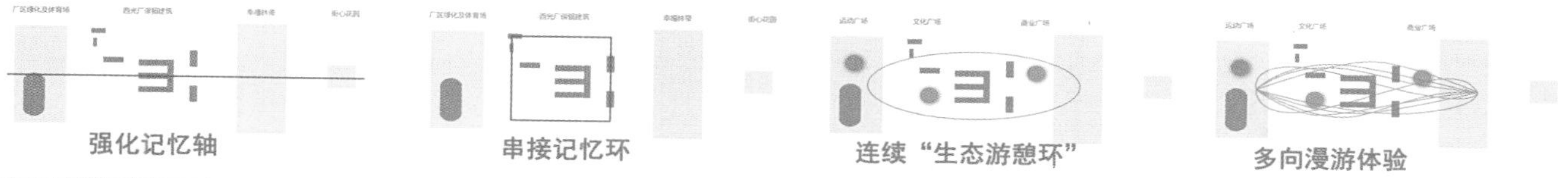
强化记忆轴
串接记忆环
连续“生态游憩环”
多向漫游体验

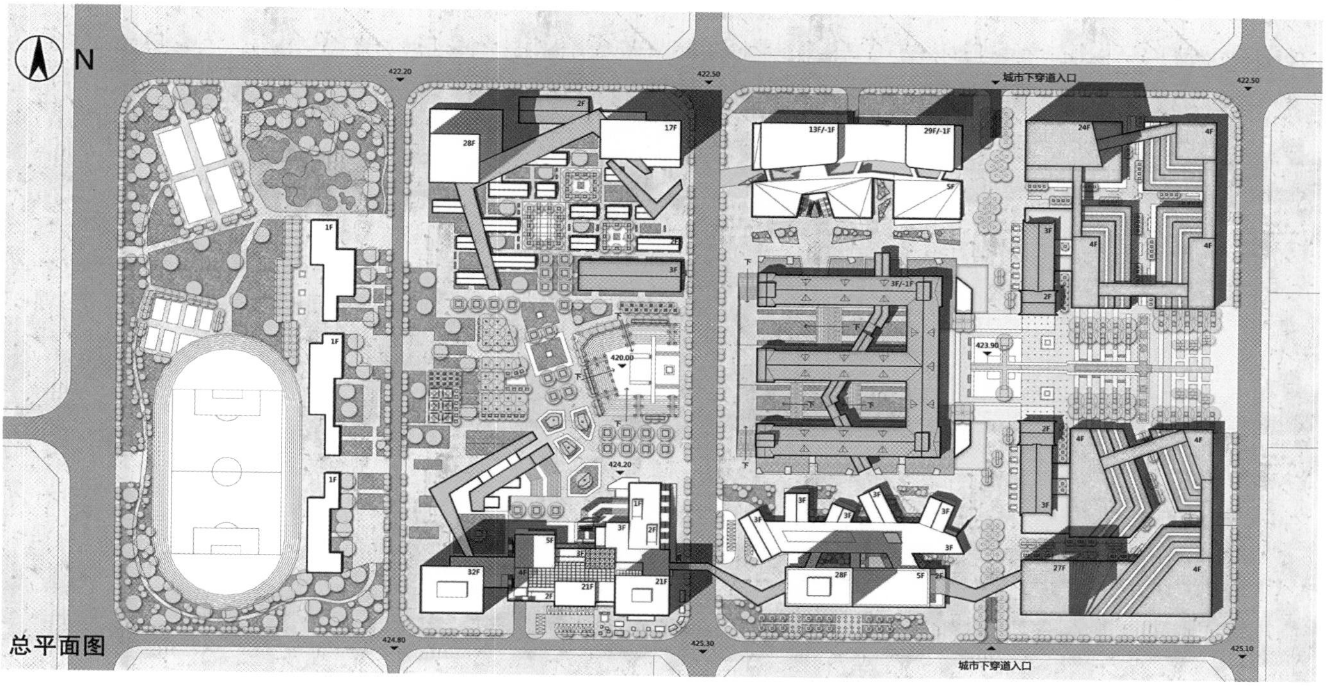


总平面图

## 城市设计方案分析

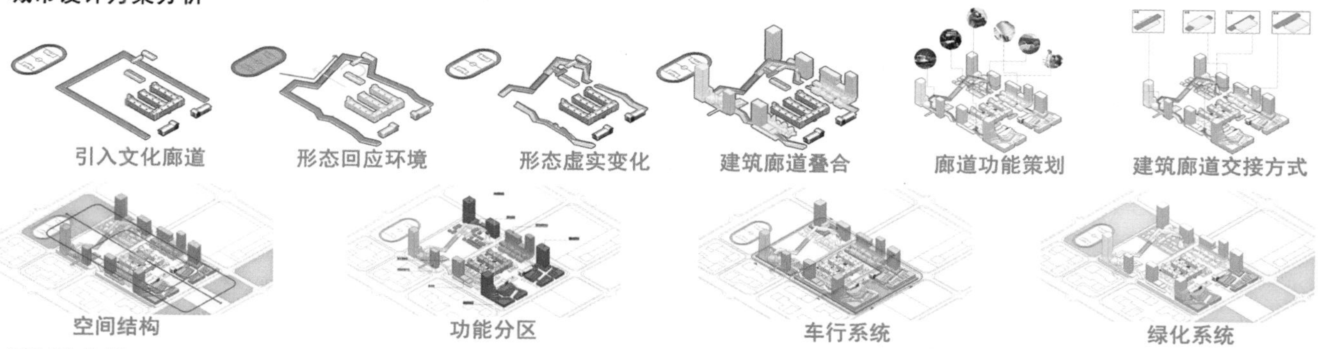
引入文化廊道
形态回应环境
形态虚实变化
建筑廊道叠合
廊道功能策划
建筑廊道交接方式
空间结构
功能分区
车行系统
绿化系统

## 天际线分析

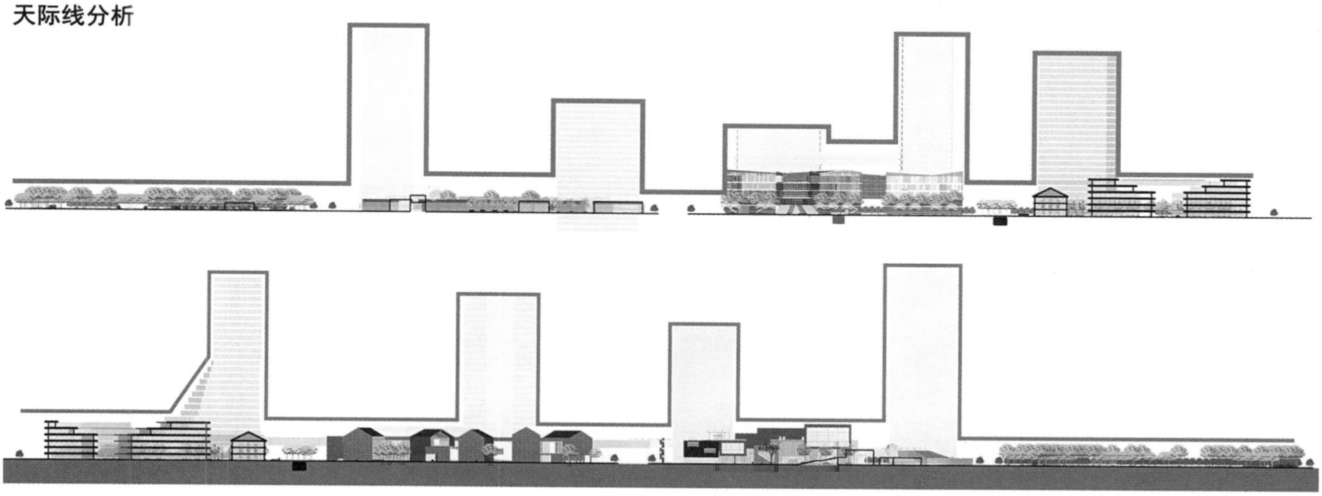

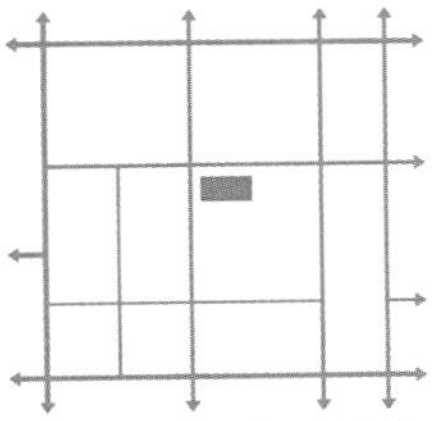

场地周边路网分析

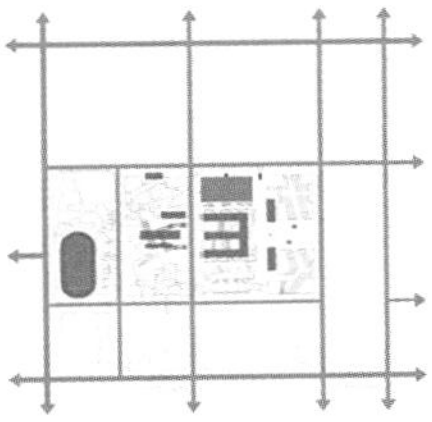

场地历史资源分析

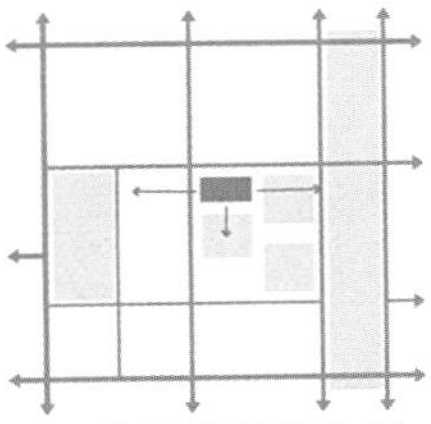

场地景观视线分析

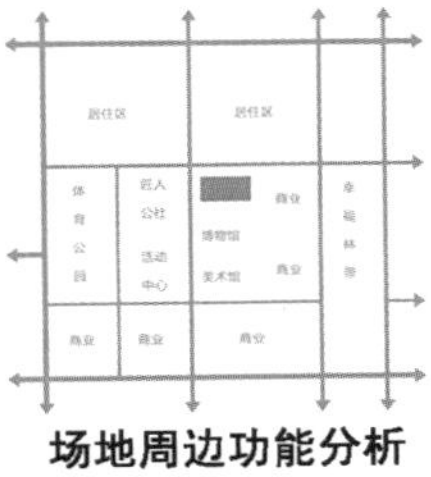

场地周边功能分析

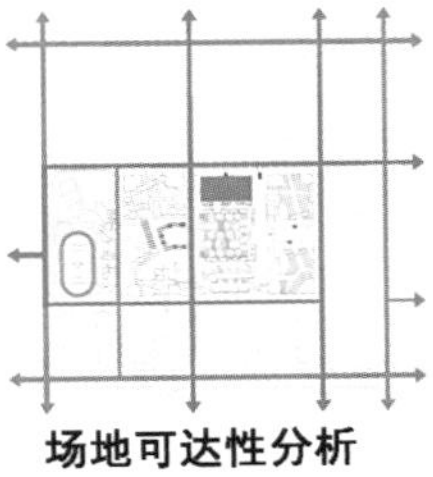

场地可达性分析

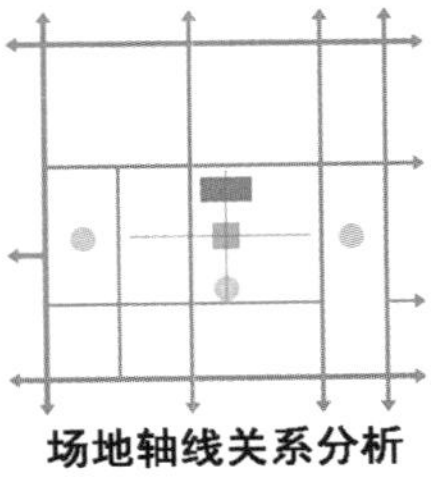

场地轴线关系分析

# BOOKS ONLINE

**图文信息中心** · 新生与发展——西安幸福林带片区城市设计

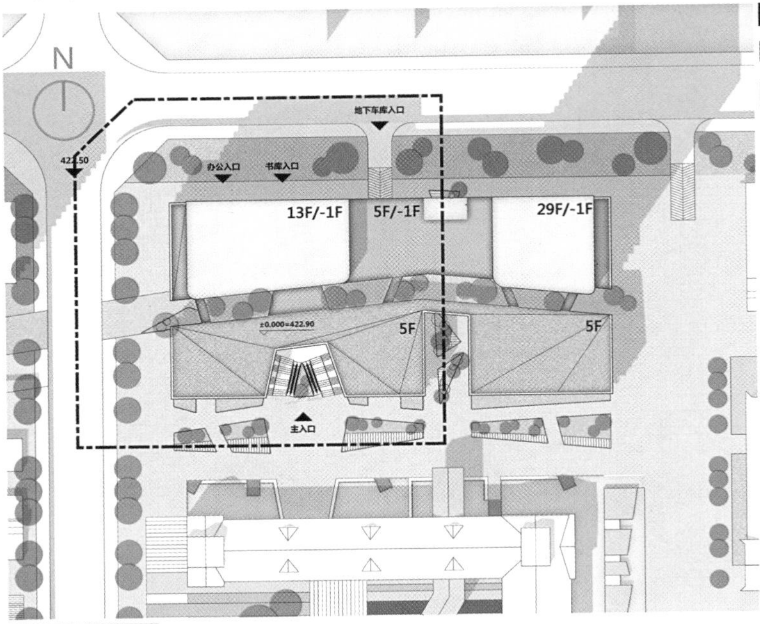


## 设计说明

信息技术的发展对图书馆产生了巨大的影响， 并促使其服务模式发生了革命性的变化。“信息”成为图书馆的主角，而它绝不仅仅体现为书架上的一本本实体书。信息的交换在这个快节奏的社会中显得尤为重要。信息图文中心不仅是一个信息的仓库，更应该成为一个信息的交流器。

因此，图文信息中心应该改变以往过于静态的状态，应该有更多动态的空间。

复合的功能、交流的特质、丰富的媒体

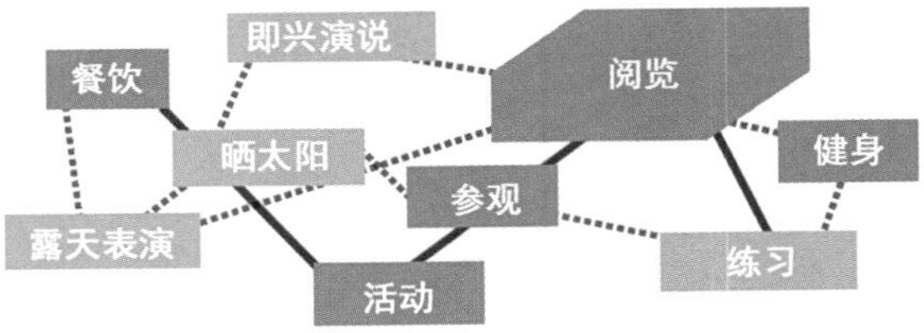


## 城市空间关系

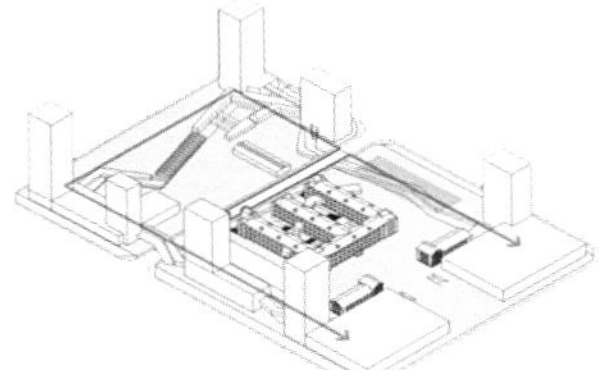

1 廊道穿越建筑

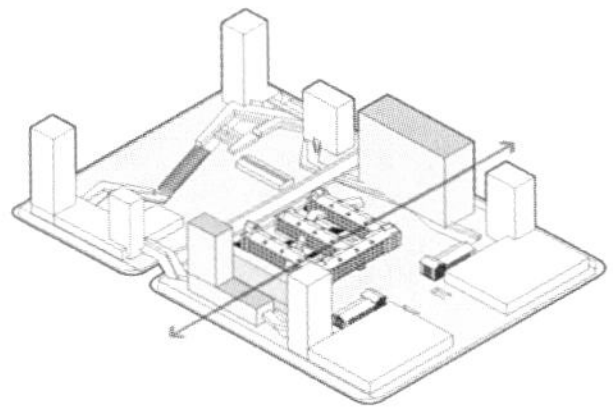

2 与美术馆呼应

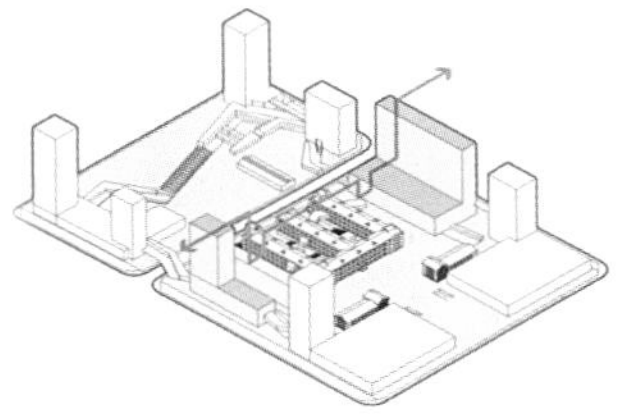

3 与E楼呼应

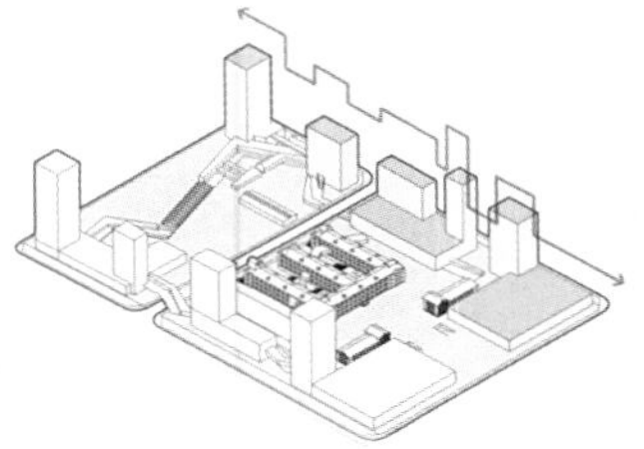

4 与两侧高层呼应

## 体量生成

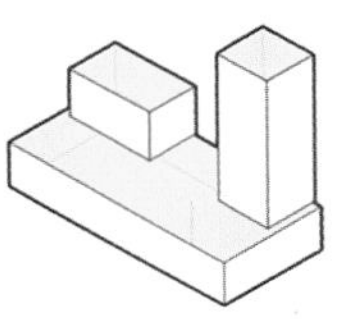

基本体量关系

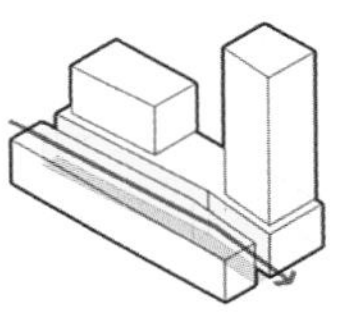

城市设计的文化廊道

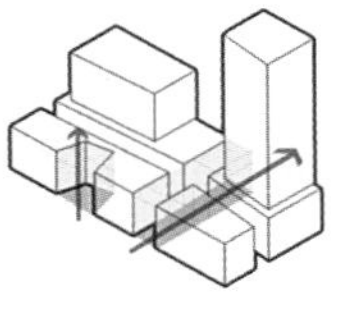

形成入口及通道

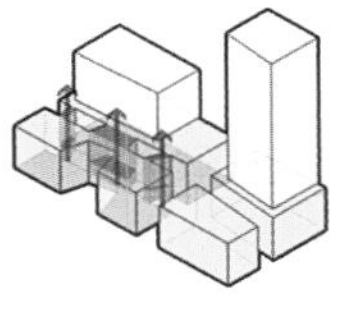

前后部分用连廊连接

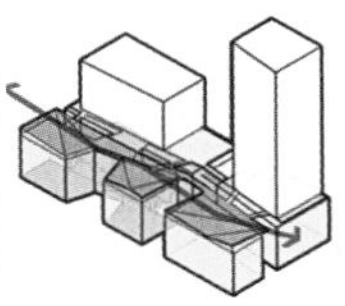

折板屋顶回应场地

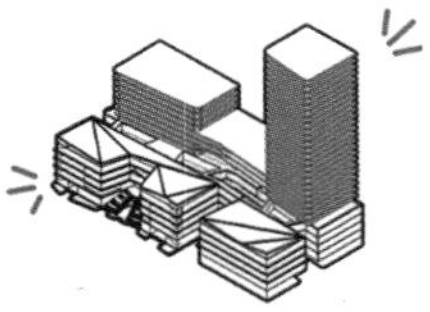

体量生成

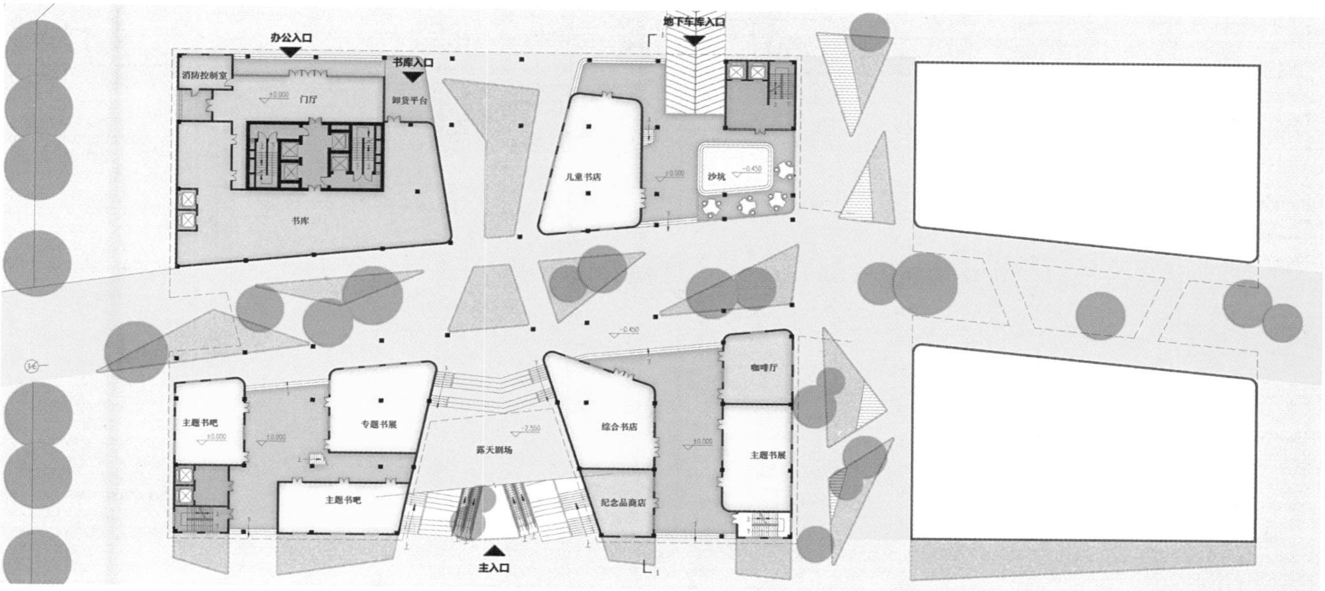
办公入口
书库入口
地下车库入口
消防控制室
门厅
卸货平台
书库
儿童书店
沙坑
主题书吧
专题书展
露天剧场
综合书店
咖啡厅
主题书展
纪念品商店
主题书吧
主入口

一层平面图

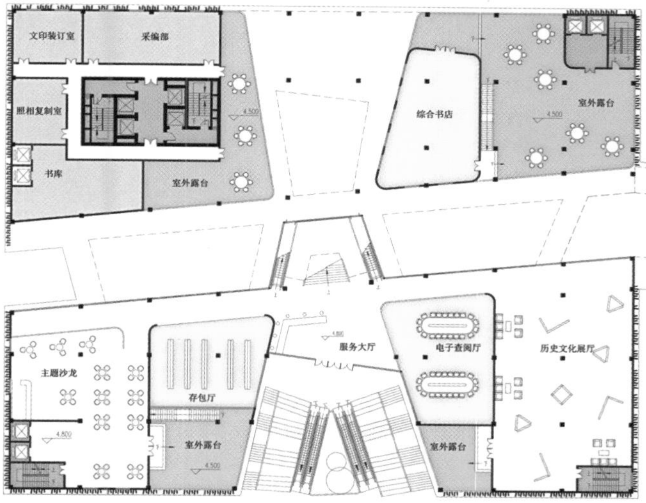
文印装订室
采编部
照相复制室
书库
室外露台
综合书店
室外露台
主题沙龙
存包厅
服务大厅
电子查阅厅
历史文化展厅
室外露台
室外露台

二层平面图

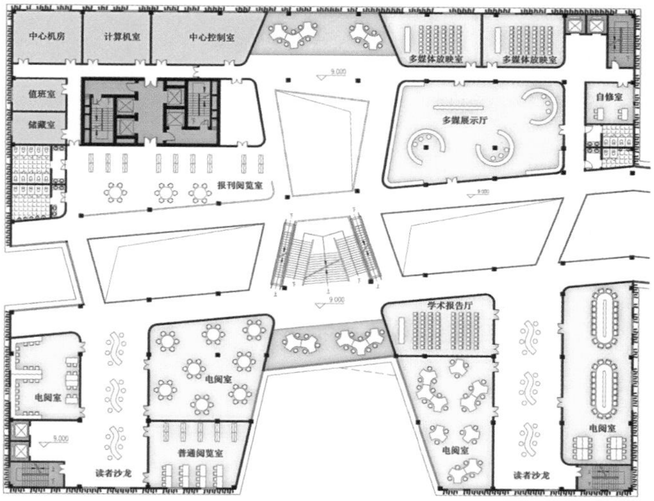
中心机房
计算机室
中心控制室
多媒体放映室
多媒体放映室
值班室
储藏室
多媒体展示厅
自修室
报刊阅览室
学术报告厅
电阅室
电阅室
普通阅览室
电阅室
电阅室
读者沙龙
读者沙龙

三层平面图

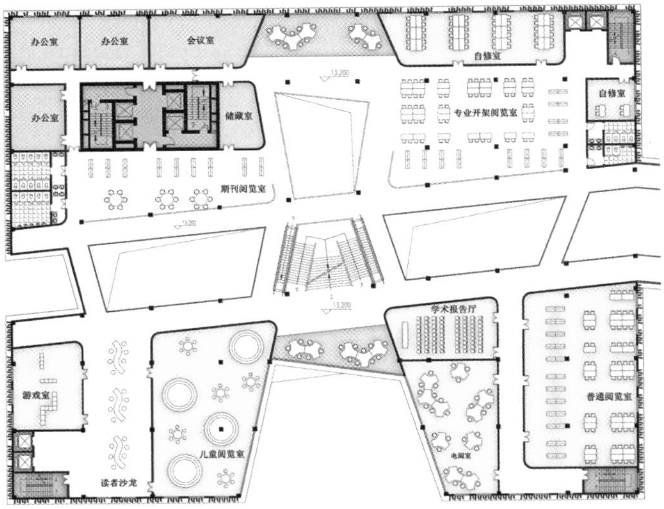


四层平面图

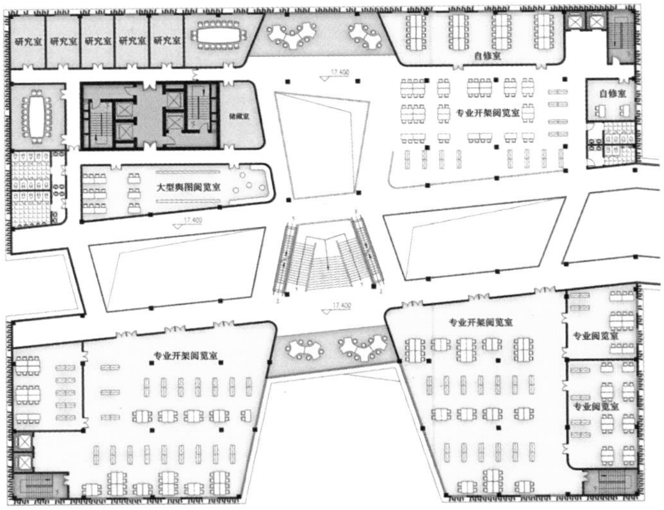


五层平面图

雨水回收和净化系统

**在需要渗透的地面铺设透水砖，通过透水砖的孔隙吸收雨水；并在透水砖下面铺设碎石、沙砾、沙子组成的反滤层，让雨水渗入到地下去。同时将草坪周围垒起约10厘米的高沿，或将草坪降低形成下凹式绿地，以便承接和回渗雨水。**

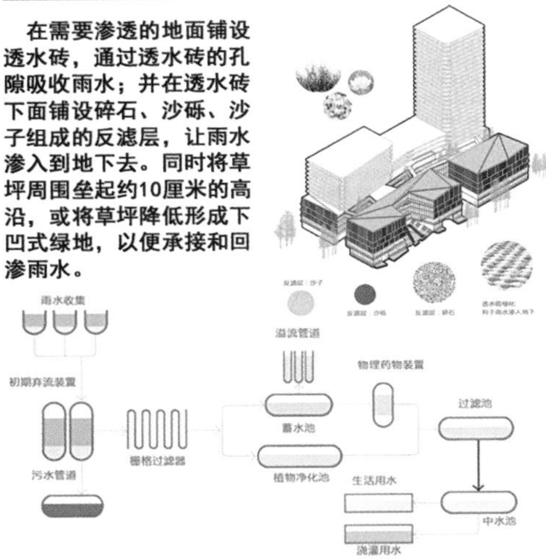


功能分区

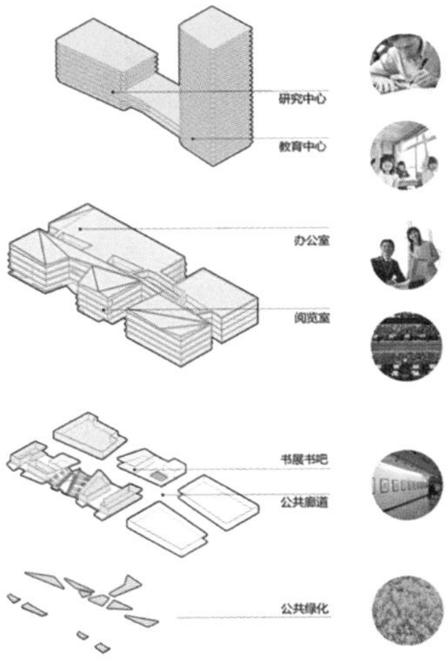


阅览空间类型

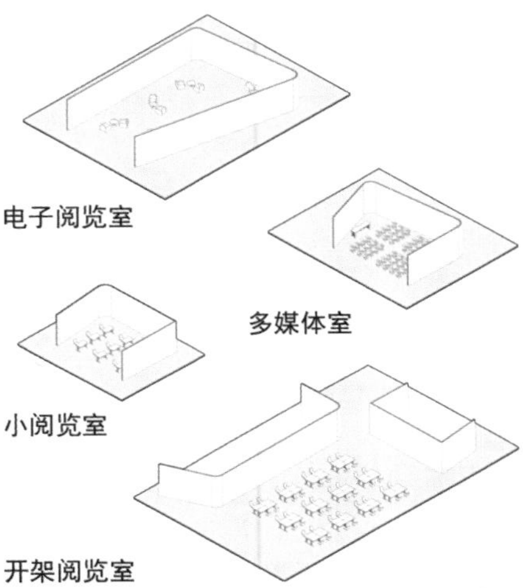

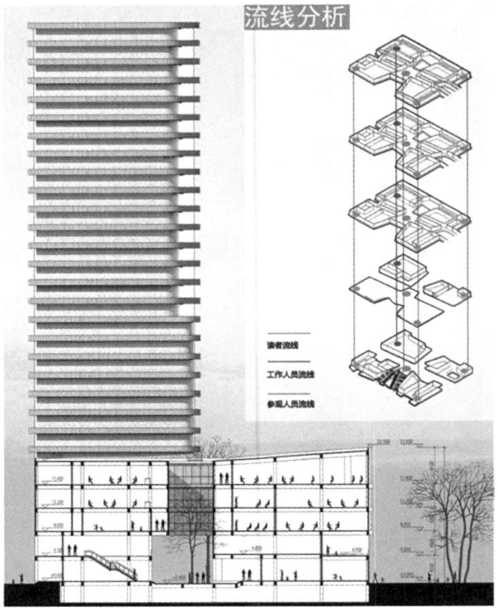

## 设计因素

黄土画派

幸福林带

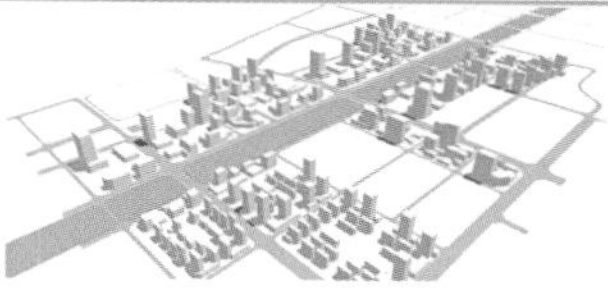

西安光电厂

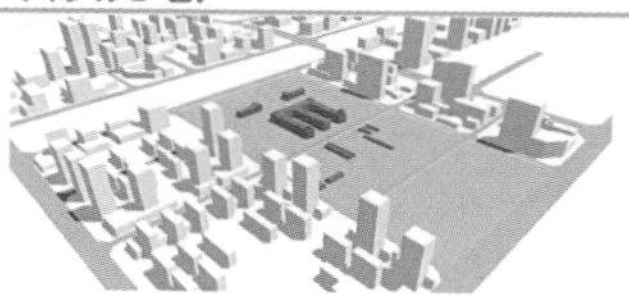

## 设计说明

我们的课题是如何在此熙攘的城市中创造一个场所，人们可以暂时忘却喧嚣， 而体会到飘逝的光影，被风拂动的竹林，静谧的水波，四季的花草的芬芳……

## 场地调研

功能分区

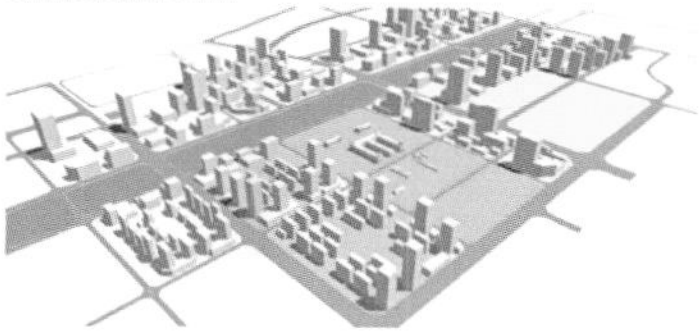

城市道路

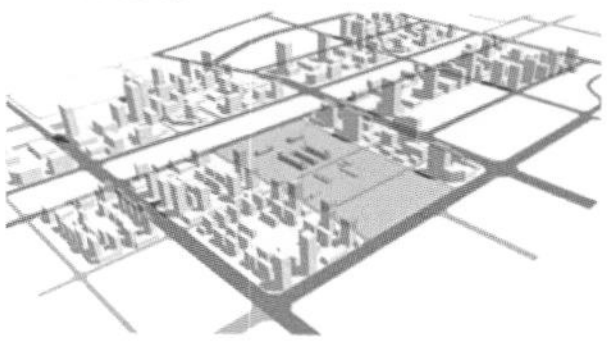

周边建筑

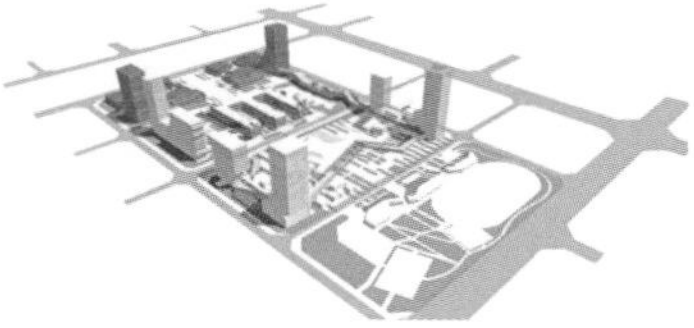

建筑风格

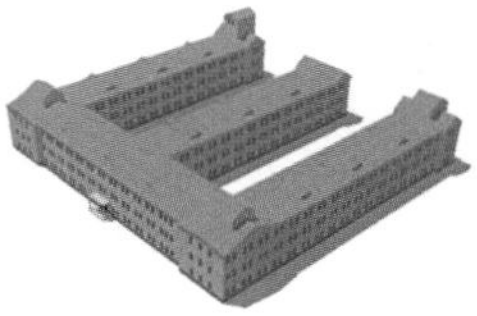

## 控制要素

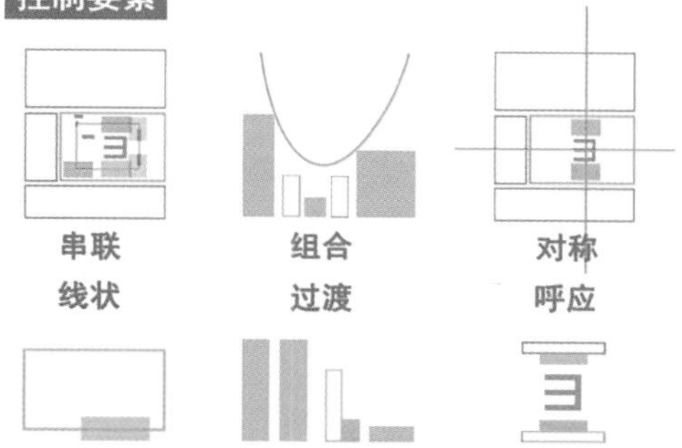
串联
线状
组合
过渡
对称
呼应

## 概念生成

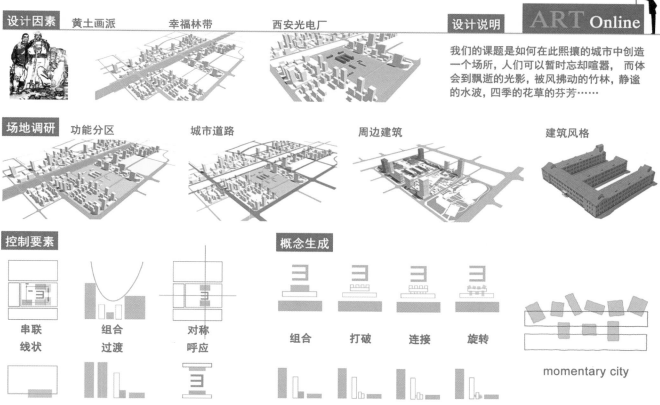

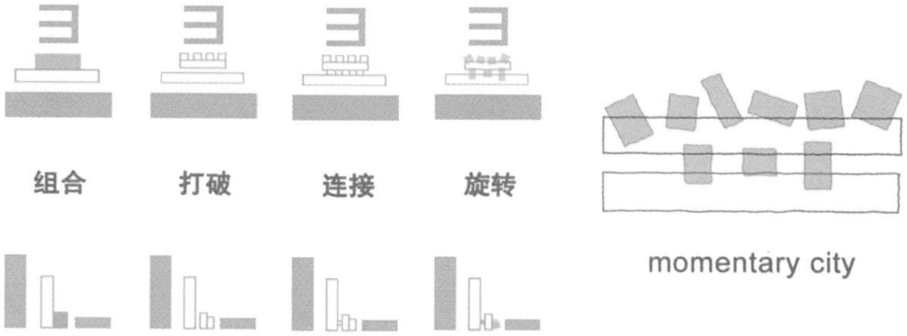
组合
打破
连接
旋转
momentary city

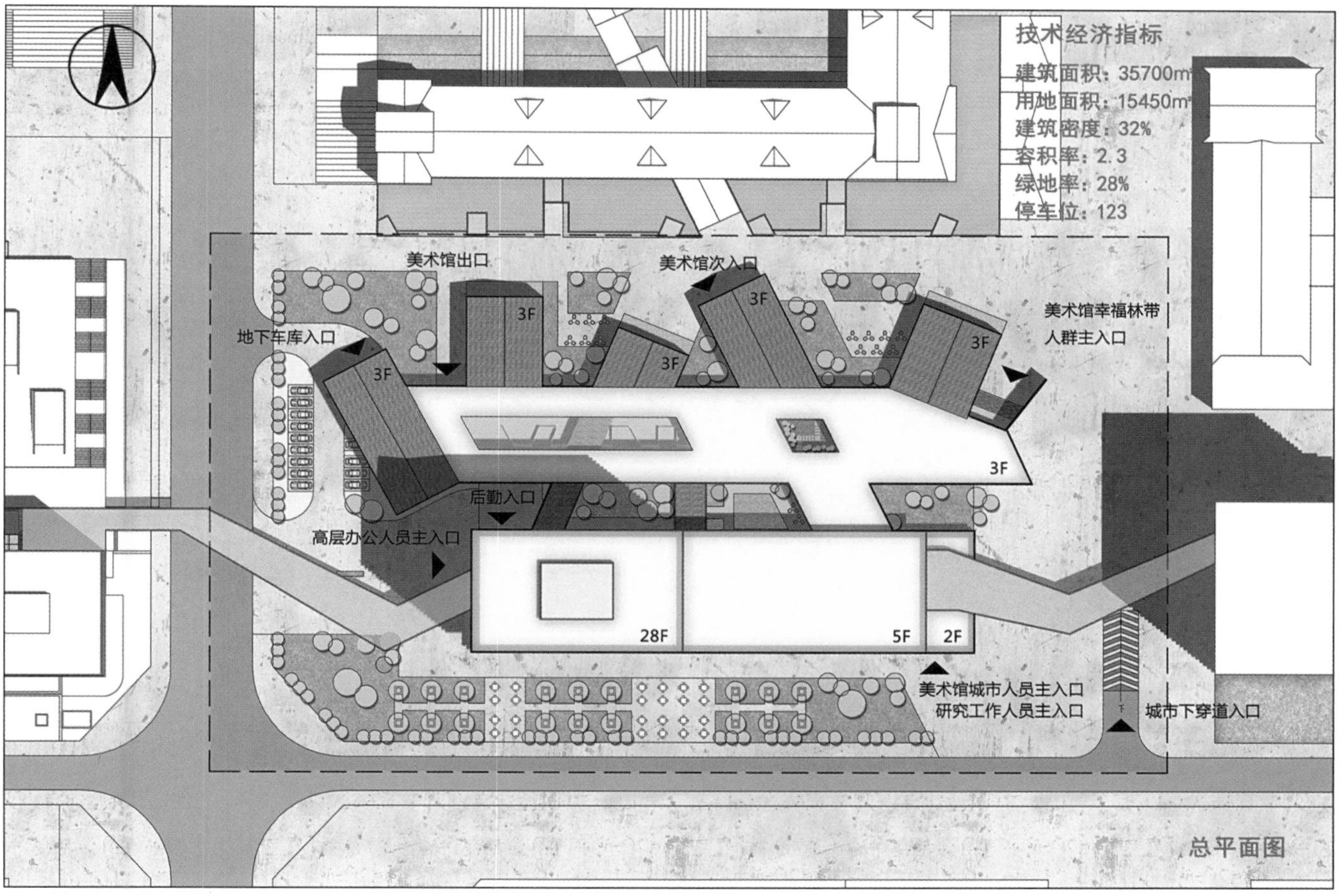
技术经济指标
建筑面积：35700m²
用地面积：15450m²
建筑密度：32%
容积率：2.3
绿地率：28%
停车位：123
美术馆出口
美术馆次入口
地下车库入口
美术馆幸福林带
人群主入口
3F
3F
3F
3F
3F
3F
后勤入口
高层办公人员主入口
28F
5F
2F
美术馆城市人员主入口
研究工作人员主入口
城市下穿道入口

总平面图

形体生成　　　　　　　　　流线分析　　　　　　　　功能分析

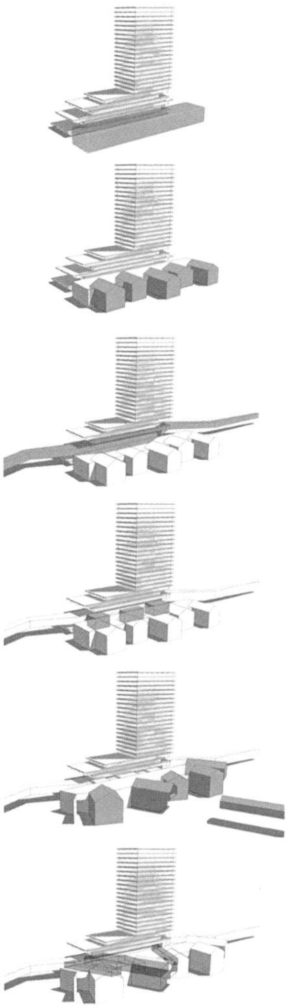

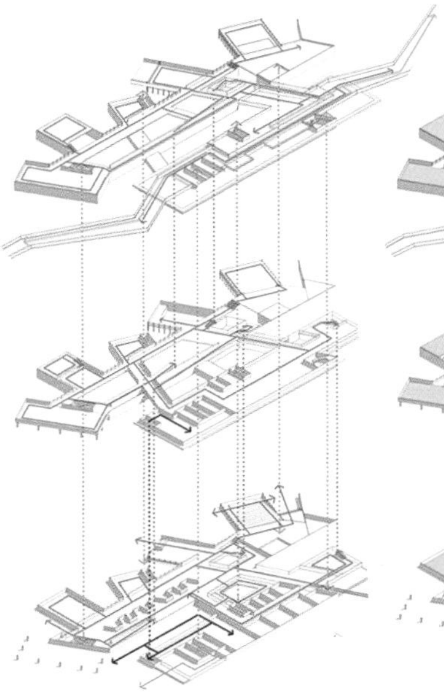

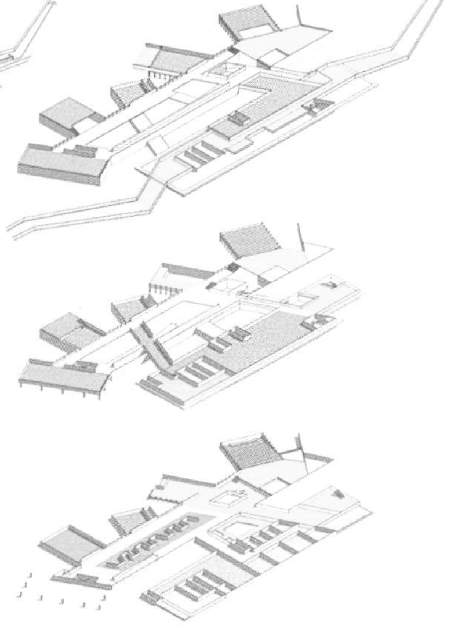

→ 参观流线　　→ 文化廊道流线　　■ 展览空间　　　　■ 办公空间
→ 美术馆办公流线　→ 高层办公流线　　■ 休息空间　　　　■ 学习空间
→ 后勤流线　　→ 疏散流线　　　■ 储藏空间

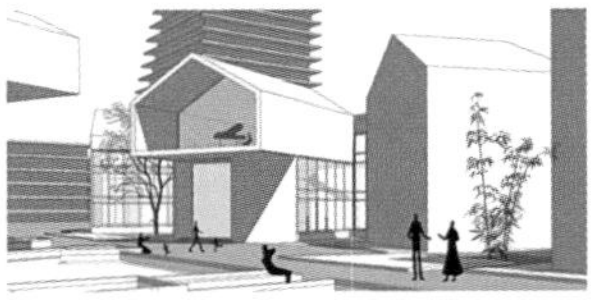

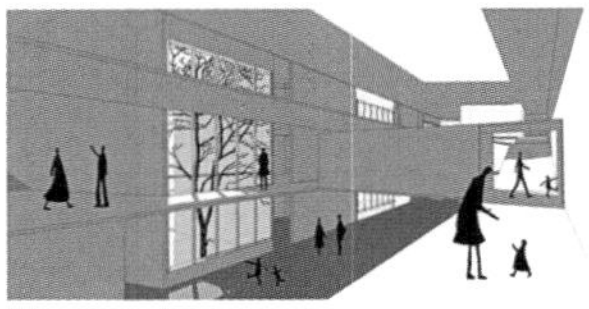

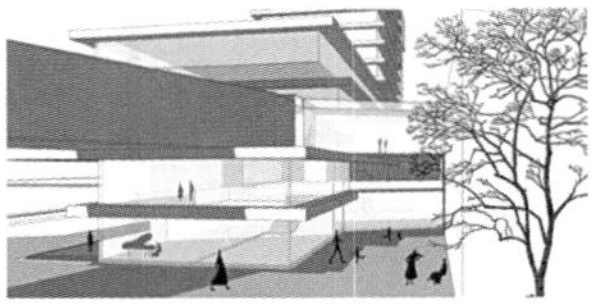

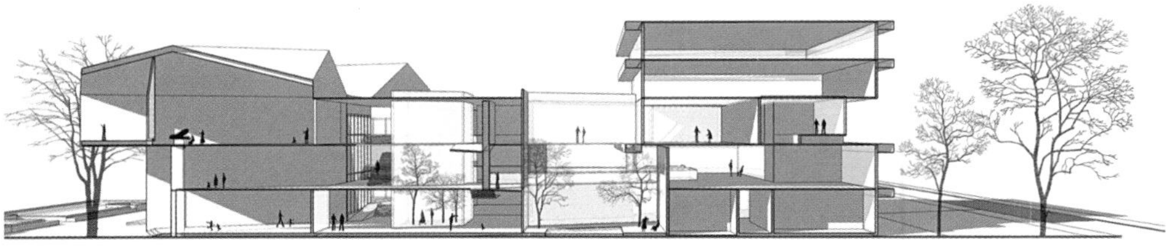

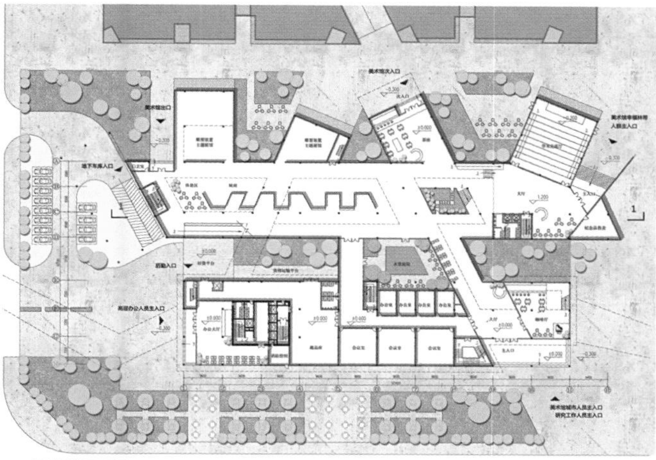

一层平面图

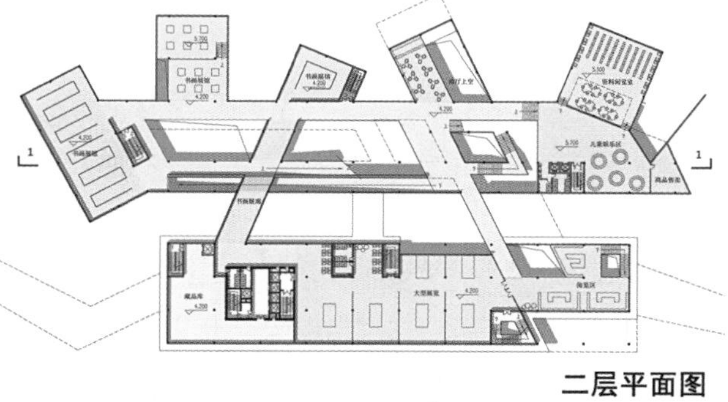

二层平面图

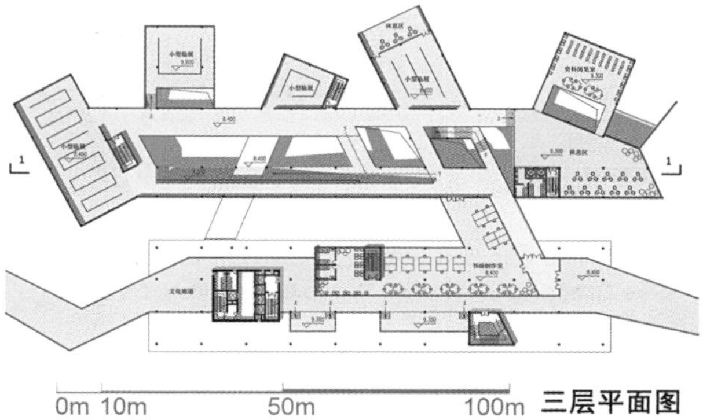


三层平面图

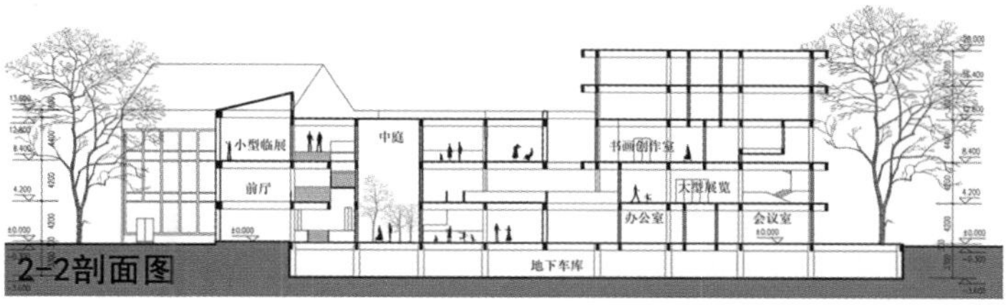


2-2剖面图

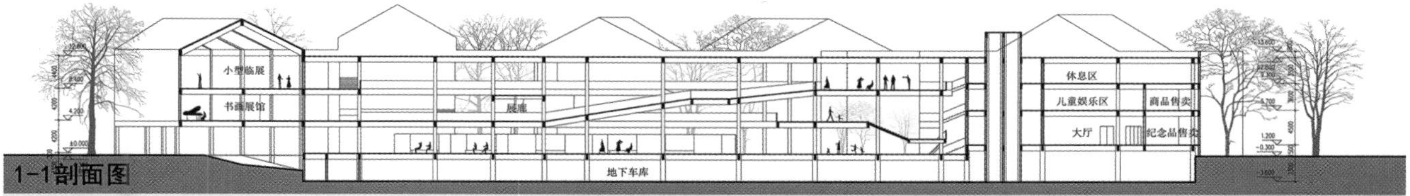


1-1剖面图

## 空间功能

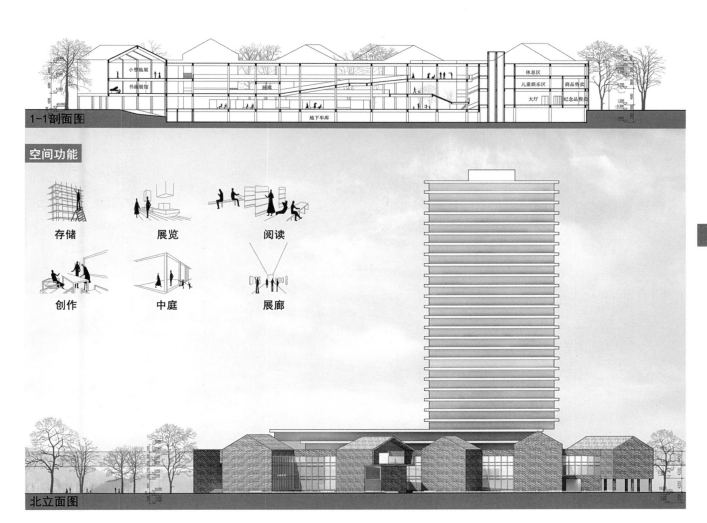

北立面图

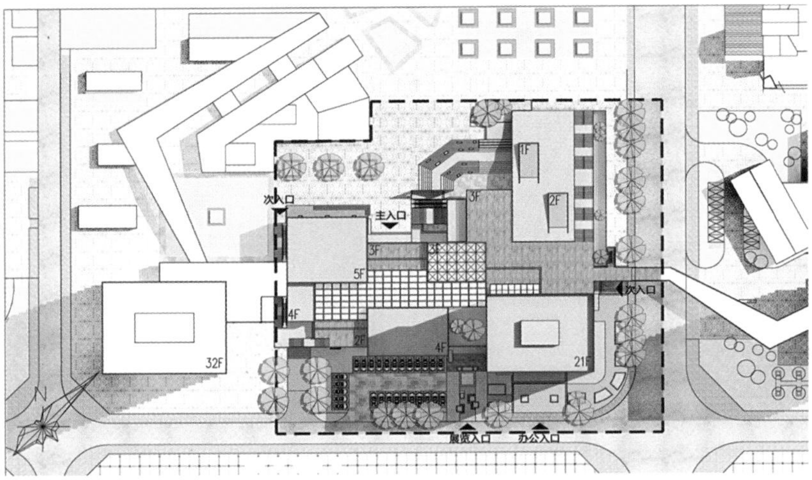


总平面图 0m 5m 10m 15m 20m 30m

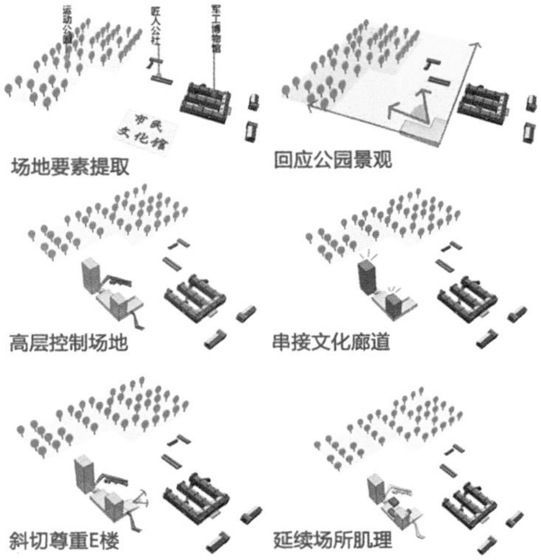


方案生成分析

# 立体街坊——市民文化馆建筑单体设计

Three-Dimensional Blocks - Public Hall Building Design

设计说明：

市民文化馆因其广泛的市民参与而具有更强的公共性。本案在立足于回应场地文脉和空间肌理的基础上，采用虚空的漫游路径来组织动线，使得建筑不再是只具有一个标志性的独立入口，而是提供了更多有趣的进入方式。建筑如同立体主义式的街边公园和小广场，给市民提供了更多的活动空间，同时，也为一些不确定事件的发生创造了可能。

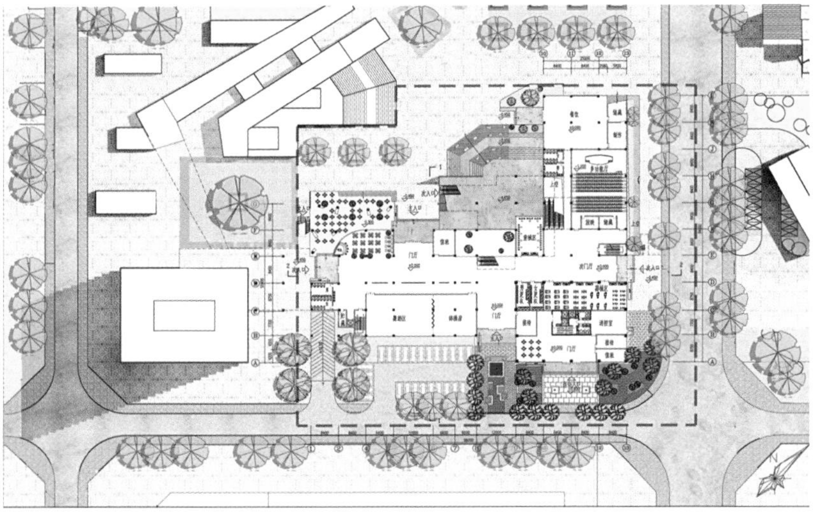

一层平面图

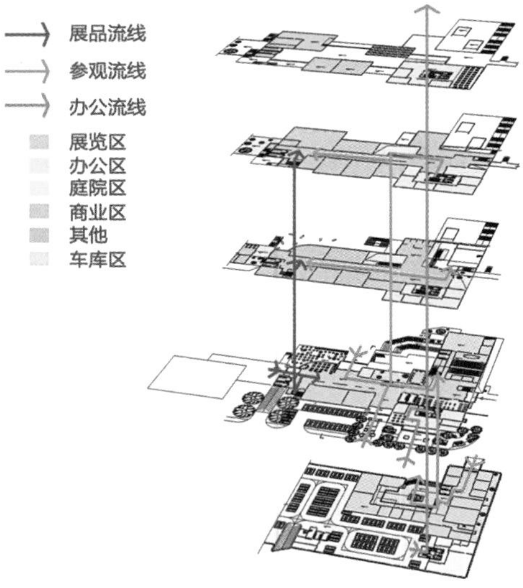


方案生成分析

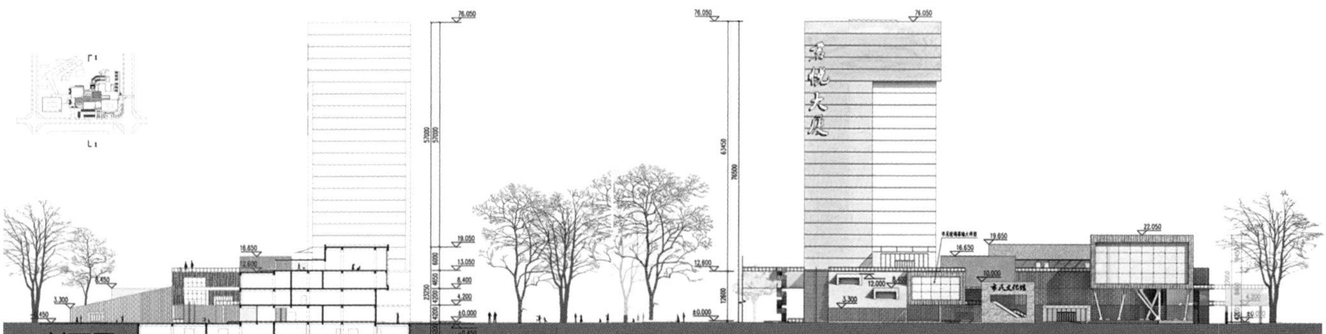

1-1剖面图

北立面图

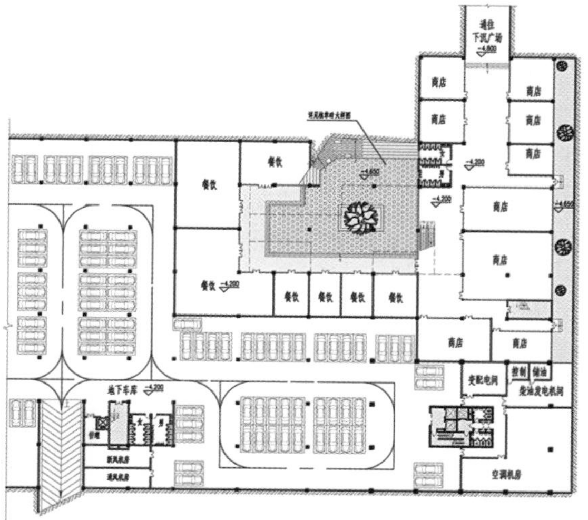

负一层平面图

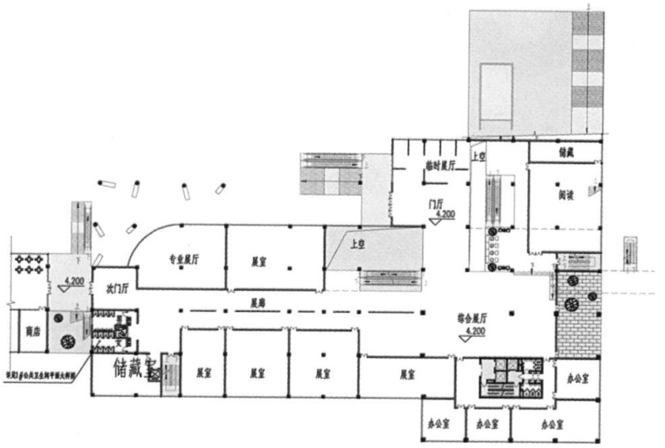

二层平面图

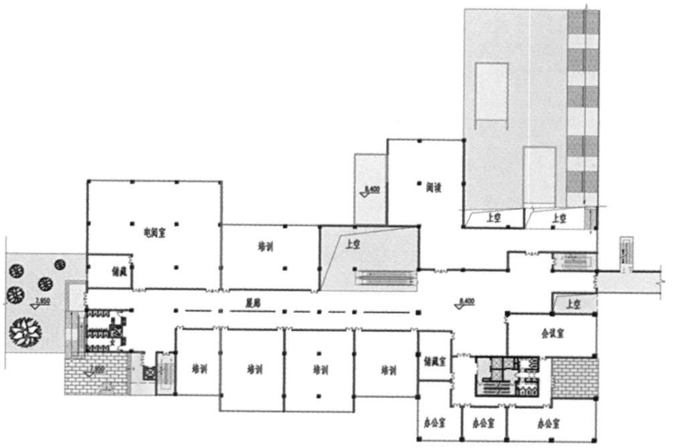

三层平面图

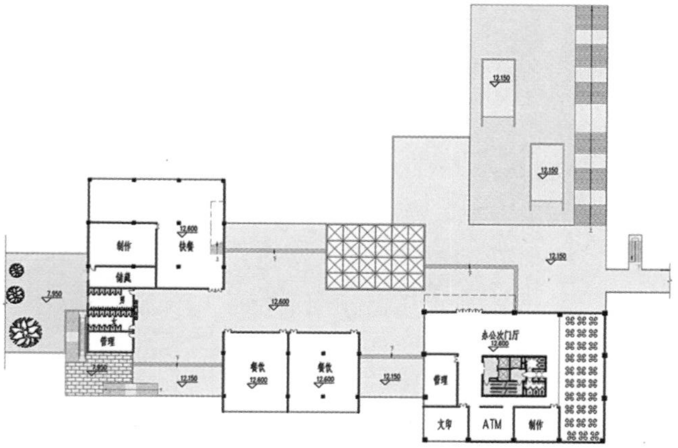

四层平面图

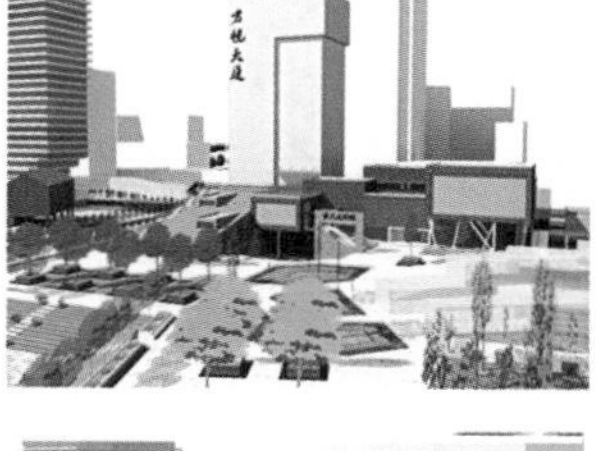

UC 4

重庆大学

CHONGQING UNIVERSITY

设计者：
刘辰　侯姝君
尹鲲

# 幸福·记忆

## 新生与发展——西安幸福林带核心区城市设计

Regeneration and Development - Urban Design of the Xingfu Lindai core area in Xi'an

指导教师：许芗斌

充分利用地块一丰富的军工遗存资源，通过打造幸福记忆绿带，回溯绿地记忆；梳理场地肌理，保留场地历史记忆；串联文脉与绿脉，打造幸福记忆片区。最终形成以幸福林带为生态和活动主轴，由慢行系统幸福记忆串联公共活动空间形成幸福记忆环的结构。从而带动片区的活力，实习老军工厂的新生和发展。

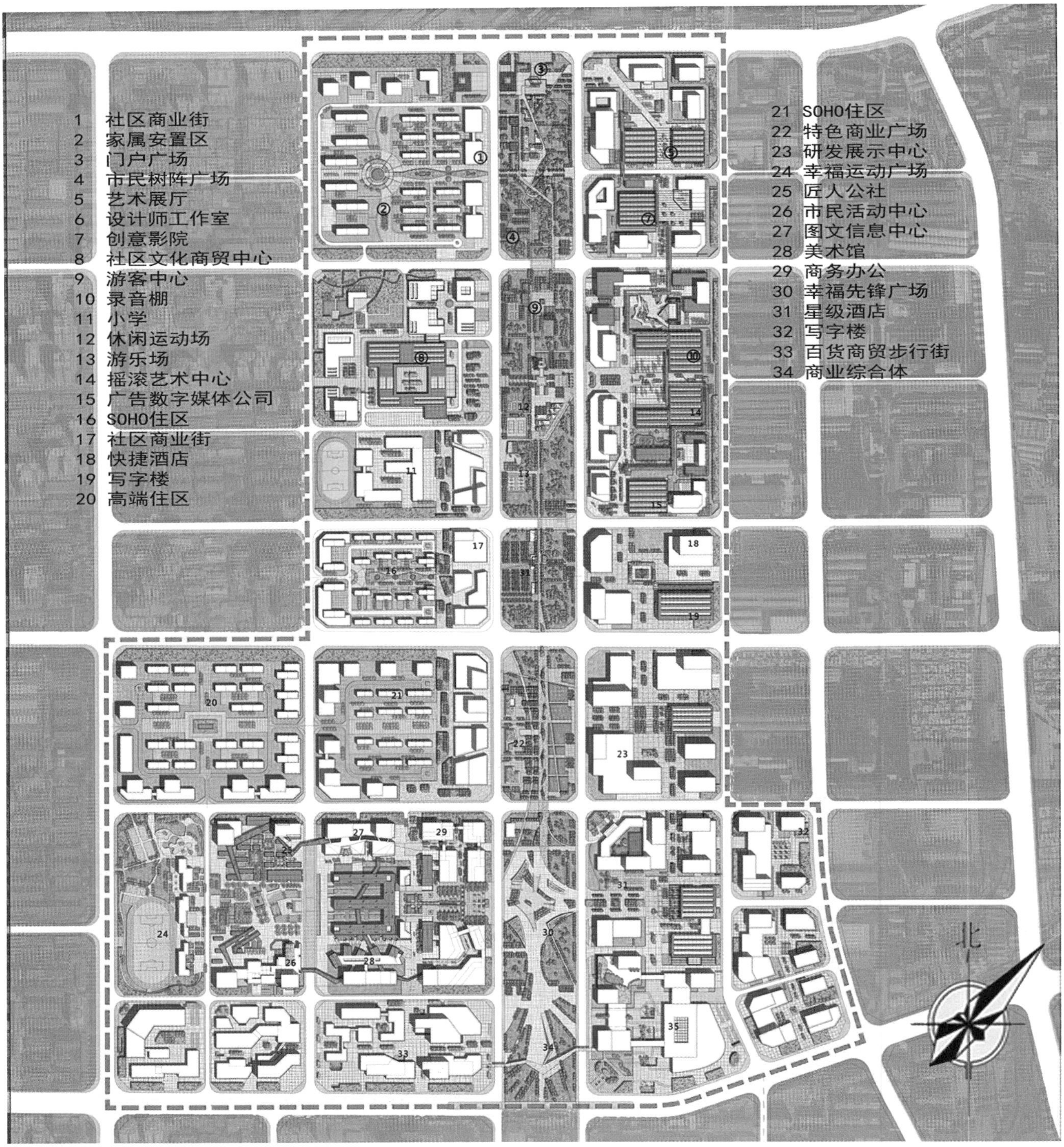
1　社区商业街
2　家属安置区
3　门户广场
4　市民树阵广场
5　艺术展厅
6　设计师工作室
7　创意影院
8　社区文化商贸中心
9　游客中心
10　录音棚
11　小学
12　休闲运动场
13　游乐场
14　摇滚艺术中心
15　广告数字媒体公司
16　SOHO住区
17　社区商业街
18　快捷酒店
19　写字楼
20　高端住区
21　SOHO住区
22　特色商业广场
23　研发展示中心
24　幸福运动广场
25　匠人公社
26　市民活动中心
27　图文信息中心
28　美术馆
29　商务办公
30　幸福先锋广场
31　星级酒店
32　写字楼
33　百货商贸步行街
34　商业综合体
北

绿地系统

公园绿地
附属绿地
防护绿地

慢行系统

主要步行节点
次要步行节点
主要步行线路
次要步行线路
对外步行线路

公共开放空间

大型公共空间
中型公共空间
小型公共空间

功能结构

休闲创意产业轴

休闲文化商务轴

土地利用

交通系统

景观结构

幸福居住节点
创意记忆节点
创意产业轴
文化休闲轴
文化记忆节点
幸福商业节点

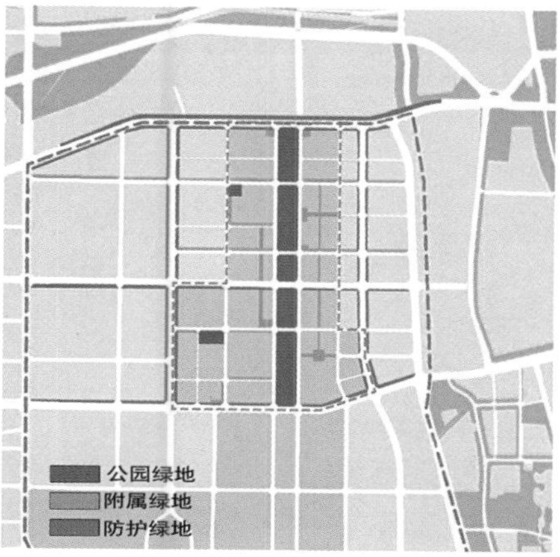

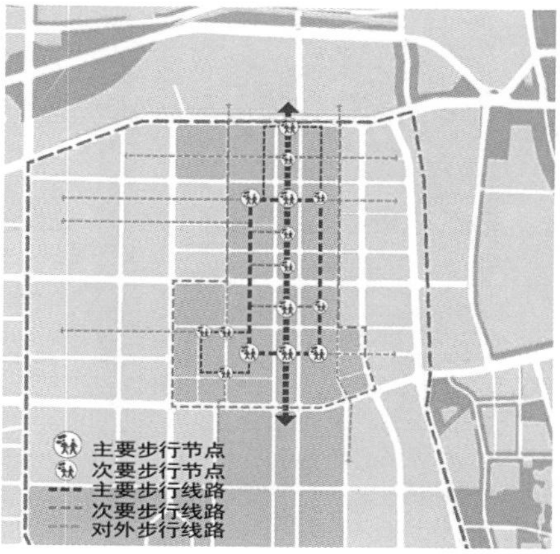

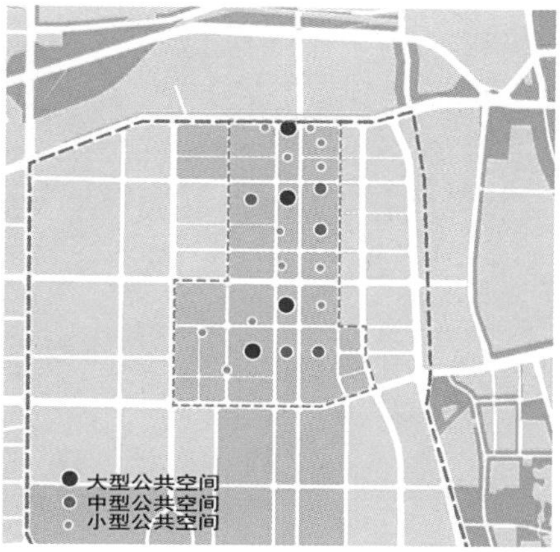

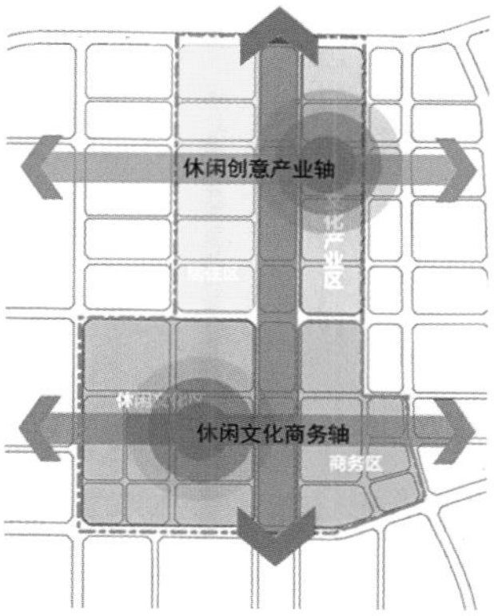

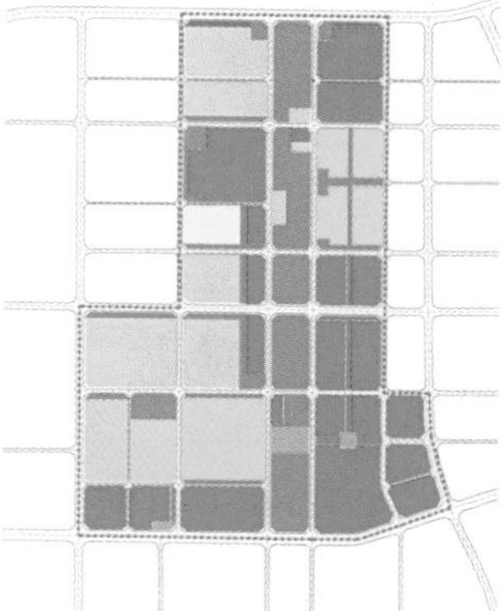

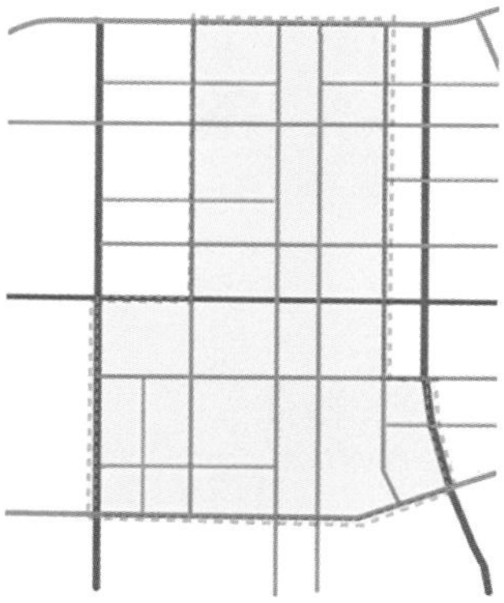

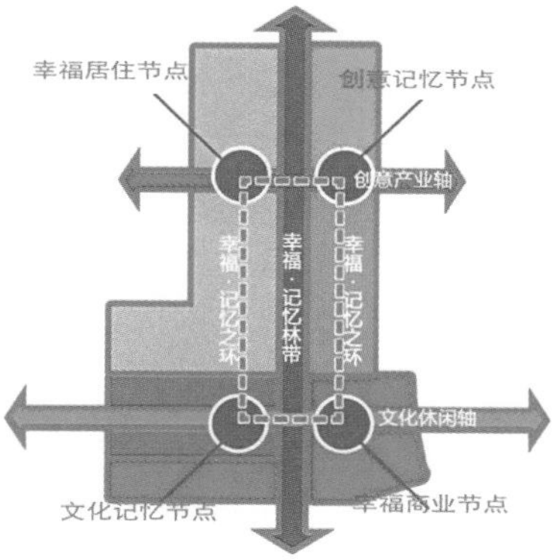

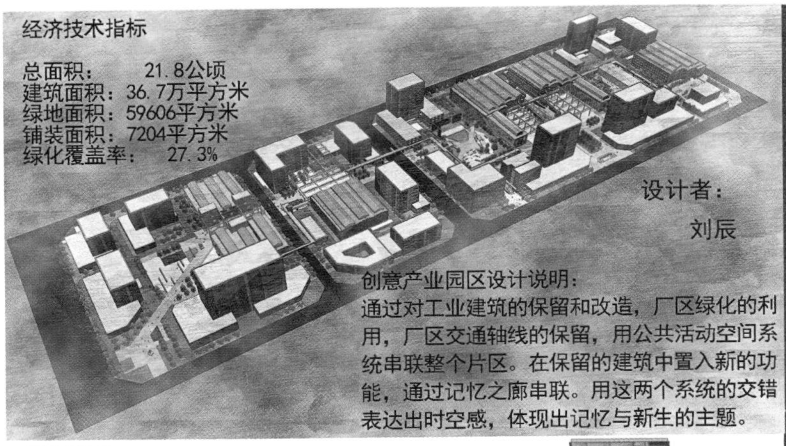

经济技术指标

总面积：　　21.8公顷
建筑面积：36.7万平方米
绿地面积：59606平方米
铺装面积：7204平方米
绿化覆盖率：　27.3%

设计者：
刘辰

创意产业园区设计说明：
通过对工业建筑的保留和改造，厂区绿化的利用，厂区交通轴线的保留，用公共活动空间系统串联整个片区。在保留的建筑中置入新的功能，通过记忆之廊串联。用这两个系统的交错表达出时空感，体现出记忆与新生的主题。

剖面图1-1

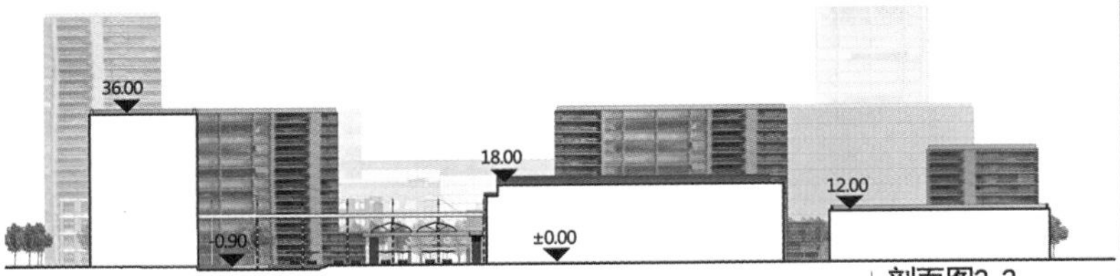

剖面图2-2

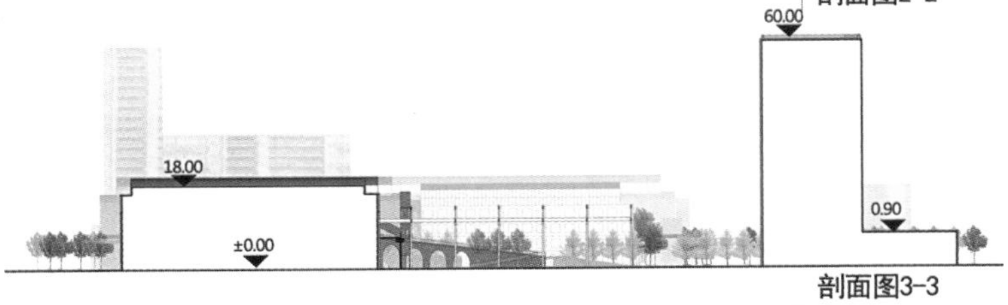

剖面图3-3

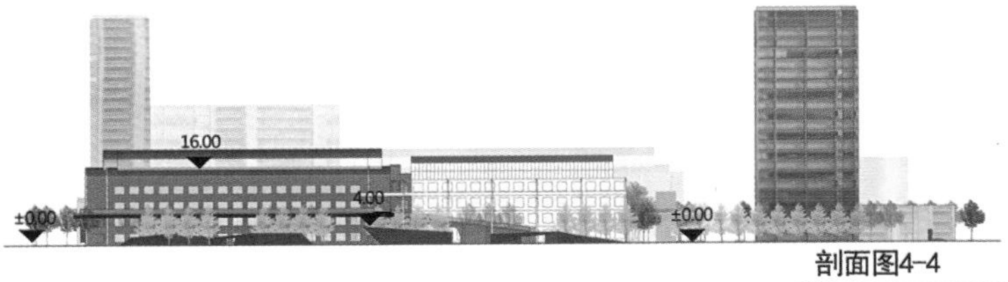

剖面图4-4

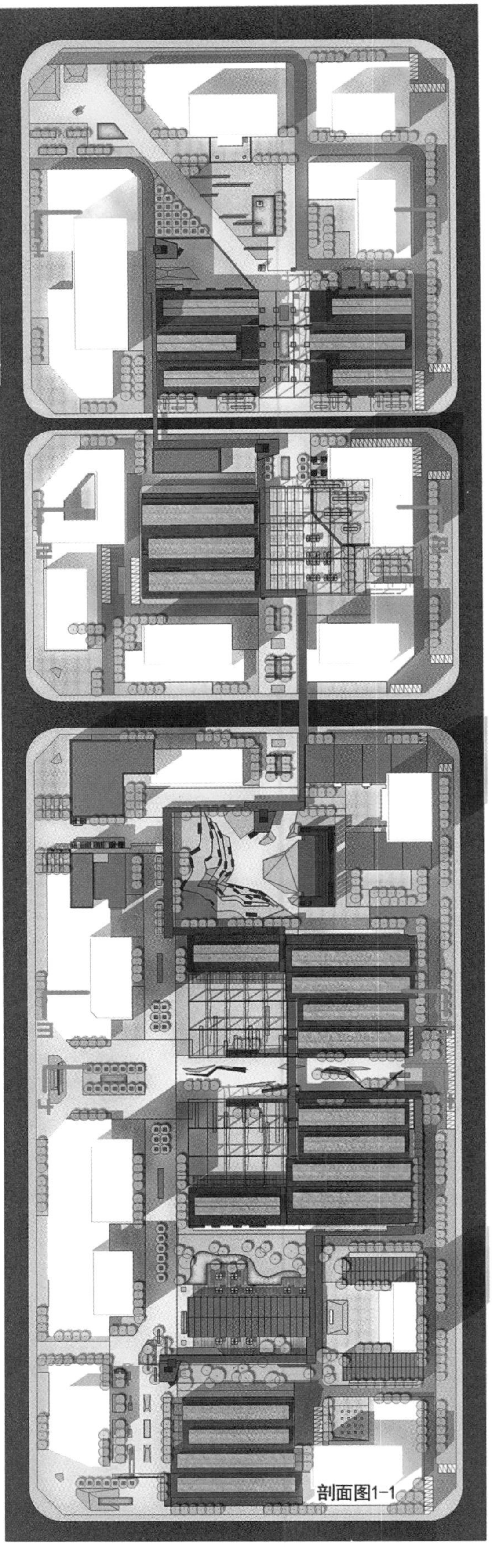

16.00
15.00
1.00
-1.50
±0.00
7.20
±0.00
培训大楼
舞台
草坪
看台
内部路
入口景观
剖面图1-1
15.00
7.20
±0.00
±0.00
城市道路
培训大楼
交通体
舞台
演播中心
广场
明星街
剖面图2-2
10F
6F
4F
20F
±0.00
7.20
-0.20
-1.50
1.00
4F
8F
2F
20F
±0.00
15.00
4F
放大平面图

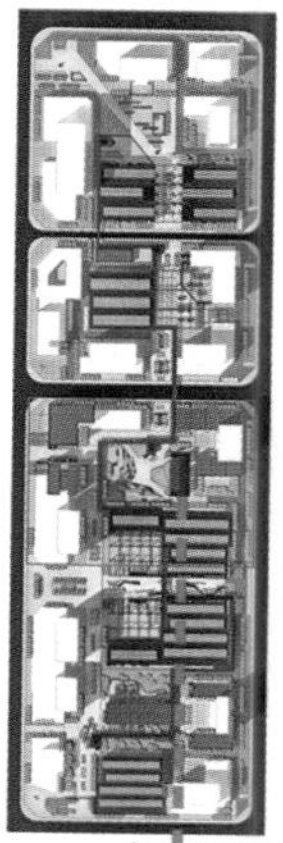

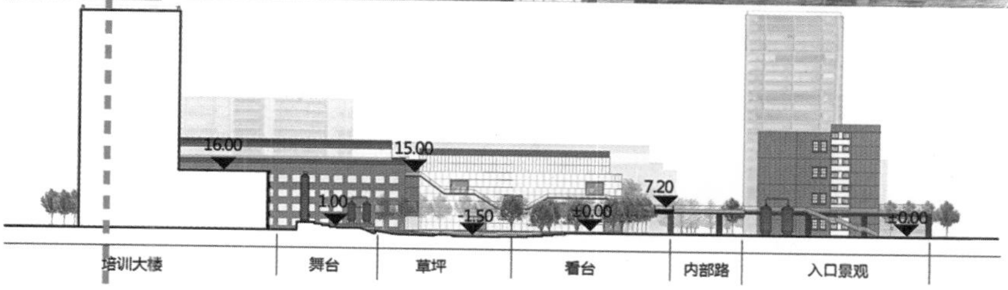

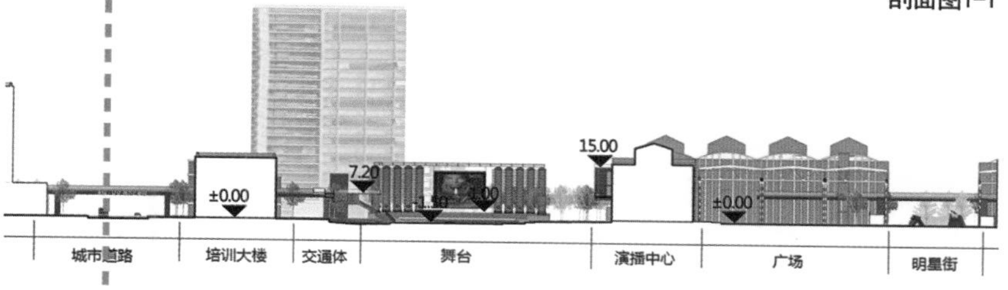

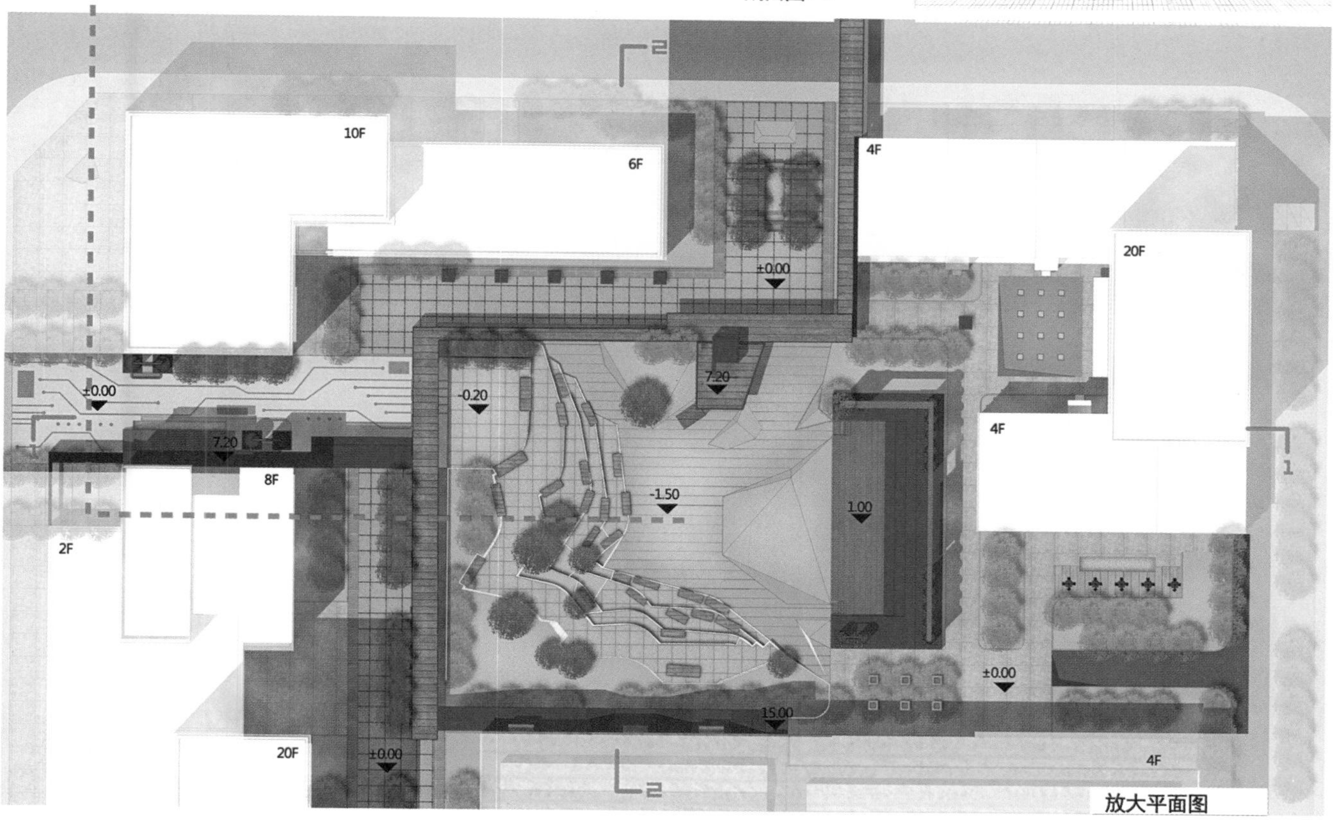

## 幸福林带状公园设计

设计者：尹鲲

### 概念演绎

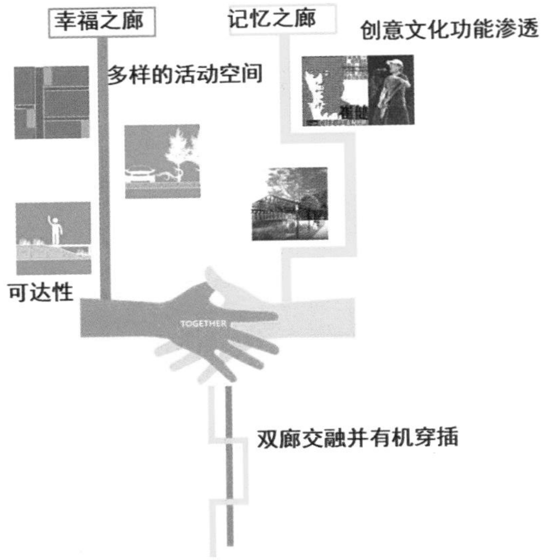
幸福之廊
记忆之廊
创意文化功能渗透
多样的活动空间
可达性
TOGETHER
双廊交融并有机穿插

### 南侧鸟瞰图

### 节点透视图

总平面图

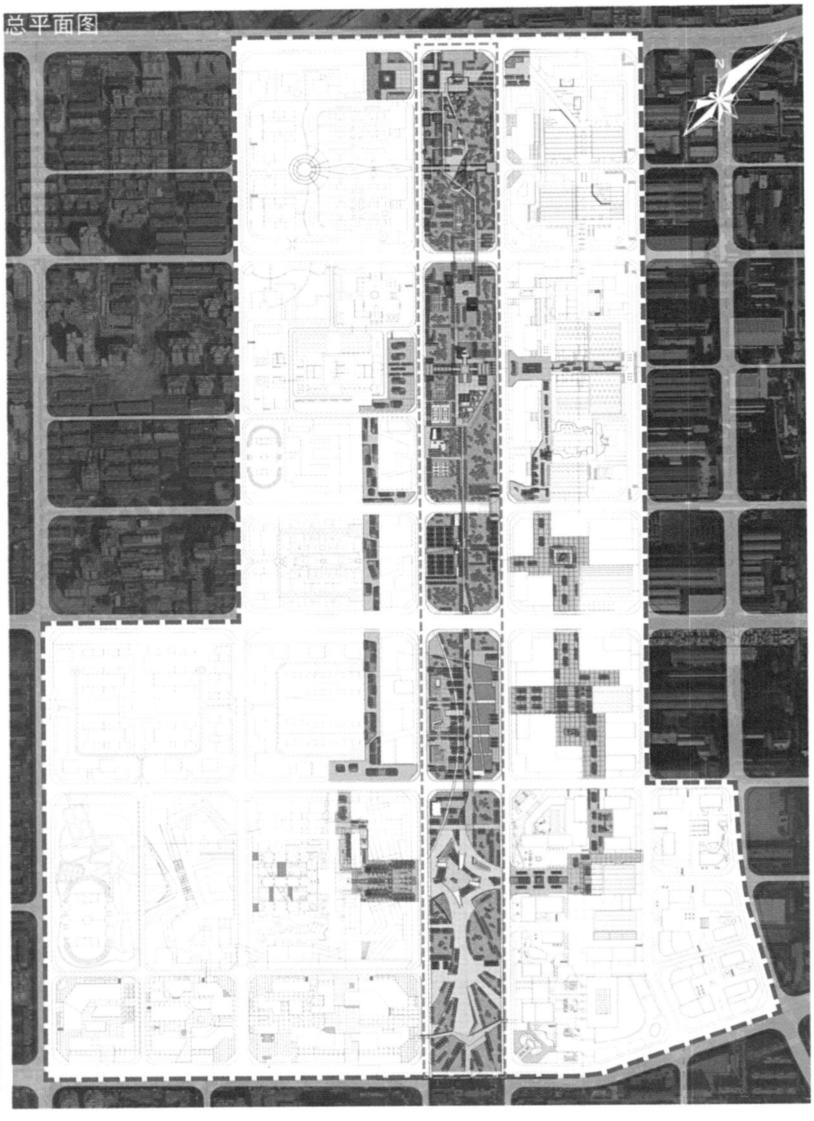

## 幸福林带状公园设计

### 放大节点平面图

1. 创意带景观休息区
2. 水池
3. 睡莲景观
4. 滨水木道
5. 滨水树阵休息区
6. 幸福之廊
7. 创意休息廊
8. 艺术之门
9. 树阵休息区
10. 中央旱喷
11. 银杏大道
12. 羽毛球场
13. 市民活动中心广场
14. 结构主义雕塑
15. 花草物语雕塑
16. 创意之廊
17. 雕塑花园
18. 后现代雕塑
19. 网球场
20. 休憩草坪
21. 幸福之塔

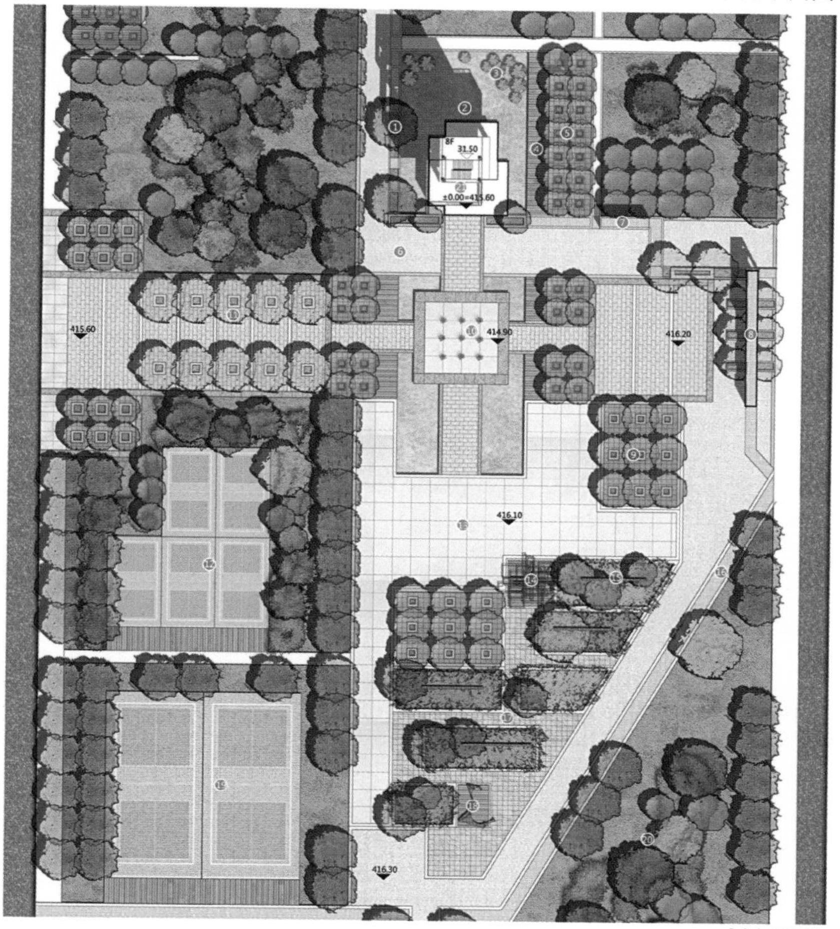


### 植物配置图

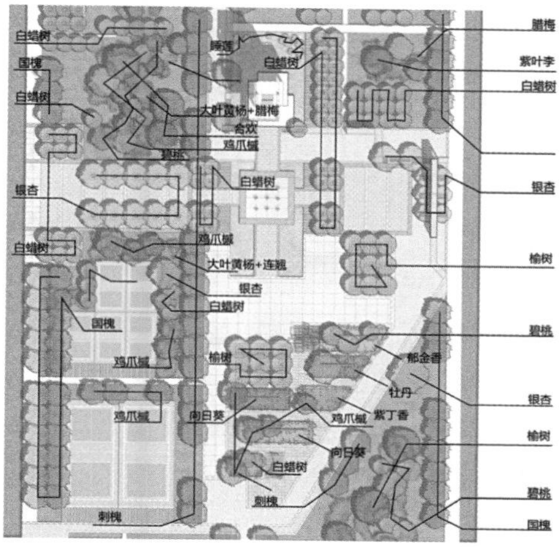


### 景观小品设计

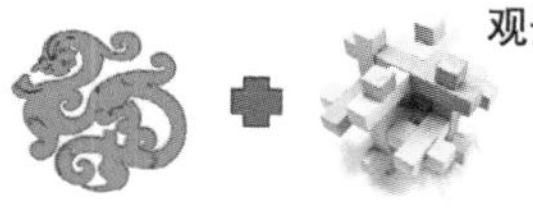

观景塔

南立面图

北立面图

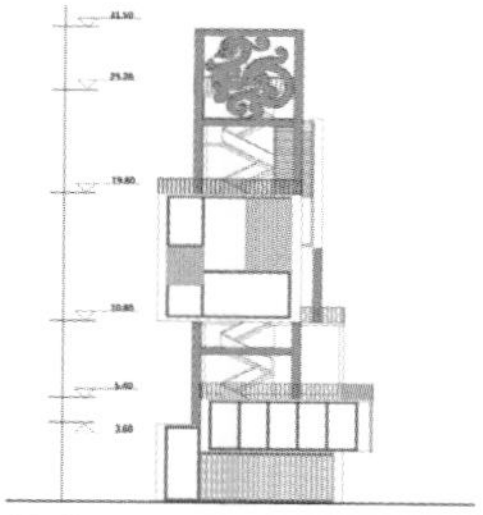
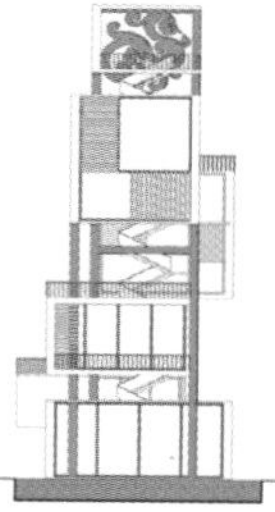

### 剖立面图

1-1 剖面图

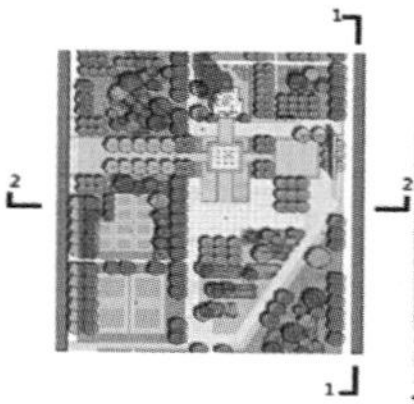


2-2 剖面图

### 节点透视图

## 西安幸福林带片区（地块儿一）
## 城市设计
## 体育公园景观规划与设计


重庆大学
CHONGQING UNIVERSITY

设计者：侯姝君


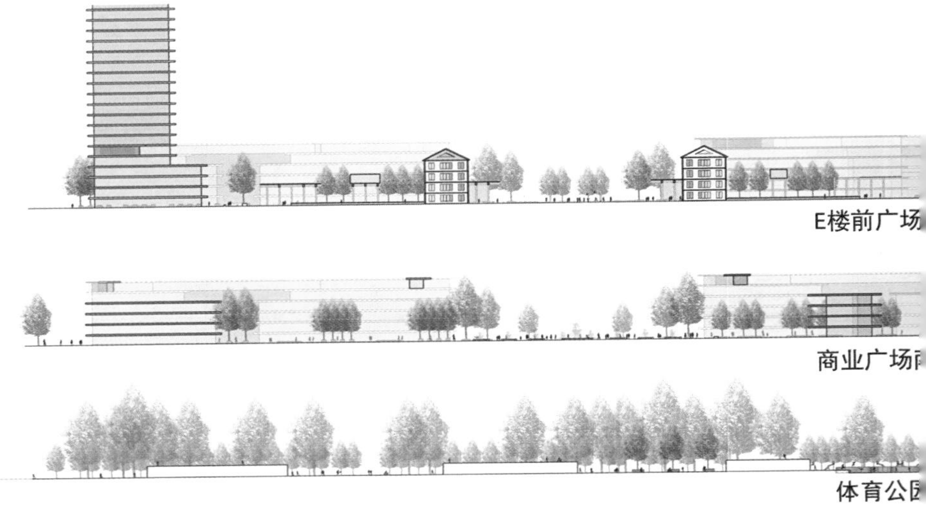


轴线与节点

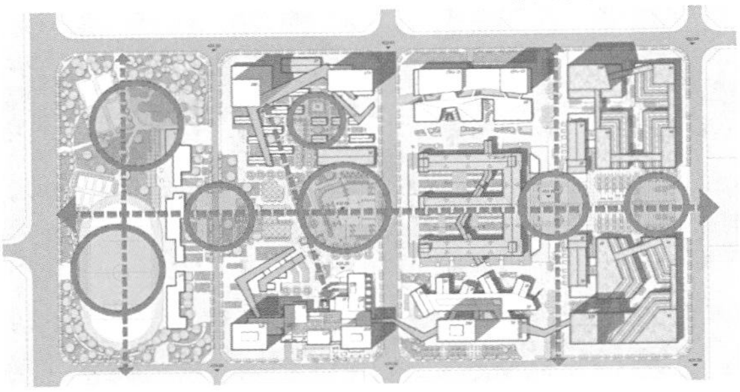

功能空间分布

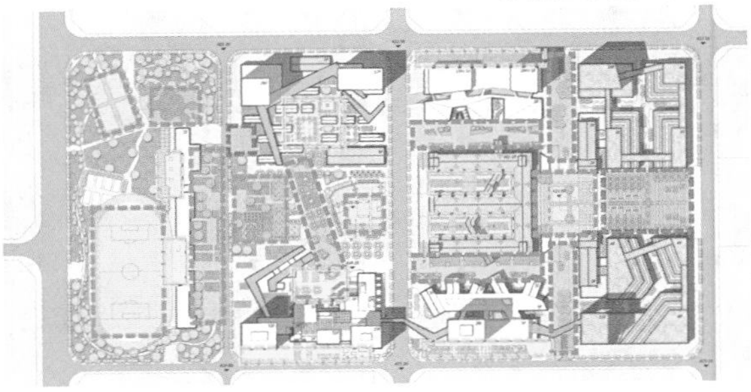

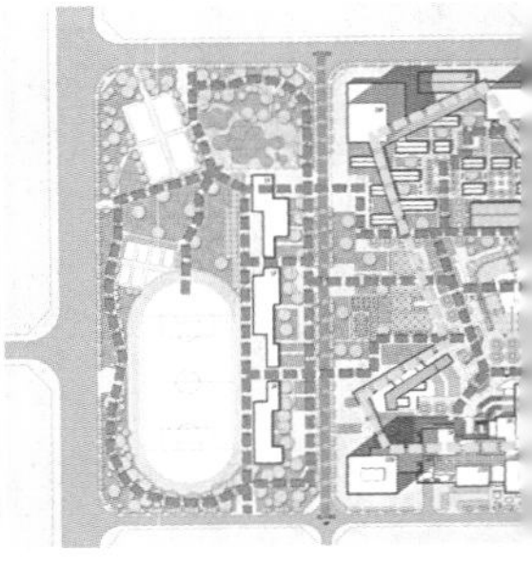

活动广场　形象展示　步行飞廊
建筑附属　轴线空间　步行游线

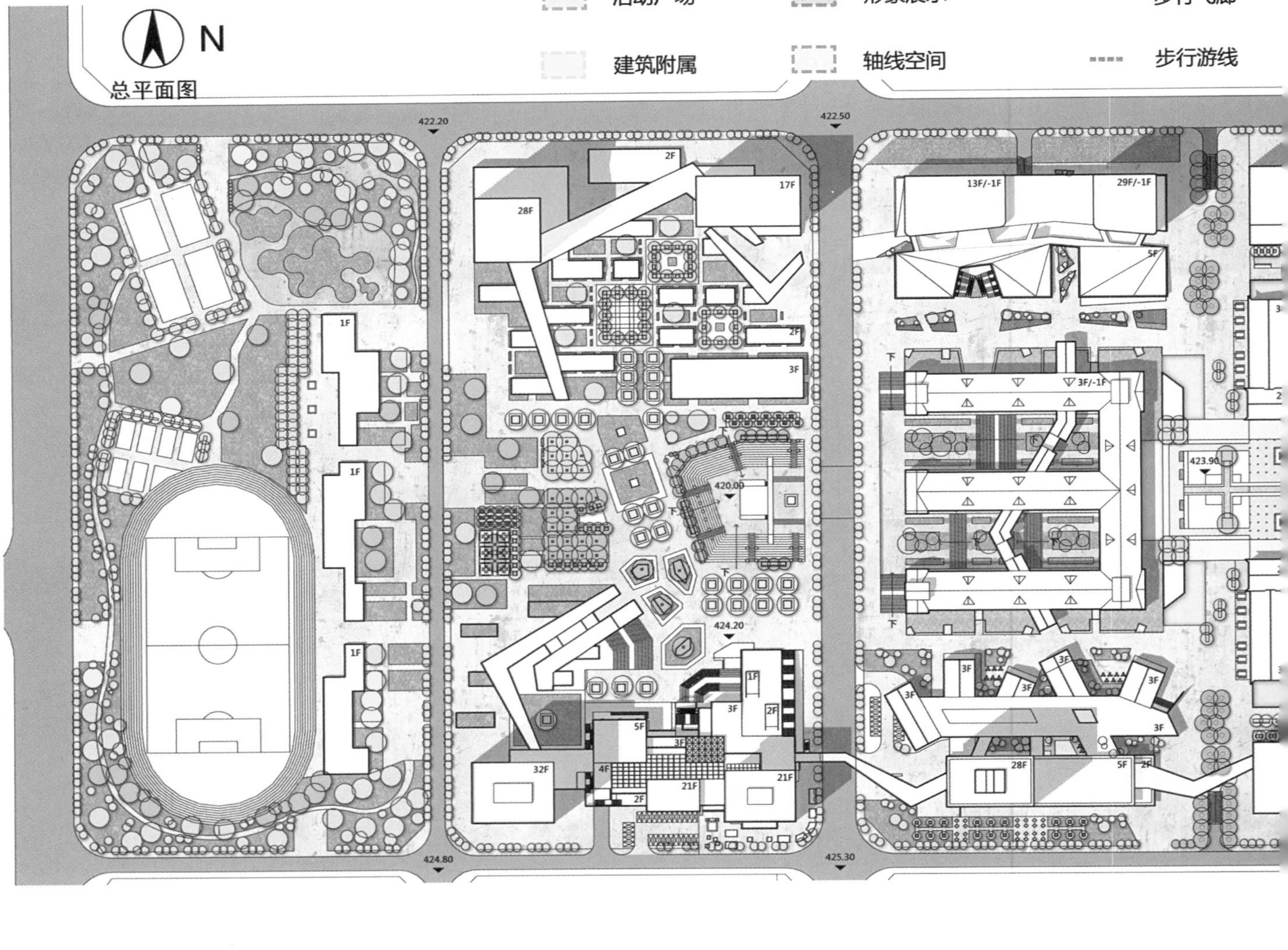


总平面图

图

图

图

流线组织

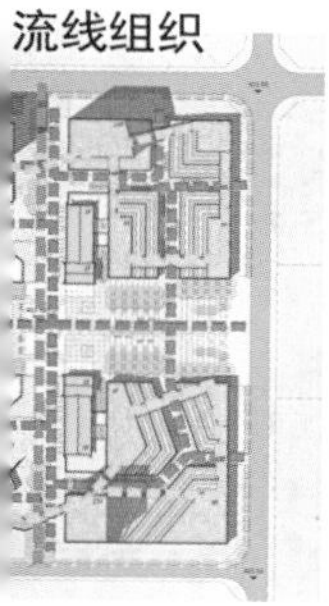

市道路

穿道

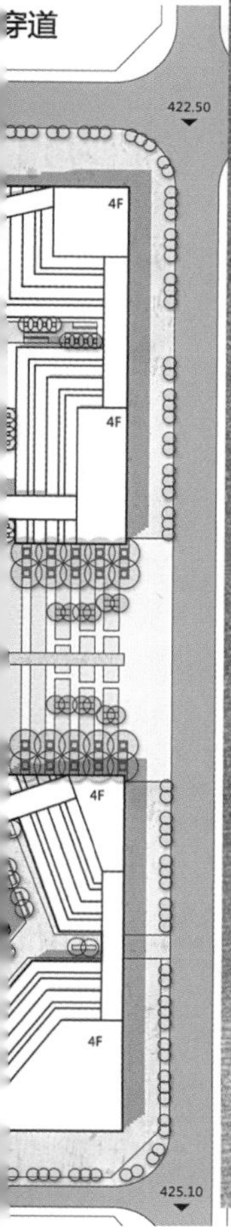

下沉剧场南北向剖面图

效果图

# UC 4


重庆大学
CHONGQING UNIVERSITY

设计者：
曹琛　冯矛　张绍华

## 幸福 · 园

### 新生与发展——西安幸福林带核心区城市设计

Regeneration and Development - Urban Design of the Xingfu Lindai core area in Xi'an


指导教师：董世永


地块二作为整个RBD的核心地段，最应该凸显的是RBD的核心特征—以公共空间为核心，因此我们以“园”—公共空间体系作为概念，从研究西安的公共空间体系类型、要素、特征等，来打造地块二的公共空间。方案大胆的将历时文化过渡轴与幸福林带交接的核心点打造成全步行的区域，是两条重要轴线以块状交接，而不是以点状交接。

### 1. 设计框架

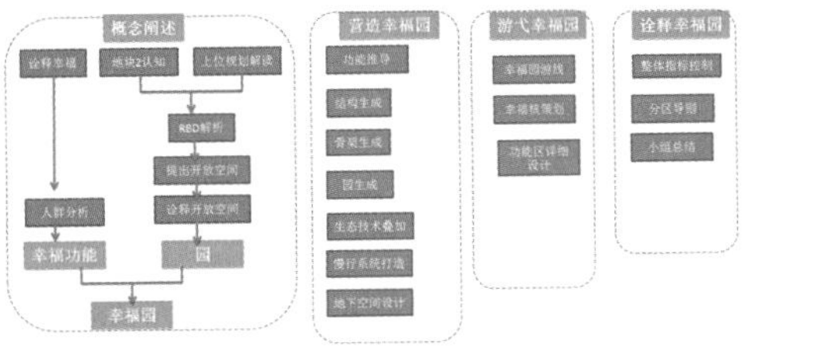


### 2. 上位及幸福分析

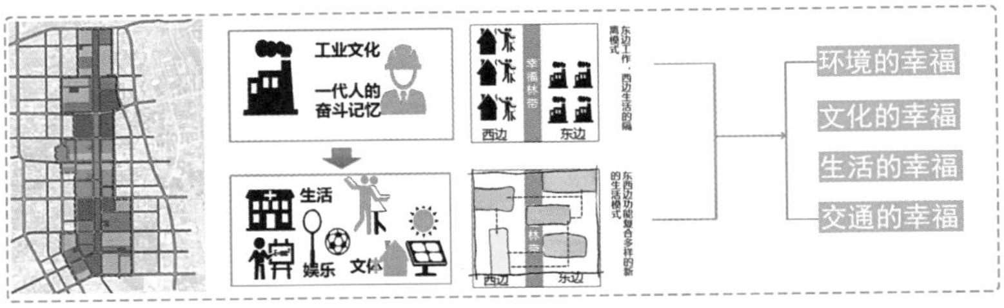


### 3. RBD解析

RBD的典型特征在于其变化丰富、活动多元、软硬结合的外部开放空间体系。

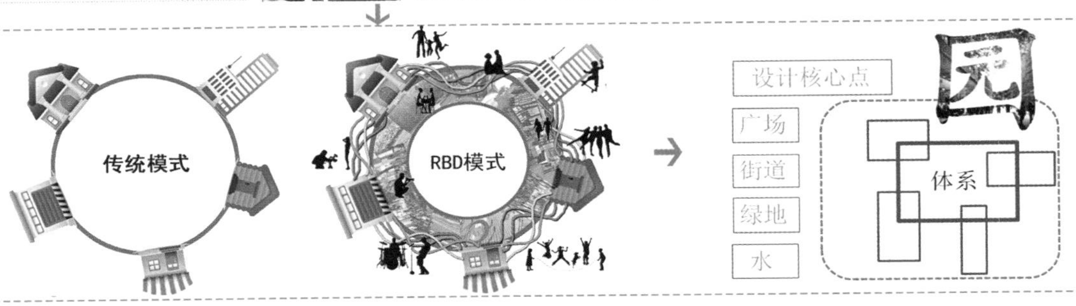


### 4. 西安开放空间研究分析

#### ■绿地

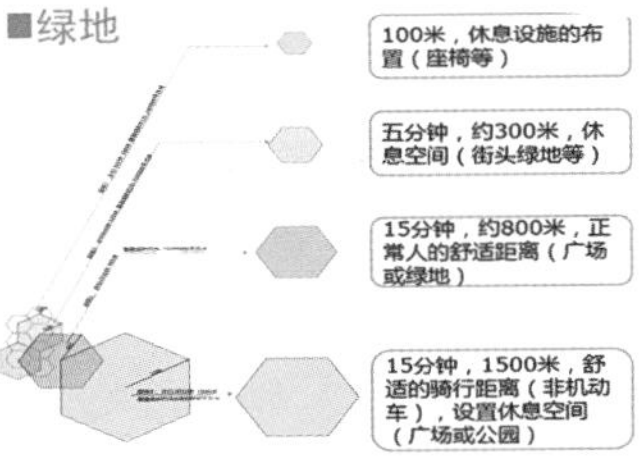

100米，休息设施的布置（座椅等）

五分钟，约300米，休息空间（街头绿地等）

15分钟，约800米，正常人的舒适距离（广场或绿地）

15分钟，1500米，舒适的骑行距离（非机动车），设置休息空间（广场或公园）

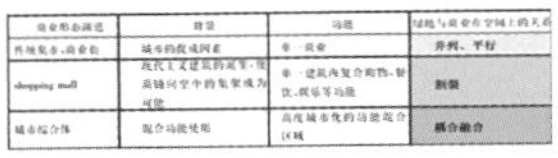

绿地与商业空间的融合方式

单体融合：通过建筑露台屋顶的绿化形成公园。在同一空间内“见缝插绿”，最大程度增加绿化。

结构要素：绿化作为一个结构要素，参与空间与空间之间的整合，将多个空间融为一体

#### ■广场

| 基面形状 | 基面竖向 | 侧立面 | 天际线 | 标志物 |
|---|---|---|---|---|
| 广场没有形状，空间就无法被人感知，越简单的形状表现力越强。丰富的广场最终都会回归到那些最基本的几何形状上去。 | 具有特殊功能尤其是纪念意义的广场会有地面的升起或者下沉，来凸显纪念物的的重要性。将分割成不同标高的层面，有利于广场的多功能使用。 | 侧立面高度与广场宽度的比例关系在1:3到1:6之间比较理想，超过1:6时，广场的围合感会减弱，低于1:2，封闭感太强。 | 通过不同高度、不同平面形态和不同体量的建筑，经过不同的布局方式，会构成丰富多变的天际轮廓线。强化广场方向性，封闭感，在广场上投下的阴影形成强烈效果。 | 标志物可在广场内、边界、外部。其中前者对广场内聚控制力最强。在广场的空间秩序中，标志物可以作为整个广场空间秩序中强有力的内聚点、起点、重要空间节点。 |

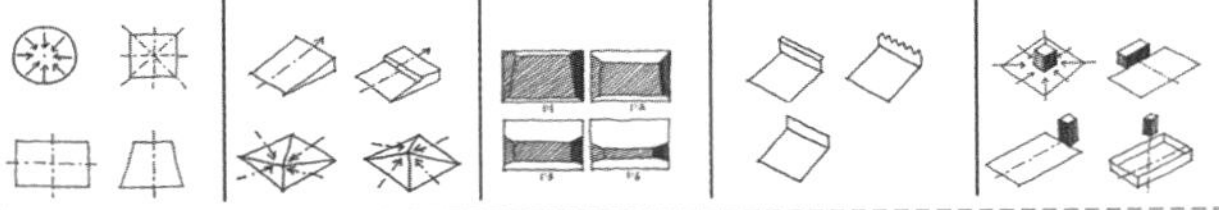

#### ■水

自汉代以来，水都是宫苑的必备要素，台楼榭的依托。众多景点大部分都以水域池沼作为景观的核心，形成了长安独具特色的宫苑“水文化”。“一池三山”的山水构造模式从汉上林苑最初开创并成为皇家园林的传统布局模式。

明清时代引两渠水入城，供给长安内的用水，并注入大、小莲花池形成园林，并有极高的生态效益

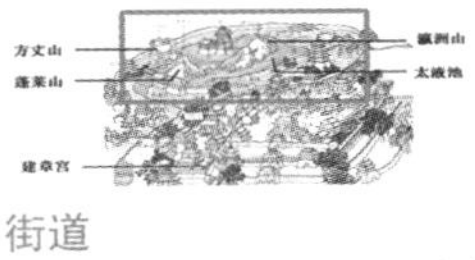


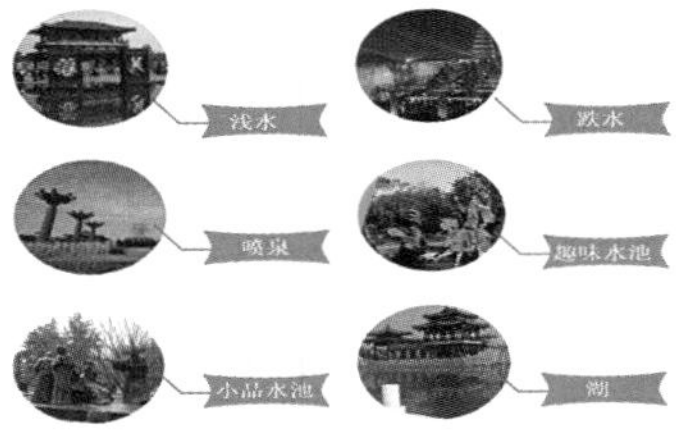


#### ■街道

**DH比例**

中国传统街区是以人的步行尺度为基础发展的，道路高宽比大多控制在在1:1～1:2左右，适宜行走，停驻和交流，增加了想到内的生活气息。仿古步行街DH比例在0.5：1货1:1左右。

**宽度**

一般来说，城市中使人感觉亲切的外部空间距离为20、25米，因此，尺度宜人的步行街大多以此为上限。仿古步行街的，街道宽度交现代商业步行街窄。

**节点：**

同时，景观研究中发现，能够观察人行为的最大距离是150～200米，因此，每间隔不超过这个数值，就要在街巷内设置空间节点。

**长度：**

完全封闭的商业步行街比较合适的长度不超过750米为宜，完全敞开式的商业步行街不超过1500米为宜，600m左右是一个阶段，需要设置刺激点。

配图　配图　配图　配图

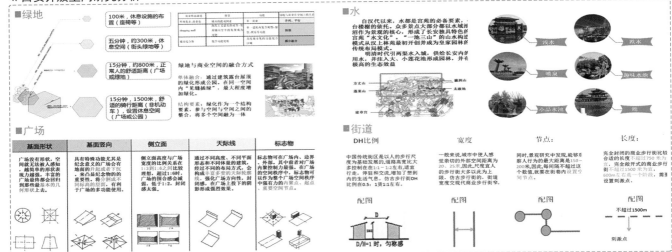

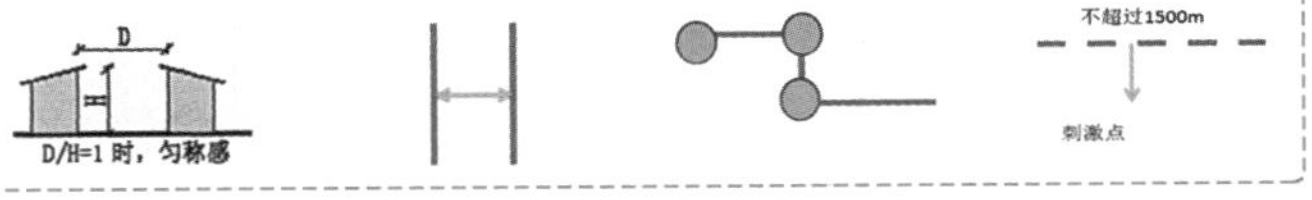

## 5. 功能推导

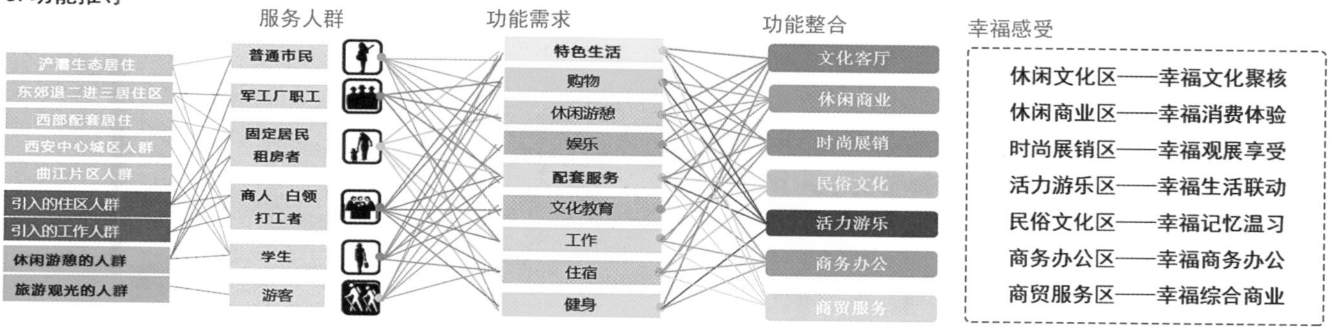


## 6. 用地及功能结构推导

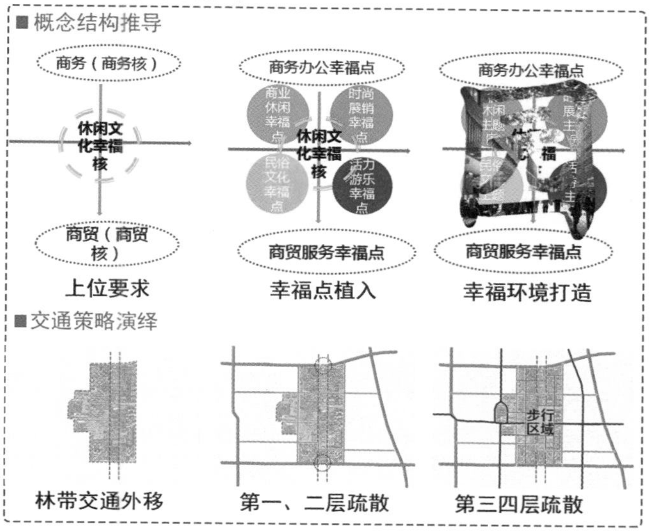


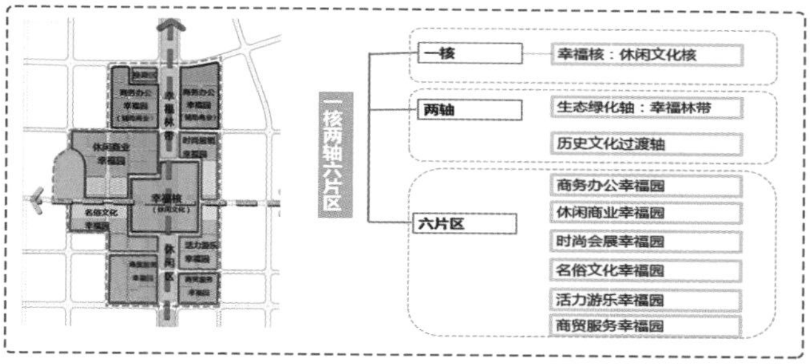


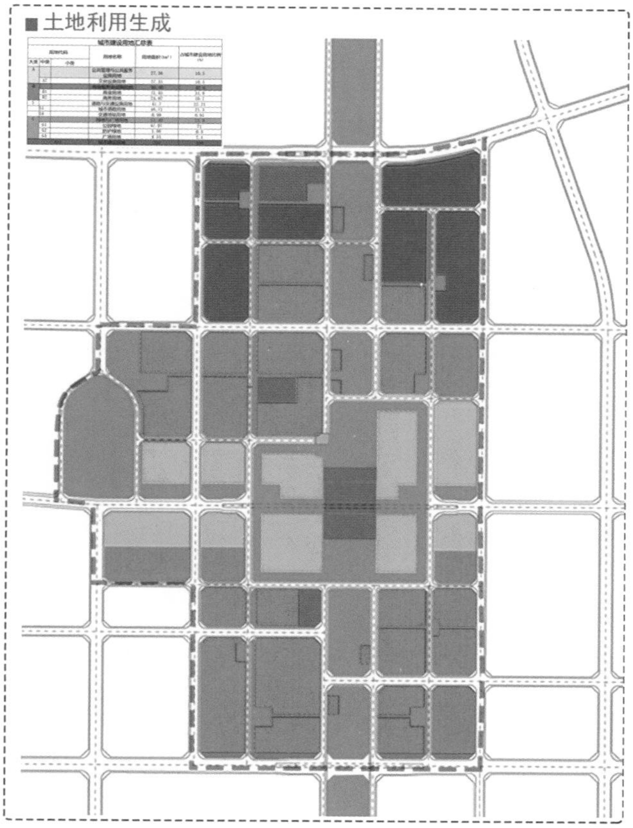


## 7. 方案生成

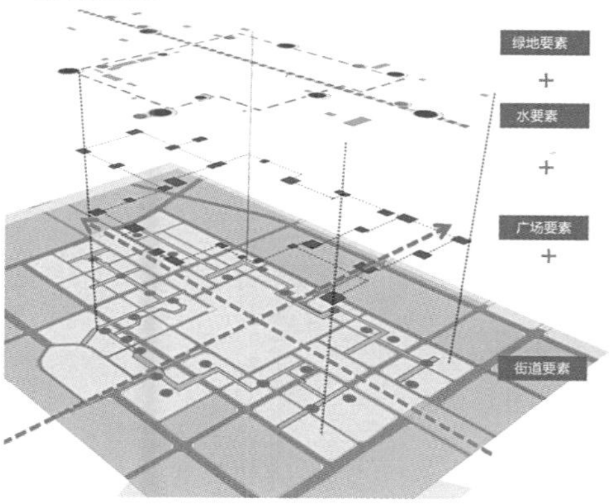


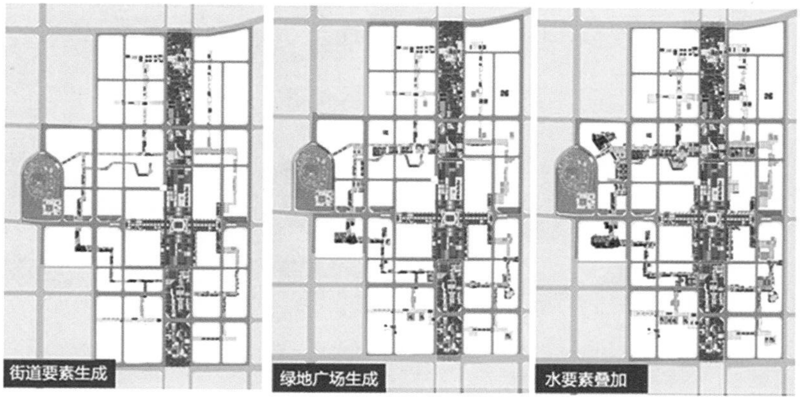

8.总平面图

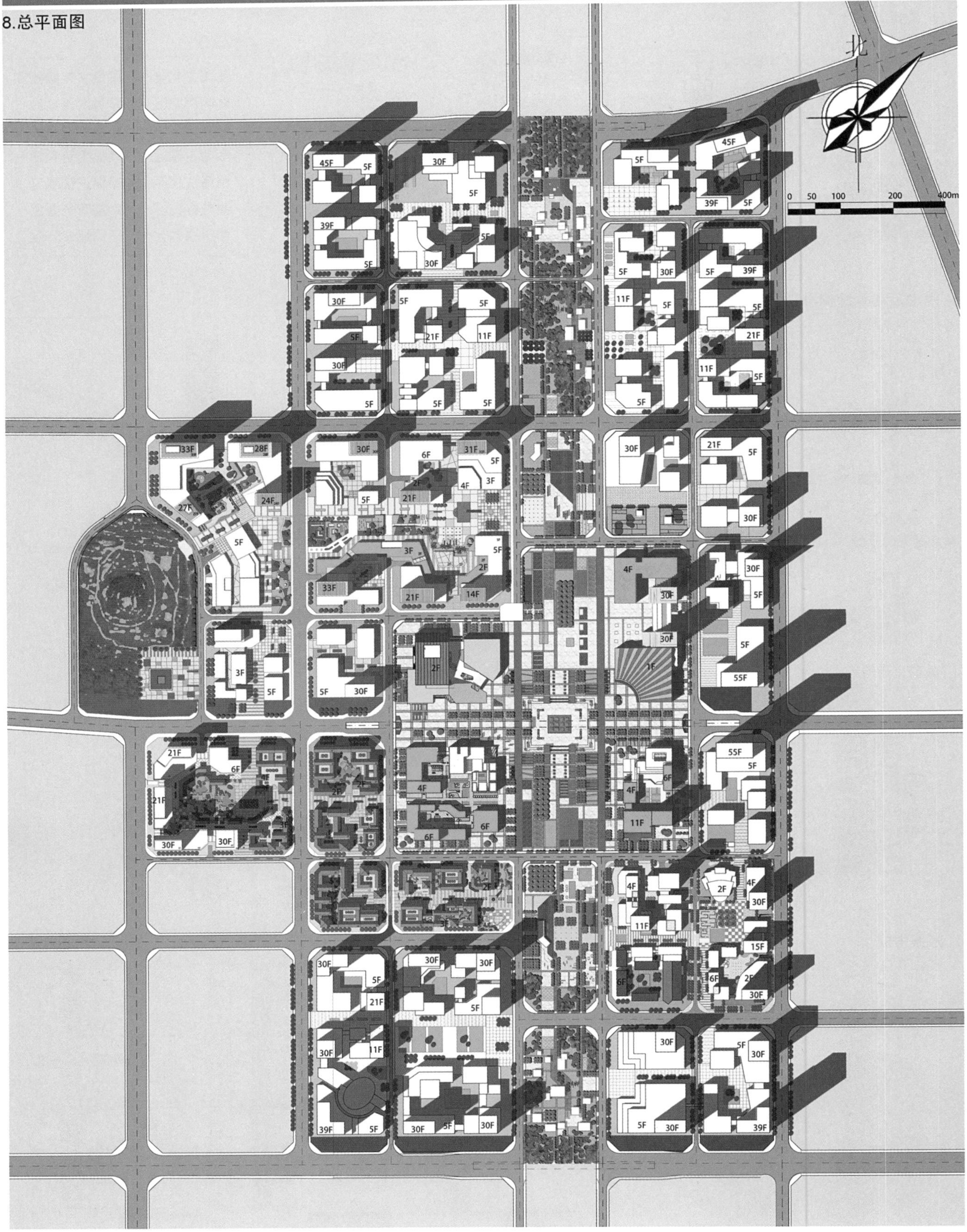
北
0 50 100 200 400m
45F
5F
30F
5F
39F
5F
30F
5F
21F
11F
30F
5F
5F
5F
45F
39F
5F
30F
5F
39F
11F
5F
21F
11F
5F
5F
33F
28F
27F
24F
5F
30F
5F
6F
31F
5F
4F
3F
21F
3F
5F
2F
33F
21F
14F
30F
21F
5F
30F
4F
30F
5F
30F
5F
55F
3F
5F
5F
30F
2F
1F
21F
6F
21F
30F
30F
4F
6F
6F
4F
6F
11F
55F
5F
4F
11F
2F
4F
30F
15F
6F
2F
30F
30F
30F
30F
5F
21F
5F
30F
11F
39F
5F
30F
5F
30F
30F
5F
30F
5F
30F
39F

## 9.生态技术的利用

■水利用方式

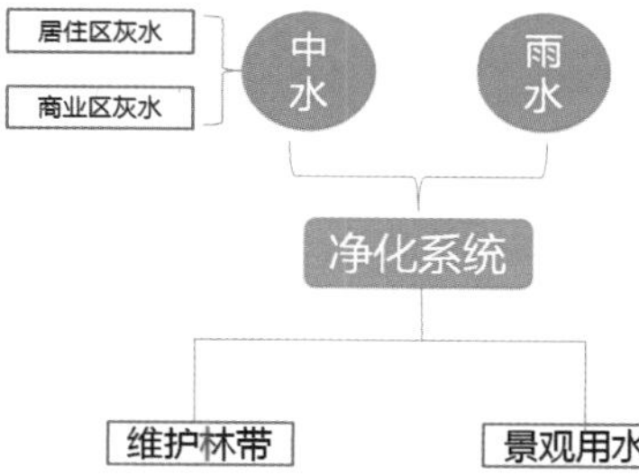


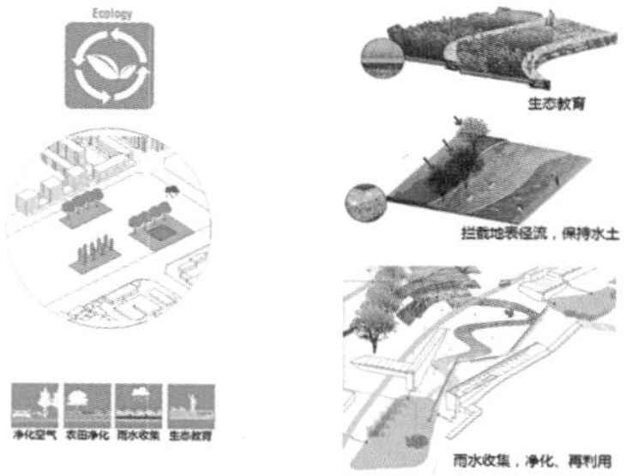


利用中水和雨水的收集经过净化系统的处理来作为景观水使用。

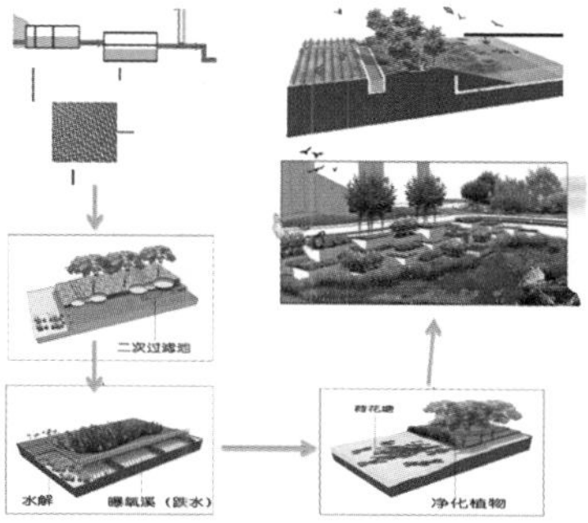


中水净化过程示意

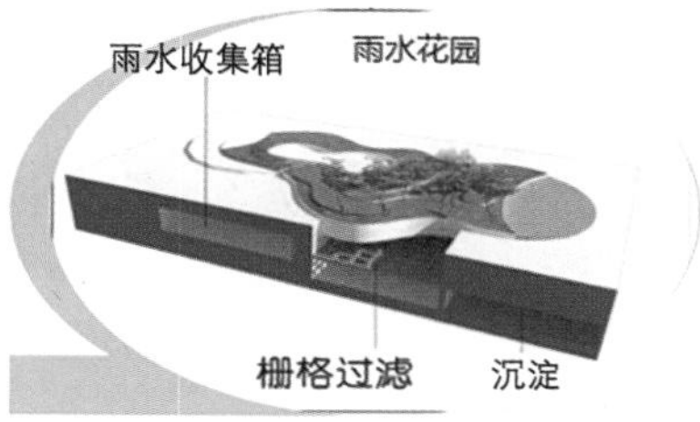


雨水收集花园示意

■系统建立

### 中水净化系统

### 中水雨水利用系统

■利用示意

## 10.地下空间分析

■基本模式选择

### 两站一街模式

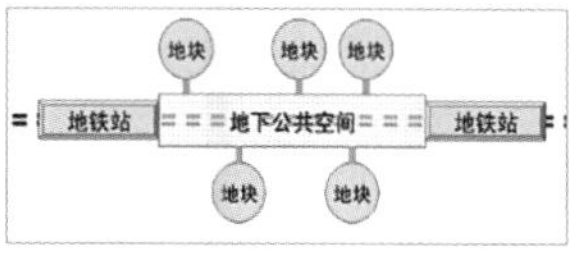


当两个地铁站距离较近，且连线沿途有高价值的地下空间和较多可整合的公共地下空间时，可用地下步行街直接连通两个车站站厅层，同时在地下步行街区段设置分支通道，连接两侧的已有或在建公共地下空间。地铁车站客流与城市公共空间客流的整合，既为地铁增加了客流吸引，又为公共空间客流提供了便捷舒适的交通乘车条件。

■系统推导

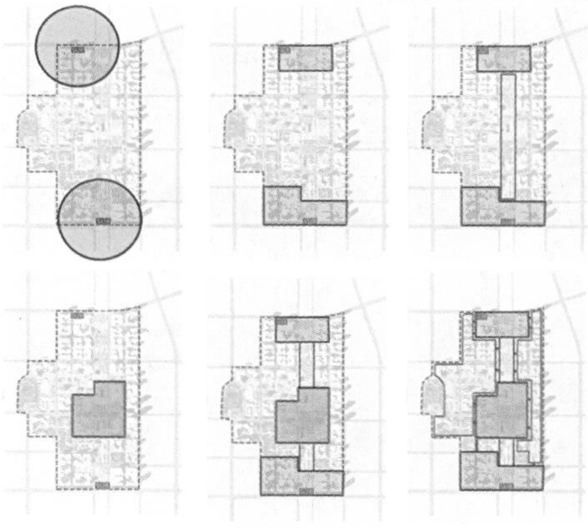

■方案生成

### 地下商业范围（-1F）

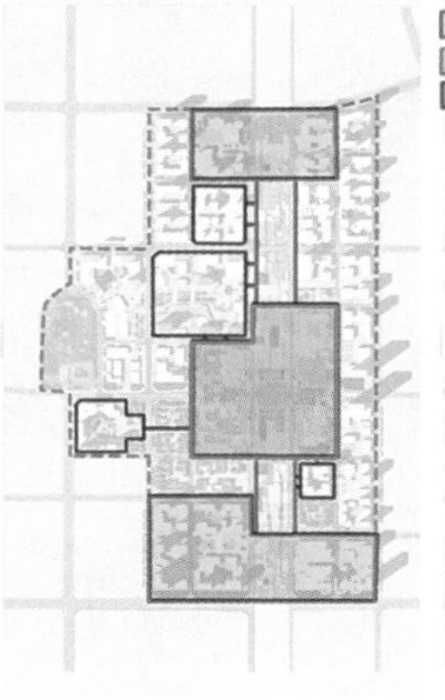

### 地下停车范围

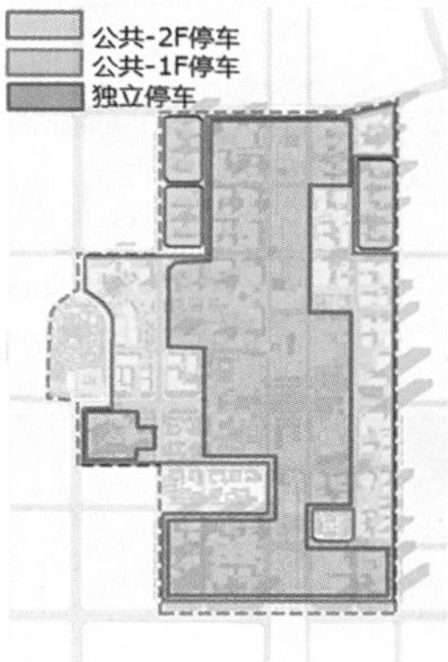


## 11. 慢性系统分析

■自行车系统

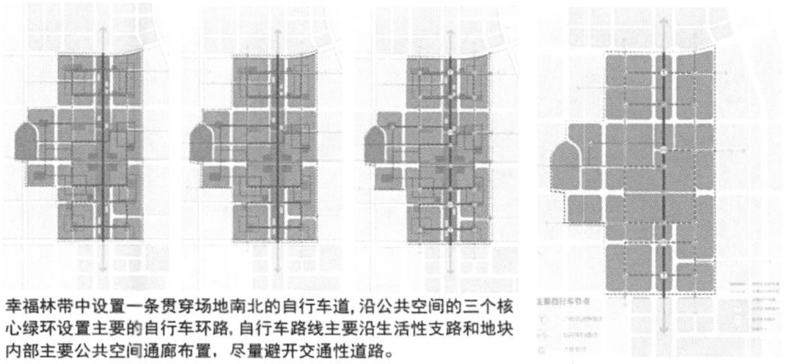

幸福林带中设置一条贯穿场地南北的自行车道，沿公共空间的三个核心绿环设置主要的自行车环路，自行车路线主要沿生活性支路和地块内部主要公共空间通廊布置，尽量避开交通性道路。

■步行系统

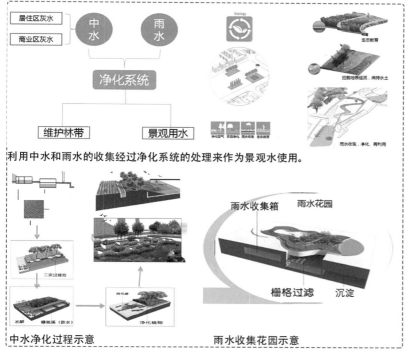

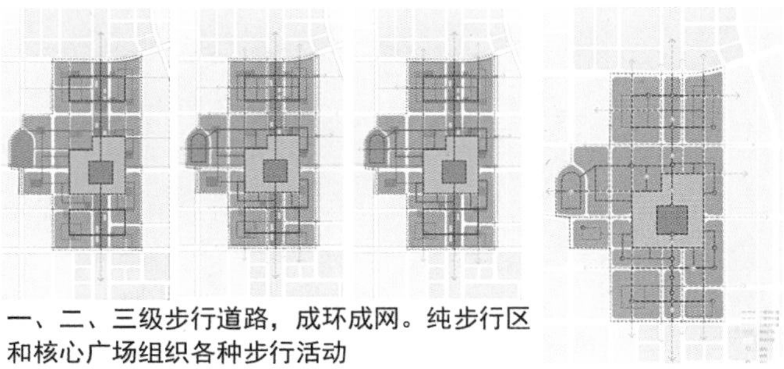

一、二、三级步行道路，成环成网。纯步行区和核心广场组织各种步行活动

12. 效果图展示

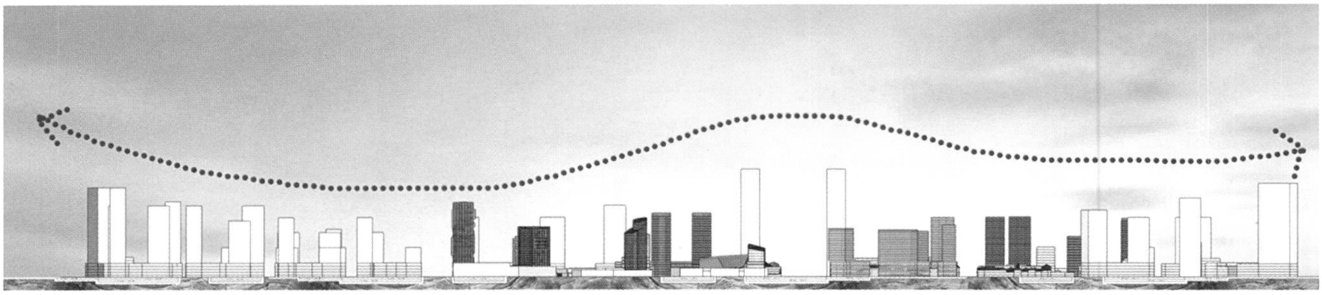

## 13游园路线分析

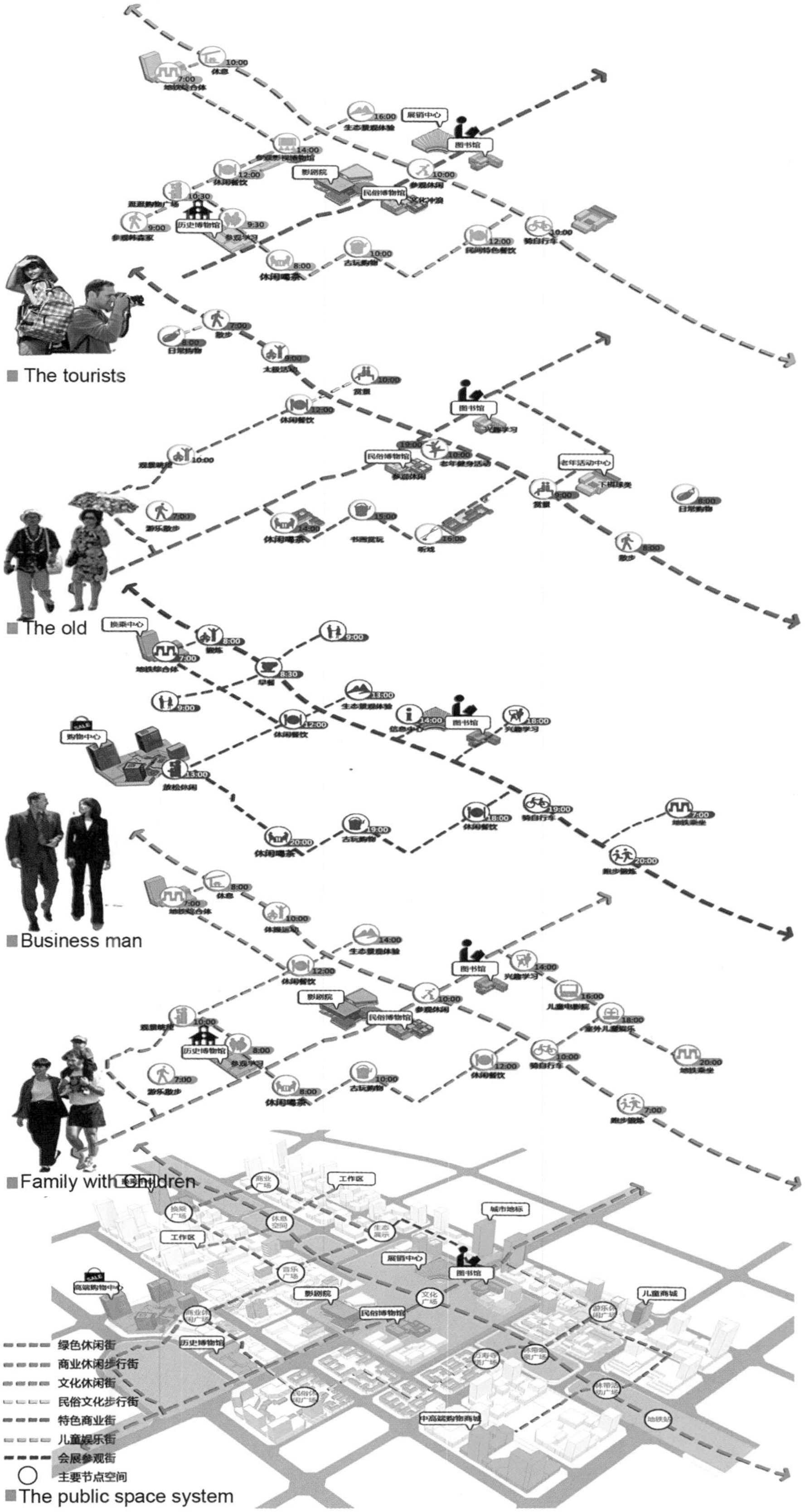
The tourists
The old
Business man
Family with Children
绿色休闲街
商业休闲步行街
文化休闲街
民俗文化步行街
特色商业街
儿童娱乐街
会展参观街
主要节点空间
The public space system

## 14节点平面

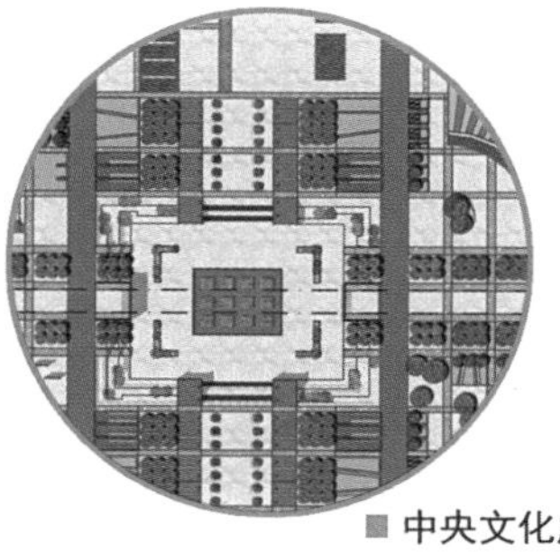

■ 中央文化广场节点

■ 休闲商业节点

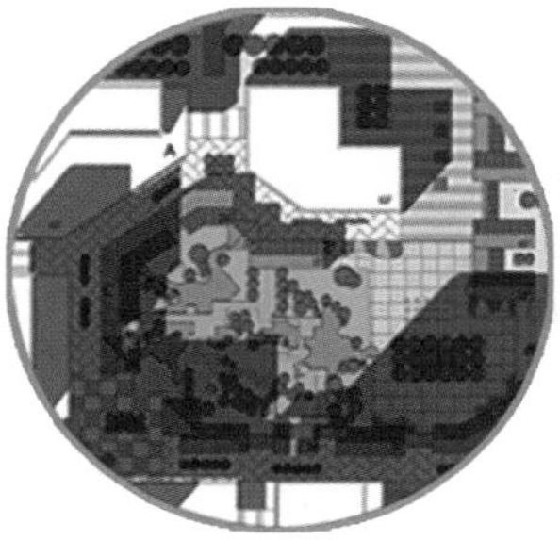

■ 游廊憩院节点

■ 万寿寺塔广场节点

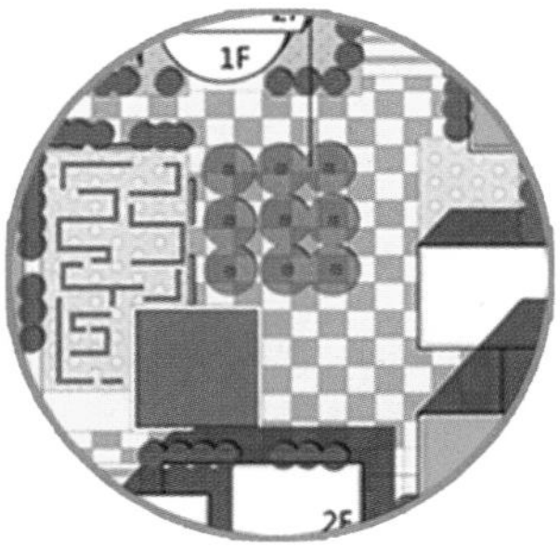

■ 游乐休息广场节点

14. 休闲商业地块深化设计

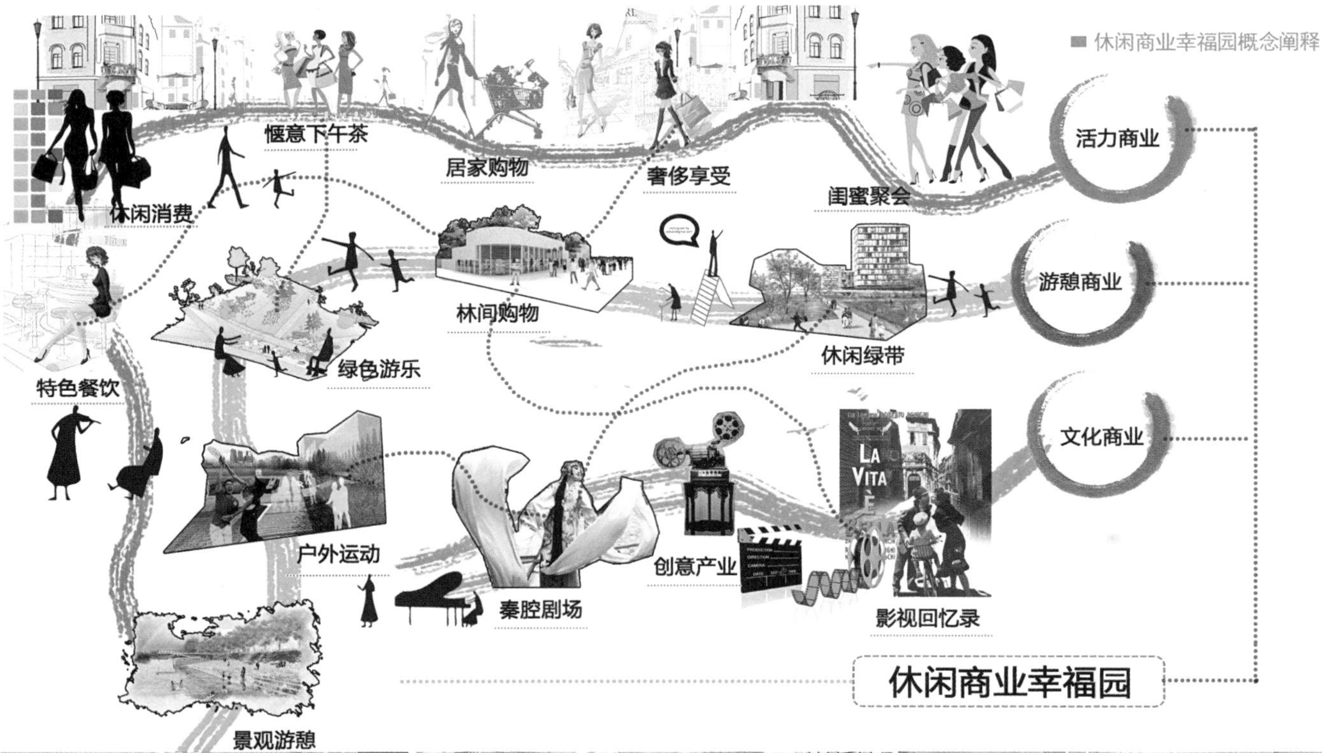
休闲商业幸福园概念阐释
惬意下午茶
居家购物
奢侈享受
闺蜜聚会
活力商业
休闲消费
林间购物
游憩商业
特色餐饮
绿色游乐
休闲绿带
文化商业
户外运动
秦腔剧场
创意产业
影视回忆录
休闲商业幸福园
景观游憩

入口景观

休闲游乐广场

林中漫步园

■总平面图

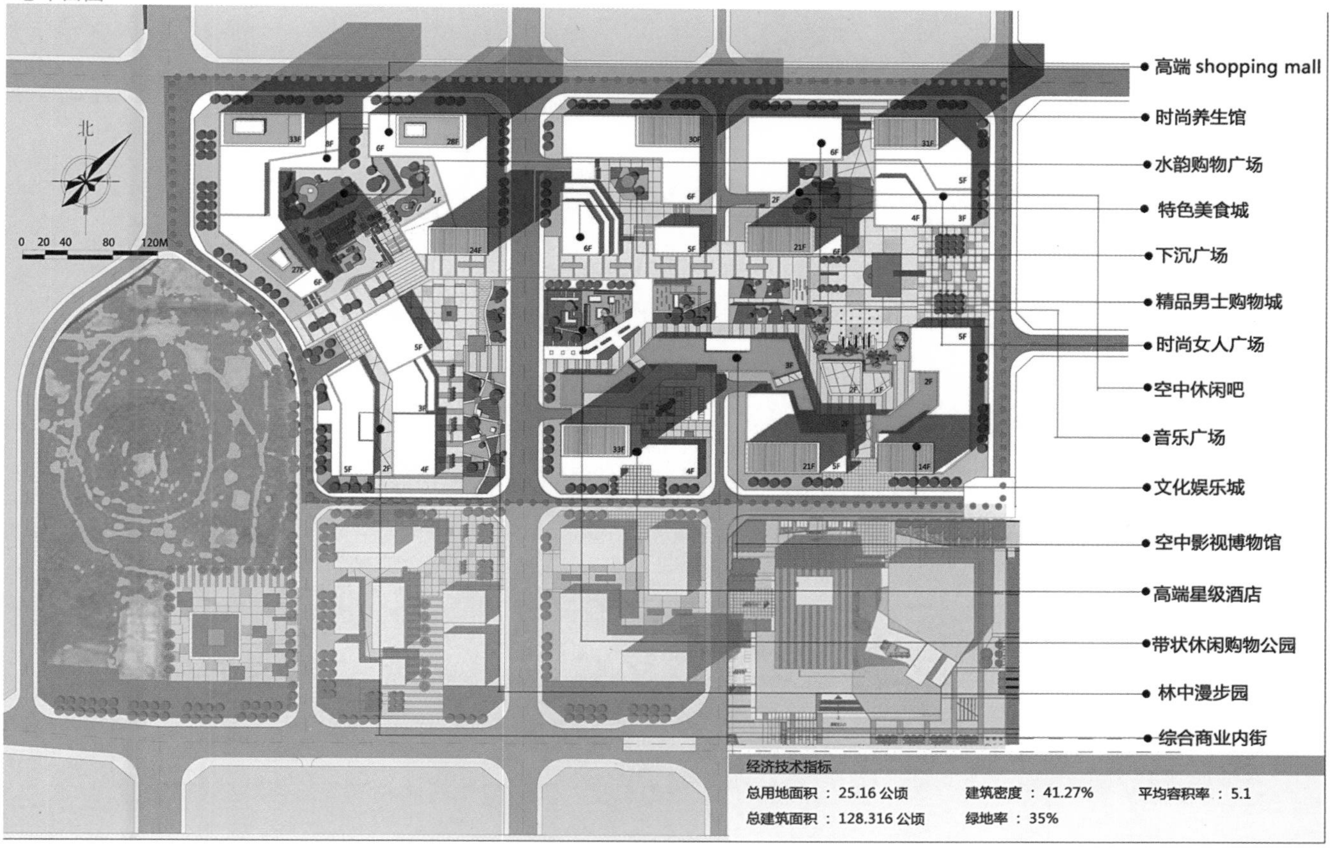
北
0 20 40 80 120M
高端 shopping mall
时尚养生馆
水韵购物广场
特色美食城
下沉广场
精品男士购物城
时尚女人广场
空中休闲吧
音乐广场
文化娱乐城
空中影视博物馆
高端星级酒店
带状休闲购物公园
林中漫步园
综合商业内街
经济技术指标
总用地面积 ：25.16 公顷
建筑密度 ：41.27%
平均容积率 ：5.1
总建筑面积 ：128.316 公顷
绿地率 ：35%

该幸福园以休闲游憩商业为主，营造非目的型消费，包括城市RBD核心活力商业，创新公园式游憩商业，影剧院联动文化商业，通过“园”来连接。不是仅仅为了消费而来，是为了充实自己，为了寻求休闲体验而来。

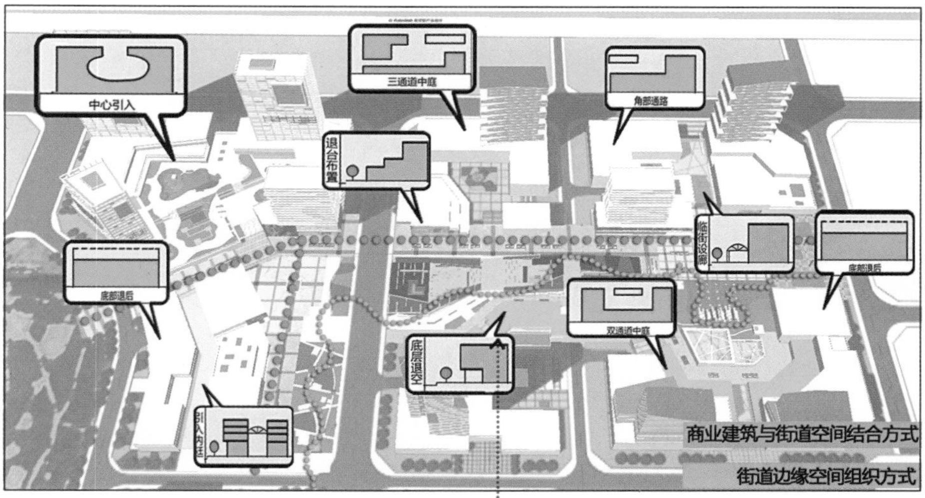


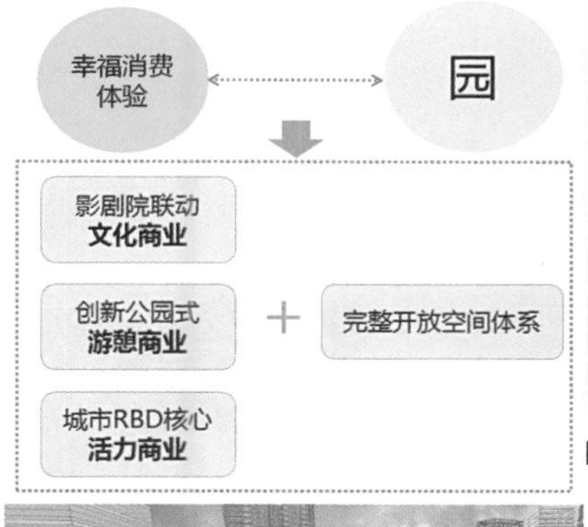
幸福消费
体验
园
影剧院联动
文化商业
创新公园式
游憩商业
+
完整开放空间体系
城市RBD核心
活力商业

【带状影视博物馆意向图】

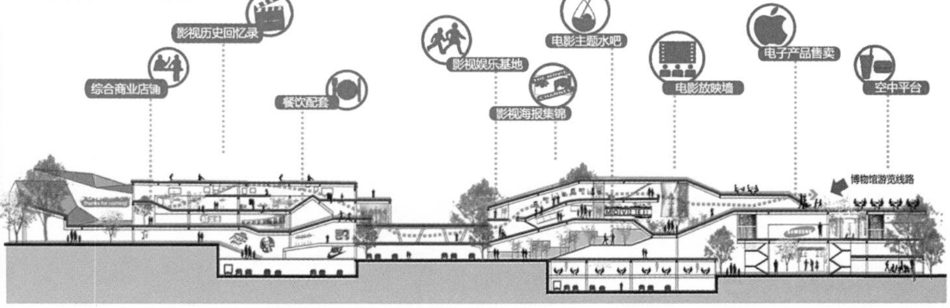

音乐广场

## 15民俗文化地块深化设计

### ■总平面

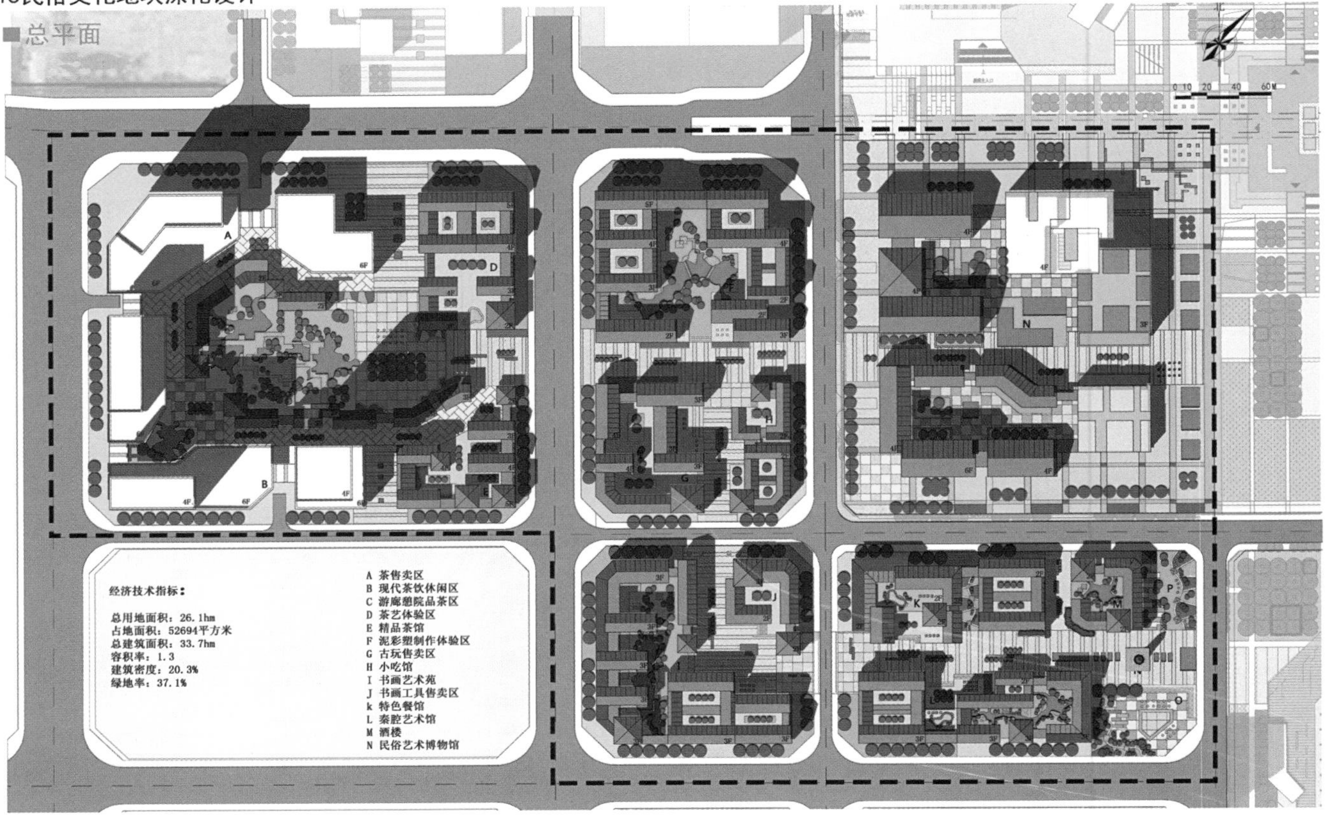
经济技术指标：
总用地面积：26.1hm
占地面积：52694平方米
总建筑面积：33.7hm
容积率：1.3
建筑密度：20.3%
绿地率：37.1%
A 茶售卖区
B 现代茶饮休闲区
C 游廊憩院品茶区
D 茶艺体验区
E 精品茶馆
F 泥彩塑制作体验区
G 古玩售卖区
H 小吃馆
I 书画艺术苑
J 书画工具售卖区
k 特色餐馆
L 秦腔艺术馆
M 酒楼
N 民俗艺术博物馆

### ■上位衔接分析

场地特点

功能区位

与林带关系

与幸福园关系

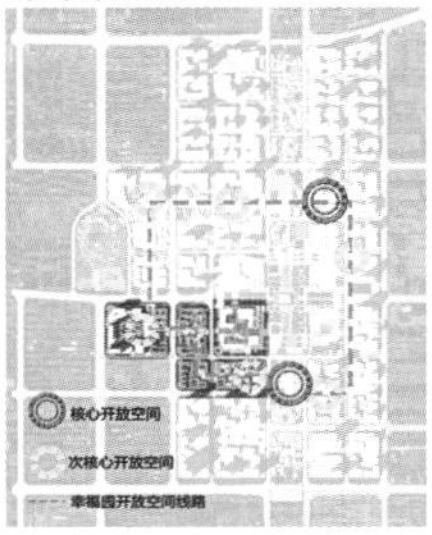

### ■天际轮廓线分析

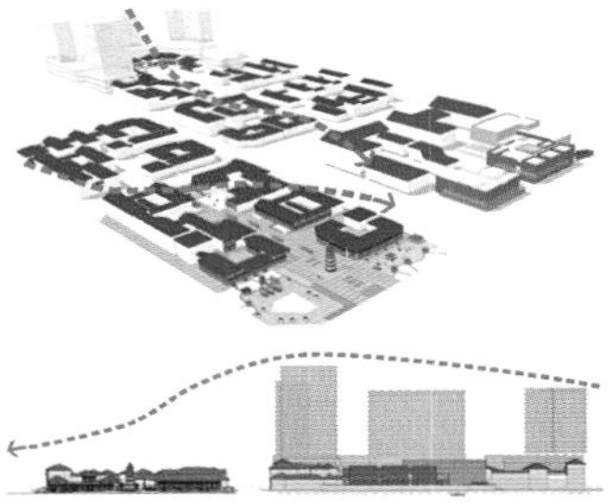

### ■方案分析

功能分区

交通分析

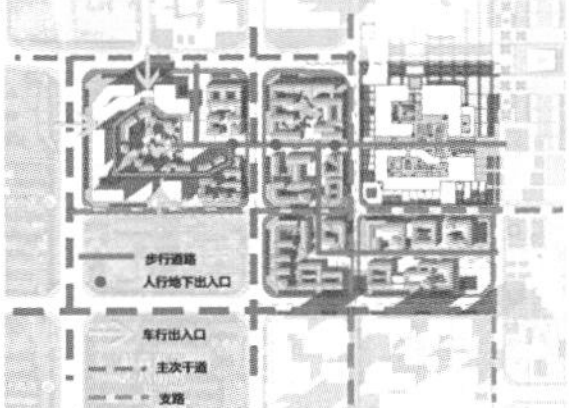

地下空间分析

开放空间分析

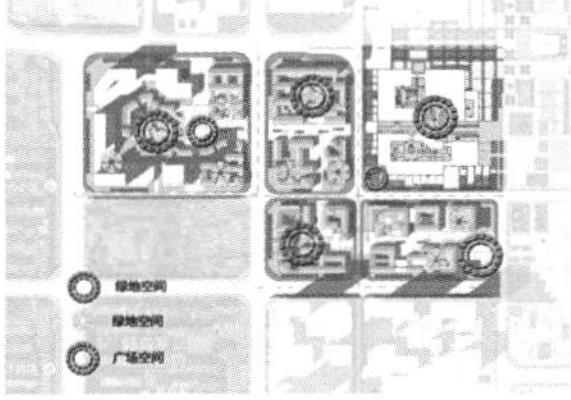

空间模式分析

| | | |
|---|---|---|
| 传统独院组合式 | 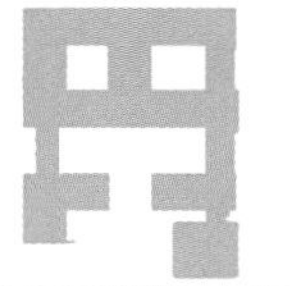 | 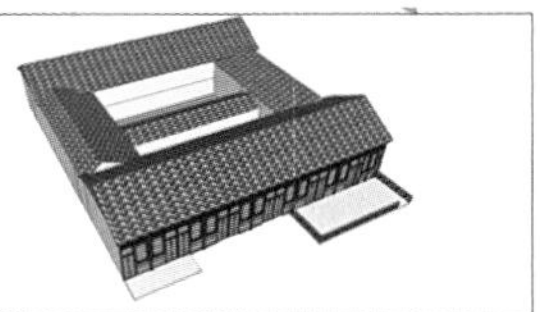 |
| 二层平台跌落式 | 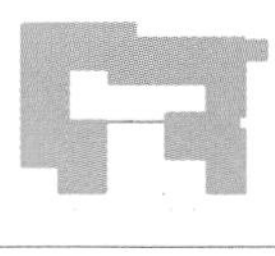 | 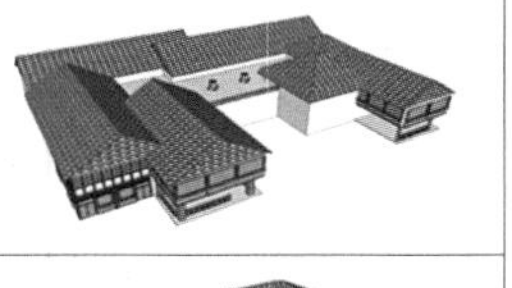 |
| 景观院落式 | 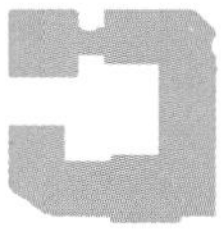 | 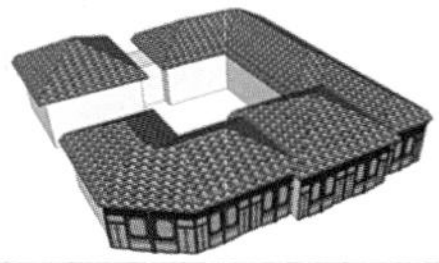 |

■鸟瞰

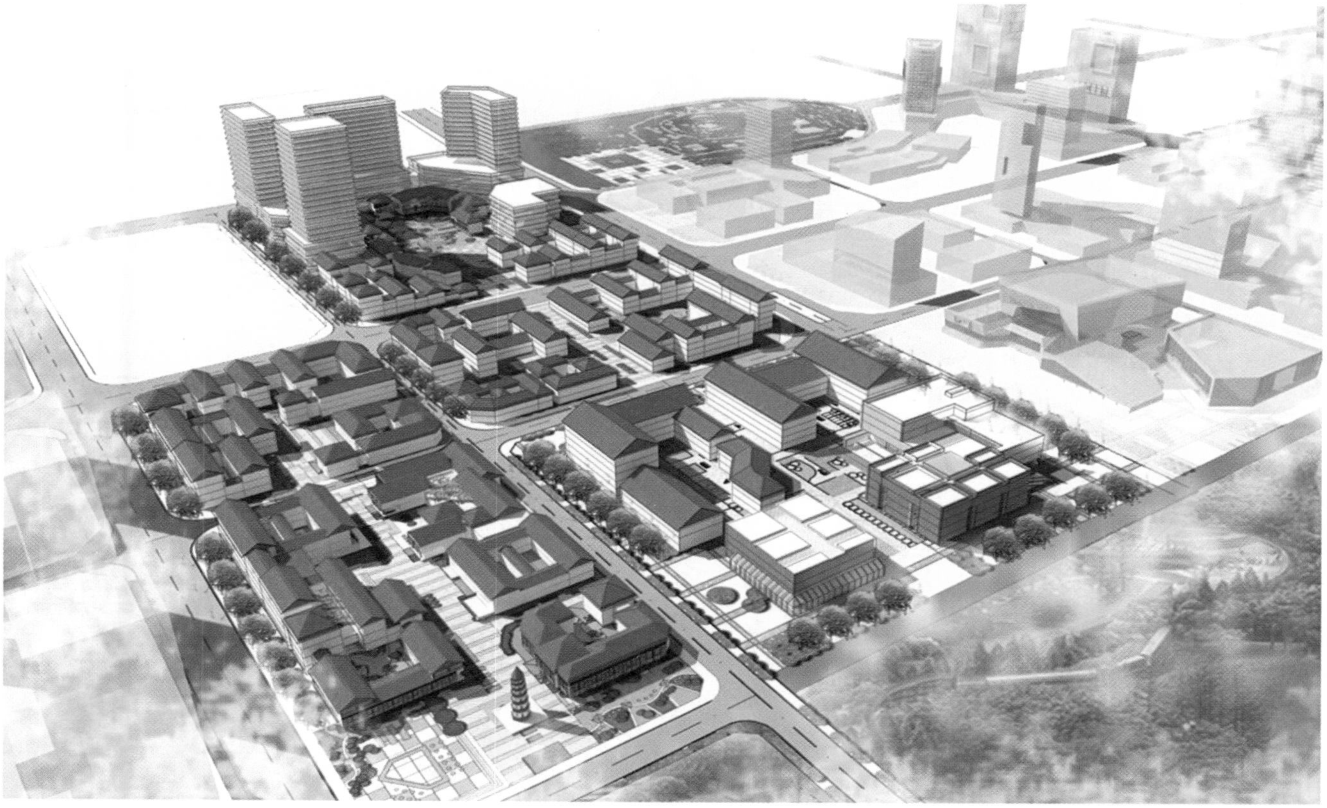

■活动策划

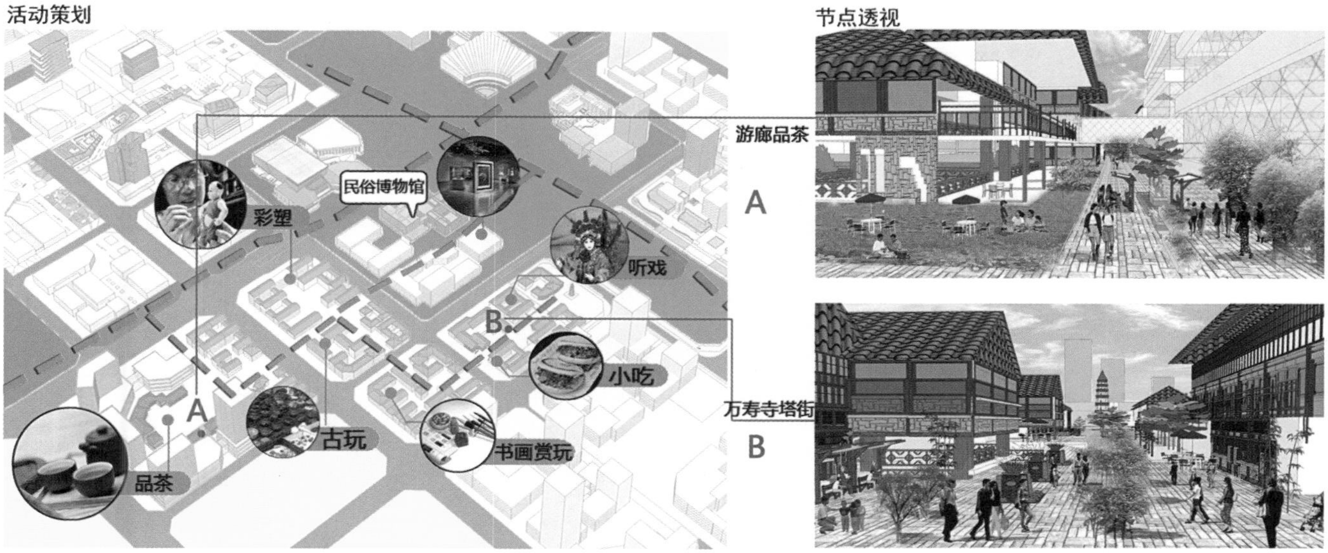


**民俗文化幸福园设计理念**

地块拥有标志性建筑万寿寺塔，也是联通塔与韩森冢的重要通道。设计延续传统风貌，实现风格融合，为民俗精品文化提供生存的物质空间。通过营造空间来传承文脉，丰富市民生活。

## 16. 活力游乐地块深化设计

■区位及功能承接

基地位于整个地块的右下角处，主要由林带的一部分及活力游乐园的商业地块组成。

■公共空间体系承接

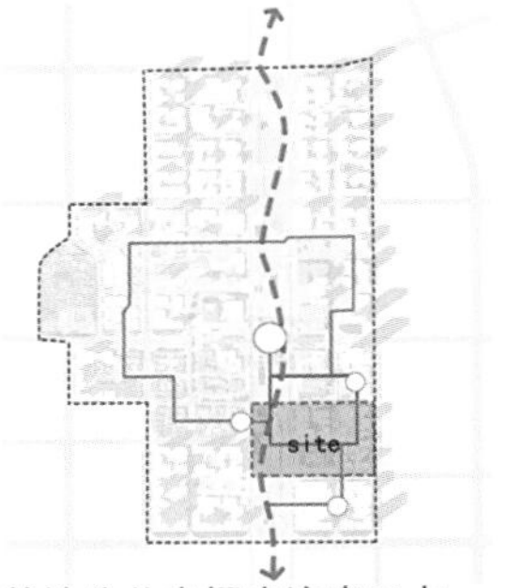


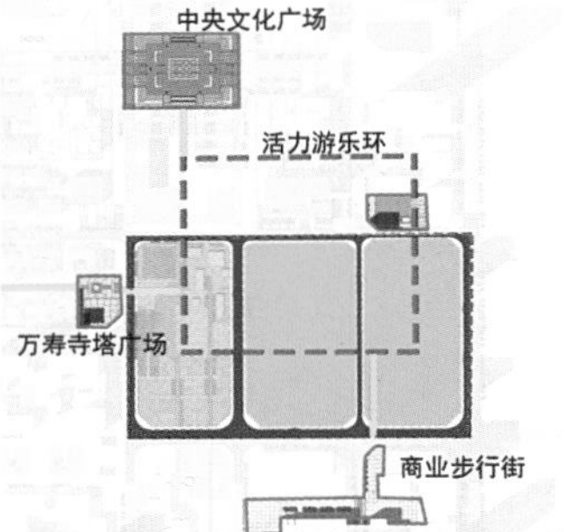


基地公共空间应注意三点：一是与北面的文化建筑以及中央文化广场形成活力游乐环，二是与南面的商业街衔接，三是与西面的万寿寺塔广场相接。

■相关要求总结

| | |
|---|---|
| 功能定位 | 针对不同人群的活力游乐商业区 |
| 地块性质及面积 | 幸福林带一个地块和两个商业地块，面积16公顷 |
| 容积率要求 | 商业地块容积率要求在2.0～3.5 |
| 建筑高度要求 | 建筑高度不超过100m |
| 公共空间 | 1、是形成活力游乐环的一部分<br>2、注意与万寿寺塔广场、商贸区步行街以及中央文化广场的连接关系<br>3. 相关尺度可参考前面公共空间专题的研究尺度 |

根据上位，两块商业用地平均容积率控制在2.0～3.5，建筑高度不得超过100m，公共空间设计应遵循大的准则。

■总平面图

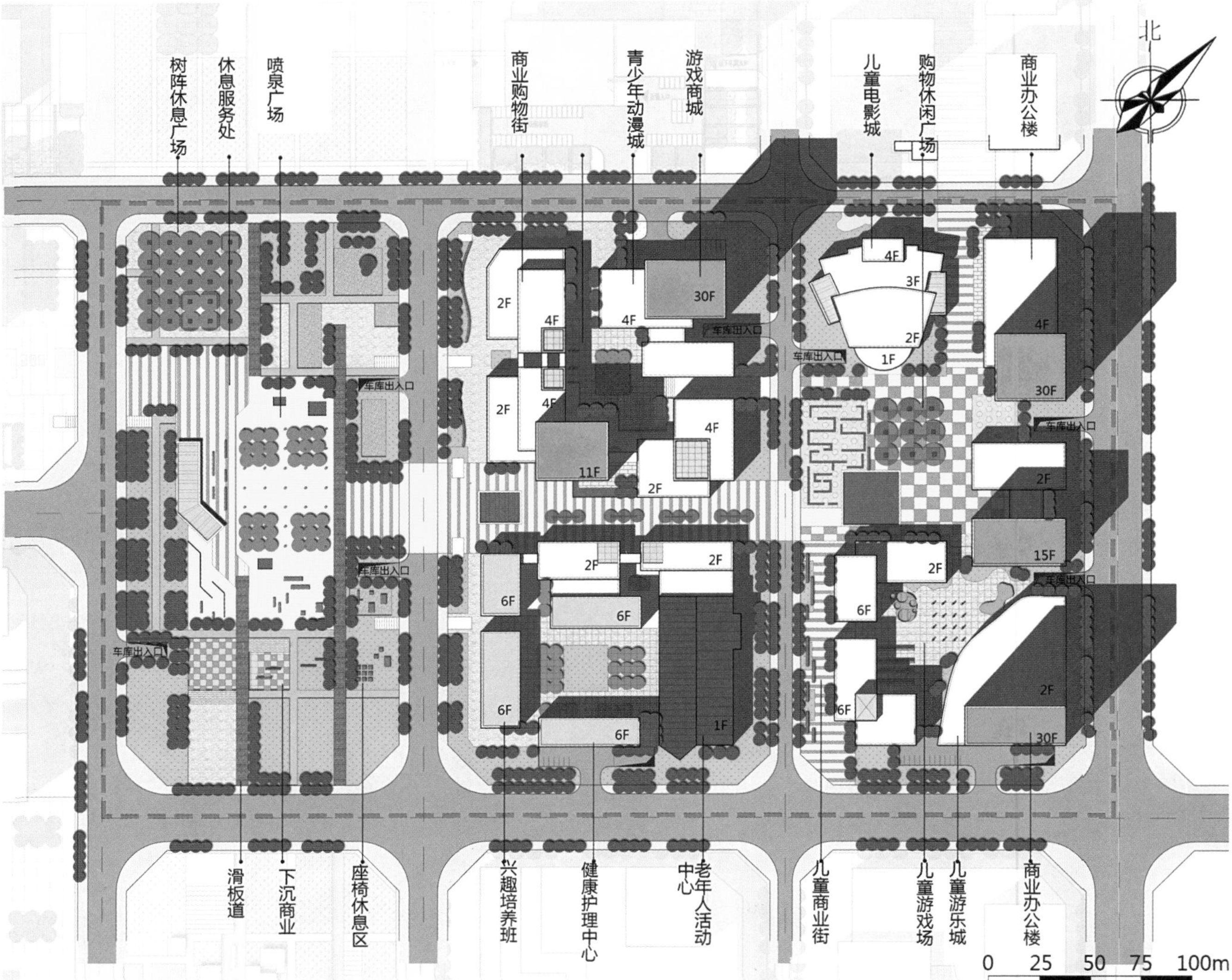


## 经济技术指标：

总用地面积 ：15.9公顷　公园用地面积：3.8公顷　道路用地面积：3.6公顷　商业用地面积：8.5公顷

建筑占地面积：35508平方米　总建筑面积：259250平方米　商业用地平均容积率：3.05

■ 道路交通分析图

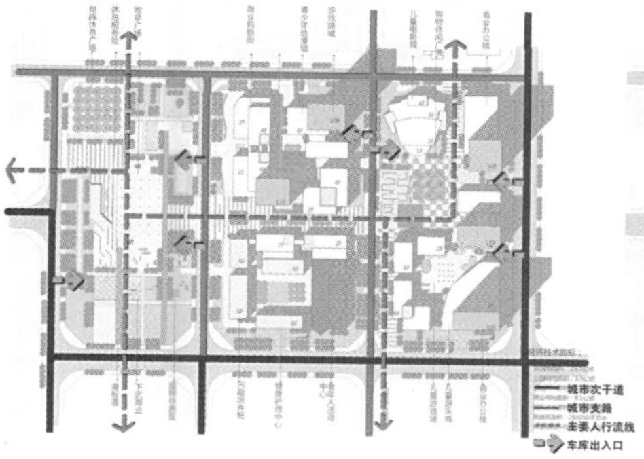


■ 功能分区分析图

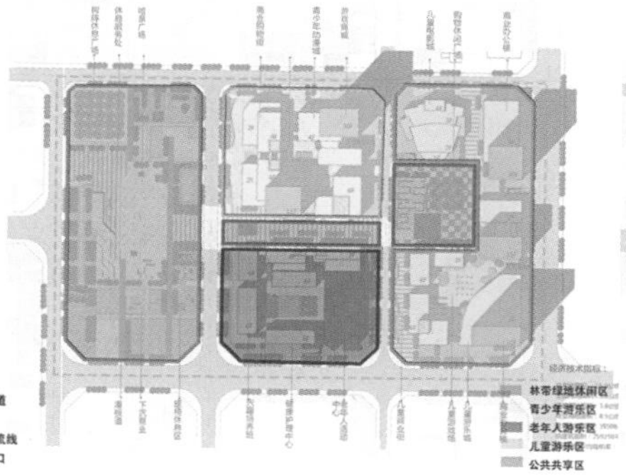


■ 地下空间分析图

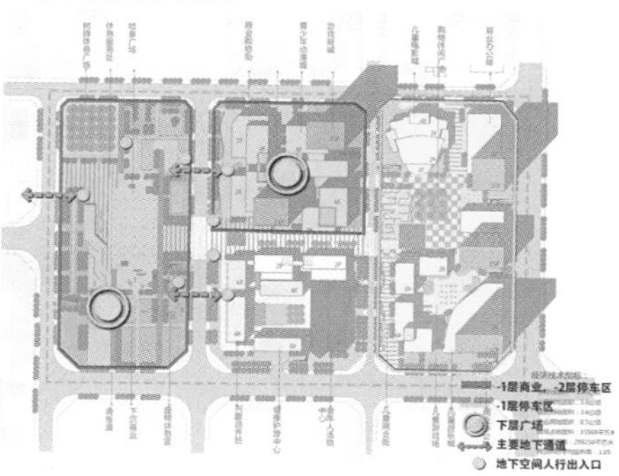


■ 功能活动策划

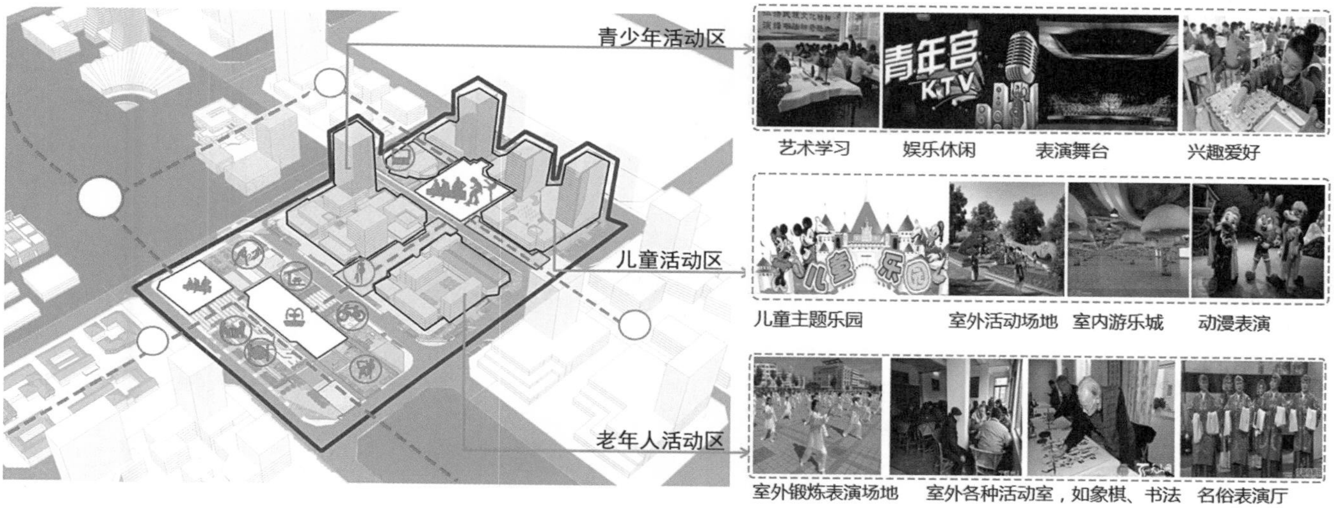
青少年活动区
青年宫
KTV
艺术学习
娱乐休闲
表演舞台
兴趣爱好
儿童活动区
儿童主题乐园
室外活动场地
室内游乐城
动漫表演
老年人活动区
室外锻炼表演场地
室外各种活动室，如象棋、书法
名俗表演厅

■ 鸟瞰效果图

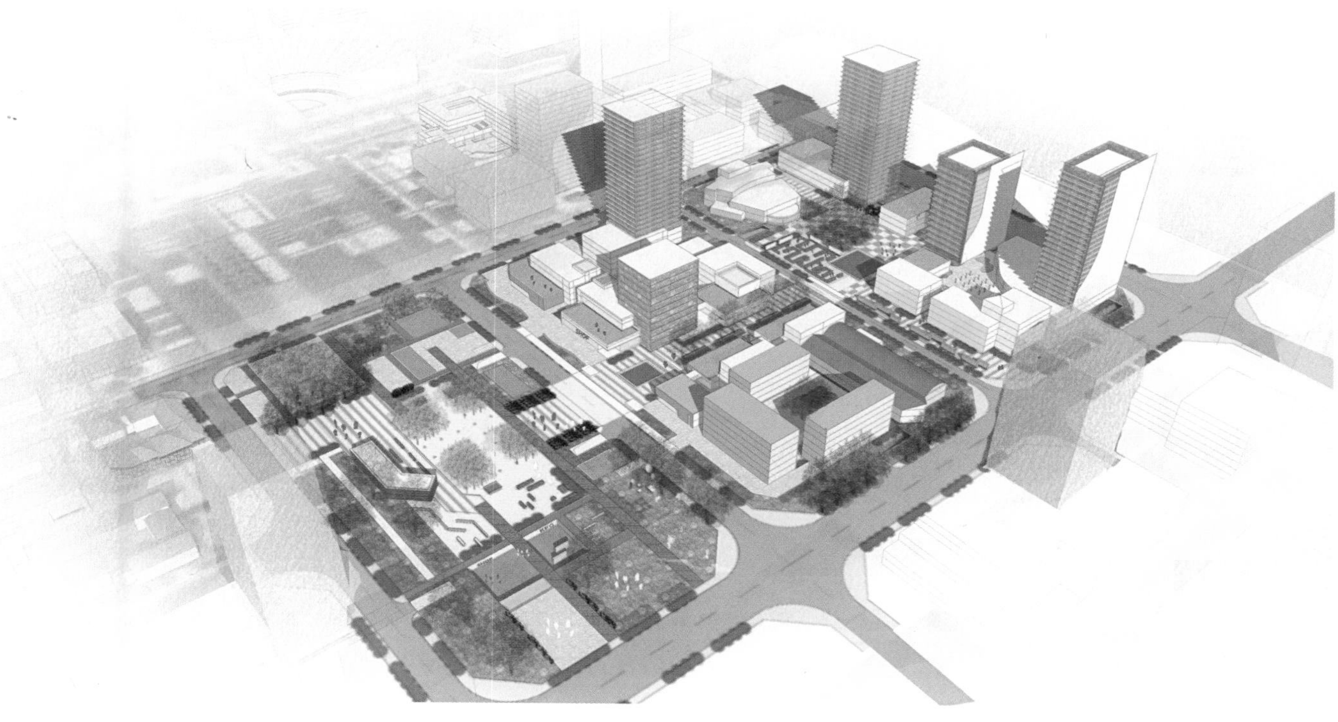

# UC 4

重庆大学
CHONGQING UNIVERSITY

设计者：
陈柯　李晓卉　尹子祥

# 幸福·缦谷 Happy unadorned valley

## 新生与发展——西安幸福林带核心区城市设计

Regeneration and Development - Urban Design of the Xingfu Lindai core area in Xi'an


指导教师：邓蜀阳


城市设计基地定位成东部片区文化核心，是一个全步行的区域。如何使文化核心能够积聚人气，而不是成为一个所谓的文化中心实际上却是一个死城？将文化核心区的四个建筑组团与周边城市四个功能组团相结合，形成一个统一的体系，将人群从城市引入到片区再进入文化核心区。结合幸福林带和文化过渡轴形成地下商业及停车系统，与地面文化核心结合，积聚人气，丰富空间。

结构分析

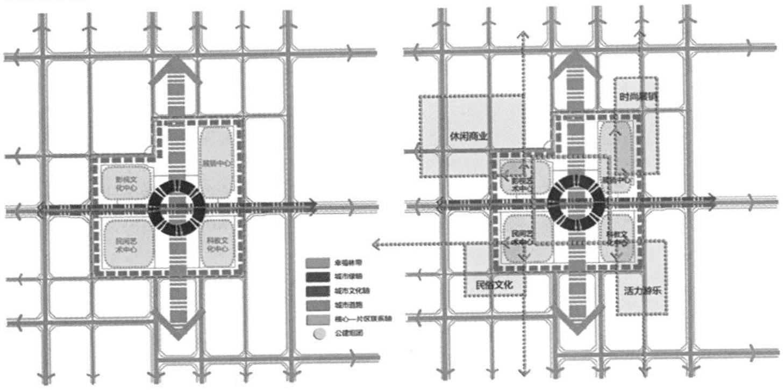


概念生成

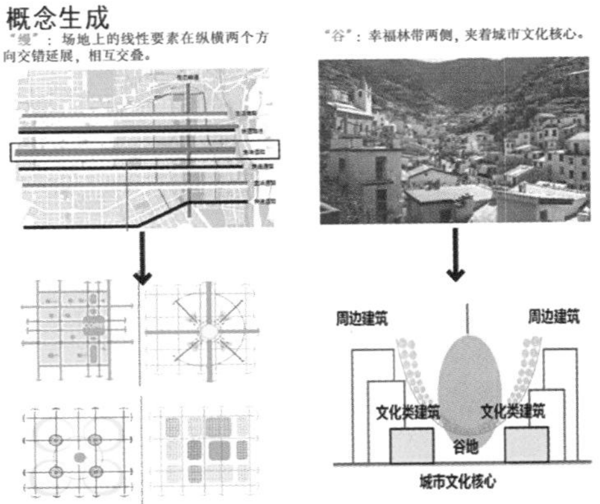

“缦”：场地上的线性要素在纵横两个方向交错延展，相互交叠。
“谷”：幸福林带两侧，夹着城市文化核心。
周边建筑
周边建筑
文化类建筑
文化类建筑
谷地
城市文化核心


结构演绎

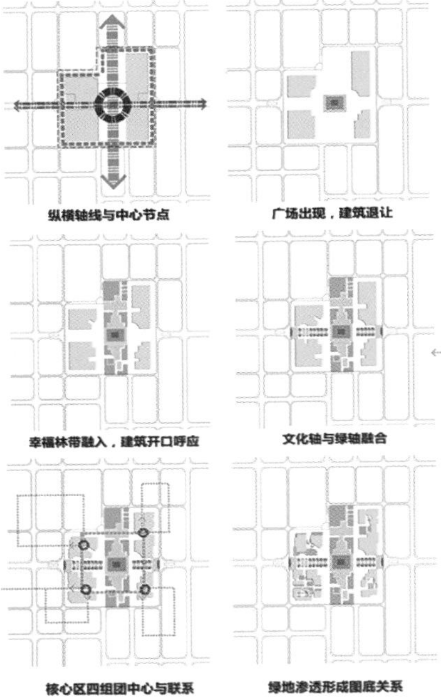

纵横轴线与中心节点
广场出现，建筑退让
幸福林带融入，建筑开口呼应
文化轴与绿轴融合
核心区四组团中心与联系
绿地渗透形成图底关系


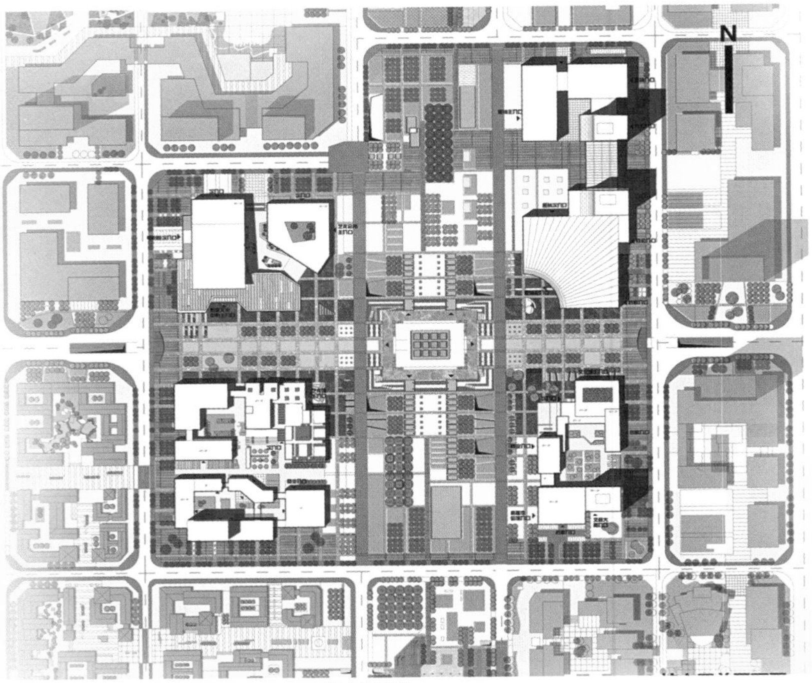


总平面图

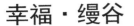

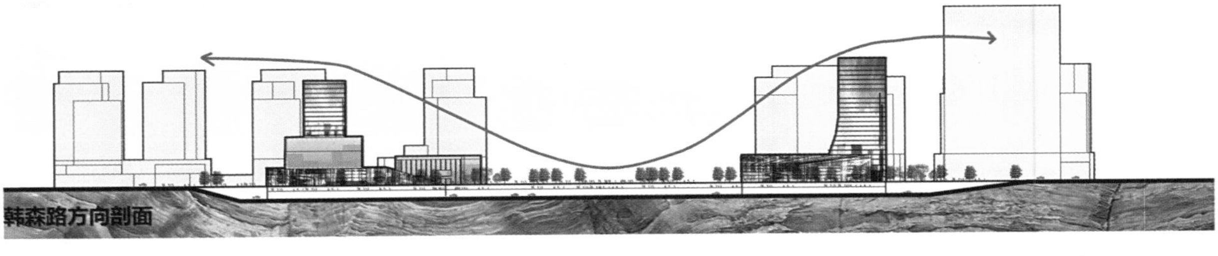

韩森路方向剖面

## 场地剖面

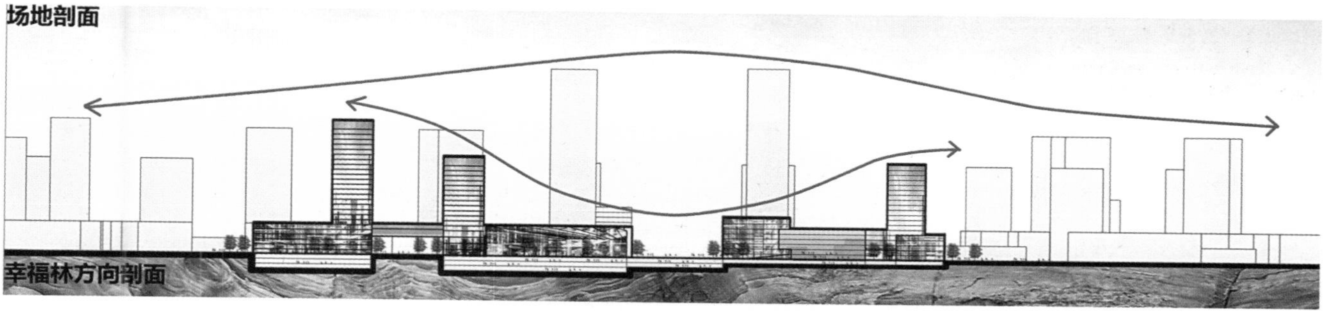


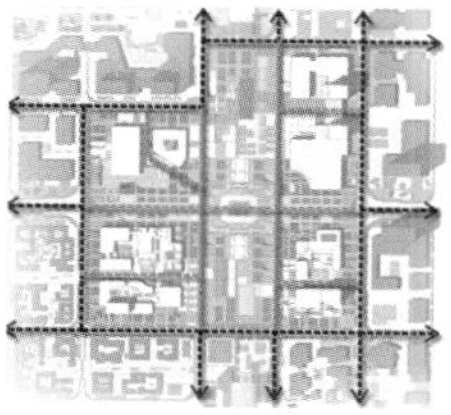

车行系统分析

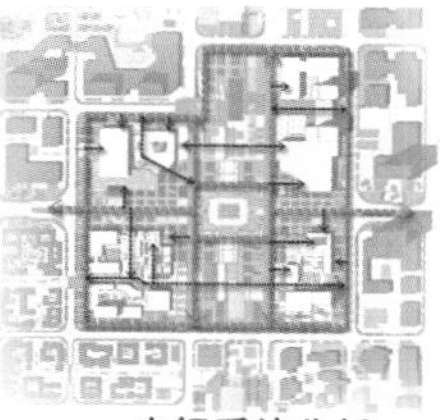

步行系统分析

## 组团分析

影视文化区

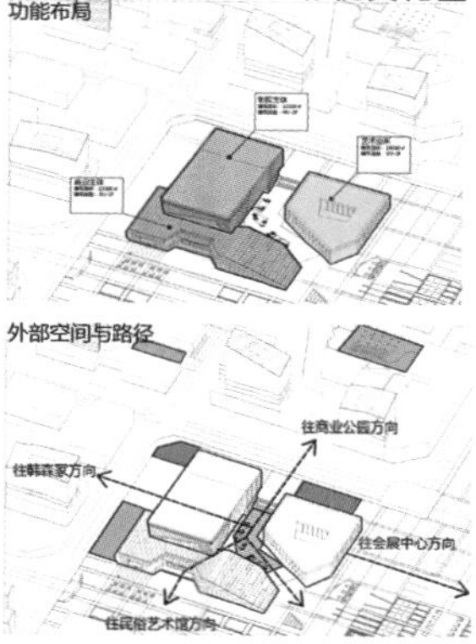


时尚展销区

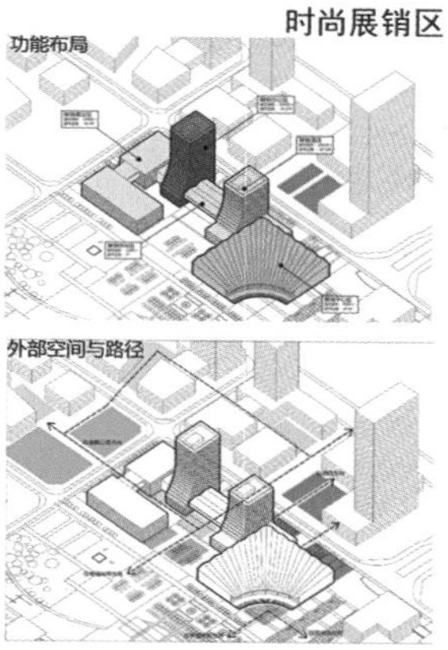


民俗艺术区

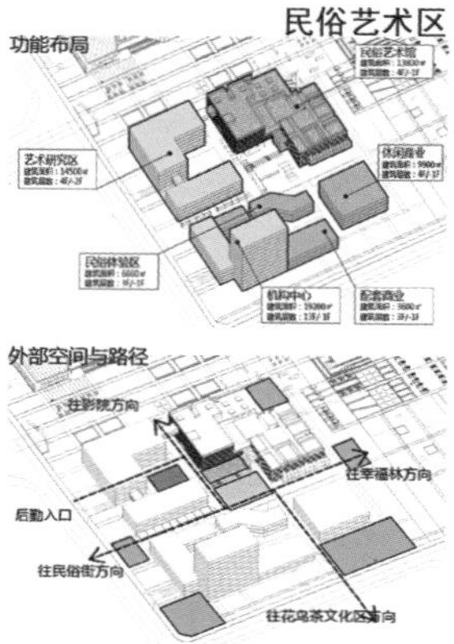


科教文化区

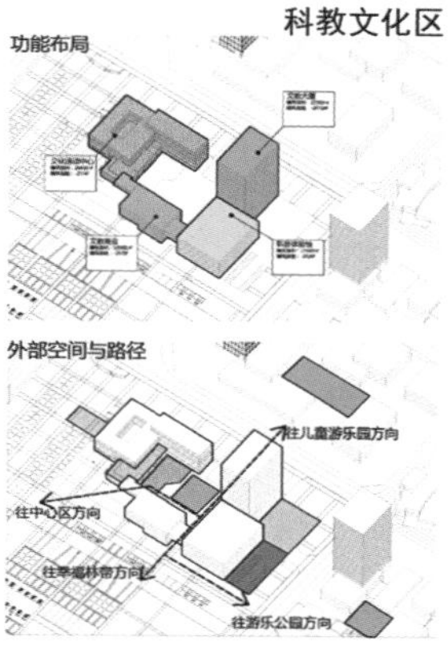


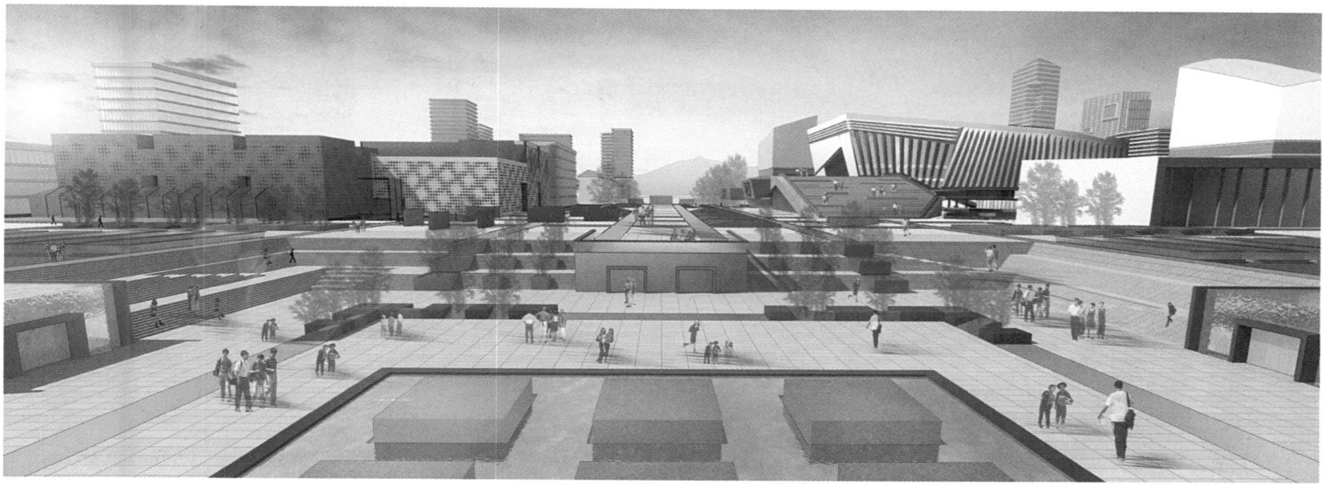

# [里坊]之间 Between the Lane

## 西安幸福林带民俗博物馆建筑设计

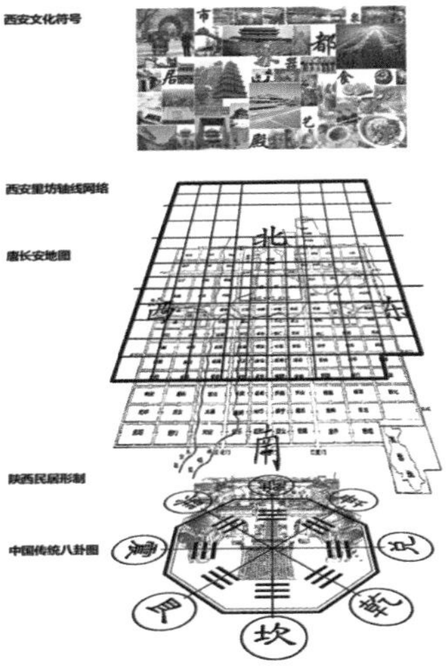
西安文化符号
西安里坊轴线网格
唐长安地图
陕西民居形制
中国传统八卦图
北
南
坎
艮
乾

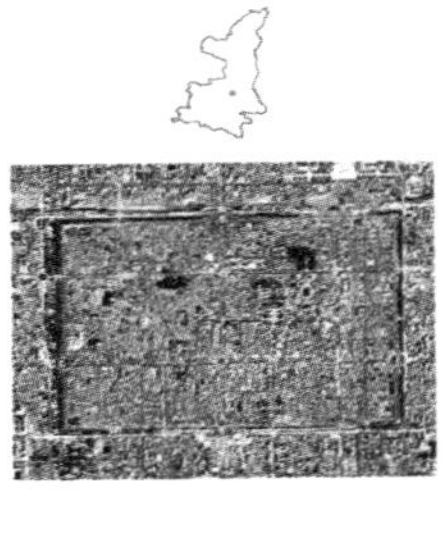

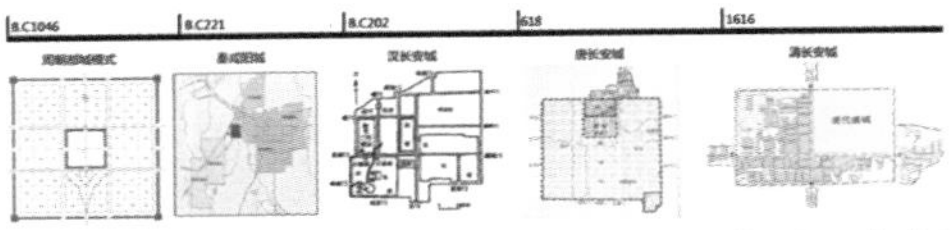


寻找西安城市之中的民俗元素，以“里坊”这一存在数千年的西安城市发展方式作为建筑生成概念，将封闭的展览建筑向作坊式的小尺度开放空间进行演变。

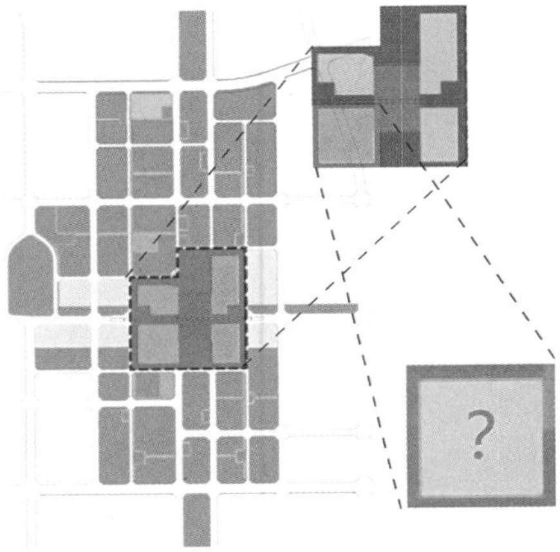


**形体生成**

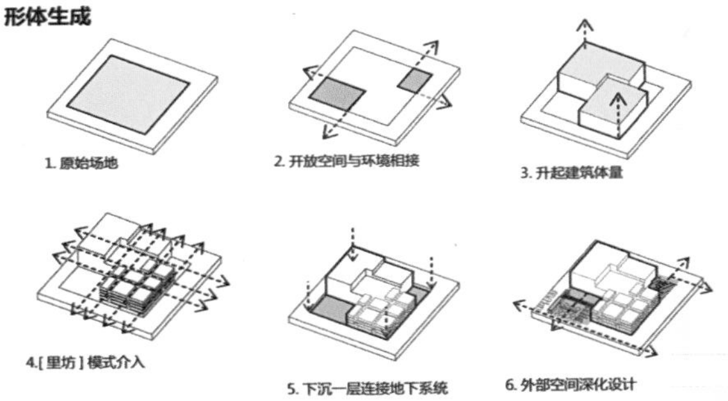
1. 原始场地
2. 开放空间与环境相接
3. 升起建筑体量
4.[里坊]模式介入
5. 下沉一层连接地下系统
6. 外部空间深化设计

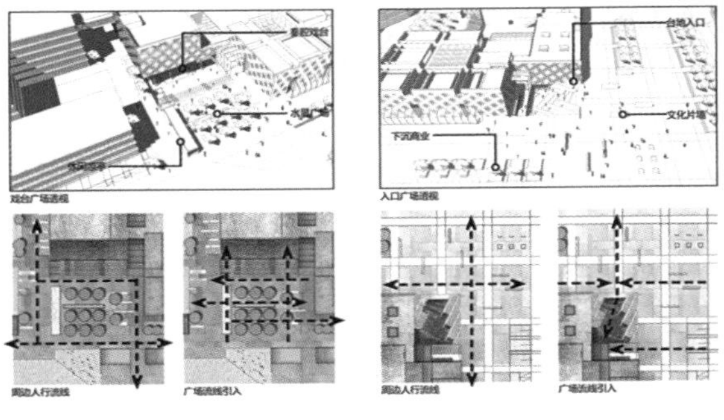


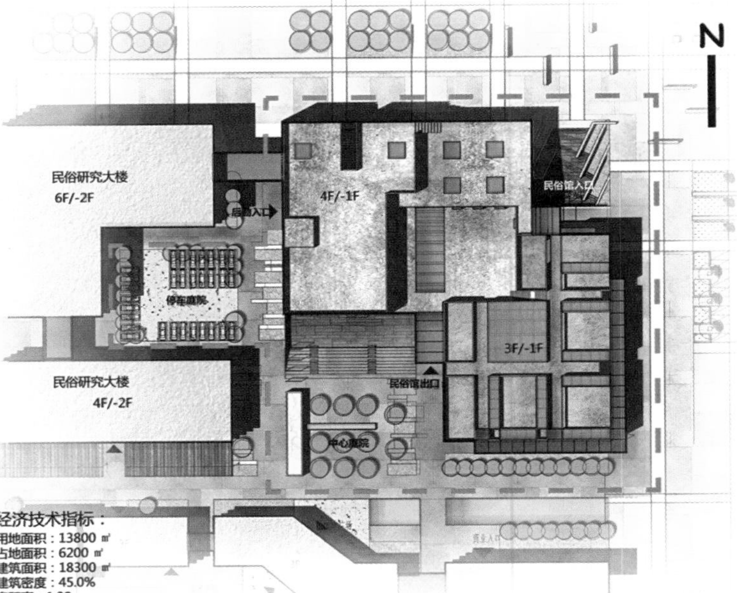
N
民俗研究大楼
6F/-2F
民俗研究大楼
4F/-2F
4F/-1F
3F/-1F
停车庭院
中心庭院
民俗馆入口
民俗馆出口

经济技术指标：
用地面积：13800 ㎡
占地面积：6200 ㎡
建筑面积：18300 ㎡
建筑密度：45.0%
容积率：1.32
绿地率：32%
停车数：50
建筑层数：4F/-1F

**总平面图**

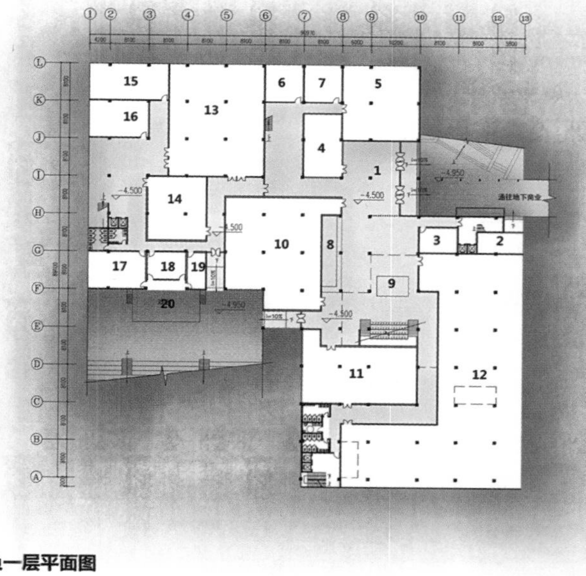

负一层平面图

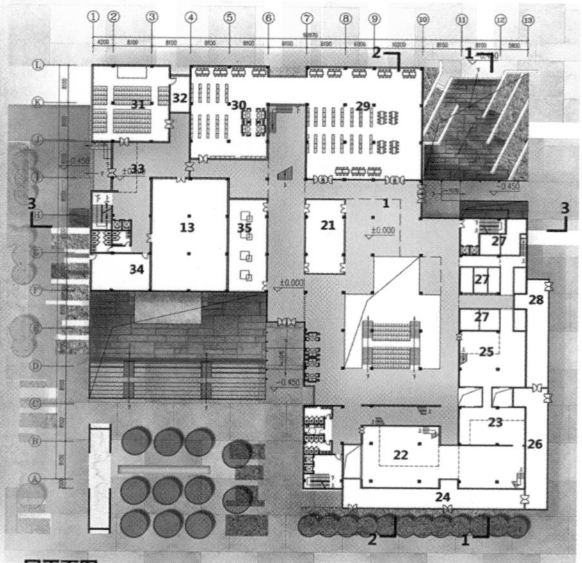

一层平面图

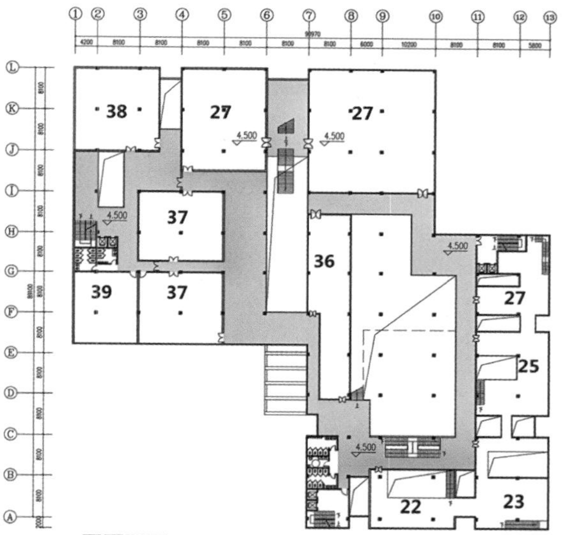

二层平面图

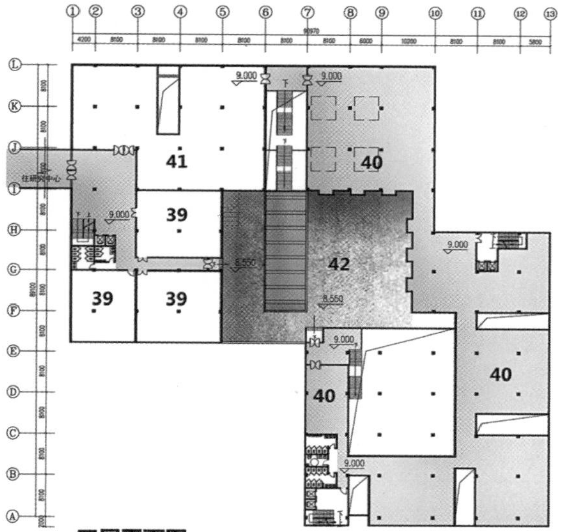

三层平面图

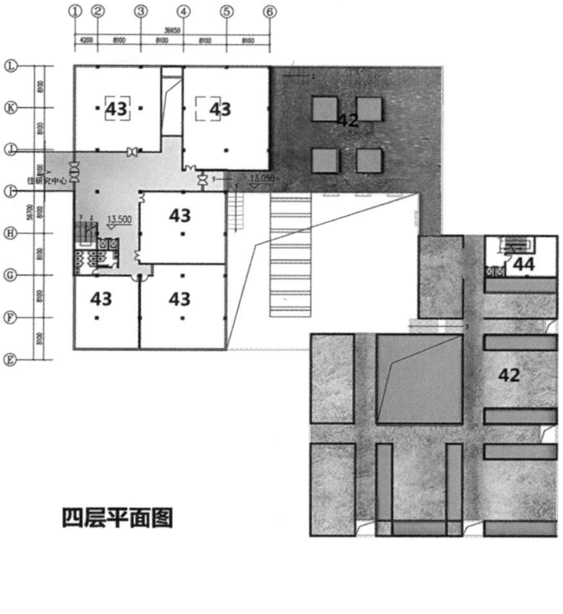

四层平面图

1 大厅
2 售票
3 管理室
4 水吧
5 贵宾休息室
6 贵宾办公
7 贵宾接待
8 服务台
9 观演台
10 声像艺术陈列室
11 关中民俗发展陈列室
12 社会生活民俗介绍
13 藏品库
14 员工休息室
15 空调机房
16 发电配电机房
17 戏台管理
18 戏台后台
19 设备间
20 戏台
21 皮影戏展示
22 民俗建筑展馆
23 民俗艺术展馆
24 民俗艺术品售卖
25 民俗手工业展馆
26 民俗手工业售卖
27 制作展示展馆
28 民俗小吃售卖
29 图书资料室
30 珍品查阅室
31 报告厅
32 设备控制室
33 后勤大厅
34 消防控制室
35 纪念品商店
36 戏曲类民俗展示
37 影像资料展示
38 会议室
39 办公室
40 综合展示
41 特别展示
42 屋顶
43 艺术创作
44 储藏室

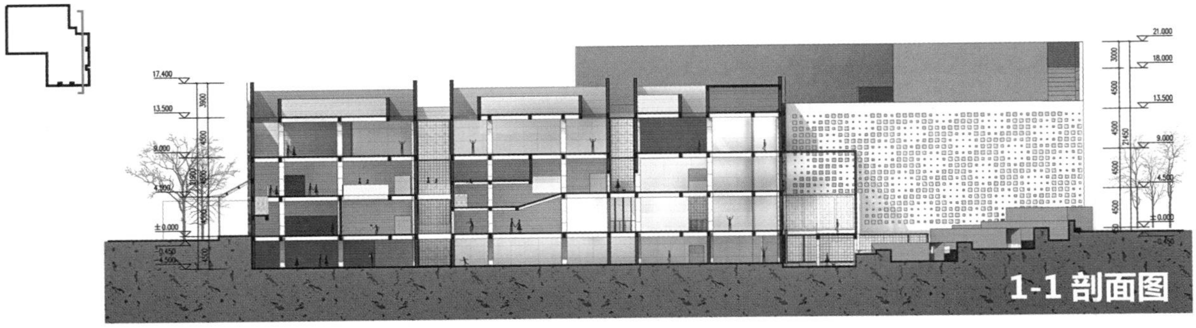

1-1 剖面图

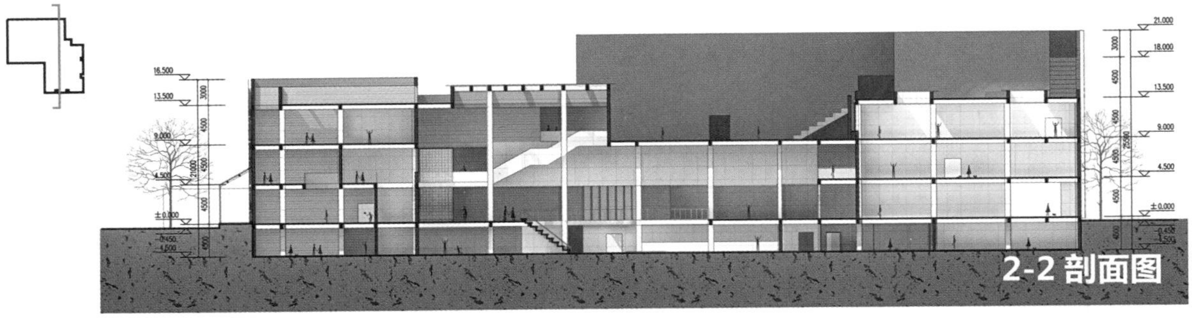

2-2 剖面图

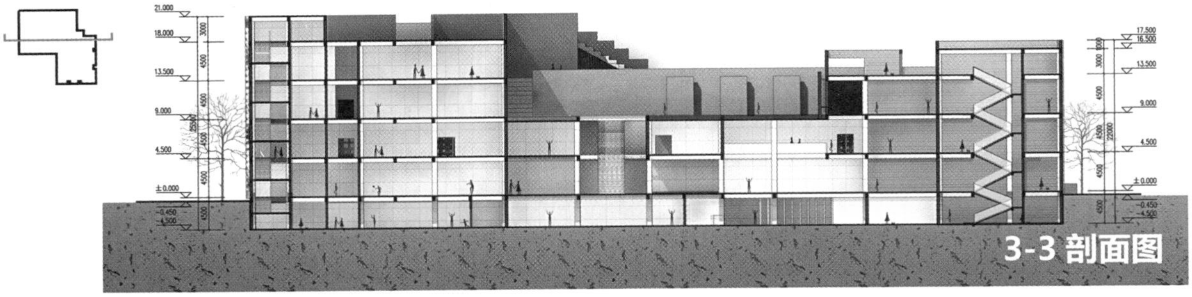

3-3 剖面图

轴测分解图

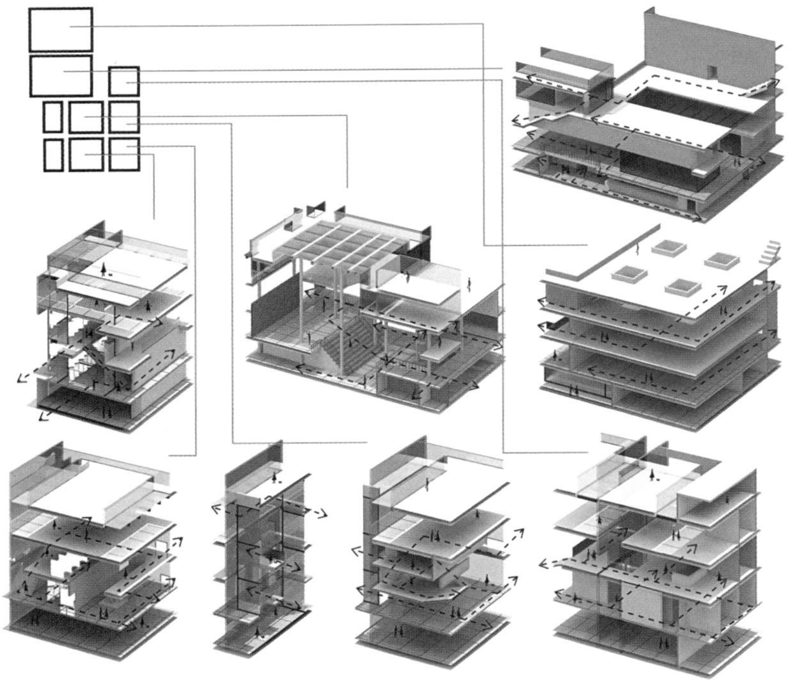

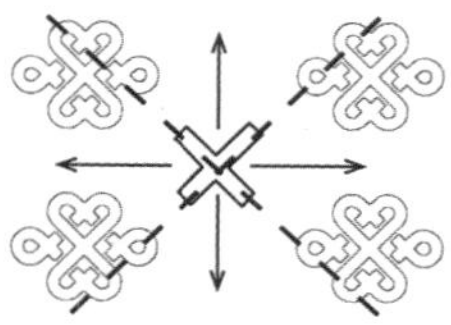

立面的设计加入中国结的元素，将其抽象成二维的交叉符号。并通过grass-hopper程序将其与立面的开窗大小相结合。

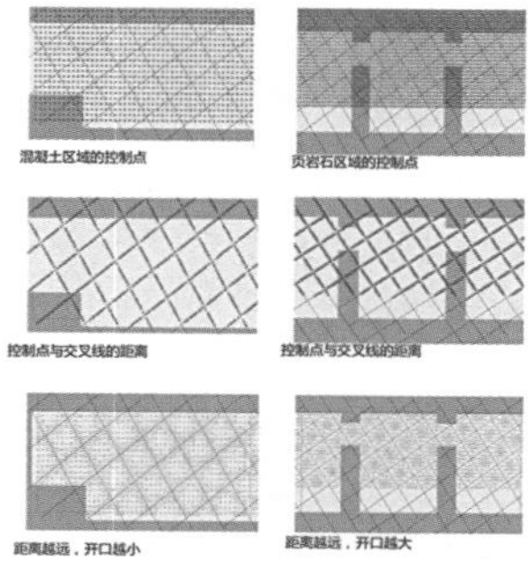
混凝土区域的控制点
页岩石区域的控制点
控制点与交叉线的距离
控制点与交叉线的距离
距离越远，开口越小
距离越远，开口越大

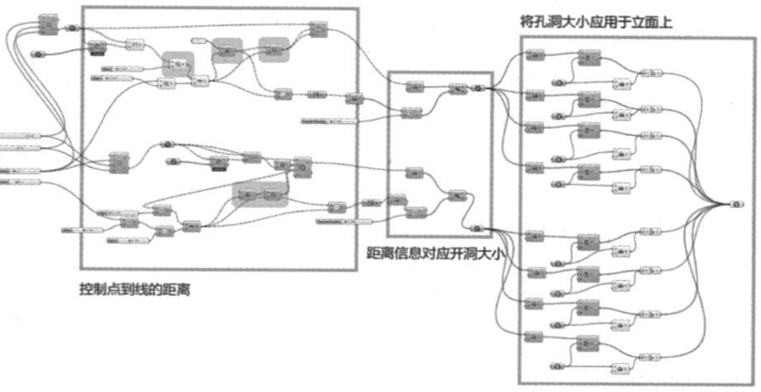
将孔洞大小应用于立面上
距离信息对应开洞大小
控制点到线的距离

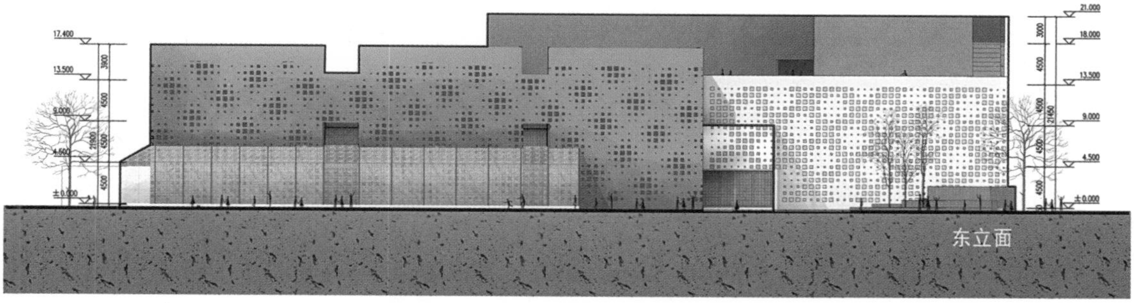
东立面

南立面

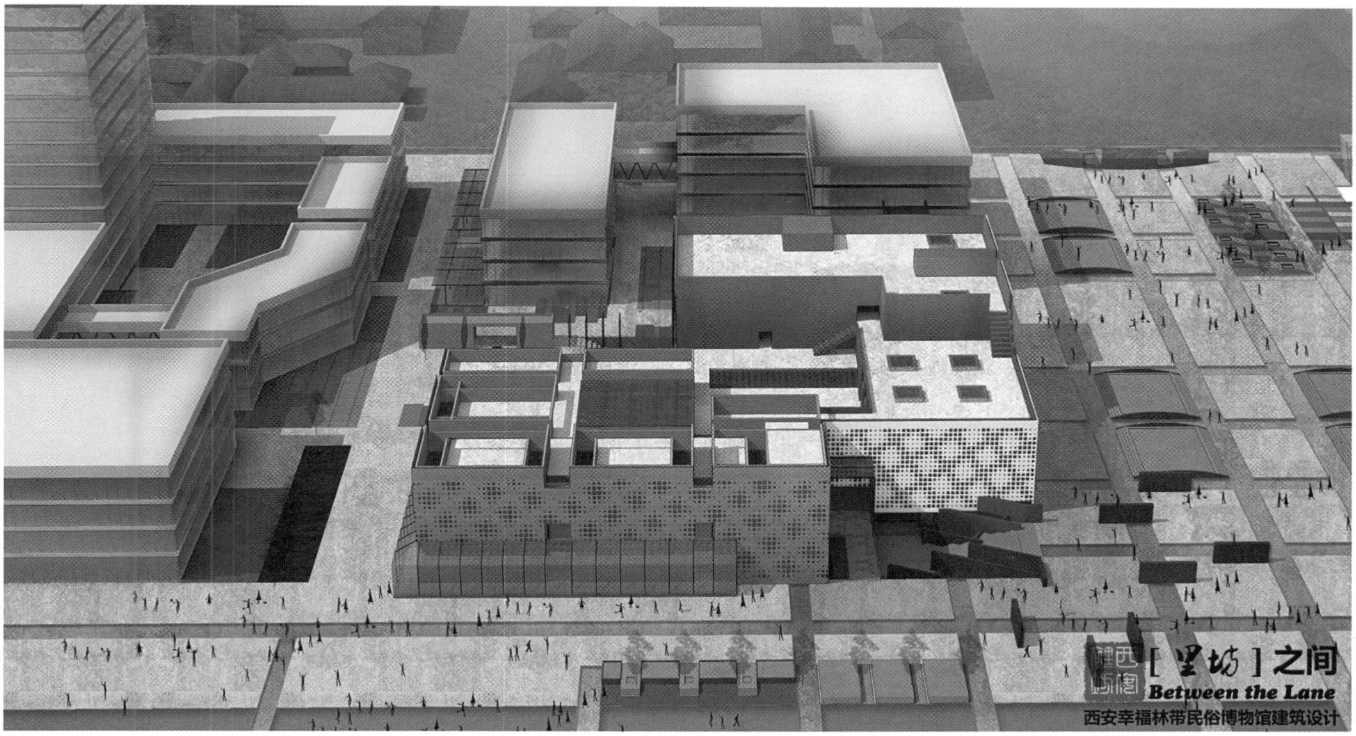
[ 里坊 ] 之间
Between the Lane
西安幸福林带民俗博物馆建筑设计

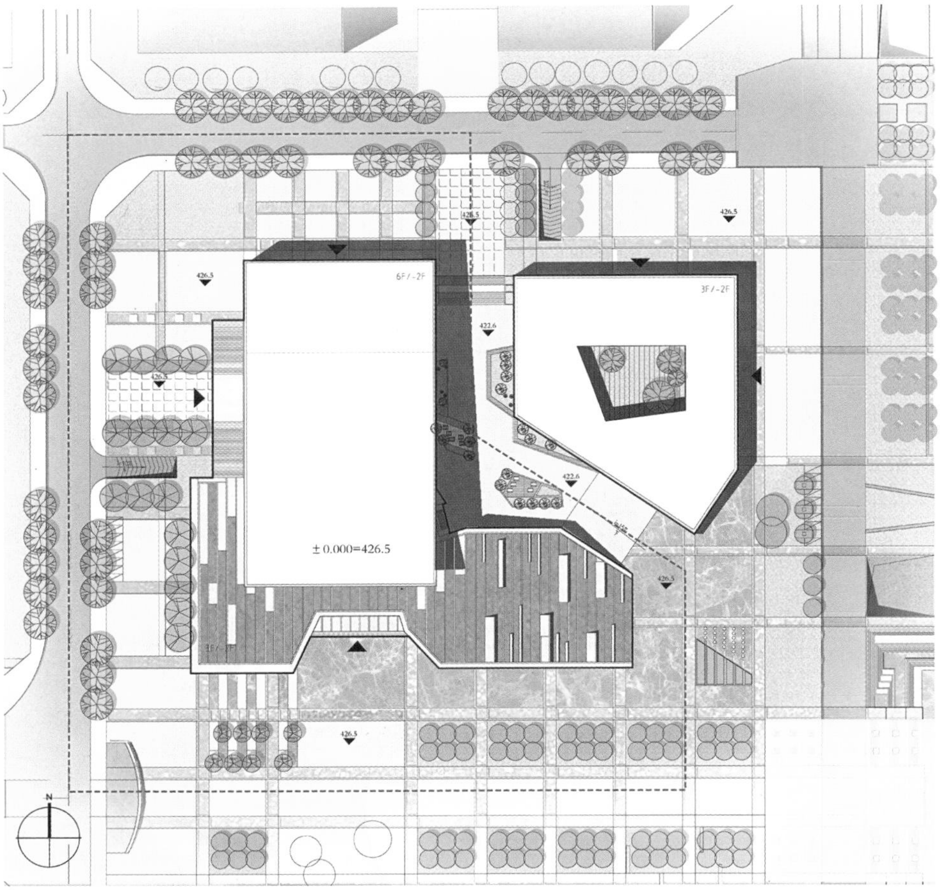

# TOWN CINEMA

城市 | 建筑 | 个人
City | Architecture | Human Individuality

## 文化支撑 Cultural Support

## 城市关系 City Relationship

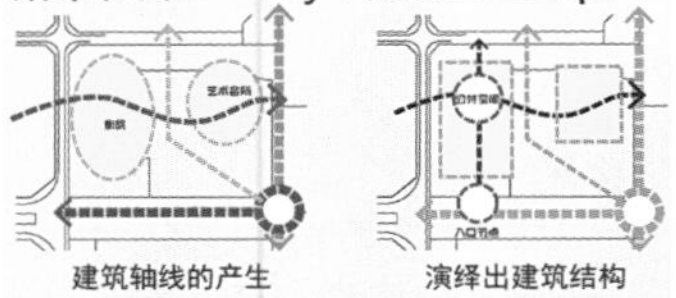

建筑轴线的产生     演绎出建筑结构

## 功能布局 Fuction Arrangement

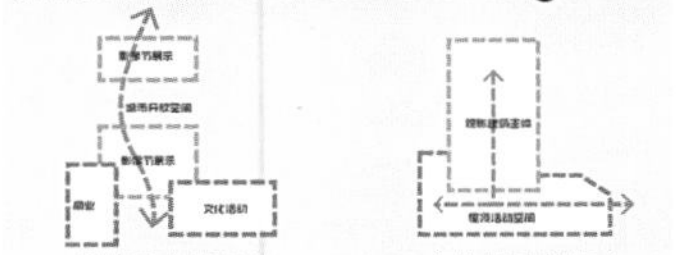

接地层功能组合     主体量功能组合

# 古塑城影

城市 | 建筑 | 个人

City| Architecture | Human Individuality

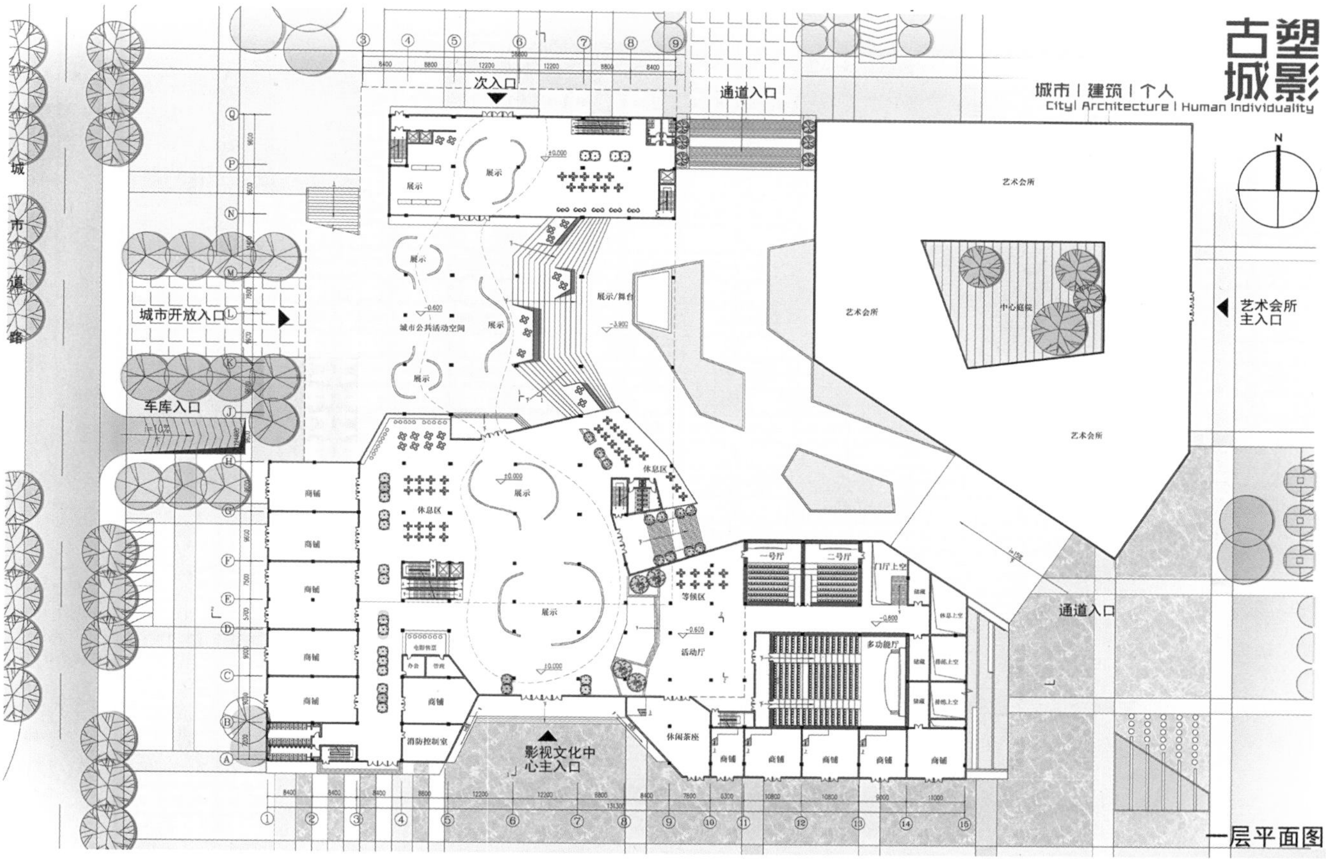


一层平面图

## 体量生成 Mass Generation

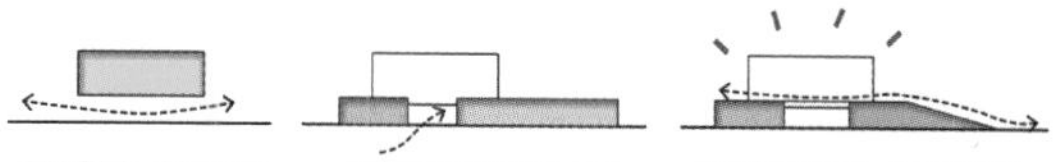

建筑首层架空，将底层空间还给城市，将活动还给市民，同时提供遮蔽场所

加入商业和文化活动体量，突出建筑入口空间，将人引入建筑

临近林带建筑放缓坡，在屋顶植以绿化，延展林带绿色的同时扩大市民活动空间

## 轴测分解 Axonometric Decomposition

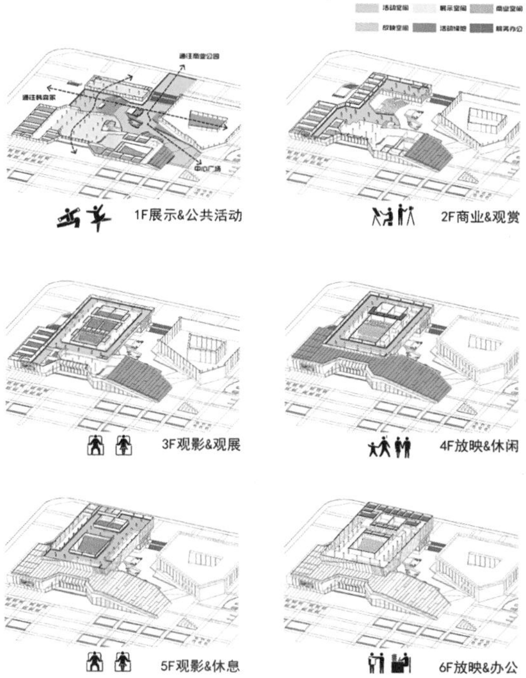

1F展示&公共活动
2F商业&观赏
3F观影&观展
4F放映&休闲
5F观影&休息
6F放映&办公


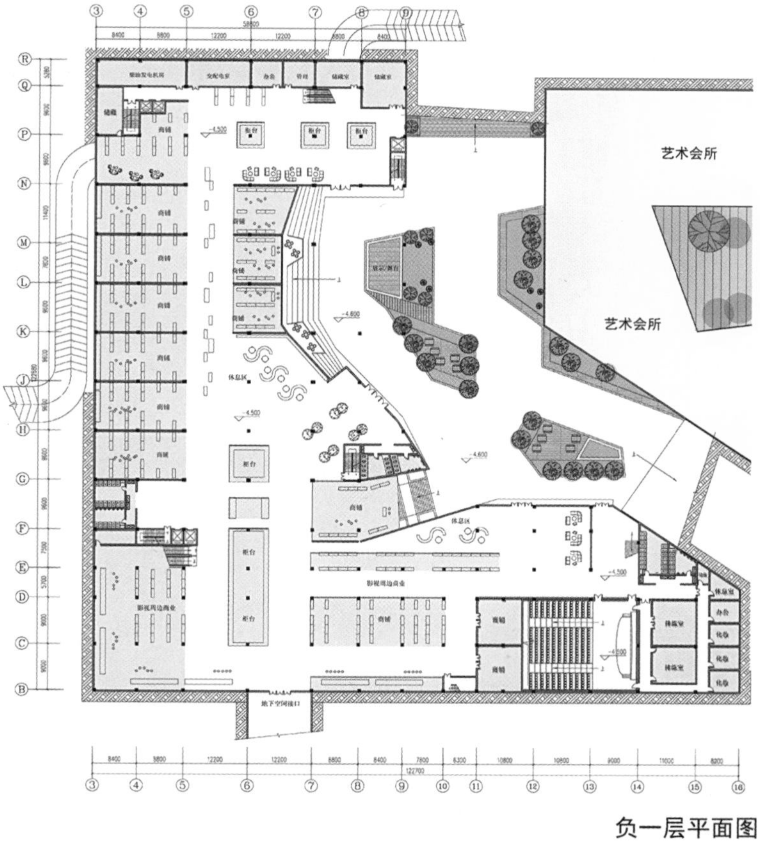


负一层平面图

二层平面图

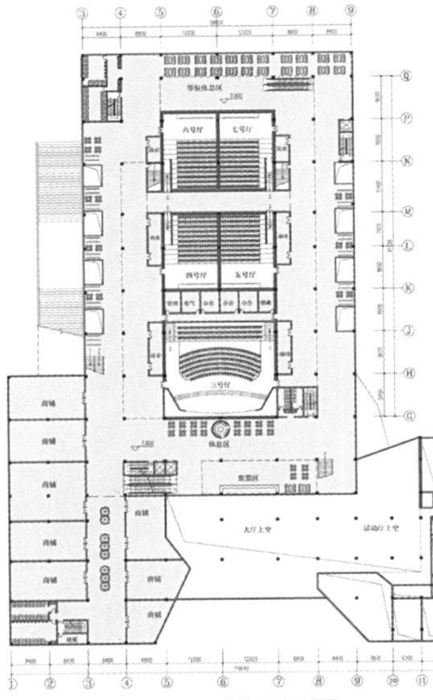

三层平面图

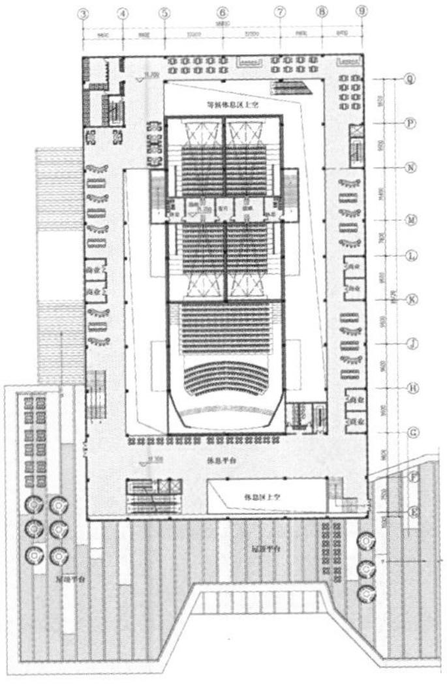

四层平面图

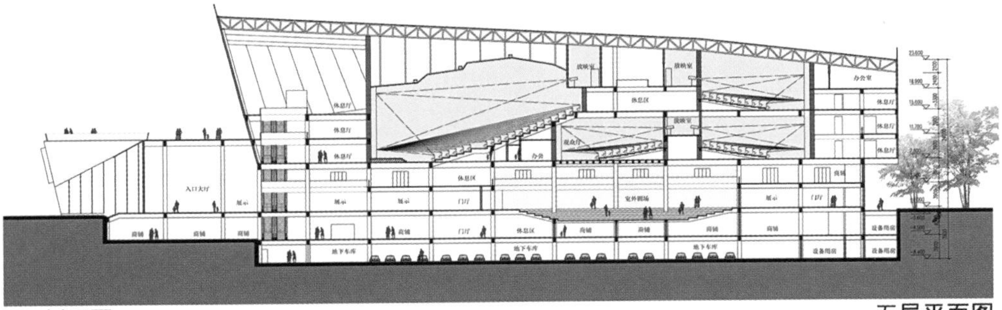

1-1剖面图

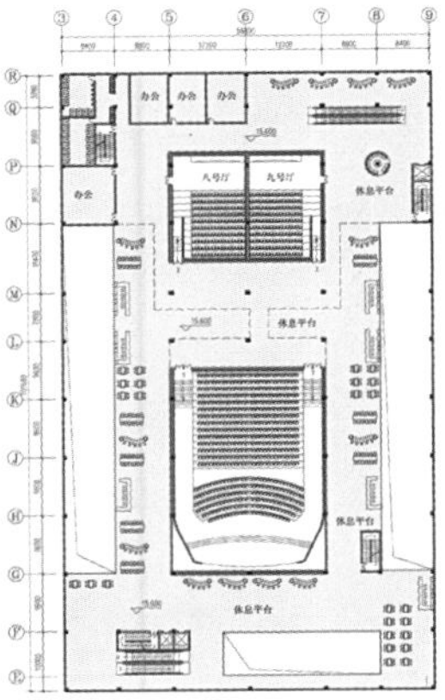

五层平面图

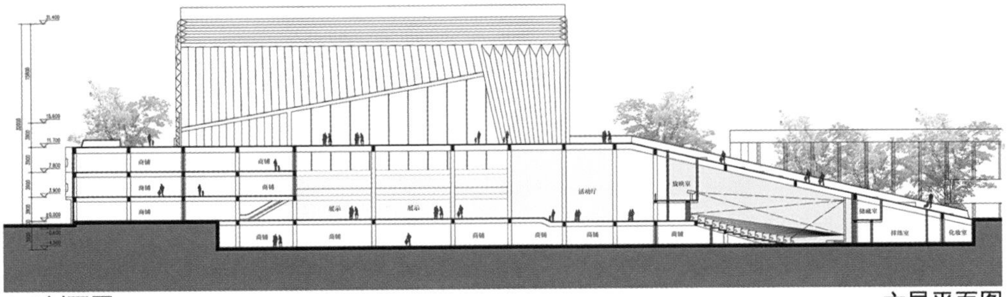

2-2剖面图

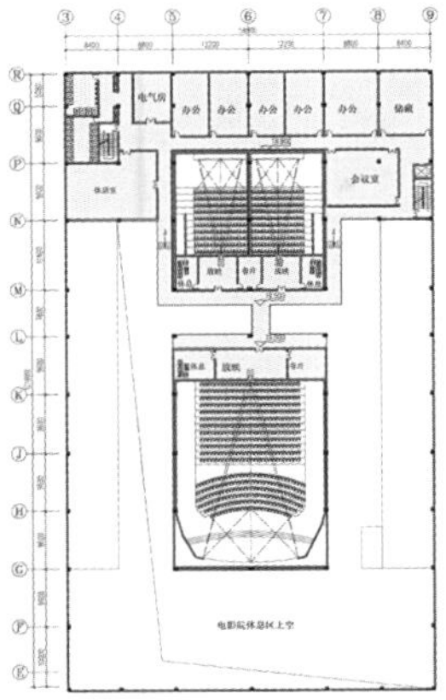

六层平面图

## 承·转——文化活动中心设计

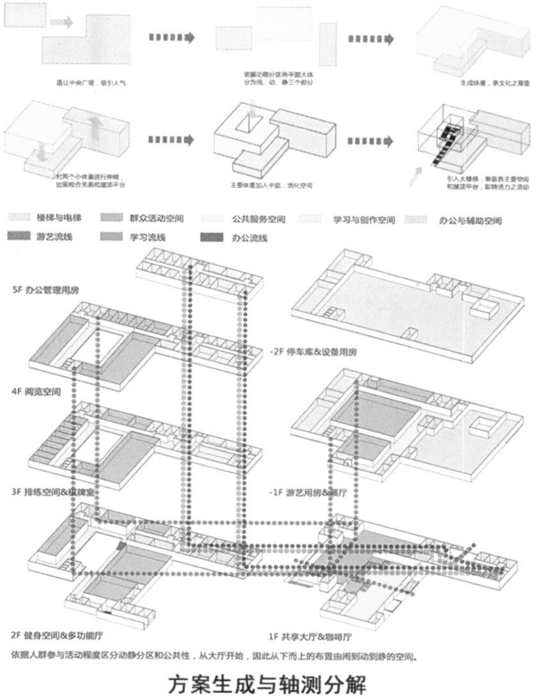


依据人群参与与活动程度区分动静分区和公共性，从大厅开始，因此从下而上的布置由闹到动到静的空间。

**方案生成与轴测分解**

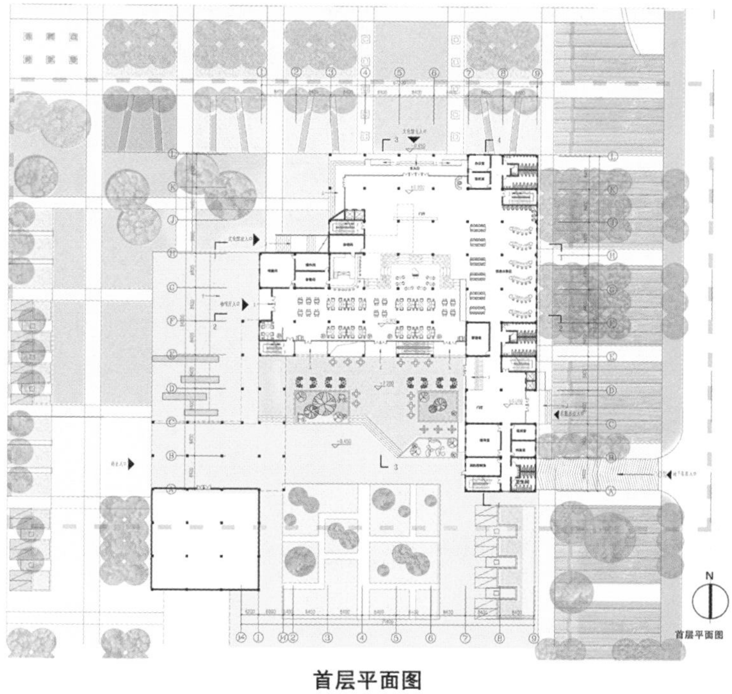


**首层平面图**

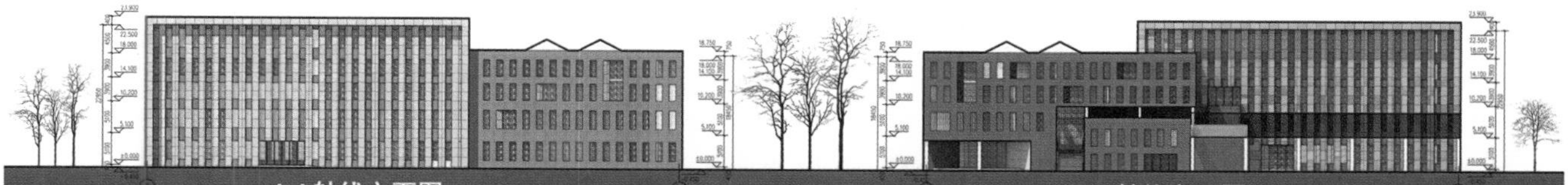

**A-L轴线立面图**　　**L-A轴线立面图**

# 承·转——文化活动中心设计

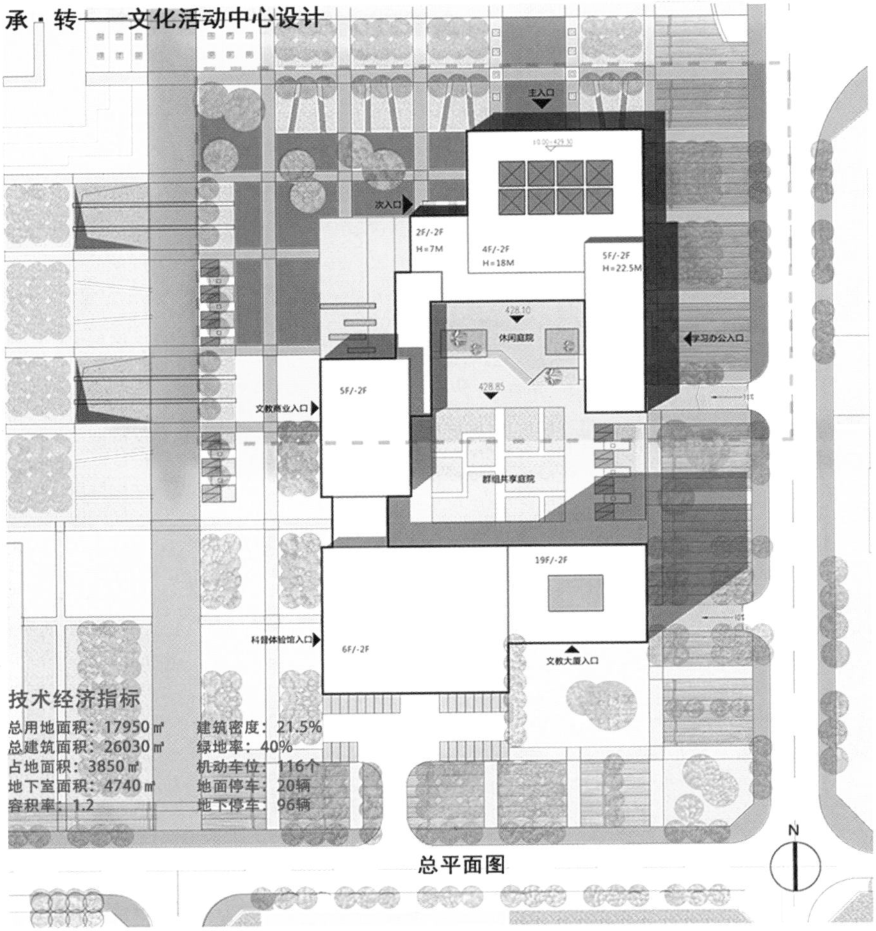


**技术经济指标**

总用地面积：17950㎡　建筑密度：21.5%
总建筑面积：26030㎡　绿地率：40%
占地面积：3850㎡　机动车位：116个
地下室面积：4740㎡　地面停车：20辆
容积率：1.2　地下停车：96辆

总平面图

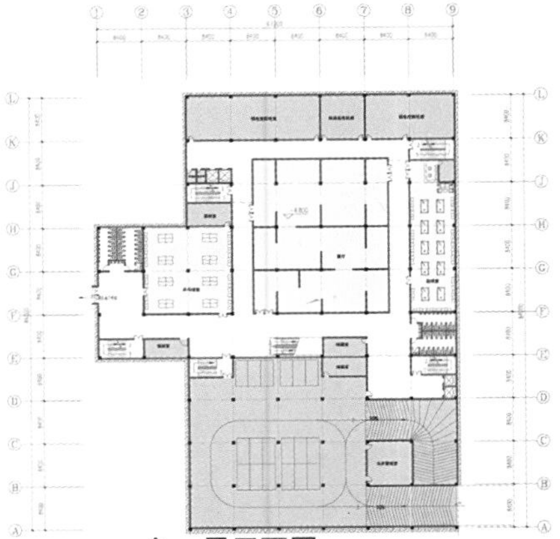

负一层平面图

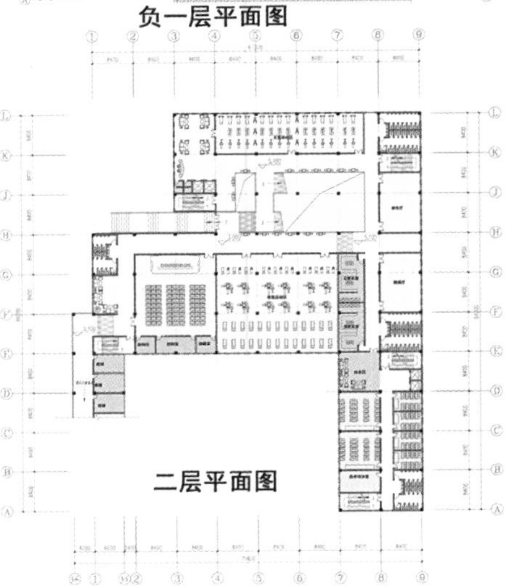

二层平面图

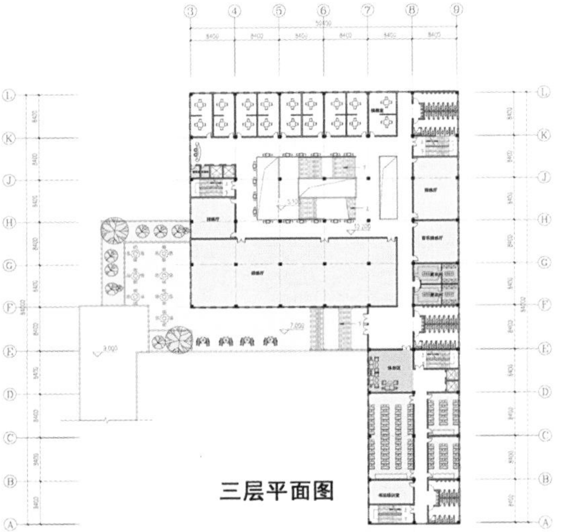

三层平面图

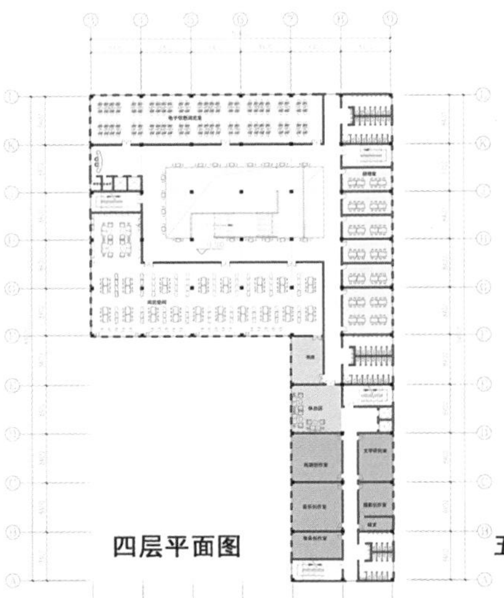

四层平面图

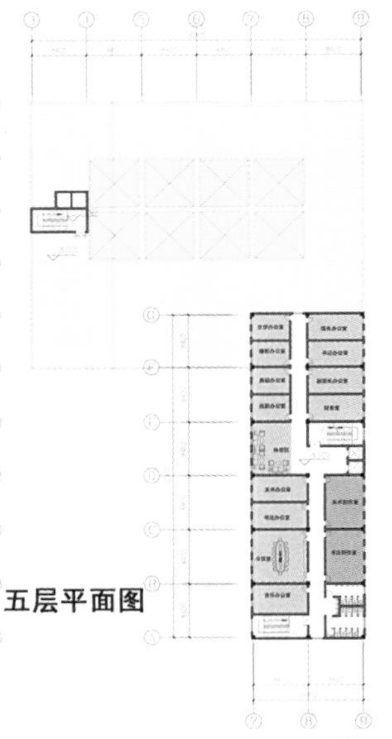

五层平面图

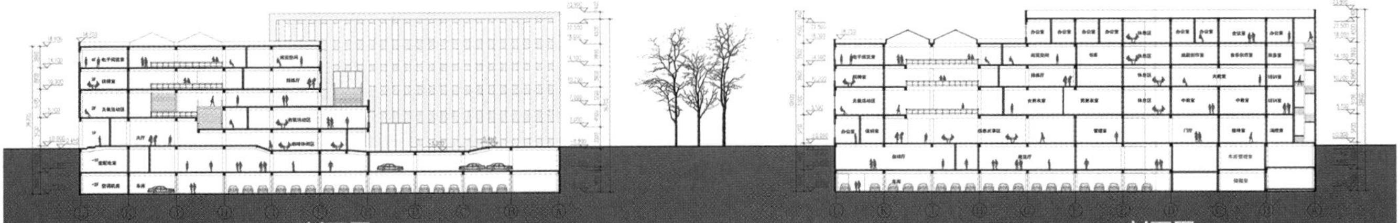

3-3剖面图　4-4剖面图

## 承·转——文化活动中心设计

屋顶平台与室外休闲庭院

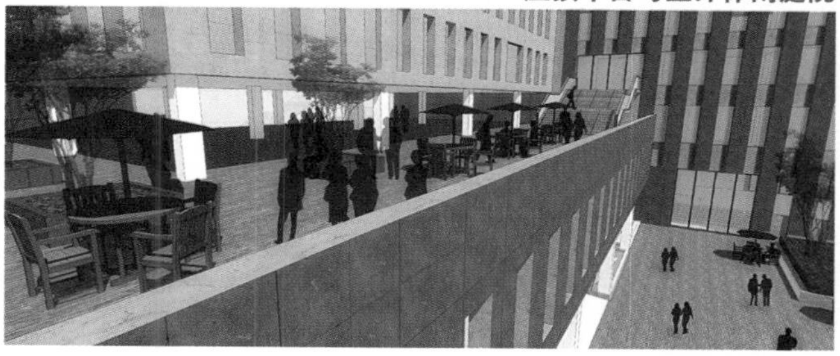

从群组内庭院看建筑空间

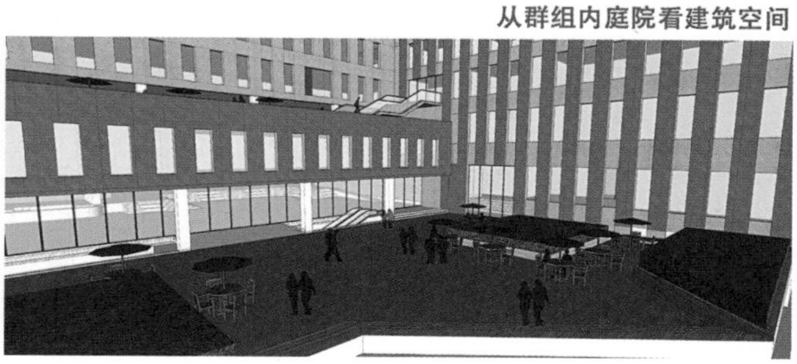

建筑大中庭与室内大台阶

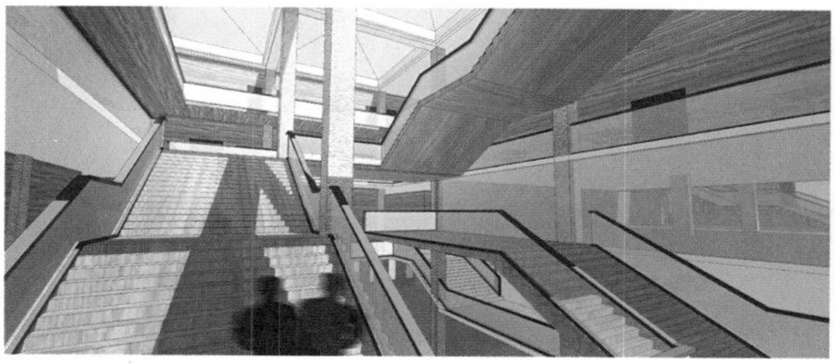

图书阅览空间的共享空间

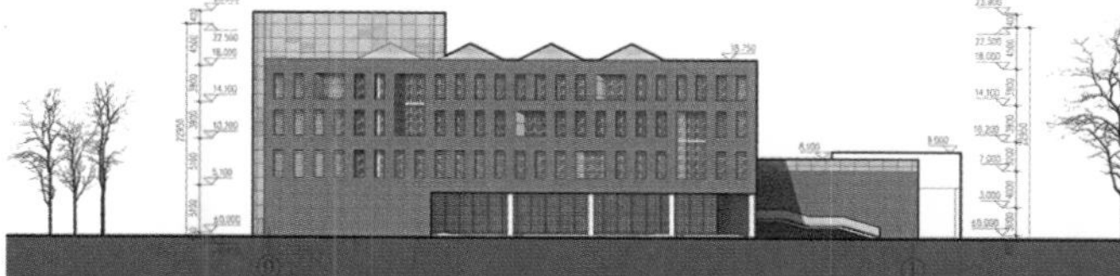

9-1轴线立面图

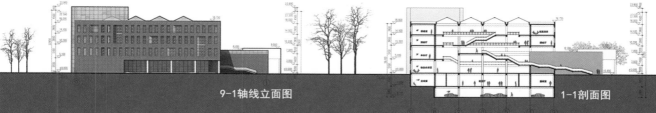

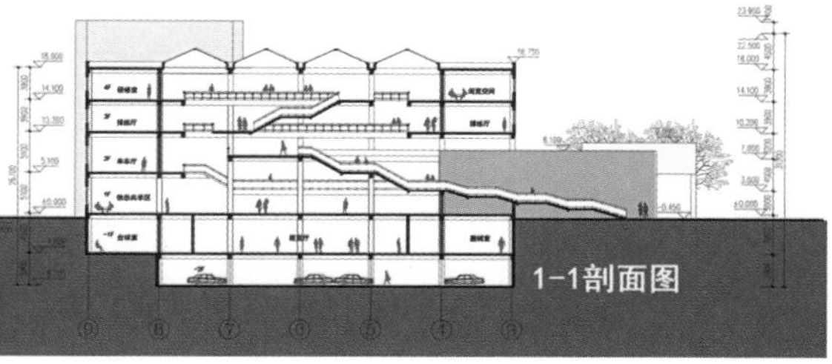

1-1剖面图

# UC 4

重庆大学
CHONGQING UNIVERSITY

设计者：
倪恺　徐皓琛　翟沁怡

## 幸福 · 园

### 新生与发展——西安幸福林带核心区城市设计

Regeneration and Development - Urban Design of the Xingfu Lindai core area in Xi'an

指导教师：许芗斌

发挥地块二经济中心和金融中心的优势，形成高利用率的景观。通过幸福林带连接两侧功能，组织丰富的活动，形成商业商务、活动休闲等不同的景观风貌；以东西轴线呼应老城市的传统轴线，以中央广场来呼应城市副中心的地位；通过商业休闲组织商业中心与文化中心的连接。综合组织内外交通和人、车行流线形成整体而富有特色的景观规划。

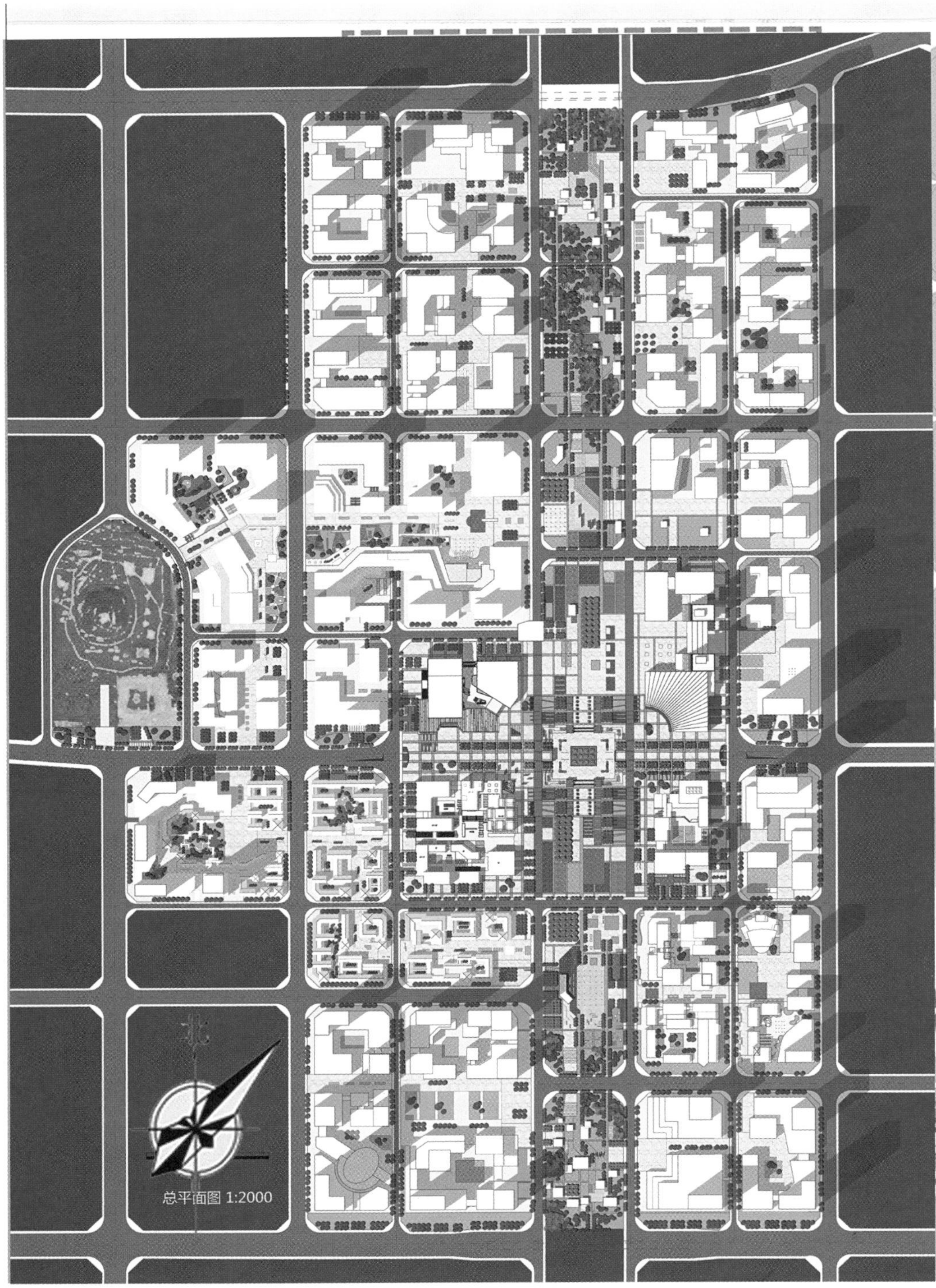


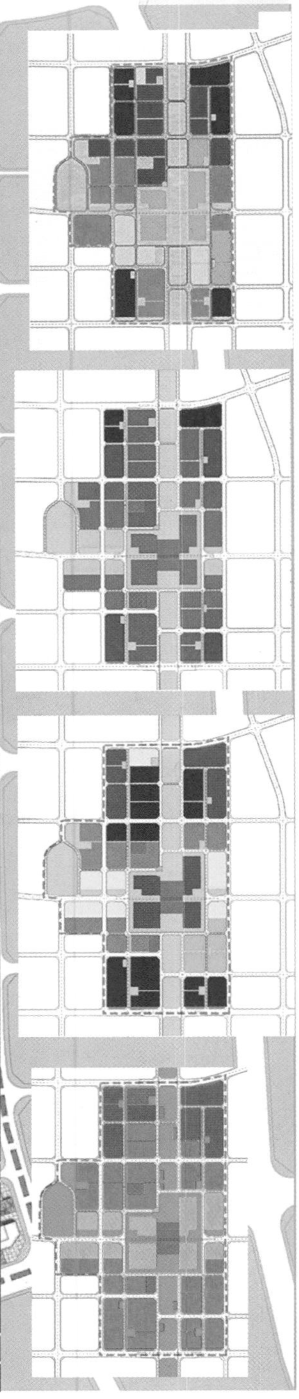

## 区位分析

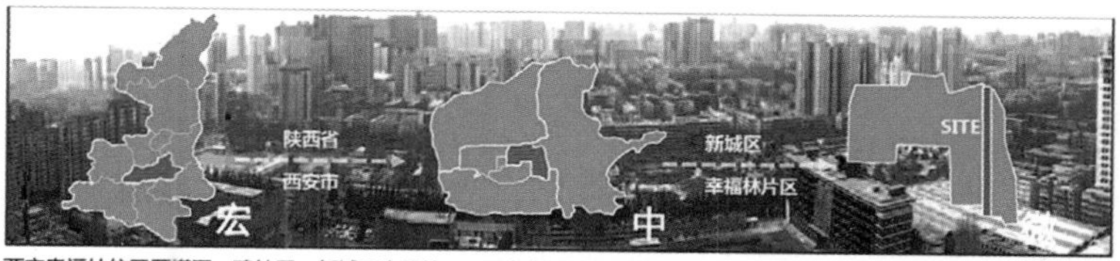


西安幸福林位于雁塔区、碑林区、新城区交界处。

西安幸福林北起华清路，南至新兴南路（规划），东起铁路专用（酒十路延伸西安），西至金花路（东 2 环）

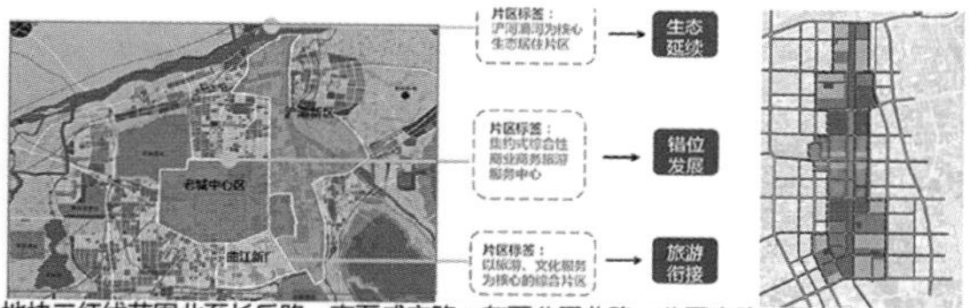


地块二红线范围北至长乐路、南至咸宁路；东至公园北路、公园南路、爱宁路；东至公园北路、公园南路、爱宁路，西至规划后的新路，共 224hm$^2$。

## 设计概念推演

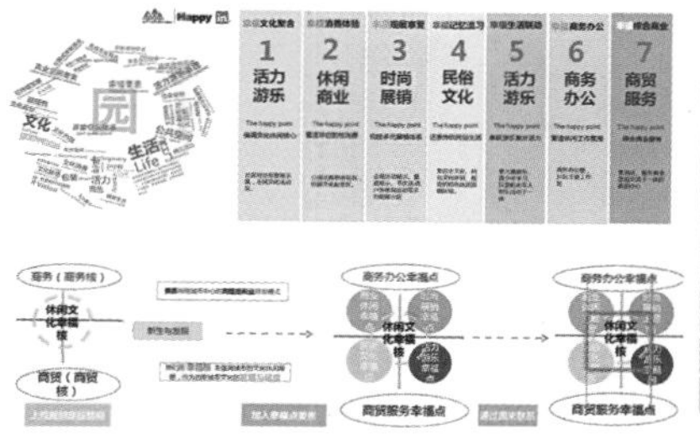


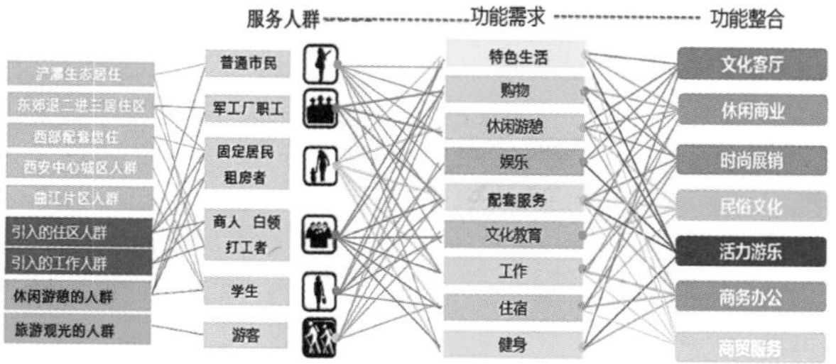


## 功能结构

## 绿地系统

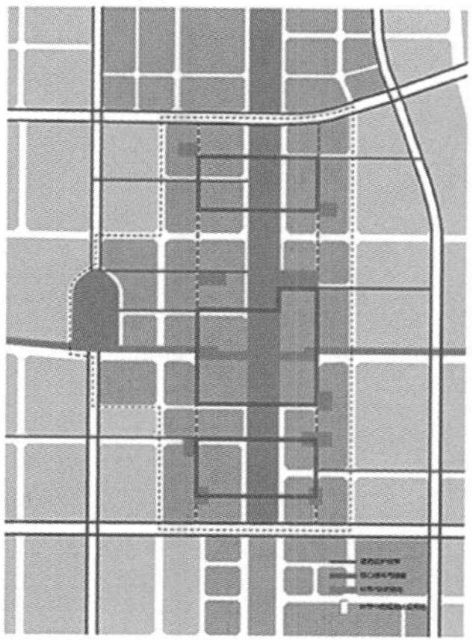

## 慢行系统

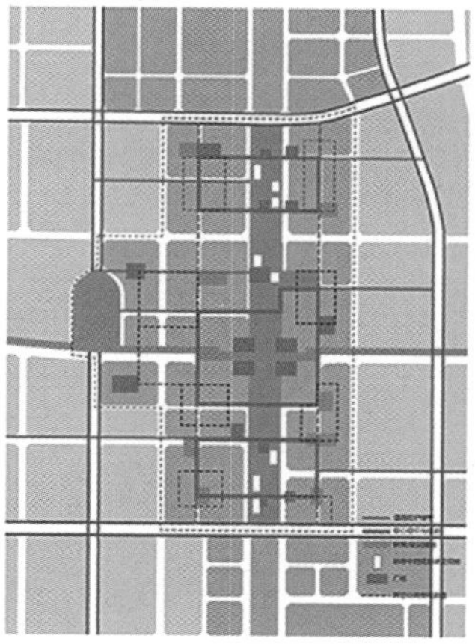

## 步行系统

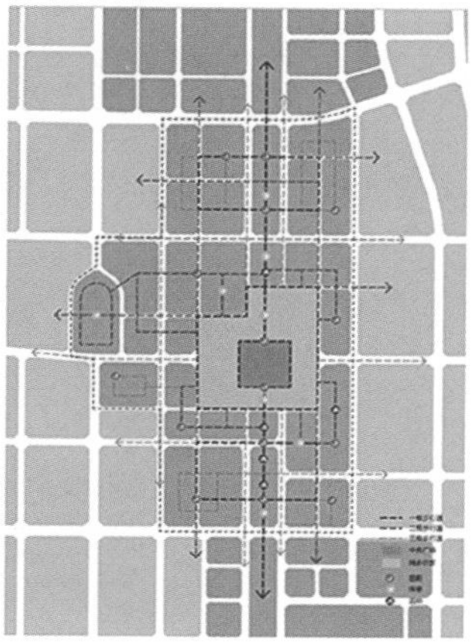

## 自行车系统

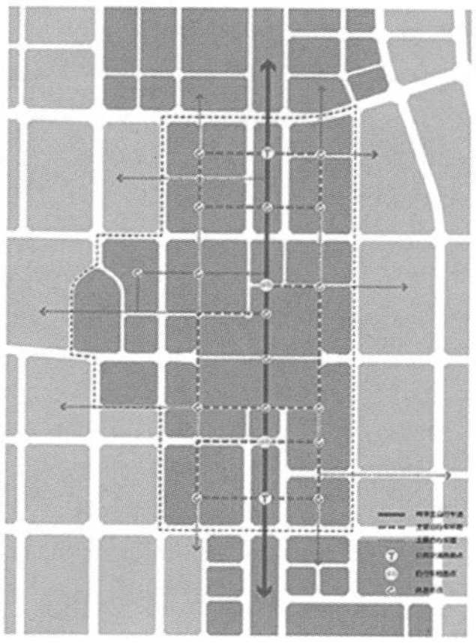

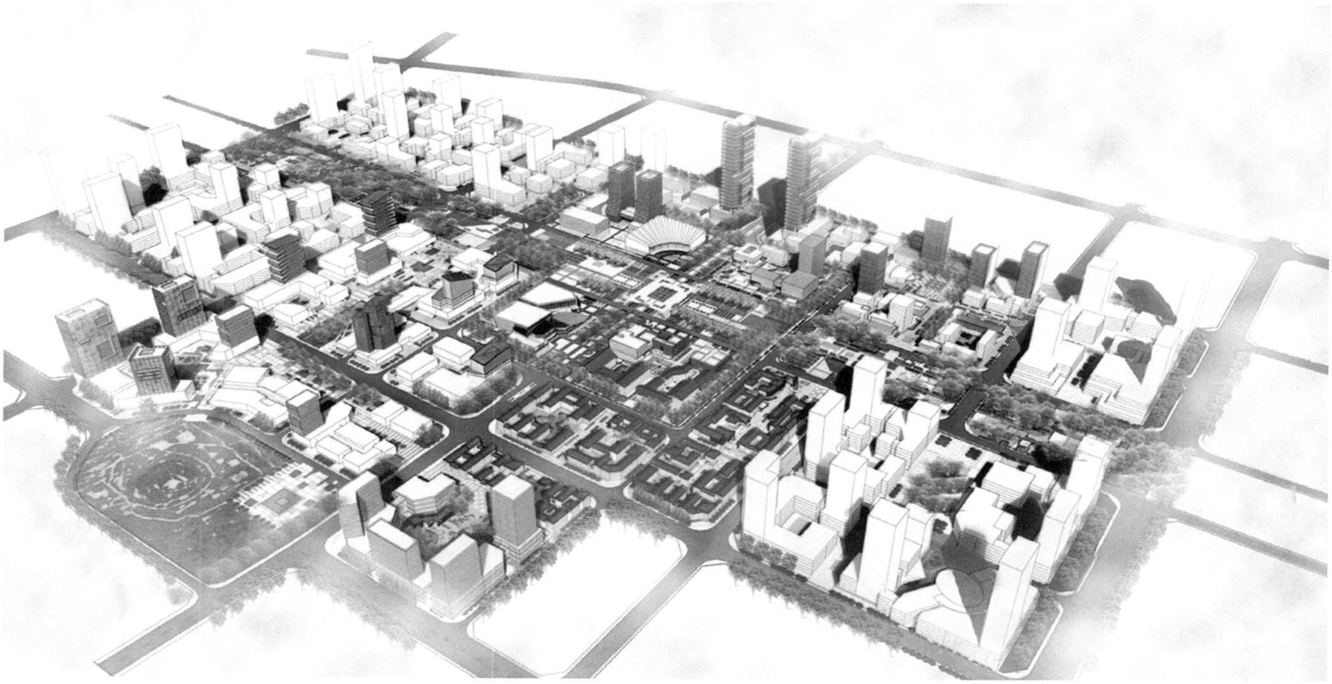

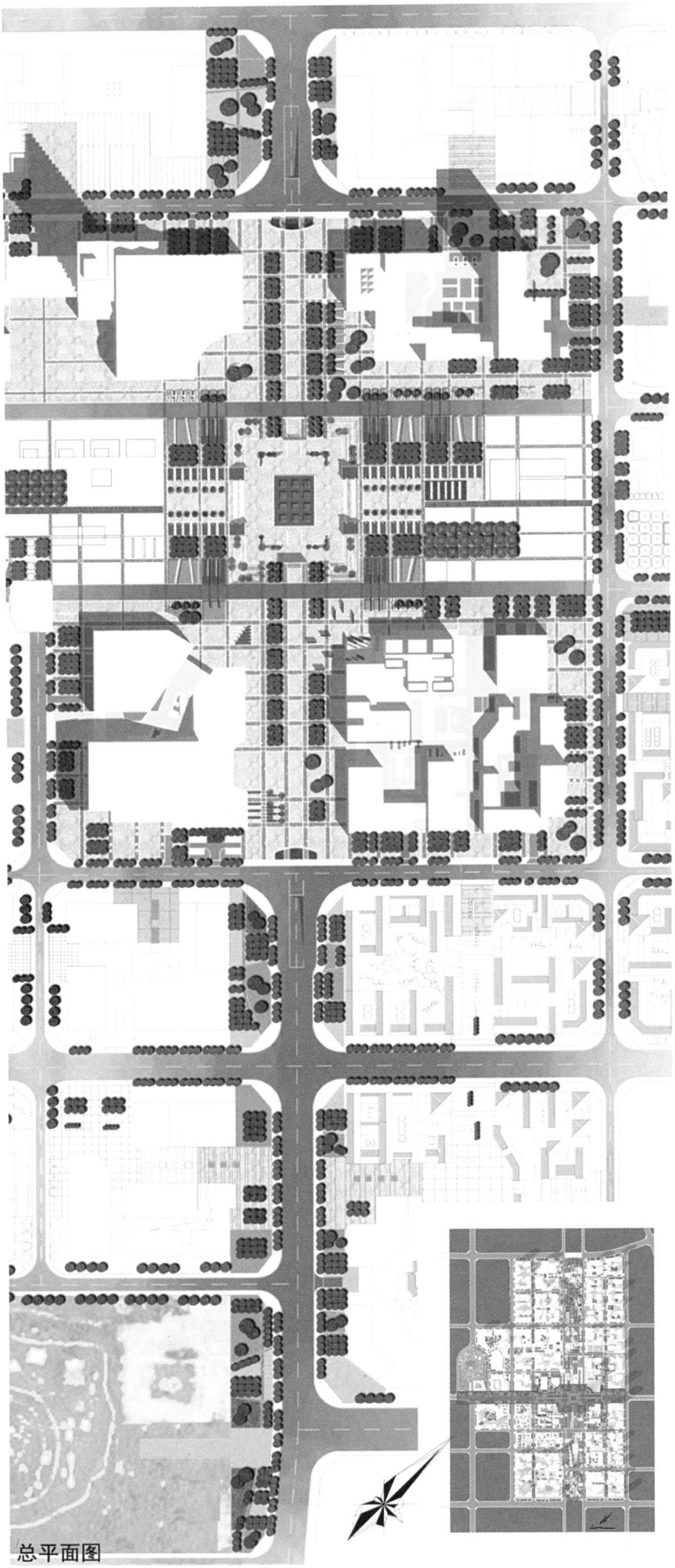
总平面图

设计者：　　　　　　　　　　　　个人成果部分

倪恺　　　　　01 东西轴线景观规划与设计

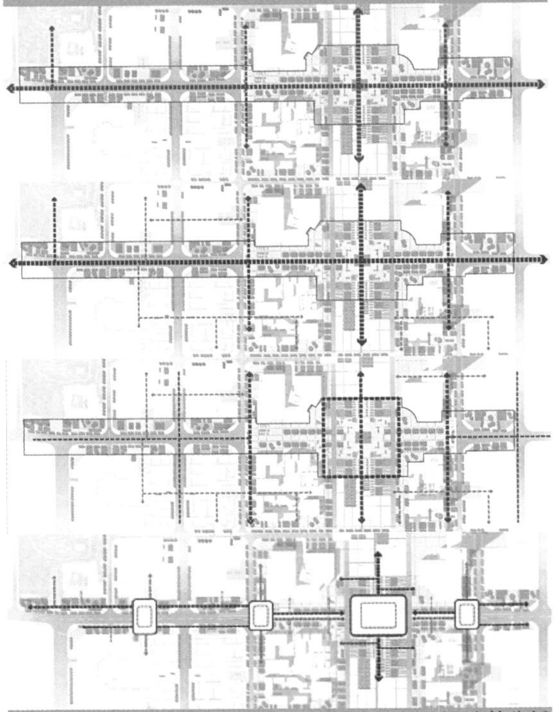
设计前分析

节点透视

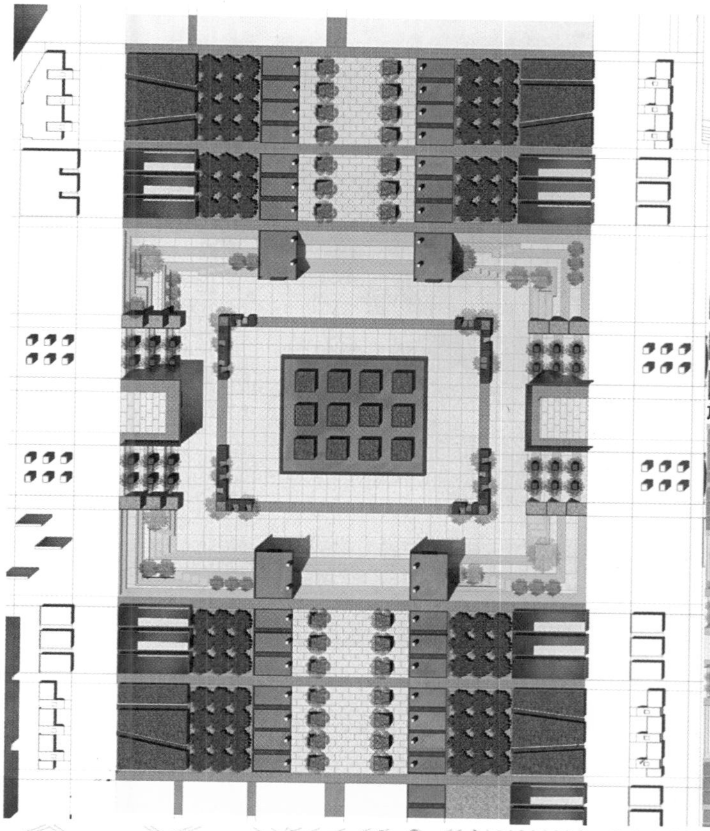

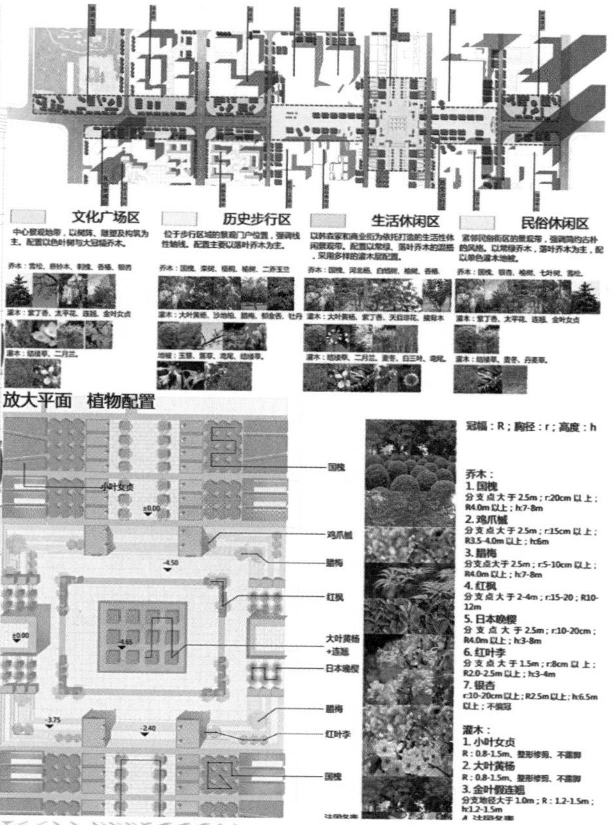

放大平面 植物配置

文化广场区　历史步行区　生活休闲区　民俗休闲区

冠辐：R；胸径：r；高度：h

乔木：
1.国槐
分支点大于 2.5m；r:20cm 以上；
R4.0m 以上；h7-8m
2.鸡爪槭
分支点大于 2.5m；r:15cm 以上；
R3.5-4.0m 以上；h:6m
3.腊梅
分支点大于 2.5m；r:5-10cm 以上；
R4.0m 以上；h7-8m
4.红枫
分支点大于 2-4m；r:15-20；R10-
12m
5.日本晚樱
分支点大于 2.5m；r:10-20cm；
R4.0m 以上；h3-8m
6.红叶李
分支点大于 1.5m；r:8cm 以上；
R2.0-2.5m 以上；h3-4m
7.银杏
r:10-20cm 以上；R2.5M 以上；h:6.5m
以上；不规则

灌木：
1.小叶女贞
R：0.8-1.5m，整形修剪，不露脚
2.大叶黄杨
R：0.8-1.5m，整形修剪，不露脚
3.金叶假连翘
分支点大于 1.0m；R：1.2-1.5m；
h:1.2-1.5m

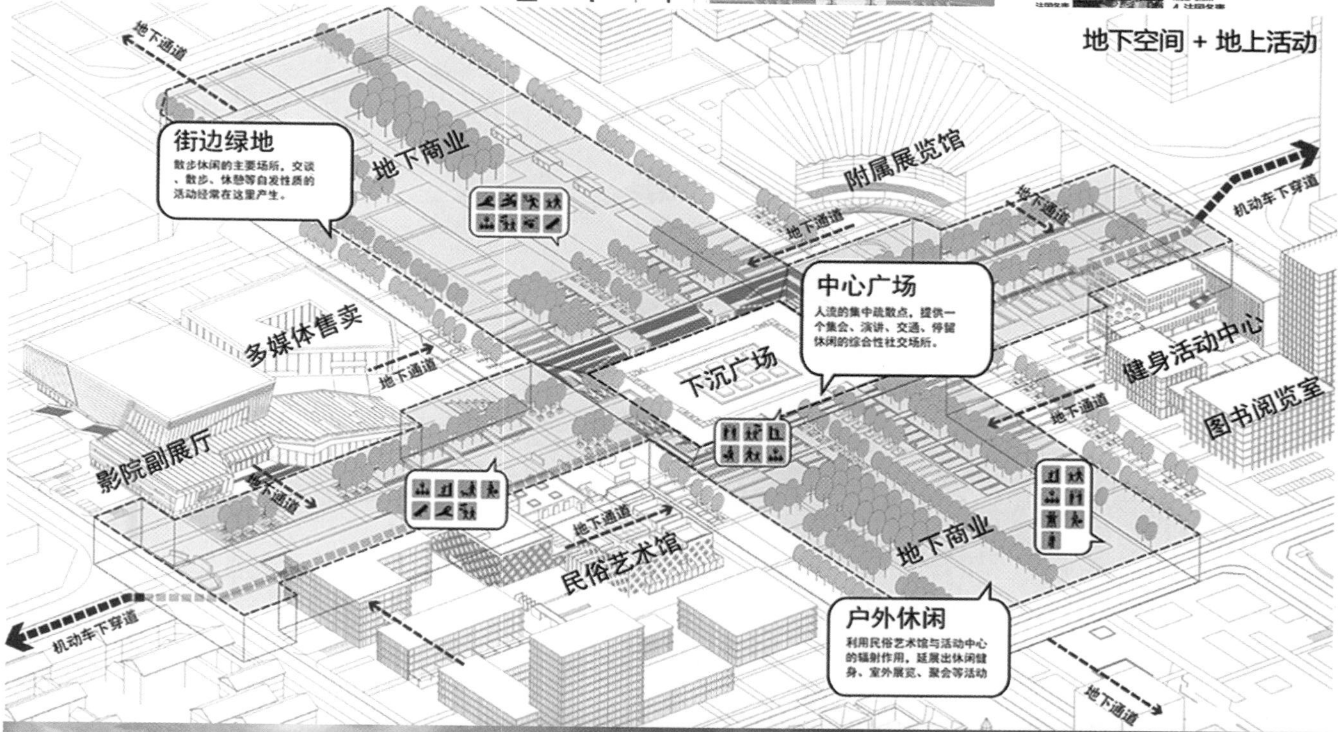

地下空间 + 地上活动

街边绿地
散步休闲的主要场所，交谈、散步、休憩等自发性的活动经常在这里产生。

地下商业

附属展览馆

地下通道

机动车下穿道

中心广场
人流的集中疏散点，提供一个集会、演讲、交通、停留休闲的综合性社交场所。

多媒体售卖

下沉广场

地下通道

健身活动中心

图书阅览室

影院副展厅

地下通道

地下通道

民俗艺术馆

地下商业

户外休闲
利用民俗艺术馆与活动中心的辐射作用，延展出休闲健身、室外展览、聚会等活动

机动车下穿道

地下通道

剖面图 1:500

设计者：翟沁怡

个人成果部分

## 02 幸福林带景观规划与设计

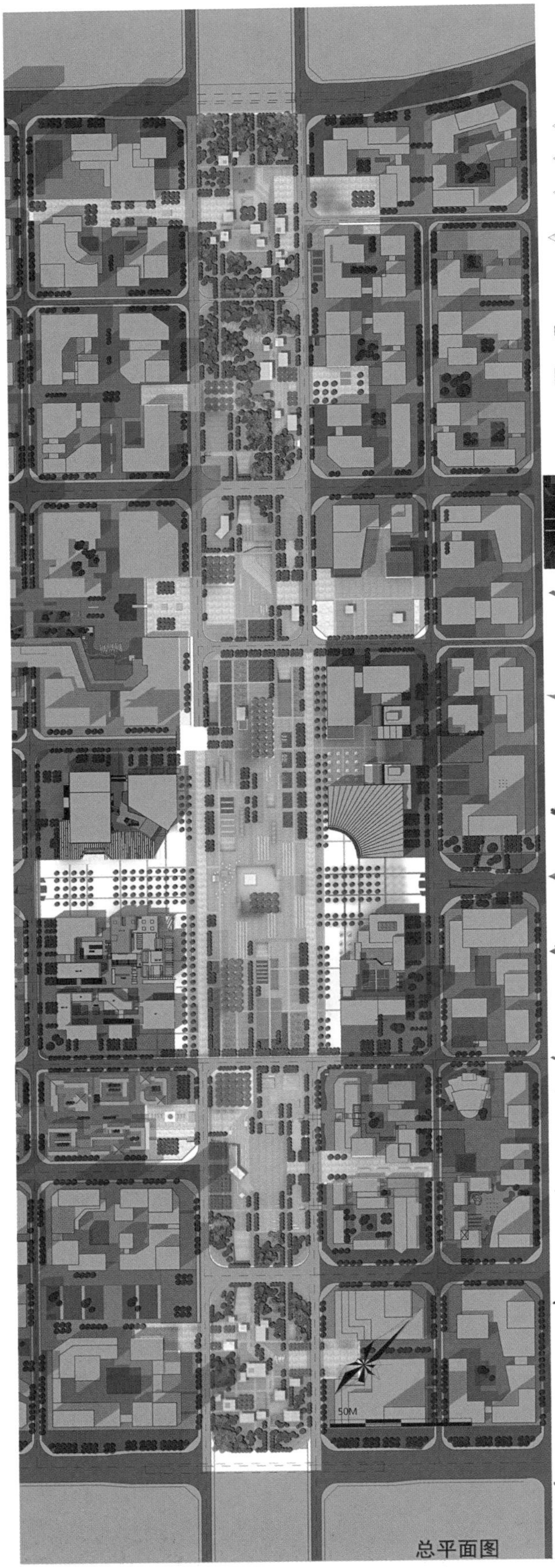


总平面图

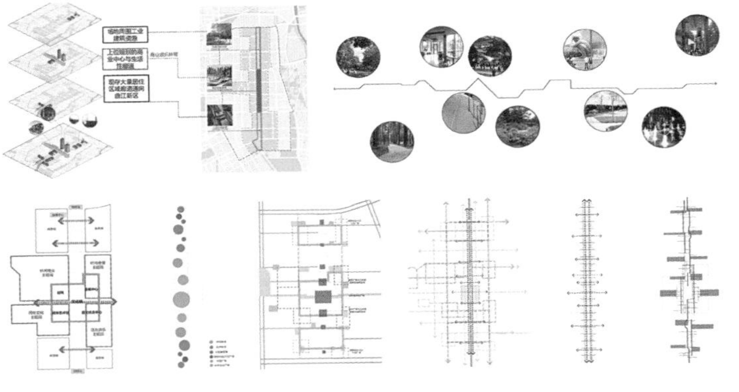

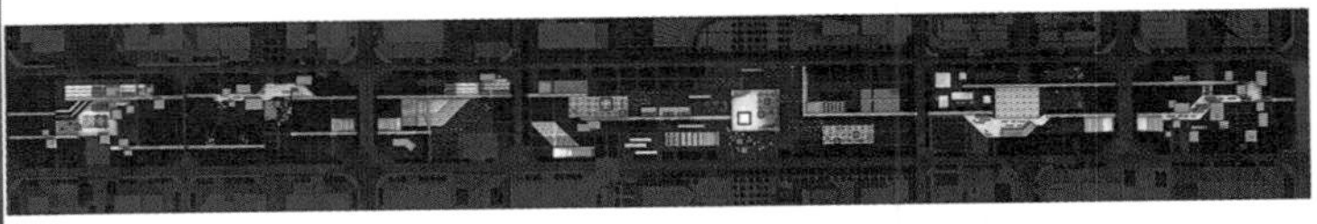

分层轴测

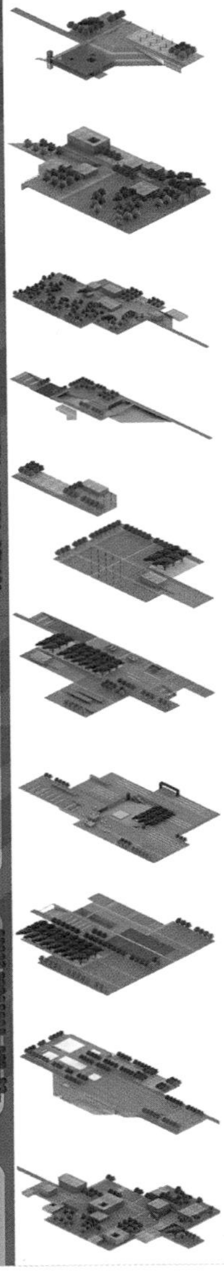

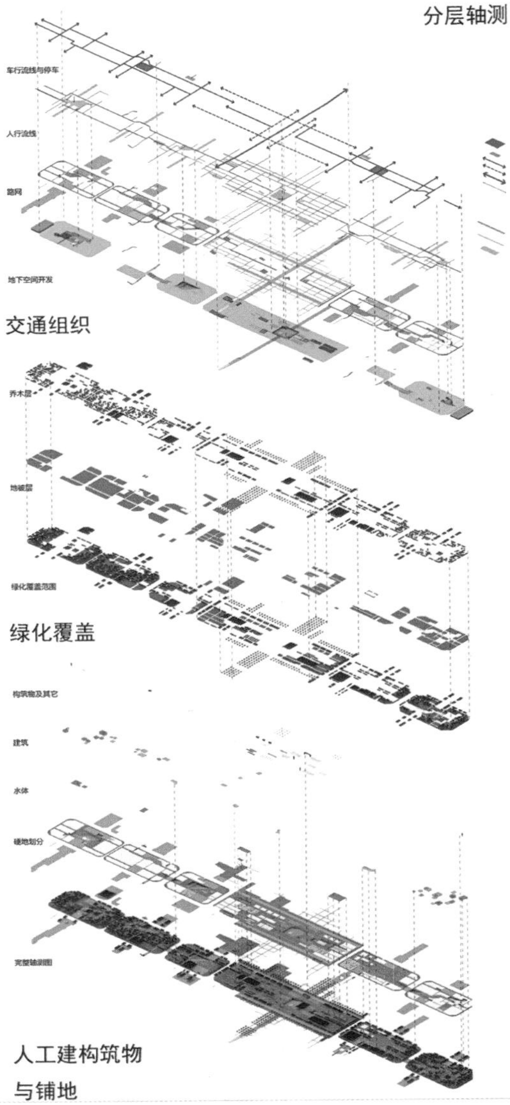


交通组织

绿化覆盖

人工建构筑物与铺地

植物设计

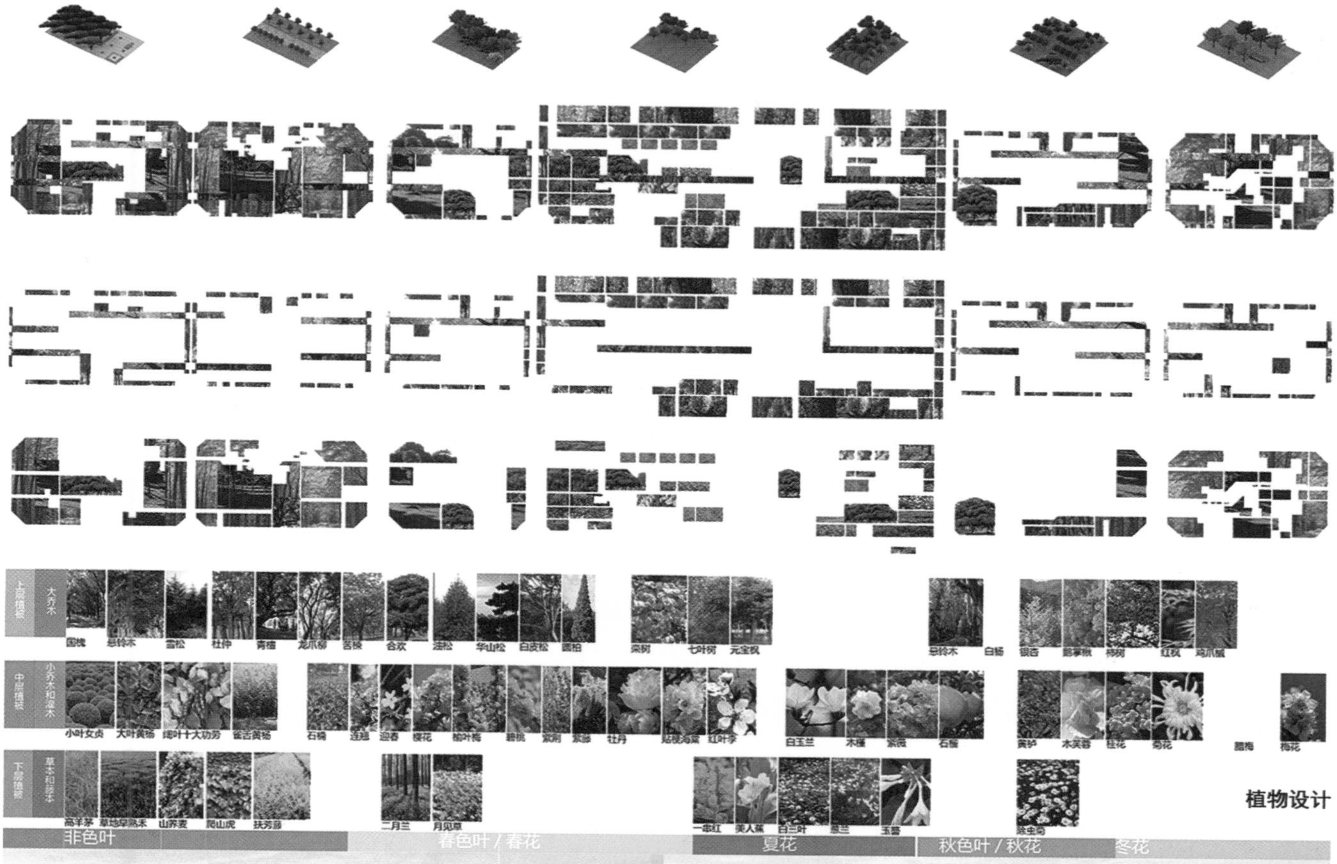

上层植被　大乔木
国槐　悬铃木　雪松　杜仲　青檀　龙爪槐　苦楝　合欢　法桐　华山松　白皮松　圆柏　梾木　七叶树　元宝枫　　　悬铃木　白杨　银杏　鸡爪槭　栾树　红枫　鸡爪槭

中层乔木和灌木　小乔木和灌木
小叶女贞　大叶黄杨　纯叶十大功劳　雀舌黄杨　石榴　连翘　迎春　樱花　榆叶梅　碧桃　紫薇　紫荆　牡丹　姑娘海棠　红叶李　　　白玉兰　木槿　紫薇　石榴　紫荆　木芙蓉　桂花　菊花　　　腊梅　梅花

下层地被　草本和地被　　　　非色叶
高羊茅　草地早熟禾　山荞麦　爬山虎　扶芳藤　　　二月兰　月见草　　　一串红　美人蕉　白三叶　鸢尾　玉簪　　　瓜叶菊
非色叶　　　　　　　春色叶/春花　　　　　夏花　　　　　秋色叶/秋花　　　冬花

剖透视A-A

剖透视B-B

# 西安幸福林带片区（地块二）
# 城市设计
# 休闲商业街景观设计


重庆大学

CHONGQING UNIVERSITY

设计者：徐皓琛


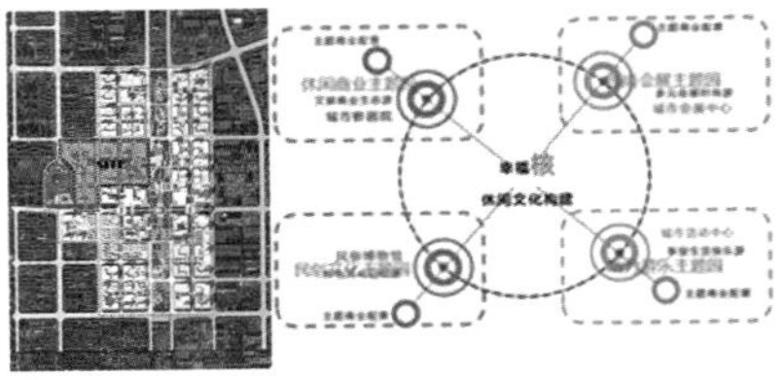

定位

幸福核是幸福园的核心。休闲商业主题园位于幸福核西北，依托城市影剧院建立影视文化娱乐与商业相结合的完整商业体系，打造商业与文化相结合的购物公园。

| 必要性活动 | 自发性活动 | 社会性活动 |
| --- | --- | --- |
| 购物<br>… | 休息<br>观赏<br>饮食<br>… | 娱乐<br>交往<br>… |
| 特点 | 特点 | 特点 |
| 散漫而间断的步行及停留活动 | 不单一，随意性的，与其他活动同时进行 | 受环境影响大，偶然性很强 |
| 主要集中在商店内部、商业街和节点广场 | 有独处与群聚两种倾向，前者要求环境相对封闭、宁静，后者则要求环境较为开敞，同时具有多种活动的可能性 | |
| 需求 | 需求 | 需求 |
| 商业店铺<br>路径 | 商业店铺<br>路径&广场<br>景观（静态&动态） | 活动空间<br>引发因素（静态&动态） |

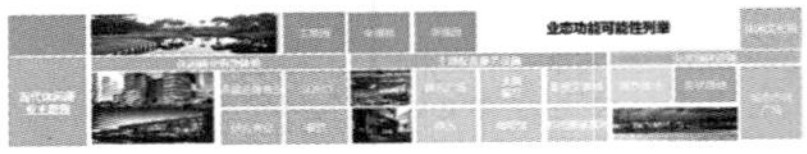


行为模式与业态构成

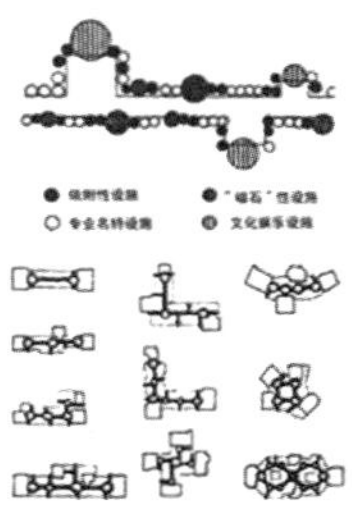

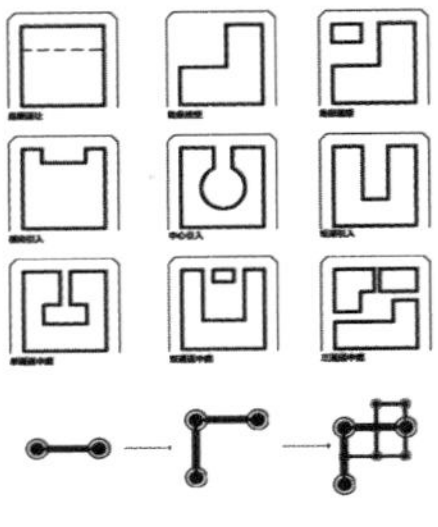

功能结构模式

空间结构策略

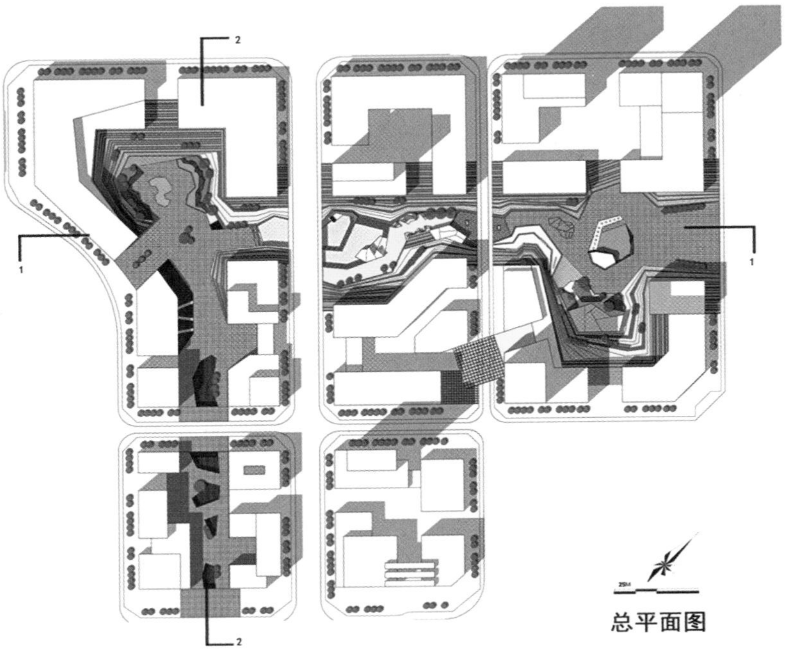

总平面图

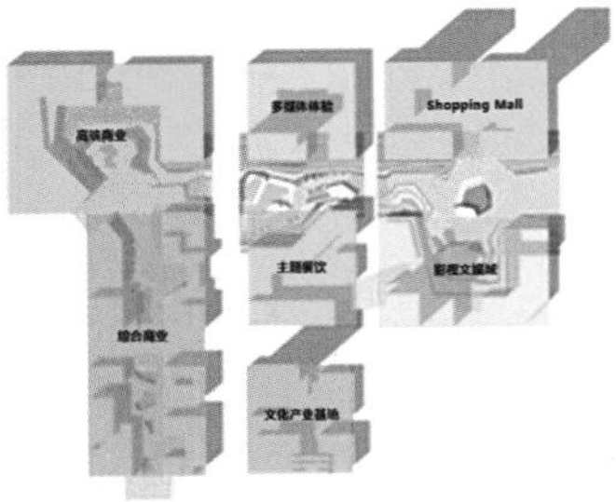


业态

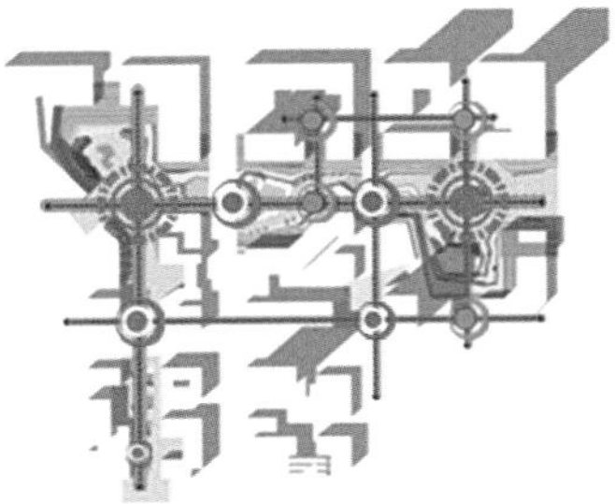

结构

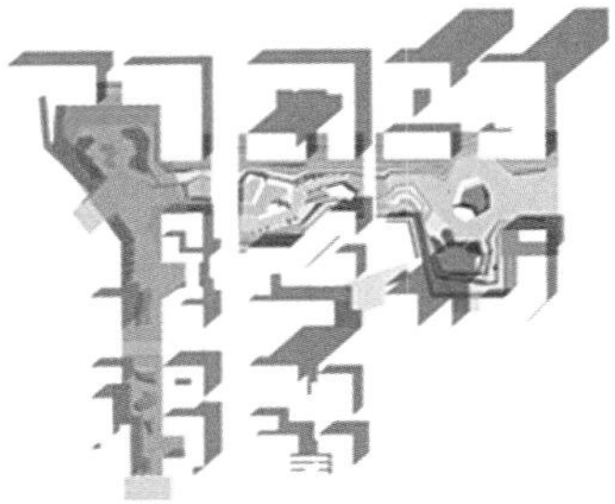

地下空间

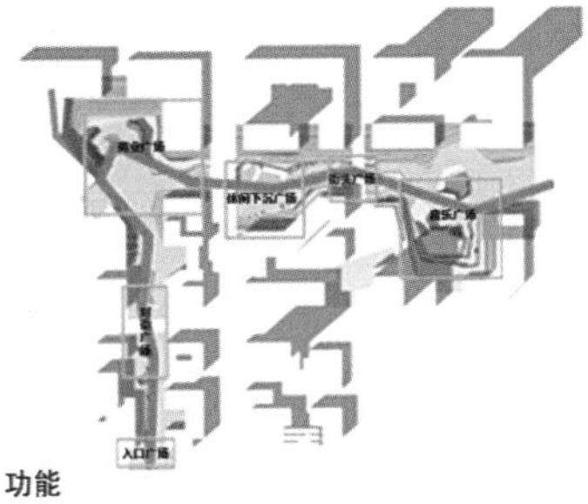


功能

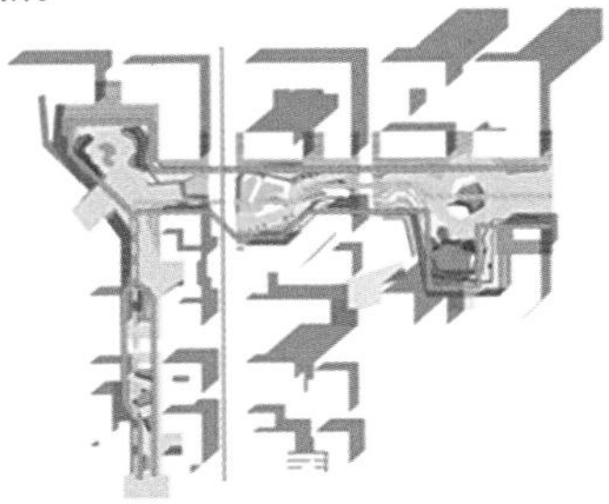

路径

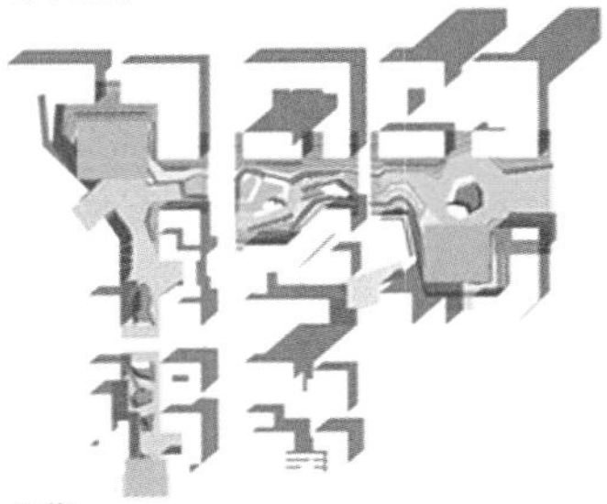

植物

剖面图 1-1

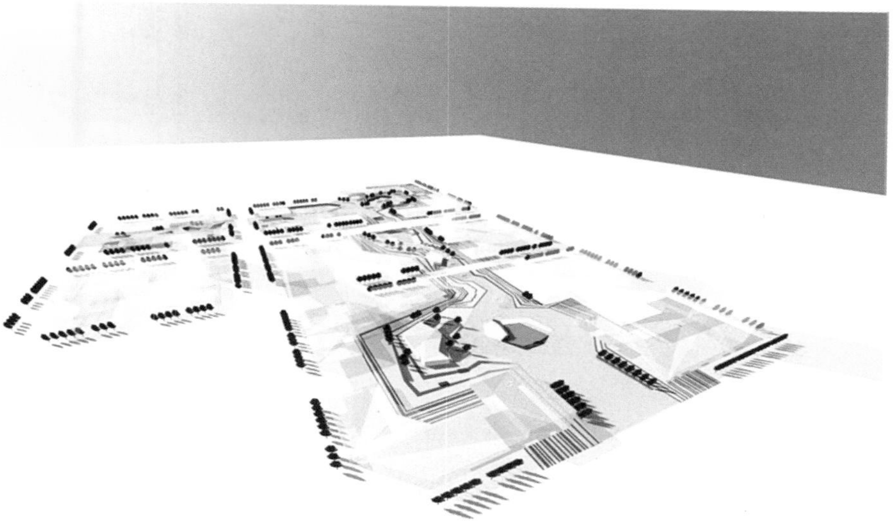

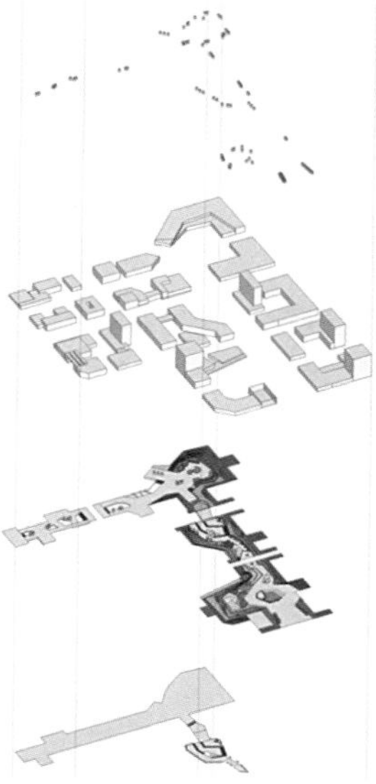

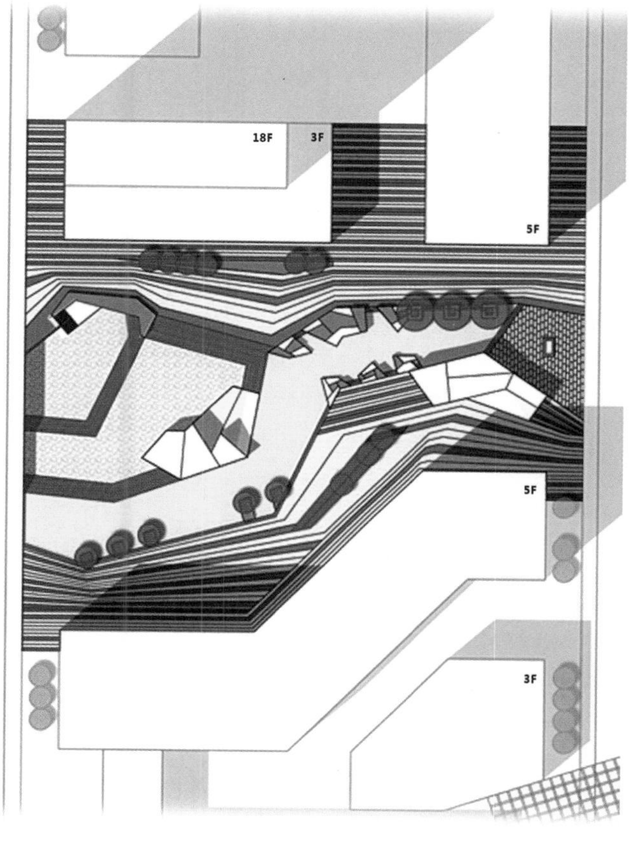


节点放大平面

乔木：银杏，龙爪槐，桂花，广玉兰，樱花，棕榈，白玉兰，国槐，法国梧桐，白桦，垂柳，雪松，圆柏

灌木：法国冬青，鸡爪槭，女贞，月季，大叶黄杨，紫薇，紫荆，火棘，凤尾兰，迎春，腊梅，紫叶李，南天竹，苏铁，石榴，芭蕉

地被：早熟禾，水竹，白三叶，鸢尾，鸡冠花，万寿菊，一串红，

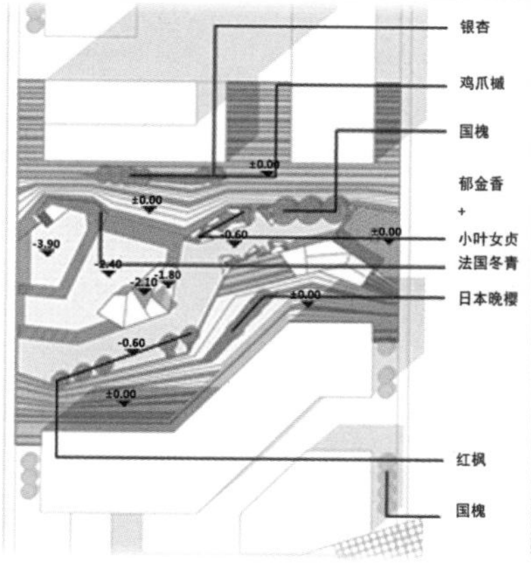


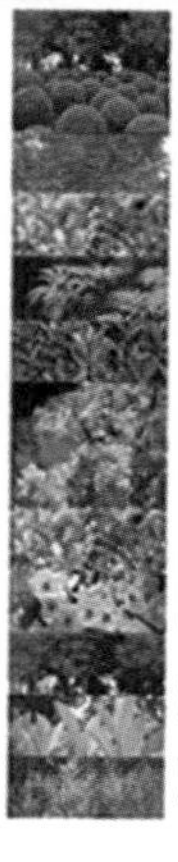

冠幅：R 胸径：r 高度：h

乔木：
国槐
分支点大于2.5m；r20cm以上；R4.0m以上；h7-8m

鸡爪槭
分支点大于2.5m；r25cm以上；R1.5-4.0m以上；h5m

日本晚樱
分支点大于2.5m，r10-20cm；R 4m以上；h5-8m

灌木
小叶女贞
R：0.8-1.5m

法国冬青
h2-3m

郁金香
R1.2-1.5m，h1.5m以上

植物配置

剖面图2-2

# UC4

重庆大学
CHONGQING UNIVERSITY

设计者：
陶鸿　陶维　温奇晟

## 幸福·邻

新生与发展——西安幸福林带核心区城市设计
Regeneration and Development - Urban Design of the Xingfu Lindai core area in Xi'an

指导教师：董世永

根据整个幸福林片区发展定位，本次规划区定位为生活休闲片区。
依托规划区在幸福林片区的地位以及其与西安古城、曲江新区便捷的交通关系，承接并服务外来人群、周边居民，形成幸福林带的休闲娱乐中心。通过打造四大休闲功能——休闲购物、休闲文化、休闲娱乐、休闲居住，创造一个宜人的生活空间、休闲娱乐游憩场所。

## 1、地块区位分析

陕西省　　西安市　　幸福林带片区

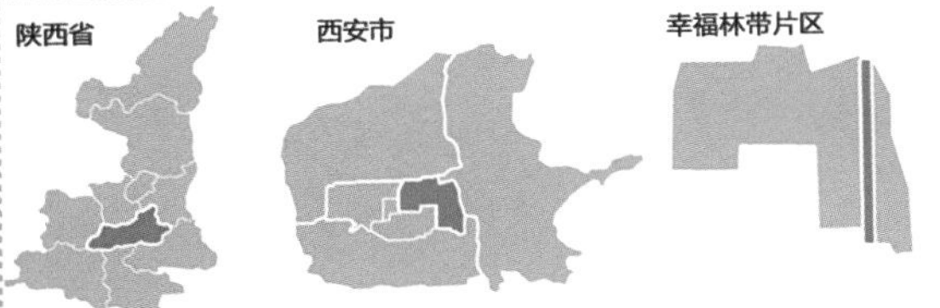

规划设计区位于西安幸福林带南端，其南部紧邻曲江新区，西靠东二环，东面为军工厂区，地理位置优越，交通便捷。

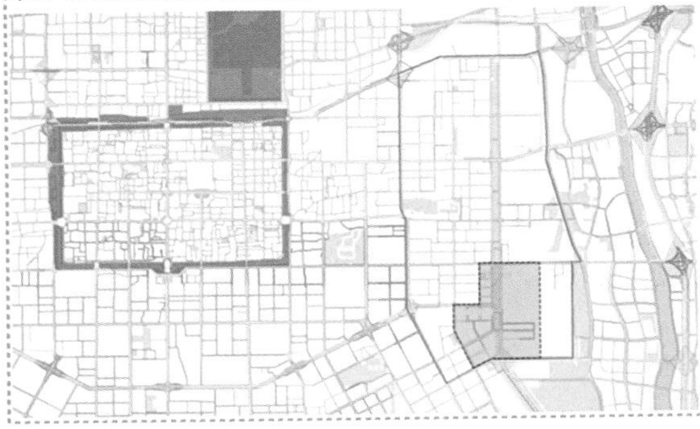

## 2、上位规划及功能定位

根据前期规划分析及规划，将幸福林定位为：

城市RBD —— 城市休闲商业中心

功能结构：两轴两核三心

> 两轴：沿幸福林带形成**生态轴**
> 沿韩森路形成**文化轴**

> 两核：
> 长乐路与幸福林带交接处，与北部文化创意片区共同形成商务核。
> 万寿路与幸福林交接处，与南部生活休闲片区共同形成商贸核。

> 三心：南部依托原厂房，打造文化创意中心
> 韩森路与幸福林交接处形成文化休闲商业核
> 南部形成城市休闲中心

文化创意核
商务核
文化休闲商业核
历史文化过渡轴
商贸核
生活休闲核
绿色廊道

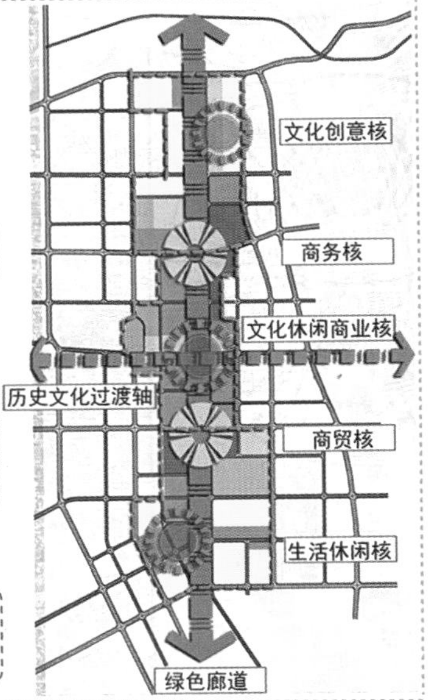

## 3、居住模式分析

■ 土地利用规划图对比

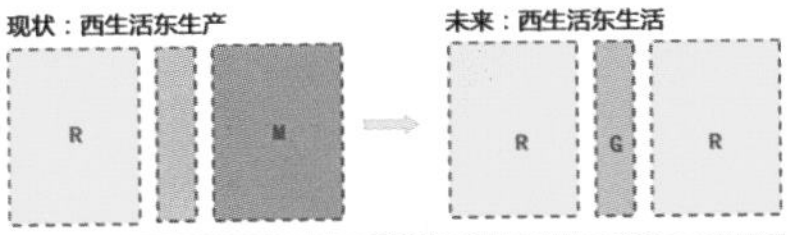

规划区土地利用现状图　　规划区土地利用规划图

现状：西生活东生产　　未来：西生活东生活

总结：经规划前后指标对比，幸福林片区居住用地比例由32.10%增至45.67%；商业服务设施用地比例由3.14%增至18.22%；绿地与广场用地比例由2.78%增至13.67%。

■ 规划区内居住现状

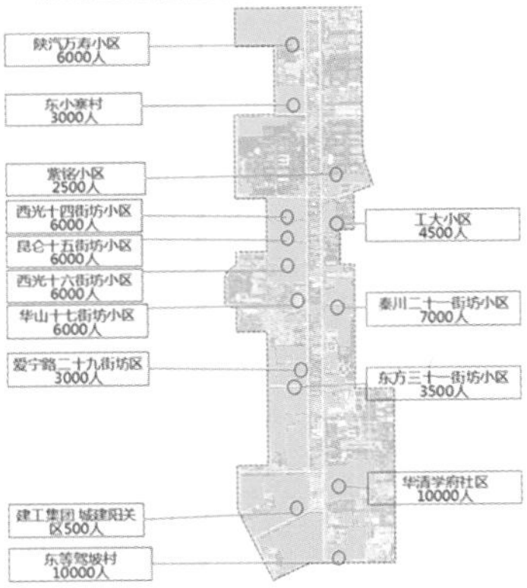

■ 规划区内建议保留居住

通过对居住综合评价图，从空间要素上得出建议保留的居住区区位以及大致范围。

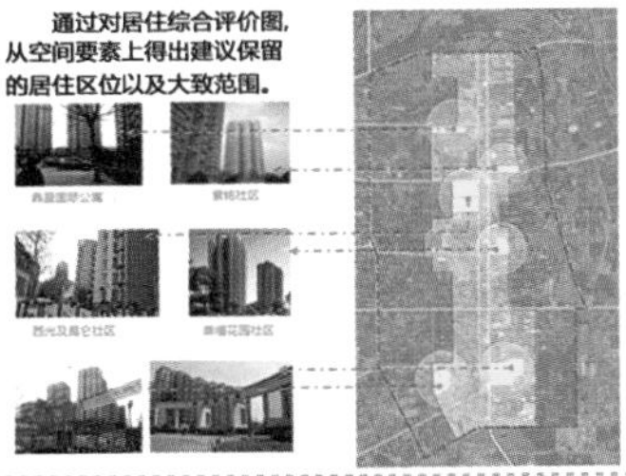

■ 规划区未来居住模式探讨

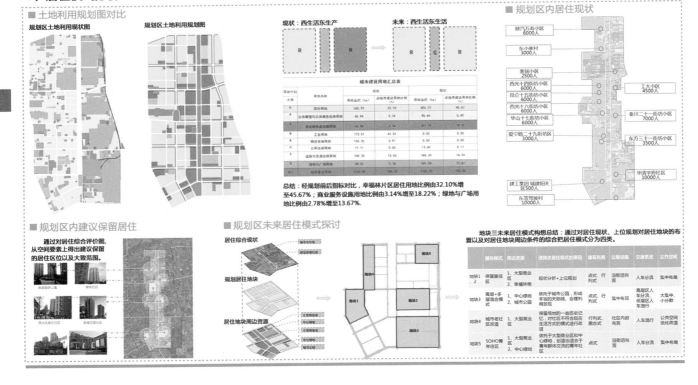

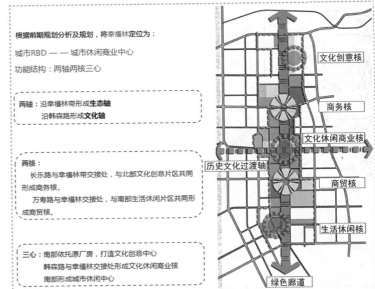

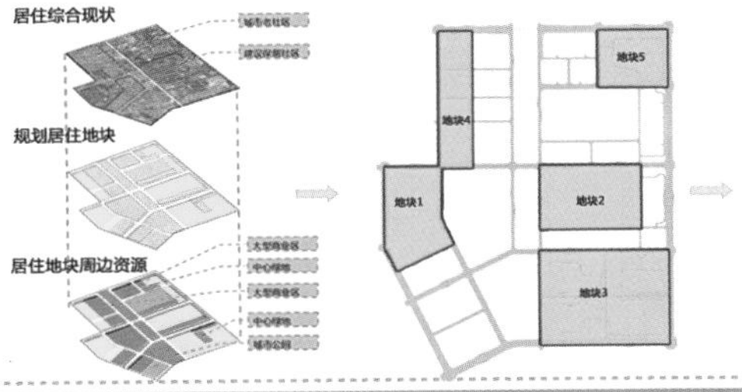

地块三未来居住模式构想总结：通过对居住现状、上位规划对居住地块的布置以及对居住地块周边条件的综合把居住模式分为四类。

## 4、概念提出

片区的近期开发建设采用发展模式，多为地产开发模式驱动下的棚户区、厂区的拆迁重建，片区缺乏整体的规划，地块功能混杂。

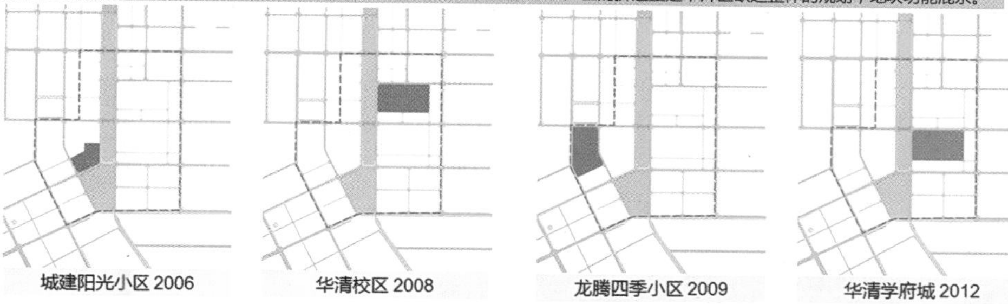
城建阳光小区 2006
华清校区 2008
龙腾四季小区 2009
华清学府城 2012

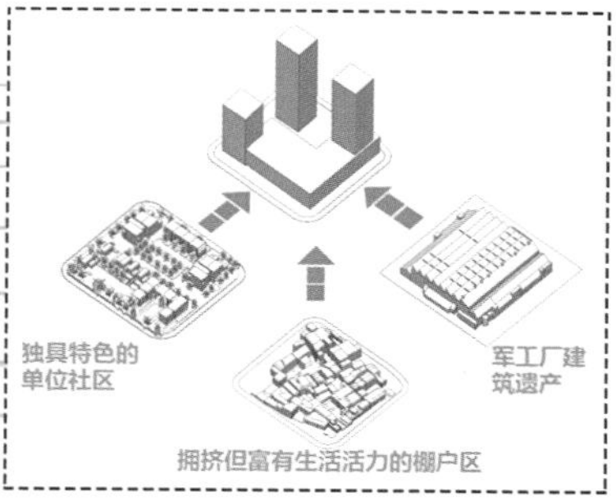
独具特色的单位社区
军工厂建筑遗产
拥挤但富有生活活力的棚户区

经济发展对外来人口的直接需求——场地原有的人群缺乏经济能力，和改善自身环境的实力。需要开放吸引新的人群。

**30’000**

规划未来增加居住人口

片区现状居住人口 30’000人

占总人口比例 100%

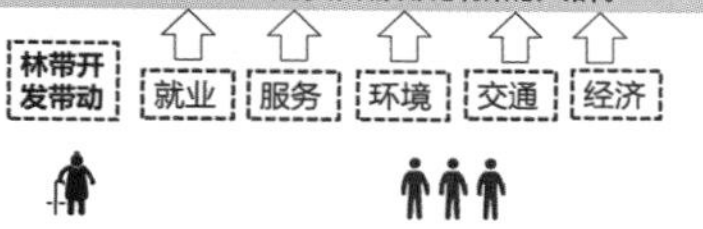
林带开发带动
就业
服务
环境
交通
经济

片区的改造升级吸引了更高密度的外来人群。

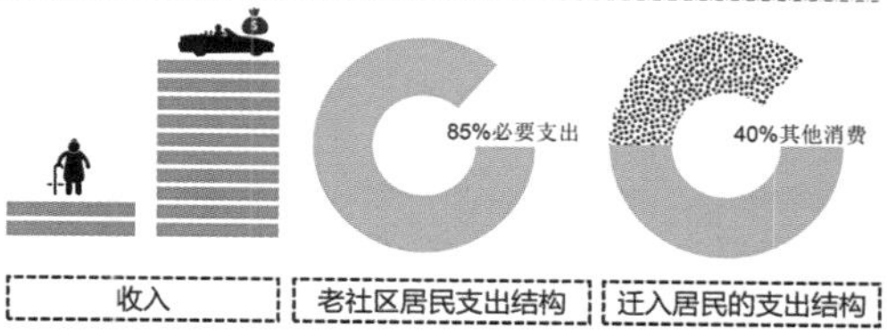


1. 外来人群改变了单位大院封闭自足的城市生活模式，迎来了现代的居住、消费、工作、交通、休闲方式。更有利于城市经济发展的需求。
2.外来人群的多样需求和职能支撑了片区休闲产业、服务类商业的发展。原来的场地人群不能满足片区城市定位的需求。

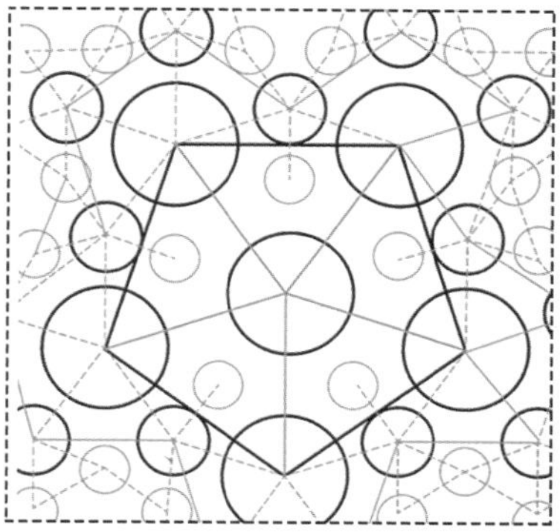

虽然迁入人群的居住模式取代了不少场地原有居民的生活，但他们是支撑场地休闲产业必不可少的力量。因此，设计采用兼容并蓄的开发模式，创造多样混合的城市居住片区。考虑原住居民的生活延续，维护其生活记忆和家园的归属感。另一方面，结合城市发展的未来机遇，不让历史和传统成为发展的负担。

**邻之界定**——通引进的休闲功能区块，重新组织衔接邻里关系。

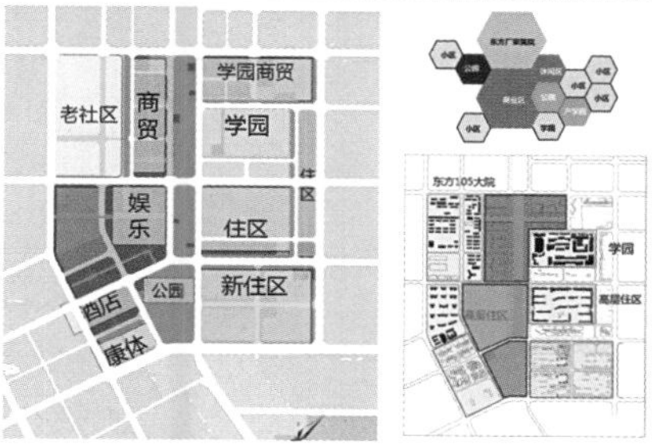


**邻之凝聚、邻之衔接**——设置邻里中心，汇集邻里活动；延伸林带，串接各个邻里单元。

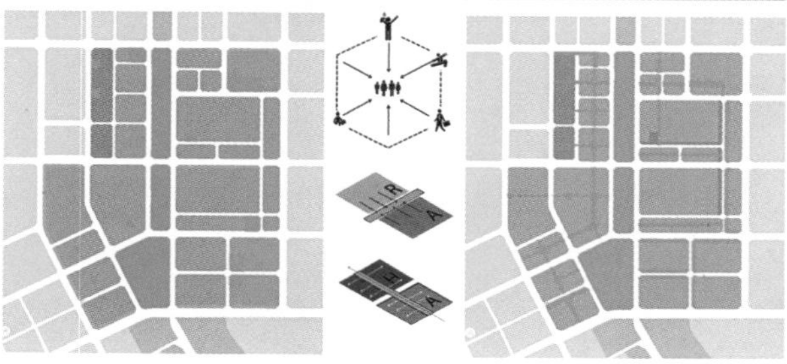

**邻之融合**——在邻里之间设置互惠的项目。

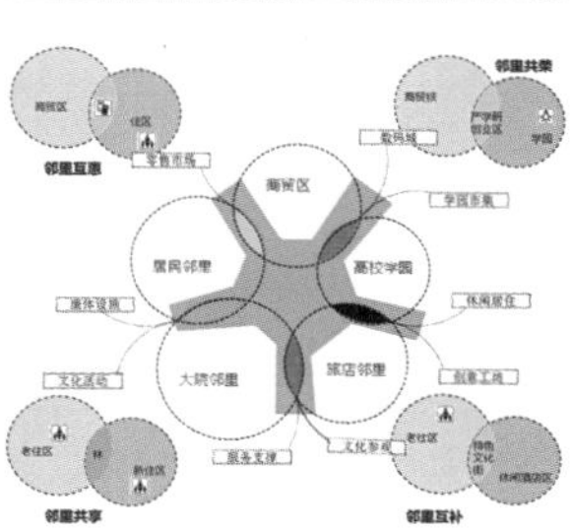

## 5、规划设计

### 〉〉邻里空间叠加

由“幸福林、新福邻”这一概念的演绎，最后综合叠加各类邻里的公共空间，形成片区的公共空间系统。这一系统也为片区的规划结构的骨架。

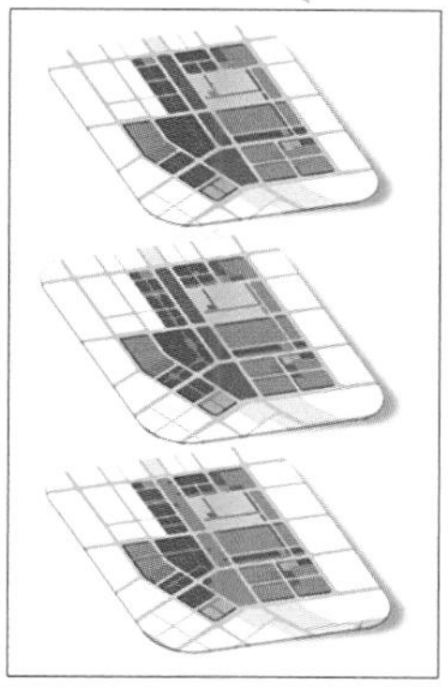

### 〉〉公共空间结构

以中央林带绿轴为核心，通过林带绿地空间的生长延伸，形成慢行可达、多元复合、生态宜居的城市公共空间。

该公共空间串接联系各个地块具有活力的城市休闲空间，使地块三成为一个整体的多元的生活休闲片区。

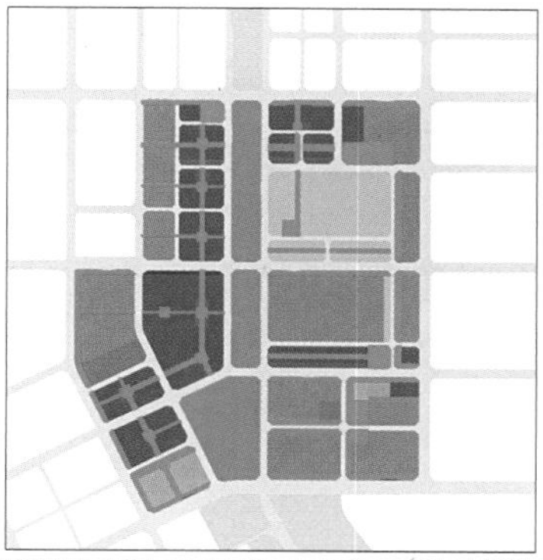

### 〉〉规划结构

以公共空间网络为骨架，结合地块功能分区形成一心一轴两廊四片区的功能结构。一心——休闲娱乐中心；一轴——幸福林带绿轴一环——地块内慢性系统环；两廊——沿道路形成的绿化走廊；四片区——休闲娱乐区、休闲购物区、休闲文化区、休闲居住区。

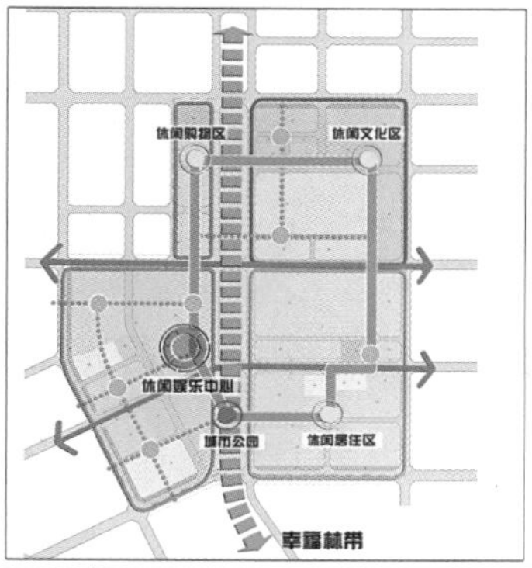


### 〉〉土地利用规划图

城市建设用地平衡表

| | 用地名称 | | 面积（公顷） | 比例（%） |
|---|---|---|---|---|
| R | 居住用地 | | 71.63 | 28.36 |
| A | 公共管理与公共服务设施用地 | | 33.25 | 13.16 |
| | 其中 | 行政办公用地 | 2.52 | 0.00 |
| | | 文化设施用地 | 0.49 | 0.19 |
| | | 教育科研用地 | 32.27 | 12.77 |
| B | 商业服务业设施用地 | | 84.90 | 34.21 |
| G | 绿地与广场用地 | | 61.30 | 24.27 |
| | 其中：公园绿地 | | 51.74 | 20.48 |
| H11 | 城市建设用地 | | 252.61 | 100.00 |

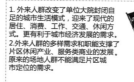

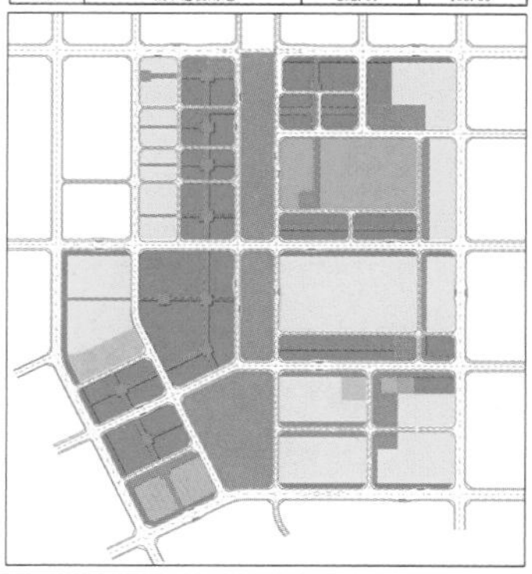

## 6、规划总平面图

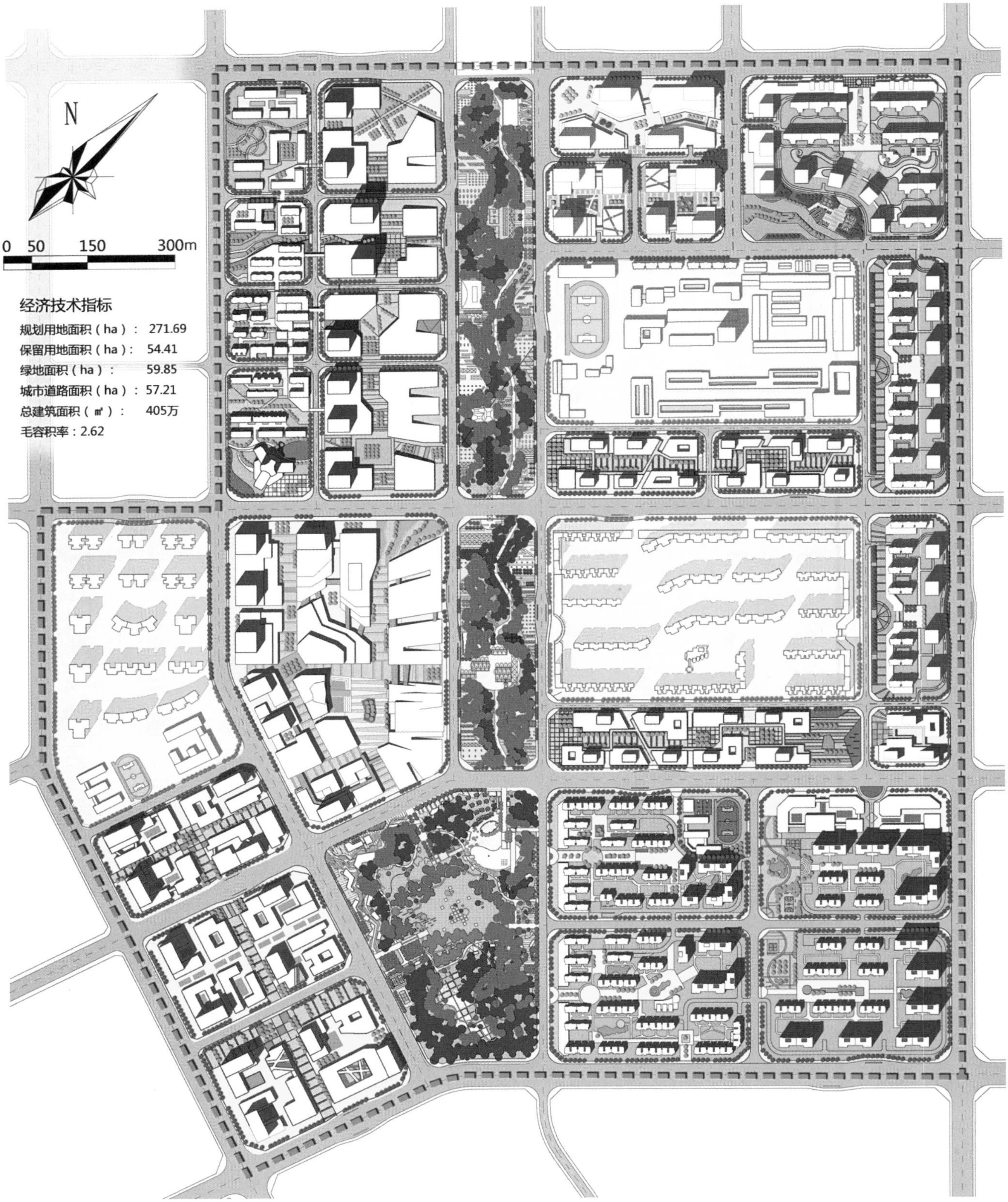
N
0 50 150 300m
经济技术指标
规划用地面积（ha）： 271.69
保留用地面积（ha）： 54.41
绿地面积（ha）： 59.85
城市道路面积（ha）：57.21
总建筑面积（㎡）： 405万
毛容积率：2.62

## 7、鸟瞰图

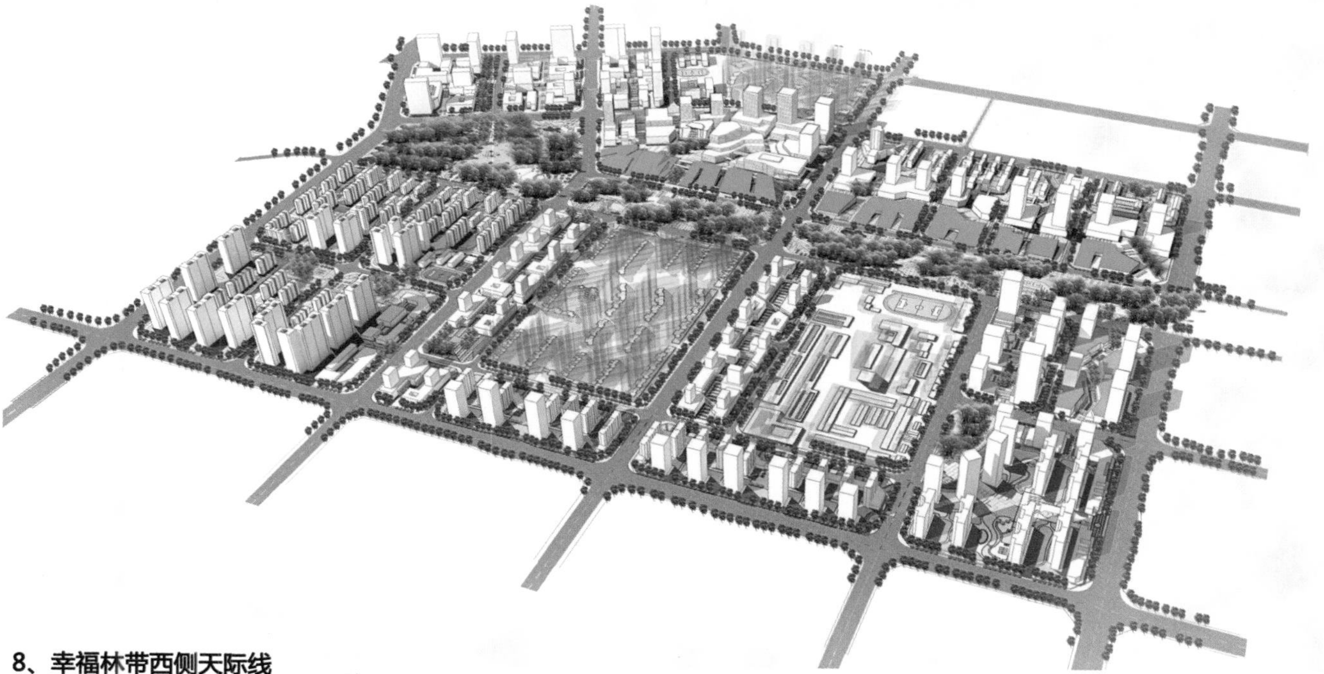

## 8、幸福林带西侧天际线

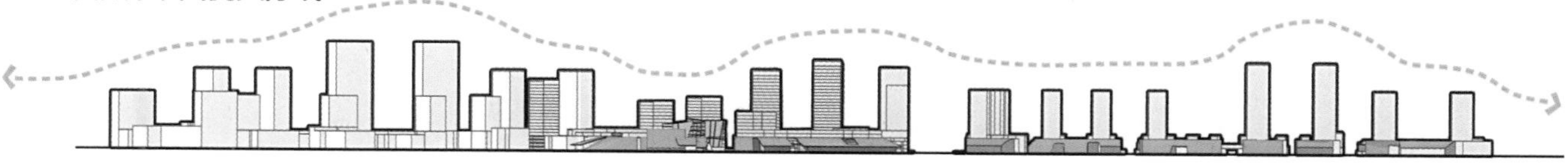

## 9、“幸福邻”解读

### ■生活“邻”

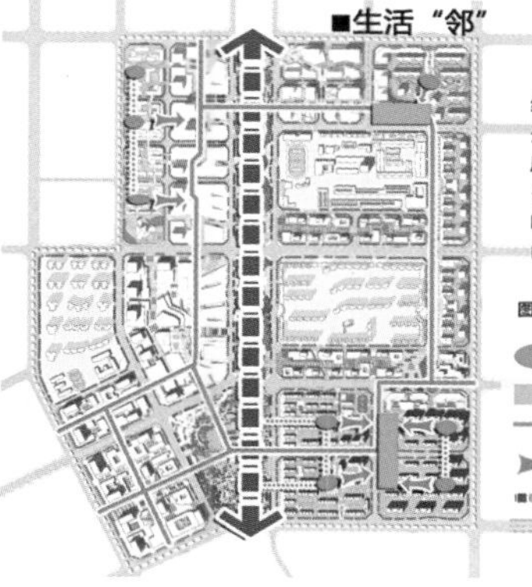

在居住区内规划公共绿地空间，并融入片区开敞空间系统中，形成居住区内开敞空间——公园绿地——开敞空间环道——幸福林带”的交往空间体系。

图例
- 居住区开敞空间
- 公园绿地
- 片区廊道
- 空间联系走向
- 幸福林带

### ■服务“邻”

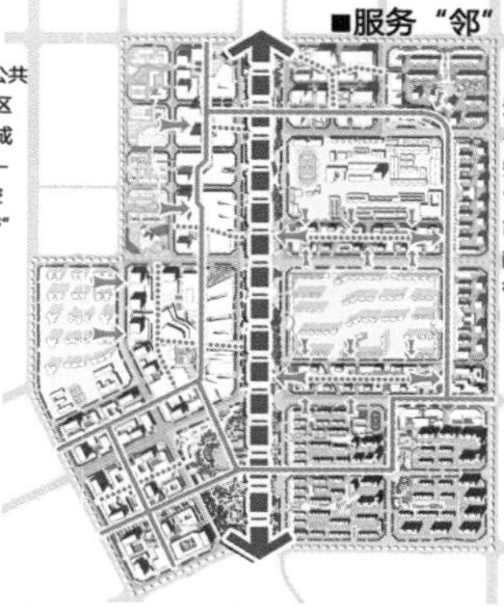

公共服务空间吸引周边人群，形成“居住人群——服务中心——开敞空间环道——幸福林带”和“外来人群——城市公共服务中心——开敞空间环道——幸福林带”的交往空间体系。

图例
- 居住区开敞空间
- 公园绿地
- 片区廊道
- 空间联系走向
- 幸福林带
- 人行流线

### ■联系廊道

片区开敞空间廊道作为不同功能区之间的联系通道，在里面能激发生不同人群之间的交流，打造片区活力环,活力环聚集人气，并注入幸福林带，带动片区活力。

图例
- 居住区开敞空间
- 公园绿地
- 片区廊道
- 幸福林带
- 人群活动节点
- 人行汇集方向

### ■功能区细化

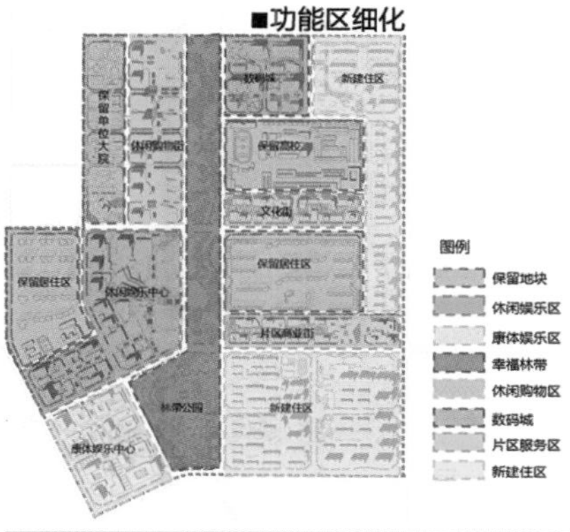


### ■联系廊道构建

### ■项目布置

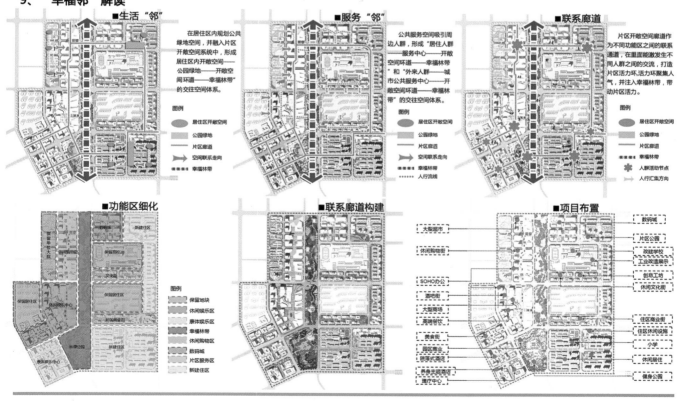

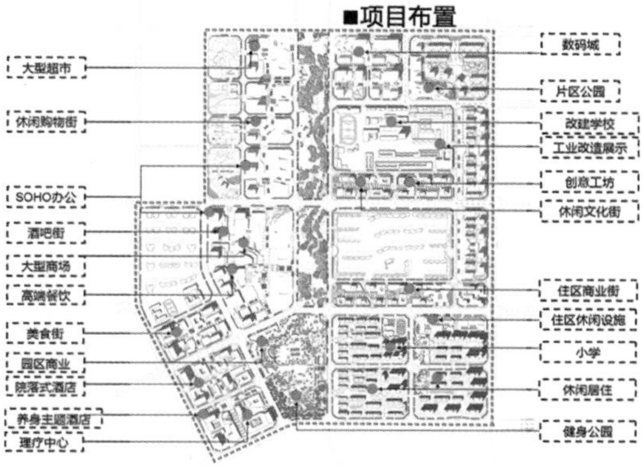

## 10、商贸核+老社区社区地块深化设计

### 场地区位

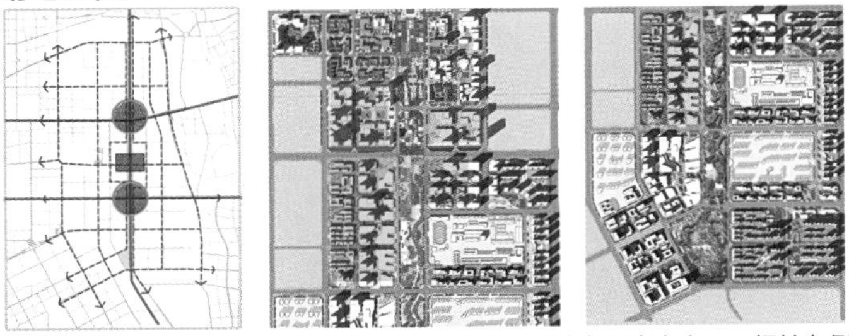

地块位于幸福邻片区的南部商贸核，是片区两大经济发展中心之一。场地左侧为东方厂居住大院改造后的社区，西侧与幸福林带直接连接。

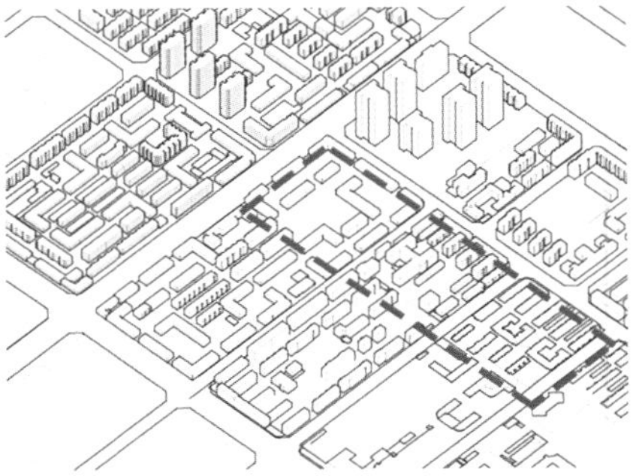

场地东部现有大量老社区，为20世纪60 年代军工机械厂成立之时，工人的集中住区。军工人是来到这片场地第一批城市居民，他们的生活历史对于片区的历史有着重要的意义。

在未来的功能定位中，将考虑这些原有城市居民的生活记忆的保存和大院式居住文化的延续。

### 设计概念

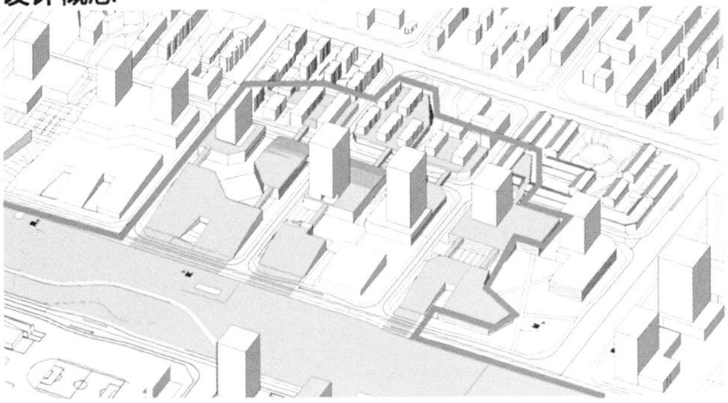

商贸-林带连接区块，引进林带的生态绿化环境，提升商业空间品质。同时，商业活动为林带创造活力。

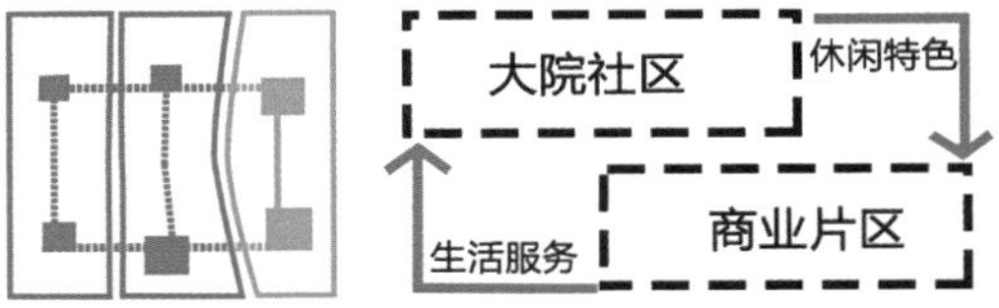


社区-商贸的联系，历史遗存的建筑和大院内和谐静谧的氛围为创造商业的特色空间；商业的开发，促进了大院的更新和开放。

### 规划设计

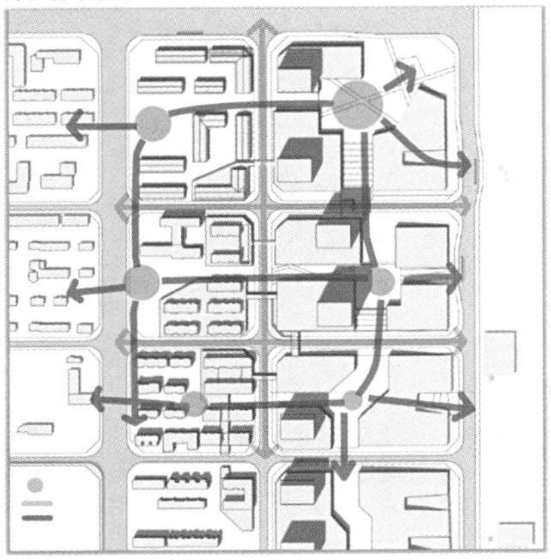

规划结构

土地利用

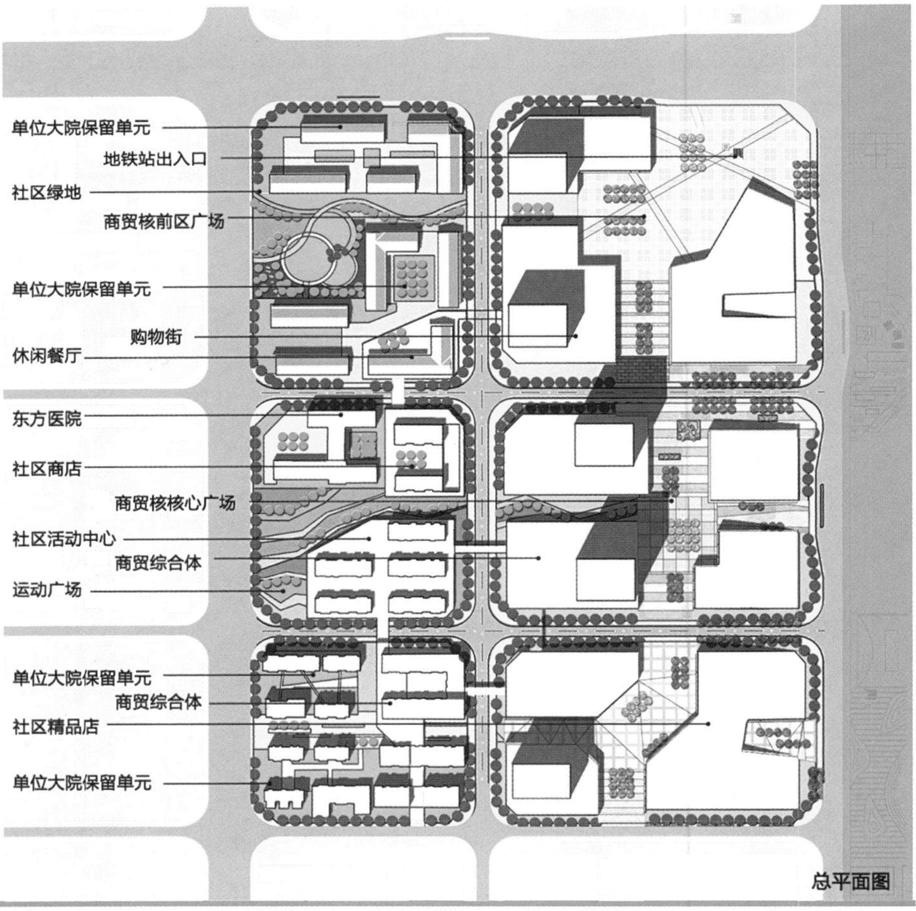
单位大院保留单元
地铁站出入口
社区绿地
商贸核前区广场
单位大院保留单元
购物街
休闲餐厅
东方医院
社区商店
商贸核核心广场
社区活动中心
商贸综合体
运动广场
单位大院保留单元
商贸综合体
社区精品店
单位大院保留单元

总平面图

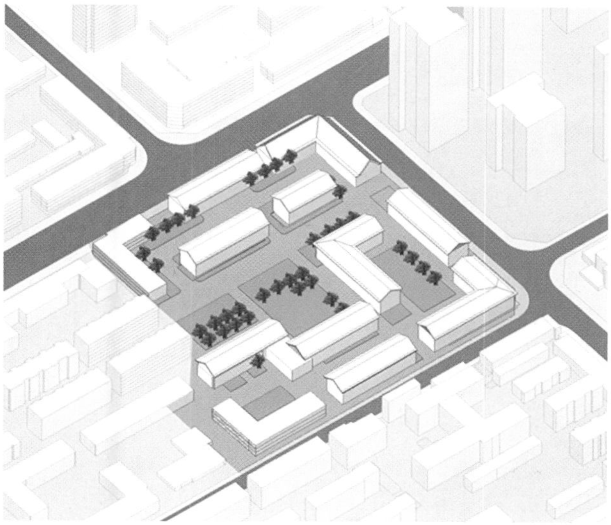

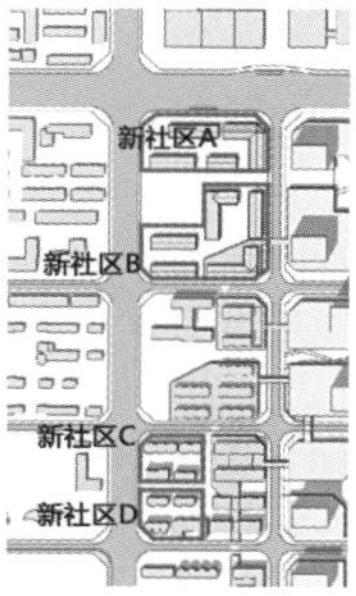


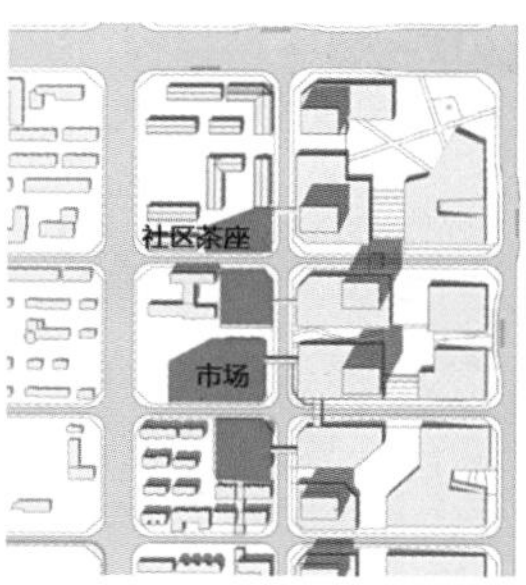


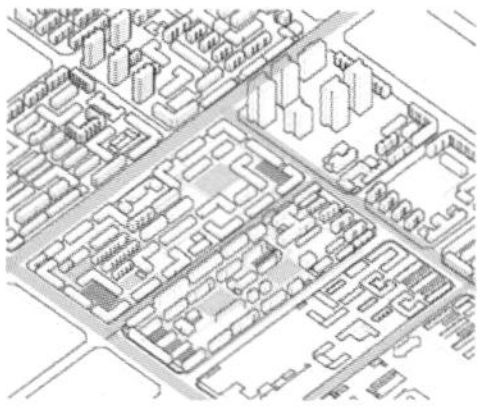

通过对原来工厂大院社区的交通结构、绿地结构、空间模式的研究，规划中决定采用保留老社区封闭围合的单元空间的方式，延续原东方105社区的居住模式与居住氛围。在设计中，保留原来最低层级的围合空间，形成新的社区组团。同时，开发部分具有历史特色的社区地块，打造特色街区。

另外，为了促进社区与商贸中心的融合衔接，我们改造部分居住建筑的底层空间，增强老社区城市综合服务的职能。

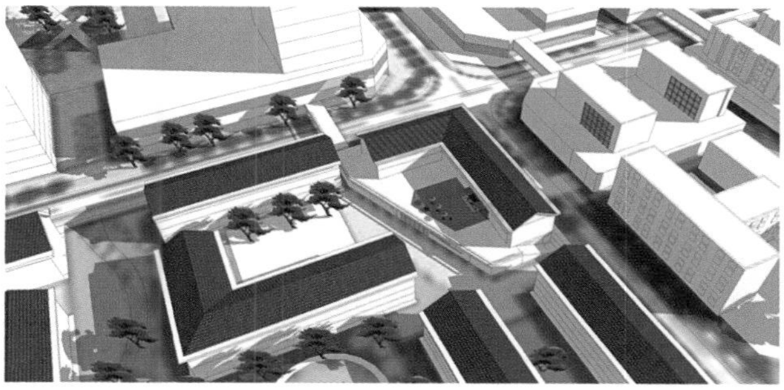

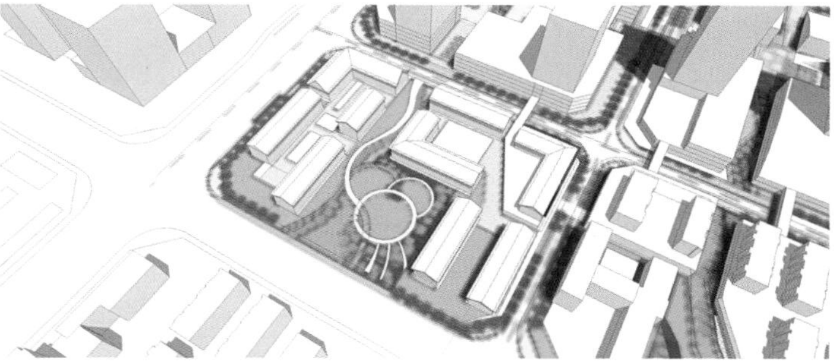

## 11、数码城+青年社区地块深化设计

### ■ 区位及上位规划

■ 地块具体位置

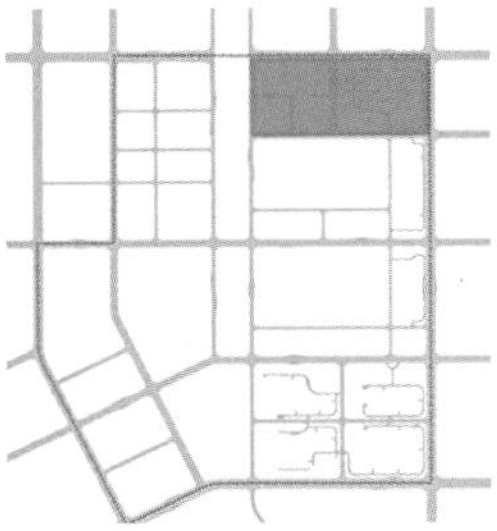

■ 地块周边关系

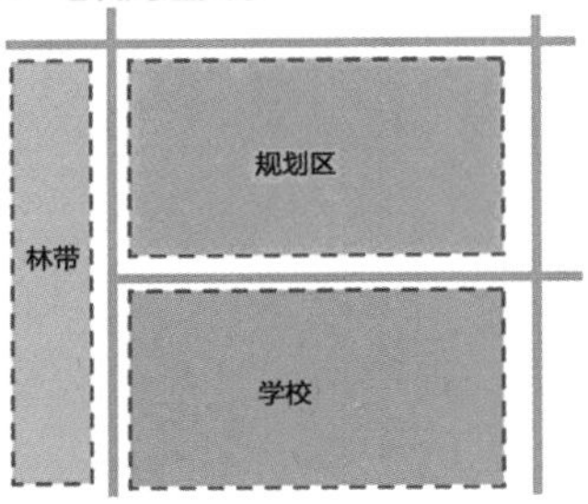


■ 地块上位用地规划

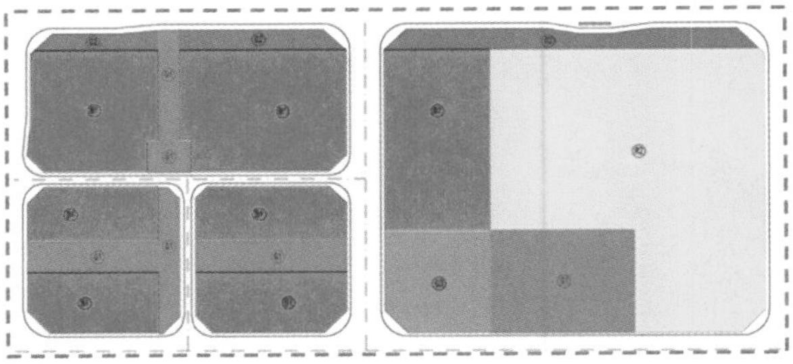

### ■ 总平面图

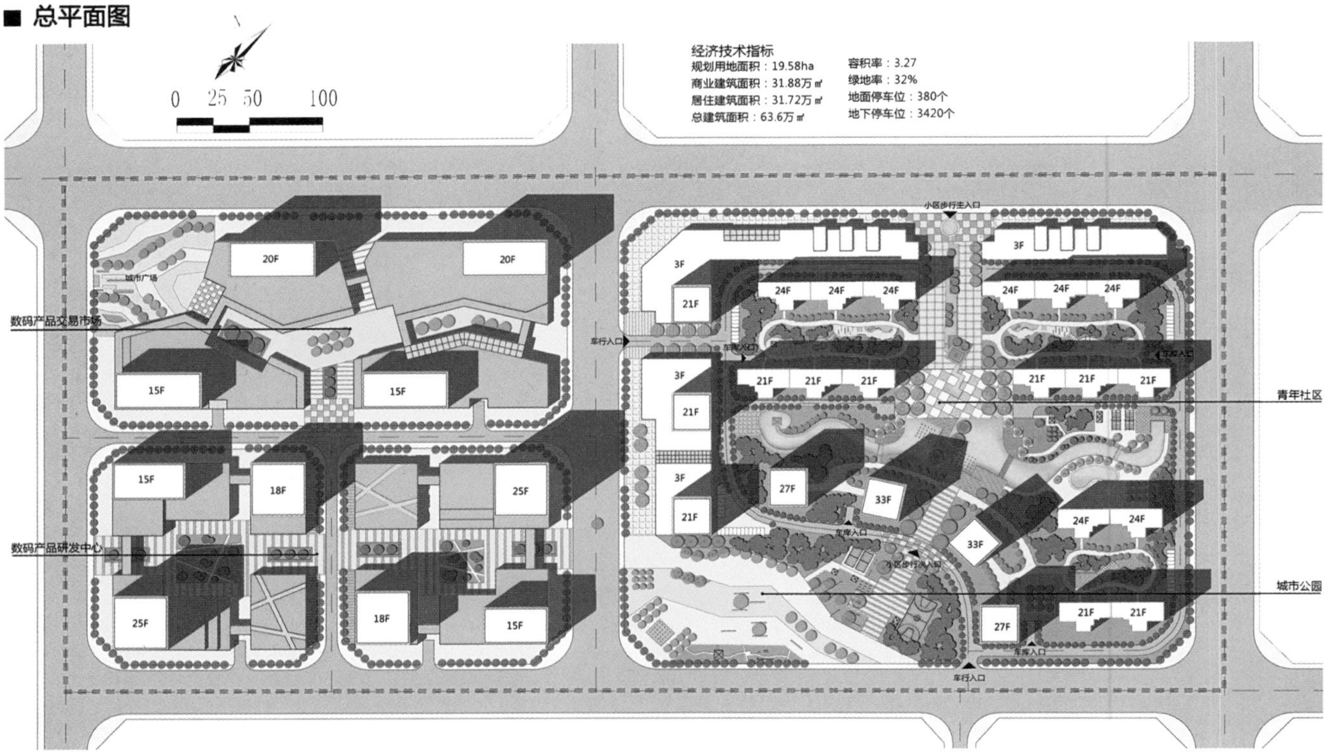




### ■ 鸟瞰图

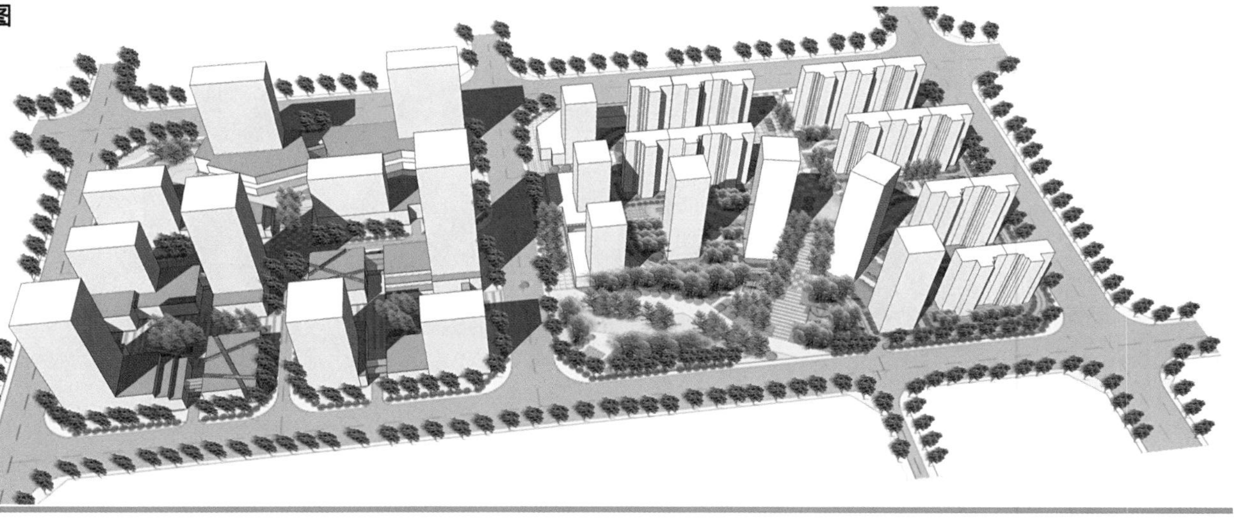

## ■ 规划方案分析

■ 城市设计结构分析

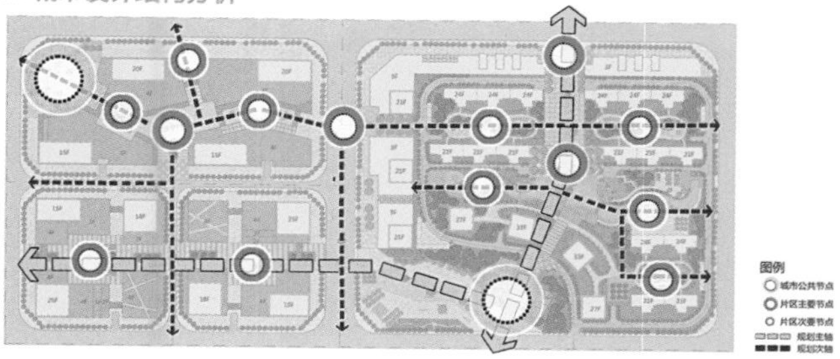

■ 景观结构分析

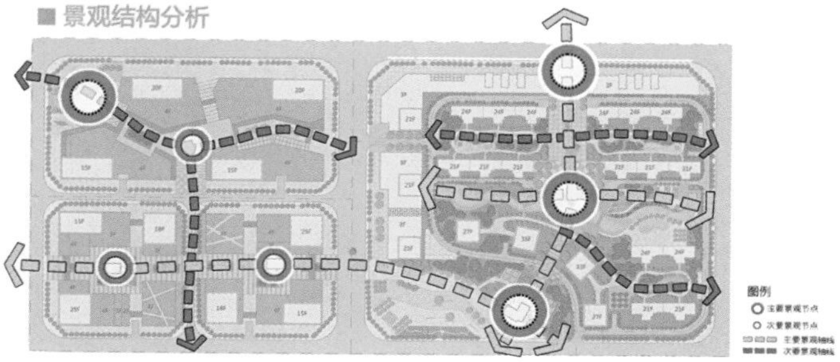

■ 车行系统分析

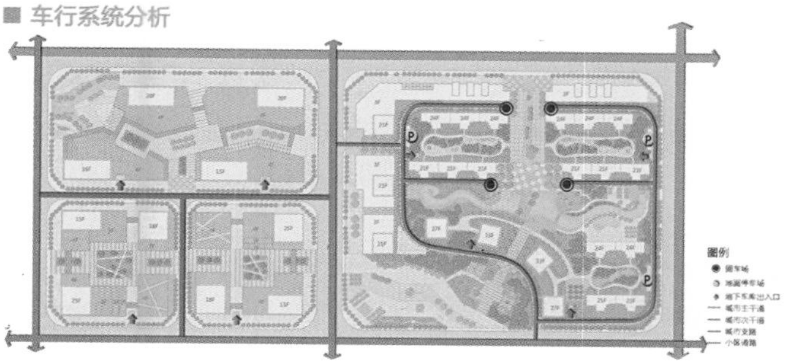

■ 人行系统分析

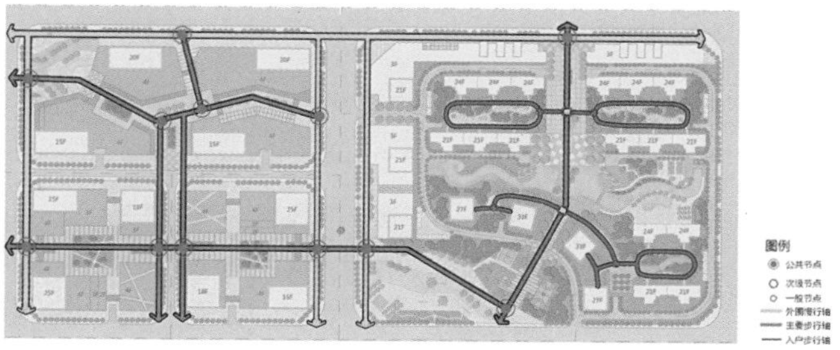

## ■ 居住区设计策略

■ 交通策略

通过对居住区道路道路研究建立自成系统的道路网络，引导各种交通各行其到互不干扰，采用人车分流的经典交通模式。

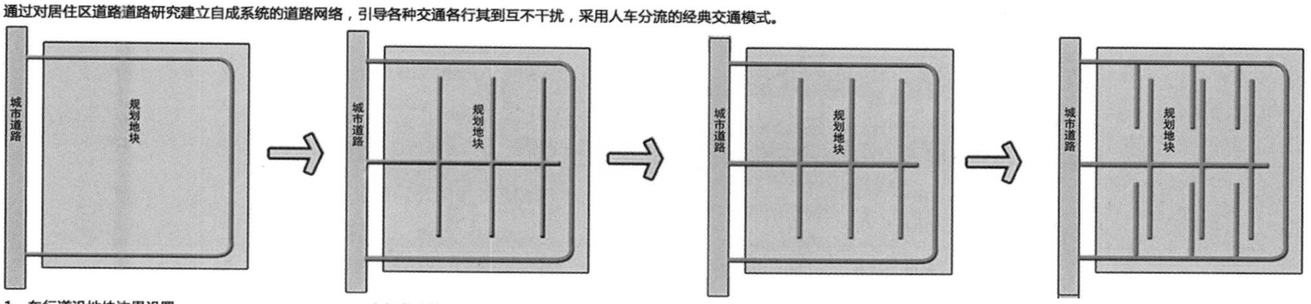


1、车行道沿地块边界设置　2、步行道路单独设立　3、车行与步行没有冲突点　4、加入应急车道

■ 空间策略

(1)居住区空间层级的划分

居住区空间层级主要由公共空间—半公共空间—私密空构成间

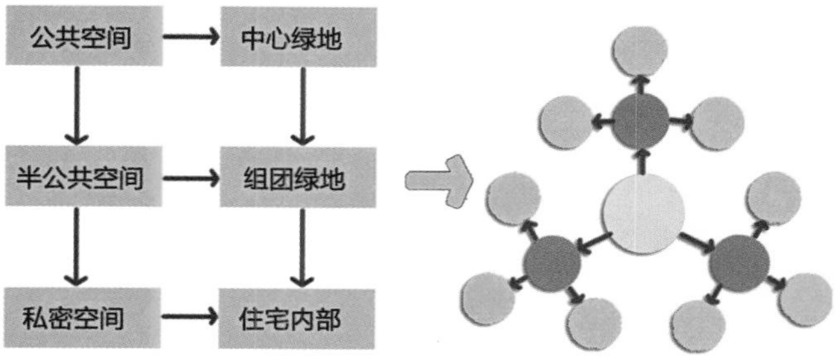


(2)部分住宅底层架空

传统空间模式

该方案空间模式

## ■ 地块天际轮线

■ 北立面天际轮廓线

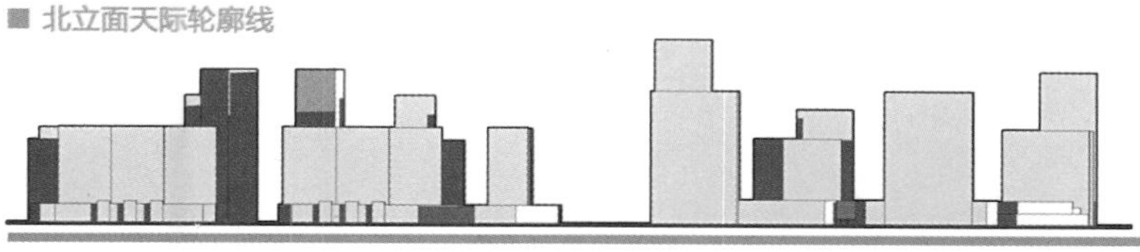

■ 东立面天际轮廓线

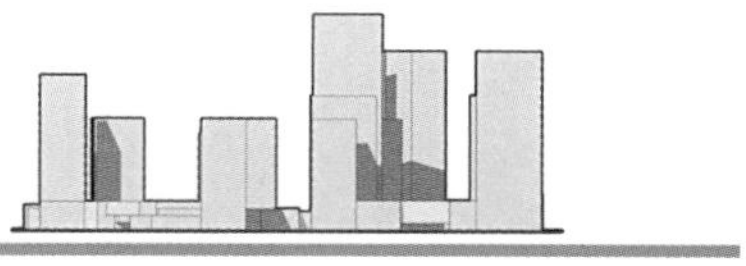

## 12、新建居住区规划

### ■ 区位分析

本次规划地块位于幸福林带南端，西侧紧靠幸福林城市公园，北部为华清学府城居住小区。

### ■ 功能承接

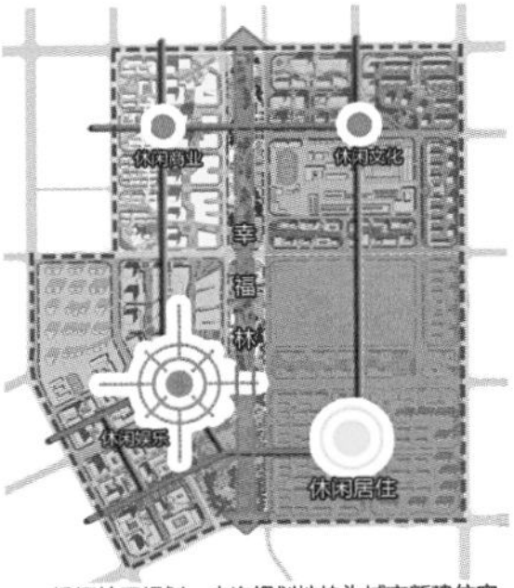


根据片区规划，本次规划地块为城市新建住宅区，西侧面向城市公园，东侧有街道公园。

### ■ 规划理念

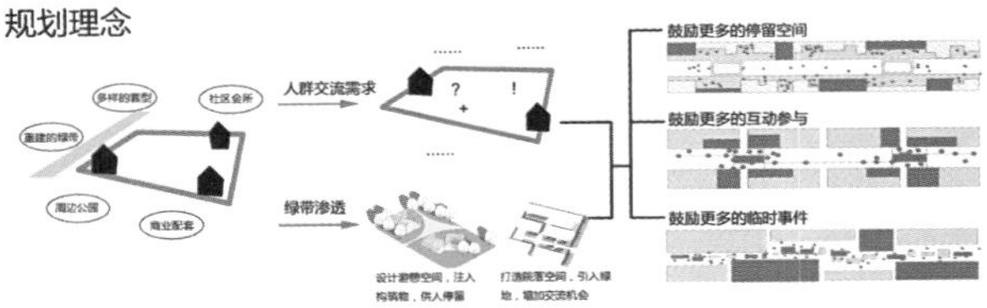


### ■ 规划指标

〉用地指标

总用地面积（ha）：20.09

绿地面积（ha）：1.52

城市道路面积（ha）：3.91

居住区用地面积（ha）：14.66

〉技术经济指标

规划用地面积（ha）：14.66

建筑占地面积（㎡）：35818

建筑密度：24.43%

绿地率：40.83%

地下车位数（个）：2200

总建筑面积（㎡）：355679

绿地面积（㎡）：59860

容积率：2.43

地面车位数（个）：200

### ■ 总平面图

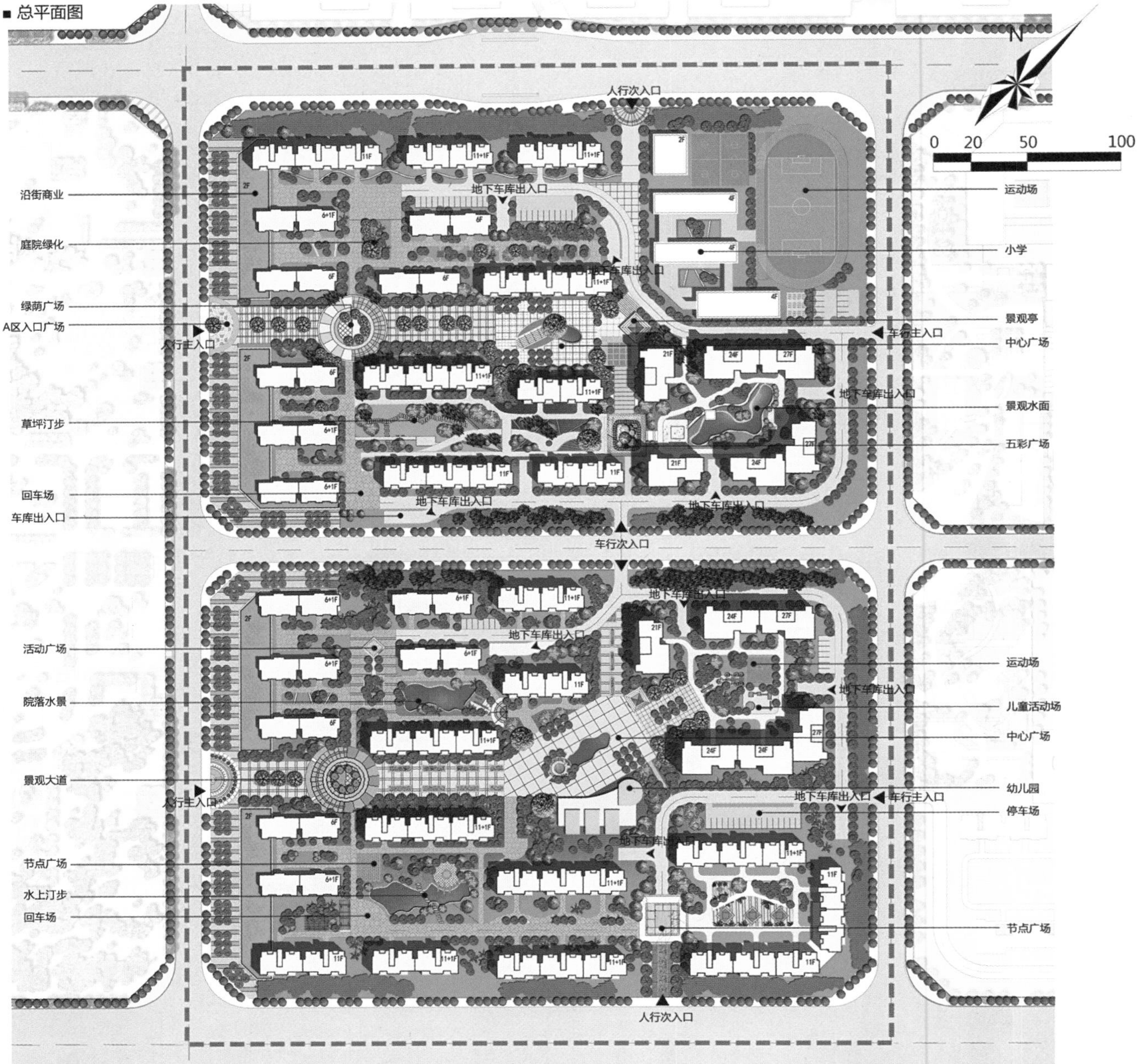

## ■ 设计策略

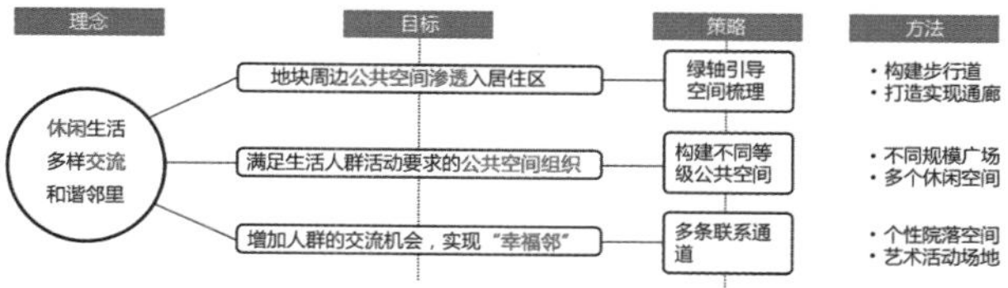


## ■ 设计说明

本次规划落实片区规划对其的定位，通过绿带渗透规划开敞空间，提升小区环境品质。

为落实"幸福邻"这一规划理念，小区内部采用完全人车分流的布局模式，为居民创造更多慢行空间。通过与城市公共空间的结合，在景观及人流量大的节点处规划小区人行出入口，并在小区内采用"公共—半公共—半私密—私密"的空间组织模式，打造不同层级的空间。

在不同公共空间衔接处，规划联系通道，为人群提供更多偶遇的机会，以此实现小区邻里生活的和谐以及邻里之间的互动交往。

## ■ 主要临街面天际线

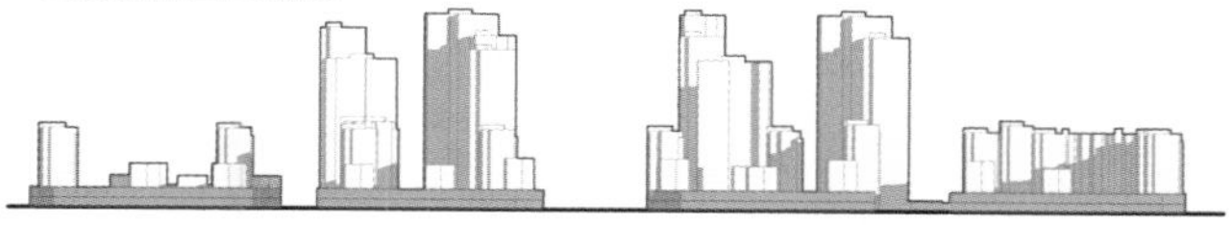

## ■ 方案生成

1、确定地块内及周边重要影响因素

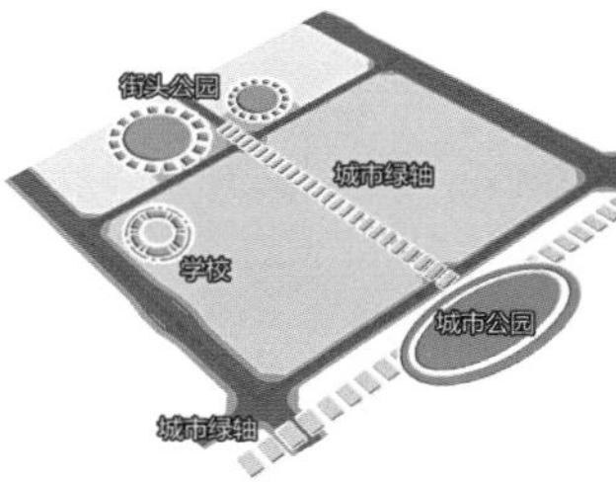


2、建立主要轴线 .

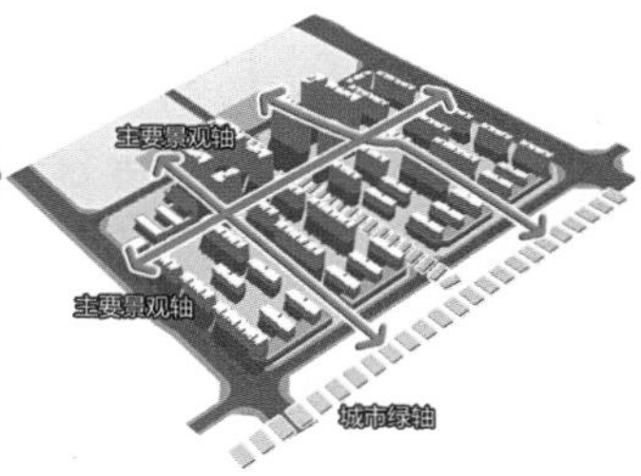


3、基地内景观视线

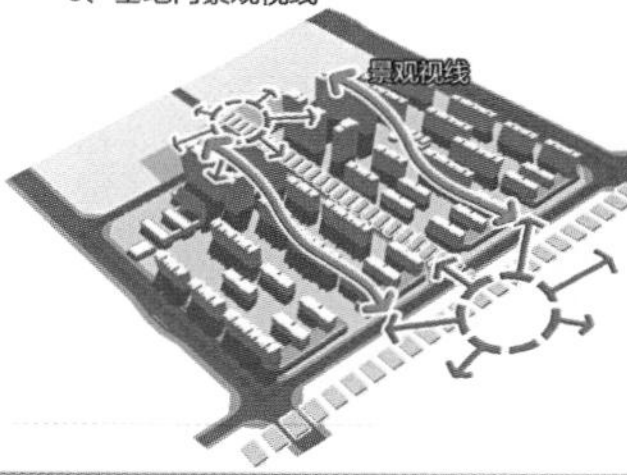


4、布置功能片区

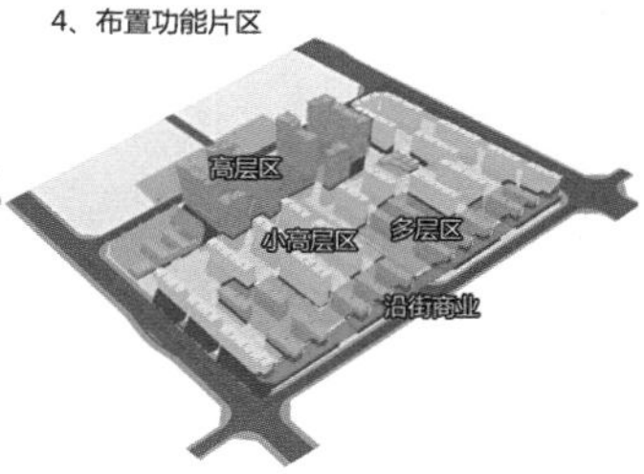


## ■ 方案分析

1、城市设计结构图

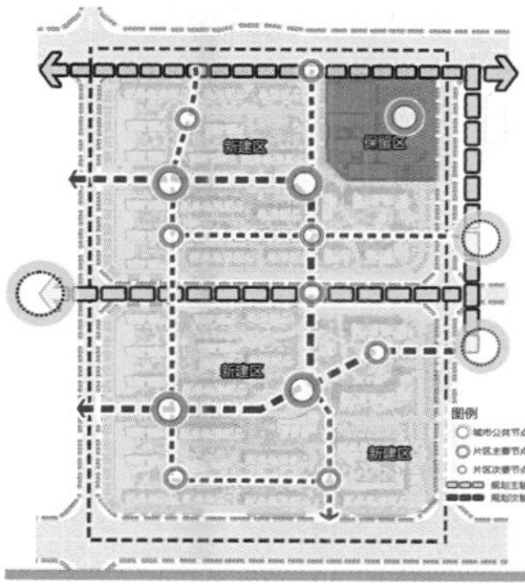


2、功能分区图

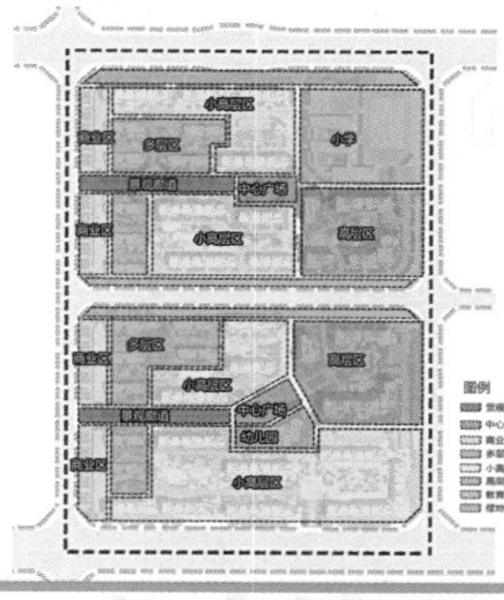


3、车行系统分析图

4、步行系统分析图

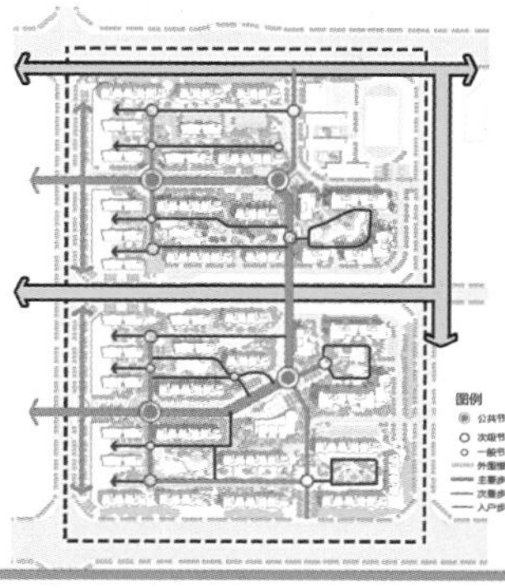

# UC 4

重庆大学
CHONGQING UNIVERSITY

设计者：杨丽婧
刘宇　胡斯哲

## PATH of LIFE

### 新生与发展——西安幸福林带核心区城市设计

Regeneration and Development - Urban Design of the Xingfu Lindai core area in Xi'an

**指导教师：邓属阳**

城市设计地块位于幸福林带最南端，在地块三整体上位规划的基础上，梳理出慢行系统以及交通的应对关系以及策略，根据商业核心区商业业态要求合理设置多样丰富的业态类型，结合丰富的建筑形态及类型，通过路径将这些商业建筑串联起来，形成丰富多样的城市生活路径，单体深化选取了林带商业，中心广场高端商业，北端大型生活配套商业。三个单体分别针对不同业态类型进行深入的思考设计，最后的成果融入进城市设计，展现了一幅Path of Life的有趣图景。

**基地分析**

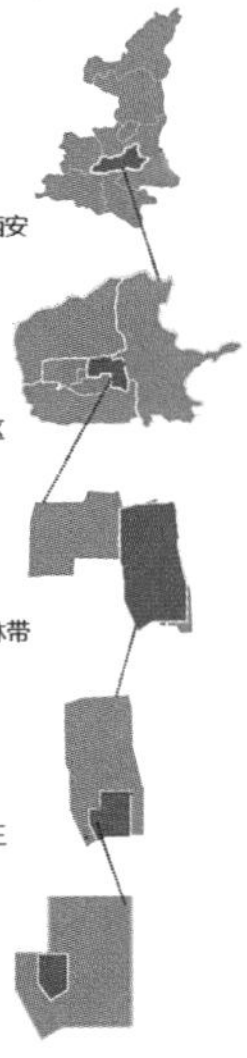


**设计分析**

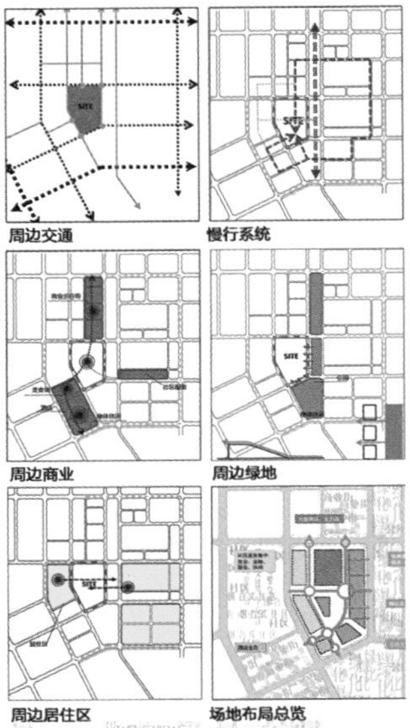


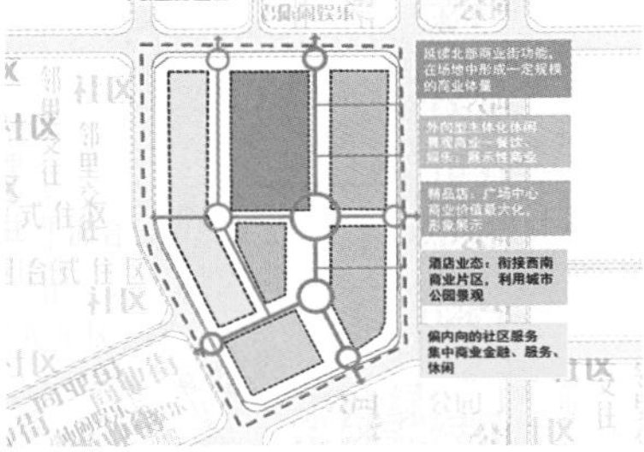

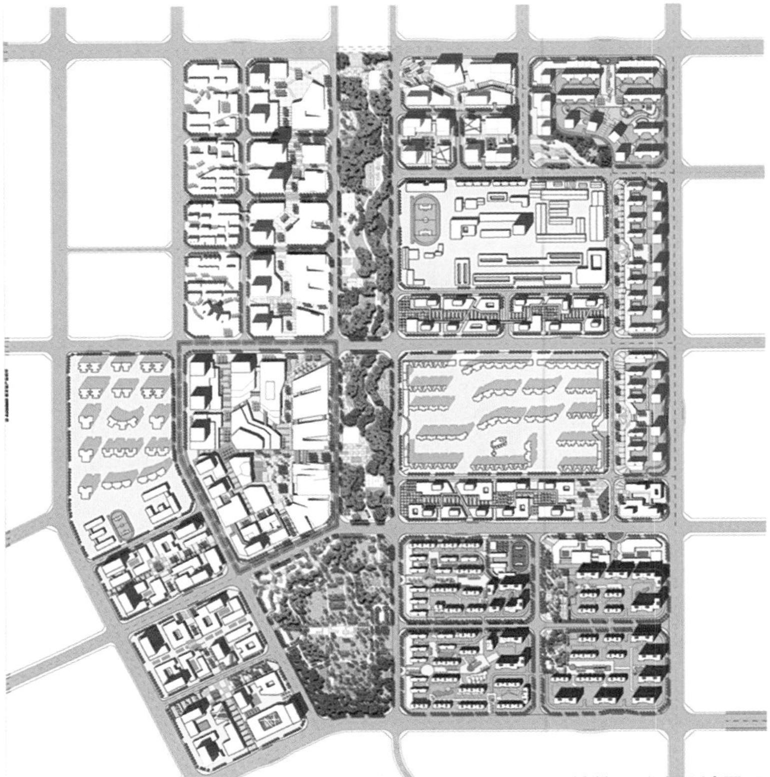

地块三城市设计平面



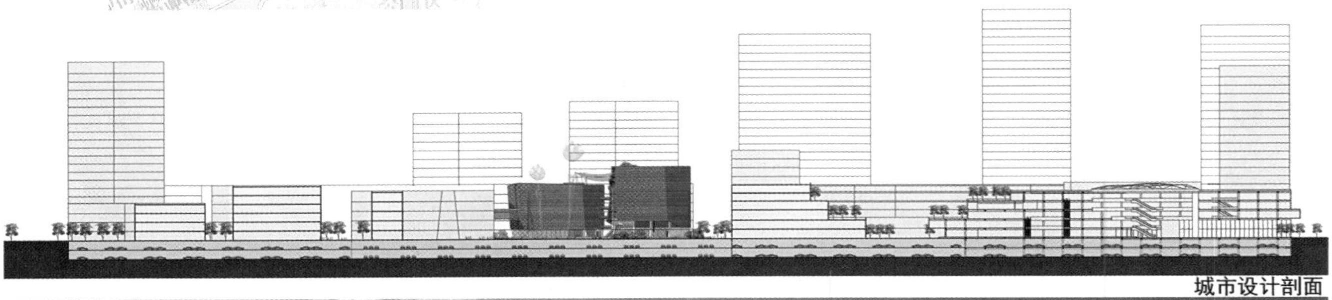

城市设计剖面

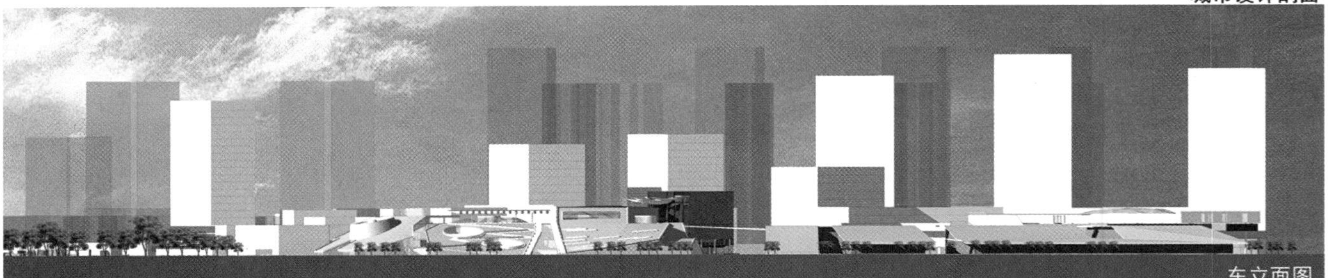

东立面图

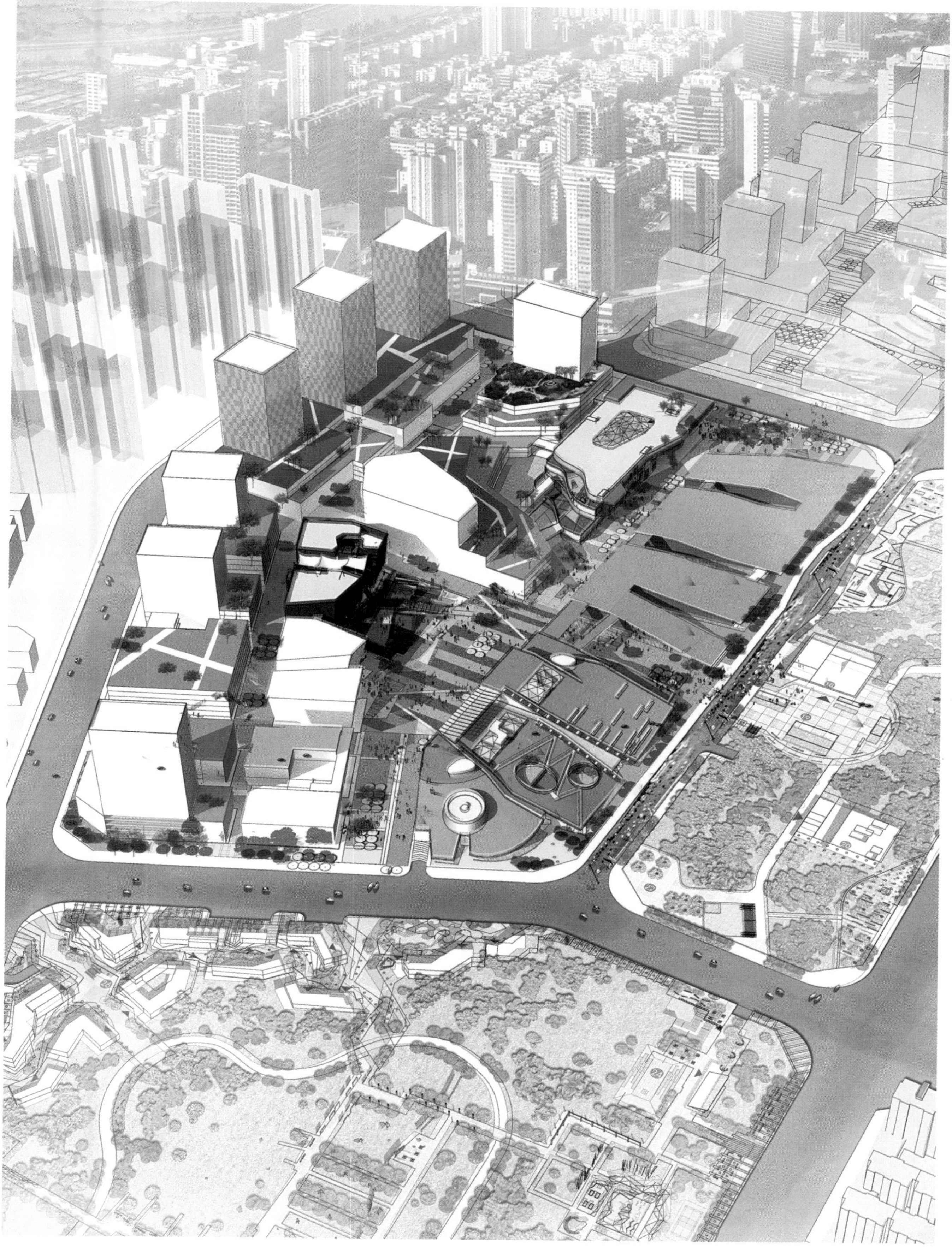

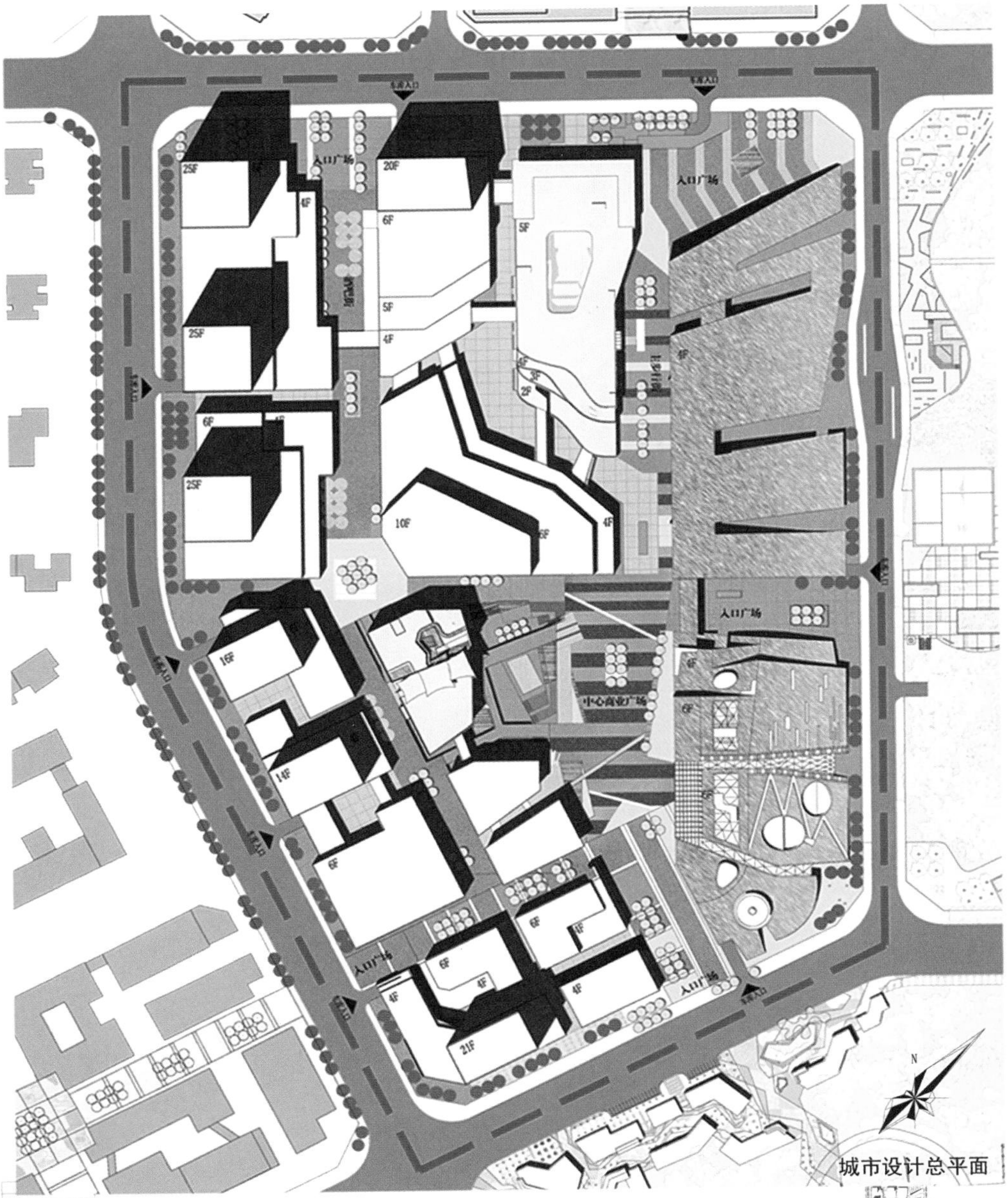

城市设计总平面

空间结构分析

人行车行流线

功能分区分析

景观系统分析

消防分析

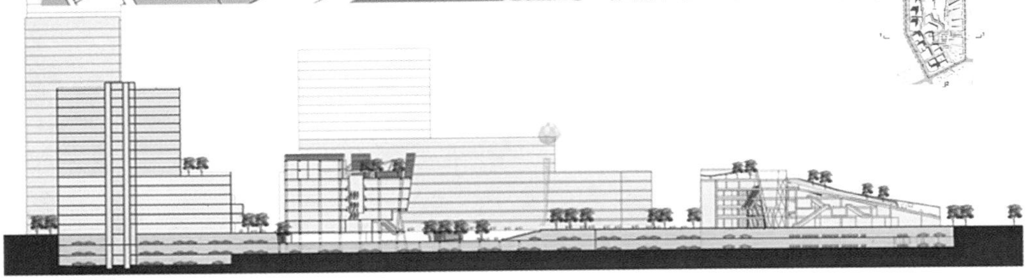
1-1剖面图

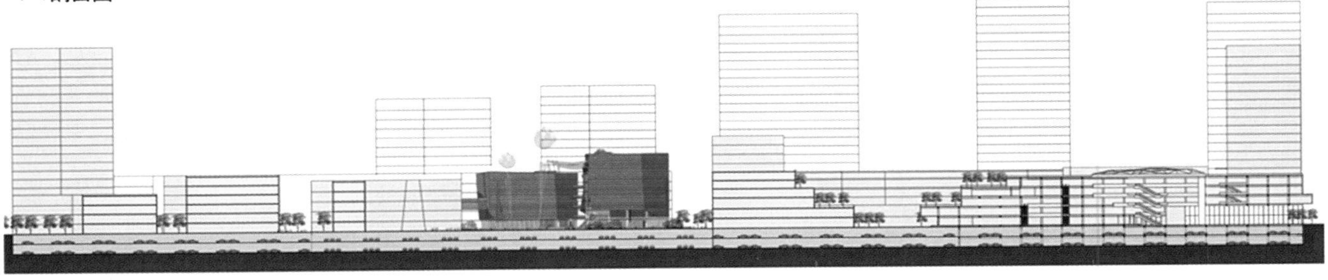

幸福林带生活服务商业综合体
建 工 路
地库入口
主入口
入口广场
次入口
总平面图
场地分析
一层平面图
Apple store
(1F)
H&M
(1F)
mangoo
KFC
hotwind
次入口
体量分析
立面图
剖面图

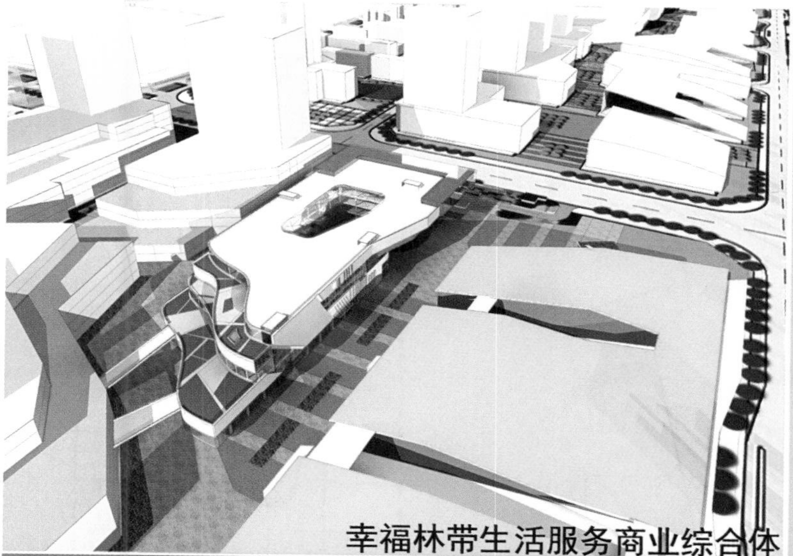

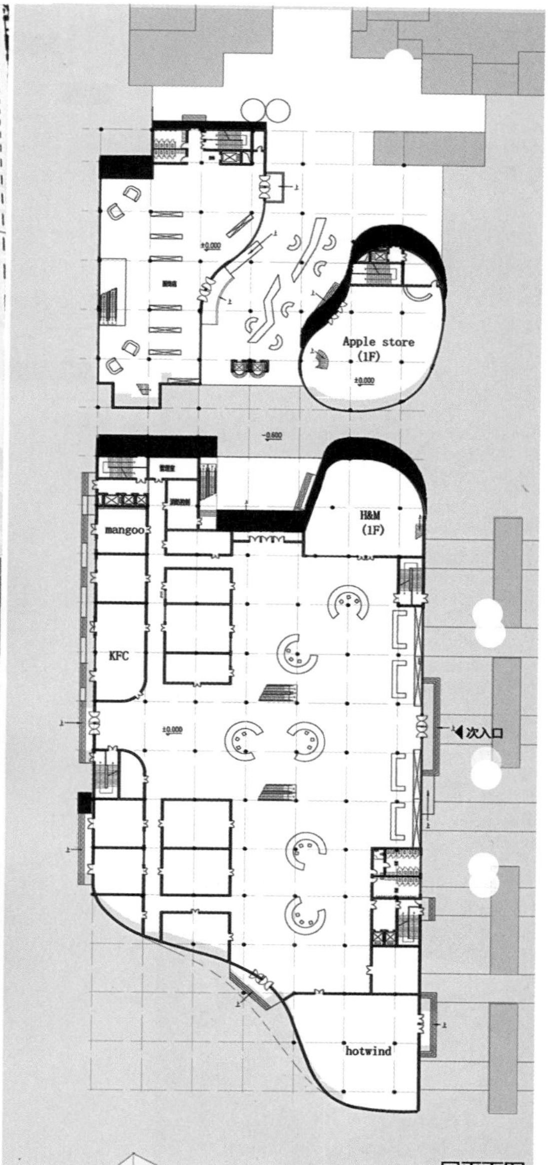

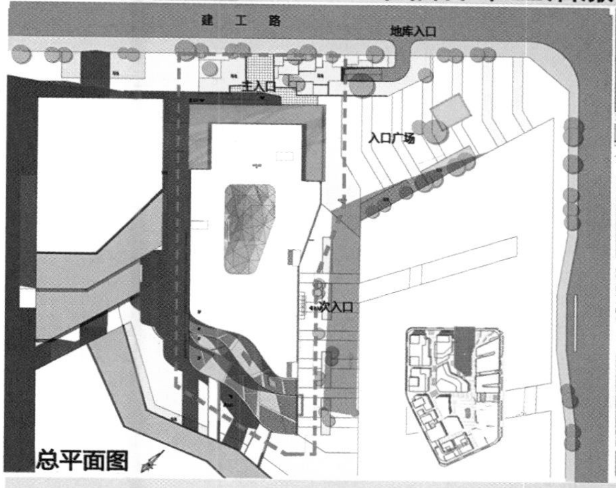

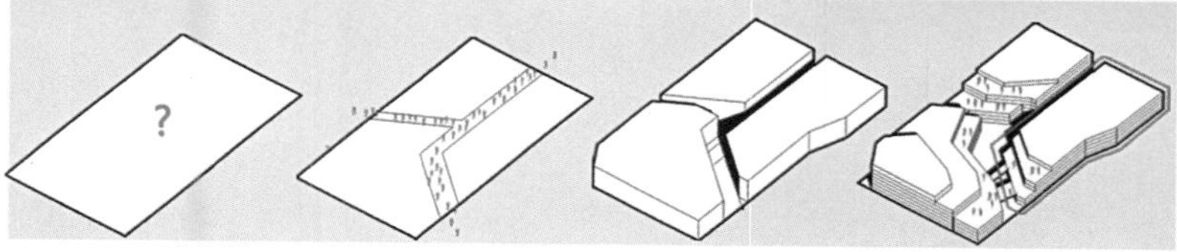

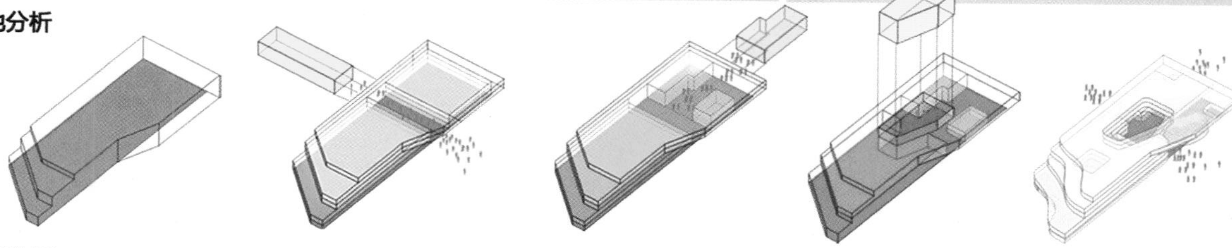

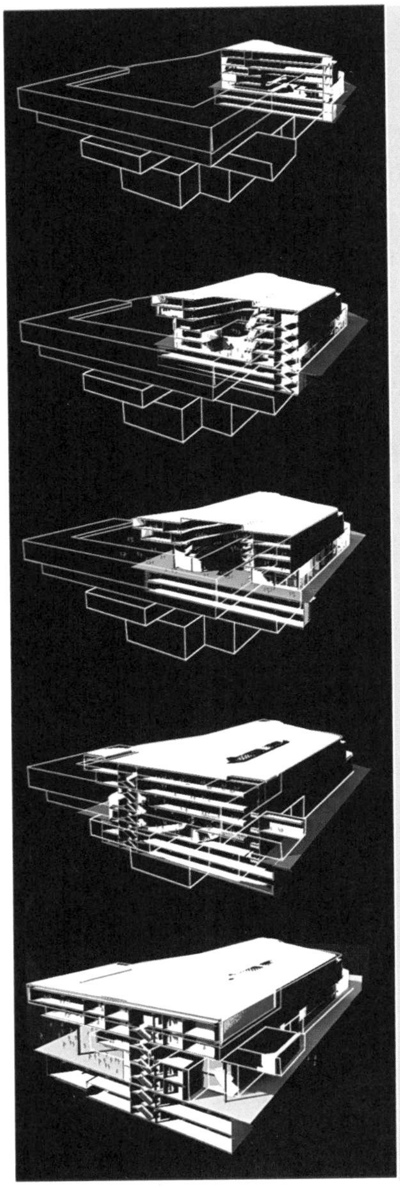

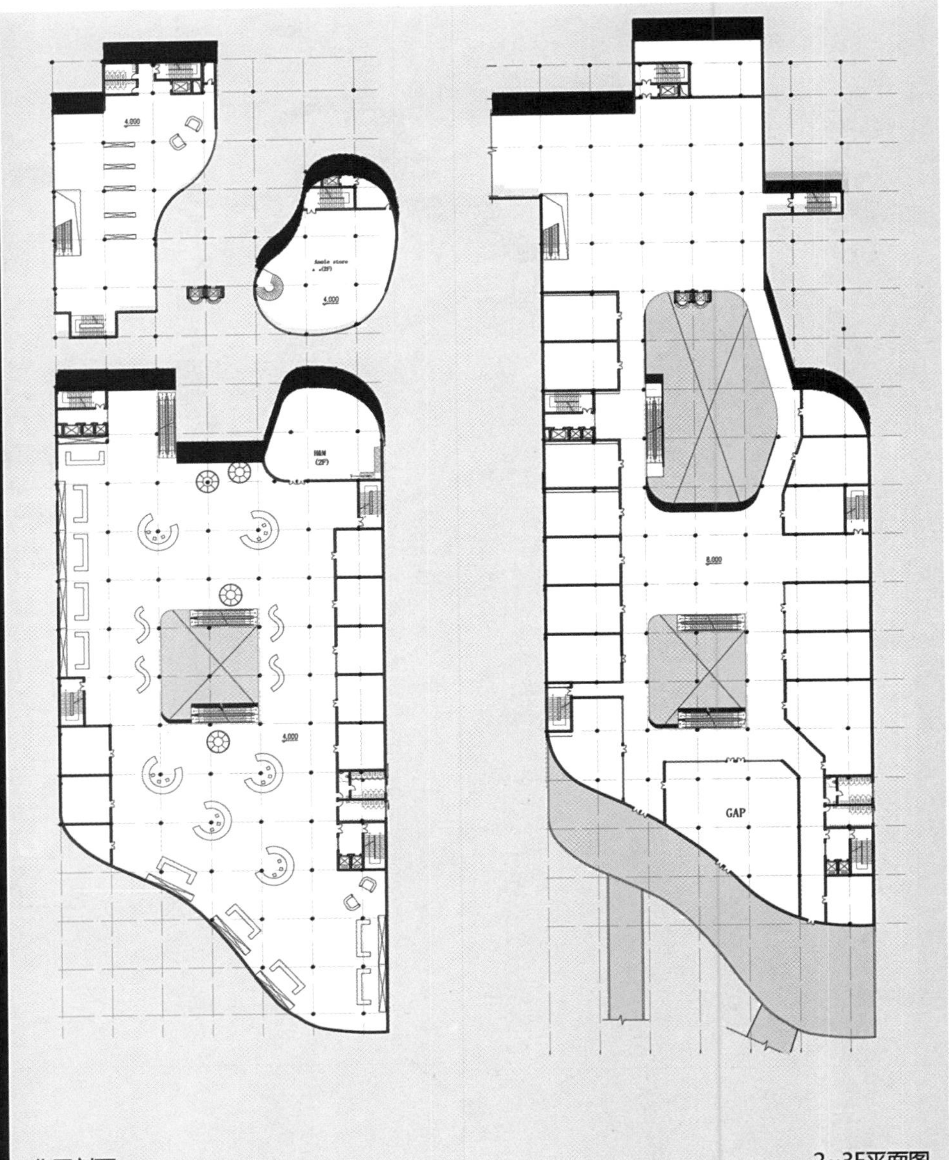


分层剖面

2~3F平面图

立面图

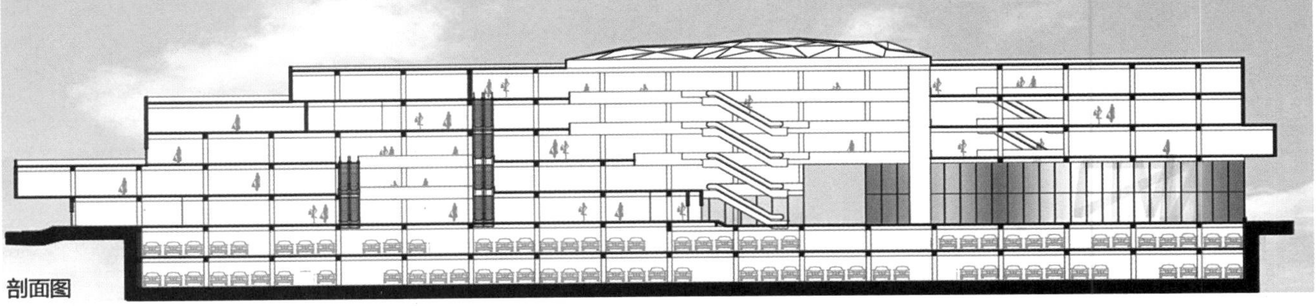

剖面图

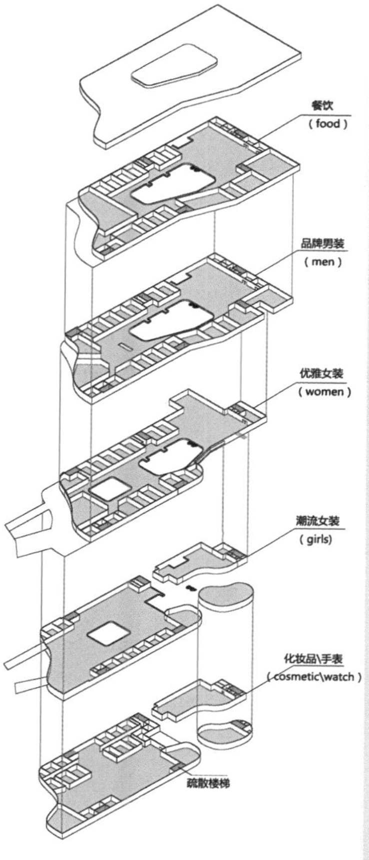
餐饮
（food）
品牌男装
（men）
优雅女装
（women）
潮流女装
（girls）
化妆品\手表
（cosmetic\watch）
疏散楼梯
轴测分解

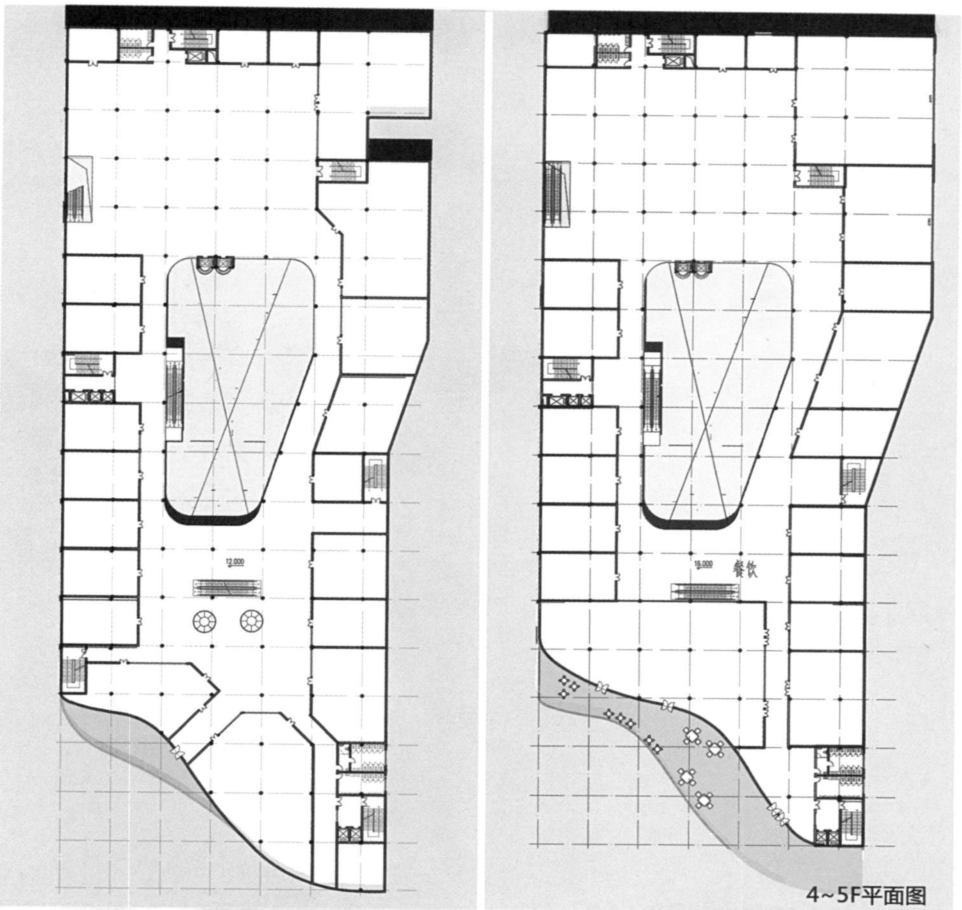
12.000
15.000
餐饮
4~5F平面图

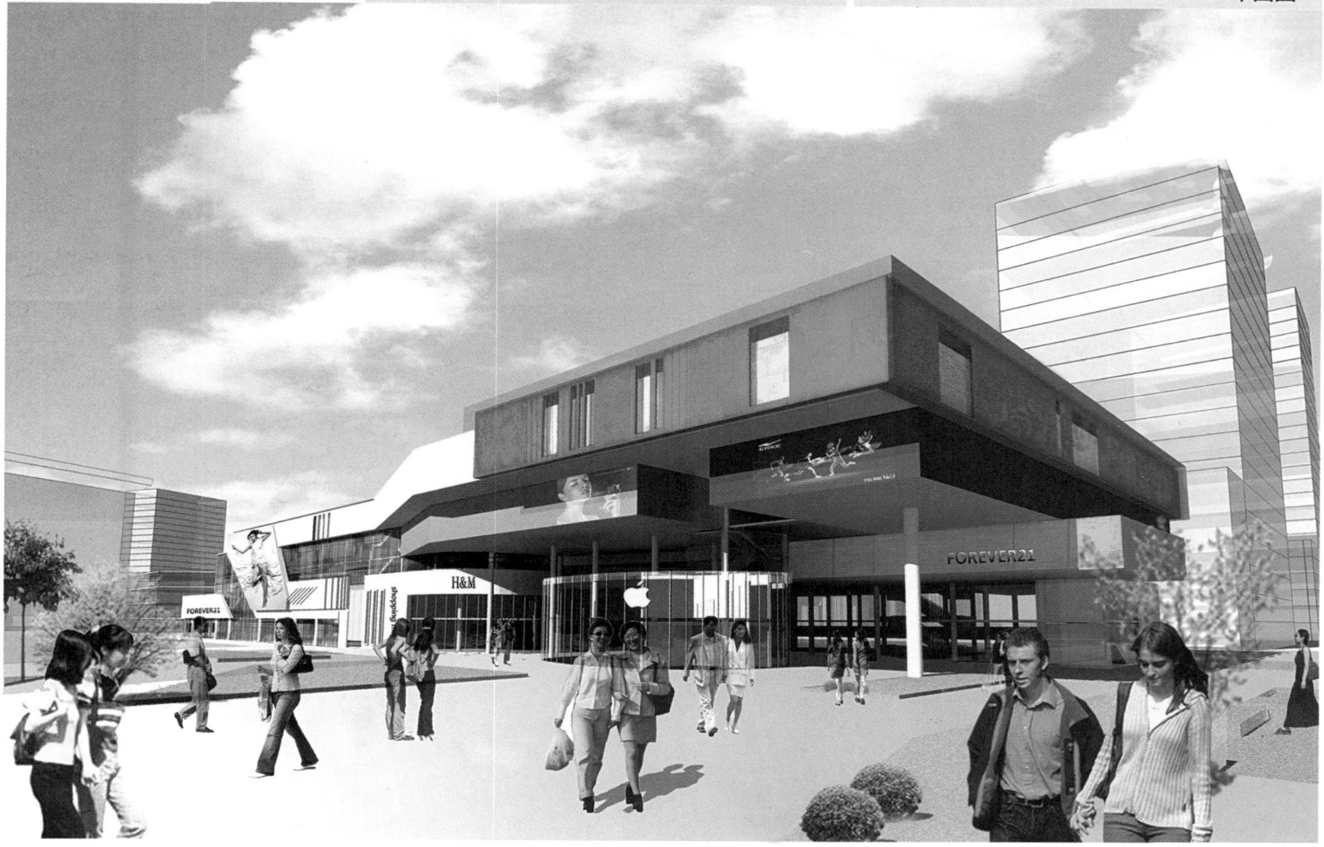
FOREVER21
H&M
FOREVER21

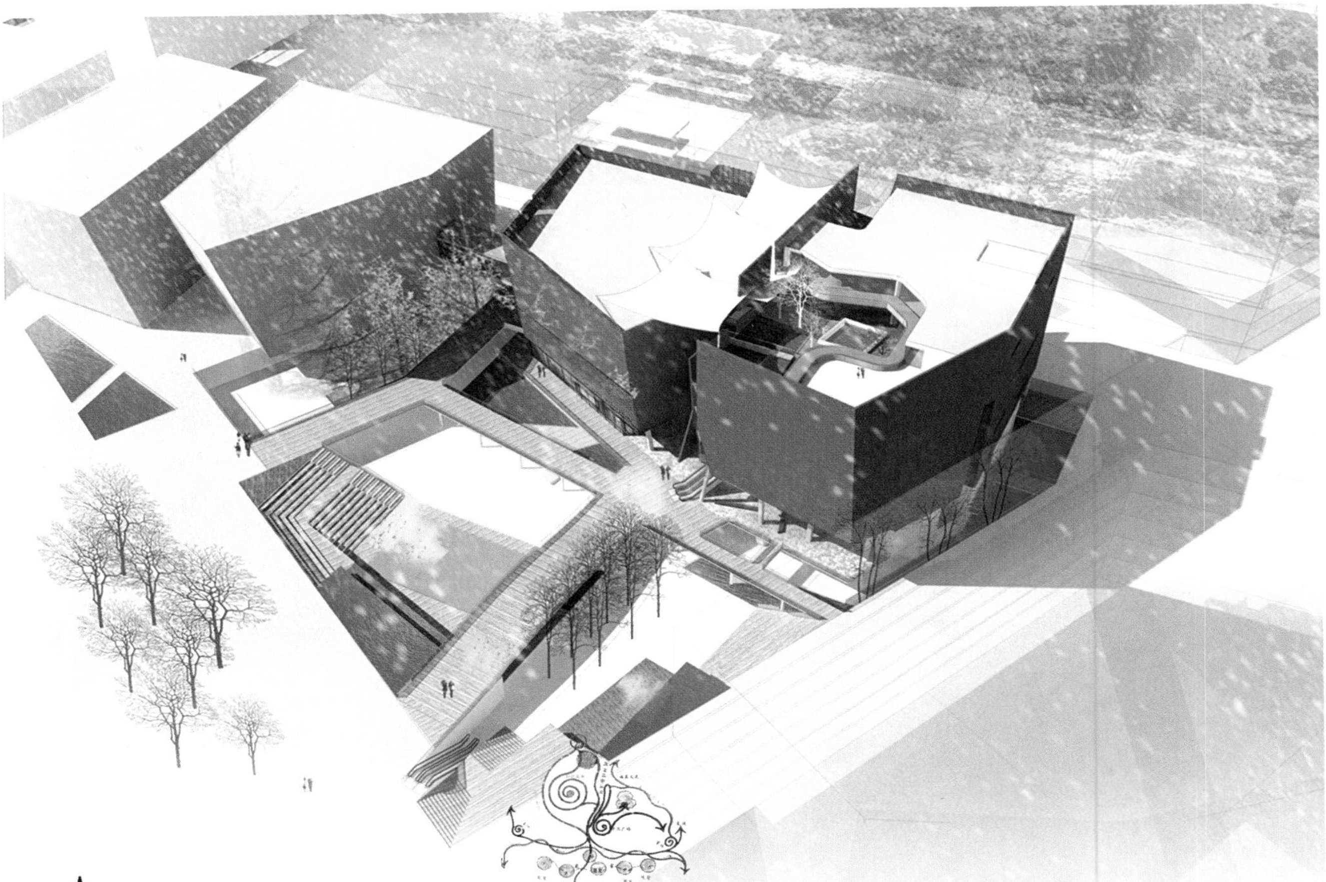

# CULTURE LAYERS 地块三商业街城市设计单体建筑设计——中心广场单体

## 组团定位与策略

中高端商业

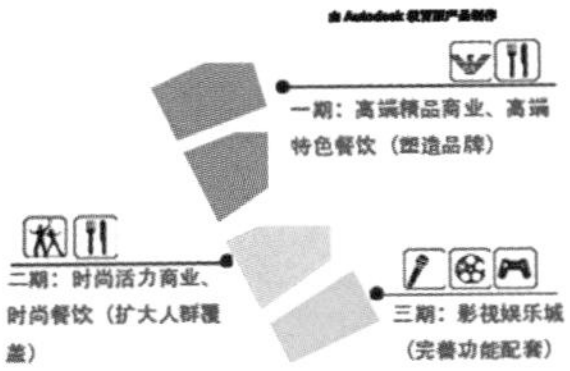


## 商业模式

空中连接　地下连接　单体用地　历史文化体验商业



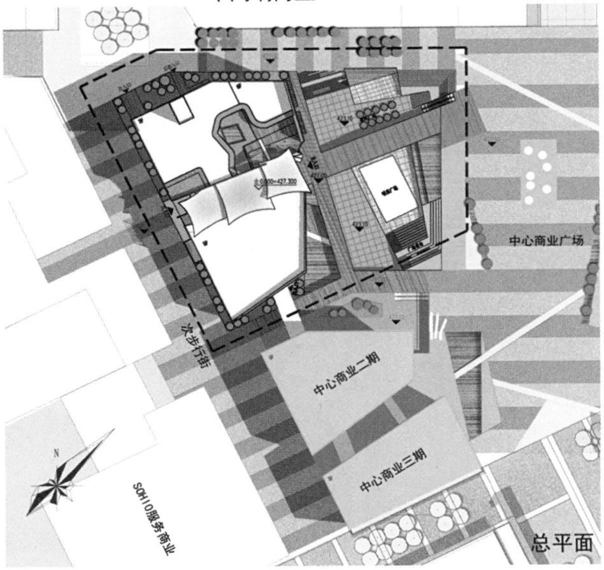


总平面

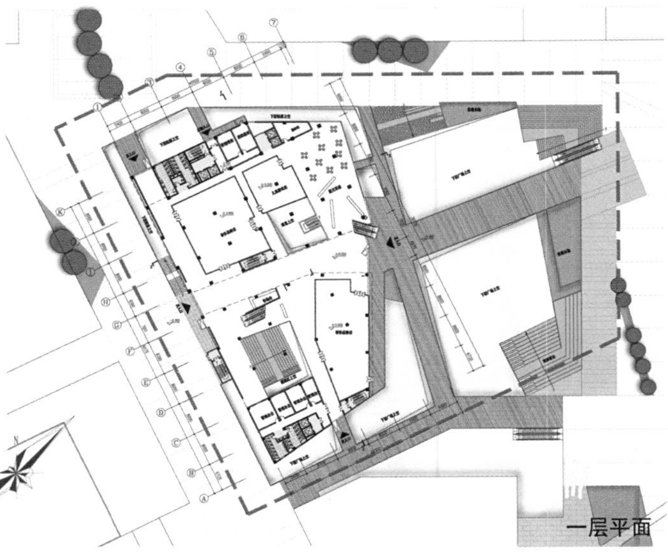

一层平面

# 概念解析

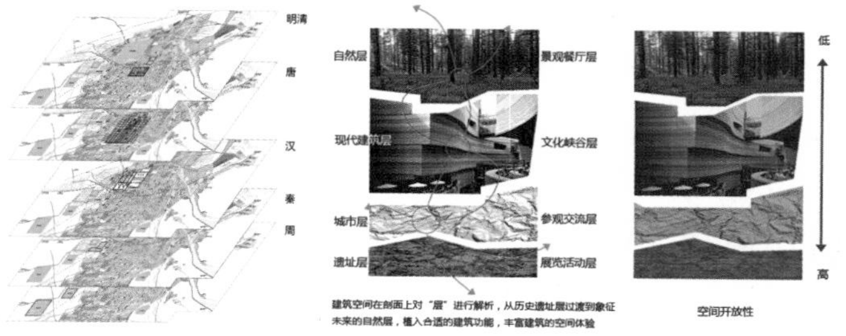
明清
唐
汉
秦
周
自然层
景观餐厅层
现代建筑层
文化峡谷层
城市层
参观交流层
遗址层
展览活动层
低
高
建筑空间在剖面上对"层"进行解析，从历史遗址层过渡到象征未来的自然层，植入合适的建筑功能，丰富建筑的空间体验
空间开放性

# 商业平面结构

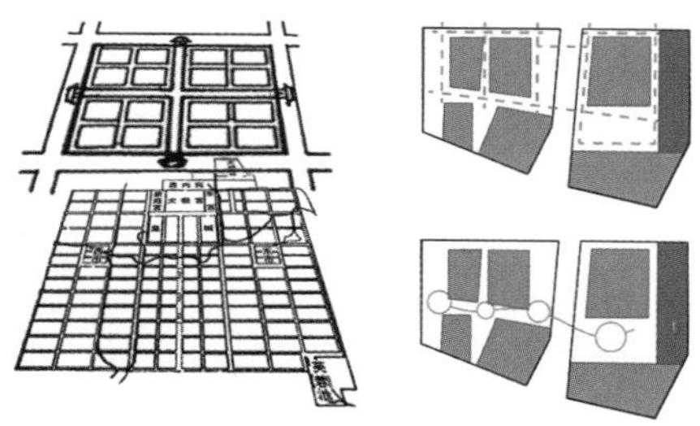

# 总平设计

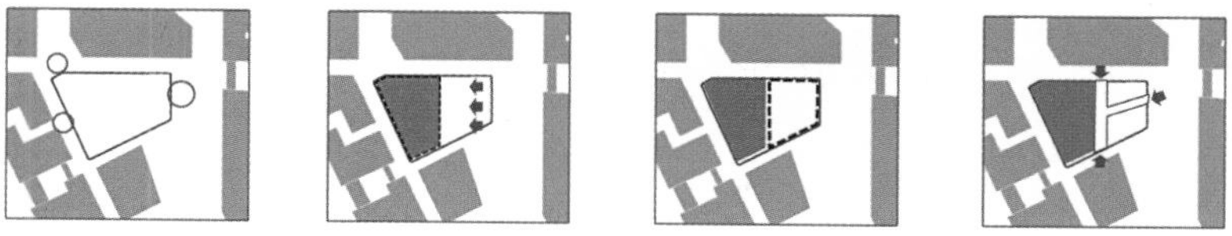

# 形态意象

# 形态生成

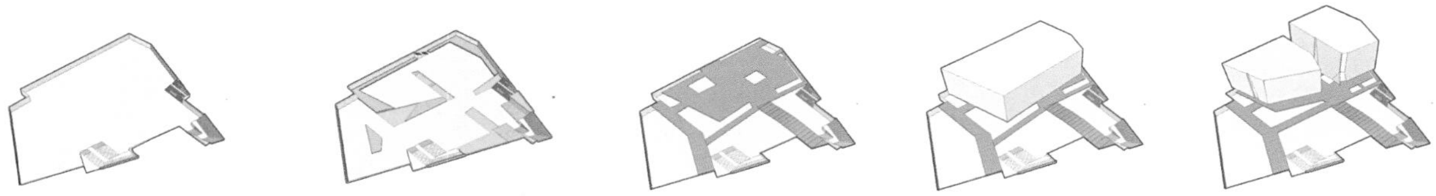

形成下沉广场　场地设计限定区域　植入活动平台　计算面积　形态切割

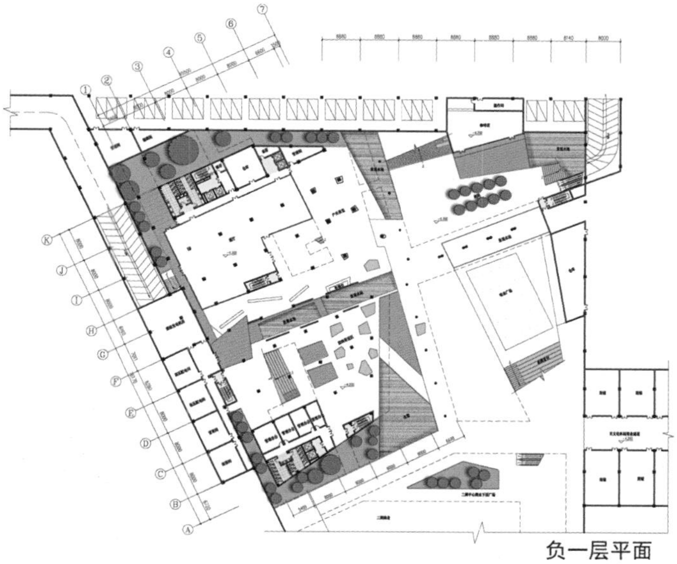

负一层平面

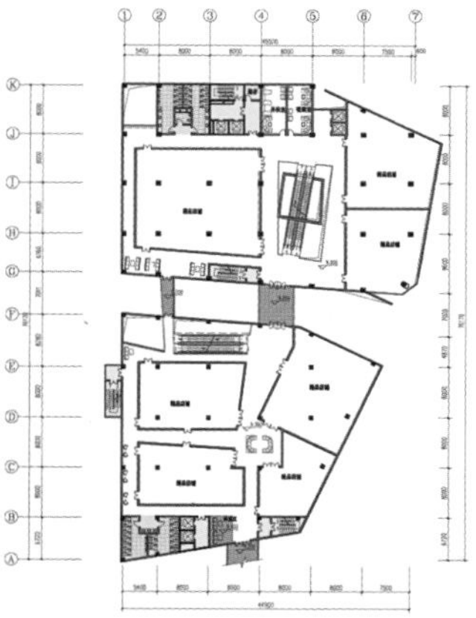

三层平面

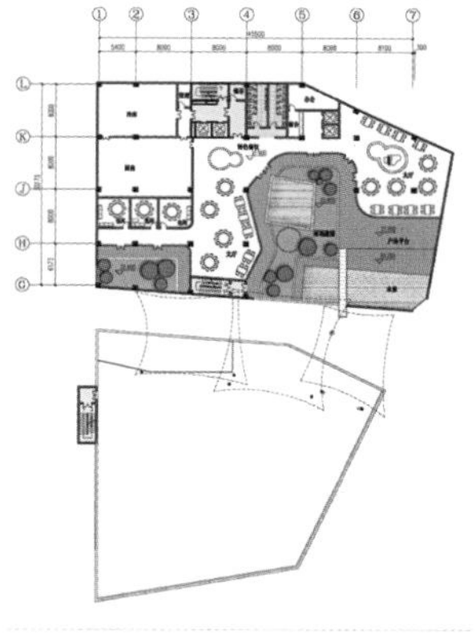

六层平面

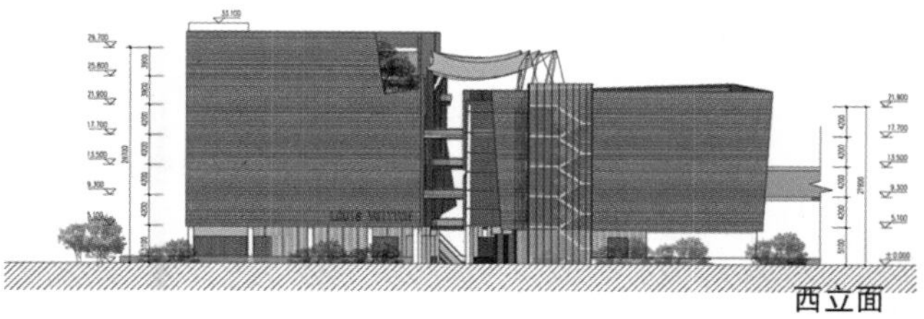

西立面

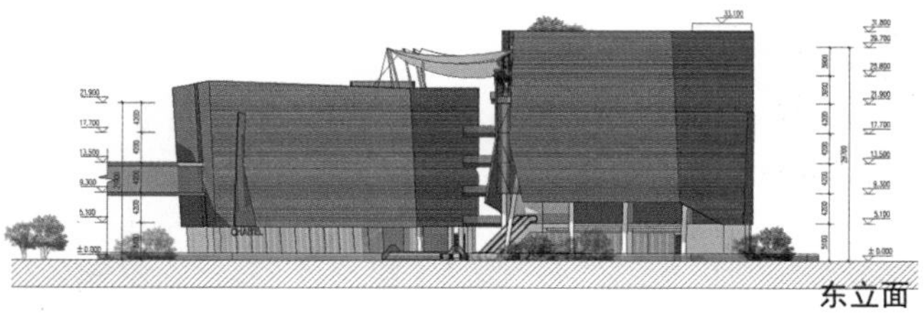

东立面

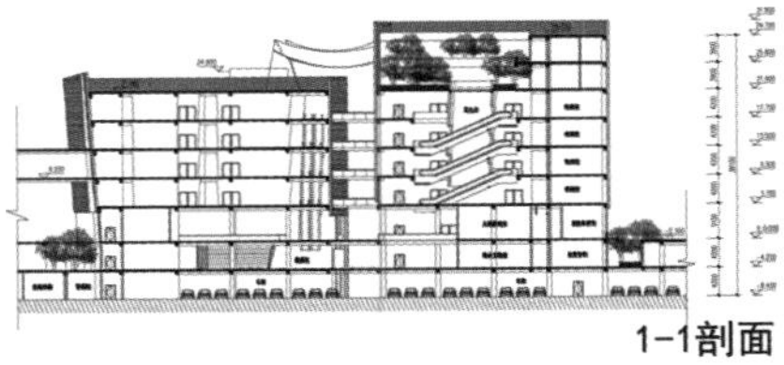

1-1剖面

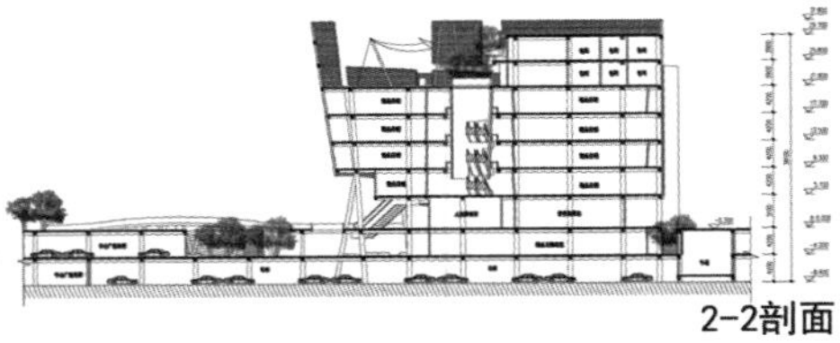

2-2剖面

轴测分解

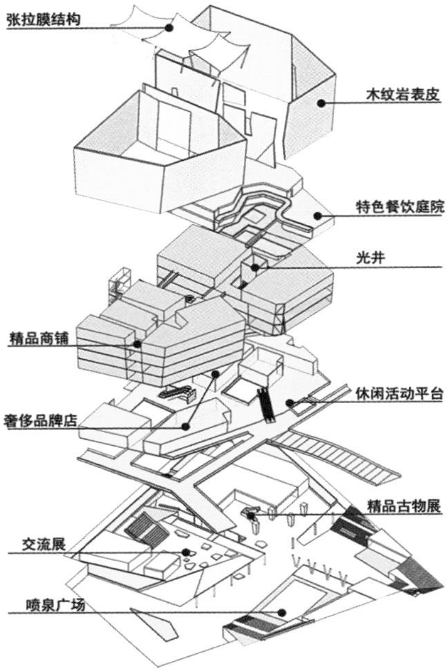
张拉膜结构
木纹岩表皮
特色餐饮庭院
光井
精品商铺
休闲活动平台
奢侈品牌店
精品古物展
交流展
喷泉广场

流线分析

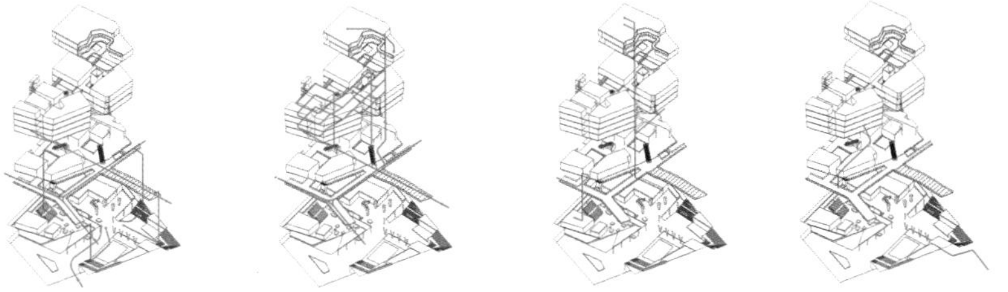

公众流线　商业流线　后勤流线　车行流线

空间符号

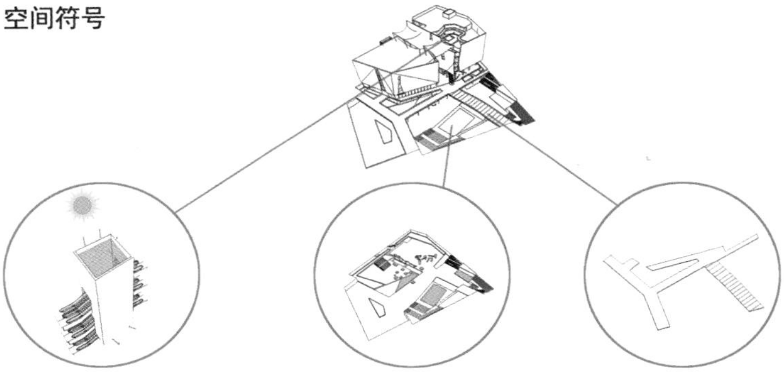

采光井　遗址广场　飞桥

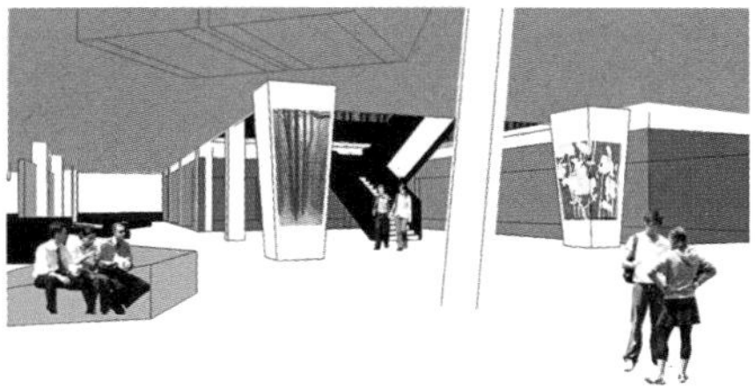

绿带商业布局分析

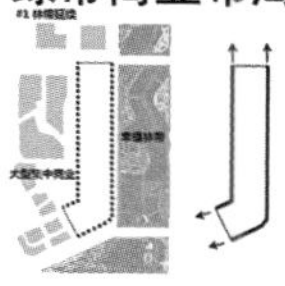

南北连接

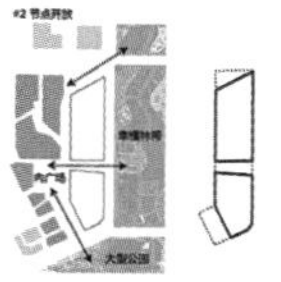

东西开口

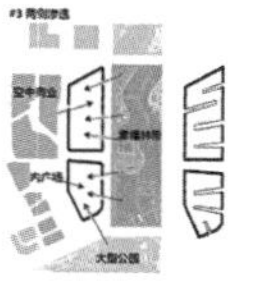

渗透开槽

单体形态分析

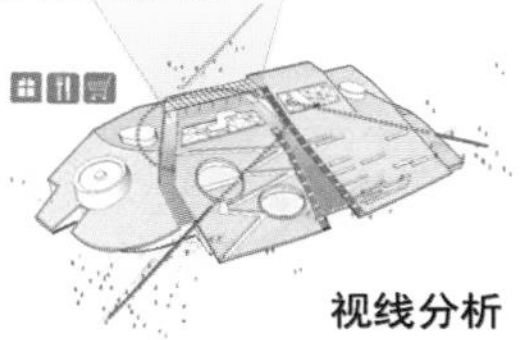

视线分析

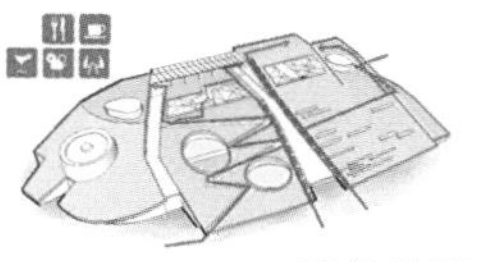

路径分析

绿带商业形态分析

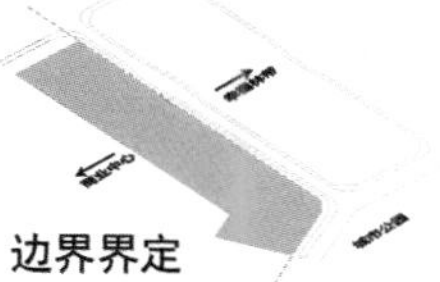

边界界定

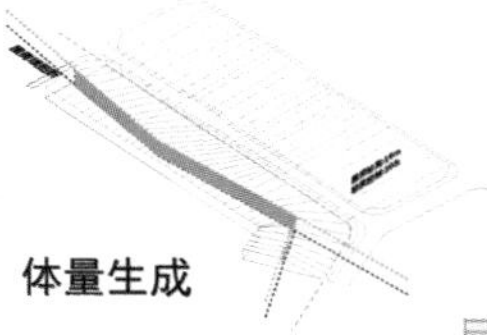

体量生成

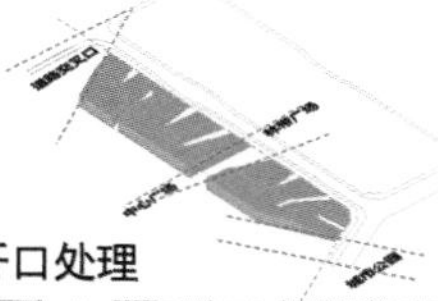

开口处理

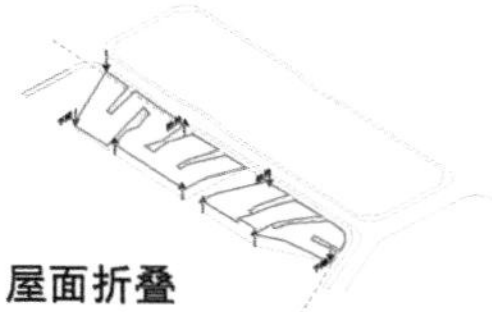

屋面折叠

屋面生成

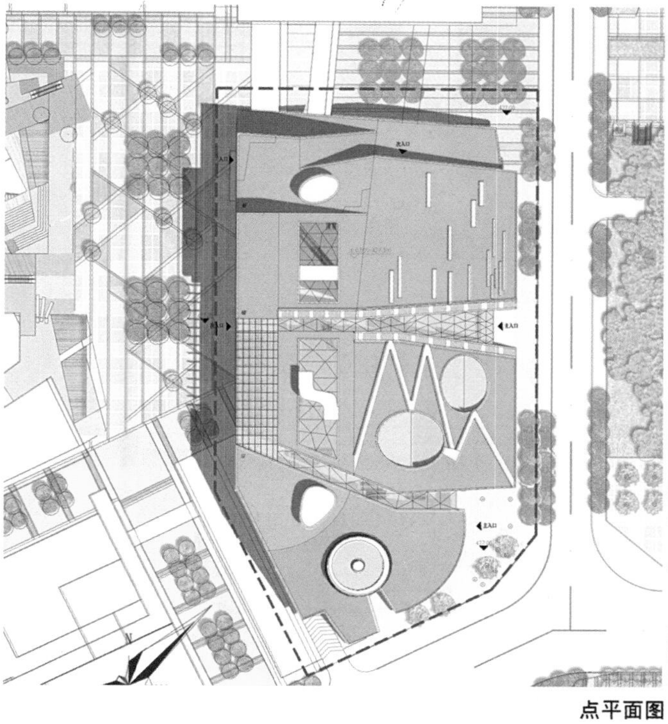

点平面图

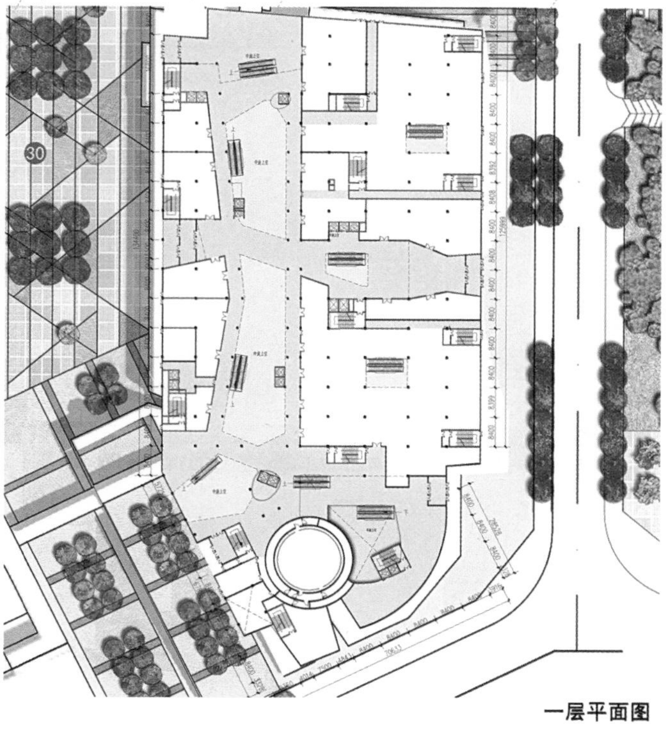

一层平面图

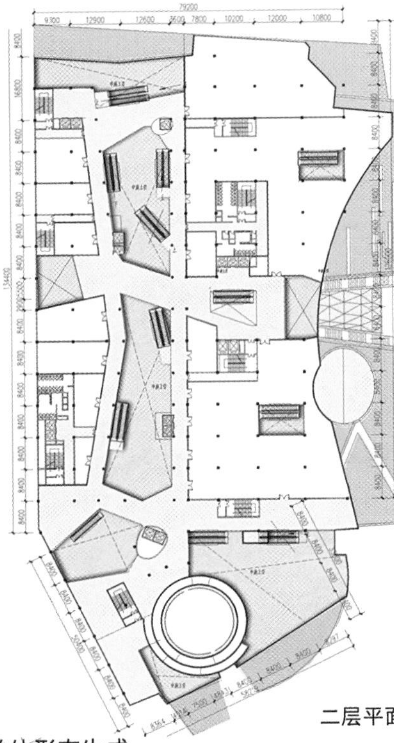

二层平面图

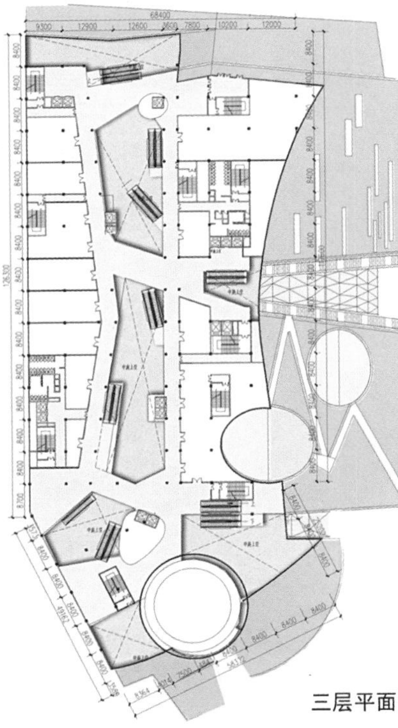

三层平面图

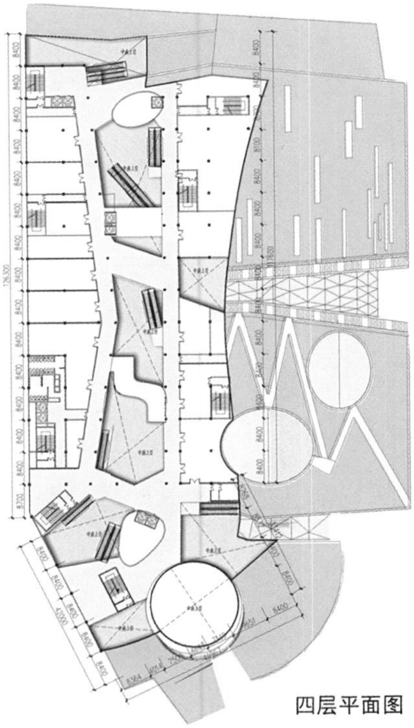

四层平面图

## 单体形态生成

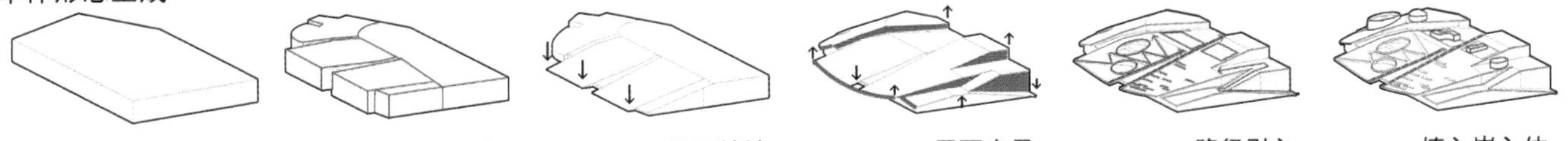

体量生成　体量切割　屋面接地　屋面变异　路径引入　植入嵌入体

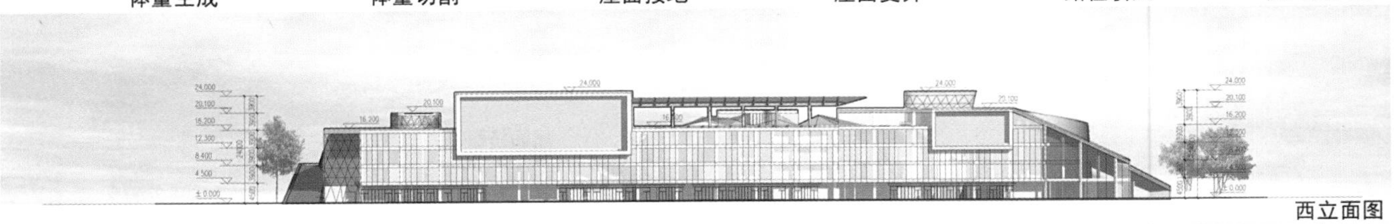

西立面图



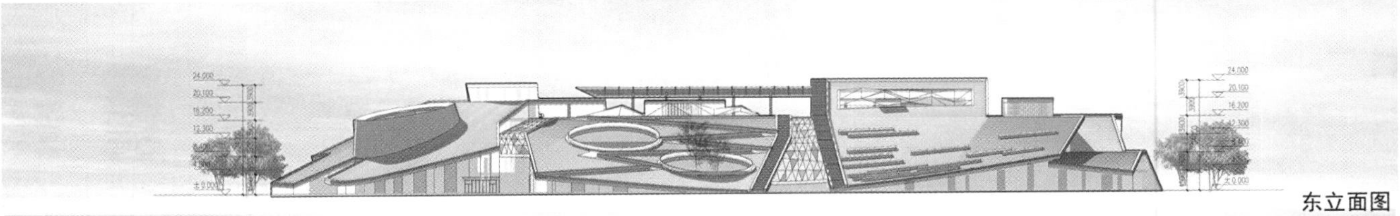

东立面图

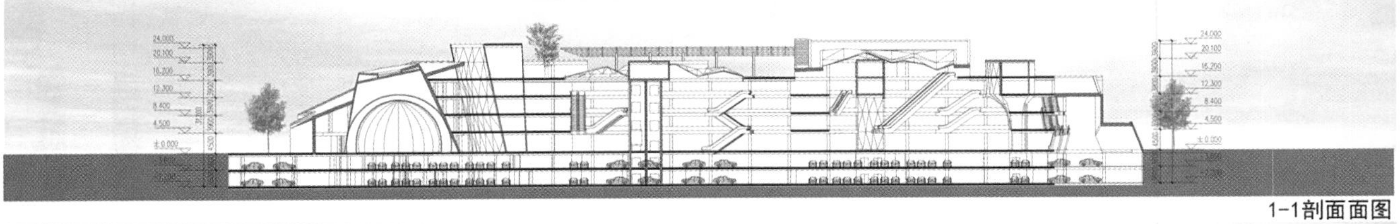

1-1剖面面图

2-2剖面面图

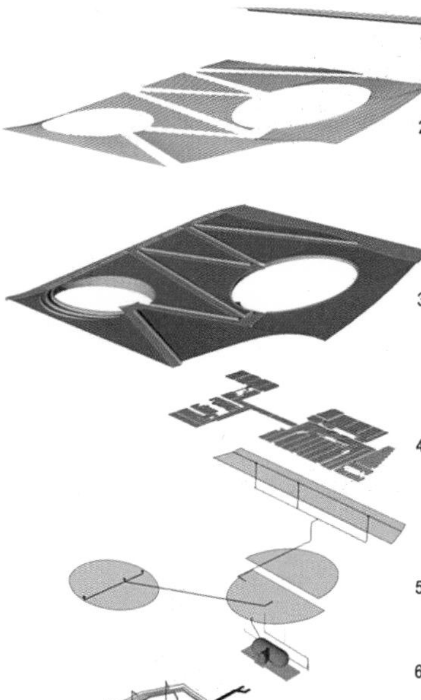


雨水收集系统

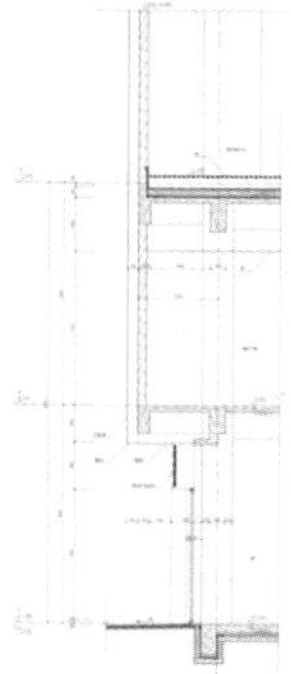

墙身大样1

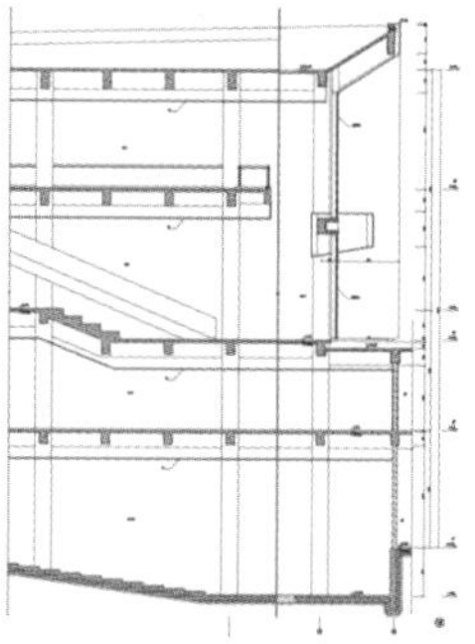

墙身大样2

幕墙构造

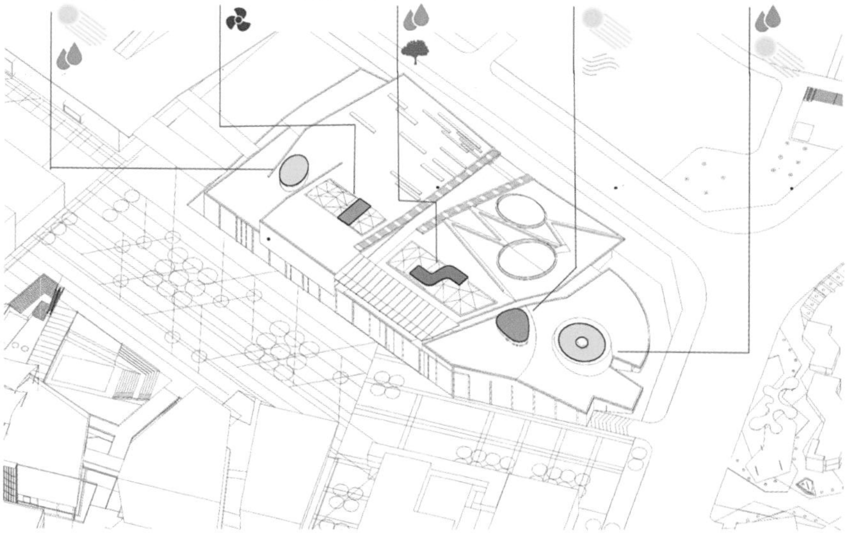

嵌入体分析

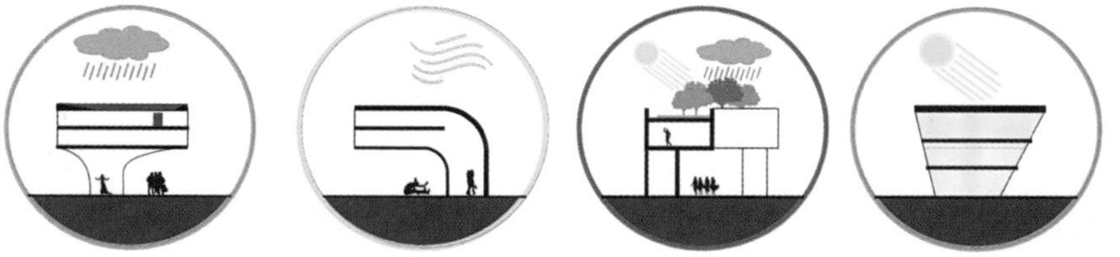

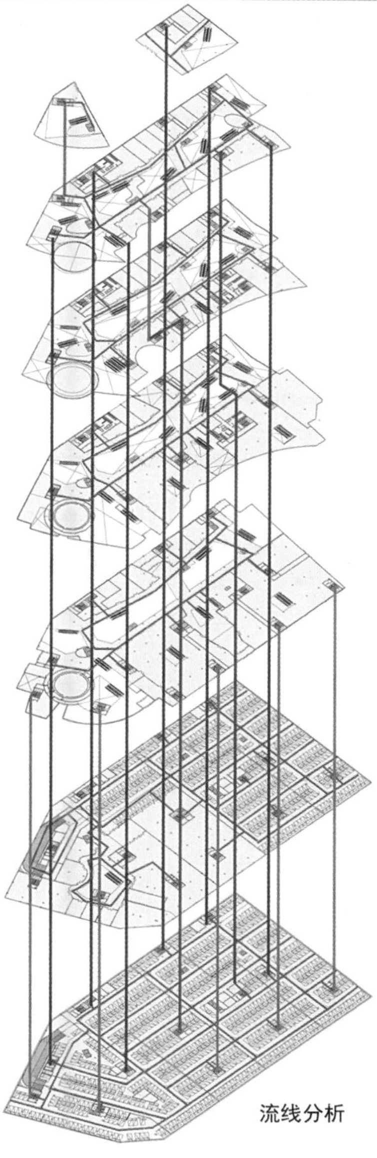

流线分析

# 幸福林·幸福邻

新生与发展——西安幸福林带核心区城市设计
Regeneration and Development - Urban Design of the Xingfu Lindai core area in Xi'an

指导教师：许芗斌　董世永　邓蜀阳

幸福林带地块三以中心林带为主，林带西侧规划休闲娱乐中心、康体娱乐中心，北部规划为商贸核，周边规划为城市居住片区及相应配套服务设施。依托规划区在幸福林片区的地位以及其与西安古城、曲江新区便捷的交通关系，承接并服务外来人群、周边居民，形成幸福林带的休闲娱乐中心。打造四大休闲功能区——休闲购物、休闲文化、休闲娱乐、休闲居住。创造一个宜人的生活空间、休闲娱乐游憩场所。

基地区位定位

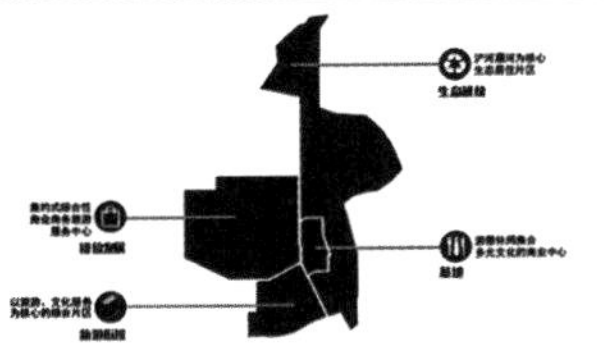

道路交通规划

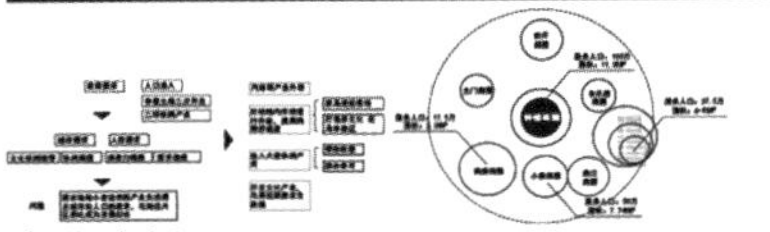

产业分析

文化分析

人群分析

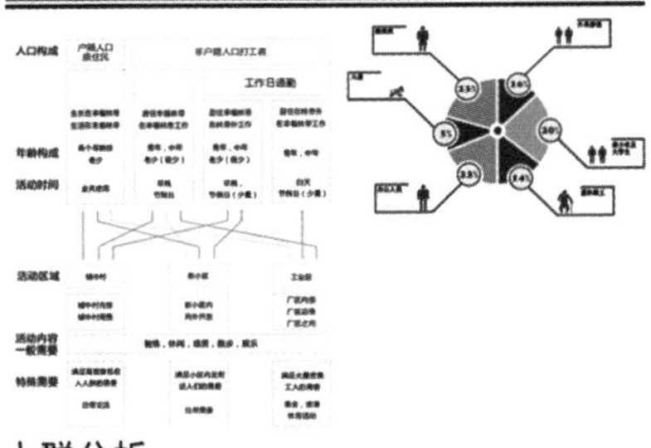

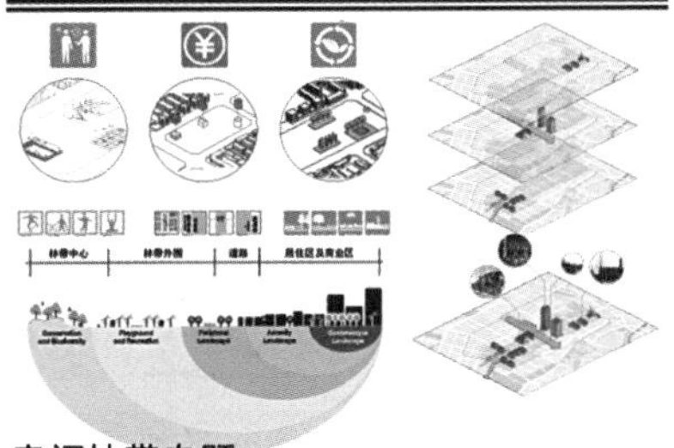

幸福林带专题

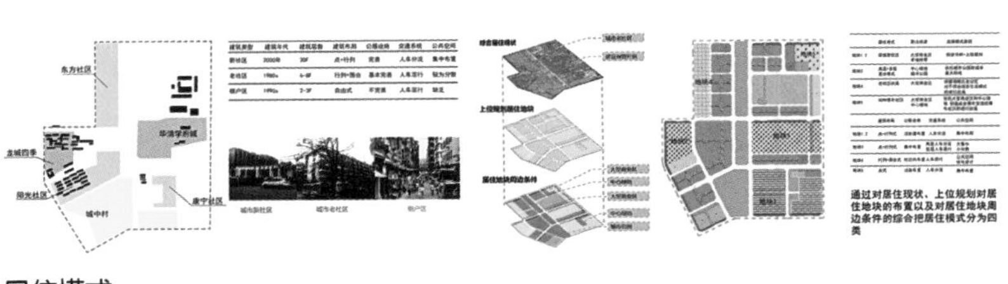

居住模式

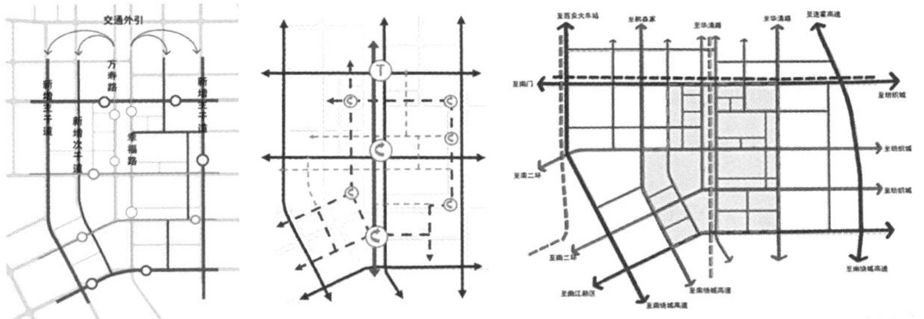

交通规划的整体策略是采用"车流交通外引、公交通达、慢行优先"，实现快慢分行，形成"公交＋步行＋自行车"一体化的交通出行方式，增加邻里间的联系。

策略一：车流交通外引
在林带外围，增设南北向交通性主干道、次干道，将林带两侧的车流层层向外疏解
策略二：公交通达
推行公交优先，减少私家车辆使用。
策略三：慢行优先
采用"以人为本"的城市慢行交通规划理念，建立相对独立的慢行系统，通过慢行交通的连接，加强各功能区之间的联系。

交通组织

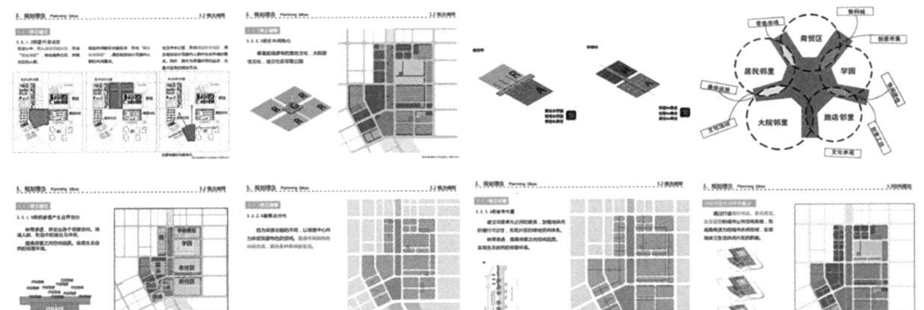

邻之建立　　邻之凝聚　　邻之衔接　　邻之融合

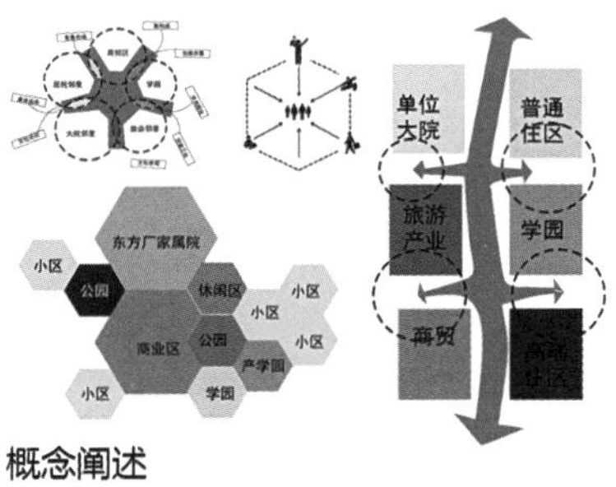

概念阐述

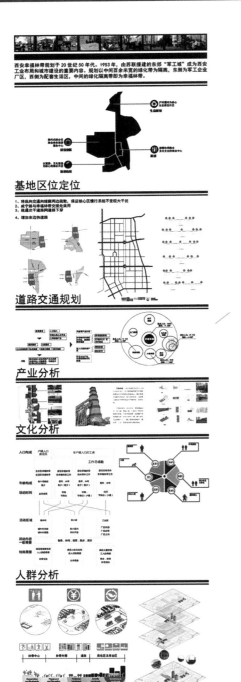

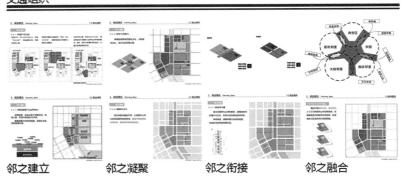

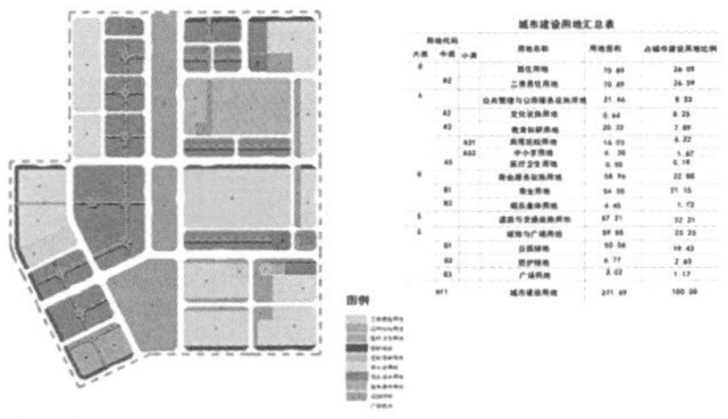

用地：用地延续功能定位，以商业、学校、绿地、居住为主。总面积为2.72平方公里。

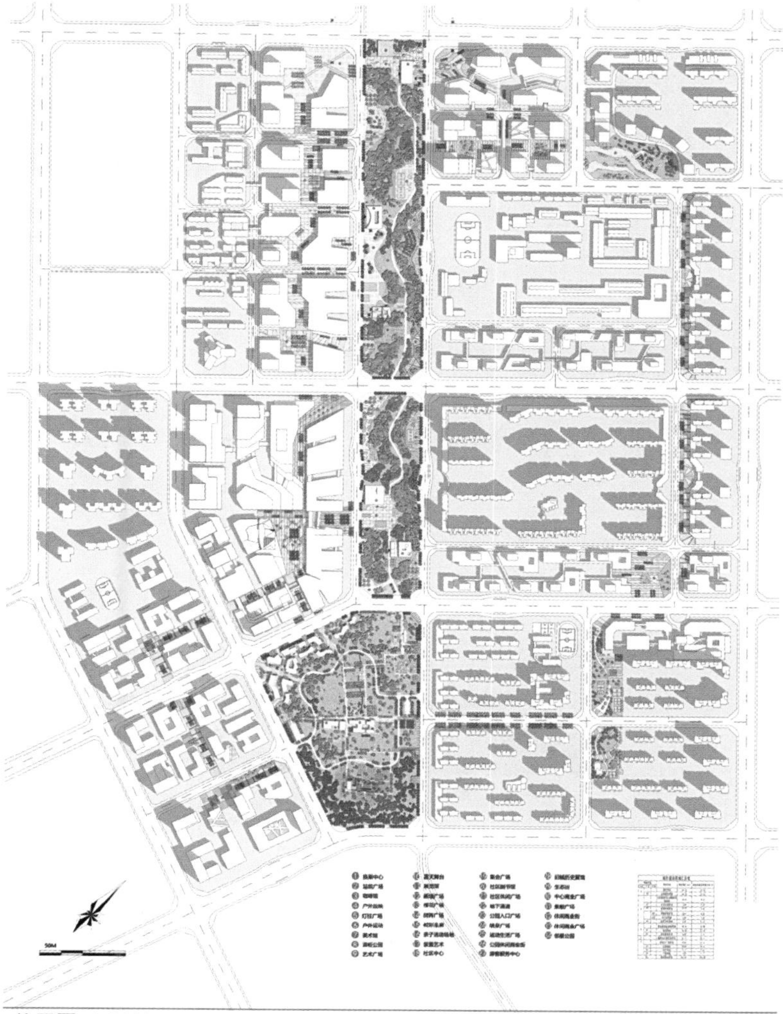

总平图 1:3000

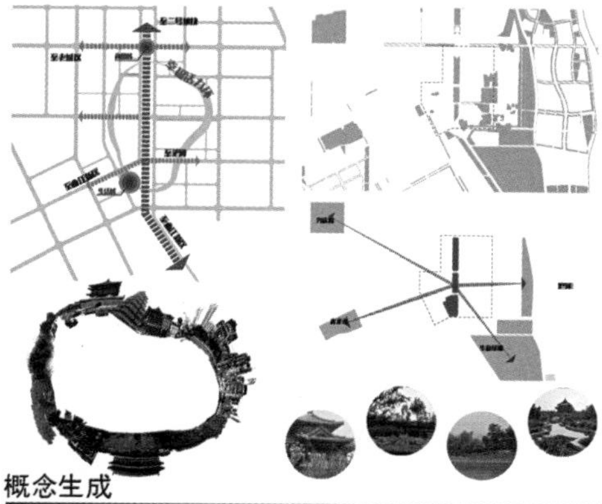

概念生成

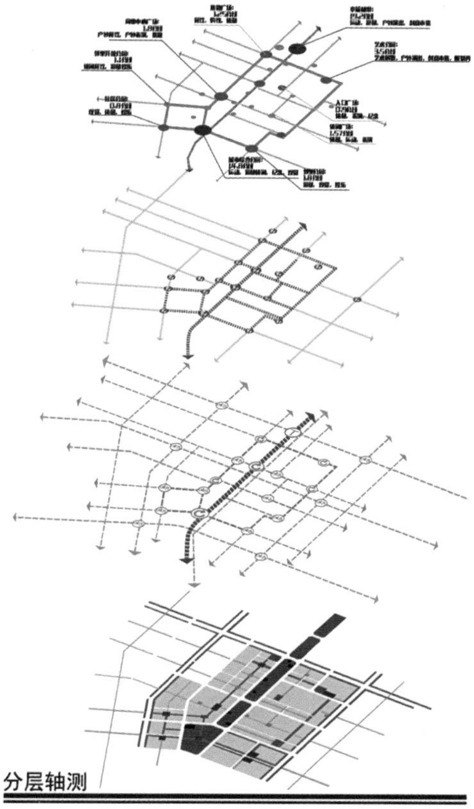

分层轴测

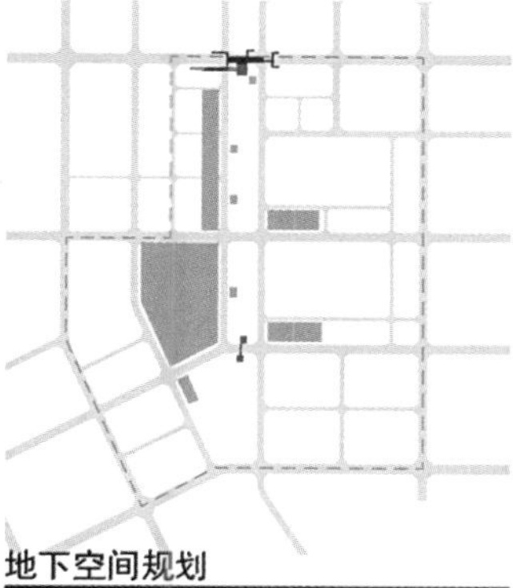

地下空间规划　　　人群分析

西安乡土植物配置表　　　　　　　　　　　　分期开发策略

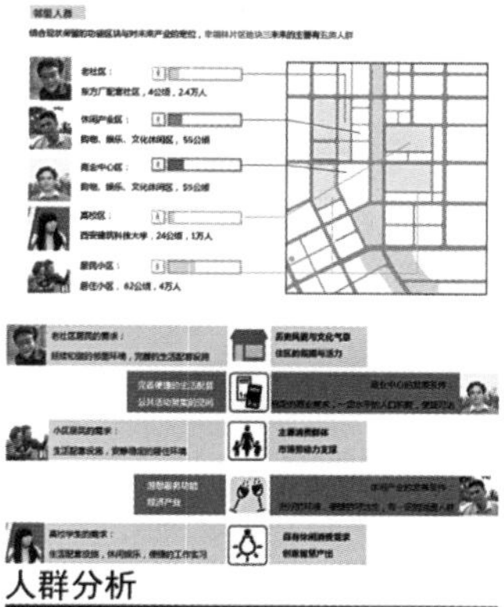

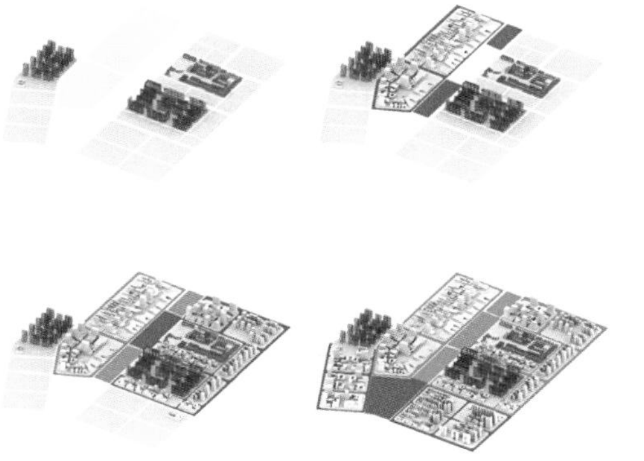

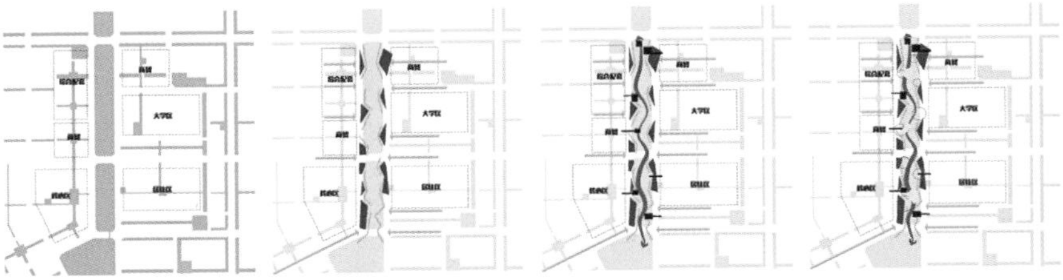

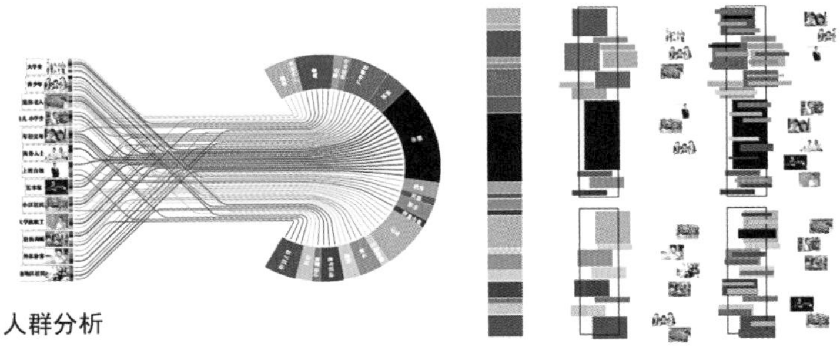

人群分析

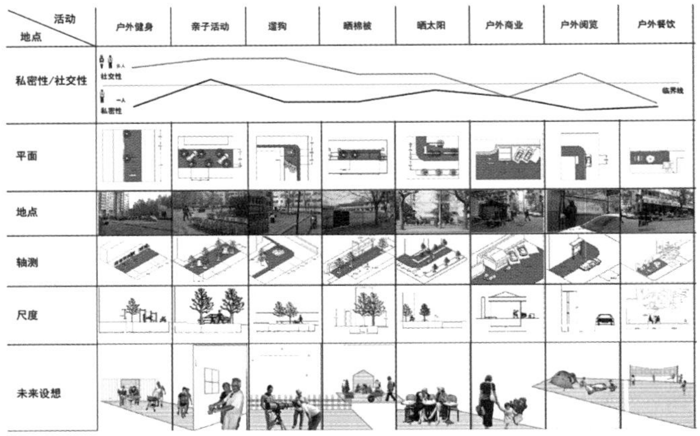


现状活动分析

总用地面积：18.1 公顷
绿地面积：10.48 公顷
绿地覆盖率：74.3%
总建筑面积：2.6 公顷
地铁站：1.2 公顷 公建：1.4 公顷
平均容积率：0.14

园路铺装面积：5.89 公顷
地面停车位：20
地下停车位：200
公厕蹲位数：58（地铁站 8 个 各公建 50 个）

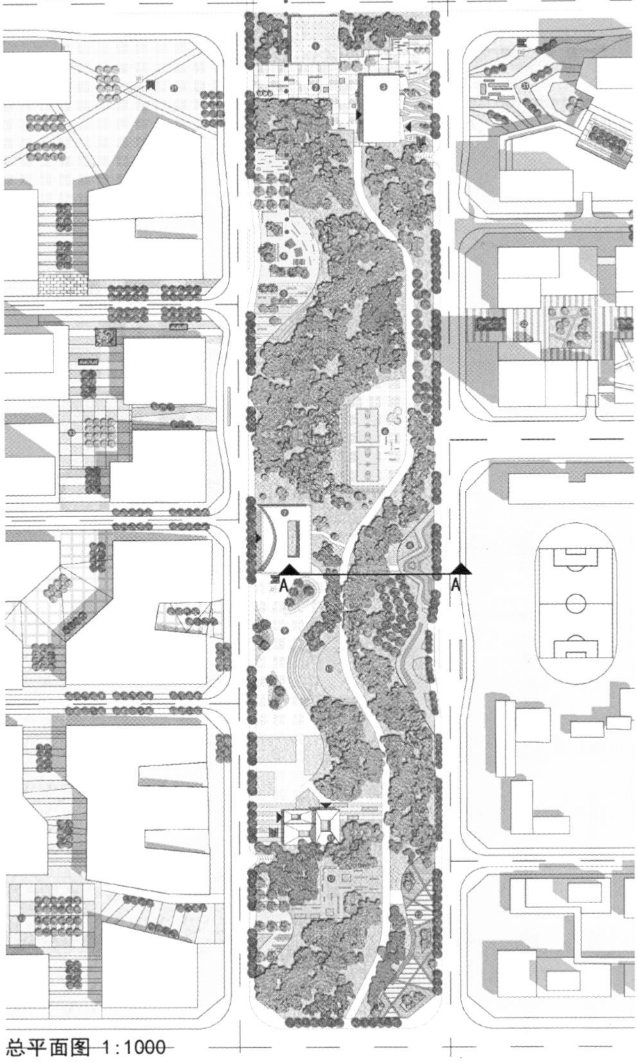


总平面图 1:1000

A-A 剖面图 1:500

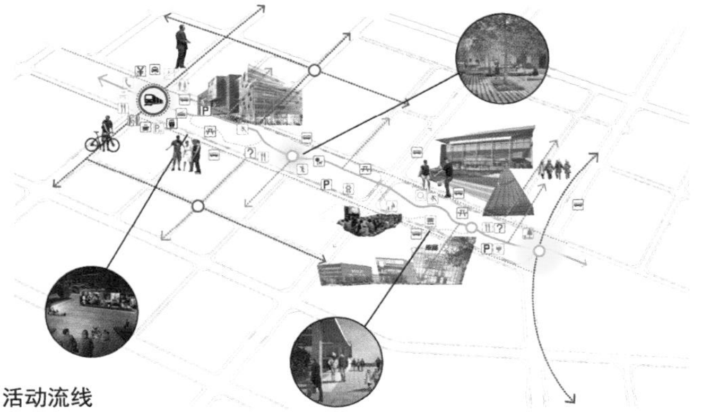

活动流线

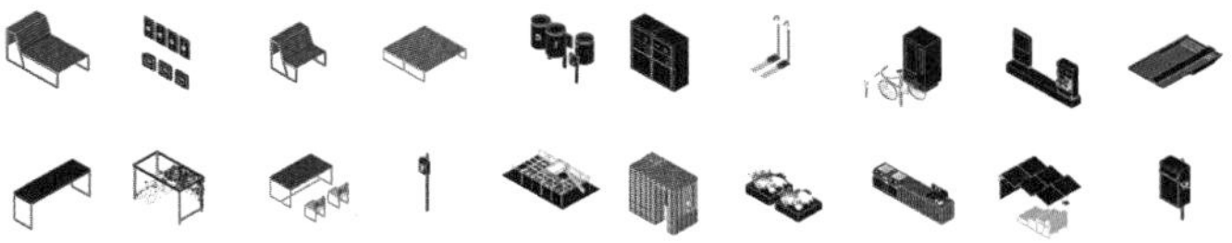

城市家具

## 重庆大学

CHONGQING UNIVERSITY

设计者：
陈适

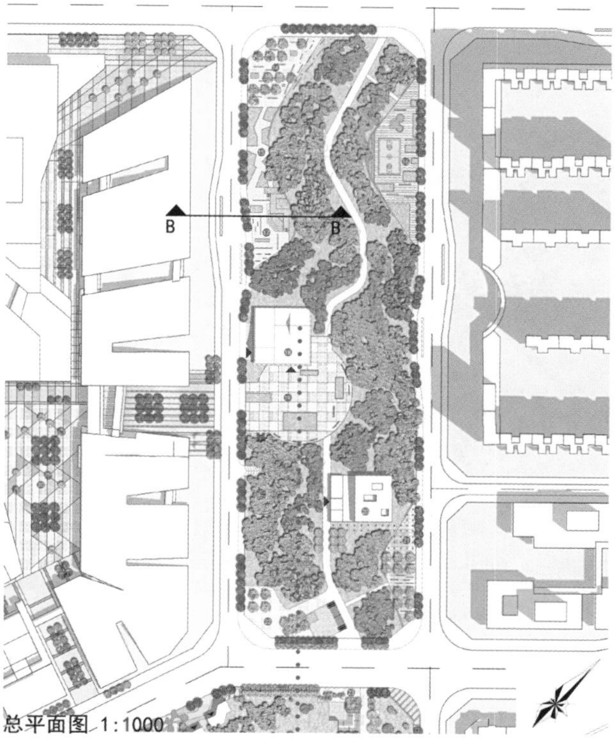


总平面图 1:1000

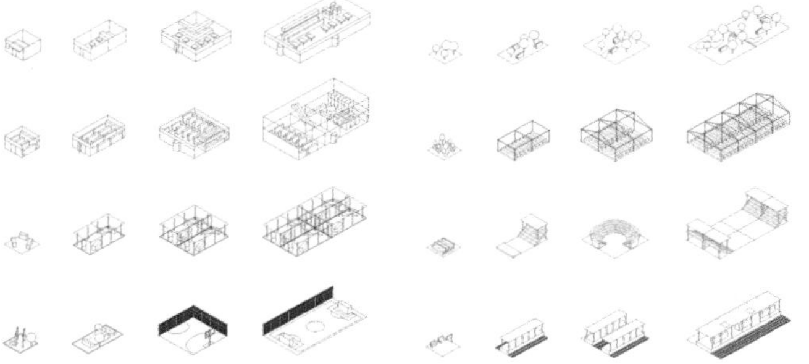

功能模数形变

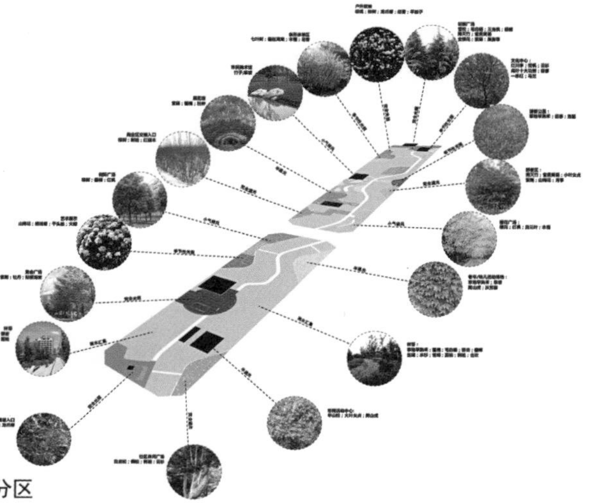

植物分区

B-B 剖面图 1:500

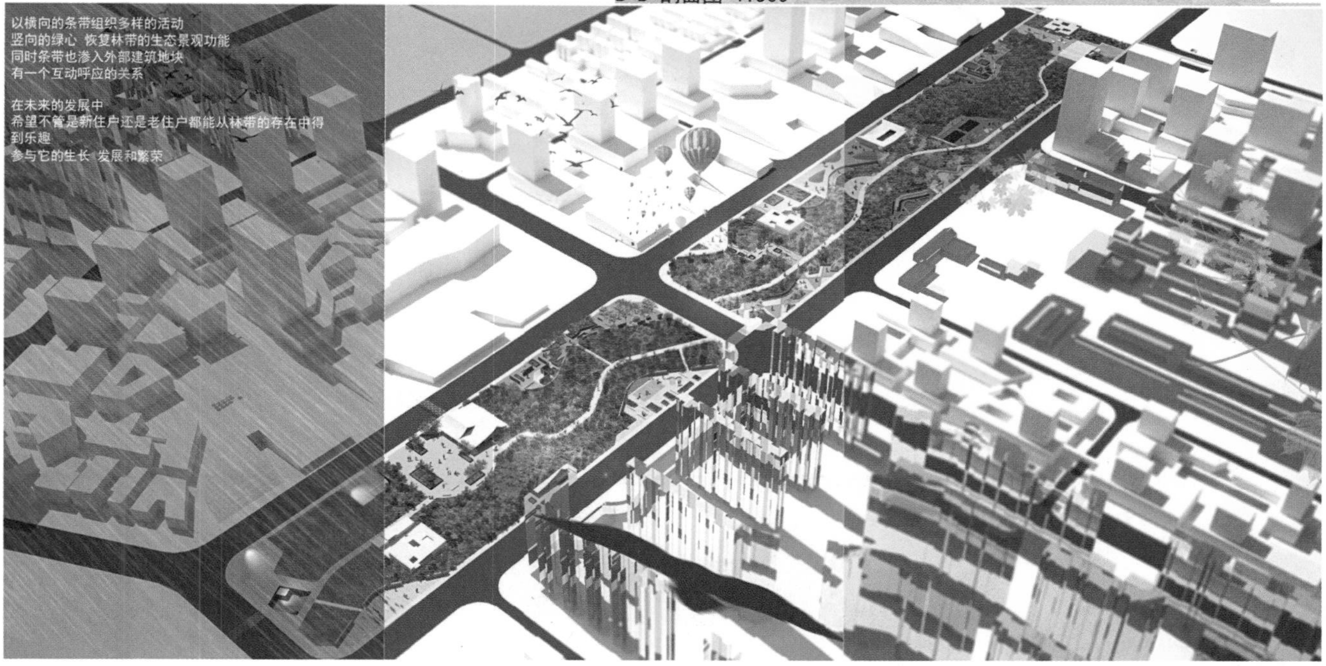
以横向的条带组织多样的活动
竖向的绿心 恢复林带的生态景观功能
同时条带也渗入外部建筑地块
有一个互动呼应的关系
在未来的发展中
希望不管是新住户还是老住户都能从林带的存在中得到乐趣
参与它的生长 发展和繁荣

设计者：

骆言

重庆大学

CHONGQING UNIVERSITY

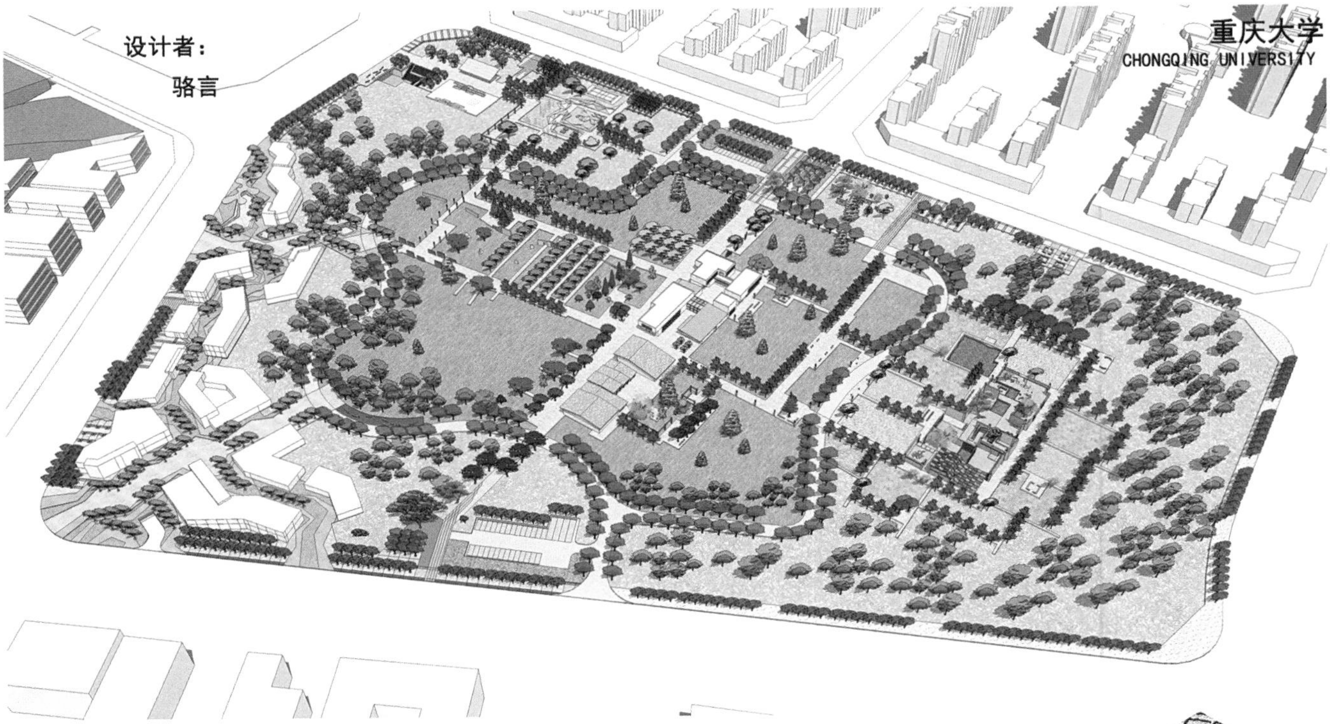

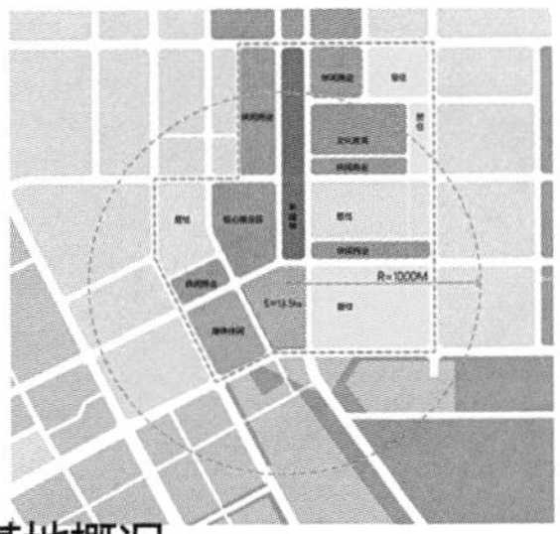

## 基地概况

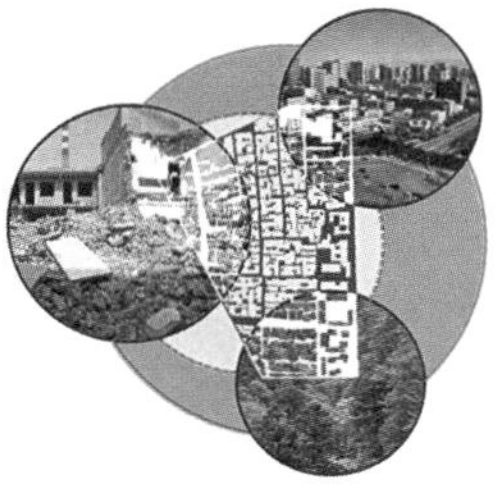

## 整体理念

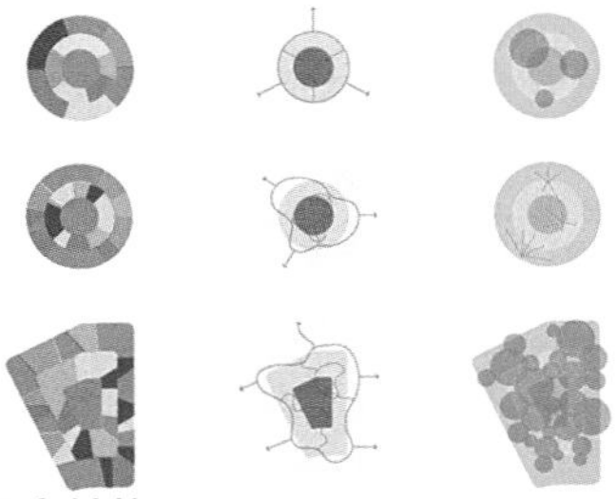

## 概念结构

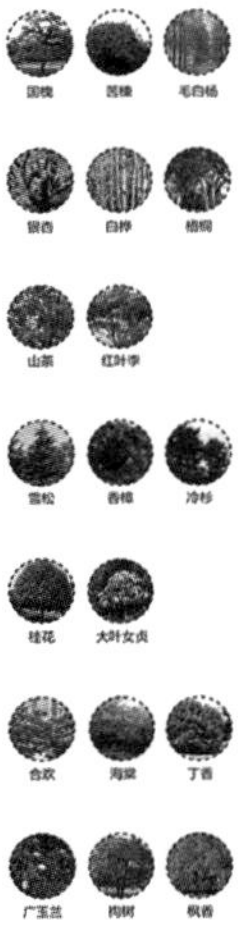

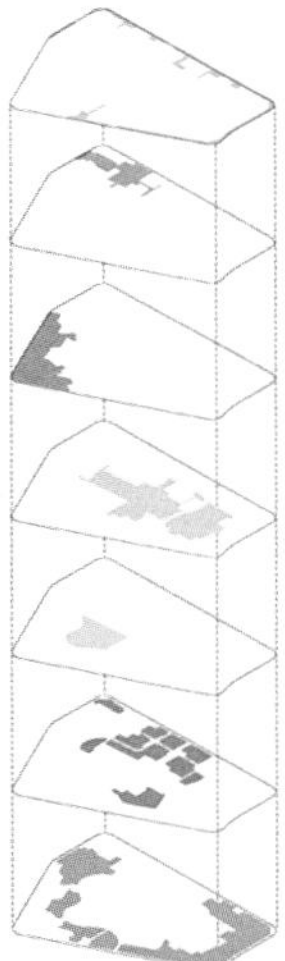

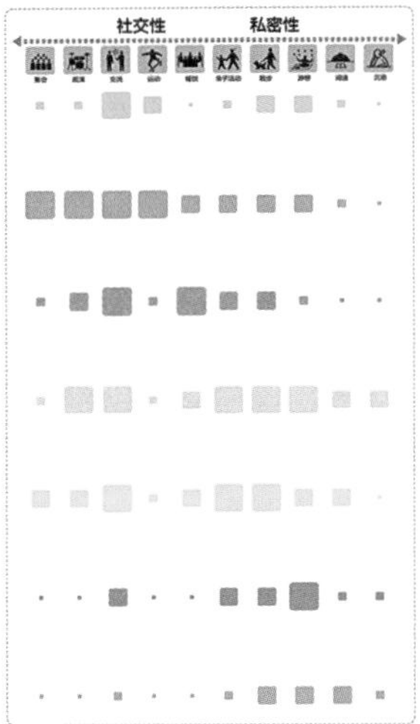


## 植物分区与活动策划

## 功能

## 流线

## 视线

## 服务设施

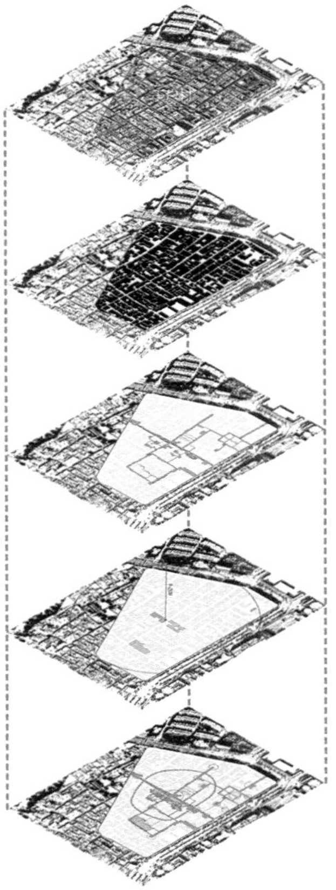

## 结构生成

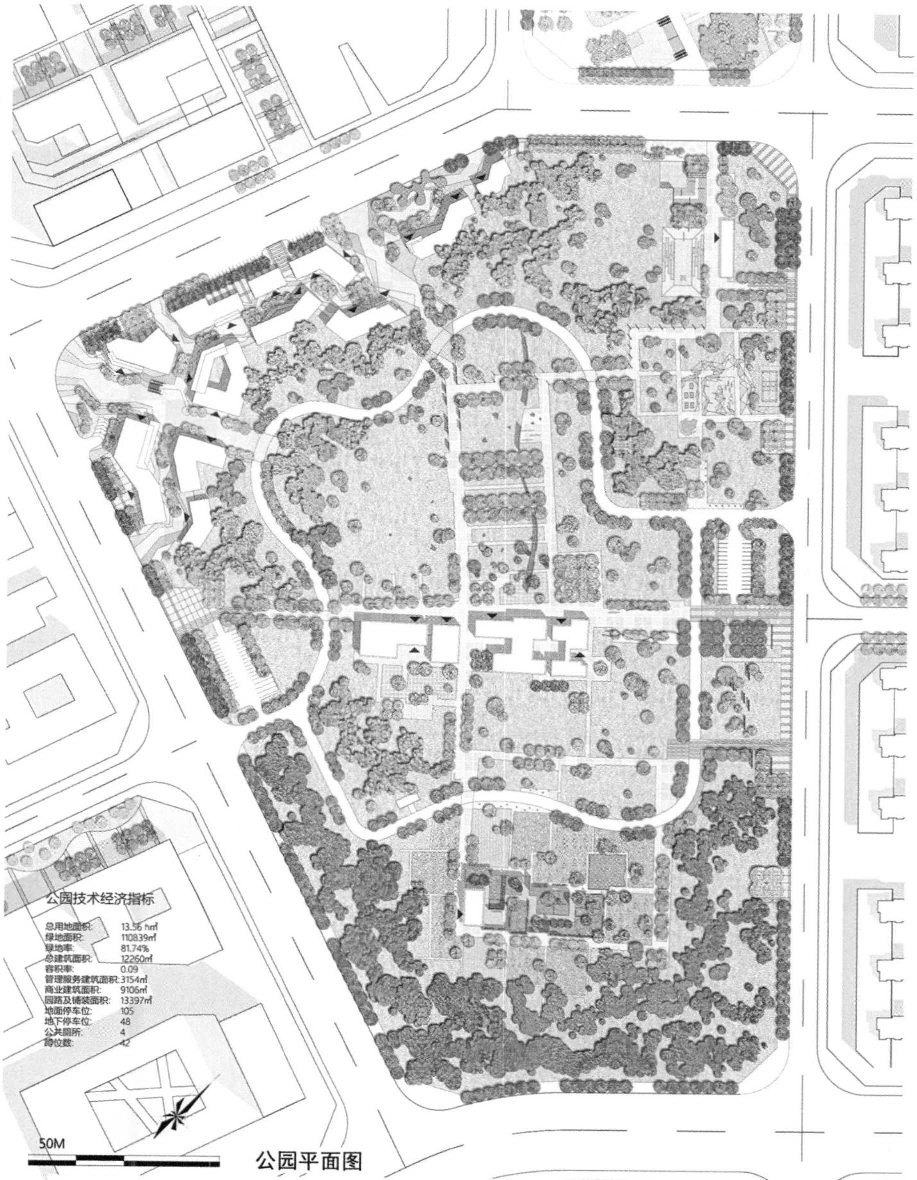
公园技术经济指标
总用地面积: 13.56 hm²
绿地面积: 110839m²
绿地率: 81.74%
总建筑面积: 12260m²
容积率: 0.09
管理服务建筑面积: 3154m²
商业建筑面积: 9106m²
园路及铺装面积: 13397m²
地面停车位: 105
地下停车位: 48
公共厕所: 4
蹲位数: 42
50M

公园平面图

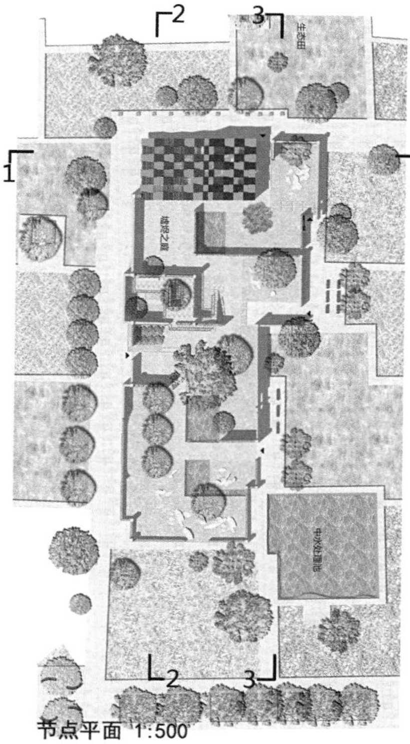


节点平面 1:500

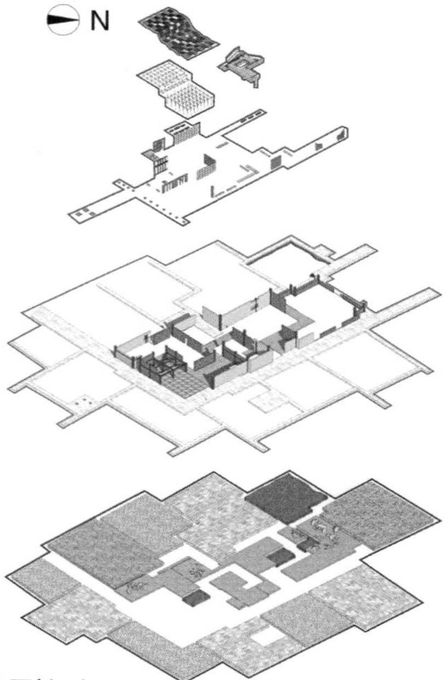

分层轴测

1-1 剖面图 1:300

2-2 剖面图 1:300

3-3 剖面图 1:300

# 西安幸福林带片区（地块儿三）
# 城市设计
# 慢行系统环景观设计


重庆大学

CHONGQING UNIVERSITY

设计者：冉山峰


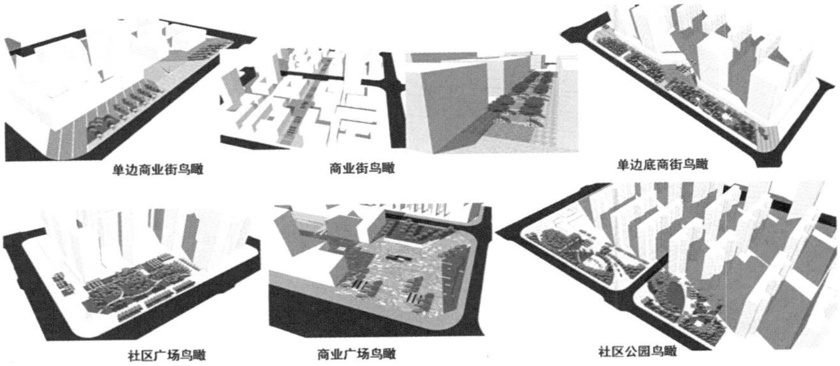


环线节点透视

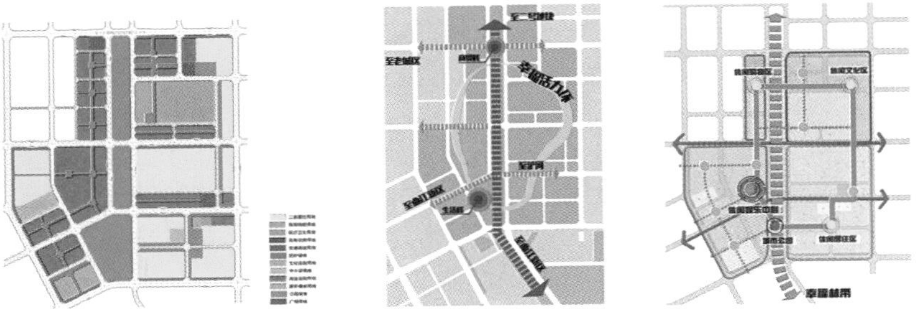

上位规划解读

1. 形成整体、连贯的步行环境。在跨越主干道时考虑人行天桥或地下通道。

2. 每个功能区根据周边环境，形成不同的景观，打造景观序列。

3. 从人群分析，活动分析出发，打造相应的外部空间，激发各个功能区的活力。

4. 在与幸福林带相接的地方，做出呼应。

设计策略

总平面图

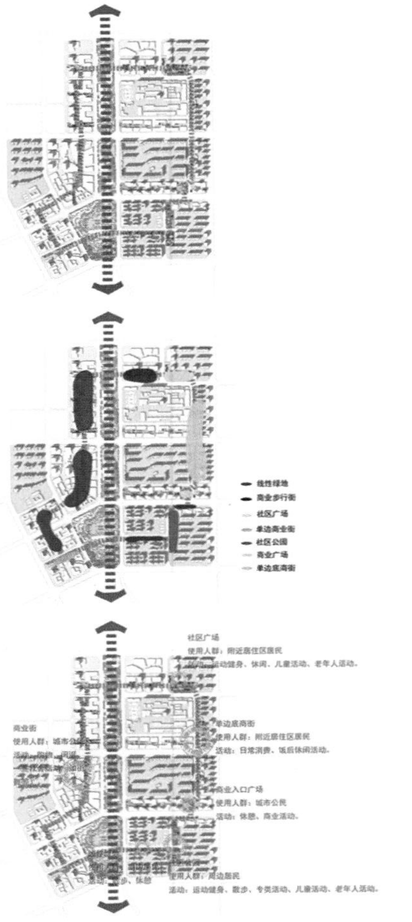


设计分析

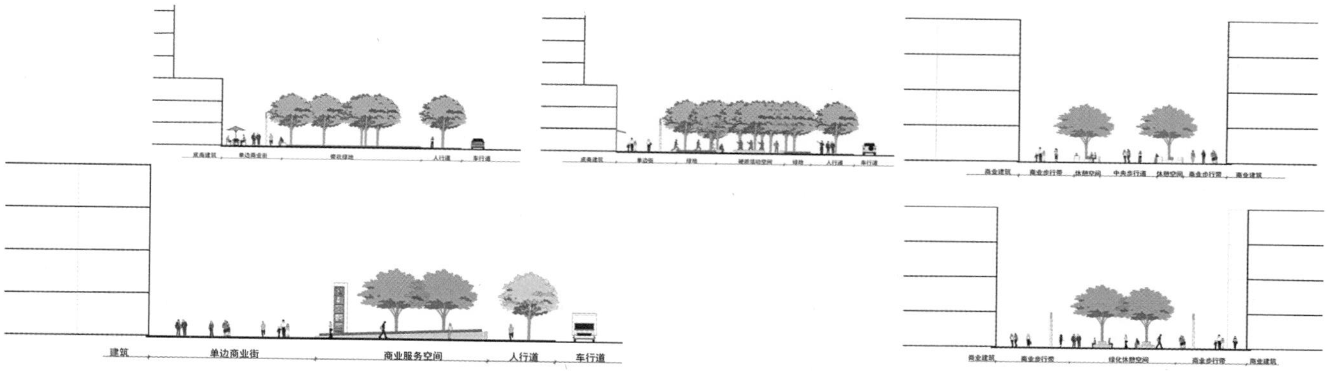
建筑
单边商业街
商业服务空间
人行道
车行道

环线节点剖面

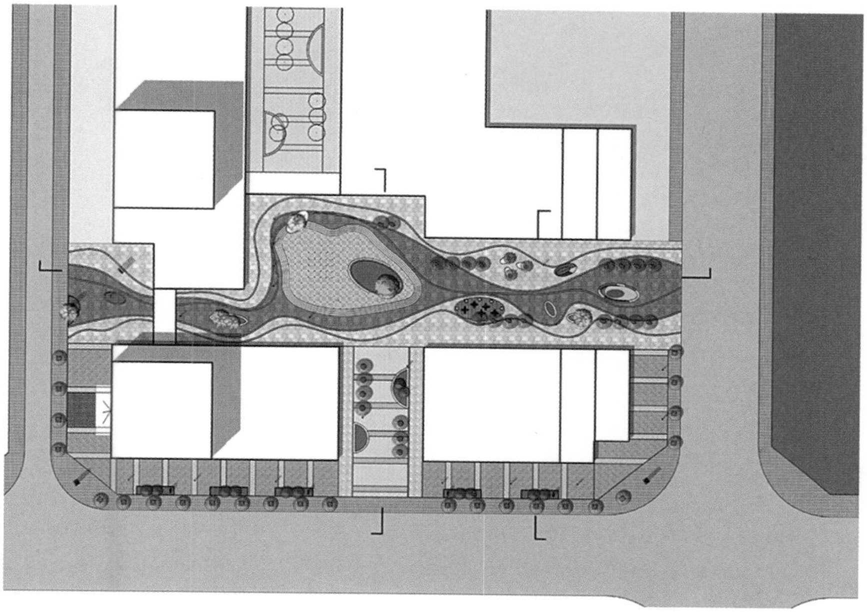

放大节点平面

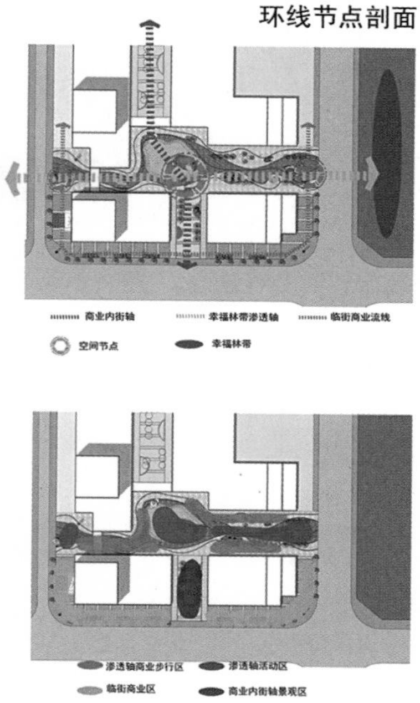
商业内街轴
幸福林带渗透轴
临街商业流线
空间节点
幸福林带
渗透轴商业步行区
渗透轴活动区
临街商业区
商业内街轴景观区

结构及功能分区

放大节点局部透视图

董慰

吕飞

董禹

陆诗亮

张宇

## 哈尔滨工业大学

城乡规划专业学生：陈杨、朱琦静、林芳菲、陈琳、朱超、曲直、刘泽群

建筑学专业学生：刘圣泽、王静辉、肖健夫、王雪松、孙宇璇、向钧达、陈玉婷、刘春瑶、张之洋、熊
叶昕、林绍康、胡晓婷

风景园林专业学生：顾裕周、施雨萌、王勇斌

释 题　　　哈尔滨工业大学建筑学院

　　本次联合毕业设计，哈尔滨工业大学建筑学院共有建筑学、城乡规划及风景园林三个专业的师生共同参与幸福林带地段设计。根据本校学生构成比例，把毕业设计分为两个阶段，第一阶段是三个专业的学生共同探讨、工作，确定规划结构；第二阶段是根据各专业特点，各专业分别在各自领域进行深入设计。

　　本次哈尔滨工业大学的毕业设计，各专业都完成了各自完整的设计成果，各专业之间既有相互协作、相互支撑的跨界交流和融合，又能体现各自专业的学科特点，进行深入设计，达到了较深的设计深度。

# UC 4

哈尔滨工业大学
Harbin Institute of Technology

设计者：肖健夫

## 慢·漫·蔓 文化建筑广场
### MAN MAN MAN　Culture Plaza and Art Center
新生与发展——西安幸福林带核心区城市设计
Regeneration and Development - Urban Design of the Xingfu Lindai core area in Xi'an

指导教师：陆诗亮　张宇

幸福林带两侧的工厂由于城市更新即将搬迁，片区面临着新生与发展的历史机遇。这里有大量的兵工厂、棚户区、住宅、木材加工厂、手工业小商铺等，以及几代人共同的历史记忆。本设计选取具有代表性的林带北端作为设计基地。林带将会带动整片区域形成慢生活区，基地将成为漫步休息的广场。在这里建设文化艺术中心，将会成为幸福林历史记忆、手工艺作坊、市民艺术等融合与酿造的酒缸。地景建筑的设计手法也将会使得文化艺术中心成为整条绿带蔓延的起点。

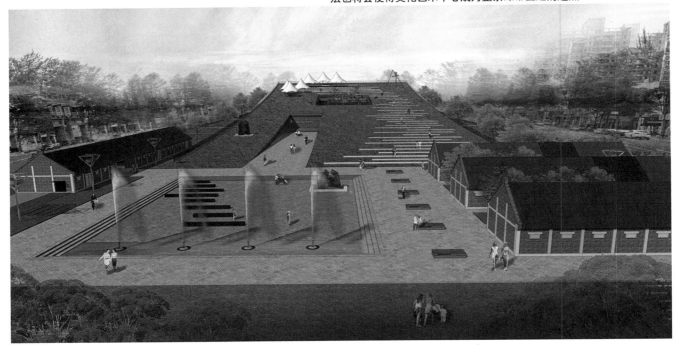

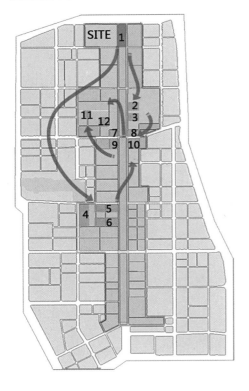

**192**

**十二个典型建筑的针灸式接入过程**

　　西安的历史与更新有着沉重的矛盾性和复杂性，幸福林片区城市设计面积过大，自上而下的整体城市策略难以把控并深入到人的尺度。于是我们采取了C·亚历山大在其《城市设计新理论》这一著作中所倡导的"渐进式"城市设计策略，十二个组员依次按照一定逻辑关注片区的某一方面，并选取最有代表性的位置进行针灸式的介入过程。这些最终形成了对整片历史区域的弱规划的策略。后续的区域发展会由于这些建筑的出现不断反馈，产生新的机遇和方向。

| 幸福林带出现 | 林带定位 | 1. 文化建筑广场 | |
|---|---|---|---|
| 当地人群问题 | 产业置换 | 2. 慢集市 | 3. 新街坊 |
| | 新型社区 | 4. 老年活动中心 | 5. 青年活动中心 |
| | | 6. 儿童活动中心 | |
| 涌入人群矛盾 | 商业交通 | 7. THE 文化型综合体 | 8. THE 传统型综合体 |
| | | 9. THE 娱乐型综合体 | 10. THE 生态型综合体 |
| 幸福生活福祉 | 文教娱乐 | 11. 工业文化市民活动广场 | |
| | | 12. 工业文化建筑改造博物馆 | |

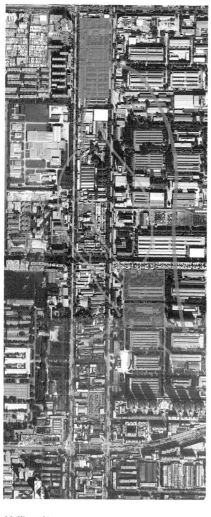

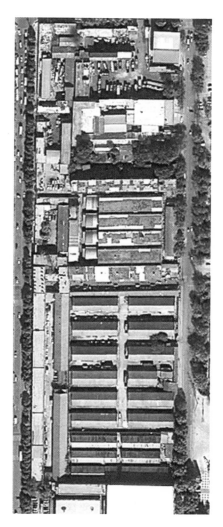

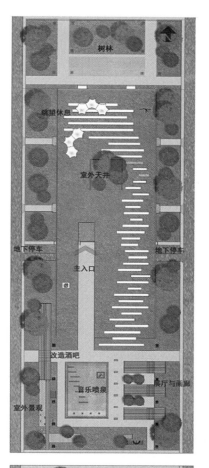

## 林带现状

　　基地内部存在大量复合的商业。随着拆迁，处于林带内部曾经西安最大的药材市场和旧物市场即将被拆除。一整片相对完整的厂房曾经是木材加工厂，现在也即将搬迁。整条林带内部大量的小餐馆、小商贩和小商品批发市场、五金店和修车行、电器维修等个体技术经营作坊，都将消失。随之消失的，还有这里几十年的生活方式和记忆，以及那些平民化的、草根化的纯熟手工技艺相互交织的杂乱喧闹的繁华。这片基础设施较差，环境卫生恶劣的生活化的片区即将变成完善美丽的绿带，然而那些来自底层百姓的智慧和艺术、创意与匠意，都失去了土壤与容器。

　　林带北侧起点东南方向旧建筑群将以民间创意产业为特色，西南方向旧建筑园区以市民运动为特色。林带北段将以文化艺术和生活为主题，对周边进行整合。

## 设计策略

　　1. 林带以绿化为主，配合不同区块的发展主题形成各自的广场与活动区域。旧有建筑基本都拆除，将完整的建筑进行保留形成景观或建筑小品。

　　2. 进行产业置换。将药材市场、旧书店、旧物与古玩交易等搬迁至林带东侧的改造建筑内，形成"慢生活"集市设计，将特色手工艺、商贩小商品等转移至相邻改造建筑内，形成"新街坊"设计。保留基地内少量建筑，形成特色手工艺展廊、画廊与酒吧，将这里变成休闲游憩的漫步绿地与喷泉广场。

　　3. 设计一个市民的文化艺术中心，将艺术创作、展览、创意工坊、文化商业和阅览融为一体。为创意手工艺和艺术提供展示的场所和相互影响的容器，催生在地艺术发展的新机遇。

## 设计手法

　　本设计包含文化广场和文化艺术中心两部分。

　　室外的旧工厂进行部分拆除和部分改造，植入画廊、展览和酒吧等艺术和商业功能，营造活跃轻松的音乐喷泉广场，使这里成为城市的舞台。

　　将创意工坊、艺术展览、图书阅览等功能混合，为市民提供文化场所，同时兼具有临时会展的功能，为市民的手工业展销、民间创意展览等提供机会。文化艺术中心将为民间的智慧和创意精品的交流起到激发作用。

　　运用地景的设计手法，将功能与场所、建筑与景观统一为整体，实现人与环境的和谐，并用现代的语言来探索中国传统建筑文化的新表达。

## 场所营造

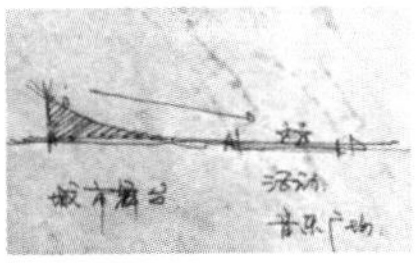

在线性的绿色林带的起始端，将大地掀起来，形成一个坡。从坡上可以向南方眺望整个轴线。坡的前方是文化艺术广场。卞之琳说，“你站在桥上看风景，看风景的人在楼上看你。”城市的景观引发市民活动，游憩的市民本身又是城市的另一种景观。本设计即是利用独特场所，营造城市的舞台与看台。

## 文化象征

坡屋顶是最为常见的中国古典建筑元素。本设计的坡，即是回应西安悠久的建筑文化。由地面逐渐变为屋顶，由瓦片转换为植被，本设计试图将屋顶的概念做一种语义上的转换，使中国元素的象征处在若有若无似是而非之间。

## 网格空间

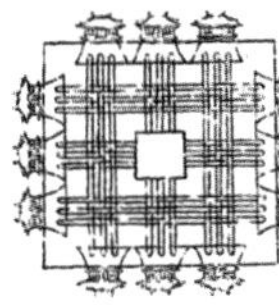

建筑内部的大厅，可以兼做展厅举办小规模的会展，其平面设计的来源即是西安九宫格的城市特色。作为阵列的空间，九宫格的中心位置被设计成为了室外的展区和休息区，大厅本身反而成为环抱的空间，充分强调绿色、自然与舒适。

## 一层平面

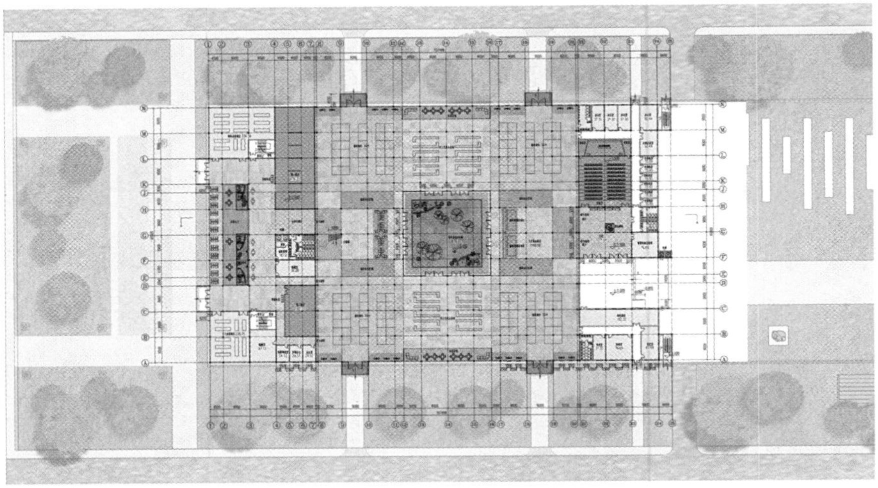

## 二层平面

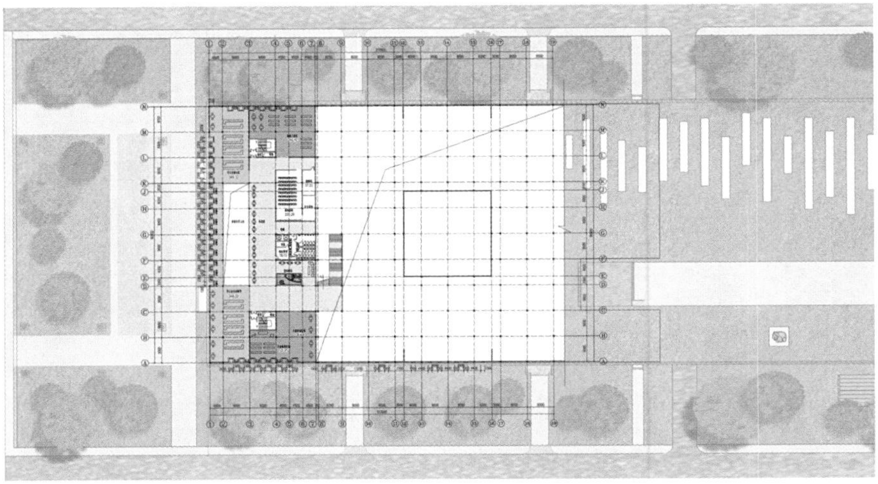

## 三层平面

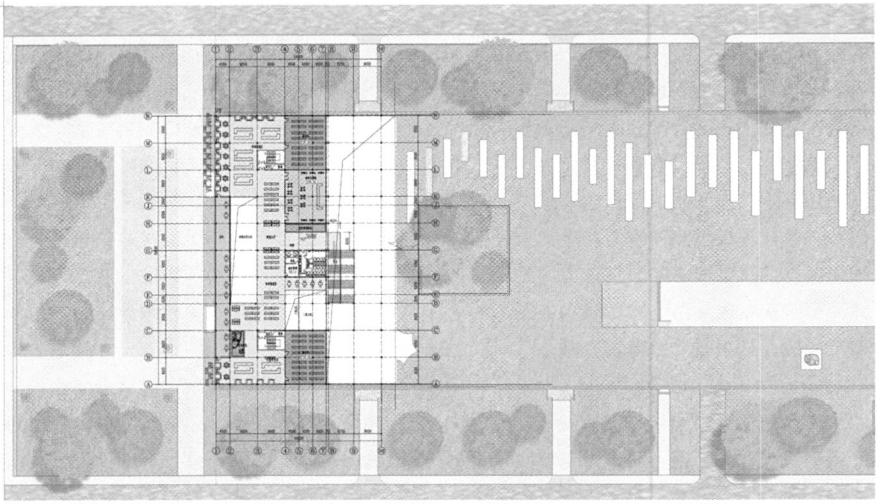

**西侧剖面图**

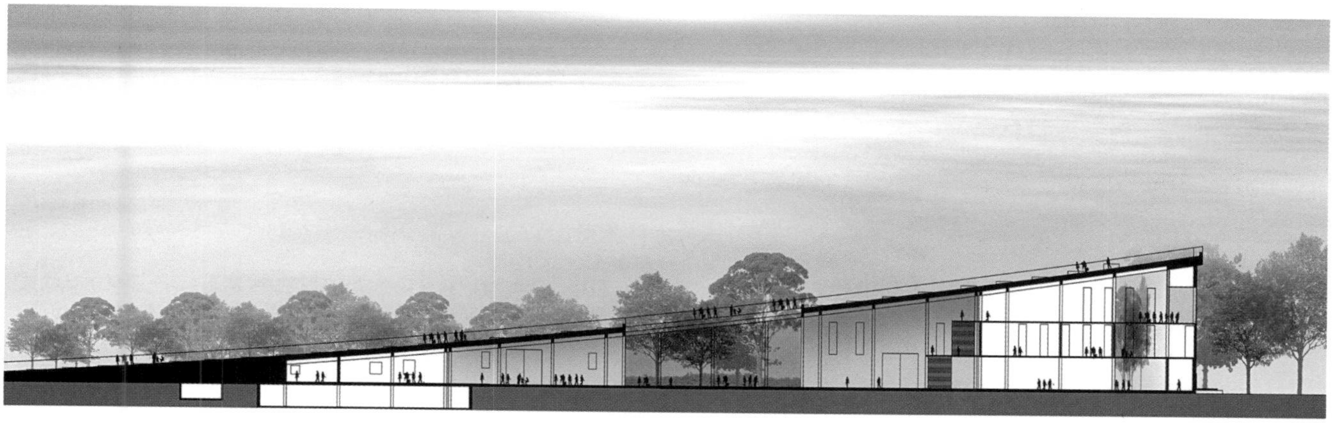

**南侧立面图**

**北侧立面图**

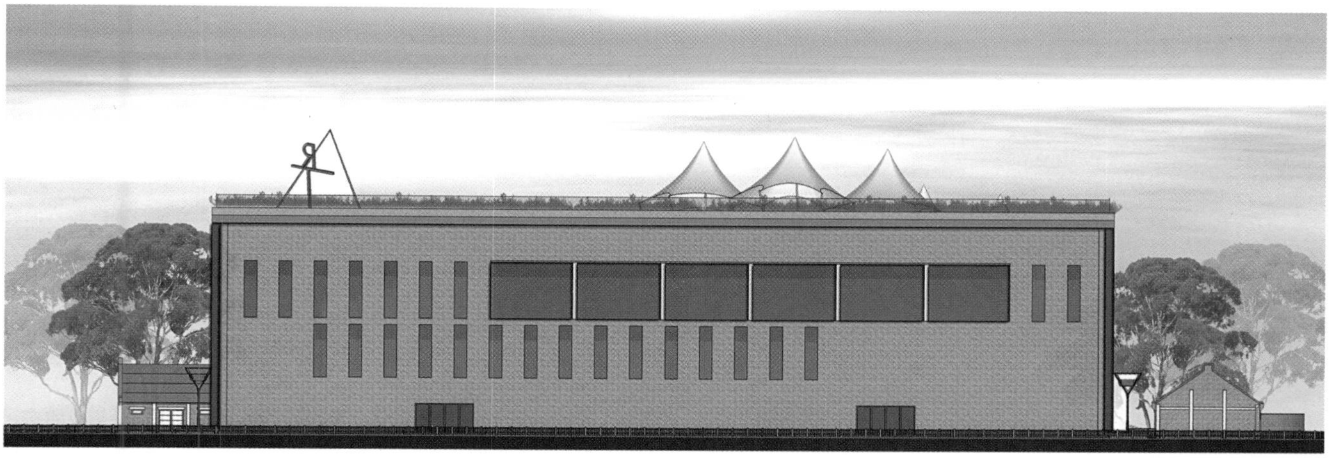

# UC 4

哈尔滨工业大学
Harbin Institute of Technology

设计者：向钧达　熊叶昕

## 幸福林区集市设计
Xingfu Lindai Area Market Design

新生与发展——西安幸福林带核心区城市设计
Regeneration and Development - Urban Design of the Xingfu Lindai core area in Xi'an

指导教师：陆诗亮　张宇

林带中存在着大量集贸市场，林带改建后市场消失，为保证原有居民便捷的生活方式，将林带内拆除的集市进行重新整合，在黄河机械厂原址进行升级重建，继续为周边居民与服务，并融入新的文化，艺术元素，打造片区新的生活艺术中心。

### 设计概念
Design Concept

原有林带中，存在着相当面积的集市建筑。尤其是由4个药材市场组成的西安最大的中草药集散市场，正在面临拆迁问题。于是我们考虑将市场就近转移到即将被迁走的黄河厂厂房内部。并且整合入旧书市场以及古玩市场，形成一个慢生活节奏的市场场所。为了提升市场的空间品质，还整合了与三个市场功能相对应的养生茶室、旧书阅览室，以及古玩展览馆。总体构成了西安幸福林片区的一个“慢生活文化综合体”。

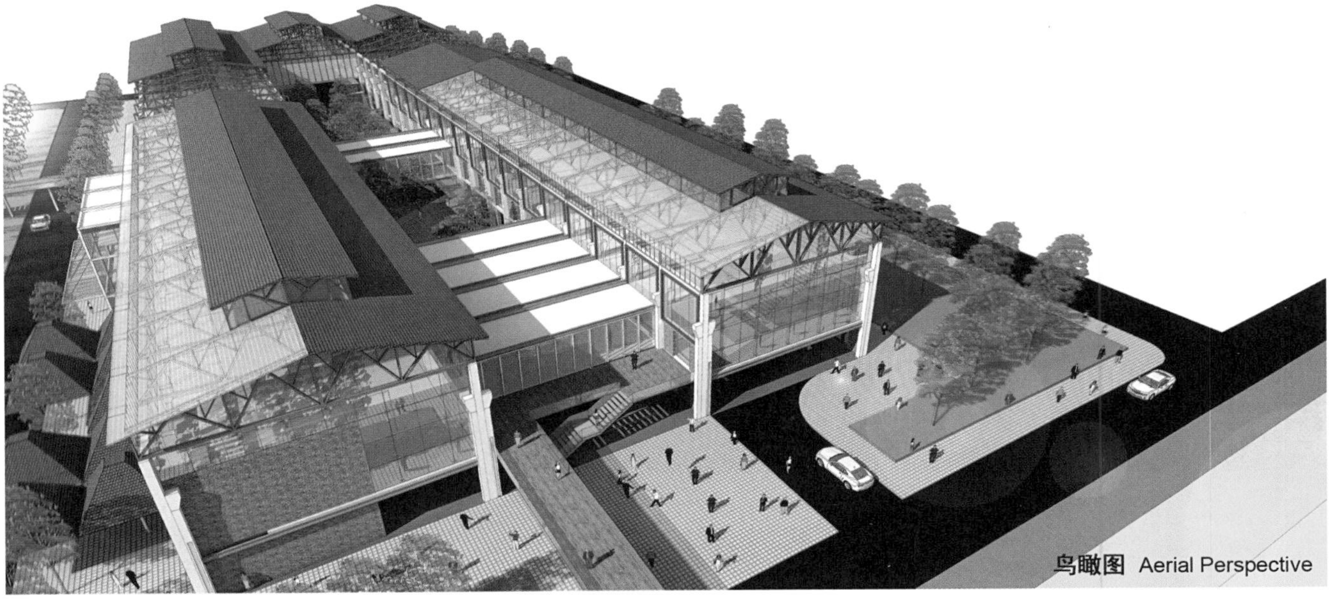

鸟瞰图 Aerial Perspective



### 基地介绍与历史沿革
Site History Introduction

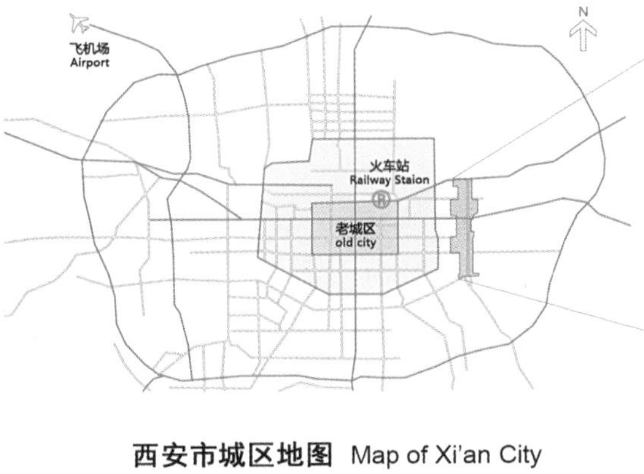


西安市城区地图 Map of Xi'an City

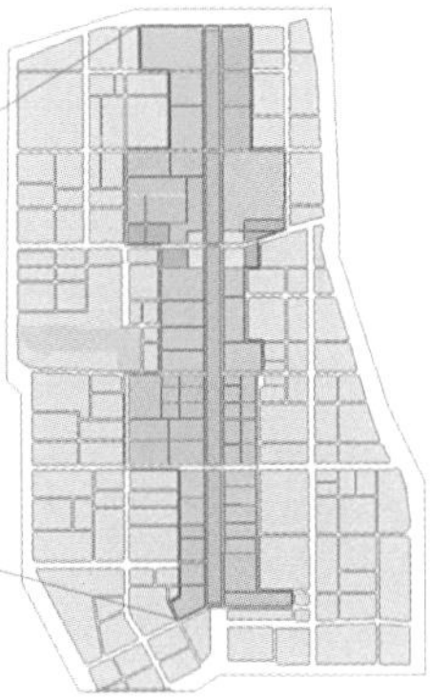

幸福林核心带地图
Happiness Forest Belt

西安幸福林带片区地处西安市东郊浐河西岸，陇海铁路以南，地势平坦，海拔410～440米。片区以幸福林带为核心，东部为浐灞新区，南部为曲江新区，北部为西安火车东站，西部为西安中心城区，距西安明城约2.2公里。

西安幸福林带片区北起华清路，南至新兴南路（规划路），东起铁路专用线（酒十路延伸线），西至金花路（东二环），总面积为17.63km²。其中，幸福林带核心区北至华清路，南至新兴南路，西至长缨北路—康乐路—新科路，东至规划路，是幸福路地区的核心发展区域，规划用地约5.1平方公里。

2012年12月25日西安市政府常务会审议通过了《西安市幸福路地区综合改造规划》。宣告幸福林带的建设，历时60年后终于开始动工。也带来了这次毕业设计的这个改造议题。

## 建筑基地选址
Site Selection

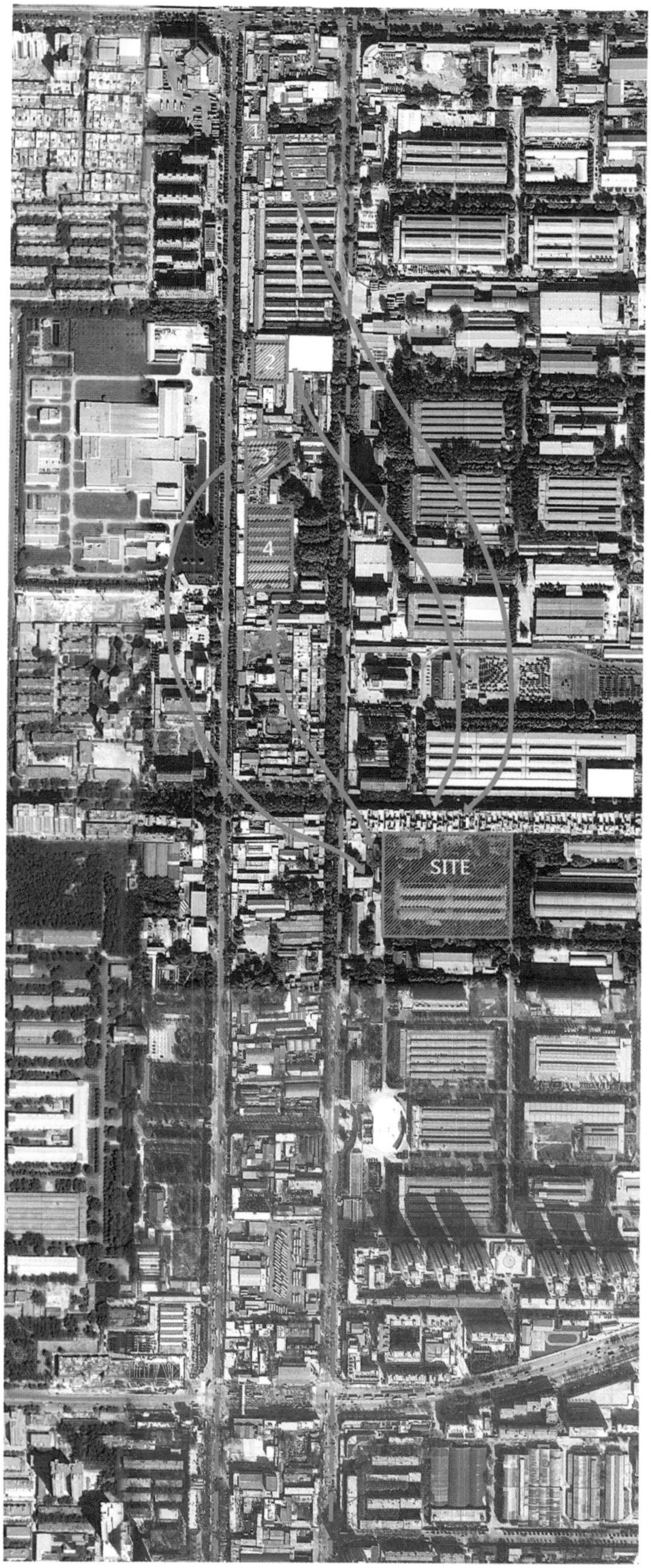


### 幸福林带药材、旧物市场的变迁
Transition of Herb Market

随着幸福林带的拆迁，曾经处在林带内西安最大的药材市场及旧物市场聚集地即将被拆除。与此同时，消除的还有这个片区人们基于这些市场的生活模式。

在城市的发展之中，被忽视的往往是小众群体的利益。而这些辛苦工作的集市劳动者，以及喜欢逛药材市场的中老年人，他们的生活会随着城市轰轰前进的脚步声改变些什么？这是我这一次设计的出发点与基石。

经过仔细考量，我认为这些市场适合搬迁至就近的场所。而黄河厂植被丰富，环境安静，与这些慢节奏的集市气质相合。于是选择了黄河厂西北角的一个厂房做旧建筑改造，以适应新的城市发展阶段。

### 建筑形体生成过程
Transition of Herb Market

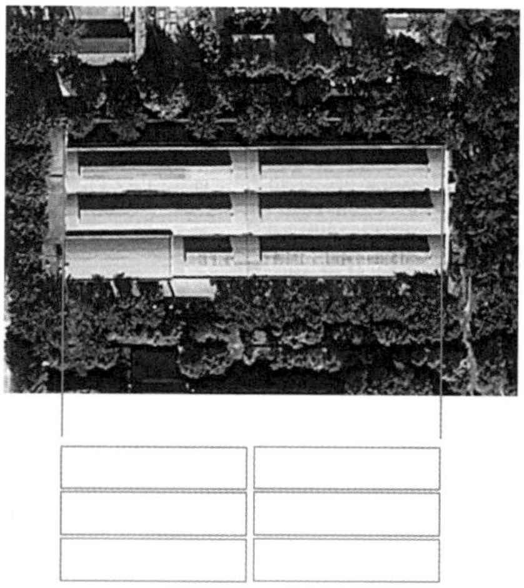

**原有六个小厂房**
Original 6 Factories

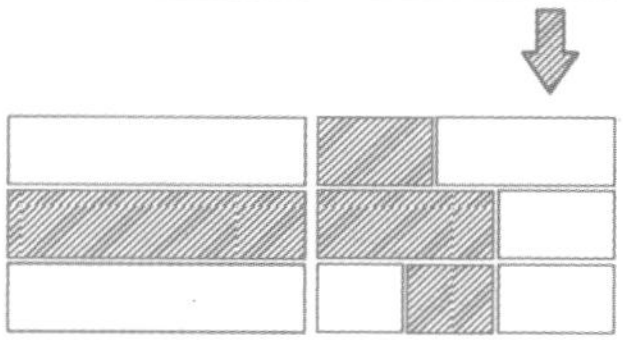

**拆除部分围护结构、形成中庭**
Remove Part Construction

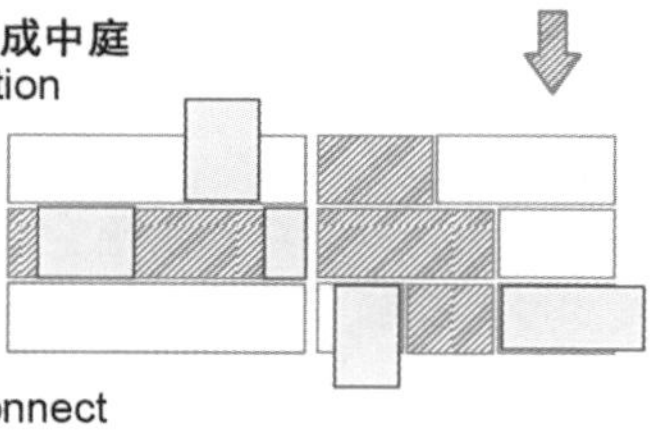

**加入新体块连接**
Add New Volume to Connect

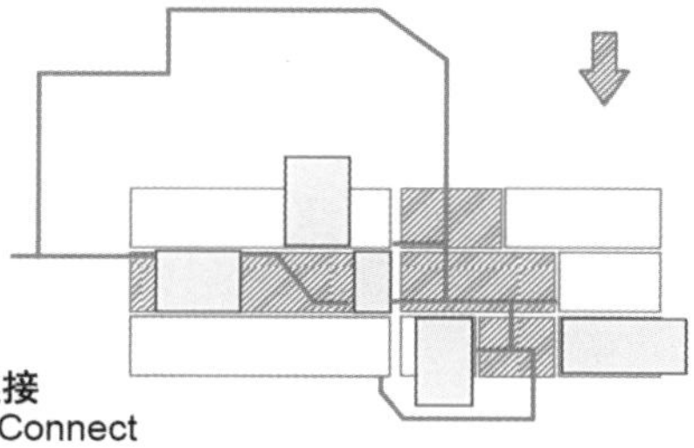

**加入空中步道连接**
Add Air-Path to Connect

## 建筑结构体系
Structure System Evolution

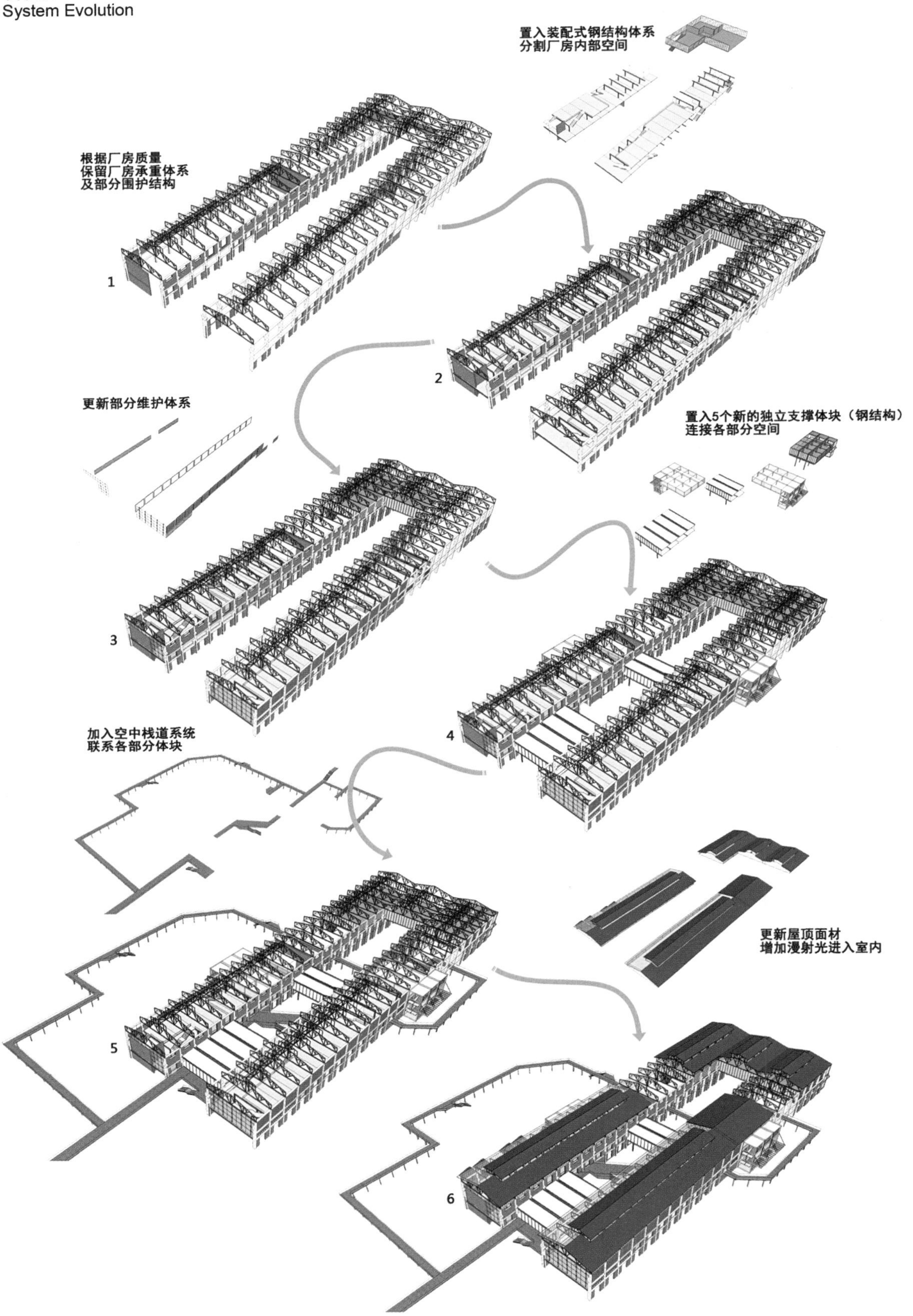

## 建筑物理环境技术分析
Physical Environment Analysis

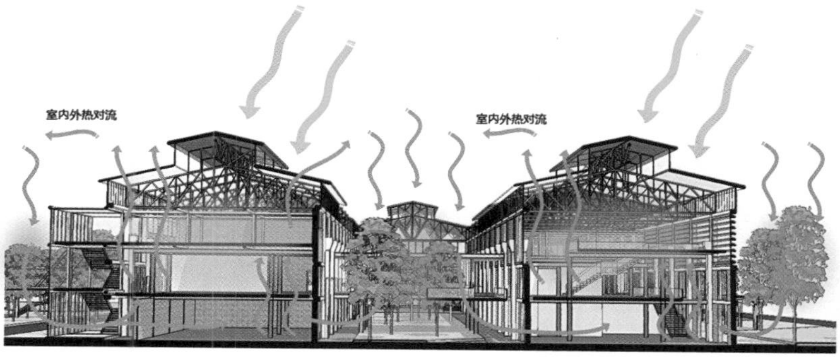


**夏季热环境分析** Heat Analysis in Summer

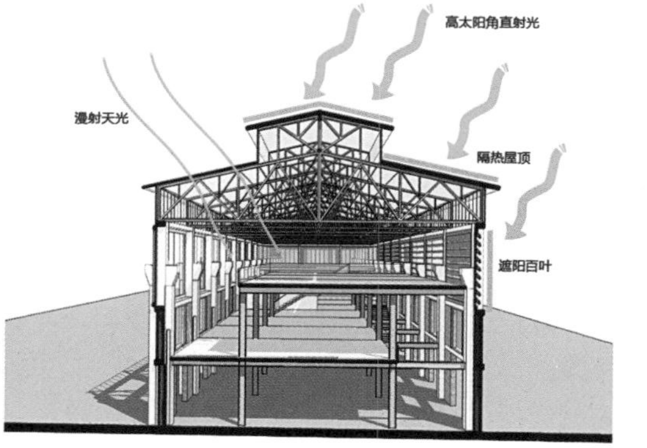


**夏季日照** Solar Analysis in Summer

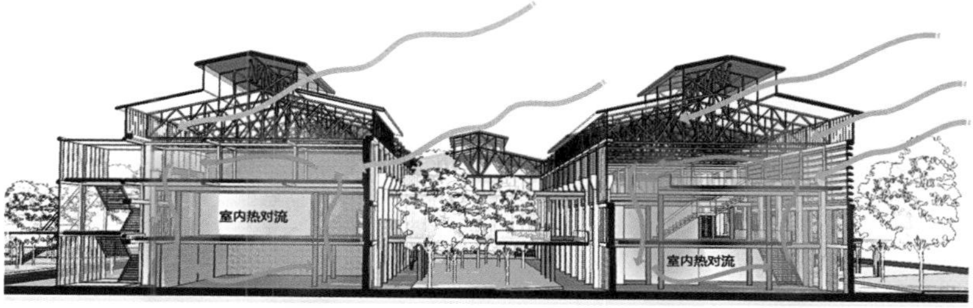


**冬季热环境分析** Heat Analysis in Winter

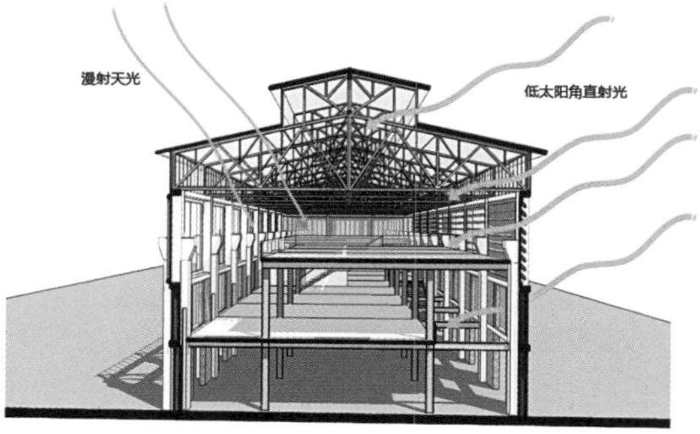


**冬季日照** Solar Analysis in Winter

**中庭透视图** Central Curtyard Perspective

# 新街坊——城市艺术生活集市
ART AND LIVE MARKET

## 设计概念
Design Concept

根据现有城市设计功能定位及未来城市发展方向，原有林带拆除后，林带中集市聚集在基地北侧的慢集市，而面对即将进入基地南侧文创园区的艺术家，两者的融合是本设计解决的主要问题。将日常生活进行艺术加工展示，并融入创意元素吸引人流，在满足日常生活的情况下提高周围居民生活趣味。

## 概念解析
Concept Explain

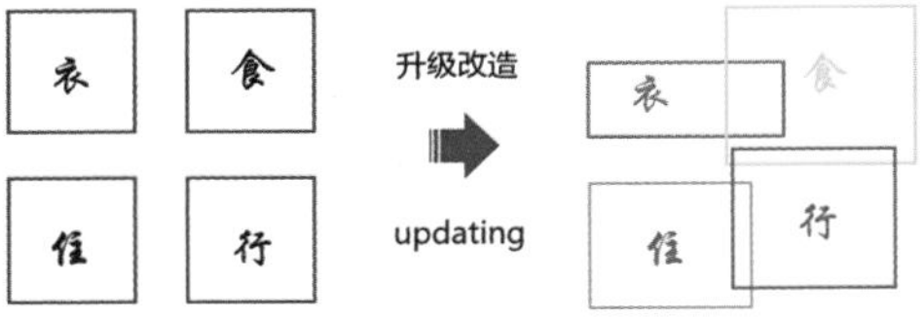


## 人群关系分析
Analysis of People

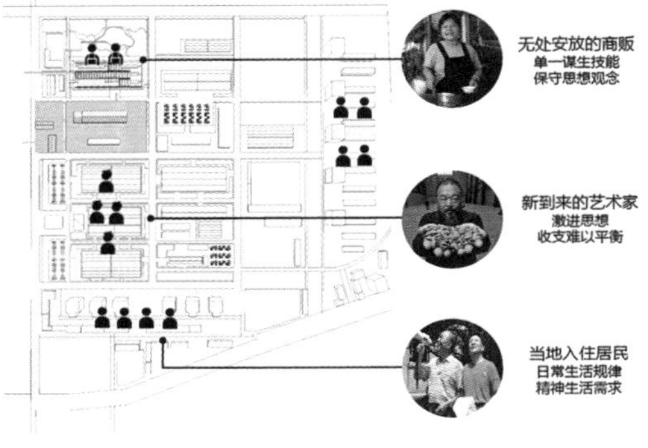

无处安放的商贩
单一谋生技能
保守思想观念
新到来的艺术家
激进思想
收支难以平衡
当地入住居民
日常生活规律
精神生活需求


## 生成分析
Concept Development

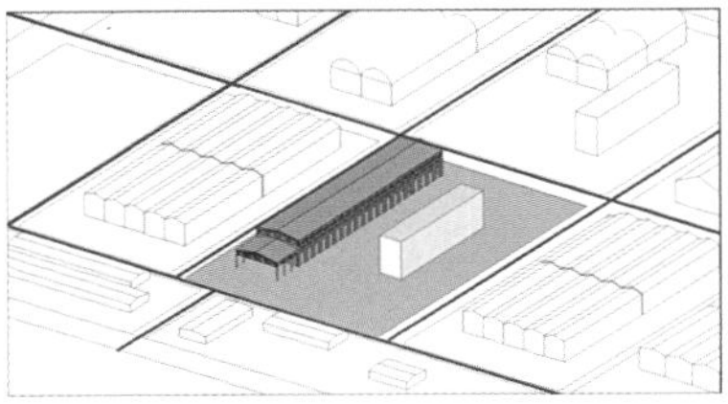

原有交通交错，场地内有历史厂房及旧办公楼

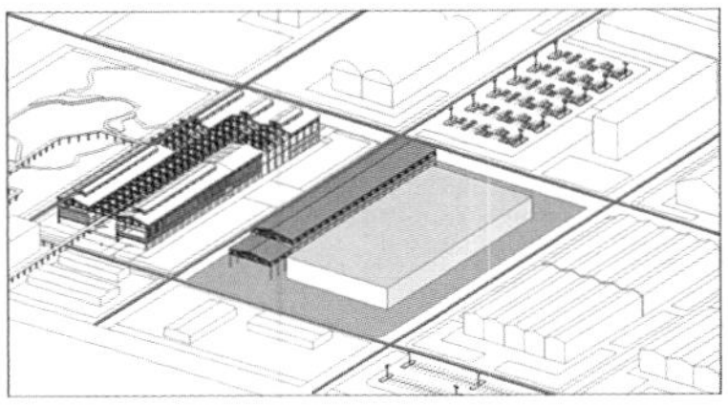

重新梳理规划，拆除旧办公楼破旧维护结构

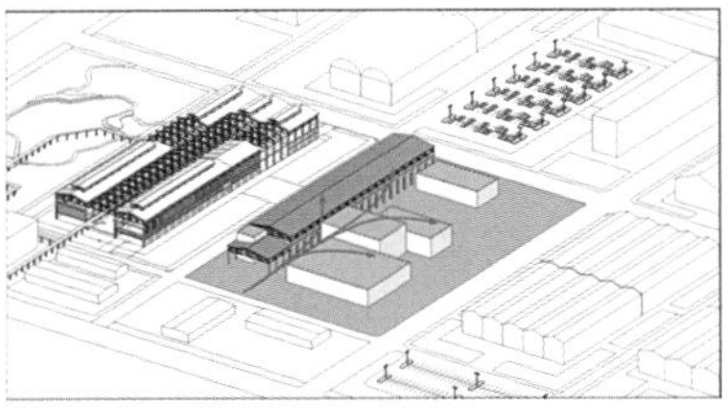

将大体量打碎成为小作坊，并围合成为新的街道

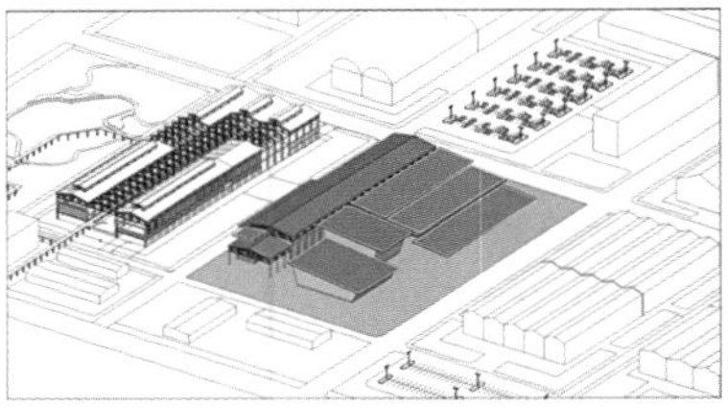

融入原有斜坡屋顶构架形成新建筑屋顶及形体

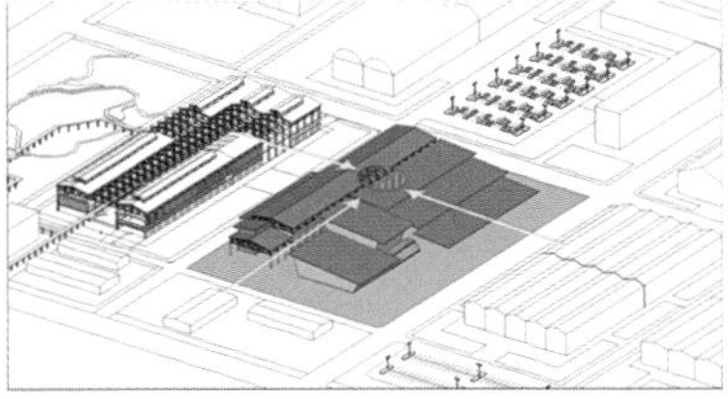

从林带及周边引入人流并在集市中心围合新的庭院

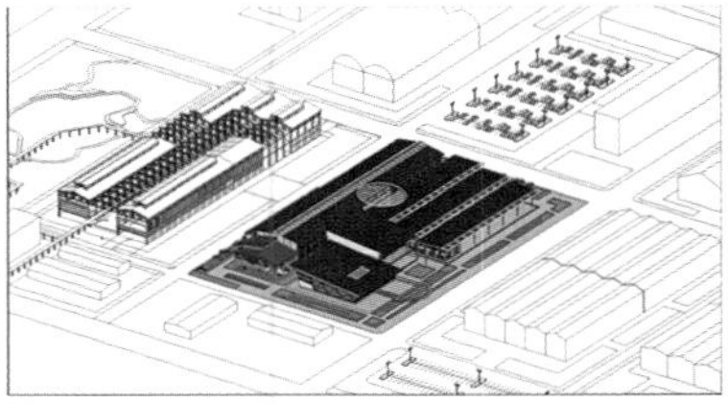

增加天窗进行自然采光，利用大坡屋面加入太阳能光伏板

## 一层平面
First Floor

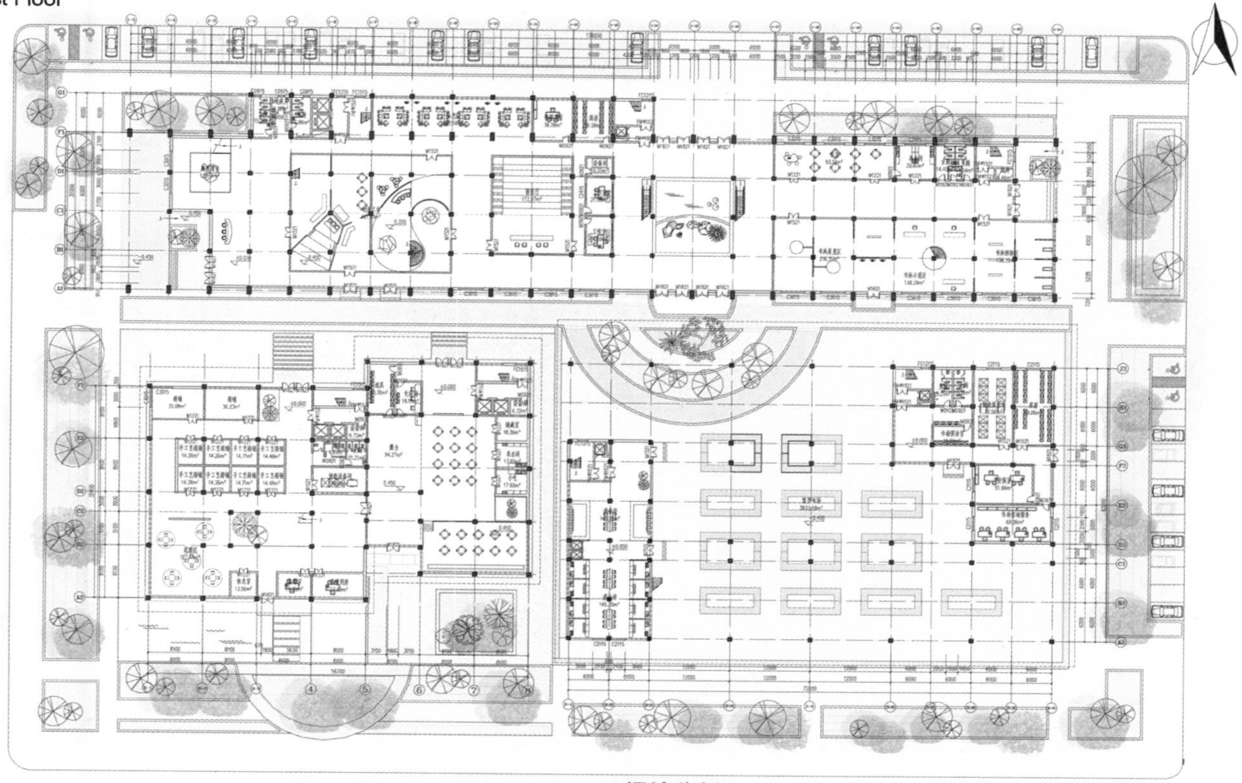

## 二层平面
Second Floor

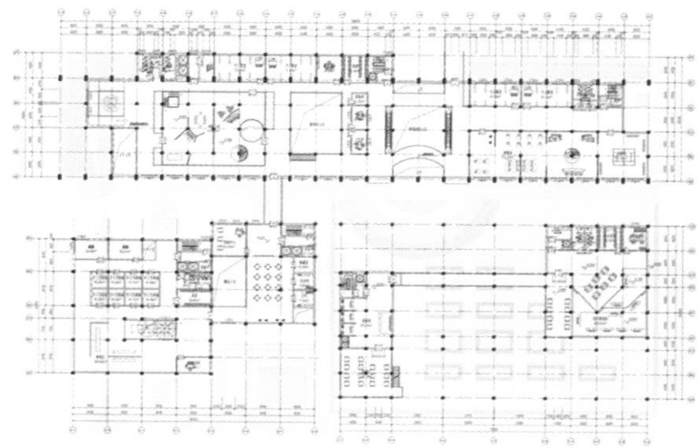

## 三层平面
Third Floor

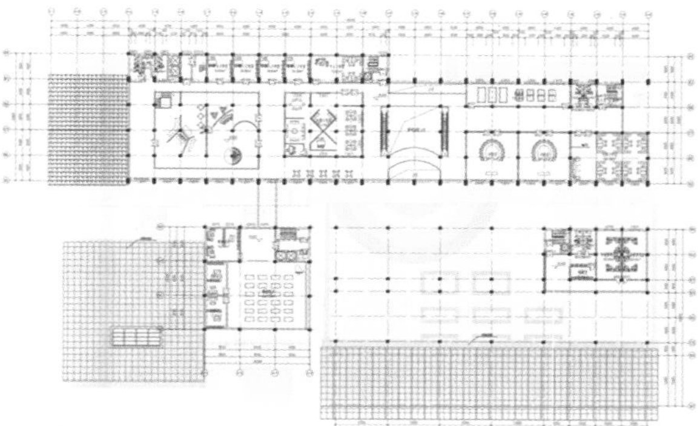

## 场地分析
Site Analysis

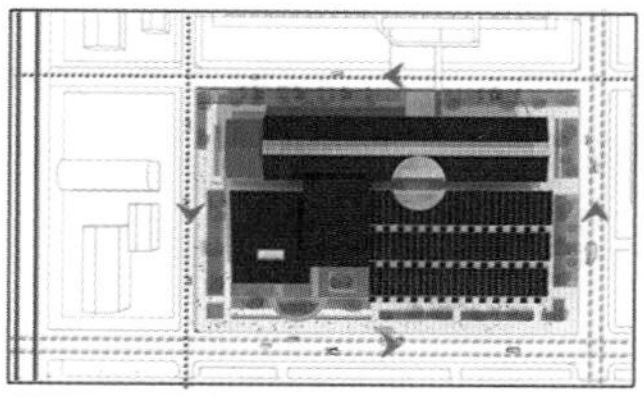

基地紧邻园区车行主干道,次干道，与城市快速路间隔宽阔绿化带，保证交通可达性的同时隔绝相应噪音。



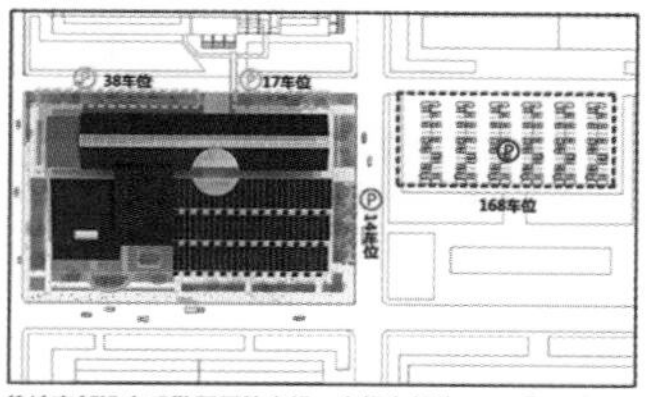


基地南部设有后勤园区停车场，市场东部单独配套货运停车场保证商贩的货物装卸，北部为游客设有临时停车场.

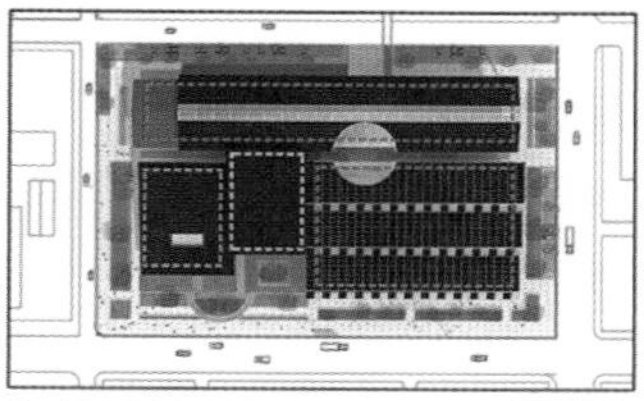

根据建筑体量将各个功能块打散设置，保证建筑各部私密性和功能的独立完整性为每一个功能分区配备相应的服务配套设施。



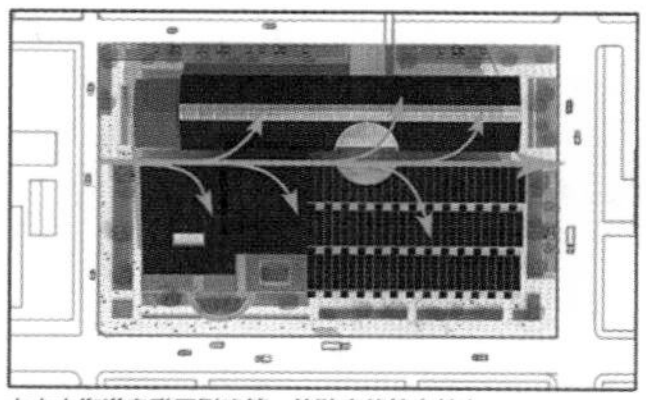

由中央街道串联两侧建筑，使游客能够在其中穿梭游览。并保证游览的连贯性与各个功能区块的相互渗透。

## 总平面图
Site Plan

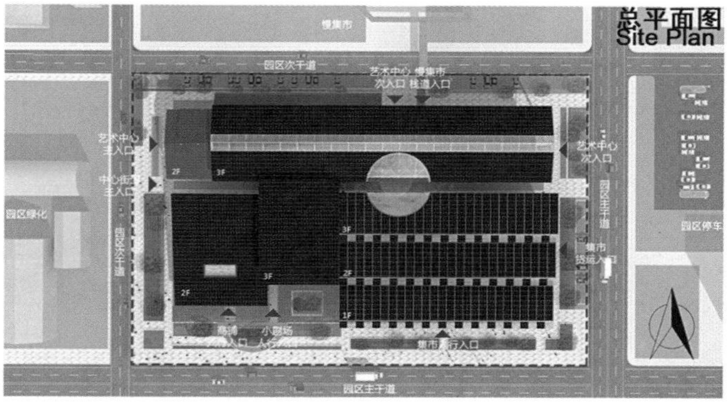

主入口透视
Entrance Preview

室外透视
Outdoor Prebiew

东立面
East Facade

南立面
South Facade

西立面
West Facade

北立面
west facade

集市透视
Market Preview

功能分析
Function Analysis

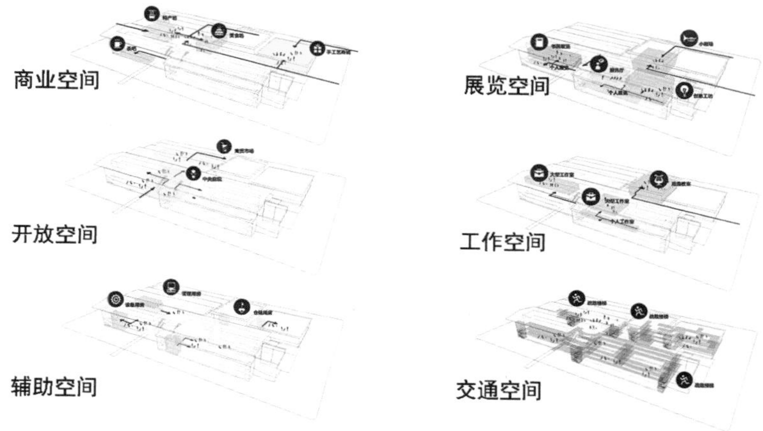

A-A剖面
A-A Section

B-B剖面
B-B Section

# UC 4

哈尔滨工业大学
Harbin Institute of Technology

设计者：
陈玉婷　林绍康

## 西安眼 Xi'an eye

### 幸福林带西光厂区更新改造及工业文化博物馆

Happiness forest xiguang factory transformation and Industrial Culture Museum

**指导教师：陆诗亮　张宇**

城市设计上，综合考虑到原西光厂区的文化要素和绿化环境，将其设计为以工业文化为主题，绿色健身为辅线的工业文化活动公园。建筑为原有厂房改造的工业文化博物馆。造型设计上，保留原柱网，增加体量，丰富立面，外观形象结合旧有工业元素和现代表皮。功能组织上，通过庭院、展厅、中庭、屋顶平台，衍生多重空间的交融感受。

### 区位环境分析 Venues situation analysis

车行系统分析 Dealers System
人行系统分析 Pedestrian System
功能分区分析 Functional Division
景观界面分析 Landscape interface

### 场地设计分析 Site Design Analysis

停车&流线 Parking & flow lines

- 基地内环路
- 地面停车
- 基地入口
- 车行入口

功能分析 Functional Analysis

- 工业文化博物馆
- 工业文化广场
- 工业文化雕塑

### 总平面图 The General Plan

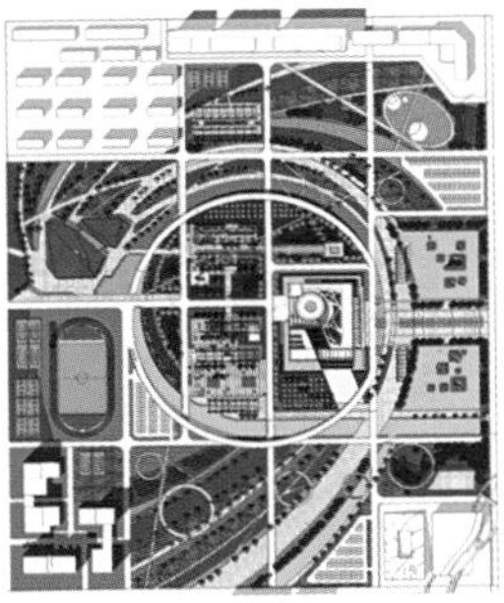

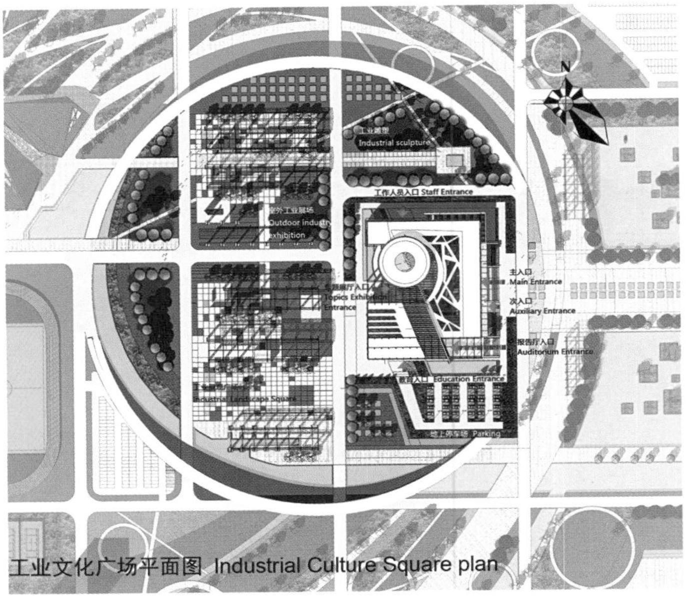

工业文化广场平面图 Industrial Culture Square plan

### 厂区更新要素 Venues situation analysis

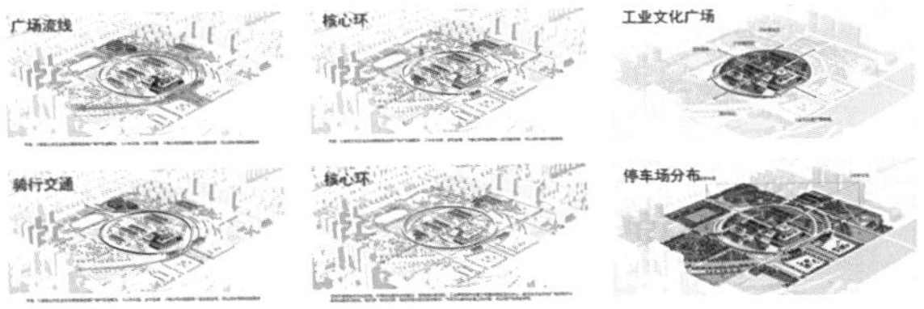

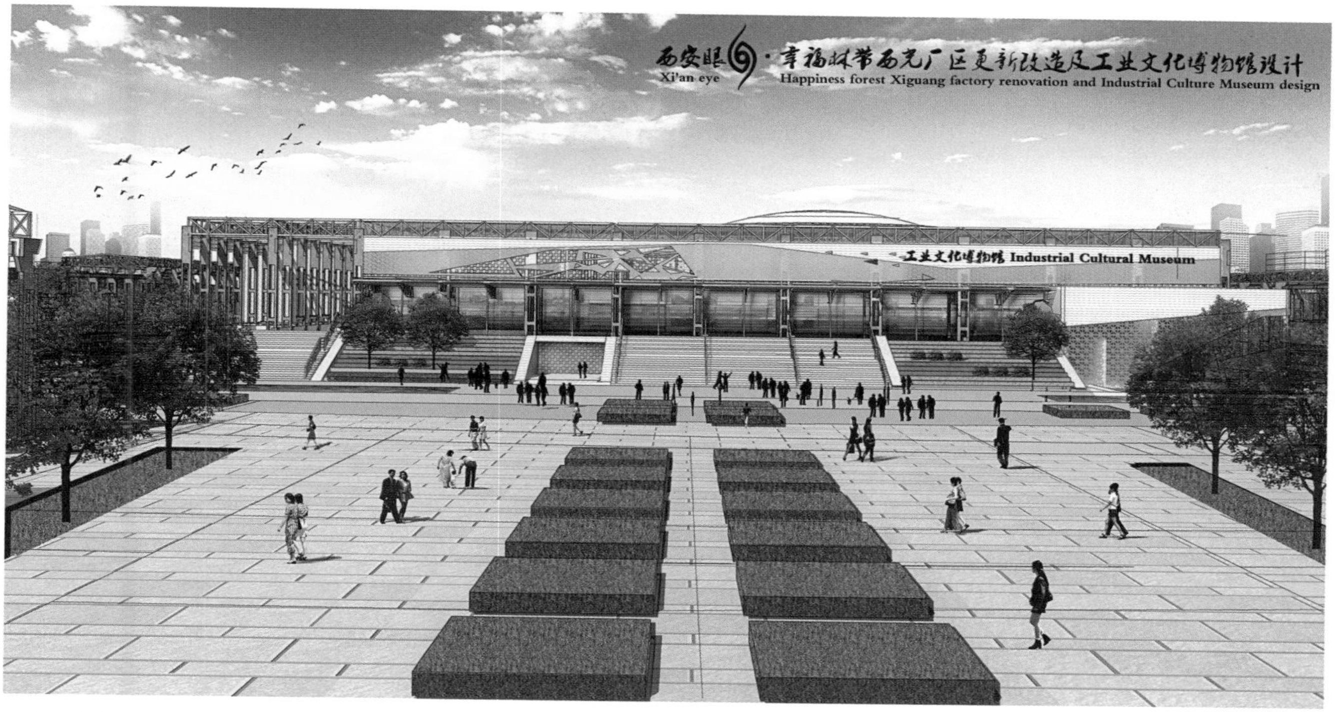


## 形体生成 Architecture generation

1、原山字厂房，形体缺乏特点　2、保留框架，植入博物馆功能　3、引入轴线，功能分区　4、增加体量，丰富形体　5、引入大台阶，丰富流线　6、细节深入，生成最终形体

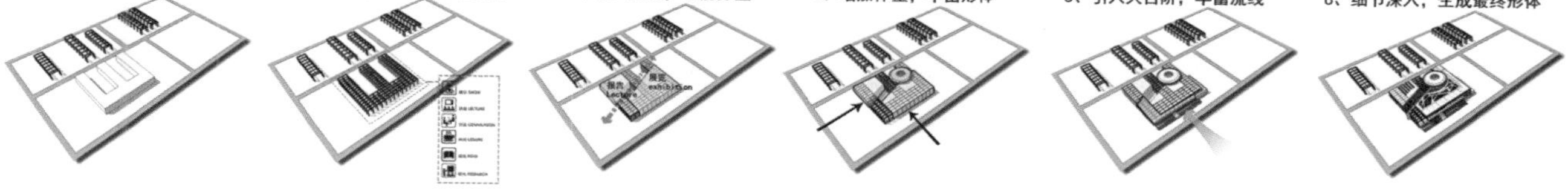

## 一层平面图 1st Floor plan

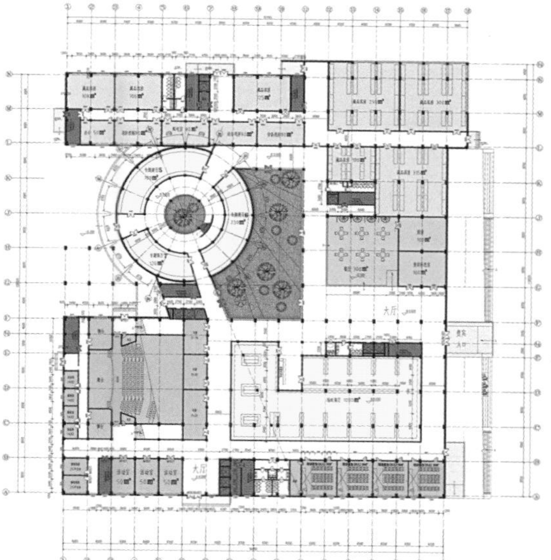

## 功能组合分析 Functions Combinatorial analysis

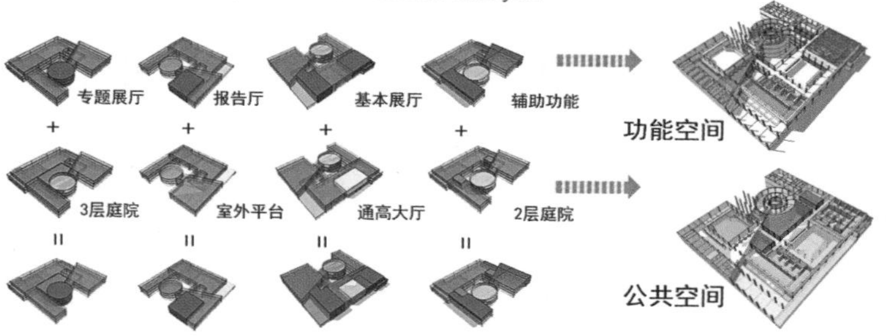
专题展厅
报告厅
基本展厅
辅助功能
功能空间
3层庭院
室外平台
通高大厅
2层庭院
公共空间

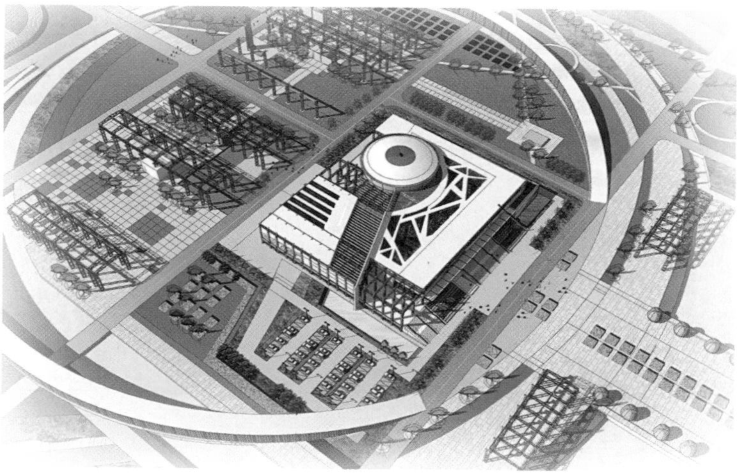

## 入口示意 Entrance Indicate

1st
2nd

展览用房
社会教育用房
公共服务
藏品库＆办公

## 一层防火分区 1st Fire district

合计：9238m²

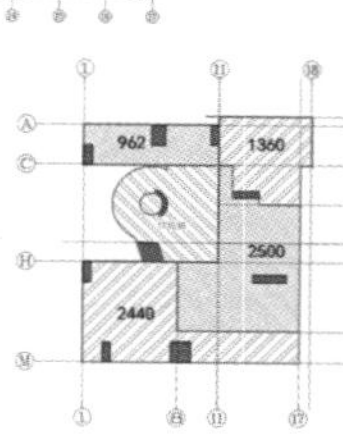

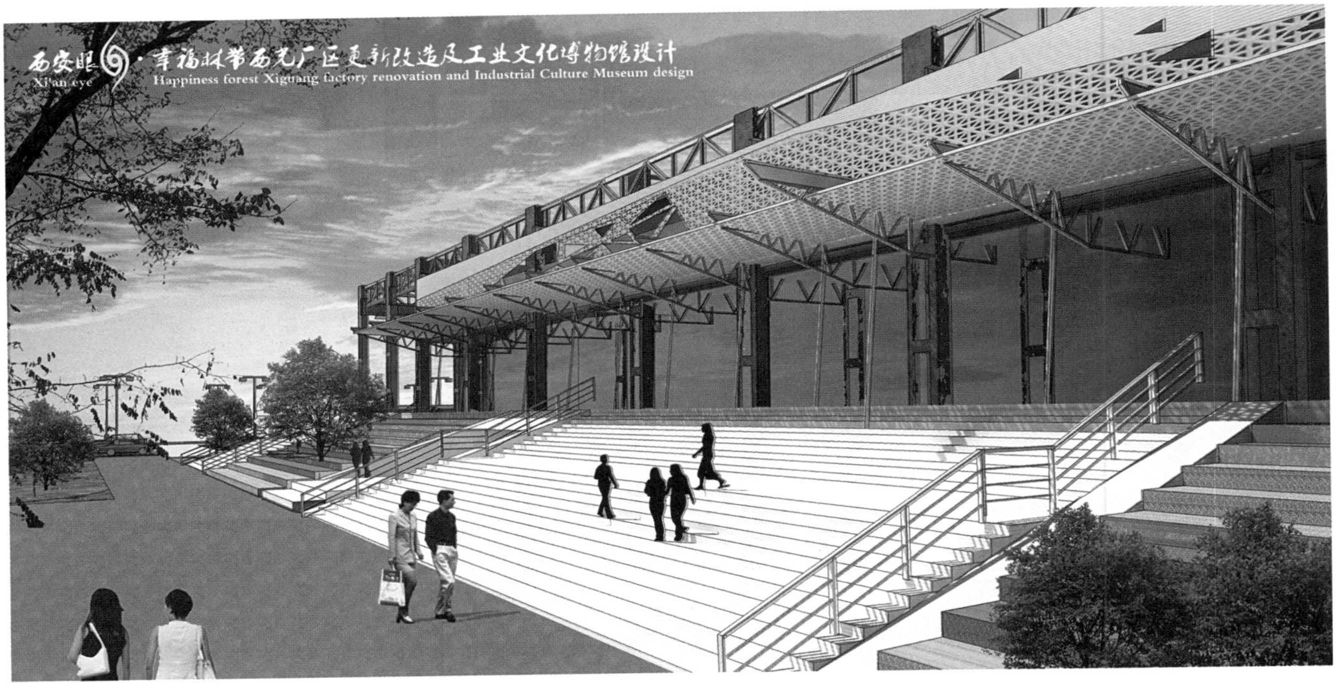
西安眼·幸福林带西光厂区更新改造及工业文化博物馆设计
Xi'an eye
Happiness forest Xiguang factory renovation and Industrial Culture Museum design

结构体系 Structural system

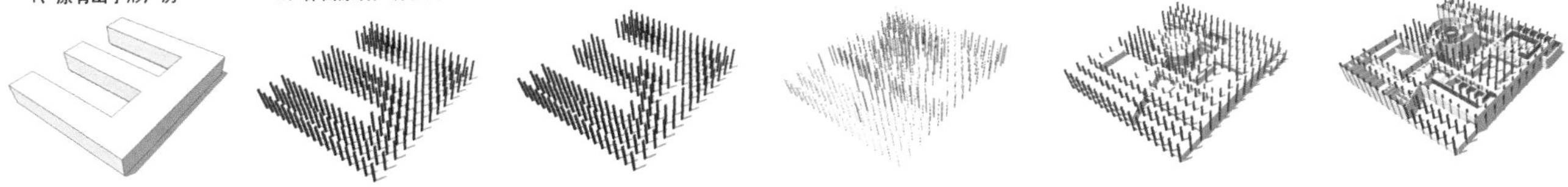
1、原有山字形厂房
2、保留原有厂房柱网
3、局部减柱处理
4、引入新柱网体系
5、增加楼板层
6、整体结构布置

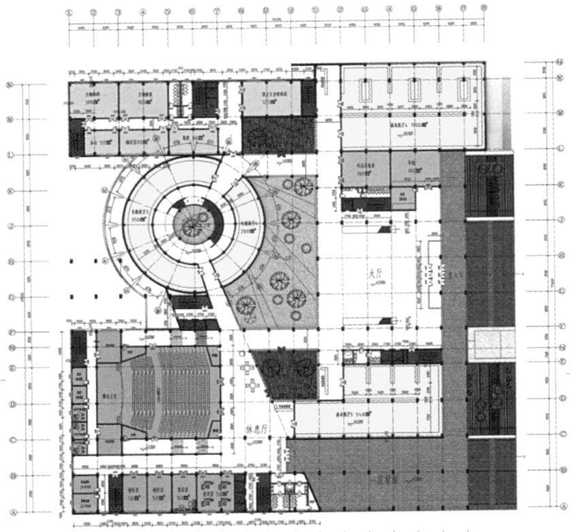

二层平面图 2st Floor plan

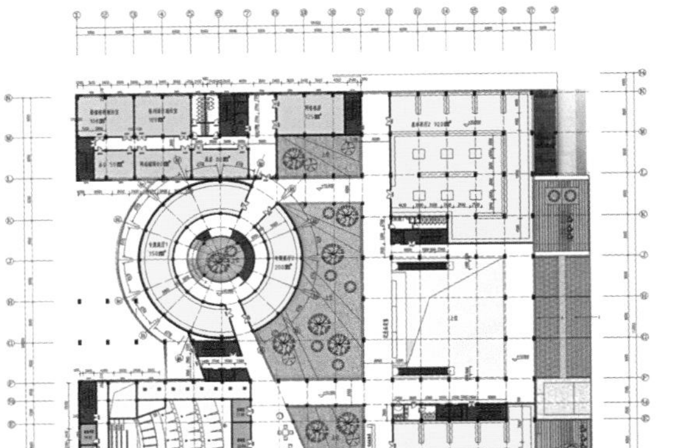

三层平面图 3rd Floor plan

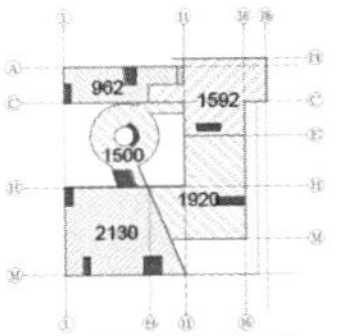


二层防火分区
2st Fire district
合计：8115㎡

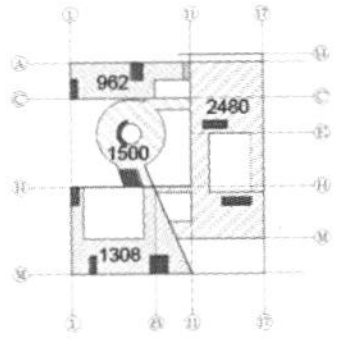


三层防火分区
3rd Fire district
合计：7407㎡

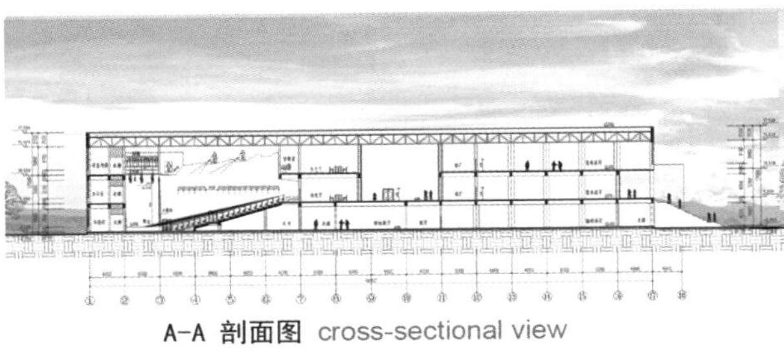

A-A 剖面图 cross-sectional view

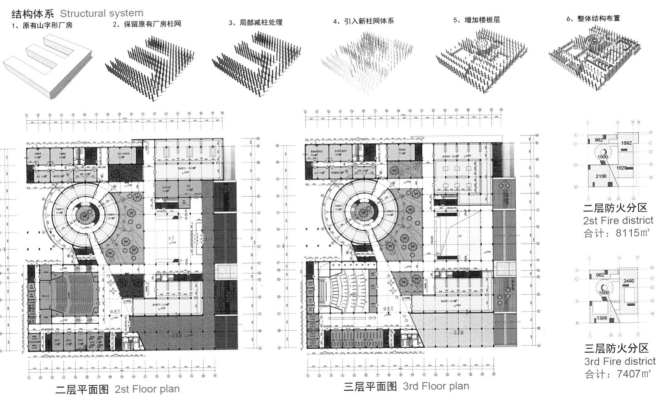

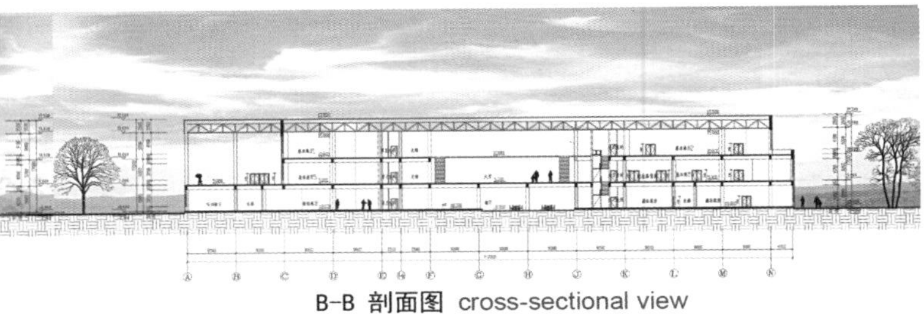

B-B 剖面图 cross-sectional view

西安眼·幸福林带西光厂区更新改造及工业文化博物馆设计
Xi'an eye
Happiness forest Xiguang factory renovation and Industrial Culture Museum design

## 空间组织 Space Organization

1、原厂房空间　2、功能分区　3、引入轴线　4、功能布置　5、复合功能组合　6、公共空间关系　7、展览流线组织

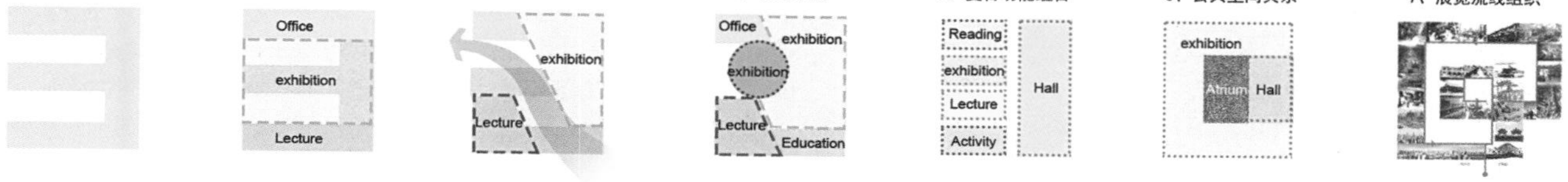


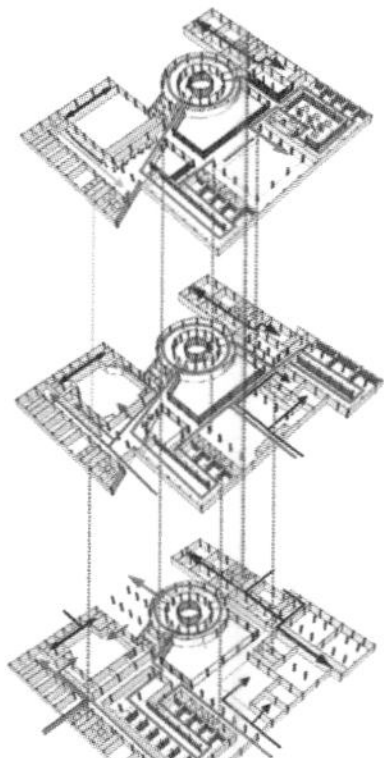

## 交通流线 Traffic flow lines

- 展览流线
- 报告厅流线
- 公共服务流线
- 社会教育流线
- 阅览流线
- 办公流线

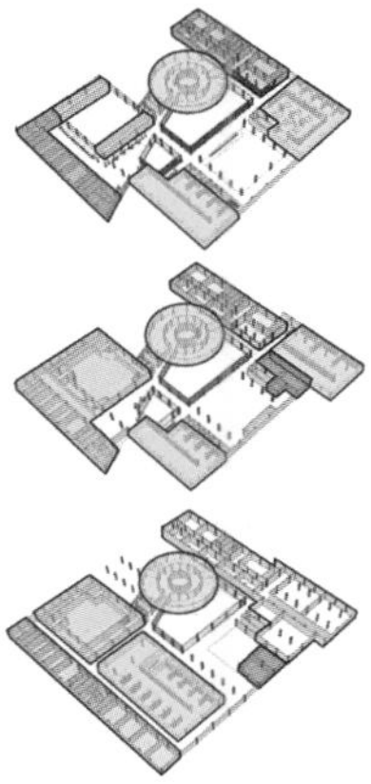

## 功能分区 Functional Division

- 展览用房
- 报告厅
- 阅览空间
- 社会教育用房
- 藏品库＆办公
- 业务科研用房

西立面图 West elevation

南立面图 South elevation

东立面图 East elevation

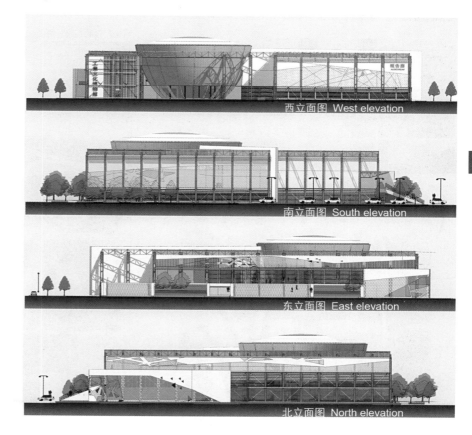

北立面图 North elevation

广场上空透视

大规模的城市发展造就了大量的城市问题，人们的幸福感降低。拆迁与人民的反抗成了城市化发展的讽刺，新建也意味着土地升值又面临拆迁，恶性循环使人们的生活受到很大影响。为了使幸福林带良性可持续发展，所以坚持以微创设计原则，尽可能保留场地历史记忆和绿化环境，打造一个市民休闲运动和军工历史文化博物馆。本次设计基地位于幸福林带西光厂区，考虑到其位于军工厂区核心位置，并且毗邻地铁交通便利。再结合城市区域功能分析，把基地定位为工业文化活动公园，主要内容有两方面：一是工业文化博物馆、二是市民健身中心。

西光厂区城市设计更新

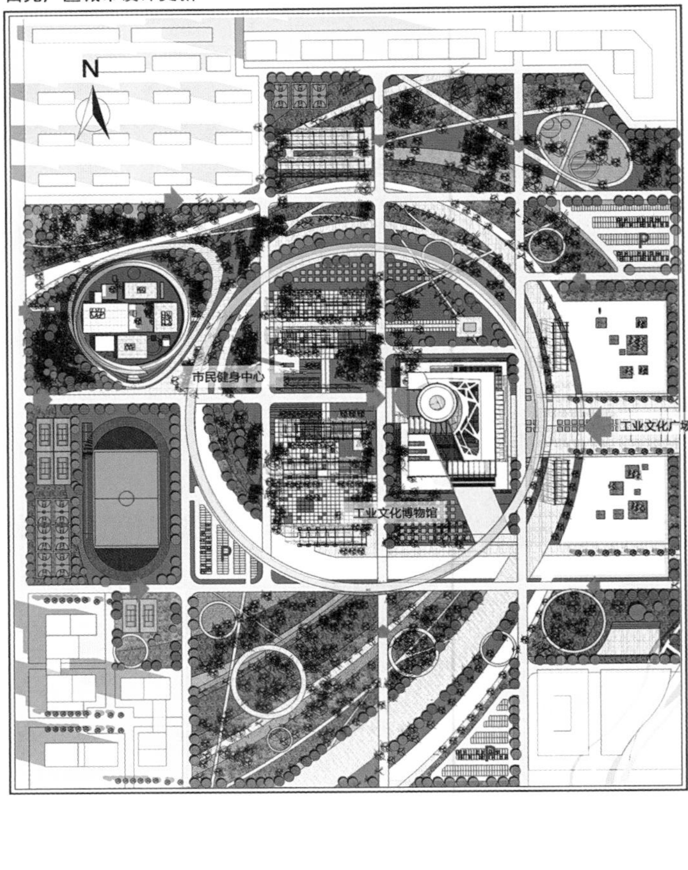


总平面图

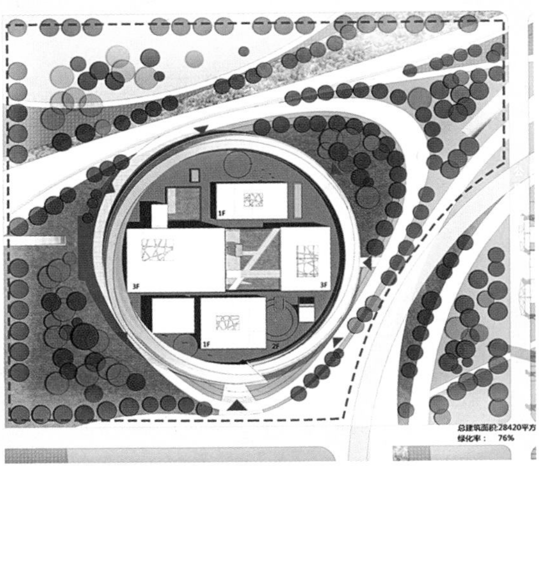

1. 基地原有西光厂由于工业上隔离需要，拥有大片完整绿化，覆盖整个基地，景观条件优越宜人。

2. 城市设计在整个西光片区的核心区域规划成工业文化博物馆以及文化广场，周边环形空中步道，把原本方形基地分割。设计必须考虑到弧形界面

3. 结合城市设计，预留整个片区人行系统

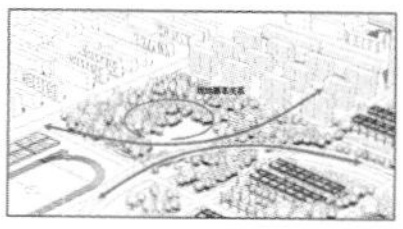

4. 建筑与环境、健身与建筑、健身与环境

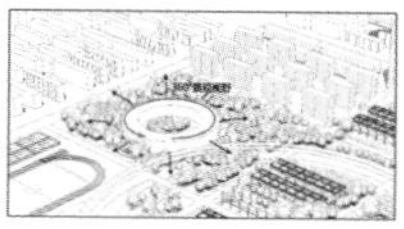

5. 大型体育锻炼空间的植入

6. 环形组织交通，增加游憩和开放空间，与环境融合。

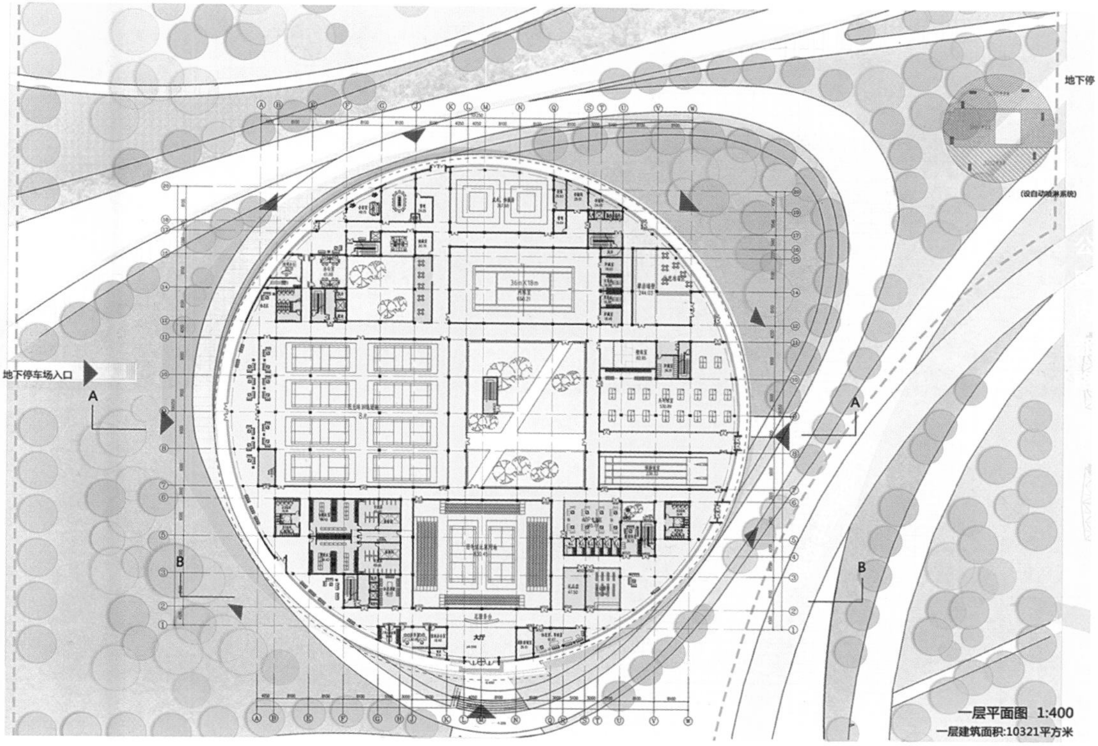


一层平面图 1:400
一层建筑面积:10321平方米

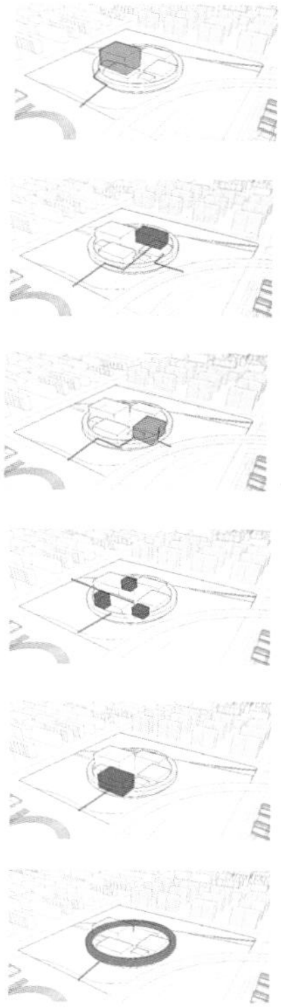

设计目标是把整个片区打造成拥有历史记忆沉淀和着眼未来乐活生活的标志性公园，成为城市新名片。

外部交通分析

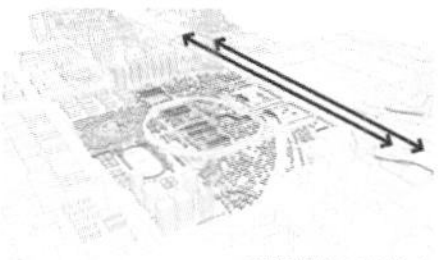

幸福林带主要车流方向

公园主要步行交通方向

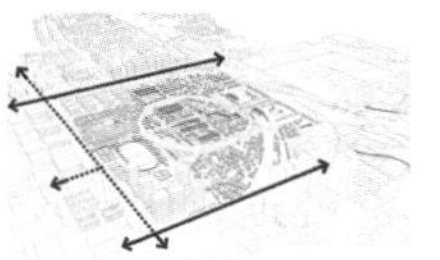

基地外围主次交通

内部交通分析

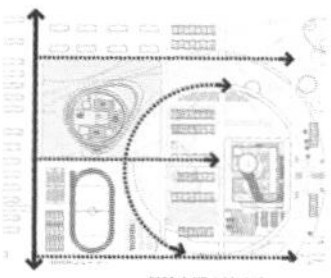

基地主要人流来向

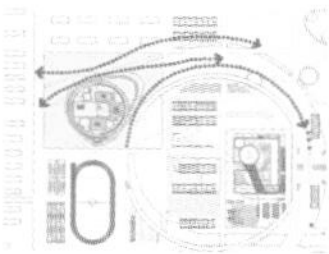

步行道

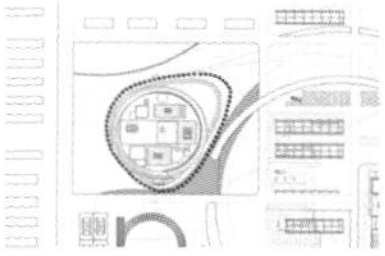

步行环岛和疏散广场



A-A 剖面图 1:400

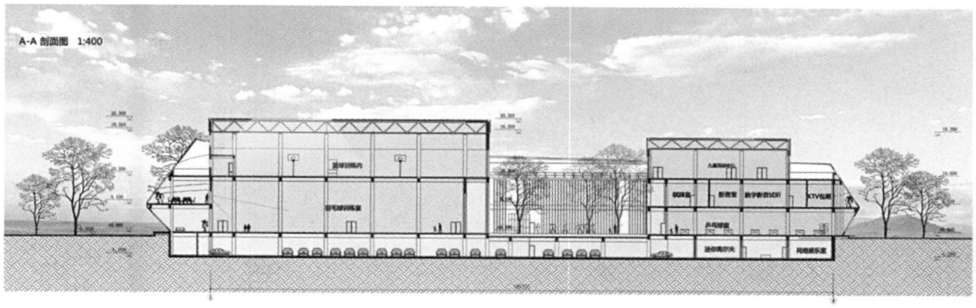

透视图1

B-B 剖面图 1:400

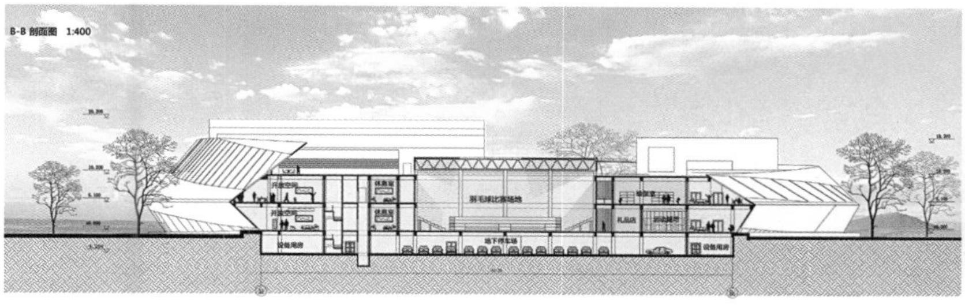

透视图2

全景健身广场透视

三层平面图 1:400

篮球训练馆
1205.8㎡

羽毛球训练场地上空

羽毛球比赛场上空

二层平面图 1:400

儿童游乐中心
651.84㎡

三层平面图 1:400

(室内动物头系统)

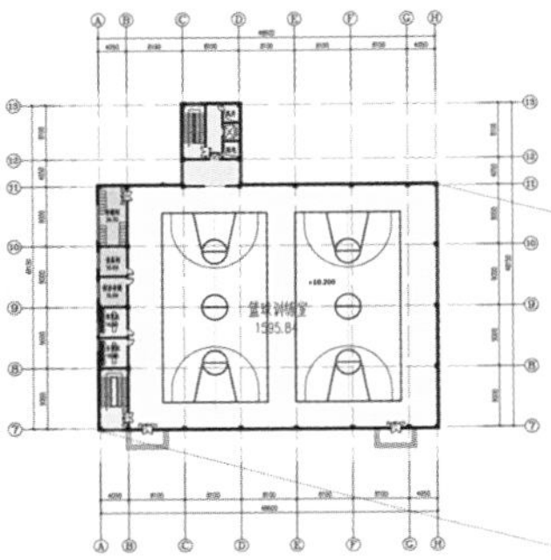

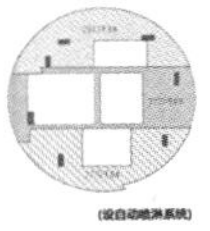

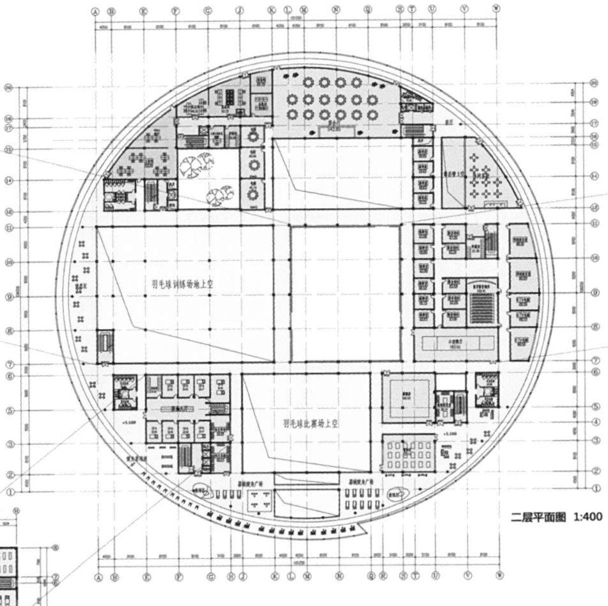

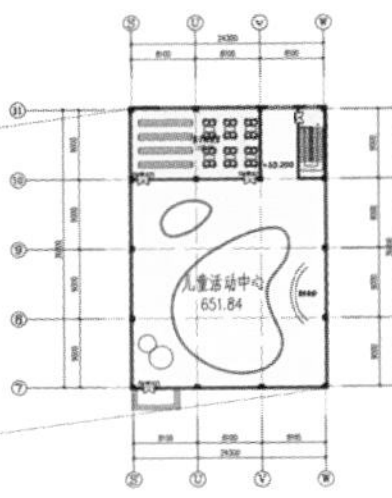

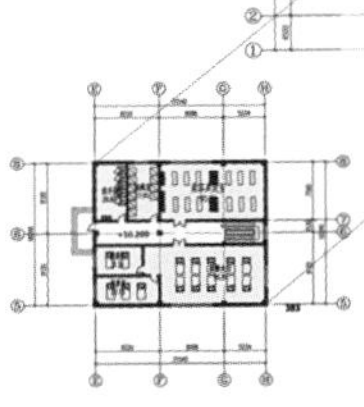

三层平面图 1:400

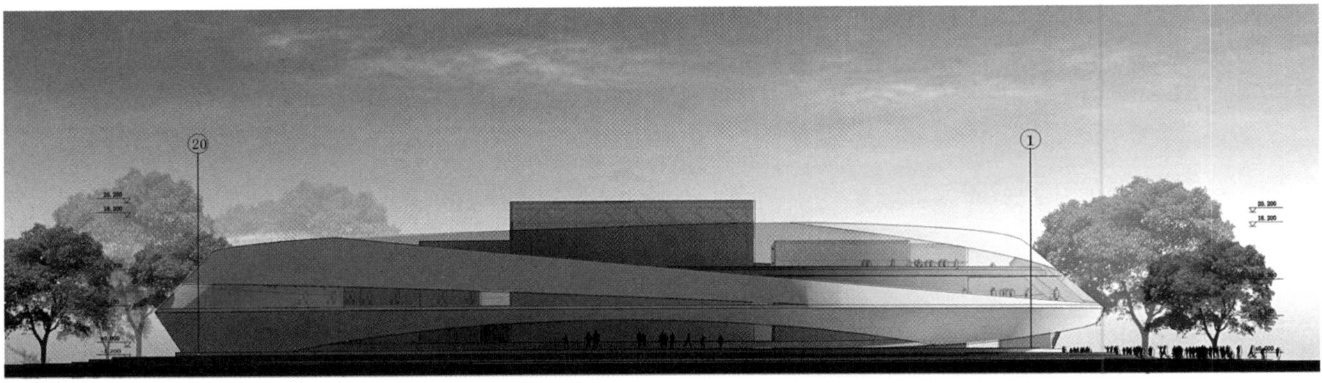

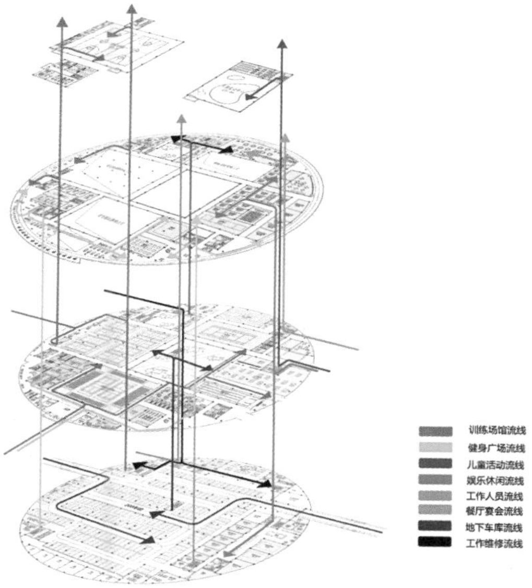
训练场馆流线
健身广场流线
儿童活动流线
娱乐休闲流线
工作人员流线
餐厅宴会流线
地下车库流线
工作维修流线

负一层平面图 1:400

建筑面积：11200平方米

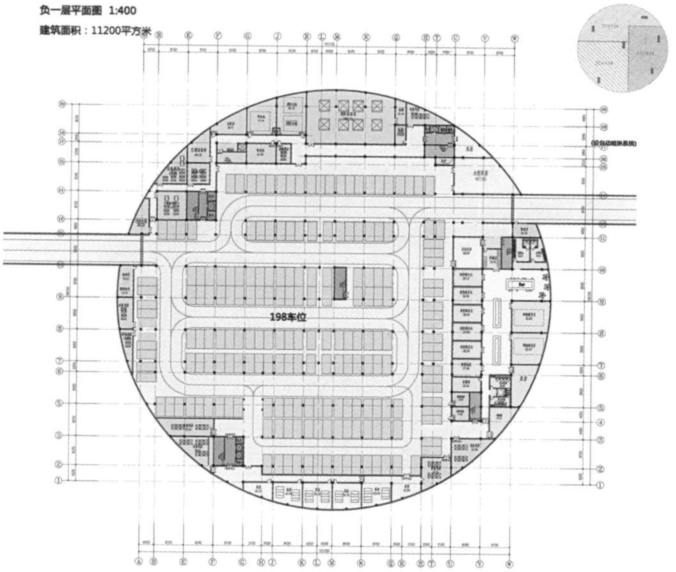
198车位

大垮屋顶空间网架

跨度

1. 篮球训练馆 36mX45m
2. 羽毛球比赛馆 32.4mX26.1m
3. 娱乐休闲中心 36mX21m
4. 羽毛球训练馆36mX18.6m

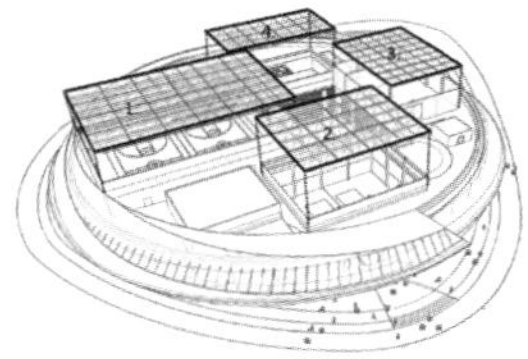


框架结构体系

建筑结构是钢筋混凝土框架结构，在外围悬挑，产生漂浮空间，悬挑范围2m-5m符合结构要求。

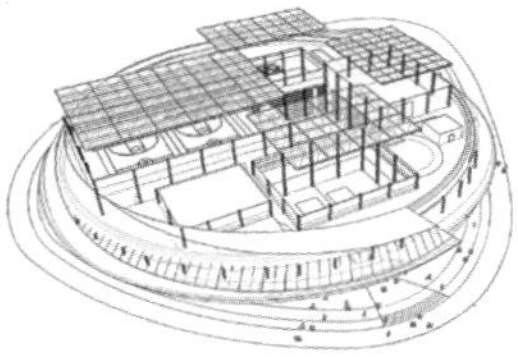

外挂铝板玻璃幕

外挂铝板，镶嵌玻璃幕玻璃幕结构支撑由轻钢构成

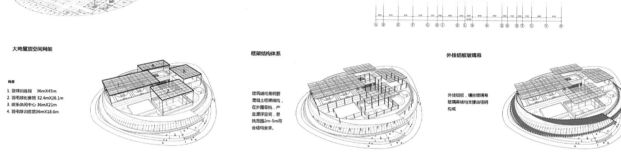

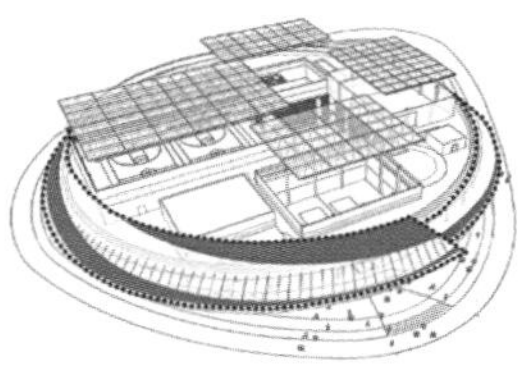

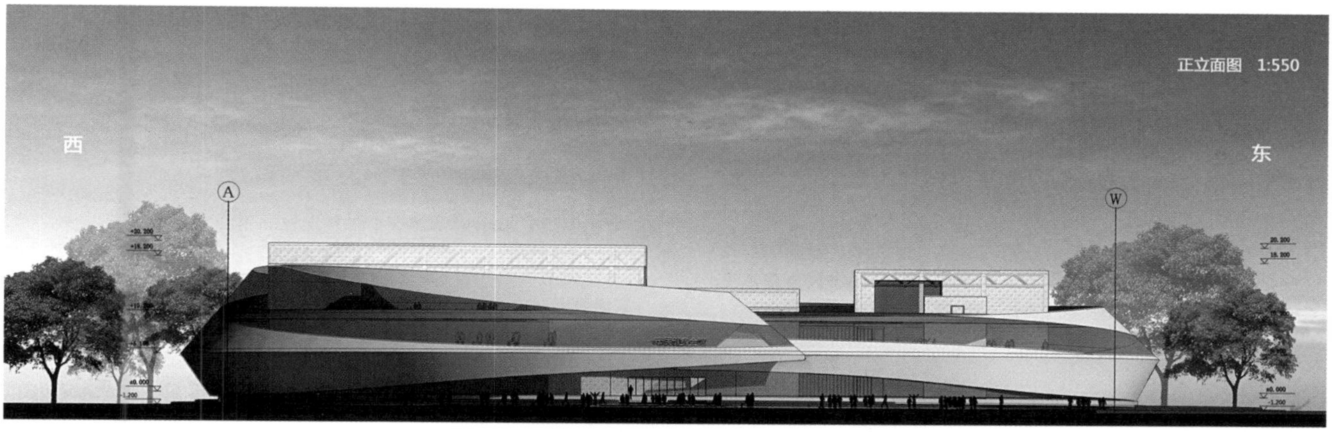

UC 4

哈尔滨工业大学
Harbin Institute of Technology
设计者：
王静辉　胡晓婷
王雪松　孙宇璇

# THE 幸福 THE Happiness

## 新生与发展——西安幸福林带核心区城市设计

Regeneration and Development - Urban Design of the Xingfu Lindai core area in Xi'an

指导教师：陆诗亮　张宇

本设计集合基地位置特点重点考虑基地位置的商业价值，并结合地铁换乘，形成了多层次的商业空间。以商业为主题，整体为商业核心圈，但每个部分又有独自的命题，有所侧重。有高端的商场，商业艺术创意区，文化商业综合体和活力商业区。各部分形态流动，混合功能，有丰富交错的流线和休闲观赏娱乐体验。最终体现了城市设计“THE幸福”的大主题。

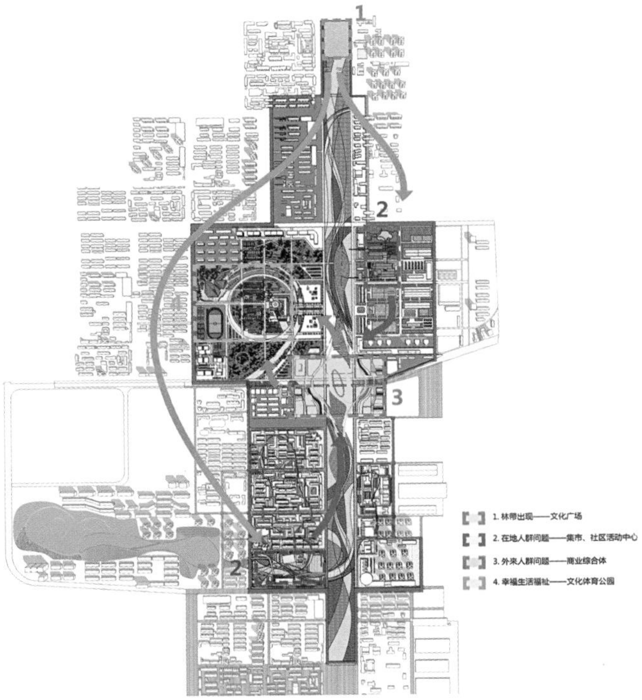
1
2
3
2
1. 林带出现——文化广场
2. 在地人群问题——集市、社区活动中心
3. 外来人群问题——商业综合体
4. 幸福生活福祉——文化体育公园

### 俄勒冈实验

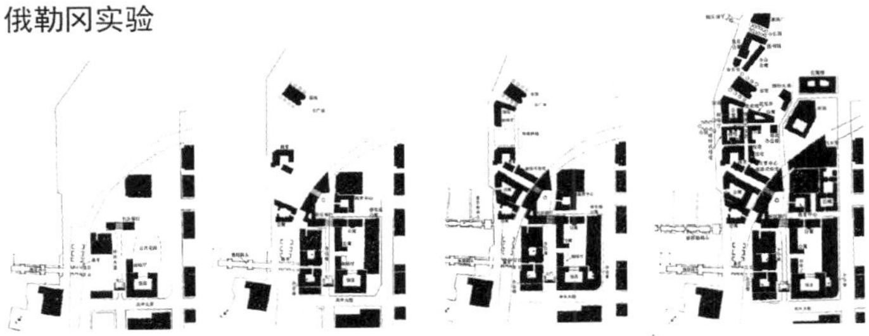

### 策略内容

| | | | | |
|---|---|---|---|---|
| 幸福林带出现 | 林带定位 | “慢·漫·蔓” 文化广场 | | |
| 当地人群问题 | 新型社区 | 微幸福老年活动中心 | 微幸福青年活动中心 | 微幸福儿童活动中心 |
| | 产业置换 | 新　街坊 | | 慢　集市 |
| 涌入人群矛盾 | 商业交通 | THE 文化型综合体 | | THE 传统型综合体 |
| | | THE 娱乐型综合体 | | THE 生态型综合体 |
| 幸福生活福祉 | 文教娱乐 | 工业文化建筑改造博物馆 | | 工业文化市民活动广场 |

渐进式发展，针灸式介入：

以点的方式介入，并逐步形成网络。介入的点将会产生新的作用，使得未来的具体城市策略需要不断的调整。整个城市将会在渐进式的规划策略下不断从微型尺度进行改造，最终将形成整个片区的答案。

1. 渐进式发展。这种城市设计不是对设计结果的解答，而是对城市发展过程的控制和管理。
2. 针灸式的介入片区基地。通过对针灸过程后的反馈，影响下一步的设计。后进行的设计，将会受到前面设计的影响。
3. 提倡人的尺度的设计理念，每项区域设计都应维护整个片区的整体性。自下而上地影响整体城市设计的结果。



### 区域焦点问题

老龄化

邻里关系

拆迁安置
东城的潮流风
新 城 城 改

### 设计定位

1. 提供新型社区关系，保留原有邻里间的社会关系，创造新的活力机遇。
2. 依托当地历史文化，挖掘机会，进行产业的创意融合，形成宜人尺度的复合多元模式。
3. 实现交通系统、公共空间、广场、绿化连接、公益设施等的整合与更新，创造人与人交往与邂逅的空间，诠释当代西安的“小确幸”（小小的确定的幸福感）。

## 城市设计框架

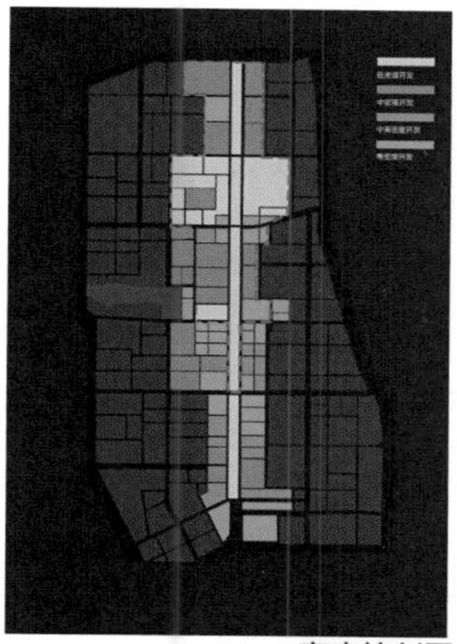
高度控制图

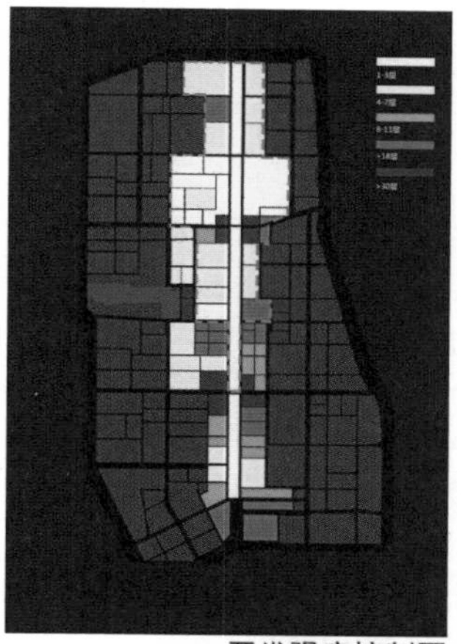
开发强度控制图

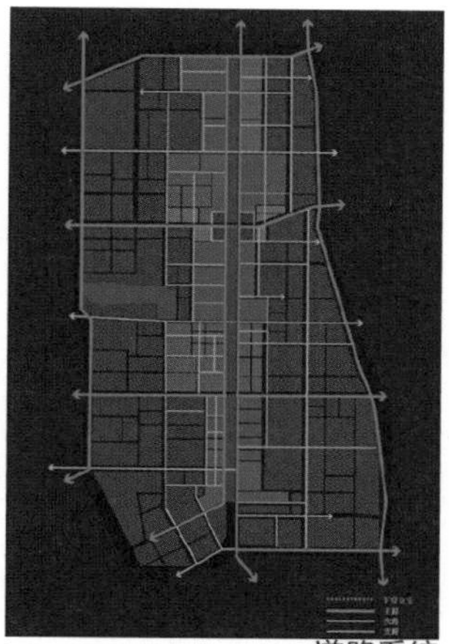
道路系统

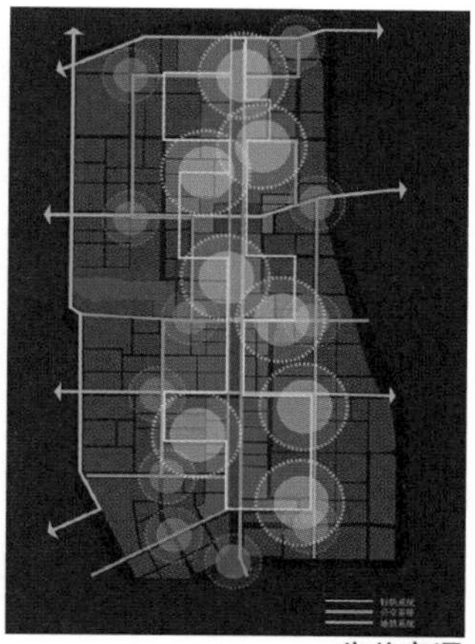
公共交通

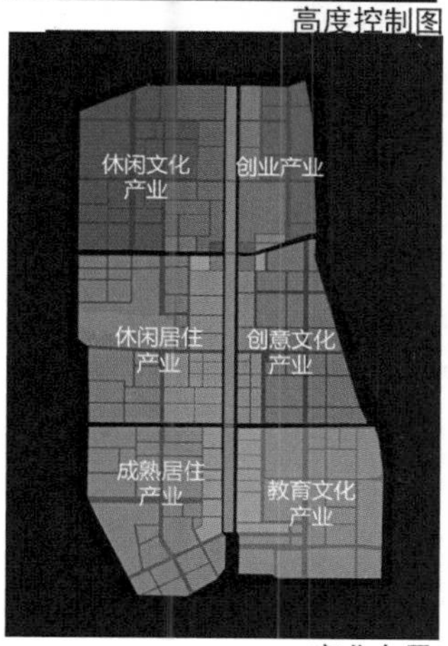

商业布局

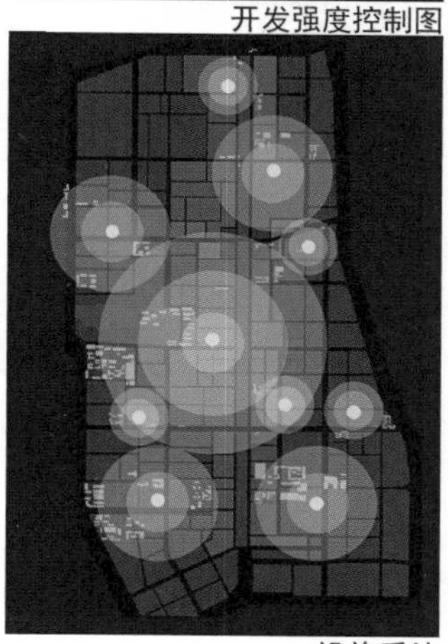
设施系统

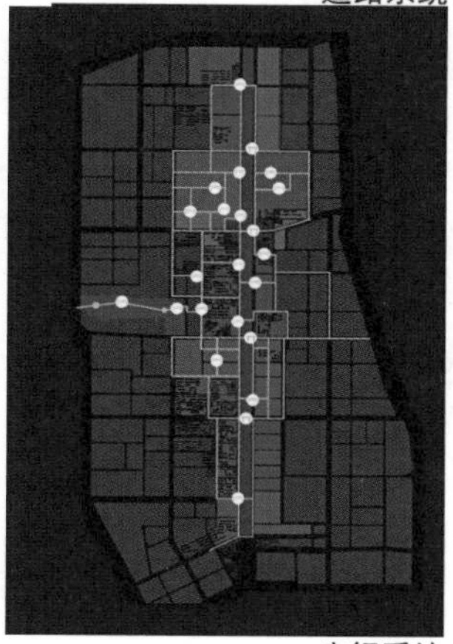
步行系统

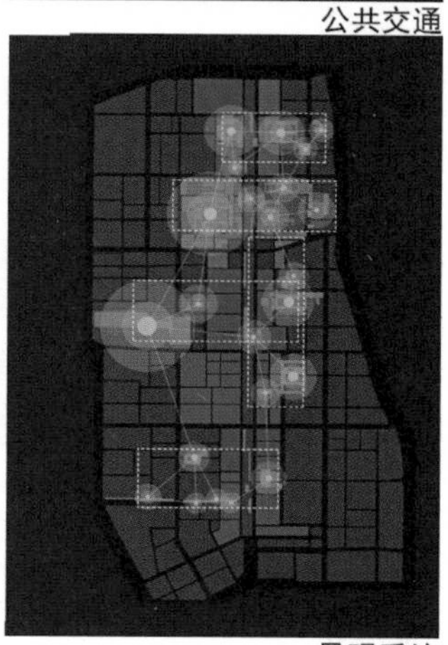
景观系统

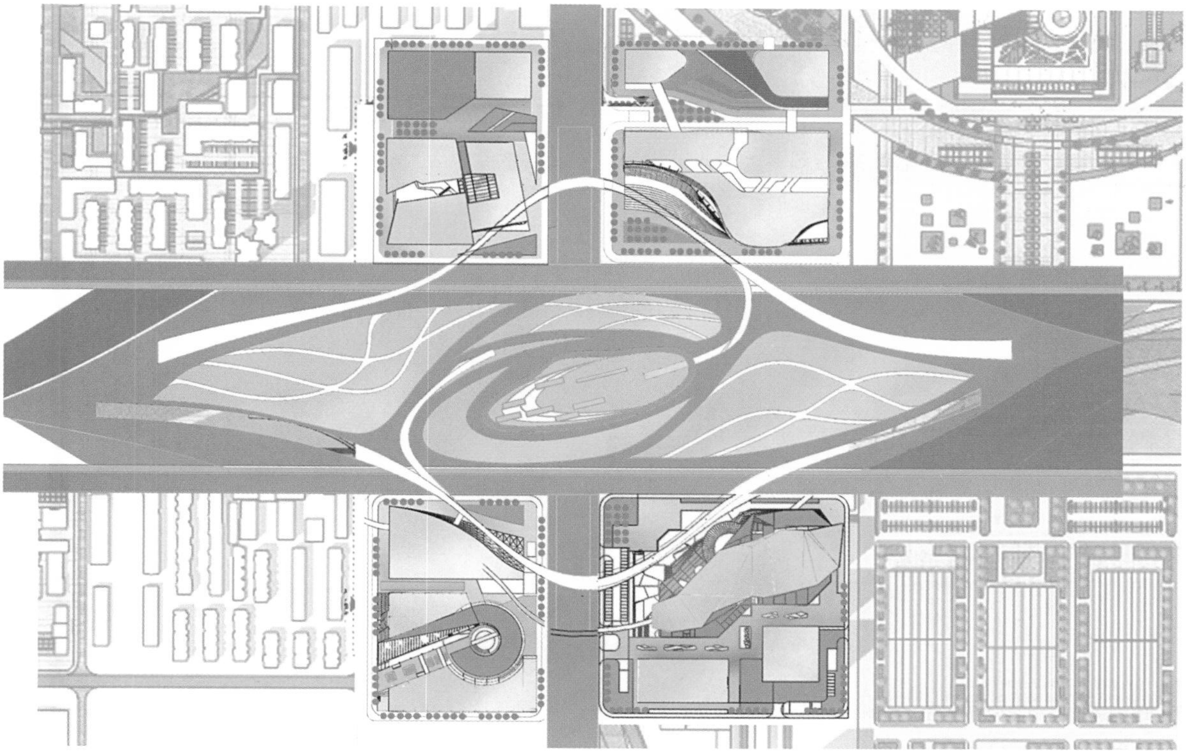

区域城市设计

## 生态策略 Ecology

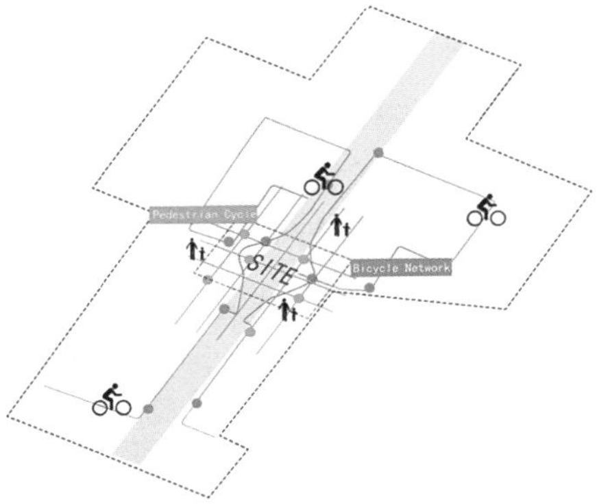


## 交通策略 Transportation

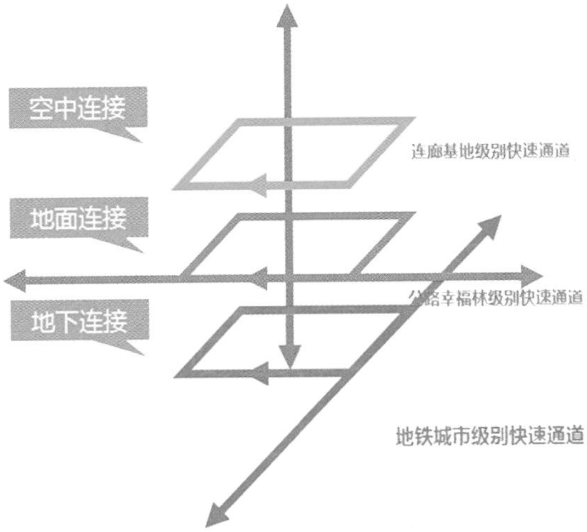


梳理基地中的地铁流线与地面流线，增加空中流线。通过竖向交通连接地下、地面、空中三个层面的交通联系。在引入大量人流的同时组织人流方向，乱而有序

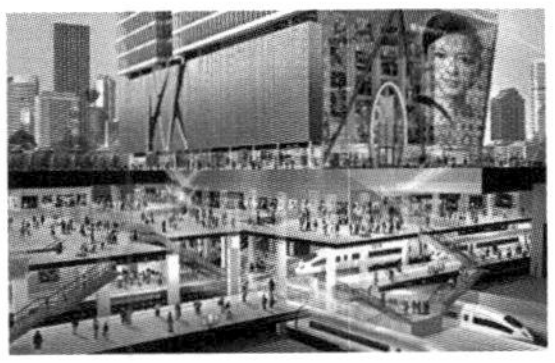

### 步行

将步行系统渗透进入基地，不是封闭的街区。增强内部密度，增加街区的渗透性。符合绿色出行理念。

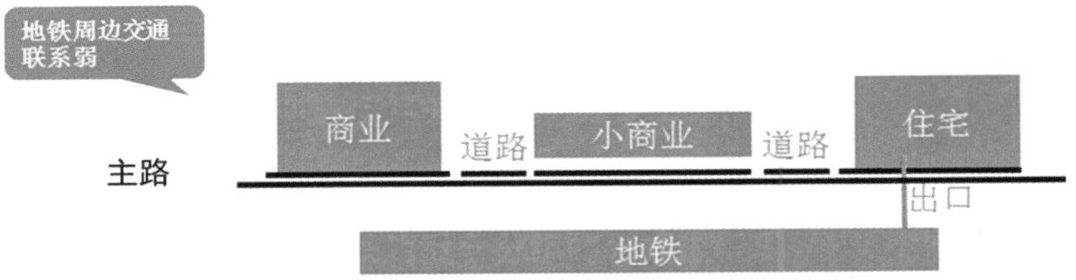


### 骑行

沿中心绿轴，提供可以骑行的坡道，自行车道，呼应城市设计，营造商业区内部的自行车系统，提供活力，舒适，愉悦的空间。

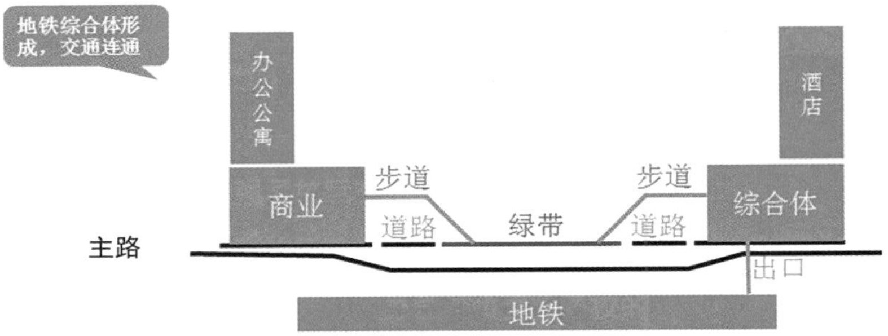




## 功能混合 Hybridize

不同方式进入的不同人群

不同的产业

多样的活动

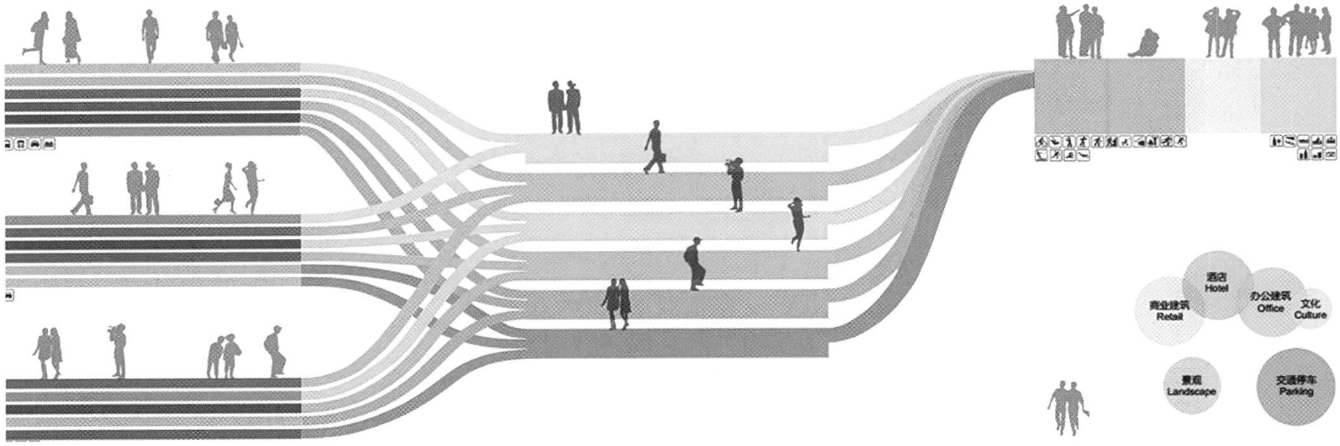

体验式休闲商业中心

总平面图

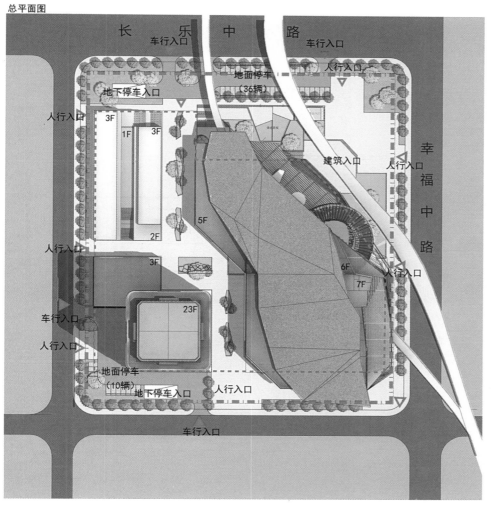

长 乐 中 路

车行入口　　　　车行入口

人行入口

地面停车
（36辆）

地下停车入口

3F

1F　3F

人行入口

5F

2F

3F

建筑入口　　人行入口

幸
福
中
路

23F

6F

7F

人行入口

车行入口

人行入口

地面停车
（10辆）

地下停车入口　　人行入口

车行入口

车行流线

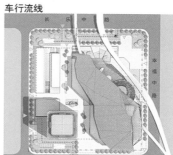

漫步人行流线

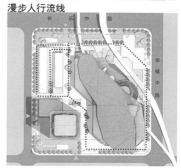

穿越人行流线

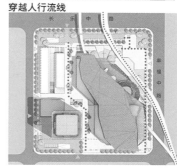

## 设计说明

现在随着时代的发展，人们的生活方式正在发生着巨大的改变。同样，消费方式也在不断的升级。根据马斯洛需求理论，人们购物已经从由需求出发发展为了随心而行。购物不再是一种生活中满足需求的一种行为，而是一种自我的享受。

而我现在就是将购物中的休闲性质更多的挖掘出来，与现在最流行的体验式购物相结合，创造出令人愉快和兴奋的购物环境。

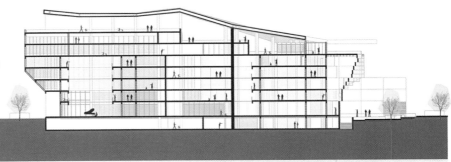

## 立面图

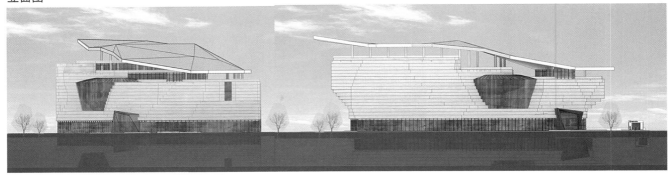

一层平面

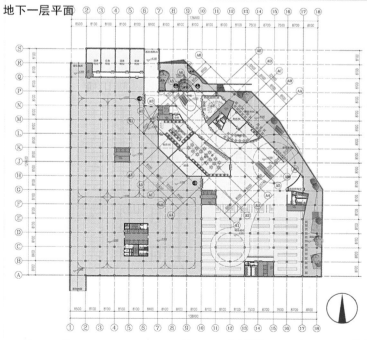

地下一层平面

二层平面

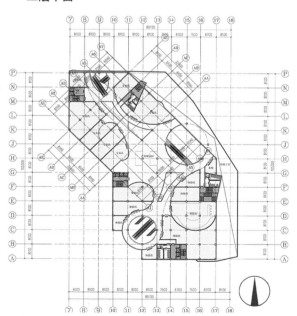

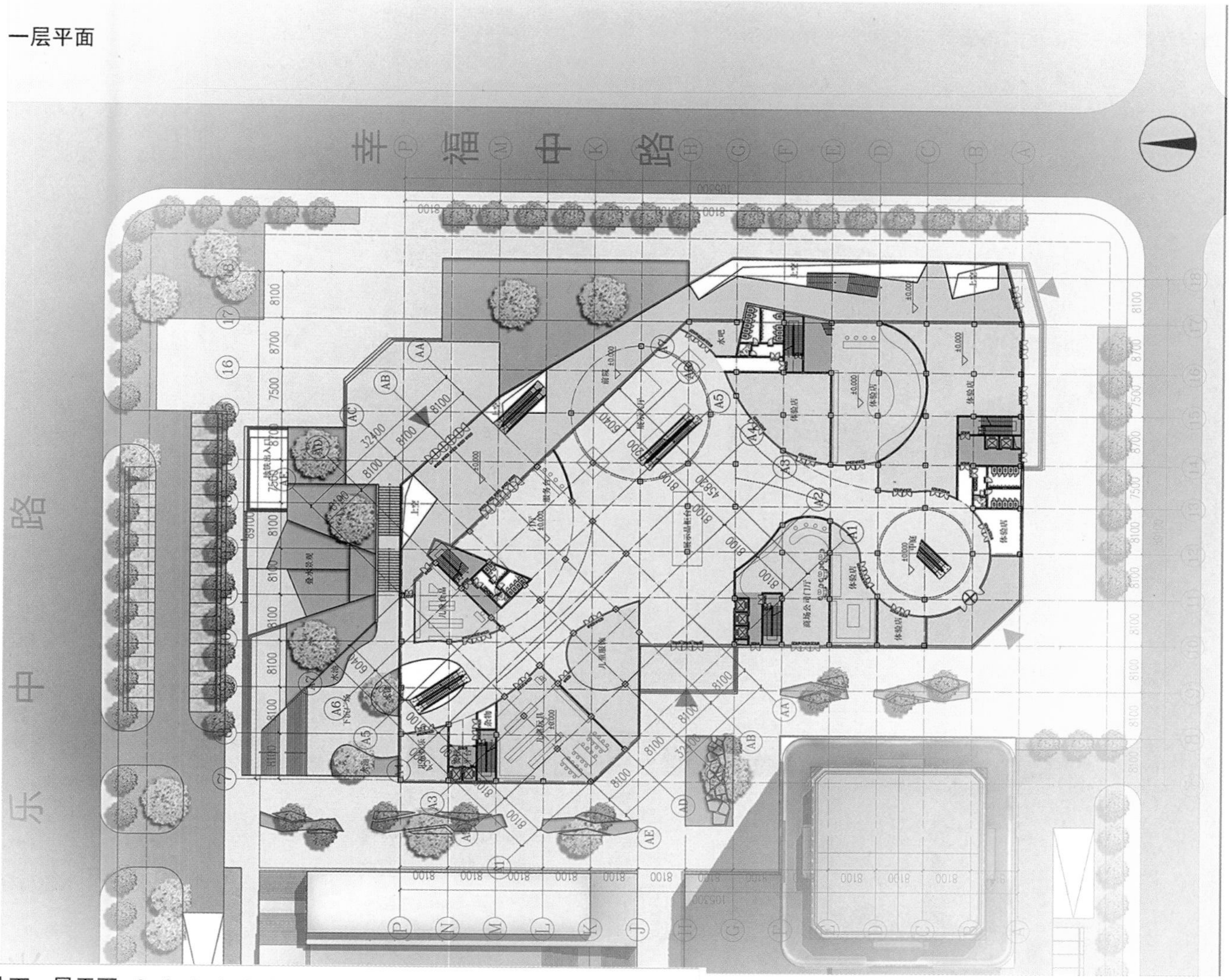

西安幸福林带核心区城市设计与教育培训中心设计

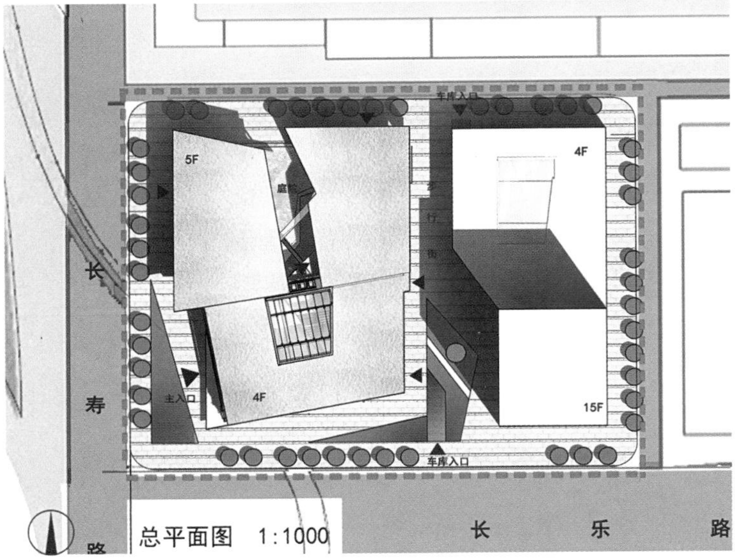

总平面图　1:1000

### 设计说明

方案在整体城市设计基础上，进一步处理了公共景观空间、建筑功能空间之间的关系。建筑摒弃了封闭自我的形式，界面对外指向城市景观带，对内形成开敞庭院，庭院内以楼梯、露台、连廊加以活跃，形成多层次空间关系。

### 经济技术指标

基地面积：12159m²　　容积率：1.87

建筑面积：22627m²　　绿化率：18%

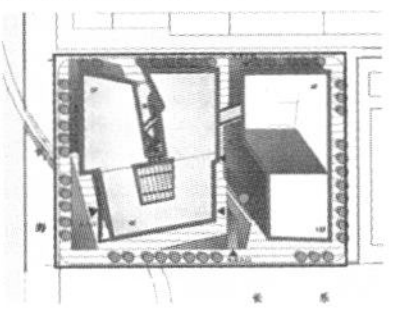
建筑轮廓

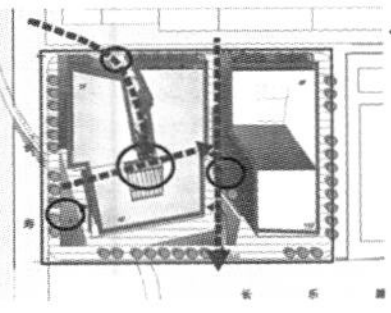
人流引导

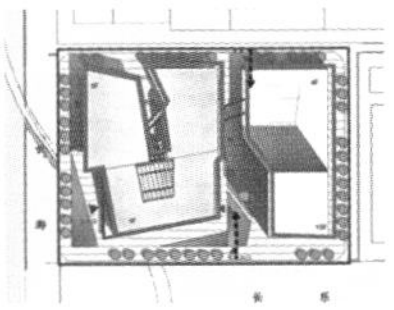
车库入口

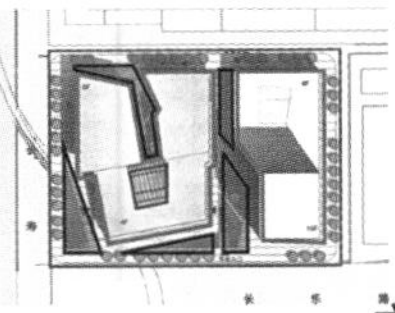
公共空间

方案生成

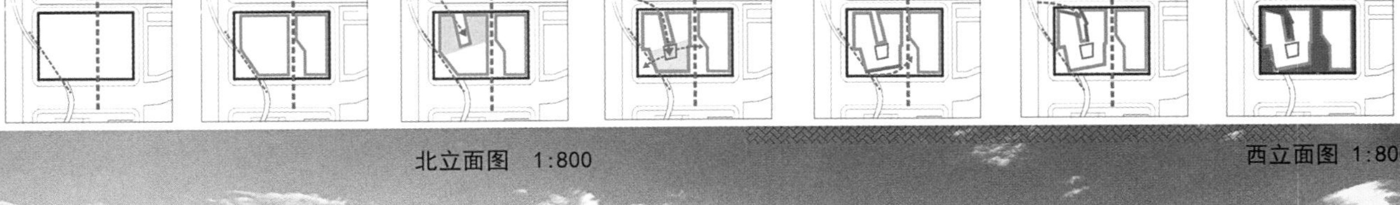

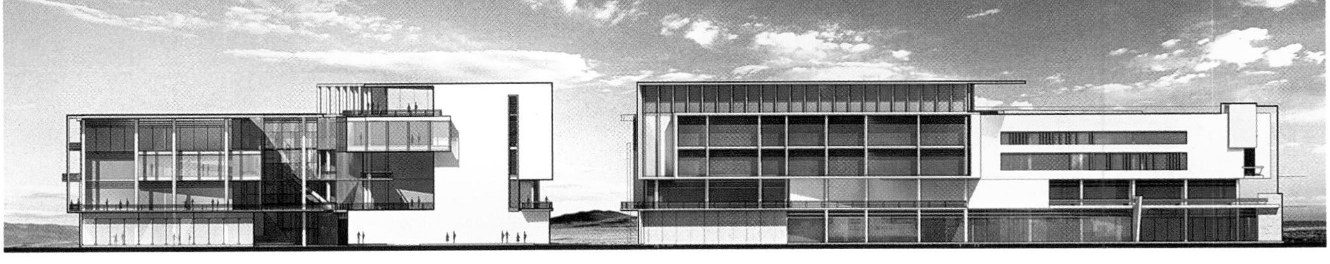
北立面图　1:800　　西立面图　1:800

# 西安幸福林带核心区城市设计与教育培训中心设计

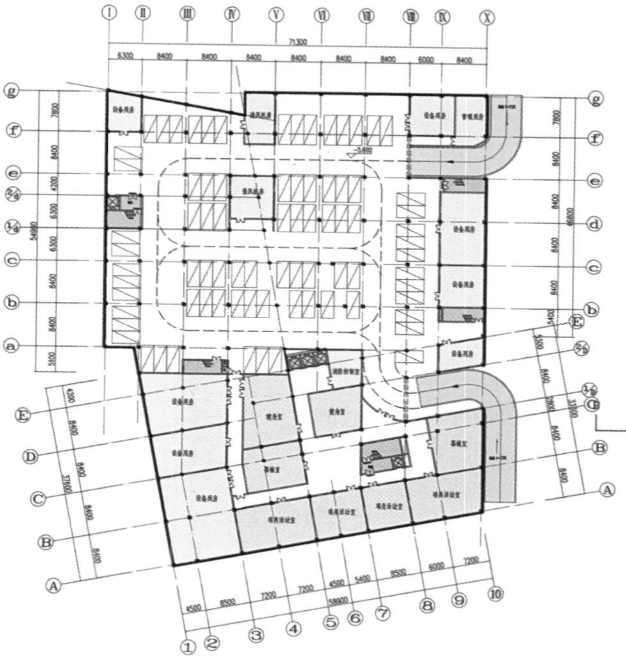

负一层平面图

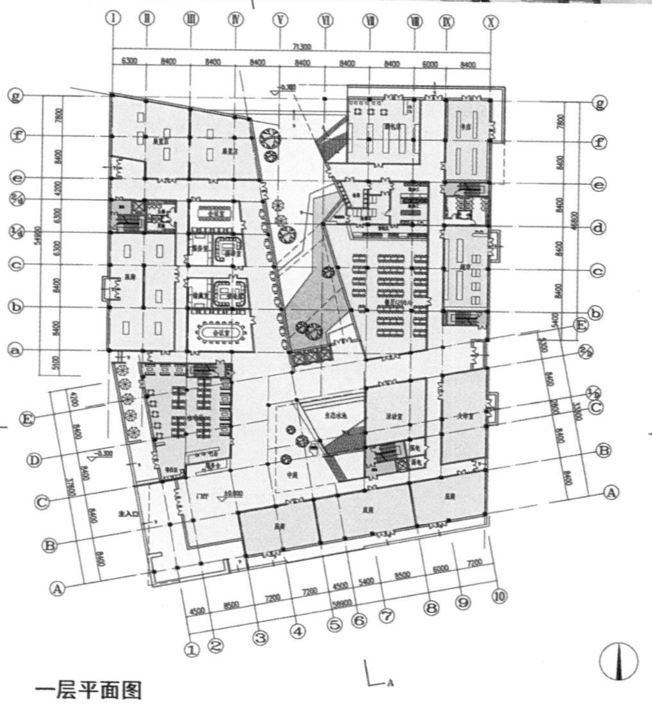

一层平面图

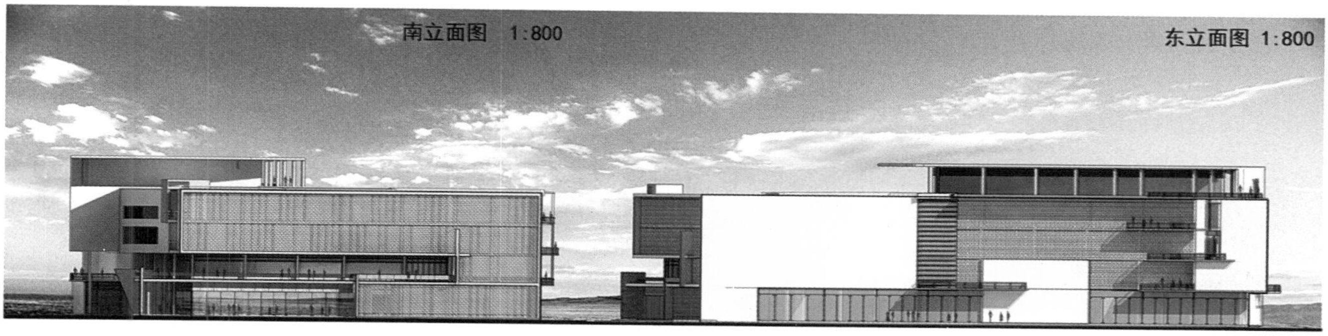

西安幸福林带核心区城市设计与教育培训中心设计

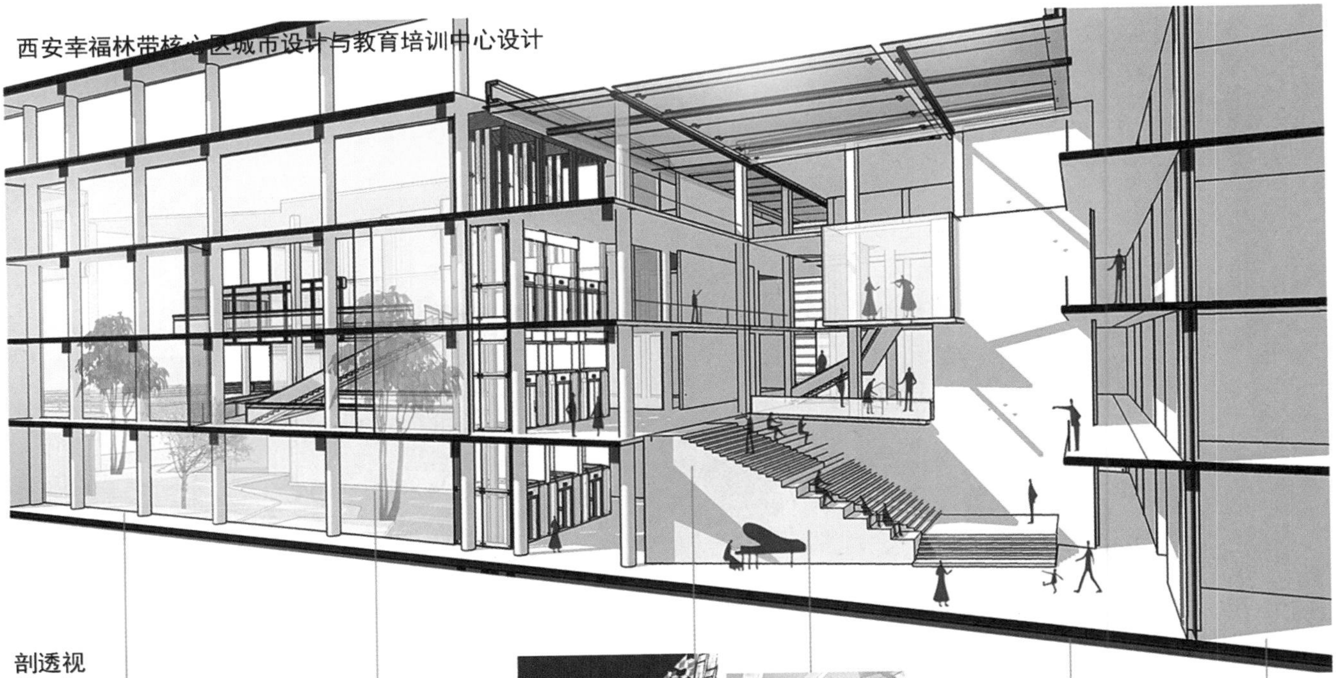

剖透视

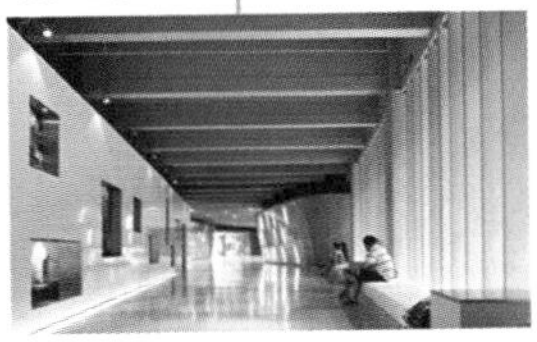

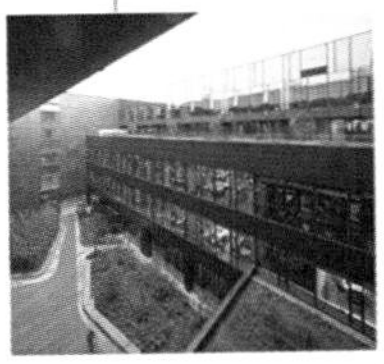

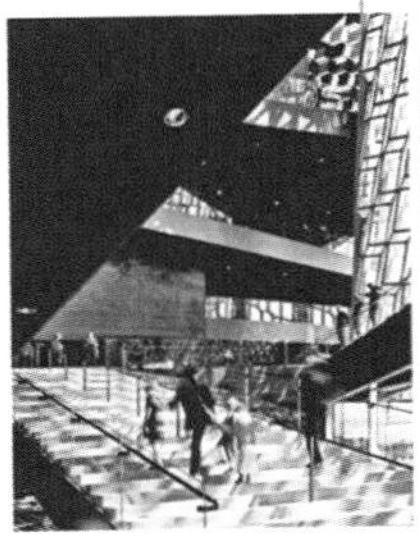

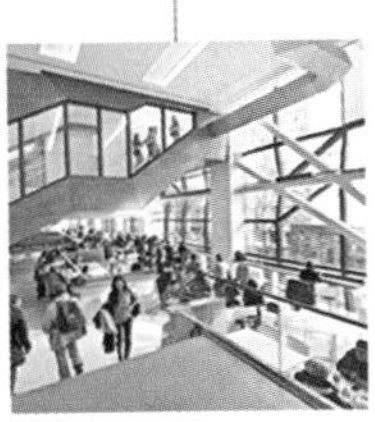

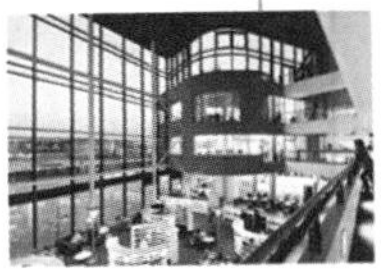

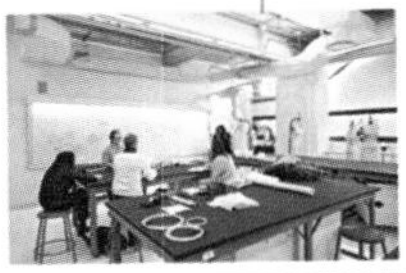

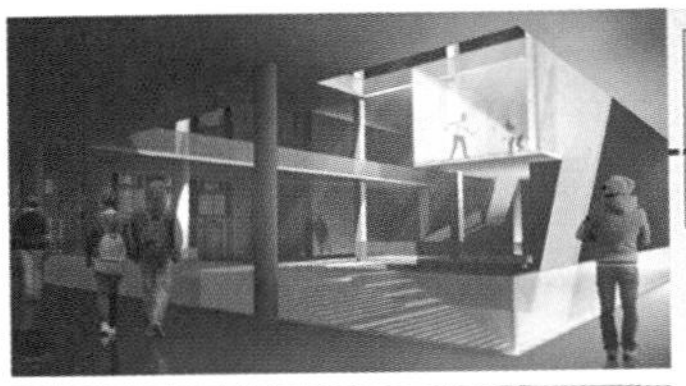

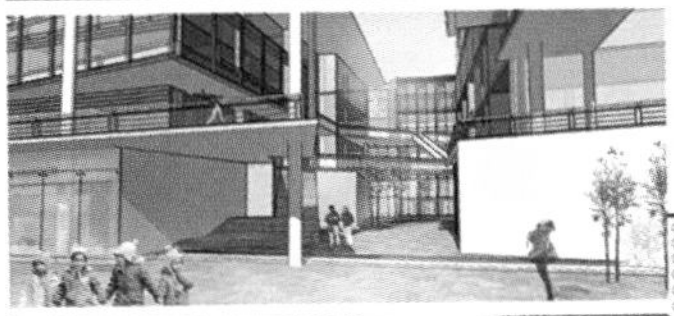

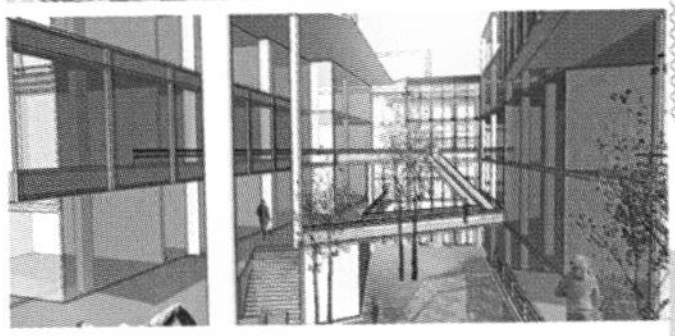

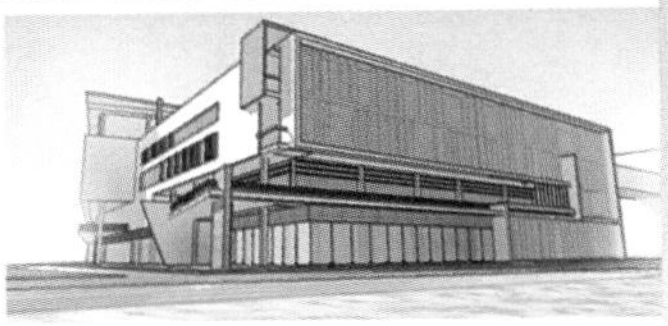

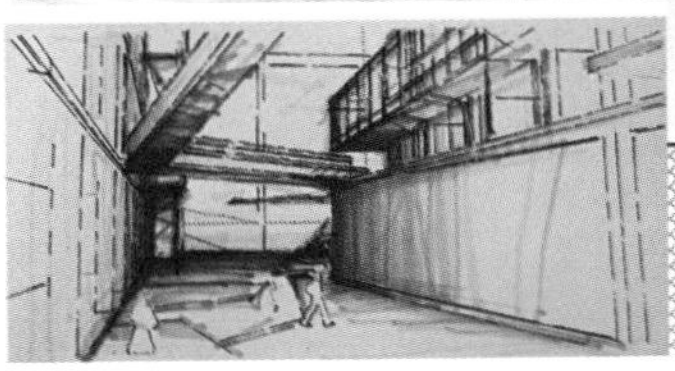

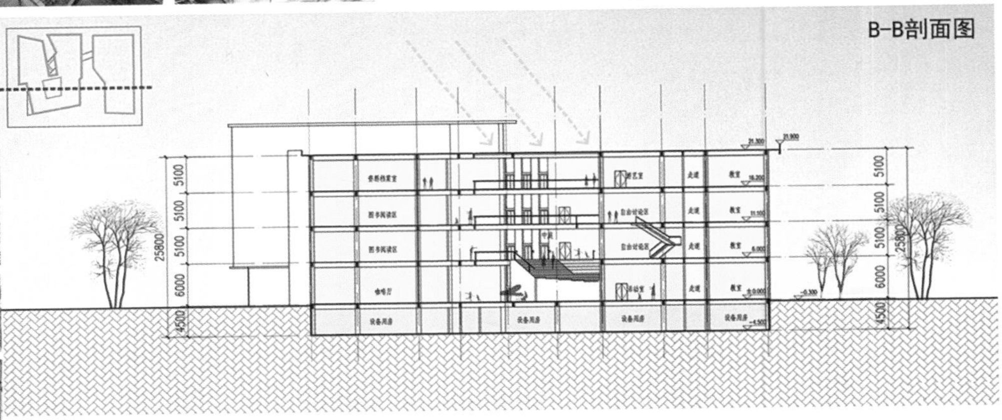

B-B剖面图

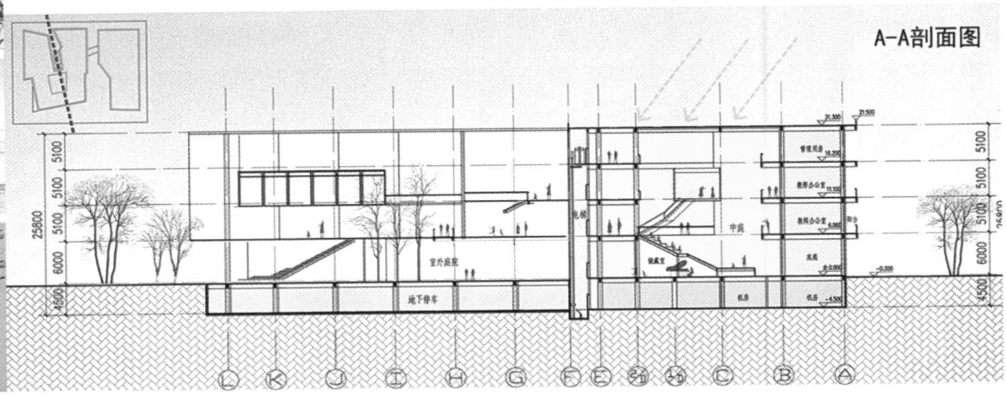

A-A剖面图

# 艺术“圈”

**设计说明**

地段位于商业核心区的一角，同时也是工业博物馆公园的一角，视野开阔。功能定位为艺术创意区，为艺术家提供一个艺术商业化的平台栖身之地，同时兼具展示和交流功能。和公园中心的博物馆轴线相互呼应，充分尊重基地轴线关系和工业遗址建筑。

**体量策略**

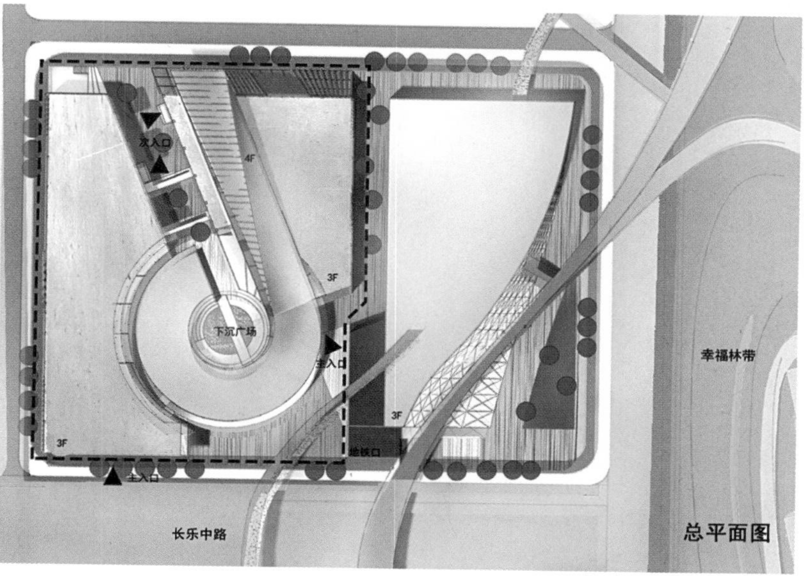

总平面图

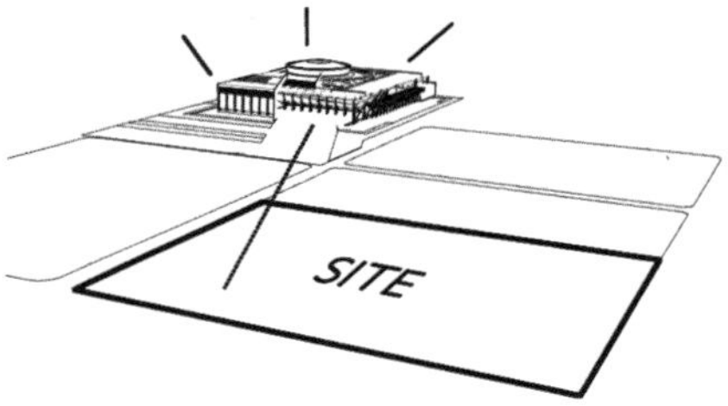


公园中心的博物馆轴线向基地延伸，形成了基地的轴向关系的想法。

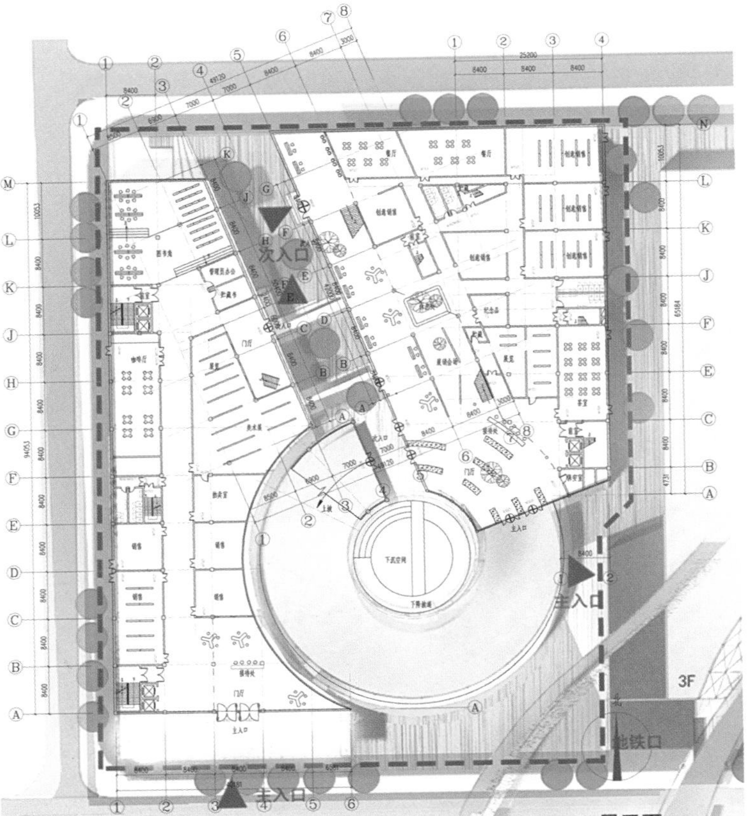

一层平面

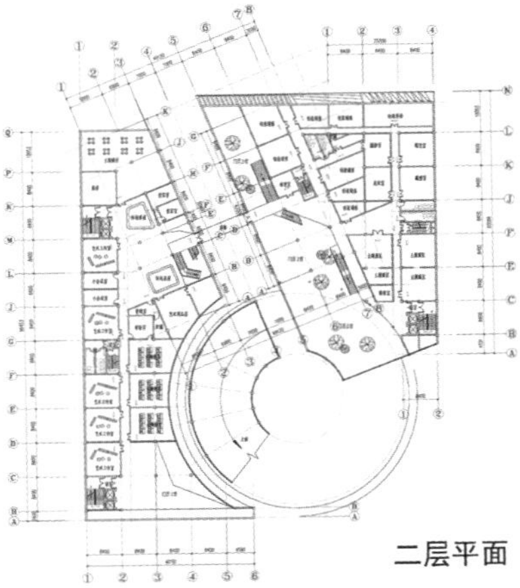
二层平面

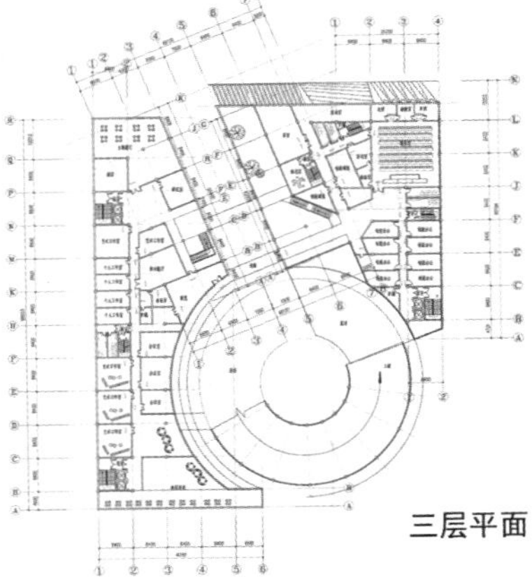
三层平面

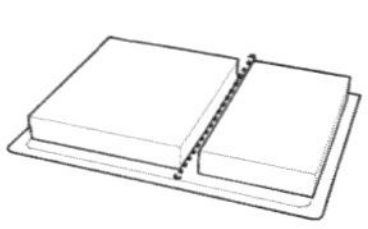
街区内部体量细分

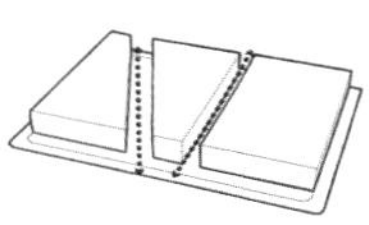
尊重博物馆的轴线关系，形成内街

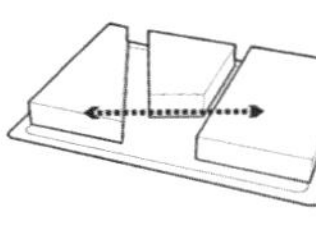
退让形成广场

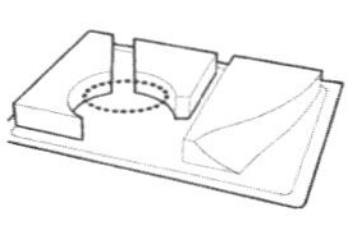
圆形为中心组织空间

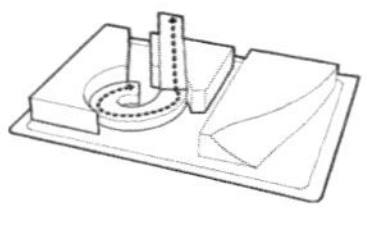
螺旋上升的廊道向外挑出

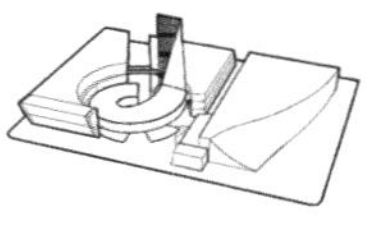
细化体量关系

侧立面

正立面

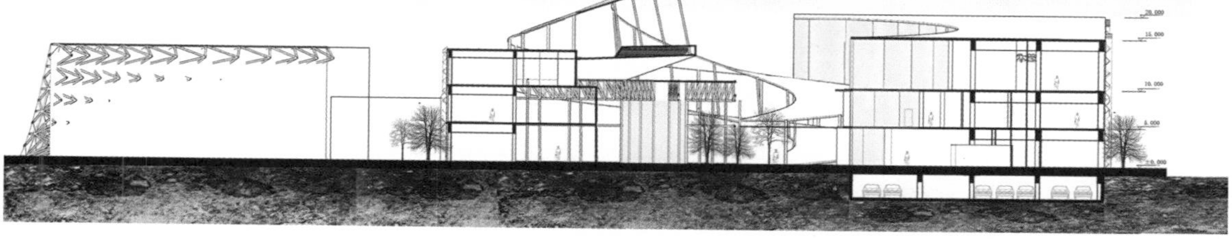
剖面图

UC 4


哈尔滨工业大学

Harbin Institute of Technology

设计者：

张之洋　刘春瑶　刘圣泽

# 微——幸福

## 新生与发展——西安幸福林带核心区城市设计

Regeneration and Development - Urban Design of the Xingfu Lindai core area in Xi'an

**指导教师：陆诗亮　张宇**

本规划设计旨在用微创的态度，以互助社区的手段归还由于大规模开发而消失的原本属于居民的幸福生活。在社区内部利用剩余空间组织步行公共活动空间，为居民提供活动交往的场所，同时加强社区的联系。

在社区中央形成一条微尺度的“幸福林”，以人性的尺度归还幸福于民。绿环直通幸福总部，以老中青三代互帮互助的方式解决各种问题。

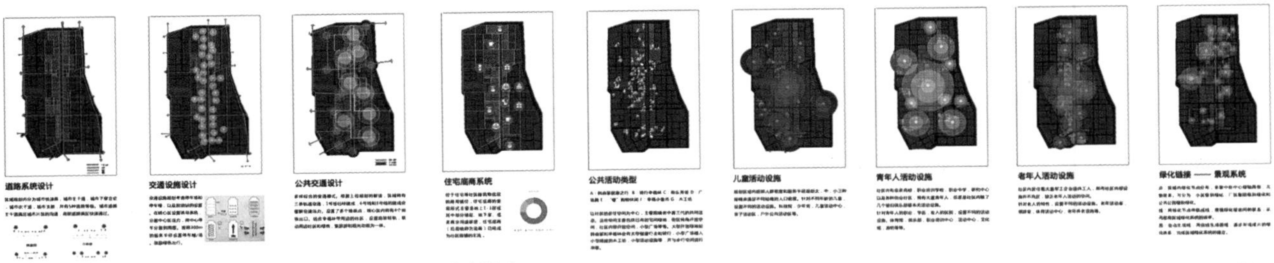


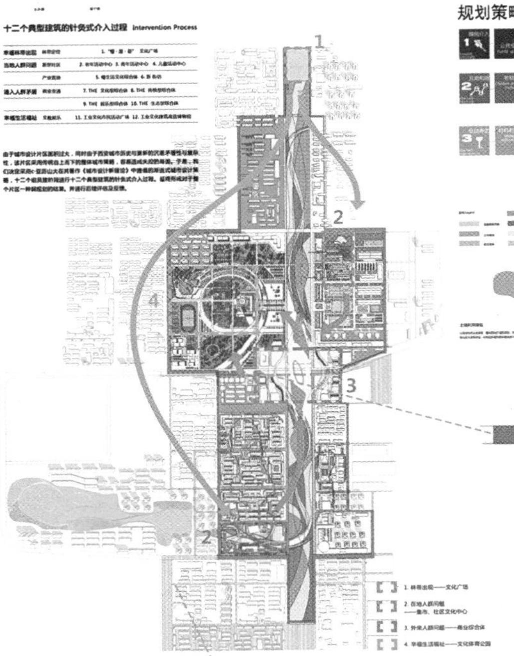


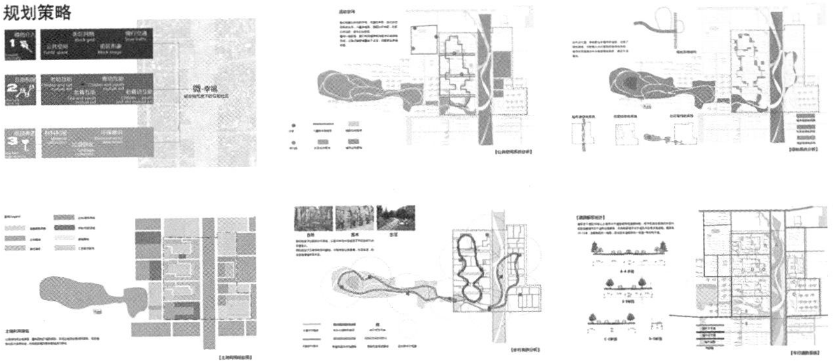


基地平面

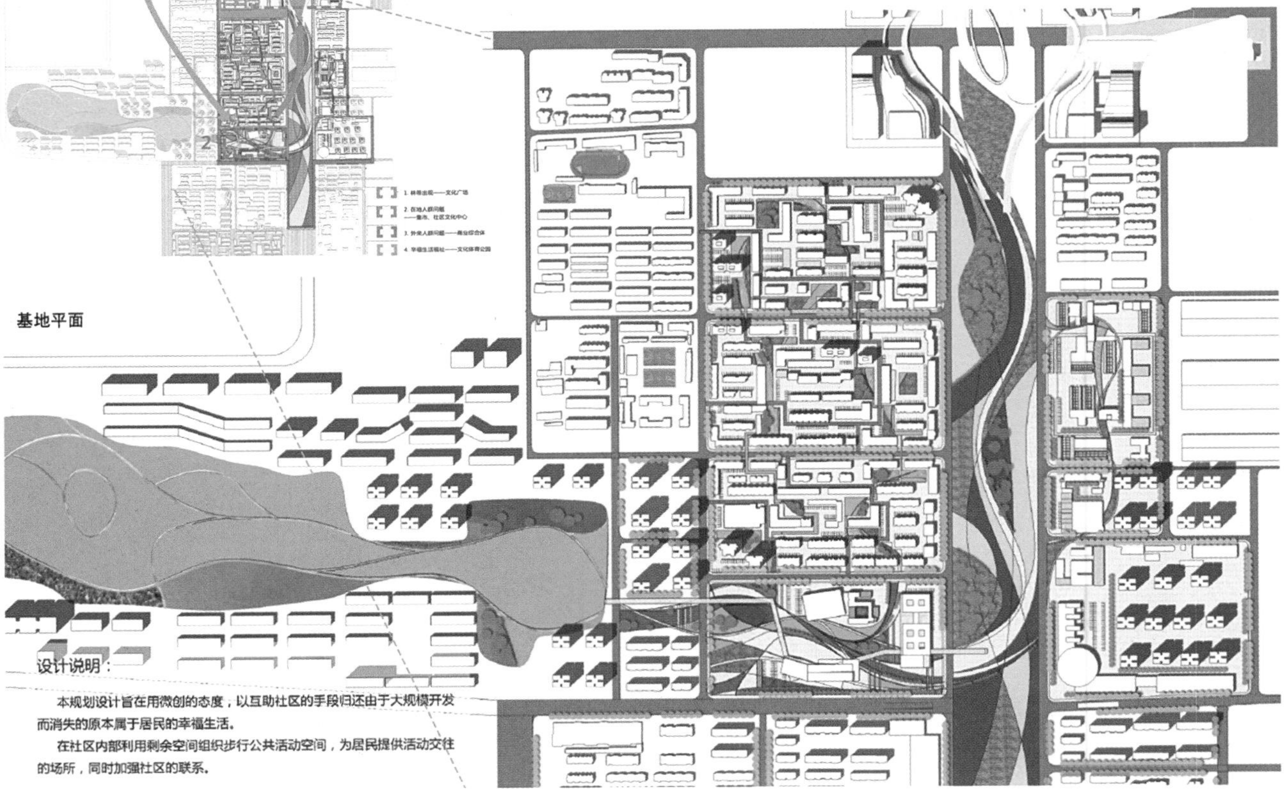

设计说明：

本规划设计旨在用微创的态度，以互助社区的手段归还由于大规模开发而消失的原本属于居民的幸福生活。

在社区内部利用剩余空间组织步行公共活动空间，为居民提供活动交往的场所，同时加强社区的联系。

社区老人活动中心

基地生成

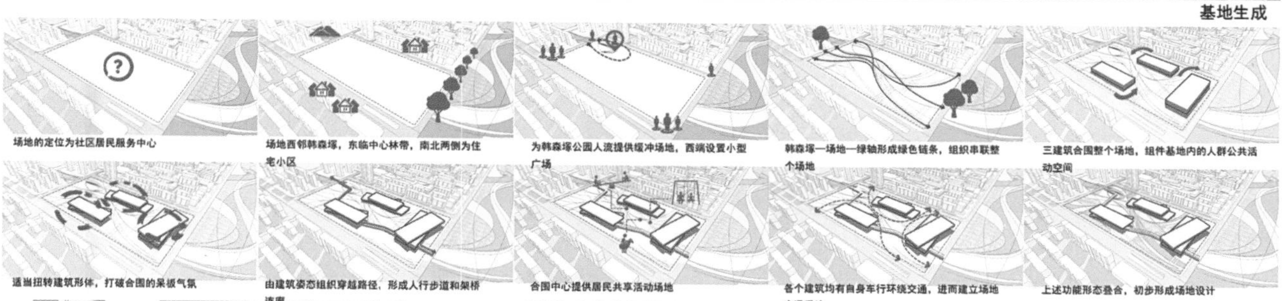
场地的定位为社区居民服务中心
场地西邻韩森塚，东临中心林带，南北两侧为住宅小区
为韩森塚公园人流提供缓冲场地，西端设置小型广场
韩森塚—场地—绿轴形成绿色链条，组织串联整个场地
三建筑合围整个场地，组件基地内的人群公共活动空间
适当扭转建筑形体，打破合围的呆板气氛
由建筑姿态组织穿越路径，形成人行步道和架桥连廊
合围中心提供居民共享活动场地
各个建筑均有自身车行环绕交通，进而建立场地交通系统
上述功能形态叠合，初步形成场地设计

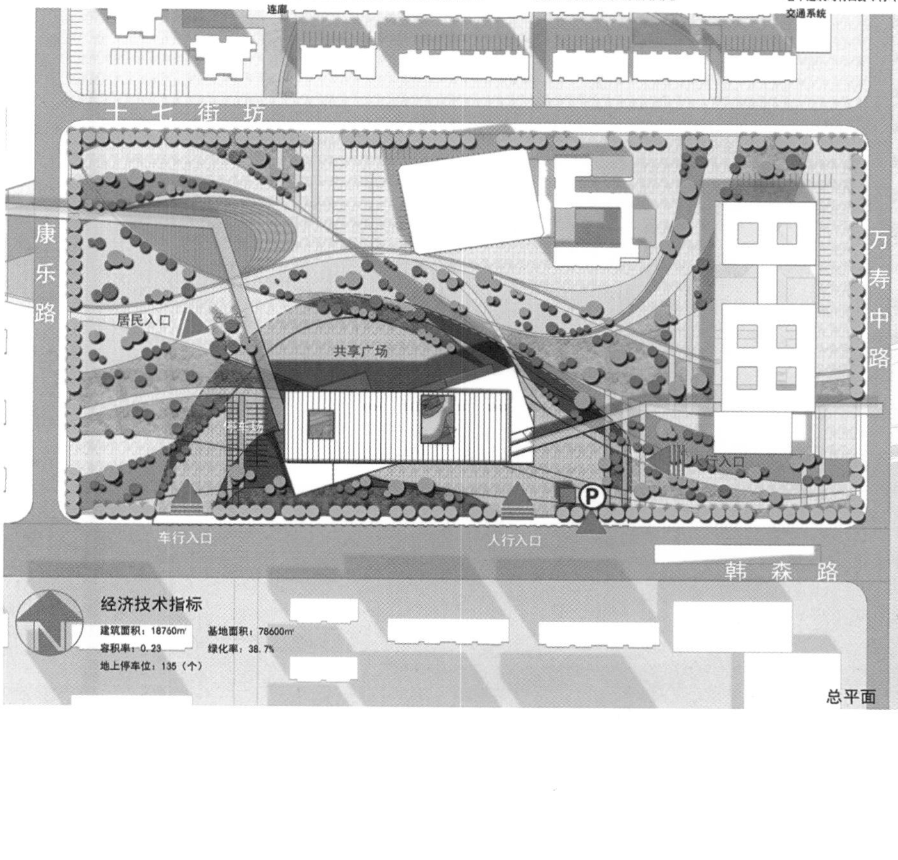
十七街坊
康乐路
万寿中路
韩森路
居民入口
共享广场
人行入口
车行入口
人行入口
经济技术指标
建筑面积：18760㎡
基地面积：78600㎡
容积率：0.23
绿化率：38.7%
地上停车位：135（个）

总平面

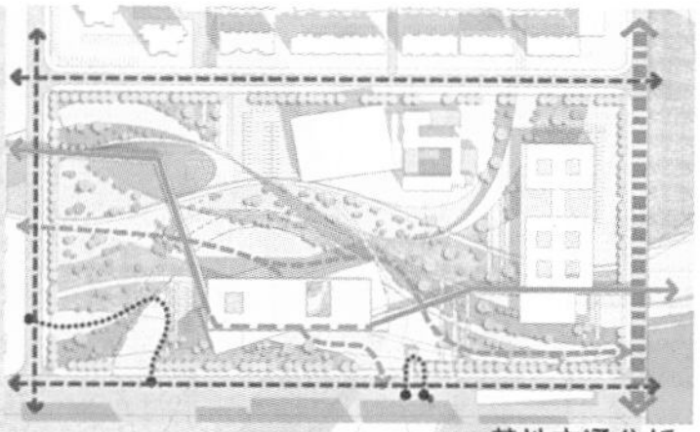

基地交通分析

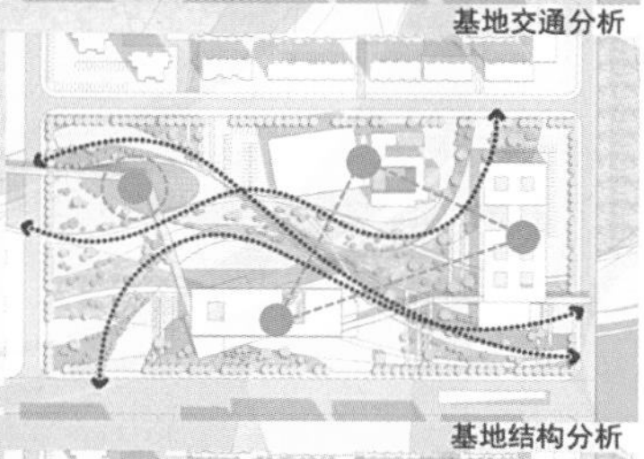

基地结构分析

基地景观分析

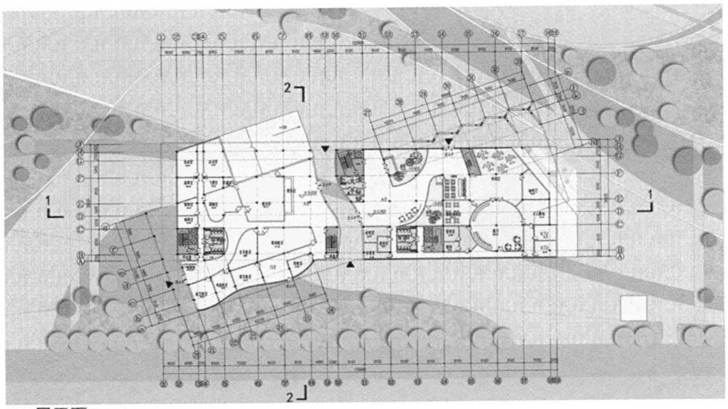

一层平面

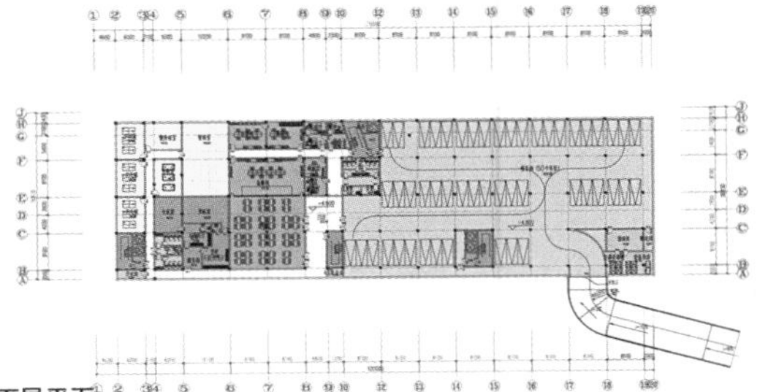

地下层平面

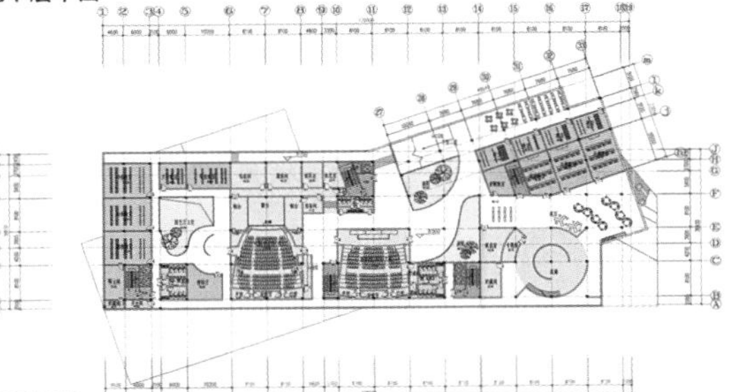

三层平面

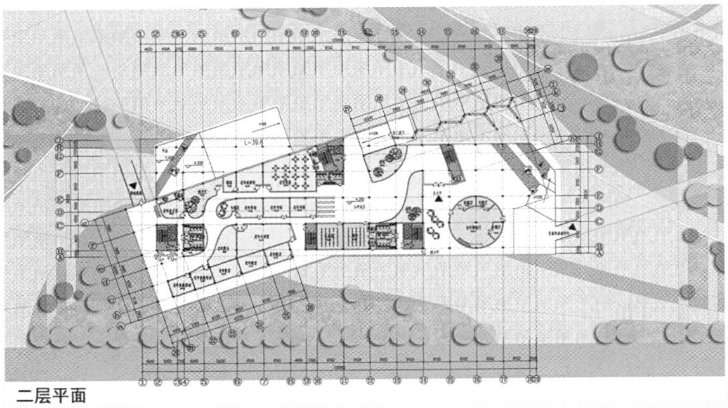

二层平面

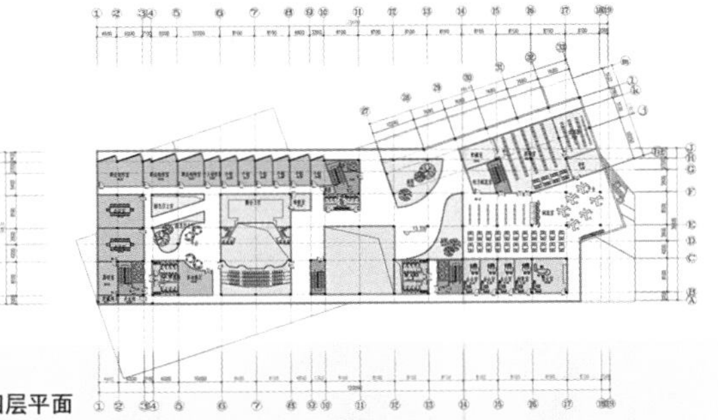

四层平面

北立面

形体生成

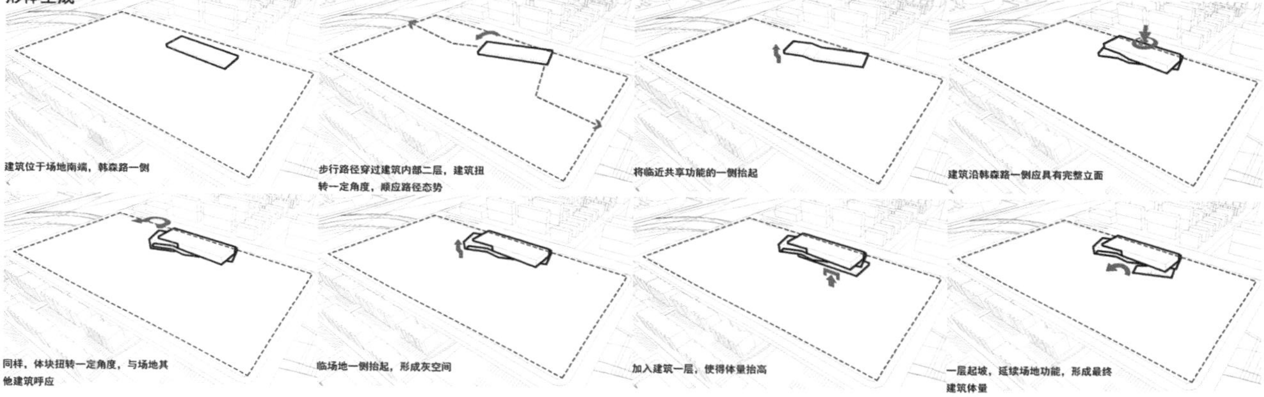

建筑位于场地南端，韩森路一侧
步行路径穿过建筑内部二层，建筑扭转一定角度，顺应路径态势
将临近共享功能的一侧抬起
建筑沿韩森路一侧应具有完整立面
同样，体块扭转一定角度，与场地其他建筑呼应
临场地一侧抬起，形成灰空间
加入建筑一层，使得体量抬高
一层起坡，延续场地功能，形成最终建筑体量


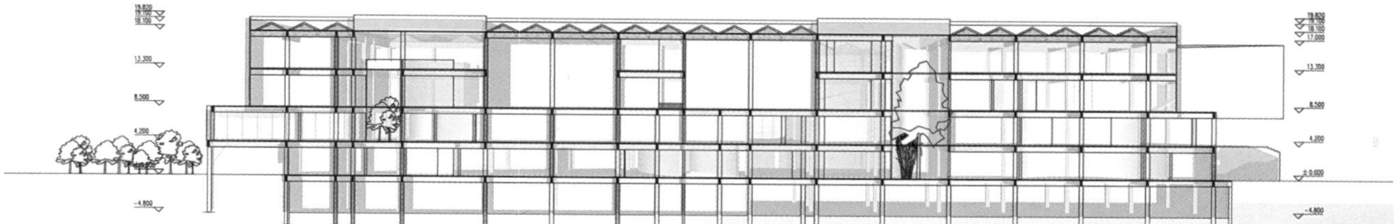

1-1剖面



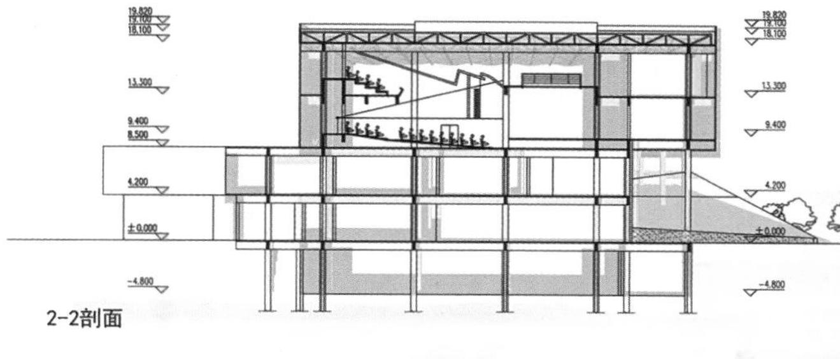

2-2剖面

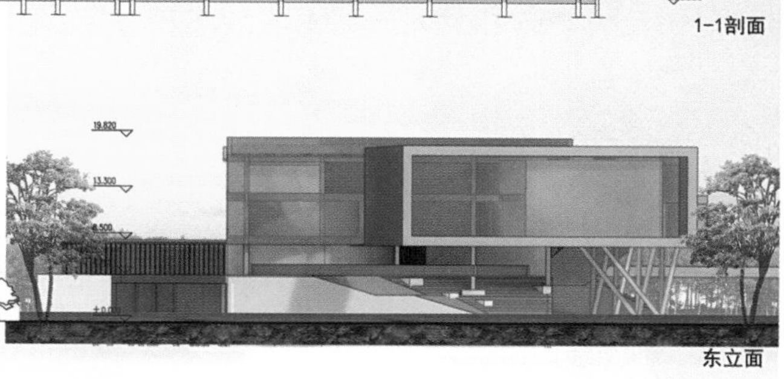

东立面

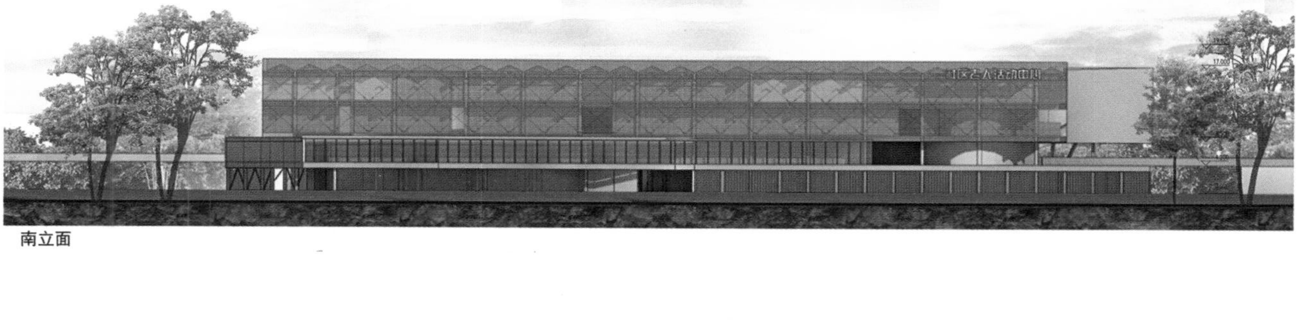

南立面

微——幸福

幸福林带核心区城市设计及青年之家设计

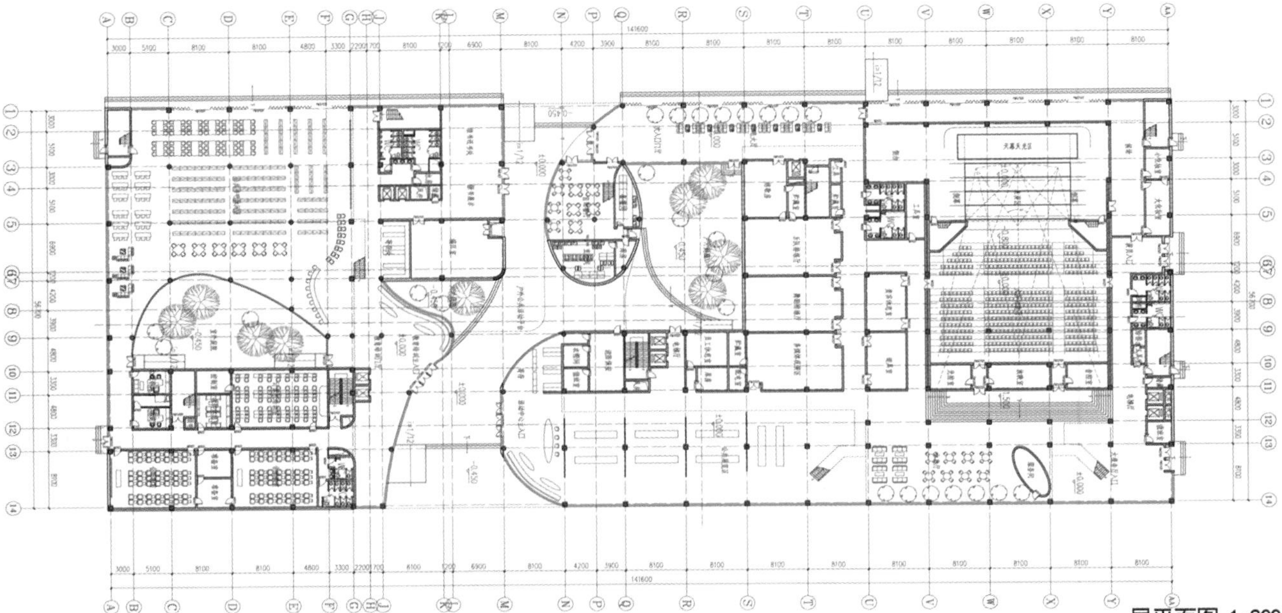

一层平面图 1:200

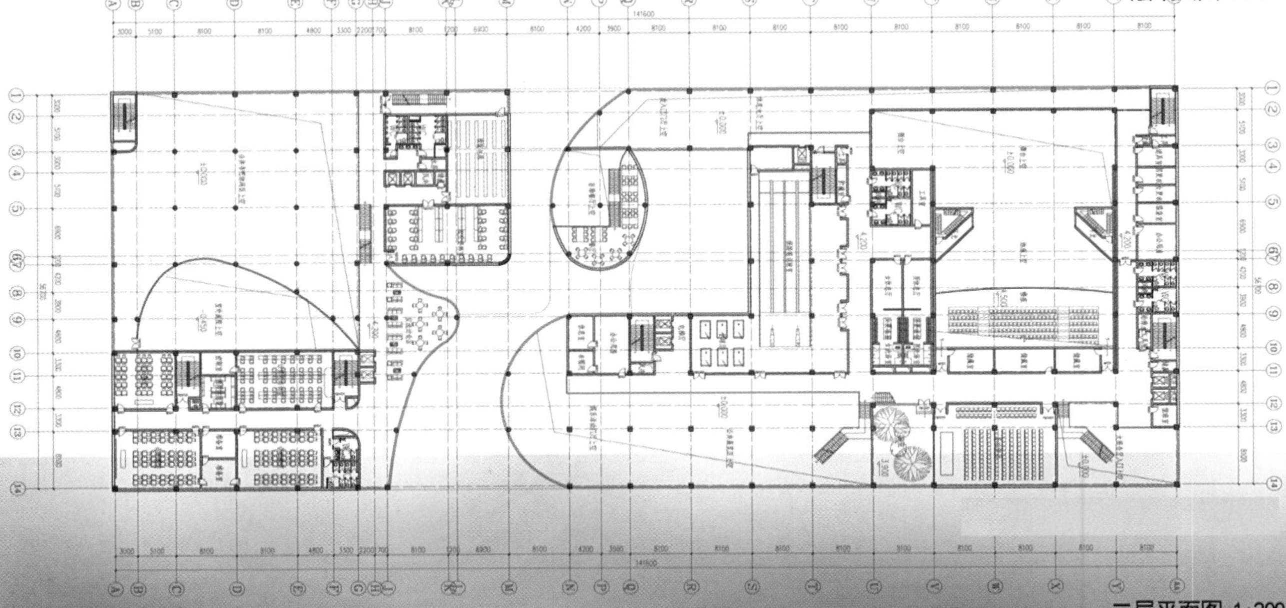

二层平面图 1:200

东立面图 1:200

## 微——幸福

### 幸福林带核心区城市设计及青年之家设计

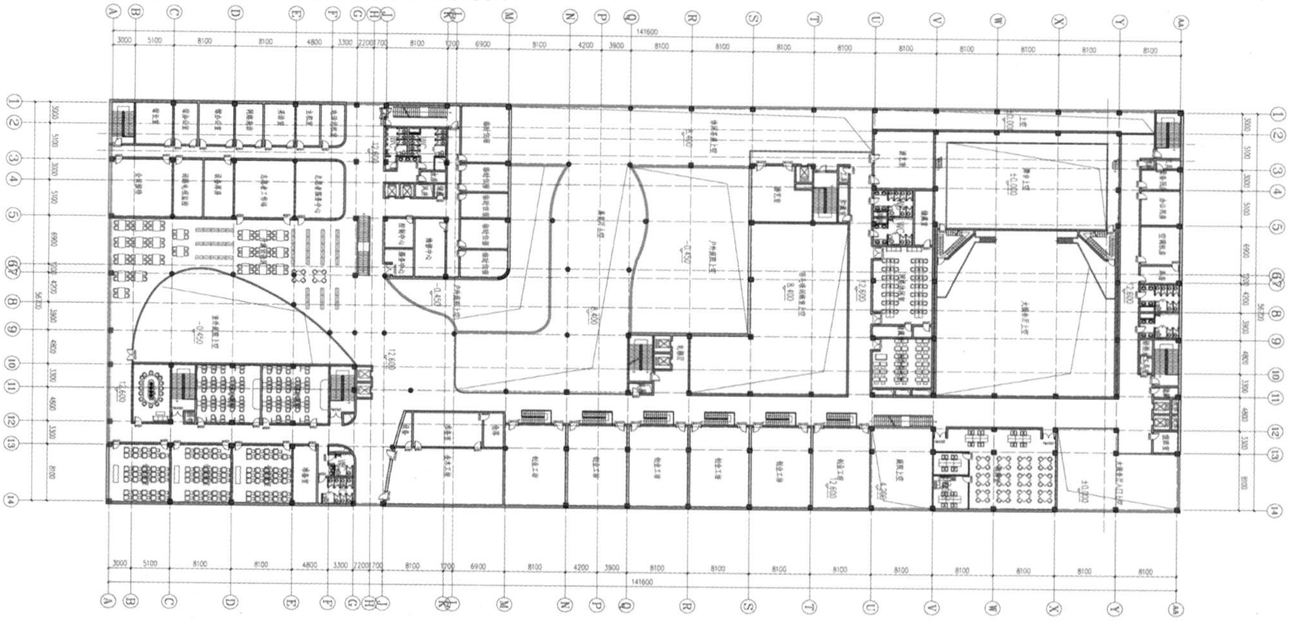

三层平面图 1:200

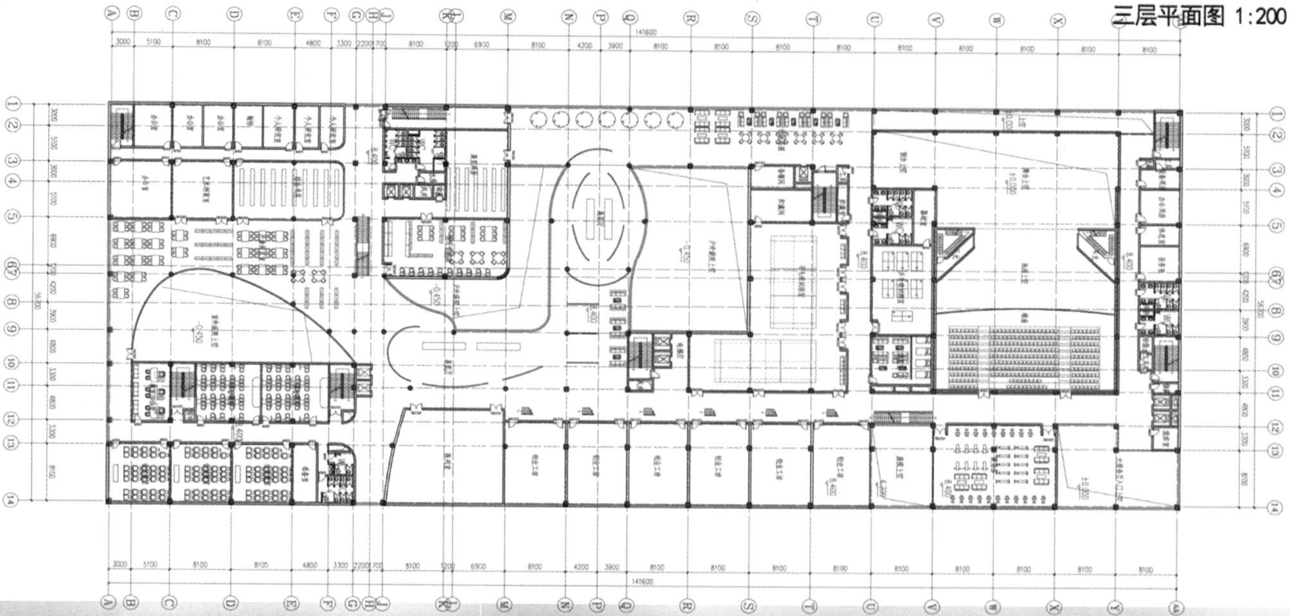

四层平面图 1:200

北立面图 1:200

南立面图 1:200

# 微——幸福

——幸福林带核心区城市设计及儿童工坊设计

Subtle Happiness

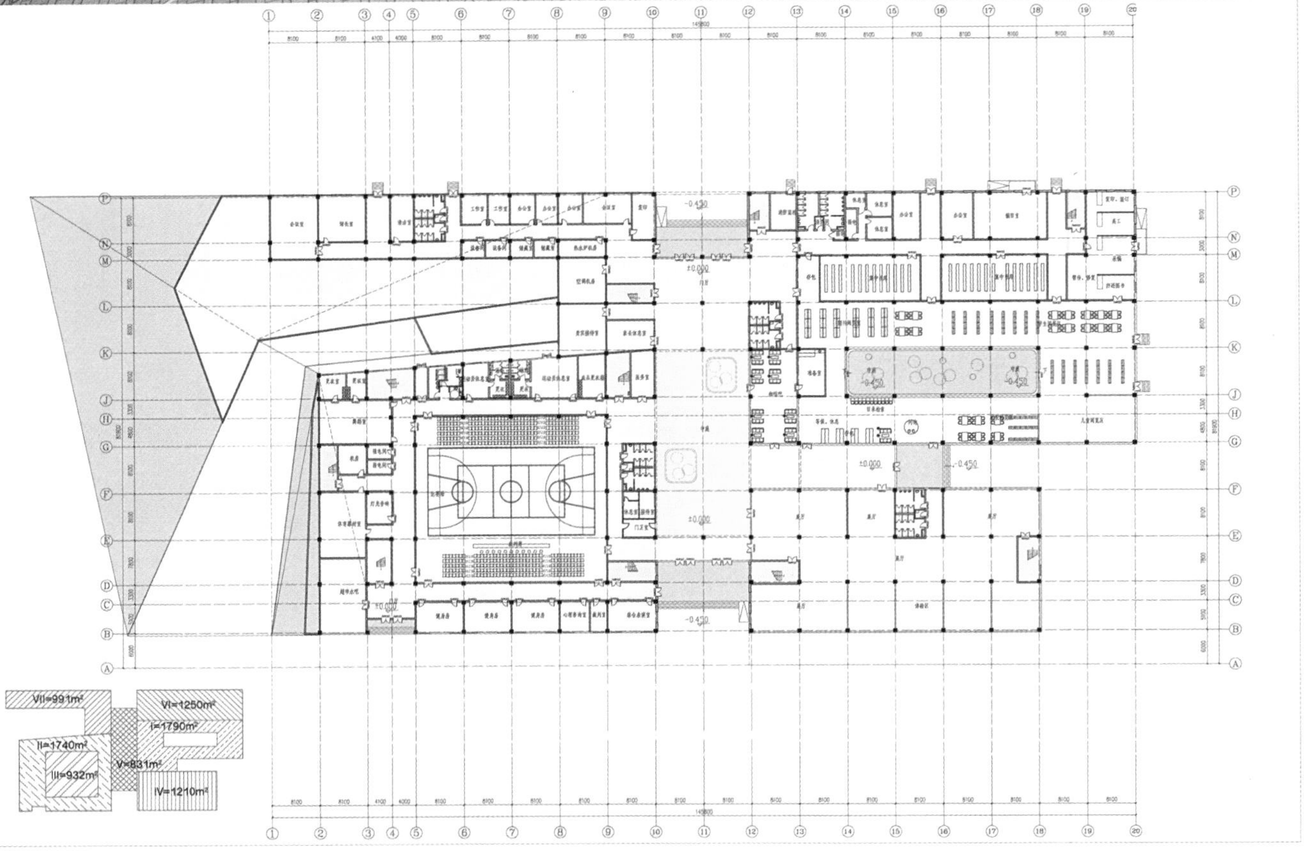

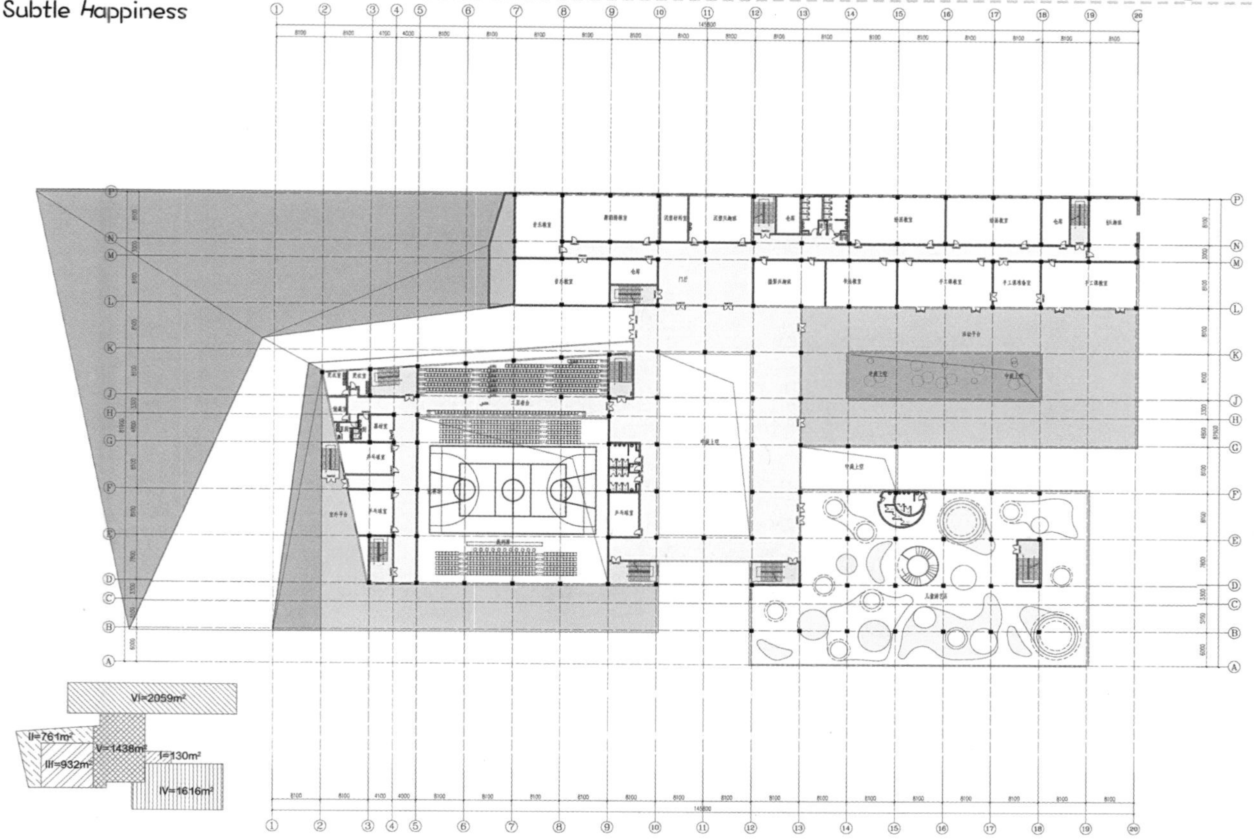
VI=2059m²
II=761m²
V=1438m²
I=130m²
III=932m²
IV=1616m²

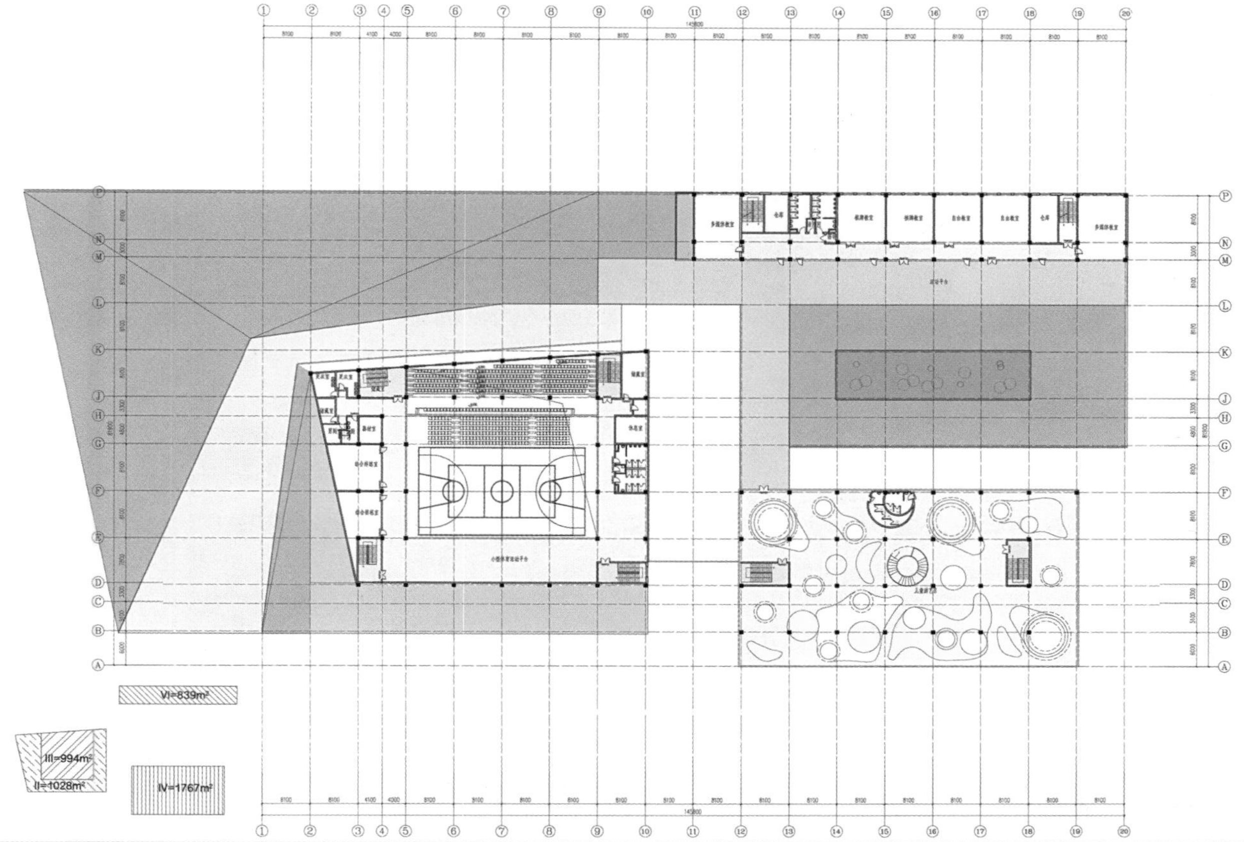
VI=839m²
III=994m²
II=1028m²
IV=1767m²

# 微——幸福
## Subtle Happiness

step.1     step.2     step.3     step.4     step.5     step.6

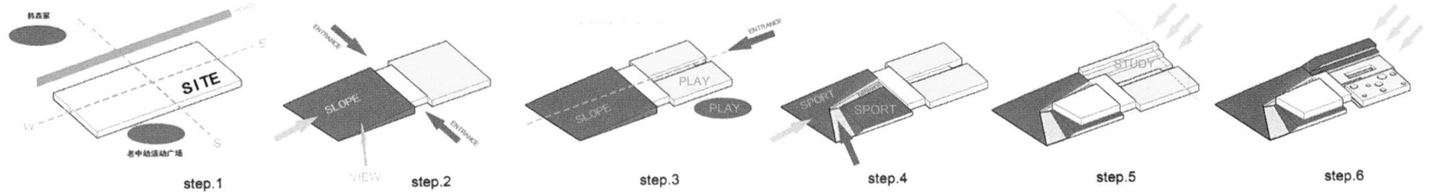

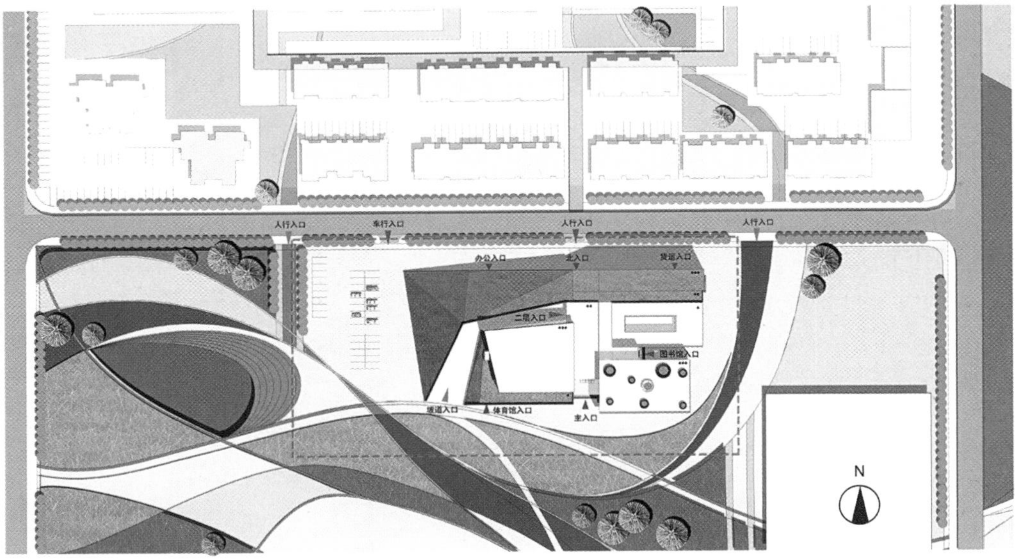

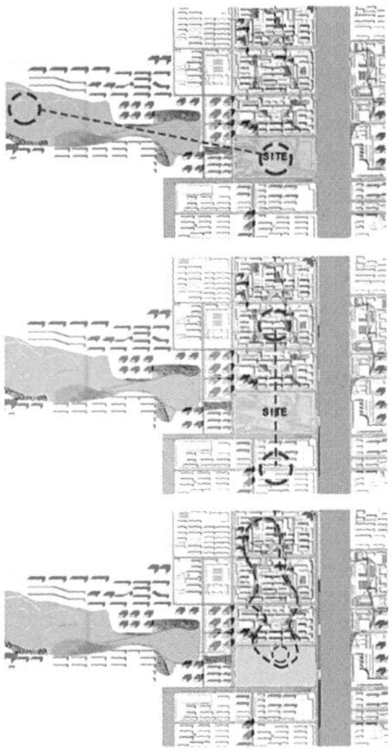

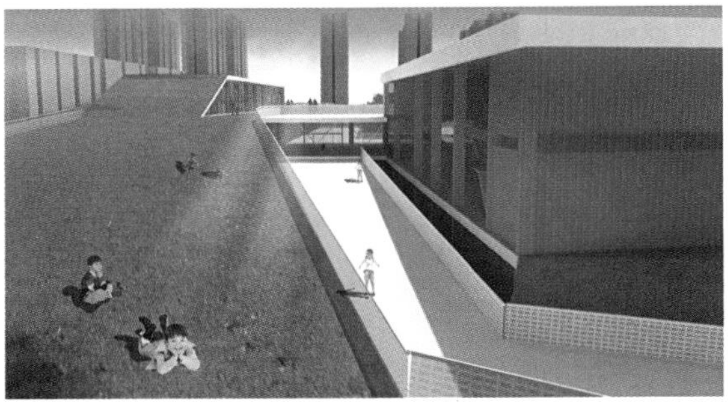

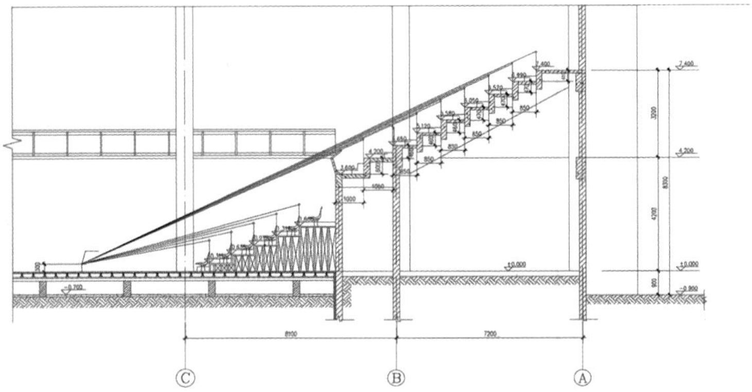

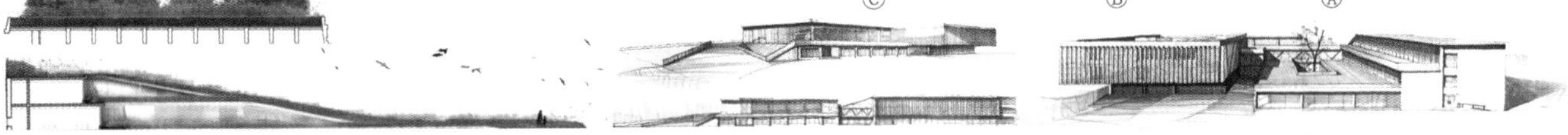

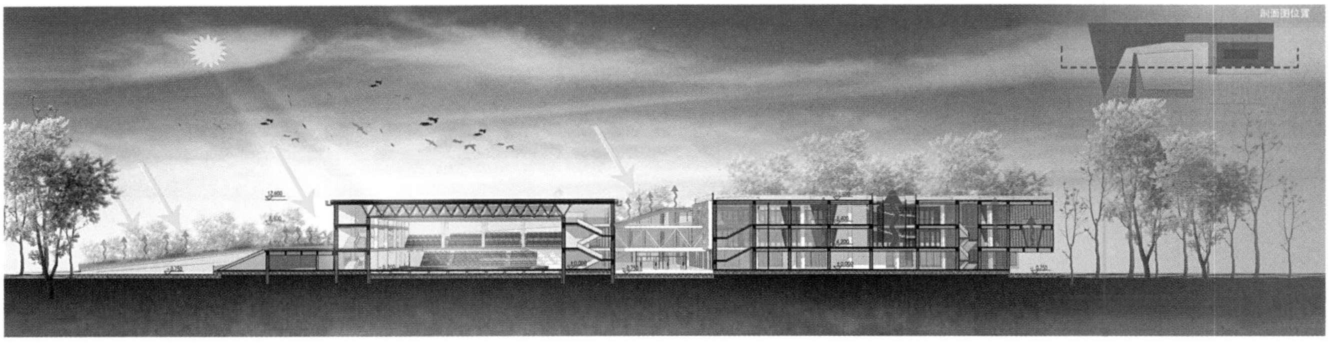

# 微——幸福

Subtle Happiness

——幸福林带核心区城市设计及儿童工坊设计

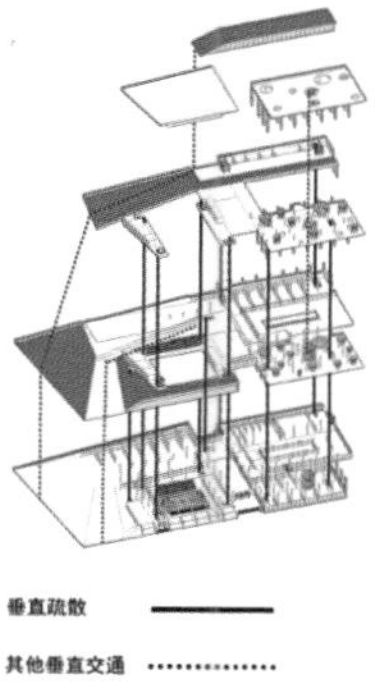


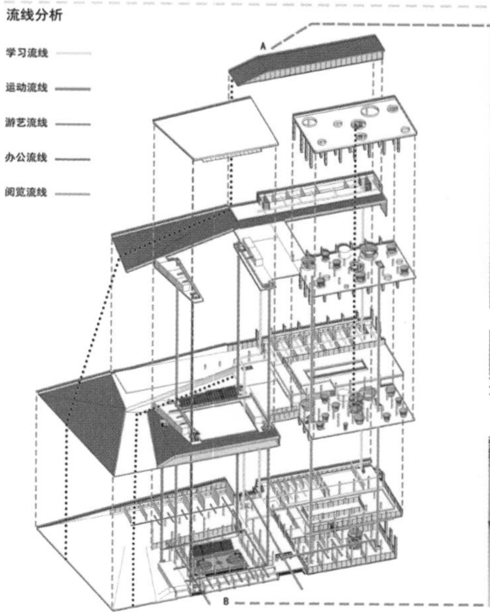

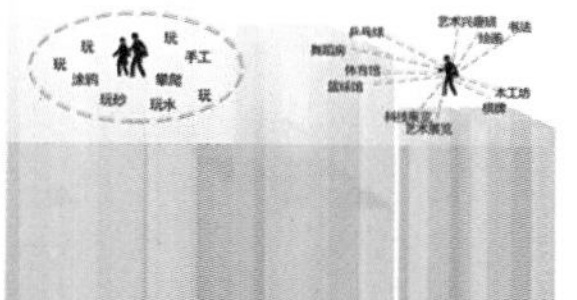

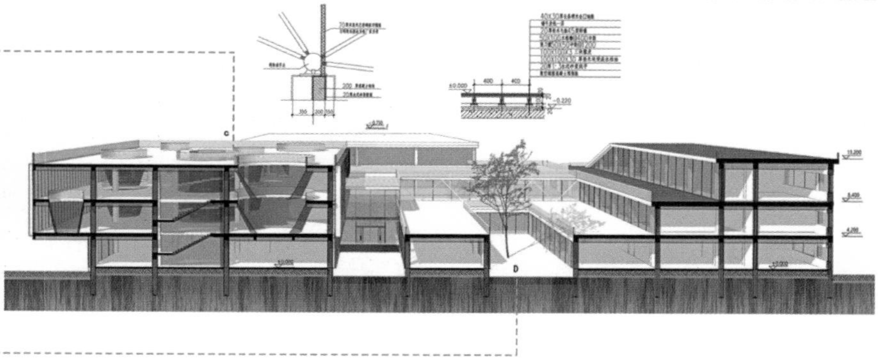

## 微——幸福

幸福林带核心区城市设计及青年之家设计

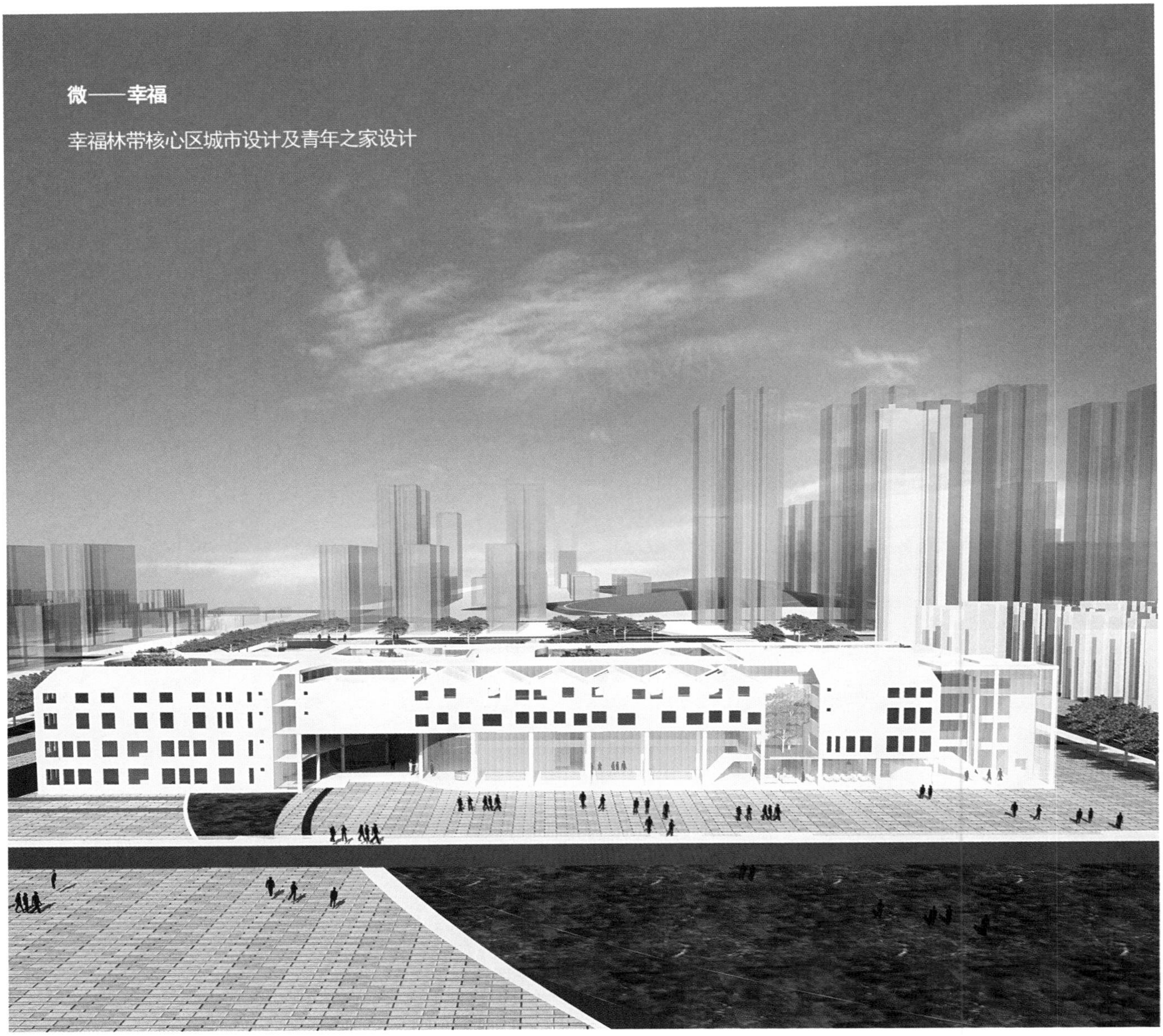



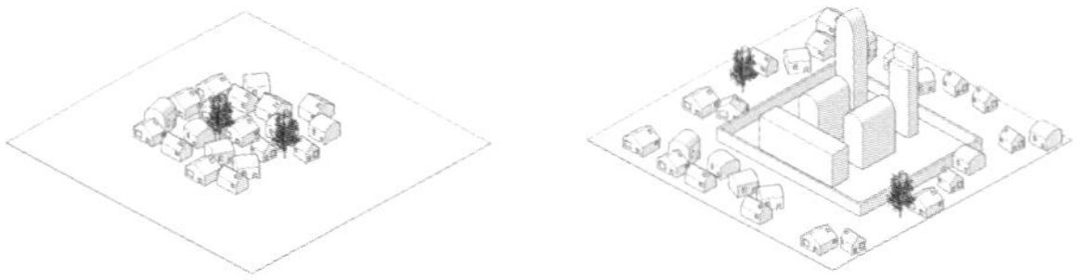

概念图解

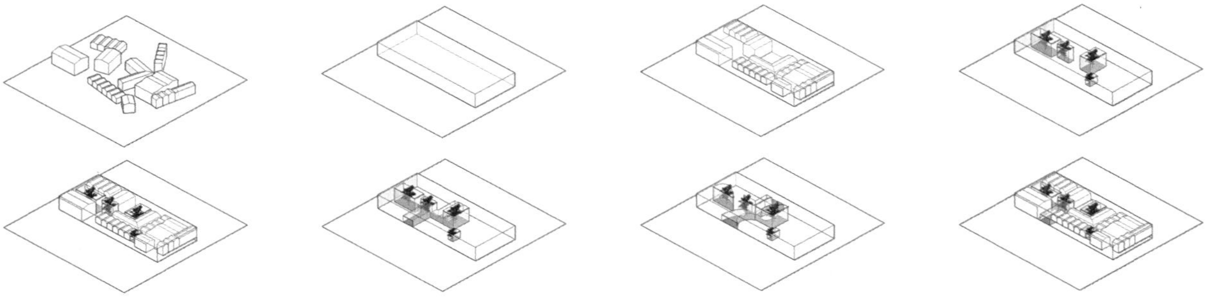

体量生成

## 微——幸福

## 幸福林带核心区城市设计及青年之家设计

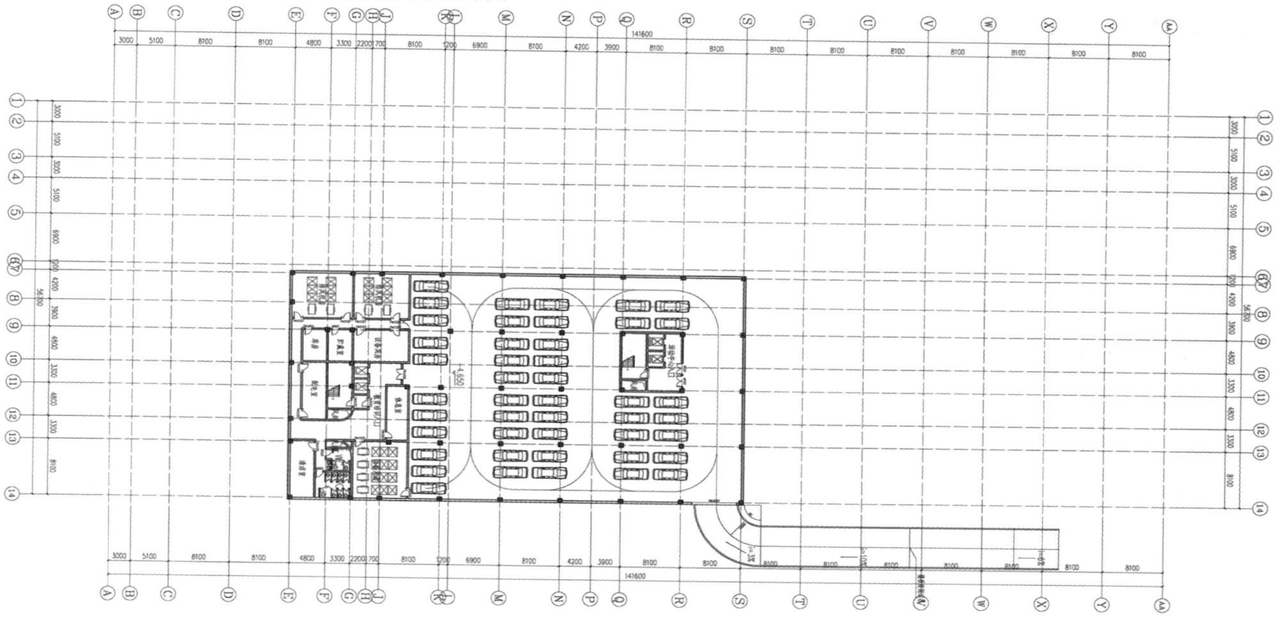

负一层平面图 1:200

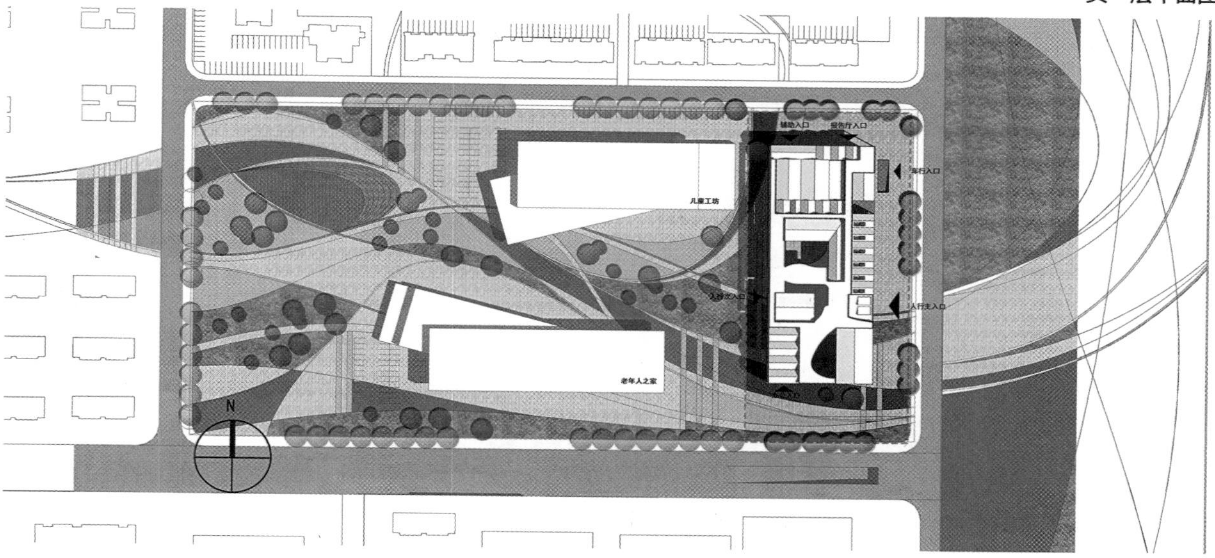

总平面图 1:500

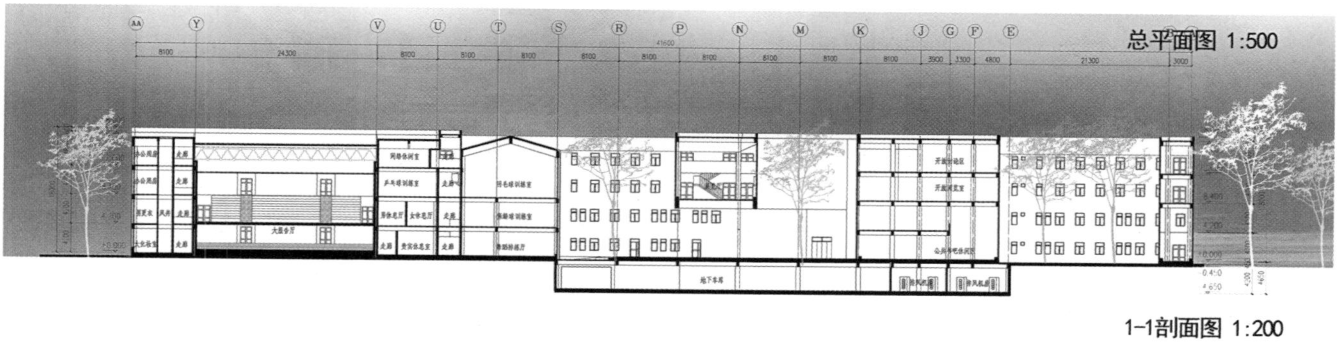

1-1剖面图 1:200

UC 4

哈尔滨工业大学
Harbin Institute of Technology
设计者：
陈琳　陈杨　林芳菲

"丰年人乐业，垄上踏歌行"。

# 丰年人乐业，垄上踏歌行

## 新生与发展——西安幸福林带核心区城市设计

Regeneration and Development - Urban Design of the Xingfu Lindai core area in Xi'an

指导教师：吕飞　董慰

现状解读

### 基地内部居住情况

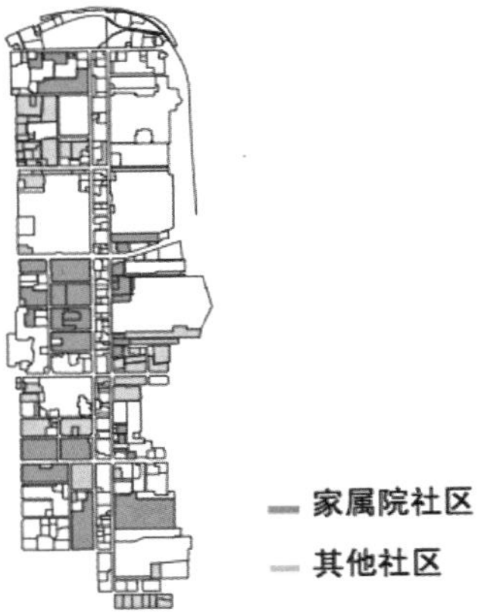
家属院社区
其他社区

### 产业分布情况

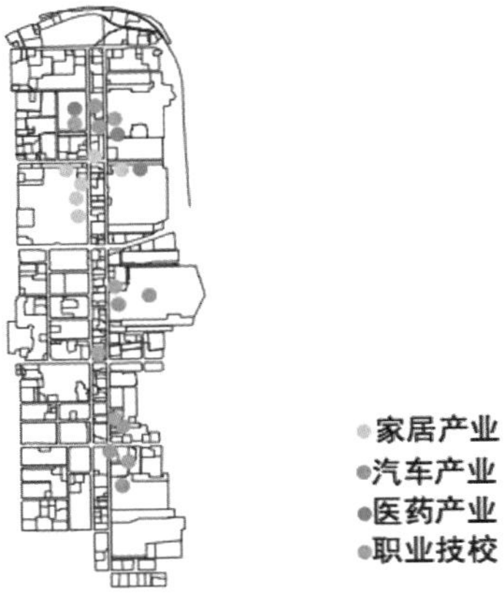
家居产业
汽车产业
医药产业
职业技校

### 公共空间形式与分布情况

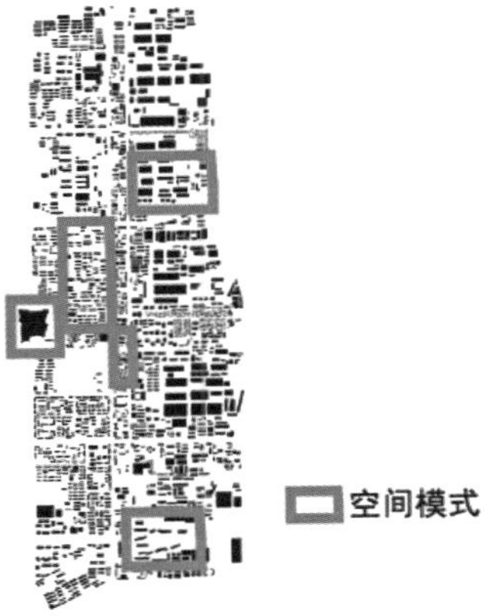
空间模式

### 各类社区人口所占比例

| 家属院小区 | 人数 |
|---|---|
| 陕汽万寿小区 | 5700 |
| 黄河家属区 | 2500 |
| 西光家属区 | 12000 |
| 昆仑家属区 | 6000 |
| 华山家属区 | 6000 |
| 秦川家属区 | 11000 |
| 东方家属区 | 9500 |
| 建工家属区 | 5000 |
| 东旭康宁社区 | 6000 |
| 工大小区 | 4500 |
| 合计 | 68200 |

| 普通社区 | 人数 | 城中村 | 人数 |
|---|---|---|---|
| 长缨东路小区 | 9000 | 东小寨村 | 3000 |
| 爱宁路小区 | 3000 | 东等驾坡村 | 10000 |
|  | 12000 |  | 13000 |

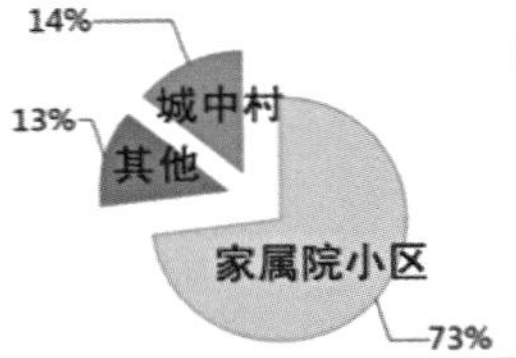
14%
城中村
13%
其他
家属院小区
73%

基地内家属院社区占很大比重，特点鲜明

### 基地人口构成

其他
个体营业者
工厂职工及家属
60岁以上
20岁以下
20~60岁

在人口上表现为：工厂职工及家属占很大比例，老年人比重较市平均水平高很多。

### 基地内各产业特点

汽车产业

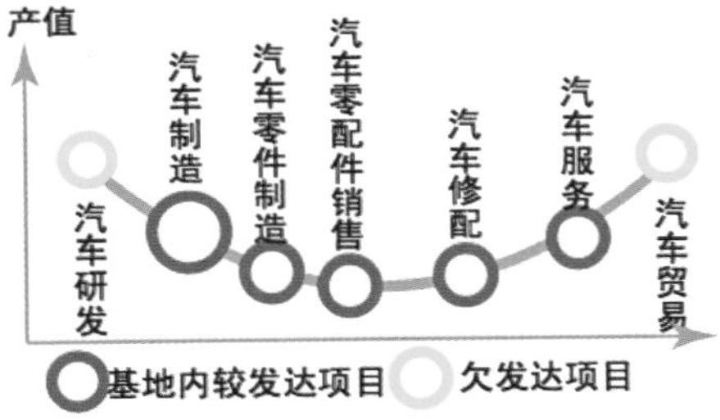
产值
汽车研发
汽车制造
汽车零件制造
汽车零配件销售
汽车修配
汽车服务
汽车贸易
基地内较发达项目
欠发达项目

家居产业

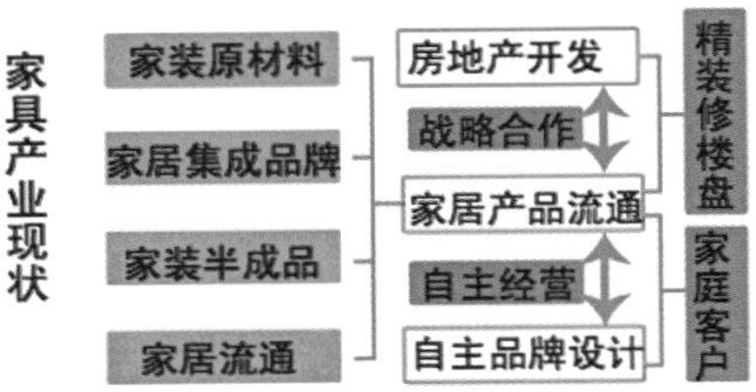
家具产业现状
家装原材料
家居集成品牌
家装半成品
家居流通
房地产开发
战略合作
家居产品流通
自主经营
自主品牌设计
精装修楼盘
家庭客户

职业技校

昆仑、华山、东方、公交公司技工学校、兵器工业职工大学已在基地内部发展成熟。

### 公共空间形式与特点

模式一：工厂内部大尺度空间

厂房围合成了矩形的大尺度公共空间。形成"花园工厂"的特殊空间结构。

模式二：工厂附属多层住宅区

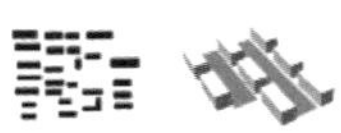

多为行列式布局，住宅之间为居民公共活动空间。

模式三：大型户外空间（韩森冢）

片区内唯一一处大型开放公共空间，缺乏保护，未能与周围环境相结合。

模式四：林带内部低层商服

多为自发建设的低层建筑空间杂乱，交通可达性差，阻碍了林带两侧的联系。

模式五：新建高层住宅区

主要集中在西南侧，高层之间围合成了良好的公共空间。

## 规划定位

### 上位规划解读

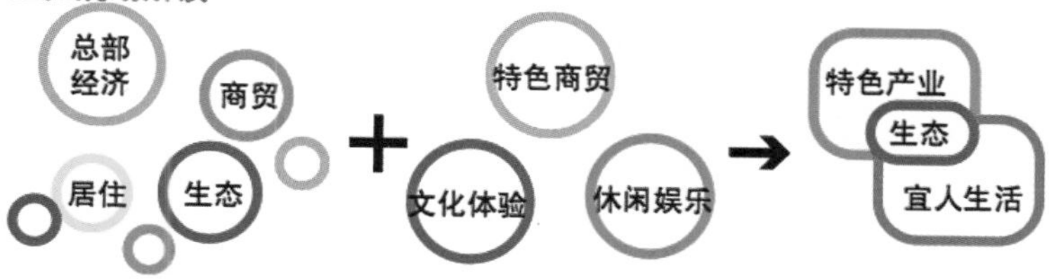


《西安市主城区总体规划》与《西安市新城区旅游发展总体规划》对规划区的要求有：主城区东部集总部经济、商贸、生态、居住等功能为一体的城市综合区。重点研究和开发特色商贸、休闲娱乐、文化体验等专题旅游市场，积极发展高端市场。将其提炼为安居乐业，即开发扶植特色产业和打造宜人生活。

### 用地潜能评估

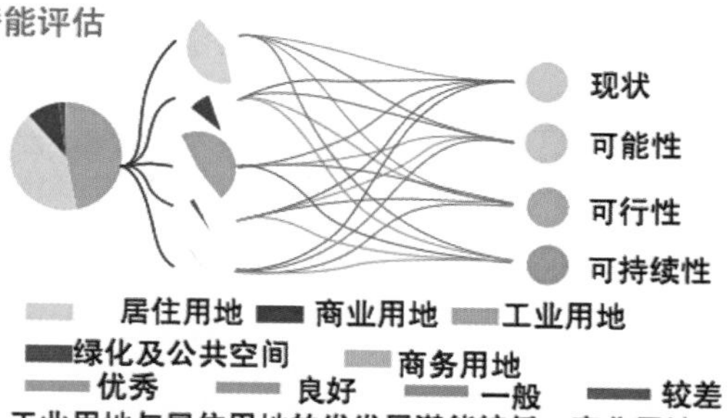

现状
可能性
可行性
可持续性
居住用地
商业用地
工业用地
绿化及公共空间
商务用地
优秀
良好
一般
较差


工业用地与居住用地的发展潜能较低，商业用地，商务用地以及绿化公共空间的发展潜能较高。

### 社区发展分析

决策：保留、改造、拆除？

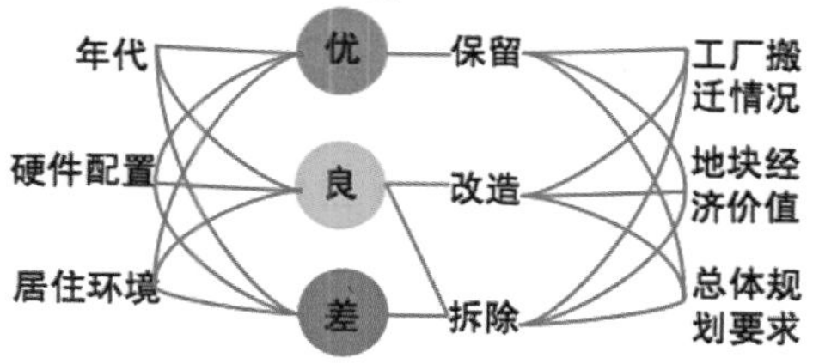


依托林带建立各社区之间的联系

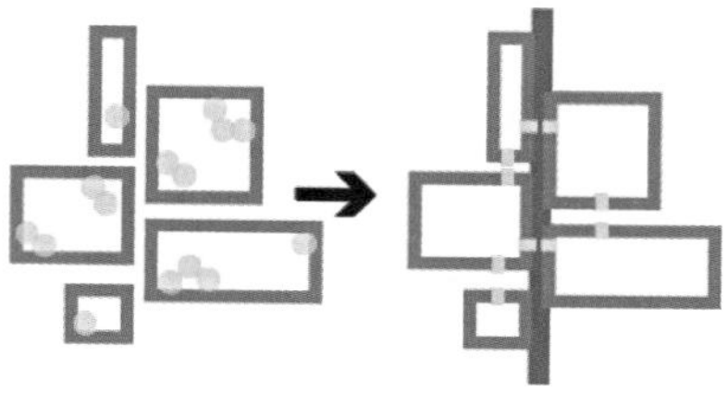

完善利于老年人活动的各系统

医疗系统
养老机构
公共活动系统
晚年教育
活动组织
+


### 产业发展分析

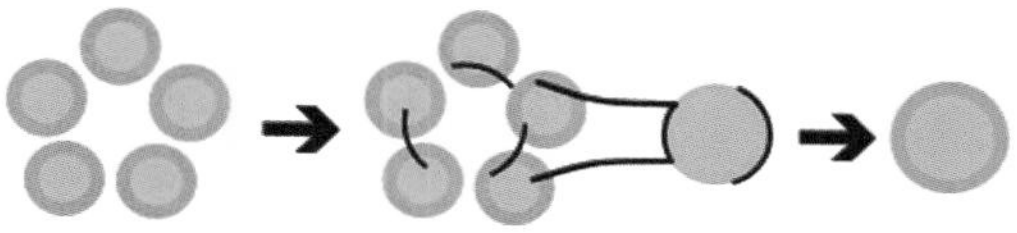

家居产业、汽车产业原本散乱且分布零碎

对其加以整合和统一，使其成为具有一定规模的整体

吸引更多的人群

产业之间联动发展

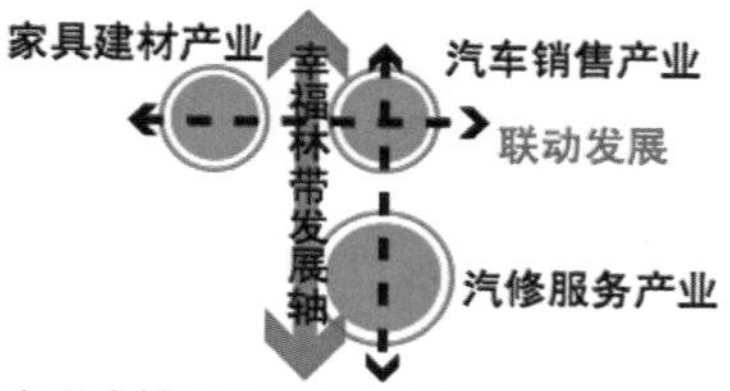


家具建材产业、汽车销售及服务产业联动发展

产业自我提升

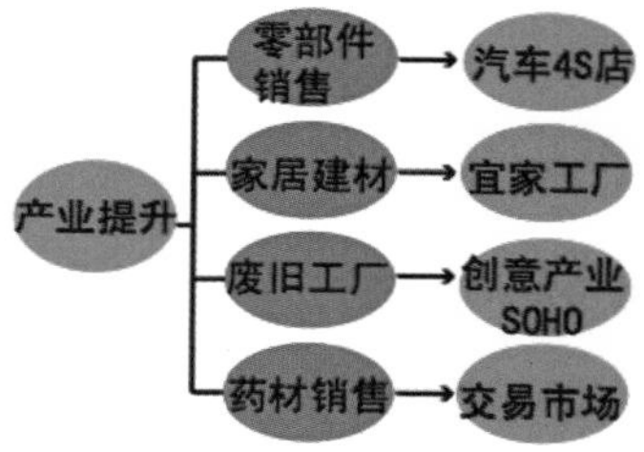


### 家居产业升级模式

Step 1：吸引

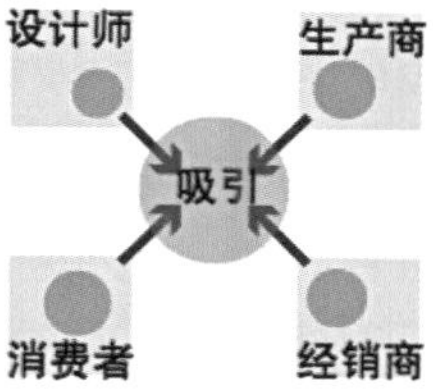


通过地段对不同人群的吸引力，将不同人员吸引到一起。

Step 2： 融合

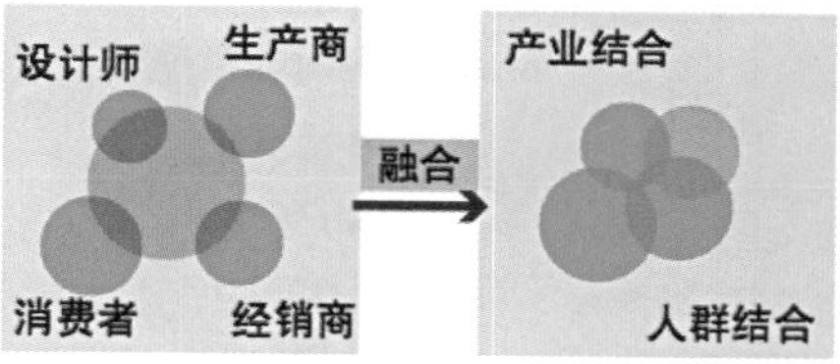


对不同地段赋予相应的功能，分配相应人员。实现产业的结合人员的交流，激发地段的活力。带动整个地区进一步发展。

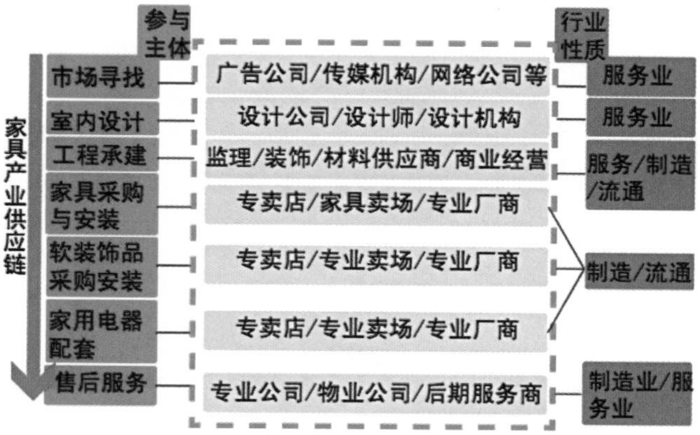


### 职业技校促进产业发展

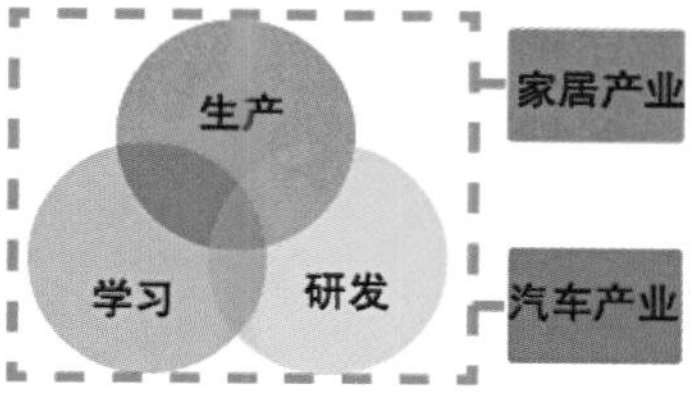


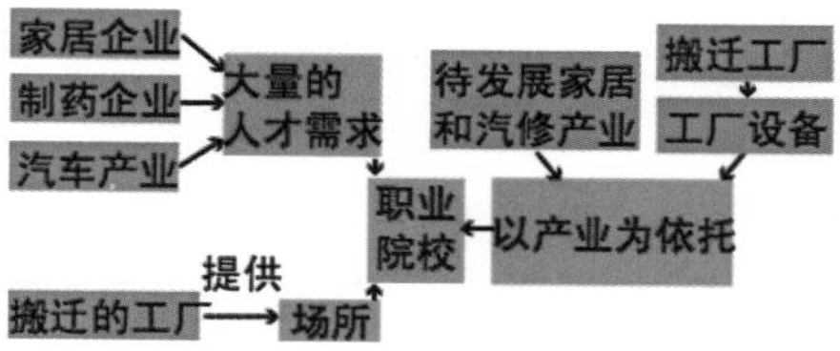


### 汽车产业升级模式

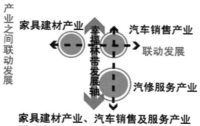

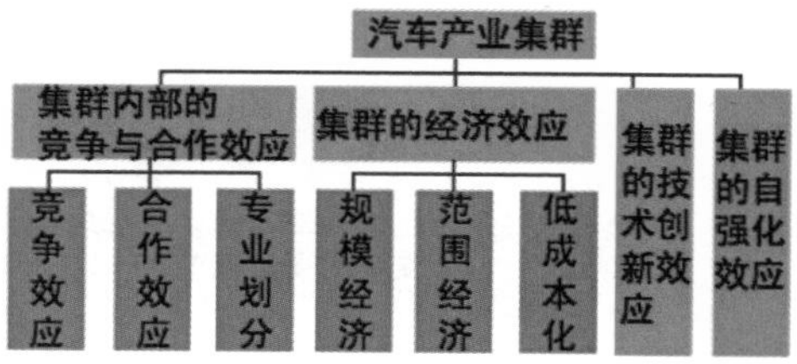

## 城市设计总体框架

### 社区建设

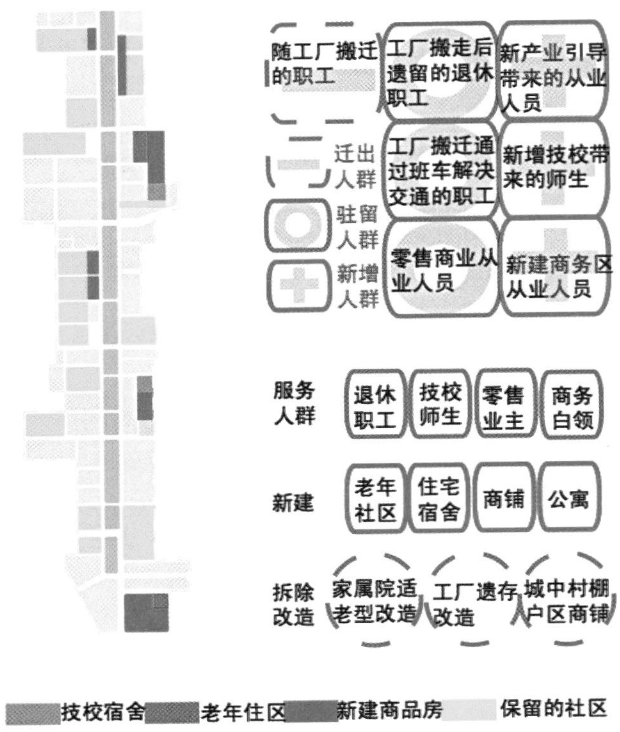
根据人口变化的社区建设策略
随工厂搬迁的职工
工厂搬走后遗留的退休职工
新产业引导带来的从业人员
迁出人群
工厂搬迁通过班车解决交通的职工
新增技校带来的师生
驻留人群
新增人群
零售商业从业人员
新建商务区从业人员
服务人群
退休职工
技校师生
零售业主
商务白领
新建
老年社区
住宅宿舍
商铺
公寓
拆除改造
家属院适老型改造
工厂遗存改造
城中村棚户区商铺
技校宿舍
老年住区
新建商品房
保留的社区

### 公共服务设施

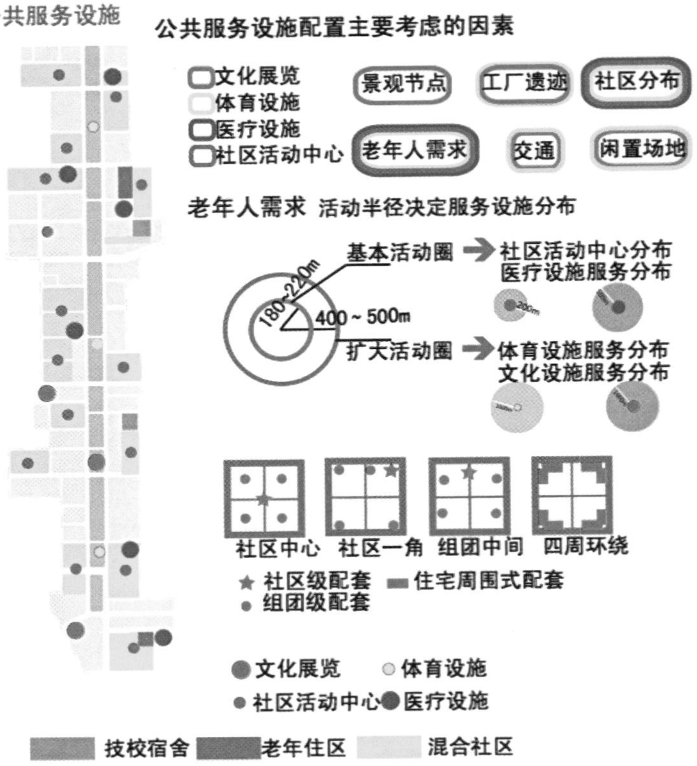
公共服务设施配置主要考虑的因素
文化展览
体育设施
医疗设施
社区活动中心
景观节点
工厂遗迹
社区分布
老年人需求
交通
闲置场地
老年人需求 活动半径决定服务设施分布
基本活动圈
社区活动中心分布
医疗设施服务分布
180~220m
400~500m
扩大活动圈
体育设施服务分布
文化设施服务分布
社区中心
社区一角
组团中间
四周环绕
社区级配套
住宅周围式配套
组团级配套
文化展览
体育设施
社区活动中心
医疗设施
技校宿舍
老年住区
混合社区

### 绿地系统

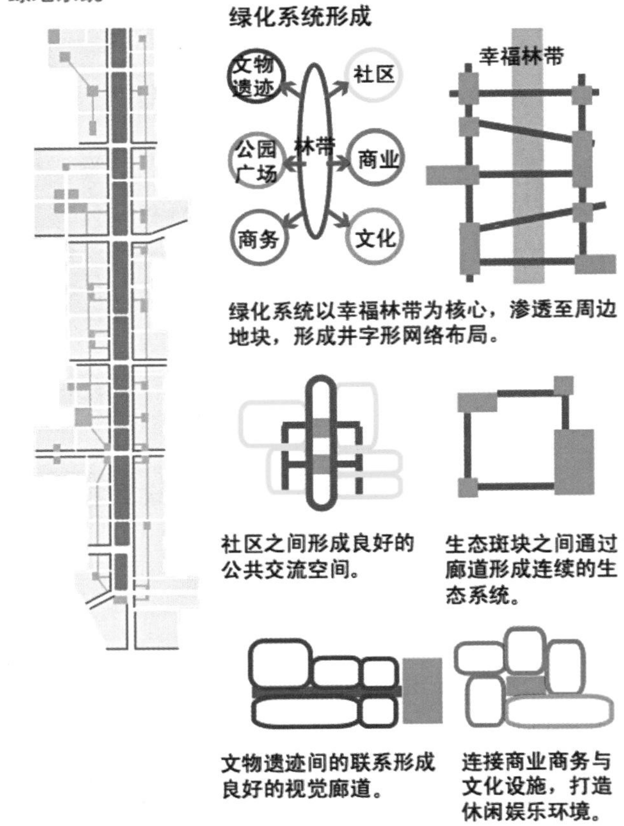
绿化系统形成
文物遗迹
社区
公园广场
林带
商业
商务
文化
幸福林带
绿化系统以幸福林带为核心，渗透至周边地块，形成井字形网络布局。
社区之间形成良好的公共交流空间。
生态斑块之间通过廊道形成连续的生态系统。
文物遗迹间的联系形成良好的视觉廊道。
连接商业商务与文化设施，打造休闲娱乐环境。

### 公共空间

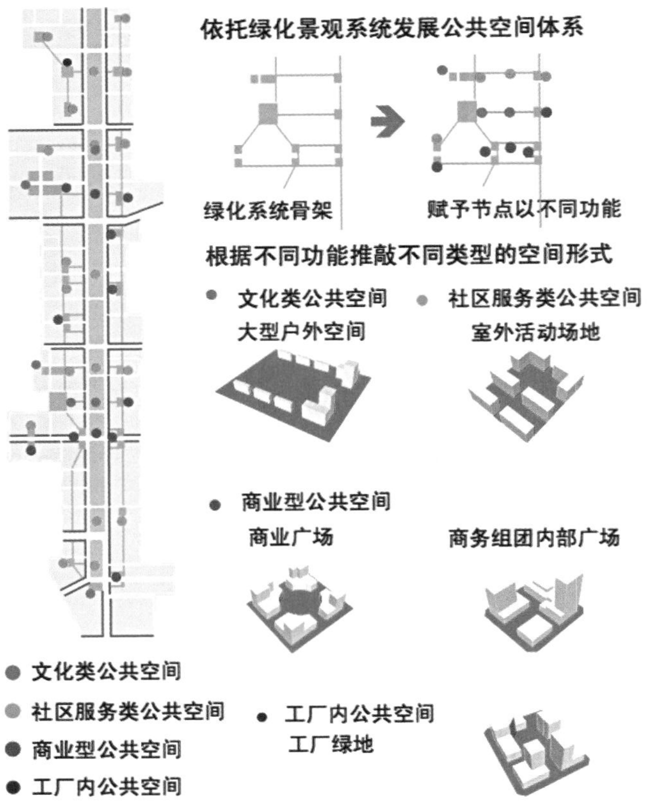
依托绿化景观系统发展公共空间体系
绿化系统骨架
赋予节点以不同功能
根据不同功能推敲不同类型的空间形式
文化类公共空间
大型户外空间
社区服务类公共空间
室外活动场地
商业型公共空间
商业广场
商务组团内部广场
工厂内公共空间
工厂绿地
文化类公共空间
社区服务类公共空间
商业型公共空间
工厂内公共空间

## 区域划分与产业分布

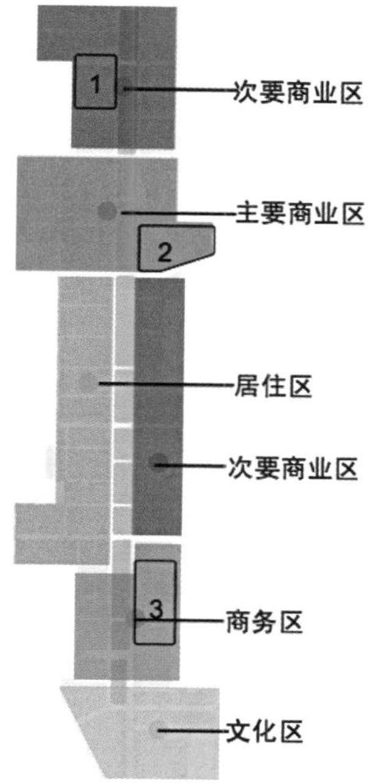
1
2
3
次要商业区
主要商业区
居住区
次要商业区
商务区
文化区

核心区内的产业主要有制药业，家居产业，汽车产业。通过对产业的整合升级来带动各个产业周边的其他要素。

1 制药产业

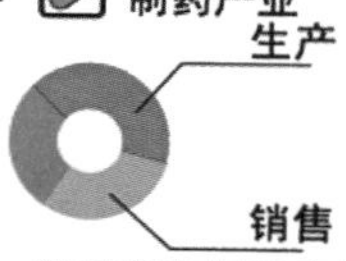
生产
销售

基于现有的杨森制药厂，整合零散的药材市场，增加研发与销售作用。

2 家居产业

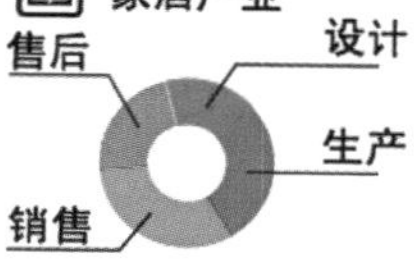


将现有的韩森寨家居城进行升级，结合辅助商业，增大发展力度。

3 汽车产业

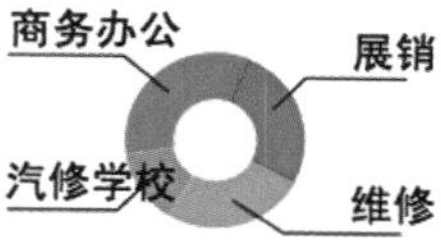
商务办公
展销
汽修学校
维修

整合南部的汽修业与4S经销店，引入商务办公元素与汽修学校。

## 交通体系

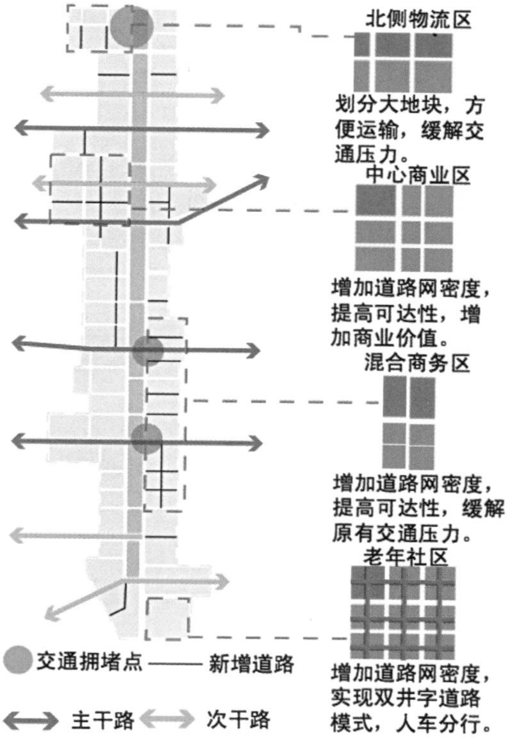
北侧物流区
划分大地块，方便运输，缓解交通压力。
中心商业区
增加道路网密度，提高可达性，增加商业价值。
混合商务区
增加道路网密度，提高可达性，缓解原有交通压力。
老年社区
增加道路网密度，实现双井字道路模式，人车分行。
交通拥堵点
新增道路
主干路
次干路

## 开发强度

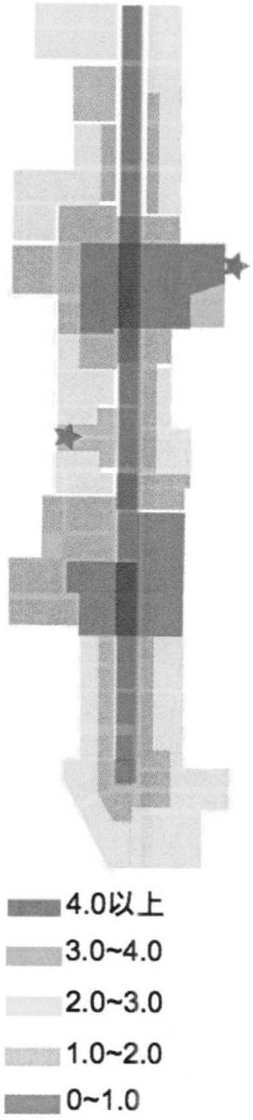
4.0以上
3.0~4.0
2.0~3.0
1.0~2.0
0~1.0

## 影响开发强度的因素

绿带

周边地块的商业价值与开发强度因绿地而增强。

景观节点避让

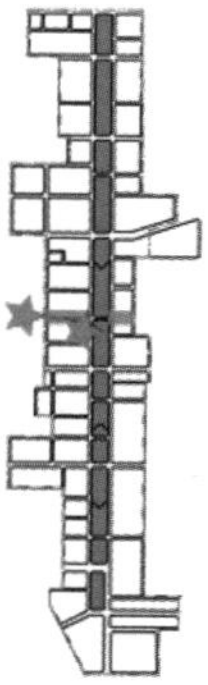

韩森冢、万寿寺塔、长乐公园等景观避让，控制周边地块强度降低。

地铁站

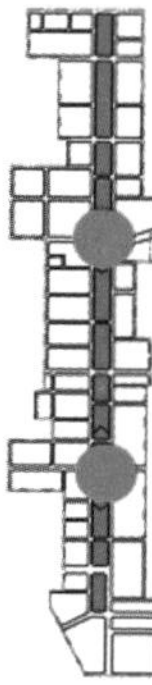

两处地铁站周边开发强度增强。

门户空间

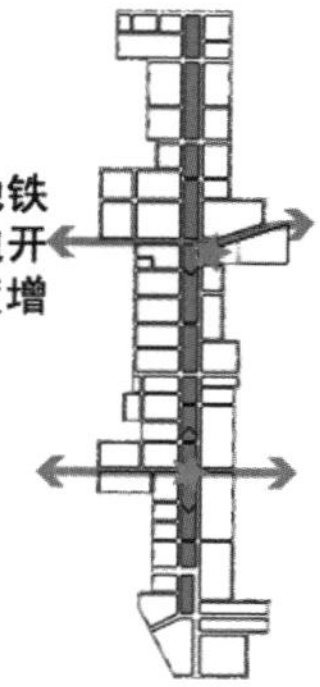

对外道路延伸至基地内是基地内高度控制点。

## 形态控制导则

韩森冢东侧天际线控制意向图

城市门户界面天际线控制意向图

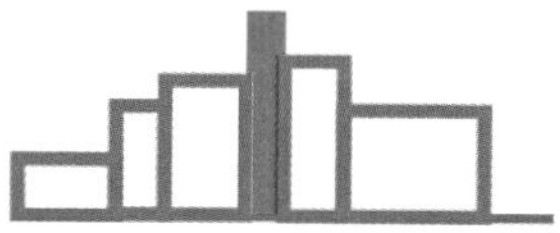

绿带两侧界面天际线控制意向图

中心商业区

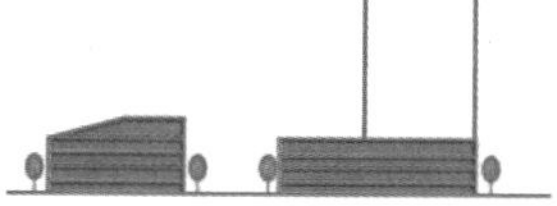

沿街零售业

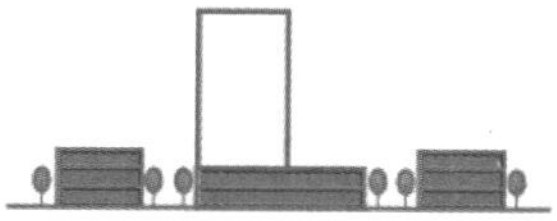

门市商业

汽车销售

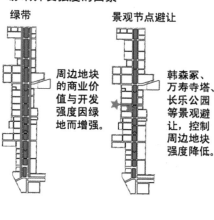

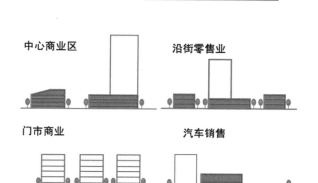

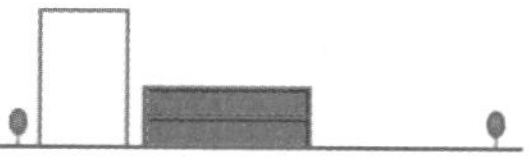

规划结构

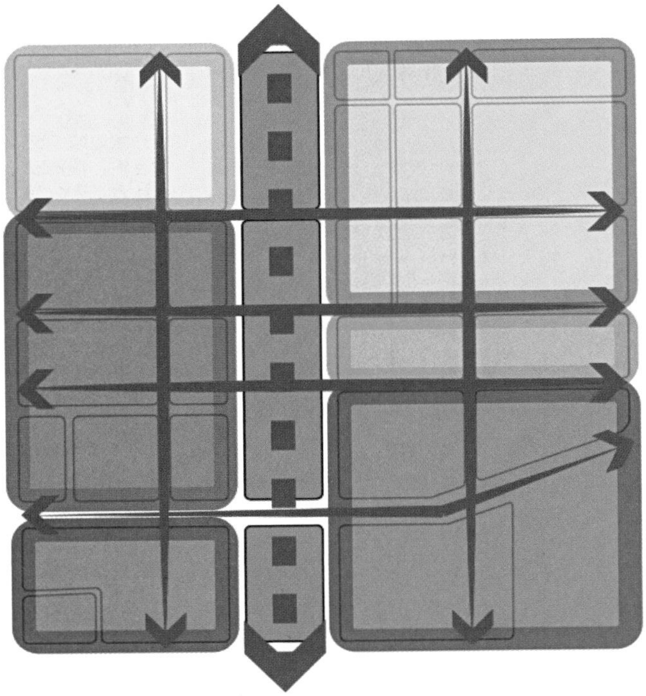

主要景观带

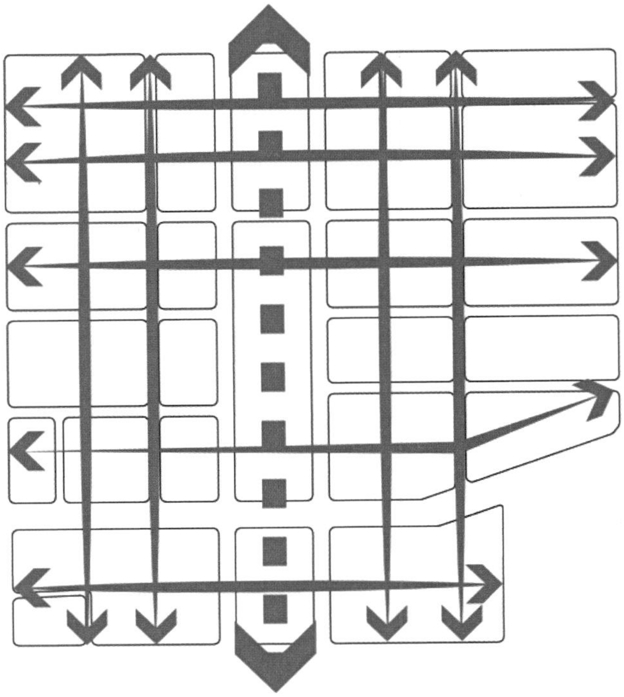

建筑高度控制

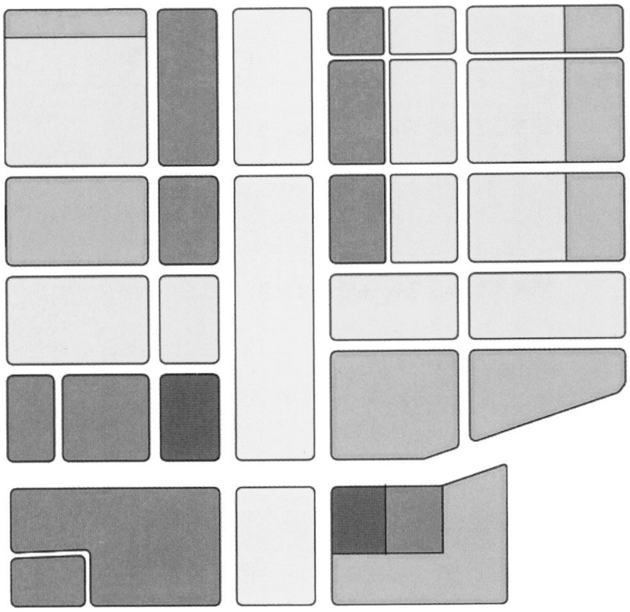

12m以下　　33～81m　　120m以上

12～33m　　81～120m

开发强度控制

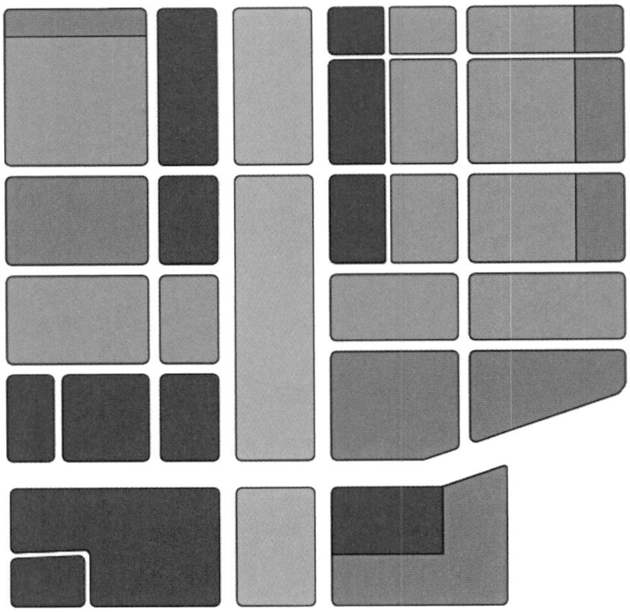

低密度开发区(0~0.5)　　中高密度开发区(1.0~2.0)

中低密度开发区(0.5~1.0)　　高密度开发区(2.0~5.0)

### 天际线控制

在这里我们展示出ABC片区分区的天际线控制与整体的天际线控制。在片区天际线控制方面，我们留出不同的视觉廊道，使人们可以通过视觉廊道看见景观。视觉廊道尽量保持通透，使良好的景观能够更加直接的呈现在人们的眼前。

A片区天际线：商业大厦作为制高点，中部低下去的建筑与幸福林带对侧的低层建筑相对应，留出视觉廊道。北侧的写字楼高度呈现依次递减的天际线趋势。

B片区天际线：B片区主要以旧厂房改造的低层建筑为主，供老年人生活和活动使用，所以这一部分天际线趋于平缓。幸福中路一侧的写字楼与A片区的写字楼互相对应，天际线呈现依次递减的形状。

C片区天际线：商业中心作为制高点，其余地方有层次的变化，富有节奏感。北部商业楼高度基本一致。低层的学校留出视觉廊道，与幸福林带另一侧相呼应。

总体的天际线变化，变化规律，富有层次，主体突出。

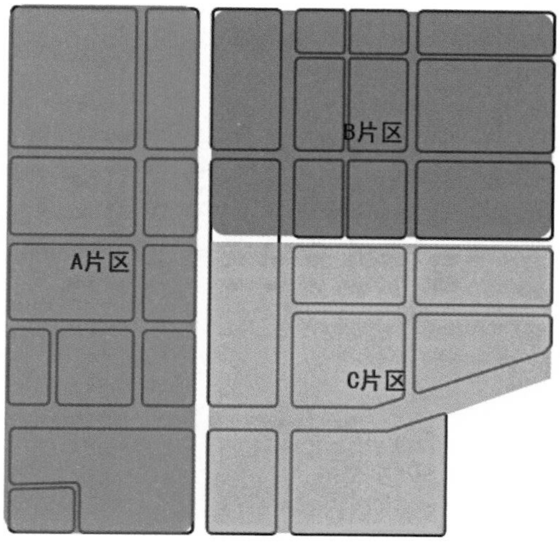


A片区
天际线

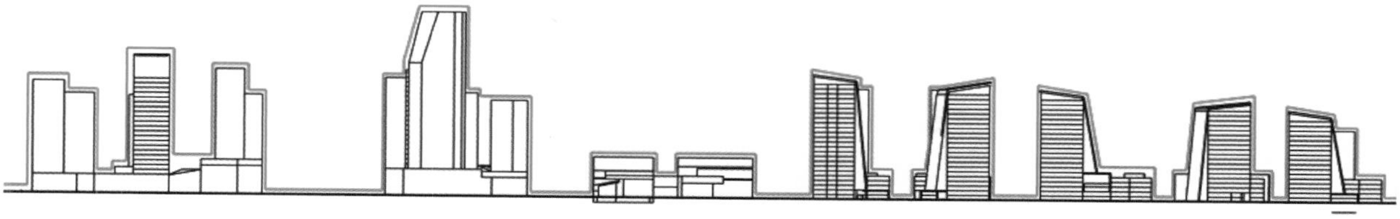

B片区
天际线

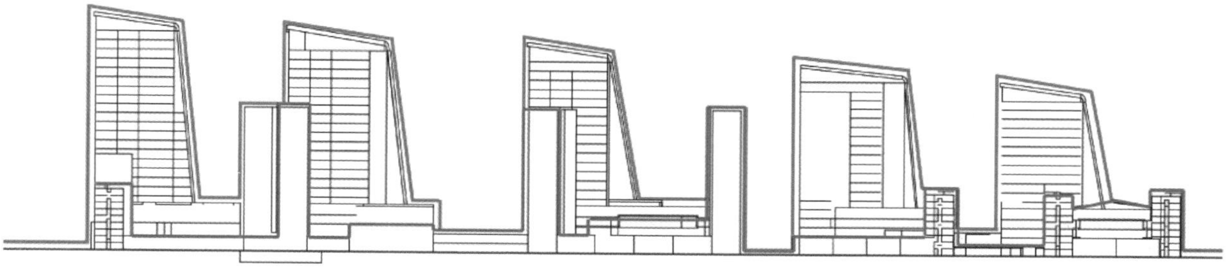

C片区
天际线

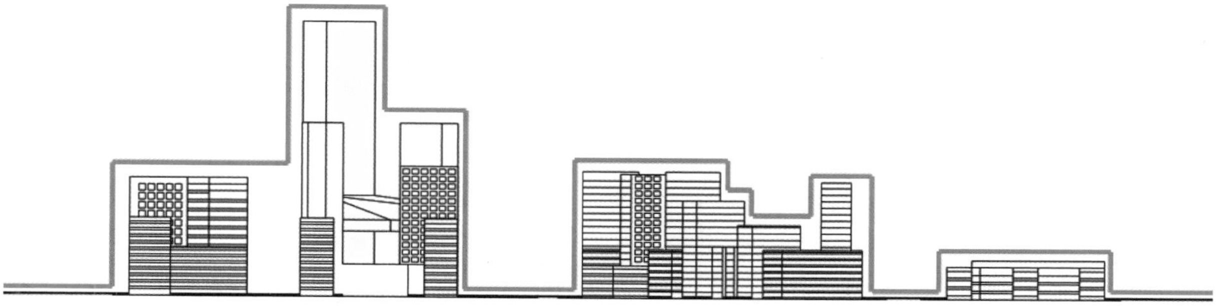

总体天际线

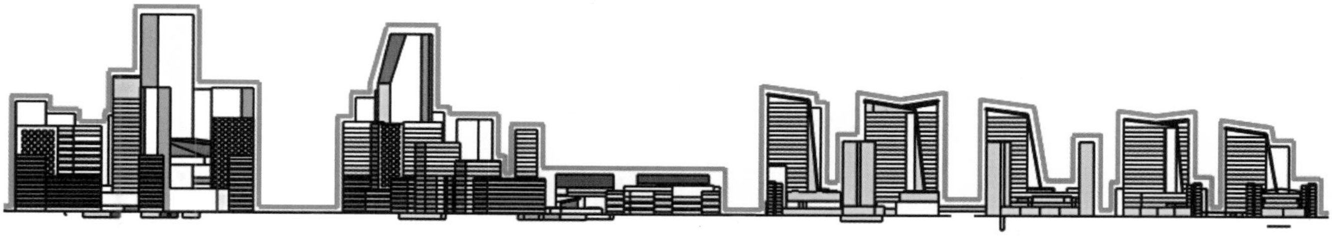

【总平面图】

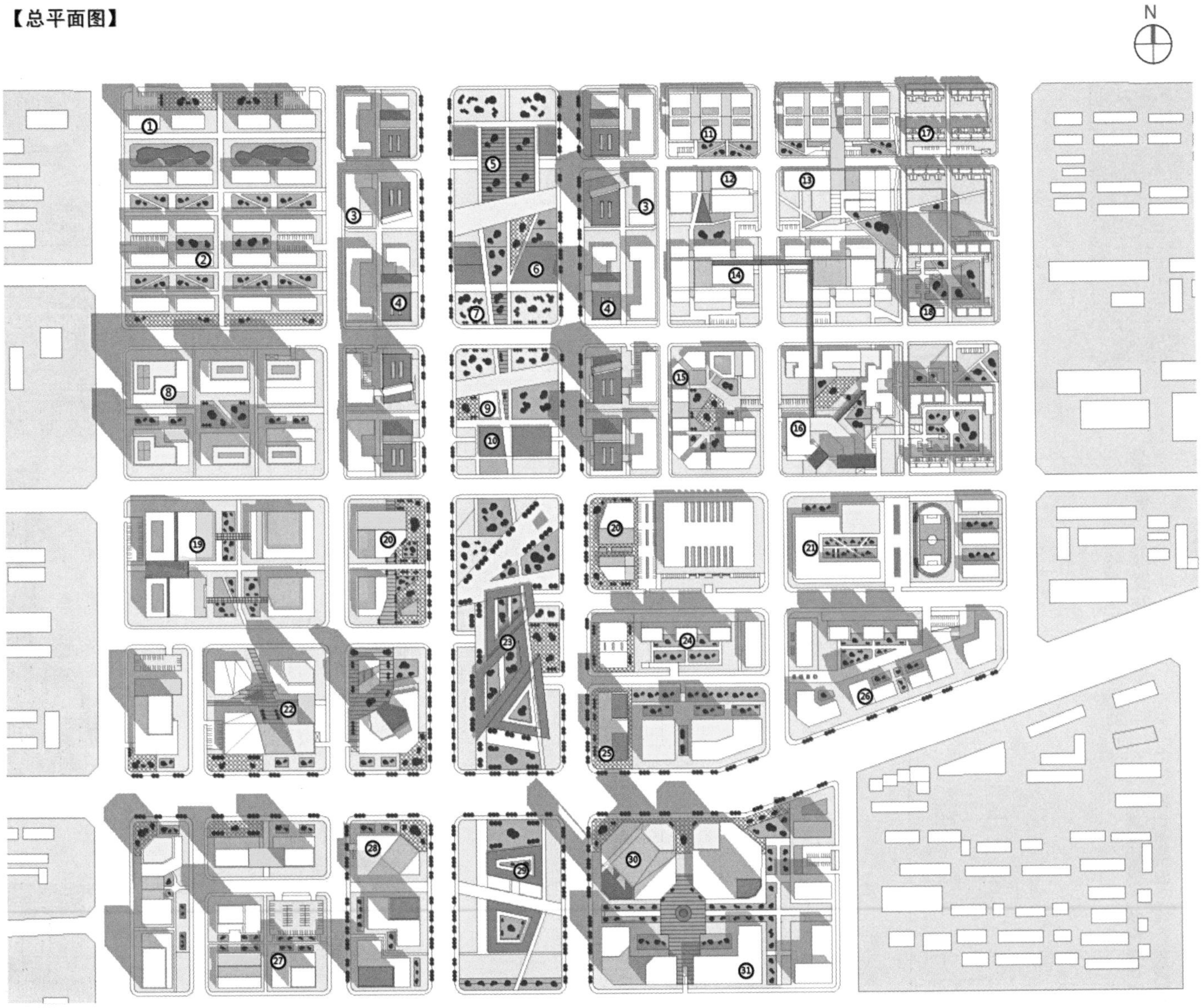


图例

1. 普通住宅（高层区）
2. 普通住宅（多层区）
3. 商务裙房
4. 生态型商务区
5. 户外活动广场
6. 覆土型文体中心
7. 林带涵养区
8. SOHO型办公区
9. 下沉广场
10. 覆土型商业区
11. 自理型老年公寓
12. 社区活动中心
13. 老年大学及幼儿园
14. 协助型老年公寓
15. 零售商业
16. 医院及疗养院
17. 混合型住宅（多层区）
18. 混合型住宅（高层区）
19. 展览馆
20. 创意产品零售市场
21. 设计类职业学校
22. 综合型商业商务区
23. 覆土型商业区
24. 点式高层住宅
25. 综合性商务酒店区
26. 沿街零售商业
27. 商务办公区
28. 综合商场
29. 覆土型娱乐休闲区
30. 综合体
31. 多层商业

### 交通骨架推演

我们保留基地内的主要道路，又根据地块和功能增加新的次干路。力求主干路、次干路与城市路网肌理相协调。

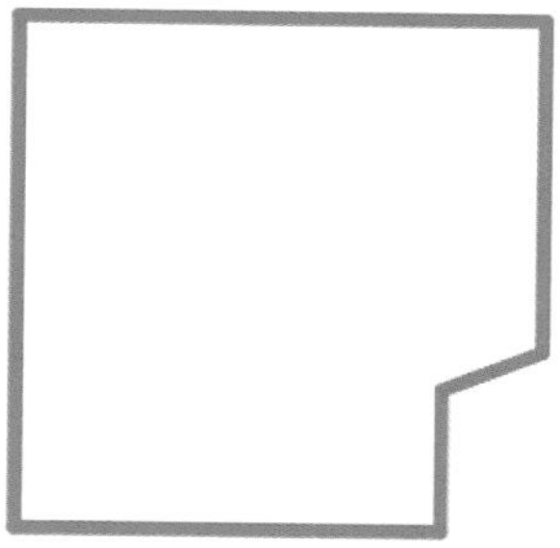

基地外围规划道路

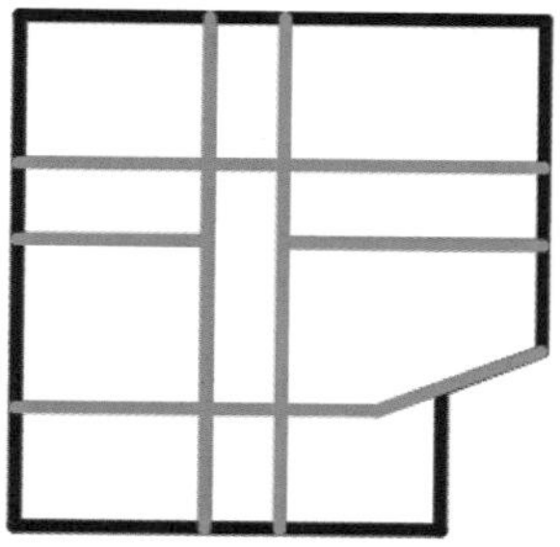

基地内主干路保留

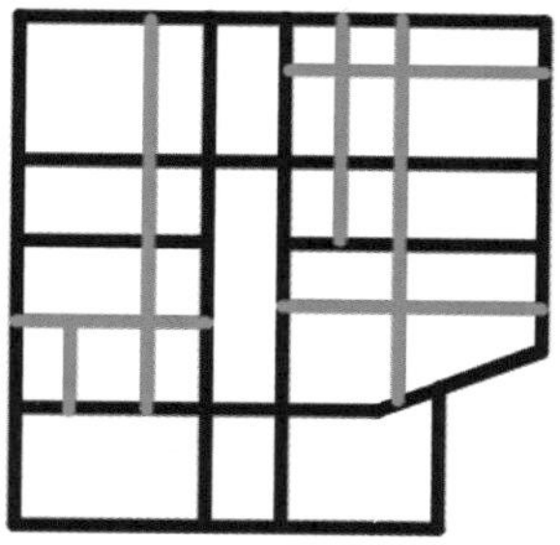

次干路与城市路网肌理相协调

### 空间序列推演

我们将幸福林带作为一个大的开放空间引入，再渗透到各个地块中去，使整个一平方公里布满开放空间网络。在开放空间内设置主要节点。

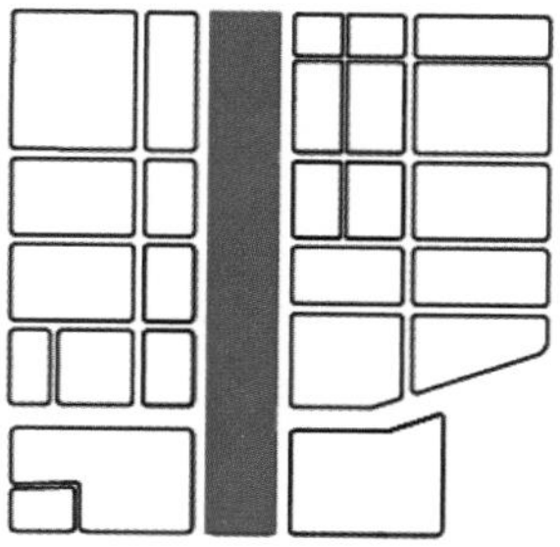

开放空间引入

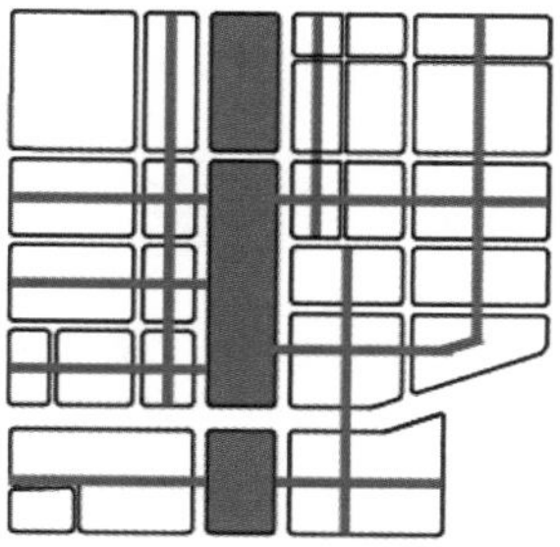

开放空间渗透

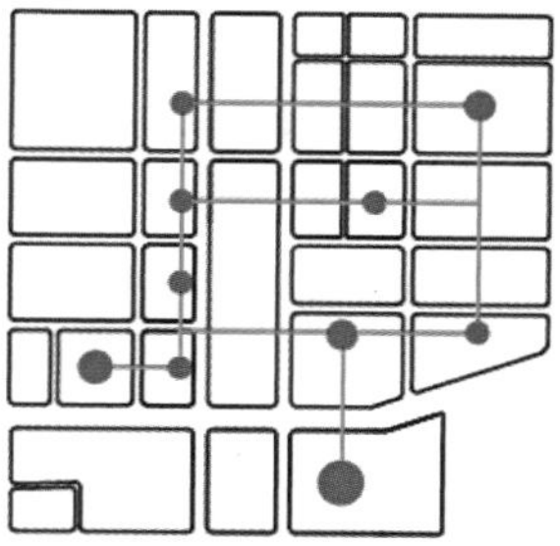

开放空间主要节点串联

### 视线轴线推演

在设置开放空间的同时，我们要保证开放空间视廊的通透。我们根据开放空间设置横向、纵向的视线轴线。在轴线的交叉处设置景观节点。

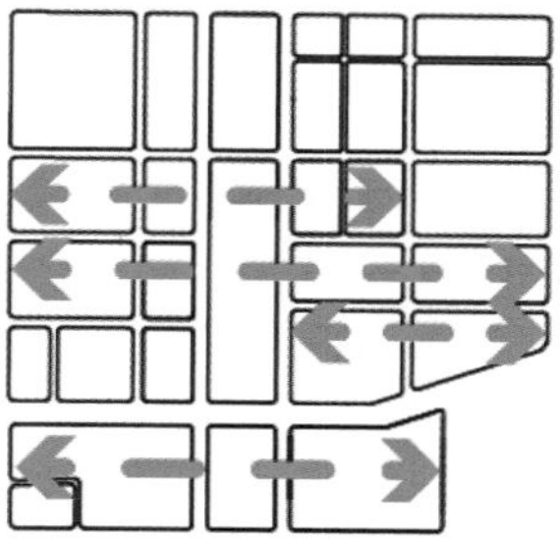

横向视线轴线

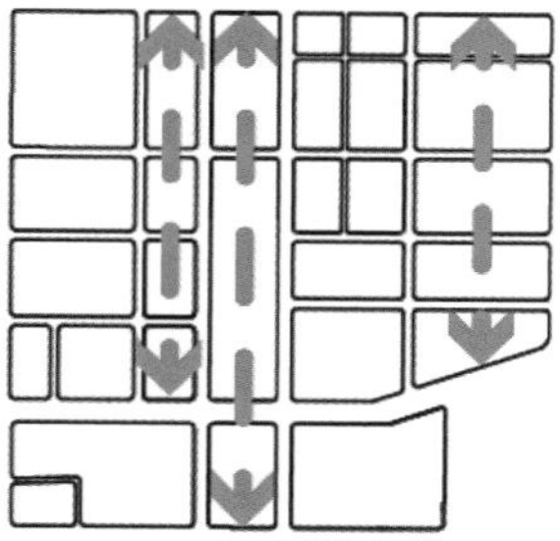

纵向视线轴线

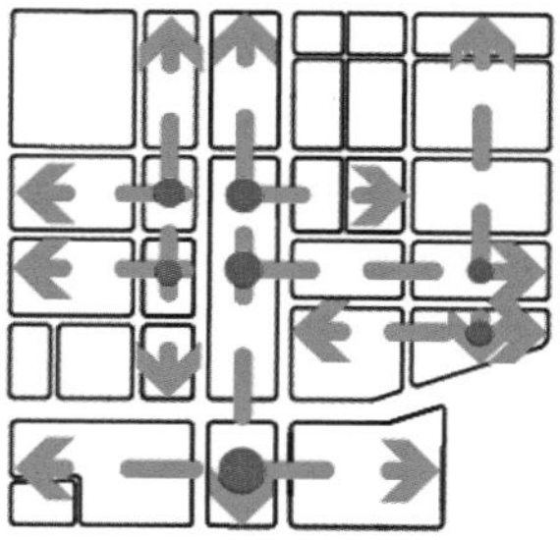

轴线的交叉与节点

### 建筑肌理推演

我们对现状的建筑肌理进行了梳理，并找出其中所存在的问题，根据问题，推演出更好的建筑肌理形式，从而形成方案所呈现的建筑肌理。

现状

方案

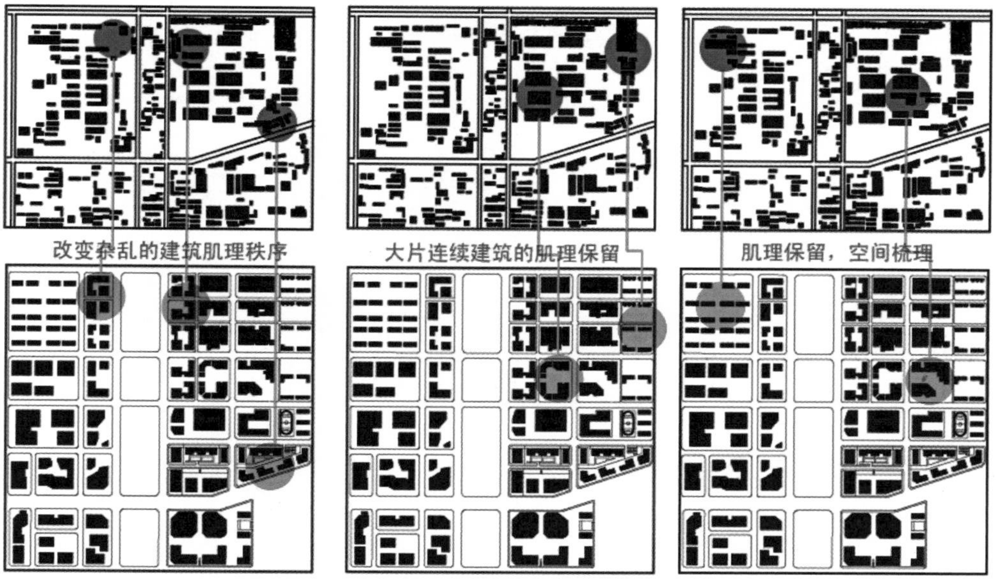

【总体效果图】

【A区——家居商业与办公区】

A片区位于幸福林带的西侧，以地铁站为核心，形成商业片区，结合原有的家居产业，对家居产业进行提升，在原有的传统零售模式的基础上进行改良，形成集设计、生产、销售、售后于一体的产业片区。同时结合片区内的现有工厂厂房，进行改造，将厂房改造成展览馆，配合小型艺术品零售及地下商业，形成复合型商业商务区。

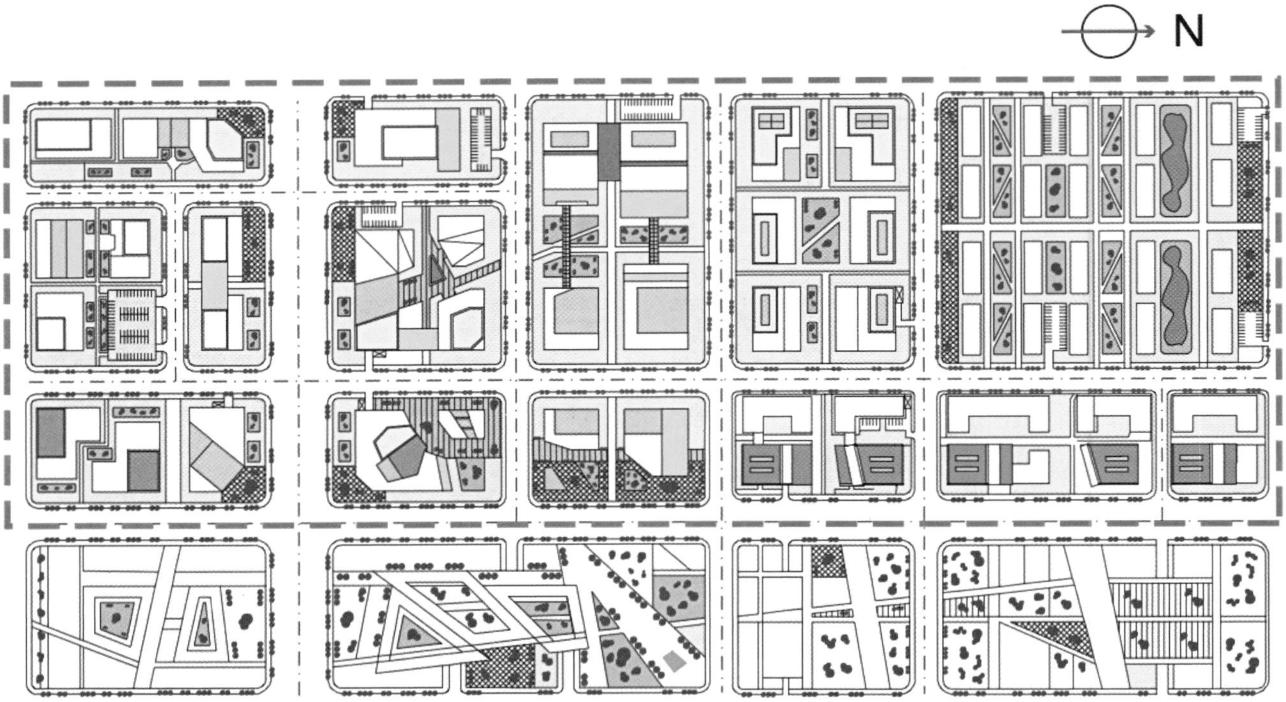




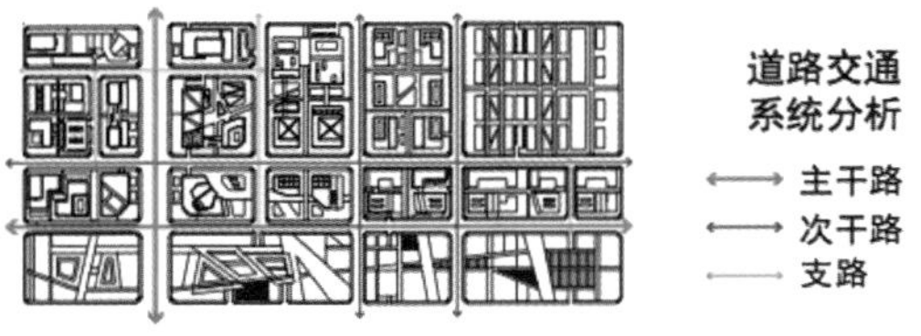

【A区肌理分析】

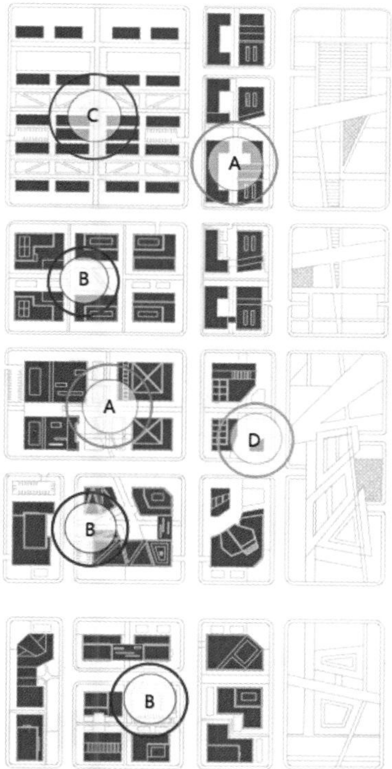


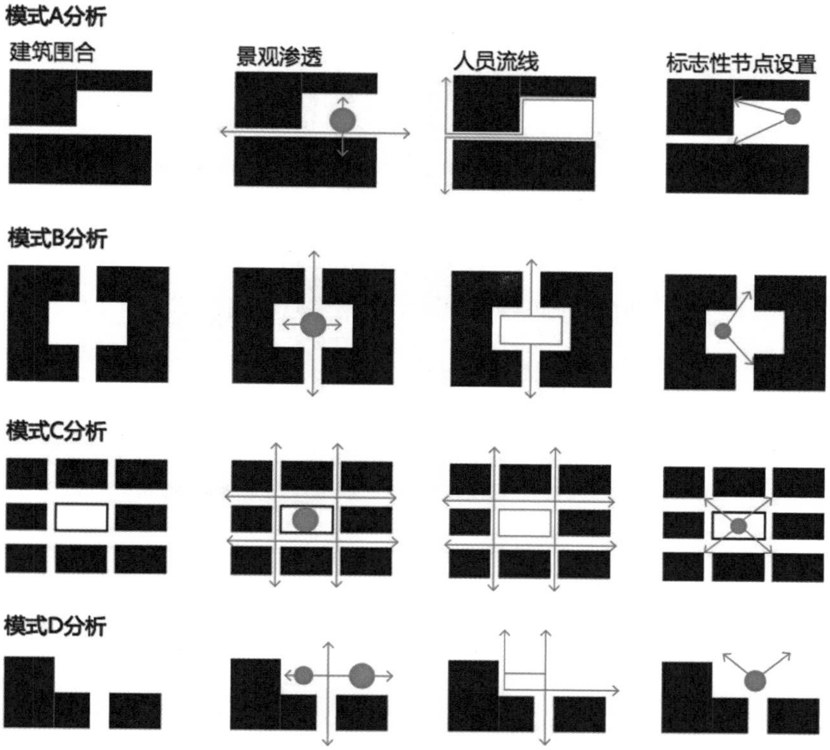


【A2区——艺术展览与商业商务区】

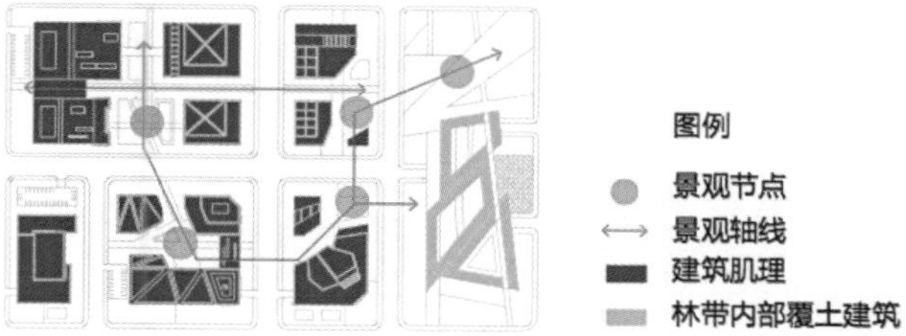


A2区以商业商务与旧工厂改造的艺术展览区为主，建筑布局主要采取半围合的形式，每个建筑组团内部都有自己的广场与绿化，不同广场之间通过人行道进行联系。

【A2区工厂改造示意图】

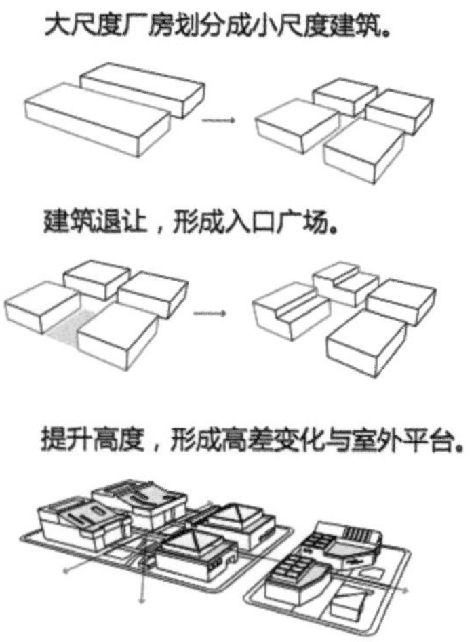

## 【B区——混合型老年社区与商务办公区】

### 【片区肌理分析】

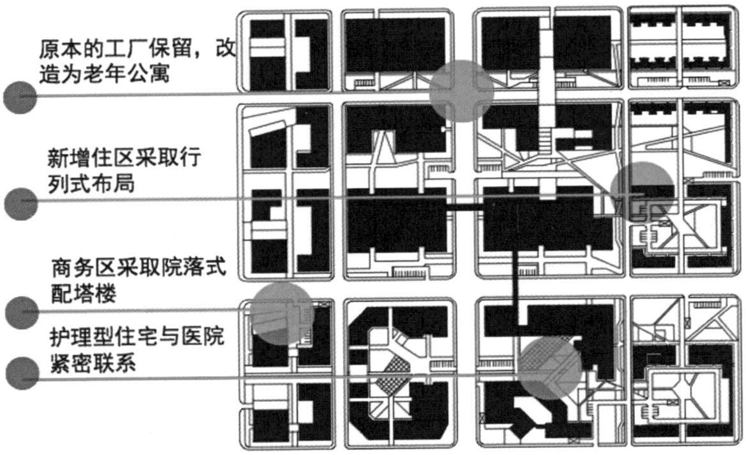
原本的工厂保留，改造为老年公寓
新增住区采取行列式布局
商务区采取院落式配塔楼
护理型住宅与医院紧密联系

### 【片区布局模式】

普通社区
公服
老年社区

该区域内普通社区与老年社区混合布置，并在平面分区上有一定的区分，满足不同类型的老人与子女的居住模式。

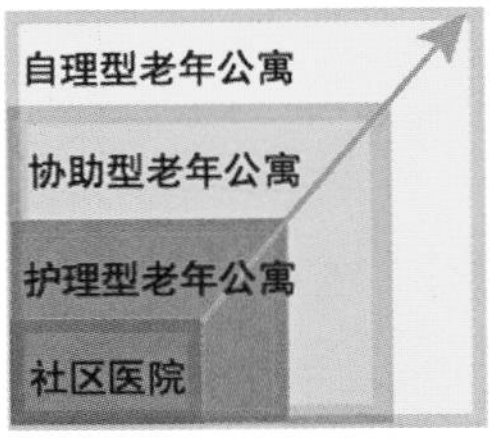
自理型老年公寓
协助型老年公寓
护理型老年公寓
社区医院

不同类型的老年公寓依照护理型老年公寓、协助型老年公寓、自理型老年公寓的先后顺序而远离社区医院，照顾老年就医的需求。

### 【廊道与景观渗透】

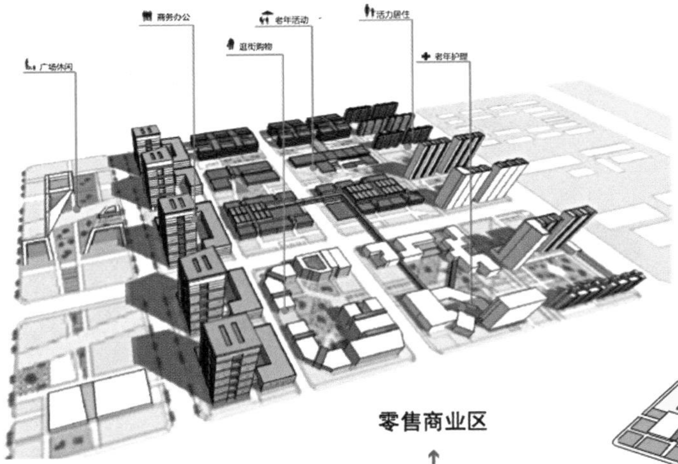


医院与护理型老年公寓

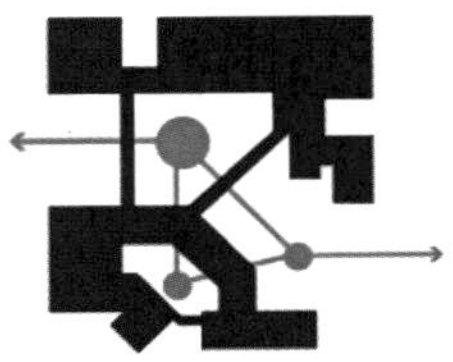

多层商务与塔楼

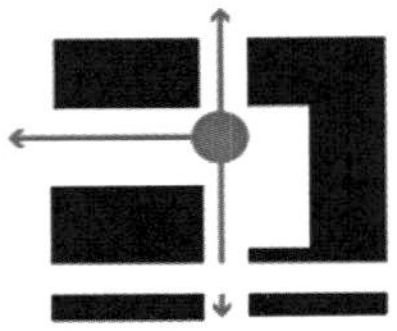

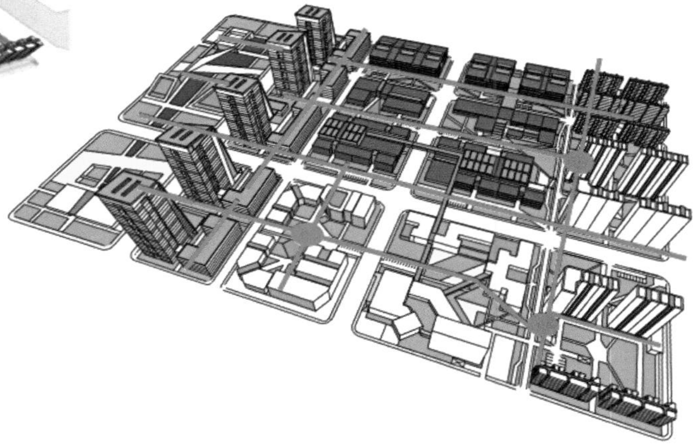

零售商业区

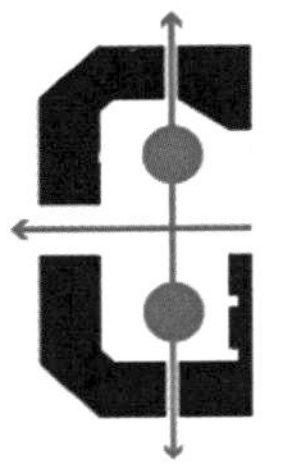

混合型居住

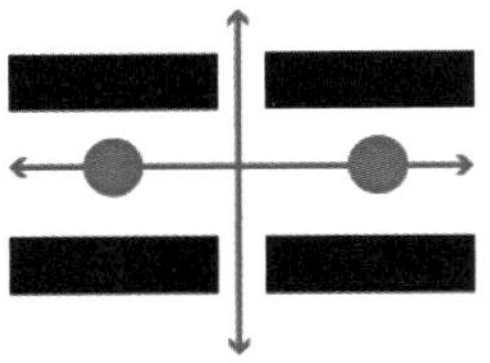



### 【工厂改造与老年公寓】

对片区内的旧工厂进行改造，建立集合型老年公寓，根据老年人的身体状况设置不同的老年公寓类型。

护理型老年公寓

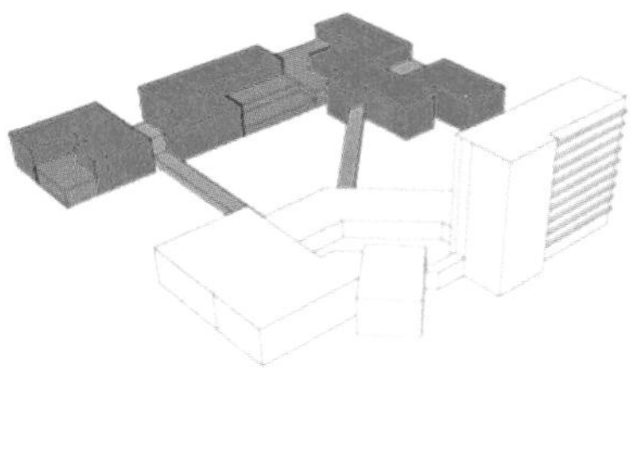

自理型老年公寓

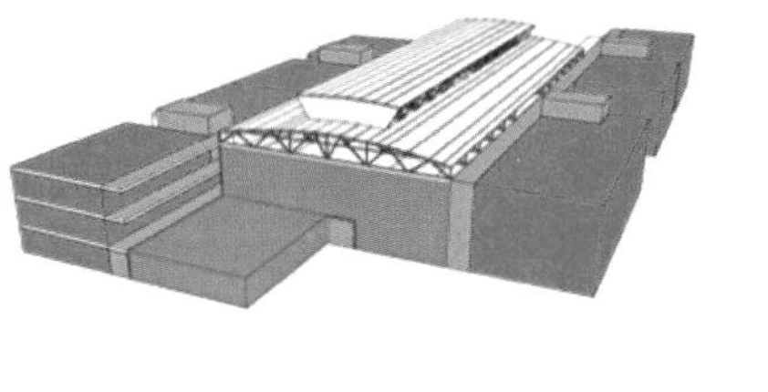

协助型老年公寓

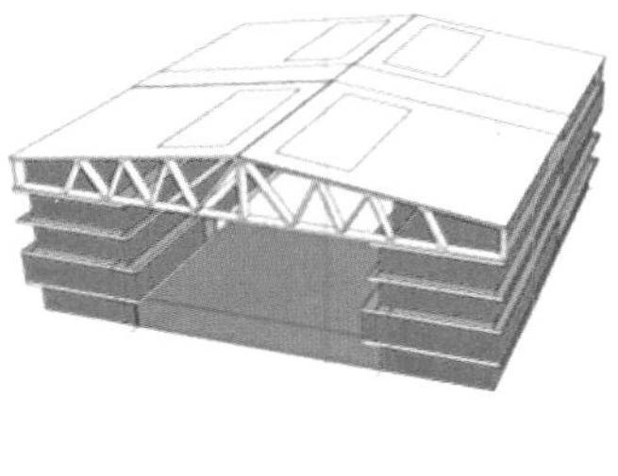

## 【C区——职业学校与商业零售区】

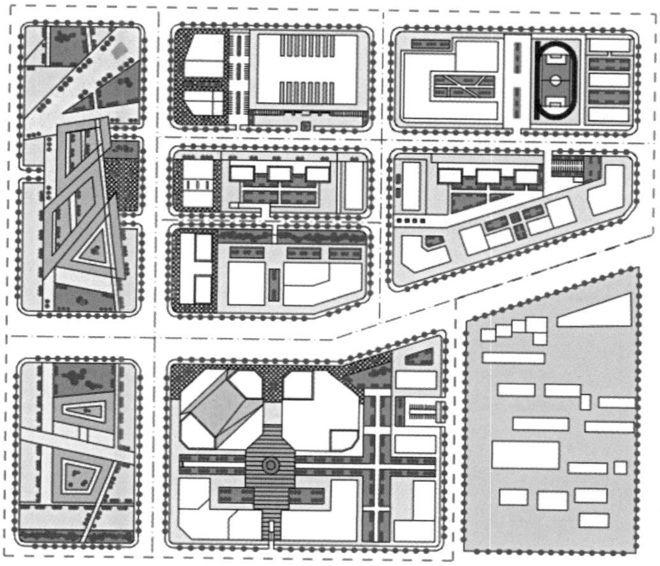

C片区主要分为四个功能分区：幸福林带区（公园绿地区）、学校区、高层住宅区以及商业商务区。其中以商务商业区为主。商务商业区内主要设置高层写字楼、办公楼、大型综合购物中心等建筑。高层住宅为现状所有。设计类学校为旧工厂改造。幸福林带内设置步道、绿化以及低层建筑。

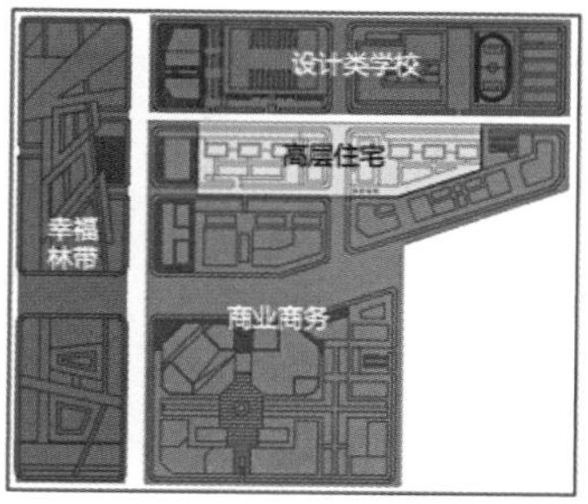


此片区内还有现状的高层住宅。片区内的人群主要有：居民、商务工作者、逛街购物者。商务工作者主要集中在高层写字楼。游乐人群主要集中在综合商业楼。

此外，因为有幸福林带这一景观，所以我们同时设置了观光平台，能够从高处俯瞰幸福林带。

## 【人员流线分析】

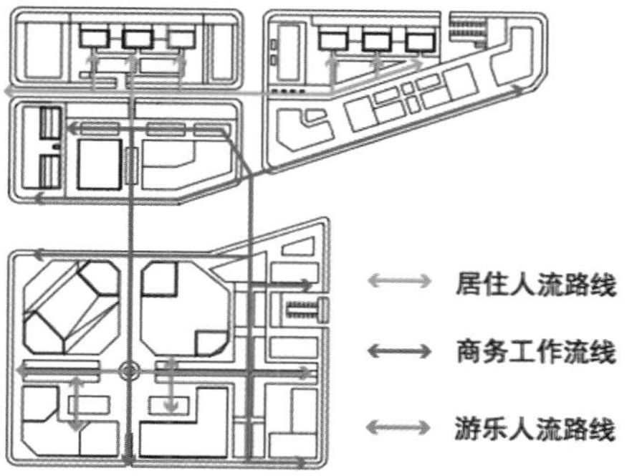


## 【建筑功能组织模式分析】

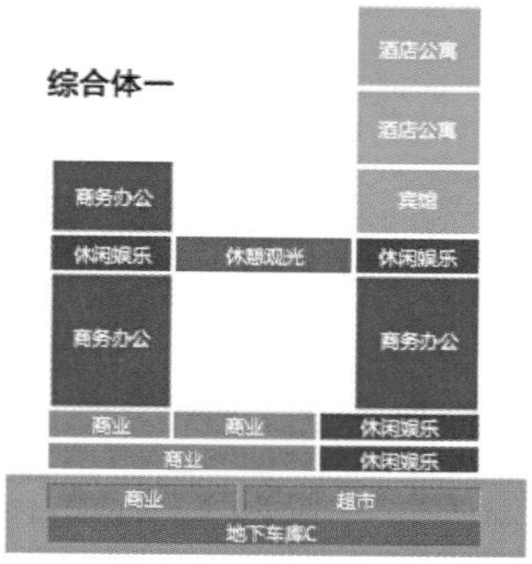


对于沿街商业建筑采取功能混合的形式，底层为休闲娱乐和餐饮购物，塔楼内部分层为酒店公寓和商务办公，并在塔楼之间建立观光平台。

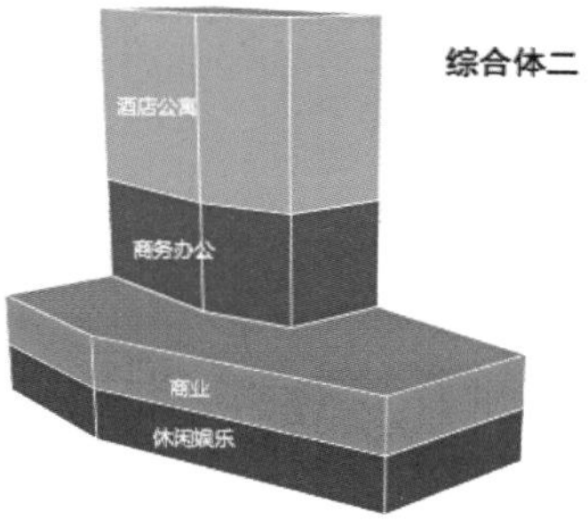


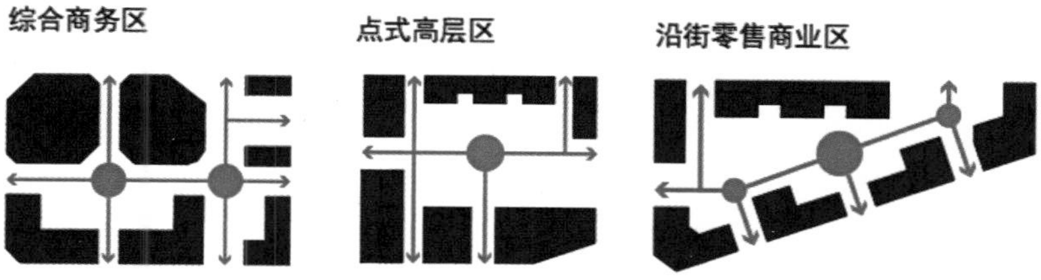


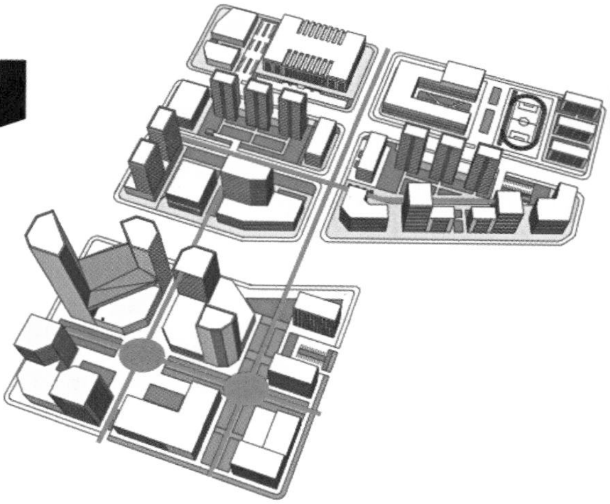



## 【廊道与景观渗透】

根据路网和总体布局确定廊道，在廊道的交点处设置景观节点，我们尽量保持视线通透，并且使景观渗透到每一条廊道中去，整体的廊道呈井字形，贯穿整个地块。在井字形的交点处，根据建筑的布局，设计景观节点，使其成为视觉的焦点。

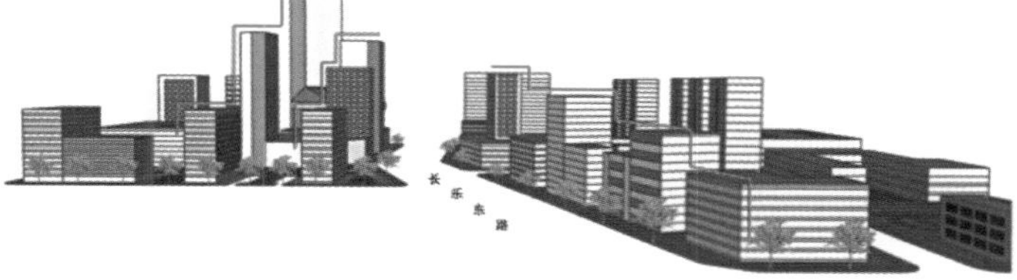


## 【主干路入口处视觉分析】

为了主干路入口处的视觉效应，将建筑高度设计成为有层次的变化效果。

# UC4

哈尔滨工业大学
Harbin Institute of Technology

设计者：
曲直　刘泽群

## 幸福e步

新生与发展——西安幸福林带核心区城市设计
Regeneration and Development - Urban Design of the Xingfu Lindai core area in Xi'an

指导教师：吕飞　董慰

以幸福林带核心区现有的街道网络为基础，运用空间句法的分析方法对幸福林带核心区内部以及以其为核心900米为半径的分析范围进行可达性、连接度的分析和不断尝试的调整。对利用调整后的路网进行一平方公里的详细设计，引入ecology, energy, entertainment的概念打造幸福林带步行友善的商业核心区。

## 场地背景与概况

陕西省

西安市区

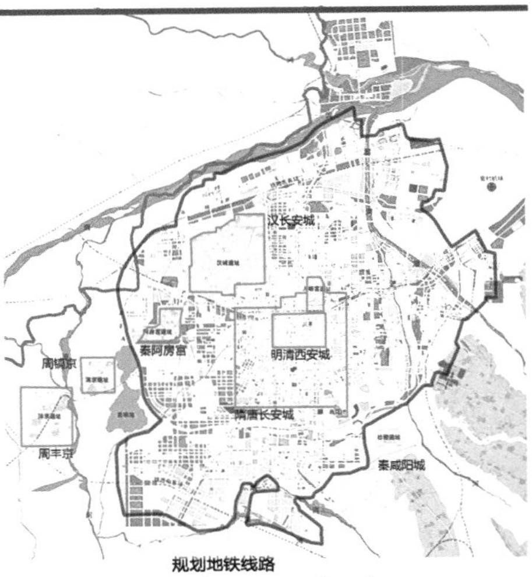

自西周建立丰镐京以来，在渭河两岸"八水十一塬"先后建立了秦栎阳都、秦咸阳都、汉长安城、隋唐长安城等伟大城市。

**主城区现状路网**

未央区

二环路

长安区　曲江新区

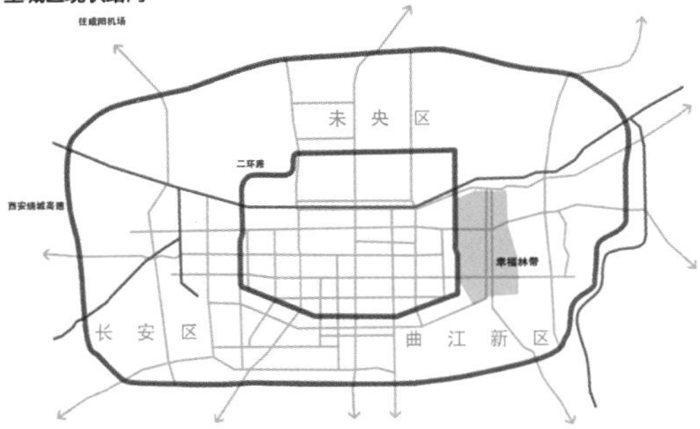

西安幸福林带片区以幸福林带为核心，东部为浐灞新区，南部为曲江新区，北部为西安火车东站

**基地现状道路**

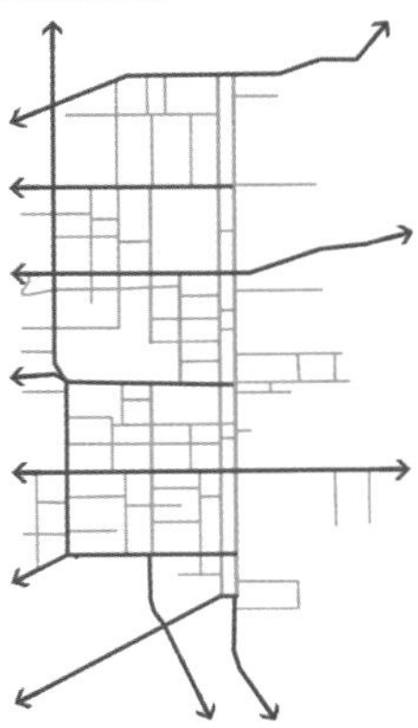

**上位规划道路**

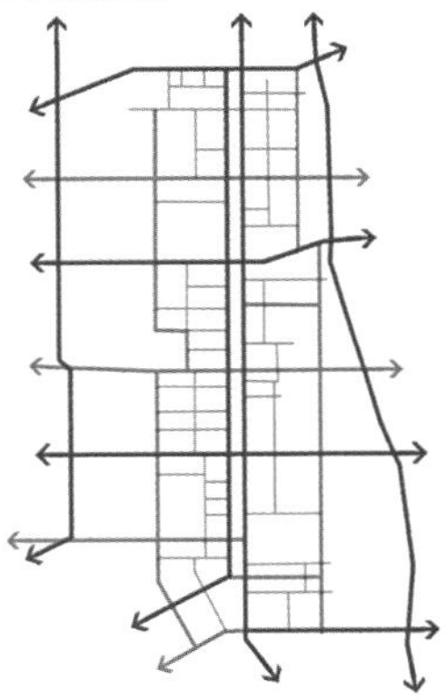

**规划地铁线路**

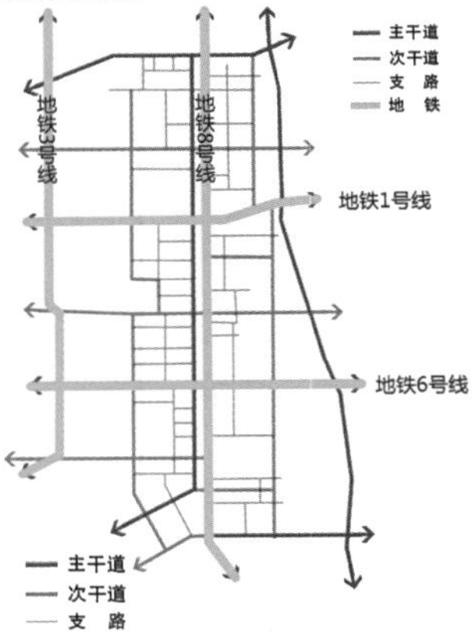

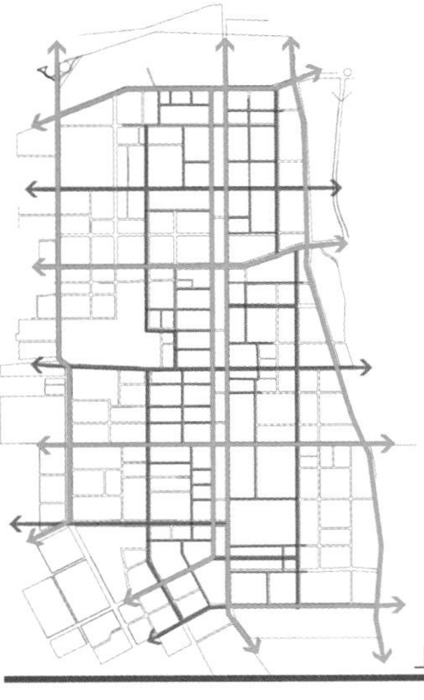

— 主干道
— 次干道
— 地铁

地铁1号线

地铁6号线

— 主干道
— 次干道
— 支路

248

1. 控规对路网进行了修改，加大了次干道的密度，连接了多条断头路；
2. 增加纵向主干道，同时增加了幸福林带在城市中可达性；
3. 增大了基地东部的路网密度，增强内部道路微循环；
4. 增加基地内部东西向次干道的南北向衔接，并在主要交接点采用立体交通；
5. 更多集中设置地下停车，并在林带设置了几个地铁与公交的换乘枢纽，完善了公共交通。

— 主干道
— 次干道
— 支路

上位规划道路

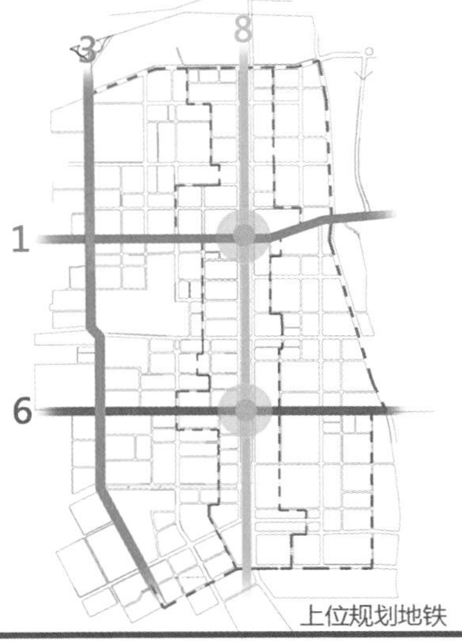

上位规划地铁

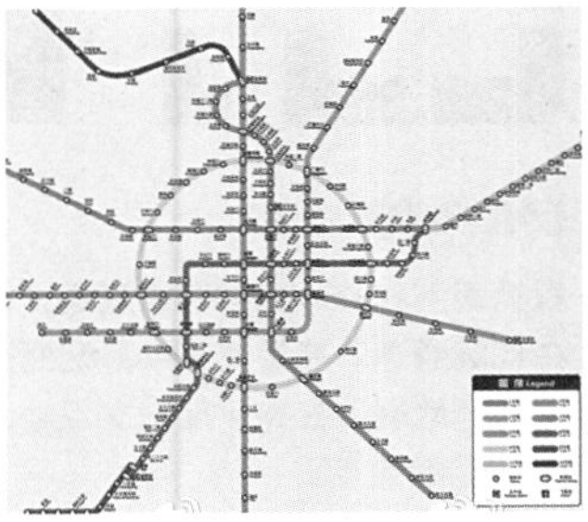

西安地铁线网规划后：将开通六条地铁线路，其中三条穿过基地，一条沿基地边界经过，交通将十分便利。

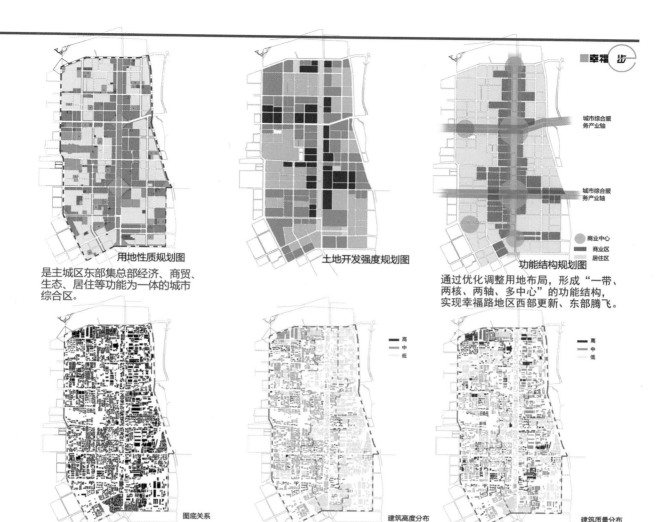

用地性质规划图

是主城区东部集总部经济、商贸、生态、居住等功能为一体的城市综合区。

土地开发强度规划图

功能结构规划图

通过优化调整用地布局，形成"一带、两核、两轴、多中心"的功能结构，实现幸福路地区西部更新、东部腾飞。

图底关系

建筑高度分布

建筑质量分布

万寿路以北区域图底关系整齐图块面积大，建筑类型以工业及办公建筑为主，空间尺度较大。中间区域建筑类型比较复杂，整个区域的图底关系并不明确。建工路两侧有大量职工宿舍区，建筑群边界明确，最南端的城中村人口密度大。

## SWOT分析

### Strengths

1. 作为慢性系统的其中一个分支，区域内公交线路较多，公交系统完善，临近城市二环；
2. 距主城区近，可以提供良好的产业发展基础；
3. 核心区域内未来将有轨道交通地铁八号环城线在南北向贯穿整个幸福林带。

### Weaknesses

1. 基地内步行系统、自行车系统发展较差；
2. 基地内路网分布混乱，密度参差不齐；
3. 基地内人文环境较差，缺少公共活动空间或活动绿地；
4. 基地内产业类型单一，商业规模琐碎、分散，没有吸引力。

### Opportunities

1. 基地内退二进三的政策，以及厂房的搬迁都为新产业及空间格局带来了新的契机；
2. 未来轨道交通在区域内密集的分布，将为区域引入TOD模式带来可能。这将给周边聚宾的生活方式及周边商圈带来新的转变；
3. 幸福林带恢复城市绿地功能将对周边土地价值及区域整体风貌带来提升。

### Treats

1. 周边浐灞新区、曲江新区均已开发完善，拥有比处于起步阶段的幸福林带更大的吸引力；
2. 新兴商业核心将带来大量机动车流和人流，对区域内人流疏散和车辆停泊带来挑战；
3. 工厂的搬迁，新产业的置换将对未来区域的特色产生长远影响。

# Energy

## 高效聚合
### Efficient Aggregation

**打造动力之城**
to create powerful city

集散——双首层
collect and distribute——double grounds

分行——双步道
separate roads——double paths

畅通——多关联
direct inflow——multiple channels

错峰——多时轴
avoid peaks——multiple schedule

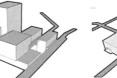 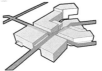 

集散——双首层
collect and distribute——double grounds

分行——双步道
separate roads——double paths

畅通——多关联
direct inflow——multiple channels

错峰——多时轴
avoid peaks——multiple schedule

# Ecology

## 地缘生长
### Geopolitical Growth

**打造魅力之城**
to create charming city

自然景观高效利用
to use natural landscape effectively

室外绿化高度覆盖
to increase the percentage of greenery coverage

建筑景观高能融合
to inegrate the environment and the buildings

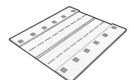  

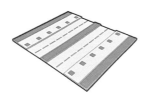  

室外绿化高度覆盖
to increase the percentage of greenery coverage

自然景观高效利用
to use natural landscape effectively

建筑景观高能融合
to inegrate the environment and the buildings

# Entertainment

## 复合永续
### Complex Susainability

**打造活力之城**
to create dynamic city

复合功能
complex fuction

复合生活
rich life

永续设计
sustainable design

 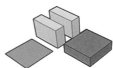 

  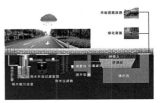

复合功能
complex fuction

复合生活
rich life

永续设计
sustainable design

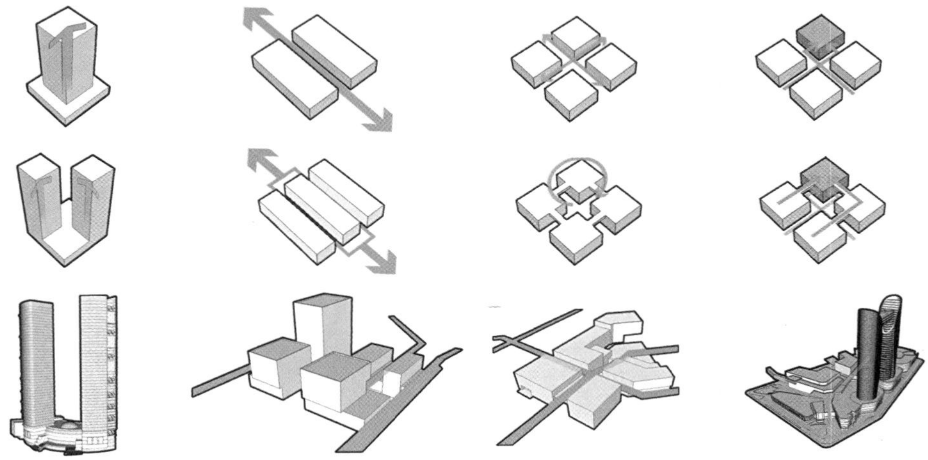

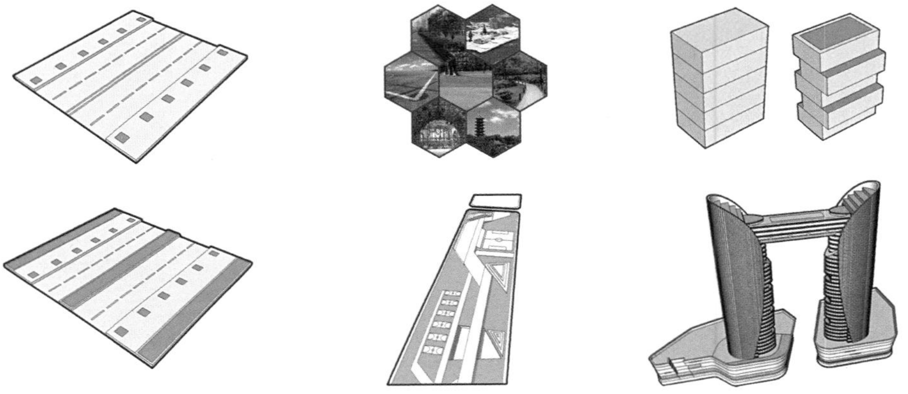

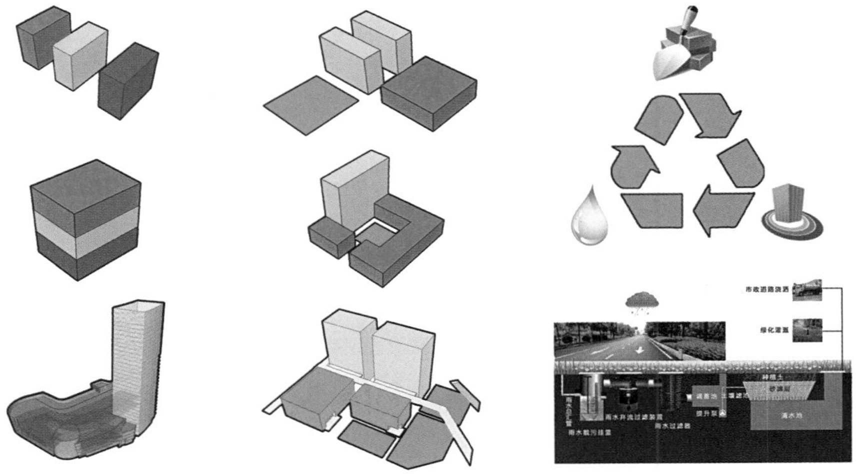

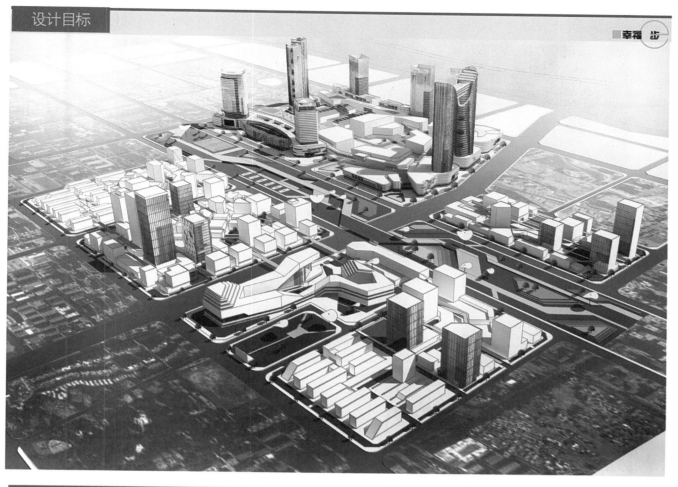

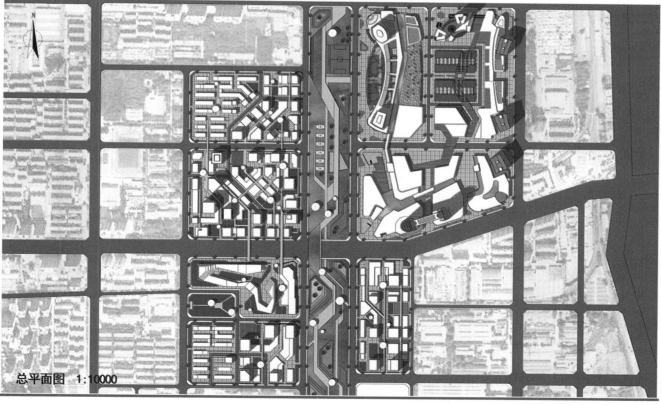

总平面图　1:10000

## 空间句法

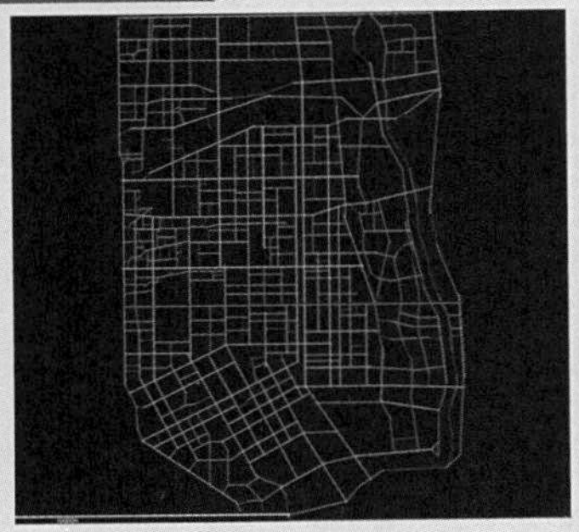

城区整合后连接值

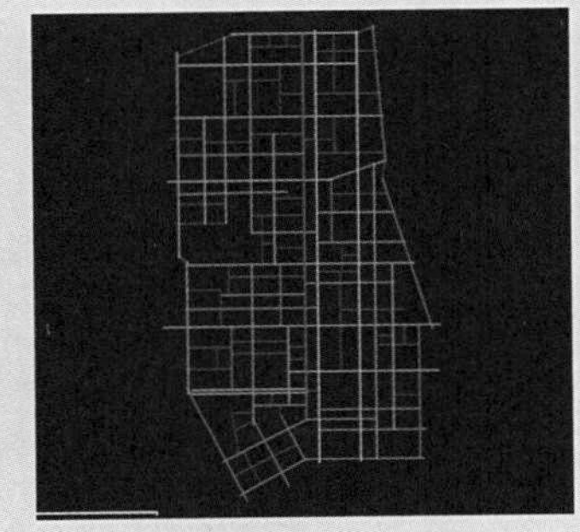

核心区整合前连接值

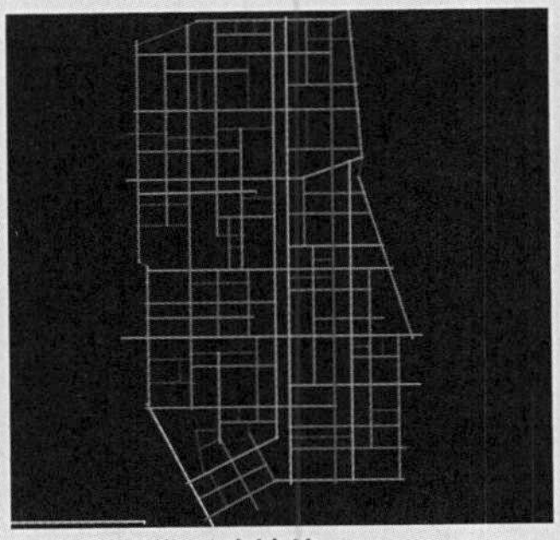

核心区整合后连接值

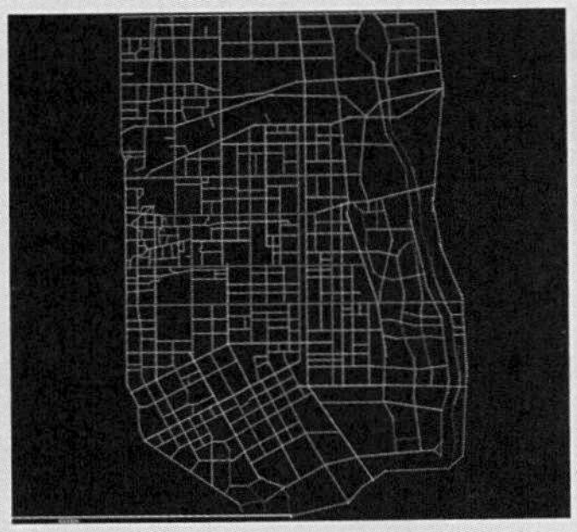

城区整合后整合值

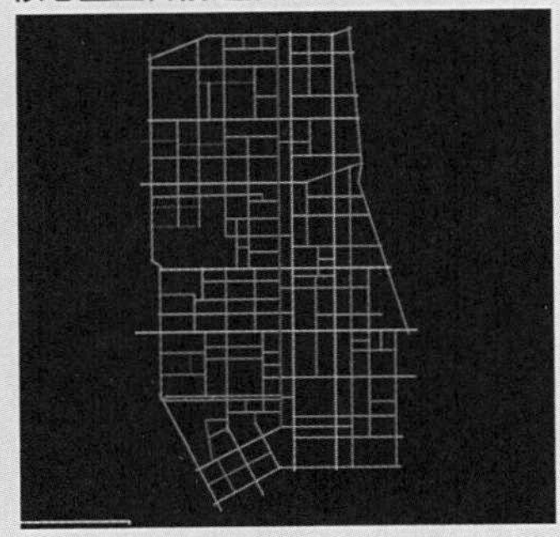

核心区整合前整合值

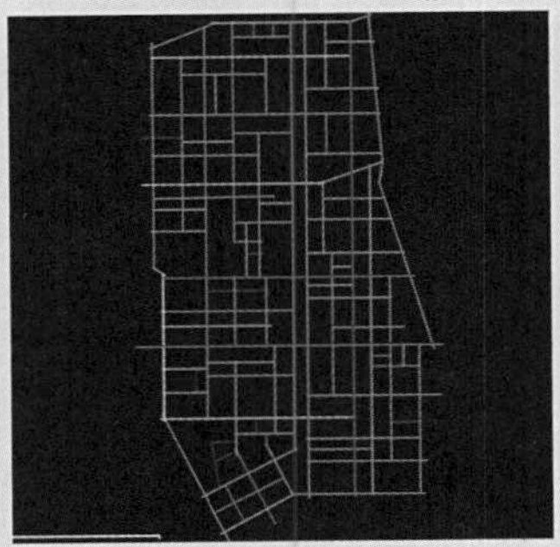

核心区整合后整合值

核心区现状路网

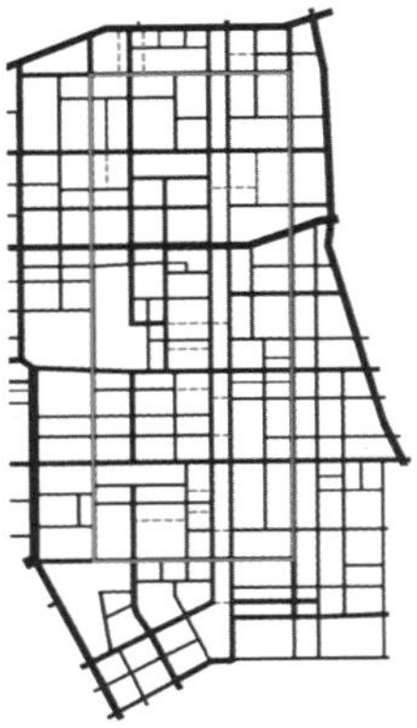

DEPTHMAP计算后对路网梳理

修改后核心区路网

### 空间句法的应用

面对现状路网的诸多不合理的地方，我们利用DEPTHMAP对现状道路进行计算分析，主要提取连接值与整合值为主要参考数据，在梳理修改路网过程中不断利用DEPTHMAP计算结果来对修改进行引导，最终目的为普遍提高核心区连接值、整合值。加大地区交通承载力与便捷度，提高道路效率。但相对的降低了绿带两侧道路的相对整合度，减小交通量，从而为人居提供了更优质的环境。



## 城市框架

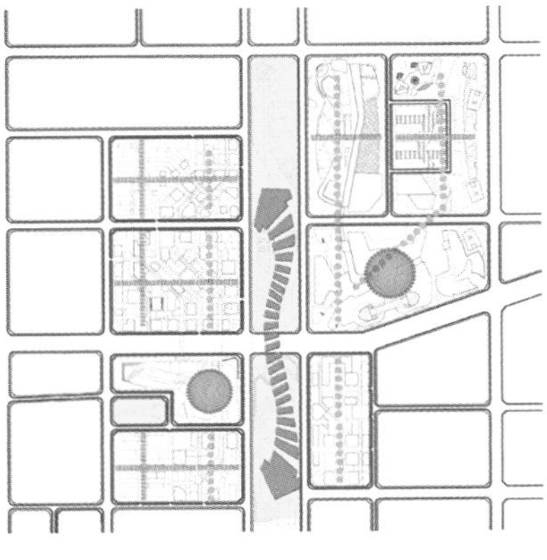

规划结构

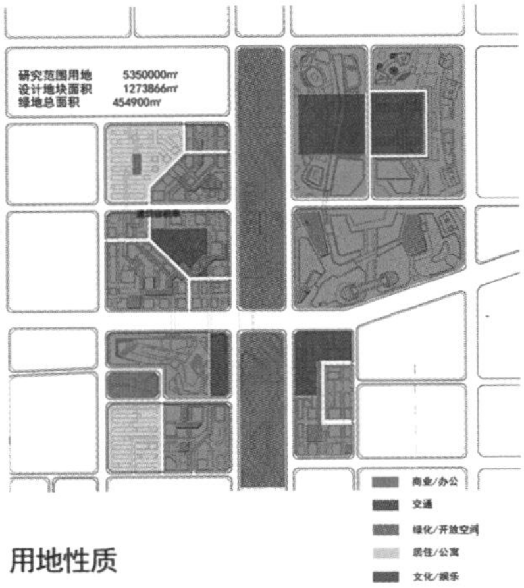


用地性质

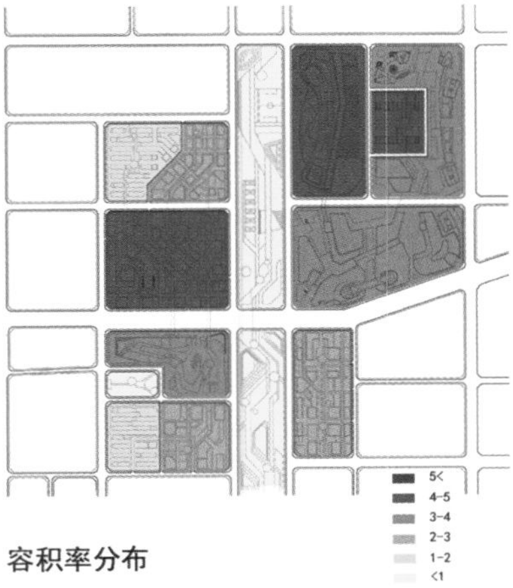


容积率分布

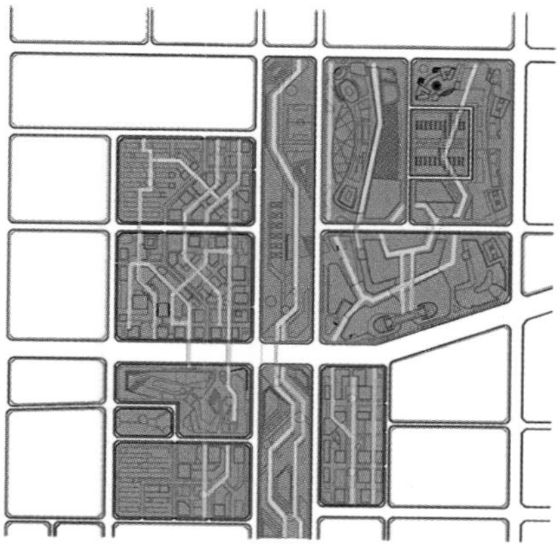

步行系统

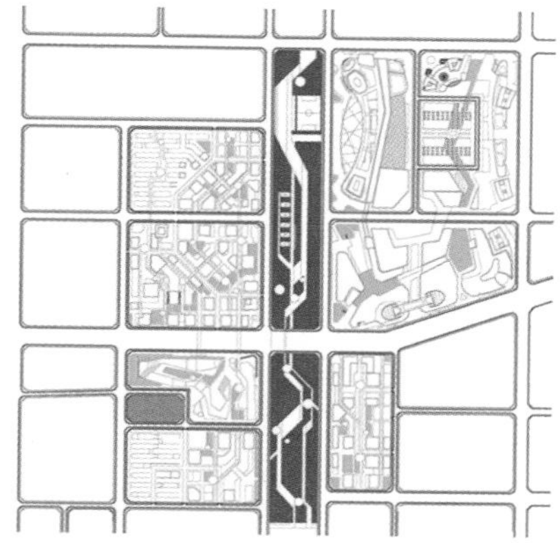


开放空间

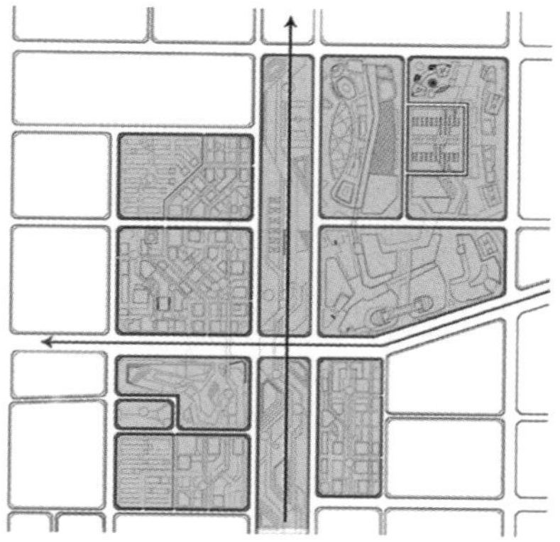


公共交通—地铁

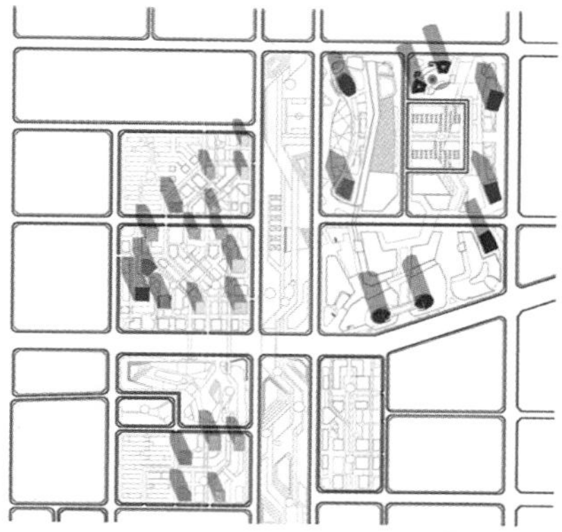


塔楼位置与高度

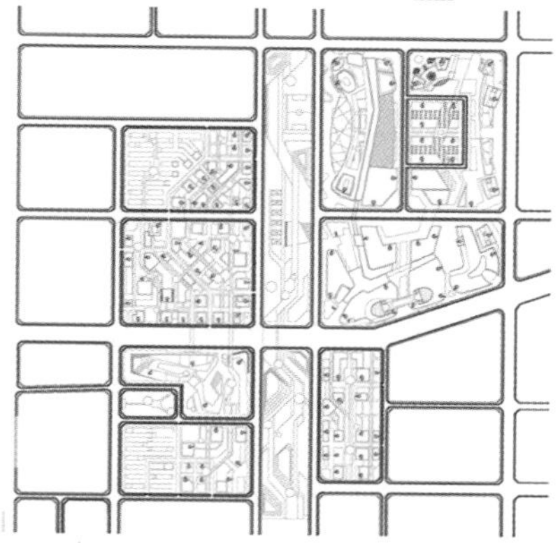


建筑开口位置

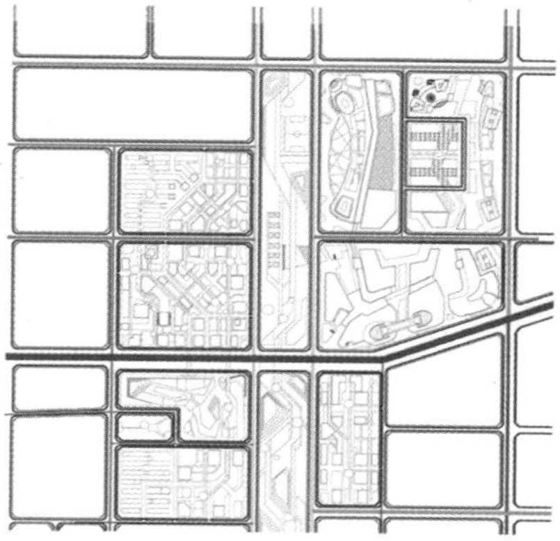


道路等级

## 城市形态

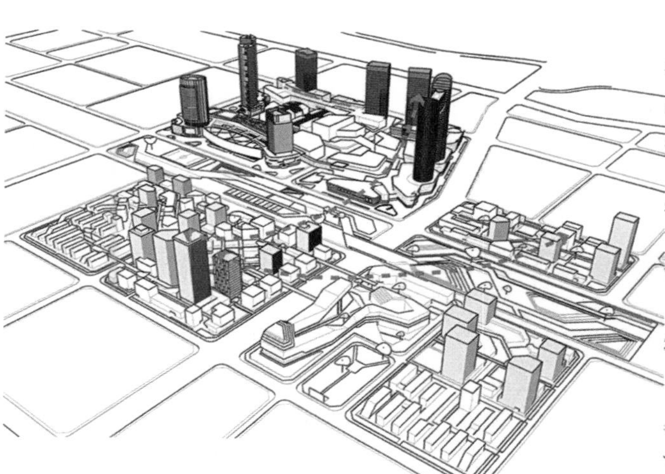

建筑体量—天际线

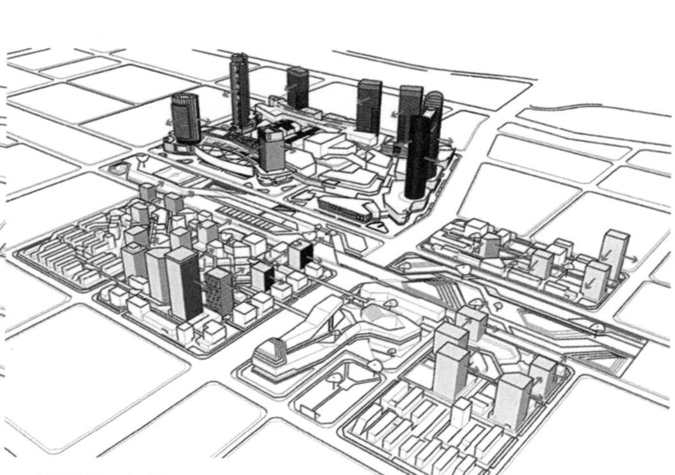

建筑体量—视线

## 城市形态

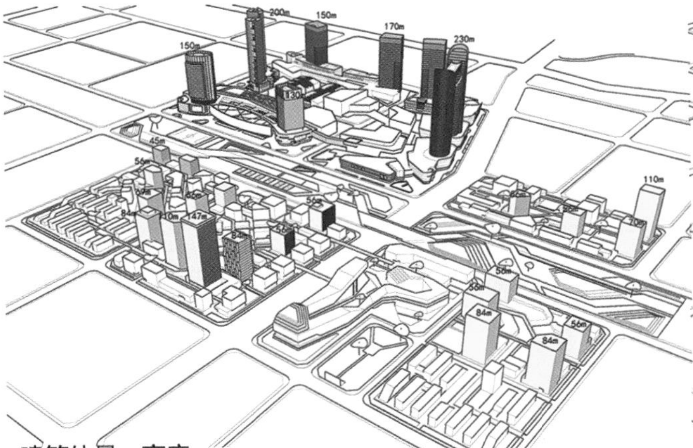

建筑体量—高度

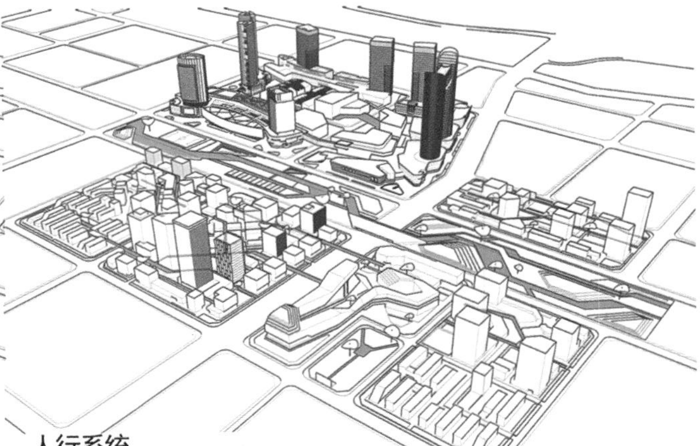

人行系统

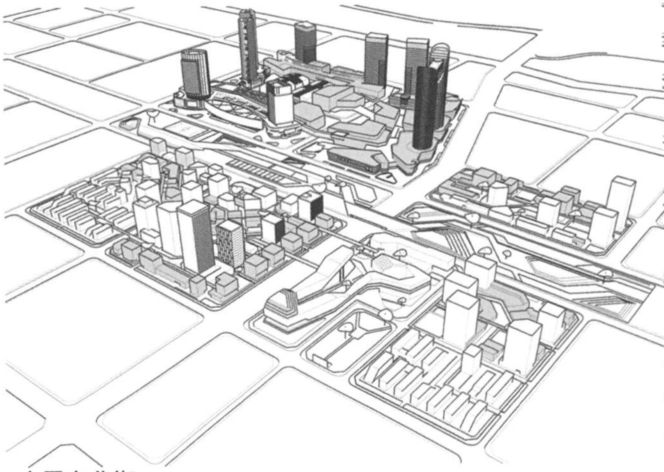

底层商业街

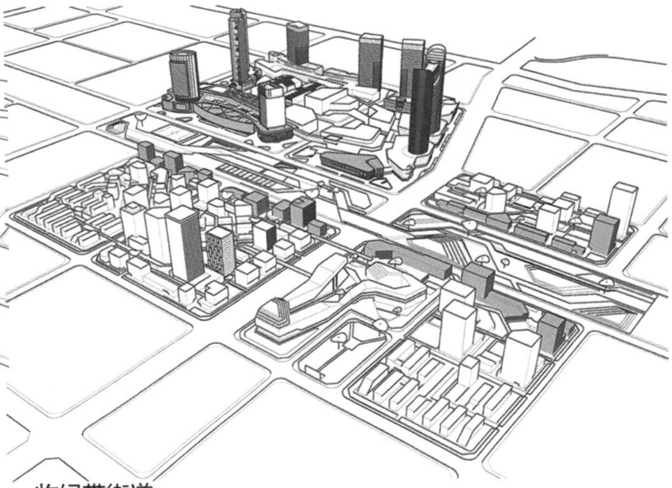

临绿带街道

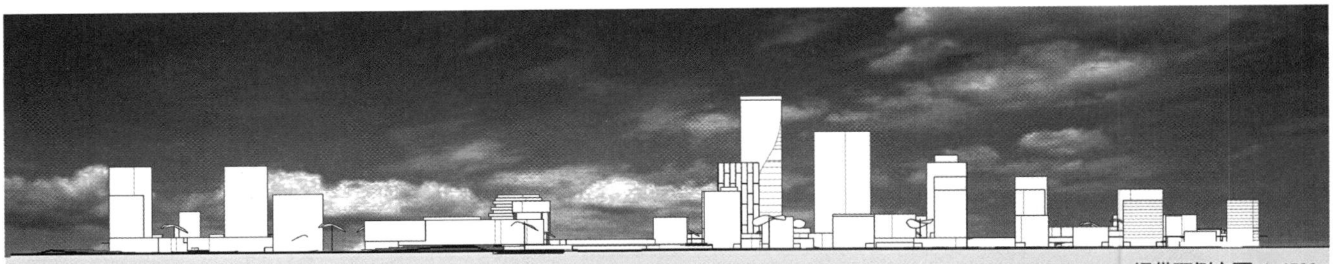

绿带西侧立面 1:6500

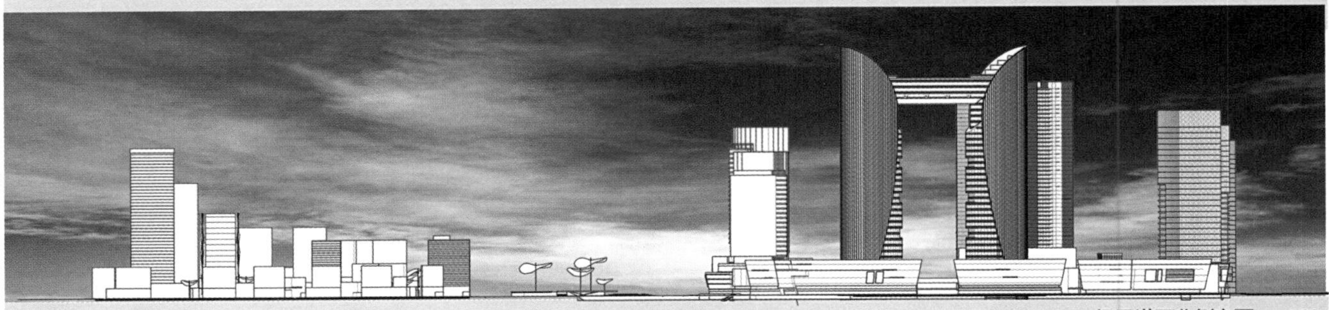

一级干道西北侧立面 1:6500

| 序号 | | 用地性质 | 用地代码 | 用地面积（平方米） | 用地面积（公顷） | 比例（%） |
|---|---|---|---|---|---|---|
| 1 | | 居住用地 | R | 946004 | 94.60 | 17.68 |
| | 其中 | 二类居住用地 | R2 | 946004 | 94.60 | 17.68 |
| 2 | | 公共管理与公共服务设施用地 | A | 53507 | 5.35 | 1 |
| | 其中 | 行政办公用地 | A1 | 21403 | 2.14 | 0.4 |
| | | 医院用地 | A5 | 32104 | 3.21 | 0.6 |
| 3 | | 商业服务业设施用地 | B | 1613771 | 161.38 | 30.16 |
| | 其中 | 商业设施用地 | B1 | 419495 | 41.95 | 7.84 |
| | | 零售商业用地 | B11 | 387391 | 38.74 | 7.24 |
| | | 餐饮用地 | B13 | 273956 | 27.40 | 5.12 |
| | | 旅馆用地 | B14 | 171222 | 17.12 | 3.2 |
| | | 娱乐用地 | B31 | 175503 | 17.55 | 3.28 |
| | | 康体用地 | B32 | 171222 | 17.12 | 3.2 |
| | | 加油加气站用地 | B41 | 14982 | 1.50 | 0.28 |
| 4 | | 道路与交通设施用地 | S | 1166453 | 116.65 | 21.8 |
| | 其中 | 城市道路用地 | S1 | 939583 | 93.96 | 17.56 |
| | | 公共交通场站用地 | S41 | 57788 | 5.78 | 1.08 |
| | | 社会停车场用地 | S42 | 169082 | 16.91 | 3.16 |
| 5 | | 公用设施用地 | U | 280377 | 28.04 | 5.24 |
| | 其中 | 供水用地 | U11 | 87751 | 8.78 | 1.64 |
| | | 供电用地 | U12 | 21403 | 2.14 | 0.4 |
| | | 供燃气用地 | U13 | 27824 | 2.78 | 0.52 |
| | | 排水用地 | U21 | 126277 | 12.63 | 2.36 |
| | | 环卫用地 | U22 | 19263 | 1.93 | 0.36 |
| 6 | | 绿地与广场用地 | G | 1329114 | 132.91 | 24.84 |
| | 其中 | 公园绿地 | G1 | 757659 | 75.77 | 14.16 |
| | | 防护绿地 | G2 | 336024 | 33.60 | 6.28 |
| | | 广场用地 | G3 | 192625 | 19.26 | 3.6 |
| | | 规划总用地 | | 5350748 | 535.07 | 100 |

**核心区用地平衡表**

| 序号 | | 用地性质 | 用地代码 | 用地面积（平方米） | 用地面积（公顷） | 比例（%） |
|---|---|---|---|---|---|---|
| 1 | | 居住用地 | R | 161526 | 16.15 | 12.68 |
| | 其中 | 二类居住用地 | R2 | 161526 | 16.15 | 12.68 |
| 2 | | 公共管理与公共服务设施用地 | A | 12739 | 1.27 | 1 |
| | 其中 | 行政办公用地 | A1 | 5095 | 0.51 | 0.4 |
| | | 医院用地 | A5 | 7643 | 0.76 | 0.6 |
| 3 | | 商业服务业设施用地 | B | 447891 | 44.79 | 35.16 |
| | 其中 | 商业设施用地 | B1 | 163564 | 16.36 | 12.84 |
| | | 零售商业用地 | B11 | 92228 | 9.22 | 7.24 |
| | | 餐饮用地 | B13 | 65222 | 6.52 | 5.12 |
| | | 旅馆用地 | B14 | 40764 | 4.08 | 3.2 |
| | | 娱乐用地 | B31 | 41783 | 4.18 | 3.28 |
| | | 康体用地 | B32 | 40764 | 4.08 | 3.2 |
| | | 加油加气站用地 | B41 | 3567 | 0.36 | 0.28 |
| 4 | | 道路与交通设施用地 | S | 261143 | 26.11 | 20.5 |
| | 其中 | 城市道路用地 | S1 | 207131 | 20.71 | 16.26 |
| | | 公共交通场站用地 | S41 | 13758 | 1.38 | 1.08 |
| | | 社会停车场用地 | S42 | 40254 | 4.03 | 3.16 |
| 5 | | 公用设施用地 | U | 66751 | 6.68 | 5.24 |
| | 其中 | 供水用地 | U11 | 20891 | 2.09 | 1.64 |
| | | 供电用地 | U12 | 5095 | 0.51 | 0.4 |
| | | 供燃气用地 | U13 | 6624 | 0.66 | 0.52 |
| | | 排水用地 | U21 | 29554 | 2.96 | 2.32 |
| | | 环卫用地 | U22 | 4586 | 0.46 | 0.36 |
| 6 | | 绿地与广场用地 | G | 332989 | 33.30 | 26.14 |
| | 其中 | 公园绿地 | G1 | 180379 | 18.04 | 14.16 |
| | | 防护绿地 | G2 | 79999 | 8.00 | 6.28 |
| | | 广场用地 | G3 | 45859 | 4.59 | 3.6 |
| | | 规划总用地 | | 1273866 | 127.39 | 100 |

**设计区用地平衡表**

# UC 4

哈尔滨工业大学
Harbin Institute of Technology
设计者：
朱超　朱琦静

# E · MAX

## 新生与发展——西安幸福林带核心区城市设计

Regeneration and Development - Urban Design of the Xingfu Lindai core area in Xi'an

指导教师：吕飞　董慰

## E · MAX——西安幸福林带核心区城市设计

西安主城区东郊景观格局分析图

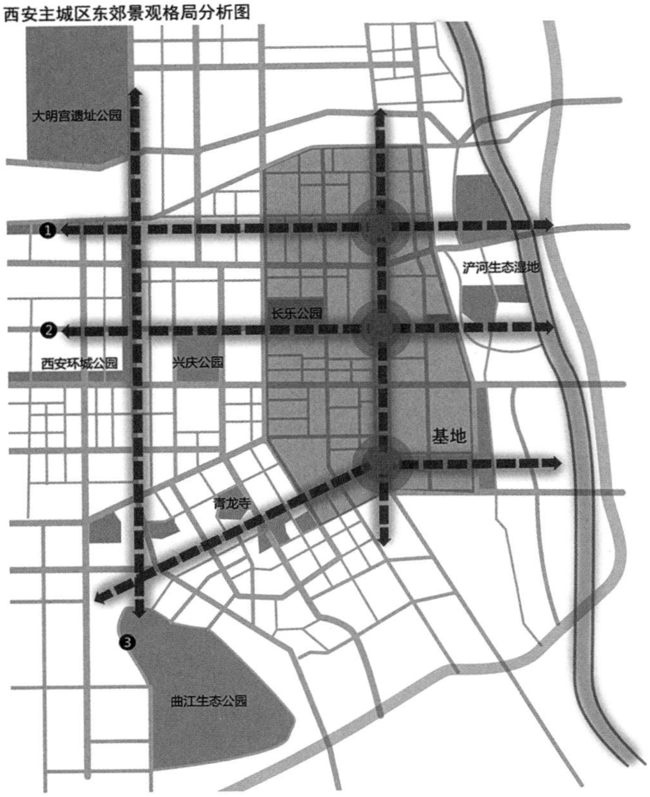


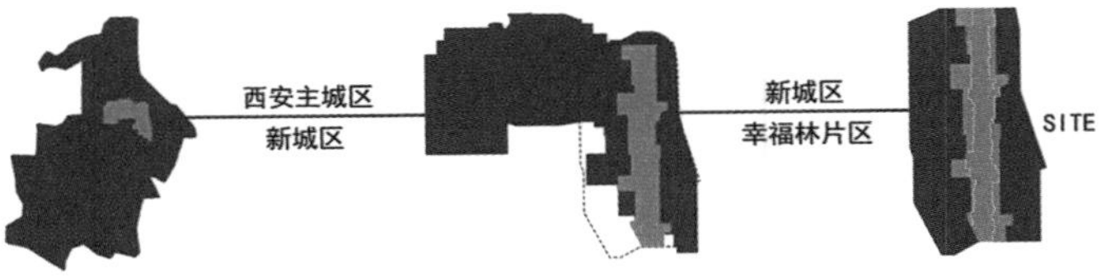


项目范围为西安幸福林带片区，以幸福林带为核心，东部为浐灞新区，南部为曲江新区，北部为西安火车东站，西部为西安中心城区，距西安明城约2.2公里。幸福林带地区幸福林带全长5.4公里，宽140米。2012年，西安市政府通过幸福路综合改造总体规划，明确该区域改造范围为北起华清路、南至新兴南路，东起铁路专用线、西至金花路，规划总面积17.63平方公里。

基于西安市城市总体规划布局，方案以幸福林带地区生态格局为切入点，发掘改善格局的契机与方法，在此基础上衍生出建设用地的多种活力开发模式，如高密度混合、高连接交通、高生活品质以及高可持续性等，并在核心区推演建构。

### 基地生态格局改造契机

“花园”工厂 → 产业转移 → 丰富的生态基底

- “花园”工厂：独有的城市记忆　超高的绿地比重
- 产业转移：整体搬迁至　泾渭开发区
- 丰富的生态基底：公众开放的休憩绿地　延续记忆的工业景观

有“带”无“林” → 内部搬迁 → 恢复林带的初衷

- 有“带”无“林”：遗留的历史问题　城区的负面形象
- 内部搬迁：现状林带内部　拆迁已经启动
- 恢复林带的初衷：公众开放的休憩绿地　西安主要的生态走廊

### 基地生态格局推演过程

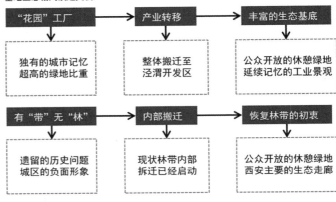

场地生态资源现状　确立基础生态斑块与廊道　形成均质宜人的生态资源分布

# E-MAX

## 基地建设用地开发模式

高生活品质
MAX
高连接交通
高密度混合
高密度开发
高混合开发
资源回收利用
生态基础设施
大运量交通高可达性
慢行系统高连接性
生态系统类型多样
宜居宜业

## 高密度混合模式

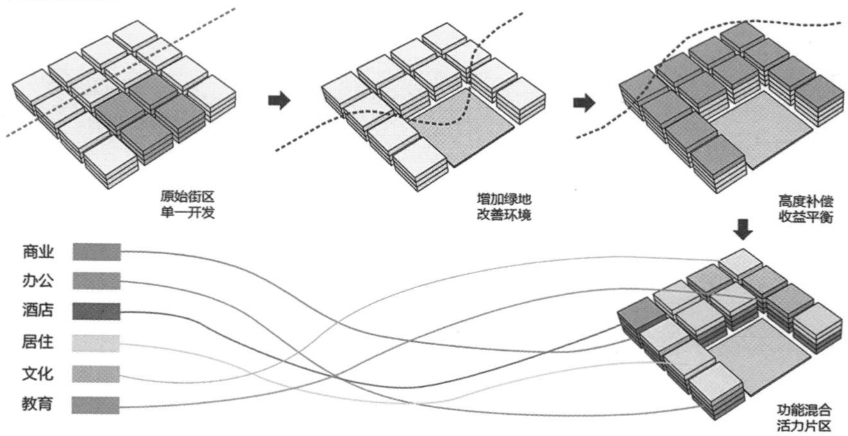
原始街区
单一开发
增加绿地
改善环境
高度补偿
收益平衡
商业
办公
酒店
居住
文化
教育
功能混合
活力片区

## 高效连接交通模式

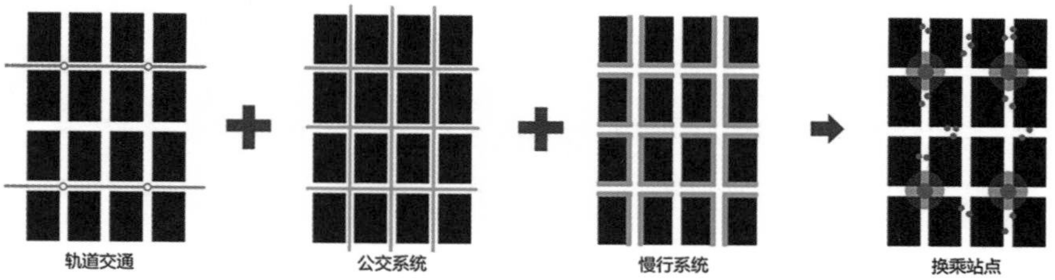
轨道交通
公交系统
慢行系统
换乘站点

## 设计概念理论体系

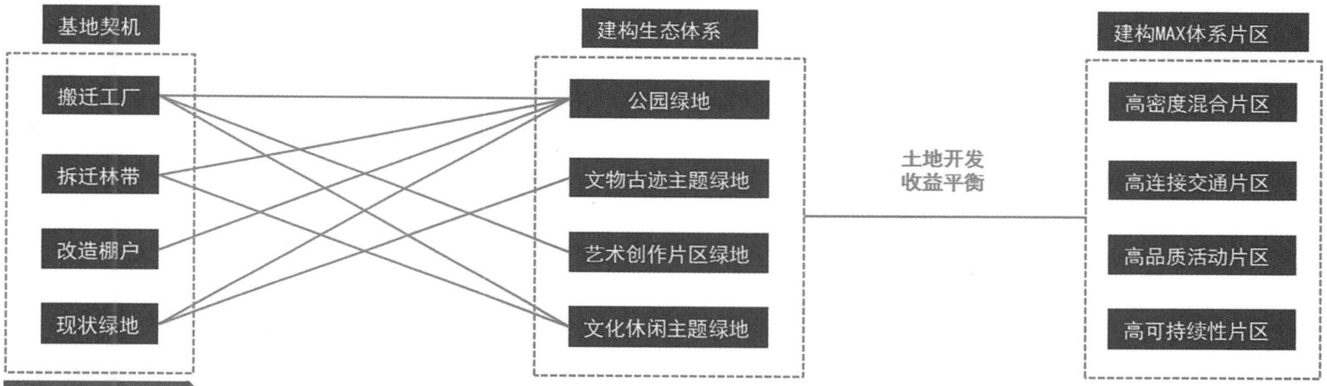
基地契机
搬迁工厂
拆迁林带
改造棚户
现状绿地
建构生态体系
公园绿地
文物古迹主题绿地
艺术创作片区绿地
文化休闲主题绿地
土地开发
收益平衡
建构MAX体系片区
高密度混合片区
高连接交通片区
高品质活动片区
高可持续性片区

## 土地开发模式推演过程

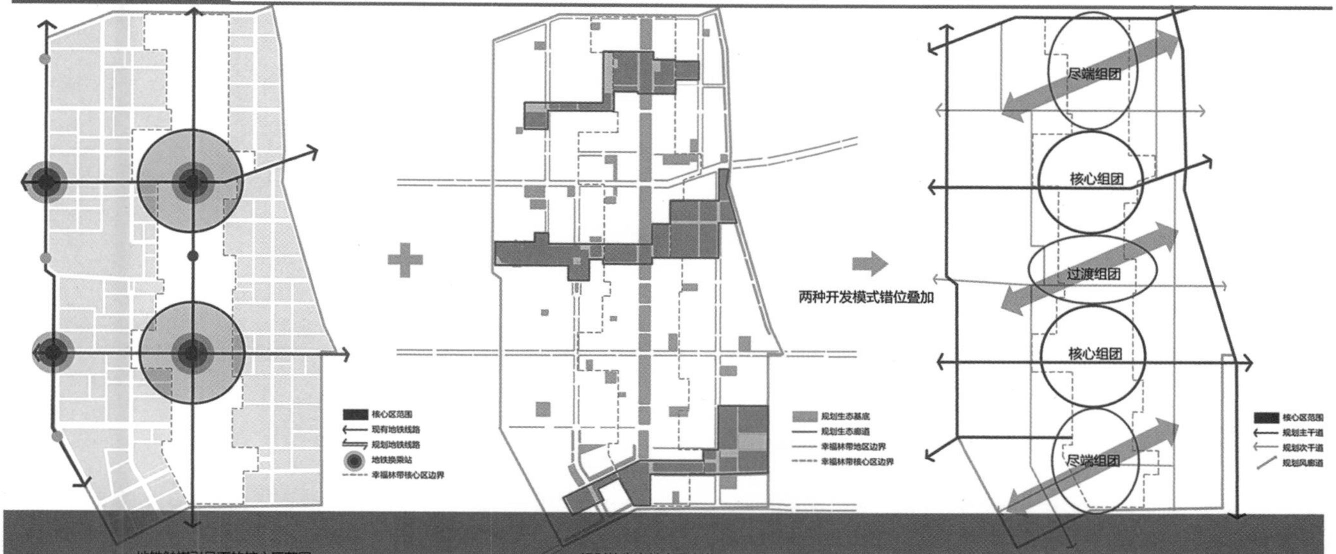
核心区范围
现有地铁线路
规划地铁线路
地铁换乘站
幸福林带核心区边界
规划生态基底
规划生态廊道
幸福林带地区边界
幸福林带核心区边界
两种开发模式错位叠加
尽端组团
核心组团
过渡组团
核心组团
尽端组团
核心区范围
规划主干道
规划次干道
规划风廊道

地铁触媒引导下的核心区范围　　规划的生态基底及廊道　　复合体系的幸福林带用地开发

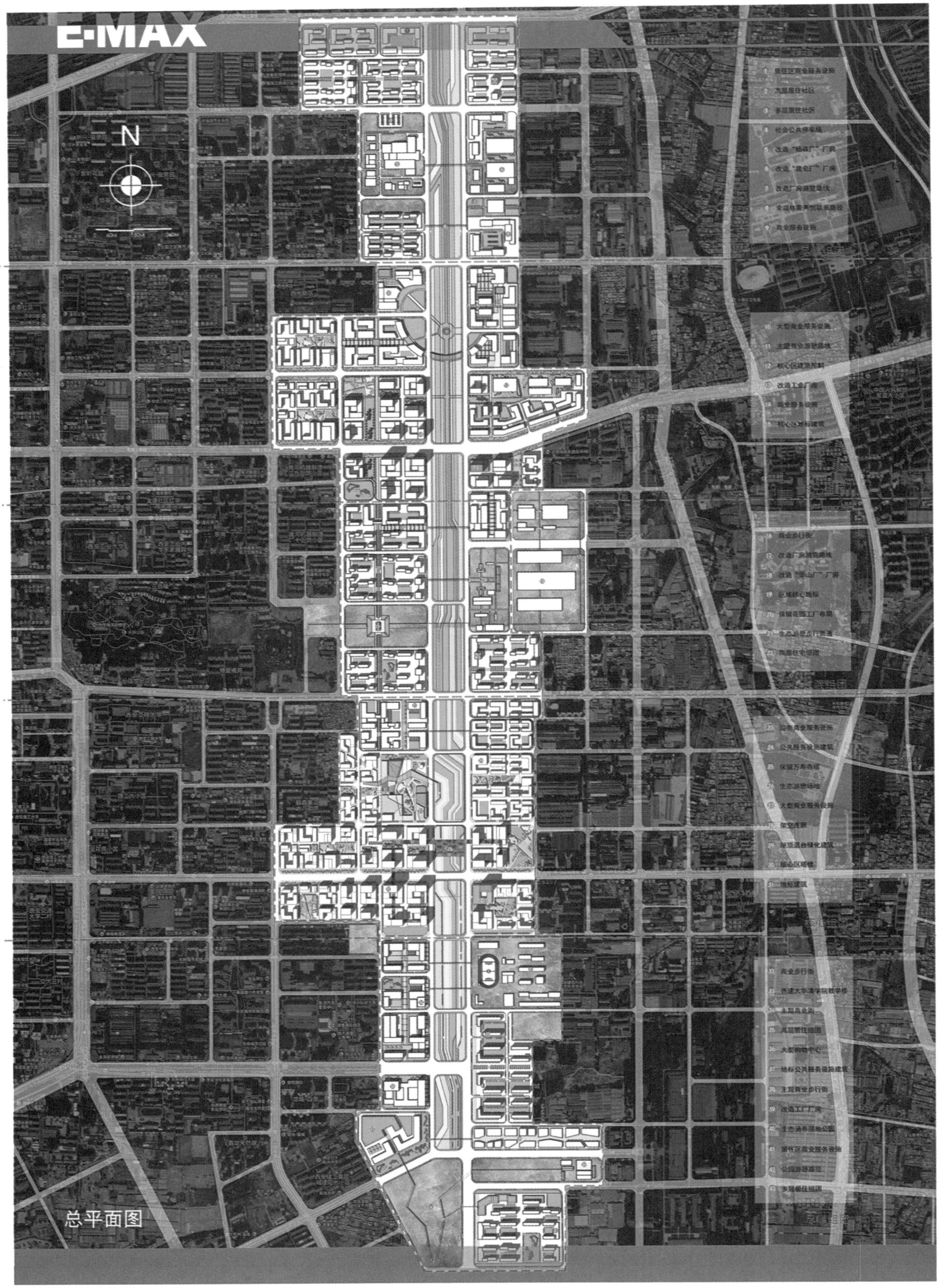


总平面图

## 景观空间轴带分析

幸福林带片区生态资源布局的基本原则：沿主要景观道路的整体绿环；部分工厂遗留的绿化斑块；街巷中新增添的组团绿地；重要的人群集散节点绿地。

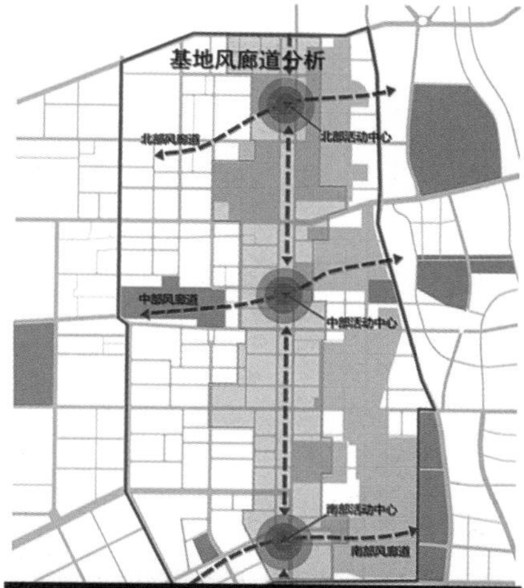


西安主导风向为东北风，以此为导向结合基地内潜在的改造工厂内大片绿化，建构起三条横跨基地东西向的生态廊道。

## 规划系统分析

生态景观分析

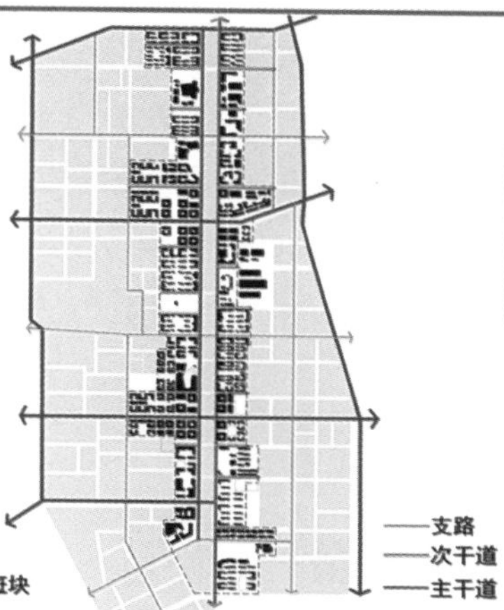


道路系统分析

慢行系统分析

空间节点分析

## 空间结构分析

幸福林带片区通过设计推演调整结构体系，形成三主轴、两核心、三廊道、八组团的空间布局：

1. 形成沿幸福林带的纵向城市综合服务轴，以及沿长乐路、咸宁路的两条城区商业服务轴；
2. 沿幸福林带东西两侧各建构一个以地铁站点为中心的核心开发区，开发强度明显高于周边用地，形成土地高效聚集开发；
3. 三廊道是指基地内建构起的三条沿主导风向的生态通径；
4. 形成核心区外八大居住组团，组团内有其相应的商业及公共服务设施，以及面积适宜的生态景观节点。

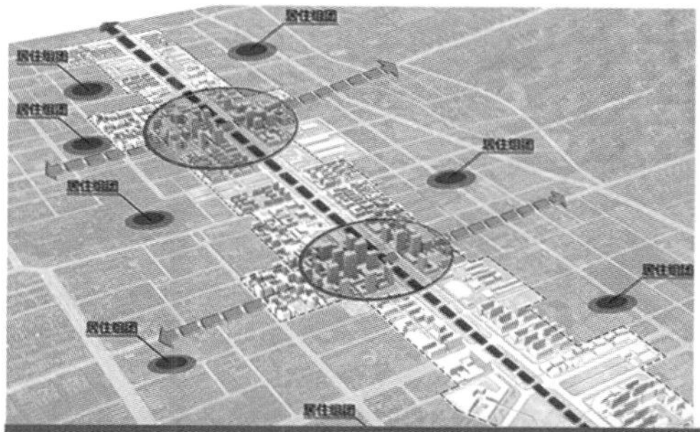

# E-MAX 西安幸福林带核心区城市设计

## 设计说明

设计地块选址为修改后总体规划中两个高混片区之一，在总体规划概念的框架下进行设计。

设计对基地总规定位，生态系统，基地现状，未来人群等要素进行了分析。设计旨在建构完善的生态系统的前提下，提出高密度混合、高效连接，高生活品质的理念。以此提升片区活力和土地价值。

设计地块位于幸福路核心区确定的高混片区之一，目标定位为整个幸福路地区高端商业、商务、文化、生态、居住为一体的，多功能混合开发的综合示范区。

游客人群
主题特色商业
文创产业园
文化主题街区
旅馆公寓
居住人群
片区服务商业
超市餐饮
传统居住
社区生活街区
工作人群
设计师工作室
商务办公
主题餐厅
高端酒店


基地未来定位人群以游客、居民以及工作人员为主。

## 规划结构

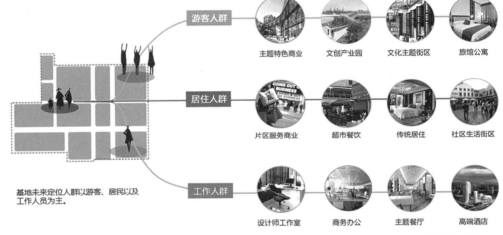

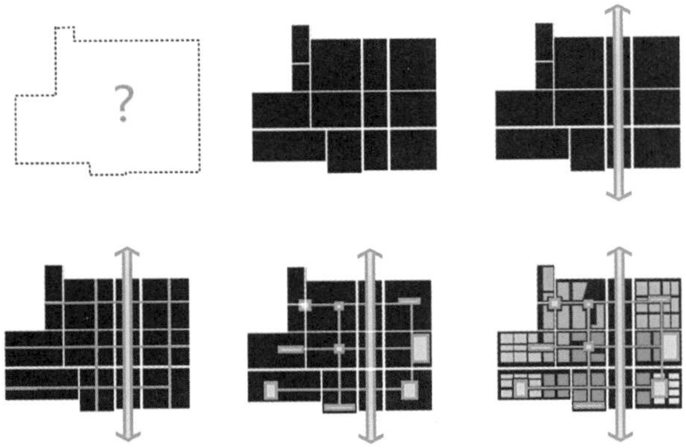

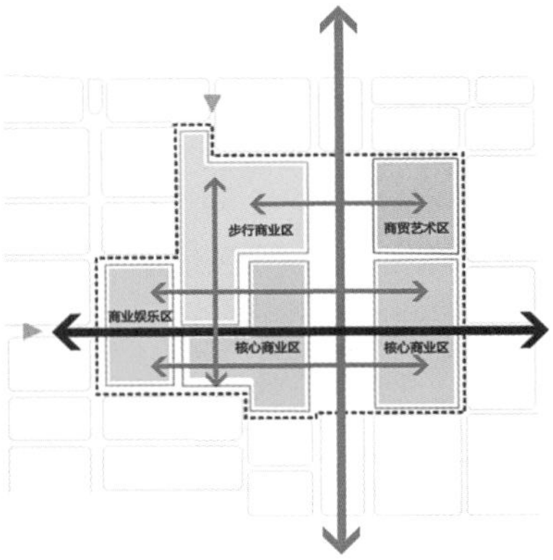


规划横轴：主干道咸宁路

规划纵轴：幸福林带

规划骨架：道路系统
生态网络

规划分区：依托生态网络，构建4大功能片区：核心商业区、步行商业区、商业娱乐区、商贸艺术区。

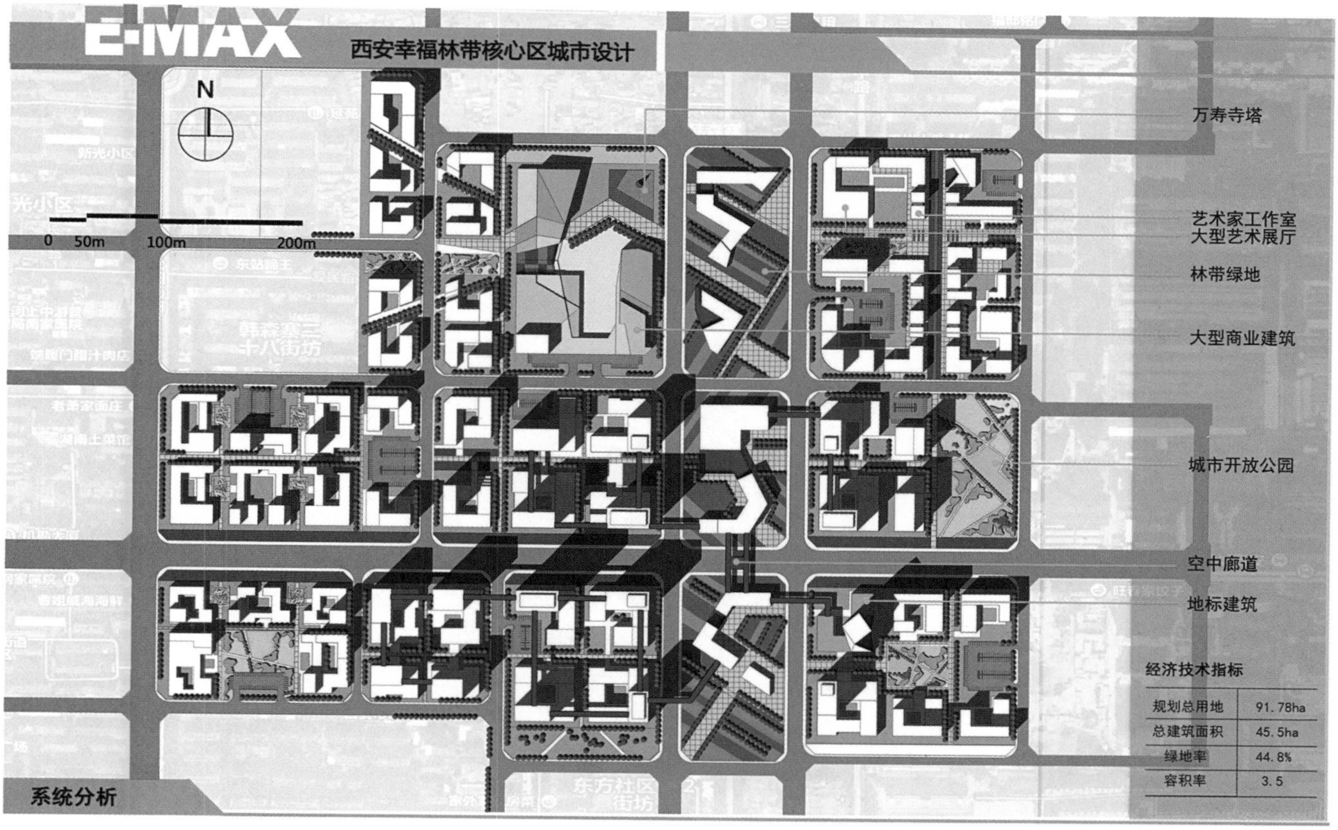
E-MAX
西安幸福林带核心区城市设计
N
0 50m 100m 200m
万寿寺塔
艺术家工作室
大型艺术展厅
林带绿地
大型商业建筑
城市开放公园
空中廊道
地标建筑
系统分析

经济技术指标

| | |
|---|---|
| 规划总用地 | 91.78ha |
| 总建筑面积 | 45.5ha |
| 绿地率 | 44.8% |
| 容积率 | 3.5 |

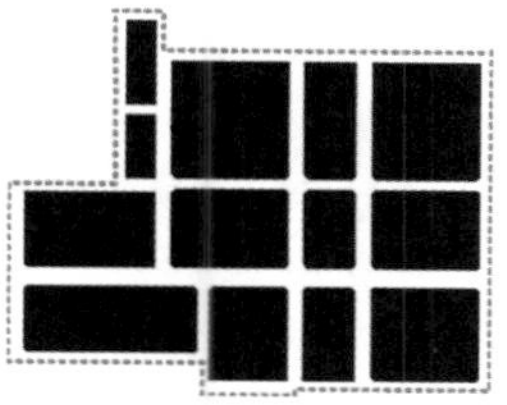

5个高混合密集新区

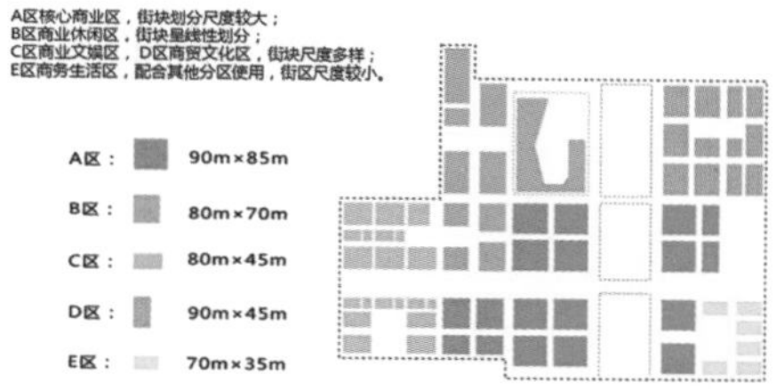
A区核心商业区，街块划分尺度较大；
B区商业休闲区，街块呈线性划分；
C区商业文娱区，D区商贸文化区，街块尺度多样；
E区商务生活区，配合其他分区使用，街区尺度较小。
A区： 90m×85m
B区： 80m×70m
C区： 80m×45m
D区： 90m×45m
E区： 70m×35m

城市街块

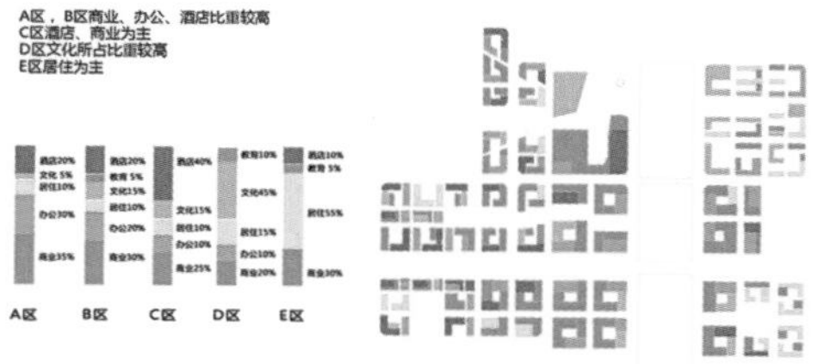


A区，B区商业、办公、酒店比重较高
C区酒店、商业为主
D区文化所占比重较高
E区居住为主

功能混合意向图

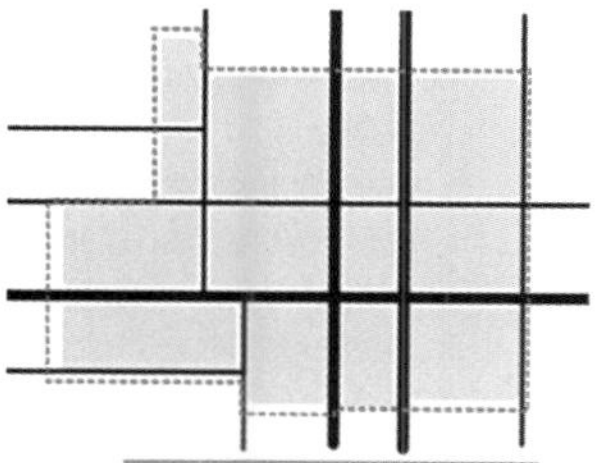

4组高连接交通网络

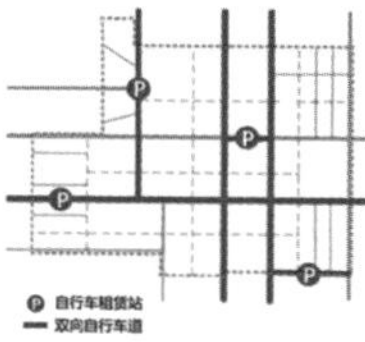
自行车租赁站
双向自行车道

慢行体系规划

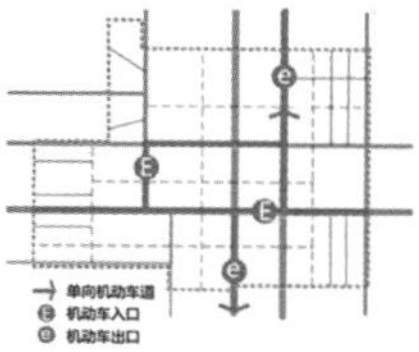
单向机动车道
机动车入口
机动车出口

地下环路体系规划

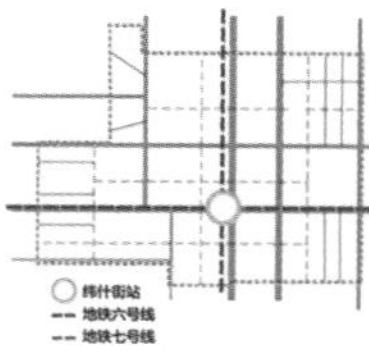
纬什街站
地铁六号线
地铁七号线

轨道交通体系规划

1）慢行体系以景观道路两侧绿化带为载体建构，作为整个幸福林带片区的有机组成部分；
2）地下环路考虑到道路的承载能力，缓解片区地面机动车交通；
3）轨道交通六号线与七号线在基地内部设置纬什街换乘站，为未来人流迅速集聚提供可能。

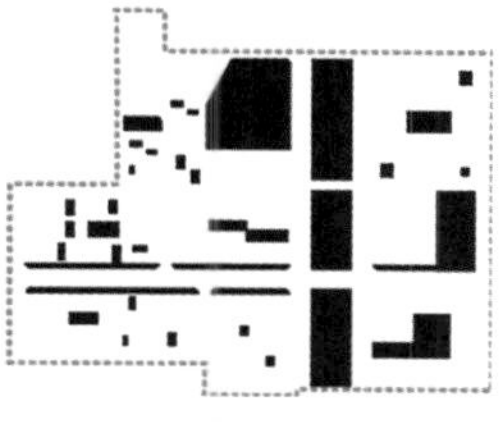

4种高生活品质场所

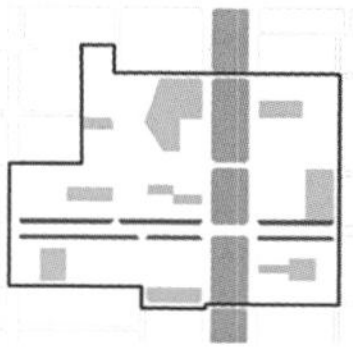

绿地系统

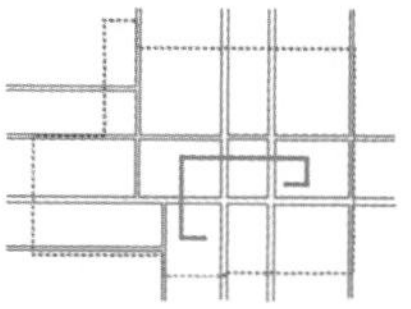

多层步行系统：地上、地下和空中廊道

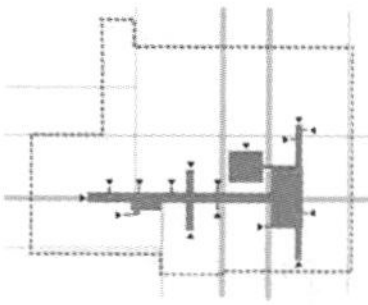

地下商业步行系统

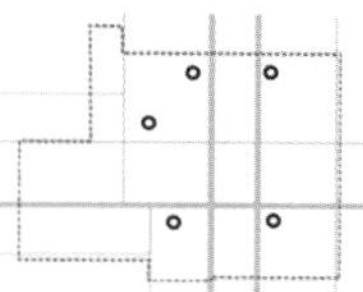

地标式建筑分布在关键位置

## 鸟瞰图

## B区形态分析

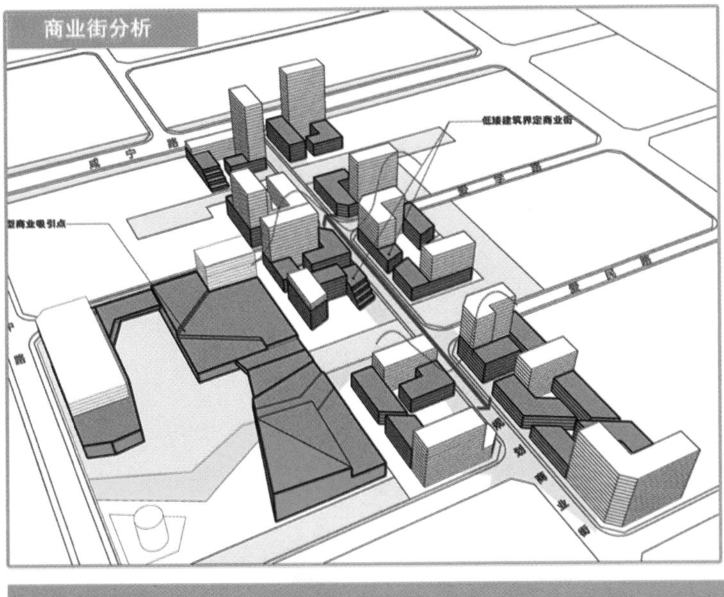


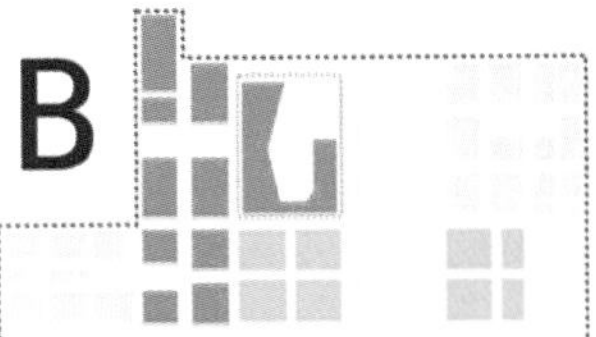


- 低矮阶梯式建筑形态活跃商业街界面。
- 城市级的大型商业建筑形态是配合突出万寿寺塔，提供人流聚集的广场。
- 塔楼和大型商业建筑界定公园绿地。
- 步行尺度的街道与绿地轴线复合，形成小尺度商业步行街。

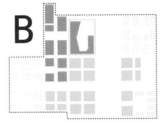

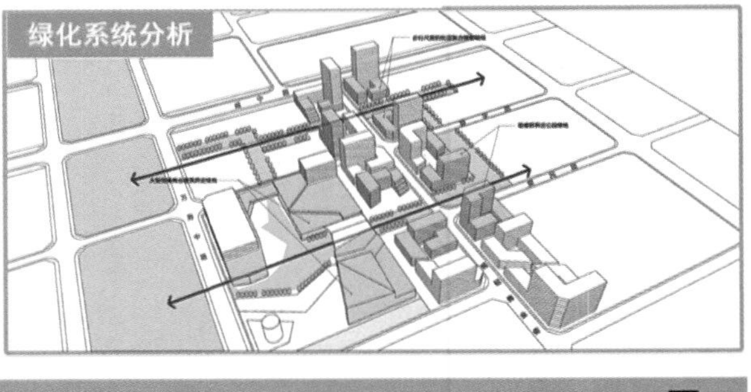

E-MAX

## 西安幸福林带核心区城市设计

A区核心商业区

B区商业休闲区

C区商业文娱区

D区商贸文化区

E区商务生活区

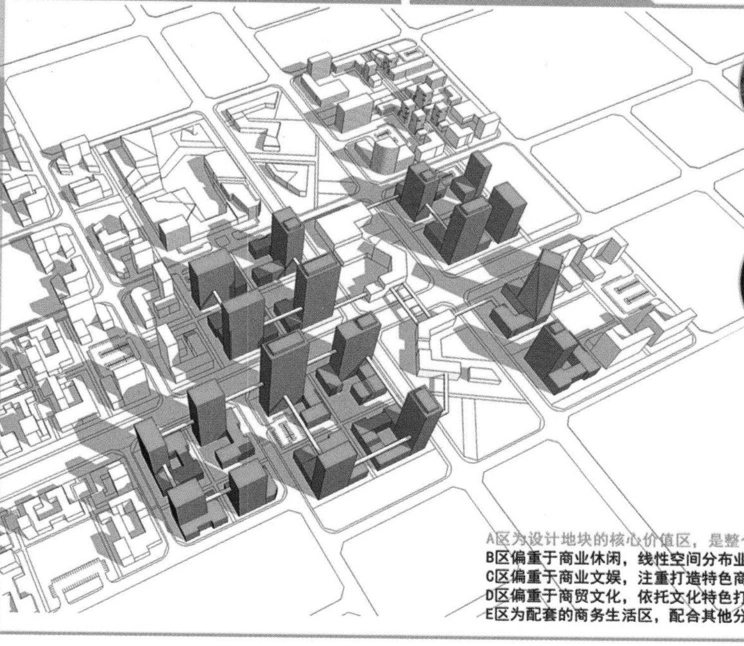

商业 35%
办公 30%
居住 10%
酒店 20%
文化 5%


A区为设计地块的核心价值区，是整个地块的核心；
B区偏重于商业休闲，线性空间分布业态；
C区偏重于商业文娱，注重打造特色商业与娱乐休闲功能的结合；
D区偏重于商贸文化，依托文化特色打造商贸艺术片区；
E区为配套的商务生活区，配合其他分区使用。

## 设计细节

街块/BLOCKS

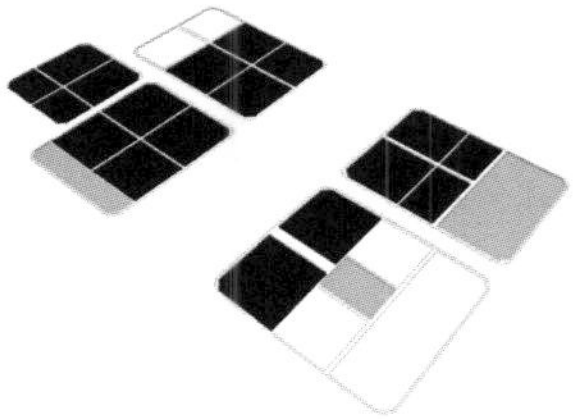

·街块尺寸：90m×85m

·5个城市组团

·底层服务入口和街面停车

裙房/PODIUMS

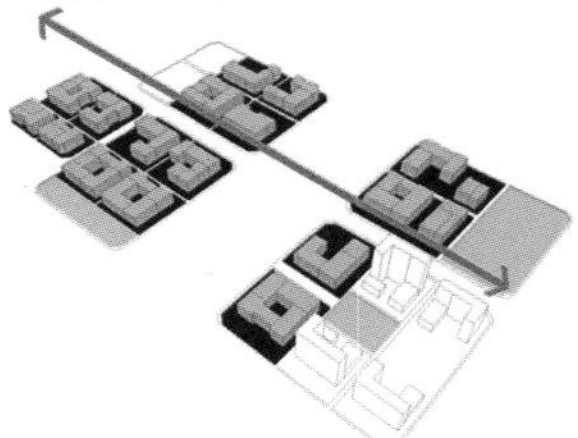

·裙房高24m，主要布置商业零售功能

·裙房顶布置屋顶花园和室外活动场地

·院落围合出半开放空间

塔楼/TOWERS

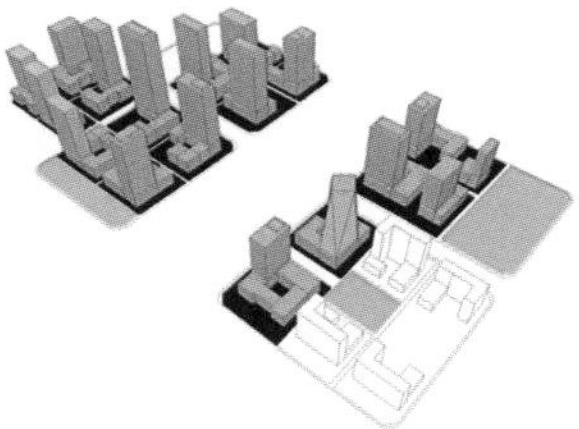

·塔楼高80～180m不等

·塔楼交错布局，避免实现遮挡

·塔楼形势变化多端

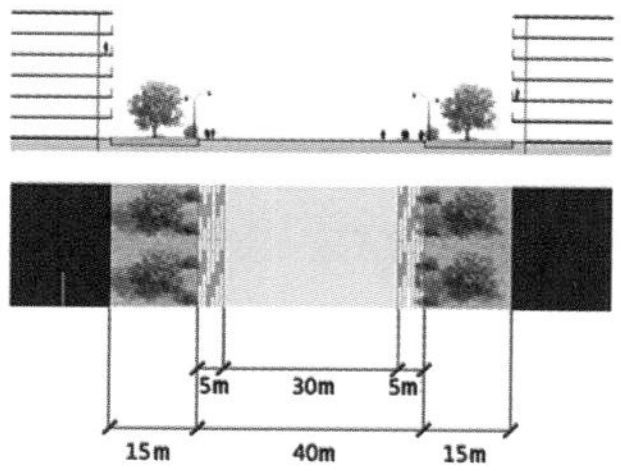

5m
30m
5m
15m
40m
15m


## 技术指标

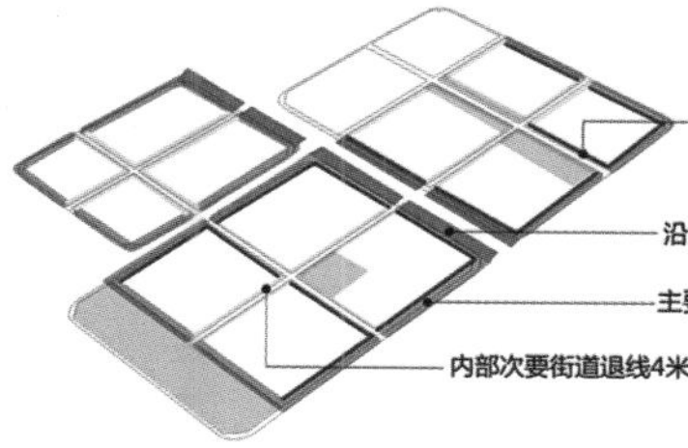

建筑底层进深4～6m
高8米的骑楼
沿景观带退线不小于18米
主要商业街道10米退线
内部次要街道退线4米


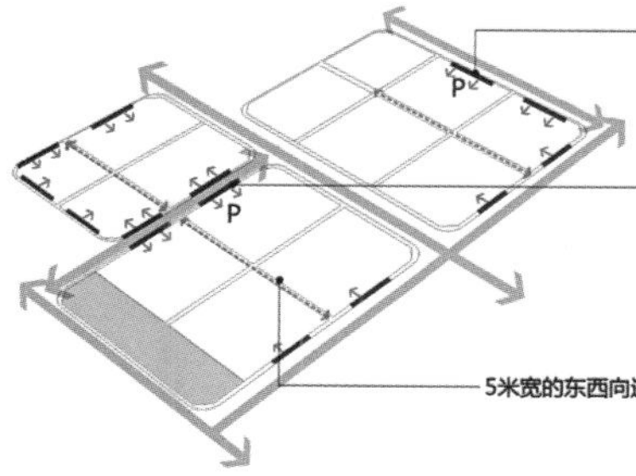

次级道路有少量路面停车
P
P
每街块有1个后勤入口和
2个地下车库入口，后勤
入口与地下车库入口共用，
避免主街设地下车库口。
5米宽的东西向通道


类型一

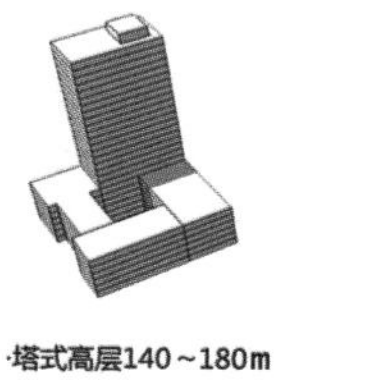

·塔式高层140～180m

·裙房24m，围合较封闭院落

类型二

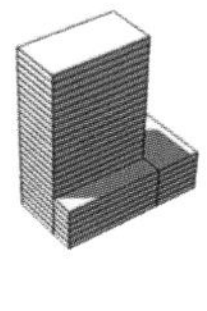

·塔式高层80～100m

·裙房24m

类型三

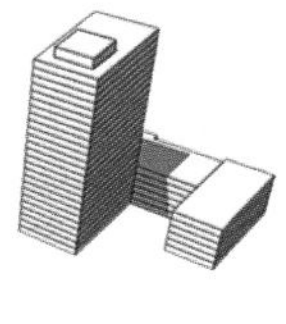

·塔式高层100～140m

·裙房24m，围合开放院落空间

| 商业核心区指标表 | |
|---|---|
| 地块总面积 | 172634 ㎡ |
| 建筑容积率 | 6.2 |
| 主要用地性质 | 商业、办公 |
| 其他用地性质 | 酒店 |
| 最大基地覆盖率 | 75% |
| 最小绿地覆盖率 | 5% |

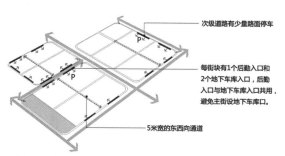

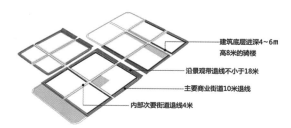

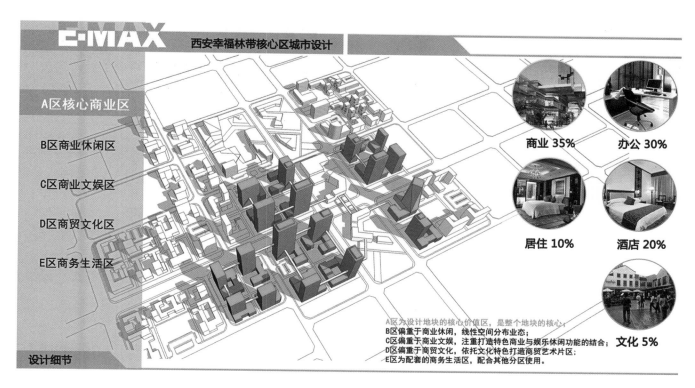

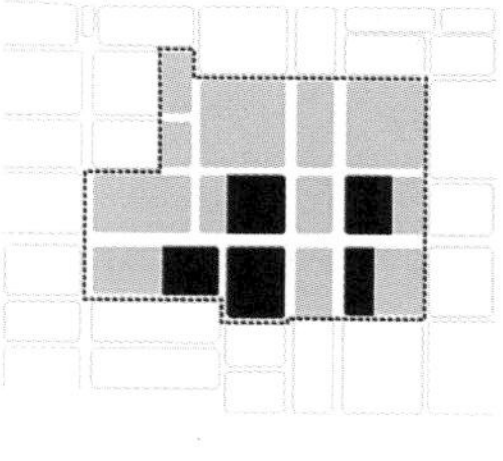

·商业核心区具有建筑容积率高，开发强度大，交通便捷等特点。

# UC 4

哈尔滨工业大学
Harbin Institute of Technology
设计者：
施雨萌　王勇斌　顾裕周

# 开放生态·开启文化

## Free Ecology, Free Culture

## 新生与发展——西安幸福林带核心区城市设计

Regeneration and Development - Urban Design of the Xingfu Lindai core area in Xi'an

指导教师：董禹

本此次设计为哈尔滨工业大学与西安建筑科技大学、重庆大学、华南理工大学第一届四校联合毕业设计，集合了建筑、景观、规划三个专业共同对场地进行城市设计。本次研究基地选择西安市幸福林带片区，规划于20世纪50年代，原为苏联援建的东郊“军工城”。我们对幸福林带片区进行生态、文化的延续和重构，用开放空间打开原来缝补的生态和文化，提升林带的生态地位，为片区重新注入活力。

### 区位

西安市位于中国版图的中心，渭河流域中部关中盆地。北临渭河和黄土高原，南邻秦岭，东以零河和灞源山地为界，西以太白山地及青化黄土台塬为界。

西安市偏居一隅，于传统意义上的中原地带相隔秦岭和太行山脉。

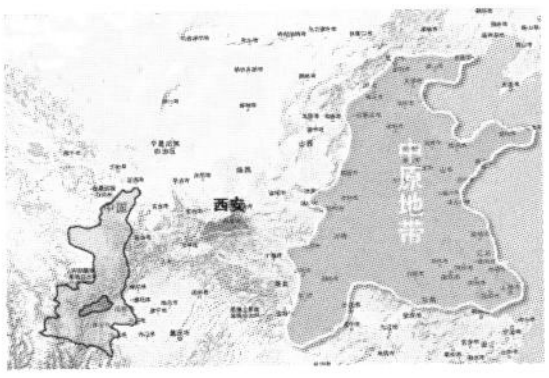


幸福林带紧邻西安市中心区、浐灞生态区和曲江新区。位于西安市中古城区、生态区和新城开发区三者的中心。

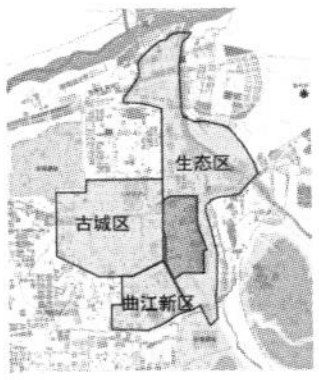


### 生态概况

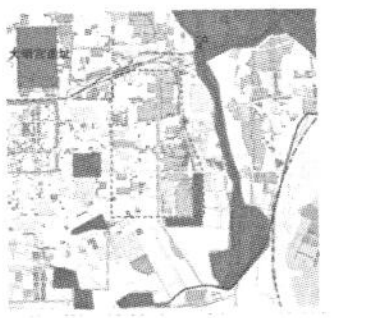

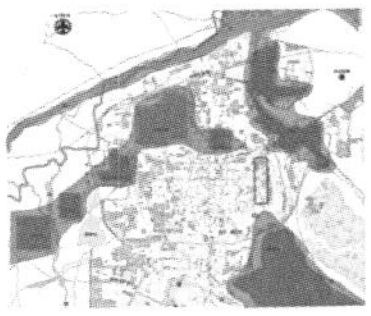

### 历史概况

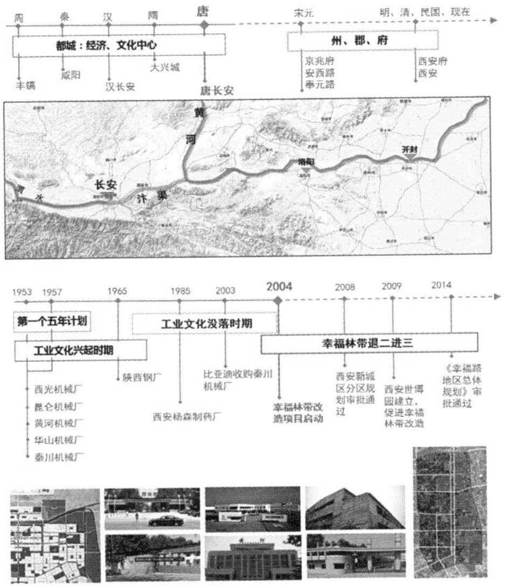


唐朝的长安，借助发达漕运来取得江南地区物资，并以此达到最鼎盛的时期。然而人口不断增长带来的取暖需求的增长，使得南部最重要的水源地——秦岭的林木被砍伐殆尽。山体退化带来漕运衰退，长安也同步经历了唐中晚期及之后地位不断下降的情况，并在宋元之后远离了都城。

### 上位规划解读

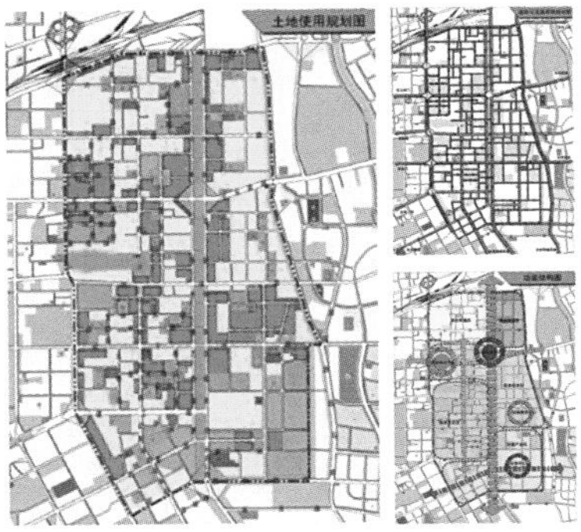

**上位规划概括：**
在上位规划中，强调将幸福林带作为西安东部的商贸核心，同时辅以休闲娱乐文化创意的功能。

**上位规划的局限性：**
上位规划中景观格局网络结构不完善，并未形成良好的景观生态格局，同时也缺乏对城市风廊道的考虑。

**上位规划可借鉴保留的地方：**
上位规划中，对整个地段的定位中的中央商贸的部分予以保留，作为整个区域经济产业的支撑。

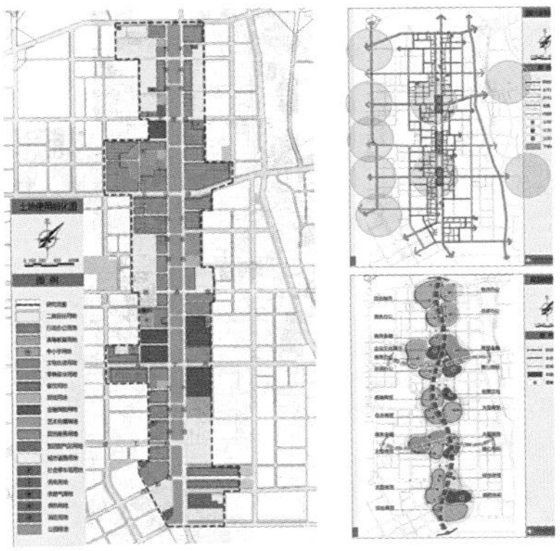

**上位规划概括：**
在上位规划中，幸福林带地区主要以商贸办公为主，同时期望通过林带的介入，提升环境品质。

**上位规划的局限性：**
但幸福林带地区有着军工历史，军工厂内生态优越，原有规划的过度商业化影响了场地记忆及生态的连续性。

**上位规划可借鉴保留的地方：**
上位规划中建林兴城、依林建城、造林美城的规划理念，可适当保留借鉴。同过幸福林带空间的构划连接幸福林带的各个区域。

### 文化概况

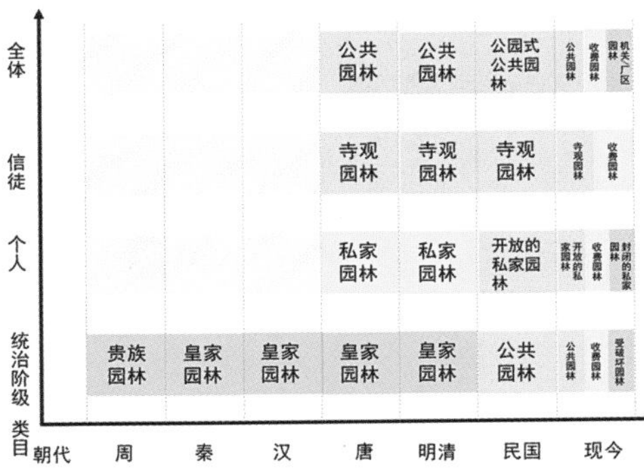


| 类目(按前身使用者) | 自身权重 |
|---|---|
| 统治阶级 | 0.25 |
| 个人 | 0.25 |
| 信徒 | 0.25 |
| 全体 | 0.25 |

| 开放度 | 赋值 |
|---|---|
| | 0 |
| | 0.5 |
| | 1 |

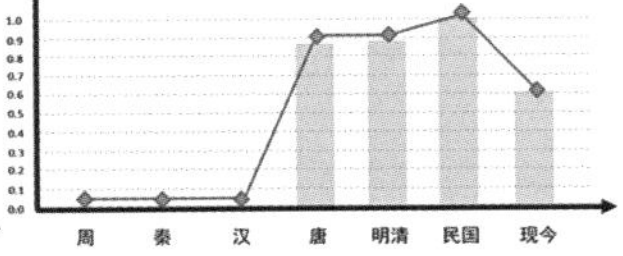


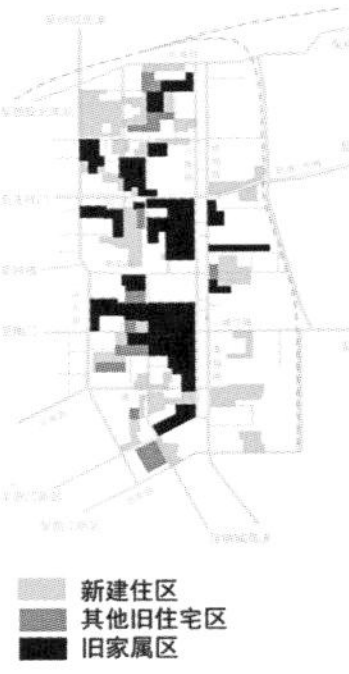


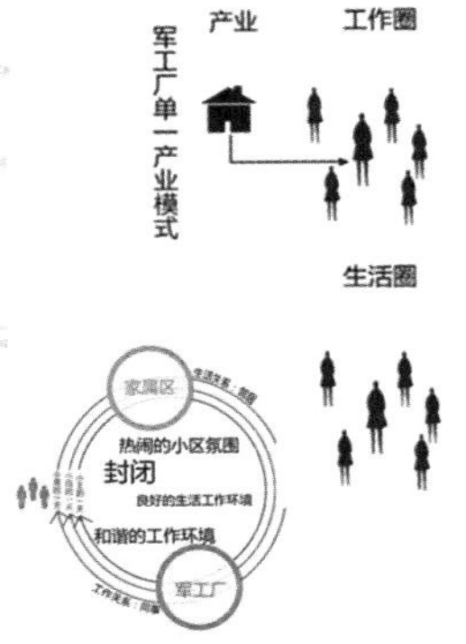

## 生态分析

### 温度

根据地面材质对阳光的吸收率、反射率的差异作评价，并以此判断场地内温度高低情况。反射率从高到低依次为：水域、乔木、草地、废弃地、硬质铺地。

| 评价因子：温度 | | 统计 | |
|---|---|---|---|
| 评价等级 | 指标 | 面积 | 百分比 |
| 一级 | 树林 | 14 | 6.22% |
| 二级 | 草地 | 48 | 21.33% |
| 三级 | 行道树+硬质铺地 | 39 | 17.33% |
| 四级 | 废弃地+硬质铺地 | 64 | 28.44% |
| 五级 | 硬质铺地 | 60 | 26.67% |

由图表可见，在场地中大部分区域为硬质铺地与废弃地，整体对太阳辐射的反射率不高，温度较低的区域都处在军工厂区内。场地内的温度高低主要由日间太阳辐射量决定。

### 相对湿度

由于场地中没有水域，所以影响场地内湿度的主要因素为植物的蒸腾作用和建筑阴影。综合考虑两方面因素对场地内相对湿度高低评级。

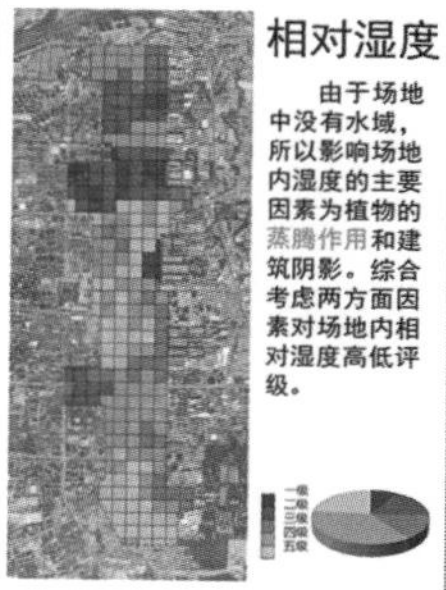


| 评价因子：湿度 | | 统计 | |
|---|---|---|---|
| 评价等级 | 指标 | 面积 | 比率 |
| 一级 | 树林+阴影 | 19 | 8.44% |
| 二级 | 树林 | 37 | 16.44% |
| 三级 | 空旷草地 | 34 | 15.11% |
| 四级 | 居住区 | 82 | 36.44% |
| 五级 | 空旷硬质铺地 | 53 | 23.56% |

由图表可见，在场地中大部分区域比较干燥。比较湿润的区域大部分在场地的北段，南段以废弃地和居民区为主，所以整体比较干燥。

### 噪音

场地中最大的噪音源为交通噪音。其中长乐东路和经纬街的交通量最大，其次是道路周边区域。行道树能够阻挡一部分的噪音。

| 评价因子：噪音 | | 统计 | |
|---|---|---|---|
| 评价等级 | 指标 | 面积 | 比率 |
| 一级 | 军工区 | 16 | 7.11% |
| 二级 | 居民区 | 46 | 20.44% |
| 三级 | 次干道道路 | 43 | 19.11% |
| 四级 | 主干道周边 | 74 | 32.89% |
| 五级 | 主干道十字路口 | 46 | 20.44% |

由图表可见，场地中的大部分区域都受到了交通噪音的影响，只有封闭的军工区内受到的干扰比较少。

### 污染源

场地中的污染源主要为加油站以及少量维修站点，加油站的大量石油严重污染了周边土壤，并且通过雨水的下渗作用进一步污染地下水资源。

| 编号 | 类型 | 描述 | 等级 |
|---|---|---|---|
| 1 | 加油站 | 位于十字路口的大型加油站 | 4级 |
| 2 | CNG加气站 | 大型加气站 | 3级 |
| 3 | 东升汽修 | 小型维修公司与精典大众汽修一起 | 2级 |
| 4 | 精典大众汽修 | 小型维修公司 | 2级 |
| 5 | 公交总公司 | 场地中大型公交车集中地 | 5级 |
| 6 | 西安兴城汽车修理厂 | 小型维修公司 | 1级 |

由图表可见，场地中较高级别的污染源集中在北部的加油站和中下部的公交总公司，均在主干道十字交叉口附近。

### 空气流通性

根据空气热空气上升，冷空气扩散的原理，再结合高程和其他阻挡因数可以绘制出空气滞留情况图。可见场地中的北部和经纬街交叉口的空气流通性差。

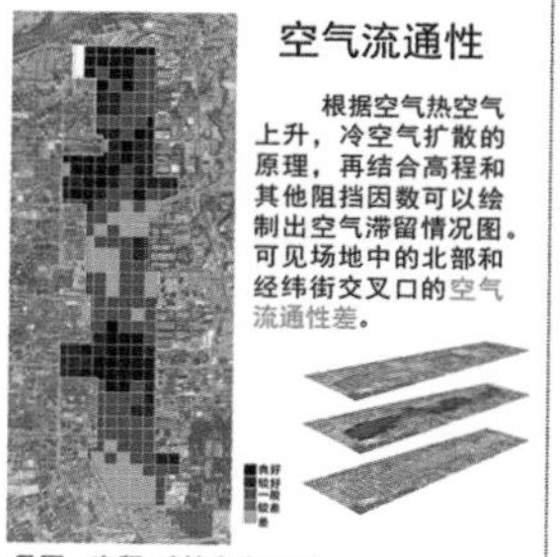

叠图：高程+建筑高度+温度

### 空气污染度

将空气污染源与空气流通性图相叠加，得出空气污染情况图。可见场地中的北部和驾校周边的空气污染严重。

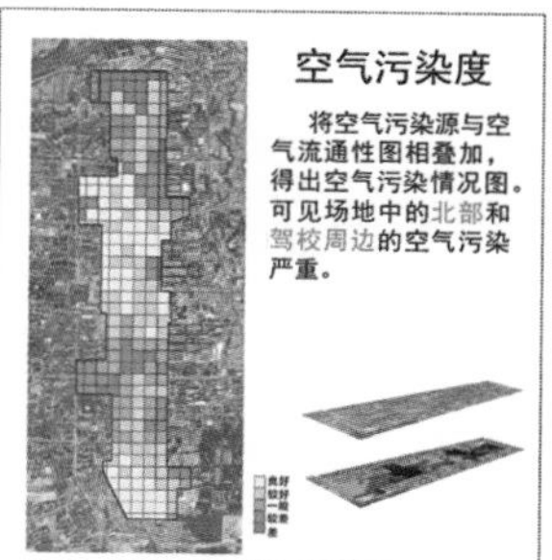

叠图：空气污染源+空气流通性图

### 植被

根据场地中绿量分布情况判断场地的植被覆盖率。其中厂区的绿量比较大，其次是学校和韩森冢，居住区内的绿量并不大。

| 评价因子：植被 | | 统计 | |
|---|---|---|---|
| 评价等级 | 指标：植被覆盖率 | 面积 | 比率 |
| 一级 | 植被覆盖率大于50% | 25 | 11.11% |
| 二级 | 植被覆盖率大于30%小于50% | 61 | 27.11% |
| 三级 | 植被覆盖率大于15%小于30% | 64 | 28.44% |
| 四级 | 植被覆盖率大于5%小于15% | 43 | 19.11% |
| 五级 | 植被覆盖率小于5% | 32 | 14.22% |

由图表可见，由于当年有苏联专家组织规划建设，且多建于五六十年代，建成时间较长，因此厂区植被覆盖率高。

### 建筑高度

通过实地调研和卫星图阴影判视来评价建筑高度。其中新建小区建筑和部分工厂的行政建筑较高，其次是旧家属区建筑，然后是工厂厂房，最后是棚户区等。

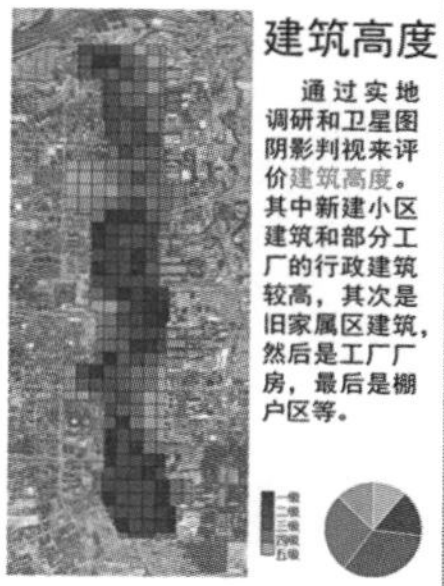


| 评价因子：建筑高度 | | 统计 | |
|---|---|---|---|
| 评价等级 | 指标：平均高度 | 面积 | 比率 |
| 一级 | 平均高度大于35m | 29 | 12.89% |
| 二级 | 平均高度25~35m | 61 | 27.11% |
| 三级 | 平均高度15~25m | 75 | 33.33% |
| 四级 | 平均高度5~15m | 35 | 15.56% |
| 五级 | 平均高度小于5m | 25 | 11.11% |

由图表可见，而建筑高度并不高，开发强度不大，场地个别较高的建筑为部分新建小区建筑和工厂行政建筑。

### 生物

生物群落的丰富程度依据自然环境和人工环境判断。取植被覆盖率和建筑开发强度为参考因子，进行综合判断。

| 评价因子：生物群落 | | 统计 | |
|---|---|---|---|
| 评价等级 | 指标：物种数量 | 面积 | 比率 |
| 一级 | 丰富 | 24 | 10.67% |
| 二级 | 较多 | 55 | 24.44% |
| 三级 | 适量 | 69 | 30.67% |
| 四级 | 较少 | 32 | 14.22% |
| 五级 | 稀少 | 45 | 20.00% |

由图表可见，工厂区因植生条件较好，人群活动强度较低，创造了良好的生态环境，生物群落也比较丰富。

### 高程

根据地形CAD高程点资料，计算栅格的平均高程，按范围分等级，依次标示。

| 评价因子：地形高程 | | 统计 | |
|---|---|---|---|
| 评价等级 | 指标：高程 | 面积 | 比率 |
| 一级 | 425-430 | 24 | 10.67% |
| 二级 | 420-425 | 55 | 24.44% |
| 三级 | 410-420 | 75 | 33.33% |
| 四级 | 405-410 | 45 | 20.00% |
| 五级 | 400-405 | 26 | 11.56% |

由图表可见，场地整体地形为北边低南边高，西边低东边高，坡度变化较为平缓。

### 生态资源优劣度

根据生物种群的丰富度与数量，可以判断出场地内生态资源良好的区域。可以看出，场地内生态资源丰富区域为西光厂区内，其他区域生态资源断断续续，没有形成完整的系统。

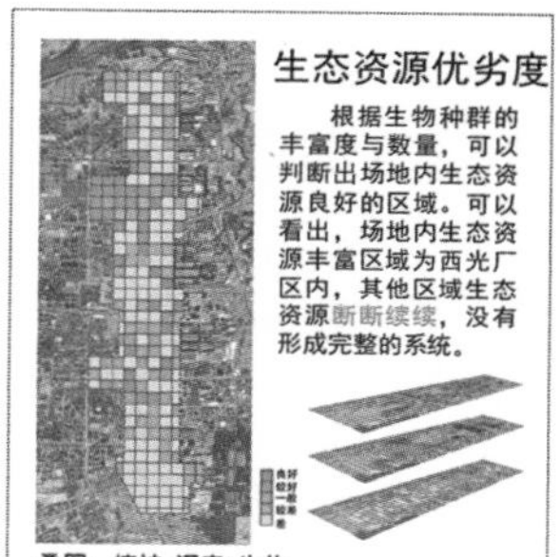

叠图：植被+湿度+生物

**结论：**

工厂区的生态环境为场地内生态环境最佳的地方。但生态被封闭、局限在工厂区内了，没有与周边的生态环境相联结，也没有为生活在这个区域的大部分人所共享。



## 概念与规划

开放空间：开放生态，开启文化

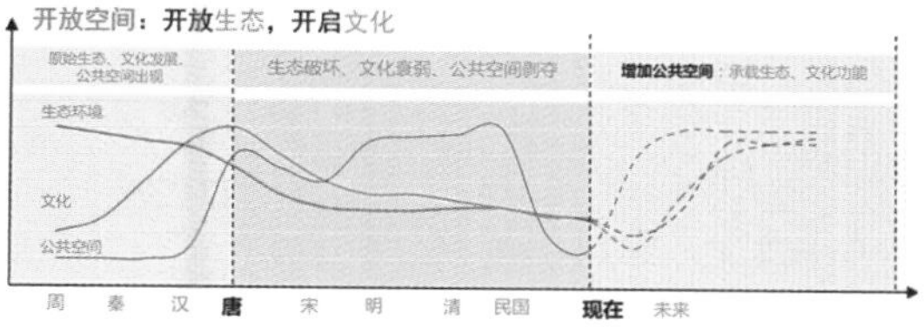

公共空间增加

社区生态

社区文化、社区活力

规划结构

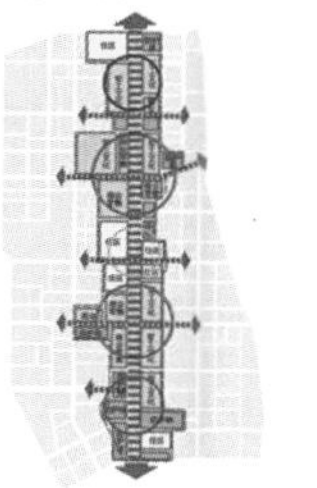

用地性质

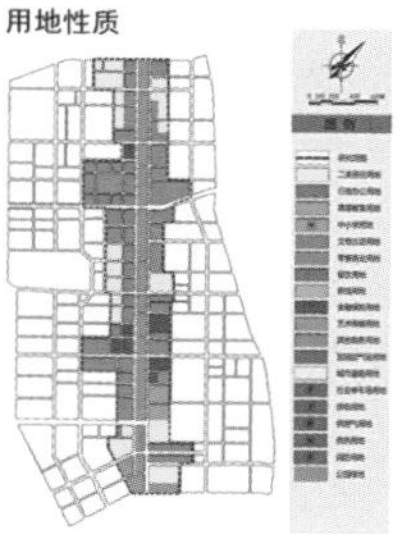

交通体系

建筑高度控制图

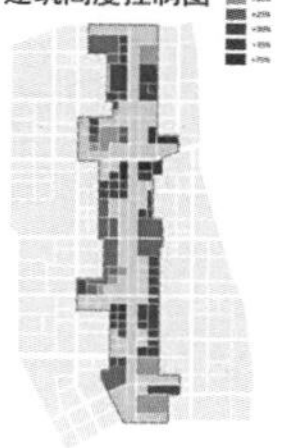

建筑密度控制图

绿地控制图

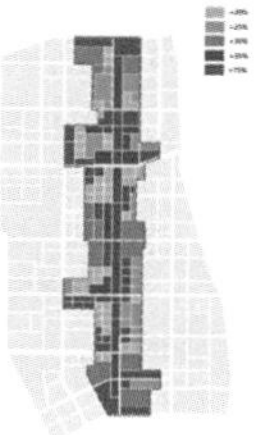

开发强度控制图

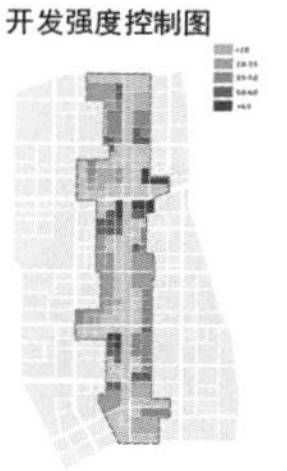

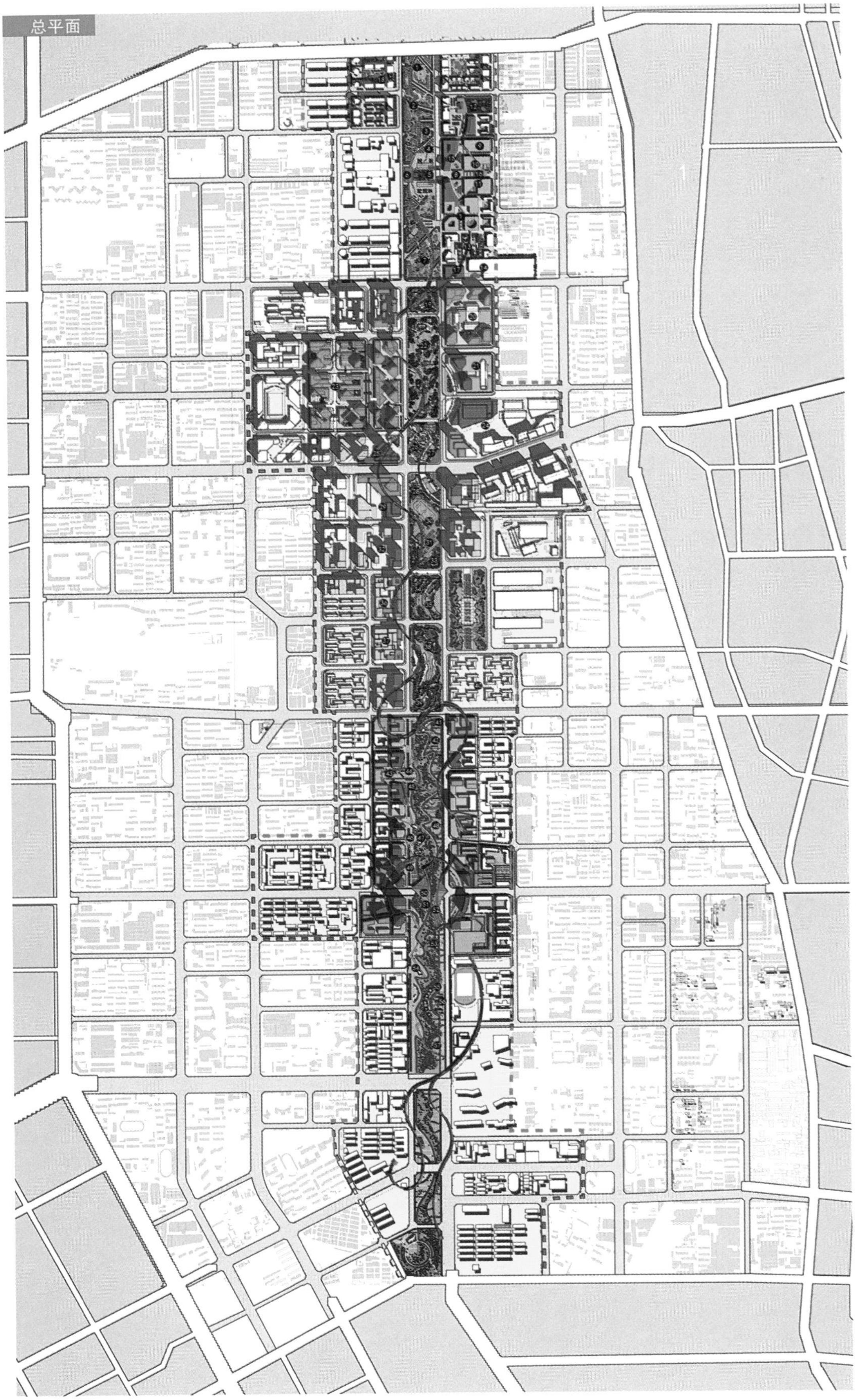


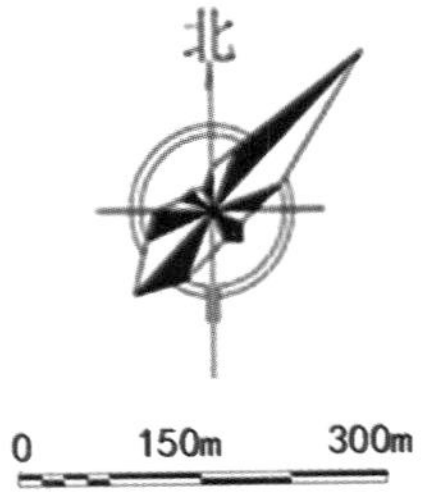


1. 入口广场
2. 观湖园
3. 花卉种植区
4. 树阵
5. 露天集市
6. 露天演艺看台
7. 邻里公园
8. 中心商业区
9. 工业剧场
10. 花卉市场
11. 展览中心
12. 雨水收集展示区
13. 艺术家工作坊
14. 艺术家Loft
15. 工业广场
16. 景观大道
17. 步行栈道
18. 居住小区
19. 街角公园
20. 金融办公区
21. 文化创意办公区
22. 风之公园
23. 老工厂购物商业街
24. 大型商贸办公区
25. 购物综合体
26. 中心公园
27. 覆土咖啡厅
28. 音乐广场
29. 购物综合体
30. 足球场
31. 篮球场
32. 贸易中心
33. 中心小游园
34. 雕塑群
35. 文化公园
36. 购物商业群
37. 购物商业群
38. 邻里公园
39. 瞭望山丘
40. 高尚住区
41. 入口广场
42. 军工广场
43. 博物馆广场
44. 万寿塔广场
45. 喷泉
46. 实验广场
47. 工作室
48. 科技馆广场
49. 步行街
50. 交通综合体
51. 雨水收集
52. 露天舞台
53. 树阵广场
54. 露台茶座
55. 游客中心
56. 校前广场
57. 次入口广场

## 节点分析

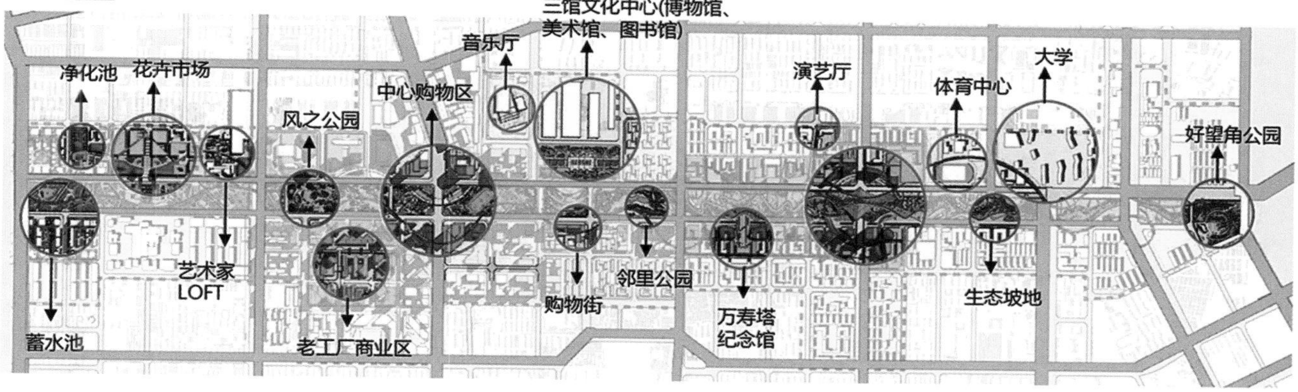
三馆文化中心(博物馆、美术馆、图书馆)
音乐厅
净化池
花卉市场
中心购物区
演艺厅
大学
体育中心
风之公园
好望角公园
艺术家LOFT
蓄水池
老工厂商业区
购物街
邻里公园
万寿塔纪念馆
生态坡地

## 公共活动策划

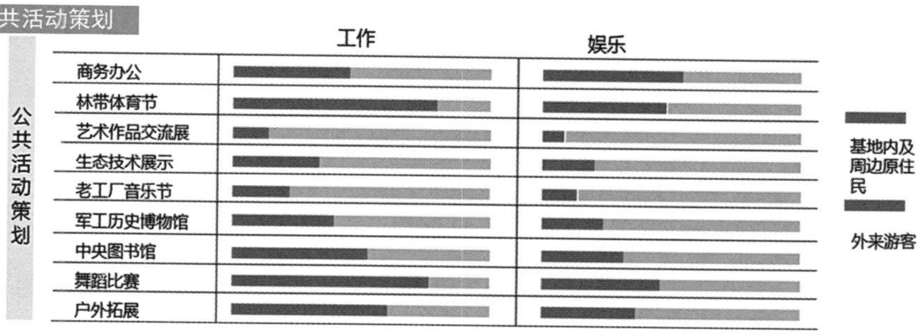
公共活动策划
工作
娱乐
商务办公
林带体育节
艺术作品交流展
生态技术展示
老工厂音乐节
军工历史博物馆
中央图书馆
舞蹈比赛
户外拓展
基地内及周边原住民
外来游客

结合人群集散地设计不同的游览路线，主要分为商业体验、文化活动、生态休闲游览，使更多的游客参与到游览体验中。

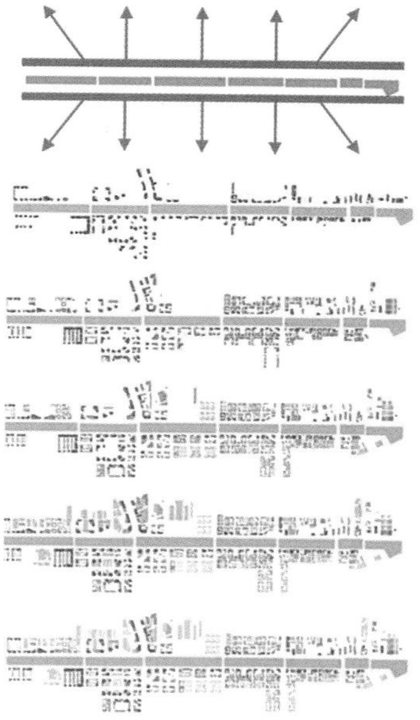

## 游览分析

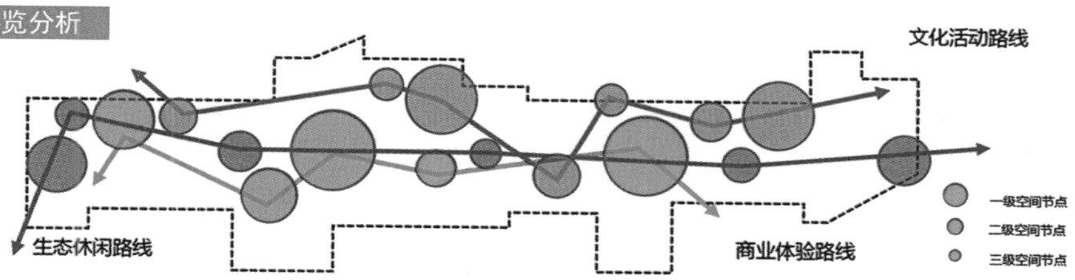
文化活动路线
生态休闲路线
商业体验路线
一级空间节点
二级空间节点
三级空间节点

## 建筑高度分析

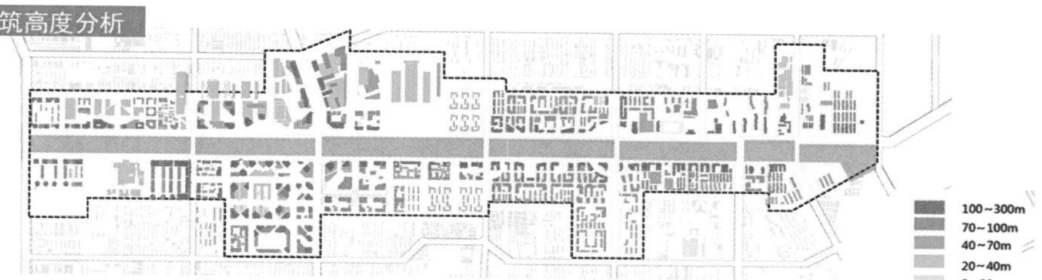
100~300m
70~100m
40~70m
20~40m
0~20m

## 功能分析

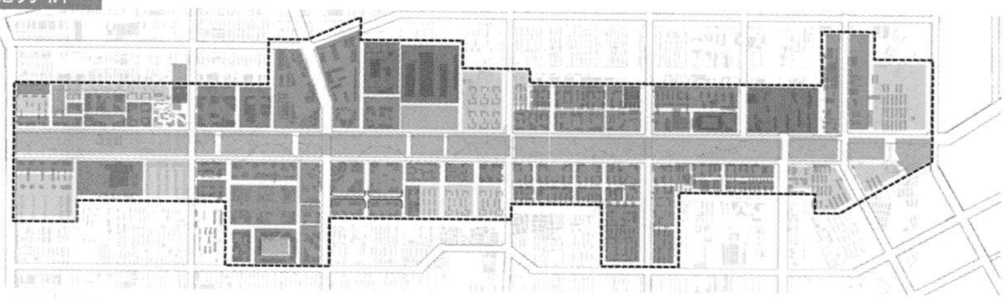

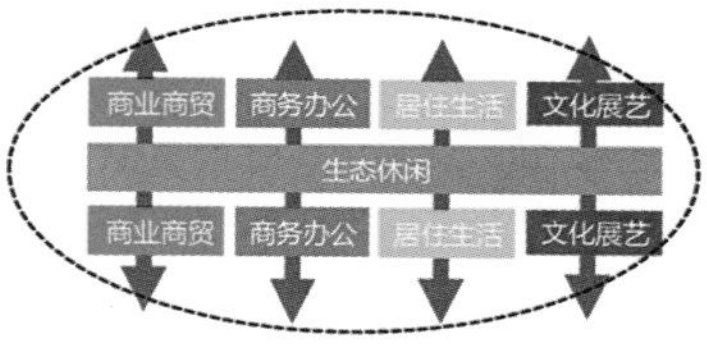
商业商贸
商务办公
居住生活
文化展艺
生态休闲
商业商贸
商务办公
居住生活
文化展艺

## 天际线分析

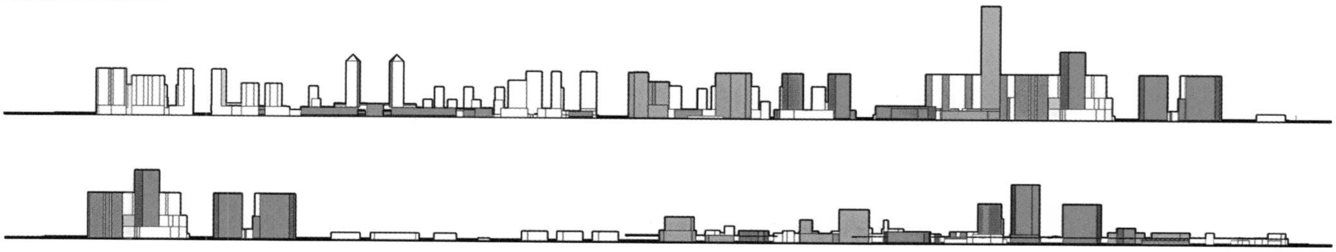

## 触媒

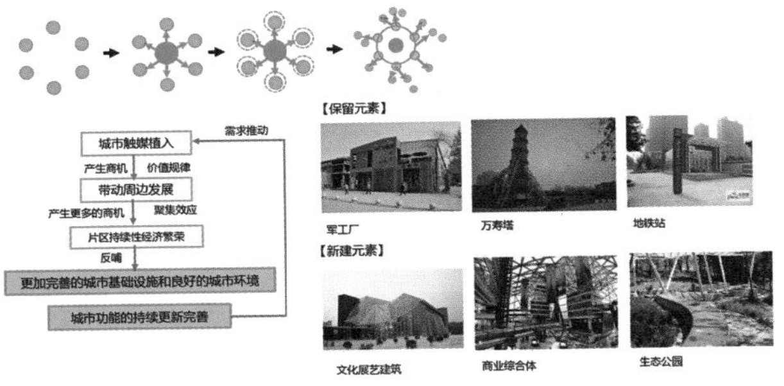
城市触媒植入
需求推动
产生商机
价值规律
带动周边发展
产生更多的商机
聚集效应
片区持续性经济繁荣
反哺
更加完善的城市基础设施和良好的城市环境
城市功能的持续更新完善
【保留元素】
军工厂
万寿塔
地铁站
【新建元素】
文化展艺建筑
商业综合体
生态公园

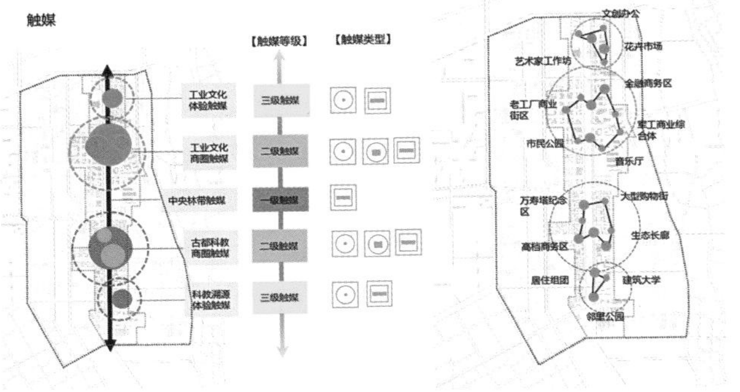
触媒
【触媒等级】
【触媒类型】
工业文化体验触媒
三级触媒
工业文化商圈触媒
二级触媒
中央林带触媒
一级触媒
古都科教商圈触媒
二级触媒
科教溯源体验触媒
三级触媒
文创办公
花卉市场
艺术家工作坊
金融商务区
老工厂商业街区
军工商业综合体
市民公园
音乐厅
万寿塔纪念区
大型购物街
高档商务区
生态长廊
居住组团
建筑大学
邻里公园

## 开发时序

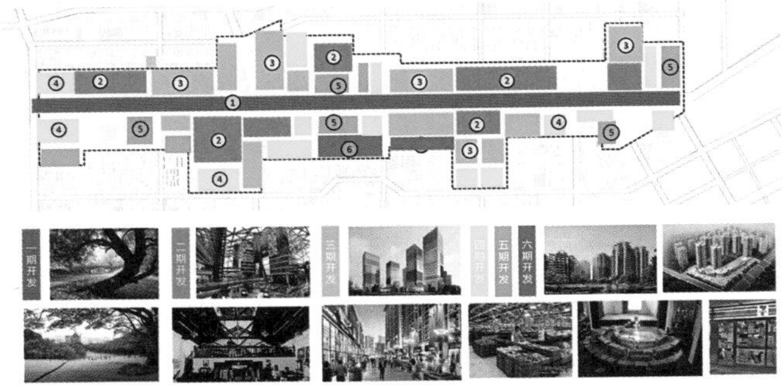


## 绿化系统

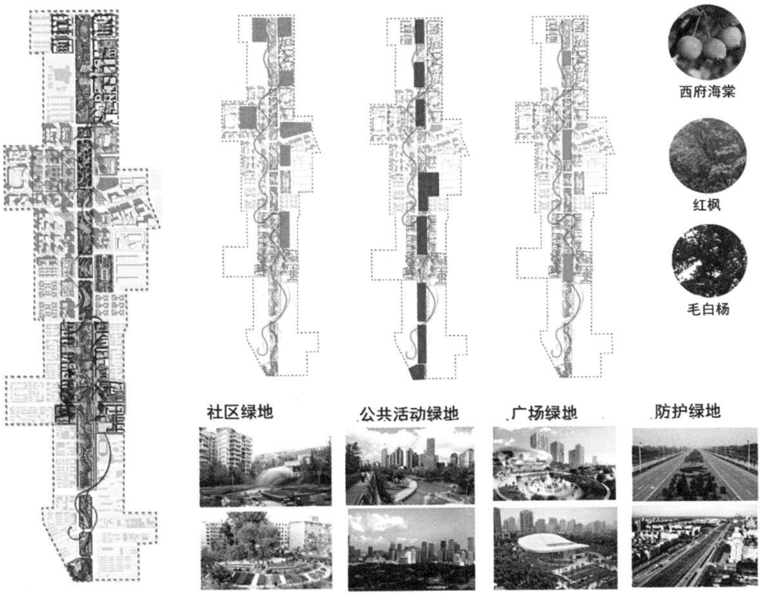
社区绿地
公共活动绿地
广场绿地
防护绿地

## 公园体系

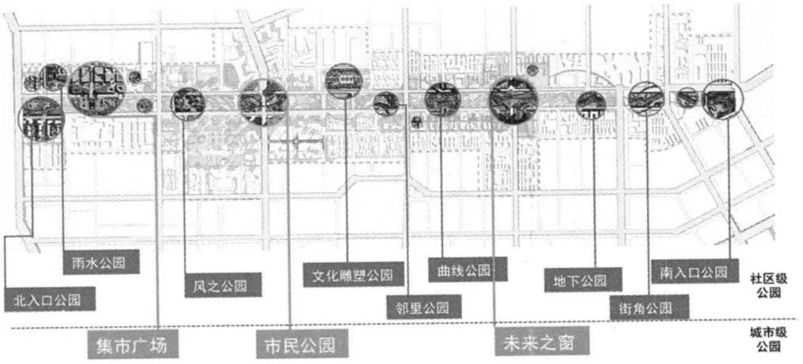
雨水公园
北入口公园
风之公园
文化雕塑公园
曲线公园
邻里公园
地下公园
南入口公园
街角公园
社区级公园
集市广场
市民公园
未来之窗
城市级公园

## 公共空间串联

公共空间通过红飘带（人行栈道）联系。结合地形与周边环境，飘带起到的作用与形态各不相同。

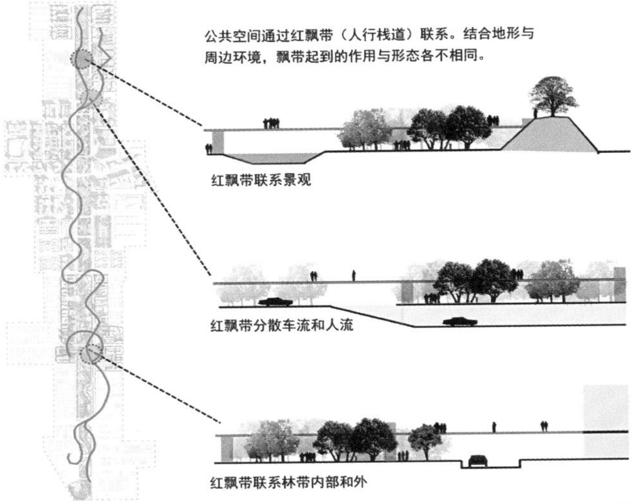
红飘带联系景观
红飘带分散车流和人流
红飘带联系林带内部和外

## 植物配置

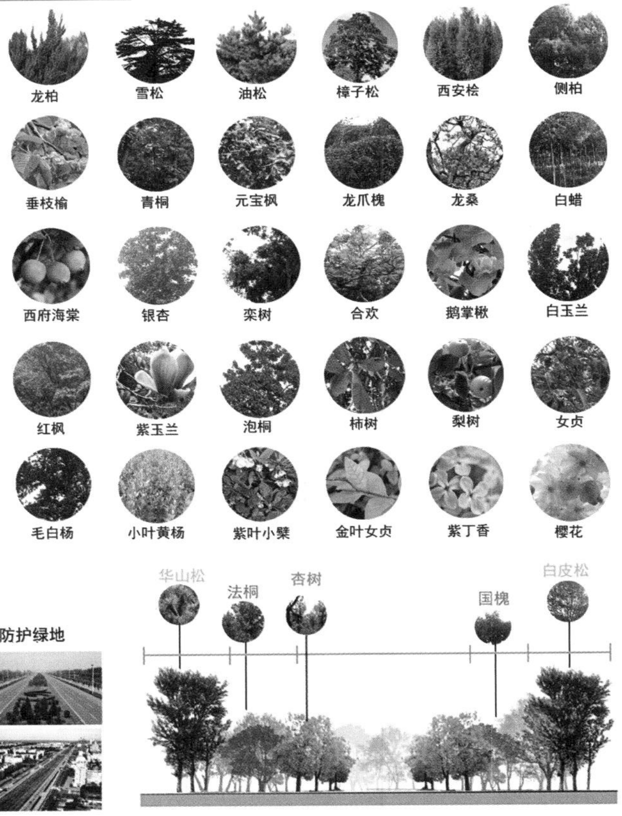
龙柏
雪松
油松
樟子松
西安桧
侧柏
垂枝榆
青桐
元宝枫
龙爪槐
龙桑
白蜡
西府海棠
银杏
栾树
合欢
鹅掌楸
白玉兰
红枫
紫玉兰
泡桐
柿树
梨树
女贞
毛白杨
小叶黄杨
紫叶小檗
金叶女贞
紫丁香
樱花
华山松
法桐
杏树
国槐
白皮松

## 道路系统

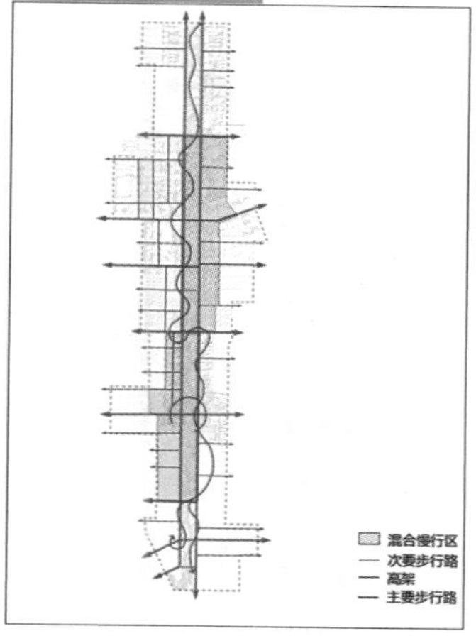


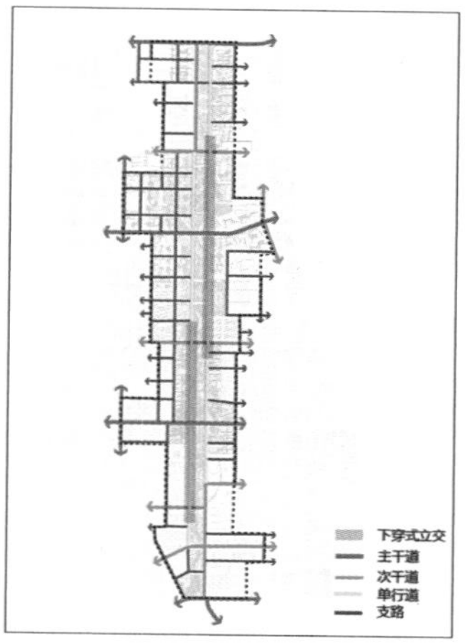


## 林带与周边联系

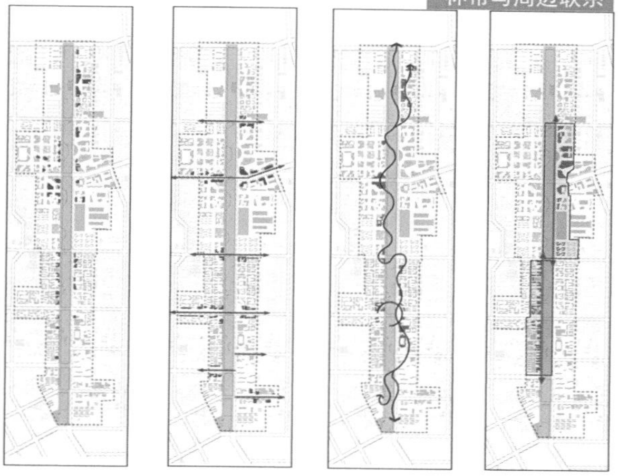

## 生态支撑

建立风廊道：通过建筑的排布和高度的控制，留出风通过的路径，将东北方向的好风引入，阻挡住西北方向的坏风。

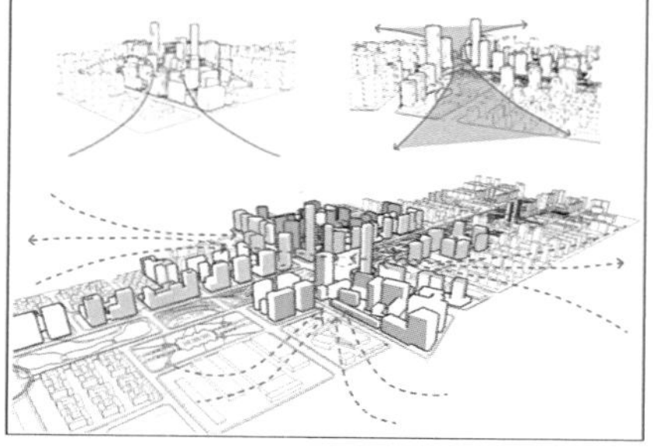

内外空气循环：在场地内部的组团也给风留出路径，通过热风上升、冷风下降的原理，将建筑内部的风雨外部环境的好风进行置换。

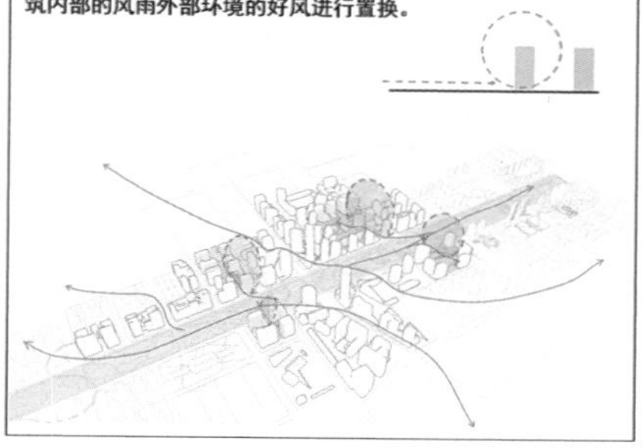

噪音隔离：通过对中心林带内部的地形改造，建立出阻挡周边噪音的自然屏障，在林带内部营造出安静的环境。

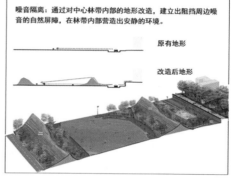

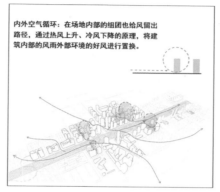

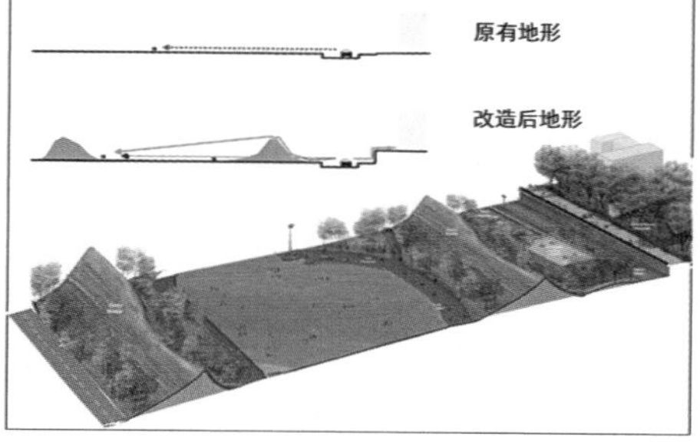

1、入口广场　　8、中心商业区　　15、工业广场
2、观湖园　　　9、工业剧场　　　16、景观大道
3、花卉种植区　10、花卉市场　　　17、步行栈道
4、树阵　　　　11、展览中心　　　18、居住小区
5、露天集市　　12、雨水收集展示区
6、露天演艺看台　13、艺术家工作坊
7、邻里公园　　14、艺术家Loft

北

0　　75　　150m

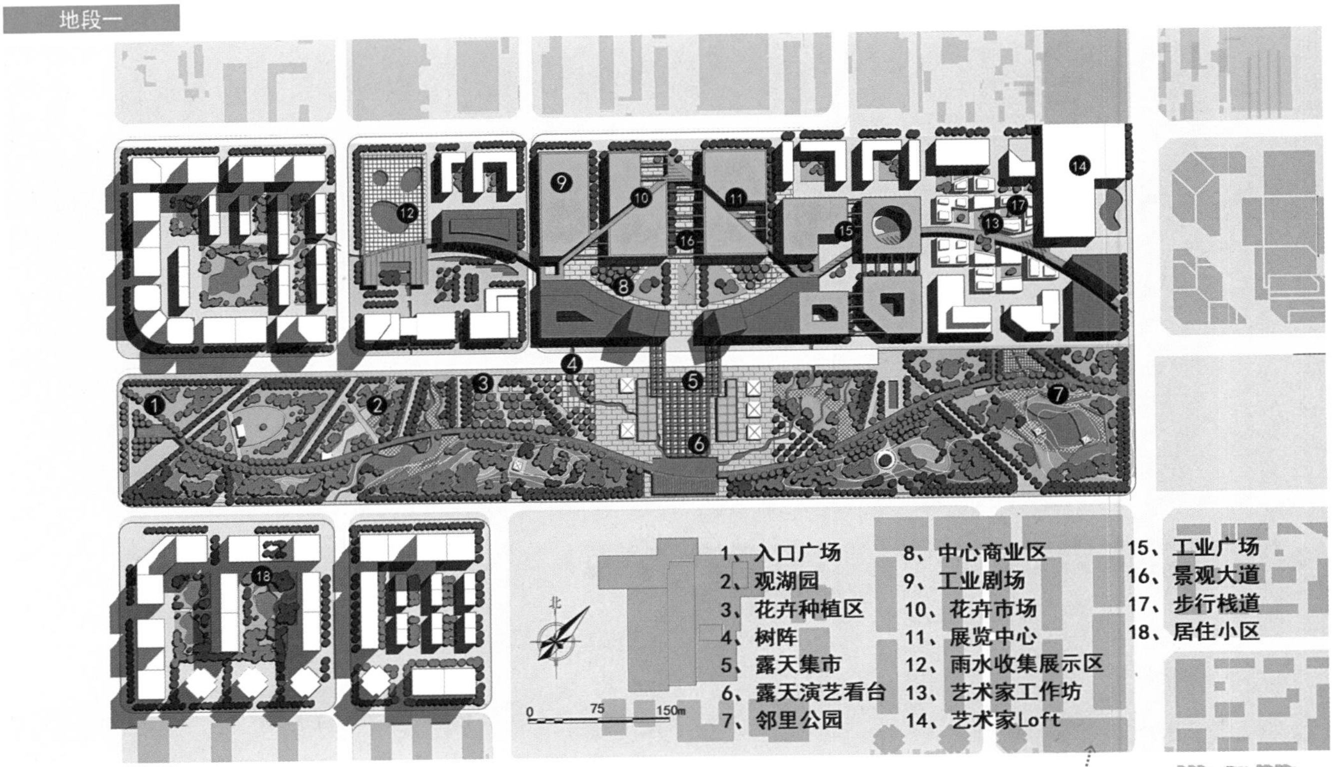

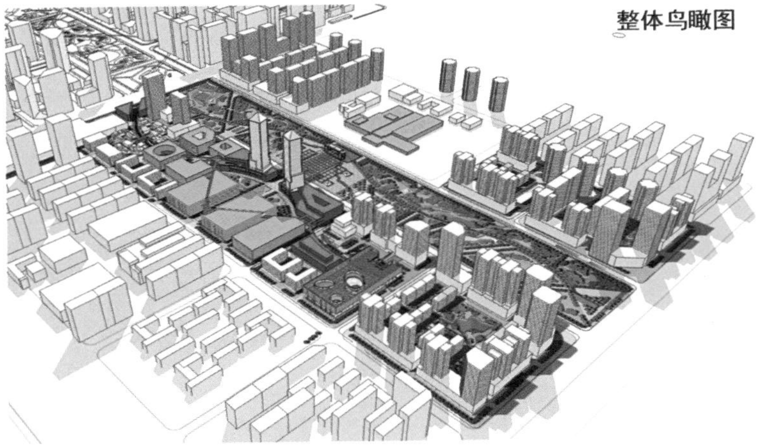

整体鸟瞰图

开发时序

景观轴带

公共空间

更新改造区

开发区

交通系统

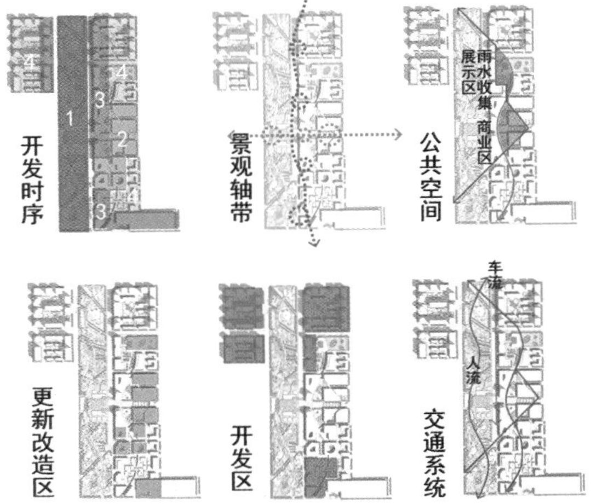

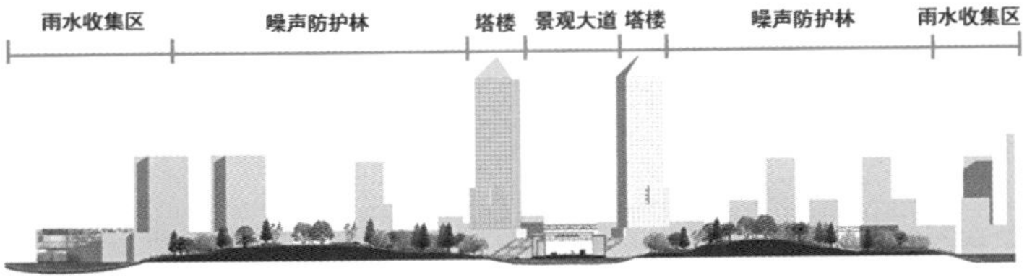

雨水收集区　噪声防护林　塔楼　景观大道　塔楼　噪声防护林　雨水收集区

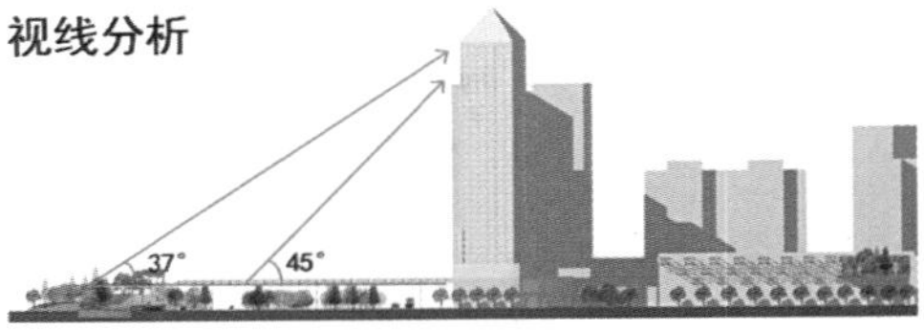

视线分析

37°　45°

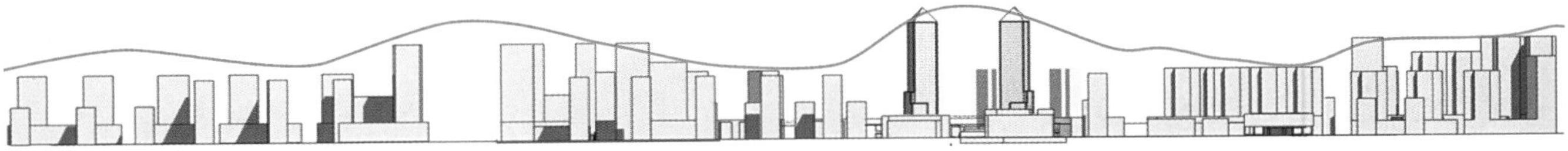

东立面

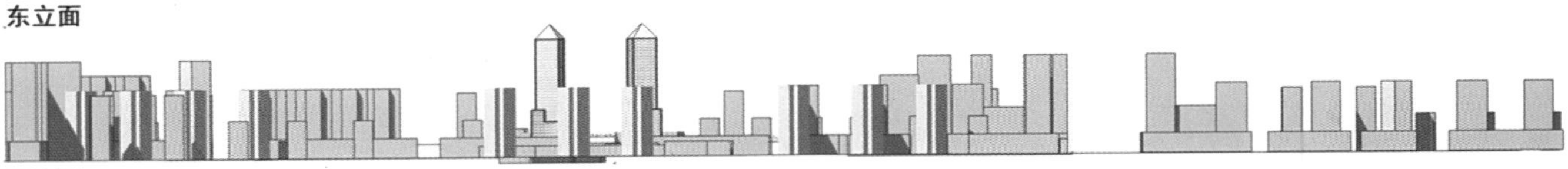

西立面

地段一节点

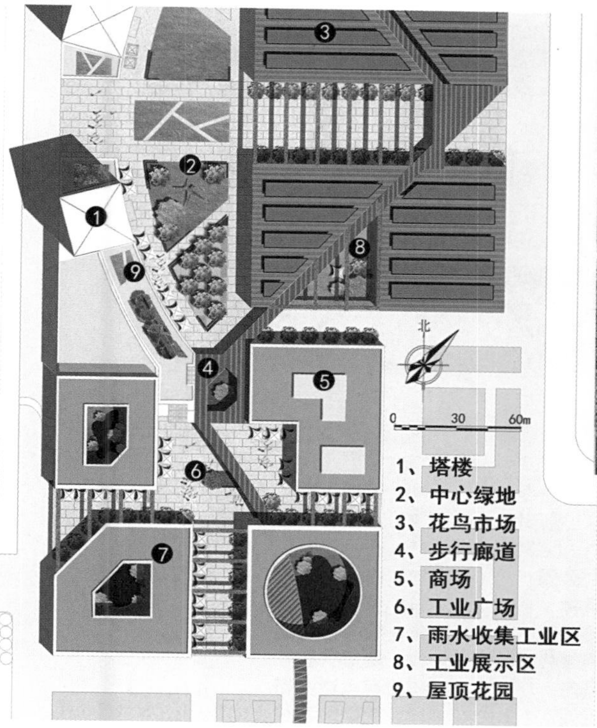

1、塔楼
2、中心绿地
3、花鸟市场
4、步行廊道
5、商场
6、工业广场
7、雨水收集工业区
8、工业展示区
9、屋顶花园

北
0  30  60m

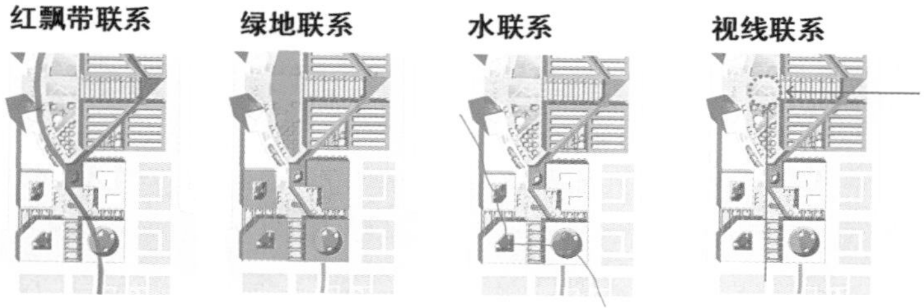

红飘带联系　　绿地联系　　水联系　　视线联系

塔楼　　　　景观廊道　　　　底层商铺

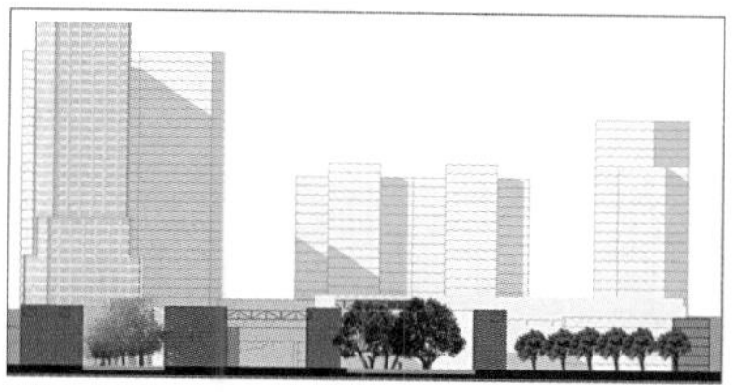

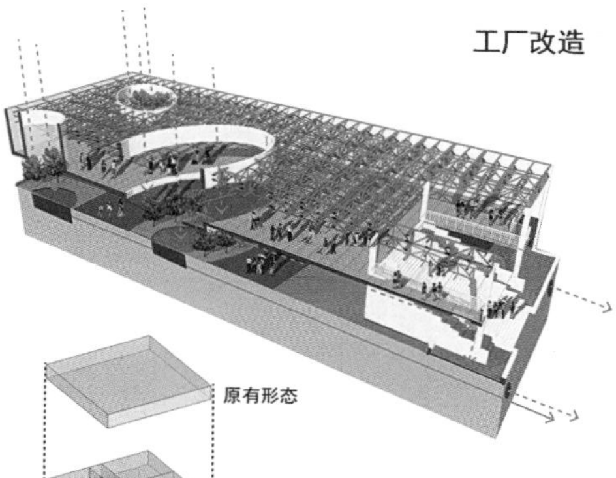

工厂改造

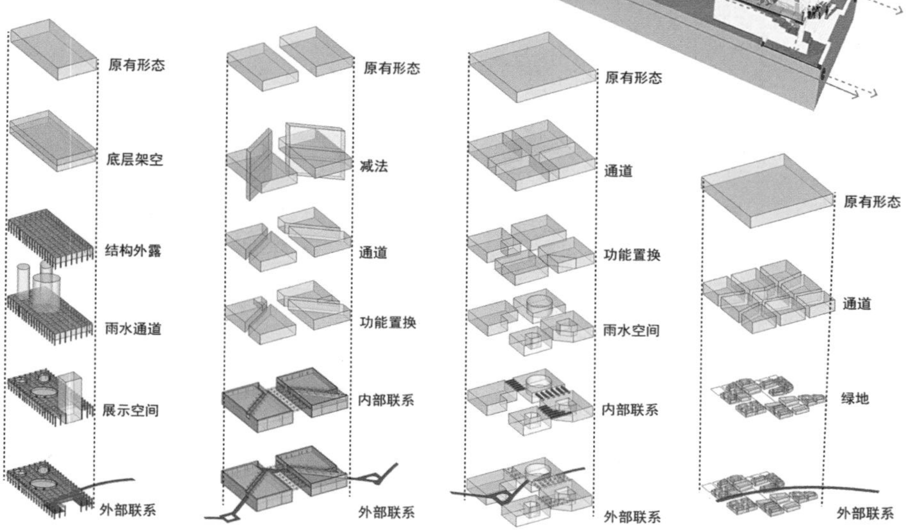

原有形态　　　原有形态　　　原有形态

底层架空　　　减法　　　　通道

结构外露　　　通道　　　功能置换

雨水通道　　　功能置换　　　雨水空间　　　原有形态

展示空间　　　内部联系　　　内部联系　　　通道

外部联系　　　外部联系　　　外部联系　　　绿地

外部联系

## 地段二

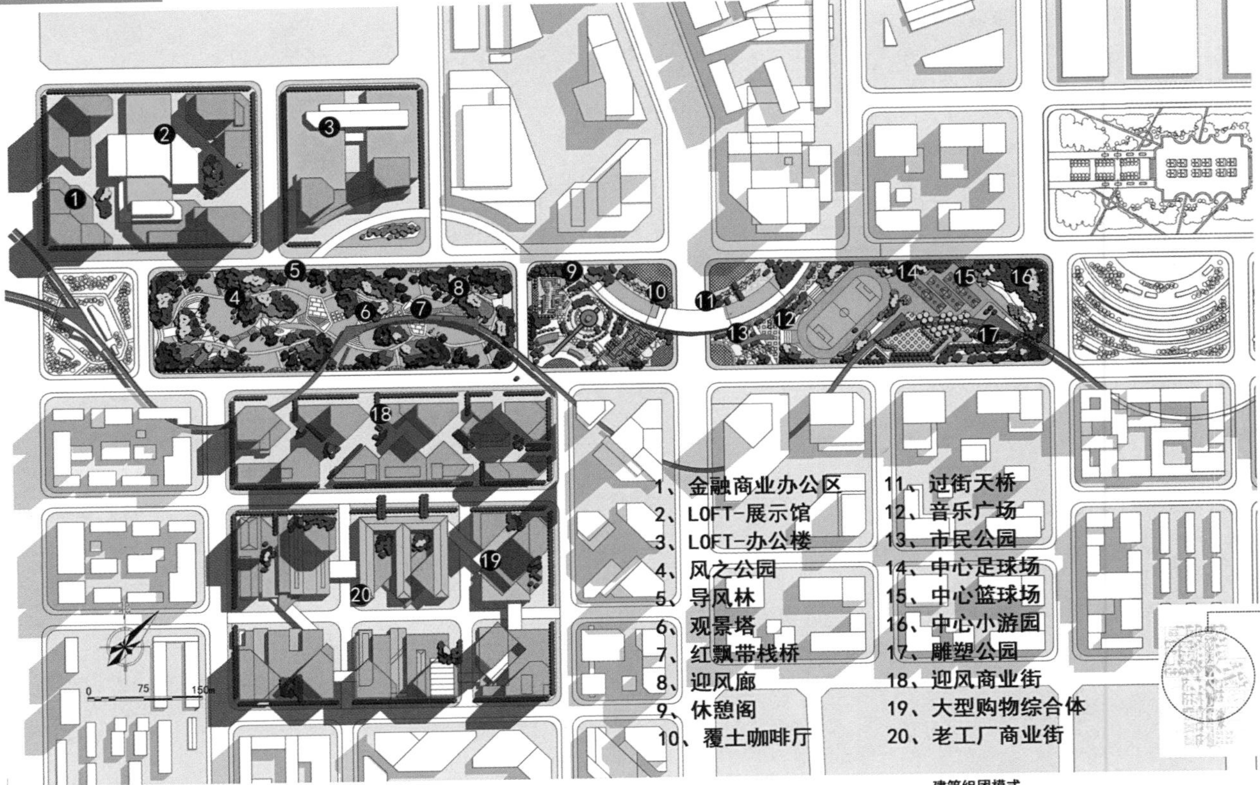

1、金融商业办公区
2、LOFT-展示馆
3、LOFT-办公楼
4、风之公园
5、导风林
6、观景塔
7、红飘带栈桥
8、迎风廊
9、休憩阁
10、覆土咖啡厅
11、过街天桥
12、音乐广场
13、市民公园
14、中心足球场
15、中心篮球场
16、中心小游园
17、雕塑公园
18、迎风商业街
19、大型购物综合体
20、老工厂商业街
0
75
150m


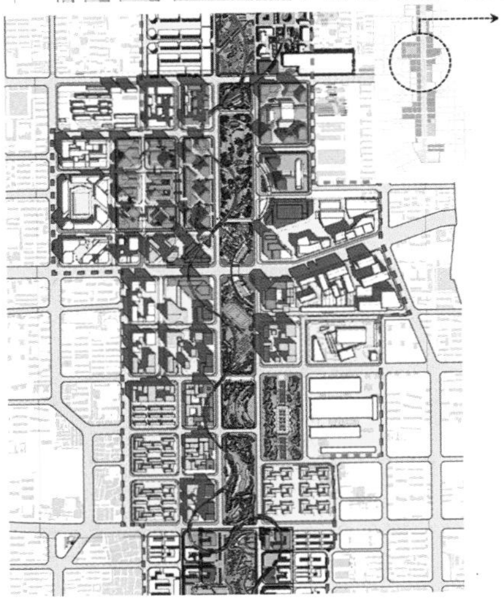

肌理设计

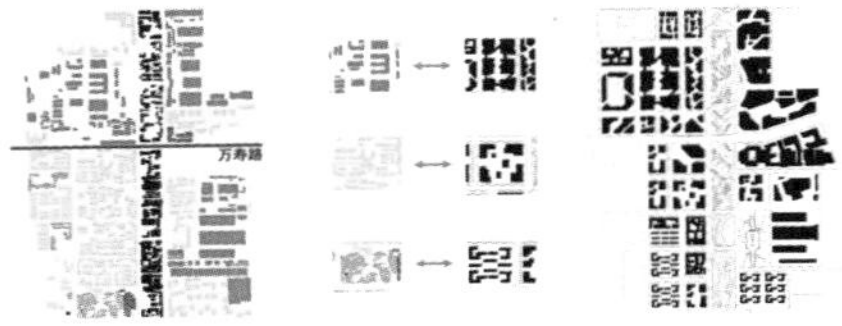


建筑组团模式

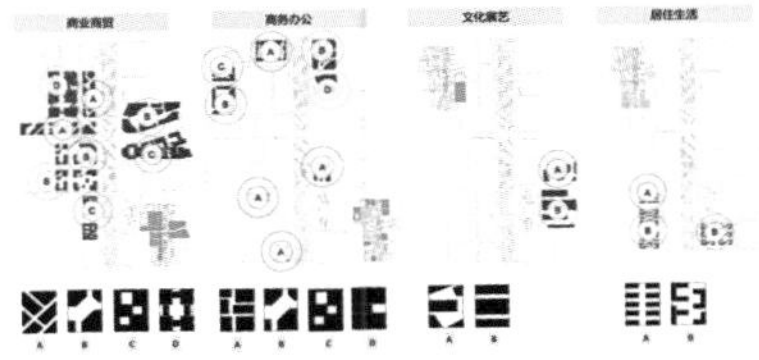

景观系统分析

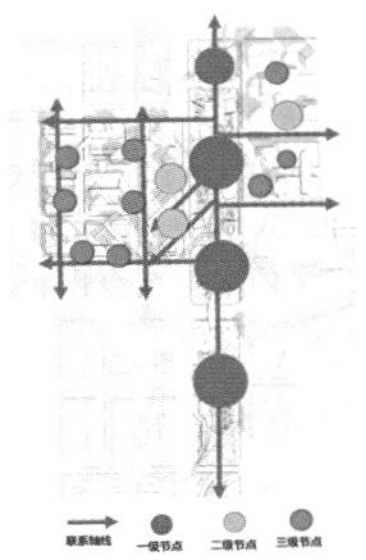

交通系统分析
车行系统分析

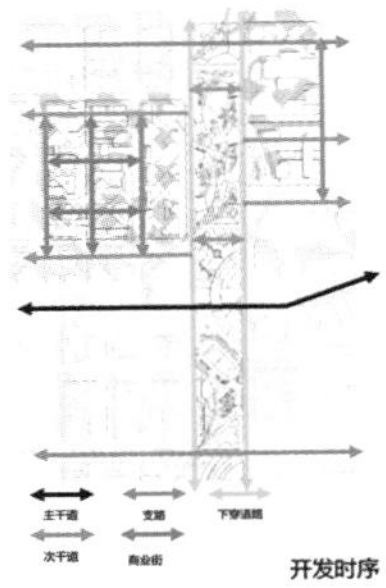

慢行系统分析

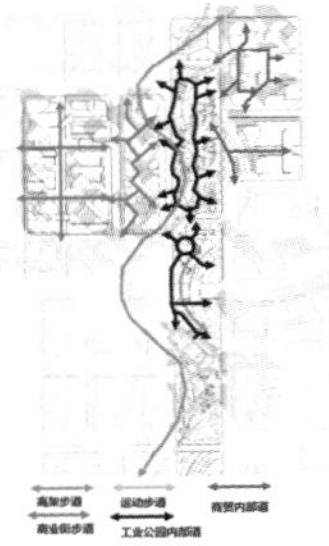

功能分区

中央林带

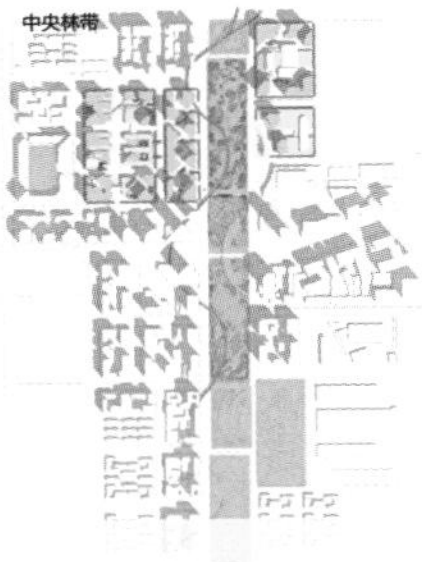

功能分区　基本模式

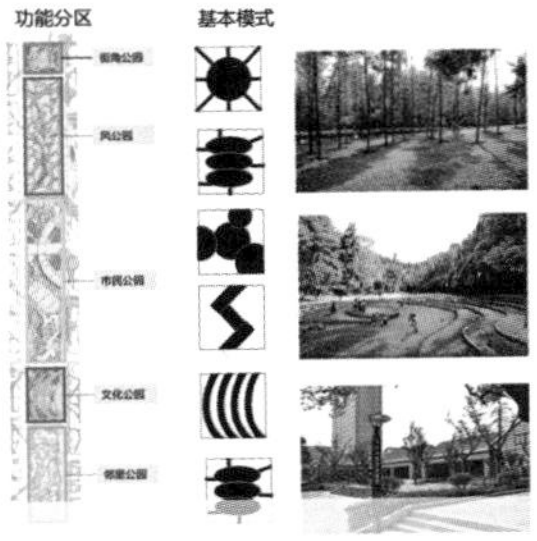

开发时序

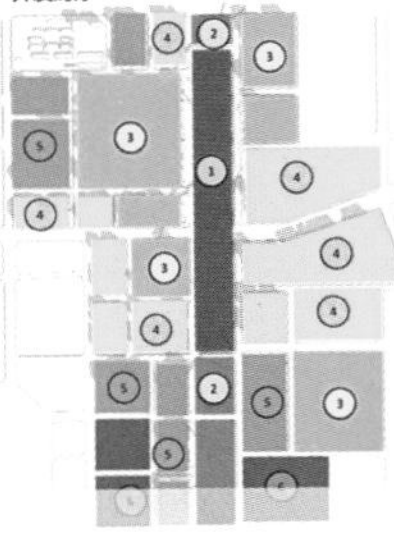

开发时序

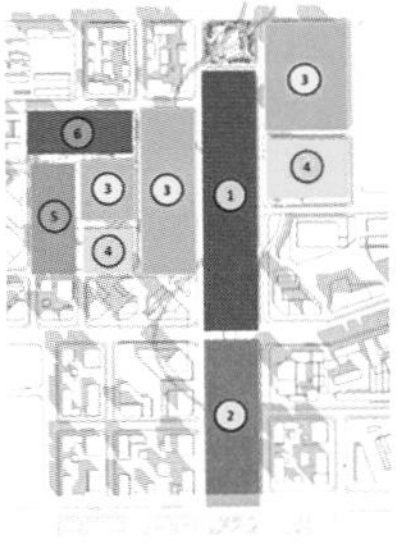

基本业态

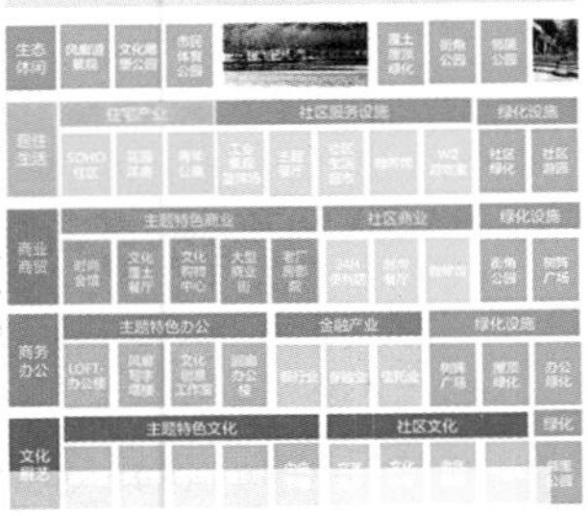

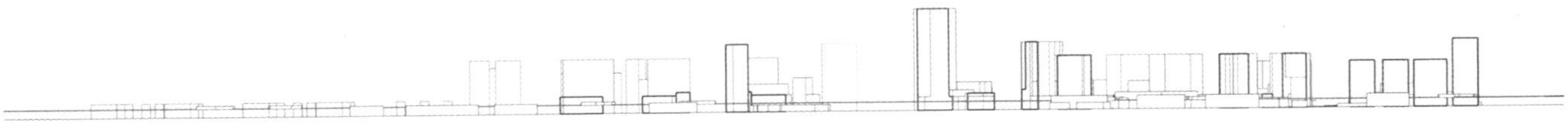

## 地段二节点

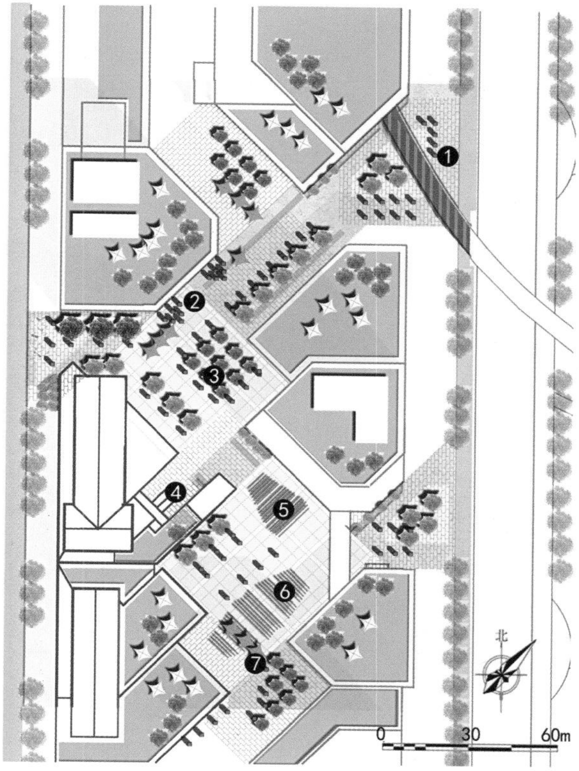

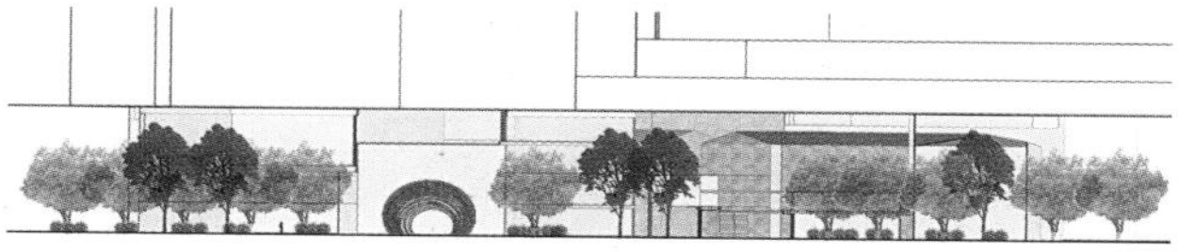

1、入口广场
2、灯柱景观
3、树阵广场
4、小中庭购物街
5、茧形构筑物
6、灯光回廊
7、红雨篷

苗木统计表

| 图例 | 中文名 | 拉丁文名 | 科属 | 生活形态 | 规格 | 棵树（种植面积） |
|---|---|---|---|---|---|---|
|  | 紫叶小檗 | Berberis thunbergii cv. atropurpurea | 小檗科 小檗属 | 落叶多枝灌木 | H=1m | 约30m² |
|  | 金叶女贞 | Ligustrum 'Vicaryi' | 木樨科 女贞属 | 常绿小灌木 | H=1m | 约40m² |
|  | 樱花 | Prunus serrulata | 蔷薇科 樱属 | 落叶乔木 | D=10cm | 10 |
|  | 紫丁香 | Syringa oblata | 木樨科 丁香属 | 落叶乔木 | D=5cm | 30 |
|  | 银杏 | Ginkgo biloba L. | 银杏科 银杏属 | 落叶乔木 | D=15cm | 20 |

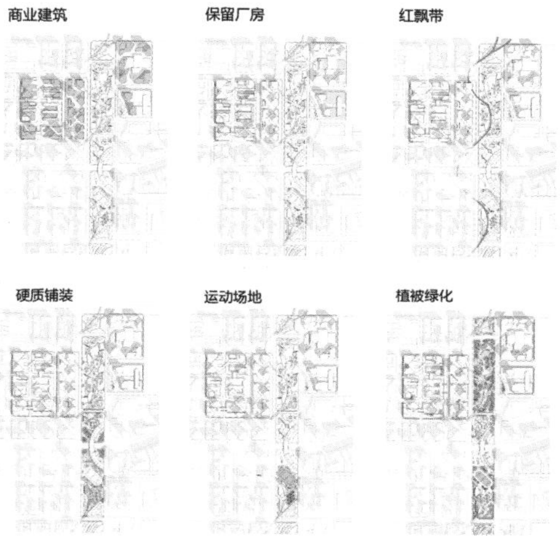

商业建筑
保留厂房
红飘带
硬质铺装
运动场地
植被绿化


风廊道分析

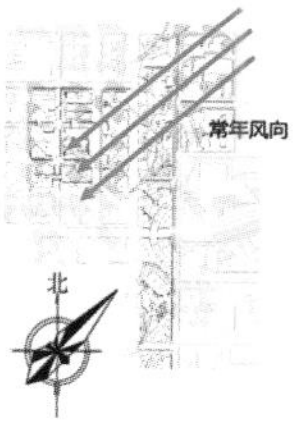

常年风向
北


风廊道通风示意图

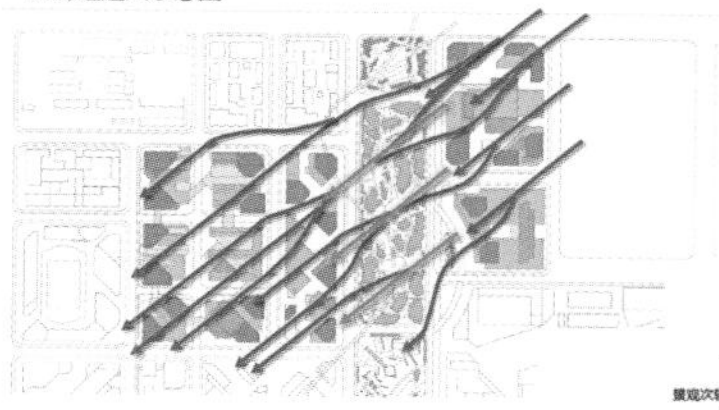

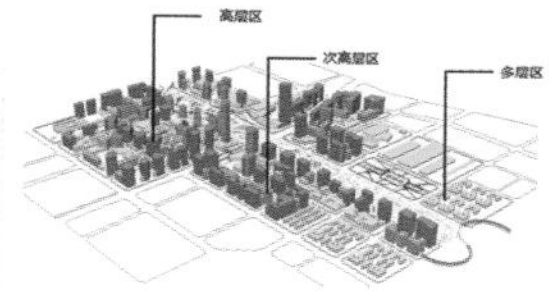

高层区
次高层区
多层区


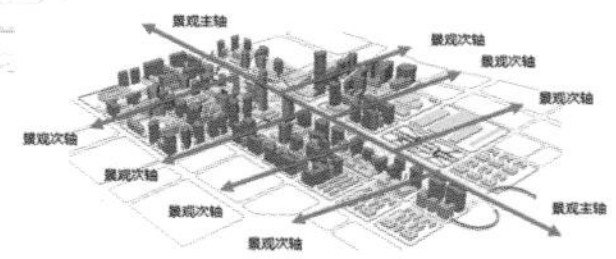


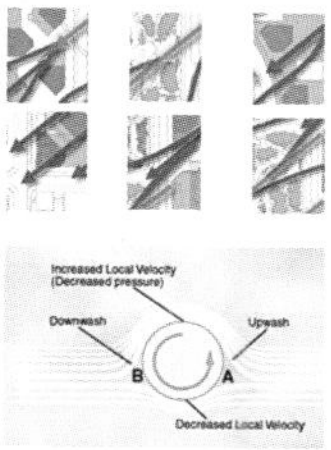

Increased Local Velocity (Decreased pressure)
Downwash
Upwash
B
A
Decreased Local Velocity


伯努利原理

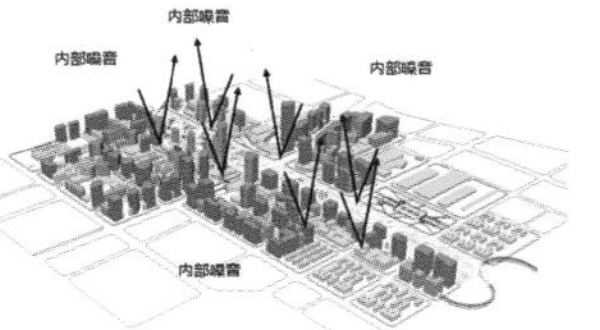


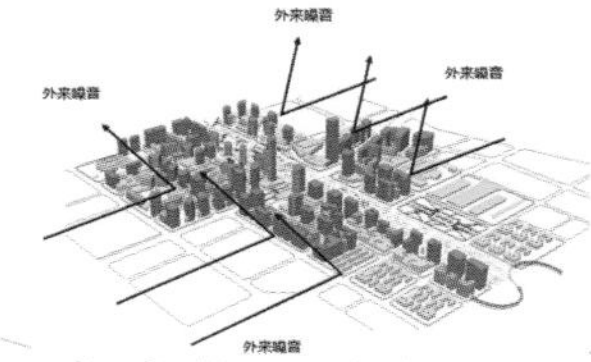


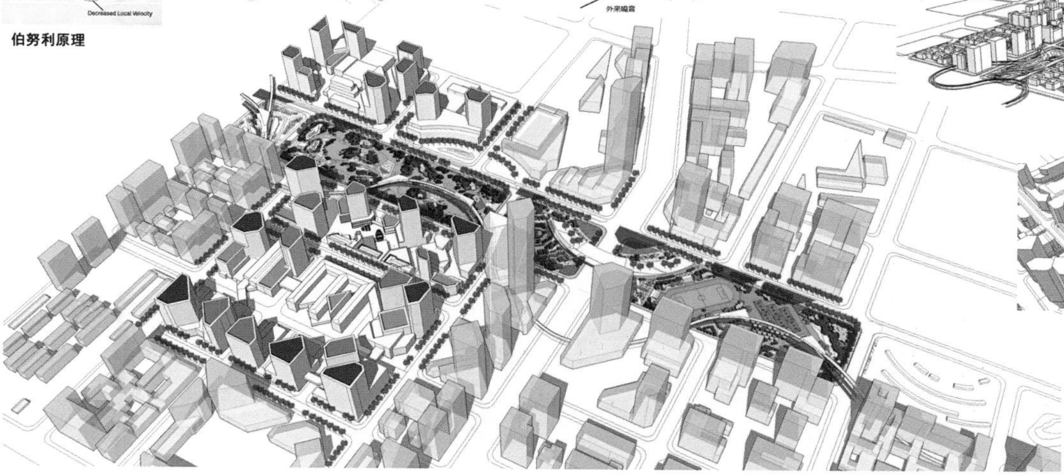

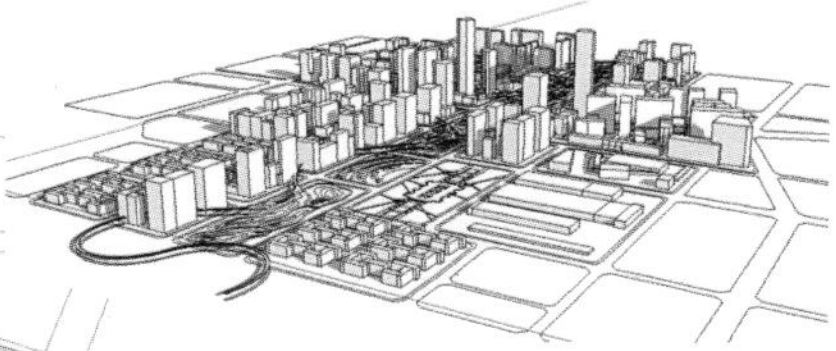

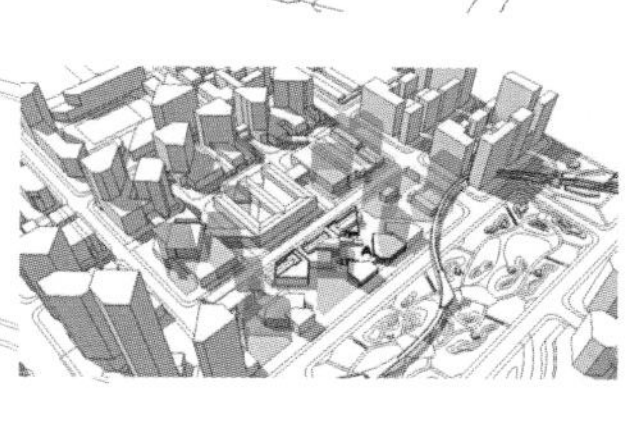

## 地段三

### 总平面图

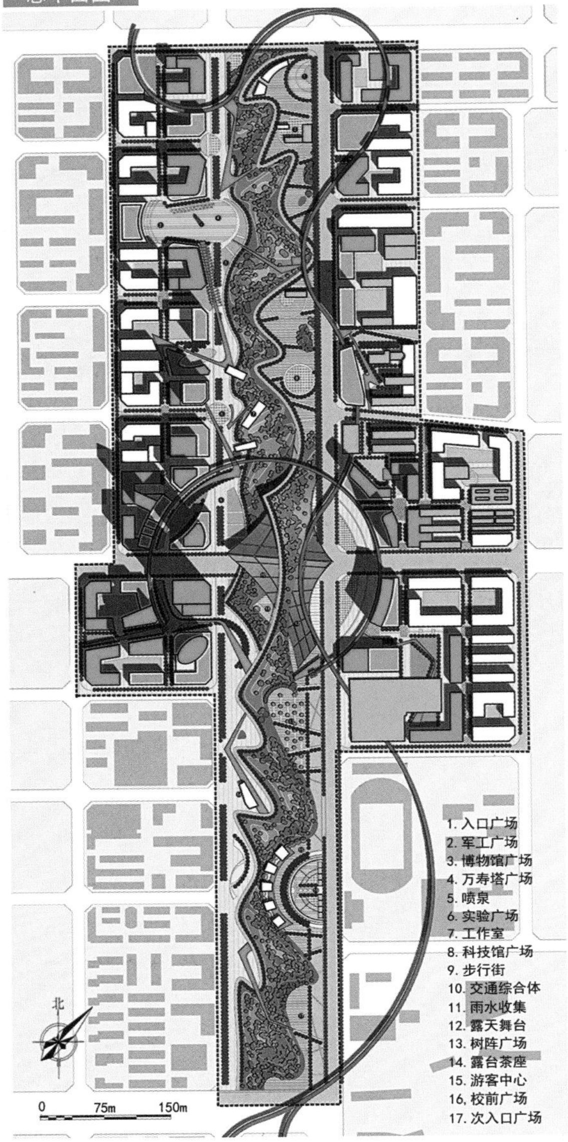

1. 入口广场
2. 军工广场
3. 博物馆广场
4. 万寿塔广场
5. 喷泉
6. 实验广场
7. 工作室
8. 科技馆广场
9. 步行街
10. 交通综合体
11. 雨水收集
12. 露天舞台
13. 树阵广场
14. 露台茶座
15. 游客中心
16. 校前广场
17. 次入口广场
北
0
75m
150m


### 空间分析

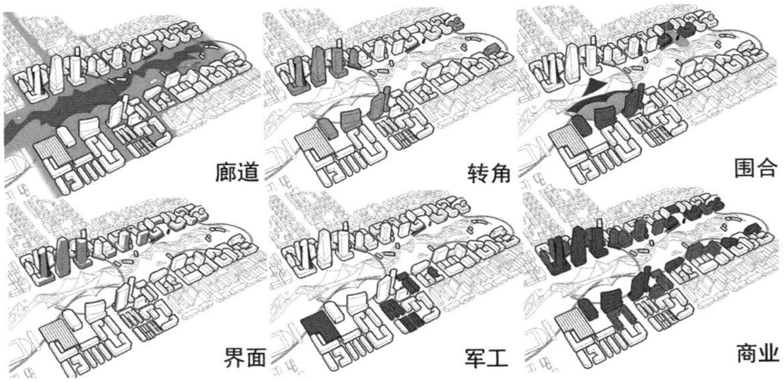

廊道
转角
围合
界面
军工
商业


### 概念与定位

该地块以即将建设的地铁站为依托，结合原有的巴士站，将演变出一个城市级的大型公共交通综合体。公共交通综合体将作为地块的触媒，激发活力，推动产业转型。

结合区位优势，兼顾文化保护，地块将以高新技术产业作为主导产业。同时，以生态协调原有场地文化与经济开发的冲突。通过构建“多层地表”满足人们对于场地的经济、休闲娱乐、环境质量的多重要求。

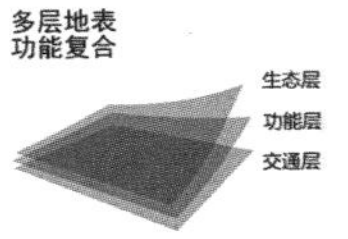

多层地表
功能复合
生态层
功能层
交通层


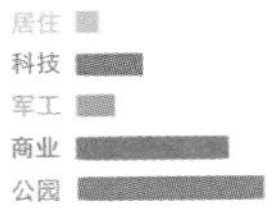

居住
科技
军工
商业
公园


“多层地表”采用高架连廊以及地下空间开发等形式形成一种多功能复合的城市发展模式。其有效的消解了地表容积率，完善城市生态结构，局部人车分流。

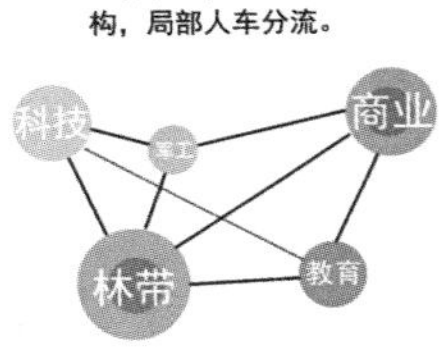


### 交通分析

林带西侧车行道下沉，地表步行街处理，形成连续步行空间。东侧以高架连接公园以及临街建筑林带。林带中心为城市大型公共交通综合体，

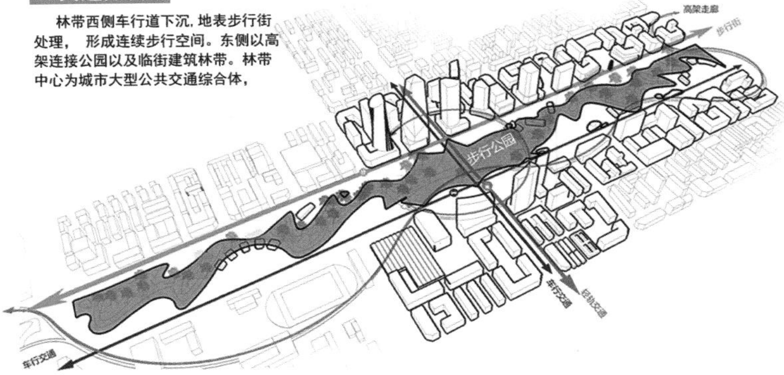




### 剖透视

## 鸟瞰图

## 节点平面

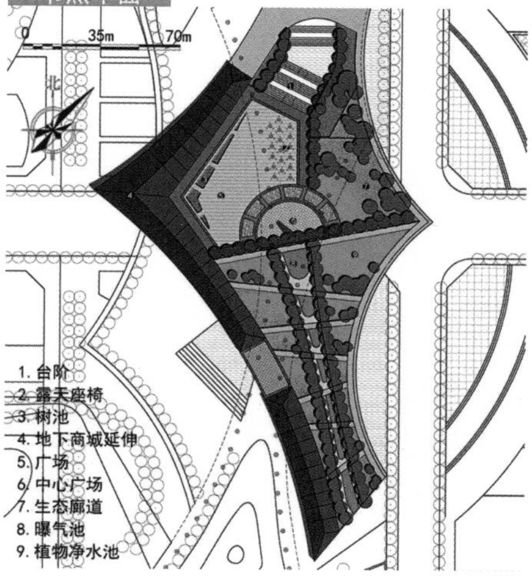
0
35m
70m
北
1. 台阶
2. 露天座椅
3. 树池
4. 地下商城延伸
5. 广场
6. 中心广场
7. 生态廊道
8. 曝气池
9. 植物净水池

## 节点分析

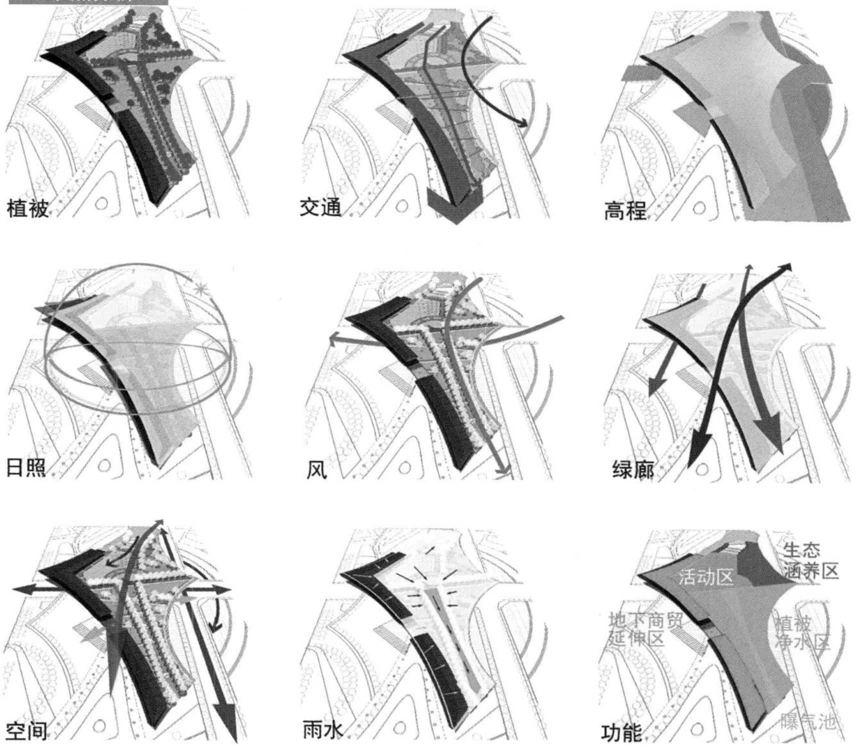
植被
交通
高程
日照
风
绿廊
空间
雨水
活动区
生态
涵养区
地下商贸
延伸区
植被
净水区
曝气池
功能

## 功能与结构

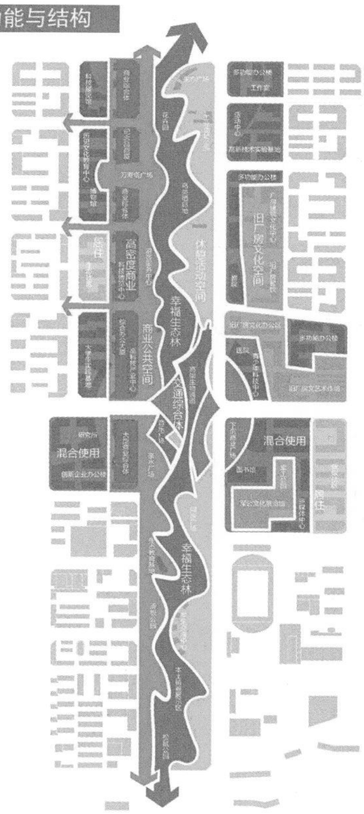


## 剖面图

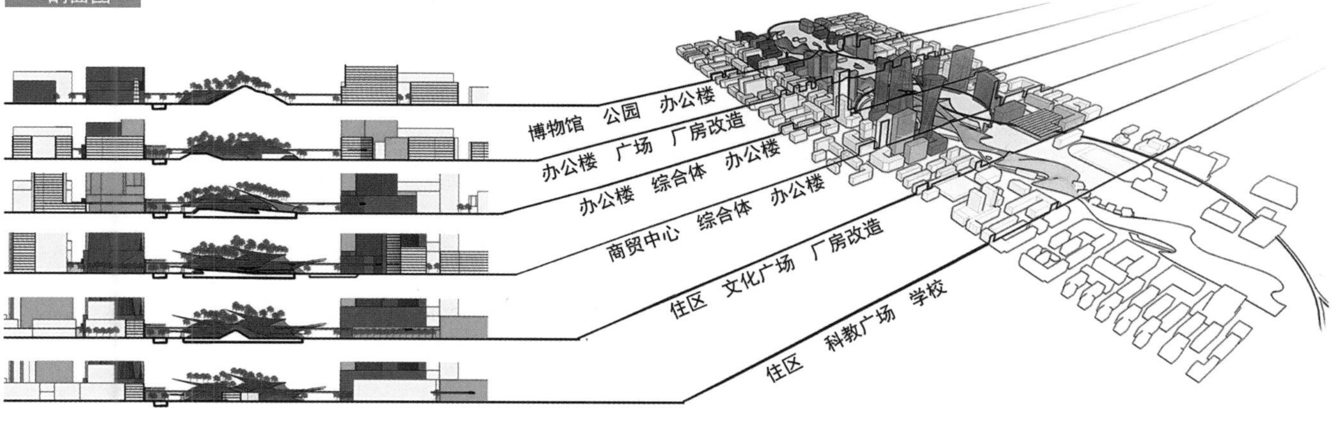
博物馆 公园 办公楼
办公楼 广场 厂房改造
办公楼 综合体 办公楼
商贸中心 综合体 办公楼
住区 文化广场 厂房改造
住区 科教广场 学校

建筑学专业学生：胡诗文、张蕙译、魏妙仰、庄浩铭、刘钰颖、张锦、邱天

风景园林专业学生：陈一叶、姜译棋、张雯、秦祈翔

陈坚 戚冬瑾 周剑云 肖毅强 萧蕾 王璐 庄少庞

# 华南理工大学

城乡规划专业学生：周德勇、万思涵、沈悦、梁天、胡家俊、刘联璧

建筑学专业学生：胡诗文、张蕙译、魏妙仰、庄浩铭、刘钰颖、张锦、邱天

风景园林专业学生：陈一叶、姜译棋、张雯、秦祈翔

释 题

# 华南理工大学建筑学院

华南理工大学参与本次联合毕设项目采取了大组统一确定整体城市设计方案，小组分专题深化方案设计的操作模式，基本每个专题小组都有城乡规划学、建筑学、风景园林专业的同学共同参与。采用该方式主要有几方面的考虑：

本次题目涉及的基地尺度较大，尽管编制的类型是城市设计，但在空间范畴已超越片区的规模，需要对城市总体的发展目标进行论证和分析。为了在较短的时间内凝练出地方发展特色和空间形态特点，我们提出由三个专业的同学共同合作，构建一个整体的城市设计框架以整合基地的经济、社会、文化等综合性的目标，作为下一步分组设计的基础。

城市设计对公共空间的干预需要建立在统一的目标和价值观基础上，而目标的选择与现状分析紧密联系。同学们通过对西安城市历史和基地条件的分析，首先提炼出基地背景的几个关键字“大唐风格”“里坊格局”“林带”“军工厂”“单位大院”等，这些关键字既是基地的特点也是潜在需要解决的问题。其次，罗列出若干在设计中可能面临的挑战，例如里坊格局作为大唐时期最具特征的城市形态，如何在当代进行复原和发展？传统单位大院的围合性与安全性能否在新里坊中体现？如何解决新里坊形态与当代高强度开发的矛盾？能否通过绿带地下空间容纳立体式商业的策略，体现西北地区“地坑”形态的地域性特点？在这些思考中，我们共梳理出四个研究专题，包括：（1）绿带开放空间设计，（2）地下商业空间设计，（3）新里坊居住空间探索，（4）军工厂改造更新。这四个专题共同服务于一个整体的城市设计方案。而城市设计不分专业，无论是城市规划、建筑设计还是景观设计均需要建立城市设计的基本概念，因此在小组的分工中，我们把三个专业的同学拆散，根据兴趣参与到各专题的研究和形态深化中。

在最后的整体方案深化时，考虑到需要把各研究专题的成果进行汇总，我们抽出两名规划同学组成总体组，进行方案整理，同时参考美国形态准则的思路，以形态分区为基准，制定了土地用途标准、街区布局标准、建筑设计标准、公共空间标准、街道设计标准等形态设计标准，在城市设计的实施方法上进行了积极探索。

# UC 4

华南理工大学
South China University of Technology

设计者：梁天　胡家俊　周德勇

## 总体框架及城市设计导则

新生与发展——西安幸福林带核心区城市设计
Regeneration and Development - Urban Design of the Xingfu Lindai core area in Xi'an

指导教师：肖毅强　周剑云　萧蕾　戚冬瑾

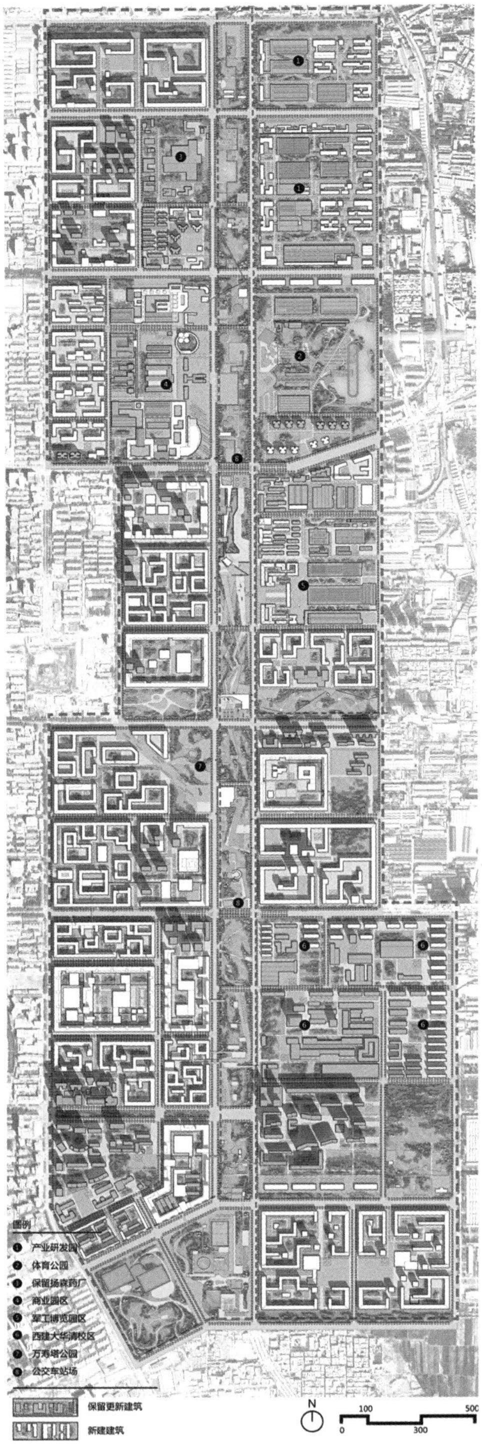

### 建筑设计标准

除场地内的历史古迹建筑和绿地或公园上的文化建筑、公共建筑、体育建筑和景观建筑等外，场地内其他的建筑和建筑组合都应该按照本节所列的10种类型归类，并按照各种类型的建筑要求进行设计。

图例
- 院坊（CF）
- 巷坊（AF）
- 围坊（YF）

图例
- ① 产业研发区
- ② 体育公园
- ③ 保留场所改造
- ④ 商业园区
- ⑤ 装土博物馆
- ⑥ 西安大学滑板区
- ⑦ 万寿塔台园
- ⑧ 公交车总站

保留更新建筑
新建建筑

N
0　100　300　500

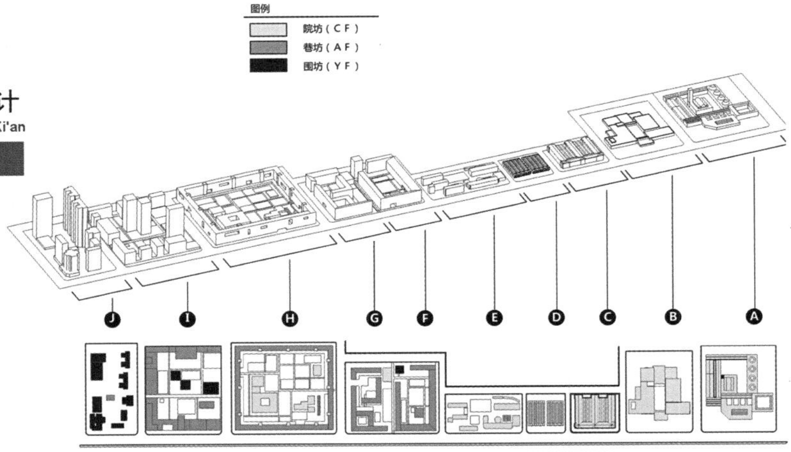

### 兼容性表

| 建筑类型 | 功能混合 | 建筑密度 | 地块宽度 | 层数 | 允许出现的分区 | | | | | | |
|---|---|---|---|---|---|---|---|---|---|---|---|
| | max | max | min~max | max | CF | AF | WF | TF | GO | IF | SP |
| A 组合式厂房 | √ | 40% | 100~800m | 7 | X | X | √ | X | X | √ | X |
| B 低层厂房 | √ | 50% | 80~500m | 3 | X | X | X | X | X | √ | X |
| C 联排厂房 | √ | 45% | 80~500m | 3 | X | X | X | X | X | √ | X |
| D 条形厂房 | √ | 45% | 50~400m | 1 | X | X | X | X | X | √ | X |
| E 多层建筑 | √ | 35% | 150~400m | 6 | X | X | √ | X | X | √ | X |
| F 院坊 | √ | 28% | 150~600m | 20 | X | X | X | X | X | X | X |
| G 巷坊 | X | 28% | 150~300m | 11 | X | X | X | X | X | X | X |
| H 围坊 | √ | 25% | 200~500m | 11 | X | X | X | X | X | X | X |
| I 塔坊 | √ | 23% | 200~300m | 30 | X | X | X | X | X | X | X |
| J 塔式高层 | √ | 20% | 200~300m | 42 | √ | X | X | X | X | √ | X |

√ 表示此种建筑类型允许有功能混合或允许在此分区内出现

X 表示此种建筑类型不允许有功能混合或不允许在此分区内出现

### 以组合式厂房为例

街道

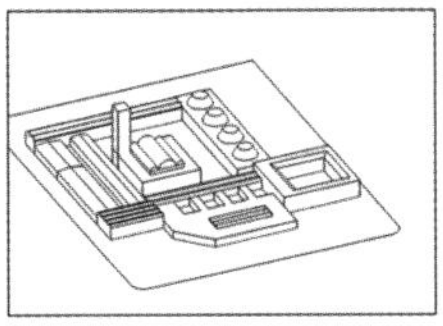

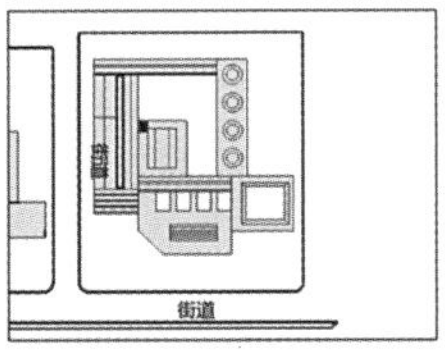

钢筋混凝土底层或多层建筑，生产性车间与办公室组合而成。层数2~6层。

1. 地块宽度：最小100米，最大800米。

2. 入口设计标准
(a) 建筑周边必须有运输通道，与后勤入口直接相连
(b) 办公入口与后勤入口不得共用
(c) 每一段建筑主体至少有两个以上入口
(d) 建筑主体构成围合庭院时，必须留有消防通道
(e) 厂房不作生产用途时，车间等大面积用房必须另外设置入户专用出入口，且相邻出入口距离不大于30m

3. 停车场设计标准
(a) 建筑主体构成围合庭院时，院内应设置车场
(b) 办公面积超过总建筑面积的50%时，应设置地下停车场
(c) 有前广场的建筑，停车场宜与前广场结合设置
(d) 厂房不作生产用途时，应就建筑功能以及建筑面积依据相关规范设置相应个数的停车场

4. 地块后勤服务设计标准
(a) 建筑周边20m范围内不得防止无遮盖的附属功能设施
(b) 运输车辆必须从专用后勤入口进入建筑范围

5. 地块开放空间设计标准
(a) 办公空间附近应设置园林绿化或户外景观，建筑主体构成围合庭院时，庭院内部应当进行景观设计
(b) 生产性厂房周边20m范围内，数目高度不得超过厂房

首层高度
5. 如改作非工业用途：
1) 绿地面积不小于建筑总面积的15%
2) 当不存在建筑主体围合庭院时，建筑主入口的广场面积不小于总建筑面积的10%
3) 建筑主体围合庭院时，庭院上空不得遮盖

6. 改造设计标准
(a) 不允许改造为居住建筑
(b) 局部拆除，仅保留主体结构时，必须拆除所有非结构构筑物或附属物
(c) 除非现有结构有增强、维修必要，否则改造不允许变更现有结构
(d) 改造为公共服务或商业用利用时，应增加公共开放空间面积
(e) 建筑各部分立面改造应保持色彩、材质、风格一致
(f) 建筑主体围合的庭院，适用以下规则：
1) 用作停车场时，树木覆盖率应大于30%
2) 保留至少一个主要出入口连接外部道路
3) 不得作为仓储、公用设施放置空间

7. 附属建筑设计标准
(a) 不允许建设附属建筑

### 街区布局标准（以塔坊分区为例）

**A. 分区与建筑类型**

1. 以下控制性要求适用于塔坊分区
2. 下表为塔坊分区各类建筑类型和最大高度控制对应表。

| 建筑类型 | 在塔坊分区的最大层数 |
|---|---|
| A 组合式厂房 | 不允许 |
| B 低层厂房 | 不允许 |
| C 联排厂房 | 不允许 |
| D 条形厂房 | 不允许 |
| E 多层建筑 | 不允许 |
| F 院坊 | 不允许 |
| G 巷坊 | 不允许 |
| H 围坊 | 不允许 |
| I 塔坊 | 30 |
| J 塔式高层 | 42 |

**B. 建筑选址与控制**

1. 建筑选址范围如下图所示

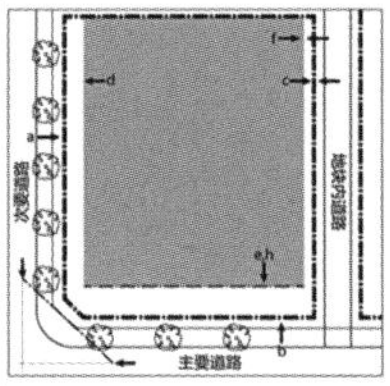

2. 建筑退线要求如下表：

| 线型 | 线型 | 最小 | 最大 |
|---|---|---|---|
| a | 规划红线地块次要道路（车行道） | 5m | 8m |
| b | 规划红线地块主要道路（车行道） | 8m | 15m |
| c | 规划红线地块地内要道路（车行道） | 8m | |
| d | 建筑红线地块次要道路（车行道） | 8m | 10m |
| e | 建筑红线地块主要道路（车行道） | 12m | 20m |
| f | 建筑红线地块地内要道路（车行道） | 3m | |
| g | 规划三角形 | 根据西安市规范 | |
| h | 贴线率 | 65% | |

**C. 停车场控制要求**

1. 停车场选址范围如下图所示。

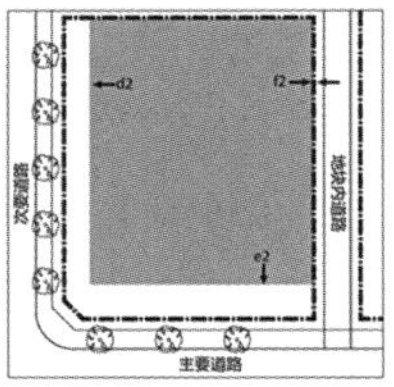

主要道路

2. 停车场对周边道路退线如下表。

| 线型 | 线型 | 最小 | 最大 |
|---|---|---|---|
| d2 | 停车红线退次要道路（车行道） | 8m | 15m |
| e2 | 停车红线退主要道路（车行道） | 12m | 20m |
| f2 | 停车红线退地内要道路（车行道） | 0m | |

**D. 建筑高度与立面控制**

1. 建筑立面分段控制：

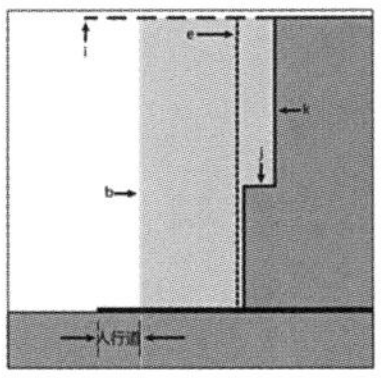

2. 建筑高度：该区层数范围见下表。

| 线型 | 线型 | 最小 | 最大 |
|---|---|---|---|
| b | 沿街建筑高点 | 36m | 90m |
| j | 沿街围墙高点 | 9m | 15m |
| k | 上层建筑退线高点 | 3m | |

## 用地兼容性标准

改造更新后的幸福林带及其周边将会承载更多功能，而功能混合使用则可以提高地块使用率和土地价值。

为了保证用地的质量，不同地块分区的土地兼容将会有不同的内容，以求既能提高土地利用效率，又能使功能地块间互不影响。本节把土地兼容性归类为 5 个大类（公共服务相关用地、交通和公用设施用地、居住相关用地、商业和服务相关用地、工业相关用地）落实到整个设计场地的 7 个分区中（院坊分区 CF、巷坊分区 AF、围坊分区 WF、塔坊分区 TF、绿地与公共开放空间分区 GO、工厂改造分区 IF、公共服务与公共管理分区 SP）。

表中标注：
P permit：在一般情况下此地块内允许容纳此种功能。

CUP conditional use permit：在满足一定条件下可以加入的功能， 一般情况下受到的影响条件为，地块周边是否有重复功能，地块是否有此种功能的需求， 地块是否有足够空间和经济要素容纳此种功能。

-：一般情况下此地块内不允许出现此种功能。

### 公共服务相关用地类型

新里坊的设计理念下，与居民生活细细想关的功能利用将作为社区服务的一部分，布置在各个里坊中。根据不同里坊形态的特点，中小学、幼儿园和公共管理类的建筑使用可以有条件地存在于里坊内。另外通过工厂改造，也可以充分利用这些置换出来的空间，为居民提供公共服务。

| 用地类型 | CF | AF | WF | TF | GO | IF | SP |
|---|---|---|---|---|---|---|---|
| 医院、门诊 | - | P | P | P | - | CUP | P |
| 图书馆、博物馆 | - | - | - | - | - | P | P |
| 中小学 | CUP | CUP | CUP | CUP | - | - | P |
| 高等院校 | - | - | - | CUP | - | P | P |
| 日托、幼儿园 | CUP | CUP | CUP | CUP | - | - | P |
| 公共管理 | CUP | CUP | CUP | CUP | CUP | P | P |

## 主干道

核心区内的主干道主要为东西方向，一共有 4 条，承担西安中心城区向东的交通，起着疏导核心区东西向过境交通的作用。因此，对于主干道的设计，我们的重点放在与更大范围城市道路的连接，对于通过车辆车速的保证，以及减少高车速与大量车流对周边的影响上。

核心区的主干道平均车速将被定在 40km/h，这个时速需要比较多的车道数，或者另加辅道以做慢速车道使用。因此在 A-1 与 A-3 两种道路类型中，我们设计了双向六车道的道路以支持快速通过的车流。但在 A-2 类型中，因为咸宁路现状存在的三辐路形式，我们将其稍做改造做成了双向四车道加上慢速车道的形式。

停车的需求在主干道上并不特别大，因此我们在 A-1 与 A-3 类型道路中设计了港湾式的停车设施供社会车辆或者公交车短暂停靠使用。但在 A-2 类型中因为存在慢速车道的缘故，临时停靠的需求可以直接在其中解决。

### A-1 长乐路

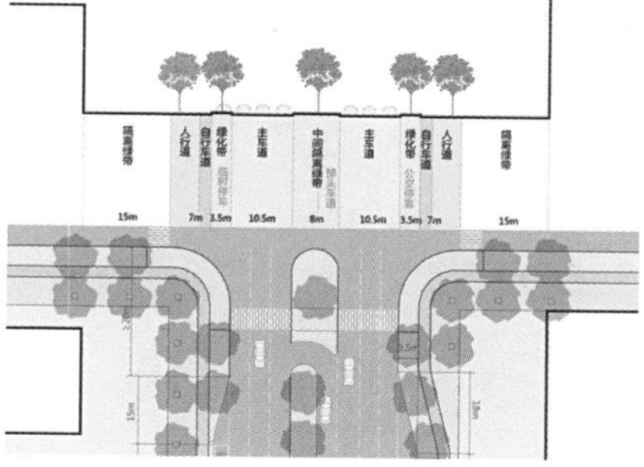


### A-2 咸宁路

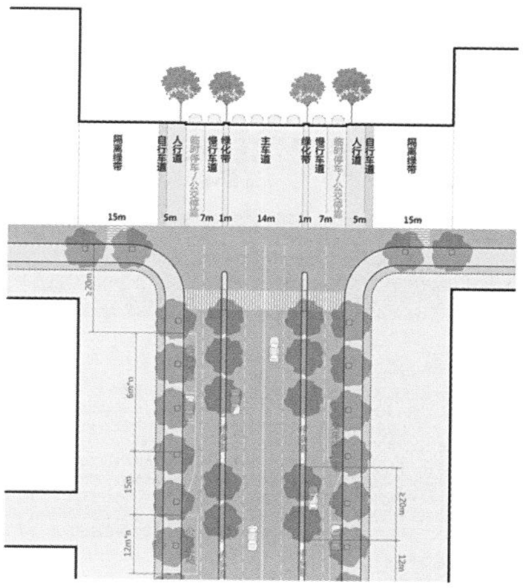


## 公共空间标准

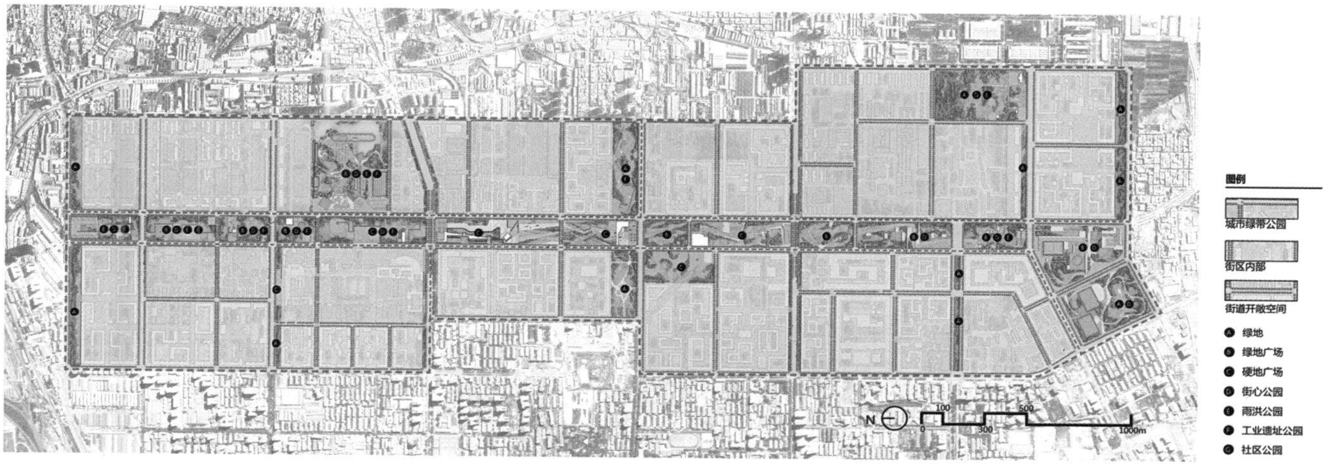

N
100
500
0
300
1000m
图例
城市绿带公园
街区内部
街道开敞空间
绿地
绿地广场
硬地广场
街心公园
雨洪公园
工业遗址公园
社区公园


### A 以绿地为例

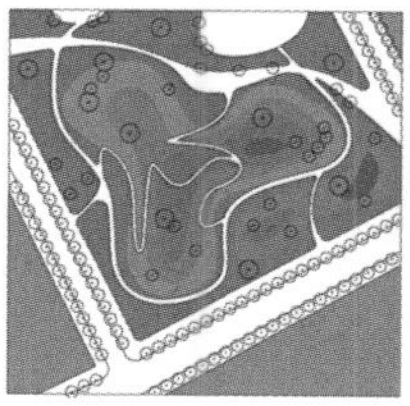

植物配置比较多样的绿地，内有小径可供漫步。周边很少有直接接壤的建筑，此类型绿地的选址相对较为独立。

**1. 面积**：1~3 公顷

**2. 出入口与道路：**
(a) 出入口应设置于周边的人行道上，或与单车绿道配合设置。
(b) 附近的人行道应与绿地周边的人行道有较好的联系。
(c) 绿地内的小径应与绿地广场周边的人行道相连。
(d) 步行道宽度应考虑到轮椅的宽度。

**3. 停车场：**
(a) 不允许设置任何形式的停车场。
(b) 附近地块应该提供适当的停车设施以满足该绿地广场的停车需求。

**4. 景观设计：**
(a) 绿地内应有大面积软质铺地，并配合一定量的硬质铺地小径。
(b) 绿地内可大量种植高大乔木提供树荫，并结合常绿灌木配置。树种宜多元化。

**5. 硬地：**
(a) 只有极少量的硬地，可作为观景平台。

**6. 建筑物：**
(a) 附近少有直接接壤的建筑物。

**7. 活动管理：**
(a) 可以承载休闲类活动。

## 街道设计标准

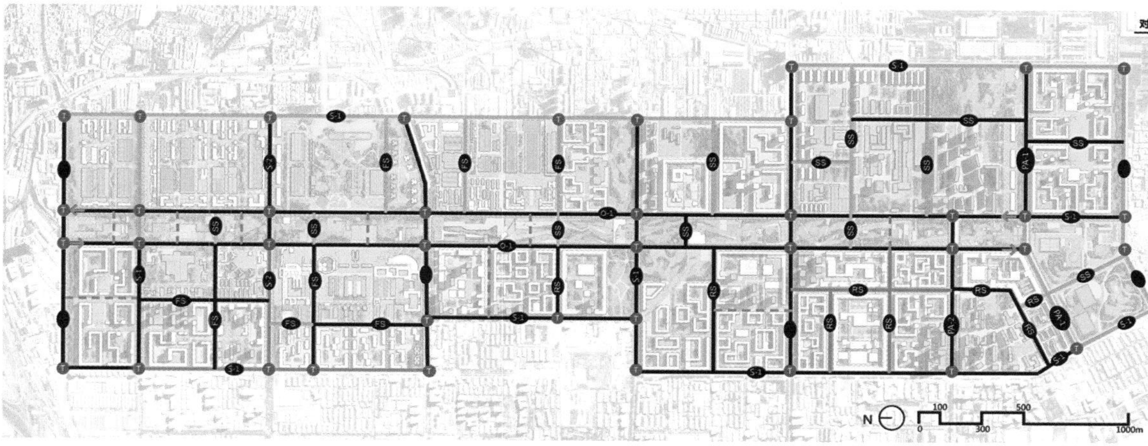

A-1 剖面类型编号
街道类型编号
图例
保留现有道路
取消现有道路
改造现有道路
新增道路
单行道起点
单行道终点
交通信号灯
N
100
500
0
300
1000m


| 对应等级 | 符号 | 种类名称 | 红线宽度 |
|---|---|---|---|
| 主干道 | A | 主干道 | 40~50m |
| 次干道 | S | 次干道 | 40m |
| 次干道 | O | 单行干道 | 30m |
| 次干道 | PA | 林荫道 | / |
| 支路 | RS | 大院街道 | 20m |
| 支路 | SS | 学校街道 | 20m |
| 支路 | FS | 工厂街道 | 20m |

设计者：万思涵　邱天
　　　　胡诗文　魏妙仰

# "新里坊"居住模式探索

新生与发展——西安幸福林带核心区城市设计
Regeneration and Development - Urban Design of the Xingfu Lindai core area in Xi'an

指导教师：肖毅强　周剑云　萧蕾　戚冬瑾

## 对上位规划的质疑

现在的西安市，西部有唐延路总部经济区，东部有浐灞总部经济区，且相距不远，产业经济已达到饱和，是否还需要将幸福林带定位成总部经贸区？

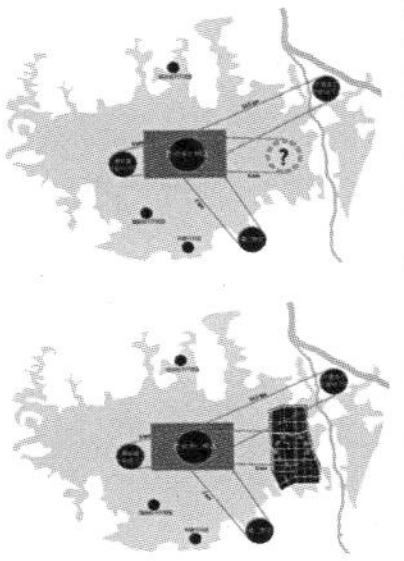

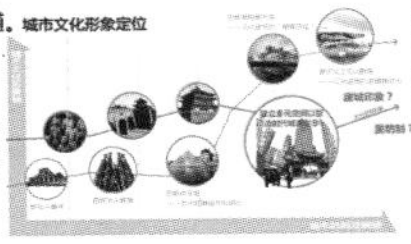

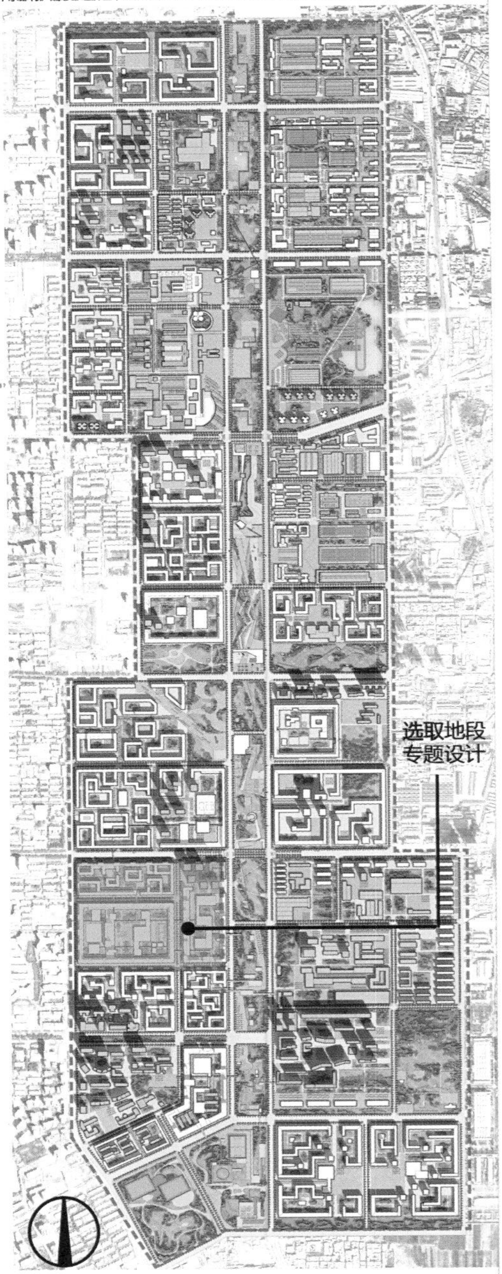

## 设计说明

西安幸福林带片区地处西安市东郊浐河西岸，陇海铁路铁路以南，地势平坦，海拔410~440m。片区以幸福林带为核心，东部为浐灞新区，南部为曲江新区，北部为西安火车东站（目前为货运编组站，未来将改建为客专整备检修基地），西部为西安中心城区，距西安名城约2.2公里。片区交通条件十分便利，西临东二环路，片区内的华清路、长乐路、韩森路、咸宁路均为西安中心城区东西向交通主干道。城市文化形象定位为万寿路/幸福路、公园南路是片区对外联系的主要南北向道路，南距三环的2.5公里。片区未来将有三条地铁线通过，其中延长长乐路的1号线已建成，沿东二环的三号线已在建设中，沿城宁路的6号线也即将动工建设。

本设计通过提取现状西安居住空间特点与唐长安的里坊制进行有机组合，对幸福林带片区的居住空间进行设计，并进一步分析得出院坊、巷坊、塔坊、围坊四种具体的类型与唐长安的院、巷、塔、市四种空间形态对应，实现具有深厚唐文化底蕴的居住空间，打造人车分行的"里坊制"街坊式居住社区。对每种里坊的交通、路网、立面、功能定位等组织形式进行控制性引导与衔接，并对整个片区的居住空间进行概念规划设计。同时，选取韩森路地铁站南部的三个里坊进行详细的设计，完成约合35公顷的详细城市设计。

## 规划理想

西安居住空间形态 ← 规划定位 ← 古代里坊制解读

优点：
便于管理，安全性佳。
规模大气，形态规整。

缺点：
坊内生活机能缺失。
坊间无联系，缺乏活力。

改进：
加强里坊之间的联系。
丰富里坊内功能，增加活力。

生态林带
经济
自然　工作
交通梳理　**新里坊制**　交流　居住空间更新
绿化
休闲　商业
居住
市民需求

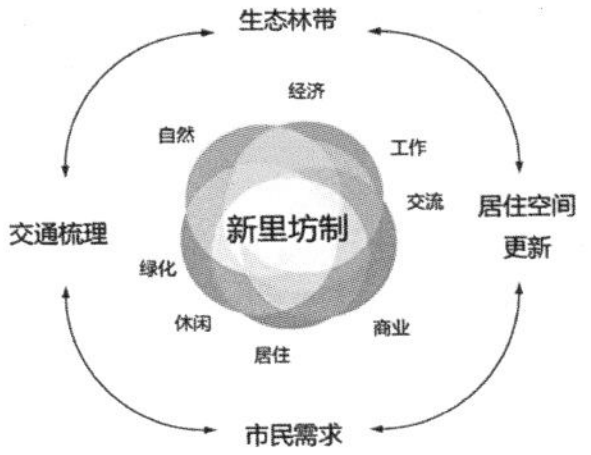

院　民居

里坊内部公共空间以及民居内部庭院。

巷　里坊内
唐代里坊内是一字型或十字型的生活性大道，划分出的4个区域再设小十字街，最后的空间是一般人的居住区。官署、佛寺、道观安排在十字街街口周边。

## 具有深厚唐文化底蕴的
## 居住里坊

——打造人车分行的"新里坊制"街坊式居住社区

特征风貌代言　价值热点所在　人居精神坐标

塔　里坊间

唐长安的道路横平竖直，大街宽度有134,120,108,68,67,63,59m等。大街两侧为里坊墙。坊间街道起分隔与交通功能，阻隔了坊间的联系。

市　商业分布

唐代前期，商业集中于东西市，十分不便。中唐以后，由于坊市制的松弛，商业空间拓展到坊外，其中以街东最为盛行，逐渐形成以东市为核心的繁华商业区。

图合式布局
建筑基本为三层，建筑物沿四周街道布置，围合出一个内向。20世纪60年代封闭的居住区。

每个分区都可以成为一个较为独立的社区，且都有各自中心绿地等配套。

组团式布局
1992年以后

行列式布局
行列式布局，主要以道路和宅间绿地为主，是一种消极的空间形式。
1979~1991

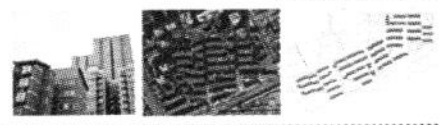

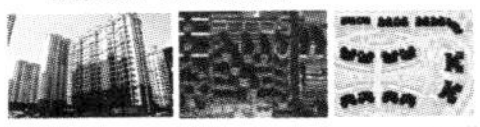

点式布局
以高层塔楼为主，围绕社区绿地，有较完善的配套设施。但邻里关系缺失。
2000年以后

**新里坊**
2014

人车分行，打造便捷快速车型系统和舒适安全人行系统。
增强邻里关系，娱乐生活空间。

打造绿网体系，提供充足的活动空间和舒适的生活环境。
完善街区配套，商业、教育、医疗、服务等，重点打造功能灵活布置，可自主置换。

选取地段专题设计

## 技术路线

专题概况
西安特色是什么？
什么是幸福林带？
我们的愿景是什么？
设计说明
规划理想
规划策略
目标定位
古代里坊制解读
西安居住空间形态提取

基地现状梳理
民俗文化特色
自然生态特色
生活特色
生态特色
建筑特色
建筑功能分析
建筑质量分析
建筑年代分析
现状天际线
现状肌理
现状建筑
问题总结
空间策略
功能策略
开发策略
开发管理政策

规划构思
开发模式
规划结构概念图
规划结构模式图
里坊制
模式研究
里坊类型
围坊
巷坊
塔坊
院坊
慢行系统结构
车行系统结构
绿地系统结构
多圈网络叠合
图合方式模式
道路布局模式
建筑布局模式
附属设施布局模式

空间设计
核心区居住
里坊类型分布
规划结构及策略
天际线分析
效果图展示
35公顷城市设计
总平面图
内外立面展开分析图
剖面分析图
效果图展示

城市设计方案
选取地段
围坊设计
塔坊设计
巷坊设计

3.2 ~ 3.20　　3.22 ~ 4.13　　4.14 ~ 4.30　　5.1 ~ 5.31

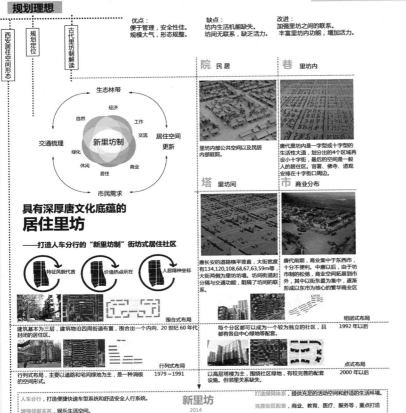

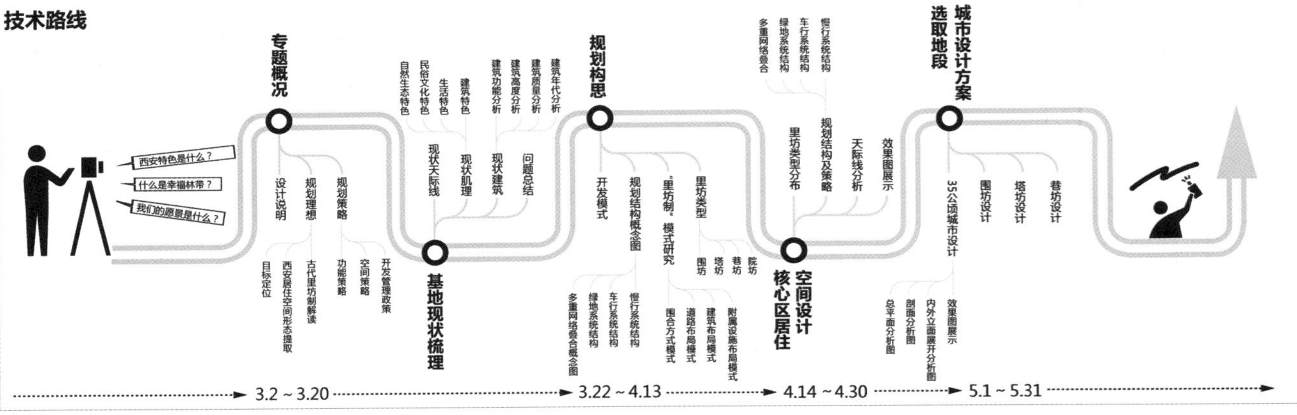

# 规划策略

■ 空间策略——构建文化地标

梳理大院式空间格局，建立里坊＋街坊的新社区模式

1. 根据现有大型军工企业和企业家属区的大院形态，规划调整形成20至30公顷为单位的里坊制格局，实现唐城规划思想和昌迪加尔规划思想的有机结合。
2. 利用里坊嵌套街坊的形式，提升里坊内部的空间活力和环境品质，建立特色居住社区模式。梳理里坊间道路的等级结构，确定道路空间设计，形成人车分流的交通组织模式。
3. 里坊与林带相互作用，互为对景。林带既为里坊提供公共活动空间，里坊也是林带的有机构成部分。

■ 功能策略——编制“文化珠链”

发展特色旅游片区

1. 因循古城历史风貌，实现唐城形制的沿革。提取唐城空间形态特征，对新的城市形态进行控制和引导。发展唐城风貌特色的旅游休闲商业片区，提升地区吸引力和聚集效应。
2. 各个里坊之间实行功能错位，并利用绿色廊道串联起特色景点或建筑，增加里坊之间的公共活动联系，串联起整个场地，形成特色旅游区。

■ 形态策略——打造唐城风貌

提取唐城里坊制的特征元素，与现状的大院模式结合，营造西京大雄的城市意象

1. 拆除违章、临时建筑，以及老旧建筑。在拆除的场地上尽量还原原有建筑肌理。
2. 新建建筑以板式中高层，局部加以点式高层。建筑平面布局考虑功能置换以及自我更新发展的需求。
3. 在整体造型上追求整齐划一的里坊外围边界，部分坊可以做成坡屋顶的形式。坊与坊之间通过绿色步行廊道连接，形成网络结构。

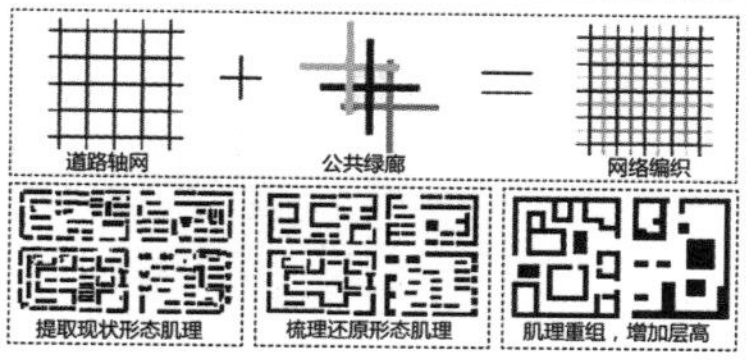


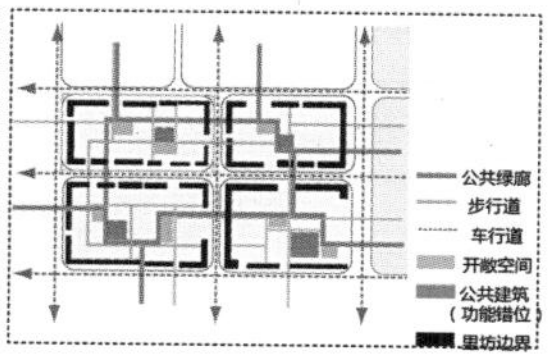


■ 开发管理策略

**政府**

基础设施的建设
整体环境的改善
对开发商实行奖励政策，引进开发商

**开发商**

挖掘唐城文化的内涵，文物保护范围内设建设控制地带
适应市场，创造价值
对传统尺度的把握，对现代空间的合理利用

**居民**

挖掘唐城文化的内涵，文物保护范围内设建设控制地带
适应市场，创造价值
对传统尺度的把握，对现代空间的合理利用

**管理机构——幸福林带管委会**

管委会下设若干职能部门负责幸福林带的产业规划、政策指导、环境治理等工作，同时成立幸福林带开发中心，负责对林带的开发建设进行实时监控和监督。幸福林带管委会的职能包括：规划幸福林带发展，协调集地各部分关系；掌握并争取国家政策，检查监督法规落实情况；提供公共服务和个性化服务，创造极具竞争力的投资环境；推动幸福林带管理体制改革和创新；依照股权委托参与幸福林带经营。

**经营机构——幸福林带开发建设股份（集团）公司**

幸福林带综合服务投资管理公司：职能是建设、运营幸福林带的生活、会展、博览、配套等服务项目，主要围绕幸福林带环境建设培育和发展具有特色的现代服务业，在传统服务业的基础上，逐步向数据增值、现代物流、机构服务。

**特色机构——幸福林带发展促进中心**

幸福林带发展促进中心：中心为民办非盈利性法人机构，常驻幸福林带，为幸福林带入驻企业实体进行公关、招商、协调等工作，同时由发展促进中心，发起组织各级创新投资基金，共同组建专注于幸福林带内研发创新型企业的风险投资公司和幸福林带科技发展公司或松散型的投资基金会，为入驻幸福林带的实体打造良好的资本平台。

# 现状建筑分析

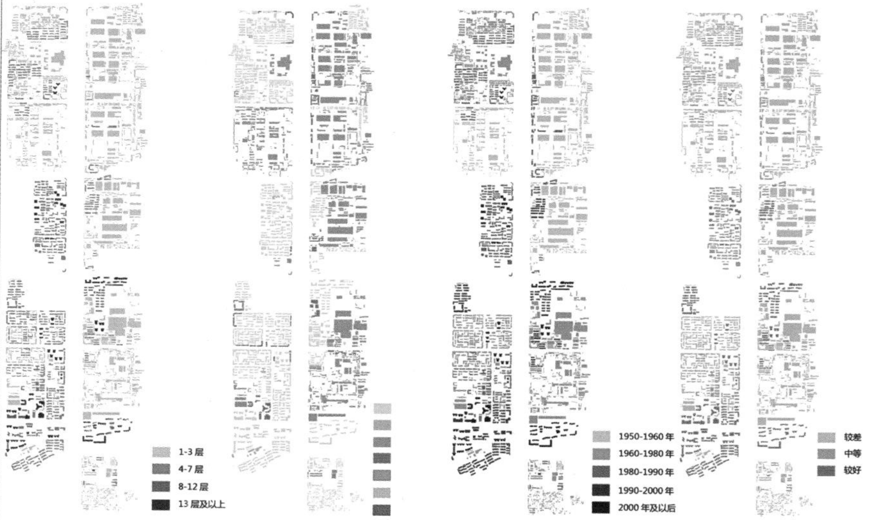


# 规划结构概念网络叠图

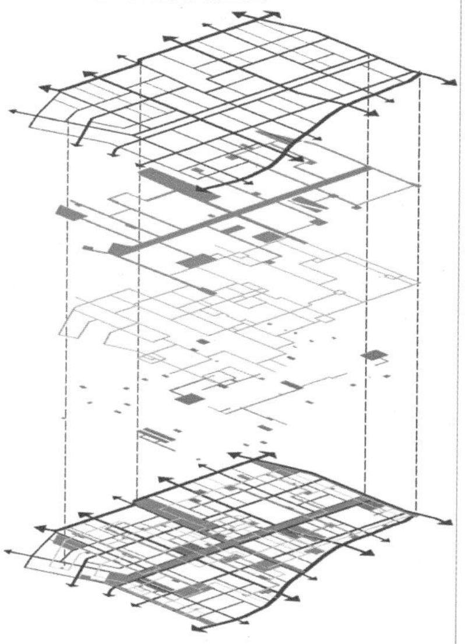

# 里坊制模式研究

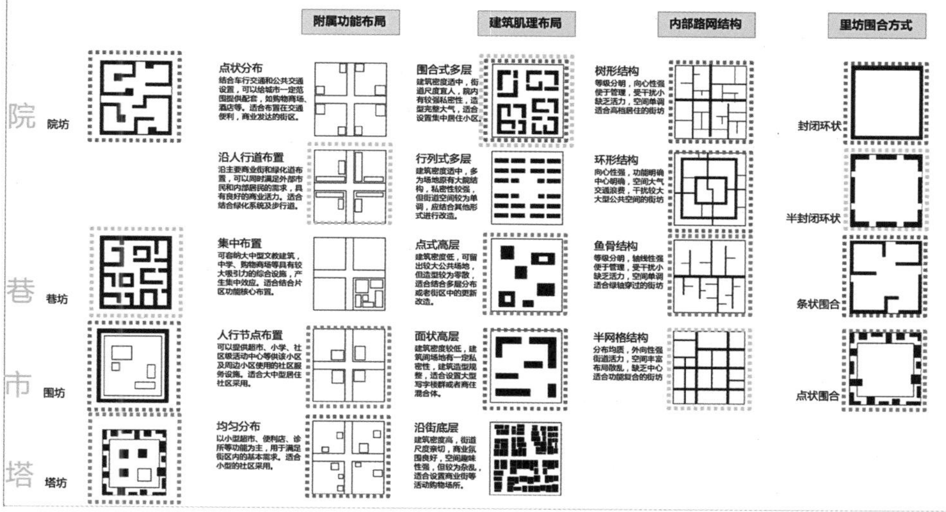


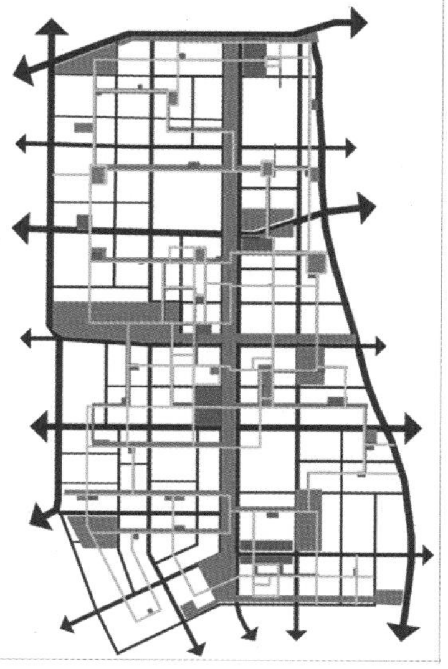

# 四种里坊类型分析

## 围坊

## 塔坊

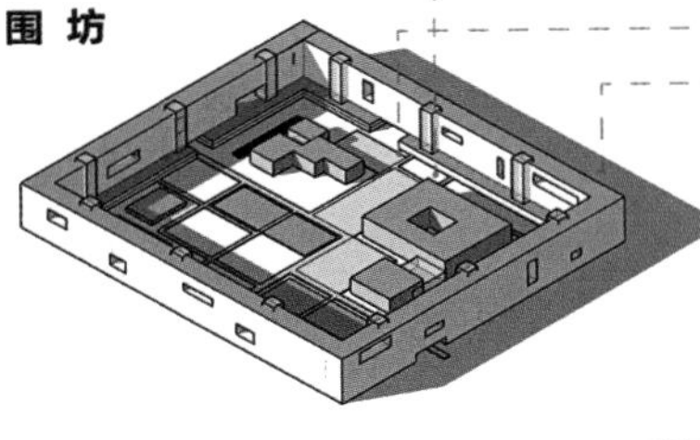

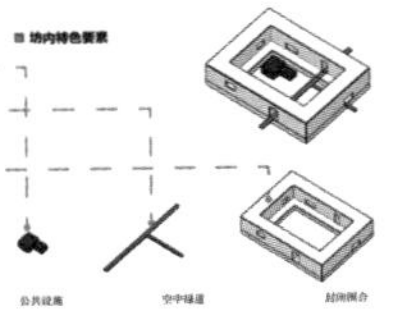

**■ 功能定位**
1. 坊内建设大中型公共活动空间，为特定人群提供具有针对性的活动功能，如运动、刷街等；
2. 面向单一类型的居住人群，如老年人等；
3. 里坊围合性较强，受外来人流干扰较小，提供安静的交流纽带；
4. 以环形交通为主要交通方式。

**■ 建筑造型**
1. 多层居住形成四面封闭式的围合，以磨式住宅为主，各层随机设置开放空间；
2. 以空中步道、风雨廊道连接大型公共活动空间以及公共建筑；
3. 公共建筑结合大片绿地和广场中设置。

**■ 开放空间**
1. 坊内建筑中设置一定数量的空中公共空间；
2. 空中步道结合二层花园形成环形绿道；
3. 商业沿风雨廊道两侧设置，形成有趣味的商业灰空间；
4. 大型公共空间设置在中央，如球场、乔木林、大广场等；
5. 以环形交通为主要交通方式。

**■ 经济指标**
容积率：2.4~3
绿化率：30%~50%
商业比重：5%~15%
建筑高度控制：多层 24~36m

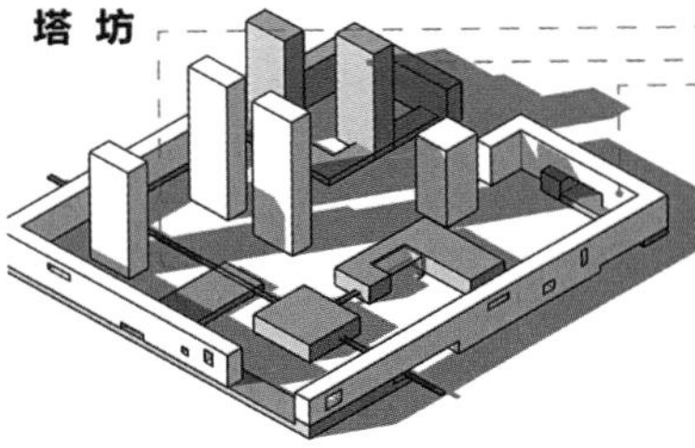

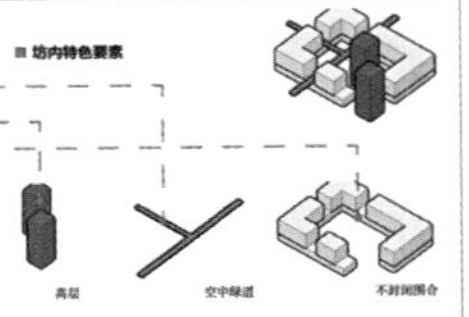

**■ 功能定位**
1. 尊重场地内原有高层，保留场地原居民；
2. 提供服务坊内及周边片区的中小型商业建筑；
3. 面向城市中层收入者、创业青年、都市白领等复合人群的集中住宅；
4. 坊内活动空间与城市联通，具有较大的公共性。

**■ 建筑造型**
1. 多层居住建筑沿里坊外围设置，结合高层建筑形成封闭的立面效果。
2. 建筑对外坊外开放小院，以减少噪声等不良干扰，面向坊内的立面较为自由；
3. 居住建筑采用磨式，可局部放大形成公共空间，面向内院立面开放；
4. 必要时设置空中绿道与城市绿道联系，避免人车相互干扰，并与建筑中的公共部分连接。

**■ 开放空间**
1. 居住建筑中设置一定数量的空中公共空间；
2. 空中步道结合二层花园形成环形绿道；
3. 建筑间的地块设置广场、运动场、小公园等公共活动场所；
4. 公共建筑底层为封闭，给予交通便利的地段设置商业等公共空间；
5. 由半网格状的步行系统，结合少量车行道路形成交通体系。

**■ 经济指标**
容积率：3~3.5
绿化率：20%~40%
商业比重：10%~20%
建筑高度控制：高层 50~100m    多层 30~36m

## 院坊

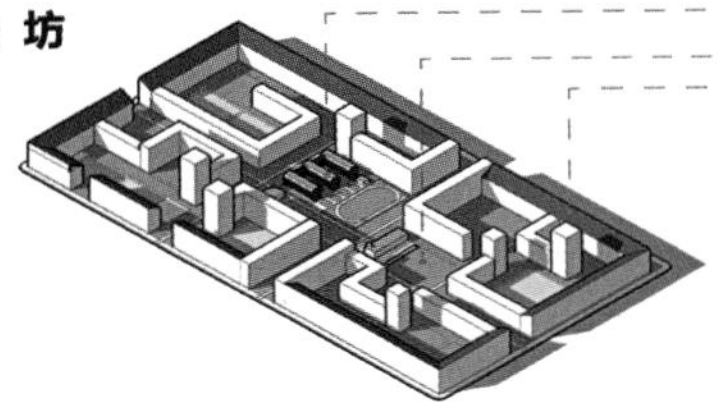

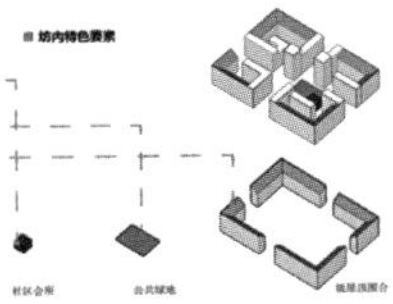

**■ 功能定位**
1. 中高端纯居住社区，有良好的景观和管理；
2. 设立幼儿园、小学等满足居民需求的公建，不设置大型商业建筑；
3. 对相对部分开放，有较强的私密性。

**■ 建筑造型**
1. 建筑围合形成贯通的院落，空间体验丰富；
2. 建筑组团之间设绿地以及广场，满足公共活动需求；
3. 树形网络的人车交通体系

**■ 开放空间**
1. 多层居住结合点式高层围合交错布置；
2. 以板式住宅为主的建筑组团；
3. 对外立面较为封闭，面向内院立面较开放。

**■ 经济指标**
容积率：2.8~3.6
绿化率：35%~60%
商业比重：0%~5%
建筑高度控制：高层 40~60m    多层 24~36m

## 巷坊

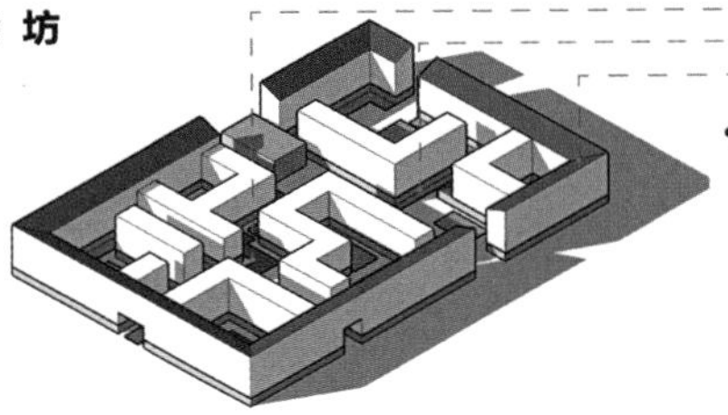

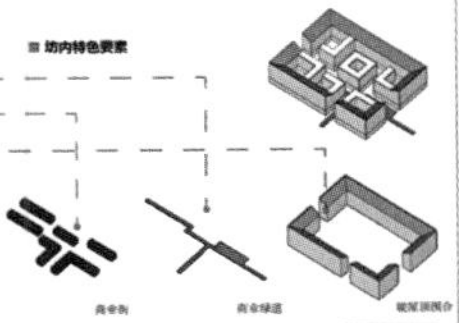

**■ 功能定位**
1. 为市民提供沿步行街的活力商业空间；
2. 以西安传统本地街巷为主体的居住群体；
3. 公共性较强，面向各种人流对外开放的空间，提供丰富的文化体验。

**■ 建筑造型**
1. 以多层居住宅围合街道空间，底层设置商业；
2. 单元式布局，"四字形"围合成院落空间；
3. 沿城市道路建筑高度较高，坊内街道高度降低，阻隔噪声的同时，形成宜人的空间尺度。

**■ 开放空间**
1. 以步行街道、街心绿地、沿街商业共同形成舒适的步行体验空间；
2. 居住内庭提供居住者的活动场所、如羽毛球场、花园等；
3. 公共建筑前退让形成市民广场，给不同人群提供使用可能。

**■ 经济指标**
容积率：2.8~3.2
绿化率：20%~40%
商业比重：15%~25%
建筑高度控制：多层 24~36m

# 核心区居住空间设计

**■ 线型网络叠合图**
场地内多种线型网络相叠合，营造出丰富并且体验性佳的网络空间。
人车分行，车行网络与步行网络错开，打造快速的车行系统以及安全舒适的步行系统。
绿带多沿东西向主步行路线设置，绿带与步行道相结合。
设二层空中绿道，将各坊互相连接，提供方便舒适的步行系统。

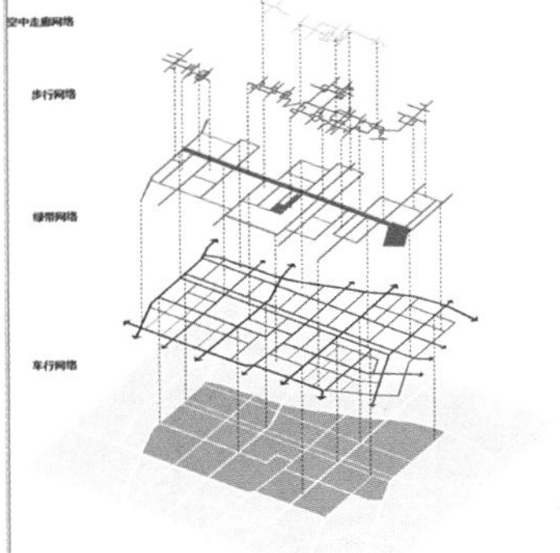

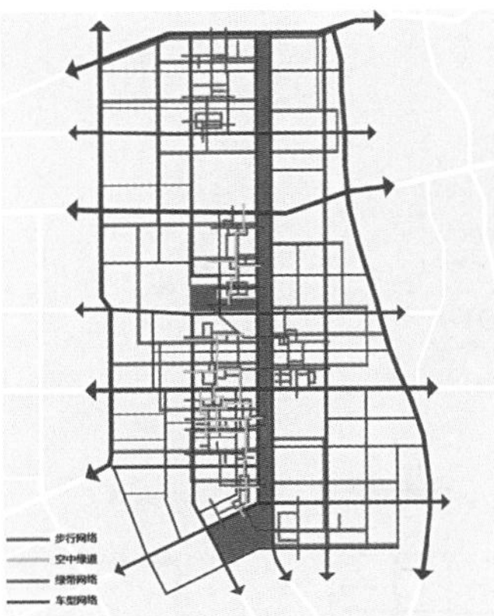

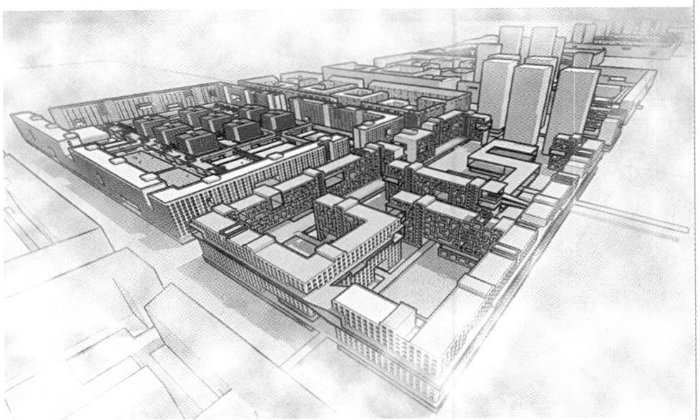

**■ 点状网络叠合图**
坊内居住建筑沿车行道路进行围合，营造出坊的空间效果。
场地中各坊内设置公共绿地，为居民提供充足的活动空间。
各坊内布置公共设施，并进行功能错位，丰富居住功能以外，也增强坊间联系，增强邻里交流。

步行网络
空中绿道
绿型网络
车型网络

公共建筑
公共绿地
居住建筑

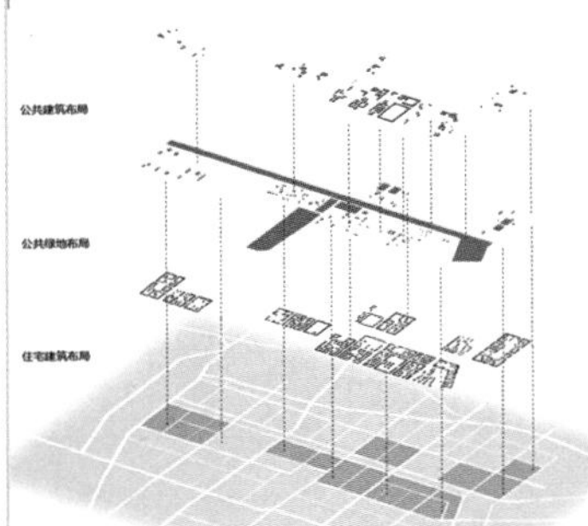

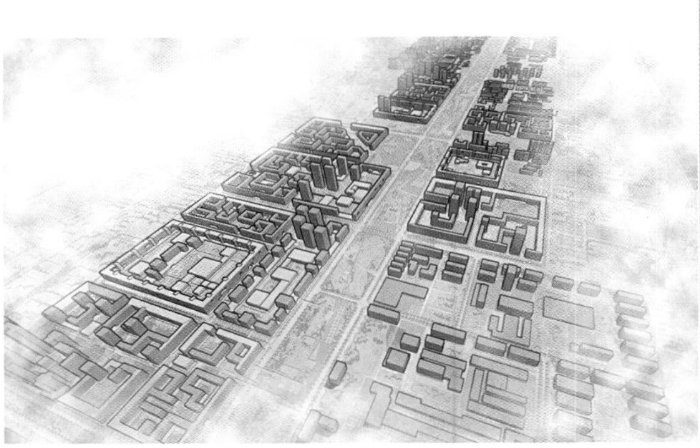

效果图

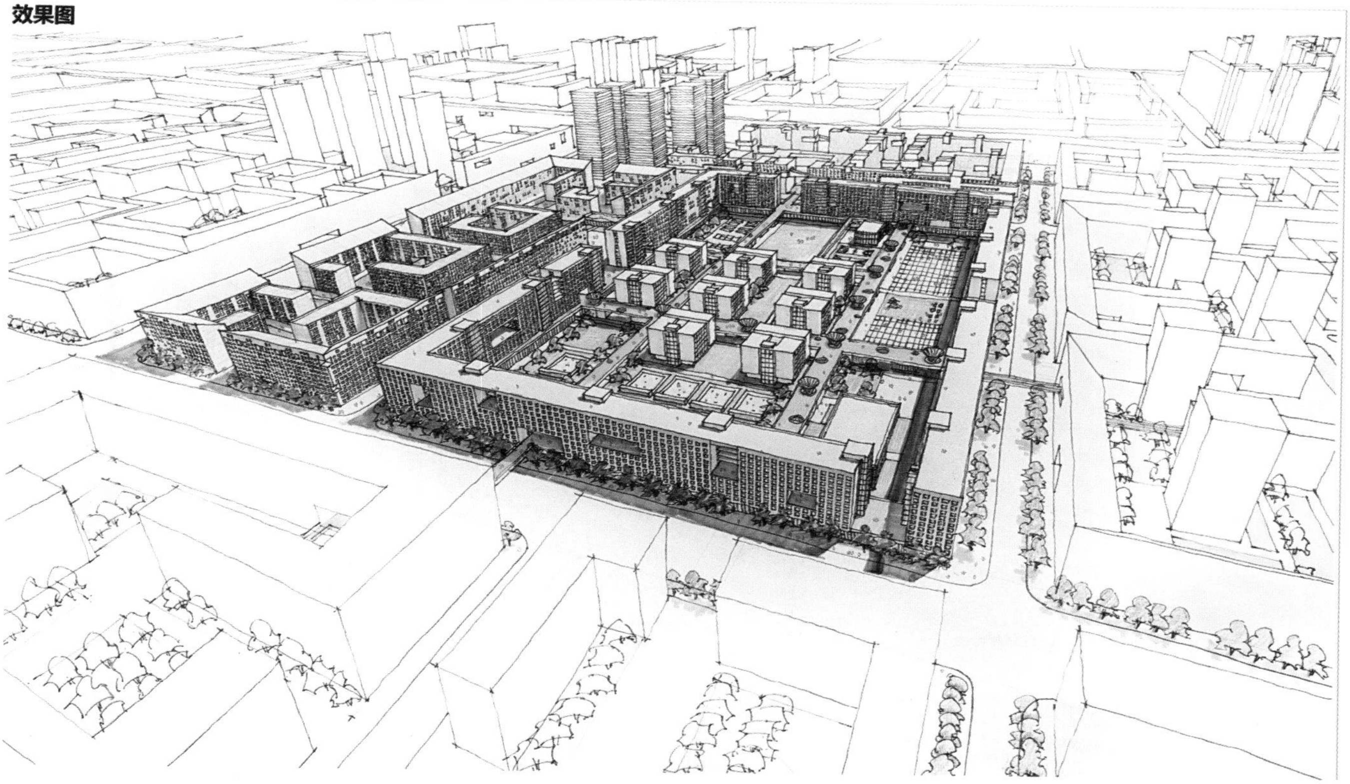

总平面图

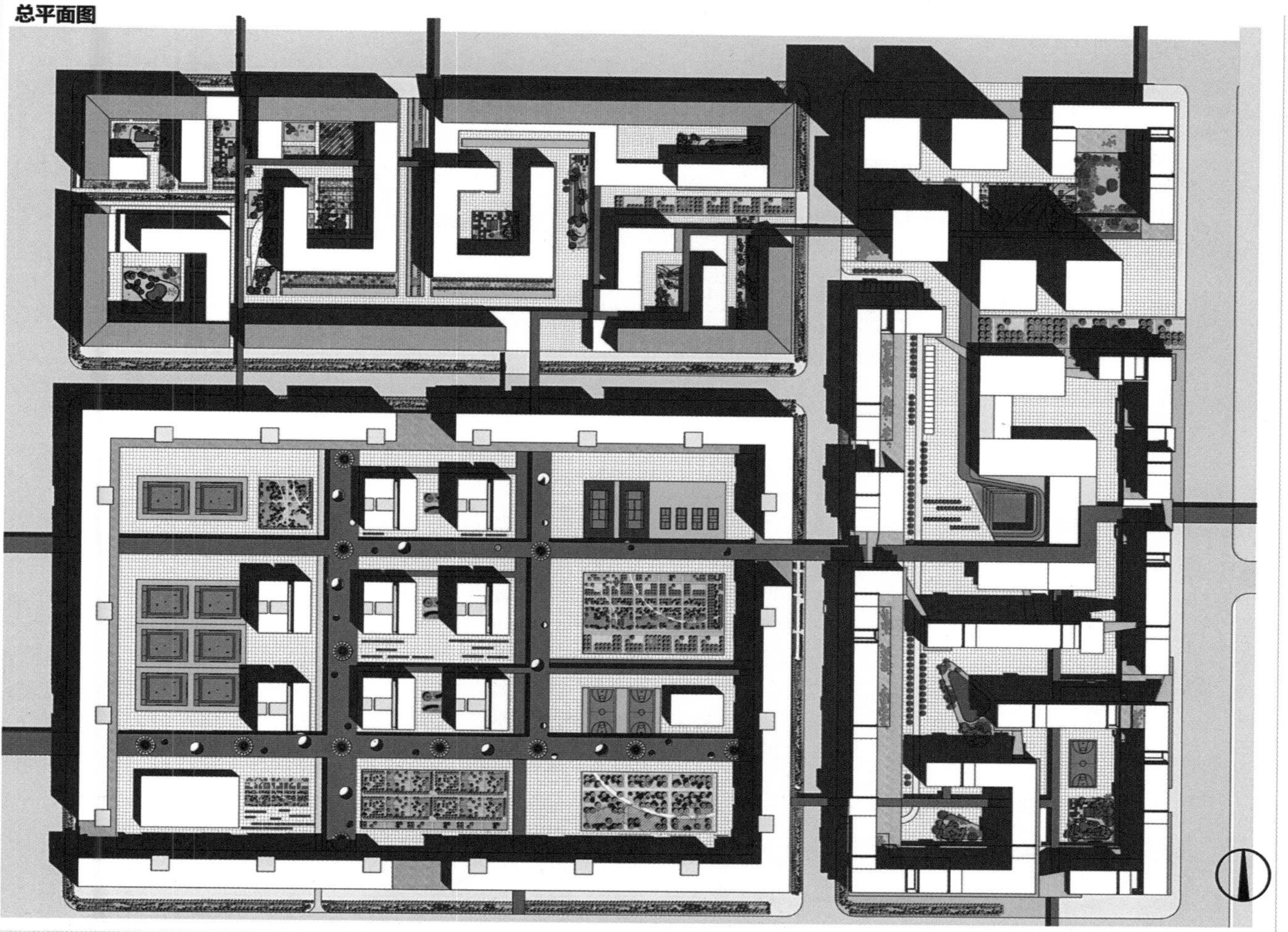

## 塔坊

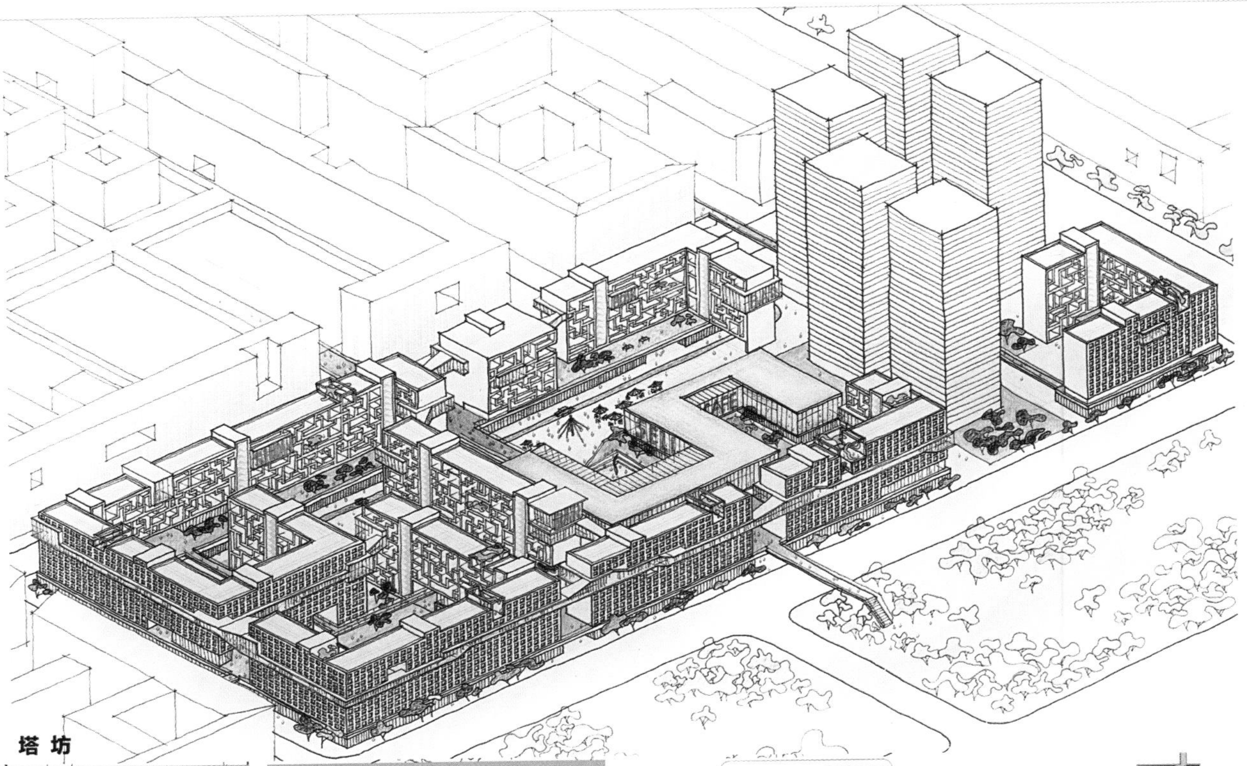

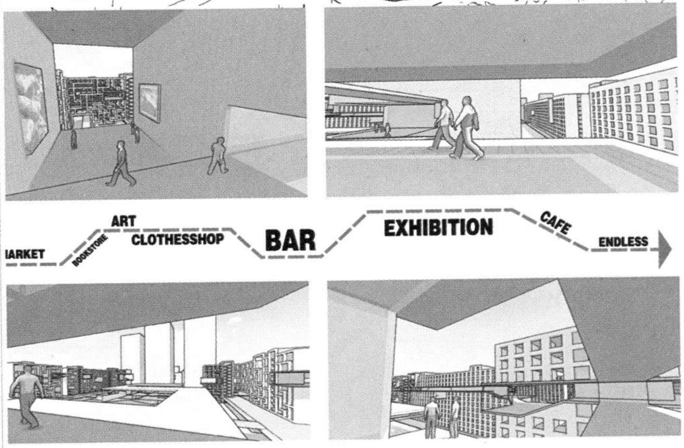
ARKET
BOOKSTORE
ART
CLOTHESSHOP
BAR
EXHIBITION
CAFE
ENDLESS

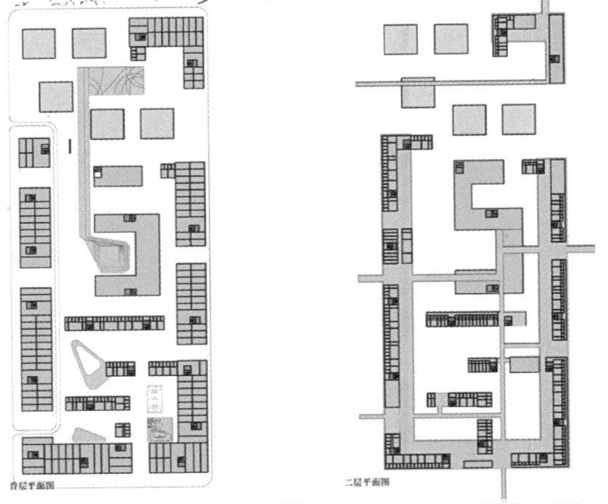
首层平面图
二层平面图



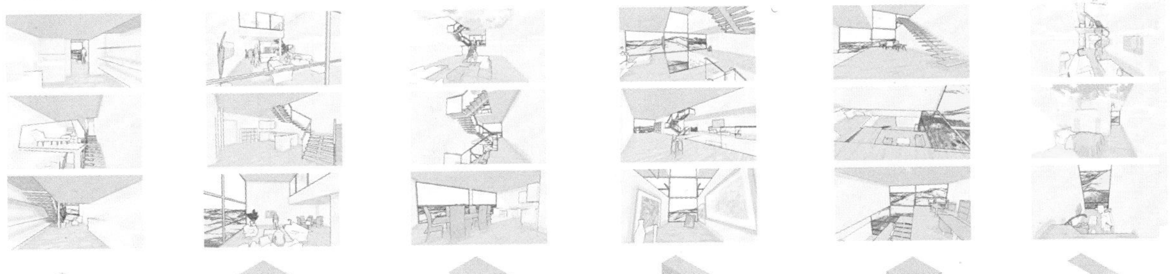

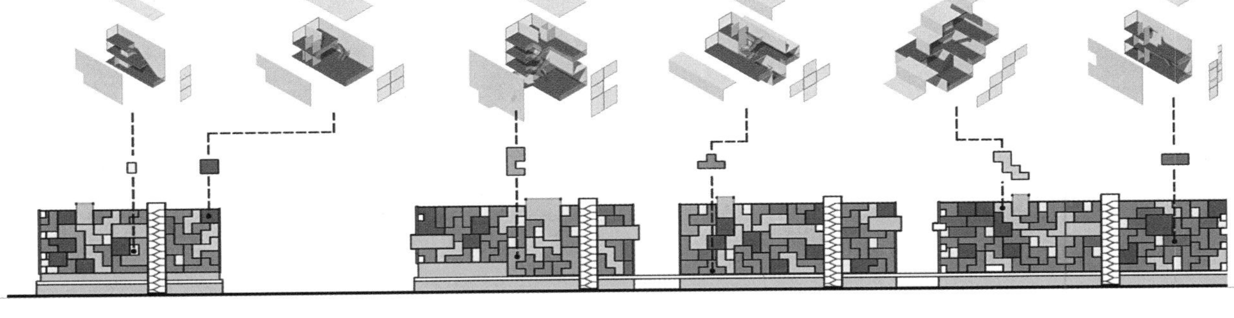

围坊
首层平面
二层平面
05 条状社区商业
06 点状社区商业
07 二层步道系统

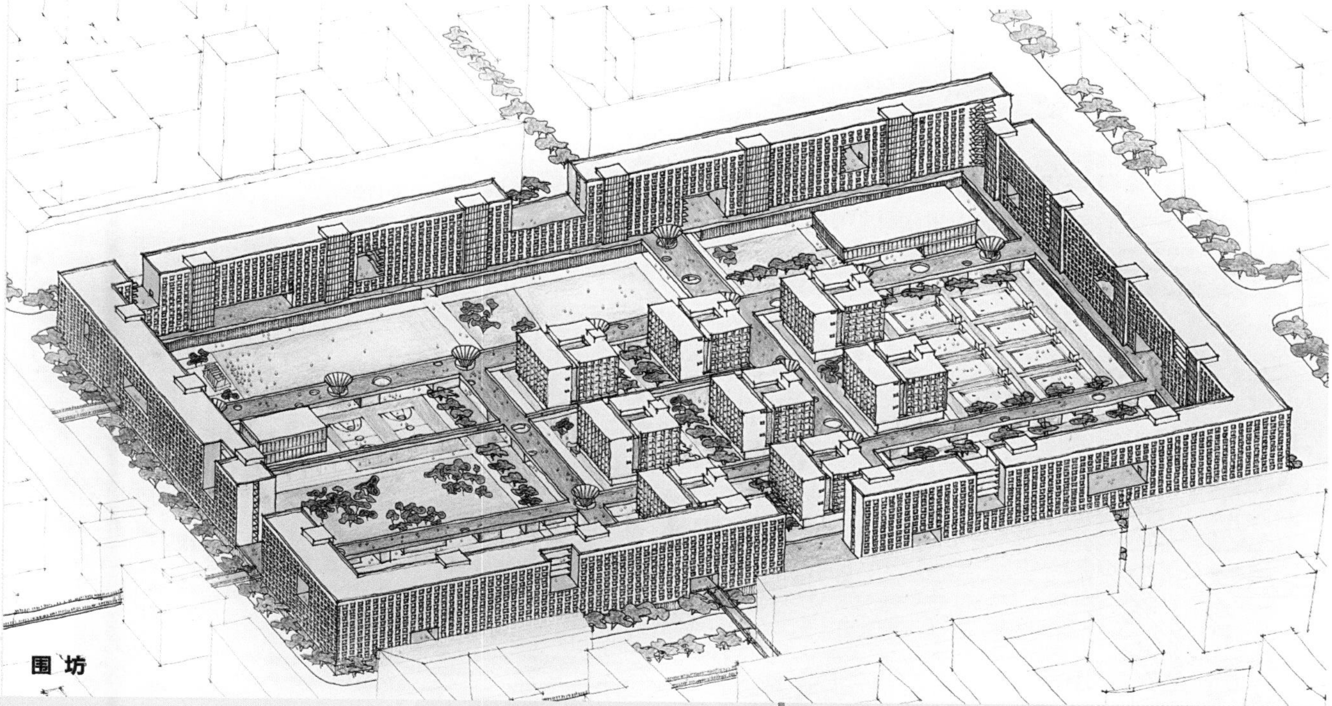

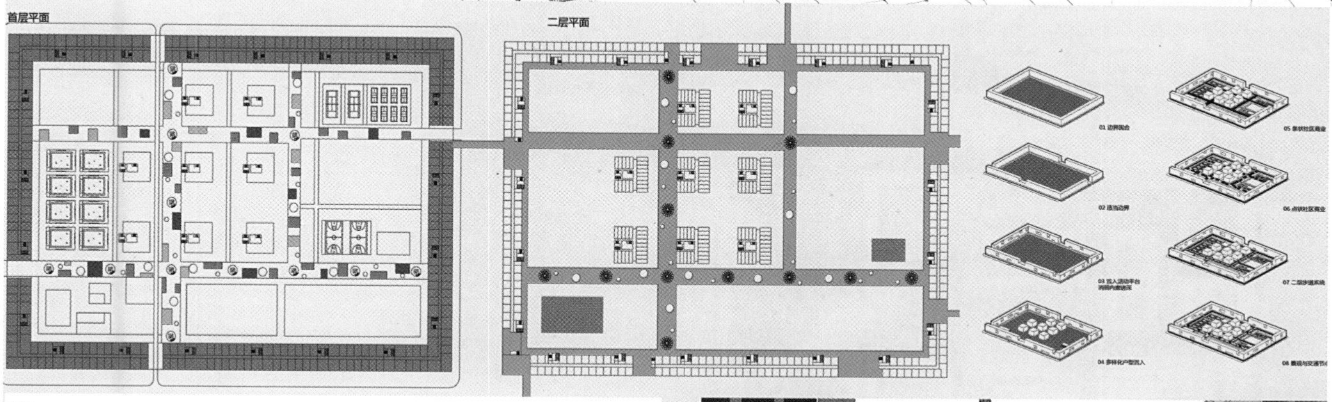

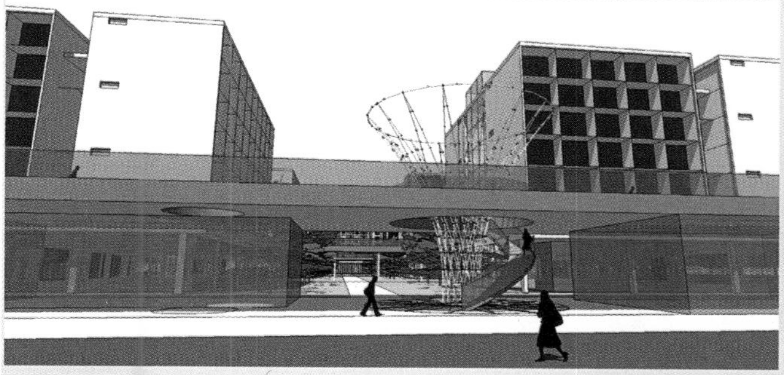

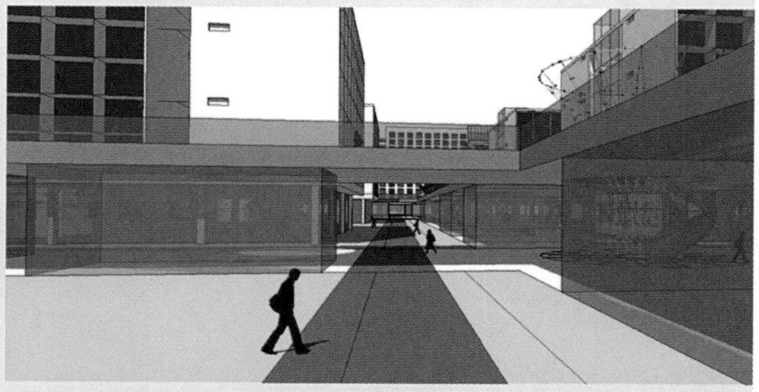

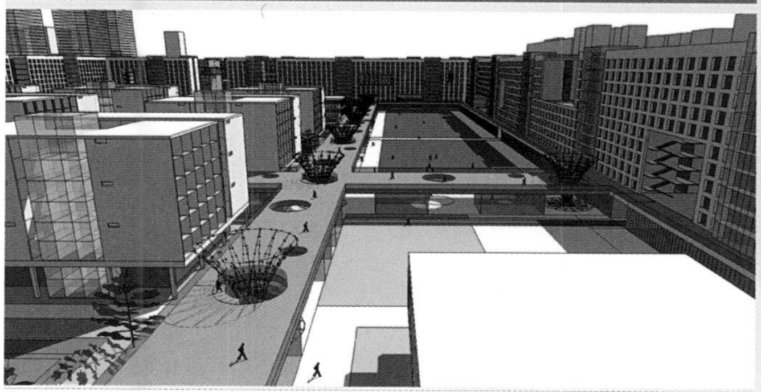

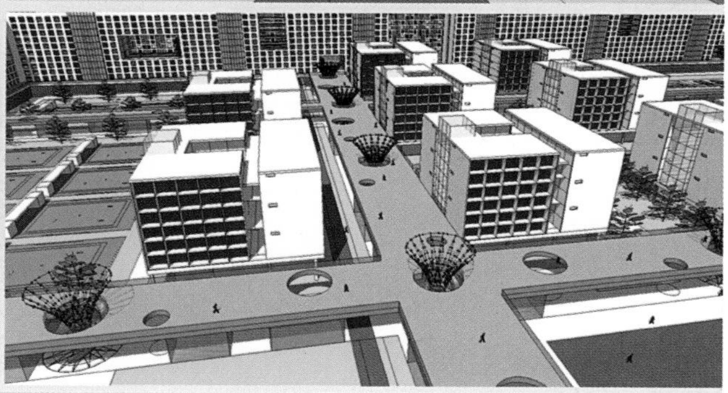

# UC 4

## 华南理工大学
South China University of Technology

设计者：陈一叶

# 开放空间系统1

## 新生与发展——西安幸福林带核心区城市设计

Regeneration and Development - Urban Design of the Xingfu Lindai core area in Xi'an

指导教师：肖毅强　周剑云　萧蕾　戚冬瑾

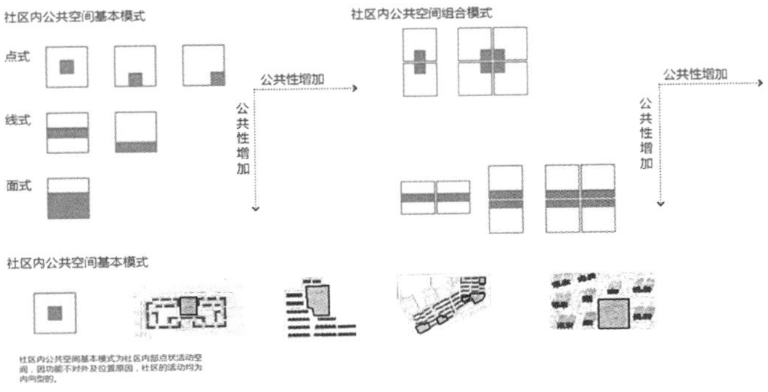

社区内公共空间基本模式
点式
线式
面式
公共性增加
公共性增加
社区内公共空间组合模式
公共性增加
公共性增加
社区内公共空间基本模式
社区内公共空间基本模式为社区内部点状活动空间，因功能不对外及位置原因，社区的活动均为内向型的。


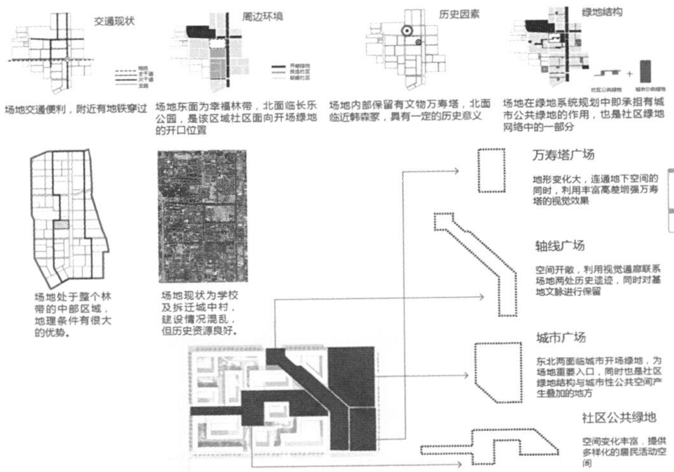

场地分析
交通现状
周边环境
历史因素
绿地结构
场地交通便利，附近有地铁穿过
场地东面为幸福林带，北面临长乐公园，是该区域社区面向开场绿地的开口位置
场地内部保留有文物万寿塔，北面临近韩森冢，具有一定的历史意义
场地在绿地系统规划中即承担有城市公共绿地的作用，也是社区绿地网络中的一部分
场地处于整个林带的中部区域，地理条件有很大的优势。
场地现状为学校及拆迁城中村，建设情况混乱，但历史资源良好。
万寿塔广场
地形变化大，连通地下空间的同时，利用丰富高差增强万寿塔的视觉效果
轴线广场
空间开敞，利用视觉通廊联系场地两处历史遗迹，同时对基地文脉进行保留
城市广场
东北两面临城市开场绿地，为场地重要入口，同时也是社区绿地结构与城市性公共空间产生叠加的地方
社区公共绿地
空间变化丰富，提供多样化的居民活动空间


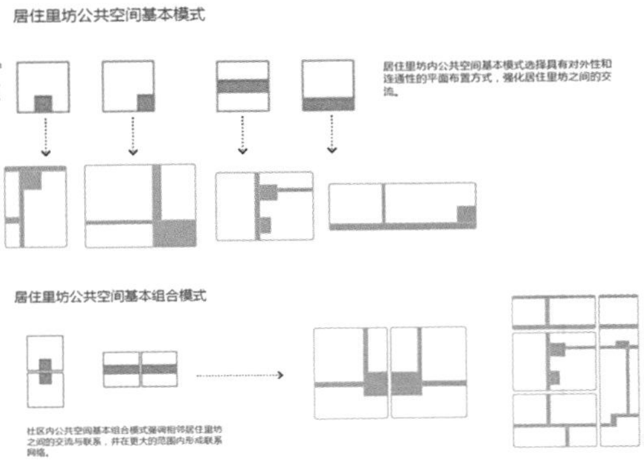

居住里坊公共空间基本模式
居住里坊内公共空间基本模式选择具有对外性和连通性的平面布置方式，强化居住里坊之间的交流。
居住里坊公共空间基本组合模式
社区内公共空间基本组合模式强调相邻居住里坊之间的交流与联系，并在更大的范围内形成联系网络。


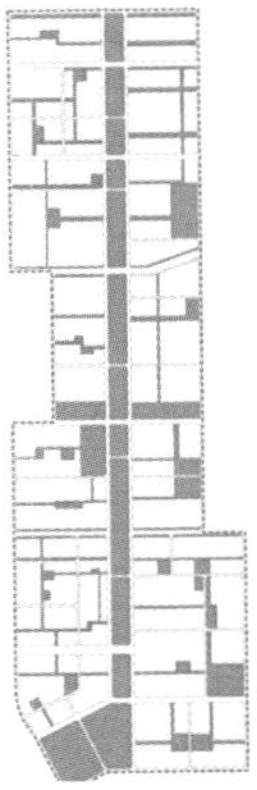

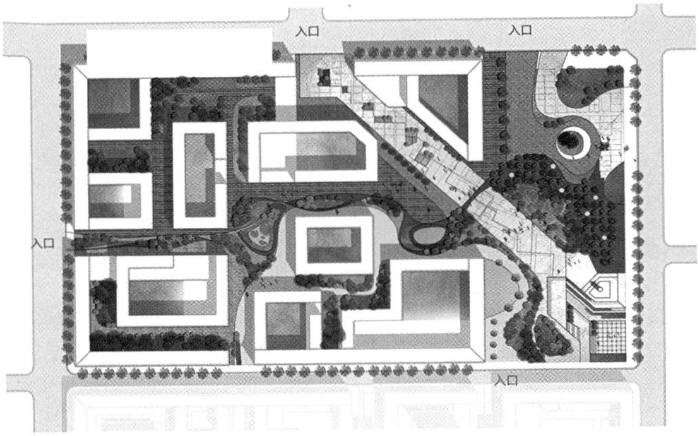


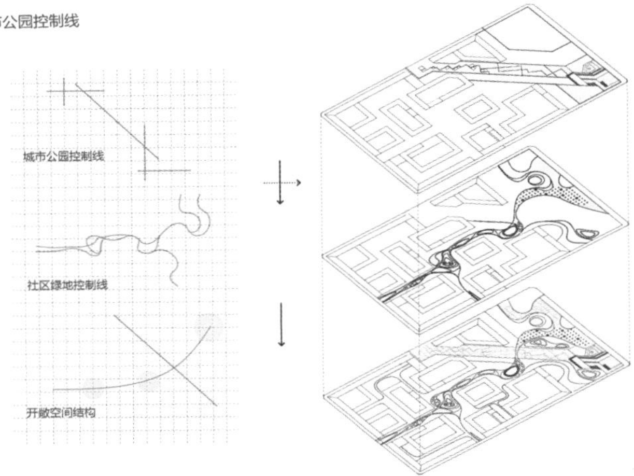

城市公园控制线
城市公园控制线
社区绿地控制线
开敞空间结构


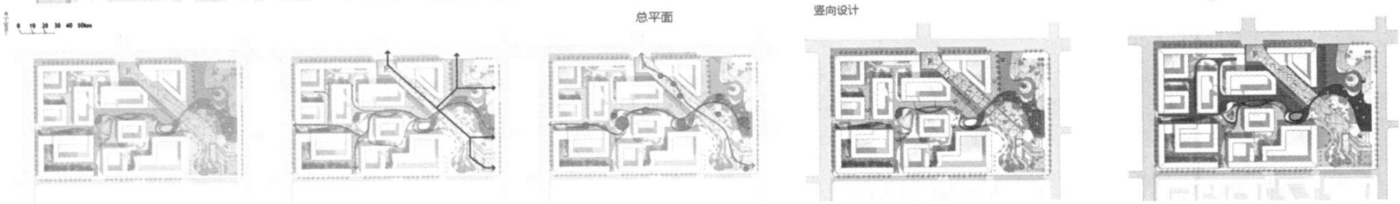

总平面
竖向设计


轴线广场
城市公园
社区绿地

城市公园流线
社区公共流线
社区内部流线

节点
联系

场地采用有组织排水
轴线广场两边汇水
社区绿地中部汇水
利用绿地进行下渗

主要铺装

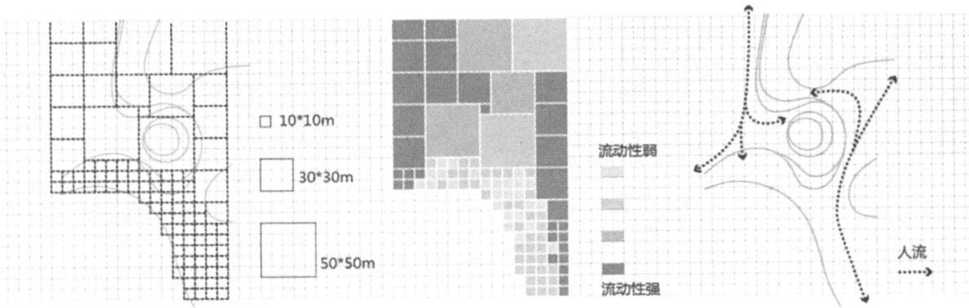

10*10m
30*30m
50*50m
流动性弱
流动性强
人流

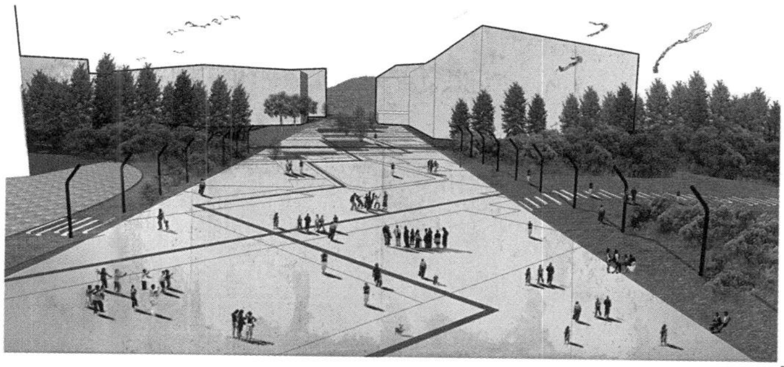

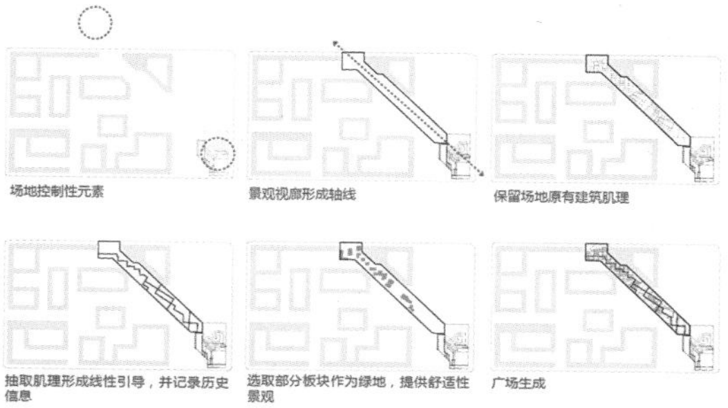
场地控制性元素
景观视廊形成轴线
保留场地原有建筑肌理
抽取肌理形成线性引导，并记录历史信息
选取部分板块作为绿地，提供舒适性景观
广场生成

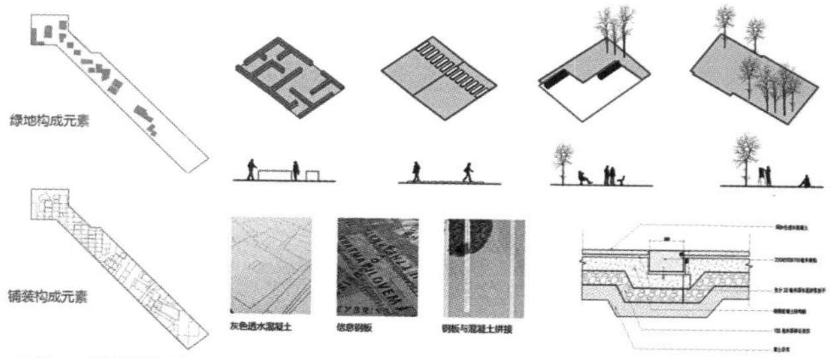
绿地构成元素
铺装构成元素
灰色透水混凝土
信息钢板
钢板与混凝土拼接

## 社区公共绿地构成分析

社区内部公共空间的建筑底层同时提供商业服务功能，应解决如何能在穿越的同时提供停留空间，并使社区公共空间的活动不被影响的问题

在穿越通道中部提供停留设施，两侧地面留作通行，为商业增加人流

活动场地与商业之间以停留设施隔开，使两边活动不被影响

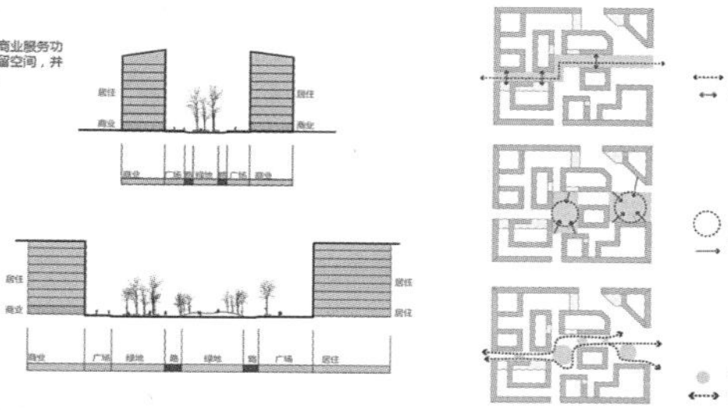


## 万寿塔广场轴剖分析

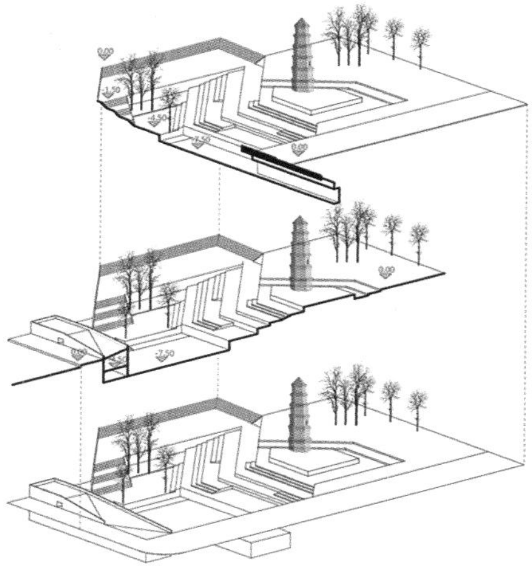

## 万寿塔广场流线分析

利用多层次的交通流线丰富视觉观感，同时提供多样性的服务设施。

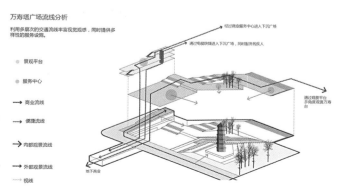

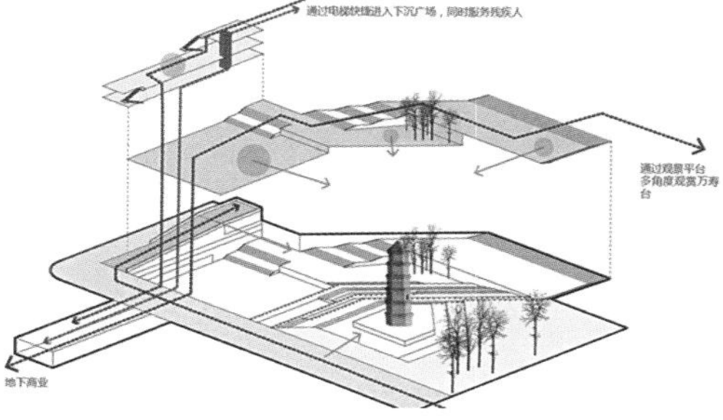
景观平台
服务中心
商业流线
便捷流线
内部观景流线
外部观景流线
视线
经过商业服务中心进入下沉广场
通过电梯快捷进入下沉广场，同时服务残疾人
通过观景平台多角度观赏万寿台
地下商业

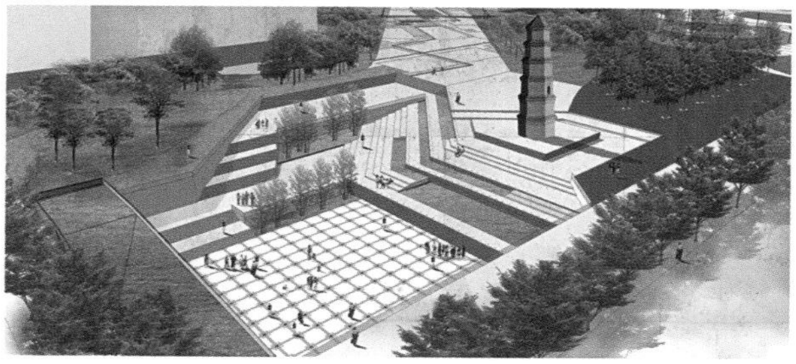

# UC4

**华南理工大学**
South China University of Technology

设计者：姜译棋

## 开放空间系统2

### 新生与发展——西安幸福林带核心区城市设计
Regeneration and Development - Urban Design of the Xingfu Lindai core area in Xi'an

指导教师：肖毅强　周剑云　萧蕾　戚冬瑾

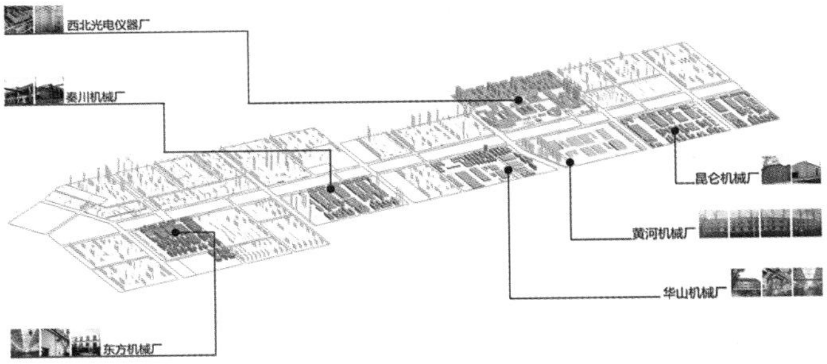

西北光电仪器厂

秦川机械厂

昆仑机械厂

黄河机械厂

华山机械厂

东方机械厂

标准化

设计手法

流程性

韩森寨工业概况

主要道路

工业分布

人口数量

生产内容

1935 起步发展时期　1948 社会主义工业　1962 现代工业时期　1978 转型更新阶段　2010

触摸　　融合

回望

沉淀

展新

游览序列

分区功能

新型工业　新型工业　体育运动

顶层 活动 入口　游乐 生态 展览　交流 休闲 创意　活动 感受　体验 活动 展览销售

居住　新型工业　居住　居住　主题商业

游　享

聚　乐

空间原则

生命墙迷宫　雕塑区　触摸记忆园　下沉广场　儿童活动区　光电广场　创意涂鸦区

老人活动区　露天剧场　创意涂鸦区

主要景点分布

设施&活动分布

主要景点

工业记忆轴线

主要流线

次要流线

林带北部平面 1:5000

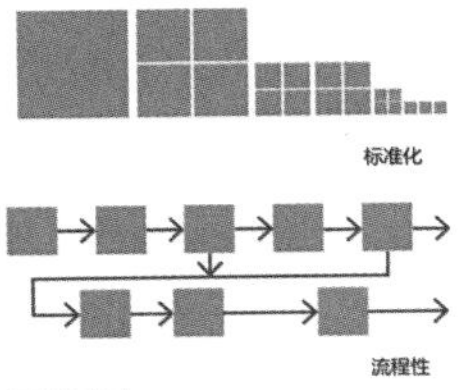

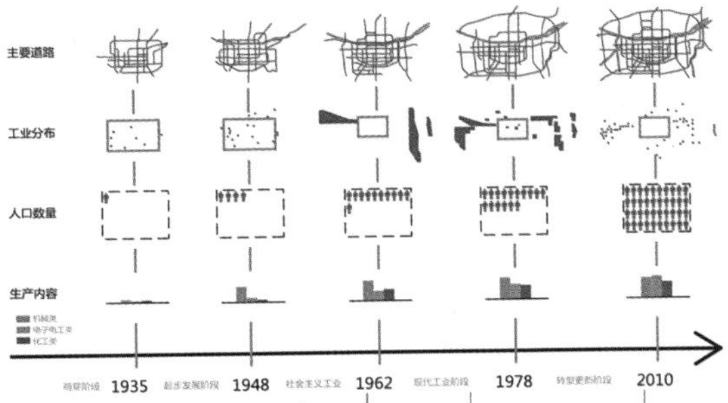

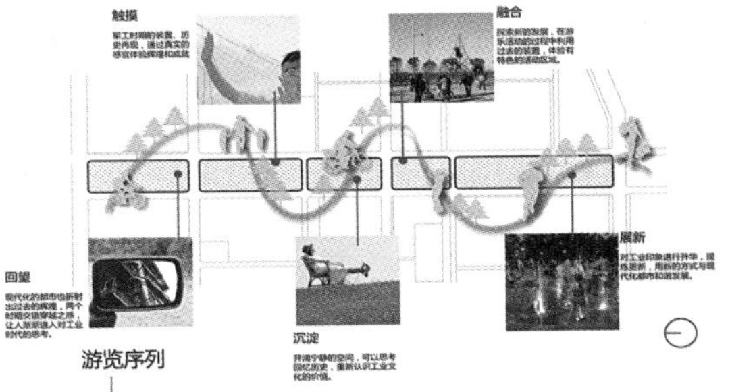

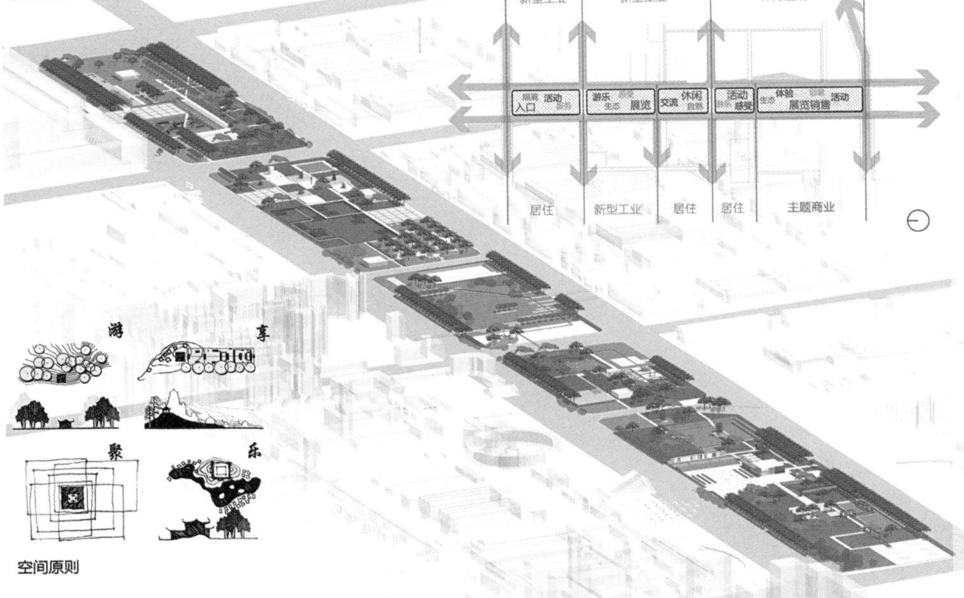

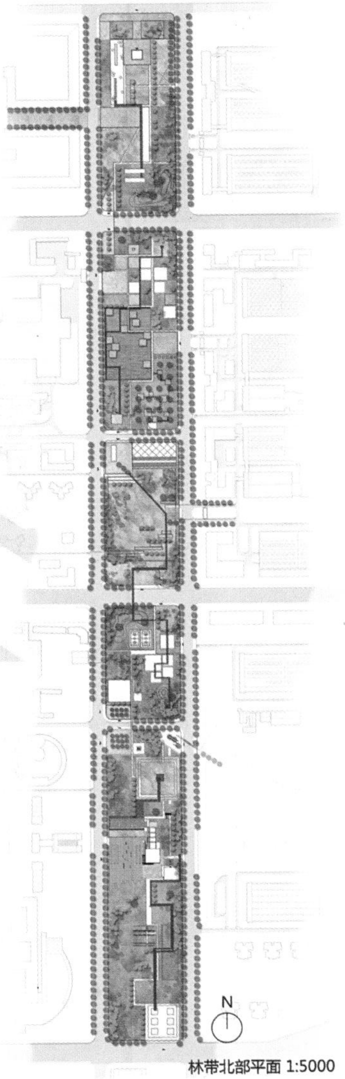

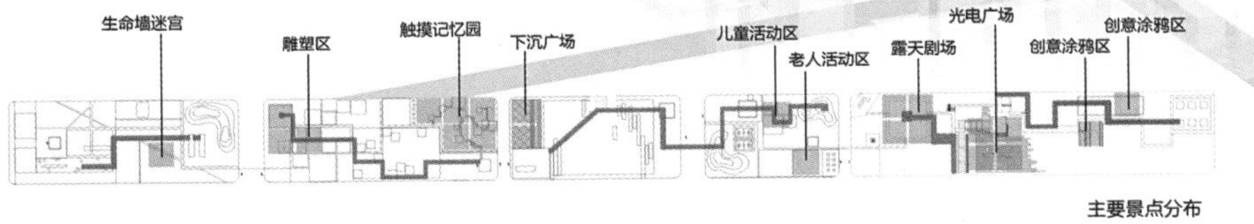

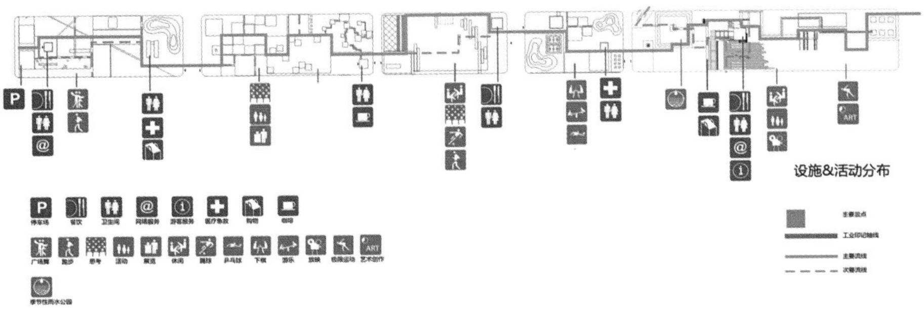

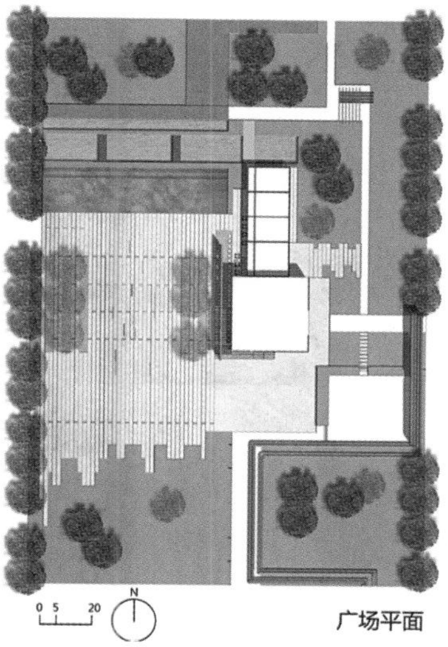

广场平面

## 广场设计

场地位于西光厂东侧入口对面，是东西主要连接处，大片硬质广场可做集散用，广场地面采用光电材料制作地灯，增加广场的乐趣性。西光厂作为韩森寨区的重要厂房之一，曾经在光学仪器方面取得重大成就，如今已更新产业尝试光电控制，数码显示等技术，广场无疑为最合适的体验区，同时搭配游客中心，成为有多种活动、多种体验的空间。

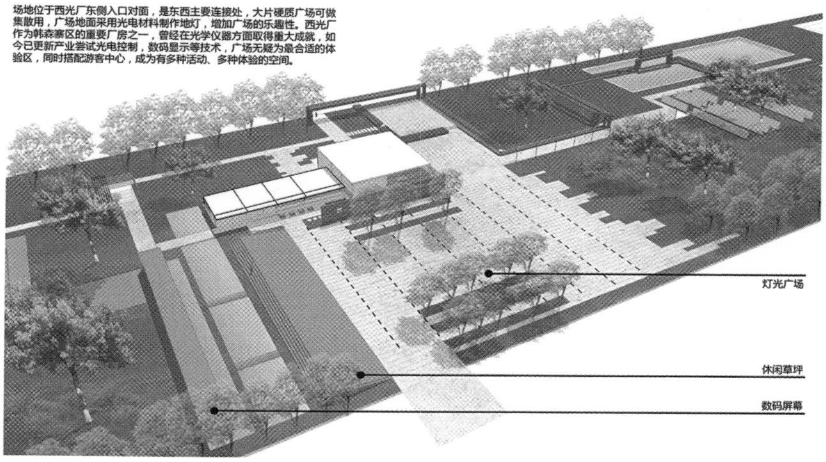


## 游客中心设计

游客中心位于多媒体广场东侧，解决硬质广场缺少休憩空间的问题，同时提供餐饮医疗等服务，方便游客使用。

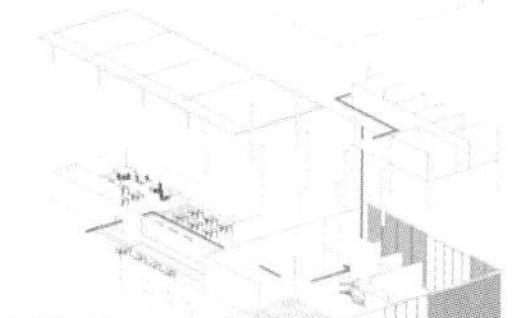

交通流线轴测图

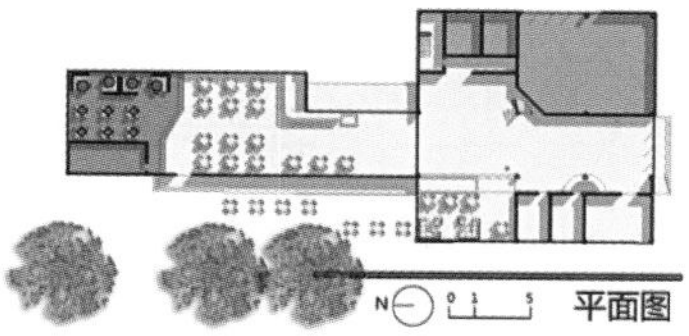

平面图

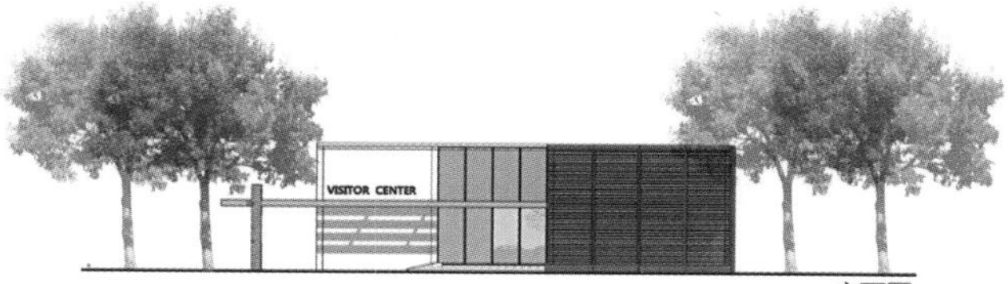


立面图

## 装置改造·城市家具

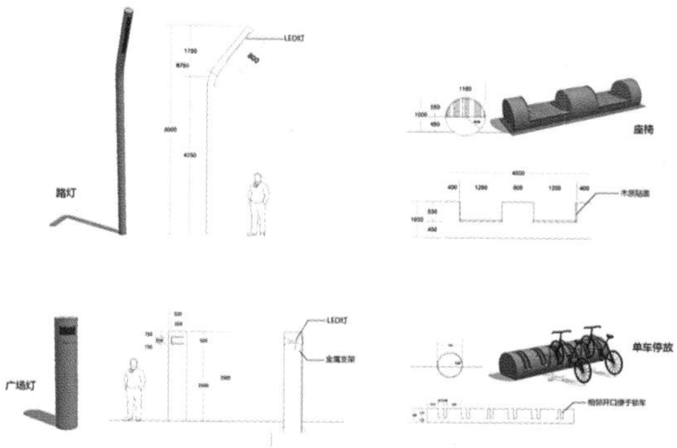

## 装置改造·游乐设施

喷水管

废弃的污水管道改装成喷水头，在夏季定时喷水。小朋友在避暑解热的同时又乐趣十足

防火梯攀爬架

厂房或办公用楼外的消防楼梯让人眼前一亮，裸露的钢铁架构颇有工业之感，何不收集利用，改装成登高台。

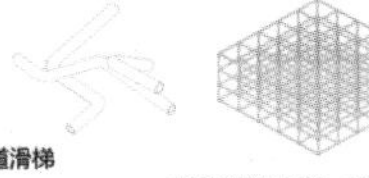

管道滑梯

大型的管道和钢架，很容易吸引小朋友前来游玩，将它们组合在一起，乐趣也加倍了。

# UC 4

## 华南理工大学
South China University of Technology

设计者：秦祈翔

# 开放空间系统3

## 新生与发展——西安幸福林带核心区城市设计
Regeneration and Development - Urban Design of the Xingfu Lindai core area in Xi'an

指导教师：肖毅强　周剑云　萧蕾　戚冬瑾

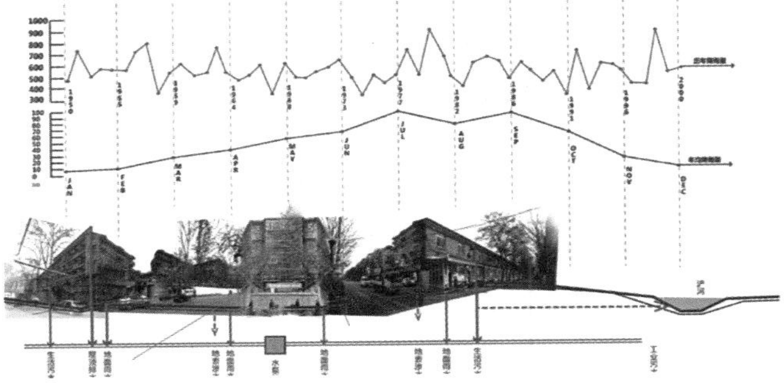

## 【概述】

幸福林地区属于旧工业区，基础设施较为老旧。随着西安的城市化进程，城市内涝等问题日益突出。另一方面，幸福林带长期处于有带无林的状态，片区市民缺乏公共活动的空间。本设计希望通过雨洪公园这一手段在回应城市发展矛盾的同时，同时化劣势为优势改善当地人居环境。

经济技术指标

用地面积：　13.87公顷
绿化率：　53%
设计调蓄容量：　10000立方米

目的

a. 在水景中加入时间维度，加强水景的游赏性同时降低维护成本。
b. 使水景具有雨洪管理的功能，强调水的收集、储存与利用。
c. 强化水景观的生态功能，使之更环境友好。

策略

1. 利用绿地网络进行辅助生态排水
2. 利用公园绿地进行调蓄
3. 通过利用雨水造景，加强人与水的互动，提升环境品质

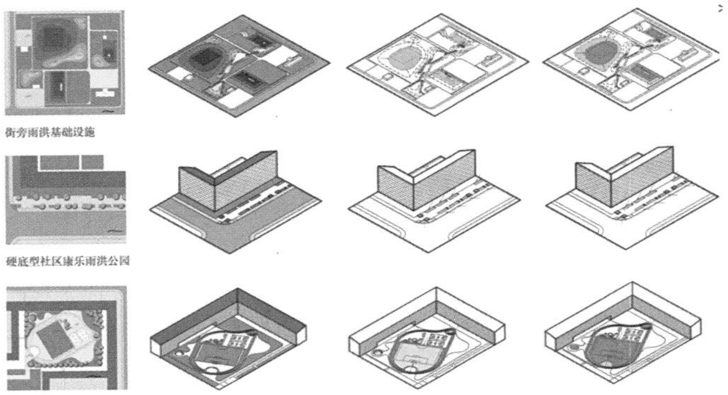

软底生态性雨洪公园
大雨
暴雨
街旁雨洪基础设施
硬底型社区康乐雨洪公园


## 【雨洪系统】

调蓄容积
A1：5625m³
A2：5625m³
A1：5625m³
A2：5625m³
A3：11236m³
B1：13689m³
C1：7921m³
C2：15876m³
C3：7921m³
D1：11449m³
D2：7569m³
E1：3362m³
E2：3362m³
E3：10000m³
E4：12500m³
E5：6724m³
F1：4489m³

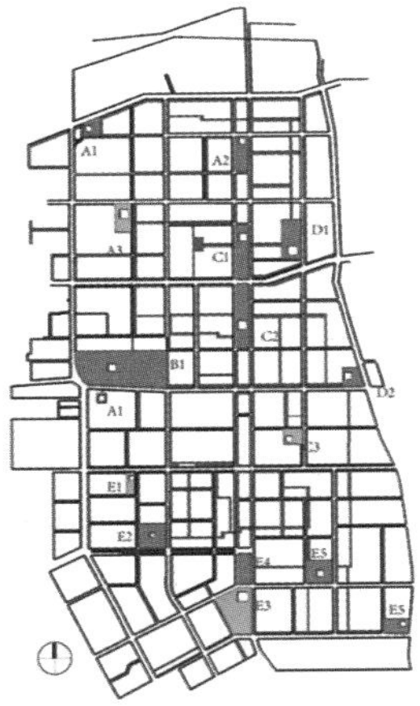

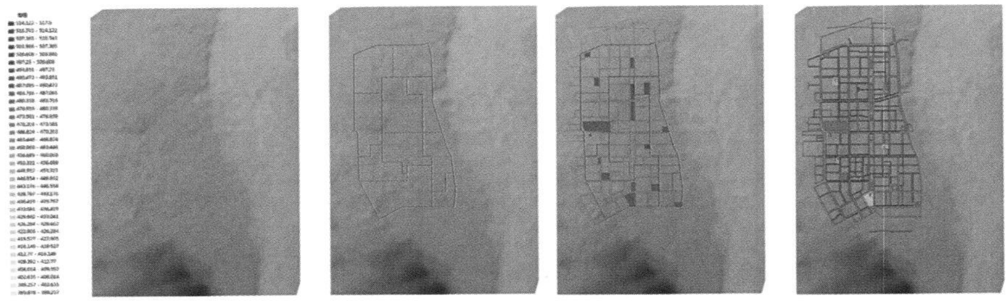

利用SRTM1 V4中国区高程数据建立幸福林地区的高程模型
分析场地内天然集水线，生成排水分区
选取场地内低洼区域设置雨水公园
连接绿地网络，形成雨洪管理网络

竖向设计

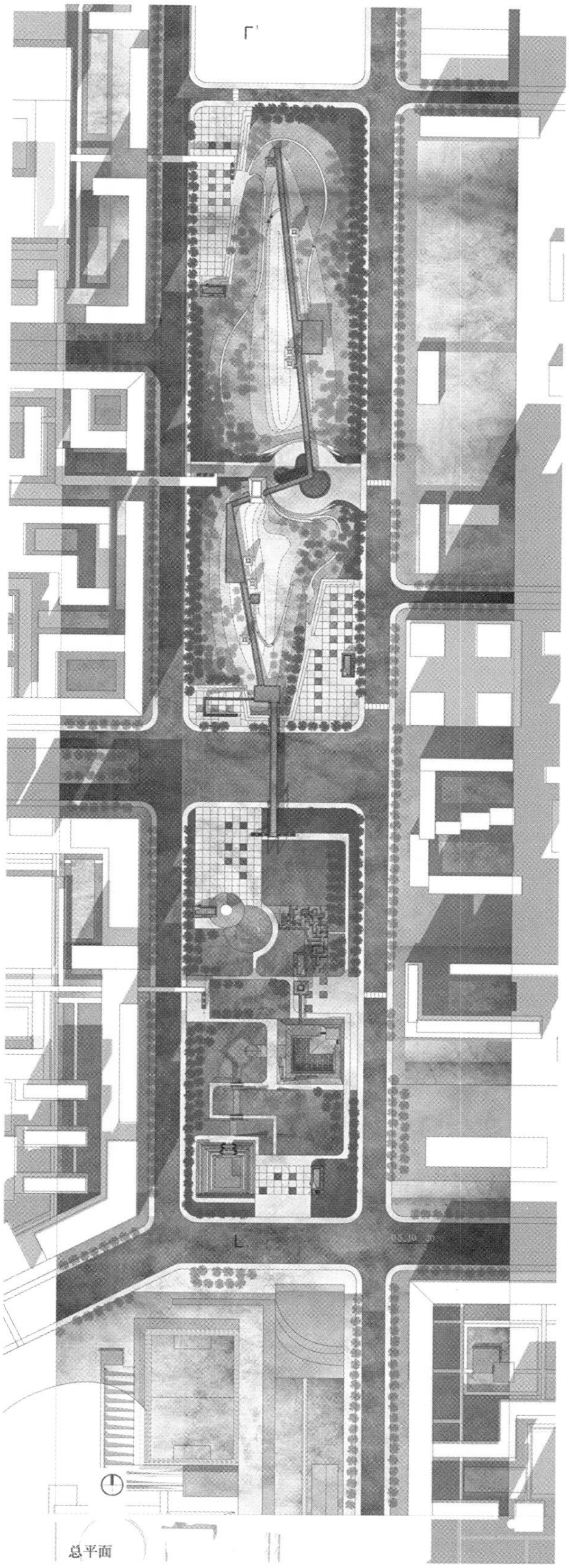

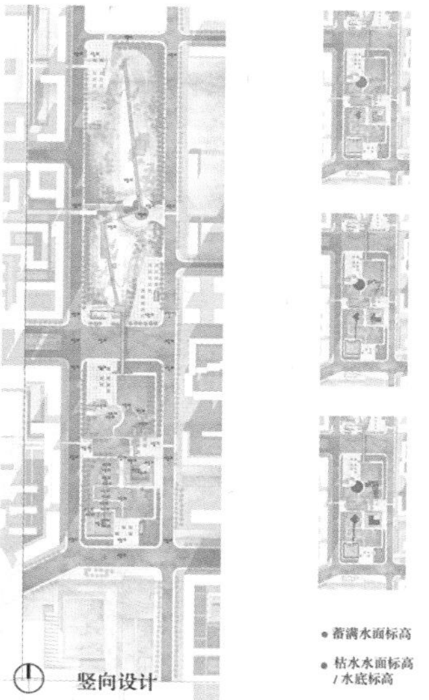

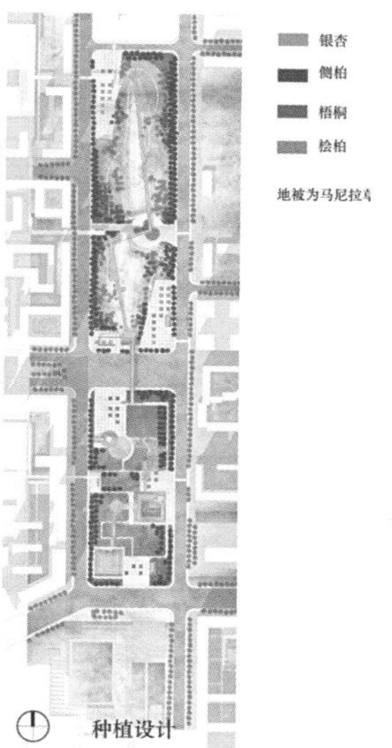

种植设计

银杏
侧柏
梧桐
桧柏

地被为马尼拉马

蓄满水面标高
枯水水面标高
/水底标高

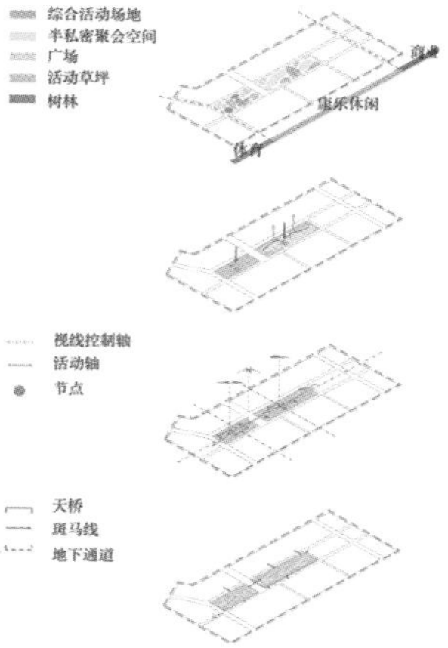

综合活动场地
半私密聚会空间
广场
活动草坪
树林

视线控制轴
活动轴
节点

天桥
斑马线
地下通道

总平面

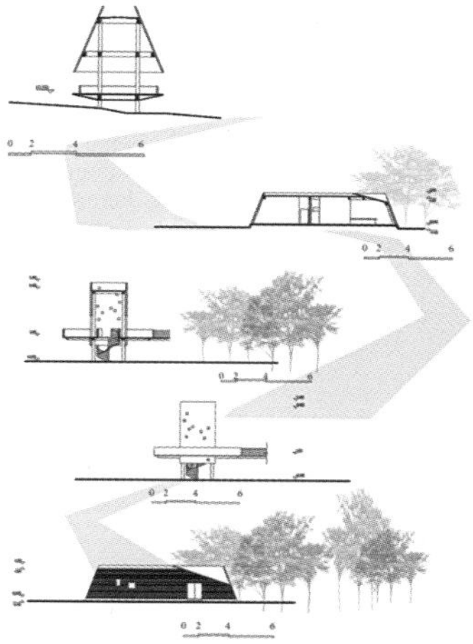

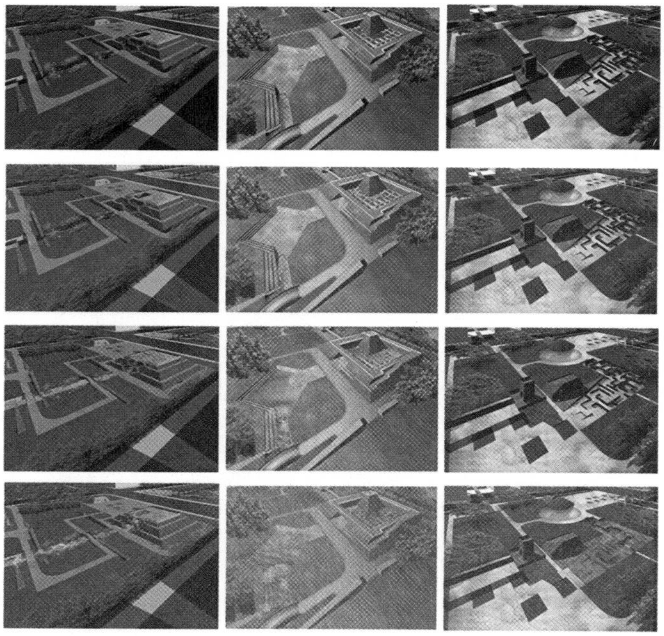

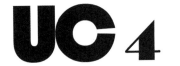

# UC 4

华南理工大学
South China University of Technology
设计者：张雯

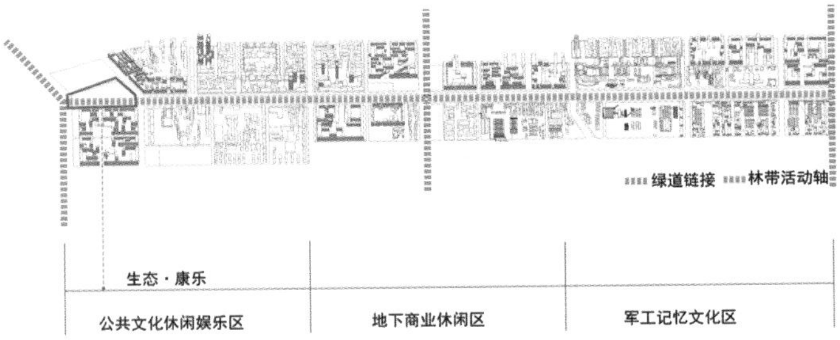
绿道链接
林带活动轴
生态·康乐
公共文化休闲娱乐区
地下商业休闲区
军工记忆文化区

# 开放空间系统4

## 新生与发展——西安幸福林带核心区城市设计

Regeneration and Development - Urban Design of the Xingfu Lindai core area in Xi'an

指导教师：肖毅强　周剑云　萧蕾　戚冬瑾

**1.基地：**

位于林带活动带南部尽端
同时位于联系城市绿道的生态型线状连系上，
公园设计要兼具 生态型 与 人文性。

**2.目标与策略：**

生态+游憩+西安本土特色

雨洪+自由曲线+台地空间

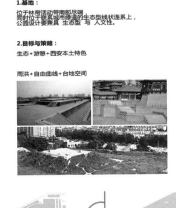

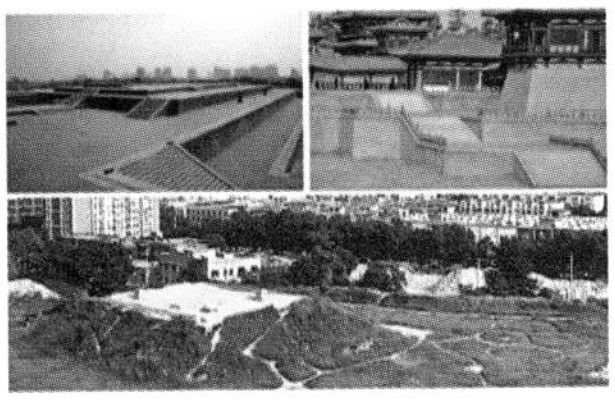

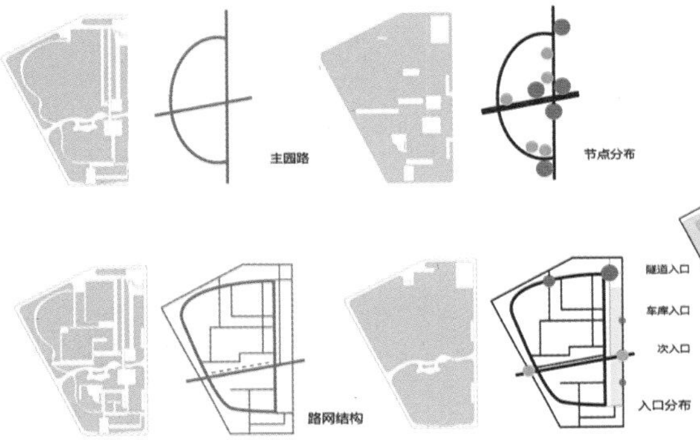
主园路
节点分布
路网结构
隧道入口
车库入口
次入口
入口分布

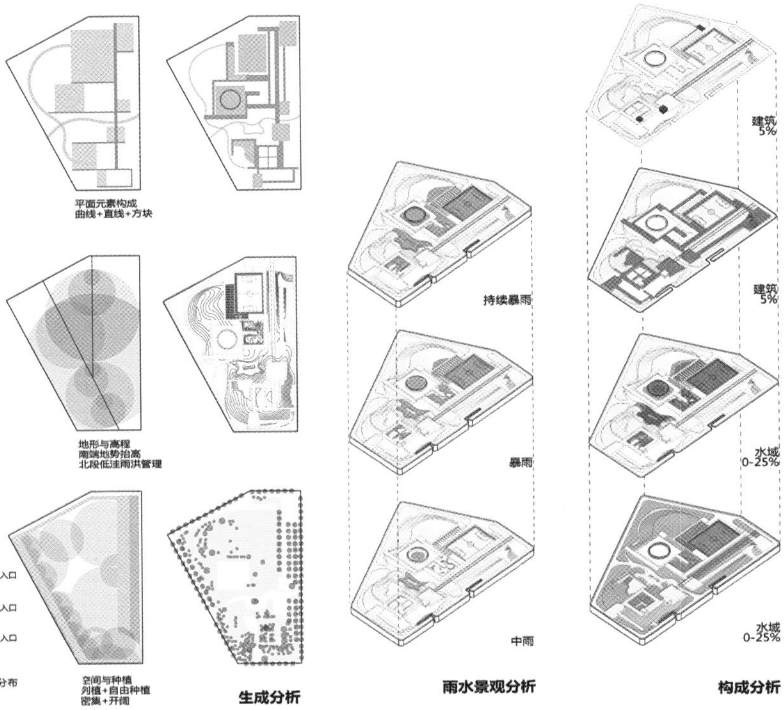
平面元素构成
曲线+直线+方块
地形与高程
南端地势抬高
北段低洼雨洪管理
空间与种植
列植+自由种植
密集+开阔
生成分析
持续暴雨
暴雨
中雨
雨水景观分析
建筑
5%
建筑
5%
水域
0-25%
水域
0-25%
构成分析



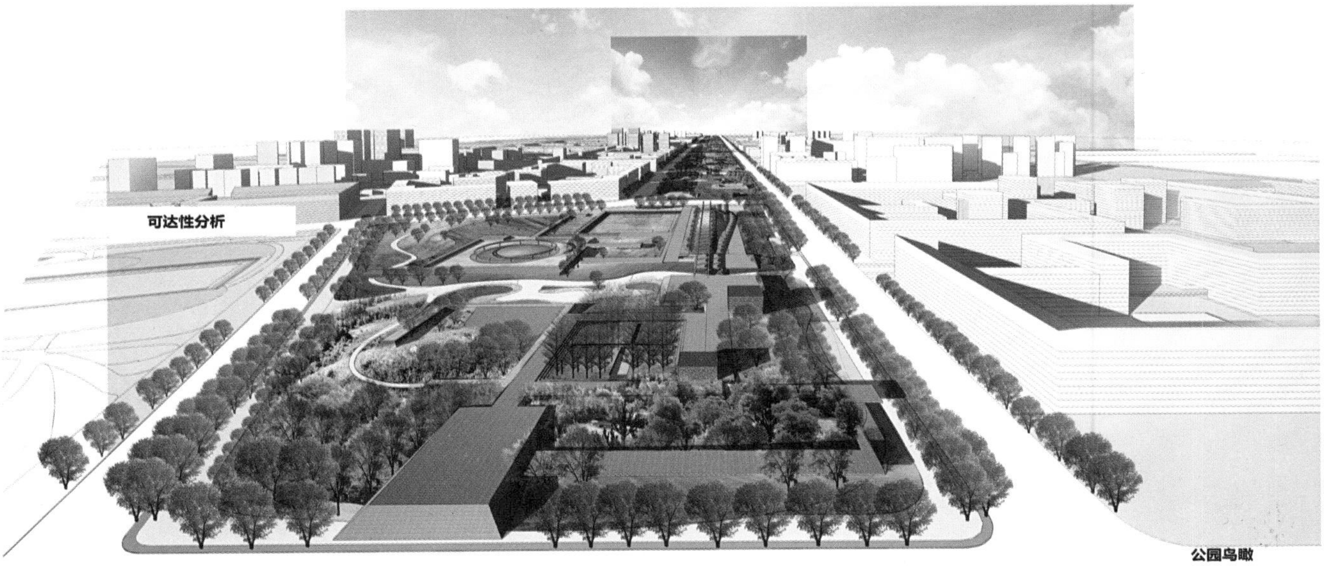
可达性分析

公园鸟瞰

## 节点尺度

13231m²
5908m²
5080m²
5132m²
6322m²
10633m²
7891m²
14387m²
9870m²
5824m²


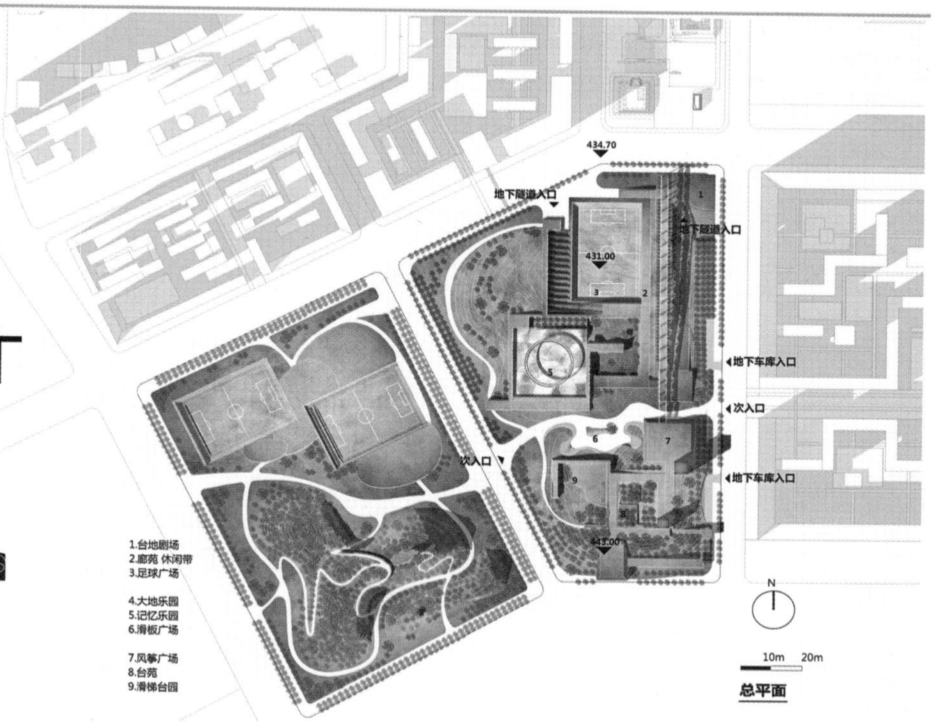

434.70
地下隧道入口
地下隧道入口
431.00
地下车库入口
次入口
次入口
地下车库入口
443.00
N
10m 20m


1.台地剧场
2.廊苑 休闲带
3.足球广场

4.大地乐园
5.记忆乐园
6.滑板广场

7.风筝广场
8.台苑
9.滑梯台园

**总平面**

廊苑 休闲道

台地剧场+攀岩坡道

燃气管

图：《西安工业建筑遗产保护与再利用研究》

竞技时间：足球活动

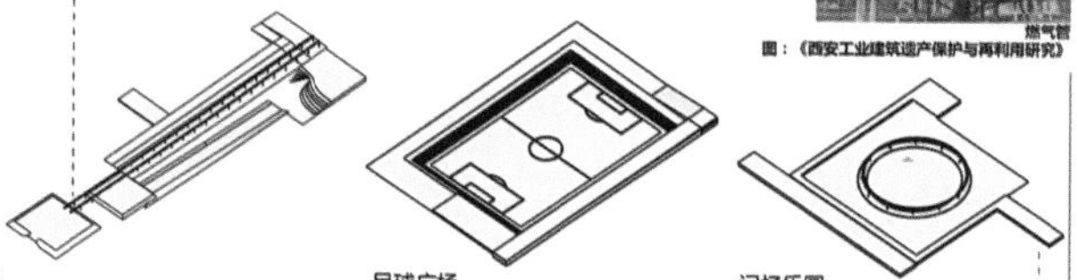

足球广场　记忆乐园

非竞技时间：文化演出+临时集市

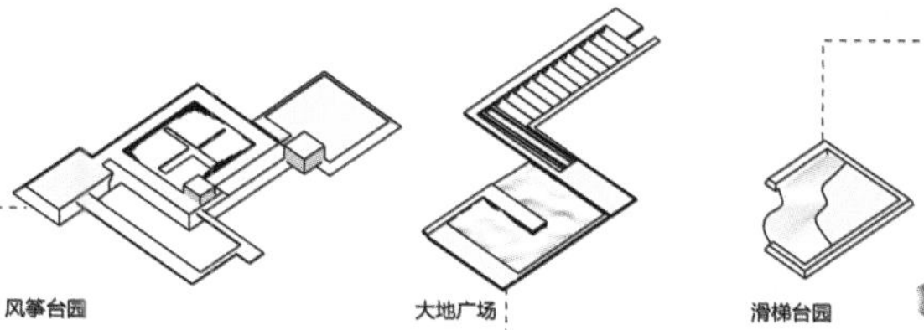

风筝台园　大地广场　滑梯台园

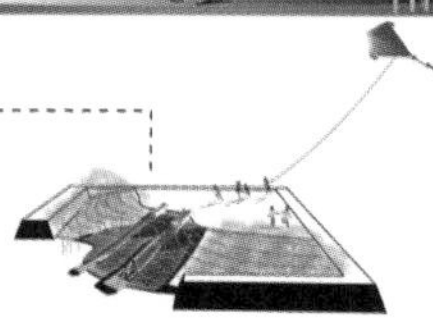

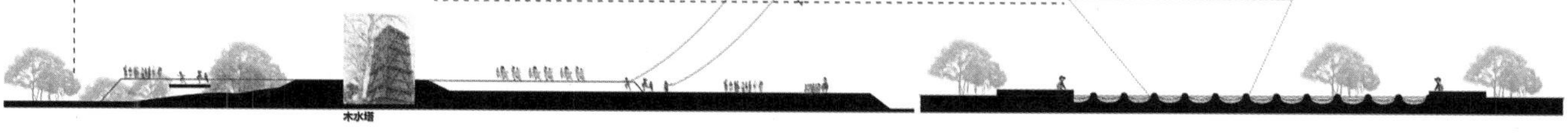

木水塔

# UC4

## 华南理工大学
South China University of Technology

设计者：张蕙译　刘钰颖

张锦　庄浩铭

## 地下商业空间

### 新生与发展——西安幸福林带核心区城市设计
Regeneration and Development - Urban Design of the Xingfu Lindai core area in Xi'an

指导教师：肖毅强　周剑云　萧蕾　戚冬瑾

周边地下入口
以及两个地铁站

对线进行分级
相邻两个和两
两间隔一个的
为一级，其他
的为次一级。

确定主轴空间

概念
通过折曲线
丰富空间和
增加游览乐
趣。

分段设计

本人设计区域

地面景观
联系。

总平面

**294**

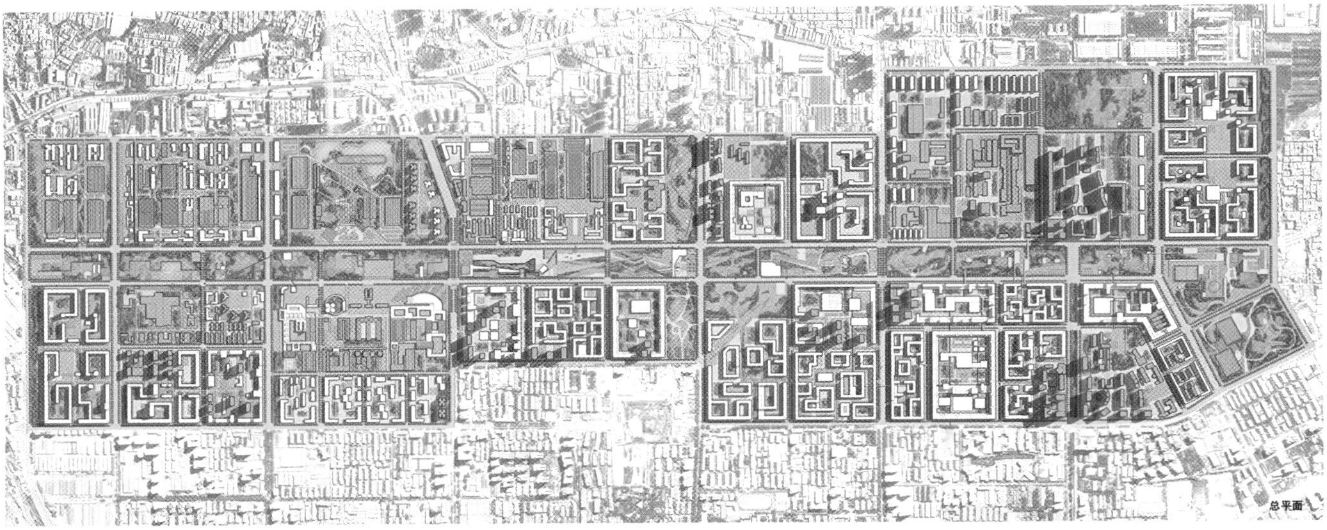

**Introduce简介**

场地位于中间林带
的第三段，属于中
间地带，场地总长
度为480米，宽度
为140米，东西两
侧的道路退线分别
为6米。

S 场地约束条
件少

W 场地形状过
于狭长

O 场地处于新
建过程

T 地下建筑比
叫复杂

**建筑范围：**

场地的建筑范围如
右图白线内部所示，
占地面积大约为
50000平方米，南
北由两个下沉庭院
连接。

规划红线（范围）

占地面积：
50000 千万米

来开
发展
域

RANGE

**场地路径：**

场地的路径遵循原
有的路径进行空间
的安排，由两个南
北端的庭院组织入
口，而整条步行道
分为两部分，一部
分是室内步行街，
长度为300米，室
外步行街为150米，
两者为串联的关系。

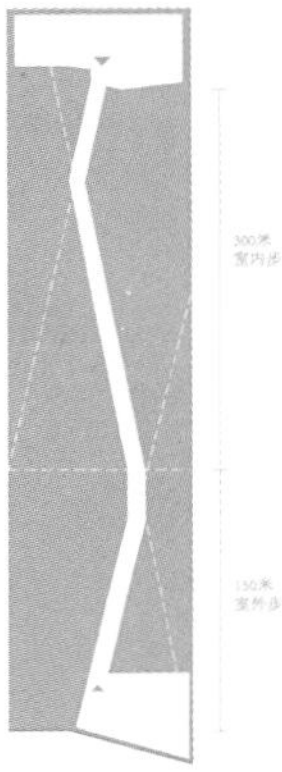

PATH

**节点空间：**

场地的节点由多个组
成，形成对于空间的
串联，以及改变空间的
形态，增加游览的趣
味性。

室内步行
入口大厅

室内中轴
（通高）

室外广场
（交汇点）

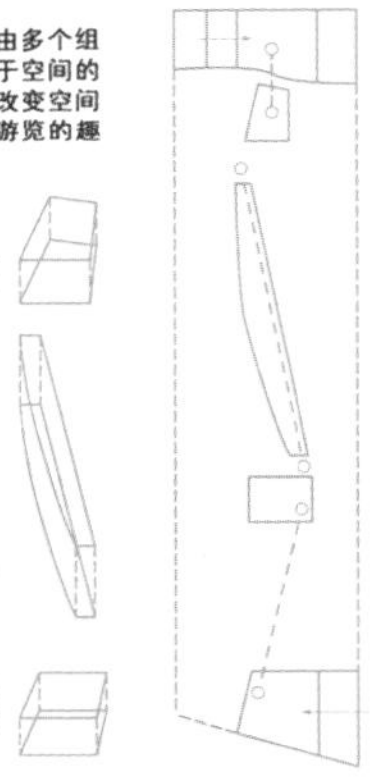

KNOT

**庭院空间：**

庭院空间从
中轴展开，
分散于两侧。

COURT

！：20000

N

MASTER PLAN　总平面

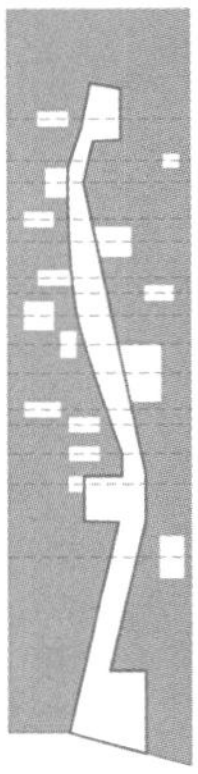

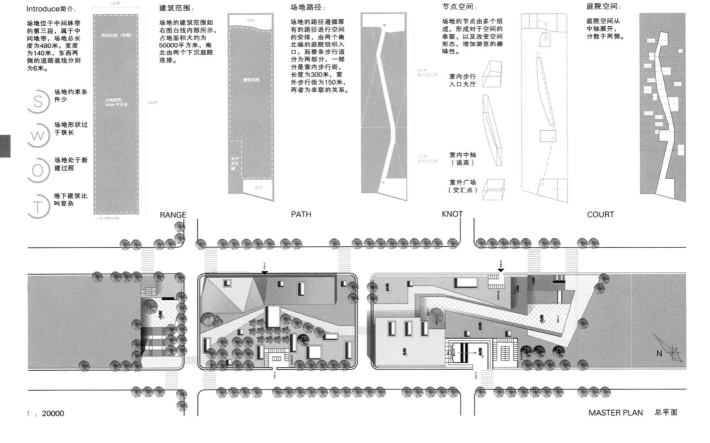

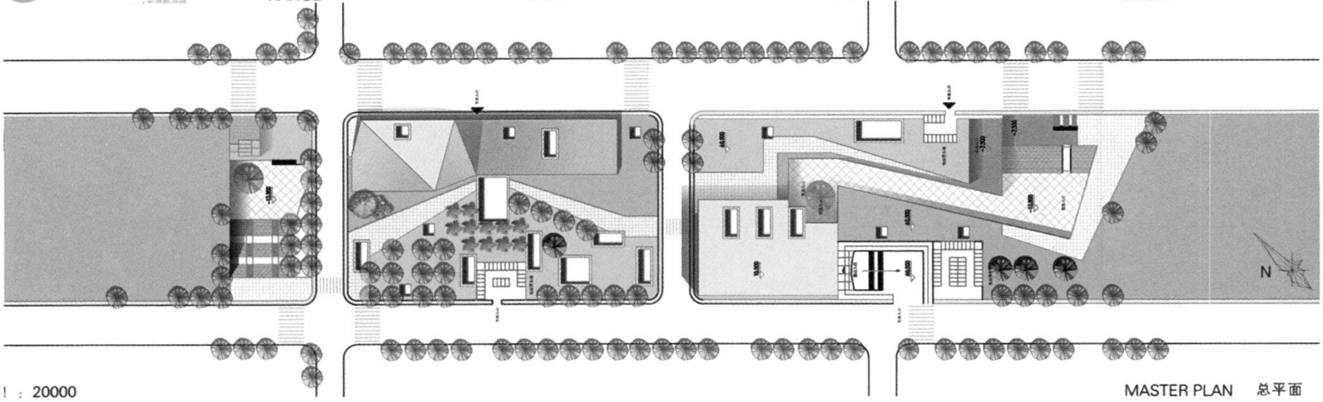

功能布局：

场地的主力店如右图所示。

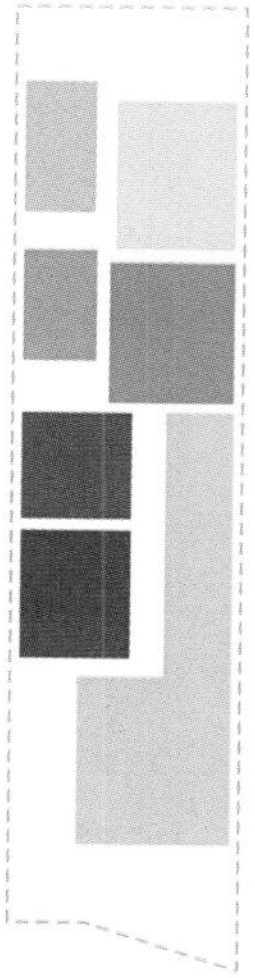

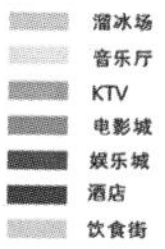


流线分析：

场地的流线主要分为两条：一条为从南-2层到北-1层；另外一条流线为从南-1层到北-2层。两者交错与内部的弧形空间，相互渗透。

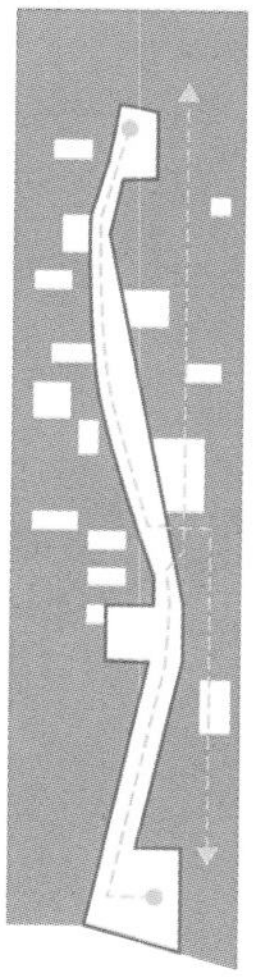

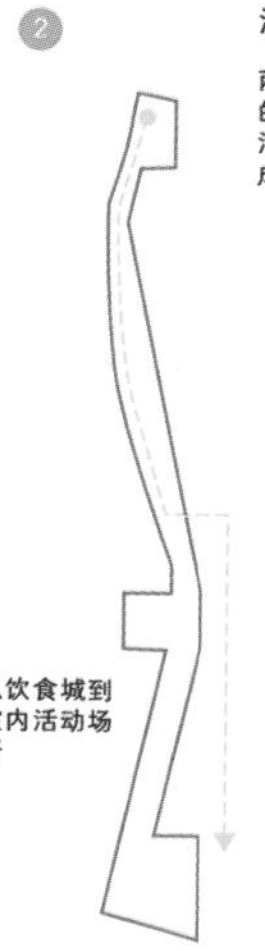


流线关系：

两条流线由内部的庭院和外部的活动空间节点形成交错。

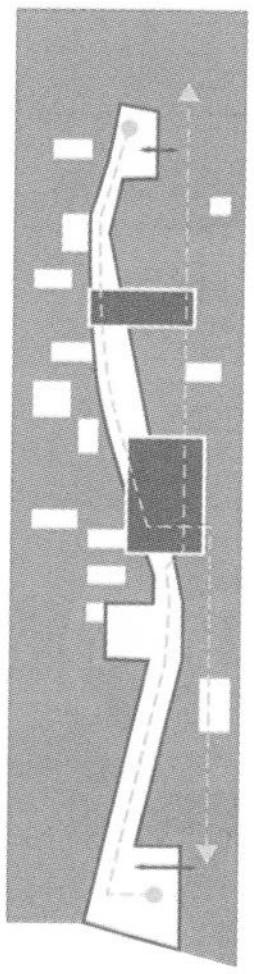

分割：

两条流线由室内建筑立面进行分割。

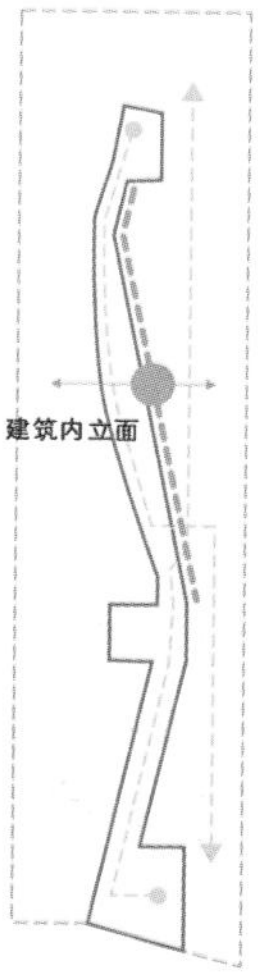


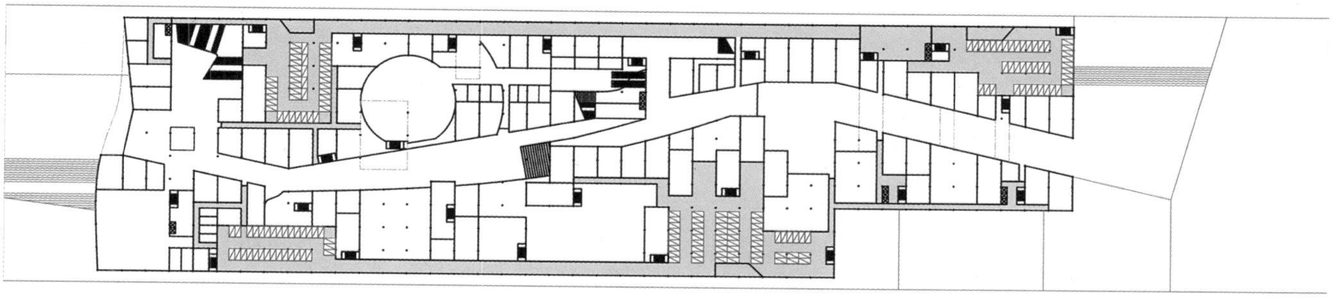

车库和后勤货运系统表示

疏散系统：

由庭院组织的垂直疏散系统，并不能满足地下疏散最大距离37.5米的要求。（防火分区为2000平方米，车库与商业空间要分开）

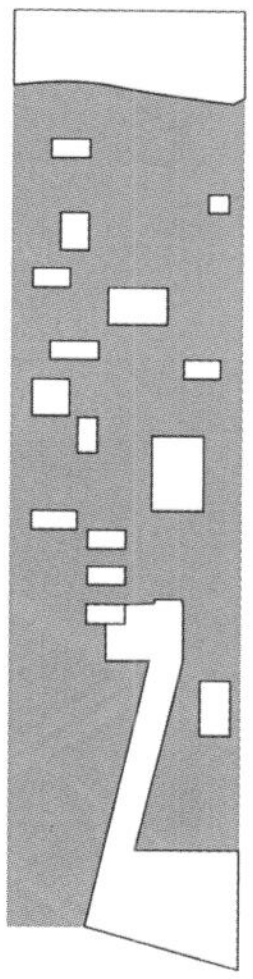

覆盖示意图

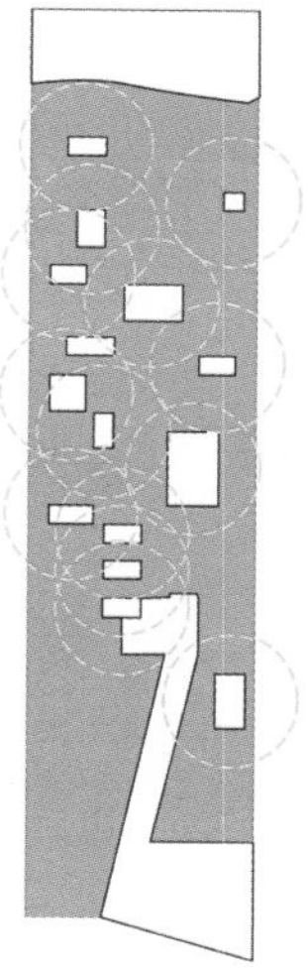

疏散示意图

通过增加疏散口，满足场地疏散要求。

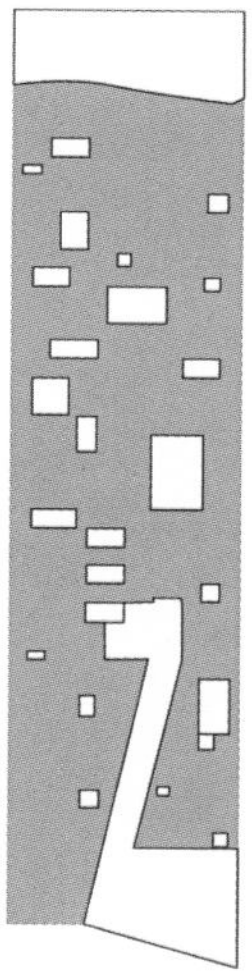

周边入口

主要通过地下负一层的地下通道增加场地的可达性（地面的对人行切断性比较强）。

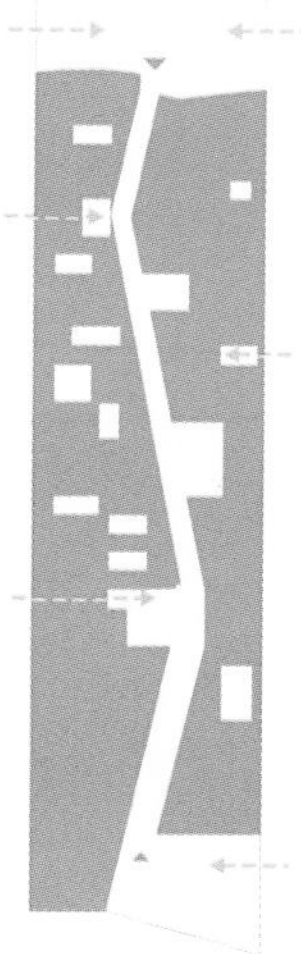

平面空间组合

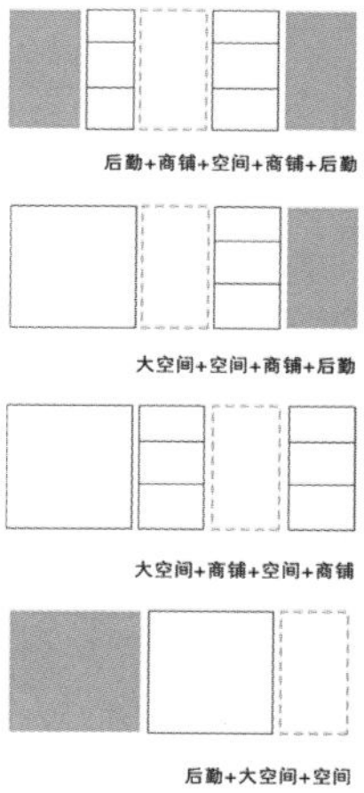


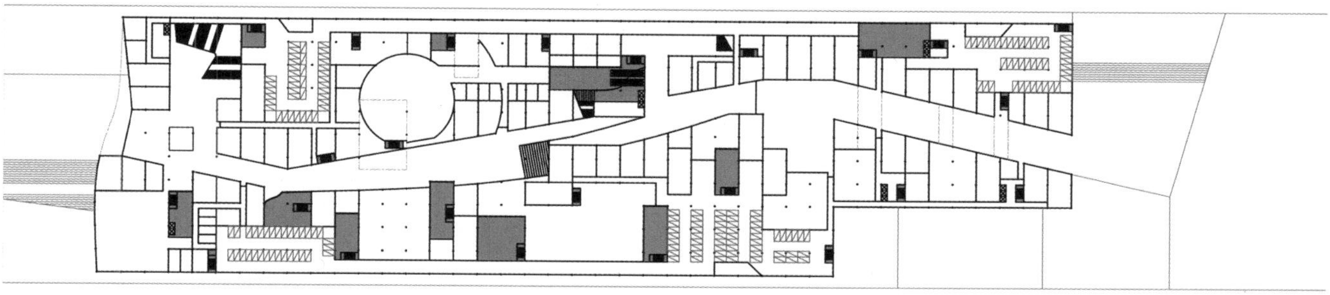

疏散系统示意图

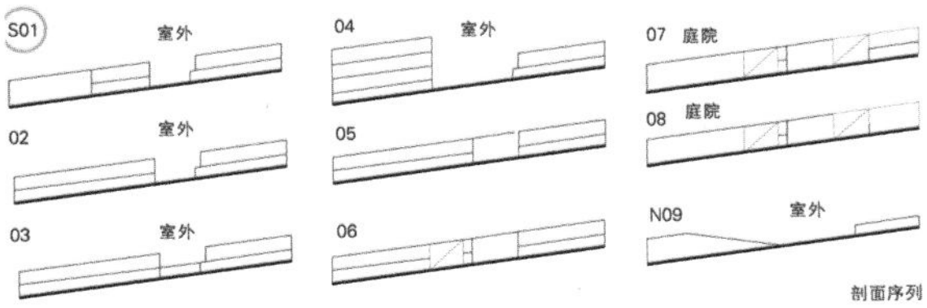

剖面序列

室外步行街透视

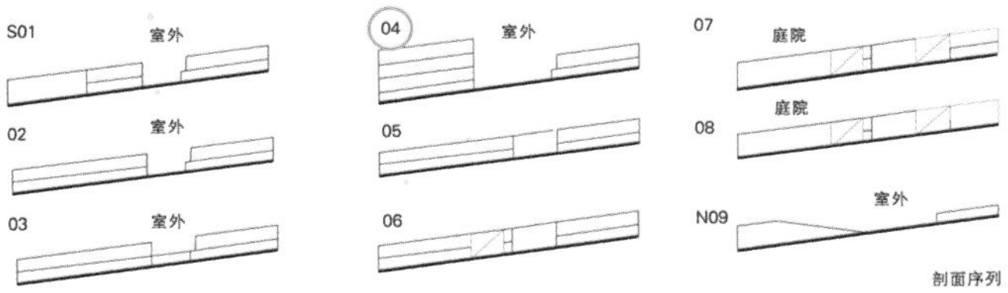

剖面序列

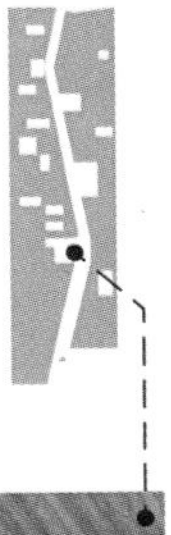

入口商业空间透视

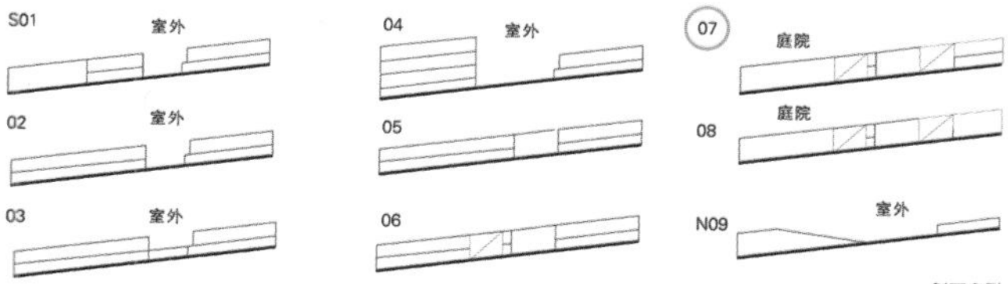


剖面序列

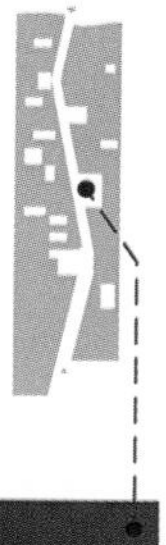

室内外商业空间透视

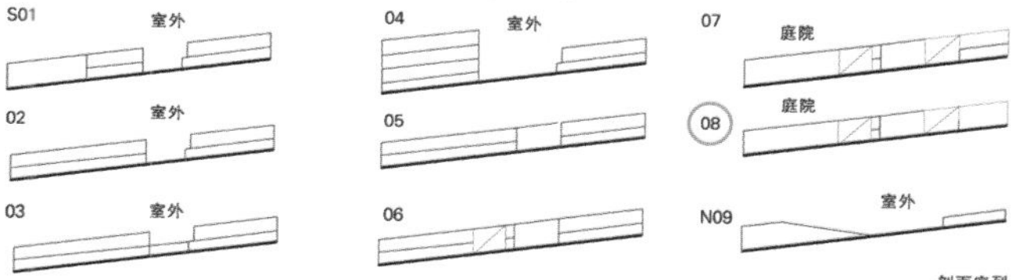


剖面序列

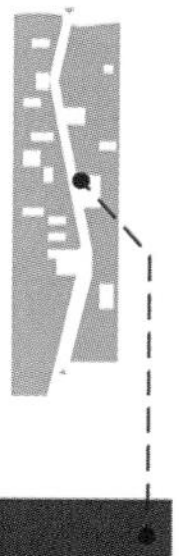

中间室内商业空间透视

# UC 4

华南理工大学
South China University of Technology
设计者：沈悦　刘联璧

# 军工厂更新改造

## 新生与发展——西安幸福林带核心区城市设计

Regeneration and Development - Urban Design of the Xingfu Lindai core area in Xi'an

指导教师：肖毅强　周剑云　萧蕾　戚冬瑾

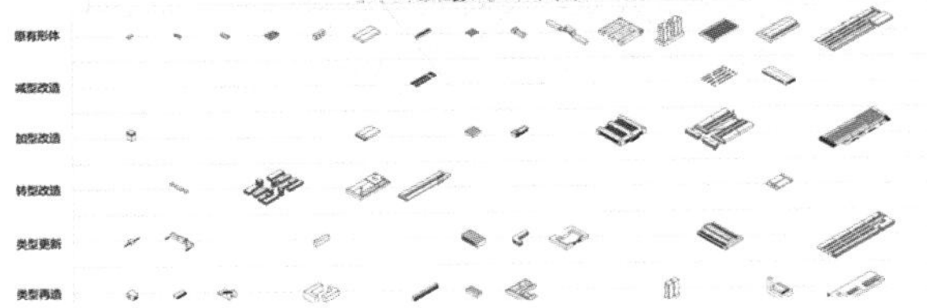
原有形体
减型改造
加型改造
转型改造
类型更新
类型再造

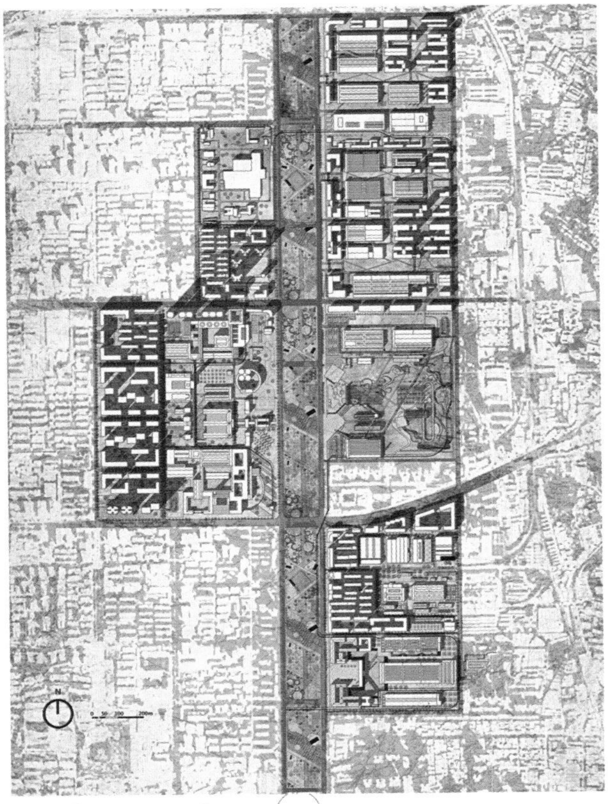

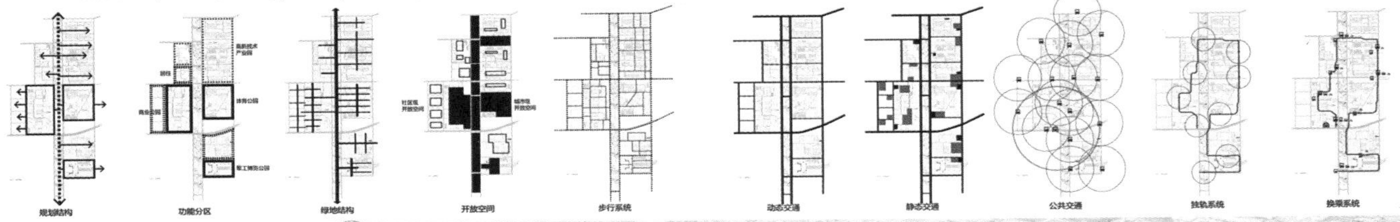
规划结构
功能分区
绿地结构
开放空间
步行系统
动态交通
静态交通
公共交通
独轨系统
换乘系统



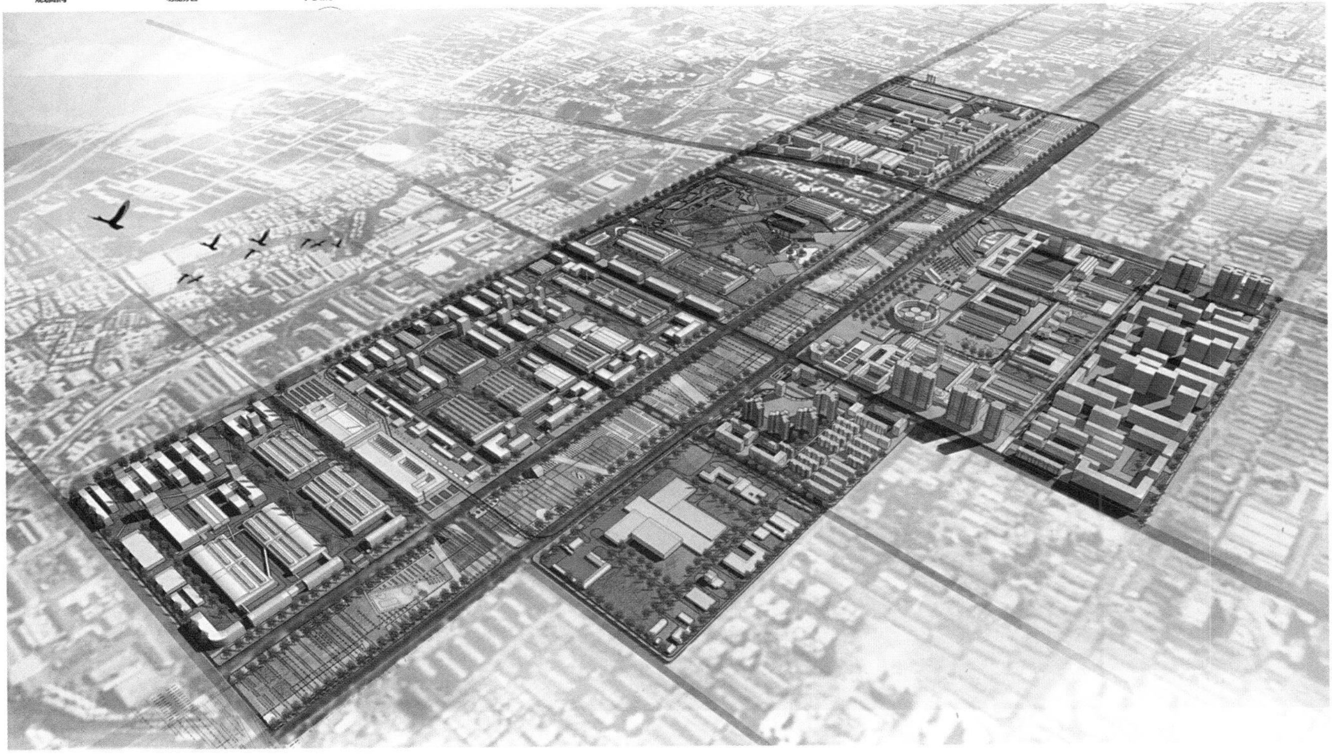

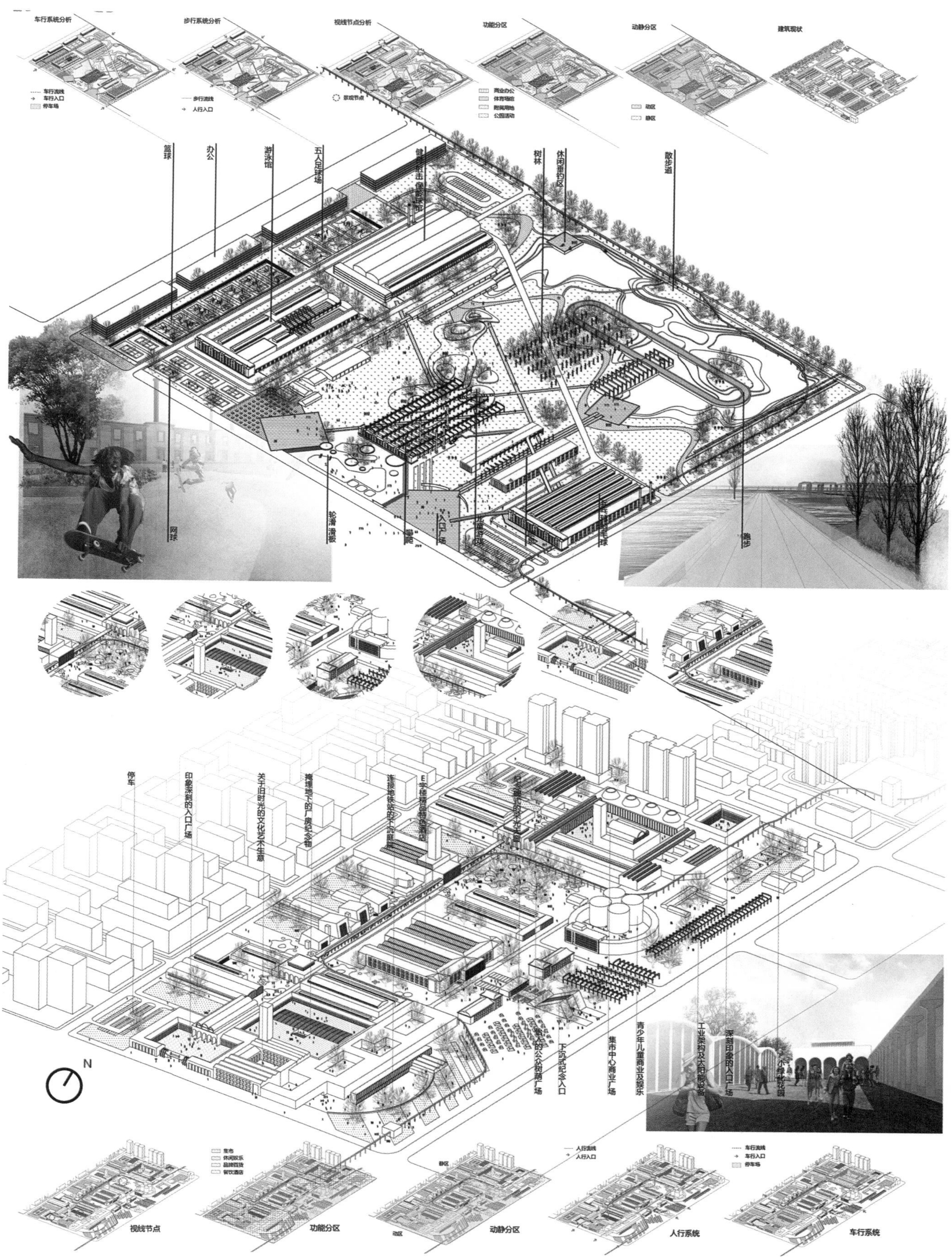

车行系统分析
车行流线
车行入口
停车场
步行系统分析
步行流线
人行入口
视线节点分析
景观节点
功能分区
商业办公
体育场馆
附属用地
公园活动
动静分区
动区
静区
建筑现状
篮球
办公
游泳馆
五人足球场
树林
休闲垂钓区
散步道
网球
轮滑滑板
入口广场
跑步
停车
印象深刻的入口广场
关于旧时光的文化艺术生意
掩埋地下的广场纪念物
下沉式纪念入口
集市中心商业广场
青少年儿童商业及娱乐
深刻印象的入口广场
N
集市
休闲娱乐
品牌百货
餐饮酒店
人行流线
人行入口
车行流线
车行入口
停车场
静区
动区
视线节点
功能分区
动静分区
人行系统
车行系统

# 指导教师

## 西安建筑科技大学

邸玮

尤涛

董芦笛

樊亚妮

段婷

李岳岩

## 重庆大学

董世永

许芗斌

邓蜀阳

哈尔滨
工业
大学

董慰

吕飞

董禹

陆诗亮

张宇

华南
理工
大学

陈坚

戚冬瑾

周剑云

肖毅强

萧蕾

王璐

庄少庞

UC4联合教学签署照片

UC4联合教学大合影

# 结语

2014年UC4联合毕业设计落幕了。从2012年的西安建筑科技大学和重庆大学两校联合、重庆大学与哈尔滨工业大学两校联合算起，四校之间的合作已经走过了三年。总体上，在开展“双联合”毕业设计的三年里，为各校师生创造了多次难得的交流机会，开阔了各校师生的视野，三专业协作教学也积累了一定的经验，取得了良好的教学效果，但由于各校各专业对毕业设计的要求不同，四校的教学组织模式也不尽相同，三专业协作程度也存在较大差异，反映出各自不同的教学特色。

通过本次联合毕业设计，我们也收获良多。在分析幸福林带片区老“军工城”的现状和问题的基础上，各校同学给出了丰富的解答，有侧重产业转型、功能置换的总部基地、休闲创意产业园定位，有侧重城市文脉传承的“新里坊”，有侧重从军工记忆出发的环境改造，反映出各校不同的关注视角和教学侧重点。重庆大学作为我国建筑类院校中较早开办城市规划专业的学校，毕业设计成果反映出的规划系统性和完整性较好，同学的汇报表达能力强；哈尔滨工业大学同学体现出的发现关键问题并提出针对性策略的能力令人印象深刻；华南理工大学同学在城市空间形态方面的分析推演能力值得借鉴；西安建筑科技大学同学发挥本土优势体现出的深入、细致、务实作风也得到了各校教师的肯定。

当然，在教学过程中也发现一些不足。比如设计基地规模偏大，超过5km²的基地规模虽然提供了更多的用地选择，但由于涉及超过17km²范围的规划结构调整，不仅大大增加了设计难度，影响了同学的方案进展速度，而且由于个人的详细设计地段选址分散，难以做到三专业同学设计用地的广泛交叉覆盖。因此，相比较而言，以目前的教学组织方式来说1km²左右的用地规模较为合适，既可以保证一定的设计难度和三专业设计用地的交叉覆盖，也可以避免因基地规模过小而导致的个人设计用地选择性太小、限制了多方案容纳力的问题。再比如专业协作的困难，以西安建筑科技大学为例，虽然采取了同学前期混合分组、中期各环节三专业集中汇报交流等方式，但仍然出现了前期建筑、风景园林专业参与度低，中期建筑、风景园林专业进度滞后，个人设计任务迟迟难以明确，规划专业则形体空间设计推进困难，后期各专业无暇协作而分道扬镳的尴尬局面。究其原因，各专业由于视野和能力所限，以及各自专业的毕业设计成果要求不同、进度要求不同，造成相互等、靠的现象比较普遍。专业协作难的深层次原因实际上是专业之间的隔阂所致。为此，我们也将在未来尝试专业教师混合和三专业同学混合相结合的分组方式，以及答辩环节专业混合分组、调整各专业毕业设计的成果要求等方式，加强三专业的协作。

经过三年的教学实践，四校已经摸索形成了一套初步的“双联合”毕业设计教学经验，在此代为总结如下：

（1）以城市设计为纽带的“双联合”毕业设计选题。以城市设计作为城乡规划学、建筑学、风景园林的专业纽带的思想，早在1999年国际建协（UIA）第20届世界建筑师大会发表的《北京宪章》对广义建筑学的阐释中已经有了明确的论述：“广义建筑学，就其学科内涵来说，是通过城市设计的核心作用，从观念上和理论基础上把建筑学、地景学、城市规划学的要点整合为一”，并被国内外建筑界广泛接受。目前，城市设计课程也愈来愈多地被列入建筑类院校三专业教学计划的必修课程。从三年来的教学实践效果来看，以城市设计为纽带的“双联合”毕业设计选题可以充分发挥三专业的专业优势并相互补充，规划专业同学可以从城市规划的高度对基地进行系统分析和准确定位，建筑专业同学可以从建筑单体和群体空间组织上对形体空间进行深化，风景园林专业同学可以从外部空间和生态学视角对城市空间进行优化，最终实现对整个地段设计的全面深化。

（2）“四环节、三阶段”的教学组织模式。所谓“四环节”，是指四个联合教学环节，即“联合选题”“联合现场调研”“联合中期汇报”和“联合毕业答辩”。“联合选题”一般在毕设开始的前一个学期进行，以便各校提前布置教学任务，开展调研之前的相关资料准备和案例研究工作。通常由承办学校提前准备若干选题，各校教师在进行相关评估、现场踏勘后讨论确定最终选题。“联合现场调研”环节通常安排一周，周一上午为与设计课题相关的背景知识讲座和布置设计任务、调研安排，周一下午至周四，三专业同学采用混合分组的方式进行现场调研及调研成果整理，周五以PPT方式进行调研成果汇报，教师点评，完成的调研成果各校共享。“联合中期汇报”一般安排在承办学校进行，以便于外地同学在中期汇报结束后进行必要的补充调研。“联合毕业答辩”则在下一届承办学校进行，为各校师生创造不同学校、不同城市的体验交流机会。“联合中期汇报”和“联合毕业答辩”作为中期和最终成果交流阶段，各校都组织了指导教师以外的专业教师广泛参与，进一步扩大和加强了校际交流效果。所谓“三阶段”，是指各校自行组织的教学阶段，即“调研准备阶段”“方案构思阶段”和“方案深入和完善阶段”，分别对应“四环节”之间的三个时间段。联合毕设完成后，由承办学校负责将各校的优秀毕业设计成果集结出版。



专业交流之外，收获的还有老师与老师、同学与同学之间的友谊和情感交流。地处西北、西南、东北、华南的四校，最远的距离大约三千公里，不同的时空，不同的地域，不同的文化，使得这种交流和碰撞来的更加有力度。联合毕业设计做的什么，也许多年之后都会淡忘，但同学在共同的调研、学习、讨论、汇报和答辩过程中建立起来的友谊，也许会伴随一生，甚至成为人生的宝贵财富。作为地主的西安，也以它深厚的文化、丰富多彩的小吃给外地老师同学留下了深刻的印象。

最后，感谢四校建筑学院领导对UC4联合毕业设计的教学支持、经费支持，使得我们地跨南北东西的联合教学合作得以实现。

感谢西安建筑科技大学建筑学院和哈尔滨工业大学建筑学院在选题、调研、中期汇报、毕业答辩各阶段的细心安排。

感谢西安城市规划研究院在课题资料方面给予的大力支持。

更要感谢所有参与联合毕业设计的老师和同学的辛勤付出，让我们看到了如此精彩纷呈的教学成果。

希望UC4联合教学活动能够长期地开展下去，并且扩展到除毕业设计以外的更广泛的合作领域，使得我们的专业教学水平、教学质量不断提高！

重庆大学建筑城规学院副院长

哈尔滨工业大学建筑学院副院长

华南理工大学建筑学院副院长

西安建筑科技大学建筑学院副院长